화공열역학 제2판

INTRODUCTORY CHEMICAL ENGINEERING **THERMODYNAMICS**

화공열역학

제2판

INTRODUCTORY CHEMICAL ENGINEERING **THERMODYNAMICS**

강춘형 | 강정원 | 박소진 | 신헌용 | 이병철 | 임종성 옮김

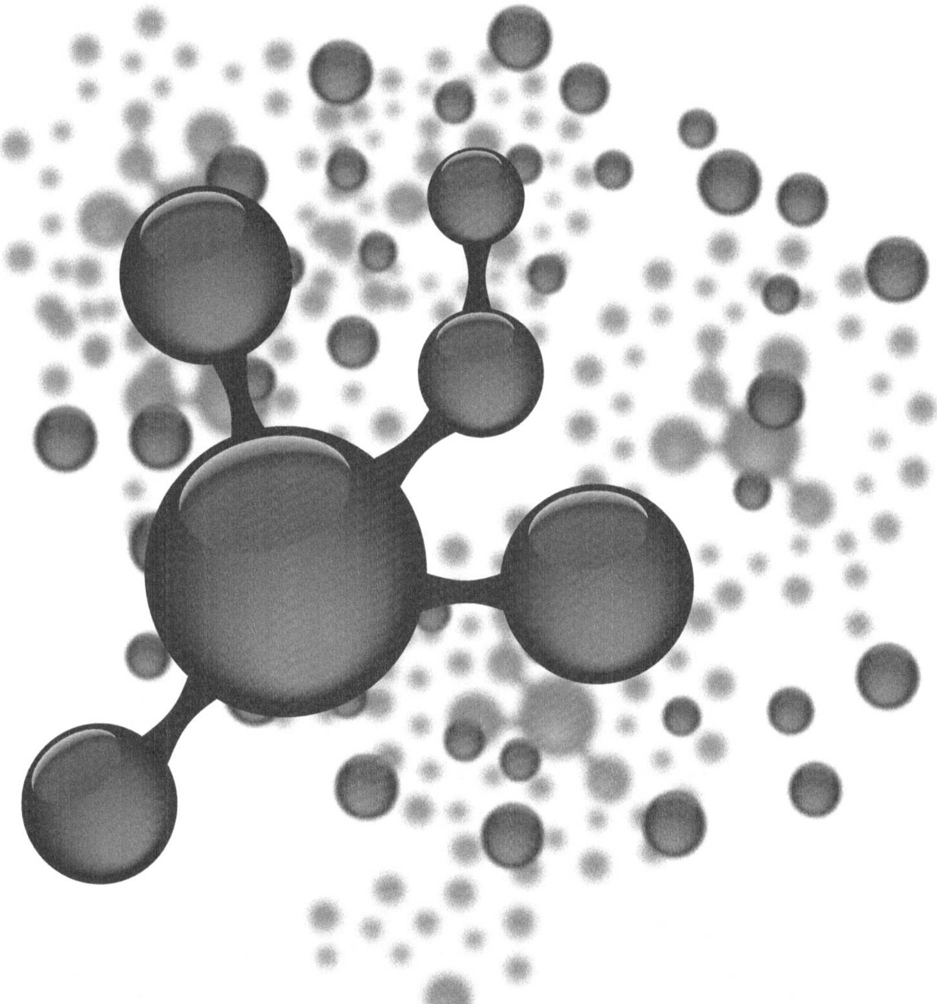

J. RICHARD ELLIOTT
CARL T. LIRA

카오스북
CHAOS BOOK

화공열역학 제2판

펴낸날	2014년 12월 1일
지은이	J. Richard Elliott, Carl T. Lira
옮긴이	강춘형, 강정원, 박소진, 신헌용, 이병철, 임종성
펴낸이	오성준
펴낸곳	카오스북
출판등록	제406-2012-000111호
전화	031-949-2765
팩스	031-949-2766
본문디자인	우일미디어
표지디자인	디자인 콤마
인쇄	이산문화사
ISBN	978-89-98338-59-6 93570
정가	35,000원
홈페이지	www.chaosbook.co.kr

PREFACE

역자 서문

학생들에게 정확한 열역학적 이해가 뒷받침되지 않으면 화학공학의 문제를 성공적으로 해결할 수 없다는 것을 강조하는 어려움은 수십 년 강의 경험에서도 아직도 해결하지 못하고 있는 숙제이다. 생각하건대, 복잡한 식들의 나열로 진행되는 강의 방식에 대한 식상함과 몇 가지 추상적인 개념에 대한 이해의 어려움 그리고 감각적인 방법으로 문제에 대한 검증방법의 부재가 그 문제의 중심일 것으로 생각한다. 그리하여 매 학기 강의 시작 전에는 효율적인 개념의 설명과 체계적인 문제해결 방법의 습득에 대한 고민을 반복한다.

그럼에도 불구하고 화학공학의 범위가 확장됨에 따라 열역학의 응용범위도 넓어질 뿐 아니라 근본적인 물질의 성질(분자적인 관점)로부터 유래되는 열역학적 특성을 이해할 필요가 강력하게 대두되었다. 또한, 문제의 복잡성을 해결하기 위한 효율적인 계산도구의 활용도 이제는 피할 수 없는 일이 되었다. 이번에 번역하는 Elliott와 Lira의 『Introductory Chemical engineering Thermodynamics』 2판은 이러한 내용을 충실하게 담으려고 노력한 책이다. 우선, 분자적 관점에서 열역학적 성질과 현상의 이해를 도모하기 위한 기초적인 통계열역학적인 설명과 더불어 확장되어 가는 화학공학의 새로운 범위(실제로는 소홀히 취급되어 왔던 부분)인 생물화공, 전해질 그리고 고분자가 포함되는 계 등 일반적인 화학공학 열역학에서는 다루지 않던 부분들을 소개하고 있다. 아울러, 분자회합과 용매화 등의 고급 주제도 다루고 있다. 문제가 복잡해짐에 따라 가장 널리 그리고 손쉽게 활용되는 Excel과 MATLAB을 이용한 문제해결 방식을 제시하는 것도 이 책의 특징이며 독자들도 이러한 도구들의 능숙한 활용을 위한 별도의 노력이 필요할 것이다. 실제로, 이 책은 학부의 두 학기 수업을 위한 내용으로는 벅차다. 내용을 선택하여 두 학기 강의 내용으로 구성할 수 있고, 기초적인 통계열역학 기본 내용을 추가하면 대학원의 첫 학기 교재로도 활용할 수 있을 것으로 생각된다.

이 책의 번역을 위한 역자들의 담당 부분은 다음과 같다.

박소진 교수: 서론, 8~9장, 15~16장
신헌용 교수: 4장, 12~13장
강정원 교수: 18~19장
이병철 교수: 7장, 10~11장
임종성 교수: 1~3장, 부록
강춘형 교수: 용어, 표기법, 5~6장, 14장, 17장

번역에 임하면서 항상 두려운 것은 원저자의 의미를 왜곡하거나 잘못 전달하는 어리석음을 저지를지도 모른다는 것이다. 몇 번씩 곱씹어 원저자의 의도를 파악하려고 노력했지만 항상 성공적이지는 않았던 무능하고 부끄러운 일들에 대한 기억이 되살아나는 것도 번역을 시작하는 시점이다. 이 책을 번역하면서 원서의 내용을 충실하게 전달하고자 노력했으나 부족하거나 잘못된 부분이 포함되었을 수도 있다. 그러한 내용은 추후 기회가 주어지면 바로 잡도록 노력할 것이다. 아무쪼록 독자들은 이 책을 통해 열역학에 대한 통찰력과 응용 능력을 습득하기 바란다. 열역학에 대한 충실한 이해를 통해 성공적인 화학공학 기술자로 성장할 수 있으리라 생각한다.

2014년
역자 일동

PREFACE

저자 서문

"우리가 만든 어떠한 행복한 표현도 완전히 독창적인 것은 없다. 그 안에는 우리의 열정, 성격, 주위환경, 가르치는 것과 연상하는 것으로부터 비롯된 약간의 변화 이외에 완전히 우리의 것은 없다."

마크 트웨인

이 교재는 학부 2학년 수준에서부터 대학원 1년생까지의 화학공학 학생들을 위해 저술되었다. 화학공학 공정과 공식화 과정에서 성분의 거동에 대한 직관적 추론을 세우기 위해 열역학의 원리에 분자의 관점을 접목하였다. 분자의 관점은 다음의 것들을 아우르는 묘사에 의해 나타내었다. 운동에너지와 온도와의 관계, 분자 간 퍼텐셜의 근원과 결과, 분자의 산성도와 염기도, 분자의 특성을 분자 묘사에 반영하기 위해 사용된 방법, 그리고 거시적 에너지와 엔트로피에 대한 분자 특성의 영향이다. 이 교재는 분자의 관점을 기초수준에서 이해하고, 분자의 특성을 실제 결과와 연결하는 측면이 차별화되어 있다.

이 두 번째 개정판은 생물학적, 약학적 및 삼투압과 고체 용해도, 그리고 짝지음 반응을 포함한 전해질 응용에 대해 보강하였다. 본문 전체에 걸쳐 각 주제들이 고급화된 수준으로 단계적 설명을 하기 위해 정리되었다. 높은 수준의 이론을 요구하는 항목은 독립된 절과 장으로 해서 명확하게 기술되었다. 덜 복잡한 실험적 모델 접근법은 개념과 함께 초보적인 실행을 제공하고, 모델을 더 완벽히 이해하기 위한 동기부여를 위해 앞쪽에 배치하였다. 이러한 방법은 또한 강사들에게 강의 주제 선정에 있어 보다 유연성을 제공한다. 학습목표와 더불어 학생들의 집중도를 높이기 위해 '주요 식'을 포함한 장(chapter)의 요약도 각 장마다 명확히 나타내었다. 각각의 장은 온라인으로 보다 완전한 답안을 볼 수 있는 익힘문제뿐만 아니라 많은 연습문제를 포함하고 있다. 온라인 보충자료에는 여러 해에 걸친 실제 시험문제, 어려운 개념 또는 계산 도구의 사용법을 기술한 coursecasts, 이해도를 빠르게 검사해 볼 ConcepTests, 그리고 더욱 자세한 설명을 위해 맞춤화된 목표의 목록 등이 포함되었다. 우리는 또한 www.learncheme.com에서 열람 가능한 관련 자료들을 추천한다.

교재의 독특한 특징으로 과잉함수 모델과 전해질에 대해 교수법 측면의 발전된 부분을 포함한다. 혼합물 모델에 대하여 주요 가정과 유도과정이 제시되었고, 독자로 하여금 어떻게 분자적 현상이 묘사되었나 숙고하게끔 하였다. 전해질과 생물학적 계에 대해서 pH나 분화 사이를 관련지었고 해리된 종의 농도를 빠르게 추정하는 도구를 마련하였다. 우리는 전해질 활동의 진보된 이론에 초점을 맞추기보다는 분화와 개론에서의 문제해결을 강조하였다. 이 교재는 학생들에게 화학분야의 소개로부터 공정 시뮬레이터에 의해 제공된 전해질의 보다 복잡한 모델까지 연결하는 중간 정도의 수준으로 집필되었다.

우리는 학생들이 모든 부분을 다 공부하게 하지 않으려, 서로 다른 학년이나 그룹에 맞추어 다른 부분이 숙제로 할당될 수 있게끔 여러 가지 변형된 다수의 연습문제를 고안하였다.

학생들에게

열역학은 많은 전문용어나 정의된 성질로 이루어져 있다. 교재의 제I부 전에 수록된 용어해설과 기호를 요약해 놓은 부분을 주목해 주기 바라며, 자료의 색인도 숙고하기 바란다.

우리는 예제를 교재의 집약된 부분으로 생각했으며, 이것을 이용해서 중요 사항을 설명하고자 하였다. 예제는 종종 교차되어 인용됨에 따라 목차에 나타내었다. 중요 식은 박스로 처리하였으며, 식의 넘버(number)에는 특별한 주석을 달았다. (*)는 식이 온도에 무관한 열용량으로 가정함을 의미하며, (ig)는 식이 이상기체에 국한됨을 의미한다. 책의 가장자리에는 매우 중요한 개념이나 보충정보에 대한 주석을 달았다.

컴퓨터 프로그램은 연습문제를 용이하게 해결할 수 있게 해 주지만 내용의 이해 없이 사용하면 안 된다. 컴퓨터는 계산을 위한 도구이지 생각을 위한 도구가 아니다. 학생들은 자신의 이해 정도를 평가하기 위해서, 직접 손으로 계산하여 어떻게 그 문제를 풀어야 하는지 알기를 권한다. 만약 프로그램 내 수식을 이해하지 못한다면, 이것은 프로그램을 사용하기 전에 더 공부할 필요가 있다는 좋은 암시이며, 그렇게 함으로써 프로그램의 구조를 이해할 수 있다. 소프트웨어를 사용해서 교재의 예제를 다시 풀어 보는 것도 도움이 될 것이다.

감사의 글

서두에 인용된 마크 트웨인의 말처럼, 회의장 복도에서의 비공식적 대화에서부터 제안이나 오류에 대한 e-mail 서신 및 강의실에서의 시험까지 우리는 다른 많은 사람으로부터 은혜를 입었다. 많은 경우, 우리는 단순히 다른 사람들의 제안에 대한 전달자에 불과하다. 특히 초판의 Dave Hart, Joan Brennecke, Mike Matthews, Bruce poling, Ross Taylor와 교재의 초기 버전에 함께했던 Mark Thies가 그들이다. 우리는 제2판 개정을 위해 Margot Vigeant, Victor Vasquez와 Joan Brennecke에 의한 강의실에서의 직접적인 테스트로부터 도움을 받았다. 또한 Keith Johnson, Ram Gupta, John O'Connell, Mike Greenfield(전해질), Andre

Anderko(전해질)와 Paul Mathias(전해질)의 재고에 따른 도움을 받았다. 우리는 2010년 캘리포니아의 산호세에서 개최되었던 NSF BioEMB 워크숍에서 John O'Connell에 의해 개발된 여러 예제를 채택하였다. CTL(Carl T. Lira)은 초판 원고와 문제풀이의 많은 부분을 타이핑해 준 Ryoko Yamasaki의 노력에 감사를 드린다. CTL은 또한 가족원인 Gail, Nicolas와 Adrienne의 인내에 감사하며, 많은 가족의 희생에 힘입어 이 책이 나올 수 있게 되었음을 고맙게 생각한다. JRE(J. Richard Elliott) 역시 관용을 보여 준 가족들, Guliz, Serra와 Eileen에게 감사드린다. 우리들은 수증기표와 열역학 도표 작성에 기여한 Dan Friend와 Boulder시에 소재한 국립표준기술연구소(NIST) 관계자에게 감사를 드린다. 마지막으로 이전에 열역학 교재를 저술한 많은 저자들의 영향에 대해 감사를 드린다. 우리는 이 교재가 이러한 뛰어난 전통을 바르게 계승하고, 동시에 더 넓은 층의 독자에게 보다 깊은 통찰력을 가져다주게 되기를 희망한다.

저자 소개

J. Richard Elliott은 오하이오 주 애크런 대학 화학공학과 교수이다. 그는 신입생 tool에서부터 모든 레벨의 열역학뿐만 아니라 고학년의 공정설계에 이르는 과목들을 가르쳤다. 그의 연구 분야는 고분자용액의 열역학과 분자모사를 이용한 수소결합 및 통섭 이론, 초임계 유체의 열역학과 탄화수소 처리, 바이오 리파이닝 (biorefining) 전처리, 실험적 상평형 측정 등이다. 그는 볼더의 미국 국립표준기술연구소(NIST) 실험실과 휴스턴의 ChemStation에서 근무하였고, 펜실베이니아 주립대학 화학공학과에서 박사학위를 취득하였다.
jelliott@uakron.edu

Carl T. Lira는 미시간 주립대학의 화학공학 및 재료과학 학과의 부교수이다. 그는 모든 레벨의 열역학과 반응속도론, 물질 및 에너지 수지를 가르친다. 그의 연구 성취는 액체금속에 대한 실험적 측정과 모델링, 초임계 유체, 흡착분리와 기-액, 고-액 및 액-액 상평형을 포함한다. 최근 Lira 교수는 바이오 연료의 열역학적 성질과 실험 및 분자모사를 통한 화학물질 연구를 전문으로 수행하고 있다. 그리고 그는 MSU Reactive Distillation Facility와 공동연구를 하고 있다. 그는 Amoco Excellence in Teaching Award 수상 및 MSU Withrow Teaching Excellence Award 등으로 표창받은 바 있다. 그는 화학공학 분야에서 캔자스 주립대학에서 학사학위를 그리고 일리노이 대학 어바나 샴페인 캠퍼스에서 석사 및 박사학위를 취득하였다.
lira@egr.msu.edu

용어 해설

고립계(Isolated) 주위와 어떤 형태의 상호작용(예: 물질, 열, 그리고 일의 상호작용)도 없는 계를 고립되었다고 한다.

공비물(Azeotrope) 기 – 액 상변화에 따른 조성의 변화가 없는 혼합물

과냉각(Subcooled) 주어진 계 압력에서 포화온도보다 낮은 상태, 예를 들어 과냉각된 증기는 준안정성이거나 불안정하며, 과냉각된 액체는 비점 온도를 기준으로 안정하다. 과열 증기는 안정하며, 과열 액체는 이슬점 온도를 기준으로 준안정성이거나 불안정하다. 과냉각 액체는 용융점 온도를 기준으로 준안정성이거나 불안정하다.

과열(Superheated) 주어진 계의 압력에서 포화온도보다 높은 상태를 나타냄. **과냉각** 참조

기준상태(Reference state) 특정된 (T,P)와 (S,L,V)의 상를 갖는 순수성분의 상태. 기준상태는 전체 열역학적 문제에 걸쳐 계(P,T)에 불변이다. 문제에서 여러 표준상태가 있을 수 있으나, 기준상태는 오직 하나이다. **표준상태**도 참조하라.

노즐(Nozzle) 거의 가역적으로 내부에너지를 운동에너지로 변환시킬 수 있도록 특별히 설계된 장치. **조름공정** 참조

단열(Adiabatic) 계의 경계에서 열교환이 없는 상태

등밀도(Isopycnic) 균일 혹은 일정 밀도

등밀도(Isosteric) 일정 밀도 조건

등압(Isobaric) 일정 압력 조건

등압(Isopiestic) 일정 혹은 균일 압력

등엔탈피(Isenthalpic) 엔탈피가 일정한 조건

등엔트로피 효율(Isentropic efficiency) 동일한 입구(혹은 초기) 상태와 출구(혹은 최종) 상태에 대한 등엔트로피 과정에 따른 일에 대한 실제 일의 비를 나타냄. **열역학적 효율**, **열적 효율** 참조

등엔트로피(Isentropic) 엔트로피가 일정한 조건

등온(Isothermal) 일정 온도 조건

등적(Isochore) 일정 부피 조건. **등밀도 조건** 참조

마스터 식(Master equation) $U(V,T)$

무한 희석(Infinite dilution) 한 성분의 조성이 0에 접근하는 상태를 나타냄

불안정성(Unstable) 열역학적 안정성을 위배하며 오래 지속될 수 없는 상태. **준안정성**, **스피노달** 참조

비가역적(Irreversible) 엔트로피가 생성되는 과정

비균질 공비물(Heteroazeotrope) 액상에서 모든 농도범위에서 완전히 혼화되지는 않으며 공비물과 유사하게 단순 증류로 분리할 수 없는 혼합물. 비균질 공비물의 기상은 두 액상으로 응축되며, 각각의 상은 기상의 조성과 동일하지 않음. 부분적으로 혹은 완전히 증발하면, 본래의 기상 조성이 회복된다.

비성질(Specific property) 단위 질량당의 시강 성질

비열(Specific heat) 단위 질량당의 단위로 나타낸 C_P 혹은 C_V의 다른 이름

순압(Barotropy) 일정 밀도(혹은 온도) 표면과 일정 압력 표면이 일치하는 상태의 유체

스피노달(Spinodal) 불안정 조건이며 그 이상에서는 준안정성이 불가능하다

습한 증기(Wet steam) 수증기와 물의 혼합물

열역학적 효율(Thermodynamic efficiency) 동일한 과정의 정확하게 동일한 상태변수들의 변화에 대한 가역적 과정으로 얻는 일에 대한 실제 얻은 일의 비율. 가역과정의 열전달은 실제 열전달과는 다를 것이다. **등엔트로피 효율**, **열적 효율** 참조

열적 효율(Thermal efficiency) 열기관에 주입한 열에 대해 획득한 일의 비율. 어떤 엔진도 Carnot 엔진보다 높은 효율을 갖지 못한다.

용매화(Solvation) 다른 종류의 분자들이 참여하는 복합체 형성

정상상태(Steady-state) 물질의 축적이 없고 계 경계 내부의 상태변수가 시간에 따라 변하지 않는 개방계

정적 상태(Dead state) 경계와 평형을 이루어 주위와의 상호작용을 통한 일을 획득할 수 없는 계의 상태를 나타냄

조름과정(Throttling) 일반적으로 비가역적인 밸브, 오리피스, 다공성 마개, 혹은 제약을 통과하는 운동에너지 변화가 크지 않은 압력강하

준안정성(Metastable) 비평형이지만 불안정하지 않은 상태, 즉 과열증기, 과냉각된 액체 등과 같이 외란이 계의 상태가 평형상태로 변하도록 하기까지 유지되는 상태를 나타냄

집합상태(State of aggregation) 고체, 액체 혹은 기체.

측정가능 성질(Measurable properties) $\{P, V, T, C_P, C_V\}$와 $\{P, V, T\}$만으로 구성된 도함수로 구성된 변수

투열적(Diathermal) 열적 저항 없이 열이 전도되지만 물질은 통과하지 않음

포락선(Binodal) 2성분계 상평형 조건

표준 조건(Standard conditions) 2713.15K와 0.1 MPa(IUPAC). 표준온도와 압력

표준상태(Standard state) 순수한 성분이 특정 (T, P)와 상 (S, L, V)를 갖는 상태. 표준상태 T는 문제 내 계산에서 주어진 관심 온도 T이며, 표준상태 T는 변한다. 표준상태 P는 고정된 P이거나 문제의 P일 수 있다. Gibbs 에너지와 화학퍼텐셜은 일반적으로 표준상태를 기준으로 계산한다. 반응계에서는 생성엔탈피와 Gibbs 에너지는 일반적으로 1 bar의 압력과 298.15 K에 대한 값이다. 관심 온도에서의 값을 계산하기 위해서는 온도보정이 필요하다. 문제에서는 다양한 표준상태를 가질 수가 있으나, 기준상태는 오직 하나이다.

품질(Quality) 기/액 혼합물 중 기상의 질량분율

퓨가시티(Fugacity) 성분이 탈출하려는 경향을 수학적으로 나타낸 양

현열 변화(Sensible heat changes) 온도 변화를 수반하는 열효과

회합(Association) 동일한 분자에 의한 복합체의 형성을 나타냄

효율(Efficiency) 등엔트로피 효율, 열적 효율, 열역학적 효율 참조

EOS(EOS) 상태방정식

LLE(LLE) 액-액 평형

rdf(rdf) 방사방향 분포함수

SLE(SLE) 고-액 평형

STP(STP) 표준온도와 압력, 즉 273.15 K와 1기압. 표준 조건이라고도 한다.

VLE(VLE) 기-액 평형

NOTATION

표기법

일반적인 기호

a	활동도, 혹은 상태방정식 매개변수 혹은 매개변수, 혹은 열용량 혹은 다른 상수
A	시강 Helmholtz 에너지, 혹은 상태방정식의 무차원 상수 혹은 Antoine, Margules 혹은 다른 상수
b	상태방정식의 매개변수 혹은 열용량 혹은 다른 상수
B	비리얼 계수, 혹은 다른 상태방정식의 무차원 상수, 혹은 Antoine 혹은 다른 상수
$C, c, \cdots$	상수, c는 ESD 상태방정식의 형태인자
C_P	시강 정압 열용량
C_V	시강 정적 열용량
F	공급물
f	순수 유체 퓨가시티
$\hat{f}_i$	혼합물 내 성분의 퓨가시티
G	시강 Gibbs 에너지
g	중력 상수(9.8066 m/s^2) 또는 방사방향 분포함수
g_c	중력변환인자(32.174[(1b$_m$-ft)/s^2]/1b$_f$)
H	시강 엔탈피
K_a	반응평형상수
k	Boltzmann's 상수 = R/N_A
k_{ij}	2성분계 상호작용 계수 (식 1.8, 15.9)
K	분배계수(기 – 액, 액 – 액 등)
M	일반적인 성질, 단위로 쓰일 때는 몰농도
M_w	분자량
m	질량(에너지 수지식), 몰랄농도(전해질)
N	분자의 수
n	몰수
N_A	Avogadro 수(= 6.0221 E 23 mol^{-1})

P	압력
$\underline{Q}$	계의 경계를 통한 시량 열전달량
Q	계의 경계를 통한 시강 열전달량
q	품질(질량 % 증기)
R	기체상수(8.31446 cm^3-MPa/mole-K)
S	시강 인트로피
T	온도
U	시강 내부에너지
u	짝 퍼텐셜 에너지 함수
V	시강 부피
v	속도
$\underline{W}$	경계에서 가한 시량 일
W	경계에서 가한 시강 일
Z	압축인자
z	높이

그리스 부호

α	등압 열팽창계수. Peng-Robinson 상태방정식의 매개변수, ESD 상태방정식의 변수
β	$1/kT$, 여기서 k는 Boltzmann 상수이고 T는 온도
ε	퍼텐셜 에너지 매개변수
η	열적 θ, 압축기 또는 펌프 C, 터빈 또는 팽창기 E, 효율 또는 환산밀도, $\eta_P = b/V$
γ	C_P/C_V
γ_i	활동도 계수
κ_T	등온 압축률
κ_S	등엔트로피 압축률
κ	Peng-Robinson 상태방정식 매개변수
λ	보편적인 자유부피 분율
μ_i	혼합물 내 성분에 대한 화학 퍼텐셜
ω	이심인자
φ	순수유체 퓨가시티 계수
$\hat{\varphi}_i$	혼합물 내 성분의 퓨가시티 계수
Φ	삼투압 계수 혹은 전기 퍼텐셜
Φ_i	성분 i의 부피분율
ρ	시강 밀도
σ	분자의 지름
ξ	반응좌표

연산자

Δ	변화를 나타냄. (1) 폐쇄계에 대해서는 (최종상태 − 초기상태)를 나타냄. (2) 개방계에 대해서는 (출구 상태 − 입구 상태)를 나타냄.
ln	자연대수(베이스가 e)
log	일반대수(베이스가 10)
∂	편미분
Π	누적 곱 연산자
Σ	누적 합

특수표기

Ig	이상기체에만 적용되는 식
*	온도에 무관한 열용량을 가정한 식
$\bar{H}_i$에서와 같은	부분 몰 성질
$\underline{U}$에서와 같은	시량 성질
^	혼합물 성질
[≡]	변수에 대한 단위를 규정
≡	동등성 혹은 정의
≈	대략적으로 동일함

하첨자

b	정상비점 온도에서의 성질
EC	팽창/수축 일
f	자연적으로 존재하는 순수분자 형태의 원자로부터 분자의 형성에 따른 성질을 나타냄
gen	생성 엔트로피
i	혼합물 내의 성분
m	용융점에서의 성질
mix	Δ와 사용하여 혼합에 따른 성질 변화를 나타냄
r	임계상수를 이용하여 변환된 성질
R	기준상태
S	축일

상첨자

∞	무한 희석
□	몰랄농도 표준상태
o	표준상태(일반적으로 순수한 상태)
*	Henry 법칙의 표준상태
E	혼합물에 대한 과잉 성질
f	최종상태 성질
fus	용융(녹음) 과정
i	초기상태 성질
α, β	관심 상을 나타냄
ig	이상기체 성질
in	입구에서 성질(열린계)
is	이상용액
L	액상
out	출구에서 성질(열린계)
S	고체상
sat	포화 성질
V	기상
vap	증발과정

CONTENTS

차례

2 에너지 수지 41

II 일반화된 유체물성의 분석

III 혼합물의 상평형

PART I

열역학 제1법칙과 제2법칙

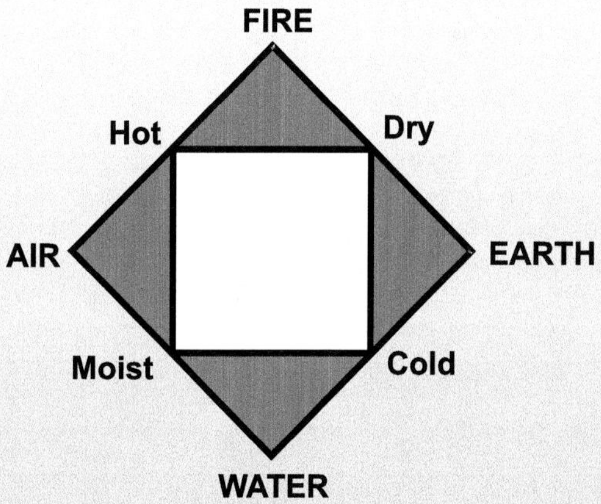

Aristotle, 384–322 BC

고대 그리스인들은 우주에는 흙, 공기, 불, 물의 네 가지 원소만이 존재한다고 믿었다. 사실상 여기에 약간의 원소만 추가한다면 대다수의 자연현상을 설명할 수 있다. 열역학 제1법칙과 제2법칙은 고체덩어리(흙), 이상기체(공기), 수증기표(물), 그리고 열(불)만으로 아주 완벽하게 유도되고 입증될 수 있다. 크게 힘들이지 않고도 다른 몇 가지 '원소들(elements)', 예컨대 메탄, 이산화탄소, 그리고 여러 가지 냉매를 포함할 수 있다. 이들은 아주 흔하게 존재하는 것으로서 수증기표와 기능적으로 대등한 도표를 용이하게 얻을 수 있다.

열역학 제1법칙과 제2법칙은 모든 열역학에 대한 기초를 제공하므로 이들 법칙의 중요성을 과소평가해서는 안 된다. 많은 공학교육과정에서는 통상 한 학기 전체를 '흙, 공기, 불, 물' 에 대한 개념의 정립에 할애하고 있다. 이들에 대한 지식은 매우 기본적이면서도 보편적인 것이어서 어떠한 응용과학도에게도 필수적인 것이다. 여러분과 같은 화학공학도의 경우에는 신속히 이러한 기초를 든든히 한 다음에 제II, III부 및 IV부에서 다루게 되는 다른 문제로 옮겨 가야 한다. 여러분이 제I부를 섭렵하면서 기대하게 되는 중요한 것은 이 단원에 포함된 원리가 교과서 전체의 핵심이라는 사실이며 따라서 이후의 단원에서는 제I부의 내용을 통합하는 것이 필요하게 될 것이다. 열역학 제1법칙(에너지 수지)과 제2법칙(엔트로피 수지)을 조직적으로 적용하는 방법을 따르는 것이 주된 관건이다. 다루고 있는 특정문제로 일반적인 방정식이 어떻게 신속하게 단순화되어 가는지 주의 깊게 지켜보라. 특히 방정식으로 이루어진 시스템이 어떻게 미지수에 부합되도록 유도되어 가는지 살펴보라. 유사한 단순화 작업을 여러분 스스로 신속하고 정확하게 수행하는 방법을 익혀 보라. 물론 연습이 필요하겠지만 그로부터 얻은 지식을 통해 제II부에 접어들 때에는 막대한 도움을 받게 될 것이다.

1

CHAPTER

기본 개념

" 논리와 수리과학을 제외하고 소수의 가설로부터 유도된 많은 사실에 의해 구별되는 자연과학의 세 가지 큰 분야가 있는데 이들은 역학, 전자기학, 그리고 열역학 분야이다.

이 세 분야의 과학은 인간정신의 발달에 기념비적인 역할을 하였고 이들에 대한 정열적인 연구는 복잡한 자연현상에서 발견되는 질서와 단순성에 대한 탐미적이고 지적인 만족을 가능케 하였다…. 그럼에도 불구하고 응용 열역학 분야에서 많은 발전이 이루어질 것으로 기대된다. 앞으로 우리가 직면하게 될 시대는 화학산업의 시대가 될 것으로 예측되고 있다. 지속적인 열역학적 방법의 응용만이 사회의 다양한 욕구를 만족시킬 수 있는 화학산업의 전반적인 약진을 가능케 해 줄 것이다."

Lewis and Randall(1923)

Lewis와 Randall은 이미 오래전 1923년에 열역학의 광범위한 의미를 요약하였다. 그들은 그 시대에 이미 많은 경이적인 과학적인 업적을 이루었고 열역학 역할의 중요성을 설파하였다. 몇 가지만 나열하자면, 열역학은 역사적으로 증기기관, 냉장고, 핵발전소, 로켓 노즐 등의 발달에 지침이 되었다. 이러한 원칙들은 오늘날 대체 냉매, 열펌프, 고효율 터빈 등을 개선하는 데 중요한 역할을 하며 컴퓨터 칩, 초전도체, 신소재, 발효, 생체시계, 생명공학적인 기술로 개발된 약품 등 현대 과학의 극치를 이루는 데까지 기여하였다. 일견 이러한 열역학의 응용이 에너지 및 힘의 재생이나 냉동사이클과 무관해 보일 수 있다. 그러나 Lewis와 Randall이 지적했듯이 열역학적 가설에 함축된 의미는 광범위하게 응용될 수 있을 뿐만 아니라 새로운 신기술 개발에 중요한 역할을 계속하게 될 것이라는 사실은 분명하다. 현대 열역학의 많은 부분은 혼합물 성분의 다른 상으로의 분배, 혼합물 상의 불균일 영역, 혼합물 반응뿐만 아니라 혼합물 물성의 특성화에 그 초점이 맞춰져 있다. '낡고 모호한 개념 대신에 정량적인 정확'[1] 을 기하고자 하는 열역학의 특성은 예전과 마찬가지로 오늘날에도 적절히 이어지고 있다.

---

1 Lewis, G.N., Randall, M. 1923. *Thermodynamics and the Free Energy of Chemical Substances*, New York: McGraw-Hill

열역학의 내용에 대해 자세히 설명하기 전에 우선 '가장 기본적인 가설'을 가능한 간단히 기술하고자 한다. 이러한 가설은 고전적인 평형 열역학의 범주로 간주할 수 있다. 우선 기본적인 가설을 극히 간단한 일상용어를 빌어 표현하면 다음과 같다.

1. 무로부터 유를 창조할 수는 없다(에너지는 보존된다).
2. 질서를 유지하기 위해서는 일이 요구된다(무질서의 발생은 잃은 일을 초래한다).[2]

때때로 우리는 매우 복잡한 원칙에 대해 토론하게 된다. 그러나 사실상 모든 토론은 결국 위에 기술된 두 가지 원칙에 도달함을 알 수 있다. 첫 번째 원칙은 앞으로 2장과 3장에서 배우게 될 **열역학 제1법칙**(에너지 보존)에 대한 설명이고 두 번째 원칙은 4장에서 배우게 될 **열역학 제2법칙**(엔트로피 수지)에 대해 표현한 것이다. 여러분이 간혹 복잡한 토론의 중간에 처해 있을 때 근본적인 원칙을 명심한다면 도움받을 수 있을 것이다. 위의 두 원칙이 수학이 내재된 조금 복잡한 사고와 합쳐진다면 에너지 위기로부터 첨단 신소재, 또 환경문제 개선에서 생물학적 합성물질에 대해 여러분에게 믿을 만한 통찰력을 제공해 줄 것이다. 문제점이라면 요구되는 복잡성의 정도가 보통 수준의 학생들이 완전히 이해하기가 쉽지 않으리라는 사실이고, 좋은 점이라면 전과 마찬가지로 많은 학생이 이러한 과정을 거쳐 갔으며 원하는 바대로 적절한 교과목이 잘 구성되어 있다는 점이다.

무엇이 '열역학'을 구성하는가에 대해서 전체의 동의를 구하기는 어렵다. 만일 단순히 단어의 앞부분인 열(Thermo)을 떼어 본다면 이는 온도, 에너지와 필연적으로 관계가 있는 열(Thermal)의 의미로 들릴 수 있고 뒷부분인 역학(Dynamics)은 움직임과 관계가 있는 것으로 여겨질 것이다. 그리고 만일 열역학을 에너지의 움직임에 대한 연구로 이해하게 된다면 이 책의 목적으로는 충분할 것이나 불행히도 이 정도의 의미로는 열역학과 반응론, 이동현상과 같은 다른 학문과의 차별성을 나타내는 데 충분치 못하다. 따라서 온도, 열, 에너지의 내용에 대해 학습하기 전에 열역학의 정의에 대해 시간을 할애하는 것이 중요하다.

에너지의 움직임에 대한 연구로서의 열역학의 정의에는 평형 및 비평형 열역학뿐만 아니라 전통적인 열역학, 양자 열역학, 통계 열역학, 비가역 열역학 등 상당히 많은 부분이 모두 포함된다. Gibbs에 의해 개발된 바와 같이 전통 열역학은 제약 변수를 가진 다변수 미적분학의 의미를 함축하고 있다. 이러한 의미로서 순수물질의 물성값 계산을 위한 일반식의 개발에 상당한 노력을 기울여 왔다. 통계 열역학은 10^{23}개 원자의 정확한 상태를 통해 대상 물질의 평균적인 물성값 계산을 도출하는 것을 기본 개념으로 하고 있다. 엔트로피의 도입, 운동이론, 분자동력학, 그리고 분자 간 퍼텐셜 에너지에 관한 내부에너지에 대한 법칙을 설명한다. 분자 상호작용에 대한 간단한 개념에 대해서는 설명하지만 일반적으로 모든 통계적인 평균값에 대한 상세한 유도는 보류될 것이다. 비가역 열역학과 비평형 열역학은 주기적인 시간에 대해 에너지와 원자들의 국부 농도를 강조한다. 이러한 열역학의 대략적인 특성화는 이동현상 및 반응론

---

2 '잃은 일'이라는 용어는 일을 할 수 있는 능력의 손실을 뜻하며 이에 대해서는 2.4절과 4.2절, 4.3절에서 자세히 다룰 것이다.

과 중복될 수 있어서 입문단계에서 혼란을 가져올 수 있다. 그럼에도 불구하고 이러한 분야는 일반적인 열역학의 범주 내에서 적당한 부제를 나타낸다.

1.1 서론

앞서 언급한 관점은 열역학의 일반적인 학습범위 내에서 가능한 적용의 축소 및 확대에 대한 개념을 제공해 준다. 이러한 면에서 이 책은 하나의 매개체 역할을 수행하게 될 것이다. 열역학에 의해 제공되는 시각에 대한 하나의 일반적인 통학적 원리는 특정 물성은 시간에 대해 불변하다는 것이다. 예를 들어, 확산공정은 시간에 따라 그 시스템 내에서 약간의 변화를 보이겠지만 확산계수는 온도, 밀도, 그리고 농도구배에만 의존하는 성질로 고려될 수 있다. 열역학자는 주어진 확산계수를 이용하여 간단히 확산공정을 고려할 것이고 그 확산계수를 이해하는데 초점을 맞출 것이다. 이동현상 전문가는 최선을 다해서 확산계수를 계산하여 그것을 이용할 것이고, 반응론자는 다른 공정과 관련해서 확산이 얼마나 빠르게 진행되는지 알고 싶을 것이다. 보다 현실적으로 말하면 만약 우리가 지방을 여행한다면, 열역학자는 우리가 어디로 가는가를 알고 싶어 할 것이고, 이동현상 전문가는 그곳에 가는데 시간이 얼마나 걸리는가를 알고 싶어 할 것이며, 반응론자는 얼마나 빨리 가솔린이 없어지는가를 알고 싶어 할 것이다.

열역학에서는 에너지, 엔트로피, 그리고 평형의 몇 가지 기본 개념을 이용한다. 이들은 서로 연관되어 있으며 온도, 압력, 그리고 밀도는 이들 간의 연결을 제공하는 분자 역학의 형태로 충분히 이해될 수 있다. 결국 이러한 연관성은 물질의 양적인 설명을 나타내는 열역학적 모델(예: 이상기체)에 의해 요약될 수 있다. 에너지와 엔트로피가 어떻게 분자 특성화에 대한 개념으로 발전되고 이들이 공정 응용분야에 대해 어떤 영향을 주는가를 보이는 것이 이 책의 주된 목적이다. 이러한 통찰력은 열용량, 또는 활동도 계수와 같은 열역학적 성질을 계산하는 방법을 잊고 있더라도 오랫동안 여러분을 떠나지 않을 것이다. 우리는 열역학적 모델을 가정하고 열역학 법칙을 적용함으로써 어떻게 많은 응용분야와 연관이 있는 정확하고도 극히 일반적인 통찰에 이르게 되는지를 터득하게 될 것이다. 이 책 전체의 일반적인 주제(공학 전체를 포함하여)는 관찰하고 예측하고 실험하고 평가하는 것이다. 예측하는 단계는 대개 어떤 한 모델 방정식을 관련시키고 실험과 평가단계에서는 그 미래의 모델에 대한 한계점을 찾으며 새로운 관찰, 예측 … 에 이르는 새로운 순환과정을 이끌어 낸다. 우리는 서론에서 이러한 체계에 대한 설명을 마치지만, 절대로 끝나지 않을 것이고, 이 체계의 확대는 향후 50년 동안 혁신의 바탕이 될 것이다.

학습목표

1. 분자 간 퍼텐셜 에너지의 역할과 어떻게 모델링 되는지에 대한 것을 포함하여 온도, 분자 운동에너지, 분자 퍼텐셜 에너지 그리고 거시적 내부에너지에 대한 정의와 이들 간의 관계에 대해 설명하라. 또한 이상기체 내부에너지가 왜 온도에만 의존하는지 설명하라.

2. 압력의 분자 근원에 대해 설명하라.
3. 다음의 열역학적 용어들을 이용하라. 일(work), 질(quality), 안짐작(interpolation), 씽크/저장기(sink/reservoir), 절대온도(absolute temperature), 열린계/닫힌계(open/closed system), 세기 성질/크기 성질(intensive/extensive property), 과냉각(subcooled), 포화(saturated), 과열(superheated)
4. 이상기체 모델의 장단점에 대해 설명하라.
5. *P-V* 선도를 그리고 설명하라.
6. 질(quality) 결정, 이중 안짐작과 같이 수증기표를 보고 계산하라.

1.2 에너지의 분자적 성질, 온도, 압력

에너지는 계의 여러 측면에 적용되는 용어이다. 에너지의 일반적인 정의는 일을 수행할 수 있는 능력이다. 다음 장까지는 일에 대한 잠재력을 수량화하지 않을 것이지만 일에 대한 약간의 일반적인 개념에 대해서는 이해하고 있어야 한다. 에너지는 운동에너지, 또는 퍼텐셜 에너지의 형태를 취하며 거시적, 또는 미시적으로 나타낼 수 있다.

에너지는 물질과 관련하여 일을 수행할 수 있는 모든 능력의 합이다. 운동에너지, 퍼텐셜 에너지, 하위 분자(반응에 의한 분자의 재배열) 에너지, 또는 하위 원자(이온화, 핵분열) 에너지

운동에너지는 시스템의 움직임과 관련된 에너지이다. 움직임은 병진운동, 회전운동, 그리고 진동운동으로 분류할 수 있다.

온도는 어떤 물질의 '뜨거움'의 정도를 나타내지만 본질적으로는 구성 원자의 운동에너지와 관련이 있다.

퍼텐셜 에너지는 역장(force field) 내에서 위치에 따른 시스템과 관련된 에너지이다.

'에너지의 움직임'에 관한 학습에 있어서 우리는 계속적으로 '얼마나 많은 에너지가 지금 여기에 있을까? 그리고 저쪽에는?'이라는 의문을 가져야 한다. 공정에 있어서 계산을 시작할 시점을 설정해야 할 필요가 있다. 위의 정의에 따르면 완전 진공상태에서 내부에너지가 '0'이라고 직관적으로 표현할 수 있다. 그러나 진공상태에 존재하는 양성자 하나의 내부에너지를 알기 위해서는 아무것도 없는 상태에서 양성자 하나를 생성시키기 위해 얼마나 많은 에너지가 사용되었는지에 대해서 알아야 한다. 이것은 실용적이지 않기 때문에 이러한 직관적인 선택은 좋은 선택이 아니다. 이것은 **표준상태**(reference state)에 대한 에너지 변화 계산방식을 도출하는 추론을 배우는 필수적인 과정이다. 따라서 에너지는 어떠한 절대 기준값을 갖지 않는다. 즉, 한 표준상태에서 다른 표준상태로 에너지의 변화가 있을 뿐이다. 관심이 있는 특정 공정에 관련이 있는 표준 조건을 정할 수 있다. 계산의 복잡성에 따라 표준 조건은 다양하다. 예를 들어 0.01°C에서 '0'(수증기표)이 되는 액체상태의 물 엔탈피(나중에 정의하게 됨)를 정의하는 것부터 1 bar, 298.15 K에서 수소, 산소 분자가 '0'(반응열)으로 같다는 정의까지 상황에 따라 표준 조건이 변할 수 있다. 우리는 주로 운동에너지, 퍼텐셜 에너지, 그리고 반응에너지의 변

❗ 에너지는 편리한 표준상태에 대하여 도표 형태로 주어진다.

화에 대해 다룰 것이기 때문에 원소 이상의 기본적인 표준상태를 정의할 필요가 없다. 따라서 하위 원자 입자에 대해서는 고려하지 않기로 한다.

운동에너지와 온도

일반적으로 운동에너지는 물리학 입문과정에서 질량 m인 물질이 v의 속도일 때 $\frac{1}{2}mv^2$로 나타내는 것을 배웠다. 고체를 구성하는 원자는 국한된 위치에서 계속해서 운동에너지로 진동한다. 액체와 기체와 같은 유체는 고정된 위치에만 있지 않고 운동에너지로 빈 자리를 찾아 이동하며 서로 충돌하기도 한다.

온도의 가장 확실한 정의는 일련의 물질의 '뜨거움' 정도를 일의적으로 숫자로 나타낸 척도라는 것이다.[3] 그러나 이 '뜨거움'은 본질적으로 구성성분의 운동에너지와 연관이 있다. 운동에너지와 온도의 관계는 상당히 밀접하다. 우리가 뜨거운 물질을 만질 때 그 물질의 운동에너지는 표면에서 진동하는 원자를 통해 손으로 이동한다. 온도는 평균 분자 운동에너지에 비례하며 이에 대한 식은 엔지니어링에서 몰 기준으로 나타내는 것이 가장 용이하다. 단원자 물질에 대하여 다음과 같이 나타낼 수 있다.

❗ 온도는 일차적으로 분자의 운동에너지를 반영한다.

$$T = \frac{M_w}{3R}\langle v^2 \rangle \text{ (3D)} \qquad T_{2D} = \frac{M_w}{2R}\langle v^2 \rangle \text{ (2D) monatomic fluid.} \qquad \langle 식\ 1.1 \rangle$$

여기서 괄호 <>은 평균을 의미하고, M_W은 분자량을 의미한다. 혼동되지 않도록 훨씬 일반적으로 사용되는 3차원은 T, 2차원은 하첨자를 사용하여 T_{2D}로 표현한다. 2차원과 3차원 온도에 대한 차이점은 24쪽에 자세히 설명되어 있다. 다원자 분자의 경우 온도는 원자들의 평균 속도와 관련이 있지만 몇몇 결합한 원자들의 움직임은 병진운동보다는 회전이나 진동운동을 하므로 무게중심의 속도와는 직접적으로 관련이 없다(7.10절 참조).

식 1.1은 액체와 고체를 포함한 어떤 고전적인 단원자 시스템에서도 적용할 수 있다. 즉, 액체와 단원자 이상기체가 열역학적 평형상태인 순수한 시스템에서 분자들의 평균 속도는 분자의 상(phase)과는 무관하다는 것을 의미한다. 고체 용기 벽면에서 기체 원자가 에너지를 교환하고 고체가 액체와 에너지를 교환하는 것을 생각하면 위의 행동을 추론할 수 있다. 평형에서 모든 에너지의 교환은 같은 운동에너지 분포에 도달해야만 한다. 액체 분자에 대한 환경은 기체 분자 환경과는 다른데 그 이유는 액체 분자가 퍼텐셜 에너지가 더 중요한 복잡한 환경에서 주로 국한되어 움직이기 때문이다. 한 분자의 운동에너지가 분자 간 끌어당기는 힘 때문에 퍼텐셜 에너지(추후에 퍼텐셜 에너지에 대해 배울 것이다)를 벗어날 만큼 충분하지 않다면 원자는 단순히 그 원자의 제한된 환경에서 더 자주 충돌할 것이다. 만약 액체 분자가 주위의 퍼텐셜 에너지에서 벗어날 정도까지 온도가 오르게 된다면 어떻게 될까? 이런 현상을 '끓음'이라고 표현한다. 이제부터 온도가 무엇이고 다른 중요한 열역학적 성질과 어떻게 관련되어 있는지 알아보자.

---

3 Denbigh, K., 1971. *The Principle of Chemical Equilibrium*, London: Cambridge University Press, p. 9.

온도의 일반적인 척도는 **열역학 제0법칙** 때문에 개발되었다. 앞의 문단에서 설명한 대로 어떤 두 물체가 또 다른 어떤 물체와 평형을 이루었다면 이 물체는 서로 평형이다. 열역학 제0법칙은 자연의 경험적 사실로 간주되어야 하는 실험적 사실에 의미를 둔 법칙이다. 열역학 제0법칙의 중요성은 알고 있는 온도의 물체와 평형을 이루는 새로운 물질에 대한 온도를 측정할 수 있다는 것이다. 따라서 온도는 특정한 표준에 따라 보정을 요구하는 경험적 척도이다. 오늘날 섭씨와 화씨 척도가 많이 쓰인다. 이들 간의 변환은

$$(T \text{ in } °\text{C}) = \frac{5}{9}((T \text{ in } °\text{F}) - 32)$$

열역학 계산을 할 때는 Kelvin이나 Rankine으로 표시되는 **절대온도를** 사용해야 한다. 이들은 다음과 같은 관계를 가진다.

$$(T \text{ in K}) = (T \text{ in } °\text{C}) + 273.15$$

$$(T \text{ in } °\text{R}) = (T \text{ in } °\text{F}) + 459.67$$

$$(T \text{ in R}) = 1.8 \cdot (T \text{ in K})$$

❗ 열역학 계산에서는 °R이나 K로 표시되는 절대온도를 사용한다.

절대온도 척도는 온도가 절대 0도 이하로 내려갈 수 없다는 이점을 가진다. 이 관찰은 운동학적인 시각으로부터 쉽게 이해된다. 운동에너지는 0보다 작을 수는 없다. 만약 원자가 움직이고 있다면 운동에너지는 0보다 커야 한다.

퍼텐셜 에너지

고체와 액체는 분자 상호 간의 **퍼텐셜 에너지**(분자의 '점착성')에 의해 형성하고 있다. 만약 분자가 '점착성'이 없다면 기체나 고체로 존재할 것이다. 따라서 분자 퍼텐셜 에너지의 원리는 액체, 고체, 그리고 비이상적인 기체의 특성을 분자 관점에서 발전시키는 데 있어 중요하다. 퍼텐셜 에너지는 역장을 통해서 시스템을 약간의 거리만큼 이동시키는 '일'과 관련을 가진다. 거시적인 관점에서 우리는 중력효과에 대해서는 잘 인지하고 있는데, 예를 들어 지구와 달은 2개의 구형 몸체이며 r^{-2}에 따라 변하는 힘에 의해서 서로를 끌어당긴다. 이 퍼텐셜 에너지는 2개의 몸체가 서로 가까워지고 서로 멀어져 가는 움직임을 일로 나타내고 있는데 이는 단순히 거리에 대한 힘의 적분이다(이 힘은 거리에 대해 퍼텐셜의 마이너스값을 갖는 유도체이다). 따라서 퍼텐셜 함수는 r^{-1}에 따라 변한다. 거시적 퍼텐셜 에너지는 다른 법칙들의 적용에 의한 위치 변화에 따라 힘이 변한다는 것을 제외하고는 미시적 퍼텐셜 에너지와 동일하다. 2개의 원자들 사이의 중력 인력은 원자의 질량이 매우 작기 때문에 큰 영향을 미치지 않지만 오히려 원자 궤도 함수의 특성에 의한 힘이 더 중요하다. 자세히 설명하자면 분자 간의 퍼텐셜 에너지의 기원을 핵 주위의 전자들의 거동을 설명한 Schrödinger의 양자역학식의 해법으로까지 거슬러 올라가야 하지만 위의 원리를 이해하기 위해 양자역학까지 학습할 필요는 없다.

분자 상호 간의 퍼텐셜 에너지

원자는 껍질 안의 핵 주위를 둘러싸고 있는 음전하의 전하와 양전하를 가지는 밀도가 큰 핵으로 구성되어 있다. 최외각 껍질은 원자가 껍질로 정의된다. 전자 밀도는 C, N, O, F, S, Cl과 같은 원소들의 원자가 궤도의 둥근 돌출부(lobe)에 집중되려는 경향이 있다. 이 둥근 돌출부는 CH_4의 사면체처럼 특정한 기하학적 구조에서 배위 결합된 원자에 의해 차지하게 되거나 NH_3나 H_2O에서처럼 사면체의 원자가를 채우는 비결합 전자쌍에 의해서 채워질 수도 있다. 또는 공명이나 방향족 구조처럼 폭넓게 '공유'될 수도 있다. 이러한 원소들(H, C, N, O, F, S, Cl)과 He, Ne, Ar과 같은 몇몇 비활성 기체들은 여기에서 다루고자 하는 분자에 대한 모든 구성요소를 실질적으로 제공한다.

❗ 엔지니어링 퍼텐셜 모델에 의해 인력과 반발력을 취급 가능한 형태로 나타낼 수 있다.

원자구조와 원자 충돌에 관련해 고려함으로써, 다음의 분자 상호 간의 힘의 세부적으로 분류할 수 있다.

1. 하전된 입자(이온) 간의 정전기력과 영구 쌍극자, 사극자와 다극자 간의 정전기력
2. 영구 쌍극자(또는 사극자)와 유도 쌍극자 간의 유도력
3. 전자구름의 분극에 의한 인력(분산력)과 금지된 중복에 의한 척력
4. 회합과 복합 형태를 이끄는 특수한(화학적인) 힘, 특히 수소결합의 경우와 같은 힘

인력은 음의 값으로 정량화될 수 있고 척력은 양의 값으로 특성화할 수 있다. 대략적으로, 이러한 힘은 분자 상호 간의 퍼텐셜 에너지('퍼텐셜' 모델로 알려진)의 구형적으로 평균 모델에 의해 특성화되었다. **이 퍼텐셜 에너지 *u(r)*은 무한한 거리에서 특정 거리 *r*까지 두 분자를 가져오는 일(거리에 대한 힘의 적분)이다.** 원자가 멀리 떨어져 있을 때에는(저기압 기체에서) 서로 감지하지 못하고 상호 에너지는 0에 접근한다. 원자가 약 2배의 지름 이내에 있을 때에는 그들은 음의 값을 갖는 상호 에너지로 당긴다. 원자가 유한한 크기를 가지고 있기 때문에 서로 가깝게 다가갈수록 서로 겹치게 된다. 따라서 매우 가까운 거리에서는 척력이 발생하고 매우 큰 양의 퍼텐셜 에너지가 생긴다. 이러한 직관적인 특징은 그림 1.1에서 그래프로 나타내었다. 다음의 내용들은 이와 같은 힘이 왜 생기고 거리에 따라서 어떻게 달라지는가에 대해 간단한 배경지식을 제공한다.

❗ 인력과 퍼텐셜 에너지는 음이고, 척력과 퍼텐셜 에너지는 양이다.

정전기력

Coulomb의 법칙에 의해 설명되는 두 전하 간의 힘은 중력의 법칙과 상당히 유사하며 화학과 물리학의 기본과정으로서 잘 알려져 있다.

$$F \propto \frac{q_i q_j}{r^2}$$

여기서 q_i와 q_j는 전하이며, r은 분자 중심으로부터 거리이다. 적분에 의해 $u = \int F dr$이고, 퍼텐셜 에너지는 거리에 반비례한다.

$$u \propto \frac{q_i q_j}{r} \qquad \langle 식\ 1.2 \rangle$$

만약 모든 분자가 완전한 구형이고 단단하다면, 이들 정전기적 상호작용력은 이온의 존재를 통해서만 효력을 발생할 수 있다. 그러나 NH_3와 같은 분자는 완전한 구형이 아니다. NH_3는 3개의 양자를 가지고 있으며 비결합된 원자가 껍질의 전자쌍 안에 전자 밀도를 갖는 둥근 돌출부를 가지고 있다. 전하 밀도의 영구 비대칭 분포는 NH_3 분자에 쌍극자(+와 − 전하 분리)에 대해 수학적으로 모델링된다.[4] 이는 전자만 공유하는 암모니아 분자는 서로 밀쳐 내는 반면 양자와 접하는 전자는 공유하는 분자를 서로 끌어당긴다는 것을 의미한다. 정전기적 에너지가 r^{-1}에 따라 떨어지게 되므로, 이들 힘의 영향력 범위가 넓어질 것이라 추측할 수 있다. 다행히 NH_3와 같은 분자에서 음전하와 양전하가 아주 가까워 유체 내에서 분자들의 회전운동과 위아래의 위치가 바뀌는 운동(tumbling)으로 인해 전하가 없어지는 경향이 나타난다. 이러한 운동으로 인해 각각 위치해 있는 분자들 간의 모든 방향에 대한 평균값으로 구성된 거리의 함수로 분자 간 에너지의 구 평균값을 고려하는 것이 타당하게 된다. 많은 수의 분자 집단이 각각 불규칙하게 분포되어 있을 때 평균값에 대한 접근법으로 많은 수식을 소거할 수 있으며 그 결과는 다음과 같이 쓸 수 있다.

$$u_{dipole-dipole} \propto \frac{-\varepsilon_{dipole}}{r^6 kT} \qquad \langle 식\ 1.3 \rangle$$

여기서 $k = R/N_A$는 **볼츠만 상수**, R은 **기체상수**, N_A는 **아보가드로 수**이다. 이 놀랍도록 간단한 결과는 극성 분자 간의 인력 에너지의 상당 부분을 설명해 준다. 이 에너지는 분자들이 서로 밀기보다는 서로 당기는 방향으로 배열되는 데 좀 더 많은 시간을 보내는 경향으로 인해서 인력이 되며 r^{-6} 멱 급수는 분자들이 이동하고 분리와 함께 인력이 감소하면서 발생하는 평균으로부터 얻어진다. 쌍극자-쌍극자 힘의 핵심 특징은 온도에 의존한다는 것이다.

유도력

영구 쌍극자를 가지는 분자가 비쌍극자 분자에 접근할 때 양전하의 쌍극자 분자는 비극성 분자로부터 전자 밀도를 끌어당기려는 경향이 발생하며 비극성 분자가 쌍극자 모멘트를 갖게끔 '유도'한다. 이 효과의 크기는 쌍극자력과 '극성화도'[5]로 특징지어진 전기장 내의 비극성 분자의 궤도에서 얼마나 전자들이 공간적으로 빽빽한지에 대해 의존한다. 예를 들어 벤젠의 π결합은 벤젠을 상당히 극성화시킨다. 정전기력과 관련이 있다고 설명된 구형 평균값에 대한 유사한 고려는 r^{-6}에 의존하고 다음과 같은 결과를 얻을 수 있다.

$$u_{in} \propto \frac{-\varepsilon_{in}}{r^6} \qquad \langle 식\ 1.4 \rangle$$

---

4 쌍극자는 분자에서 전하 분포의 모델이므로 전하 분포의 대략적인 설명이 된다

5 극성화도는 분자가 전기장 내에 위치할 때 얼마나 쉽게 쌍극자를 '유도' 하는지에 대한 모델의 선형 비례상수이다.

분산 인력

2개의 비극성 분자들이 접근할 때, 이들 상호 간에 전자의 변동 분포 때문에 서로 쌍극자력을 야기하기도 한다. 반지름 방향 거리에 대한 이러한 의존성은 분석할 수 있을 것이며 이는 인력에 대한 식과 동일한 형태로 표현된다.

인력의 r^{-6} 의존성은 이론적 배경을 가진다.

$$u_{disp}^{att} \propto \frac{-\varepsilon_{att}}{r^6} \quad \langle 식\ 1.5 \rangle$$

쌍극자–쌍극자 힘, 유도력, 분산 인력은 모두 r^{-6}에 따라 변한다.

척력

척력은 반지름 거리가 감소될 때 급격히 증가하며 원자들이 서로 아주 아깝게 접근했을 때는 인력보다 중요하게 된다. 일반적인 경험식은 다음과 같다.

$$u_{disp}^{rep} \propto \frac{\varepsilon_{rep}}{r^{12}} \quad \langle 식\ 1.6 \rangle$$

엔지니어링 퍼텐셜 모델

정전기력, 유도력, 분산력 등의 형태에 기초하여 Lennard-Jones 퍼텐셜의 형태를 그림 1.1과 같이 알기 쉽게 표현할 수 있다. 사각우물(square-well) 퍼텐셜이나 Sutherland 퍼텐셜 모델과 같은 다른 퍼텐셜 함수 모델도 그림 1.1에 나타나 있다. 이러한 단수화한 퍼텐셜 모델은 많은 응용 영역에서 상당한 정확성을 지니고 있다.

이들 퍼텐셜 모델의 주요 특징은 매개변수 σ를 사용하여 분자의 크기를 표현하고 매개변수 ε을 사용하여 분자 간 인력(즉, '점착성')을 표현한다는 것이다. 상대적으로 간단한 크기와 분자 간 인력의 효과에 대해서는 직관적으로 추론함으로써 유체의 열역학에 대해 상당 수준의 통찰력을 얻을 수 있다. 예를 들어 만약 모든 원자 위치를 한 덩어리로 묶어서 분자로 표현한다면, 버크민스터풀러렌(상온에서 고체)같이 큰 분자는 메탄(상온에서 기체)이 갖는 σ와 ε보다 더 큰 값을 가진다. 물과 메탄은 비슷한 크기의 분자이나, 끓는점이 다르다는 것은 그들의 분자 간 인력에서 큰 차이가 있음을 나타낸다. 분자적 관점에서 고려할 때, 물이 메탄보다 강하게 서로 붙어 있기 때문에 물이 더 높은 끓는점을 가진다는 것을 분명하게 알 수 있다. 이 간단한 통찰을 통해 상당수의 거시적 현상에 대해 분자적인 측면에서 원리를 이해할 수 있을 것이다. 예제 1.1은 분자 상호 간의 퍼텐셜 에너지에 대한 몇 가지 계산을 보여 주었다.

예제 1.1 분자 상호 간의 퍼텐셜로부터 유도된 에너지

세분하게 정의된 분자 체계로 분자 상호 간의 퍼텐셜 에너지를 계산함으로써 내부에너지를 더욱 정밀하게 측정할 수 있다. $\sigma = 0.36$ nm, $\varepsilon = 1.38\text{E-}21$ J인 Lennard-Jones 퍼텐셜 모델을 적용하라.

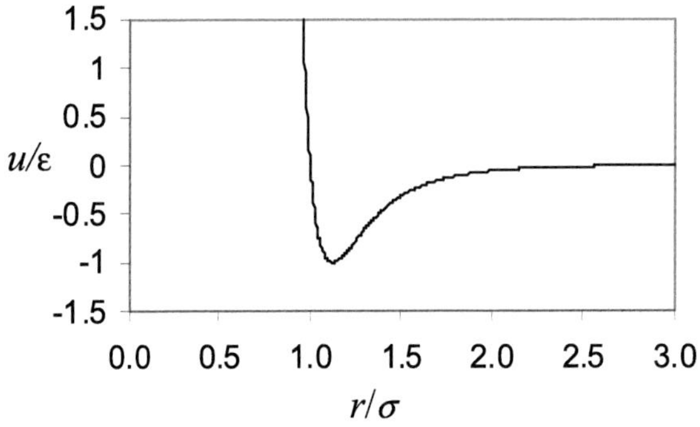

Lennard-Jones 퍼텐셜 모델

$$u(r) = 4\varepsilon[(\sigma/r)^{12} - (\sigma/r)^{6}]$$

$\varepsilon > 0$은 우물의 깊이이고,
σ은 $u(r) = 0$일 때 거리이다.

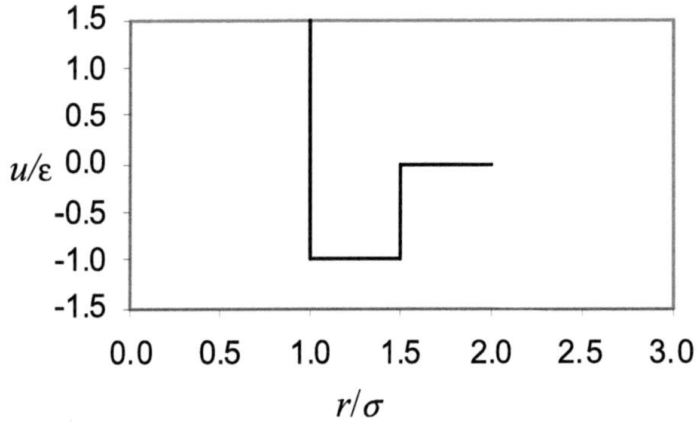

$\lambda = 1.5$일 때의
사각우물 퍼텐셜 모델

$$u(r) = \begin{cases} \infty, & r \le \sigma \\ -\varepsilon, & \sigma < r \le \lambda\sigma \\ 0, & r > \lambda\sigma \end{cases}$$

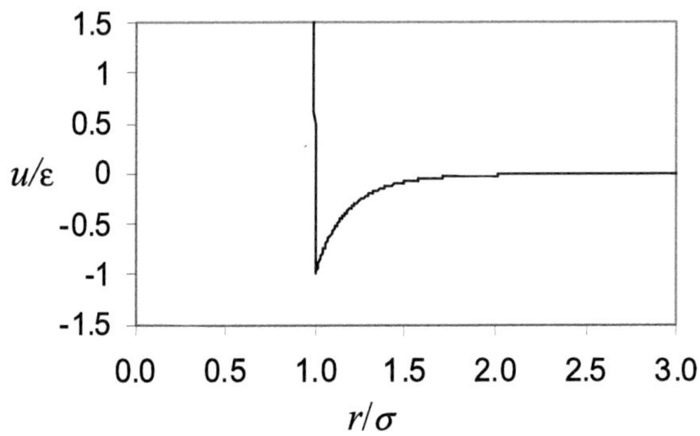

Sutherland 퍼텐셜 모델

$$u(r) = \begin{cases} \infty, & r \le \sigma \\ -\varepsilon(\sigma/r)^{6}, & r > \sigma \end{cases}$$

그림 1.1 • 무차원에 근거한 분자 간 퍼텐셜(pair potential)의 세 가지 엔지니어링 모델

(a) (0,0)과 (0, 0.4 nm) 에 위치한 두 분자에 대한 퍼텐셜 에너지를 계산하라.

(b) 세 번째 분자가 (0.5, 0)에 있다고 가정하고 이 시스템에 대한 퍼텐셜 에너지를 계산하라.

(c) 평균법에 대한 대략적인 이해를 위해 분자들 간의 평균 거리를 정해 평균 퍼텐셜 에너지를 생각해 보자. Lennard-Jones 모델에 따르면 부피가 증가하면, 분자 간의 평균 거리는 증가하고 평균 퍼텐셜 에너지의 크기는 감소한다. (b)에서 구한 퍼텐셜 에너지로부터, 이 분자 시스템에 대한 평균 퍼텐셜 에너지에 맞는 평균 거리 $\langle r \rangle$을 구하라.

(d) (c)에서 가정한 시스템의 부피가 2배만큼 증가했다고 가정하자. 그렇다면 평균 거리 $\langle r \rangle$에 어떤 영향을 미치겠는가? 또한 새로운 분자 상호 간의 에너지를 추정하라.

(e) 한 액체에서 분자가 빽빽하여 복잡하거나 또 다른 층(layer)이 생기지 않는 범위에서 대략적으로 중심 분자 주변에 4개의 분자가 위치하는 것이 안정적이라고 가정해 보자. Lennard-Jones 에너지가 사실상 첫 번째 층 이상에서는 0이라고 가정했을 때(즉, 첫 번째 층 이외에는 모두 무시한다), 중심 분자와 주변의 4개 분자 간의 평균 거리가 $<r> = 0.55$ nm 라면 1개의 분자에서의 분자 상호 간의 에너지와 비슷한 분자의 1 mol에 대한 분자 상호 간의 에너지를 추정하라.

풀이

(a) 거리 $r_{12} = [(0-0)^2 + (0.4-0)^2]^{1/2} = 0.4$ nm.
$u(r_{12}) = 4(1.38\text{E-}21)[(0.36)/0.40)^{12} - (0.36/0.40)^6 = -1.375\text{E-}21$

(b) 거리 $r_{13} = [(0.5-0)^2 + (0.5-0)^2]^{1/2} = 0.5$이므로 $u(r_{13}) = -0.662\text{E-}21$이다.
거리 $r_{23} = [(0.5-0)^2 + (0-0.4)^2]^{1/2} = 0.6403$이므로 $u(r_{23}) = -0.169\text{E-}21$이다.
전체 분자 상호 간의 에너지는 $-(1.375 + 0.662 + 0.169)(1\text{E} - 21) = -2.206\text{E-}21$ J이다.

(c) 세 쌍에 대한 평균 분자 상호 간의 에너지는 $<u> = -2.206\text{E-}21/3 = -0.735\text{E-}21$J이다.
Lennard-Jones 모델에서 $<r>$을 구하기 위해 $<u>$의 값을 적용하면 $<r> = 0.4895$ nm이다.

(d) 부피는 정육면체의 길이와 관련이 있다. 부피가 2배 증가하면 r-좌표가 $2^{1/3}$만큼 변하게 된다. 따라서 $<r> = 0.4895(2^{1/3}) = 0.6167$, $<u> = -0.210\text{E-}21$ J이 된다.

(e) $<r> = 0.55$이면 원자당 $<u(r)> = -0.400\text{E-}21\text{J}, u_1 = 4(-0.400\text{E-}21) = -1.600\text{E-}21$이다.
아보가드로 수를 이용하면, 분자 상호 간의 에너지의 총합은
$u_{NA} = N_A<u> = (602.22\text{E}21)(-1.600\text{E-}21) = -963$ J/mole이 된다.

분자 무리에 대한 퍼텐셜 에너지의 합을 보통 총**배열에너지**(Configurational energy)라고 부른다. 이는 원자나 위치를 얘기할 때 일반적으로 사용되는 퍼텐셜 에너지의 양과 구분하기 위해서이다.

> ❗ 배열에너지는 그들의 '배열' 안에 있는 분자들의 시스템에 대한 퍼텐셜 에너지이다.

분자의 형태를 표현하기 위해서는 좀 더 복잡한 퍼텐셜 모델이 필요하다는 점을 인식할 필요가 있다. 대체적으로 서로 다른 형태를 가지는 분자들은 하나의 분자 분절을 나타내는 퍼텐셜 모델의 결합에 의해 표현된다. 예를 들어 n-부탄은 n-부탄의 결합 길이에 대응하는 거리에 상대 중심이 위치한 4개의 Lennard-Jones 퍼텐셜 모델로 표현할 수 있다. 2개의 부탄 분자 간의 퍼텐셜은 서로 다른 분자에서 각각의 Lennard-Jones 위치 간의 퍼텐셜의 합으로 구할 수 있다. 유사한 관점에서 좀 더 복잡한 분자에 대한 퍼텐셜 모델도 표현할 수 있다.

혼합물에 대한 퍼텐셜

분자 간 퍼텐셜에 대한 논의는 단일 분자에 대한 설명에 초점이 맞춰졌다. 그러나 서로 혼합되어 함께 존재하는 다른 분자들 간의 퍼텐셜 모델에 대해 생각해 보는 것이 실제로는 더 흥미롭

다. 사각우물(square-well) 퍼텐셜은 가장 가까이에 있는 분자들 간의 퍼텐셜 에너지만을 고려하는 가장 단순한 방법이라는 것을 알아야 한다. 이번 분석에 대한 기반으로 사각우물 퍼텐셜을 이용하여 간단히 각각의 퍼텐셜 모델의 분자 간 인력(ε_{ij})과 크기(σ_{ij})에 초점을 맞춘다. 여기서 하첨자 ij는 분자 i와 분자 j 간의 상호 인력을 나타낸다. 별도로 기술되어 있지 않다면 일반적으로 사각우물 퍼텐셜에서 $\lambda = 1.5$로 가정한다. 예를 들어, ε_{11}은 분자 1 자체의 인력을 나타내고, ε_{12}는 2개의 타입 간의 분자의 인력을 나타내며 $\varepsilon_{21} = \varepsilon_{12}$가 된다. 상호 인력과 그 위치에서의 매개변수를 관련시킨 **결합 규칙**을 사용함으로써 서로 비슷하지 않은 분자들 간의 상호작용도 계산할 수 있다. 일반적으로 **Lorentz와 Bertholet**이 발전시킨 결합 규칙을 이용한다. 다른 분자들 간의 상호작용력에서 크기 매개변수는 다음과 같이 표현할 수 있다.

$$\sigma_{12} = (\sigma_{11} + \sigma_{22})/2 \qquad \langle 식\ 1.7\rangle$$

이 규칙은 맞닿아 있는 두 분자 간의 거리는 한 분자의 반지름과 또 다른 분자의 반지름의 합과 같다는 것을 의미한다. 다른 분자 간의 상호작용력에서 인력 매개변수에 대한 측정은 좀 더 경험적인 추론을 요구한다. 통상적으로 기하평균을 이용하여 인력을 추정하지만 실험 측정이나 때때로 양자역학 시뮬레이션과 같은 이론을 사용하여 조정 가능한 상수를 추가함으로써 근삿값을 적용하는 유동적인 방법을 이용할 수 있다. 이러한 역사적인 이유로 이 상수는 일반적으로 'k_{ij}' 또는 2성분계 **상호작용 매개변수**(binary interaction parameter)라고 하며 다음의 규칙에 따라 정의된다.

$$\varepsilon_{12} = (\varepsilon_{11}\ \varepsilon_{22})^{1/2}(1 - k_{12}) \qquad \langle 식\ 1.8\rangle$$

기본값은 $k_{12} = 0$이다.

수소결합과 같은 화학적 결합력

두 분자들 간의 상호작용력의 강도가 어느 회전각도에서 대단히 클 때 구 평균값을 적용하는 것은 이치에 맞지 않다는 것은 무엇을 야기하는가? 이미 화학이나 생물학 입문과정에서 배웠다시피 수소결합은 이러한 상호작용의 한 예이다. 예를 들어 2개의 원자가 특정 배향에서 상호작용할 때, 구 평균을 적용하는 것은 이치에 맞지 않을 것이다. 그러나 만약 공유결합하고 있다면 화학반응이라 부르고 다른 방식으로 그것을 취급할 것이다. 상호작용력의 강도가 구 평균값으로 전체를 취급하기에는 너무 강할 때, 또는 안정적인 화학종을 형성하는 일반적인 화학반응으로서 상호작용력이 너무 작을 경우를 취급할 때는 흥미로운 문제가 발생된다. 분명히 이 문제점은 어렵고 그래서 이러한 문제를 무시하려는 생각을 하게 될 수도 있다. 사실 이 과정의 대부분은 구 평균값에 의해 유도될 수 있는 이론만을 취급할 것이다. 그러나 이들 화학 결합력은 특히 수소결합 형태로 인해 발생할 수 있다는 것을 명심해야 한다. 많은 시스템이 수용성이거나 아미드, 또는 알코올을 포함하고 있기 때문에 수소결합을 전적으로 무시하는 것은 우리들의 개념적인 기반의 정확도를 상당히 약화시킬 수 있다. 게다가 산과 염기 간의 활동적인 상호작용의 개념은 화학 공식의 세계에 대한 통찰력을 키워 줄 수 있다. 공학적 측면에서는 실행 가능한 엔지니어링 모델을 얻기 위해 단일 특성 상수의 근삿값을 계산하는 것과 같이 이러한 힘의 구형적인 본질에 대해 많은 조절을 할 수 있다. 예제 1.2는 전체 혼합 열역학에서 널리 사용되는 결합 규칙의 개념을 나타낸 것이다.

예제 1.2 혼합물에 대한 분자 간 퍼텐셜

메탄(CH_4)은 벤젠(C_6H_6)보다 적은 수의 원자로 구성되어 있어서 크기 또한 작다. 대략적으로 메탄의 지름은 0.36 nm이고, 벤젠의 지름은 0.52 nm이다. 비슷하게 메탄의 끓는점은 낮아서 분자 간의 인력도 작은 값을 가진다. 대략적인 근삿값은 $\varepsilon/k = T_c/1.25$이다. 여기서 T_c는 책 제일 마지막 부분에 실린 임계온도를 뜻한다. k_{12}을 어떤 값으로 가정해야 할지 모른다면, 세 가지로 나누어 생각해 볼 수 있다. $k_{12} = 0$, $k_{12} < 0$, $k_{12} > 0$. 자세히 설명하기 위해서, k_{12} 매개변수가 다음과 같이 주어졌을 때, 메탄과 벤젠에 대한 퍼텐셜 모델들을 같은 한 쌍의 축 위에 스케치한다. (a) $k_{12} = 0$, (b) $k_{12} = -0.2$, (c) $k_{12} = +0.2$. $\lambda = 1.5$인 사각우물 퍼텐셜로 가정했을 때, 각각의 경우에서 값이 나타내고 있는 것을 말로 설명하라(예: 인력 또는 척력 등등).

풀이

다음의 제안된 추정식에 따르면 메탄의 경우에는 $\varepsilon/k = 190.6/1.25 = 152.5$이고, 벤젠의 경우에는 $\varepsilon/k = 562.2/1.25 = 449.8$이 된다. 식 1.7과 1.8을 적용하면 (a) $k_{12} = 0$, (b) 우물 위치와 관련 있는 $k_{12} = -0.2$, (c) $k_{12} = 0.2$를 나타낸 그림 1.2를 얻을 수 있다.

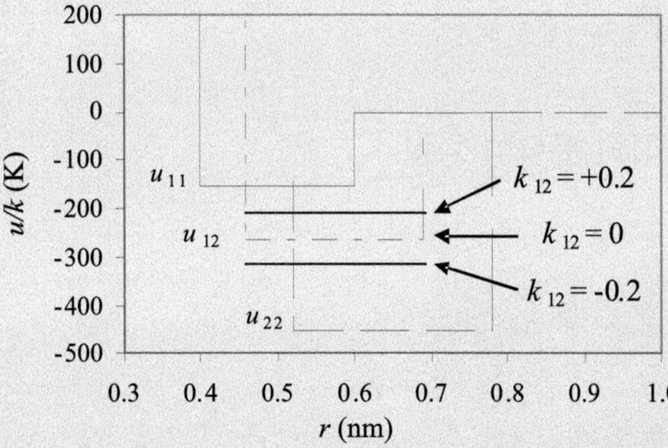

그림 1.2 • 예제 1.1에 설명된 $\lambda = 1.5$를 가진 메탄과 벤젠 혼합물의 분자 상호 간 사각우물 퍼텐셜 모델식의 스케치

상호작용에 대한 설명:

(a)의 경우에는 분자 간의 상호작용이 비교적 중립적인 경우에 해당하며 이때가 기본 가정값이 된다.(즉 $k_{12} = 0$)이 경우에는 메탄과 벤젠 둘 다 무극성이기 때문에 세 가지 경우 중에서 가장 최적의 메탄+벤젠 혼합물이라고 할 수 있다.

(b)의 경우에는 깊게 끌어당기는 우물과 강한 발열의 상호작용에 의해서 서로 간에 강한 인력이 있는 경우이다. 루이스 산과 루이스 염기가 상호작용하는 경우가 이에 해당한다.

(c)의 경우에는 서로 척력이 작용하는 경우이다. 이때의 상호작용은 정확히 0이 아니기 때문에

분자를 서로 끌어당길 수는 있지만 1-2 상호작용에 대한 우물이 1-1과 1-2 상호작용으로부터 기대했던 만큼 깊지 않다. 분자는 자기들끼리 함께 있는 것을 굉장히 선호한다. 이러한 상호작용을 가진 혼합물은 물과 기름처럼 서로 섞이지 않는 액-액의 관계로 이어진다.

내부에너지

❗ 임의의 미시적 운동에너지와 분자 간 퍼텐셜 에너지의 합이 내부에너지이다.

우리는 지금까지 충분한 시간을 들여 분자 측면에서의 운동에너지와 퍼텐셜 에너지를 학습해왔다. 이러한 분자적 성질은 굉장히 중요하지만 거대한 스케일의 거시적 공정 시스템 계산에서는 이러한 미시적 에너지가 결합되고 운동에너지와 배열에너지(configurational energy)를 종합하여 기호 U로 표현되는 시스템의 **내부에너지**(internal energy)로 생각한다. 퍼텐셜 에너지와 운동에너지가 거시적 수준과 미시적 수준에서 존재한다는 사실이 다소 혼란스러울 수 있다. 해당 시스템의 질량 중심의 퍼텐셜 에너지(중력 퍼텐셜 에너지)와 운동에너지는 따로 분리해서 설명할 수 있다. 내부에너지는 해당 시스템의 온도와 밀도(밀도는 비이상기체일 경우)의 함수이다. 만약, 예를 들어 전체 시스템이 질량 중심의 운동에너지와 퍼텐셜 에너지가 지면에서의 정지된 위치와는 상당히 다른 비행기 위에 위치하고 있더라도 내부에너지는 대개 변화하지 않는다. 이것은 제I부의 나머지 부분에 기술되어 있다. 제II, III부에서는 분자 퍼텐셜이 전체 유체의 물성에 어떻게 영향을 미치는지 다시 검토하게 될 것이다. 따라서 제I부의 나머지 부분에서 계로서 유체의 운동에너지와 퍼텐셜 에너지를 언급할 때에는 계의 질량 중심의 운동에너지와 중력 퍼텐셜 에너지를 의미하는 것이다.

1.3 엔트로피의 분자적 성질

열역학의 핵심 개념들을 균형 있게 다루기 위해서는 에너지에 대한 언급과 병행해서 또 다른 중요한 개념인 엔트로피에 대해서 언급하지 않을 수 없다. 불행히도 엔트로피는 지구와 달 사이의 중력 퍼텐셜 에너지에 대한 설명과는 달리 쉽게 유추할 수는 없다. 엔트로피에 대한 학습은 열역학의 세부적인 학습으로 규정할 수 있다.

이 시점에 우리가 언급할 수 있는 것은 엔트로피가 유용한 일을 수행하는 관점에서 볼 때 상실된 일의 양을 나타내는 것으로 여겨 왔다는 사실이다. 에너지는 여러 가지 형태로 존재할 수 있으며 일을 따뜻한 물과 같은 형태의 일로 전환함으로써 얼마나 많은 에너지가 '손실'되었는지 생각하지 않고도 완전하게 설명할 수 있다. 얼마나 많은 일을 하는지 생각해 보기 위해서, 온도가 5°C만큼 오를 때까지 목욕 욕조에 있는 물을 젓는 것을 상상해 보라. 엔트로피는 이 같은 종류의 손실에 대해서 설명할 수 있다. 이러한 손실의 발생은 공정에 포함된 무질서의 정도와 직접적으로 관련되어 있다. 따라서 무질서의 발생은 **잃은 일**(lost work)을 야기한다. 더욱이 그 질서를 유지하지 못함으로써 상실된 일은 유용한 일로 전환할 수 없다. 엔트로피와 에너지 간의 차이를 알아보기 위해서 다음과 같은 예를 생각해 보자. 산소와 질소는 실온과 상압에서 이상상태의 가스로 혼합되어 있다. 얼마나 많은 에너지가 이 혼합과정에 포함되어 있을까? 얼마나 많은 일(에너지)이 그들을 다시 분리하기 위해서 사용되어야 할까? 첫 번째 질문에 완전하게 답하기 위해서는 이상기체 혼합물에 대해 더 완벽하게 이해해야만 한다(4장). 이상기체는 혼합에 대해 퍼텐셜 에너지의 영향을 받지 않는 점 질량체(point masses)임을 인지해야 한다. 따라서 첫 번째 질문에 대한 답은 에너지는 관련되어 있지 않다는 것이다. 그러나 혼합물을 분리하기 위한 일을 다루는 두 번째 질문의 답을 풀기 위해서는 상당히 많은 노력을 기울여야 할 것이다. 요구되는 최소한의 일의 양은 계산할 수 있는데 4장에서 더 논의할 것이다. 한 번에 많은 개념이 도입되는 것을 피하기 위해서 우리는 4장까지는 주제에 관한 내용이 광범위해지는 것은 미루도록 한다.

1.4 기본 개념

계

계(system)는 우리가 연구하고자 선택한 우주의 한 부분이다.

닫힌계(closed system)는 계의 경계를 통과하는 물질의 이동이 없는 계를 말한다.

열린계(open system)는 그 경계를 통해 물질이 이동될 수 있는 계이다. 이때 계의 물질의 양은 줄거나 늘어날 수 있으며 또는 단순히 물질이 계를 통과하기만 할 수도 있다.

고립계(isolated system)는 경계와 어떠한 상호작용도 전혀 없는 계를 말한다(물질 교환, 열, 일 등에 대한 상호작용을 포함한다.)

계의 경계는 어떤 문제를 해결하는 초기에 정립되어야 하며 수지식을 얼마나 간단하게 하는가의 문제는 고려 중인 계가 닫힌계인가, 아니면 열린계인가에 달려 있다. 그러므로 **계의 경계는 명쾌하게 정립되어야 한다. 계의 경계가 변화하는 경우에는 물질 및 에너지 수지식의 단순화 작업을 다시 해야 하는데 이는 각 수지식에 서로 다른 항들의 추가가 필요하기 때문이다.** 지금까지 언급한 지침은 2장에서 좀 더 명백해질 것이다. 많은 교재에서, 특히 유체역학을 다루는 분야에서는 계를 **검사 체적**(control volume)이라고 하며 두 용어는 같은 의미이다.

❗ 계 경계의 설정은 문제 해법에서 중요한 단계이다.

평형

평형상태에 놓여 있는 계라고 하는 것은 계 내부에서 세기 성질을 변화시킬 구동력이 없을 때를 말한다. 이때 계는 모든 힘과 퍼텐셜에 대해 '자유로워'지게 된다.[6]

고립계는 자발적으로 평형상태에 도달하게 된다. 평형상태에서는 더 이상 세기 성질들을 자발적으로 변화시킬 어떠한 구동력도 없다.

6 우리는 화학공학의 목적을 위해 '중요한' 변화를 일으킬 어떠한 구동력도 없다는 이 기준을 설정한다. 이는 대부분의 시스템들이 (국부적으로 평형상태에서) 기술적으로 준안정적이기 때문이다. 예를 들어 피스톤/실린더 팽창과정 중 공기 팽창을 고려할 때, 이 계가 역학적 평형에 도달했을 때의 공기 산화에 의해 피스톤/실린더의 잠재적인 부식은 무시한다.

물질수지

아마 이 과목을 공부하는 학생들은 물질 및 에너지 수지에 대한 기초과정으로부터 물질수지에 어느 정도 익숙할 것이다. 이에 관련되는 관계식은 다음과 같다.

$$\left[\begin{array}{c}\text{계 경계 내의}\\ \text{물질 축적}\\ \text{비율}\end{array}\right] = \left[\begin{array}{c}\text{계 내부로의}\\ \text{물질 유입 비율}\end{array}\right] - \left[\begin{array}{c}\text{계로부터의}\\ \text{물질 유출 비율}\end{array}\right] \quad \langle\text{식 } 1.9\rangle$$

$$\dot{m} = \sum_{inlets} \dot{m}^{in} - \sum_{outlets} \dot{m}^{out}$$

❗ 물질수지

여기서 $\dot{m} = \dfrac{dm}{dt}$이고, $\dot{m}^{in}$과 $\dot{m}^{out}$은 각각 계의 안으로 들어가고 밖으로 나가는 질량 유속의 절댓값들이다. 달리 표현한다면 다음과 같이 물질수지를 세울 수도 있다.

$$dm = \sum_{inlets} dm^{in} - \sum_{outlets} dm^{out} \quad \langle\text{식 } 1.10\rangle$$

여기서 질량을 미분한 값 dm^{in}과 dm^{out}은 **항상 양의 값**을 가진다. 여러 부분 계에서 일어나는 모든 물질의 흐름을 동시에 하나로 엮어서 자세하게 분석하는 경우 이들 간단한 식들은 아마도 응용의 복잡성을 완전히 보여 주지 않을 것이다. 열역학의 일반적인 공부도 이와 비슷한 점이 있다. 이러한 많은 간단한 수식이 서로 연관되는데 이를 이해하기 위해서는 어느 정도의 훈련이 필요하다. **화학반응이 일어나지 않는 경우**라면 질량 대신에 몰을 써서 몰수지식을 세울 수 있다.

열-씽크와 저장기

❗ 저장기는 무한한 크기의 열전달 근원이나 목적지이다.

열은 에너지가 들어오는 근원과 에너지가 도달하게 되는 목적지 사이를 이동하는 에너지이다. 열역학적 개념이 개발될 때 계에서는 **씽크**(sink), 또는 **저장기**(reservoir)로부터 열이 들어오고 나간다고 종종 가정한다. 저장기는 무한히 큰 근원, 또는 열전달의 목적지이다. 저장기가 대단히 커서 열전달에 의한 저장기의 온도 변화가 없다고 가정할 수 있다. 씽크는 온도의 변화 없이 열을 받는 저장기의 특별한 이름이다. 우주의 한 부분이 저장기라는 타당한 가정을 함으로써 온도가 일정하다는 가정으로 계의 열역학적 거동에 관하여 쉽게 집중할 수 있다.

열전달에 대한 역학은 또한 운동 역학적 관점으로부터 개념적인 접근을 가능하게 한다. **열전도**(conduction)에서는 천천히 움직이는 분자와 빠르게 움직이는 분자 간의 충돌에 의해 운동에너지가 교환되고 온도가 평형에 이르게 된다. 이와 같은 방법으로 이를테면 피자의 중심이 익을 때까지 열은 열판으로부터 피자의 중심까지 열이 전달된다고 생각할 수 있다. **열대류**(convection)에서는 뜨거운 질량의 다발이 순환하고 섞이면서 평형으로 도달한다. 오븐의 불꽃에서 피자의 표면으로 열이 전달되는 데 있어서 대류가 중요하다. 열전달의 나머지 방법인 **열복사**(radiation)는 뜨거운 곳에서 방사되는 전자기적 파동을 차가운 물질이 흡수하는 본질적으로 다른 메커니즘에 의해서 일어난다. 복사 열전달은 전형적으로 열전달이 주된 주제의 학습과정에서 자세히 논의된다.

일

일은 물리학으로부터 이미 친숙한 용어로, 일은 거리를 통해 작용하는 힘임을 알고 있다. 펌프, 터빈, 교반장치, 피스톤이나 실린더 등을 포함하여 계에 몇 가지 방법으로 작용하는 힘을 이 범주에 넣을 수 있다. 다음 장에서는 어떻게 일을 계산하고 그 계에 대해 어떤 영향을 주는지에 대해서 논의할 것이다.

밀도

밀도는 단위 부피당 질량이며 몰(몰밀도)이나 질량(질량 밀도)을 기준으로 표현될 수 있다. 어떤 상황에서는 밀도를 단위 부피당 입자의 수(수 밀도)로 표현된다.

세기 성질

세기 성질이란 계의 크기와 상관없는 성질을 의미한다. 예를 들면 계를 이루는 내부의 단단한 벽이나 단열벽을 포함하지 않는 어떠한 계가 평형에 놓였을 때, 온도와 압력은 계 전체를 통해서 균일한 값을 가지므로 이 둘은 세기 성질이다. 마찬가지로 계 전체의 질량에 의해 나눈 **특성치**(specific properties)도 세기 성질이다. 예를 들어 몰당 부피([≡]길이^3/몰수), 질량 밀도([≡]질량/길이^3), 비내부에너지([≡]에너지/질량)는 모두 세기 성질이다. 이 책에서는 세기 성질을 표시하는 변수에는 밑줄을 긋지 않기로 했다.

> ❗ 세기 성질과 크기 성질 간의 구분은 문제풀이에 변수를 선택하고 사용하는 데 핵심이 된다.

크기 성질

크기 성질은 계의 크기에 의존한다. 예로서 부피([≡]길이^3)와 에너지([≡]에너지)를 들 수 있다. 크기 성질을 나타내는 부호 아래에는 밑줄을 긋기로 한다. 예를 들면 $\underline{U} = nU$에서 n은 몰수이고 U는 몰당 내부에너지이다.

상태와 상태 성질–상규칙(Phase Rule)

단일상의 순수유체의 상태를 규정하기 위해서는 **2개의 상태 변수**가 필요하다. 즉 압력(P), 부피(V), 온도(T), 내부에너지(U) 중에서 2개의 상태 변수가 규정되어야 한다. 나중에 다루게 될 다른 상태 변수들(몰당 엔탈피, 몰당 엔트로피, 몰당 Helmholtz, 몰당 Gibbs 에너지)도 2개의 변수 중에 포함될 수 있다. **상태 변수는 반드시 세기 성질이어야만 한다.** 한 가지 예를 들면 증기의 T와 P를 규정하는 것으로 비내부에너지와 비부피가 구해진다. 그러나 포화 증기나 포화 액체의 물성치를 찾으려면 단 하나의 변수, 즉 온도나 압력만을 규정할 필요가 있다는 사실을 주목하라. 이렇듯 규정되어야 할 변수의 숫자가 감소하는 것을 '**자유도**(degrees of freedom)'의 감소라고 한다. 다른 예로서 3성분, 2상계에서 계의 온도와 아래 상의 성분들 중 2개의 성분의 몰분율이 상태 변수가 되지만(세 번째 성분의 몰분율은 몰분율의 합이 1이므로 이미 알고 있다), 어떤 특정한 성분의 총몰수는 크기 성질이므로 상태 변수가 아니다. 이 예에서 계의 온도와 아래 상의 몰분율이 정해지면 계의 압력과 위 상에서 각 성분의 몰분율이 모두 규정된다. 주어진 계의 상태를 완벽하게 규정하기 위해 필요한 상태 변수의 개수는 다음의 Gibbs 상규칙으로부터 주어진다[7].

Gibbs 상규칙은 계의 상태를 규정하기 위한 상태 변수(세기 성질)의 수를 제공한다.

$$F = C - P + 2 \qquad \text{〈식 1.11〉}$$

여기서 F는 계의 상태를 규정하기 위해 필요한 상태 변수의 개수이며(F는 또한 자유도라고 한다), C는 성분수, 그리고 P는 상의 수이다. Gibbs 상규칙에 대해서는 16장에서 더 자세히 다룬다.

정상상태 열린계

정상상태 흐름은 공정산업에서 매우 일반적이다.

정상상태는 계로 들어가고 나오는 질량 유속이 시간에 따라 변하지 않아서 물질의 축적이 없는 열린계를 말한다. 게다가 정상상태에서는 계 내부의 모든 위치에서 상태 변숫값이 시간에 따라 변하지 않아야 한다. 여기서 상태 변숫값이 계 내부의 위치에 따라 변할 수 있다는 것을 인지하여야 한다. 정상상태는 평형인 계를 필요로 하지 않는다. 예를 들어 뜨거운 유체와 차가운 유체의 흐름이 정상상태에서 작동하는 열교환기의 경우, 각 유체의 흐름은 길이 방향으로 온도구배를 갖게 되므로, 뜨거운 유체에서 차가운 유체의 흐름 방향으로 열전달을 일으키는 구동력이 항상 존재하게 된다.

이상기체 법칙

이상기체 법칙은 언제나 유효하지는 않지만 초기 추정값을 제공해 주는 모델이다.

이상기체(Ideal gas)는 분자들이 서로 끌어당기는 퍼텐셜 에너지를 가지고 있지 않고 크기가 없는(따라서 서로 반발하는 퍼텐셜 에너지도 없다) '모델' 유체이다. 이상기체의 물성은 다음의 이상기체 모델식을 통해 계산된다.

$$P\underline{V} = nRT \qquad \text{〈식 ig 1.12〉}$$

상태방정식은 유체의 압력-부피-온도 물성과 관련이 있다.

이 공식을 처음 세운 과학자들은 경험적으로 '법칙'이란 용어를 붙여 지금까지도 계속해서 사용하고 있지만 '모델'로 고려하는 것이 더 적절하다. 전문용어로는 **상태방정식**(equation of state)이라고 부르며, 식 1.12와 그림 1.3에 보여 준 대로 압력-부피-온도 간의 물성을 나타내는 이상기체 법칙과 관련이 있다.

실제 분자는 인력과 척력의 퍼텐셜 에너지가 있는 것을 알고 있다. 이상기체 입자들은 척력이 없기 때문에 서로 빠져나간다. 이 거동을 설명하기 위해 이상기체 분자를 때때로 '점 질량체(point masses)'라고 부르기도 한다. 이러한 추정이 지나쳐 보임에도 이상기체 모델식을 이용하면 상온과 상압 근처에서 공기, 질소, 산소 심지어는 수증기 등 여러 가지 물질의 상태를 표현

---

7 반응하는 계에서는 C는 개별적인 종의 수에서 독립반응의 수를 뺀 값으로 대체된다.

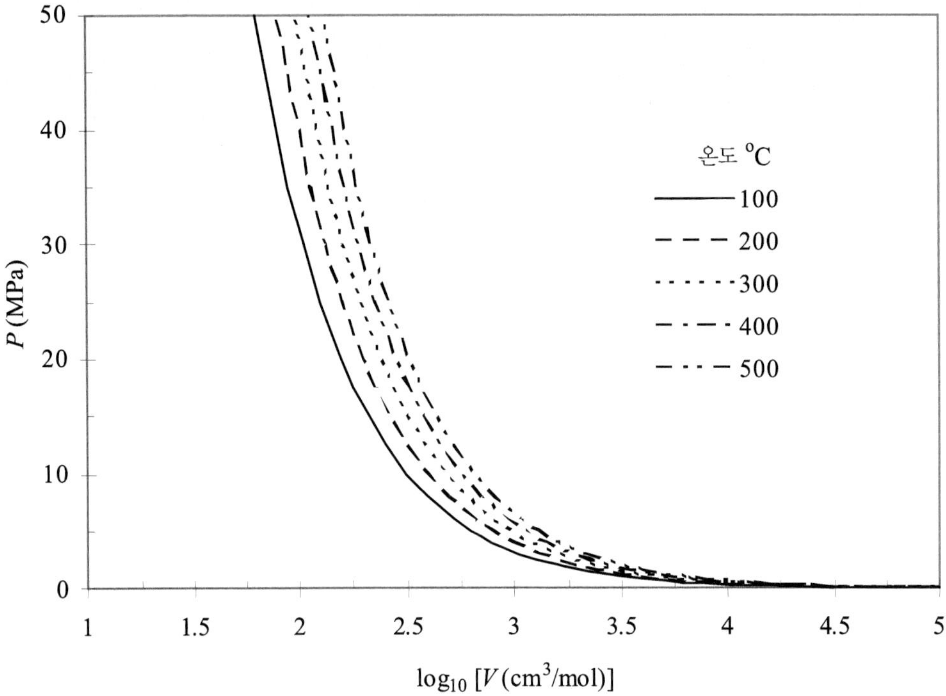

그림 1.3 • 다섯 가지의 온도에서 이상기체의 거동

할 수 있다는 것을 실험적으로 알고 있다. 이 모델은 제I부에서 다루는 에너지와 엔트로피 수지식의 개념을 응용하는 계산을 간단하게 하는 데 유용하게 이용할 수 있다. 그렇다고 이상기체 모델이 모든 상황 심지어 공기, 산소, 질소 등 모든 증기를 적용할 수 있다는 것을 의미하는 것은 아니다. 좀 더 복잡한 유체 모델에 대한 해석은 제II부에서 다룰 것이다. 제II부까지는 열역학적인 그래프와 표를 이용해서 이상기체로 고려되지 않는 기체의 물성을 구할 것이다.

운동에너지는 이상기체의 유일한 에너지의 형태이기 때문에, 단원자 이상기체 내부에너지는 원자의 운동에너지를 합하고 온도에 연관시킴으로써 구할 수 있다(식 1.1과 비교).

$$\boxed{\underline{U}^{ig} = \frac{Nm\langle v^2\rangle}{2} = \frac{nN_A m\langle v^2\rangle}{2} = \frac{nM_w\langle v^2\rangle}{2} = \frac{3}{2}nRT = \frac{3}{2}NkT}$$ 단원자 이상기체

〈식 ig 1.13〉

여기서 온도와 내부에너지 간의 비례상수는 일정 부피에서의 이상기체 **열용량**(heat capacity, C_V)으로 알려져 있다. 식 1.13에서 단원자 이상기체에 대해 $C_V = 1.5R$의 관계가 있음을 알 수 있다. 이 책 마지막 부분의 빠른 참조에 주어진 것처럼 일정 압력에서의 열용량(C_P)을 보면 이상기체일 때 $C_P = C_V + R$의 관계가 성립함을 알 수 있다. 이처럼 매우 간단한 식이 헬륨, 네온, 아르곤 같은 물질을 온도 298 K인 상태에서 얼마나 정확하게 표현하는가를 알면 놀랄 것이다.[8]

8 열용량과 C_P와 C_V에 대한 관계는 2장에서 정식으로 정의할 것이다.

식 1.13에 나타난 관계는 오직 단원자 유체에 대해서만 해당되지만, 내부에너지가 온도만의 함수라는 것은 모든 이상기체에 해당된다($U^{ig} = U^{ig}(T)$). 다원자 분자의 경우 어떤 의미로는 진동을 통해 온도에 의존하는 약간의 에너지를 잡고 있기 때문에 열용량은 온도에 의존한다. 그러나 내부에너지가 온도만의 함수($U^{ig} = U^{ig}(T)$)라는 것은 매우 단순화된 단원자 이상기체뿐만 아니라 모든 이상기체에도 적용된다. 이 점을 기반으로 하여 6~8장에서는 상대적으로 간단한 이상기체에 대한 결과를 통계학적으로 수정하여 어떠한 온도 및 밀도에서도 임의의 유체에 대해 에너지의 변화를 계산하는 방법을 보여 주게 될 것이다. 이제부터 압력의 분자적 기원을 살펴보면서 이상기체 법칙에 대해 완벽하게 알아보자.

압력

압력(pressure)은 단위 면적당 가해지는 힘이다. 우리는 유체 분자가 용기벽에 가하는 압력에 대해 주로 다룰 것이다. 간단히 말하면, 분자가 용기벽에 충돌하면 그들의 모멘텀(momentum)은 변한다. 모멘텀의 변화는 벽에 작용하는 힘을 생성한다. 온도가 올라가면, 입자가 충돌할 때 운동에너지(그리고 모멘텀)가 커지고 압력도 증가하게 된다. 이러한 과정을 이상기체 법칙과 연관시켜 운동이론의 매우 단순화된 분석으로 충분히 이해할 수 있다.

용기 내에 있는 2개의 단단한 구형 분자들이 벽과 충돌하면서 x 방향으로만 움직이고 서로 충돌하지 않는다고 가정하자. 이제 각 벽에 작용하는 힘을 정량적으로 구해 보기로 한다. 이상적인 움직임에서는 입자가 A_1과 A_2의 벽과만 충돌하기 때문에 이들 2개의 벽만 고려하면 된다. 입자는 벽과 충돌 후 동일한 속도로 반대 방향으로 진행한다고 가정하자(완전히 단단하고 어떠한 모멘텀도 흡수하지 않는 벽에 대한 완전탄성충돌).

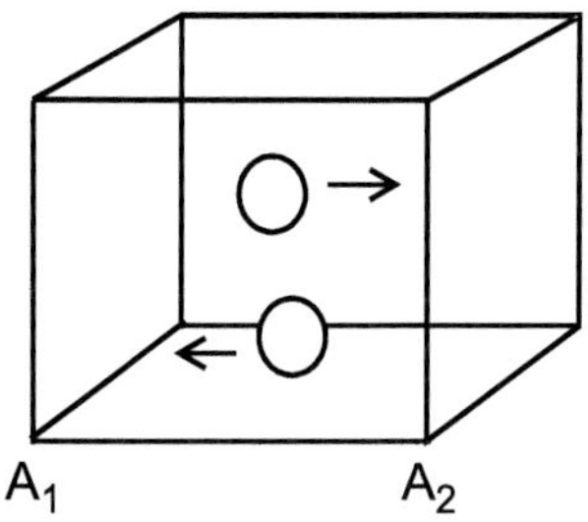

따라서 입자의 운동에너지는 변화 없이 일정할 것이다. 만약 벽을 때리기 전의 초기 속도를 $\vec{v}$라고 한다면($\vec{v}$는 벡터양이고, v는 스칼라를 나타낸다), 벽과 충돌 후의 속도 변화는 $-2\vec{v}$가 된다. 입자의 속도 변화는 벽과 입자 간의 상호작용력의 존재를 나타낸다. 만약 입자의 속도를 변화시키기 위해서 필요한 힘을 정량화한다면 Newton의 제3법칙을 사용하여 벽에 가해지는 입자의 힘도 역시 정량화할 수 있다. 힘을 정량화하기 위해서는 모멘텀으로 기술된 Newton의 제2법칙을 적용해야 한다. 시간에 따른 입자의 모멘텀 변화율은 입자에 대해 작용하는 힘과 동일하며 그 힘의 방향을 가진다.

$$\frac{d\vec{p}}{dt} = \vec{F} \qquad \langle 식\ 1.14 \rangle$$

이 식을 직접적으로 응용하는 것은 방향의 변화가 순간적으로 변하기 때문에 다소 문제가 있으며 시간 척도가 중요한 것으로 보인다. 이 문제는 Δt 시간 동안 벽에 가해지는 시간-평균힘[9] $\vec{F}_{avg}$을 결정함으로써 피할 수 있다.

$$\int_{t^i}^{t^f} \vec{F} dt = \vec{F}_{avg}\,\Delta t = \int_{t^i}^{t^f} \frac{d\vec{p}}{dt} dt = \Delta\vec{p} \qquad \langle 식\ 1.15\rangle$$

여기서 $\Delta\vec{p}$는 Δt 동안의 전체 모멘텀의 변화이다. 각 충돌에 의한 모멘텀의 변화는 $\Delta\vec{p} = -2m\vec{v}$이며 m은 입자당 질량이다. 충돌 주파수는 속도와 쉽게 연관될 수 있다. 각 입자는 Δt마다 벽에 충돌하는데, 여기서 $\Delta t = 2L/v$ 이고 L은 A_1과 A_2 간의 거리이다. 따라서 평균힘은

$$\vec{F}_{avg} = \frac{\Delta\vec{p}}{\Delta t} = -2m\vec{v}\frac{v}{2L} \qquad \langle 식\ 1.16\rangle$$

여기서 $\vec{v}$는 벽과 충돌하기 전의 속도이다. 압력은 단위 면적당 힘이며 벽의 면적은 L^2이다. 따라서

$$P = \frac{m}{L^3}(v_1^2 + v_2^2)\ \text{(1차원 이상기체)} \qquad \langle 식\ ig\ 1.17\rangle$$

P는 부피 내의 입자 수와 입자의 운동에너지에 비례한다.

여기서 하첨자는 입자를 나타낸다. 식을 자세히 살펴보면, L^3는 용기의 부피를 나타내고 전에 배웠던 온도와 관련 있는 운동에너지를 알 수 있다.

만약 입자의 움직임이 불규칙적인 방향으로 일반화되는 경우 각각의 속도성분을 독립적으로 얻을 수 있기 때문에 다른 벽에 대한 충돌이 문제를 더 복잡하게 하지는 않는다. 이것을 설명하기 위해서 수평 평면에서 4개의 벽의 중심 부위에 입자가 충돌한다고 가정하자. 이 상황을 위에서 관찰한다면 입자의 궤도는 다음과 같이 나타낼 수 있다.

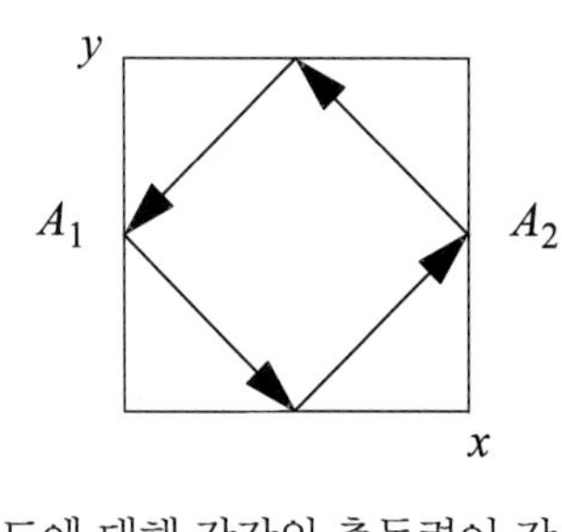

처음의 경우에서처럼 같은 속도에 대해 각각의 충돌력이 감소될 것이다. 왜냐하면 입자가 단순히 충돌하여 빗나가게 되기 때문이다. 벽 사이의 충돌 시간은 현재 벽에 수직인 속도 요인에 달려 있다. 우리는 정사각형의 용기 안에 입자가 각 벽의 중심에서 45° 방향으로 충돌하는 특별한 경우에 대해 학습하기로 한다. 그 힘의 x 성분은 $v_x = v_y$인 관계로부터 속도의 크기와 연관시킬 수 있으며 $v = (v_x^2 + v_y^2)^{1/2} = v_x 2^{1/2}$로 주어진다. 벽 A_1에 충돌하는 시간은 $4L/(v2^{1/2})$이 된다.

9 시간-평균 힘에 대한 자세한 설명은 물리학 입문서를 참조하라.

따라서 2차원에서 평균힘에 대한 식은 다음과 같다

$$F_{avg,A_1} = -2mv_x\frac{v\sqrt{2}}{4L} = -2m\frac{v}{\sqrt{2}}\frac{v\sqrt{2}}{4L} = -2mv\frac{v}{2L} = -\frac{mv^2}{L} \qquad \langle 식\ 1.18\rangle$$

2차원에서 각각 서로 충돌하지 않는 2개의 입자로 인한 압력은 다음과 같다.

$$P = \frac{m}{2L^3}(v_1^2 + v_2^2)\ (2차원) \qquad \langle 식\ ig\ 1.19\rangle$$

(복잡한 충돌 각도와 위치는 같은 결과를 나타내지만 더 어려운 유도과정이 요구된다.) 3차원으로 확장하는 것은 시각화하는 것보다 어렵다. 그러나 식 1.17과 식 1.19를 비교함으로써 3차원에서의 압력이 다음과 같다는 사실은 신기한 것이 아니다.

$$P = \frac{m}{3L^3}(v_1^2 + (v_2)^2) = \frac{m}{3\underline{V}}(v_1^2 + v_2^2)\ (3차원) \qquad \langle 식\ ig\ 1.20\rangle$$

입자들 간의 충돌이 발생했을 때에는 문제가 좀 더 복잡해진다. 이상기체는 서로 충돌하지 않는 점 질량이라고 가정했기 때문에 여기서는 그 문제에 대해 무시할 수 있다. 이러한 분자의 충돌은 '당구공' 물리학의 간단한 계산이다. 이 주제에 대해서는 추후에 Etomica.org에서 불연속적인 분자 동역학(discontinuous molecular dynamics, DMD) 모듈의 많은 대화형 그래픽으로 나와 있는 7.10절에서 배우기로 한다.

지금까지 P와 운동에너지 간의 관계를 깊이 있게 알아보았다. 온도와 운동에너지 간의 관계식 1.1을 식 1.20과 연관시키면 3차원적인 구형의 (단원자) 분자에 대한 이상기체 법칙 결괏값을 다음과 같이 구할 수 있다.

❗ 이 식을 이용할 때에는 단위를 확인하라. $1\,J = 1\,kg\text{-}m^2/s^2$

$$P\underline{V} = \left(\frac{m}{3\underline{V}}\sum_i^N v_i^2\right)\underline{V} = \frac{N}{3}m\langle v^2\rangle = \frac{nN_A}{3}m\langle v^2\rangle = \frac{nM_w}{3}\langle v^2\rangle = nRT\ (3차원) \qquad \langle 식\ ig\ 1.21\rangle$$

여기서 m은 입자당 질량이고 M_w은 분자량을 나타낸다. 식 1.19와 비슷한 유도는 2차원에 제한된 결괏값을 다음과 같이 나타낸다.[10]

$$P\underline{V} = \left(\frac{m}{2\underline{V}}\sum_i v_i^2\right)\underline{V} = \frac{nN_Am}{2}\langle v^2\rangle = \frac{nM_w}{2}\langle v^2\rangle = nRT_{2D}\ (2차원) \qquad \langle 식\ ig\ 1.22\rangle$$

1.5 실제유체와 도표로 작성된 물성치

실제유체의 열역학적 거동은 대부분의 경우 이상기체의 거동과 다르다. 실제유체는 응축하고, 증발하고, 얼기도 하고 또 녹기도 한다. 이러한 부피 변화 및 에너지 변화의 과정을 특성화하

10 움직임이 2차원일 때, 압력[=]힘/면적으로 보고 여기서 힘은 오직 2차원이다. 대안적인 관점에서 분자는 오직 2차원 평면 위에서만 존재한다. 따라서 $2L^2$으로 나누고 면적 L^2을 곱해 주면, P_{2D} [=]MPa-m, $P_{2D}L^2 = nRT$가 된다.

는 것은 화공 기술자의 중요한 기능이다. 많은 실제유체가 일상적인 공정 조건에서 **마치 이상기체인 것처럼** 거동한다. 실제유체(물을 예로 들면)와 이상기체 사이의 압력-부피 거동의 비교를 그림 1.3과 1.4에 나타내었다. 이상기체 법칙을 적용하면 일반 기체들(예컨대 실온과 10 bar 이하의 압력 조건에서의 공기과 같은)에 대한 공정에서 계산을 간단하게 할 수 있다. 그렇지만 이상기체 법칙(가끔은 매우 정확한 근사법이 되기도 하지만)은 어떤 유체에 적용할 때라도 주의를 기울여야 할 근사적인 법칙임을 명심해야 한다. 이 거동은 **등온선**(isotherms)(일정 온도 조건을 나타내는 선)상에 나타나는데 이상기체와 물과의 차이는 확연하다. 물은 우리가 다루는 매우 흔한 물질 중의 하나로서 수증기는 100°C(포화압력 = 0.1014 MPa)에서 거의 이상기체처럼 거동하는데, 실험적으로 측정한 부피는 1.6718 m^3/kg(30,092 cm^3/mol)이고 이것을 이상기체 법칙으로 추산하면 $V = RT/P = 8.314 \times 373.15/0.1014 = 30{,}595$ cm^3/mol이다. 그러나 그 상태는 정규 비등점에서의 상황인데, 이 상태에서는 액체와 수증기가 동시에 존재함을 우리는 알고 있다. 이는 같은 조건에서 밀도가 다른 액체상태의 물도 안정한 상태로 존재하기 때문이다.[11]

❗3-D 수증기표는 PVT.m으로 저장된 MATLAB 파일을 이용할 수 있다. 이 도표는 2-D 영상으로 볼 수 있도록 구현시킬 수 있다.

몰밀도와 물질 밀도의 항으로 수식을 나타내는 것이 편리할 때가 자주 있는데 이 값은 몰부피와 물질 부피의 역수이다($\rho = 1/V$). 등온선을 밀도로 써서 P-ρ선으로 그리면 정성적으로는 P-V 그림의 거울상과 비슷하다. 밀도가 쓰기 편리하다는 것은 압력이 0으로 가더라도 밀도는 유한한 반면에 부피는 발산하기 때문이다. P-ρ의 예가 그림 7.1에 나와 있다.

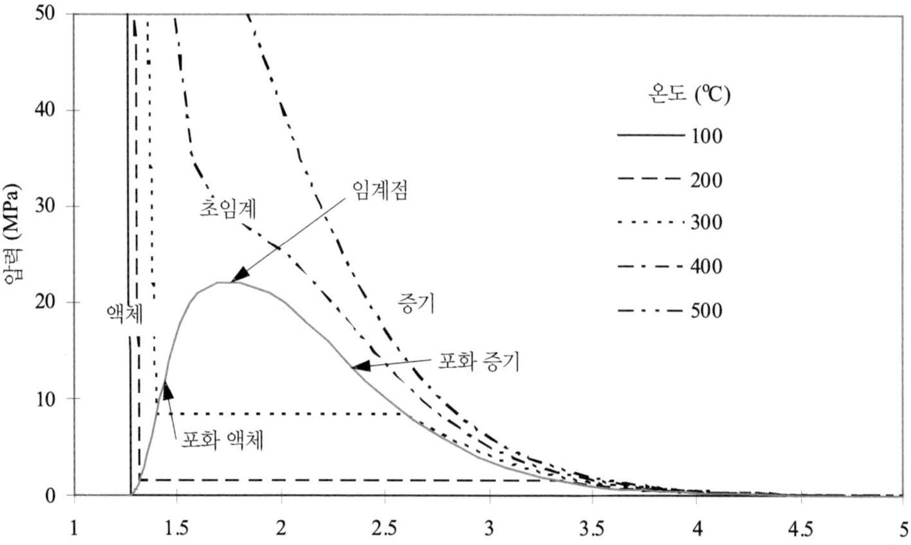

그림 1.4 • 그림 1.3에서와 같은 온도에서 물의 P-V-T 거동. 부록 E에 나타난 수증기표로부터 작성한 그래프이다.

11 이때의 안정성은 Gibbs 에너지에 의해 결정되는데 이에 대한 증명은 9장까지 미루기로 한다.

❗ 실제유체는 포화상태, 끓는점, 그리고 이슬점을 가진다.

2개의 상이 공존하는 상태를 **포화상태**(saturation conditions)라고 한다. 이 상태를 나타내기 위해서 '포화 압력'과 '포화온도'가 이용된다. 이 상태에서의 부피(또는 밀도)는 포화 부피(또는 포화 밀도)라 부른다. 포화상태는 그림 1.4에서 '혹등(hump)' 모양으로 나타나 있다. 이 혹등 모양을 **상분리선**(phase envelope)이라고 한다. 계의 조건이 상분리선 내에 있거나 혹은 상분리선상에 있을 때 2개의 상이 공존하게 된다. 상분리선 내의 평행선을 **대응선**(tie lines)이라고 하는데 이는 평형상태로 공존하는 **포화 액체**(saturated liquid)와 **포화 증기**(saturated vapor) 각각의 부피를 나타낸다. '포화 액체'라고 표시된 선은 끓는점 선(bubble line)이라고 하는데 이는 액체에서 비등(기포)이 일어날 수 있는 상태를 뜻하기 때문이다. '포화 증기'라고 표시된 선은 또한 **이슬점 선**(dew line)이라고도 하는데 증기에서 이슬이 맺힐 수 있는 조건이기 때문이다. 그러므로 포화란 기포, 또는 이슬 조건에 해당하는 말이다. 계의 총부피가 포화 증기선상에 놓이는 조건에서는 극소량의 액체만 존재하게 되는데 이 상태를 '포화 증기'라고 칭한다. 마찬가지로 계의 상태가 포화 액체선상에 놓인다면 오직 극소량의 증기만 존재하게 되며 이 상태를 '포화 액체'라고 표시한다. 계의 총부피가 포화 증기와 포화 액체의 중간에 있다면 이 계에서는 증기와 액체의 2개의 상이 동시에 존재하게 되는데, 각 상은 전체 계에서 일정 부분씩을 차지하게 된다. 각 등온선은 고유한 포화 압력을 가짐을 주목해야 한다. 이 압력은 **포화 압력**(saturation pressure), **또는 증기압**(vapor pressure)이라고 한다. 증기압은 순수 액체의 기포점을 특징짓기 위해 자주 쓰이지만 순수 증기의 이슬점을 표시하기 위해서도 쓰인다.

그림의 오른편에서 부피가 감소하는 방향으로 등온선을 따라가면 등온선은 증기 지역에서 출발하게 되고 증기가 등온 압축되면서 압력은 올라가게 된다. 증기의 부피가 증기압에서의 포화선에 도달하게 되면 액상이 나타나기 시작한다. 그 이후로는 계의 부피가 포화액의 부피에 도달할 때까지 부피가 감소해도 압력이 증가하지 않는다. 포화액의 부피에 도달한 이후에는 부피를 감소시키기 위해 매우 큰 압력의 변화가 필요하다. 그러므로 액체의 등온선은 정확히는 경사가 무한하지 않고 유한하기는 하지만 **비압축성**(incompressible)으로 취급하는 경우가 많다. 각각의 응용 조건에 따라 이러한 비압축성으로 가정한 정확도는 다르다.

❗ 액체는 지극히 비압축성이다.

공정문제를 풀게 될 때 유체의 내부에너지와 같은 물성치를 사용해야 할 때가 생긴다.[12] 내부에너지와 같은 물성치는 대부분의 보편적인 유체에 대해서 수치가 표나 그래프의 형태로 나와 있다. 수증기에 대해서는 표나 그래프가 보편적으로 사용되는데 이 절에서는 부록 E에 수록된 수증기표를 소개하기로 한다. 온라인 보충자료로 MATLAB을 이용한 *P*-*V*, *P*-*T*에 대해 사용자가 표면을 회전하여 볼 수 있도록 만들었다.

수증기표

물을 다루는 경우, 그 상태를 나타내는 몇 가지 통념이 성립되어 있지만 용어에 대한 확실한

12 이러한 성질을 계산하는 데는 여러 가지 기초적 개념과 미적분학의 응용에 대한 숙달된 지식이 요구되므로 뒤로 미루기로 한다. 이상기체에 대한 에너지는 2장에서, 실제유체에 대한 에너지는 8장에서 계산하게 된다.

이해가 선행되지 않고는 다소 혼동될 수 있다. **수증기**(steam)란 증기상태를 뜻하고 **포화 수증기**(saturated steam)는 이슬점에서의 수증기이다. 물의 경우 2개의 상이 존재하는 영역에서 '젖은 증기(wet steam)'란 증기-액 공존계를 뜻한다.

수증기표는 4개의 표로 구분되어 있다. 첫 번째 표는 온도에 따른 포화 조건을 나타내는데 이 표는 온도가 알려졌을 때 사용하면 가장 편리하다. 각 행은 대응되는 포화값을 압력(증기압), 내부에너지, 부피와 나중에 사용될 두 가지 다른 성질인 엔탈피, 엔트로피에 대해 표시한다. 특정 열들은 증발에 필요한 에너지, 엔탈피, 엔트로피를 나타낸다. 이러한 성질은 편리하게 표로 나와 있는데 포화 증기상태의 값과 포화 액체상태의 값의 차이로 간단히 계산된다. **증발**(vaporization)에 필요한 물성치들은 포화온도와 포화 압력이 증가할수록 감소함에 주목할 필요가 있다. 증기상과 액상은 포화온도와 포화 압력이 증가할수록 서로가 비슷해지며 **임계점**(critical point)에서는 두 상이 같아진다. 그림 1.4에서 가장 높은 온도와 압력에서의 포화선상에서 두 상이 동일해짐을 알 수 있는데 여기가 임계점이 된다. 순수한 액체에 대해서 **임계온도**(critical temperature)란 포화선상에서 증기와 액상이 동일해지는 온도로서 T_c로 표시한다. 이러한 현상이 발생하는 압력을 **임계 압력**(critical pressure)이라 하고 P_c로 표시한다. 임계온도 이상에서의 유체를 흔히 **초임계**(supercritical)라고 부르기도 한다.

❗ 임계온도와 임계 압력은 유체의 매우 중요한 물성치이다.

두 번째 수증기표는 압력을 지표로 하여 포화상태의 물성을 나타내는데 압력을 알고 있을 때 사용하기가 편리하다. 온도를 지표로 한 표와 마찬가지로 증발상황에서의 값들이 나와 있다. 이 표는 포화온도표를 재구성한 것인데, 이 두 가지 표로부터 포화 부피를 구하면 같게 된다. 세 번째 표는 수증기표의 가장 많은 부분을 차지하는데 과포화상태에서의 수증기값으로 이루어져 있다. **과열**(superheated) 수증기는 주어진 압력에서 포화온도 이상에서의 증기를 말한다. 여기서 '과열된'이라는 용어는 계의 압력이 주어졌을 때 포화온도 이상의 증기로 한정한다. 이 형용사는 대체로 명확성이 요구되는 경우에 사용한다. 계의 온도와 포화온도와의 차이($T - T^{sat}$)를 **과열도**(degrees of superheat)라고 하며 과열 수증기표는 온도와 압력을 지표로 한다. 포화온도는 각 압력표의 제일 꼭대기에 주어져 있으므로 과열 여부를 포화값 표를 보지 않고도 금방 알 수 있다.

❗ 과열 (superheat)

네 번째 수증기표는 임계온도 이하와 이에 대응되는 증기압 이상의 압력에서의 액상의 물성치값을 나타낸다. 이러한 상태에서의 액체를 **과냉각 액체**(subcooled liquid)라고 하는데 주어진 압력 조건에서 온도가 포화온도 이하임을 뜻한다. 이러한 상태를 나타내는 또 다른 통상적인 방법은 주어진 계를 **압축된 액체**(compressed liquid)로 보는 것으로, 즉 주어진 온도에서의 포화 압력보다 계의 압력이 높다는 것을 의미한다. 여기서 형용사로 쓰인 '과냉각된'과 '압축된'이란 단어는 특히 명료성이 필요할 때만 쓰인다. 수증기표를 대충 훑어보면 압력이 액체의 부피와 내부에너지에 영향을 적게 미치는 것을 알 수 있다. 포화 조건을 그림 1.4에 보인 일반적 거동과 결부시켜 봄으로써 주어진 계에 대한 **물질의 응집상태**(state of aggregation)(증기, 액체 또는 그 혼합체)를 결정할 수 있다.

❗ 과냉각된, 압축된

예제 1.3 수증기표의 소개

다음에 주어진 상태로부터 물이 증기, 액체 또는 그 혼합물로 존재하는가를 말하라.
(a) 110°C, 0.12 MPa, (b) 200°C, 2MPa, (c) 0.8926 MPa, 175°C.

풀이

(a) 포화온도표를 보면 110°C에서 포화 압력은 0.143 MPa이다. 이보다 낮은 압력에서 물은 증기(수증기)이다.
(b) 포화온도표로부터 포화 압력이 1.5549 MPa인 것을 알 수 있다. 그러므로 물은 액체상태로 존재한다.
(c) 포화온도표에서 보면 포화상태임을 알 수 있다. 물은 포화 액체, 또는 포화 증기, 또는 이 두 가지의 혼합물로 존재한다.

선형 안짐작

❗ 선형 안짐작법은 열역학표를 이용하는 문제 풀이에 필요한 기법이다.

수증기표에 담긴 정보는 표의 형식이기 때문에 표에 주어지지 않은 상태에 대한 값을 구하기 위해서는 안짐작으로 계산해야 한다. 이를 위해서는 원하는 물성치(예: 부피, 내부에너지 등)가 독립변수(압력, 온도 등)에 대하여 선형적으로 변화한다고 가정한다. 선형적이라는 가정은 거의 언제나 근사적인 방법일 뿐이지만 변수 간격이 작다면 실젯값에 상당히 가깝다. 주어진 압력 P와 온도 T에서 부피를 구하려 할 때 수증기표에는 그림 1.5에서처럼 P가 중간에 끼게 되는 P_1과 P_2에서만 부피값이 있는 경우를 생각하자. 이 두 점은 표에서 구할 수 있는 값이고 실선은 실제 거동을 나타내며 점선은 표의 값으로의 선형 맞춤값이다.

표에 나온 값들 사이의 구간을 선형 안짐작하면 $y = mx + b$ 형태의 식이 되는데 여기서 y는 종속 변수(여기에서 부피), x는 독립 변수(여기에서 압력), m은 기울기로 $m = \Delta y/\Delta x = (V_2 - V_1)/(P_2 - P_1)$이며 b는 절편이다. 절편을 직접 계산하지 않고도 부피 V를 안짐작하여 구할 수 있다. 계산하려는 점이 기울기 m인 직선상에 있으므로 식 $m = \Delta y/\Delta x = (V - V_1)/(P - P_1)$을

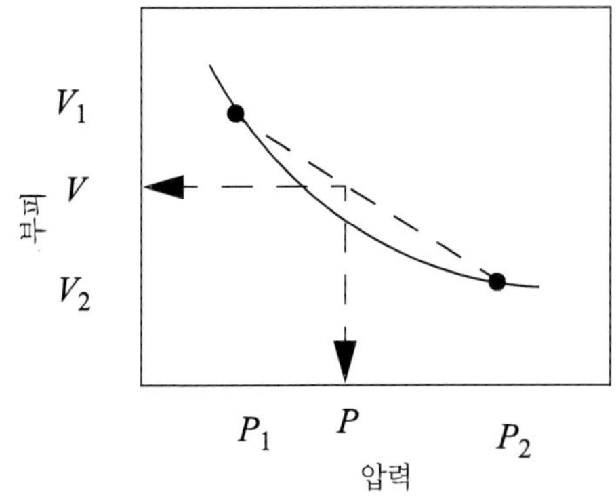

그림 1.5 • 선형 안짐작의 보기.

만족하게 된다. 두 식을 같게 놓고 압력 P에서의 부피 V를 안짐작하여 계산할 수 있다.

안짐작의 적용에 있어서는 다음의 두 가지 신속한 방법을 생각할 수 있다. 첫째 안짐작은 선형적이므로, 짐작구간 전체 부피에 대한 부분적인 부피 변화의 비는 짐작구간 전체의 압력 변화에 대한 부분적인 변화의 비와 같다는 것이다. 변수로 나타내면

$$\frac{V-V_1}{V_2-V_1} = \frac{P-P_1}{P_2-P_1}$$

예를 들면 $(P-P_1)$이 (P_2-P_1)의 10%일 때, $(V-V_1)$은 부피구간 (V_2-V_1)의 10%이다. 위의 관계를 다시 정리하면 다음을 얻는다.

$$V = V_1 + \frac{P-P_1}{P_2-P_1}(V_2-V_1) \qquad \langle 식\ 1.23 \rangle$$

'1'을 기준상태라고 하면 위의 식은 다음과 같은 의미를 지닌다.

부피 = 기준 부피 + (압력 변화율) · (부피 간격의 크기)

식 1.23을 다시 쓰면

$$V = V_1 + \frac{V_2-V_1}{P_2-P_1}(P-P_1) \qquad \langle 식\ 1.24 \rangle$$

이 식은 곧

부피 = 기준 부피 + 기울기 · (기준상태로부터의 압력 변화)

여기서 하첨자 1과 2는 모든 첨자가 서로 교환된다는 전제하에 필요에 따라 교환하여 쓸 수 있다. 여기서 유의할 점은 하첨자 1과 2는 모든 하첨자가 교환될 수 있으며, 대체로 안짐작법은 (수정 방정식 1.23)과 같은 어떤 일반적 특성 M으로 이루어질 수 있다.

$$M = M_1 + \frac{x-x_1}{x_2-x_1}(M_2-M_1) \qquad \langle 식\ 1.25 \rangle$$

M은 관심이 있는 특성을 나타내며(예: V), x는 속성을 나타낸다(예: P).

예제 1.4 안짐작

물의 부피와 내부에너지를 다음의 조건에서 구하라. (a) 5MPa, 325°C, (b) 5MPa, 269°C

풀이

(a) 과열 수증기표에서 보면 5 MPa에서 포화온도가 236.9°C로 되어 있으므로 과열상태이다. 300°C와 350°C에 대해서 수치가 나와 있으며 주어진 계의 온도는 중간값이므로 원하는 온도에서의 부피와 내부에너지를 안짐작으로 계산한다(평균값으로 구해도 된다).

$$U = (2699.0 + 2809.5)/2 = 2754.3 \text{ kJ/kg}$$

$$V = (0.0453 + 0.0520)/2 = 0.0487 \text{ m}^3\text{/kg}$$

(b) 이 상태에서는 온도가 포화온도인 263.9°C와 300°C 사이에 있으므로 안짐작 공식을 적용하여 다음을 얻는다.

$$U = 2597.0 + \frac{269 - 263.9}{300 - 263.9}(2699.0 - 2597.0) = 2611.4 \text{ kJ/kg}$$

$$V = 0.0394 + \frac{269 - 263.9}{300 - 263.9}(0.0453 - 0.0394) = 0.0402 \text{ m}^3\text{/kg}$$

이중 안짐작

때로는 이중, 또는 다중 안짐작을 해야 할 경우가 있다. 다음의 예가 이 방법을 설명해 준다.

예제 1.5 이중 안짐작

160°C, 0.12 MPa에서 물의 내부에너지를 계산하라.

풀이

포화 수증기표를 보면 160°C에서 물은 포화 압력보다 낮은 압력에 있다. 그러므로 과열 증기로 존재하게 된다. 그러나 0.12 MPa이란 압력값은 과열 수증기표에 나오지 않는다. 표에 나와 있는 값은 다음과 같다.

	0.1 MPa	0.12 MPa	0.2 MPa
150°C	2582.9		2577.1
160°C			
200°C	2658.2		2654.6

첫 번째 열과 세 번째 열을 안짐작해서 160°C에서의 값을 계산하고 난 후에, 160°C에서 두 번째 행에서 안짐작하는 방법을 쓰거나, 아니면 먼저 첫 번째 행과 세 번째 행 사이에서 안짐작하고 난 후에 두 번째 열에서 안짐작하는 방법을 쓸 수 있다. 이 두 가지 방법으로 계산한 값은 서로 같지 않을 수도 있는데 이는 안짐작하는 물성치가 선형적이 아니기 때문이다. 일반적으로 좀 더 정확한 값에 대한 안짐작을 먼저 해야 하는데 이는 내부에너지 U의 변화가 작은 구간에서이며 곧 압력 안짐작임을 표에서 알 수 있다. 압력의 증가는 전체 압력 구간의 20%인 [(0.12 − 0.1)/(0.2 − 0.1)]이므로 첫 번째 행에서 안짐작하면

$$U = 2582.9 + 0.2 \cdot (2577.1 - 2582.9) = 2581.7 \text{ kJ/kg}$$

그리고 세 번째 행에서는

$$U = 2658.2 + 0.2 \cdot (2654.6 - 2658.2) = 2657.5 \text{ kJ/kg}$$

그리고 150°C를 기준값으로 해서 앞의 값 사이에서 안짐작하면,

$$U = 2581.7 + 0.2 \cdot (2657.5 - 2581.7) = 2596.9 \text{ kJ/kg}$$

이제 최종결과는 다음 표에서 굵은선으로 표시된 구역에 나타내었다.

	0.1MPa	0.12MPa	0.2MPa
150°C	2582.9	2571.7	2577.1
160°C		2596.9	
200°C	2658.2	2657.5	2654.6

다음의 예제에 나타낸 것처럼 다른 종류의 표에서 구한 값들 사이에서 안짐작하여 구할 수도 있다.

예제 1.6 다른 표를 이용한 이중 안짐작

0.12 MPa과 110°C의 조건에서 물의 내부에너지를 구하라.

풀이

예제 1.3에서 주어진 이 상태는 과열된 상태임을 알 수 있다. 과열 수증기표에서 110°C, 0.1 MPa에서의 내부에너지를 다음과 같이 계산한다.

$$U = 2506.2 + 0.2 \cdot (2582.9 - 2506.2) = 2521.5 \text{ kJ/kg}$$

0.2 MPa의 압력에서는 110°C는 과열 수증기표에 없는데 그 이유는 포화온도가 120.3°C이므로 이 압력에서의 값은 사용할 수 없다. 그러므로 원하는 내부에너지값을 찾으려면 위에서 계산한 값과 포화온도표에서 찾게 되는 포화상태인 110°C와 0.143 MPa 조건에서의 값을 안짐작해서 다음과 같이 계산할 수 있다.

$$U = 2521.5 + \frac{0.12 - 0.1}{0.143 - 0.1}(2517.7 - 2521.5) = 2519.7 \text{ kJ/kg}$$

안짐작 프로그램

때로는 T와 P 모두를 모르는 경우 안짐작은 반드시 이루어져야만 하며, 다음 예에서 보이는 바와 같이 컴퓨터와 스프레드시트는 도움이 될 수 있다.

예제 1.7 Excel을 이용한 이중 안짐작

수증기가 일련의 상태 변화를 거치고 난 후, 최종상태에서 내부에너지가 $U = 2650$ kJ/kg이고 부피는 $V = 0.185\text{m}^3$/kg이다. 온도와 압력을 구하라.

이중 안짐작에 대한 Excel의 사용 예

풀이

수증기표를 찾아보면 최종상태는 압력이 1.0 MPa < P < 1.2 MPa이고, 온도가 200°C < T < 250°C인 범위에 있다. 최종상태에서의 계산은 U와 V를 사용해서 이중 안짐작을 해야 한다. 한 가지 간단한 방법은 Excel에서 표를 만드는 것이다. 다음의 각각의 표에서 압력 안짐작 계산을 맨 위의 행과 맨 아래 행에서 수행하고, 이 값을 중앙 열의 제일 위에 써넣는데 이는 임의의 압력에 대해 할 수 있다. 그리고 온도 안짐작 계산값을 각각의 표의 중앙셀(cell)에 써넣는다. 각 테이블에서의 공식은 공통의 온도셀과 압력셀에 의거한다.

	U(kJ/kg) table	P = 1 MPa	P^f 1.164752	P = 1.2 MPa
	T = 200°C	2622.2	2614.539	2612.9
T^f	219.4486791		2650	
	T = 250°C	2710.4	2705.705	2704.7

V(m^3/kg) table	P = 1 MPa		P = 1.2 MPa
T = 200°C	0.2060	0.175768	0.1693
		0.185	
T = 250°C	0.2327	0.199502	0.1924

바깥짐작

가끔은 우리가 찾는 값이 표에 나타난 점들 사이에 있지 않기 때문에 그림 1.6에서와 같이 안짐작 공식을 적용하여 바깥짐작할 때가 있다. 이경우 T값은 구간 밖에 위치하게 된다. 바깥짐작은 안짐작보다 확실성이 많이 떨어지는데 이는 구간 밖의 곡선에 대해서는 선형적으로 근사시킬 수 없기 때문이다. 바깥짐작을 위한 공식은 안짐작의 경우와 동일한 공식을 사용한다. 수증기표를 사용한 보통의 공정 조건에서의 바깥짐작은 일반적으로 필요하지 않으며 가능하면 피해야 한다.

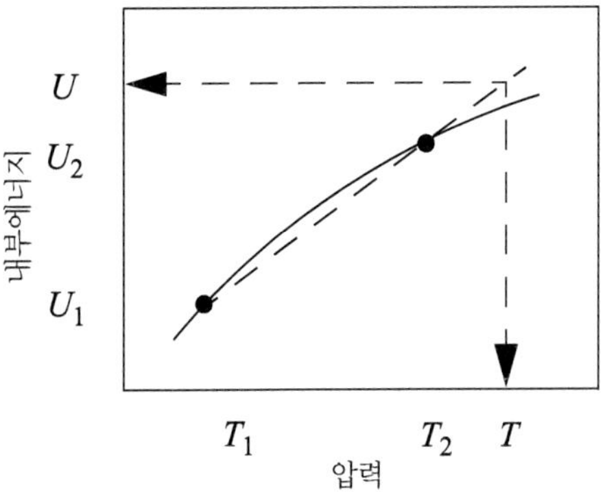

그림 1.6 • 선형 바깥짐작의 보기.

상평형과 질

그림 1.4의 포화곡선은 **자유도**가 1인 곡선이다($F = C - P + 2 = 1 - 2 + 2 = 1$). 포화점을 찾으려면 T^{sat}(포화온도)나 P^{sat}(포화 압력) 중에서 하나를 선택하면 나머지 하나는 자동적으로 결정된다. 증기압은 그림 1.7과 같이 온도가 올라감에 따라 급격히 증가한다. $\ln P^{sat}$과 $1/T^{sat}$은 광범위한 구역에서 거의 직선이어서 정밀한 안짐작을 하려면 증기압 데이터를 이러한 형식으로 바꾼 후에 안짐작을 해야 한다. 그러나 이 책에서 쓰이는 수증기표는 충분히 작은 구간에 대한 것이므로 P^{sat}과 T^{sat} 사이에 직접 안짐작을 해도 큰 오차 없이 계산할 수 있다.

수증기표에서의 포화 부피값은 그림 1.4의 상 그래프를 만드는 데에 이용되었다. 임계점에 접근함에 따라서 포화 증기와 액체의 값이 서로 근접함을 주목하라. 마찬가지 현상이 내부에너지와 다음 장에서 사용될 엔탈피(H)와 엔트로피(S)에 대해서도 일어난다. 2개의 상이 공존할 때 증기의 분율을 표시해 주어야 하는데 이는 증기와 액체의 물성치가 현저히 다르기 때문이다.

증기의 질량 백분율을 **질**(quality)이라 하고 기호 q로 표시한다. 물성치 V, U, H 혹은 S를 총칭해서 변수 M으로 쓸 수 있다. 상태 변수 M의 **전체값**은

> ❗ 질은 증기-액체 혼합물 증기의 질량 백분율이다.

$$M = (1 - q)\,M^L + qM^V \quad \langle 식\ 1.26 \rangle$$

이를 다시 쓰면

$$M = M^L + q(M^V - M^L)$$

그러나 $(M^V - M^L)$은 단지 ΔM^{vap}이고 내부에너지, 엔탈피, 엔트로피에 대해서는 포화상태에서 값들이 세로 열의 표로 구성된다. 상태 변수 M의 **전체값**은

$$M = M^L + q\Delta M^{vap} \quad \langle 식\ 1.27 \rangle$$

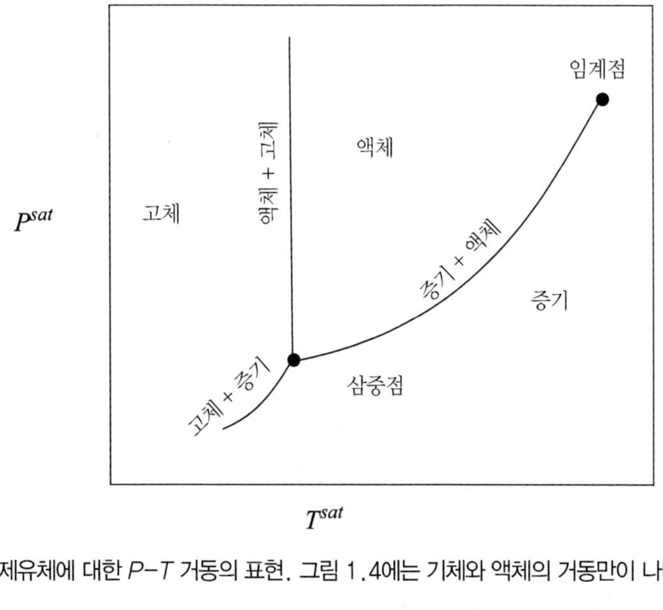

그림 1.7 • 실제유체에 대한 P–T 거동의 표현. 그림 1.4에는 기체와 액체의 거동만이 나타남을 주목하라.

식 1.25와 비교하여 식 1.27을 주의 깊게 관찰해야 하며, 포화 액체와 포화 증기 사이의 안짐작으로서 품질 산출을 인정하는 것은 도움이 될 수 있다. 두 가지 예는 품질 산출의 중요성을 입증하는 데 도움이 된다.

예제 1.8 질의 계산

2 kg의 물이 280°C, 0.05 m^3의 용기 내에서 증기와 액체로 공존하고 있다. 이 혼합체의 압력, 질, 그리고 전체 내부에너지를 구하라.

풀이

질량당 부피 V는 $V = 0.05\ m^3/2\ kg = 0.025\ m^3/kg$이다. 포화온도표로부터 압력은 6.417 MPa이다. 이 조건에서 포화 부피를 이용하여 질을 구하면

$$0.025 = 0.001333 + q(0.0302 - 0.0013)m^3/kg$$

이다. 이로부터 질은 0.82임을 얻는다. 전체 내부에너지는 다음과 같다.

$$U = 1228.33 + 0.82 \cdot 1358.1 = 2342\ kJ/Kg$$

예제 1.9 일정 부피 냉각

수증기가 초기에 압력이 30 MPa이고 부피가 $10^{2.498}$ cm^3/mole(그림 1.8 참조)인 상태에서 강체 원통 속에 들어 있다. 이 원통을 300°C까지 냉각했을 때 최종상태에서의 이 혼합체의 압력, 질, 전체 내부에너지는 얼마인가?

풀이

질량당 부피 V는 $V = 10^{2.498}\ cm^3\text{-mole}^{-1} \cdot 10^{-6}(m^3/cm^3)/(18.02E\text{-}3\ kg/mole) = 0.01747\ m^3/kg$이다. 과포화 수증기표로부터 압력이 30 MPa일 때 초기온도는 900°C이다. 원통이 300°C로 냉각될 때, 과포화 수증기표에는 부피가 0.01747 m^3/kg에 해당하는 압력을 나타내는 곳이 없다는 것을 주지하여야 한다. 자세히 보면 나타나 있는 값이 모두 너무 크다는 것을 알 수 있다(정신없이 바쁘게 이러한 시험문제를 푸는 여러분 자신을 상상해 보라). 이제 포화 수증기표를 300°C에서 보자. 포화 수증기 부피는 이때 0.0217 m^3/kg이다. 이 값은 문제에서의 물 질량당 부피값보다 크지만, 이 온도에서는 최저 증기 부피이므로 이 문제에 해당되는 부피는 8.588 MPa의 압력에서의 포화 액체와 포화 증기 부피의 중간쯤 되어야 한다(바쁠 때는 포화 수증기표를 먼저 보는 것이 좋다). 300°C에서의 포화 부피를 이용하여 질(q)을 찾는다.

$$0.01747 = 0.001404 + q\ (0.0217 - 0.001404)\ m^3/kg$$

이로부터 $q = (0.01747 - 0.001404)/(0.0217 - 0.001404) = 0.792$가 된다. 그러므로 전체 내부에너지는

$$U = 1332.95 + 0.792 \cdot 1230.67 = 2308\ kJ/kg$$

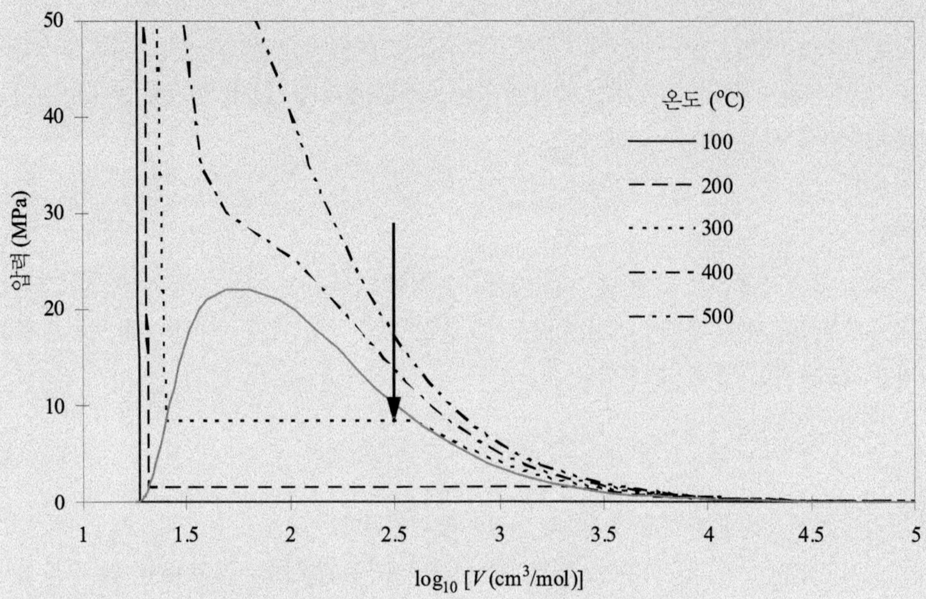

그림 1.8 • 질 계산을 보여 준 물의 $P-V-T$ 거동

1.6 요약

몇 년이 지난 후에 여러분이 이 책의 세부적인 내용을 다 기억하는 데에는 어려움이 있을 줄로 안다. 하지만 이것은 당혹스러워할 일은 아니다. 이제까지의 도입부에서 다룬 두 가지 기본적인 전제는 기술적인 교육이 되어 있는 사람들에게는 매우 근본적인 것이므로 이를 가급적 신속하게 기억하여 오랫동안 머릿속에 남아 있게 해야 한다. 형식상 이 두 가지 전제는 열역학 제1법칙과 제2법칙으로 언급할 수 있다.[13]

제1법칙: 총에너지는 보존된다(대가를 치르지 않고 얻을 수 있는 것은 아무것도 없다).

제2법칙: 총엔트로피 변화는 0보다 크거나 같다(무질서의 생성이 일의 감소를 야기한다).

제1법칙은 2장과 3장에서 좀 더 다룰 것이다. 엔트로피 개념과 제2법칙은 4장과 5장에서 다룬다. 이책을 어느 정도 공부한 후에야 이 두 기본적인 전제가 갖는 정확한 관계가 뚜렷해지겠지만, 이 책을 공부하면서 언제라도 적절한 절을 찾아보면 된다. 주의해야 할 것은 이러한 기초 사항과 필요할 때 자세한 내용이 어디에 있는가를 기억하는 것이다. 종종 이러한 사항들을 적용하는 일이 매우 힘들 때도 있겠지만 한 번 답을 얻게 되면 매우 간단함을 알게 된다. 여러 가지 특정한 문제에 이러한 기본적 법칙을 적용해 봄으로써 점차 기본적인 사항의 연관성 및

---

13 Denbigh, K.가 그의 책 *Principles of Chemical Equilibrium*, 4th ed., p. 416, Cambridge University Press, London, 1981.에서 논의한 바와 같이 열역학 **제3법칙도** 있다. 하지만 개괄적인 내용을 소개하는 이 책에서는 다루지 않는다.

세부적인 것을 이해하는 데 익숙해지게 된다. 교과서 형식으로 서로 연관된 계를 나타내는 데 쓰이는 복잡한 기호나 용어 때문에 혼란에 빠지지 않도록 유의할 필요가 있다. 다른 학생들도 모두 이 과정을 거쳤으며 세부적인 분석을 위한 노력은 헛되지 않음을 인지해 왔다는 사실을 마음속에 간직하기 바란다.

주요 식

이 장의 내용은 방정식을 도출하는 것보다는 기본적인 개념을 정하는 것이 우선된다. 그럼에도 불구하고 언급하는 세 가지 개념은 방정식으로 표현될 수 있다. 물론 이상기체 법칙은 중요하지만 새로울 수도 있다. 그 의미는

$$T = \frac{M_w}{3R}\langle v^2\rangle \text{ 3차원의 단원자 분자} \qquad \text{〈식 1.28〉}$$

이 방정식은 온도는 분자 운동에너지와 밀접하게 관련된다는 것을 알수 있다. 이상기체 법칙의 가정이 도출되어도, 실제유체에 대해서도 해당되며, 온도에 따라 분자 운동에너지의 함의에 대해서도 고려해야 한다. 또 하나의 중요한 방정식은 이상기체 법칙으로부터 도출된 편차와 관련이 있다.

$$u(r) = \begin{cases} \infty, & r \le \sigma \\ -\varepsilon, & \sigma < r \le \lambda\sigma \\ 0, & r > \lambda\sigma \end{cases} \qquad \text{〈식 1.29〉}$$

이것은 사각우물 퍼텐셜 모델로, 실제 분자가 어떻게 끌어당기며 밀어내는지 가장 간략하게 묘사한 것이다. 여러분이 에너지를 이 시스템에 더하는 바와 같이, 실제유체는 사각우물 내부에서 밖으로 분자들을 움직이며, 이상 기온이 그러는 것처럼 그 온도를 변경하지 않고 퍼텐셜 에너지가 운동에너지로 변환함으로써 그 에너지는 흡수될지도 모른다.

마지막으로, 우리는 안짐작 과정을 상징하는 일반적인 방정식을 쓸 수 있다.

$$M = M_1 + \frac{x - x_1}{x_2 - x_1}(M_2 - M_1) \qquad \text{〈식 1.30〉}$$

흡사한 방정식은 포화 액체와 포화 증기 간의 안짐작으로 간주될 수 있는 품질 산출에 사용된다. 제I부 전체에서 이상기체 법칙에 근거한 편차를 설명하기 위해 광범위하게 증기표와 안짐작에 대해 언급하고 있다.

학습점검

1. 사각우물 퍼텐셜이 내포하는 힘의 모델을 도시하고 2개의 원자 간에 힘이 0일 때의 위치와 그 힘이 0이 아닐 때의 위치를 나타내어 설명하라.
2. 벽에 가해지는 유체의 압력이 분자의 속도에 어떻게 연관되는가를 설명하라.
3. 액체를 기체로 바꾸는 데 필요한 열과 분자들과는 무슨 관계가 있는가?

4. 순수한 액체와 증기 분자가 서로 상평형에 있을 때 각 상의 운동에너지가 같아야 하고 내부에너지가 운동과 퍼텐셜 에너지의 합으로 나타내 진다면, 지금 언급한 사항이 세기 성질인 기체상의 내부에너지에 비교해서 세기 성질인 액체상의 내부에너지에 관해 무엇을 말해 주고 있는가?
5. 에너지, 퍼텐셜 에너지, 운동에너지, 그리고 내부에너지를 설명하라.
6. 두 분자 간의 퍼텐셜과 물질의 내부에너지는 어떻게 연관되는가?
7. T와 P가 세기 성질인가? 두 가지 세기 성질과 두 가지 크기 성질을 말하라.
8. 순수한 물질이 액체와 기체로서 공존할 때 자유도는 얼마인가?
9. 이상기체가 응축될 수 있는가? 이상기체 법칙을 따르는 실제기체는 응축될 수 있는가?
10. 기포점, 이슬점, 포하점, 과포화점 조건의 예를 들어 보라. 젖은 수증기가 25%의 질을 지녔다는 것이 무슨 뜻인지 설명하라.
11. 이중 안짐작을 필요로 하는 문제를 만들고 풀어라.

1.7 익힘문제

P1.1 200 K 및 3 bars 상태의 수소 분자 평균속도(시속)를 추산하라.

답: 3532

P1.2 27.5 MPa 및 425°C 상태의 증기 엔트로피를 추산하라.

답: 5.1847

1.8 연습문제

주의: 수증기표를 이용한 연습문제 중에는 엔탈피 H와 관련된 문제가 있는데 H는 $H \equiv U + PV$로 이 장에서 논의될 물성치를 사용해서 편리하게 정의된다. 엔탈피 계산은 내부에너지에 대해서 사용한 방법과 마찬가지로 표에서 엔탈피값을 읽어서 수행한다.

1.1 다음 각 항에서 주어진 분자와 그 혼합물에 대해 같은 쌍의 축에서의 분자 간 퍼텐셜의 크기를 추산하라.

(a) 클로로포름은 아세톤보다 크기는 20% 정도 크고, 상호 인력은 10% 정도 크다. 하지만 각각의 동종 간의 상호 인력보다 클로롤포름과 아세톤 간의 상호 인력이 더 크다.

(b) 여러분은 아마도 기름과 물은 섞이지 않는다는 말을 들었을 것이다. 분자적 관점에서 이것은 무엇을 의미하는가? 기름을 벤젠으로 생각하고 벤젠은 물분자보다 4배가 크며 물의 상호 인력은 벤젠의 상호 인력보다 10% 더 크다고 가정한다. ε_{12}가 거의 0에 가깝다면 이는 벤젠과 물 사이의 상호 인력보다 벤젠과 물 각각 동종

끼리의 상호 인력이 크다는 것을 의미한다. 이를 간략히 설명하라.

1.2 5 m^3짜리 저장 용기에 들어 있는 농장에서 쓰는 메탄가스가 들어 있다. 초기의 압력과 온도는 각각 $P = 1$ bar, $T = 18°C$이다. T와 P를 다음의 연속적인 단계에 따라서 계산하라.

(a) 1 m^3(표준 조건에서)를 등온하에서 빼낸다.
(b) 태양이 탱크를 40°C로 가열한다.
(c) 1.2 m^3(표준 조건에서)만큼의 양을 탱크에 더 넣어 주었고 최종온도는 35°C이다.
(d) 탱크의 온도가 밤새 18°C로 냉각되었다.

1.3 5 m^3 부피의 실외 가스 저장 탱크가 햇볕이 쨍쨍한 날 10°C에서 40°C로 가열된다. 초기의 압력이 10°C에서 0.12 MPa이었다면 40°C에서의 압력은 얼마인가? 이상기체 법칙을 사용하라.

1.4 다음에 나타낸 조건에서 3 L짜리 용기에 들어가는 이상기체 분자의 몰수를 계산하라.

(a) $T = 673$ K, $P = 2$ MPa
(b) $T = 500$ K, $P = 0.7$ MPa
(c) $T = 450$ K, $P = 1.5$ MPa

1.5 여름에 운전 후에 자동차 타이어 온도가 50°C이고 자동차 타이어의 압력이 255 kPa(계기 압력)이다. 겨울에 0°C에서 같은 타이어의 압력은 얼마인가? 이때 타이어의 부피는 동일하고 또한 타이어에서 공기가 새지 않는다고 가정한다.

1.6 풍선의 전체 부양력은 $(\rho_{air} - \rho_{gas})\underline{V}_{balloon}$로 주어진다. 부피가 1.5E6 L가 되는 뜨거운 가스의 부양하는 힘(kg중)은 얼마인가? 여기서 뜨거운 가스는 100°C, 1기압 조건에 있다. 이 뜨거운 가스는 연소에서 나오는 이산화탄소 때문에 평균 분자량이 32이며, 주위의 공기는 25°C 1기압에서 평균 분자량이 29이다.

1.7 액체상태의 휘발유 4 L가 엎질러졌다. 압력이 1 bar이고 온도가 293 K에서 액체가 증발했다고 하면 증기가 차지하는 부피는 얼마인가? 휘발유의 밀도는 휘발유가 순수한 이소옥탄(2,2,4-trimethylpent)이라고 할 때 온도 298 K 압력이 1 bar 조건에서 밀도가 0.692 g/cm^3이다.

1.8 부피가 변화하는 피스톤 안에 5g의 순수한 용매가 들어 있다. 50%와 75%가 증발했을 때의 몰당 부피는 (*i*) 30°C에서, 그리고 (*ii*) 50°C에서 얼마인가? 부록 E의 Antoine식을 사용하여 포화온도와 포화 압력을 연관시켜라. 증기상의 모델로는 이상기체 법칙을 사용하라. 액체가 차지하고 있는 부피는 증기가 차지하고 있는 부피에 비해 무시할 수 있을 만큼 작다는 것을 보여라.

(a) 헥산(밀도 = 0.66 g/cm^3)

(b) 벤젠(밀도 = 0.88 g/cm^3)

(c) 에탄올(밀도 = 0.79 g/cm^3)

(d) 물에 대해 수증기표를 이용하지 않을 경우(밀도 = 1 g/cm^3)

(e) 물에 대해 수증기표를 사용했을 때

1.9 질량 밀도를 다음의 가스에 대해서 온도 298 K, 압력 1 bar에서 계산하라.

(a) 질소

(b) 산소

(c) 공기(평균 분자량을 사용하라.)

(d) 이산화탄소

(e) 아르곤

1.10 기체상의 반응 A → 2R을 부피가 0.1 m^{3}인 구형 탱크에서 실행한다. 초기의 압력과 온도가 0.05 MPa, 400 K이다. A 성분 중의 50%가 반응된 후 온도가 350 K로 떨어졌다. 탱크 내의 압력은 얼마인가?

1.11 LPG는 천연가스 파이프라인이 없는 시골에서는 유용한 연료이다. 탱크를 채울 때 가스가 새면 매우 위험한데 이는 LPG 증기가 공기보다 밀도가 높은 이유로 넓게 퍼지기 전에 낮은 곳으로 이동하게 되어 폭발 위험이 있기 때문이다. 40 L의 LPG가 새어 나왔다면 증기는 얼마만큼의 부피를 갖는가? 새기 전의 LPG는 프로판(밀도 = 0.24 g/cm^3)이라고 보아라. 순수 프로판을 298 K, 1 bar로 압력강하시켰을 때의 질량 밀도는 얼마인가? 공기의 질량 밀도와 같은 조건에서 비교하라.

1.12 투과막이 유입되는 공기 흐름 F(조성: 79 mol%의 질소, 21 mol%의 산소)가 투과된 흐름 M과 막을 투과하지 못한 흐름 J의 두 가지 배출 흐름으로 갈라져 나온다. 유입되는 흐름의 조건은 293 K, 0.5 MPa이며 유량은 2 mol/min이다. 두 배출 흐름에 대해서는 293 K, 0.1 MPa이다. 투과되어 나오는 배출 흐름이 50 mol% 산소의 조성을 가지고, 투과하지 못한 배출 흐름이 13 mol%의 산소를 가진다고 하면, 두 배출 흐름의 부피 유량(L/min)은 얼마인가?

1.13 흡수기로 들어오는 가스 흐름은 20 mol%의 CO_2와 80 mol% 공기로 되어 있다. 유량은 압력 1 bar, 온도 360 K에서 1 m^3/min이다. 가스가 흡수기를 나올 때는 들어올 때의 CO_2의 98%가 아민 액체에 의해 흡수된다.

(a) 유입되고 배출되는 가스 흐름 유량은 g/min 단위로 얼마인가?

(b) 배출 흐름의 온도가 320 K이고 압력이 1 bar일 때 부피 유속은 얼마인가?

1.14 (a) 어떤 크기의 용기면 온도 80°C 조건에서 70%가 증기상태인 물 2 kg을 담을 수 있는가? 이때 압력과 내부에너지는 얼마인가?

(b) 0.2 MPa 기압에서 2 kg의 물이 1.6 m^3 크기의 용기에 담겨 있다. 이때 질(quality), 온도, 내부에너지는 각각 얼마인가?

1.15 다음의 상태에서의 내부에너지와 엔탈피를 수증기표를 이용하여 결정하라.

	T(°C)	P(MPa)
(a)	100	0.01
(b)	550	6.25
(c)	475	7.5
(d)	180	0.7

1.16 2 kg의 물이 처음에 부피가 2.42 m^3되는 강체로 이루어진 용기 안에 액체와 증기상태로 90°C에서 공존한다.

(a) 계의 압력은 얼마인가?

(b) 계의 질은 얼마인가?

(c) 용기의 온도가 100°C로 올라간다. 계의 질과 압력은 얼마인가? 이때 초기상태에 기준해서 $\Delta \underline{H}$와 $\Delta \underline{U}$는 얼마인가?

(d) 온도가 올라감에 따라 용기 안에 오직 포화증기만 남게 되는 온도와 압력은 얼마인가? 이때 초기상태에 기준해서 $\Delta \underline{H}$와 $\Delta \underline{U}$는 얼마인가?

(e) 문제 (a)~(d)를 P-V 그래프상에 상분리선을 나타내어 정성적으로 도시하라.

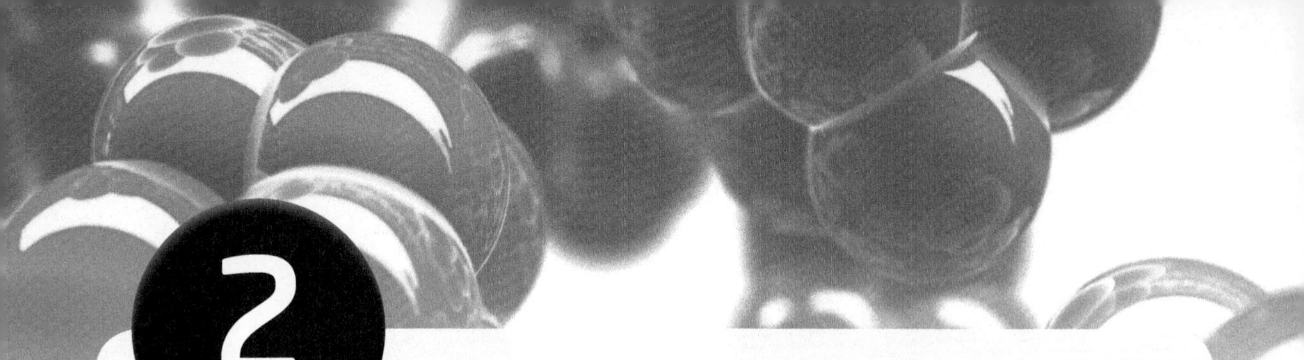

2
CHAPTER

에너지 수지

측정할 수 있고 그것을 숫자로 나타낼 수 있을 때 그것에 대하여 무엇인가를 알고 있다고 말할 수 있으나, 측정할 수 없을 때 그 지식은 불충분하며 만족스럽지 못한 것이 될 것이다.

Lord Kelvin

에너지 수지식은 **열역학 제1법칙**으로 알려진 우주의 에너지 보존이라는 가설에 기초를 두고 있는데 여기서 법칙이란 Newton 법칙과 같은 의미의 법칙이다. 법칙은 광범위한 수학적인 증거는 가지고 있지 않다. 실험적인 관찰로부터 유도된 법칙은 에너지 변환(열, 일, 운동, 위치)을 정량적으로 설명할 수 있으며 가설로 열역학 제1법칙을 얻게 된다. 에너지 변환의 계산은 기초적인 열역학을 이해하는 데 필수적인 단계이다. 열역학 제1법칙은 일, 열, 그리고 계의 내부에너지, 운동에너지, 퍼텐셜 에너지의 흐름과 관련된다. 따라서 먼저 일과 열에 대한 논의를 통해 열역학 제1법칙을 다루어 보기로 한다.

❗ 에너지 수지식은 열역학 제1법칙으로도 알려져 있다.

학습목표

1. 엔탈피가 정의하고 표를 작성하는 데 편리한 특성의 이유를 설명할 수 있다.
2. 작업에 대한 공학적 계산 진행 시, 가역성을 추정하는 중요성을 설명할 수 있다.
3. 다음 경로(등온성, 등적성 그리고 단열)를 따른 이상기체에 대한 작업 흐름 및 열흐름을 계산할 수 있다.
4. 익힘문제, 교과서적인 예 그리고 예제와 흡사한 문제에 대한 전반적인 에너지 수지를 단순화할 수 있다.
5. 이상기체 및 응축상에 대한 U와 H의 변화를 계산하기 위해, 열용량 다항식과 잠열을 적절하게 사용할 수 있다.
6. 기체상 특성과 기화열에 대한 이상기체 법칙을 이용하여, 이상기체 혹은 액체의 기준상태와 관련된 이상기체 혹은 액체의 특성을 계산할 수 있다.

2.1 팽창/수축 일

계의 표면에 작용하는 힘은 계와의 상호작용에 의해 계 부피의 팽창이나 수축을 유발할 수 있다. 이것은 고정된 위치에 실린더가 유지되는 동안 피스톤의 걸쇠를 풀었을 때 피스톤이 안팎으로 움직이면서 일어나는 표면 사이의 상호작용 형태로 나타난다. 그러나 경계의 움직임으로 이러한 일의 형태를 구별하는 것은 불충분하다는 것에 유념해야 할 필요가 있다. 팽창/수축 상호작용의 경우 계의 크기는 반드시 변하게 되는데 이의 구분은 2.3절에서 팽창/수축 일과 흐름 일을 비교할 때 매우 중요하다.

일의 양을 어떻게 부피나 온도처럼 쉽게 측정할 수 있는 양과 연관시킬 수 있을까? x 방향으로 힘이 가해진 경우 계에 가해진 일은 다음과 같다.

$$d\underline{W} = F_{applied}dx = -F_{system}dx$$

여기서 계에 가해진 힘과 계의 힘을 연관시키기 위해, 경계는 작용하는 반대편 힘은 가해진 힘과 같다는 Newton 법칙을 이용하였다. 이는 계산상 계의 힘을 사용하는 것이 더욱 편리하기 때문이다. 우리는 계에 행한 일을 계의 힘에 근거하여 계산한다는 전제하에 하첨자를 생략한 후자의 식을 사용하기로 한다. 일정한 힘에 대해서 일은 다음과 같이 쓸 수 있다.

$$\underline{W} = -F\Delta x$$

만일 F가 x의 함수로 변화한다고 하면 F를 적분하여 사용하여야 한다.

$$\underline{W} = -\int F dx \qquad \text{〈식 2.1〉}$$

면적이 A인 표면에 유체가 작용하는 경우 계의 힘과 압력의 관계는 다음과 같다.

$$P = F/A \Rightarrow F = P \cdot A$$

$$\underline{W}_{EC} = -\int PA dx = -\int P d\underline{V} \qquad \text{〈식 2.2〉}$$

여기서 하첨자 EC는 팽창/수축을 나타낸다.

위의 식을 다루는 데 있어서 보는 관점에 따라 부호가 양인지, 혹은 음인지를 결정하고자 할 때 문제가 야기될 수 있다. 이 경우 문제의 본질은 계에 가해진 일이 양의 일인가, 혹은 계에 의해서 행해진 일이 음의 일인가이다. 계 내부로 열을 주었을 때는 계 내부로의 양의 입력이라고 하는 것과 같이, 계 내부로 일을 입력하는 것도 계 내부로의 양의 입력이라고 간주할 수 있다. 그러나 한편으로 압축에 의한 부피의 변화는 음이라 생각할 수 있다. 이들 두 관점은 모두 타당하다고 볼 수 있으므로 선택은 임의적이다. 실제로 사람들이 편리한 대로 서로 다르게 선택하기 때문에 언제나 부호사용 규칙에 관한 혼란이 존재한다. 최선의 방법은 일관된 관점을 유지하는 것이다. 여기서는 **계에 행해진 일을 양**이라 하기도 한다. 따라서 계 내부로의 에너지의 유입은 양이다. 그러므로 팽창/수축 일은 다음과 같다.

$$\boxed{\underline{W}_{EC} = -\int P d\underline{V}} \text{ (계 크기의 가역적 변화)} \quad \langle 식\ 2.3\rangle$$

❗ 팽창/수축 일은 계의 크기 변화와 연관되어 있다.

여기서 P와 $\underline{V}$는 계의 압력과 부피이다. 식 2.1과 식 2.2에서 제시된 일의 정의와 식 2.3을 비교할 때 $d\underline{V}$ 항은 경계의 팽창/수축에서 비롯된 결과이고, 압력은 경계에 작용하는 계의 힘이다. 그러므로 식 2.3을 사용하기 위해서 적분식 내의 압력은 경계에서 계의 압력이며 경계는 반드시 이동하여야 한다. 팽창/수축하는 경계를 가지고 있지 않은 계는 팽창/수축 일을 하지 못한다.[1]

2.2 축일

흐름계에서는 관을 통해 유체를 이송하기 위한 프로펠러 형태의 장치 — 원심펌프의 기초 — 가 사용될 수 있다. 또한 펌프 형태의 장치를 사용하면 축운동을 유발시킬 수 있는데 이는 수력학적 발전기의 기초가 되었으며, 20세기 초 미국에서의 곡물 처리 산업에 동력을 공급한 수차의 기초가 되었다. 이러한 것은 열역학에서 자주 다루게 되는 축일의 형태이다. 교반기를 쿠키 반죽기의 실린더 내부로 삽입한 후 고정된 부피를 유지한 채 회전시킨다고 가정해 보자. 실린더 내부로 일을 가하고 있지만 계의 경계는 팽창하거나 수축하지 않는다. 이러한 형태의 모든 경우가 축일의 특징을 예시해 준다. 즉, 축일의 핵심적인 특징은 계의 부피 변화 없이 일이 가해지거나 제거된다는 것이다. 우리는 가역 프로세스에 대한 축일에서 계산될 수 있다. 2.8절 57쪽에 표시

❗ 축일은 터빈이나 펌프에 의한 일의 특성을 나타내 준다.

$$W_S = \int_{in}^{out} V dP \text{ 가역적 축일, 흐름계} \quad \langle 식\ 2.4\rangle$$

식 2.3과 2.4는 교환할 수 없으며, 식 2.4는 열린계 및 축일로 제한된다. 식 2.3은 닫힌계 확장/축작업으로 57쪽의 용어 두가지 유형의 관련 방법을 보여 준다.

2.3 흐름과 관련된 일

대부분의 공학적인 응용 문제에서는 흐름계가 수반된다. 즉 물질이 공정의 경계를 지나 장치의 일부분으로 흘러간 다음 장치 밖으로 흘러나오는 경우가 일반적이다. 따라서 또 다른 특성을 갖는 일, 즉 질량이 경계를 지날 때 계와 주위의 상호작용에 의한 일을 도입해야 할 필요가 있다. 예를 들면 가스가 밸브를 지나 탱크로부터 빠져나올 때 유출가스는 주위의 유체를 밀어

1 어떤 책은 PV 일을 팽창/수축 일이라고 한다. 그러나 이것은 앞으로 2.3절에서 언급될 흐름과 연계된 PV로서 일의 형태가 분명히 다르기 때문에 혼란의 원인이 된다. 이 책에서는 이러한 모호성을 피하기 위해 이동하는 경계와 관련된 일에 대해서는 '팽창/수축'이라는 용어를 사용하기로 하였다.

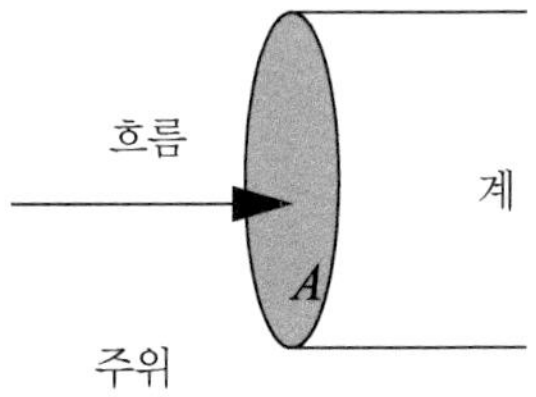

그림 2.1 • 유체에 의한 흐름일

내면서 주의에 일을 한다. 마찬가지로 보다 높은 압력의 가스가 탱크 안으로 들어갈 수 있도록 밸브를 열어 놓으면 주위는 계 안에 존재하고 있던 가스에 대해 일을 하게 된다.

그림 2.1에 보인 바와 같이 계 내부로 유입되고 있는 유체를 생각해 보자. 이 경우 $d\underline{W} = Fdx$이며 계의 상호작용 일은 양(+)이다. 일의 속도는 $\dot{\underline{W}} = F\dot{x}$로서 여기서 $\dot{x}$는 속도이고 $F = P \cdot A$이다. $A\dot{x} = \dot{\underline{V}}$이고 부피 유속은 질량 부피비 및 질량 유속과 관련시킬 수 있으므로 $\dot{\underline{V}} = V\dot{m}^{in}$로 쓸 수 있다. 따라서 다음 관계를 얻는다.

❶ 경계를 지나 들어오고 나가는 유체의 흐름과 관련이 되는 일을 흐름일이라 한다.

$$\dot{\underline{W}}_{flow}^{in} = (PA\dot{x})^{in} = (P\dot{\underline{V}})^{in} = (PV)^{in}\dot{m}^{in} \qquad \text{〈식 2.5〉}$$

여기서 PV는 유체가 경계를 지나갈 때의 물성값이며, $\dot{m}^{in}$은 경계를 지나는 질량 유속의 절댓값이다. 유체가 계로부터 빠져나가는 경우, 주위에 대해 하는 일과 계의 상호작용 일은 다음과 같다.

$$\dot{\underline{W}}_{flow}^{out} = -(PA\dot{x})^{out} = -(P\dot{\underline{V}})^{out} = -(P\dot{\underline{V}})^{out}\dot{m}^{out} \qquad \text{〈식 2.6〉}$$

여기서 $\dot{m}^{out}$은 경계를 빠져나가는 질량 흐름의 절댓값이며 이 경우 일이 주위에 행해지므로 계의 상호작용 일의 부호는 음이다. 계의 안과 밖으로 흐름일이 있을 때 알짜 흐름일은 두 흐름일의 차이로 주어진다.

$$\dot{\underline{W}}_{flow} = (PV)^{in}\dot{m}^{in} - (PV)^{out}\dot{m}^{out} \qquad \text{〈식 2.7〉}$$

여기서 $\dot{m}^{in}$과 $\dot{m}^{out}$은 질량 흐름비의 절댓값이다. 다중 흐름의 경우 유입 흐름을 모두 더해 주고 유출 흐름을 모두 빼 주면 된다.

2.4 잃은 일과 가역성

이루어질 수 있는 일의 다양한 형태를 적절하게 이해하기 위해서는 근본적으로 다음 장에서 다루는 엔트로피 문제를 이해하여야 한다. 엔트로피 변화에 의한 무질서도의 발생은 내재적으로 유용한 일에너지가 쓸모없는 열에너지로 전환되는 데에 기인한다. 무질서도의 발생이 일 손실의 결과를 가져온다면 무질서한 경향으로 조작은 유용한 일을 수행할 수 있는 능력의 손실을 초래하게 되는데 이를 간단히 '잃은 일'이라고 한다. 가장 정돈된 방식의 작동은 가역공정으로 알려진 가상적인 공정이다. 전형적으로 이러한 가상적인 가역공정은 실제공정의 초기 근사형

❶ 실제 계는 '잃은 일'을 포함한다.

태로 응용될 수 있으며 보정인자는 실제공정의 결괏값을 추측하는 데 이용할 수 있다. 가역공정은 앞의 팽창, 수축 일의 논의에서 언급되지는 않았지만 이들 공정은 가역적으로 행해진다는 것을 내면적으로 가정하였다. 계의 모든 일은 잠재적으로 유용한 형태로 저장된다. 가역적이라는 용어가 이러한 관찰과 어떻게 연관되는가를 알아보기 위해 교반되고 있는 쿠키 반죽기를 고려해 보자. 만일 쿠기 반죽기를 반대 방향으로 교반시키면 섞이지 않는가? 물론 아니다. 교반에 따른 축일은 요리 재료의 무질서도에 영향을 끼친다. 이러한 비가역적 공정의 무질서도에 의하여 잃은 일을 완전히 회수하는 것은 불가능하다. 실제공정이라도 어느 정도의 교반이나 혼합을 포함하고 있으므로 잃은 일을 완전히 배제할 수 없으나, 만일 공정을 적절하게 이해한다면 불필요한 손실을 최소화할 수 있을 것이다. 피스톤과 실린더 안에 기체가 들어 있는 공정을 고려해 보자. 피스톤을 위쪽 방향으로 두면 기체의 팽창은 피스톤을 위쪽 방향으로 움직일 수 있을 만큼 크다고 가정해 보자. 팽창공정으로부터 최대 일을 얻기 위해서는 팽창공정이 어떻게 진행되어야 할까? 우선 피스톤의 최대 이동을 얻기 위해서는 마찰을 제거해야 된다는 것을 알 수 있다.

마찰은 공정으로부터 얻을 수 있는 일을 감소시킨다. 때때로 최대 일을 계산할 때 마찰은 무시된다.

❗ 마찰의 결과는 '잃은 일'이다.

만약 마찰을 무시한다면 걸쇠를 풀었을 경우 어떤 일이 발생되는가? 힘은 균형을 이루지 못할 것이다. 수직 방향의 좌표축을 z 방향으로 취하고 위쪽 방향이 증가하는 값이라고 하자. 피스톤의 아래쪽 방향으로 작용하는 힘은 대기압($-P_{\text{atm}} \cdot A$, 여기서 A는 피스톤의 단면적)과 중력($-m \cdot g$)이다. 이러한 힘은 피스톤이 움직이는 동안 일정하게 유지된다. 위쪽 방향의 힘은 기체가 작용하는 힘($P \cdot A$)이다. 두 힘이 균형을 이루지 못하기 때문에 피스톤은 위쪽 방향으로 가속될 것이다($F = ma$). 피스톤은 두 힘이 균형을 이룰 때까지 계속 가속된다.[2] 힘이 균형을 이루는 순간에 피스톤의 속도는 0이 아니다. 피스톤이 위쪽으로 이동할수록 피스톤 내부의 압력은 계속해서 떨어지게 되는데, 내부압력에 의한 위쪽 방향의 힘이 아래쪽 방향의 힘보다 작아지게 되어 결국 피스톤이 멈출 때까지 감속되는 결과를 초래하게 된다. 그러나 피스톤이 정상에서 멈추었을 때도 힘이 균형을 이루지 못하기 때문에 평형상태에 있지 못하게 되어 피스톤은 다시 아래쪽으로 움직이기 시작한다. 사실상 **소산 메커니즘이 없다면** 피스톤은 영구운동을 할 것이다.[3] 즉 피스톤은 끊임없이 초기상태와 정상 사이에서 진동하겠지만 이러한 운동은 실제의 계에서는 일어나지 않는다. 왜냐하면 실제의 경우에는 점성소산 현상을 고려해 주어야 하기 때문이다(점도효과).

속도구배가 어떻게 선운동을 소산시키는지 알아보자. 같은 속도를 가지고 같은 방향으로 이동하고 있는 서로 붙어 있는 2개의 2원자 분자를 고려해 보자. 어느 쪽도 회전하지 않는다고 가

2 두 가지 가능성이 존재한다. (1) 피스톤이 위쪽으로 움직이는 것을 멈추기 전에 정지마개로 정지시킬 수 있다. (2) 만약 실린더가 짧거나 정지마개가 없다면 피스톤은 실린더 밖으로 날아갈 것이다.

3 그러나 이것은 유용한 영구운동 기계가 아니다. 왜냐하면 각각의 순환공정 끝점에서 주위와 피스톤의 알짜효과는 0이기 때문이다. 만약 운동을 이용하려고 노력한다면 진동이 감소할 것이다.

정하면 2원자 분자들은 외부 물체와의 상호작용이 있을 때까지 같은 속도, 같은 방향으로 계속 이동할 것이다. 한편 같은 방향으로 움직이기는 하지만 한쪽이 약간 더 빠르게 움직이고 있는 접촉상태의 동일한 2개의 분자를 고려해 보자. 여기에서는 분자 사이의 속도구배가 생기게 된다. 분자가 서로 붙어 있기 때문에 한쪽이 다른 한쪽보다 약간 더 빠르게 움직이고 있다는 것은 결국 한쪽 분자는 시계 방향으로, 다른 한쪽 분자는 반시계 방향으로의 회전을 유발하게 되는데 이는 두 분자 간 속도 차이를 생기게 하는 마찰 때문이다. 이때 분자의 운동에너지는 일정하게 유지되나 방향성 있는 속도(방향성 없는)는 회전에너지로 바뀌게 된다. 이것이 전단 상황에서 점성소산의 예이다. 진동하는 피스톤의 경우 피스톤의 팽창과정에서 점성소산은 기체의 내부에너지가 피스톤 쪽으로 완벽하게 전달되는 것을 방해하여 가역공정일 때의 왕복거리보다 짧은 왕복거리를 갖게 한다. 또한 압축과정의 점성소산은 짧아진 왕복거리에 대한 고정적인 내부에너지 증가를 야기하게 된다. 결국 팽창이나 압축 시 각각의 왕복거리 끝점에서의 기체온도는 가역공정일 때보다 높아지며, 왕복거리는 순차적으로 짧아지게 된다.

❗ 점성유체에서 속도구배는 잃은 일을 야기시킨다.

유체의 점성도 때문에 **속도구배**는 방향성 운동(운동에너지)이 자유운동(내부에너지)으로 소산되는 결과를 낳는다. 종종 최대 일을 계산할 때 점성소산은 무시한다. 점성유체 내의 이러한 소산과정이 존재하지 않기 위해서는 유체의 점도가 0이 될 필요가 있다. 점섬유체 내의 **압력구배**는 속도구배를 야기하는데 이는 결국 여러 종류의 구배가 서로 연관되어 있다는 것을 말해 준다.

실제계에서 마찰과 점도는 유용한 일을 수행할 수 있는 능력의 손실을 초래하는 데 중요한 역할을 하는 것을 알 수 있다. 이전 예에서 이러한 힘은 피스톤이 정지하기까지 각각의 순환운동에서 어느 정도 진폭을 줄이는 결과를 야기한다. 운동의 또 다른 가능성은 피스톤의 이동거리를 제한시키는 마개와의 상호작용으로부터 일어난다. 만일 피스톤이 위쪽으로 움직이다가 정지마개에 걸린다면 피스톤은 흡수되는 운동에너지를 가질 것이다. 이러한 운동에너지는 실제계에서 피스톤, 실린더, 기체의 내부에너지로 전환한다.

❗ 비탄성 출돌의 결과는 '잃은 일'이다….

운동에너지는 이동하는 피스톤이 정지마개에 걸린 것처럼 물체가 비탄성적으로 충돌했을 때 내부에너지로 소산된다. 종종 실린더와 피스톤으로 구성된 계가 열을 흡수하거나 전달하지 않는 것을 상상할 수 있다. 그러므로 손상된 운동에너지는 내부에너지의 형태로 기체에 되돌아오게 된다.

지금까지 소산 메커니즘에 대해 알아보았다. 추가적인 메커니즘으로 4장에서 논의될 **농도구배**에 따른 **확산**과 **온도구배**에 따른 열전도가 있다. 속도, 온도, 농도구배는 항상 일의 손실과 연결되어 있다. 만약 이것들을 제거할 수 있다면 최대 일을 수행할 수 있을 것이다.(그러나 여기에는 무한한 시간이 소요된다.)

❗ 가역공정은 잃은 일을 피할 수 있다.

소산 손실이 없는 공정을 **가역적**이라 부른다. 만약 계가 역운동에 의해 바로 이전상태로 되돌아갈 수 있다면 공정은 가역적이다. 일반적으로 계가 가역적이지 않다는 사실은 소산 메커니즘이 존재하는 것을 알아냄으로써 결정된다.

가역성 접근

계 내의 구배를 제거함으로써 가역성에 접근할 수 있다. 가역성에 접근하기 위해서는 힘, 농도, 온도 등의 미소 변화에 의해서 운동이 수행되어야 한다. 평형상태에 있는 피스톤 위에 추가 올려져 있는 경우를 고려해 보자. 만약 추를 옆으로 치운다면 추의 퍼텐셜 에너지 변화는 없을 것이며 피스톤은 상승하면서 퍼텐셜 에너지는 증가한다. 만일 피스톤이 정지마개에 걸린다면 운동에너지는 소산된다. 이제 추를 두 부분으로 나누어 보자. 만일 추의 반을 제거한다면 그전보다 적은 운동에너지로 정지마개에 걸릴 것이며 또한 추의 반을 들어 올릴 것이다. 이러한 과정을 반복해서 행했을 때, 맨 처음 피스톤에서 들어내는 추의 무게를 감소시킴으로써 최종적으로 들어낼 수 있는 추의 무게는 증가하게 된다는 것을 알 수 있다. 극한의 경우 추는 모래 더미와 같이 되며 1개의 모래 낟알을 제거하는 것을 알 수 있다. 계 내의 변화가 매우 적기 때문에 오직 미소구배만이 발생되고 가역성으로 접근할 수 있다. 피스톤은 소산되는 운동에너지를 만들지 않게 된다.

일련의 평형상태에 의한 가역성

앞에서 언급한 것처럼 미소적으로 이동시킬 때 계는 과정의 각 단계에서 평형상태에 놓이게 된다. 특정한 단계에서 계가 평형상태에 있는가를 알아보기 위해 그 단계에 멈추어진 과정을 상상해 볼 수 있다. 만일 그 조건에서 계를 방치했을 때 계가 변화할 것인가? 만약 계가 그 조건에서 정적인 상태(변하지 않는)를 유지한다면 그 계는 분명히 평형상태에 있다. 계가 정적인 상태에 있기 때문에 한 방향 또는 다른 방향으로 쉽게 이동할 수 있다. ⇒ '가역적'. 그러므로 가역과정은 극소의 구동력에 의한 결과이다.

점도와 마찰 무시에 의한 가역성

실제공정은 무한히 느리게 실행되지 않는다. 이전의 예에서는 피스톤과 실린더를 이상적인 것으로 간주해 왔다. 실제계는 이상적인 것과는 거리가 멀며 훨씬 더 복잡한 형태를 가지고 있다. 예를 들어 발사체는 구동하기 위해 기체를 사용하여 발사될 수 있으며, 아울러 자유비행하는 발사체의 속도를 추산하는 방법이 필요하다. 이러한 방법의 한 가지 응용은 항공모함의 짧은 비행 갑판으로부터 이륙하기 위해 도움을 주는 수증기 캐터펄트이다. 또 다른 응용은 총에서 발사된 총알의 출구속도를 결정하는 것이다. 이러한 것들은 분명히 평형과정이 아니므로 어떻게 출구속도를 계산할 수 있는가? 또 다른 보기로 원심펌프를 들 수 있다. 펌프는 프로펠러 형태의 장치를 급격하게 회전시켜 일을 한다. 펌프는 속도구배 없이 단순하게 낮은 속도에서 작동하지 않는다. 이러한 경우 어떻게 하겠는가? 해답은 점도와 마찰을 무시하여 계산을 수행하는 것이다. 그리고 실제 행한 일을 계산하기 위해 효율인자를 적용한다. 효율인자는 주어진 문제와 유사한 실제계의 실험으로부터 경험적으로 결정된다. 효율은 3장에서 소개할 것이다. 이 장의 나머지 부분에서는 가역적인 일의 계산을 중점적으로 논의하기로 한다.

❗ 점도와 마찰은 최적 일을 추산할 때 종종 무시되며, 유사한 계의 실험에 기초한 경험적 효율을 적용할 수 있다.

예제 2.1 이상기체의 등온 압축

피스톤 안에 들어 있는 2 mol의 이상기체 압력 1 bar로부터 10 bar까지, 온도 311 K에서 등온적으로 정상압축시키기 위하여 필요한 일을 구하라. 등온공정이란 고정된 일정 온도에서 공정을 수행하는 것이다. 기체의 정상압축에서는 계의 압력이 항상 실질적으로 외계의 압력과 같은 압력에서 압축이 수행되어야 한다. 3장에서 이러한 형태의 압축은 가역적 압축이라 칭하며 비가역적 공정과 비교하여 매우 중요한 압축임을 이해하게 될 것이다.

풀이

계: 닫힌계, 계산기준: 1 mol

$$W_{EC} = -\int PdV$$

$$P = \frac{RT}{V} \Rightarrow W_{EC} = -\int_{V_1}^{V_2} \frac{RT}{V} dV = -RT\int_{V_1}^{V_2} \frac{dV}{V} = -RT\ln\left(\frac{V_2}{V_1}\right) \quad \langle\text{식 ig 2.8}\rangle$$

$$\frac{V_2}{V_1} = \frac{(RT)/P_2}{(RT)/P_1} = \frac{P_1}{P_2} = \frac{1}{10} \quad \langle\text{식 ig 2.9}\rangle$$

$$W_{EC} = -8.314 \text{ J/mol-K} \cdot 311 \text{ K} \ln(1/10) = 5954 \text{ J/mol}$$

$$\underline{W}_{EC} = 2(5954) = 11{,}908 \text{ J}$$

주의: 부호가 양이므로 기체에 대해 일을 하였다. 이 부호규정은 식 2.3에서 설정한 바와 같다. 만일 식 2.3의 적분식에서 항상 적분 하한값으로 초기상태의 계의 압력과 부피값을 사용한다면 기체에 대한 일은 항상 바른 부호를 가질 것이다.

2.5 열흐름

매우 간단한 실험을 통해 열 이동이 에너지와 관련되어 있다는 사실을 알 수 있다. 만일 서로 다른 온도를 갖는 2개의 철로 된 벽돌을 서로 연결시켜 놓고 외계와 절연되어 있다고 하면 2개의 벽돌은 중간온도에서 평형상태로 될 것이다. 따뜻한 벽돌은 차가워지고, 차가운 벽돌은 따뜻해질 것이다.

$$\underline{Q}_{block\,1} = -\underline{Q}_{block\,2}$$

열은 계의 경계에서 이동되므로 열은 계의 성질이 아니다. 열은 경계에서 내부에너지를 이동시키는 상호작용의 형태이다. 만일 열이 유한시간 동안 계에 더해진다면 분자의 운동에너지가 증가되므로 계의 에너지 또한 증가된다. 물체를 만져서 뜨겁게 느껴지는 것은 분자의 운동에너지가 즉시 우리 손으로 전달되기 때문이다.

열전달의 속도는 시간에 따라 다르므로 총괄 열흐름은 시간에 대해 합산(혹은 적분)되어야 한다.

$$dQ = \dot{Q}dt$$

또한 벽돌에 대한 내부에너지 변화와 열전달 사이는 미분형태로 연관시킬 수 있다.

$$d\underline{U} = d\underline{Q} \quad \text{or} \quad \frac{d\underline{U}}{dt} = \dot{\underline{Q}} \qquad \langle 식\ 2.10 \rangle$$

질량은 통과할 수 없지만 열전달에 대해서는 아무런 저항도 없는 이상화된 계의 경계를 '**열투과벽**'이라 한다.

열투과벽

2.6 경로 성질과 상태 성질

앞의 예제에서는 등온경로를 사용하였다. 다른 경로를 간결하게 정의하는 것은 매우 중요하다. 등압경로는 일정한 압력에서, 등적경로는 일정한 부피에서, 단열경로는 열전달 없이 이루어지는 경로이다.

등온, 등압, 등적, 단열 용어는 경로과정을 설명한다.

상태 변화에 필요한 일과 열의 전달은 초기상태와 최종상태 사이에서 일어나는 경로에 의존한다. 상태 성질은 경로에 의존하지 않는 성질이다. 예를 들어 기체의 압력과 온도가 변하고 다시 기체가 초기상태로 되돌아갔을 때 온도와 압력, 그리고 내부에너지의 알짜 변화는 없다. 그러나 알짜 일과 알짜 열전달이 반드시 없는 것은 아닌데, 이러한 값은 취해진 경로에 의존하기 때문이다.

상태 변화 시 필요한 일과 열전달은 초기상태와 최종상태 사이를 취한 경로에 의존한다.

예제 2.2 경로함수로서의 일

피스톤 안쪽에 존재하는 298 K, 0.2 MPa, 그리고 부피 $\underline{V}_1$인 1.2 mol의 이상기체를 고려해 보자. 기체를 원래의 부피보다 2배로 등온 팽창시킨 후 원래의 부피 $\underline{V}_1$으로 등압 냉각시킨다. 냉각한 후 일정 부피에서 T_1까지 가열한다. 이 경우 알짜 일은 0이 아니며 일은 경로에 의존하는 것을 보여라.

풀이

먼저 과정을 가시화하기 위해 다음 그림 2.2에 보인 바와 같이 개략적으로 과정을 나타내고 초기 부피를 결정한다.

$$\underline{V} = nR(T/P) = \frac{1.2\text{ moles} \mid 8.314\text{cm}^3\text{MPa} \mid 298\text{ K}}{\mid \text{mole K} \mid 0.2\text{ MPa}} = 14,865\text{ cm}^3 \qquad \langle 식\ \text{ig} \rangle$$

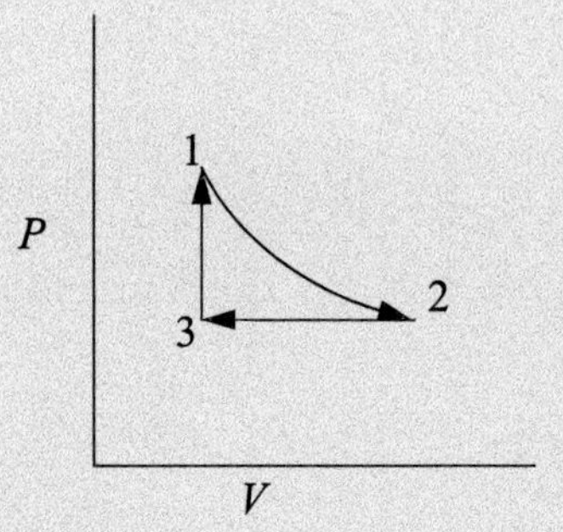

그림 2.2 • 예제 2.2의 경로선도

1. 기체의 등온 팽창:

$$\Rightarrow \underline{W}_{EC} = -\int P d\underline{V} = -nRT_1 \ln(V_2/V_1) \qquad \langle \text{식 ig 2.11} \rangle$$

$$= \frac{1.2 \text{ moles} \,\Big|\, (8.314)\text{ cm}^3 MPa \,\Big|\, 298 \text{ K}}{\Big|\, \text{mole } K \,\Big|\, \Big|} \ln(2) = -2060 \text{ J}$$

2. V_1까지 등압 냉각:

$$\underline{W}_{EC} = -\int_{V_2}^{V_1} P_2 d\underline{V} = -P_2(\underline{V}_1 - \underline{V}_2) = -0.1\text{MPa}(-14,865 \text{ cm}^3) = 1487 \text{ J} \; \langle \text{식 2.12} \rangle$$

3. T_1까지 일정 부피에서 가열:

$$\Rightarrow \underline{W}_{EC} = 0 \; (because \; d\underline{V} = 0 \; over \; entire \; step)$$

계는 초기상태로 되돌아왔으며, 모든 상태 성질은 초깃값으로 되돌아왔다. 계에 행한 일은 총 얼마인가?

$$\underline{W} = \underline{W}_{1\to2} + \underline{W}_{2\to3} + \underline{W}_{3\to1} = -nRT_1 \ln(V_2/V_1) + nP_2(V_2 - V_1) = -573 \text{ J} \quad \langle \text{식 ig 2.13} \rangle$$

그러므로 일은 경로함수이며 상태함수가 아니라고 결론지을 수 있다.

연습: 만일 경로가 반대로 된다면 일은 다른 것이다. 이 경우 일은 음의 부호이기보다는 양의 부호를 가질 것이다(+573.6J). 만일 기체가 등압적으로 2배의 부피로 팽창하고($\underline{W}$ = −2973 J) 등온 부피에서 T_1까지 냉각된 후($\underline{W}$ = 0 J), 원래의 부피로 등온 압축되는($\underline{W}$ = −2060 J) 경로로 변화한다면 총일은 −913 J이 될 것이다.

❗ 일과 열은 경로 성질이다.

위에서 설명되지 않았지만 열은 과정 동안 더해지거나 제거된다. 위의 과정은 일을 열로 변환시키는 것이며, 행해진 모든 것은 일의 양으로 계산되었다. 여기서 기억해 둘 중요한 사실은 일은 경로함수이지 상태함수가 아니라는 것이다.

2.7 닫힌계의 에너지 수지

닫힌계는 그림 2.3에 보인 바와 같이 계 외부로의 질량의 흐름이 없는 계를 말한다. 앞의 도입부에서 열과 일의 상호작용에 대해서 논의했지만 이들을 계의 에너지와 관계시키지는 않았다. 앞에서 언급했던 변화과정에서 퍼텐셜 에너지는 팽창/수축 일($-\int PdV$), 축일(W_S), 열(Q)[4]의 형태로 계의 경계를 가로지를 수 있다. 닫힌계에서는 오직 두 가지 방법(열과 일의 상호작용)으로 주위와 상호작용을 한다.

만일 이 두 가지 가능성을 하나의 수지 방정식에 적용하면 주어진 문제에 맞는 수지식을 세우는 것은 주어진 상황을 해석하고 사용되지 않는 항을 지우는 간단한 일이 될 것이다.

초기상태로 되돌아가는 순환공정에 대한 열과 일을 측정했을 때, 열과 일의 상호작용의 합은 항상 0이 되는 것을 실험적으로 알 수 있다. 이 사실은 매우 중요한 결과이다. 이는 열과 일의 합이 0이 아닌 비순환공정에서 합이 양인가 음인가에 따라 계의 에너지가 저장되거나 방출된다는 것을 의미한다. 실제로 충분한 실험으로부터 닫힌계에서 열과 일의 상호작용의 합이 계의 에너지 변화임을 알 수 있다. 에너지 수지식을 전개하기 위하여 우선 수지식을 표현해 보자.

❗ 닫힌계는 오직 열과 일을 통해서 주위와 상호작용을 한다.

[계의 에너지 저장] = [계로의 열유입] + [계에 한 일] 〈식 2.14〉

계 내의 에너지는 내부에너지($\underline{U}$)와 운동에너지($mu^2/2g_c$), 그리고 질량 중심의 퍼텐셜 에너지 (mgz/g_c)로 이루어져 있다. 닫힌계의 경우 '점검항' 방정식은 다음과 같다.

$$m\, d\left[U+\frac{v^2}{2g_c}+\frac{g}{g_c}z\right] = d\underline{Q}+d\underline{W}_S+d\underline{W}_{EC} \quad \text{〈식 2.15〉}$$

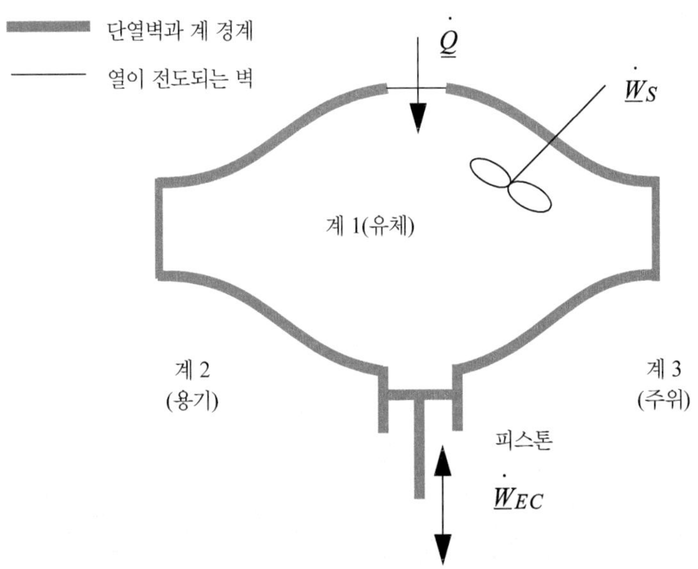

그림 2.3 • 닫힌계

4 이 책에서 설명할 수 없는 전기장, 자기장 혹은 기계 스프링 등의 다른 가능성을 포함한다.

왼쪽 항은 계의 경계 내에서 발생하는 변화하는 변화의 합이며, 오른쪽 항은 경계에서 상호작용에 의한 변화의 합이다. 맨 처음 문제를 풀기 전에 항상 이 규칙에 의해 수지식을 써서 연습하는 것이 바람직하다. 이후의 예제에서는 이 규칙을 따를 것이다. 식 2.15의 운동에너지와 퍼텐셜 에너지는 질량 중심에 대한 것이며 질량 중심 근처에서의 임의의 운동에너지나 퍼텐셜 에너지는 아니다. 수지식은 또한 몰양에 의해서 표현될 수 있다. 그렇게 하기 위해서 퍼텐셜 에너지와 운동에너지 항에 분자량을 도입할 필요가 있다. 닫힌계 내에서 질량은 일정하므로 위의 식을 m으로 나눌 수 있다.

❗ 닫힌계 수지식. 왼쪽 식은 경계 안에서의 변화를 요약했으며, 오른쪽 식은 경계에서의 상호작용을 요약했다.

$$d\left[U + \frac{v^2}{2g_c} + \frac{g}{g_c}z\right] = dQ + dW_S + dW_{EC} \qquad \text{〈식 2.16〉}$$

식 2.16을 적분하면 다음의 식을 얻게 된다.

$$\Delta\left(U + \frac{v^2}{2g_c} + \frac{g}{g_c}z\right) = Q + W_S + W_{EC} \qquad \text{〈식 2.17〉}$$

또한 변화속도로 에너지 수지식을 나타낼 수 있다.

$$\frac{d}{dt}\left[U + \frac{v^2}{2g_c} + \frac{g}{g_c}z\right] = \dot{Q} + \dot{W}_S + \dot{W}_{EC} \qquad \text{〈식 2.18〉}$$

여기서 $\dot{Q} = dQ/dt$, $\dot{W}_S = dW_S/dt$, $\dot{W}_{EC} = dW_{EC}/dt$이다. 빈번하게 (예제 2.9에서 보듯이)운동에너지와 퍼텐셜 에너지는 작다. 닫힌계에서 축일은 일반적이지 않고 식은 단순화된다.

$$\frac{dU}{dt} = \dot{Q} + \dot{W}_{EC} \quad \text{또는} \quad \Delta U = Q + W_{EC} \qquad \text{〈식 2.19〉}$$

예제 2.3 내부에너지와 열

2.5절에서 열흐름은 계의 에너지와 관련 있다고 언급했다. 이제 에너지 변환을 정량화하기 위해 열흐름과 관련지어 보자. 만일 2,000 J의 열이 뜨거운 벽돌에서 차가운 벽돌로 이동된다면 각각의 벽돌의 내부에너지는 얼마나 변화하는가?

풀이

먼저 계의 경계를 선택한다. 먼저 각각의 벽돌 주위에서 계의 경계를 선정하자. 따뜻한 벽돌을 *block 1*, 차가운 벽돌을 *block 2*라고 하자. 다음에 그 값이 0이거나 중요하지 않은 항을 제거한다. 주어진 문제에서 벽돌의 위치나 속도 변화에 대한 언급이 없으므로 이 항을 수지식에서 제거할 수 있다. 축이 없으므로 축일 또한 제거할 수 있다. 문제에서 특별히 압력에 대해 언급하지 않았으므로 열흐름 과정은 일정한 0.101 MPa의 대기압에서 일어난다고 가정할 수 있다. 차가운 벽돌이 뜨거워질 때 벽돌은 약간 팽창되며 따듯한 벽돌은 수축할 것이다. 그러나 두 벽돌이 고체이므로 일 상호작용은 매우 작고 무시할 수 있다. 예를 들면 0.101 MPa에서 두 벽돌이 10 cm^3 변화하는 것은 이동된 2,000 J 중 1 J에 해당한다. 각각의 벽돌에 대한 에너지 수지식은 다음과 같다.

$$d\left[\underline{U}+\cancel{\frac{v^2}{2g_c}}+\cancel{\frac{g}{g_c}z}\right] = d\underline{Q}+\cancel{d\underline{W}_S}+\cancel{d\underline{W}_{EC}}$$

각각의 벽돌에 대한 에너지 수지식을 적분하면 다음과 같은 식을 얻을 수 있다.

$$\Delta\underline{U}_{block1} = \underline{Q}_{block1} \qquad \Delta\underline{U}_{block2} = \underline{Q}_{block2}$$

주위로 전달되는 열이 없기 때문에 벽돌 사이의 열전달량은 같다. 그렇다면 부호는 어떠한가? 문제를 좀 더 살펴보자. 이제 양쪽 벽돌 주위로 계의 경계를 정하면 에너지 수지식은 다음과 같다.

$$d\left[\underline{U}+\cancel{\frac{v^2}{2g_c}}+\cancel{\frac{g}{g_c}z}\right] = \cancel{d\underline{Q}}+\cancel{d\underline{W}_S}+\cancel{d\underline{W}_{EC}}$$

모든 열과 일의 상호작용은 무시할 수 있으므로 두 벽돌로 이루어진 복합계는 주위로부터 **고립**된 것으로 간주할 수 없다. 그러므로 $\Delta\underline{U} = 0$이며 부분계로 나누어 생각하면 $\Delta\underline{U}_{block1} + \Delta\underline{U}_{block2} = 0$이 되고 $\Delta\underline{U}_{block1} = -\Delta\underline{U}_{block2}$이다. 어떤 계가 열을 주고 어떤 계가 열을 받는가 살펴보기 위해 부호는 중요하다. 이 예제에서는 쉽게 살펴볼 수 있지만 다른 문제의 경우 더 복잡해질 수 있으므로 부호를 주의 깊게 살펴 적어 놓는 연습을 하는 것이 가장 좋은 방법이다. 이 예제에서 초기에 뜨거운 계에서의 열전달은 음이 되고, 다른 계의 열흐름은 양이 될 것이다. 따라서 내부에너지 변화는 $\Delta\underline{U}_{block1} = -2,000$ J이며 $\Delta\underline{U}_{block2} = 2,000$ J이다.

이 예제로부터 몇 가지 중요한 점을 알 수 있다.

1. 쓰일 수지식의 경계를 정확히 명시하는 것이 중요하다.
2. 계를 부분계로 나누는 것이 가능하다. 복합계는 고립되었지만 부분계는 그렇지 않다. 종종 부분계로부터 시작해서 문제를 푸는 것이 빠를 수 있지만, 많은 경우 전체계를 다룸으로써 보다 쉽게 문제가 풀리거나 계에 대한 통찰력을 얻을 수 있다. 부분계에 대한 수지식들이 풀기 어려워 보이면 총괄 수지식을 시도해 보라.
3. 부호를 주의 깊게 살펴보는 것이 중요하다.
4. 단순화가 가능한 경우를 인식하는 것이 중요하다. 분명히 일의 계산은 가능하지만 그다지 정답에 영향을 미치지 않을 수도 있다. 만일 2개의 계가 기체였다면 이러한 단순화는 합리적이지 않을 수도 있다.

문제를 푸는 네 가지 중요한 점

2.8 열린계와 정상상태 수지

2.3절에서 닫힌계에 대한 에너지 수지 및 흐르는 유체에서의 일에 대해 다루었다. 이 개념을 이용하여 정상상태 흐름계에 대한 에너지 수지식을 정립해 보자. **정상상태**의 의미는 다음과 같다.

1. 계 내의 모든 상태 성질은 시간에 따라 변하지 않는다. 물성은 계 내의 위치에 따라서 변화될 수 있다.
2. 계는 일정한 질량을 가지고 있다. 즉, 총유입 질량 유속은 총유출 질량 유속과 같고 모든 흐름속도는 시간에 따라 변하지 않는다.
3. 계의 질량 중심은 고정되어 있다(이 제약 조건은 엄격히 필요한 것은 아니지만 이 책 전체에서 사용할 것이다).

> ❗ 정상상태 흐름계는 보통 고정된 크기를 갖기 때문에 $W_{EC} = 0$이다.

먼저, 닫힌계에 대한 수지식에 흐름 항을 더하여 글로서 수지식을 세워 보기로 한다. 주위와 상호작용할 수 있는 방법은 흐름, 열, 그리고 일의 세 가지가 있다. 그림 2.4에 열린계의 개략도를 나타내었다. 정상 흐름에서 접하게 되는 일의 형태를 고려해 볼 때, 일상적으로 팽창/수축 일은 포함되지 않으므로 이 항은 생략된다. 이것은 전형적으로 정상상태 수지식을 고정된 기계적 장치계에 적용하기 때문이며 이 경우 계의 크기의 변화는 없다. 그러므로 팽창/수축 일에 관한 항을 0으로 두게 된다.
또한 유속일을 하므로 수지식은 시간에 의존적이다.

$$\begin{aligned}\left[\begin{array}{c}\text{계 내의 에너지}\\ \text{축적속도}\end{array}\right] &= \left[\begin{array}{c}\text{입구에서 유체의}\\ \text{질량당 에너지}\end{array}\right]\left[\begin{array}{c}\text{유입 질량}\\ \text{유속}\end{array}\right] \\ &- \left[\begin{array}{c}\text{출구에서 유체의}\\ \text{질량당 에너지}\end{array}\right]\left[\begin{array}{c}\text{유출 질량}\\ \text{유속}\end{array}\right] + \left[\begin{array}{c}\text{계를 향한}\\ \text{열흐름속도}\end{array}\right] \\ &+ \left[\text{계에 행한 일속도}\right]\end{aligned} \quad \langle 식\ 2.20\rangle$$

앞에서와 같이 좌변 항은 계 내에서의 변화를 정량화하고 있다. 이제 수지식의 왼쪽 항에 주

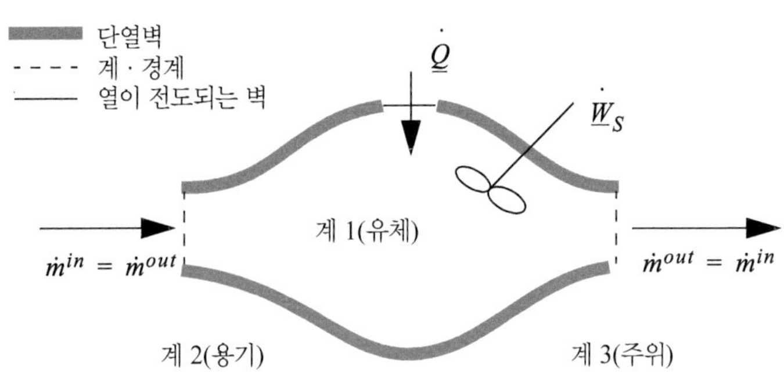

그림 2.4 • 정상상태 흐름계

어진 계 경계 내에서의 에너지 변화를 고려해 보자. 정상상태이기 때문에 계 경계 내에서의 에너지 축적이 없게 되어 식 2.20의 좌변 항은 0이 된다.
따라서

$$0 = \sum_{inlets}\left[U + \frac{v^2}{2g_c} + \frac{gz}{g_c}\right]^{in} \dot{m}^{in} - \sum_{outlets}\left[U + \frac{v^2}{2g_c} + \frac{gz}{g_c}\right]^{out} \dot{m}^{out} + \dot{\underline{Q}} + \dot{\underline{W}}_S + \dot{\underline{W}}_{flow} \quad \langle 식\ 2.21\rangle$$

여기서 열과 일의 상호작용은 모든 경계에 대해 합산되었다. 여기에 식 2.7의 흐름일을 삽입하고 유입과 유출에 대해 합산하면,

$$\begin{aligned} 0 = &\sum_{inlets}\left[U + \frac{v^2}{2g_c} + \frac{gz}{g_c}\right]^{in} \dot{m}^{in} - \sum_{outlets}\left[U + \frac{v^2}{2g_c} + \frac{gz}{g_c}\right]^{out} \dot{m}^{out} + \dot{\underline{Q}} + \dot{\underline{W}}_S \\ &+ \sum_{inlets}(PV)^{in}\dot{m}^{in} - \sum_{outlets}(PV)^{out}\dot{m}^{out} \end{aligned} \quad \langle 식\ 2.22\rangle$$

그리고 흐름 항을 결합하면 다음과 같다.

$$0 = \sum_{inlets}\left[U + PV + \frac{v^2}{2g_c} + \frac{gz}{g_c}\right]^{in} \dot{m}^{in} - \sum_{outlets}\left[U + PV + \frac{v^2}{2g_c} + \frac{gz}{g_c}\right]^{out} \dot{m}^{out} + \dot{\underline{Q}} + \dot{\underline{W}}_S \quad \langle 식\ 2.23\rangle$$

엔탈피

흐름계의 분석에서 $(U + PV)$의 양은 자연적으로 나타남을 유의하자. 흐름계는 매우 일반적이며, 따라서 이 양을 하나의 기호로 정의하는 것이 합리적이다.

> ❗ 엔탈피는 문제풀이 시 편리를 위해서 정의된 수학적인 물성이다.

$$H \equiv U + PV$$

그러므로 H값을 미리 계산하여 표로 만들 수 있고 이를 통해 흐름계에 대한 계산 절차를 줄일 수 있다. 우리는 H를 **엔탈피**라 부른다.

열린계의 정상상태의 수지식은 다음과 같다.

$$\boxed{0 = \sum_{inlets}\left[H + \frac{v^2}{2g_c} + \frac{gz}{g_c}\right]^{in} \dot{m}^{in} - \sum_{outlets}\left[H + \frac{v^2}{2g_c} + \frac{gz}{g_c}\right]^{out} \dot{m}^{out} + \dot{\underline{Q}} + \dot{\underline{W}}_S} \quad \langle 식\ 2.24\rangle$$

> ❗ 열린계의, 정상상태 수지식

여기서 열과 일의 상호작용은 모든 경계에서 일어나는 각각의 열과 일의 상호작용의 합이다.

주의: 계가 열에너지를 얻을 때 Q는 양의 부호를 가진다. 계가 일에너지를 얻을 때 W 역시 양의 부호를 가진다. $\dot{m}^{in}$과 $\dot{m}^{out}$은 항상 양의 값을 가진다. 그러므로 $\dot{m}_{system} = \dot{m}^{in} - \dot{m}^{out}$은 계가 질량을 얻을 때는 양의 값을 갖고, 정상 흐름일 때는 0이다. 질량은 적절한 단위환산으로 비반응계에서 몰로 대체될 수 있다.

퍼텐셜 에너지와 운동에너지는 계 경계 내부의 유체에 관한 것이 아니고 경계를 통해 출입하는 유체에 대한 것임을 유의하자. 하나의 유입과 유출 흐름이 있는 경우 정상상태 유속은 반드시 같으며 다음 식으로 표현할 수 있다.

❗ 몇 개의 일반적인 정상상태 수지식을 쓸 수 있다

$$0 = \left[H + \frac{v^2}{2g_c} + \frac{gz}{g_c}\right]^{in} \dot{m}^{in} - \left[H + \frac{v^2}{2g_c} + \frac{gz}{g_c}\right]^{out} \dot{m}^{out} + \dot{\underline{Q}} + \dot{\underline{W}}_S$$ (하나의 유입부/배출부) 〈식 2.25〉

운동에너지와 퍼텐셜 에너지 변화를 무시할 수 있다면 위의 식은 다음과 같이 쓸 수 있다.

$$0 = -\Delta H\dot{m} + \dot{\underline{Q}} + \dot{\underline{W}}_S$$ (하나의 유입부/배출부) 〈식 2.26〉

여기서 $\Delta H = H^{out} - H^{in}$이다. 운동에너지와 퍼텐셜 에너지에 대한 단위환산을 통해 식 2.24~2.26에서 몰 유속을 사용할 수 있다. 식 2.26을 만족하는 정상상태 열린계의 경우 질량 유속으로 양변을 나누면 다음과 같다.

$$0 = -\Delta H + Q + W_S$$ (하나의 유입부/배출부) 〈식 2.27〉

일반적으로, 수지식 좌변에 계의 성질을 쓰는 관습을 따르면 간단히 다음과 같이 나타낼 수 있다.

$$\Delta H = Q + W_S$$ (하나의 유입부/배출부) 〈식 2.28〉

식 2.19와 식 2.28을 비교해 보자. U와 W_{EC}를 사용하는 닫힌계와 H와 W_S를 사용하는 열린계일 때, 에너지와 엔탈피는 서로 다른 에너지 수지식에서 오지 않는다. 논리적으로 단순화한 일반화된 에너지 수지식의 결과 항에 대해서는 다음 절에 보다 더 정확히 나타나 있다.

Δ 부호 설명

❗ Δ 사용의 설명

닫힌계에서 초기상태로부터 최종상태의 물성 변화를 표시하기 위하여 Δ 부호를 사용하였다. 정상상태의 열린계에서 에너지 수지식의 좌변은 0이다. 그러므로 수지식 오른쪽 2개의 흐름항을 결합하여 위에서 표기한 바와 같이 유입에 대한 유출의 의미를 갖는 단축형 부호로서 자주 사용한다. 특정한 문제에 대해 에너지 수지식의 어떤 항이 0인지, 또는 중요하지 않은지, 그리고 풀이가 닫힌계 혹은 열린계에 대해서인지, Δ의 부호가 유입에 대한 유출인지, 혹은 초깃값에 대한 최종값을 표시하는지를 올바르게 알 필요가 있다.

엔탈피와 축일에 대한 이해

정상상태, 단열일 때 펌프, 터빈, 압축기의 수평 작동을 생각해 보자. 유체가 장치에 흐르는 동안 유체 덩어리(packet)로 이루어진 닫힌계를 상상할 수 있다. 이 관점에서 계를 분석한 후에 열린계와 닫힌계, 에너지와 엔탈피, 그리고 팽창/수축 일과 축일 사이의 관계에 대한 통찰력을 얻기 위해 관점을 열린계에 대한 것으로 전환할 수 있다. 보너스로 펌프 일과 압축된 유체의 엔탈피를 계산할 수 있는 편리한 관계를 얻을 수 있다.

유체 덩어리로 이루어진 닫힌계의 관점에서 계 경계를 통한 질량 이동은 없다. 이 시스템은 축을 포함하지 않는데, 심지어 계가 축을 지나갈지라도 마찬가지이다. 만약 이것을 보는 데 어려움이 있다면, 계의 경계는 가상의 질량 덩어리에 의해 정의된다는 것을 기억하라. 계의 경계는 그 덩어리(packet)가 들어오기 전 혹은 나간 후에 축을 포함하지 않으므로, 계는 터빈을 통해 이동하는 것과 같은 축을 포함할 수 없다. 이 계는 축을 봉함으로써 간단히 변형시킬 수 있다. 그 결과 이 닫힌계의 모든 일은 원칙적으로 팽창/수축 일이다. 닫힌계의 팽창/수축 일은 우리가 열린계 관점에서 보았던 흐름일과 축일로 구성되어 있다. 시스템의 모든 지점에서 무슨 일이 일어났는지 정확히 설명하긴 어렵지만, 시작과 끝이 어떤지에 대해서는 알 수 있다. 이 관찰은 소위 적분분석법을 이끌어 낸다.

단열인 닫힌계가 있고, 질량 덩어리(packet)를 m이라 하자. 운동에너지와 퍼텐셜 에너지의 변화는 무시할 수 있다.

❗ 이 유도에서 운동에너지와 퍼텐셜 에너지 변화를 무시하는 것을 주의하자.

$$d\left[U + \cancel{\frac{v^2}{2g_c}} + \cancel{\frac{g}{g_c}z}\right] = d\cancel{Q} + \cancel{dW_S} + dW_{EC}$$

초기상태로부터 최종상태까지 적분을 하면 다음과 같다.

$$U^{out} - U^{in} = W_{EC}$$

부분 적분을 통해 일의 적분 표현형태를 바꿀 수 있다.

$$W_{EC} = -\int_{in}^{out} PdV = -[PV]_{in}^{out} + \int_{in}^{out} VdP$$

시스템에 출입하는 유체 흐름에 의해 수행한 일량을 나타내는 PV 항은 장치의 동작에 기여하지 않는다. 그러므로 일과 터빈 사이 상호작용은 적분형태 $W_S = \int_{in}^{out} VdP$로 남아 있다. 이를 치환하면,

$$\Rightarrow [U+PV]^{out} - [U+PV]^{in} = \int_{in}^{out} VdP \qquad \text{〈식 2.29〉}$$

관점을 열린계로 바꾸면, 식 2.28은 다음과 같다.

$$H^{out} - H^{in} = \cancel{Q} + W_S \qquad \text{〈식 2.30〉}$$

$H = U + PV$ 와 마지막 두 식의 비교는 $W_s = \int VdP$가 펌프, 압축기 혹은 터빈과 같은 계에 일량으로 사용됨을 의미한다는 것을 상기하라. 게다가 U와 결합한 PV 기여분의 출현은 부분 적

분의 일부로서 자연스럽게 나타난다. 물리적으로 일은 항상 '힘의 시간거리'이다. 이 유도식이 단열 장치에 제한됨에도 불구하고, 이 결과는 일반적으로 나중에 5.7절에서 보는 것과 같은 열전달을 포함한 장치에도 적용된다.

❗ 운동과 퍼텐셜 에너지 변화가 작을 때의 펌프와 터빈의 축일

$$W_S = \int_{in}^{out} VdP \text{ 가역적인 축일} \quad \langle \text{식 } 2.31 \rangle$$

주의: $dW_s = VdP$로 주어진 축일은 $dW_{EC} = PdV$인 팽창/수축 일과 $d\underline{W}_{flow} = PVdm$인 흐름일과는 별개이다.

여러 실질적인 문제는 식 2.31로 고려될 수 있다. 첫째, 터빈 또는 팽창기 과정과 같이 압력 변화가 음수일 때 계의 일량은 음수이다. 이것은 우리의 부호 형식과 일치한다. 둘째, 기체 흐름을 고려할 때 이상기체를 포함하지 않을 경우 T와 P와 함께 V가 변하는 복잡한 방식 때문에 적분은 어려워 보인다. 오히려 기체에서 우린 종종 상태 변화에 대한 엔탈피로 작업을 수행할 수 있다. 상태 변화에 대한 엔탈피값은 식 2.30을 사용하여 W_s를 직접 계산한 표 혹은 도표로부터 읽을 수 있다. 그러나 액체에서 적분은 빨리 계산될 수 있다. 특히, $T_0 < 0.75$일 때, 부피는 종종 상수에 가깝다. 이 경우 펌프 일을 계산하는 적분 방정식을 얻을 수 있다.

❗ 운동에너지나 퍼텐셜 에너지의 변화가 작고 액체가 비압축성일 때 ($T_r < 0.75$) 액체 펌프나 터빈의 축일

$$W_S \approx V^L(P^{out} - P^{in}) = \frac{\Delta P}{\rho} \text{ 액체} \quad \langle \text{식 } 2.32 \rangle$$

예제 2.4 압축된 물에서의 펌프 일

식 2.31을 이용하여 5, 50 MPa 포화 액체로부터 압축된 20°C H_2O의 일을 계산하라. 압축 액체 증기표를 이용하여 얻은 값을 비교하라.

풀이

H_2O, 212°C에서 $T_r = 0.75$이므로 식 2.31로부터 펌프 일을 계산할 수 있다. 수증기표로부터 20°C의 포화 액체 물은 $P^{sat} = 0.00234$ MPa, $V^L = 1.002$ cm³/g

$\Rightarrow \Delta H \approx V^L \Delta P = 1.002 \text{ cm}^3\text{/g}(50 \text{ MPa} - 0.00234 \text{ MPa}) = 50.1 \text{ MPa-cm}^3\text{/g}$, 50 MPa

$\Rightarrow \Delta H \approx V^L \Delta P = 1.002 \text{ cm}^3\text{/g}(100 \text{ MPa} - 0.00234 \text{ MPa}) = 100.2 \text{ MPa-cm}^3\text{/g}$, 100 MPa

계산에 있어서 편리한 단위환산 방법은 다른 단위에 주의하면서 기체상수를 곱하고 나누는 것이다. 이 방법은 이 경우에 있어서 특히 편리하다.

$$\Delta H = 50.1 \text{ MPa-cm}^3\text{/g} \cdot (8.314 \text{ J/mole-K})/(8.314 \text{ MPa-cm}^3\text{/mole-K}) = 50.1 \text{ kJ/kg}$$

$$\Delta H = 100.2 \text{ MPa-cm}^3\text{/g} \cdot (8.314 \text{ J/mole-K})/(8.314 \text{ MPa-cm}^3\text{/mole-K}) = 100.2 \text{ kJ/kg}$$

물의 비부피가 거의 일정하고 $P^{sat} << P$이기 때문에, kJ/kg 단위의 엔탈피 변화가 MPa 단위의 압력 상승과 거의 같다는 점을 알아두자. 이것은 정말 편리하다.

포화 수증기표로부터 읽은 포화 엔탈피는 83.95 kJ/kg이다. 압축 액체표(증기표 마지막에 위치한)에서 주어진 값은 5 MPa에서 88.6 kJ/kg, 50 MPa에서 130 kJ/kg이고, 이는 예상한 일의 값인 4.65와 46.1 kJ/kg에 상응한다. 산출한 일의 계산오차는 약 7~9%이고, 낮은 압력에서 더욱 작다. 이 정확도 범위는 펌프 일이 항상 다른 일과 항에 비해 작기 때문에(동력 사이클에서 터빈에 의해 생성된 일과 같이) 일반적으로 만족한다.

2.9 완전한 에너지 수지

그림 2.5에 나타냈듯이 정상상태 계를 만족시키지 못하는 열린계를 비정상상태 열린계라 한다. 이러한 계에서는 유입 질량이 유출 질량과 다르거나, 상태 변수(예: 온도)가 시간에 따라 변화해서 계 자체가 내부에너지, 운동에너지 또는 퍼텐셜 에너지를 가지게 된다. 한 예로서, 증기 재킷으로 가열하여 탱크를 채우는 공정을 들 수 있으며, 또 다른 예로는 질량 유입이 있어 계의 경계가 확장하는 기구의 팽창을 들 수 있다. 이러한 경우 열린계나 닫힌계에 응용될 수 있는 다음과 같은 일반적인 형태의 방정식을 얻는다.

$$\frac{d}{dt}\left[m\left(U+\frac{v^2}{2g_c}+\frac{gz}{g_c}\right)\right]=\sum_{inlets}\left[H+\frac{v^2}{2g_c}+\frac{gz}{g_c}\right]^{in}\dot{m}^{in}-\sum_{outlets}\left[H+\frac{v^2}{2g_c}+\frac{gz}{g_c}\right]^{out}\dot{m}^{out}+\dot{\underline{Q}}+\dot{\underline{W}}_{EC}+\dot{\underline{W}}_S \qquad \text{〈식 2.33〉}$$

완전한 에너지 수지

여기서 열과 일의 상호작용은 모든 경계를 통과하는 각각의 열과 일의 상호작용의 합이다. 또한 시간 의존성을 함축하여 다음과 같이 쓸 수 있다.

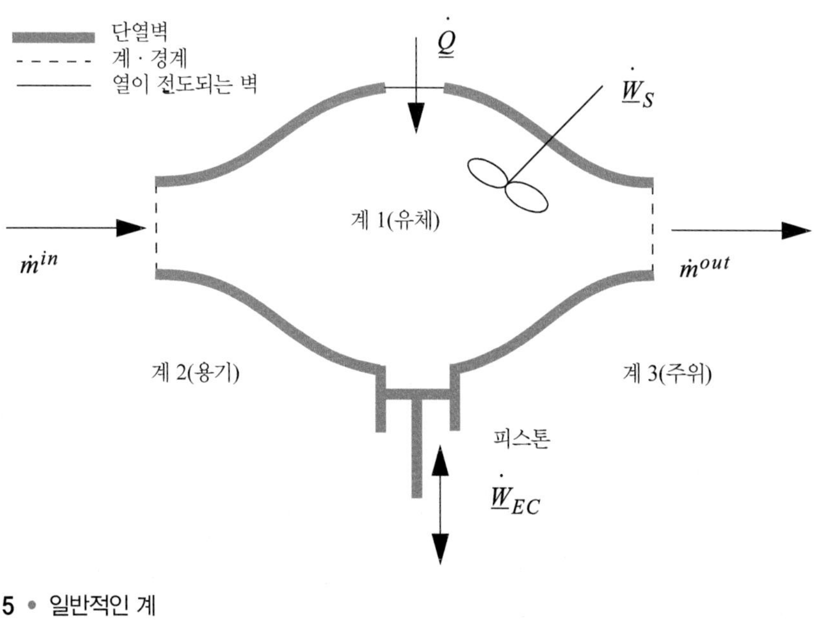

그림 2.5 • 일반적인 계

$$d\left[m\left(U+\frac{v^2}{2g_c}+\frac{gz}{g_c}\right)\right] = \sum_{inlets}\left[H+\frac{v^2}{2g_c}+\frac{gz}{g_c}\right]^{in} dm^{in} - \sum_{outlets}\left[H+\frac{v^2}{2g_c}+\frac{gz}{g_c}\right]^{out} dm^{out} + d\underline{Q} + d\underline{W}_{EC} + d\underline{W}_S \quad \langle 식\ 2.34 \rangle$$

주의: 부호와 형식은 식 2.24에 명시된 것과 같다.

대체로 닫힌계나 정상상태 방정식은 그 자체로도 충분하다. 그러나 비정상상태 열린계의 경우 완전한 형태의 방정식이 고려되어야 한다. 다행히 완전한 형태의 에너지 수지가 적용될 때라도 몇 개의 항은 주어진 문제에 대해 필요하지 않게 되어 식 2.33에 보인 것보다는 더 적은 항들이 사용된다. 주어진 문제에 대해 어떤 항을 사용할지 판단할 수 있는 능력을 기르기 위한 것이 이 교재의 목적이다.

2.10 내부에너지, 엔탈피와 열용량

더 많은 예를 다루어 보기에 앞서 또 다른 열역학적 도구를 알아볼 필요가 있다. 불행히도 '내부에너지'나 '엔탈피'를 측정하는 계측기는 없다. 실제로, 이런 상태 물성들은 다른 상태물성들로부터 간접적으로 측정해야 한다. Gibbs의 상규칙은 순수 단일 상계에서 두 상태 변수가 고정된다면 나머지 변수도 고정된다는 것을 말해 준다. 그러므로 이들 성질이 P, V, T의 항으로 측정된다는 것을 알 수 있다. 더욱이 이 관계가 발전된다면 주어진 ΔU나 ΔH의 변화에 대한 P, V, T 의 변화를 알아낼 수 있다. 예제 2.3에서 차가운 벽돌과 뜨거운 벽돌이 접촉해 있는 경우 각 벽돌의 온도 변화에 대한 계산을 하지 않고도 문제를 풀 수 있었다. 그러나 U와 T의 관계를 알고 있다면 온도 변화를 계산해 낼 수 있을 것이다. 그러한 관계가 우리가 찾는 열용량의 정의이다.

정적 열용량

일정 부피에서 내부에너지 변화와 온도 변화 사이의 비례상수는 정적 열용량이라고 알려져 있다. 정적 열용량은 다음과 같이 정의된다.

❗ C_V의 정의

$$C_V \equiv \left(\frac{\partial U}{\partial T}\right)_V \quad \langle 식\ 2.35 \rangle$$

온도 변화는 쉽게 측정되기 때문에 C_V를 알면 내부에너지 변화를 계산할 수 있다. C_V는 보통 표로 만들어져 있지 않으나, 다음에서 알게 되듯이 일반적으로 이용되는 정압 열용량으로부터 쉽게 결정될 수 있다.

정압 열용량

바로 앞의 두 절에서 엔탈피를 소개했는데, 내부에너지에 이용된 방법과 유사한 방법으로 계의 엔탈피 변화와 온도 변화를 관계 지을 수 있다. 이 관계가 정압 열용량의 정의이다.

$$C_P \equiv \left(\frac{\partial H}{\partial T}\right)_P$$ 〈식 2.36〉

C_P의 정의

여기서 H는 계의 엔탈피이다.

두 열용량 C_V와 C_P의 이용에 있어서 중요한 차이점은 일정한 부피나 일정한 압력이며 실제로 중요한 양은 내부에너지 대 엔탈피이다. 간단히, C_V는 일정한 부피에서 내부에너지 변화를, C_P는 일정 압력에서 엔탈피 변화를 나타낸다.

열용량, U와 H 사이의 관계

앞에서 C_V값은 바로 이용할 수 없다고 언급하였다. 그렇다면 어떻게 내부에너지 변화를 결정하는가? 또 일정 부피에서의 엔탈피 변화나 일정 압력에서의 내부에너지 변화를 어떻게 결정하는가? 6~8장에서 이 문제에 대해서 자세히 다룰 것이다. 이들 세부사항은 열역학적 선도나 표를 만든 사람들에 의해 철저하게 연구되어 왔다. 내부에너지 또는 엔탈피를 온도와 압력에 연관시키기 위해서 대체로 열역학적 선도나 표가 선호된다. 그러나 대상이 되는 상태에 대한 유용한 자료가 없거나 물성이 표에 수록되어 있지 않다면 몇 가지의 정확한 관계식과 경험적인 근사 방법을 적용해야 한다. 물성 관계보다 에너지 수지에 초점이 맞춰진 동안 이 관계는 또한 입문 계산에 유용하다.

이상기체의 경우,

$$\boxed{\Delta H \equiv \Delta U + \Delta(PV) = \Delta U + R(\Delta T)}$$ 이상기체에 대한 정확한 식 〈식 ig 2.37〉

$$\boxed{C_P = C_V + R}$$ 이상기체에 대한 정확한 식 〈식 ig 2.38〉

이상기체에 대한 C_P, C_V 및 ΔU, ΔH 사이의 관계

이상기체에 대한 정압 열용량은 부록 E에 표로 정리되어 있으며, 이상기체에 대한 정적 열용량은 식 2.38로부터 쉽게 계산할 수 있다. 이상기체에서 내부에너지와 엔탈피는 식 1.21에 암시된 것처럼 압력에 무관하다. 실제 기체와 액체에서 C_P와 C_V 사이의 관계는 보다 복잡하며, 예제 6.1, 6.6, 6.9에 자세히 나타나 있는 것처럼 P-V-T 물성의 도함수가 이용되어야 한다. 그 전까지는 실제기체에 대한 열역학적 표와 선도를 이용할 것이다.

액체와 고체에서 다음에서 설명하는 것과 같이 필요한 경우엔 전형적으로 ΔH를 계산하고 정정하였다. 액체의 경우 내부에너지는 $T_r = 0.75$ 이하에서 압력에 대하여 매우 미약하게 의존한다는 것이 실험적으로 밝혀졌다. 더욱이 몰부피는 $T_r = 0.75$ 이하에서 압력에 거의 영향을 받지 않는다. 예제 2.4에서 다음을 증명하였었다.

응축상에 대한 H의 압력 의존성

$$\boxed{\Delta H_T \approx V \Delta P_T}$$ $T_r = 0.75$ 이하의 액체와 고체 〈식 2.39〉

$T_r \equiv \dfrac{T}{T_c}$는 절대온도를 임계온도로 나눔으로써 계산되는 **환산온도**이다. (자세한 계산은 예제 6.1에서 다룬다.) 종종 물성이 측정되지 않았거나 선도 또는 표의 값을 원하는 압력에서 이용할 수 없기 때문에 고체와 액체에 대한 관계가 중요하다. 온도에 대한 내부에너지와 엔탈피의

관계식은 다음과 같이 요약할 수 있다.

❶ 상변화가 없을 때, T, P를 U, H에 연관시키는 공식

$$\Delta U = \int_{T_1}^{T_2} C_V(T)dT$$ 이상기체: 정확 / 실제기체: V가 일정할 때만 유효 〈식 2.40〉

$$\Delta H = \int_{T_1}^{T_2} C_P(T)dT$$ 이상기체: 정확 / 실제기체: P가 일정할 때만 유효 〈식 2.41〉

$$\Delta H \approx \int_{T_1}^{T_2} C_P(T)dT + V\Delta P$$ $T_r = 0.75$ 이하의 액체나 고체: 근사 〈식 2.42〉

$$\Delta U = \Delta H - \Delta(PV) \approx \Delta H - V\Delta P \approx \int_{T_1}^{T_2} C_P(T)dT$$ $T_r = 0.75$ 이하의 액체나 고체: 압력 변화가 몇 MPa 이하일 경우 근사 〈식 2.43〉

주의: 이 공식들은 상변화가 일어나는 경우에 대해서는 적용할 수 없다.

단원자 이상기체의 열용량은 제1장에서 주어진 것처럼 내부에너지를 미분하여 다음 결과 $C_V = 3/2R$, $C_P = 5/2R$를 얻을 수 있다. 2원자 열용량은 상온 근처에서 보다 큰 값인 $C_V = 5/2R$, $C_P = 7/2R$이며, 다원자 분자는 여전히 더 크다. 고전적인 이론에 따라 **자유도**[5]는 C_V에 $1/2R$ 만큼 기여한다. 운동에너지와 퍼텐셜 에너지는 각각 각 차원에서의 자유도를 기여한다. 단원자 이상기체는 단 3개의 운동에너지 자유도를 가지고 있으므로 $C_V = 3/2R$이다. 2원자 분자들은 선형이므로, 운동에너지와 퍼텐셜 에너지 둘 모두를 가지고 있는 선형(1차원) 결합에 대한 2개의 부가적인 자유도를 가진다.

복잡한 분자의 경우 진동은 형태에 따라 특징지어진다. 빠른 비교를 위해 책 뒷부분의 빠른 참조를 보자. 단원자 고체는 운동에너지와 진동에너지(각 방향당 하나의 자유도) 각각 3개의 자유도를 가지고 있다. 즉, 뒬롱-프티의 법칙(the law of Dulong and Petit) $C_V^S = 3R$이 첫 번째 근삿값이다. 낮은 온도에서 단원자 고체의 열용량은 예제 6.8에 보다 자세히 나와 있다. 1장에서 논의했던 구형 분자들과 다른 다원자 종류의 열용량을 계산하는 방법을 알고 싶다면, 병진, 회전, 진동의 기여에 대해 설명되어 있는 통계 열역학 도입부를 찾아보라. 다원자 분자의 경우 각 결합에 따라 자유도의 수가 증가하기 때문에 열용량은 분자량에 따라 증가한다. 이 교재에서 298 K에서의 이상기체 열용량의 값은 이 책이 마지막 부분의 빠른 참조에 요약되어 있으며 상온 근처의 작은 온도범위 내에서는 온도에 독립적이라고 가정할 수 있다. 2원자와 다원자에서 온도와 같이 증가하는 열용량에는 진동의 기여가 지배적으로 작용한다. 통계 열역학에 의해 다루어지는 열용량은 특히 흥미로운데, 종종 실험적인 열량 측정에 비해 보다 정확한 결과를 제공하는 이론[6]때문이다. 일반적으로, 공학자들은 이상기체의 열용량을 다항식과 같은

❶ 이 책에서 열용량이 온도에 독립적이라고 가정할 때마다 식의 오른쪽 끝에 (*) 표시를 한다.

5 여기서 논하는 자유도는 Gibbs 상규칙에서 논하는 것과는 다르다.

6 이 이론은 또한 실험적인 분광 측정을 필요로 하지만, 이는 온도에 관한 엔탈피 변화의 열량 측정과는 상당히 다르다.

표현으로 연관시킨다.

T에 대한 열용량의 의존성은 근사적 계산을 위해 종종 무시된다. 이 책에서는 열용량이 온도에 독립적이라고 가정할 때마다 식의 오른쪽 끝에 (*)표시를 하였다. 온도에 대한 다항식으로 표시된 열용량은 부록 E로부터 얻을 수 있다. 열용량은 **응집상태**에 의존한다. 예를 들어, 물은 고체(얼음), 액체, 기체(증기)에서 각기 다른 열용량을 가진다. 에너지 수지식에서 필수적인 열용량 기여분은, 그 기여분의 전달을 위해 종종 **잠열**(상변화 때문에) 또는 **반응열**에 비해 **현열** 항으로 나타난다. 잠열과 반응열에 대해선 나중에 논의할 것이다. 비록 엔탈피가 변화하더라도 이들을 '열'이라고 부르는 것을 기억하라.

❗ 물질의 열용량은 응집상태에 의존한다.

예제 2.5 이상기체의 엔탈피 변화: $C_P^{ig}(T)$의 적분

프로판가스가 5 bar, 105°C의 초기 조건에서 25 bar, 190°C로 상태 변화된다. 이상기체 법칙을 이용하여 엔탈피의 변화를 계산하라.

풀이

이상기체의 변화는 식 2.41을 통해 계산할 수 있으며, 이는 압력에 독립적이다. 열용량 상수는 부록 E로부터 얻는다.

$$H_2^{ig} - H_1^{ig} = \int_{T_1}^{T_2} C_P dT = \int_{T_1}^{T_2} (A + BT + CT^2 + DT^3) dT =$$

$$= A(T_2 - T_1) + \frac{B}{2}(T_2^2 - T_1^2) + \frac{C}{3}(T_2^3 - T_1^3) + \frac{D}{4}(T_2^4 - T_1^4)$$

$$= -4.224(463.15 - 378.15) + \frac{0.3063}{2}(463.15^2 - 378.15^2) +$$

$$\frac{-1.586\times10^{-4}}{3}(463.15^3 - 378.15^3) + \frac{3.215\times10^{-8}}{4}(463.15^4 - 378.15^4) = 8405 \text{ J/mol}$$

예제 2.6 압축된 액체의 엔탈피

❗ 이것은 고압의 응축물이 흐르는 발전소 운전에 필요한 일반적인 계산이다.

압축된 액체표는 압력 구간이 크기 때문에 엔탈피를 구하는 데 사용하기 불편하다. 물에 대한 포화 액체 엔탈피값과 수계산을 이용하여 5 및 50 MPa 20°C일 때 액체 물의 엔탈피를 계산하라. 압축 액체 수증기표를 이용하여 계산값과 비교하라.

풀이

이것은 고압의 응축물이 흐르는 발전소 운전에 필요한 일반적인 계산이다. 관련 식으로는 식 2.42가 있지만, 우리는 같은 온도에서의 포화 물을 선택하여 온도 적분을 제거하고 압력 보정을 적용할 수 있다. 즉, 식 2.39 $\Delta H \approx V\Delta P$를 적용한다. 포화 조건에 관해서 $H = H^{sat} + V\Delta P$

로 주어진다. 예제 2.4에서 수치 계산법이 이미 수행되었다. 설사 경로는 조금 다를지라도, 두 계산 모두 같은 근사에 사용된다. 보다 정확한 분석은 예제 6.1 뒷부분에서 보여 줄 것이다.

예제 2.7 피스톤/실린더 내에서 이상기체의 단열 압축

실린더 안에 들어 있는 질소는 단열적으로 압축된다. 이때 온도는 25°C에서 225°C로 증가한다. 얼마나 많은 양의 일이 수행되겠는가? 열용량은 $C_P/R = 7/2$로 일정하고 질소는 이상기체 법칙을 따른다고 가정하자.

풀이

계는 기체로 이루어진 닫힌계이며, 계의 크기는 변화하고, 단열이다.

$$d\left[U + \cancel{\frac{v^2}{2g_c}} + \cancel{\frac{g}{g_c}z}\right] = d\cancel{Q} + \cancel{dW_S} + dW_{EC}$$

$$\int dU = \int dW_{EC} = W_{EC} \qquad \text{〈식 ig〉}$$

$$dU = C_V dT \Rightarrow W_{EC} = \int C_V dT = C_V \Delta T = (C_P - R)\Delta T$$

$$= \left(\frac{5}{2}\right) 8.314(200) = 4157 \text{ J/mol}$$

온도 상승 구간이 지정되어 있기 때문에, 이 과정이 가역적인지 알 필요가 없다는 것을 기억하라.

물성치에 대한 표/선도와의 관계

1.4절에서 액체 또는 기체 물의 내부에너지를 찾기 위해 수증기표를 이용하였다. 표나 선도는 일반적으로 엔탈피나 내부에너지 정보를 포함하는데 이는 식 2.40~2.43을 적용할 필요성이 없이 화합물로부터 물성치를 읽을 수 있음을 의미한다. 액체의 경우 앞의 예에 적용된 압력 보정 방법이 일반적으로 충분히 정확하지만 표나 선도는 식 2.40~2.43에서 무시되고 있는 물성치의 압력 의존성이 포함되어 있기 때문에 더 정확하다. 상전이 에너지와 엔탈피들이 표로 만들어진 값에 포함되어 있기 때문에 상전이가 일어나는 에너지와 엔탈피 변화는 표로부터 직접적으로 결정될 수 있다.

열용량의 추산

열용량에 관한 정보를 이 책의 부록, NIST Chemistry WebBook[7]또는 참고 도서에서 찾을 수

---

7 http://webbook.nist.gov/

없다면, *Chemical Engineer's Handbook*[8]과 *The Properties of Gases and Liquids*[9] 에서 제공하는 여러 가지 방법으로 추산할 수 있다.

상전이(액체–증기)

선택된 물질에 대한 **정상 끓는점**(1.01325 bar에서의 포화온도)에서의 기화 엔탈피를 부록 E의 표에 수록하였다. 수증기표의 경우 1.4절은 물의 기화에너지와 엔탈피가 완전한 포화곡선을 따라가면서 이용될 수 있음을 보여 준다. 다른 몇 가지 화합물에 대한 완전한 물성치 표는 문헌 또는 온라인에서 찾아볼 수 있다. 그러나 대부분의 책은 공간을 아끼기 위해 도표(그림)를 보여 주고 있으며 여기에서도 그러한 경향을 따른다. 정상 끓는점을 통과하는 가상경로가 쉽게 만들어질 수 있음에도 불구하고 정상 끓는점과 다른 상전이에 대해서도 표나 도표의 이용이 선호된다.

기화에너지는 **기화 엔탈피**보다 구하기 어려우며 기화 엔탈피와 *P-V-T* 물성치로부터 계산될 수 있다. $U = H - PV$이므로

$$\Delta U^{vap} = \Delta H^{vap} - \Delta(PV)^{vap} = \Delta H^{vap} - (P^{sat}V)^V - (P^{sat}V)^L = \Delta H^{vap} - P^{sat}(V^V - V^L)$$

임계점에서 멀어지면 증기의 몰부피는 액체의 몰부피보다 훨씬 크게 된다. 이상기체 법칙은 정상 끓는점(1.01325 bar에서의 포화온도)에서 종종 증기 부피에 대해 좋은 근사관계를 나타내는데 이를 적용하면 기화에너지는 다음과 같다.

$$\boxed{\Delta U^{vap} \approx \Delta H^{vap} - P^{sat}V^V \approx \Delta H^{vap} - RT^{sat}} \qquad \langle 식\ ig\ 2.44\rangle$$

❗ 증기가 이상기체 법칙을 따를 때 ΔU^{vap}와 ΔH^{vap} 사이의 관계

기화 엔탈피의 추산

기화 엔탈피가 부록이나 참고 도서에 없는 경우 *Chemical Engineer's Handbook*과 *The Properties of Gases and Liquids*에 제안, 검토된 여러 가지 방법에 의해 추산될 수 있다. 특히, 편리한 상관관계 하나가 다음 식으로 주어졌다.[10]

❗ ΔH^{vap}의 일반적인 상관관계

$$\frac{\Delta H^{vap}}{RT_c} \approx 7(1 - T_r)^{0.354} + 11\omega(1 - T_r)^{0.456} \qquad \langle 식\ 2.45\rangle$$

여기에서 T_r은 환산온도, ω는 이심인자(7장에서 설명할 것이다.)이며 이 책의 마지막 부분의

---

8 Perry, R.M., Green, D.W., 2008. *Chemical Engineer's Handbook*, 8th ed., New York: McGraw-Hill.

9 Poling, B.E., Prausnitz, J.M., O'Connell, J.P., 2001. *The Properties of Gases and Liquids*, 5th ed., New York: McGraw-Hill.

10 Pitzer, K.S., Lippmann, D.Z., Curl Jr., R.F., Huggins, C.M., Petersen, D.E. 1955. *J. Am. Chem. Soc.*, 77:3433.

빠른 참조에 수록되어 있다. 정확한 증기압을 이용할 수 있다면, 기화 엔탈피는 임계점까지 (즉, $T_r < 0.75$) Clausius – Clapeyron식으로 추산할 수 있다.

$$\Delta H^{vap} \approx -R\frac{d\ln P^{sat}}{d(1/T)} \quad (T_r < 0.75) \qquad \langle \text{식 ig 2.46} \rangle$$

이 식에 대한 배경은 9.2절에서 기술될 것이다. 증기압은 종종 Antoine식, $\log P^{sat} = A - B/(T + C)$로 표현된다. Antoine 매개변수들이 이용 가능하다면 식 2.46의 미분항을 계산하는 데 이용될 수 있다.

$$\frac{d\ln P^{sat}}{d(1/T)} = \frac{2.3026 d\log P^{sat}}{d(1/T)} = \frac{-2.3026B(T+273.15)^2}{(T+C)^2} \qquad \langle \text{식 ig} \rangle$$

여기서 T는 °C 단위이고, B와 C는 압력의 일반 log에 대한 Antoine식의 매개변수이다. 다른 압력이나 온도단위로 계산된 Antoine식은 식 자체를 신중하게 바꿔 줘야 한다. Antoine식은 상수를 결정한 온도범위 밖을 잘 외삽하지 않기 때문에 Antoine식의 매개변수에 대한 온도한계는 주의 깊게 살펴보아야 한다. Antoine 매개변수를 이용할 수 없을 경우엔 9.3절에서 논의되는 지름길 증기압(shortcut vapor pressure, SCVP) 모델을 이용하여 대략 10%의 정확도로 추산할 수 있다.

$$A = \log_{10}P_c + 7(1+\omega)/3; \quad B = -7(1+\omega)T_c/3; \quad C = 273.15 \qquad \langle \text{식 ig 2.47} \rangle$$

이 식에서 P_c의 단위는 P^{sat}의 단위와 같다. T_c의 단위는 K이며 T는 °C이다.

상전이(고–액)

정상 녹는 온도에서 많은 물질의 표준 융해(녹는)온도에 대한 **융해 엔탈피**가 편람(handbooks)뿐 아니라 부록의 표에도 수록되어 있다. 융해 내부에너지는 보통 이용할 수 없지만, 융해될 때 부피 변화가 일반적으로 매우 작은 경우는 내부에너지 변화와 엔탈피 변화가 거의 같게 된다.

! ΔU^{fus}와 ΔH^{fus}의 관계

$$\Delta U^{fus} = \Delta H^{fus} - \Delta(PV)^{fus} = \Delta H^{fus} - P(V^L - V^S) \approx \Delta H^{fus} \qquad \langle \text{식 2.48} \rangle$$

액체–증기 전이와는 달리 여기서 T^{sat}은 압력에 의존하며, 융해(고–액) 전이온도는 그림 1.7에서 볼 수 있듯이 압력과 거의 무관하다.

2.11 기준상태

열용량으로부터는 내부에너지나 엔탈피의 절댓값을 계산할 수 없음에 주의하여야 한다. 열용량으로부터는 단지 이들 물성의 변화만을 계산할 수 있다. 내부에너지나 엔탈피는 언제 0과 같아지는가? 절대 영도의 온도에서? 그렇다면 절대 영도가 내부에너지나 엔탈피를 계산할 때 기준상태로 합당한 것인가? 실질적으로 다음과 같은 두 가지 이유로 공정 열역학에서는 이 문

제를 절대 영도에 의해 해결하려 하지는 않는다.[11] (1) 기체의 경우 실온과 절대 영도(상전이의 에너지 변화와 각 상의 열용량에 대한 지식을 필요로 하는) 사이에 적어도 2개의 상전이가 있다. (2) 상전이가 일어나지 않았더라도 부록의 상수로 표시되어 있는 열용량을 절대 영도까지 경험적으로 일치시킬 수는 없다. 그러므로 공학적 계산에서는 열용량 공식이 유효한 몇몇의 편리한 기준상태에서 임의로 엔탈피 혹은 내부에너지를 0으로 지정하고, 이 상태를 기준으로 변화를 계산한다. 실제 엔탈피나 내부에너지는 확실히 0이 아니다. 그것은 단지 기준상태를 나타내는 것이다. 기준상태에서의 엔탈피값을 0으로 정한다면 기준상태를 표시하는 첨자 R을 사용하여 $H_R = 0$이 되며 $U_R = H_R - (PV)_R$이다. 여기서 U_R과 H_R은 기준상태에서 동시에 정확히 0이 될 수 없음을 주의하여야 한다. 물에 대한 기준상태(수증기표에서)는 삼중점에서의 물의 엔탈피를 0으로 설정하였다. 기준상태에서 PV를 무시함에 따라서 U_R값 또한 0에서 표값(엄밀히 정확하지 않은)의 정밀도까지 보인다는 것을 유의하라. (이것을 수증기표에서 입증할 수 있는가? 어떤 물성이 0으로 조정되고 어떤 집합체의 상태인가?) 기준상태를 명확히 지정하기 위해 다음을 지정해야 한다.

1. 혼합물이 순수성분인지 아닌지 여부
2. 집합체의 상태 (S, L, 또는 V)
3. 압력
4. 온도

다음 문제에서 알 수 있듯이 닫힌계나 정상상태 흐름공정에서 순수한 유체의 기준상태는 필요하지 않다. 내부에너지와 엔탈피의 수치 변화는 기준상태에 독립적인 것이다.

다성분이 포함되어 있거나 입구/출구 흐름이 있을 때는 입구와 출구 흐름의 유속이 서로 같게 대응되지 않기 때문에 기준상태가 필요하게 된다. 각 성분에 대한 기준상태는 다를 것이기 때문에 기준온도, 압력, 집합체 상태가 명확하게 명시되어야 한다.

질량이 축적되거나 소실되는 비정상상태 열린계의 경우 수치가 기준상태에 의존하기 때문에 계나 주위의 $\Delta\underline{U}$나 $\Delta\underline{H}$ 값 변화를 계산할 때 기준상태는 필수적이다. 비정상상태 열린계에서는 계와 주위에 대한 변화를 합산할 때만이 기준상태가 없어진다.

❗ 표준상태는 단지 몇 개의 유량을 가진 정상상태 흐름에 필요한 것이 아니라, 많은 흐름이 존재할 시에 권고된다.

이상기체 물성

이상기체의 경우 기준이 되는 T와 P를 정해 주어야 한다.[12] 이상기체는 액체나 고체로는 존재하지 않는데, 이 사실이 계의 상태를 정확히 특징지어 준다. 여기서 H_R이나 U_R을(둘 다는 아님) 0으로 지정하는 것이 필요하다.

❗ 질량 축적이 일어날 때 기준상태는 비정상상태의 $\underline{U}$, $\underline{H}$의 변화 계산에 요구된다.

11 대부분의 복잡한 계산에서 절대 영도는 열역학표를 만들기 위한 기준상태로 이용된다. 이것은 절대온도에서 완벽 결정을 위해 엔트로피가 0이 된다는 **열역학 제3법칙**으로 알려진 원리에 기초를 두었다. 그 원리들이 직접적임에도 불구하고 철저한 계산의 어려운 점이 위에 논의되었는데, 실제 계산은 이 책의 범위를 벗어난다.

12 이상기체의 U와 H를 계산하기 위해서는 기준온도만이 필요하다. 그러나 다음 장에 소개될 엔트로피의 경우는 기준 압력이 필요하기에 지금 압력 요구사항을 확립한다.

$$U^{ig} = \int_{T_R}^{T} C_V dT + U_R^{ig} \quad \langle 식\ ig\ 2.49 \rangle$$

$$H^{ig} = \int_{T_R}^{T} C_P dT + H_R^{ig} \quad \langle 식\ ig\ 2.50 \rangle$$

또한 기준상태를 포함한 모든 상태에서, $U^{ig} \equiv H^{ig} - PV = H^{ig} - RT$ so $U_R{}^{ig} = H_R{}^{ig} - RT_R$이다. 이상기체의 추산은 분자 간 퍼텐셜 에너지의 기여가 비교적 작을 때 신뢰할 수 있다. 간편한 지침으로 **환산온도** 항 $T_r = T/T_c$, 그리고 P_c가 임계 압력일 때 **환산 압력** 항 $P_r = P/P_c$이다.

$$만약\ P < P^{sat}와\ \ T_r > 0.5 + 2P_r라면\ 이상기체\ 거동으로\ 추정한다 \quad \langle 식\ ig\ 2.51 \rangle$$

상변화를 포함하는 상태 물성

문제들은 종종 상변화를 포함할 것이다. 문제 전체에서 열역학 성질은 반드시 항상 같은 기준상태를 참고해야 하기 때문에 상변화는 반드시 기준상태의 응집상태와 관련된 상태 물성에 포함되어야 한다. 다른 상의 기준상태와 관련된 T와 P에서의 유체의 물성을 계산하기 위해서, 기준상태로부터의 경로의 개요는 모든 단계가 포함되었는지 확인하는 것에 도움이 된다. 다른 기준상태에 대한 몇몇의 경로가 그림 2.6에 나타나 있다. 기화열(그림의 (c))에 대한 일반적인 상관관계를 이용한 이상기체 기준상태는 액체 열용량을 필요로 하지 않기 때문에 편리하다. 방법의 정확성은 일반적인 상관관계의 정확성 혹은 기화열 추산에 사용하는 테크닉에 의존한다. 그림 (c)는 공정 모사기에 종종 이용된다. 경우에 따라 기화열을 추산하는 데 사용하는 상관관계를 유연하게 지정할 수 있다.

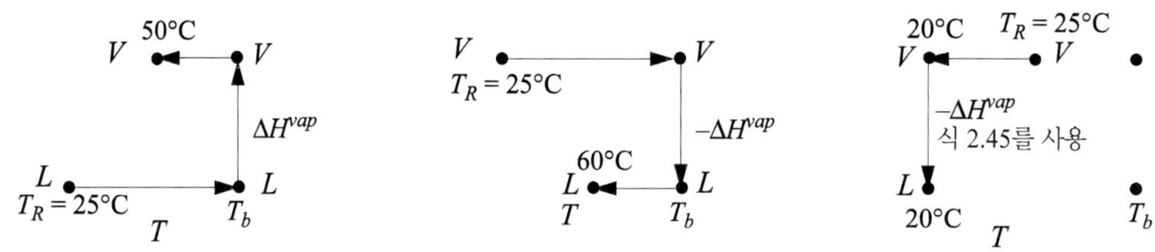

$$H^V = \int_{25}^{T^b} C_P^L dT + \Delta H^{vap} + \int_{T^b}^{50} C_P^V dT$$

$$H^L = \int_{25}^{T^b} C_P^V dT - \Delta H^{vap} + \int_{T^b}^{60} C_P^L dT$$

$$H^L = \int_{25}^{20} C_P^V dT - \Delta H^{vap}$$

(a) 25°C에서의 표준 액체와 T_b > 50°C에서의 ΔH^{vap}를 이용한 50°C에서의 증기 엔탈피

(b) 25°C에서의 표준 증기와 T_b > 60°C에서의 ΔH^{vap}를 이용한 60°C에서의 액체 엔탈피

(c) 25°C에서의 표준 증기와 ΔH^{vap}의 일반적인 상관관계로 이용한 20°C에서의 액체 엔탈피

그림 2.6 • 액/기상 변화를 포함하는 물성을 계산하기 위한 상태 경로 도해이다. 예제를 나타내고 있으며, 수정된 경로는 정상 끓는점(T_b) 이상에 적용할 수 있다. 비슷한 경로는 고체/액체 또는 고체/기체 변화에 적용한다. 일반적인 상관관계는 정상 끓는점 값과는 다른 ΔH^{vap}에 사용하는 것을 유의하라. 이 방법은 임계점 이하 조건에서 이용된다. 여기의 어떤 경로에 대해서도 압력 보정은 그림에 나타나 있지 않다.

예제 2.8 다양한 기준상태를 이용한 아세톤의 엔탈피

20°C의 액체 및 90°C의 기체일 때 아세톤의 엔탈피값과, 다음 기준상태를 이용하였을 때 엔탈피의 차이를 계산하라. (a) 20°C에서의 액체, (b) 25°C에서의 이상기체와 정상 끓는점에서의 ΔH^{vap}, (c) 25°C에서의 이상기체와 20°C에서 ΔH^{vap}에 대한 일반적인 상관관계. 압력 보정은 무시하고, 기체는 이상기체로 생각하자.

풀이

열용량 상수는 부록 E에서 이용한다. 모든 경우에서 20°C는 293.15 K, 90°C는 363.15 K, 그리고 정상 끓는점은 T_b = 329.15 K이다.

(a) 액체가 기준상태에 있으므로 $H^L = 0$이다. 기체 엔탈피는 그림 2.6의 경로 (a)와 유사하게 계산된다. 경로 (a)의 세 가지 항은 $H^V = 4639 + 30200 + 2799 = 37{,}638$ J/mol이다. 엔탈피 차이는 $\Delta H = 37{,}638$ J/mol이다.

(b) H^L은 그림 2.6의 경로 (b)와 유사한 경로를 이용한다. 경로 (b)의 세 항은 $H^L = 2366 - 30200 - 4638 = -32472$ J/mol이다. H^V는 식 2.50에 의해 계산되며, 그 값은 $H^V = 5166$ J/mol이다. 엔탈피 차이는 $\Delta H = 5166 + 32472 = 37{,}638$ J/mol이며 문제 (a)와 같다.

(c) H^L은 그림 2.6의 경로 (c)와 유사한 경로를 이용한다. 식 2.45의 일반화된 상관관계식으로 약 3% 낮은 29,280 J/mol의 T_b에서 기화열을 예측하였다. 20°C에서 기화열은 31,420 J/mol로 예측된다. 그림 2.6(c)의 두 단계는 $H^L = -365 - 31420 = -31785$ J/mol이다. 증기의 엔탈피는 문제 (b)와 같이 계산되며, $H^V = 5166$ J/mol이다. 엔탈피 차이는 $\Delta H = 5166 + 31785 = 36{,}950$ J/mol이며, 문제 (b)보다 약 2% 작다.

2.12 운동에너지와 퍼텐셜 에너지

에너지 수지의 전개는 계와 경계를 통한 흐름에 대한 퍼텐셜 에너지와 운동에너지를 포함한다. 온도 변화가 발생하면 U와 H 변화 크기는 일반적으로 운동에너지와 퍼텐셜 에너지의 변화보다 훨씬 더 크므로 운동에너지와 퍼텐셜 에너지 항을 삭제할 수 있다. 다음 예제에서 어떻게 이것이 정당화되는지 보여 준다.

예제 2.9 운동에너지, 퍼텐셜 에너지, 내부에너지, 엔탈피 변화의 비교

1 kg의 물로 된 계에서, 액체와 증기를 24°C에서 25°C까지 1°C 상승시켰을 때 내부에너지와 엔탈피 변화는 얼마인가? 액체상에서 증기상으로 증발시켰을 때 내부에너지와 엔탈피 변화는 얼마인가? 이 변화만큼을 충족시키기에 필요한 운동에너지와 퍼텐셜 에너지의 변화는 얼마인가?

풀이

물과 증기의 물성은 포화 수증기표의 20°C와 25°C 사이에서 안짐작으로 구할 수 있다. 24°C에서 25°C로 가열되는 포화상태의 물, 또는 증기의 경우와 25°C에서의 증발의 경우 다음과 같다.

	ΔU(J)	ΔH(J)	ΔU^{vap}(kJ)	ΔH^{vap}(kJ)
물	4184	4184	2304.3	2441.7
증기	1362	1816		

이들 값 중에 증기의 ΔU값이 가장 낮고 기준점의 역할을 한다. 계의 운동에너지와 퍼텐셜 에너지는 1000 J과 비교하여 얼마나 변해야 하는가?

운동에너지: ΔKE가 1000 J이라면, 그리고 1 kg이 초기에 정지해 있다면 속도 변화는 다음과 같다.

$$\Delta(v^2) = \frac{2(1000\text{J})}{1\text{kg}} \text{ or } \Delta v = 44.7 \text{ m/s}$$

이것은 161 km/h(100 mile/h)의 속도 변화에 해당한다. 이 정도의 속도 변화는 노즐(다음에 기술됨)을 제외한 대부분의 응용에서는 잘 일어나지 않는다. 그러므로 온도 변화가 발생할 때 운동에너지 변화는 대부분 계산에서 무시할 수 있다.

❗ 온도의 변화가 발생할 때, 에너지 수지 안에서 속도와 높이 변화에 대한 중요성은 증대될 것이다.

퍼텐셜 에너지: ΔPE가 1000 J이라면 이에 해당하는 높이 변화는 다음과 같다.

$$\Delta z = \frac{1000 \text{ J}}{1\left(9.8066\frac{\text{N}}{\text{kg}}\right)} = 102 \text{ m}$$

이것은 위치 변화로 볼 때 거의 풋볼경기장에 상당한다. 대부분의 공정장치에서 이러한 변화가 쉽게 일어나지 않기 때문에 열과 일의 상호작용에 비해서 무시될 수 있다. 게다가 상변화가 일어날 때 이들 변화는 열과 일의 상호작용에 그다지 중요하지 않게 된다.

예제 2.9는 1도 또는 그 이상의 온도 변화가 있을 때 유체의 운동에너지와 퍼텐셜 에너지 변화를 일반적으로 무시할 수 있다는 것을 보여 준다. 게다가 관 회로망의 설계에서는 온도 변화를 무시할 수 있기 때문에 운동에너지와 퍼텐셜 에너지 변화는 서로 밀접하게 관련되어 있다. 다음 예제가 이 점을 설명하는 데 도움이 될 것이다.

예제 2.10 운동에너지의 엔탈피로의 전환

물이 6.0 m/s의 속도로 2.5 cm ID의 수평관을 지나고 있다. 물은 지름이 갑자기 증가하는 부분으로 지속적으로 유입된다. 일 형태의 에너지를 추가하거나 제거하는 장치는 없다. 아래 흐름의 지름이 5 cm라면 물의 엔탈피 변화는 얼마인가? 10 cm라면 어떻게 되겠는가? 관의 갑작스런 확장으로 인한 최대 엔탈피 변화는 얼마인가? 이런 변화가 물의 온도에 어떤 영향을 미치는가?

풀이

경계는 관의 팽창 부분 주위에 위치한다. 계의 부피는 일정하고, $\dot{W}_{EC}=0$이며, 축일이 없는 단열이다. 정상상태 흐름하에서의 열린 정상상태계이며, 따라서 에너지 수지의 좌변은 0이다.

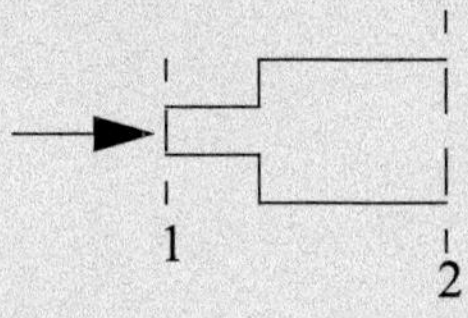

$$0 = \sum_{inlets}\left[H + \frac{v^2}{2g_c} + \cancel{\frac{gz}{g_c}}\right]^{in}\dot{m}^{in} - \sum_{outlets}\left[H + \frac{v^2}{2g_c} + \cancel{\frac{gz}{g_c}}\right]^{out}\dot{m}^{out} + \cancel{\dot{Q}} + \cancel{\dot{W}_{EC}} + \cancel{\dot{W}_S}$$

단순화하면, $\Delta H = \dfrac{-\Delta(v^2)}{2g_c}$

액체 물은 비압축성이므로 입구부터 출구까지 부피(밀도)는 변하지 않는다. A는 관의 단면적, D는 관의 지름을 나타낸다면, $\underline{V} = v_1A_1 = v_2A_2 \Rightarrow v_2 = v_1(A_1/A_2)$,,

$$\Delta(v^2) = v_1^2\left[\left(\frac{D_1}{D_2}\right)^4 - 1\right]$$

$$\Delta H = \frac{-v_1^2}{2g_c}\left[\left(\frac{D_1}{D_2}\right)^4 - 1\right]$$

$D_2/D_1 = 2 \Rightarrow \Delta H = -6.0^2\ \text{m}^2/\text{s}^2\ (1\text{J}/1\text{kg-m}^2/\text{s}^2)\ (½^4-1)/2 = 17\ \text{J/kg}$
$D_2/D_1 = 4 \Rightarrow \Delta H = 18\ \text{J/kg}$
$D_2/D_1 = \infty \Rightarrow \Delta H = 18\ \text{J/kg}$

온도 상승의 계산에서는 엔탈피와 온도 모두 상태 성질이기 때문에 엔탈피 변화를 온도와 연관지을 수 있다. 식 2.42로부터 압력효과를 무시하면,

$$\Delta H = C_P\Delta T \qquad \langle식*\rangle$$

$$C_P = 4184\frac{\text{J}}{\text{kgK}} \Rightarrow \Delta T = \frac{18.00(\text{J/kg})}{4184(\text{J/(kgK)})} = 0.004\text{K} \qquad \langle식*\rangle$$

예제 2.10에서 속도 변화로 인한 온도 상승이 아주 작다는 것을 보여 준다. 측정된 온도 상승은 여기서 계산한 것보다 조금 더 높다. 실제계에서는 우리가 고려하지 못한 확장구간에서의 속도구배와 소용돌이에 의해 야기되는 비가역성이 존재하게 되는데 이러한 손실들이 온도 상승을 증가시킨다. 유체역학에서 흐름으로 인한 비가역적 손실은 **마찰인자**로 특징지어진다. 밸브, 설비부품, 수축, 확대 등으로 인한 손실은 그에 상당하는 손실을 일으킬 수 있는 수평관의 **상당길이**에 의해 경험적으로 특징지을 수 있다. 5.7절에서 이런 주제들을 다룰 것이다. 그러나 에너지 수지의 관점에서 온도 상승은 여전히 작으며 관 회로망 같은 세밀한 분석의 경우

를 제외하고는 거의 무시된다. 예제 2.10에서 속도는 감소하고, 출구보다 입구에서 더 큰 흐름일 때문에 엔탈피는 증가한다. 액체에 대한 위의 결과는 관이 갑작스럽게 또는 점진적으로 확대되는 것에 의존하지 않는다. 점진적으로 줄어드는 관에서는 초기와 최종 속도에서의 에너지 수지의 엔탈피 변화에 의해 동일한 온도 변화를 주게 되지만 변화가 일어나는 방식에 따라 달라지진 않는다.

발사체 등과 같은 고체를 포함해서, 운동에너지와 퍼텐셜 에너지 변화의 응용은 중요하다. 여기서 고체의 온도 변화는 무시할 수 있으며, 일의 목적은 계를 가속 또는 상승시키는 것이다. 이 응용의 한 예로 증기 비행기 발사대는 항공모함에서 항공기 이륙을 돕는 데 사용한다. 증기가 가득 찬 피스톤 + 실린더 장치는 팽창되고, 피스톤은 비행기를 이끌어 제트엔진이 비행기를 띄우기에 충분한 속도를 내게 한다. 증기에 대한 운동에너지와 퍼텐셜 에너지 변화는 무시할 수 있는 반면에, 증기가 수행한 일은 피스톤과 비행기의 큰 질량 때문에 이들에 대한 중요한 운동에너지 변화를 야기한다.

2.13 공정장치의 에너지 수지

여러 종류의 장비는 산업 전체에 걸쳐 존재하고 있으며, 이들 공정에 대한 에너지 수지는 보다 빠르게 계의 단위들이 결합한 복합적인 계의 분석을 가능하게 해 준다. 이 간단한 절에서 일정한 흐름, 노즐, 열교환기, 단열 터빈과 팽창기, 단열 압축기, 그리고 펌프에 사용되는 밸브와 조름에 대해 소개할 것이다.

밸브와 조름

조름장치는 어떤 축일이나 유체의 상당한 가속 없이 흐르는 유체의 압력을 감소시키는 데 이용된다. 조름은 열역학을 초기에 연구했던 과학자들을 기념하기 위해 **Joule-Thomson 팽창**이라고도 알려져 있다. 조름의 한 예로 수도꼭지를 들 수 있다. 산업용 밸브는 조름을 모델로 하여 만든 것이다. 조름밸브 주위 경계에 대한 수지를 쓸 때 일반적으로 장치 내부의 어떠한 축적도 무시한다. 장치 전체의 유속과 관련했을 때 내부에 축적되는 양이 적기 때문이며, 따라서 수지식의 좌변은 0이다. 정상상태 흐름에서,

$$0 = \left[H + \cancel{\frac{v^2}{2g_c}} + \cancel{\frac{gz}{g_c}}\right]^{in} \dot{m}^{in} - \left[H + \cancel{\frac{v^2}{2g_c}} + \cancel{\frac{gz}{g_c}}\right]^{out} \dot{m}^{out} + \cancel{\dot{Q}} + \cancel{\dot{W}_{EC}} + \cancel{\dot{W}_S}$$

방금 논의한 바와 같이 운동에너지와 퍼텐셜 에너지의 변화는 엔탈피 변화에 비해 작다. 이에 대하여 의심이 들 때엔 예제 2.9에서 설명한 것과 같이 속도 변화에 대한 영향을 계산할 수 있다. 조름에서 열전달량은 무시할 수 있다. 경계는 팽창하지 않고, 또한 일의 전환에 대한 기계적 장치도 없으므로 일의 항들도 소거된다. 그러므로 조름은 등엔탈피 공정이다.

$$\Delta H = 0 \quad \text{조름} \qquad \langle 식\ 2.52 \rangle$$

노즐

노즐은 압력감소를 운동에너지로 전환하기 위해 기체 흐름에 이용되도록 특별하게 고안된 장치이다. 일반적인 공학 응용은 기체 흐름을 포함하고 있다. 노즐의 한 예로서 보조 로켓을 들 수 있다. 노즐은 또한 충격 터빈의 입구에서 터빈 날개에 증기가 부딪치기 전에 유입증기의 엔탈피를 높은 속도로 전환하는 데에도 이용된다.[13] Δu는 노즐에서 매우 중요하다. 노즐은 그림 2.7의 도식에 보이는 것과 같이 입구와 출구에 점감 목이 있는 특별히 고안된 장치에도 이용된다. 노즐은 운전 개개의 속도/압력의 점성소산을 최소화하는 것에 최적 설계된다.

노즐 주위 경계에 대한 에너지 수지가 쓰였다. 노즐 내부의 어떠한 에너지 축적이라도 장치 전체 흐름에 비해 작고, 정상상태에서 0이므로 무시된다. 노즐 설계에는 속도 변화가 중요하지만 퍼텐셜 에너지 변화는 무시할 수 있다. 열전달과 일 항은 조름에 대한 논의에서 정당화한 것처럼 감소된다. 노즐에 대한 에너지 수지는 다음과 같다.

$$0 = \left[H + \frac{v^2}{2g_c} + \cancel{\frac{gz}{g_c}}\right]^{in} \dot{m}^{in} - \left[H + \frac{v^2}{2g_c} + \cancel{\frac{gz}{g_c}}\right]^{out} \dot{m}^{out} + \cancel{\dot{Q}} + \cancel{\dot{W}_{EC}} + \cancel{\dot{W}_S} \qquad \langle 식\ 2.53 \rangle$$

$$\Delta H = (-\Delta(v^2)/(2g_c)) \quad \text{노즐}$$

적절하게 설계된 노즐은 증기속도를 증가시키고 엔탈피를 감소시킬 것이다. 노즐은 거의 가역적으로 조작할 수 있도록 설계할 수 있다. 예제 4.12에 전형적인 노즐 계산에 대해 기술하고있다.

앞으로 이 책에서 설명할 문제에서 조름은 보다 더 일반적이다. 열역학에서 노즐의 의미는 우리가 일상생활에서 일반적으로 쓰는 장치 '노즐'과는 많이 다르다. 일상적으로 쓰는 대부분의 노즐이라는 장치는 사실 조름이다.

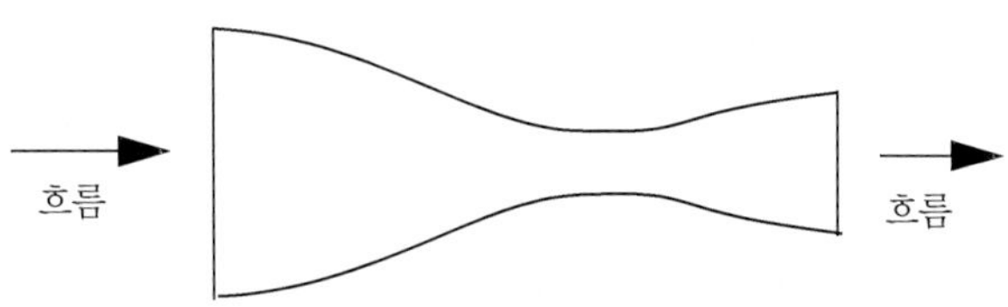

그림 2.7 • 입구와 출구가 점감되는 방식을 보여 주고 있는 수축-확산 노즐

13 터빈 설계는 전문화된 문제이다. 실질적인 조작에 대한 소개는 Jones, J.B., Dugan, R.E. 1996. *Engineering Thermodynamics*. Upper Saddle River, NJ: Prentice-Hall, pp. 734-745. 와 같은 기계공학 열역학 교과서에서 찾을 수 있다.

단순화한 것들이 정당한지 평가하기 위해서, 가정 제거와 관련된 것들의 테스트가 필요하다. 예를 들어, 특정 밸브가 조름 또는 노즐처럼 작동하는지를 테스트하기 위하여 노즐 전후의 속도를 추정하고 엔탈피 변화를 비교한다. 만약 운동에너지 변화가 엔탈피 변화에 비해 무시할 수 있다면 그것을 조름이라 한다. 계산에서 항의 크기를 기록함으로써 어떻게 비슷한 결론을 예상하는지 이해할 수 있을 것이다. 예를 들어, 압력 감소로 인한 액체 부피 변화는 기체에 대한 부피 변화보다 훨씬 작다. 확장과 액체의 가속이 보다 적게 일어나면 더 합당한 조름 근사를 만든다. 액체에 대한 조름에 대해서는 암기를 하거나 말하는 것보다 이런 종류의 체계적인 분석과 증명이 더 중요하다.

열교환기

열교환기는 많은 흐름배열에 이용된다. 예를 들면, 산업용 열교환기에서 뜨거운 흐름이 찬 흐름을 수송하는 관 위 (또는 역으로)를 지나게 하는데, 조작의 목적은 흐름 중 하나를 식히고 나머지 하나를 가열시키는 것이다. 다관형 열교환기가 그림 2.8에 도시되어 있다. 다관형 열교환기는 여러 개의 관(또는 외부 슬리브)이 지나는 원통으로 구성되어 있다(책의 그림은 간략하게 하나의 관을 가지고 있다). 공정 흐름 중 하나는 원통을 통과하고 나머지는 튜브를 통과한다. 이 예에서 흐름 A는 원통을 통과하고 흐름 B는 튜브를 통과한다. 그 흐름들은 튜브벽에 의해 서로 물리적으로 분리되어 섞이지 않는다. 흐름 A가 뜨거운 흐름이고 흐름 B가 찬 흐름이라고 가정하자. 그림에서 두 흐름 모두 왼쪽에서 오른쪽으로 흐른다. 이 흐름 방식을 **병류**라 한다. 두 흐름이 오른쪽으로 흐름에 따라 두 흐름의 온도는 서로 가까워질 것이다. 이런 흐름 방식에서 계산한 뜨거운 흐름의 온도는 열교환기 내의 어떤 지점에서도 찬 흐름의 온도보다 높다는 것에 주의해야 한다.[14] 흐름 A의 방향을 거꾸로 한다면 **향류** 흐름방식의 결과를 보일 것이다. 향류에서 찬 흐름의 출구온도는 뜨거운 흐름의 출구온도보다 높을 수도 있다(그러나 뜨거운 흐름의 입구온도보다 낮아야 한다). 이러한 흐름방식에서도 뜨거운 흐름의 온도는 튜브상의 모든 위치에서 찬 흐름의 온도보다 높아야 한다.

지금까지는 열교환기 내에서 상전이가 일어나지 않는다고 가정하였다. 흐름 A가 뜨거운 흐름이고 입구에서 액체인 흐름 B가 출구에서 증기로 전환되는 경우 내부에서 상전이가 일어난

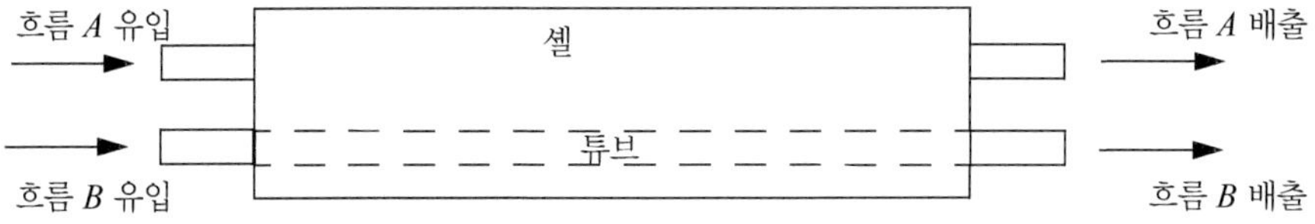

그림 2.8 • 병류 흐름방식을 가지는 일반적 열교환기. Tube-side는 일반적으로 병렬 튜브 다발로 구성되어 있으나 편의를 위해 하나의 튜브로 나타내었다.

14 이것은 당연한 것처럼 보이지만 때로는 계산할 때 물리적으로 맞지 않는 수학적 결과를 얻을 수 있다는 것에 유념하여야 한다.

다는 점에 주안점을 둔 열교환기를 **보일러**라고 부른다. 보일러의 작동과 일반적 열교환기 작동의 중요한 차이점은 찬 흐름의 온도 변화가 작거나 심지어는 0이 될 수도 있다는 것이다. 이것은 보일러 압력에 대응하는 유체의 포화온도에서 많은 양의 열을 흡수하면서 등온적으로 상변화가 일어나기 때문이다. 유사한 방식으로 흐름 A가 냉각수이고 들어오는 흐름 B를 응축된 증기라 한다면 내부에서 상변화가 일어나기 때문에 이러한 열교환기를 **응축기**라고 한다. 이러한 경우 뜨거운 흐름의 온도 변화는 작을 것이다. 5장에서 이용하는 열교환기의 또 다른 종류는 **과열기**이다. 과열기는 포화된 증기를 과열시킨다.

열역학적 계산을 수행할 때 명심해야 할 중요한 두 가지 요점이 있다. 이 책에서는 열교환기 내의 압력강하는 무시될 것이다. 출구 압력은 흐름 A의 입구 압력에 대응되며 흐름 B에도 적용된다. 하지만 이것이 흐름 A와 흐름 B가 같은 압력에 있다는 것을 의미하지는 않는다. 또한 특정한 조건이 주어지지 않는 한 주위로부터나 주위로의 열전달은 무시한다. 그러므로 모든 열전달은 열교환기와 주위의 경계에서가 아니라 열교환기 내에서 일어나게 된다.

솥 재비기(Kettle reboiler)나 판틀(plate and frame) 같은 배치방식을 갖는 열교환기들도 있다. 그러나 열역학적으로는 흐름방식을 결정짓는 물질구조의 세부사항이 아니라 단지 흐름방식만이 중요하다. 그러므로 tube-in-shell 형태의 개념이 논의에 적당하다.

에너지 수지는 계를 어떻게 선택하는가에 달려 있다. 흐름이 서로 물리적으로 분리되어 있기 때문에 흐름에 대한 각각의 독립적 수지식을 세우거나 전체 열교환기 주위에 계 경계를 정하고 양쪽 흐름에 대한 수지를 세운다. 계를 흐름 B로 하고 흐름 B가 끓는다고 가정하자. 이 경우에 단지 하나의 입구와 출구가 있으며 축일이나 팽창/압축일은 없다. 공정유체가 증발할 때 팽창된다고 하더라도 계의 경계는 팽창되지 않는다. 팽창일은 흐름일을 포함하는 엔탈피 항에 의해 에너지 수지에 자동적으로 포함된다. 계가 정상상태에서 작용한다면 에너지의 왼쪽 항은 0이다.

$$0 = \left[H + \cancel{\frac{v^2}{2g_c}} + \cancel{\frac{gz}{g_c}}\right]^{in} \dot{m}^{in} - \left[H + \cancel{\frac{v^2}{2g_c}} + \cancel{\frac{gz}{g_c}}\right]^{out} \dot{m}^{out} + \dot{\underline{Q}} + \cancel{\dot{\underline{W}}_{EC}} + \cancel{\dot{\underline{W}}_S}$$

> ❗ 열교환기의 에너지 수지는 여러 가지 방식으로 쓸 수 있다.

이를 간단히 하면

$$0 = -\Delta H\dot{m} + \dot{\underline{Q}} \qquad \langle 식\ 2.54\rangle$$

여기서 $\dot{\underline{Q}}$는 뜨거운 흐름으로부터의 열전달 속도이다. 몰(또는 질량) 기준으로 계산하면,

$$\boxed{0 = -\Delta H + Q \quad 반\ 열교환기} \qquad \langle 식\ 2.55\rangle$$

전체 열교환기 주위에 계의 경계를 정한다면 여러 개의 흐름이 있고 모든 열전달은 내부에서 일어나게 된다. 그 결과,

$$0 = \sum_{inlets}\left[H+\cancel{\frac{v^2}{2g_c}}+\cancel{\frac{gz}{g_c}}\right]^{in}\dot{m}^{in} - \sum_{outlets}\left[H+\cancel{\frac{v^2}{2g_c}}+\cancel{\frac{gz}{g_c}}\right]^{out}\dot{m}^{out}+\cancel{\dot{Q}}+\cancel{\dot{W}_{EC}}+\cancel{\dot{W}_S}$$

이를 간단히 하면

$$0 = \sum_{inlets} H^{in}\dot{m}^{in} - \sum_{outlets} H^{out}\dot{m}^{out} \qquad \langle 식\ 2.56\rangle$$

$$\boxed{0 = -\Delta H_A\dot{m}_A - \Delta H_B\dot{m}_B \qquad \text{전체 열교환기}} \qquad \langle 식\ 2.57\rangle$$

식 2.55와 2.57은 같은 공정에 대해 매우 달라 보이기 때문에 경계를 정하고 그 수지 표현에 내포된 것을 이해하는 것이 중요하다.

단열 터빈 또는 단열 팽창기

터빈 또는 팽창기는 그림 2.9에 나타나 있는 것과 같이 기본적으로 복잡한 풍차이다. '터빈'이란 용어는 증기에 의해 작동되는 것을 의미하고 '팽창기'란 용어는 탄화수소 같은 공정유체에 의해 작동되는 것을 의미하지만, 때때로 터빈은 양쪽 모두에 쓰인다. 운전의 목적은 기체 흐름으로부터의 운동에너지를 일(축일)을 생산하기 위해 축의 회전운동으로 전환하는 것이다. 고압의 유입기체 엔탈피는 특수 스테이터(정지되어 있는 날개)나 *turbine shell* 내부의 노즐에 의해 운동에너지로 전환되며 고속의 기체는 날개를 회전시킨다. 비록 열손실이 일어날지라도 터빈은 단열로 설계된다. 열손실이 발생하면 터빈의 가능한 출력을 감소시킨다. 그러므로 계산할 때 별도의 단서가 없는 한 터빈이나 팽창기는 단열적으로 작동한다고 가정한다.

터빈의 에너지 수지는 터빈 내의 변화가 아니라 유입, 유출 유체에 의한 운동에너지 변화만을 포함한다. 운동에너지의 큰 변화를 일으키는 노즐이 터빈 내에 있기 때문에 이 변화는 주위의 수지와는 무관하다. 에너지 수지를 세울 때 관심이 되는 것은 흐름이 계의 경계를 가로지를 때의 엔탈피값, 운동에너지, 퍼텐셜 에너지임을 상기하면 하나의 입구와 하나의 출구를 포함하는 정상상태 터빈의 에너지 수지는 다음과 같다.

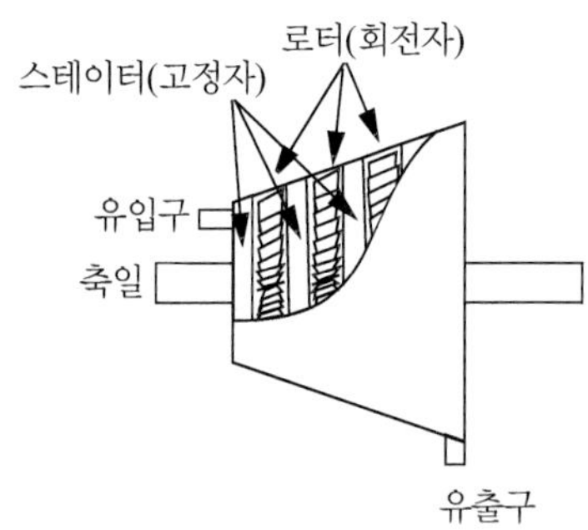

그림 2.9 • 터빈의 구조. 기체의 흐름에 의해 로터(축)가 회전한다. 셸에 연결된 날개는 정지해 있고(스테이터) 노즐로서 역할을 하기 위해 종종 휘어져 있다. 스테이터의 날개는 로터를 명확히 보이기 위해 표시하지 않았다.

$$0 = \left[H + \cancel{\frac{v^2}{2g_c}} + \cancel{\frac{gz}{g_c}}\right]^{in} \dot{m}^{in} - \left[H + \cancel{\frac{v^2}{2g_c}} + \cancel{\frac{gz}{g_c}}\right]^{out} \dot{m}^{out} + \cancel{\dot{\underline{Q}}} + \cancel{\dot{\underline{W}}_{EC}} + \dot{\underline{W}}_S$$

이는 다음과 같이 된다.

단열 터빈이나 팽창기

$$0 = (H^{in} - H^{out})\dot{m} + \dot{\underline{W}}_S = -\Delta H\dot{m} + \dot{\underline{W}}_S \qquad \langle 식\ 2.58\rangle$$

그리고 질량이나 몰 기준으로 하면 다음과 같다.

$$0 = -\Delta H + W_S \quad \text{단열 터빈/팽창기/응축기/펌프} \qquad \langle 식\ 2.59\rangle$$

여기서 ΔH와 일을 계산할 때 그 값은 음수가 된다.

단열 압축기

단열 압축기는 고정 날개가 있는 단열 터빈과 비슷한 방법으로 제작할 수 있는데 이런 형태의 압축기를 축방향 압축기라 한다. 터빈과 축방향 압축기의 주요 차이점은 다음과 같다. (1) 날개와 회전자의 세부구조, (2) 유체의 흐름 방향, (3) 압축기로부터 일을 얻기보다 압축기에 일을 가해 준다는 점. 즉, 에너지 수지는 터빈의 경우와 같다(식 2.58, 2.59). ΔH와 일에 대한 값을 계산했을 때 터빈에 대해서는 음수가 되지만 압축기에 대해서는 양수가 된다. 또한 압축기는 왕복운동(피스톤/실린더) 장치로도 제작될 수 있다. 이러한 변경사항은 에너지 수지에 아무런 영향을 미치지 않는다. 터빈과 유사하게 별도의 단서가 없는 한 압축기는 단열적으로 작동한다고 가정한다.

펌프

펌프는 흐름에 대한 저항을 극복하기 위해 필요한 압력을 만들어 냄으로써 액체를 운반하는 데 사용된다. 펌프는 압축되었을 때 액체의 밀도가 기체와 같이 변화하지 않는다는 것을 제외하고는 원칙적으로 압축기와 같다. 그러므로 에너지 수지는 터빈이나 압축기와 같을 것이다(식 2.58, 2.59). 에너지 수지의 적용에 있어서 중요한 차이점은 압축된 액체에 대해서 도표화되어 있는 엔탈피를 찾기가 어렵다는 것이다. 그러므로 펌프에 대해 필요한 일을 알고 싶다면 먼저 엔탈피 변화값을 계산하거나 결정한 후에 에너지 수지로부터 계산할 수 있다.

압축기와 펌프는 일반적으로 터빈과 에너지 수지가 같다.

축일의 계산

단열 정상상태 터빈, 압축기, 펌프가 공유하는 일반적인 에너지 수지는 57쪽에 보여 준 것처럼 축일이 엔탈피 변화와 관련되어 있다는 것을 보여 준다. 종종 이것은 축일을 직접적으로 계산하거나 축일의 값을 이용해 엔탈피 변화를 알아내는 것에 도움이 된다.

$$W_S = \int_{in}^{out} VdP$$ 가역 펌프, 응축기, 터빈 〈식 2.60〉

$$W_S \approx V^L(P^{out} - P^{in}) = \frac{\Delta P}{\rho}$$ 액체 펌프 〈식 2.61〉

일을 계산할 때, 단열 축일은 원칙적으로 ΔH 또는 식 2.60을 이용하여 분석할 수 있다. 기체에서는 보통 다른 제약 조건을 이용하여 엔탈피 변화를 찾은 다음 일을 계산하는 것이 보다 쉽지만, 원칙적으로 적분을 수행할 수 있다. 액체에 관하여 특별한 경우에 식 2.60은 식 2.61로 대체할 수 있다.

2.14 공정 열역학 문제를 풀기 위한 전략

보다 복잡한 몇몇 예제를 시작하기 전에 응용할 수 있는 전략을 소개하고자 한다. 이들을 좀 더 사용하기 쉽게 하기 위하여 단계적으로 정리하였다. 대부분 이러한 단계들이 그대로 적용되지만 만일 문제점이 발생하게 되면, 대개 여러 단계 중 하나가 생략되었거나 계 경계를 만족하지 못하기 때문이다.

1. 계 경계를 선택하라. **계를 열린계, 또는 닫힌계로** 할 것인가에 따라 계 경계를 결정하라.
2. 계의 내부와 경계 교차점에서 유체의 모든 주어진 상태특성을 확인하라. 시간에 따라 불변하는가를 확인하라. **계가 정상상태인지 비정상상태인지 확인하라**(비정상상태의 펌프나 터빈, 또는 압축기에서 장치 내 에너지 축적은 대개 무시된다). 정상상태 열린계에 대하여 물질수지식을 세우고 **가능하면 풀어라.**

❶ 상규칙은 필요한 식의 수를 결정하는 데 중요하다.

3. 계에 대하여 알려져 있지 않은 상태변수의 개수를 확인하라. **순수 단일상 유체의 상태를 명확히 하는 데 2개의 상태 변수만이 요구된다는 것을 상기하라.** 알지 못하는 변수의 개수와 문제를 풀기 위해서 필요한 독립식의 개수가 같을 것이다(알고 있는 총부피 $\underline{V}$의 계에서 n을 알면 상태 변수 V를 알 수 있다는 것을 상기하라).
4. **물질수지식과 에너지 수지식을 세워라. 이 식들이 문제를 푸는 데 사용되는 첫 번째 식이다.** 필요하다면 모든 유체에 대한 기준상태를 지정하라. 단계 1에서 특성화된 계에 대하여 **0이 되는 항을 제거하여** 에너지 수지식을 간단하게 하라.[15] 열린계에 대해서 물질수지식과 에너지 수지식을 결합하라.

   비정상상태 문제에 대하여

❶ 전체 수지식을 항상 고려하라.

   (a) 에너지 수지식에서 각각의 항이 다른 에너지 수지항과 결합하지 않고 직접 적분될 수 있는지를 확인하라. 흔히 이런 방법으로 해답을 쉽게 얻을 수 있는데 이것은 거의 모두가 닫힌계 문제에 대해서만 가능하다.

---

15 2.17절에 새로운 응용사례에 대한 수지식의 각 항을 자세히 설명하고 있어 도움이 될 것이다.

(b) 에너지 수지식의 각 항마다 적분이 불가능하다면 적분하기 전에 가능한 한 식을 간단하게 재배열하라.

5. 모르는 것이 아직 남아 있다면 추가적인 식들을 제공할 만한 정보를 문제 안에서 찾아보라. **단열, 고립, 조름, 노즐, 가역, 비가역** 등과 같은 핵심 단어를 찾아라. 조름장치, 노즐 등의 제약 조건을 이용함으로써 다양한 흐름에 대한 흐름 특성과 계의 상태 특성을 연관시켜라. 유속, 열흐름 등에 대한 제약 조건은 추가적인 식을 제공한다. 연습을 통해서 이러한 많은 제약 조건은 단계 3과 4에서 에너지 수지식을 세우기 전에 즉시 알아낼 수 있다.

❗ 핵심 단어를 찾아라.

6. 유체의 열역학적 특성을 채택하라(상태방정식). **이것은 P, V, T, U, H, C_P, C_V와 관련된 모든 식을 제공한다.** 정보는 (1) 이상기체 근사법, (2) 열역학 선도나 표, (3) 부피 상태방정식(7장에서 소개할 것이다.)으로 구성된 것이다. 같은 문제에 이런 정보들 중 하나 이상을 사용하는 것은 사용된 방법의 정확도에 따라 문제를 푸는 데 사용된 특성에 모순을 가져올 것이다.

❗ 가능하다면 문제를 푸는 데 같은 특성 방법을 사용하자.

열역학 정보와 에너지 수지를 결합하라. 미지수로 남아 있는 상태 변수들의 개수를 줄여 나가라. 많은 문제는 이때 거의 풀리게 된다.

7. 계 경계를 이동하는 것에 주저하지 말고 잘 안 되더라도 다시 시도해 보라. 전체 수지식을 세우는 것을 잊지 마라(흔히 2개의 열린계는 1개의 닫힌계를 얻기 위해 합쳐질 수 있고, 전략 4a를 적용할 수 있다). 적당한 가정을 세워라.

❗ 다른 계 경계를 시도해 보라.

8. 해답을 얻은 후에 적용한 가정을 확인하라.

❗ 해답이 타당한가를 확인하라.

2.15 닫힌계와 정상상태 열린계

몇몇의 계 유형은 화학공학 연습에 아주 일반적이다. 빠르게 기억해 내기 위해 이 결과를 암기한다면, 분석 결과와 소용을 잘 숙지할 필요가 있다. 가정과 기본적인 각각의 간단한 모델을 동시에 기억해 내야만 하지만, 잘못된 적용 또한 피해야 한다.

예제 2.11 이상기체의 단열, 가역 팽창

피스톤 및 실린더 장치에서 이상기체가 원래 부피의 2배로 단열, 가역 팽창되고 있다고 가정하자. 최종온도는 얼마인가?

풀이

첫째로 에너지 수지식을 고려하자. 계는 실린더 안에서 기체일 것이고, 닫혀 있다. 기준이 정해지지 않았으므로 1 mole을 선택할 수 있다. 질량 유속, 열전달, 그리고 축일이 없기 때문에 에너지 수지식은 다음과 같다.

$$d\left[U + \cancel{\frac{v^2}{2g_c}} + \cancel{\frac{g}{g_c}z}\right] = \cancel{dQ} + \cancel{dW_S} + dW_{EC}$$

$$dU = -PdV$$

이런 경우에 전략의 단계 4를 적용함으로써 P가 T에 의존하기 때문에 양변을 독립적으로 적분할 수 없다는 것을 알 수 있다. 그러므로 적분하기 전에 몇 가지 항을 결합할 필요가 있다.

$$C_V dT = -RT\frac{dV}{V} \quad \text{그러므로} \quad \frac{C_V}{T}dT = -\frac{R}{V}dV \qquad \langle \text{식 ig } 2.62\rangle$$

이러한 방법을 변수분리법이라 한다. 온도에 의존하는 모든 변수는 식의 좌변으로 옮기고 부피에 의존하는 모든 변수는 우변에 위치시킨다. 이제 식을 간편화하기 위해서 열용량이 일정하다고 가정하고 적분하면 다음과 같은 결과를 얻는다.

$$\frac{C_V}{R}\ln\frac{T}{T^i} = \ln\frac{V^i}{V} \qquad \langle \text{식 *ig}\rangle$$

$$\boxed{\left(\frac{T}{T^i}\right)^{(C_V/R)} = \frac{V^i}{V}} \qquad \langle \text{식 *ig } 2.63\rangle$$

❗ 이 상자 안에 있는 식들은 닫힌 계에서 이상기체의 단열, 가역 변화에 대한 상태 변수와 관련이 있다.

이 문제에서는 필요치 않더라도 식을 재배열하는 것은 다른 문제에 대해서 유용하게 쓸 수 있다. T와 P에 관계된 식으로 바꾸기 위해서 이상기체 법칙 $V = RT/P$를 사용하면 다음과 같다.

$$\left(\frac{T}{T^i}\right)^{\frac{C_V}{R}} = \frac{T^i}{P^i}\frac{P}{T} \qquad \langle \text{식 *ig}\rangle$$

다시 정리하면

$$\left(\frac{T}{T^i}\right)^{(C_V/R)}\frac{T}{T^i} = \left(\frac{T}{T^i}\right)^{(C_V/R)+1} = \frac{P}{P^i} \qquad \langle \text{식 *ig}\rangle$$

그러므로

$$\boxed{\left(\frac{T}{T^i}\right)^{(C_P/R)} = \frac{P}{P^i}} \qquad \langle \text{식 *ig } 2.64\rangle$$

또한 P와 V와 관계된 식으로 바꾸기 위해서 식 2.63에 이상기체 법칙 $T = PV/R$을 사용하면

$$\left(\frac{PV}{P^iV^i}\right)^{(C_V/R)} = \frac{V^i}{V} \qquad \langle \text{식 *ig}\rangle$$

$$\frac{P}{P^i} = \left(\frac{V^i}{V}\right)^{(R/C_V)}\frac{V^i}{V} = \left(\frac{V^i}{V}\right)^{(R/C_V)+1} = \left(\frac{V^i}{V}\right)^{(C_P/C_V)} \qquad \langle \text{식 *ig}\rangle$$

그러므로

$$\boxed{PV^{(C_P/C_V)} = \text{일정}} \qquad \langle \text{식 *ig } 2.65\rangle$$

이 피스톤 + 실린더의 분석은 닫힌계의 가정을 함축하고 있다. 이것은 연소 엔진 1행정의 타당한 근사치가 될 것이나, 대부분의 화학공학 응용분야는 연속적인 작동과 연관되어 있다. 그럼에도 불구하고, 우리는 다음의 예시와 같이 정상상태의 계에 확장 적용할 경우, 닫힌계의 분석을 통해 공부한 내용을 적용할 수 있다.

예제 2.12 이상기체의 연속적 단열, 가역 압축

5 bar, 298 K에서 유속 1 kmol/h를 갖는 공기가 연속공정에서 25 bar로 단열, 가역 압축되고 있다고 가정하자. 출구온도는 얼마이며, 압축기에 요구되는 일률은 hp로 얼마인가?

풀이

우선 공기는 산소와 질소로 구성되어 있으며, 이 두 기체 모두 환산온도는 높고 환산 압력은 낮은 이원자 기체에 대한 규정을 만족한다는 것을 상기하자. 다시 말해서 $C_p/R = 7/2$라는 이상기체 근사법이 명백히 적용될 수 있다. 다음으로 에너지 수지식을 고려하자. 계는 압축기이고 열린계이다. 열전달이 없는 정상상태 공정이기 때문에 에너지 수지식은 76, 77쪽에서 보였듯이 다음과 같이 간단하게 나타낸다.

$$\boxed{\Delta H = \not{Q} + W_S} \quad \text{〈식 2.66〉}$$

식 2.31을 이상기체에 대해 나타내면 다음과 같다.

$$dW_S = dH = VdP$$

이 경우 전략 4단계를 적용할 때 P가 T에 의존하기 때문에 양변을 독립적으로 적분할 수 없다는 것을 알 수 있다. 따라서 적분하기 전에 몇 가지 항을 결합할 필요가 있다.

$$C_P dT = RT\frac{dP}{P}, \quad \frac{C_P}{T}dT = \frac{R}{P}dP \quad \text{〈식 *ig 2.67〉}$$

다시 한 번 변수를 분리한다. 나머지 유도과정은 전체적으로 예제 2.11과 비슷하며, 결과식은 동일하다.

$$\boxed{\frac{T_2}{T_1} = \left(\frac{P_2}{P_1}\right)^{(R/C_P)}} \quad \text{〈식 *ig 2.68〉}$$

❗ 이상기체의 정상상태 단열, 가역공정은 결과적으로 예제 2.11과 같은 관계식을 얻는다.

이 식은 열린계와 닫힌계에 대한 근사법으로 자주 다루어진다.
주어진 값을 대입하면,

$$T_2 = 298\left(\frac{25}{5}\right)^{\frac{2}{7}} = 472 \text{ K}$$

단열상태의 에너지 수지식에 적용하고 C_p^{ig} = 일정이라고 가정하면,

❗ 이상기체의 정상상태 단열, 가역공정

$$W_S^{ig} = \Delta H^{ig} = C_P^{ig}\Delta T = C_P^{ig}T_1\left[\left(\frac{P_2}{P_1}\right)^{(R/C_P^{ig})} - 1\right]$$ 〈식 *ig 2.69〉

$W_S = 3.5 \cdot 8.314 \cdot (472 - 298) = 5063$ J/mole 를 대입하면,
이 공정은 가역공정이므로 주어진 유속에 대해 계산하면 다음과 같은 일이 계산된다.

$$W_S^{rev} = 5063 \text{ J/mole}\cdot[1000 \text{ mole/hr}]\cdot[1 \text{ hr/3600 sec}]\cdot[1 \text{ hp/(745.7 J/s)}] = 1.9 \text{ hp}$$

우리는 열손실 없는 연속적인 계를 위해 닫힌계의 한 단계로부터 조직적으로 우리의 분석을 확장시켜 왔다. 등온공정을 생각해 보자.

예제 2.13 이상기체의 연속적 등온, 가열 압축

앞의 예제와 같은 압축공정이지만, 정상상태 등온 압축공정으로 생각한다. 열 제거 속도는 얼마이며 압축기에 요구되는 일률은 hp로 얼마인가?

풀이

57쪽의 (엔탈피 및 축일의 이해) 부분의 관점으로 돌아가서 단위 질량의 이상기체에 대한 EC 일 및 흐름일을 분석하라.

W_{EC}는 다음과 같다.

$$W_{EC} = -\int PdV = -\int (RT/V)dV = -RT\ln(V_2/V_1)$$ 〈식 *ig〉

이상기체, 등온공정에 대하여 $V_2/V_1 = P_1/P_2$. 역수와 음의 로그에 주목하라.

$$W_{EC} = -RT\ln(V_2/V_1) = RT\ln(P_2/P_1)$$ 〈식 *ig〉

이것은 주어진 압력에서 단위 질량의 이상기체를 등온 압축시키기 위한 일이다.
흐름일은 단위 질량의 이상기체에 대하여 수행되었다.

$$W_{flow} = PV_{out} - PV_{in} = RT_{out} - RT_{in} = 0$$ 〈식 *ig〉

따라서 단위 질량의 이상기체에서 등온 압축에 필요한 총일은,

$$W_S = RT\ln(P_2/P_1)$$ 〈식 *ig〉

$$W_S = RT\ln\left(\frac{P_2}{P_1}\right) = 8.314(298)\ln 5 = 3987\ \frac{\text{J}}{\text{mol}}$$ 〈식 *ig 2.70〉

이 공정은 가역공정이므로 주어진 유속에서 다시 계산하면,

$$W_S^{rev} = 3987 \text{ J/mole}\cdot[1000 \text{ mole/hr}]\cdot[1 \text{ hr/3600 sec}]\cdot[1 \text{ hp/745.7 J/s}] = 1.5 \text{ hp}$$

단열 압축공정과 비교하여, 등온 압축공정은 더 적은 일을 필요로 한다. 이것은 냉각이 계로부터 에너지를 빼앗아 가기 때문에 발생한다. 실험적으로 완전한 단열이나 등온공정을 이루기는 어렵지만, 단열공정은 압축과정이 매우 빨라 열전달 시간이 충분하지 않으므로 일반적으로 더 나은 근사치를 얻을 수 있다. 뒷장에서 논의하겠지만, 일반적으로 유체들은 압축된 후에는 냉각된다.

보다 어려운 문제가 있다. 공정유체가 이상기체 대신 수증기였다고 가정해 보자. 그러면 문제를 어떻게 풀 것인가? 수증기에 대해서는 $V \neq RT/P$, $dH \neq C_P^{ig} dT$ 임을 주의해야 한다. 그 해답은 예제 4.16에 있다.

예제 2.14 터빈에서의 열손실

초기에 3.5 MPa, 350°C, 그리고 유량이 1100 kg/h인 고압 수증기가 일을 얻기 위해서 터빈에서 팽창된다. 수증기는 2개의 출구를 통해서 터빈을 빠져나간다. 흐름 (2)는 압력 1.5 MPa, 온도 225°C, 그리고 유속 110 kg/hr로 유지된다. 흐름 (3)은 압력이 0.79 MPa이고 포화 기체 및 액체 혼합물이다. 흐름 (3)에서 분리되어 조름밸브를 통해 나오는 출구는 0.1 MPa, 120°C이다. 터빈의 출력이 100 kW일 때 터빈의 열손실을 구하고 흐름 (3)에서 수증기의 질(증기의 분율)을 계산하라.

풀이

우선 도면을 그리고 경계선을 명시하자. 계 A와 B는 모두 정상상태 열린계이다.

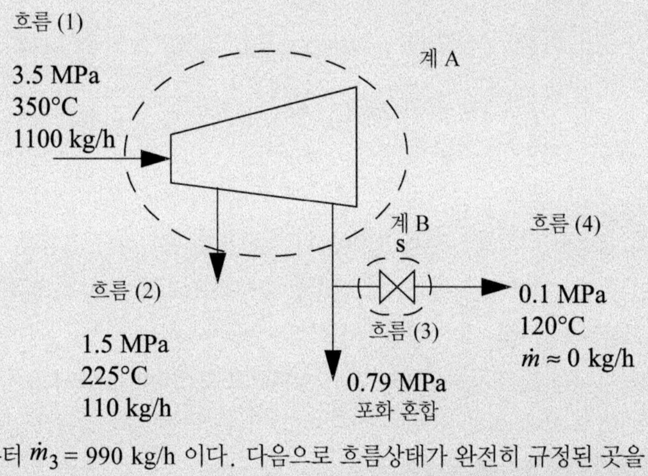

질량수지로부터 $\dot{m}_3 = 990$ kg/h 이다. 다음으로 흐름상태가 완전히 규정된 곳을 결정하자. 흐름 (1), (2)와 (4)는 상태가 완전히 규정되어 있다. 흐름 (3)은 포화되었기 때문에 온도와 압력, 그리고 포화 증기와 액체의 비엔탈피를 알아낼 수 있다. 그러나 흐름의 전체 몰 엔탈피를 결정하기 위해서 수증기의 질은 계산할 필요가 있다. 수증기표로부터 직접 H_1을 구하고 H_2에 대해서는 선형 안집작법을 사용한다. H(1.5MPa, 225°C)값은 직접 얻을 수 없기 때문에 1.4 MPa에서 220°C와 250°C의 사잇값을 안짐작한 다음, 이 값과 1.6 MPa에서의 값을 안짐작하여 구할 수 있다.

$$H(1.4\text{MPa}, 225°\text{C}) = \frac{1}{2}(2803.0 + 2927.9) = 2865.5 \text{ kJ/kg}$$

$$H(1.6\text{MPa}, 225°\text{C}) = 2792.8 + \frac{23.6}{48.6}(2919.9 - 2792.8) = 2854.5 \text{ kJ/kg}$$

다음에 H_2를 구하면: H_2:$H_2 = 0.5(2865.5 + 2854.5) = 2860.0$ kJ/kg. H_4는 과열 수증기표에서 안짐작할 수 있다.

$$H_4 = 2675.8 + \frac{20}{50}(2776.6 - 2675.8) = 2716.1 \text{ kJ/kg}$$

조름밸브인 계 B를 알아보자. $H_3 = H_4 = 2716.1$ kJ/kg. 결괏값을 정리한 표를 세워서 값을 쉽게 찾을 수 있다.

수증기	1	2	3,4
H(kJ/kg)	3104.8	2860.0	2716.1

$\dot{\underline{W}}_S = -100$ kw를 사용하여 계 A에 대한 에너지 수지를 계산하면

$$0 = H_1\dot{m}_1 - H_2\dot{m}_2 - H_3\dot{m}_3 + \dot{\underline{Q}} + \dot{\underline{W}}_S = 3104.8(1100) - 2860.0(110) - 2716.1(990) + \dot{\underline{Q}} + \dot{\underline{W}}_S$$

$$\dot{\underline{Q}} = \frac{-411,741 \text{ kJ}}{\text{h}}\left|\frac{\text{h}}{3600 \text{ s}}\right. + \frac{100 \text{ kJ}}{s} = -14.4 \text{ kJ/s}$$

흐름 (3)의 질을 계산하기 위해 $H_3\dot{m}_3 = H^L\dot{m}^L - H^V\dot{m}^V$

$$H_3 = H^L\frac{\dot{m}^L}{\dot{m}_3} - H^V\frac{\dot{m}^V}{\dot{m}_3} = H^L + q(\Delta H^{vap})$$

포화 압력표로부터 0.79 MPa에서는 $H^L = 718.5$ kJ/kg이고 $\Delta H^V = 2049$ kJ/kg 이다.

$$q = \frac{2716.1 - 718.5}{2049} = 0.975$$

비단열 터빈의 에너지 수지식은 등온 압축기의 수지식과 동일하나 결론은 완전히 다르다. 압축기에서는 일을 최소화하기를 원하므로 열손실이 이득으로 작용한다. 터빈의 경우에는 일을 최대화하기를 원하므로 에너지의 어떤 손실이라도 막아야 한다.

이 장의 예제들은 여러 가지 중요한 일반적인 상황으로 구성되어 있으나 또한 체계적으로 증가하는 정교한 계의 분석에 대한 절차를 보여 주고 있다. 이상기체 모델과 같은 어떤 단순한 가정의 맥락에서는 공정 계산에 적당한 최종 작용 방정식을 유도해 낼 수 있다. 그러나 이 가정들이 올바르지 않다면 여전히 에너지 수지식을 적용할 수 있으나 우리가 얻어 내는 결과의 일반론에서는 훨씬 주의를 기울여야 한다. 예를 들면, 증기와 관련된 공정은 이상기체 모델 이상의 무엇이 필요하며, 보편적인 분석을 발전시키기 위하여 추가적인 도구가 요구된다.

2.16 비정상상태 열린계

원칙적으로 대부분의 실제계들은 불안정하며 열린계이다. 때때로 몇 개의 계만이 불안정상태의 공정과 경계를 가로지르는 흐름이 합쳐져 있는데 이것은 연속적인 분석을 필요로 한다.

새거나 공급되는 탱크에 대한 예제와 함께 이와 같은 계를 어떻게 다루는지 설명할 것이다.

예제 2.15 탱크로부터 새어 나오는 이상기체의 단열 팽창

단열된 탱크로부터 이상기체가 새어 나오고 있다. 탱크로부터 새어 나오는 기체에 대한 온도 변화와 압력 변화를 연관 짓고 탱크에 대한 $\Delta \underline{U}$를 구하라.

풀이

탱크 안에 있는 기체를 계로 선택하자. 이것은 비정상상태 열린계일 것이다. 계로 들어가는 흐름은 없고 나오는 흐름이 하나 있다. 물질수지식은 $dn = -dn^{out}$ 이다.

운동에너지와 퍼텐셜 에너지는 무시할 수 있다. 기체가 팽창되어도 계의 크기는 변하지 않기 때문에 팽창/수축 일은 없다. 에너지 수지식은 다음과 같다(1몰 기준).

$$d(nU) = H^{in}\cancel{dn^{in}} - H^{out}dn^{out} + \cancel{d\underline{Q}} + \cancel{d\underline{W}_{EC}} + \cancel{d\underline{W}_S}$$

출구 흐름의 엔탈피와 탱크의 엔탈피가 일치하기 때문에 $H^{out} = H$이다. $d(nU) = -H^{out}dn^{out} = Hdn$. H는 변하고 있는 온도의 함수이다. 그래서 문제해법 전략의 힌트 4(a)를 적용할 수가 없다. 적분하기 전에 몇 가지 항을 결합할 필요가 있다. 미분의 곱셈법칙에 의해서 좌변은 $d(nU) = ndU + Udn$으로 나타낼 수 있는데 이를 에너지 수지식에 대입하면

$$ndU = (H-U)dn$$

다른 식들을 대입하면 에너지 수지식은 T와 n의 항으로 나타낼 수 있다.

$$(H-U) = PV = RT, \quad dU = C_V dT, \ \Rightarrow \frac{C_V}{R}\frac{dT}{T} = \frac{dn}{n} \qquad \text{〈식 ig〉}$$

$$\boxed{\frac{C_V}{R}\ln\frac{T}{T^i} = \ln\frac{n}{n^i}} \qquad \text{〈식 *ig〉}$$

탱크의 부피는 일정하다($\underline{V}$ = 일정). 따라서

$$\ln\frac{n}{n^i} = \ln\frac{PT^i}{TP^i} = -\ln\frac{T}{T^i} + \ln\frac{P}{P^i} = \frac{C_V}{R}\ln\frac{T}{T^i} \qquad \text{〈식 ig〉}$$

이항하면,

$$\left(\frac{C_V}{R}+1\right)\ln\frac{T}{T^i} = \frac{C_P}{R}\ln\frac{T}{T^i} = \ln\frac{P}{P^i} \qquad \text{〈식 *ig〉}$$

C_v와 C_p 사이의 관계를 인식하고, $\gamma \equiv C_p/C_v$(= 1.4, 이원자 이상기체에 대하여)를 정의하고

❗ 단열 탱크로부터 나오는 유체에 대한 결과는 예제 2.11에서의 닫힌계와 같다.

$R/C_p = (C_p - C_v)/C_p = 1 - /(1/\gamma) = (\gamma - 1)/\gamma$을 명심하라.

$$\frac{T}{T^i} = \left(\frac{P}{P^i}\right)^{R/C_p} = \left(\frac{P}{P^i}\right)^{(1-(1/\gamma))} \quad \text{〈식 *ig 2.71〉}$$

이상기체 법칙($PV = RT$)을 사용하여 표현이 다른 식을 얻을 수 있다.

$$V/V^i = \left(\frac{P^i}{P}\right)^{1/\gamma},\ P^i/P = (V/V^i)^{\gamma} = (T^i/T)^{(1/\gamma)-1},\ T^i/T = (V/V^i)^{\gamma/(\gamma-1)} \quad \text{〈식 *ig 2.72〉}$$

기준상태 온도가 결과식에 나오기 때문에 계의 내부에너지 변화에 대한 수치값은 기준상태에 의존하게 된다.

$$\Delta \underline{U} = n^f(C_V(T^f - T_R) + U_R) - n^i(C_V(T^i - T_R) + U_R) \quad \text{〈식 *ig〉}$$

언뜻 보기에는 누군가 탱크를 채우는 것에 있어서 같은 방정식을 이용할 것이라고 예상되겠지만, 이것은 단순한 압력비의 변화이다. 세심한 분석을 통해 에너지 수지식은 유사하지만 최종 결과는 다르다는 것을 보여 준다.

예제 2.16 탱크 내로의 이상기체의 단열 공급

300 K, 3000 bar의 헬륨이 탱크 내 압력이 3000 bar와 같게 될 때까지 진공 실린더로 공급되고 있다. 실린더 내의 헬륨의 최종온도를 계산하라($C_p/R = 5/2$).

풀이

계는 탱크 내부 기체가 되며 이 계는 정상상태, 열린계가 될 것이다. 물질수지식은 $dn = dn^{in}$이고 에너지 수지식은 다음과 같다.

$$d(nU) = H^{in}dn^{in} - \cancel{H^{out}dn^{out}} + \cancel{d\underline{Q}} + \cancel{d\underline{W}_{EC}} + \cancel{d\underline{W}_S}$$

H^{in}은 탱크가 채워지는 동안 일정하다. 그러므로 문제 해법 전략의 힌트 4a에 의해 각 항을 적분할 수가 있다. 내부로 들어오는 엔탈피는 계의 엔탈피와 다른 상태에 있기 때문에 상첨자를 그대로 유지하는 것에 주의할 필요가 있다. 에너지 수지식의 우변은 다음과 같이 적분할 수 있다.

$$\int_i^f H^{in}dn = H^{in}\int_i^f dn = H^{in}(n^f - n^i) = H^{in}n^f$$

에너지 수지식의 좌변은

$$\Delta(Un) = U^f n^f - U^i n^i = U^f n^f$$

엔탈피의 정의로 결과식을 정리하면,

$$U^f = H^{in} = U^{in} + PV^{in} = U^{in} + RT^{in} \quad \text{〈식 *ig 2.73〉}$$

그리고 열용량의 정의로부터 온도를 구할 수 있다.

$$\Delta U = C_V(T^f - T^{in}) = RT^{in} \Rightarrow T^f = T^{in}(R + C_v)/C_v = T^{in}C_p/C_v \qquad \langle 식\ *ig\rangle$$

여기에서 최종온도는 압력에 의존하지 않는다는 것에 주의해야 한다.

불안정하거나 열린계들이 이상기체에 제한되는 것 같은 인상을 받으면 안 된다. 에너지 수지식은 작동 유체의 종류에 독립적이다.

예제 2.17 탱크로부터 새어 나오는 수증기의 단열 팽창

단열 탱크에 215°C의 수증기와 물 500 kg이 있다. 탱크 부피의 반은 기체이고, 반은 액체로 채워져 있다. 탱크 전체온도가 균일하게 유지되도록 건조증기의 25 kg이 아주 천천히 빠져나간다. 최종온도와 압력은 얼마인가?

풀이

이 예제는 예제 2.15의 풀이와 비슷하지만 이상기체 법칙을 더 이상 적용할 수가 없다. 에너지 수지식을 비슷한 방법으로 줄여 나가는데, 밖으로 나오는 흐름은 증기로만 구성되어 있다는 것에 주의하여야 한다. 그러므로 탱크의 총괄 평균 엔탈피가 아니다.

$$d(mU) = -H^{out}dm^{out} = H^V dm$$

수증기 엔탈피가 일정하다면 식의 양변은 서로 독립적으로 적분될 수 있다.수증기표에서 보면 엔탈피는 195°C까지는 포화곡선을 따라서 2800 kJ/kg에서 약 10 kJ/kg(0.3%)만 변한다. 우변을 $H^V\Delta m$으로 간단하게 적분하기 위해 엔탈피를 2795 kJ.kg으로 일정하다고 가정해 보자. 이 과정은 부록 B의 사다리꼴 법칙에 있는 수치적분과 같다는 것을 참고하라. 분석해법은 단지 바람직한 것일 뿐이지 절대적으로 필요한 것은 아니다. 에너지 수지식은 2.14절의 힌트 4(a)를 사용하여 적분할 수있다.

$$\Delta \underline{U} = m^f U^f - m^i U^i = 2795(m^f - m^i) = 2795(-25) = -69,875\ \text{kJ}$$

질량 $m^f = 475$이고, m^iU^i는 쉽게 구할 수 있으므로 U^f의 계산이 가능하다. 215°C에서 포화 혼합물 각각의 1 m^{3}에 대하여,

$$\frac{0.5\ \text{m}^3\ 기체 \mid \text{kg}\ 기체}{\quad \mid 0.0947\ \text{m}^3\ 기체} = 5.28\ \text{kg}\ 기체$$

$$\frac{0.5\ \text{m}^3\ 액체 \mid \text{kg}\ 액체}{\quad \mid 0.001181\ \text{m}^3\ 액체} = 423.4\ \text{kg}\ 액체$$

그러므로

$$V^t = \frac{\text{m}^3}{423.4 + 5.28\ \text{kg}} = 0.00233\ \text{m}^3/\text{kg}$$

탱크의 부피, 질, 그리고 내부에너지는 다음과 같다.

$$\underline{V}_T = \frac{500\text{ kg}}{} \left| \frac{\text{m}^3}{428.63} \right. = 1.166\text{ m}^3$$

$$q^i = 5.28\text{ kg 기체} / 428.63\text{ kg} = 0.0123 U^i = 918.04 + 0.0123(1681.9) = 938.7\text{ kJ/kg}$$

$$\underline{U}^i = 938.7\text{ kJ/kg} \cdot 500\text{ kg} = 469{,}400\text{ kJ}$$

에너지 수지와 질량 수지로부터

$$U^f = (-69{,}875 + 469{,}400)\text{ kJ} / 475\text{ kg} = 841.0\text{ kJ/kg}$$

$$V^f = 1.166\text{ m}^3 / 475\text{ kg} = 0.00245\text{ m}^3/\text{kg}$$

이 상태 변수에 부합하는 P^f와 T^f를 찾을 필요가 있다. 총질량당 부피가 저압에서 포화 증기와 액체의 중간에 있기 때문에 해답은 포화곡선을 따라 움직일 것이다. P^f를 가정하고(포화 T^f에 해당하는) V^f로부터 q를 구한 다음, U^f_{cale}를 계산해서 $U^f = 841.0$ kJ/kg과 비교한다. 만일 U^f_{cale}가 너무 높다면 P^f(그리고 T^f)의 가정이 낮게 되었을 것이다.

$V = V^L + q(V^V - V^L)$이므로,

$$q = \frac{0.00245 - V^L}{V^V - V^L} \text{ and from this value of } q,\ U^f_{calc} = U^L + q(U^V - U^L)$$

첫 번째 가정을 설정하기 위해 $U^L < U^f = 841.0$ kJ/kg이 필요하다. 첫 번째 가정을 $T^f = 195°\text{C}$로 하고 수증기표로부터 물성값을 다음 표에 나타내었다. 이 초기의 가정으로부터 $U^f_{calc} = 845$ kJ/kg를 얻었다. 이상의 반복 계산은 필요 없다. 이 상태의 H^v는 2789이므로 $H^{out} \approx$ 일정이라는 가정은 유효하다.

상태	P(MPa)	T(°C)	V^L	V^V	U^L	ΔU^{vap}	q
초기	2.106	215	0.001181	0.0947	918.04	1681.9	0.0123
가정	1.3988	195	0.001149	0.1409	828.18	1763.6	0.0093

$$P^f = 1.4\text{ MPa},\ T^f = 195°\text{C},\ \Delta P = 0.7\text{ MPa},\ \Delta T = 20°\text{C}$$

2.17 에너지 수지식에서 각 항의 세부사항

일반적으로 2.14절에서 논의된 전략은 에너지 수지를 간략히 하기에 충분하다. 때때로 새로운 계의 형태에 에너지 수지를 응용함에 있어서, 수지의 단순화는 경계에서의 상호작용과 항들을 연관시켜 주는 좀 더 복잡한 분석을 요구할 것이다. 이 절에서는 이 장의 앞에서 다루었던 원리들의 세부사항을 요약하였다. 이것은 보통 에너지 수지를 단순화하는 데 어려움이 없거나 각 항의 의미에 관한 세부사항이 필요하지 않다면 필수적인 것은 아니다.

우주는 그림 2.10에 도식화되어 있듯이 흔히 3개의 하부계로 구성된다. 용기(계 2)는 보통 계 1(여기서는 계 (1 + 2)로 설계된)이나 계 3(여기서는 계 (2 + 3)으로 설계된)과 결합한다.

각각의 수지에 대하여, 모든 변수는 계에 대한 것이고 그 수지식은 다음과 같이 쓰인다.

$$\frac{d}{dt}\left[m\left(U+\frac{v^2}{2g_c}+\frac{gz}{g_c}\right)\right] = \sum_{inlets}\left(H+\frac{v^2}{2g_c}+\frac{gz}{g_c}\right)^{in}\dot{m}^{in} - \sum_{outlets}\left(H+\frac{v^2}{2g_c}+\frac{gz}{g_c}\right)^{out}\dot{m}^{out} + \sum_{surfaces}\underline{\dot{Q}}+\underline{\dot{W}}_{EC}+\underline{\dot{W}}_S \tag{식 2.74}$$

여기서 상첨자 'in'과 'out'은 계의 물성과 같거나 같지 않을 수 있는 경계를 가로지르는 흐름의 물성을 나타낸다.

1. 계 2의 열용량이나 질량을 무시할 수 없다면 계 1과 3의 0이 아닌 열 상호작용은 같지 않다.
2. H^{out}, H^{in}은 경계를 가로지르는 흐름에 의해 계에 행해진 일과 내부에너지 변화를 설명한다.
3. $\underline{\dot{W}}_{EC} = \left(-\frac{F_{boundary}}{A_{boundary}}\right)\frac{dV_{system}}{dt}$는 **계 크기의 팽창과 수축**에 의하여 계에 행해진 일을 나타낸다. $F_{boundary}$는 경계에서 계 힘의 절댓값이다(Newton의 제3법칙에 의해, 어떤 경계에서든 힘의 크기는 같고 반대 방향으로 작용한다). 계 1과 계 3의 힘이 같을 필요는 없다는 것을 주의하여야 한다. 동일하지 않은 힘은 움직일 수 있는 차단제(예: 피스톤 헤드)의 운동(가속)을 일으킨다.
4. $\underline{\dot{W}}_S$는 팽창/수축이나 경계를 가로지르는 질량의 흐름이나 팽창/수축에 의한 일을 제외한 **계 표면에서 기계적 힘**에 의해 계에 행해진 일을 나타낸다. 터빈과 압축기는 계 2의 부분이므로 이들은 계 1의 일과 유체의 상호작용에 관여한다. 피스톤 운동은 계 1, 3, (1 + 2),

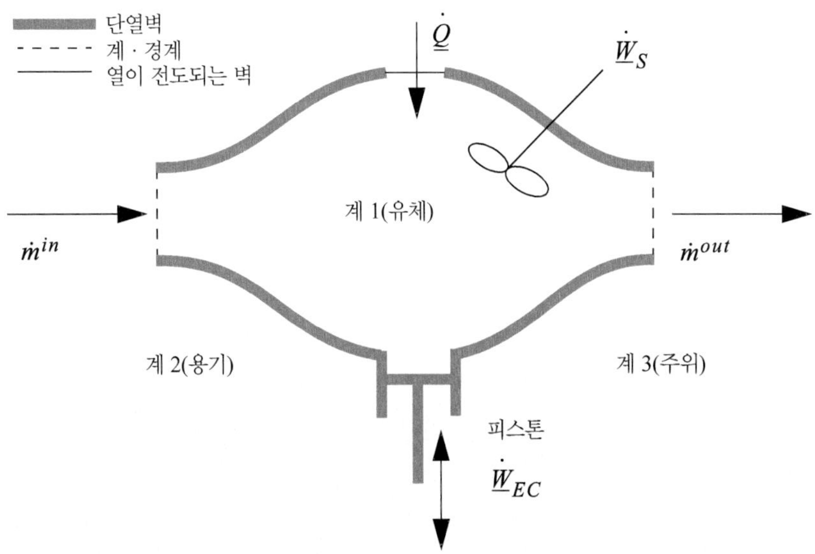

그림 2.10 • 일반적인 계

(2 + 3)에 대해서 $\dot{\underline{W}}_{EC}$로 계산된다. 그러나 계 2에 대해서는 $\dot{\underline{W}}_S$로 계산된다. 계 2에 대한 수지를 고려할 때 축일이 포함되지 않았음에도 불구하고 피스톤 운동은 원칙적으로 축일이다(피스톤은 닫힌계이고 움직일 때 팽창하거나 수축하지 않는다). 계의 표면에서의 힘과 연관되는 경우의 축일의 일반적 정의의 또 다른 예를 들어 보자. 그림 2.3에서 150 m로 들어 올려지거나, 75 m/s까지 가속되는 닫힌계를 고려하라. 비록 '회전하는' 축이 아니더라도 에너지 변화를 요구하는 계 표면에서는 일 상호작용이 있다.

5. 계 2의 움직이는 부분의 운동에너지나 퍼텐셜 에너지(예: 피스톤 헤드의 $\dot{\underline{W}}_{EC}$나 터빈의 $\dot{\underline{W}}_{ES}$)가 무시될 수 없고 또 운동이 가역적이 아니라면 계 1과 3의 0이 아닌 $\dot{\underline{W}}_{EC}$나 $\dot{\underline{W}}_{ES}$ 상호작용은 동일하지 않다.
6. 마찰력이 존재한다면 위에 보인 계 중의 하나에 속한다고 생각해야 한다. 공정이 비가역적이라 하더라도 에너지는 보존되기 때문에 어떤 원인에서 생긴 비가역성이라도 추가적인 에너지 수지항이 필요하지는 않다.
7. 전기장이나 자기장은 포함되지 않았다.
8. 식의 좌변에서 운동에너지와 퍼텐셜 에너지 변화는 **질량 중심**의 운동에 기준을 두고 계산되었다. 이들은 (1 + 2)와 같은 합성계에서 각 부분계에 따라 계산되고 합쳐질 수 있다.

2.18 요약

이번 장에서는 발생할 수 있는 모든 가능성에 대비하기 위해 매우 주의 깊게 살펴볼 수 있다. 결과적으로 더 복잡해진다. 각각의 식이 주어진 문제에 많은 의미를 갖는지 갖지 않는지 생각하고, 또한 '마찰이 없는', '가역적인', '연속적인' 그리고 '정상상태'와 같은 주요 용어를 수지의 함축적 의미를 갖는지를 알고 완전한 에너지 수지를 확인사항으로 고려해 보자.

주요 식

형식을 안다면, 우리는 이번 장의 대부분을 다음과 같이 요약할 수 있다.

$$\Delta U = Q + W_{EC} \quad \text{닫힌계}$$

$$\Delta H = Q + W_S \quad \text{열린계, 정상상태}$$

$$d(nU) = H^{in}dn^{in} - H^{out}dn^{out} + d\underline{Q} + d\underline{W}_{EC} + d\underline{W}_S \quad \text{열린계, 비정상상태}$$

당연히 이러한 식이 어떻게 단순화되어 나타내어 졌는가를 평가하는 것이 우선적이다. 예외 상황에서 중요한 조건에 대한 일반적인 형태의 에너지 수지를 검토해야 하는 것에 유념해야 한다.

여기에 이상기체의 확장/수축 일의 요약은 제시되었지만, 당신은 이 식을 다루는 데 있어 능숙해져야 한다. 2.4절은 공정이 비가역적일 수 있는 요인을 요약해 놓았다. 뒤따르는 식은 계의 압력이 등온공정에 있을 시의 가역공정을 나타낸다. 등압식은 비가역공정의 주위에 의해 한 일을 직접적으로 계산할 수 있는 유일한 식이다. 이 경우 계 압력 대신 주위 압력이 쓰인다.

공정 형태	일 식 (ig)	
등온	$W_{EC} = -\int PdV = -RT\int \frac{dV}{V} = -RT\ln\frac{V_2}{V_1}$	(식 ig)
등압	$W_{EC} = -\int PdV = -P(V_2 - V_1)$	(식 ig)
단열과 가역	$W_{EC} = -\int PdV = -\int \text{const}\frac{dV}{V^{(C_P/C_V)}}$	(식 ig)
	또는	
	$\Delta U = C_V(T_2 - T_1) = W_{EC}$	(식 ig)
	$\frac{T_2}{T_1} = \left(\frac{P_2}{P_1}\right)^{(R/C_P)} = \left(\frac{V_1}{V_2}\right)^{(R/C_V)}$	(식 ig)

우리가 여러 관점으로부터 공정을 조사하고 이전 고려를 위해 이상기체로 단순화하여 마지막 식(T_2/T_1)은 번번히 계속 나온다. 이 식이 적용되었을 때 당신은 기억하고 인지해야만 한다.

학습점검

1. 책을 보지 말고 에너지 수지식을 세워라. 각 항을 기억하는 데 있어서 단순히 기호를 암기하기보다는 각 항이 나타내는 성질에 대해 생각하라.
2. 교재에서 수지식의 어떤 부분이 계를 나타내고 어떤 항이 경계에서의 상호작용을 의미하는가?
3. '닫힌계(closed-systme)', '열린계(open-system)', 그리고 '정상상태(steady state)'에 대해서 엔지니어가 아닌 가족이나 친구에게 설명하라.
4. 어떻게 기준상태가 문제를 해결하는 데 도움이 되는지 설명하라. 물에 대하여 수증기표 기준상태와는 다른 하나의 기준상태를 정하라. 기준 끓는점 이하에서 포화 액체에서 시작하여 기준 끓는점을 지나 처음 온도에서의 포화 증기로 냉각하는 경로를 세워라. 기준 끓는점에서의 잠열과 열용량을 이용하여 기화열을 추정하고 수증기표에 나와 있는 값과 서로 비교하라.
5. 열용량 적분을 쉽게 계산할 수 있는 MATLAB, Excel 또는 계산 프로그램을 만들라.
6. 기억할 수 있는 만큼의 많은 종류의 경로(등온, 단열 등)를 생각해 보고, 피스톤/실린더 시스템에서 각 경로에 따른 열과 일 흐름에 대해 유도하라.

2.19 익힘문제

A. 에너지 수지의 일반적 유도

어떤 공정에 대해서든지 에너지 수지를 유도할 수 있다. 목표는 모델식을 단순화하여 적용하는 것뿐만 아니라 모델식을 전개시키는 방법을 배우는 것이기 때문에 광범위한 적용사례에 대하여 에너지 수지를 구해 보는 것이 유용한 훈련이 된다. 만일 이러한 에너지 수지를 추론하려 한다면 전형적인 화학공정에서 다루게 되는 더 많은 일반적인 에너지 수지에 대해 잘 조사해야 할 것이다.

P2.1 압력 제거 밸브가 고정되어 있을 때 갑자기 증기의 방출을 막기 위한 압력 요리 기구에 물병이 끓고 있다. 계: 밸브가 고정된 이후 물병과 물병의 내용물.

답: $d[mU]/dt = \underline{\dot{Q}}$

P2.2 위와 같은 동일한 끓는 물병. 계: 밸브가 고정되기 전의 물병과 물병의 내용물.

답: $d[mU] = inH^V + \underline{\dot{Q}}$

P2.3 가정식 전기 가열로가 수 시간 동안 꾸준히 집안을 가열하고 있다. 계: 가열로.

답: $\Delta\underline{H} = \underline{\dot{Q}}$ (가스 가열로)

P2.4 가정식 전기 가열로가 수 시간 동안 꾸준히 집안을 가열하고 있다. 계: 집과 모든 집안 내용물.

답: $d[mU]/dt = \underline{\dot{Q}}_{Heat} + \underline{\dot{Q}}_{Loss}$(가스 가열로)

P2.5 한 어린이가 학교에 걸어가고 있을 때 눈 뭉치에 맞았다. 그는 걸음을 멈추었다. 계: 어린이.

답: $\Delta[mU + mv^2/2g_c] = m_{snow}[H + v^2/(2g_c)]_{snow}$

P2.6 작은 외륜을 포함하고 있는 밀봉된 유리 전구가 있다. 물갈퀴 한쪽은 흰색, 다른 쪽은 검정색으로 칠해져 있다. 햇빛에 놓였을 때 노 모양의 바퀴는 점차 회전하기 시작한다. 계: 전구와 전구의 내용물.

답: $\Delta U = 0$

P2.7 담요 위에 일광욕하는 사람이 있다. 오전 11:30에 그는 땀을 흘리기 시작한다. 계: 12:00 정오에 일광욕하는 사람.

답: $(d[mU]/dt) = \dot{m}H^V + \underline{\dot{Q}}$

P2.8 팽창된 풍선이 손가락에서 빠져 방안에서 날아다닌다. 계: 풍선과 풍선의 내용물.

답: $d[mU + mv^2{}_{balloon}/2g_c]/dt = [H + v^2/(2g_c)]^{out} dm/dt + \underline{W}_{EC}$

B. 계산문제

P2.9 1 kg 무게의 콘크리트 블록을 고려하자.

(a) 블록의 퍼텐셜 에너지를 1 kJ 변화시키면 얼마나 멀리 떨어뜨려야 하는가?

답: 100 m

(b) 그 단계에서 블록의 속도는 얼마인가?

답 44.7 m/s

P2.10 초기온도가 400 K인 0.2 kg의 납으로 된 블록을 완전히 단열된 탱크에 초기온도 300 K인 4 kg의 물에 담그었다. 탱크는 납으로 만들어졌으며 무게는 0.5 kg이다. 물의 $C_v = 4.184$ J/g-K이고 납은 0.380 J/g-K으로 주어질 때 물과 납 블록의 내부에너지 변화를 계산하라.

답: 7480 J, −7570 J

P2.11 위의 문제에서 납 블록이 50 m 높이에서 물로 낙하한다고 가정하고 탱크로부터 물의 손실이 없다고 가정할 때 블록의 내부에너지 변화는?

답: −7570 J

P2.12 $C_v = 5$, $C_p = 7$ cal/gmol-K를 이용하여 다음을 풀어라.

(a) 100°C의 질소 5 mole이 단단한 용기 안에 있다. 만약 용기가 무시할 만큼의 열량을 가진다면 온도를 300°C로 올리기 위해 계에 얼마만큼의 열을 가하여야 하는가?

답: 5000 cal

(b) 만약 용기의 무게가 80 g이고 0.125 cal/g-K의 열용량을 가진다면 얼마만큼의 열이 필요한가?

답: 7000 cal

(c) 300°C의 질소 5 mole이 피스톤/실린더 장치 안에 있다. 피스톤과 실린더의 열용량을 무시한다면 100°C로 냉각시키기 위해 일정 압력인 이 계로부터 열을 얼마만큼 빼내야 하는가?

답: 7000 cal

P2.13 액화 수소가 든 단단한 실린더가 1 bar, 300 K에서 400 K로 가열된다. 가스에 얼마의 열을 추가하여야 하는가?

답: 2080 J/mole

P2.14 660°F에서 포화 증기가 정상상태 흐름공정에서 밸브를 통해 대기압으로 단열적으로 조절된다. 배출구의 증기 질(분율)을 계산하라.

답: $q = 0.96$

P2.15 엔탈피로의 운동에너지 변환에 대해 예제 2.10을 참고하라. 물 대신 1 bar, 298 K의 N_2가 배관 내에 흐르고 있다고 가정하자. 문제에 대한 답은 어떻게 변할 것인가? 특히 온도 변화는 얼마만큼 일어날까?

답: max~0.001 K

P2.16 150 bar, 600°C의 증기가 공정장치를 통해 100 bar, 700°C로 나온다. 장치 안과 밖으로의 일 흐름은 없으나 열은 이동한다.

(a) 수증기표를 사용하여 증기의 kg당 공정장치로의 열흐름을 계산하라.

답: 288 kJ/kg

(b) 같은 온도에서 이상기체 H^{ig}에 대응하는 입구 조건에서의 엔탈피 H^{in}의 값을 계산하라. 이상기체는 1 bar, 600°C에서의 증기로 고려하고 답을 이용하여 $(H^{in} - H^{ig})/RT^{in}$을 표현하라.

답: −0.305

P2.17 700 kg의 피스톤이 초기에 수직 실린더 위의 이동식 걸쇠에 의해 놓인 채 고정되어 있다. 실린더의 면적은 0.1 m^2이고 초기 실린더 내의 가스 부피는 10 bar에서 0.1 m^3이다. 작동유체는 이상기체 상태방정식에 따르는 것으로 본다. 실린더 전체 부피는 0.25 m^3이고 위쪽 끝은 1 bar의 주위 대기에 열려 있다.

(a) 걸쇠가 제거되고 실린더 내의 가스가 같은 온도로 항상 유지될 때, 피스톤이 실린더에서 마찰 없이 오른다고 가정하라. 이는 이상한 가정 같아 보이나 비교적 얻기 쉬운 근접한 결과를 가져다준다. 피스톤이 실린더를 떠날 때 피스톤의 속도를 구하라.

답: 13.8 m/s

(b) 피스톤이 올라가는 최대 높이는?

답: 9.6 m

(c) 실린더를 떠나기 바로 전의 피스톤 뒤쪽의 압력은?

답: 4 bar

(d) 전체 부피가 0.588 m^3만큼 실린더의 길이를 늘였다고 가정하면 피스톤에 새로 도달하는 높이는?

답: 13 m

(e) 실린더를 더 길게 함으로써 피스톤이 닿을 수 있는 최대 높이는?

답: 13 m

P2.18 테니스공 발사장치가 40 mph로 공을 던진다. 장치의 실린더 길이는 1 m이고 설치된 압축기는 적당 시간 내에 약 50 psig까지 이른다. 테니스공의 지름은 약 3in이고 무게는 0.125 lb_m이다. 압축된 장치 내에 필요한 초기 부피를 계산하라. [힌트: 테니스공은 수평으로 발사되며 마찰 없는 피스톤으로 취급될 수 있다. 반복해가 필요하더라도 당황할 필요는 없으며 $\ln(V_2/V_1) = \ln(1 + \Delta V/V_1)$의 관계를 사용한다.]

답: 390 cm^3

P2.19 700 kg의 피스톤이 초기 수평 실린더 내의 이동식 걸쇠에 의해 놓인 채 고정되어 있다. 완전히 마찰이 없는 실린더(기체로부터의 점성 소산은 없는 것으로 가정)의 면적은 0.1 m^2이고 피스톤의 왼쪽 기체 부피는 초기 8 bar의 압력에서 0.1 m^3이다. 피스톤 오른쪽의 압력은 초기 1 bar이고 전체 부피는 0.25 m^3이다. 작동유체는 이상기체 상태방정식을 따르는 것으로 가정한다. 피스톤 오른쪽에 닿는 최고 압력과 그 압력에서 피스톤의 위치는? (a) 등온이라 가정, (b) 압력이 동일할 때 피스톤의 운동에너지는 얼마인가

부분 답: 1.6 bars

2.20 연습문제

2.1 밀폐된 피스톤/실린더 안에 이상기체 ($C_p = 7R/2$) 1 mol이 다음과 같은 경로에 의해 $T^i = 100$ K, $P^i = 0.1$ MPa에서 $P^f = 0.7$ MPa까지 압축된다. (a) 등온, (b) 일정 부피, (c) 단열의 각 경로에 대해 ΔU, ΔH, Q, W_{EC}를 계산하라.

2.2 밀폐된 피스톤/실린더 안에 이상기체 ($C_p = 5\ R/2$) 1 mol이 다음과 같은 경로에 의해 $T^i = 500$ K, $P^i = 0.6$ MPa에서 $P^f = 0.1$ MPa까지 팽창된다. (a) 등온, (b) 일정 부피, (c) 단열의 각 경로에 대해 ΔU, ΔH, Q, W_{EC}를 계산하여라.

2.3 밀폐된 피스톤/실린더 안에 이상기체 ($C_p = 7R/2$) 1 mole이 다음과 같은 경로에 의해 $T^i = 700$ K, $P^i = 0.75$ MPa에서 $P^f = 0.1$ MPa까지 팽창된다. (a) 등온, (b) 일정부피, (c) 단열의 각 경로에 대해 ΔU, ΔH, Q, W_{EC}를 계산하라.

2.4 이상기체[열용량은 온도에 무관하며 $C_p = (7/2)\ R$, $Cv = (5/2)$ R] 3 mol이 수평의 피스톤/실린더 장치 안에 있다. 피스톤 면적은 0.1 m^2이고 질량은 500 g이다. 피스톤에서 초기 압력은 101 kPa이다. (a) 일정 압력, (b) 일정 부피에서 375°C로부터 275°C까지 기체를 냉각시키기 위해 열을 얼마나 빼내야 하는가?

2.5 0.8 Mpa, 250°C의 피스톤/실린더 장치에 메탄 1 kg이 있다. 메탄은 0.3 MPa까지 가역 등온 팽창하며 메탄을 이상기체로 간주할 때 얼마만큼의 열이 교환되는가?

2.6 25°C, 1 bar에서 액체의 $H = 0$이라는 기준상태를 사용하여 특정 용매의 T, U, H 표를 만들어라. (i) 25°C, 1 bar에서 액체, (ii) 1 bar에서 포화 액체, 즉 1 bar에서의 포화 증기, (iii) 110°C, 1 bar에서의 증기에 대해 표를 만들어라. 포화온도와 포화 압력에 관련된 Antoine식(부록 E)을 사용하여라. 기체상을 모델화하기 위해 이상기체 법칙을 사용하라.

(a) 벤젠
(b) 에탄올
(c) 수증기표를 사용하지 않는 물
(d) 수증기표를 사용하는 물

2.7 증기가 450°C, 3.5 MPa에서 150°C, 0.3 MPa로 상태 변화한다. 다음을 사용하여 ΔH, ΔU를 결정하라.

(a) 수증기표 자료
(b) 이상기체로 가정(물에 대한 이상기체 열용량을 확실히 사용하라.)

2.8 (a) 0°C 의 액상 물 3 kg을 0.1 MPa, 150°C의 증기로 변환시킬 때 필요한 엔탈피 변화는?
(b) 0.4MPa, 0°C에서 0.1 MPa, 150°C의 증기로 3 kg의 물을 가열할 때 필요한 엔탈피 변화는?
(c) 0.4 MPa, 4°C의 물 1 kg을 150°C, 0.4 MPa 의 증기로 가열할 때 필요한 엔탈피 변화는?
(d) 150°C의 물−수증기 혼합물 1 kg을 60% 분율의 혼합물로부터 80%로 변환시킬 때 필요한 엔탈피 변화는?
(e) 0.8 MPa, 250°C에서 포화 액체까지 증기의 등압 변화에 대한 ΔH값을 계산하라.
(f) 포화 액체로의 등온 변화에 대해 (e)를 계산하라.
(g) 230°C 포화 증기를 100°C, 0.05 MPa 상태로 상변화시킬 때 엔탈피는 증가하겠는가? 감소하겠는가? 부피의 증감은?
(h) 0.2 MPa, 120.21°C의 물은 어떤 상태에 있는가? 0.5 MPa, 151.83°C에서는 어떤 상태인가? 0.5MPa, 153°C에서는 어떤 상태인가?
(i) 1 MPa, 179.88°C의 물 1 kg을 담고 있는 0.15 m^3의 탱크는 몇 m^3의 액상 물을 가지겠는가? 이 같은 조건하에 5 kg의 물을 포함할 수 있는가?
(j) 6.8 MPa, 93°C의 물 2 kg이 1.6 bar, 250°C로 팽창될 때 부피 변화는?
(k) 0.75 MPa의 습한 수증기 10 kg이 22,000 kJ의 엔탈피를 가질 때 습한 수증기의 분율을 구하라.

2.9 400 K, 50 bar의 아르곤이 정상공정인 터빈을 통해 1 bar로 단열 가역 팽창된다. 몰당 얻은 일과 배출온도를 계산하라.

2.10 30°C, 2 MPa의 공기가 25 m/s의 속도로 수평배관에서 정상상태로 흐르고 있으며, 0.3 MPa로 압력을 낮추는 조름밸브를 지나간다. 밸브의 상류와 하류의 배관 지름은 동일하다. 기체의 배출온도와 속도는 얼마인가? 공기의 평균 분자량은 28.8이고 열용량이 온도에 무관한 ($C_p = 7R/2$) 이상기체로 가정한다.

2.11 왕복 압축기의 1행정으로부터 피스톤+실린더 내에서 헬륨이 298 K, 20 bar에서 200 bar로 등온, 가역적으로 압축된다. 각 행정에서 몰당 열 제거량과 일 요구량을 계산하라.

2.12 피스톤/실린더 장치에 1 kg의 증기가 있다. 다음의 상변화가 일어날 때 각 단계의 Q와 W를 계산하라.

(a) 초기 350 kPa, 250°C에서 일정 압력, 150°C로 냉각된다.
(b) 초기 350 kPa, 250°C에서 일정 부피, 150°C로 냉각된다.

2.13 어느 공장에서 오직 물만 포함하는 부분의 전체 수지는 3개의 유입구와 2개의 배출구를 이루고 있으며 전체 흐름은 정상상태를 이루고 있다. 유입구가 (1) 25°C, $\dot{m} = 54$ kg/min인 액체, (2) 1 MPa, 250°C, $\dot{m} = 35$ kg/min인 증기, (3) 0.15 MPa, 90%, $\dot{m} = 30$ kg/min인 습한 증기이다. 반면 유출구는 (1) 0.8 MPa, $\dot{m} = 65$ kg/min인 포화 증기, (2) 0.2 MPa, 300°C, $\dot{m} = 54$ kg/min인 과열 증기이다. 다양한 펌프와 다른 공정 장비들을 작동하기 위해 공장의 안쪽 부분에 2 kW의 일이 행해지고 있고 일로 얻어지는 것은 없다. 공장의 부분의 열적 상호작용은 무엇인가? 열이 추가되는가? 제거되는가?

2.14 증기 라인의 밸브는 일반적으로 연결되어 있으며 당신은 어떻게 그것들이 작동하는지 알아야 한다. 대부분의 밸브에서는 유체의 속도 변화가 무시할 만하다. 이 원리를 다음 문제를 푸는 데에 적용하라.

(a) 고압증기 배관의 압력 게이지가 80 bar의 절대압을 나타내고 있다. 그러나 온도의 측정은 배관 내에서 불가능하며 소량의 증기가 밸브를 통해 1 bar의 대기압으로 발산된다. 발산 흐름에 놓인 온도계는 400°C를 가리킨다. 고압 도관 내의 온도는 얼마인가?

(b) 증기 트랩은 응축물을 제거하기 위하여 흐름배관의 가장 낮은 지점에 사용되는 일반적인 공정장치이다. 증기 트랩을 사용함으로써 화학공정에 소위 건조증기, 예를 들어 응축물을 제거한 증기를 공급할 수 있다. 응축물의 형성은 공급배관에 열손실을 야기하기 때문에 액체는 트랩 밑으로 내려간다. 액체가 증기 트랩에 축적됨에 따라 부유장치를 이동시키는 원인이 된다. 부유장치는 밸브에 부착되어 있고 부유물이 조절밸브에 닿을 때 밸브는 축적된 액체를 방출하기 위해 열린다. 그리고 부유물이 다시 조절밸브로 돌아와 닫힌다. 대부분의 증기 트랩은 증기 트랩

밸브의 유입구가 열리고 닫힐 때 항상 포화 액체로 덮여 있는 방식으로 만들어진다. 1 bar(절대압)로 배출하고 배관이 7 bar(절대압)인 증기 트랩이라고 생각하자. 1 bar에서 증기 트랩에 존재하는 흐름의 분율은?

2.15 증기터빈이 500°C, 3.5 MPa과 200°C, 0.3 MPa 사이에서 작동하고 있다. 터빈이 750 kW를 발전시키고 열손실이 100 kW이라면 터빈을 통과하는 증기의 유속은 얼마인가?

2.16 500 bar, 500°C의 증기가 1 bar로 조름팽창된다. 팽창 후 증기의 온도는 어떻게 될까? 만약 증기가 이상기체, $C_p/R = 7/2$로 대치된다면 하부온도는?

2.17 550 kPa, 200°C에서 증기가 15 kg/min의 유속에서 200 kPa의 압력까지 조름밸브를 통하여 지나간다. 배출상태에서의 증기온도는? 밸브를 가로지르는 비내부에너지 변화($U^{out} - U^{in}$)는?

2.18 석탄의 초임계 추출의 부분으로 초기 진공인 실린더가 20 MPa, 400°C에서 사용 가능한 배관으로부터 공기가 공급된다. 충전된 직후 실린더 내의 온도는?

2.19 350 K, 0.5 MPa에서 큰 기체공급 배관이 잘 절연된 0.002 m^3의 탱크의 유입구에 연결되어 있다. 탱크는 300 K, 0.1 MPa이다. 두 밸브가 0.1 mol/min의 흐름에 신속하게 자동적으로 열려 교환된다. $C_p = 29.3$ J/mol-K인 이상기체로 기체를 모델화하고 시간의 함수에 따라 압력과 온도를 계산하라. 탱크가 정상상태의 값 5 K 범위 내에 있을 때까지 시간이 얼마나 걸리겠는가?

2.20 무시할 만한 열룡량과 1 m^3의 부피를 가지는 단열 탱크의 압력이 평형으로 유지될 때까지 증기로 채운 후 10 bar, 200°C의 증기를 가진 배관에 연결되었다. 배관으로부터 분리되고 난 후 탱크 내 증기의 양은? 그리고 조건이 다음과 같다면 온도는 얼마인가?

(a) 초기 탱크가 진공일 때
(b) 초기 탱크가 1 bar, 150°C의 증기를 담고 있을 때

2.21 0.1 m^3의 실린더가 초기에 300 K의 온도와 10 bar의 압력상태에 있다. 밸브를 열고 압력을 1 bar로 낮추어 실린더를 비웠다. 이 조작이 다음 각각의 조건에서 이루어졌을 때 실린더 내 기체의 온도와 몰수는 얼마인가?

(a) 등온적으로
(b) 단열적으로. 이때 실린더 벽과 기체 사이의 열전달은 무시한다.

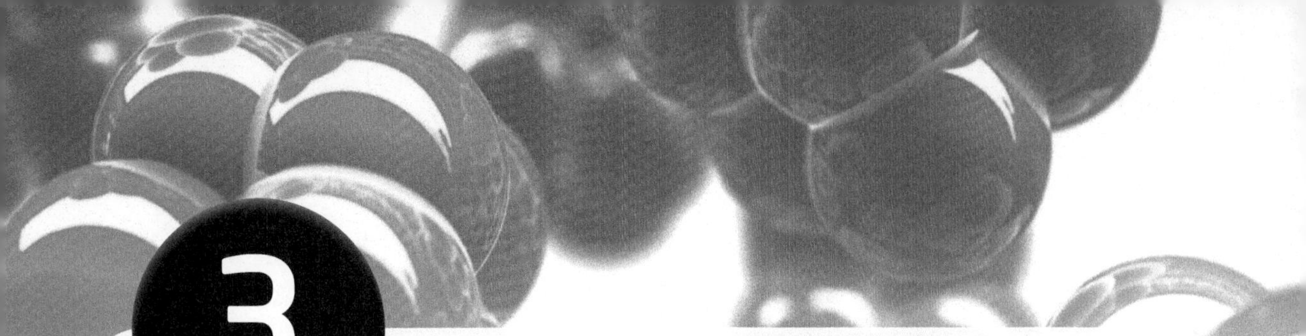

3
CHAPTER

복합계의 에너지 수지

이론은 그 전제가 단순할수록 더 인상적이며, 관련된 것의 종류가 다양해지고, 적용 가능한 영역이 넓어진다. 따라서 고전 열역학은 나에게 깊은 감동을 주었다.

Albert Einstein

각 계에 대한 에너지 수지의 이론을 확립하는 것은 복합계를 형성하기 위해 함께 작용하는 여러 개별 계 집합의 이론 확장을 수월하게 한다. 가장 단순하고 널리 알려진 예 중 하나는 열이 일로 전환하는 것을 추산하는 데 사용하는 벤치마크 시스템인 카르노 사이클이다. 첫 번째 법칙의 원리는 전체적인 관점에서 적용할 때 가장 효과적이다. 바꿔 말하면, 전체계에 대한 결론을 이끌어 내기 위해 개별적인 공정을 다룰 필요가 없다는 것이다. 복합계 또는 하부계를 현명하게 선택하는 것은 핵심 거동과 어디에 초점을 두어 더 나은 분석을 할 수 있을지에 대해 통찰할 수 있게 해 준다. 전체적인 관점에서 이를 이행하는 것은 종종 다중성분과 반응하는 계를 다루는 것을 요구한다. 예를 들어, 음식의 칼로리를 계산하기 위해서는 적어도 포도당, 산소, 이산화탄소, 물을 고려해야 한다. 이 단계에서 혼합물 물성을 정확히 계산하는 것은 불필요하지만, 혼합계의 현실성은 대략적으로 알아야 한다. 현실적인 영향을 설명하기 위해서 증류, 반응, 그리고 생물학적 계를 고려한다.

학습목표

1. 카르노 엔진과 카르노 열펌프 단계를 이해한다.
2. 사이클마다 투입되는 일과 열을 계산하기 위해 사이클 분석을 할 수 있다.
3. 증류계에서 일정 몰 넘침(constant molar overflow) 개념을 적용할 수 있다.
4. 이상기체 혼합물과 이상혼합물 개념을 에너지 수지에 적용할 수 있다.
5. 단일, 다중 반응에 대한 화학량론 수를 이용해 적절히 주어진 공급에 대한 반응 좌표를 이용하여 반응계에 대해 몰수지를 적용할 수 있다.

6. 특정 온도에서의 표준 반응열을 적절히 결정할 수 있다.
7. 반응계에 에너지 수지를 적절히 사용할 수 있다.

3.1 열 엔진과 열펌프 – 카르노 사이클

이 절에서 열이 일로 변하는 방법으로 카르노 사이클을 설명할 것이다. 많은 동력 플랜트는 열에서 일을 생산하는 것을 이용하는 동일한 일반 원칙으로 작동한다. 동력 플랜트에서 열은 일반적으로 석탄, 천연가스 또는 원자력 에너지로부터 생성된다. 그러나 오직 이 에너지의 일부만이 전기를 생산할 수 있으며, 카르노 사이클 분석이 그 한계를 이해하는 데 도움이 된다. 그 분석을 시작하기 전에, 열에서 알짜일이 생산되는 비율인 **열효율**을 기호 η_θ로 정의하자.

❶ 열효율

$$\eta_\theta \equiv \frac{-\dot{W}_{S,net}}{\dot{Q}_H} \equiv \frac{\text{work ouput}}{\text{heat input}} \quad \text{〈식 3.1〉}$$

우리는 열효율을 가능한 한 크게 만들고자 한다. 다음 장에서 2개의 등온 저장조 사이에서 엔진이 동작할 때, 카르노 엔진이 가장 높은 열효율을 가진다는 것을 증명할 것이다. 열효율의 최대화는 1, 2단원 전체를 걸친 설계 목표이다. 우리는 분석에 지식을 하나씩 추가할 때마다 열효율을 다시 고려한다. 4장의 엔트로피 개념은 이용 가능한 표, 차트와 같이 이상기체로부터 증기 또는 다른 유체를 일반화하는 것을 도와줄 것이다. 5장의 전통적인 열역학 계산법은 어떤 주제에 대해서든 일반화하도록 도와주고, 6~9장에서 우리만의 표와 차트를 만드는 것을 도와줄 것이다. 많은 상황에서 열효율을 구하는 것은 어떤 엔지니어든지 가져야만 하는 기술이다. 화학공학은 넓은 범위의 '화학'을 포괄한다.

카르노 엔진

❶ 카르노 사이클은 열기관을 구성하는 하나의 방법이다.

Nicolas Leonard Sadi Carnot (1796~1832)는 열로부터 일의 최대 전환을 설명하는 카르노 사이클을 개발한 프랑스 과학자이다.

카르노 사이클은 Sadi Carnot가 열을 일로 전환하는 경로로 생각해 낸 것이다. 앞 장에서 가역 등온, 단열공정에서 에너지 수지를 세우고 일을 계산했다. 카르노 엔진은 가역등온공정과 가역단열공정으로 구성된다. 그림 3.1에 나타난 것과 같이 뜨겁고 차가운 두 저장조 부근의 피스톤을 고려해 보자. 공정의 한 단계 동안에 뜨거운 저장조로부터 열이 전달되고 또 다른 단계 동안에 차가운 저장조로 열이 전달될 수 있도록 피스톤의 단열재를 제거할 수 있다. Carnot는 이 순환과정이 *P-V* 선도에 나타낸 점 *a*에서 시작하는 단계로 되어 있음을 인식하였다. 점 *a*와 *b* 사이에서는 기체가 뜨거운 저장조로부터 열을 흡수하면서 등온 팽창한다. 점 *b*에서 *c*까지는 기체가 단열 팽창을 한다. 또 점 *c*에서 점 *d*까지는 기체가 등온 압축을 하며 차가운 저장조에 열을 방출한다. 점 *d*에서 점 *a*까지는 기체가 단열 압축을 하며 초기상태로 돌아가게 된다.

피스톤 내부의 기체에 대한 에너지 수지를 생각해 보자. 이 공정이 주기적이고 초기상태로 돌아가기 때문에, 전체적인 U의 변화는 0이다. 계가 닫혀 있으므로 포함되는 일흐름도 없다. 기체에 대하여 수행되는 일 $W_{EC} = \int PdV$은 각 단계에서 축에 한 일량과 대기에 행해진 팽창/수

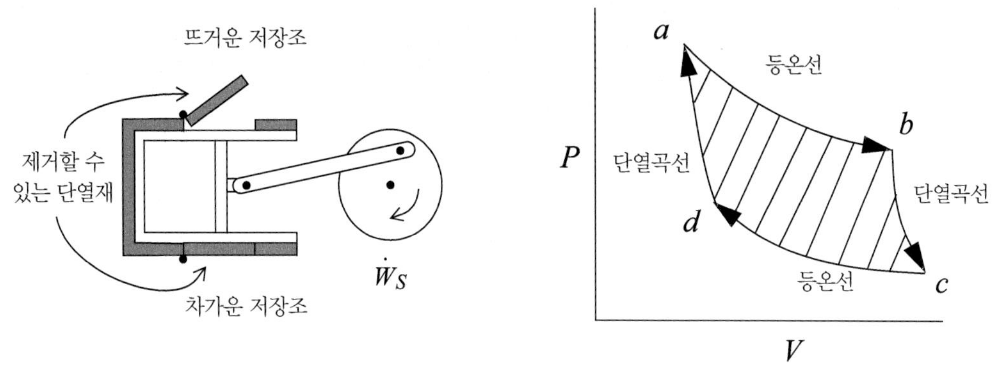

그림 3.1 • 카르노 엔진과 기체를 공정유체로 사용했을 때의 카르노 *P-V* 순환과정

축 일량의 합과 같다. 전체 사이클에 대한 일 항의 합에 의해 대기 중의 완전한 한 주기의 알짜 일량은 0이 되는데, 이는 알짜 대기 부피 변화가 0이기 때문이다. 그러므로 *P-V* 선도에서 음영 처리된 부분으로 나타난 일은 축에 전달된 유용한 일을 나타낸다.

$$\Delta\left[m\left(\cancel{U}+\cancel{\frac{v^2}{2g_c}}+\cancel{\frac{gz}{g_c}}\right)\right] = \underline{Q}_H+\underline{Q}_C+\cancel{\underline{W}_{EC,\,net}}+\underline{W}_{S,\,net} \qquad \langle 식\ 3.2\rangle$$

$$\eta_\theta = \frac{-\underline{W}_{S,\,net}}{\underline{Q}_H} = 1+\frac{\underline{Q}_C}{\underline{Q}_H} \qquad \langle 식\ 3.3\rangle$$

$$\eta_\theta = \frac{-\underline{W}_{S,\,net}}{\underline{Q}_H} = 1+\frac{\underline{Q}_C}{\underline{Q}_H} \qquad \langle 식\ 3.4\rangle$$

그림 3.1에서 음영 처리된 영역으로부터 $-\underline{W}_{S,\,net} > 0$인 것을 볼 수 있다. 그러므로 $\underline{Q}_H > 0$ 이고 $\underline{Q}_C < 0$이므로 $|\underline{Q}_H| > |\underline{Q}_C|$이다. 비율 $\underline{Q}_C/\underline{Q}_H$은 음수이며, η을 최대화하기 위해선 $\underline{Q}_C$를 가능한 작게 만들어야 한다.

공정의 여러 단계에서 전달된 열과 수행된 일이 표 3.1에 요약되어 있다. 이 계산을 위해 우리는 피스톤 안의 기체가 이상기체 법칙을 따르며 열용량은 온도에 독립적이라고 가정한다. 계 내의 가역적인 변화를 계산하는데, 기체 내의 온도와 속도구배를 무시한다(또는 이러한 구배가 발생하지 않도록 아주 느린 공정을 수행한다고 가정한다).

단열공정 **b** → **c**와 **d** → **a**를 비교할 때, 일의 항은 반드시 같아야 하고 부호는 반대여야 하는데 이는 온도 변화가 반대로 일어나기 때문이다. 단열공정에서의 온도 변화는 식 2.63의 부피 변화와 관련이 있다. 이 식에서 온도비가 반대로 되면 부피비도 반대로 된다. 그러므로 두 단열단계에 대해서 $V_b/V_a = V_c/V_d$ 이다. 등온단계에서 이 공식의 비를 이용하면, 열흐름의 비는 다음과 같이 된다.

$$\boxed{\frac{\underline{Q}_C}{\underline{Q}_H} = \frac{nRT_C\ln(V_d/V_c)}{nRT_H\ln(V_b/V_a)} = \frac{-T_C}{T_H}} \qquad \langle 식\ 3.5\rangle$$

표 3.1 • 이상기체에 대한 카르노 순환과정의 설명[a]

Step	Type	Q	W	
a → b	등온선	$\underline{Q}_H = nRT_H \ln\frac{V_b}{V_a} > 0$	$-\underline{Q}_H = -nRT_H \ln\frac{V_b}{V_a} < 0$	〈식 ig〉
b → c	단열곡선	0	$\Delta U = nC_V(T_C - T_H) < 0$	〈식* ig〉
c → d	등온선	$\underline{Q}_C = nRT_C \ln\frac{V_d}{V_c} < 0$	$-\underline{Q}_C = -nRT_C \ln\frac{V_d}{V_c} > 0$	〈식 ig〉
d → a	단열곡선	0	$\Delta U = nC_V(T_H - T_C) > 0$	〈식* ig〉

a 여기에서 카르노 순환과정에 대한 계산은 이상기체를 작동유체로 한 경우이다. 작동유체가 반드시 이상기체일 필요는 없지만, 이는 계산을 단순화해 준다.

주의: 여기에서의 온도 T_H와 T_C는 기체의 뜨겁고 차가운 온도를 말하는데, 카르노 엔진이 가역적이기 위해서 이 온도들이 저장조의 온도와 동일해야 하는 것은 아니다. 4장에서 이 온도들이 저장조 온도와 동일하게 된다면 일이 최대화된다는 것을 보게 될 것이다.

이 열흐름에 대한 비를 식 3.4에 대입하면 **열효율**이 된다.

$$\eta_\theta \equiv -\frac{\dot{W}_{S,net}}{\dot{\underline{Q}}_H} = 1 + \frac{\underline{Q}_C}{\underline{Q}_H} = 1 - \frac{T_C}{T_H} = \frac{T_H - T_C}{T_H} \qquad \text{〈식 3.6〉}$$

❗ 열기관의 효율은 기관의 최고와 최저 작동 온도에 의해서 결정된다.

식 3.6을 적용할 때에는 반드시 절대온도를 사용해야 한다. 마지막 항의 분자에서 뺄셈에 의해 한 항에서의 273.15(단위 K)는 다른 항에 의해 소거되므로 이때의 절대온도 환산은 건너뛸 수 있다. 분모에선 이와 같은 소거는 없다.

식 3.6은 뜨거운 저장조의 온도가 무한대로 되거나 차가운 저장조의 온도가 0 K에 도달하지 않고서는 $\eta_\theta = 1$이 될 수 없다는 것을 나타낸다. 그런 저장조의 온도를 실제로 적용하기는 현실적으로 불가능하다. 실제공정은 전형적으로 용광로(furnace)의 온도와 차가운 물 온도 사이에서 운전된다. 전형적인 동력 플랜트 순환과정은 작동유체로 증기를 사용하는 것을 기반으로 하는데, 뜨거운 저장조의 온도는 거의 900 K이고 차가운 저장조의 온도는 300 K 정도이다. 따라서 이 공정의 최대 열효율은 이론적으로 67%에 근접한다. 대부분의 실제 동력 플랜트는 공정이 안고 있는 본질적인 비효율성 때문에 열효율이 30~40% 정도이다.

열기관에 대한 관점

카르노 사이클은 열흐름이 일로 변환되는 공정에 대한 빠르고 편한 지침을 제공한다. 4장에서 현실적인 온도에서 따뜻한 저장조로부터의 열흐름이 일로 모두 전환되는 것은 불가능하다는 인상적인 결론을 증명할 것이다. 전체적인 관점에서 카르노 엔진의 세부단계는 무시될 수 있다. 일의 양은 식 3.6으로 주어진다. 들어오고 나가는 열, 그리고 그 차이에 대한 상태를 알짜 일로 간단히 할 수 있다. 이 상황이 그림 3.2(a)에 나타나 있다. 다른 관점으로, 유한한 온도

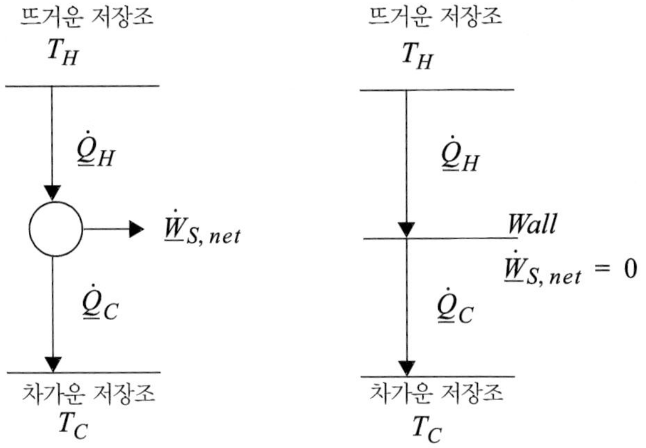

그림 3.2 • 비가역 비용 (a) 가역적인 열기관에 대한 전체적인 에너지 수지 관점, (b) 열기관이 없을 때 온도구배에서 생성되지 않는 일, $\underline{Q}_H = \underline{Q}_C$

구배를 가진 어떤 공정이든 일을 생산할 것이다. 만약 그렇지 않다면 그것은 비가역적이고 '낭비'이다. 이 상황이 그림 3.2(b)에 나타나 있다. 이는 구배와 비가역성에 대해서 이전 상태와 비슷하지만, 식 3.6은 온도 차이와 가능한 가역적인 일 사이에 정량적인 연결을 확립한다.

4장에서 카르노 열효율이 열흐름을 이용해 열을 생산하는 어떠한 공정이 도달할 수 있는 상한 열효율과 같다는 것을 설명할 것이다. 반면에, 모든 엔진이 열기관이어야 하는 것은 아니다. 예를 들어 연료전지도 가솔린의 화학에너지를 전기로 바꿀 수 있고 그 전기를 모터의 동력으로 쓸 수도 있다. 연료전지는 에너지 근원으로서 열에 의존하지 않기 때문에 카르노 사이클의 제약에 얽매이지 않는다. 또한 모든 엔진이 일정한 온도 저장조 사이에 작동하는 것이 아니므로, 카르노 사이클과 직접 비교하는 것도 불가능하다.

카르노 열펌프

카르노 사이클에서 모든 단계가 반대로 일어난다고 가정해 보자. 모든 상태 변수는 동일하겠지만 열과 일 흐름은 부호가 바뀔 것이다. 일이 생성되는 대신에 공정은 일을 필요로 할 것이며, 차가운 저장조로부터 열의 흡수가 일어나고 따뜻한 저장조로 열이 방출될 것이다. 카르노 열펌프는 관심 있는 시스템이 열펌프의 차가운 쪽인지 따뜻한 쪽인지에 따라 냉장고/냉동기 또는 히터로 사용될 수 있다. 냉동 시스템의 목표는 차가운 지역의 열을 제거하고 그것을 따뜻한 주위로 방출하는 것이다. 열펌프는 가정 난방을 위해 구입할 수 있는데, 난방 모드에서 열펌프는 차가운 밖으로부터 열을 끌어내어 따뜻한 집 안으로 퍼 올려 준다.

❗ 카르노 열펌프는 열기관을 반대 방향으로 진행한 결과이다.

카르노 열펌프는 차가운 저장조로부터 열을 전달하기 위해서 가능한 모든 공정에 대한 최소한의 일이 필요하다. **성능계수**인 COP는 차가운 저장조로부터 열전달과 이때 필요한 일의 비이다. COP는 열효율의 거울상으로 제I부와 제II부에 다시 나타나 있다. 우리는 가능한 적은 일로 냉각장치를 차갑게 하는 것을 목표로 할 때 COP를 최대화하고자 한다.

$$COP \equiv \frac{\dot{\underline{Q}}_C}{\dot{\underline{W}}_{S,net}}$$ 〈식 3.7〉

식 3.5의 부피가 반대로 되면 식은 다음과 같이 된다.

$$\frac{\underline{Q}_C}{\underline{Q}_H} = \frac{nRT_C\ln(V_c/V_d)}{nRT_H\ln(V_a/V_b)} = \frac{-T_C}{T_H}$$ 〈식 3.8〉

식 3.3를 적용하면 COP는 다음과 같이 주어진다.

$$\frac{\dot{\underline{W}}_{S,net}}{\dot{\underline{Q}}_C} = -\left(1+\frac{\dot{\underline{Q}}_H}{\dot{\underline{Q}}_C}\right) = \left(\frac{T_H}{T_C}-1\right),$$

$$COP \equiv \frac{\dot{\underline{Q}}_C}{\dot{\underline{W}}_{S,net}} = \left(\frac{T_H}{T_C}-1\right)^{-1} = \frac{T_C}{T_H-T_C}$$ 〈식 3.9〉

성능계수

예제 3.1 가정용 열펌프 분석

가족들이 당신의 난로를 열펌프로 교체하는 것을 고려한다고 가정하자. 차가운 바깥온도로부터 내부온도로 열을 '펌프'하기 위해서 일은 필수적이다. 당신이 희망할 수 있는 최고의 방법은 열펌프가 따뜻한 열원(여기에서는 외부)과 열 흡수원(내부) 사이에 가역적으로 동작하는 것이다. 겨울 평균기온은 4°C이고, 건물의 온도는 21°C를 유지한다. 열전달을 위해 외부와 내부에 연결된 코일의 해당 크기에서, 코일 내부의 유체와 공기 사이의 온도 차이는 5°C이다. 우리는 일반적으로 이를 **근접 온도**로 참조한다. 연료가 연소하며 직접 열을 내는 일반적인 난방장치와 경쟁할 열펌프에 쓰이는 최대 전기료($/kW-h)는 얼마가 될 것인가? 연료의 가격은 10^9 J 당 7.00달러이며, 전기는 kW-h당 0.10달러이다. 에너지 비용만을 고려하라.

풀이

카르노 열펌프 COP 식 3.9에 의해

$$\dot{\underline{W}}_{S,net} = \dot{\underline{Q}}_C\left(\frac{T_H}{T_C}-1\right) = \dot{\underline{Q}}_H\left(\frac{-T_C}{T_H}\right)\left(\frac{T_H}{T_C}-1\right) = \dot{\underline{Q}}_H\left(\frac{T_C-T_H}{T_H}\right)$$

$$\dot{\underline{W}}_{S,net} = \dot{\underline{Q}}_H\frac{(-1-26)}{(26+273.15)} = -\frac{27}{299.15}\dot{\underline{Q}}_H$$

$\dot{\underline{Q}}_H$는 요구되는 열로 단위는 kW이다. 열펌프의 운전비용은 $(0.09)\cdot\dot{\underline{Q}}_H\cdot(\theta\ h)\cdot[x\ \$/\text{kW-h}]$이며, 여기에서 θ는 임의의 시간이고 x는 비용이다.

직접 가열 운전비용은 $\dot{Q}_H \cdot(3600 \text{ s/h})\cdot(\theta \text{ h})\cdot(\$7/10^6 \text{ kJ})$이다.
열펌프 운전 비교를 위한 최대 전기료를 계산하기 위해 손익분기점에서 열펌프 비용 = 직접 가열비용이라고 하자.

$$\Rightarrow(0.09)\cdot\dot{Q}_H\cdot(\theta \text{ h})\cdot[x \text{ \$/kW-h}]=\dot{Q}_H\cdot(3600 \text{ s/h})\cdot(\theta \text{ h})\cdot(\$7/10^6 \text{ kJ}) \qquad x=\$0.28/\text{kW-h}$$

실제 전기료가 $0.10/kW-h로 주어졌으므로, 가역적이고 고장이 나지 않는다면 열펌프는 사용할 가치가 있다. (비록 열펌프가 더 복잡하지만 이 분석에서는 구매, 설치 그리고 유지비용은 같다고 가정하였다.)

3.2 증류탑

대략 80%의 분리가 증류에 의해 수행되며, 세계적인 화학공정 산업에 관련된 에너지의 상당 부분이 증류에 쓰인다. 왜 반응기보다 증류탑이 더 필요하겠는가? 반응기는 100% 전환이 거의 이루어지지 않으며, 100% 순도의 단일 생산물을 생산하기도 어렵다. 주된 반응의 부산물이 존재할 수도 있고 용매가 반응 매체가 될 수도 있다. 추가적으로 최소화할 수 있지만 제거는 할 수 없는 부반응이 존재할 수도 있다. 전체적으로 반응기의 유출물은 거의 항상 다양한 성분을 포함하고 있다. 따라서 생산물이 공정에서 나가거나 재순환되기 전에 고순도로 분리할 필요가 있다.

증류의 분석은 보다 철학적인 이유에서도 중요하다. 보통의 단일 운전은 질량과 에너지 수지, 열 및 물질전달, 그리고 상분리를 포함한다. 일반적으로 화학공학에 이러한 종류의 분석이 널리 퍼져 있다. 중요하게 고려할 점은 모델 방정식에 이르게 하는 사고과정이다. 사고과정은 어떠한 복잡한 계에도 적용할 수 있다. 우리는 증류 분석을 통해 나아감으로써 어떻게 다른 시스템에 대해 유사한 근사를 전개할 수 있을지 상상해 볼 수 있다. 모든 유도에서 다음 단계를 예상하는 것에 도전해 보라. 마지막 분석에서 복잡한 현상에 대해 간단한 모델을 세우는 기술은 다른 사람에 의해 세워진 모델 방정식을 암기하는 것보다 훨씬 가치 있을 것이다.

10.6절에서 증류의 상평형 양상을 설명할 것이다. 여러분은 그 절을 당장 훑어 보고 싶을 수 있다. 간단하게 말하면, 끓는점이 가장 낮은 부분은 탑의 위쪽으로 상승하고 가장 높은 끓는점을 가진 부분은 바닥으로 흘러내려 간다. 이 절에서의 초점은 증류의 질량과 에너지 수지에 맞춰져 있다. 증류탑을 검사하는 일반적인 모델을 **일정 몰 넘침**(constant molar overflow)이라고 부른다. 이 모델에서 혼합물의 실제 기화 엔탈피는 평균 기화 엔탈피로부터 나타나며, 평균 기화 엔탈피 $\Delta H^{vap} = (\Delta H_1^{vap} + \Delta H_2^{vap})/2$ 계산은 조성에 독립적이라고 가정할 수 있다. 또한 모든 포화 액체 흐름의 엔탈피는 동일하고, 모든 포화 증기 흐름의 엔탈피도 동일하다고 고려한다. 이 가정은 극단적으로 보일 수 있지만 이 모델은 핵심 운전 조건의 훌륭한 개요를 제공한다.

하나의 공급이 있는 탑에 대한 일정 몰 넘침 모델에서 탑은 그림 3.3에 보이는 것과 같이 5

개의 부분으로 나타낼 수 있다. 공급을 하는 공급부(feed), 공급 영역 위쪽의 **정류부**(rectifying)가 있고, 정류부 위쪽에 응축기가 있다. 응축기는 증기를 응축하여 환류(reflux)로 응축액 일부를 반환한다. **환류** L_R은 단(tray)에 액체가 남아 있게 하여 조성이 높아지도록 하는 기-액 상분리가 일어나도록 유도한다. 공급부 아래에 **탈거부**(stripping)가 있으며, 탑 아래로 흘러내려 오는 액체로부터 증기를 만들도록 하는 **되끓이개**(재비기, reboiler)가 있다.

되끓이개로 열이 더해지는 탑의 바닥에서 생성된 증기는 응축기에 도달할 때까지 탑 위로 올라간다. 되끓이개에 요구되는 열을 **가열부하**(heating duty)라고 한다. **B**는 **기저액**(bottoms) 또는 **탑 밑 생성물**(bottoms product)이라고 부른다. 비율 V_s/B은 **비등비**(boilup ratio)라고 부른다. 되끓이개에 요구되는 에너지는 **재가열부하**(reboiler duty)로 알려졌으며 이는 그림에서와 같이 생성된 증기의 몰수와 직접적으로 비례한다.

그림 3.3(a)는 탑의 꼭대기에서 기체가 모두 응축되는 **최종 응축기**를 보여 준다. 응축기를 떠나는 액체 유속은 $V_R = (L_R + D)$가 된다. D는 **탑 위 생성물**(overhead product) 또는 **증류액**(distillate)이라고 한다. $\boldsymbol{L_R}$은 **환류**이다. 환류의 비율은 **환류비** $R = L_R/D$로 특정된다. 또한 **부분응축기**는 (b)에 보이는 것과 같이 사용될 수 있고, 탑상 제품은 증기로 방출되며 응축된 부분은 환류가 된다. 응축기에 필요한 냉각량은 **응축부하**(condenser duty)라고 하며 이는 그림에 보이는 것과 같이 응축기가 최종인지 부분인지에 따라 달라진다.

탑의 정류부와 탈거부는 액체 보존 및 기체의 접촉을 위해 **충진**(packing) 또는 **단**(tray)을 가지고 있다. 단은 그림 3.3(c)에 나타난 것과 같이 쉽게 소개할 수 있다. 정상상태에서 각 단은 액체를 잡아 두고 증기가 액체 위쪽을 향해 흐르도록 한다. 단은 구멍이 뚫린 단(체판, sieve trays), 포종(bubble cap) 또는 밸브(valve trays)로 제작할 수 있다. 그림에 그려져 있는 포종은 파이프의 짧은 부분과 짧은 컵을 뒤집어 놓은 '종'으로 나타나 있다. 종의 측면에는 가는 틈

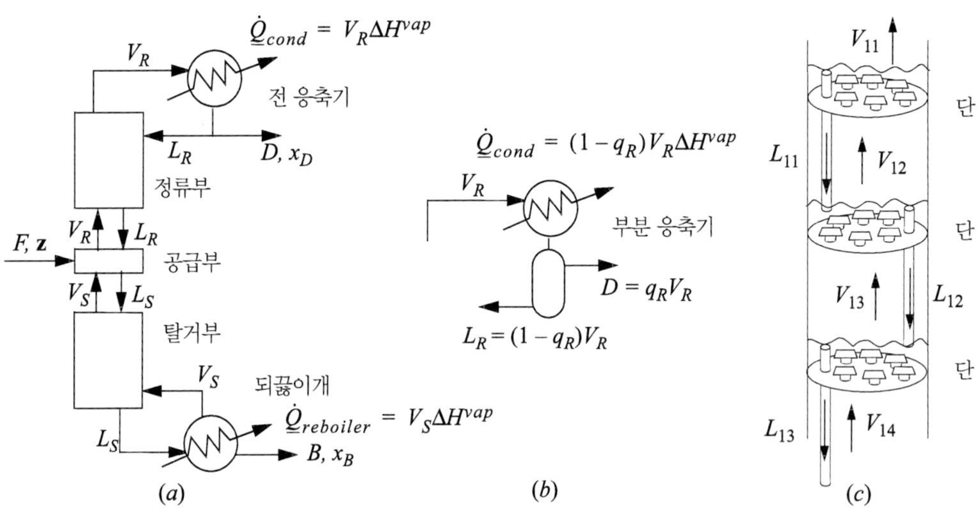

그림 3.3 • (a) 최종 응축기가 있는 증류탑의 전체 개요도가 증류탑의 다섯 부분과 통상적으로 쓰는 칭호를 보여 주고 있다. (b) 부분 응축기, (c) 액위 유지에 사용되는 하강관이 있는 포종단의 액위 개요도

(그림엔 보이지 않음)이 있으며, 포종들은 간격을 두고 있어 증기가 파이프를 통해 위쪽으로 흘러서 cap의 틈을 통해 바깥으로 나올 수 있도록 한다. **하강관**은 그림에 나타난 것과 같이 단의 표면 위로 확장된 간단한 관으로 단 위의 액위를 조절한다. 그리고 이상적인 탑에서 각 단은 분리단을 형성한다. 다양한 단계를 이용함으로써 분리는 더 잘 일어난다. 포개져 있는 단에서 낮은 단계의 액체가 끓은 증기의 다음 단계로 올라간다. 정상상태에서 흐름 V_S와 V_R은 다른 말이 없는 한 포화 증기라고 가정한다. 흐름 B, L_S, L_R도 다른 말이 없는 한 포화 액체라고 가정한다. D는 응축기가 최종인지 또는 부분인지 여부에 따라 포화 액체 또는 증기로 각각 가정한다. **일정 몰 넘침** 모델에 따라 정상상태에서 모든 내부 흐름이 포화상태이므로 정류부와 탈거부의 증기와 액체 유속은 상수이다. 그리고 변화는 오직 공급부에서 일어나며 이는 공급부 주위의 물질 및 에너지 수지에 의해 결정된다.

대학 화학공학 실험실에서 가장 도전적인 일 중 하나는 운전이 개시되는 동안 증류탑의 역학을 설명하는 것이다. 학생들은 전체 증류탑이 운전을 시작하면 곧 되끓이개에 열이 공급될 것이라고 가정하는 경향이 있다. 그러나 탑의 운전이 시작되는 동안 탑 부분의 내부 흐름은 일정하지 않다. 끓는 증기가 탑의 하나의 단에서 나와 다른 단으로 들어갈 때 열도 하나의 단 위로 이동한다. 그림 3.3(c)를 고려해 보자. 단 12가 끓기 시작할 때, 상승하는 증기는 바로 위의 단 11의 차가운 액체와 차가운 탑에 의해 즉시 응축된다. 이론적으로, 위쪽의 단 11을 떠나는 증기 흐름 V_{11}은 탑과 단 위의 액체가 단 11에 있는 액체의 포화온도에 도달할 때까지 0에 근사하게 된다. 단 11에 도달한 증기가 응축되고 잠열을 방출하게 되면, 단 11은 따뜻해지기 시작한다. 응축된 증기는 액체를 생성해 내어 단 11의 과냉각 액체를 넘치게 해 단 12로 다시 내려보낸다. 아래쪽 단 12는 연속적으로 끓지만 차가운 하강 액체가 증기 비율 V_{12}를 V_{13}보다 작게 만든다. 단 12는 포화상태에 머무르므로 지속적으로 끓기에 적절한 온도를 유지한다. 마지막으로, 단 11이 끓기 시작하면 단 10에 대해서 이 과정이 반복되는 식으로 공정이 계속해서 진행된다.

이 소개는 자세한 증류의 모든 세부적인 것과 에너지 수지에 대한 설명을 하려고 한 것은 아니지만, 가장 중요한 정성적 거동을 추론하기엔 충분하다. 가능한 추론의 종류에 대한 예시가 예제 3.2에 주어졌다. 연습문제 3.1에 정상상태 증류와 관련된 추가적인 연습문제가 제공된다.

예제 3.2 증류탑의 시작

메탄올 + 물에 대해 특정한 포종탑(bubble cap distillation column)이 바닥부터 꼭대기까지 12개의 단을 가진다. 각 단은 4 kg의 재료로 구성되어 있고 1 kg의 액체를 받칠 수 있다. 단 재료의 열용량은 6 J/g-K이고, 액체의 열용량은 84 J/mol-K = 3.4 J/g-K이다. 운전을 시작하는 동안 공급은 꺼져 있다. 대략 15분 후에 되끓이개가 켜지고, 단 12가 끓기 시작하며 단 11의 온도가 상승하기 시작한다. 되끓이개의 재가열부하는 6 kW이고 열손실은 무시한다. 단 11은

25°C에서 시작하고 액체와 단 재료의 온도는 운전이 시작되는 동안 같다고 가정한다. 단 11에 저장되어 있는 액체는 운전 개시 동안 일정하다고 가정한다.

(a) 처음부터 단 11이 70°C로 끓을 때까지 온도 대 시간에 관한 표와 그래프를 나타내라.

(b) 시간에 대한 함수인 증기 흐름 V_{12}를 그래프로 나타내라.

풀이

(a) 첫 번째로 단 11이 과냉각되었으므로 $V_{11} = 0$이다. 단 11로 흘러내려 오는 액체는 없다. $F = 0$이고 비록 냉각수가 흐르고 있다 하더라도 아직 응축되는 증기가 없으므로($L_R = 0$), $L_{10} = 0$이다.

단 11에 대한 물질수지는 다음과 같다(운전이 시작되는 동안 아래로부터 올라오는 모든 증기는 응축된다. $V_{11} = 0$, $L_{10} = 0$).

$$V_{12} = L_{11} \qquad \langle 식\ 3.10\rangle$$

단 11 + 단 12 주위 경계의 물질수지는 다음과 같다(운전 시작 동안 $V_{11} = 0$, $L_{10} = 0$).

$$V_{13} = L_{12} \qquad \langle 식\ 3.11\rangle$$

단 11은 운전이 시작되는 동안 과냉각된 상태이고 $T_{11} = 70$이 될 때까지 따뜻해진다.

$$H_{11} = H^L + C_P(T_{11} - T_{11}^{sat}) = H^L + C_P^L(T_{11} - 70) \qquad \langle 식\ 3.12\rangle$$

운전이 시작되는 동안 단 11의 에너지 수지는 다음과 같다(일 = 0, 직접적인 열의 공급 = 0, 뜨거운 증기 흐름으로부터 에너지 주입, 열손실 무시).

$$(m_{mat}C_P^{mat} + m_{11}C_p^L)\frac{dT_{11}}{dt} = V_{12}H^V - L_{11}H_{11} = V_{12}(\Delta H^{vap} - C_p^L(T_{11} - 70)) \qquad \langle 식\ 3.13\rangle$$

식 3.13의 마지막 등호식에 식 3.10을 대입하면 식 3.12가 된다.

단 12의 에너지 수지(일정 온도에서)는 다음과 같이 주어진다.

$$0 = V_{13}H^V + L_{11}H_{11} - V_{12}H^V - L_{12}H^L \qquad \langle 식\ 3.14\rangle$$

H_{11}, L_{11}, L_{12}를 소거하기 위해 각각 식 3.12, 3.10, 3.11을 사용한다.

$$\begin{aligned} 0 &= V_{13}H^V + V_{12}H^L + V_{12}C_p^L(T_{11} - 70) - V_{12}H^V - V_{13}H^L \\ &= V_{13}\Delta H^{vap} - V_{12}\Delta H^{vap} + V_{12}C_p^L(T_{11} - 70) \end{aligned} \qquad \langle 식\ 3.15\rangle$$

$$V_{12} = \frac{V_{13}\Delta H^{vap}}{\Delta H^{vap} - C_p^L(T_{11} - 70)} \qquad \langle 식\ 3.16\rangle$$

식 3.15를 식 3.13에 대입하면 단 13 아래 일정한 증기 유속을 알 수 있다.

$$(m_{mat}C_P^{mat} + m_{11}C_p^L)\frac{dT_{11}}{dt} = V_{13}\Delta H^{vap} = V_S\Delta H^{vap} = Q_{reboiler} \qquad \langle 식\ 3.17\rangle$$

'*mat*'은 탑의 재질을 나타낸다. 문제에서 주어진 상태값을 대입하면 다음과 같이 된다.

6000 J/s = (4000 g (6 J/g-K) + 1000(3.4))dT_{11}/dt => dT_{11}/dt = 13.1 C/min 〈식 3.18〉

단이 포화온도에 도달하기까지 약 (70 − 25)/13.1 = 3.4분이 필요하다. 이 그래프는 다음에 나타나 있다.

(b) 증기 흐름은 T_{11} = 25 + 13.1(t − 15)를 이용한 식 3.13으로 주어진다. 평균 기화열은 (40.7 + 35/3)/2 = 38 kJ/mol이다. 15분과 18.4분 사이에서 유속(mol/min)은 다음과 같다.

$$V_{12} = \frac{6000(60)}{38000 - 84(13.1(t-15)-45)} \qquad \langle 식\ 3.19 \rangle$$

불완전한 혼합 또는 온도 프로파일 가장자리 주위에서 우회하는 열(응축되지 않은 증기)과 같은 세부적인 것들을 무시한 것을 기억하라.

t(min)	T(C)
0	25
15	25
18.4	70
20	70

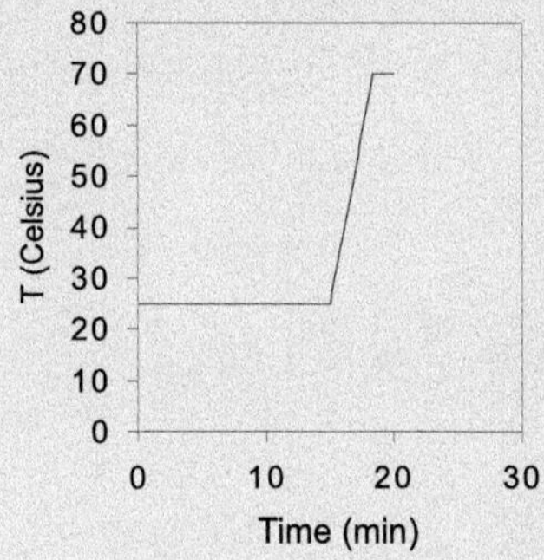

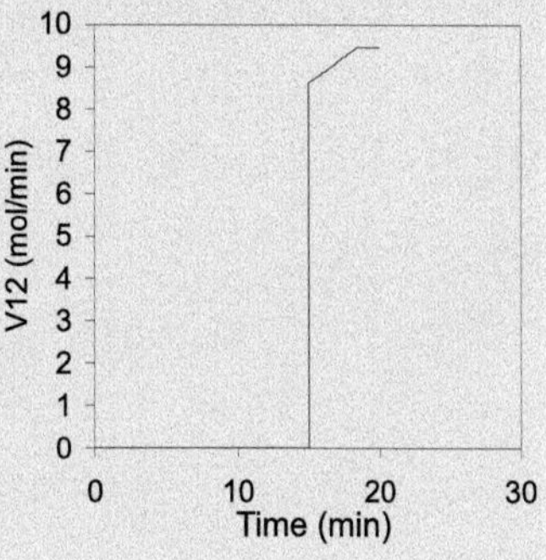

예제 3.2에서 증기가 시작하자마자 곧 단 11에 도달하기 시작한다는 것을 주의하라. 운전이 시작되는 동안 단에 들어가는 뜨거운 증기 유속이 시간에 따라 증가함에도 불구하고, 들어가는 총에너지는 상수이다. 왜일까? 단에서 나온 에너지가 다시 하강관을 통해 흘러내려 가기 때문이다. 단이 따뜻해지면서, 증기 유속이 증가함에 따라 단으로 들어가는 에너지 수송량이 증가하는 만큼 단에서 방출되는 에너지 수송량도 증가한다. 이러한 섬세한 분석은 물리적 현상을 깊게 이해하도록 하며 에너지 수지의 유용함에 감사하게 한다.

3.3 혼합 물성의 소개

앞의 절에서는 흐름에 대하여 '평균' 물성을 사용하였다. 이 근사 수준은 대부분의 계산에 적용하기엔 너무 부족하다. 따라서 혼합물 물성 계산 방법에 대한 이해가 필요하다.

혼합의 물성 변화

물성 변화에 대한 소통은 혼합물의 물성이 몰분율(섞이지 않은 상태의 성분 물성의 합에 가중치를 둔)과 관련이 있다는 것으로 혼합 물성 변화를 정의함으로써 원활하게 된다. 일반적인 성분 변수로 x를 사용하면, 혼합 에너지는 다음과 같다.

$$\Delta U_{mix} = U - \sum_i x_i U_i \qquad \langle 식\ 3.20 \rangle$$

혼합 엔탈피는 다음과 같다.

$$\Delta H_{mix} = H - \sum_i x_i H_i \qquad \langle 식\ 3.21\rangle$$

혼합 부피는 혼합 전 성분들의 부피와 연관된 혼합물의 부피이다.

$$\Delta V_{mix} \equiv V - \sum_i x_i V_i \qquad \langle 식\ 3.22\rangle$$

추후에 정의할 **혼합 엔트로피**, **혼합 Gibbs 에너지** 그리고 **혼합 Helmholtz** 에너지 등 다른 물성에 대해서도 유사한 식을 쓸 수 있다. 하지만 이 물성은 순수 유체로부터 혼합물을 만들 때 내재된 불규칙함이 증가하는 것을 반드시 반영해야 한다. 만일 혼합물의 물성 변화(예: ΔH_{mix})가 참고문헌 또는 데이터베이스에 측정되었거나 상관관계로 나타나 있다면, 추후에 이들을 흐름 물성 계산에 사용할 수 있다.

$$U = \sum_i x_i U_i + \Delta U_{mix} \qquad \langle 식\ 3.23\rangle$$

$$H = \sum_i x_i H_i + \Delta H_{mix} \qquad \langle 식\ 3.24\rangle$$

$$V = \sum_i x_i V_i + \Delta V_{mix} \qquad \langle 식\ 3.25\rangle$$

3.4 이상기체의 혼합물 성질

이상기체는 계산하기 쉽기 때문에 혼합물 성질에 대해 계산을 시작하는 편리한 출발점이 된다. 이상기체 분자는 분자 간 퍼텐셜을 가지지 않기 때문에 내부에너지는 모두 운동에너지로 이루어져 있다. 성분들이 일정한 온도와 압력에서 혼합될 때, 전체 내부에너지는 기체상태의 조성변수를 y로 표현하여 성분 내부에너지(운동에너지)의 합으로 간단하게 나타낼 수 있다.

$$\boxed{U^{ig} = \sum_i y_i U_i^{ig}} \quad 또는 \quad \boxed{\underline{U}^{ig} = \sum_i n_i U_i^{ig}} \qquad \langle 식\ ig\ 3.26\rangle$$

혼합물의 총부피는 **Amagat의 법칙**에 의해 몰수에 관계된다.

$$\boxed{\underline{V}^{ig} = \left(RT\sum_i n_i\right)/P} \qquad \langle 식\ ig\ 3.27\rangle$$

이상기체에 대한 혼합 에너지와 혼합 부피는 모두 0이 된다. U와 V를 합하여 H의 정의식, $H = U + PV$를 얻고 식 3.26과 식 3.27을 적용하면 다음과 같다.

$$\underline{H}^{ig} = \sum_i n_i U_i^{ig} + RT\sum_i n_i = \sum_i n_i(U_i^{ig} + RT) = \sum_i n_i H_i \quad \langle 식\ ig\ 3.28\rangle$$

따라서 혼합물의 엔탈피는 같은 온도와 압력에 있는 성분들의 엔탈피의 합에 의해 주어지고 혼합 엔탈피는 0이 된다. 몰 기준에 의하면,

$$H^{ig} = \sum_i y_i H_i^{ig} \quad \langle 식\ ig\ 3.29\rangle$$

게다가 가중 변수로, 몰분율을 이용하여 이상기체 혼합물에 대한 성분 엔탈피와 내부에너지를 더할 수 있다. 혼합 에너지, 혼합 부피 변화, 혼합 엔탈피 변화는 모두 0이 된다.

$$\Delta U_{mix}^{ig} = 0 \qquad \Delta V_{mix}^{ig} = 0 \qquad \Delta H_{mix}^{ig} = 0 \quad \langle 식\ 3.30\rangle$$

❗ 이상기체일 때 혼합 엔탈피는 0이다.

3.5 이상용액의 혼합물 성질

가끔 가장 간단한 분석 방법은 이들이 지금 받고 있는 관심보다도 충분히 더 고려해 볼 만한 가치가 있다. 이상용액이 그러한 경우이다. 이상용액의 경우 함께 혼합된 성분의 상승작용에 따른 효과가 없다. 즉 각 성분은 독립적으로 움직인다. 따라서 혼합에 의한 에너지 변화와 부피 변화가 없다. x를 일반적인 조성 변수로 사용하면 다음과 같다.

❗ 이상용액일 때 혼합 에너지와 혼합 부피는 0이다.

$$U^{is} = \sum_i x_i U_i \quad 또는 \quad \underline{U}^{is} = \sum_i n_i U_i \quad \langle 식\ 3.31\rangle$$

$$V^{is} = \sum_i x_i V_i \quad 또는 \quad \underline{V}^{is} = \sum_i n_i V_i \quad \langle 식\ 3.32\rangle$$

이러한 제한은 이상기체 용액에도 해당되지만, 이상용액의 부피는 이상기체 법칙을 따를 필요가 없으므로 액체가 될 수 있다. 따라서 이상기체는 이상용액의 부분집합이다. 이상용액의 예로서 모든 이상기체 혼합물과 벤젠 + 톨루엔, n- 부탄올 + n-펜타놀, n-펜탄 + n-헥산과 같이 비슷한 크기를 가진 동족들의 액체 혼합물 등이 있다.

$H \equiv U + PV$ 에서 U와 V는 첨가되었기 때문에, 혼합물의 엔탈피는 단순히 순수성분의 엔탈피에 그 성분의 몰수를 곱한 값의 합이다.

$$H^{is} \equiv U^{is} + PV^{is} = \sum_i x_i(U_i + PV_i) = \sum_i x_i H_i \quad \underline{H}^{is} = \sum_i n_i H_i \quad \langle 식\ 3.33\rangle$$

그러므로 이상용액은 **혼합 에너지**(energy of mixing), **혼합 부피**(volume of mixing) 그리고 **혼합 엔탈피**(enthalpy of mixing)[일반적으로 **혼합열**(heat of mixing)이라고 부른다]가 모두 0이다.

❗ 이상용액에서 혼합 엔탈피는 0이다.

$$\Delta U^{is}_{mix} = 0 \qquad \Delta V^{is}_{mix} = 0 \qquad \Delta H^{is}_{mix} = 0 \quad \langle 식\ 3.34\rangle$$

이상기체 혼합물과 이상용액 간의 주요한 차이점은 이상기체 혼합물의 부피가 이상기체 법칙을 따르는 제한이 있다는 것이다. 이상용액과 이상기체 혼합물의 법칙을 기준상태에 대한 법칙을 나타낸 예제에 적용시켜 보자.

예제 3.3 증기 흐름의 응축

90°C, 1bar에서 각각 45% 물, 40% 벤젠, 15% 아세톤의 무게 분율로 이루어진 증기 흐름이 100 kg/h로 응축기로 유입된다. 이 흐름은 응축되어 2개의 액체 상을 형성한다. 물과 벤젠은 전체적으로 서로 혼합되지 않는다. 아세톤이 K-비, K = (벤젠층에서의 무게 분율/물 층에서의 무게 분율) = 0.9[a]가 되도록 벤젠과 물 층 사이에 경계로 되어 있다. 액체 흐름은 20°C, 1 bar에서 존재한다. 응축기의 냉각 부하(cooling duty) $\dot{Q}$를 구하여라. 원료는 이상기체이고 혼합되지 않는 성분이 제거되면 액체 흐름은 이상용액으로 가정한다.

풀이

다음에 이 공정을 도식적으로 나타내었다. E에서의 아세톤 유량을 $\dot{m}_1$, B에서의 유량을 $\dot{m}_2$라고 한다면, K-비 제한은 다음과 같다.

$$\dot{m}_1/(\dot{m}_1+40) = 0.9(\dot{m}_2/(\dot{m}_2+45)) = 0.9((15-\dot{m}_1)/(15-\dot{m}_1+45))$$

여기서 아세톤의 질량 수지는 두 번째 등식에 대입된다.
첫 번째와 세 번째 식을 이용하여 2차 방정식을 풀면, $\dot{m}_1 = 6.6$ kg/h, $\dot{m}_2 = 15 - 6.6 = 8.4$ kg/h이 된다.

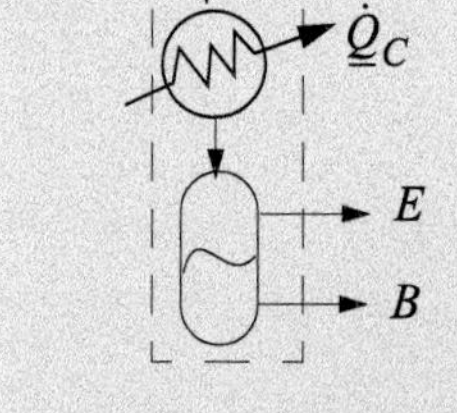

기준 : 100 kg/h 공급

kg/h	F	E	B
H_2O	45	–	45
벤젠	40	40	–
아세톤	15	6.6	8.4

kmol/h로 환산

kmol/h	F	E	B
H_2O	2.5	–	2.5
벤젠	0.5	0.5	–
아세톤	0.26	0.11	0.15

점선으로 표시된 경계의 공정부분에 대한 에너지 수지식은 다음과 같다.

$$0 = \dot{n}_F H_F - \dot{n}_E H_E - \dot{n}_B H_B + \dot{Q}_C \quad \langle 식\ 3.35\rangle$$

각 성분에 대한 기준상태는 자유롭게 정할 수 있다. 만약 기준상태를 20°C에서 액체로 정하게 되면, E와 B가 기준상태 온도와 압력에 있고 이상용액 가정에 의해 혼합 엔탈피는 0이기 때문에 E와 B의 엔탈피는 모두 0이 될 것이다. 이와 같이 기준상태를 정하면 계산과정을 많이 줄일 수 있다. 이러한 기준상태에 대한 에너지 수지식은 다음과 같이 간단하게 표현할 수 있다.

$$\dot{n}_F H_F = -\dot{Q}_C \qquad \langle\text{식 } 3.36\rangle$$

이상기체로 F의 엔탈피는 식 3.28에 의해 구할 수 있다.

$$\dot{n}_F H_F = \sum_i \dot{n}_i H_i = \dot{n}_{F,H2O} H_{F,H2O} + \dot{n}_{F,benz} H_{F,benz} + \dot{n}_{F,acet} H_{F,acet} \qquad \langle\text{식 } 3.37\rangle$$

그림 2.6에 나와 있는 기준상태에 관한 계산 경로에 대해 다시 살펴보자. 이번 예제에 사용된 경로는 그림 2.6(a)와 비슷하다. F에 있는 성분들의 엔탈피를 구하기 위해서는 기화열을 알 수 있는 기준 끓는점 T_b를 통과하는 기준상태와 원료상태 사이의 경로를 설정해야 한다.

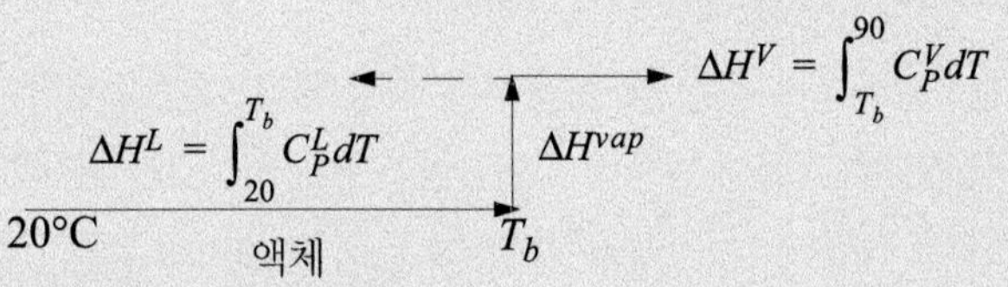

원료 흐름에서 한 성분의 엔탈피는 세 가지 단계의 합, $H_{i,F} = \Delta H^L + \Delta H^{vap} + \Delta H^V$로 구할 수 있다. 여기서 물의 경우에는 $T_b > 90°C$ 임을 유의하라. ΔH^V는 같은 식으로 계산하지만, 위의 경로 계산 도식에서 점선으로 그려진 것처럼 반대 방향으로 진행된다. $T_b < 90°C$인 경우에 벤젠과 아세톤은 위의 경로 도식에서 실선으로 그려진 경로로 ΔH^V을 계산하는 데 이용된다. 1 bar에서 비록 시스템이 물의 기준 끓는점보다 낮더라도 물은 혼합물 중의 한 성분으로 존재할 수 있다는 것을 주의하여야 한다.

열용량 다항식들을 사용하고, 경로 도식에 그려진 3단계를 표로 작성하여 엔탈피 적분을 Excel이나 MATLAB 같은 프로그램을 이용하면 결과는 다음과 같다.

$$\begin{aligned} H_{F,H_2O} &= 6058 + 40656 - 342 = 46372 \text{ J/mol} \\ H_{F,benz} &= 8624 + 30765 + 994 = 40383 \text{ J/mol} \\ H_{F,acet} &= 4639 + 30200 + 2799 = 37638 \text{ J/mol} \end{aligned}$$

물의 경우에는 더하는 과정에서 마지막 항은 혼합물의 원료 온도가 기준 끓는점보다 낮기 때문에 음수의 부호를 가진다. 응축기의 냉각 부하(cooling duty)는 다음과 같다.

$$\dot{Q}_C = -(2.5(46372) + 0.5(40383) + 0.26(37638)) = -146 \text{ kJ/h}$$

a 교재에서 사용되는 대부분의 K-비(K-ratio)는 무게 분율비(weight fraction)가 아닌 몰분율비(mole fraction ratio)를 사용한다. 그러나 많은 참고문헌에서는 무게 분율을 기반으로 한 K-비를 사용하고 있으므로 문헌을 이용할 때 이 점에 주의하여 변환해야 한다.

3.6 반응계에서의 에너지 수지

화공 엔지니어들은 반응계를 에너지 수지에 포함시키는 것이 능숙해야 하는데, 그러기 위해서는 도입되어야 하는 몇 가지 중요한 개념들이 있다. 만일 생성물의 몰수가 반응물의 몰수와 같지 않다면 반응계에서 몰수는 보존되지 않는다. 일반적으로 화학종들을 추적하는 가장 최적의 두 가지 방법은 원자수지, 또는 반응 좌표를 이용하는 것이다. 여기서는 에너지 수지에 포함하기 더 쉬운 반응 좌표를 이용한 방법을 소개할 것이다. 다음과 같은 화학량론의 표현방식을 사용하면 편리하다.

$$v_1c_1 + v_2c_2 + v_3v_3 + v_4 + v_4 = 0$$

여기서 C는 화학종을 나타내는데 반응물은 음수의 v를, 생성물은 양성의 v를 가진다. v를 **양론수**(stoichiometric number)라 부르고 v의 절댓값이 **양론계수**(stoichiometric coefficient)이다. (예: $CH_4 + H_2O \rightleftarrows CO + 3H_2$ 에서 왼쪽부터 번호를 매기면)

$$\Rightarrow \ v_1 = -1, \quad v_2 = -1, \quad v_3 = +1, \quad v_4 = +3$$

만일 특정한 양의 반응물질 1이 성분 2와 반응하여 생성물 3과 4가 생성된다면 어떻게 될 것인가를 고려해 보자. 성분 1의 v_1몰이 반응하기 위하여 v_2몰의 성분 2가 필요하므로 $dn_1 = dn_2\ (v_1/v_2)$가 된다. 다시 정리하자면

$$\frac{dn_1}{v_1} = \frac{dn_2}{v_2} \text{ 가 되고 같은 방법으로 : } \frac{dn_1}{v_1} = \frac{dn_3}{v_3} \qquad \langle 식\ 3.38\rangle$$

이들의 값이 모두 같기 때문에, 이 값을 나타내는 변수를 정의하면 편리하다.

$$d\xi = dn_i / v_i \qquad \langle 식\ 3.39\rangle$$

ξ를 **반응 좌표**(reaction coordinate)[1]라고 부르며 **전환율**(conversion)[2]과 관련이 있다.
이 식을 적분하면,

$$\int_0^{\xi} d\xi = \frac{1}{v}\int_{n^i}^{n^f} dn$$

$$\xi = \frac{1}{v}(n^f - n^i)$$

가 된다. 또는 일반적인 성분 i에 대하여 좀 더 유용한 형태로 나타내면 다음과 같다.

$$\boxed{n_i^f = n_i^i + v_i\xi} \qquad \langle 식\ 3.40\rangle$$

---

1 반응 좌표는 일부 문헌에서는 **반응 진척도**(extent of reaction)라고도 부르는데, 좌표에 따라서 완벽한 전환율이 1이 아니거나, 음수의 값이 나올 수 있기 때문에 이 표현은 오해의 소지가 있다.

2 반응 진행 정도의 또 다른 측정은 **전환율**(conversion)이다. 반응공학에서는 특정한 반응물질(예: 물질 A)의 전환을 고려하는 것이 일반적이다. X_A를 A의 전환율이라 놓으면, $n_A = n_A^{in}(1 - X_A)$이고 $X_A = a\xi/(n_A^{in})$이다. 여기서 a는 반응식에 나타난 물질 A의 양론계수이다.

흐르는 계에서, n_i^f는 유출물을, n_i^i는 유입물을 나타낸다. 따라서 성분 i에 대하여 위의 식은 다음과 같이 표현된다.

$$\dot{n}_i^{out} = \dot{n}_i^{in} + \nu_i \dot{\xi} \qquad \text{〈식 3.41〉}$$

여기서 ξ는 총괄 상호전환율(interconversion)을 나타낸다. 화학반응에서 몰수는 보존되지 않는다. 전체 몰수는 식 3.40이나 식 3.41을 모든 물질에 대하여 합하여 구할 수 있다. 흐르는 계에 대하여 $\dot{n}^{in} = \sum_i \dot{n}_i^{in}$, $\dot{n}^{out} = \sum_i \dot{n}_i^{out}$이므로

$$\dot{n}^{out} = \dot{n}^{in} + \dot{\xi} \sum_i \nu_i \qquad \text{〈식 3.42〉}$$

닫힌계에서 ξ는 화학평형 계산에 의해 결정된다. ξ는 양수, 또는 음수이며 ξ의 유일한 제한 조건은 모든 i에 대하여 $n_i^f \geq 0$이다. 평형 계산을 시작하기 전에 이 조건으로 ξ의 경곗값을 구할 수 있다. 흐르는 계에서도 같은 방법(ξ와 $n_i^{out} \geq 0$)을 적용할 수 있다.

예제 3.4 양론과 반응 좌표

수소 5몰, CO 2몰, 그리고 CH_3OH 증기 1.5몰이 500 K, 1 MPa에서 닫힌계의 메탄올 합성 반응기에 주입되었다. 각 물질의 몰분율을 반응 좌표로 구하는 식을 유도하라. 각 성분은 다음의 양론식에 따라 반응하는 것으로 알려졌다.

$$2H_{2(g)} + CO_{(g)} \rightleftarrows CH_3OH_{(g)}$$

풀이

반응식이 왼쪽에서 오른쪽으로 진행되는 것처럼 쓰였지만 실제의 반응 방향은 알 필요는 없다. 만일 역반응이 일어난다면 ξ가 음수가 될 것이므로 쉽게 판단할 수 있다. 먼저 할 일은 ξ를 결정하는 데 사용될 몰수지를 유도하는 것이다. 간편한 방식으로 다음의 표처럼 나타낼 수 있다.

	n^i	n^f
H_2	5	$5-2\xi$
CO	2	$2-\xi$
CH_3OH	1.5	$1.5+\xi$
n_T		$8.5-2\xi$

임의의 반응시간 후 전체 몰수는 $8.5-2\xi$ 이다. 몰분율은

$$y_{H_2} = \frac{n_{H_2}^f}{n_T} = \frac{5-2\xi}{8.5-2\xi}$$

$$y_{CO} = \frac{2-\xi}{8.5-2\xi}$$

$$y_{CH_3OH} = \frac{1.5+\xi}{8.5-2\xi}$$

모든 성분에 대하여 $n_i^f \geq 0$가 성립되는 것을 만족시키기 위해 ξ의 최댓값은 CO에 의하여 결정되고, 최솟값은 CH_3OH에 의하여 결정된다.

$$-1.5 \leq \xi \leq 2$$

예제 3.5 동시 반응(simultaneous reaction)에서 반응 좌표의 이용

각 독립적인 반응에 대하여 하나의 반응 좌표 변수가 이용된다. 한 성분이 두 가지 반응에 참여할 때 몰수는 두 가지 반응 좌표와 관련이 있다. 이 예제는 온라인 보충자료를 통해서 풀어 볼 수 있다.

표준상태 반응열

반응이 진행될 때 반응물들이 결합이 깨지고 생성물이 형성된다. 결합 에너지는 결합의 종류에 따라 달라지기 때문에 반응에서 에너지와 엔탈피 변화가 생기게 된다. 결합 차이는 에너지 수지에 큰 영향을 미치는데, 그 이유는 결합 차이가 현열효과보다 더 크기 때문이다. 엔탈피는 상태 성질이기 때문에 엔탈피 변화를 계산하기 위해서 **Hess의 법칙**을 이용할 수 있다. Hess의 법칙은 어떤 한 반응에서의 엔탈피 변화는 임의의 성분에 대한 반응의 합으로 구하거나, 반응물과 생성물 간의 간단한 반응경로를 따른 반응 엔탈피를 계산하여 구할 수 있다는 것이다. 이러한 엔탈피 변화를 구하는 계산을 체계화하기 위해서는 **표준상태**(standard state)에서 성분들의 엔탈피를 일반적으로 이용한다. 표준상태는 2.11절에 설명되어 있는 **기준상태**(reference state)와는 조금 다르다. 표준상태는 T가 계의 온도라는 점만 제외하면 기준상태의 모든 자세한 자료가 요구된다. 반응에서 일반적인 표준상태 성질은 특정 조성에서 상의 집합, 압력인데 이러한 성질은 온도에 따라 변한다. Hess의 법칙을 표준상태 개념과 결합시키면, **표준상태 반응열(또는 엔탈피)**(standard state heat (or enthalpy) of reaction)을 구할 수 있다. 그림 3.4의 반응이 진행된다고 가정해 보자. 반응열을 계산하는 데 있어, 일반적인 경로는 표준상태에서 자연스럽게 발생하는 상태로 반응물이 구성 요소로 '분해'되고 이 구성성분은 생성물로 '재형성'된다. 구성 요소로부터 각 생성물을 형성하는 엔탈피는 **표준 생성열(또는 엔탈피)**(standard heat (or enthalpy) of formation)이라고 알려져 있다. 반응물을 '분해하는' 엔탈피 변화는 생성열의 음수가 된다.

양론수를 이용하여 수학적으로 표현하면 다음과 같다.

표준 반응열

$$\Delta H_T^o = \sum \nu_i H_{T,i}^o = \sum \nu_i \Delta H_{fT,i}^o = \sum_{products} |\nu_i| \Delta H_{fT,i}^o - \sum_{reactants} |\nu_i| \Delta H_{fT,i}^o \quad \langle 식\ 3.43 \rangle$$

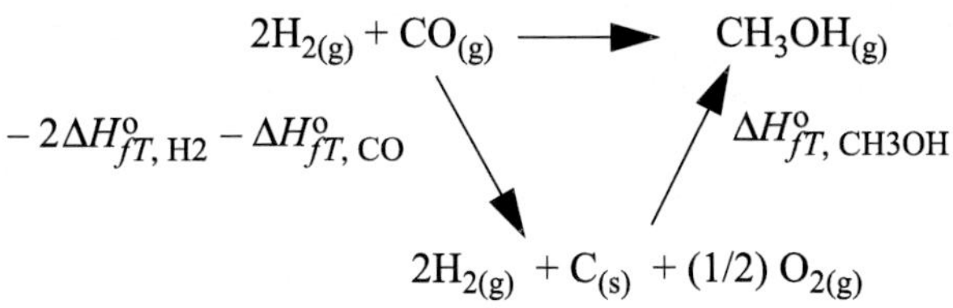

그림 3.4 • 표준 생성열을 이용한 표준 반응열의 계산에 대한 그림

여기서 위의 식의 모든 항은 온도에 따라 값이 달라진다. 대부분의 경우, 표준상태 압력은 1 bar이다. 반응이 1 bar에서 진행되지 않을 때에는 높은 압력에서의 반응열을 이용하는 것보다 우리가 이제 배우게 될 내용처럼, 압력효과를 에너지 수지에 합치는 방법을 일반적으로 사용한다. 기준온도와 더불어 표준상태의 다른 조건들이 모두 정해져 있다면, 반응물과 생성물의 열용량을 이용하여 임의의 온도에서의 ΔH^0_T를 구할 수 있다.

$$\Delta H^o_T = \Delta H^o_R + \int_{T_R}^{T} \Delta C_P dT \qquad \text{〈식 3.44〉}$$

여기서 $\Delta C_P = \sum_i \nu_i C_{P,\,i}$ 이다. 음수의 ΔH^0_T를 갖는 반응을 **발열**(exothermic)반응이라고 하고 양수의 ΔH°_T를 갖는 반응을 **흡열**(endothermic)반응이라고 한다. 이 식에서 ΔH^0_T는 단일 기준온도와 1 bar에서의 표준 반응열 ΔH^0_R를 알면 쉽게 결정된다.

$$\Delta H^o_R = \sum \nu_i H^o_{R,\,i} = \sum \nu_i \Delta H^o_{fR,\,i} = \sum_{products} |\nu_i| \Delta H^o_{fR,\,i} - \sum_{reactants} |\nu_i| \Delta H^o_{fR,\,i} \qquad \text{〈식 3.45〉}$$

위의 식은 식 3.43에서 기준상태를 나타내는 온도의 추가적인 설명이다. 대부분의 경우 사용하기에 가장 적절한 기준상태는 $T_R = 298.15$ K와 1 bar이다. 왜냐하면 이 온도에서의 표준상태 생성 엔탈피(열) 자료가 제시되어 있기 때문이다. 298.15 K, 1 bar에서 자연적으로 분자형태로 존재하는 단일원소 물질의 생성열은 0으로 정한다. 이러한 0의 값을 갖는 물질의 **집합체 상태**(state of aggregation)는 298.15 K, 1 bar에서 자연적으로 형성된 상태로 간주한다. 예를 들면, H는 자연상태에서 $H_{2(g)}$로 존재하므로 $H_{2(g)}$의 $\Delta H^0_{f\,298.15}$는 0이다. 탄소는 고체이므로 $C_{(S)}$의 $\Delta H^0_{f\,298.15}$도 0이다. 자연상태에서 형성되어 있는 단일원소 물질에 대한 $\Delta H^0_{f\,298.15}$는 0이므로 참고문헌들의 표에는 자주 생략되어 있다. 많은 화합물에 대한 298.15 K와 1 bar에서의 생성 엔탈피가 부록 E에 표로 정리되어 있다.

반응에서 집합체 상태를 명백히 해야 하며 표로부터 정확한 값을 얻기 위해서 주의해야 한다. 물과 같은 몇몇 분자들은 통상적으로 증기(g), 또는 액체(l)로 존재한다. 물에 대하여 $\Delta H^0_{f\,298.15(g)}$와 $\Delta H^0_{f\,298.15(l)}$의 차이는 거의 298.15 K에서의 증발열만큼 나는데 이 값은 증기압부터 1 bar까지 값을 보정하기 위해 적용된 약간의 압력 보정을 제외한 수증기표로부터 찾을 수 있다.

식 3.44의 완전한 적분형태는 손으로 계산하기가 지루하다. 예를 들어, $C_{P,i} = a_i + b_i T + c_i T^2 + d_i T^3$이면 식 3.44는 다음과 같이 된다.

$$\begin{aligned}\Delta H_T^o &= \Delta H_R^o + \Delta a(T - T_R) + \frac{\Delta b}{2}(T^2 - T_R^2) + \frac{\Delta C}{3}(T^3 - T_R^3) + \frac{\Delta d}{4}(T^4 - T_R^4) \\ &= J + \Delta a T + \frac{\Delta b}{2}T^2 + \frac{\Delta c}{3}T^3 + \frac{\Delta d}{4}T^4\end{aligned} \quad \langle \text{식 } 3.46 \rangle$$

여기서 $\Delta a = \sum \nu_i a_i$이고 열용량 상수 b, c, d도 같은 방법으로 취급한다. 상수 J의 값은 위의 식에서 알고 있는 ΔH_R^0 값(예: 298.15 K)을 이용하고 T_R로 온도를 대입하여 구할 수 있다.

반응에서의 에너지 수지

반응장치에서 일어나는 열전달을 계산하기 위하여 앞 장에서 사용된 에너지 수지는 조금 더 검토가 요구된다. 반응계에 대한 에너지 수지식을 단순화하기 위하여 정상상태에서 1개의 입구 흐름과 1개의 출구 흐름만을 갖는 경우를 고려해 보자.

$$0 = H^{in}\dot{n}^{in} - H^{out}\dot{n}^{out} + \dot{Q} + \dot{W}_S \quad \langle \text{식 } 3.47 \rangle$$

유입물, 또는 유출물의 전체 엔탈피는 입구 또는 출구의 온도와 압력에서 성분들의 엔탈피의 합과 혼합 엔탈피를 더한 양이다. 식 3.47을 적절하게 사용하기 위해서 입구와 출구의 엔탈피는 반응과 연관시킬 필요가 있다. 에너지 수지에 사용되는 두 가지 방법이 있는데 이 두 가지 방법 모두 똑같이 유효하다. 개념경로에 대한 전체적인 개요는 그림 3.5에 표현되어 있다. 반응을 열역학적으로 연관시키기 위해서 **반응열 방법**(Heat of Reaction method)은 식 3.47의 첫번째, 두번째 항을 그림 3.5(a)에서 파선으로 표시된 3단계의 합의 음숫값으로 대체한다. 반대로 **생성열 방법**(Heat of Formation method)은 모든 성분의 근본적인 기준상태를 이용하

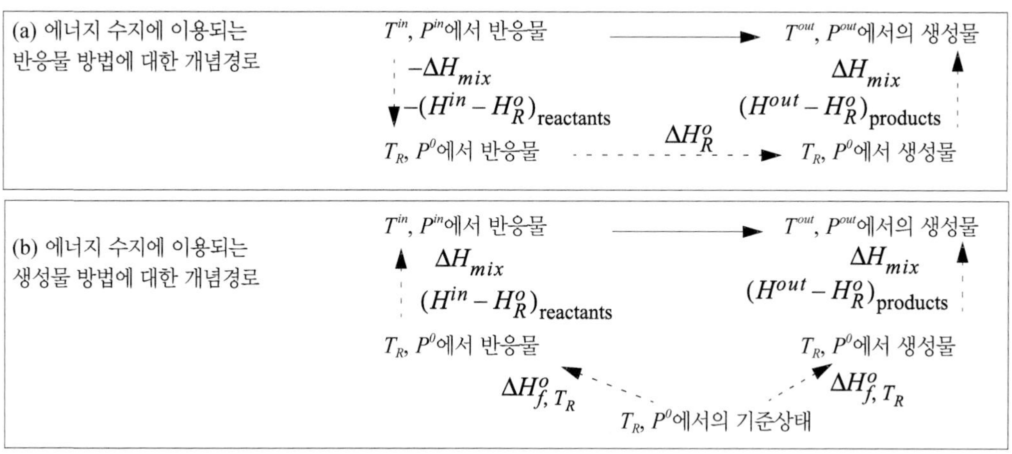

그림 3.5 • 개념 경로: (a) 반응열 방법, (b) 생성열 방법. 각 단계에 대한 자세한 설명은 본문에 설명했기 때문에 생략되었다.

여 그림 3.5(b)의 각 갈래에서 표현된 것처럼 각 성분의 엔탈피는 생성열을 포함한다. 그러고 나서 성분의 엔탈피 차이는 그림 3.4의 일반화된 단계를 포함하는데, 그림 3.5(b)에서 두 가지 갈래에서의 차이를 감안할 때 반응열은 함축적으로 포함된다. 두 가지 갈래의 차이는 식 3.47의 첫 번째, 두 번째 항에서 나타난다. 반응열 방법은 반응열을 나타내는 분명한 항이 있어 보통 학생들이 완전히 이해하기 가장 쉬운 방법이다.

이 방법의 장점은 실험 반응열을 쉽게 사용할 수 있다는 것이다. 대부분의 모의 공정장치는 생성열 방법을 이용한다. 이 점에 대해 생각해 보면, 생성열 방법은 정확하게 어떤 반응이 일어나는지에 대한 자세한 자료를 필요로 하지 않는다. Hess의 법칙에 따르면 전체적인 결과는 들어가고 나가는 화학종들의 생성열의 차이와 관련이 있다. 이 두 가지 방법에 사용된 기호와 정리된 에너지 수지는 닮지 않아서 이 방법들 중 어떤 것을 선택할지는 이용할 수 있는 데이터에 따라 달라진다. 만약 열화학적 데이터가 각각의 방법에 신뢰할 수 있는 데이터라면 나오는 계산값은 같다. 차이는 경로에서 사용된 물성의 정확성 때문에 생길 수 있다.

두 가지 방법 모두 기준 조건에 관한 흐름 엔탈피의 처리가 필요하다. 2.11절에서 기준상태를 설명할 때, 간편한 경로가 이용되었다. 반응수지 계산은 비슷한 기술을 사용하여 유입물과 유출물이 표준상태 T_R 과 P^O에 관련이 있음을 요구하고 보통 상전이가 필요하다. 이 책의 일반적인 단계별 학습을 따라오다 보면, (반응열과 관하여 자주 약간의 보정을 해야 하는) 부분들을 무시한 간단한 수지를 사용할 수 있다. 뒤에 나올 단원들에서는 이러한 수지를 계산하는 방법에 대해 소개한다. 특정한 적용을 위해 항의 크기를 비교함으로써 상대적인 중요성을 평가하게 될 것이다. 한 흐름 엔탈피를 계산하기 위해서는 맞는 방법을 선택해야 한다. 하나의 방법은 이상기체 상태에서 모든 성분을 혼합한 후 혼합물의 비이상성을 보정하는 것이다. 또 다른 방법은 각각의 성분의 비이상기체 거동을 보정한 후 T, P를 갖는 계에서 함께 혼합하는 것이다. T_R과 T 사이에서 상전이가 없는 계에서는 압력 보정 후에 혼합공정을 계산할 때, 기준상태에서 화학종에 관한 흐름 엔탈피는 다음과 같다.

$$\sum_i \dot{n}_i (H-H_R^o)_i + \overset{\text{small}}{\cancel{\dot{n}\Delta H_{mix}}} = \sum_i \dot{n}_i\left(\int_{T_R}^{T}\left(\frac{\partial H}{\partial T}\right)_{P^o,i} dT + \overset{\text{usually small}}{\cancel{\int_{P^o}^{P}\left(\frac{\partial H}{\partial P}\right)_{T,i} dP}}\right) + \overset{\text{small}}{\cancel{\dot{n}\Delta H_{mix}}}$$

〈식 3.48〉

$$\sim \sum_i \dot{n}_i\left(\int_{T_R}^{T} C_P dT\right)$$

! T_R과 T 사이에서 상변화가 수반되지 않는 혼합물의 엔탈피

여기서 H_R^O는 기준상태에서 화학종의 엔탈피이며, 이 엔탈피의 압력에 대한 의존성과 혼합열은 반응열과 비교하여 상대적으로 작다고 가정한다. 압력효과에 대한 자세한 내용은 6~8단원에서 좀 더 깊이 있게 배우게 되는데, 총열량 이탈(enthalpy depature)이라고 표시한다. 보통 기체의 반응열과 비교하여 상대적으로 작다. 표준상태에서 이상기체와 액체 흐름이 포함될 때, 보정은 매우 중요해지며 $-\Delta H^{vap}$는 경로 안에 포함되어야만 한다. 이 원리는 고체일 때도 마찬가지로 확장된다. 혼합열은 11.4절과 11.10절의 앞부분에서 소개되어 있는데 혼합열은 만일 용해된/중성화된 산/염기 또는 용해된 염이 아니라면, 일반적으로 반응열에 비해 작다. 예제 3.6은 성분들의 증기열을 포함하는 계산에 대해 나타내고 있다.

반응열 방법

식 3.47이 반응열을 포함한다는 것이 분명하지 않게 보일 수 있다. **에너지 수지에서 흐름과 관련된 항목만** 고려해 보자. 식 3.48을 식 3.47에 대입하면 흐름 항은 다음과 같다.

$$H^{in}\dot{n}^{in} - H^{out}\dot{n}^{out} = \sum_{\text{components}} (\dot{n}_i^{in} - \dot{n}_i^{out})H^o_{i,R} + \sum_{\text{components}} \dot{n}_i^{in}(H^{in} - H^o_R)_i - \sum_{\text{components}} \dot{n}_i^{out}(H^{out} - H^o_R)_i \quad \langle \text{식 } 3.49\rangle$$

여기서 모든 반응물의 유입온도는 같다. 식 3.49에서 우변 첫째 항은 ξ를 도입하기 위하여 식 3.41을 사용하여 반응열과 연관시키고 식 3.45를 반응열에 삽입하면 다음과 같다.

$$\sum_{\text{components}} (\dot{n}_i^{in} - \dot{n}_i^{out})H^o_{i,R} = -\dot{\xi} \sum_{\text{components}} \nu_i H^o_{i,R} = -\dot{\xi}(\Delta H^o_R) \quad \langle \text{식 } 3.50\rangle$$

그러므로 정상상태 에너지 수지는 식 3.51을 이용하여 계산할 수 있으며 이 수지식은 반응열 방법으로 알려져 있다.

$$0 = \sum_{\text{components}} \dot{n}_i^{in}(H^{in} - H^o_R)_i - \sum_{\text{components}} \dot{n}_i^{out}(H^{out} - H^o_R)_i + \dot{Q} + \dot{W}_S - \dot{\xi}\Delta H^o_R \quad \langle \text{식 } 3.51\rangle$$

만약 처음 두 항과 마지막 항에 대해 고려해 본다면, 그 값들이 어떻게 그림 3.5(a)에서 단계들의 합의 음숫값이 되는지 알 수 있다. 다중반응이 일어날 때 한 반응은 각 반응에 사용될 수 있다. 이 식을 올바르게 사용하기 위해서 **유입물과 유출물의 엔탈피는 H_R^O 이 알려져 있는 동일한 기준온도에 대하여 계산되어야 하며** 기준상태와 입, 출구상태 사이의 온도에서의 상전이를 $(H - H_R^O)$에 포함시켜야 한다. 또한 변수 ξ는 몰 흐름(molar flow)처럼 동일한 기준에서 결정되어야 한다. 298.15 K는 화학반응이 포함된 수지식에서 주로 사용되는 기준온도이다. 반응이 수반되지 않는 계에 비해 기준온도를 선택할 수 있는 폭이 좁다. 이 방법은 양론식을 알고 있는 1개, 또는 2개의 반응에 적용하기가 가장 용이하다.

❗ 온라인 보충 자료를 통해 이 교재에 나와 있는 표기와 다른 일반적인 서적과 연관시킬 수 있고, 보다 자세한 사항을 포함한다.

생성열 방법

생성열 방법은 성분과 관련된 표준상태를 요구하며, 식 3.48은 각 성분의 생성열을 더하면서 수정되었다. 표준상태와 흐름상태 사이의 상전이가 없을 때의 흐름 엔탈피는 다음과 같다.

❗ 생성열 방법을 이용한 T_R과 T 사이의 상전이 없는 혼합 흐름의 엔탈피

$$\sum_i \dot{n}_i[(H - H^o_R) + \Delta H^o_{f,T_R}]_i + \underbrace{\dot{n}\Delta H_{mix}}_{\text{small}} \sim \sum_i \dot{n}_i\left(\int_{T_R}^{T} C_P dT + \Delta H^o_{f,T_R}\right)_i \quad \langle \text{식 } 3.52\rangle$$

상변화가 포함될 때, 그림 2.6의 여러 예들에 묘사된 것처럼 경로를 따르는 단계가 포함되었다.

에너지 수지는 식 3.47로부터 수정되지 않았다. 반응열과 반응 좌표는 명확히 필요치 않지만, 반응 좌표는 에너지 수지의 몰 흐름을 결정하는 데 유용하다.

일 효과

반응계의 에너지 수지에서 축일과 팽창/수축 일은 다른 항에 비해 무시할 수 있다. 이러한 일은 큰 오차가 없이 무시된다.

예제 3.6 반응기 에너지 수지식

80°C, 0.25 MPa에서 아세톤(A)은 산화 메시틸(MO)과 물(W)을 만들기 위해 불균일계 산 촉매 위에서 액상으로 반응된다. 반응은 2A ⇄ MO + W이다. 전환율은 80%가 된다. 산화 메시틸의 열용량은 C_P^L (J/mol-k) = 131.16 + 0.2710T(K), C_P^V (J/mol-k) = 72.429 + 0.2645T(K)이고, 이심인자는 0.356으로 추측된다. 다른 특성들은 부록 E 또는 webbook.nist.gov로부터 얻을 수 있다. 압력 보정은 무시하고 이상용액으로 가정하라.

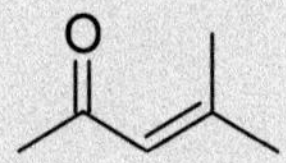

산화 메시틸

(a) 액체 반응물(100 mol/h)과 액체 생성물을 가진 정상상태 반응에서의 열부하를 추정하라. 생성열을 이용하여 계산된 반응열 방법을 사용하라.
(b) 증발열을 추정하기 위해 이상기체 생성열과 식 2.45를 포함한 생성열 방법을 사용하여 (a)와 같은 조건에서 열부하를 추정하라(이 방법은 공정 모사기에 의해 사용된다).
(c) 실험적인 증발열을 사용한 수정과 (b)를 반복하라.
(d) 액체 생성열을 포함한 생성열 방법을 사용하여 (a)와 같은 조건에서 열부하를 추정하라.

풀이

(a) NIST로부터 MO와 A는 $\Delta H^{oL}_{f,298.15} = -221, -249.4$ kJ/mol값을 알 수 있다.
액상상태 반응열은 −221 − 285.8 − 2(−249.4) = −8 kJ/mol이다. 298.15 K, 1 bar에서 액체성분의 표준상태를 이용하여, 각 성분의 엔탈피는 $\int_{298.15}^{353.15} C_P^L dT$로 주어진다. 결과는 {A, 7.265 kJ/mol}, {MO, 12.068}, {W, 4.161}이다. 반응물 A의 100 mol/h와 전환율 80%의 질량수지는 배출구에서 A는 100(1 − 0.8) = 20 mol/h를 나타낸다. 그때, ($\dot{n}_A^{out}$ = 20 = 100 − 2$\dot{\xi}$) ⇒ $\dot{\xi} = 40$, $\dot{n}_{MO}^{out} = \dot{n}_W^{out} = \dot{\xi} = 40$. 에너지 수지는 다음과 같다.

$$\dot{Q} = \sum_{\text{components}} \dot{n}_i^{out}(H^{out} - H_R^o)_i - \sum_{\text{components}} \dot{n}_i^{in}(H^{in} - H_R^o)_i + \dot{\xi}\Delta H_R^o$$

$$\dot{Q} = (20(7.265) + 40(12.068) + 40(4.161)) - 100(7.265) + 40(-8) = -252\text{kJ/h}$$

(b) $\dot{\xi}$= 40의 값은 같다. 이상기체 생성열을 이용한 성분 액체 엔탈피를 계산하는 경로: 298.15 K에서 이상기체를 형성 → 353.15 K로 이상기체 가열 → 353.15 K(식 2.45 사용)에서 이

상기체 응축. NIST로부터 MO는 $\Delta H^{oV}_{f,298.15} = -178.3$ kJ/mol이다. 각 성분의 엔탈피는 각각 세 단계의 표로 나타낸다.

(A) −215.7 + 4.320 − 27.71 = −239.1 kJ/mol, (MO) −178.3 + 8.72 − 39.0 = −208.6 kJ/mol, (W) −241.8 + 1.86 − 42.7 = −282.6 kJ/mol. 에너지 수지는

$$\dot{Q} = \sum_{components} \dot{n}_i^{out} H_i^{out} - \sum_{components} \dot{n}_i^{in} H_i^{in}$$

$$= (20(-239.1) + 40(-208.6) + 40(-282.6)) - 100(-239.1) = -520 \text{ kJ/h}$$

원칙적으로, 이 방법은 (a)와 같은 결과를 제공해야 하지만 값은 상당히 다르다. 이 방법은 증발열 예측의 정확도에 민감하다. 이 방법을 이용할 때 증발열의 정확성은 주의 깊게 평가해야 한다.

(c) 증발열 예측의 효과를 평가하기 위해, 실험적인 증발열을 이용하여 성분의 기준 끓는점을 통해 바뀐 경로를 가지고 반복하라. NIST로부터의 MO의 기준 끓는점은 403 K와 ΔH^{vap} = 42.7 kJ/mol이다. 성분 엔탈피 경로는 바뀐다. 298.15 K에서 이상기체 형성 → T_b로 이상기체 가열 → T_b에서 액체로 응축 → 353.15 K로 액체로 변화. 각 단계와 전체의 엔탈피: (A) −215.7 + 2.4 − 30.2 + 3.3 = −240.2 kJ/mol, (MO) −178.3 + 17.3 − 42.7 − 11.6 = −215.3 kJ/mol, (W) −241.9 + 2.5 − 40.7 − 1.5 = −281.6 kJ/mol. 에너지 수지는 다음과 같다.

$$\dot{Q} = (20(-240.2) + 40(-215.3) + 40(-281.6)) - 100(-240.2) = -660 \text{ kJ/h}$$

(b) (c)는 (a)와 비교 시 열전달의 결과가 다르다. 25°C에서 증발 생성열과 액체 MO의 차이가 기준 끓는점의 증발열과 같아지며, 그 차이가 더욱 커질 것이다. 열화학 자료의 본래 참고는 가장 적합한 것을 결정하는 데 토의되어야 한다.

(d) 증발열은 수정될 필요가 없다. 이 성분 엔탈피 경로: 298. 15 K에서 액체 형성과 353.15 K로 액체 가열. 현열 계산은 (a)의 표와 같다. 두 단계와 각 성분의 합의 엔탈피:

(A) −249.4 + 7.265 = −242.1 kJ/mol, (MO) −221 + 12.068 = −208.9, (W) − 285.8 + 4.2 = −281.6.

에너지 수지식:

$$\dot{Q} = (20(-242.1) + 40(-208.9) + 40(-281.6)) - 100(-242.1) = -252 \text{ kJ/h}$$

(a)와 비교 시 같은 특성들이 사용될 때 생성열과 반응열 방법은 같은 결과를 가진다.

단열 반응기

반응기는 단열($\dot{Q} = 0$)이라고 가정하자. 반응열 방법에서 에너지 수지는 다음과 같이 된다. (T_R과 유입구 혹은 배출구 사이의 상전이가 없는 반응)

$$0 = \sum_{components} \dot{n}_i^{in} \int_{T_R}^{T^{in}} C_{P,i} dT - \sum_{components} \dot{n}_i^{out} \int_{T_R}^{T^{out}} C_{P,i} dT - \dot{\xi} \Delta H_R^o \quad \langle 식\ 3.53 \rangle$$

이전과 같이 잠열은 흐름 항을 추가해야만 한다. 발열반응에서 발생된 열은 배출구의 온도를 유입구의 온도보다 높게 올릴 것이다. 반면 흡열반응에서 흡수된 열은 배출구의 온도를 유입구의 온도보다 낮게 내릴 것이다. 정상상태에서 계의 온도는 반응열이 유입물 및 유출물의 엔탈피에 의해 흡수된 양과 같게 되는 온도가 된다. 이 온도는 단열반응 온도로 알려져 있으며 최대의 반응기 온도 변화는 반응속도론과 반응시간 또는 평형에 의존한다. 고정된 온도와 고정된 양의 원료에 대하여 식 3.53은 2개의 미지수 T^{out}와 $\dot{\xi}$를 갖게 된다. 반응시간이 충분한 경우 반응은 평형에 도달하게 될 것이다. 평형 반응기는 제17장에서 다룰 것이다.

에너지 수지의 도표화

방법 1로 나타낸 에너지 수지(식 3.51)는 단열반응에 대하여 쉽게 그래프상에 표시할 수 있다. 열용량 다항식을 온도에 무관한 평균 열용량으로 대체하자. 만일 물질수지식 3.41을 포함한다면, 정상상태 반응열 에너지 수지식은 다음과 같이 된다.

$$T^{out} = T^{in} + \frac{\dot{Q} - \dot{\xi}\Delta H_R^o}{\left(\sum n_i^{in} C_{P,i}\right) + \dot{\xi}\Delta C_P} + c \qquad \langle 식\ 3.54 \rangle$$

여기서 $c = (T_R - T^{in})/\left(\left(\sum n_i^{in} C_{P,i}\right)/(\dot{\xi}\Delta C_P) + 1\right)$ 그리고 c는 매우 작다. 단열 반응기의 c를 무시하고 열을 떨어뜨리면 다음과 같이 된다.

$$T^{out} \approx T^{in} - \frac{\dot{\xi}\Delta H_R^o}{\left(\sum n_i^{in} C_{P,i}\right) + \dot{\xi}\Delta C_P} \quad \text{단열 반응기} \qquad \langle 식\ 3.55 \rangle$$

발열반응의 경우를 고려해 보자. 발열반응의 경우 에너지 수지의 모형도가 그림 3.6에 나타나 있다. 그림에서 총체에 비해 작으므로 분모의 $\dot{\xi}\Delta C_P$를 무시할 수 있고 작은 곡률을 도입한다. 흡열반응의 경우 에너지 수지가 음의 기울기를 갖고 T^{in}에 수직선으로 반영된 그림 3.6의 대칭상인 발열반응의 그림을 나타낸다.

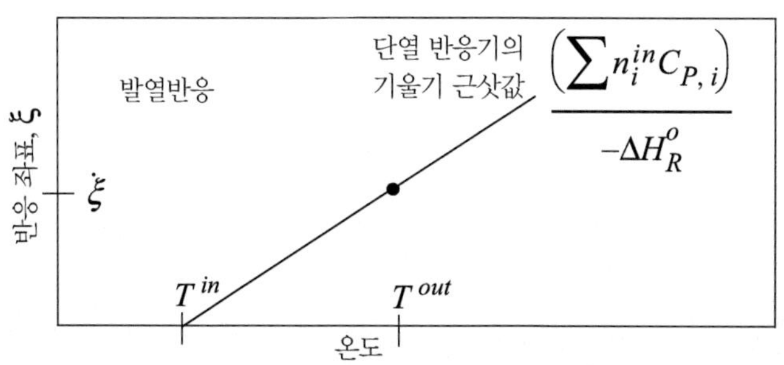

그림 3.6 • 단열 발열반응의 근사적인 에너지 수지. 교차점은 배출구 반응 좌표값과 단열 배출구 온도를 나타낸다. 흡열반응에 대한 곡선은 이 그림의 대칭상이 될 것이다.

3.7 생물학적 시스템의 반응

생명 시스템은 끊임없이 음식을 대사 작용한다. 인간과 같은 정교한 계에서, 소화기관은 탄수화물(당분과 녹말), 단백질(복잡한 아미노산), 그리고 지방(지방산의 글리세롤 에스테르)을 덩어리 분자로 분해한다. 음식의 화학구조는 결합을 끊으면서 변형될 때 발열반응이 발생한다. 그 결과로 만들어진 작은 분자들은 당분, 아미노산과 지방산으로 몸 안을 이동한다. 신체적 활동에 필요한 에너지를 제공하고 끊임없이 세포를 바꾸기 위한 에너지를 만들기 위해 몸은 이러한 작은 분자를 변형시킨다. 이 과정은 카르노 순환보다 연료전지 작동에 더욱 유사하지만, 에너지 수지의 개념은 여전히 적용된다.

인간의 몸에 에너지를 제공하는 주요 반응은 당분과 녹말의 산화반응이다. 이러한 화합물은 빨리 연소되기 때문에 '빠른 에너지'를 제공하는 것으로 알려져 있다. 예를 들어, 포도당이 CO_2와 H_2O로 산화되는 것을 고려해 보자. 폐로 들어오는 산소는 반응이 일어나는 세포로 전달된다. 반응에 의해 만들어진 CO_2는 폐로 확산되어 배출된다. 호흡은 다소 이동할지라도, 주로 반응에 의해 만들어진 물은 액체로 남게 된다. 실제적인 과정은 여러 중간단계를 거칠지라도, 우리는 전체 에너지나 엔탈피 변화는 중간 과정이 아닌 단지 초기와 최종 구조에 의존하는 Hess의 법칙을 따른다는 것을 알고 있다. 포도당의 산화과정은 다음과 같다.

$$C_6H_{12}O_{6(aq)} + 6O_{2(g)} \rightarrow 6CO_2(g) + 6H_2O_{(l)} \qquad \text{〈식 3.56〉}$$

다른 연소기관과 같이 이 반응은 발열반응이다. 격렬한 신체 활동이 일어날 때, 신체는 에너지를 만들기에 충분히 빨리 산소를 이용할 수 없다. 이 과정에서 신체는 포도당(혹은 다른 당분과 녹말)을 산소가 없이도 다음과 같이 젖산으로 전환할 수 있다.

$$C_6H_{12}O_{6(aq)} \rightarrow 2\,C_3H_6O_3 \qquad \text{〈식 3.57〉}$$

이것은 발열반응이고, 가스가 만들어지지 않는다. 이 메커니즘은 에너지를 제공하기 위해 근육에 의해 사용되고 젖산이 쌓이는 것은 격렬한 운동 중이나 후에 근육통증을 일으킨다. 지방은 질량당 큰 에너지 함량을 가지고 식 3.56과 유사한 반응에 의해 산화될지도 모른다. 에너지를 저장하기 위해 지방이 몸에 축적된다. 지방을 연소시키기 위해 몸은 더 쉽게 대사 작용되는 녹말과 당분에 굶주릴 필요가 있다.

신경기관은 체온을 조절하여 에너지가 연소되었을 때 체온의 변화가 없게 한다. 어떤 에너지는 호흡과 피부를 통하는 수분의 증발이나 피부 표면의 열전달에 의해 이동한다. 사지의 혈관은 유연하여 유량을 바꾸는 데 사용되는 혈류속도를 조절하기 위해 크기를 변화시킨다. 추운 겨울날 우리의 손이 차가워지기 시작할 때, 우리 몸은 체온을 유지할 필요성을 감지하게 되고 우리 손을 차갑게 만들면서 혈관은 혈류속도를 줄이기 위해 수축된다. 운동 중 혈관은 냉각을 키우기 위해 확장되고 증발냉각하기 위해 발한이 시작된다. 어떤 경우에도 우리 몸은 가능한 한 체온을 37°C로 유지한다. 체온이 떨어질 때의 상태를 저체온증이라 하고, 몸이 열을 없앨 수 없을 때의 상태를 고체온증이라 하는데, 그 결과 일사병과 열사병에 걸린다. 주로 몸은

표 3.1 • 70 kg 사람의 여러 신체활동에 의한 에너지 소비 요약

신체활동	에너지 소비량 h^{-1}	신체활동	에너지 소비량 h^{-1}
가만히 누워 있을 때	77	자전거 타기(5.5 mi/h)	304
가만히 앉아 있을 때	100	3% 경사에서 걷기(2.6 mi/h)	357
빠르게 타자 칠 때	140	눈 치우기 또는 나무를 벨 때	480
옷을 입을 때/벗을 때	150	조깅(5.3 mi/h)	570
평지를 걸을 때(2.6 mi/h)	200	노 젓기(20 strokes/min)	828
성교	280	최대 활동(훈련받지 않은)	1440

[a] Vander, A.J., Serman, J.J., Luciano, D.S., 1985. *Human Physiology: The Mechanisms of Body Function*, 4th ed., ch. 15, New York: McGraw-Hill.

체온을 조절할 수 있으며 체온이 안정되어 몸이 온도 변화에 따른 에너지를 유지하지 못하거나 잃지 못하게 된다. 성인에게 몸무게는 전체 몸무게의 작은 변화가 없는 일상적인 식사와 배설에 중요한 개념이다.

신체활동 수치가 변화듯이 몸은 대사율을 조절한다. 금식 12시간 후 인간의 에너지 균형을 행하여 모인 자료는 소화기관 (약 30% 이상) 때문에 열효과를 없앤 후 대사율의 정확한 수치를 제공한다. 에너지 소비의 예가 표 3.1에 표시되었다.

3.8 요약

이번 장은 열과 일을 상호 전환하기 위해 열기관과 열펌프 그리고 효율의 제한의 개념을 도입하며 시작한다. 순환과정에서 기관은 단순하지만 실행은 여러 단계로 작동하면서 확신을 만든다. 증류탑 부분에 많은 유량이 있기 때문에 증류에서 여러 항을 도입하였다. 이 부분은 평형의 경계 선택과 많은 흐름에서 작동하면서 실행을 제공한다. 적절한 흐름을 선택하는 것은 문제를 해결하는 데 중요한 단계이다. 혼합 에너지와 혼합 부피는 둘 다 0이므로 흐름 엔탈피는 성분 엔탈피의 합이 됨을 강조하듯이 이상기체 혼합물과 이상용액을 도입하였다. 상전이를 포함하는 혼합 부피의 에너지 수지를 풀기 위해 표준상태를 사용한다. 반응계의 부분에서 계의 안과 밖의 에너지 흐름을 적절히 계산하기 위한 절차들을 시행했다. 마지막으로 에너지 수지는 복잡한 생물학적 반응에 적절하다는 것을 입증했다. 반응의 에너지 수지는 적용범위를 입증하고 문제를 해결하는 데 있어 확신을 만든다. 반응의 에너지 수지는 생물학적이든 혹은 산업적 반응기이든 간에 독립적이다. 이 점에서 대부분의 학생들은 교과서에 쓰여 있듯이 다음 장에 제시될 가역성과 비가역성을 이해하기가 쉽지 않다.

주요 식

계속 나온 두 식은 카르노 효율(식 3.6)과 카르노 COP(식 3.9)이다. 카르노 효율은 심지어 공정운영이 100% 효율적일지라도, 열 에너지를 기계적 에너지로의 전환은 100% 효율이 되지 않는다고 알려졌다. 이것은 발전소와 에너지 운영의 한계를 비추며 현대 사회에서 중요한 의

미를 가진다. 제I부와 제II부는 이러한 문제의 세부사항을 이해하고 더 정확히 문제를 푸는 방법을 제공한다. 실제공정은 저장소 간에 운영하지 않지만, 카르노 열효율과 COP는 실제 공정에서 기준점이 된다. 이 공식을 적용하는 일반적인 오류, (1) 효율을 알고 싶을 때 식을 맞바꾸고 COP 공식을 이용, (2) 절대온도 대신 상대온도(°C 혹은 °F) 이용

이번 장은 상전이를 포함하여 이상용액 개념과 혼합물의 에너지 수지를 푸는 방법을 도입했다. 주요 식

$$\Delta U^{is}_{mix} = 0 \qquad \Delta V^{is}_{mix} = 0 \qquad \Delta H^{is}_{mix} = 0 \tag{식 3.34}$$

반응 좌표의 개념과 단일반응에서 모든 성분을 도입하였다.

$$\dot{n}^{out} = \dot{n}^{in} + \dot{\xi}\sum_i \nu_i \tag{식 3.42}$$

마지막으로 반응열의 적절한 형태로 표현된 에너지 수지식

$$0 = \sum_{\text{components}} \dot{n}_i^{in}(H^{in} - H^o_R)_i - \sum_{\text{components}} \dot{n}_i^{out}(H^{out} - H^o_R)_i + \dot{\underline{Q}} + \dot{\underline{W}}_S - \dot{\xi}\Delta H^o_R \tag{식 3.51}$$

만일 생성 엔탈피가 성분 엔탈피에 포함되면 생성열 방법은 2장의 에너지 수지로부터 바뀌지 않는다.

$$0 = H^{in}\dot{n}^{in} - H^{out}\dot{n}^{out} + \dot{\underline{Q}} + \dot{\underline{W}}_S \tag{식 3.47}$$

3.9 익힘문제

P3.1 디메틸에테르(DME) 합성은 많은 석유화학 공정의 단순 원형을 제시한다. 25°C에서 메탄올 시간당 10톤(10,000 kg)이 주입된다. 전반적인 공정이 거의 10 bar에서 운전된다. 250°C에서 50%의 메탄올이 DME와 물로 전환된다. 흐르는 반응기는 75°C로 냉각되고 유입되는 99%의 DME는 물 없이 유입된 1%의 메탄올을 지닌 탑 맨 윗단으로 나오는 증류탑으로 보내진다. DME 생성물 흐름은 45°C로 냉각된다. 탑 맨 아래 첫 번째 단은 전체 DME와 유입된 1%의 물과 함께 136°C에서 탑 맨 윗단에서 빠져나온 99%의 메탄올이 있는 두 번째 단으로 보내지고 순환된다. 탑 맨 아래 두 번째 단은 179°C에서 빠져나오고 수처리를 위해 보내진다. 다음 문제를 풀기 위해 예제 3.6(b)의 방법을 이용한다.

(a) 공급원료 흐름 메탄올의 엔탈피를 GJ/h로 계산하라.
(b) 첫 번째 증류탑으로 들어오는 흐름 엔탈피를 GJ/h로 계산하라.
(c) 생성물 DME 흐름 엔탈피를 GJ/h로 계산하라.
(d) 순환 흐름 메탄올의 엔탈피를 GJ/h로 계산하라.

(e) 물을 함유한 생성물의 엔탈피를 GJ/h로 계산하라.

(f) 전 과정의 에너지 수지를 GJ/h로 계산하라. 이 공정은 순 에너지 혹은 여력이 필요한가?

답: −50, −106, −51, −31, −7, 즉, 에너지 여력

3.10 연습문제

3.1 전체 응축기를 가진 증류탑이 그림 3.3에 나타난다. 이 문제에 제시된 장치는 32 kJ/mol의 평균 증발 엔탈피, 146 J/mol-°C의 평균 C_P^L, 93 J/mol-°C의 평균 C_P^V을 가진다. 다양한 흐름의 유속과 열속도에 대한 각 부분의 명칭은 그림에 주어진다. 기체와 액체의 흐름을 $F = F_V + F_L$로 표시되는 첨자를 사용하여 공급은 액체, 기체, 혼합물로 표시할 수 있다. 즉 포화 액체는 F_LH^{satL}, 포화 기체 F_VH^{satV}, 과냉각 액체 $F_LH^{satL} + F_L C_P^L(T_F - T^{satL})$, 과열 증기 $F_VH^{satV} + F_VC_P^V(T_F - T^{satV})$, 기체와 액체의 혼합은 $F_L H^{satL} + F_VH^{satV}$로 나타낼 수 있다.

(a) 물질수지를 사용하여 $F_V + V_S - V_R = L_S - L_R - F_L$임을 보여라. [(b)~(f)에서 원하는 결과를 보기 위해 공급부분의 물질수지와 에너지 수지를 사용하라].

(b) 포화 증기의 공급 $F_L = 0$에 대해 $V_R = V_S + F_V, L_S = L_R$임을 보여라.

(c) 포화 액체의 공급 $F_V = 0$에 대해 $V_S = V_R$, $L_S = L_R + F_L$임을 보여라.

(d) 과냉각 액체의 공급 $F_V = 0$에 대해 $V_R - V_S = F_LC_P(T_F - T^{sat})/\Delta H^{vap}$임을 보여라.

(e) 과열 증기의 공급 $F_L = 0$에 대해 , $L_S - L_R = -F_VC_P(T_F - T^{sat})/\Delta H^{vap}$임을 보여라.

(f) 포화 액체와 포화 증기의 혼합물에 대해 $V_R = V_S + F_V$, $L_S = L_R + F_L$임을 보여라.

(g) 포화 액체인 L_R, D 흐름의 경우에 대해 응축기 부분과 증발 엔탈피를 관련시키기 위해 응축기 주위의 물질수지와 에너지 수지를 사용하라.

(h) 증발 엔탈피에 재비기의 역할을 관련시키기 위해 재비기 주위의 물질수지, 에너지 수지를 사용하라.

(i) 과냉각 액체 흐름 L_R과 D의 경우 탑 상부로 나가는 기체 흐름 등 많은 변수가 요구된다. V_R'(응축기로 들어가는)은 정류부의 유속 V_R보다 더 적을 것이다. 또한 정류부에서 액체유속 L_R은 탑 밑의 환류보다 더 클 것이다. 변수 V_R', V_R'을 사용하여 탑의 상부 밖으로 나가는 유속과 환류를 나타내고 V_R을 V_R', L_R'과 과냉각의 정도 $T_L' - T^{satL}$의 관계를 보여라. [(j)~(o)에서 모든 유속과 열교환 용량($\underline{Q}$값)을 구하라.]

(j) F = 100 mol/hr(포화 증기), B = 43, L_R/D = 2.23

(k) F = 100 mol/hr(포화 증기), D = 48, L_s/V_s = 2.5

(l) F = 100 mol/hr(포화 액체), D = 53, L_R/D = 2.5

(m) $F = 100$ mol/hr(반은 액체, 반은 증기), $B = 45$, $L_s/V_s = 1.5$

(n) $F= 100$ mol/hr(60°C의 과냉각 액체), $D = 53$, $L_R/D = 2.5$

(o) $F= 100$ mol/hr(60°C의 과열 증기), $D = 48$, $L_s/V_s = 1.5$

3.2 지구온난화의 Arrhenius 모델은 매우 큰 조성계를 구성한다. 우주로 방출되거나 지표면으로 돌아오는 동등한 양과 함께 대기(A) 중의 가스층은 지표면으로부터 적외선을 흡수하고 다시 방출한다고 가정한다. 지표면에 도달하는 태양 에너지 240 W/m^{2}은 적외선(S)과 같이 다시 반사된다. 지면(G)의 '방사율값'(λ)은 A의 값과 같다고 두자. λ는 흡수되지 않는 방사선 일부이다. 예를 들어, $(1-\lambda)$는 지면에 의해 흡수되는 IR 적외선의 일부일 것이고, 표면 에너지는 $S = A\lambda + G(1-\lambda)$일 것이다. 지면의 유사한 수지는 $\lambda G = 2\lambda A$를 제공한다. 이 식은 G로부터 받은 적외선이 A로부터 나온 값에 의해 평형이 된다는 것을 나타낸다. 적외선은 지면이나 우주로 향하기 때문에 오른쪽 식에 2의 인자가 나타난다. 적외선 식은 다음과 같이 주어진다. σ = Stefan – Boltzmann 상수 5.6704×10^{-8}(W/m^2-K^4)인 $G = \sigma T_G^4$ 그리고 $A = \sigma T_A^4$

(a) 평균 T_G가 300 K일 때, λ를 구하라.

(b) $\lambda = 0$일 때 T_G를 구하라. 이는 지구온난화가 아닌 것을 뜻한다.

(c) $\lambda = 1$일 때 T_G를 구하라. 이는 지구온난화이다.

(d) 이 모델의 가정에서 적어도 3개 정도 간소화하여 나타내라. 이 가정이 T_G를 과소 혹은 과대평가하는지를 토의하라.

3.3 수평 피스톤/실린더 장치에 2 mole의 질소가 처음에 10 bar, 600 K(상태 1)인 상태로 있다. 질소는 1 bar(상태 2)까지 단열 팽창된다. 그리고 일정 부피에서 600 K(상태 3)까지 가열되며 마지막까지 등온적으로 상태 1로 변환된다. 질소는 이 책의 마지막 부분의 빠른 참조에 주어진 것처럼 일정한 열용량을 가지는 이상기체로 가정하고 피스톤/실린더 장치의 열용량은 무시하라. 다음 그림처럼 열이 가해지기도 하고 빠지기도 한다. 또한, 공정 각각의 단계는 가역적인 것으로 가정하라.

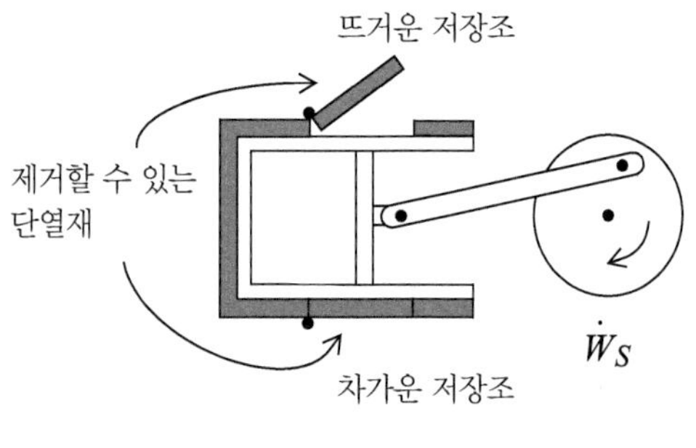

(a) 각 단계와 전체에 대해 기체에 행해진 일과 열전달을 계산하라.

(b) 기준상태로 상태 1을 이용하고 $U_R^{ig} = 0$으로 하여 각 단계에서의 질소에 대한 U, H를 계산하고 각 단계에서와 전체 $\underline{Q}, \underline{W}_{EC}$에 대하여 $\Delta U, \Delta H$를 구하라.

(c) 대기는 공정 전체에 대해 1 bar, 298 K이다. 각 단계와 전체에 대하여 대기에 행해진 일을 계산하라. (힌트: 계로서 대기를 사용하라). 각 단계 전체에서 얼마만큼이 축일로 변환되는가?

3.4 반응 증류의 과정에서 공정 강화를 제공하여 증류하는 동시에 반응이 증류탑에서 일어난다. 반응을 포함한 반응 증류를 고려하자. 사이클론헥센$_{(l)}$ + 아세트산$_{(l)}$ $\rightleftarrows$ 초산 사이클로헥실$_{(l)}$. 반응 증류에서 각각의 반응물로 두 공급물이 이용된다. 작은 규모의 칼럼에서 유속, 열량과 온도는 mol/min으로 다음 표로 표시되었다. 열용량은 온도에 무관하다고 가정한다. 모든 흐름은 액체이다. 칼럼에 필요한 순열을 추정하기 위해 생성열을 NIST WebBook으로부터의 자료를 이용하라.

	CP (J/mol-K)	하부 공급부	상부 공급부	증류액	탑밑
T(K)		304	298	328	386
사이클로헥센	165	0.35	0	0.115	0.11
아세트산	130	0	0.425	0.03	0.27
초산 사이클로헥실	290	0	0	0	0.125

3.5 염화알릴(AC) 합성은 많은 석유화학공정의 간단한 원형을 제공한다. 25°C에서 시간당 869kg의 프로필렌(C3)이 1%의 염소(Cl_2)와 함께 공급된다. 전 과정은 거의 10 bar에서 운전된다. Cl_2는 반응기 주입부에서 Cl_2의 50%에 도달하기 위해 순환된다. 511°C에서 반응기 전환율은 프로필렌에서 염화수소(HCl)와 AC로 100% 전환된다. 흐르는 반응기는 35°C로 냉각되고 유입되는 98%의 AC가 HCl 없이 유입되는 1%의 Cl_2를 지닌 탑 맨 아래로 나오는 증류탑으로 보내진다. 탑상 첫 번째 단은 99%의 유입된 Cl_2가 유입된 1%의 HCl, AC 전체와 함께 36°C에서 탑 아랫단으로 빠져나오는 두 번째 단으로 보내진다. 탑 상 두 번째 단은 −31°C에서 나오고 수처리를 위해 보내진다. 증발열을 추정하기 위해 에너지 수지의 생성열 방법과 식 2.45의 이상기체 표준상태의 방법을 사용하여 다음을 구하라.

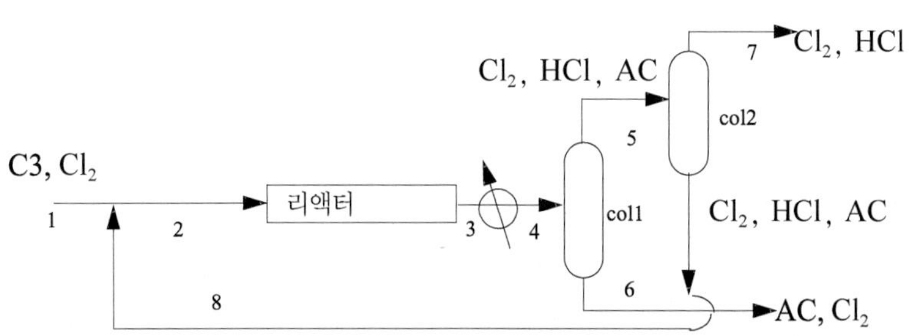

(a) 이 반응의 화학량론식을 써라. (힌트: 화학명과 화학식을 찾기 위해 NIST Web-BOOK을 검토하라.)

(b) 모든 흐름의 조성과 유속을 정하기 위해 물질수지를 수행하라.

(c) 오직 흐름 (1), (6), (7)을 이용하여, 전체과정의 에너지 수지를 MJ/h를 계산하라. 이 공정은 순 에너지 혹은 여력이 필요한가?
(d) 반응기에 부하된 열을 MJ/h로 결정하라.
(e) 공급 흐름 1의 엔탈피를 MJ/h로 계산하라.
(f) 증류탑 첫 번째 단에 들어오는 흐름 4의 엔탈피를 MJ/h로 계산하라.
(g) 생성 흐름 6 AC의 엔탈피를 MJ/h로 계산하라.
(h) 순환 흐름 8 Cl_2의 엔탈피를 MJ/h로 계산하라.
(i) 수 흐름 7 HCl의 엔탈피를 MJ/h로 계산하라.

3.6 촉매 $AlCl_3$를 이용하여 회분 반응기에 초기 30°C에서 $Cl_2(g)$와 함께 초기 30°C에서 벤젠$_{(l)}$을 반응하여 클로로벤젠$_{(l)}$이 만들어진다. HCl(g)는 부산물이다. 반응과정 중 온도는 50°C까지 올라간다. 디클로로벤젠을 억제하기 위해, 벤젠의 전환율은 30%로 제한해 두었다. 벤젠 1 mol과 0.5 mol의 $Cl_2(g)$을 기반으로 구체화된 방법을 사용하여 어떤 것이 냉각되거나 가열되는가? NIST WebBOOK은 25°C에서 각각 액체 벤젠(49 kJ/mol)과 클로로벤젠(11.5 kJ/mol) 생성열을 기록해 놓았다.

(a) 에너지 수지를 위해 벤젠의 액체 표준상태와 반응열 방법을 사용하라.
(b) (a)처럼 하는 대신, 에너지 수지의 생성열 방법을 사용하라.
(c) 증발열과 반응열 방법을 추정하기 위해 식 2.45에서 벤젠의 이상기체 상 표준상태를 사용하라.

3.7 문제 3.6에 묘사된 반응으로부터 만들어진 벤젠과 염화벤질은 1 bar에서 증류탑에 의해 분리된다. 염소와 HCl은 쉽게 제거되고 이 문제는 오직 2성분계에 관여한다. 121.9°C에서 재비기로의 유체유동은 90 mol%의 클로로벤젠과 10 mol%의 벤젠이라고 가정하자. 보일 업 (boilup) 비율은 127.8°C에서 0.7이고, 재비기를 나가는 증기는 12.7 mol%의 벤젠이다. 클로로벤젠의 증발열은 41 kJ/mol이다. 액체의 열용량은 문제 3.6(a)에 있다. 재비기의 열부하를 결정하라.

3.8 이 문제는 탄수화물 모델처럼 글루코오스 산화를 고려하자.

(a) 인체에서 글루코오스는 일반적으로 수용액으로 대사 작용을 한다. 수용액에 글루코오스를 녹이기 때문에 엔탈피 변화를 무시하고, 식 3.56의 표준 반응열을 계산하라.
(b) 움직이지 않고 앉은 정상상태 에너지 소비와 함께 (a)에서 계산된 표준 반응열을 사용하여 소비된 글루코오스 속도를 결정하라(g/day). 호흡은 298.15 K에 가깝기 때문에 현열은 무시하라.
(c) 백열전구를 특성화하는 데 주로 사용되는 W 항에 에너지 소비를 집어넣어 (b)에서의 에너지 소비와 백열전구를 비교하라.
(d) 무게단위를 기준으로 모든 탄수화물은 같은 반응열을 가진다. 청량음료는 fluid oz당 약 73 g의 탄수화물(당)을 가진다. 병과 제조사의 상표는 함량이 275 kcal를

제공한다고 보고했다. (주의: 음식물 칼로리는 열역학 kcal여서 이미 전환이 되었으며 병은 275 칼로리라고 적혀 있다.)

(e) 평균값으로 앉을 때의 에너지 소비를 사용하여 70 kg 사람의 CO_2(kg)의 연간 배출량은 얼마인가?

3.9 피스톤/실린더가 2개의 방을 가지고 다음과 같이 스프링을 포함하고 있다. 우측은 20°C, 0.2 MPa의 공기를 담고 있다. 스프링은 오른쪽으로 $F = 5500x$ N의 힘을 발하는데, 여기서 x는 그림에 표시된 거리이고, $x^i = 0.3$ m이며 피스톤의 단면적은 0.1 m^{2}이다. 피스톤/실린더 기구는 열을 전도하지 않고 피스톤/실린더와 스프링은 온도가 변하지 않는 것으로 가정하라. 진동이 멈춘 후 다음 각 경우에 대해 오른쪽 부분과 피스톤의 최종 위치, x^f에서의 공기온도는 얼마인가? 온도에 무관한 공기의 열용량 $C_P = 7R/2$를 사용하라.

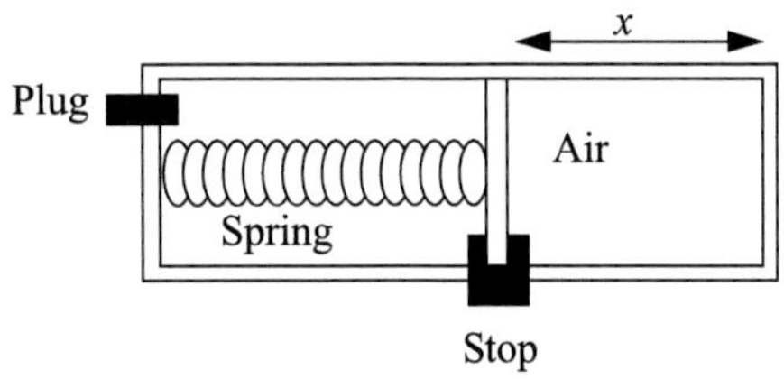

(a) 왼쪽 부분은 진공상태이고 마개는 그대로 있다.

(b) 공정 전체에 걸쳐 왼쪽 부분의 압력을 0.1 MPa로 유지하기 위해 마개를 제거한다.

3.10 팽창된 고무풍선 내의 기체에 대해 최종상태를 결정하고자 한다. 처음은 고정된 채 ($\underline{V}^i$)의 부피를 가지고 있다. 고무풍선의 부피는 $\underline{V} = a \cdot P + b$에 의해 내부 압력으로 적용되며 여기서 a, b는 상수이다. 고무풍선은 팽창과정 동안 일정한 P_{lung}, T_{lung}에서 입으로 공기를 불어넣어 팽창될 수 있다. 고무풍선에서의 한 벽으로의 열교환은 무시할 수 있다. 계는 언제나 풍선 내부의 기체로 정의된다. 일반적인 에너지 수지식으로 시작하여 $\{C_P, C_V, P_{lung}, T_{lung}, T^i, T^f, T_R, P_R\}$과 $\{(\underline{V}^i, \underline{V}^f)\}$나 $\{(\underline{P}^i, \underline{P}^f)\}$을 견지하여 수지식을 써서 요약하라. 이는 V^f또는 P^f의 측정은 T^f의 결정으로 충분하다는 것을 설명해 줄 것이다. 공기는 이상기체로 가정하라.

3.11 잘 절연된 탱크가 2 MPa, 673 K에서 공기 1 mole을 담고 있다. 초기에는 비어 있는 절연 피스톤/실린더 장치에 닫힌 밸브를 경유하여 연결되어 있다. 피스톤은 마찰력이 없는 것으로 가정하라. 배관과 밸브의 부피는 무시할 만하다. 피스톤의 무게와 대기압은 전체 하락하는 힘이 0.7 MPa의 실린더 내 기체 압력과 비교하는 것과 같다. 탱크와 피스톤/실린더 사이의 밸브는 압력이 전체에 걸쳐 일정해질 때까지 열려 있다. 탱크 내 온도는 499.6 K로 나타났고 공기는 이상기체 온도에 무관한 열용량 $C_P = 29.3$ J/mol-K일 수 있다.

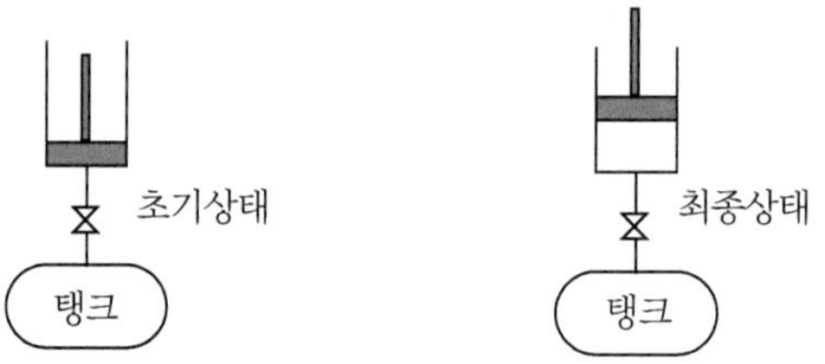

(a) 공정 종료 후에 탱크 내 남은 몰수는?

(b) 공정에 대한 에너지 수지를 단순화하여 써라. 아울러 피스톤/실린더 기체의 최종 온도를 결정하라.

4

CHAPTER

엔트로피

$$\underline{S} = k\ln W$$

L.Boltzmann

우리는 에너지 수지 그리고 마찰과 속도구배로 인한 유용한 일의 손실에 대하여 알아보았다. 주어진 공정에 대하여 최대 일의 출력(또는 최소 일의 입력)을 결정하는 것은 중요한 일이다. 우리가 유용한 일을 얻는 데 관심을 기울이면 어떠한 형태의 에너지를 유용한 일로 바꿀 수 있는 능력을 지배하는 요인이 무엇인지 찾을 수 있다. 예를 들어, 이상기체가 $\underline{V}^i$에서 $2\underline{V}^i$로 등온 팽창할때 공정이 가역적이면 상당한 양의 유용한 일을 얻을 수 있고, 비가역적이면 일을 얻지 못할 수도 있다. 만약 우리가 이 두 가지 공정의 차이점을 이해할 수 있다면, 여러 공정에서 낭비되는 에너지를 최소화할 수 있는 방법을 이해하는 길에 올바르게 들어선 것이라고 할 수 있다.

엔트로피는 계의 무질서도를 반영한다. 곧 다루겠지만 우주의 무질서도(disorder of universe)가 증가하면 유용한 일을 할 수 있는 역량이 감소하게 된다. 이것이 열역학 제2법칙이다. 개념상으로 적합해 보이지만 수학적으로 어떻게 무질서도(disorder)를 정의할 수 있을까? Boltzmann은 다음과 같이 정의하였다.

$$\underline{S} = k\ln W$$

여기서 $\underline{S}$는 엔트로피, W는 T와 V와 같은 주어진 독립 변수의 특정한 세트에 분자가 배치되는 방법의 수, k는 Boltzmann 상수이다.

예를 들어, 양말을 서랍 안에 정돈하는 것보다 전체 방안에 정돈하는 방법이 더 많은데, 근본적으로 방의 부피가 서랍의 부피보다 더 크기 때문이다. 이 경우에 $\Delta\underline{S} = Nk\ln(\underline{V}_2/\underline{V}_1)$임을 알 수 있는데, 여기서 N은 양말의 수이고, $Nk = nR$, n은 몰수, $\underline{V}$는 부피, R은 기체상수이다. 1장에서 우리는 Boltzmann이 누구이며, 그의 상수가 어떻게 분자적 관점의 기초가 되었는지 고려하지 않고 $U^{ig} = 1.5NkT$ 로 적었다. 분자와 거시적인 크기 사이의 이러한 연결은 Boltzmann의 주요한 기여이다.

학습목표

1. 엔탈피 변화를 미시적이고 거시적인 차원에서 말과 숫자로 설명하라. 터빈, 펌프, 열교환, 혼합기, 동력사이클과 관련된 일반적인 표현.
2. 주어진 상황에 대하여 완전한 엔트로피 수지를 간단하게 나타내고 가역공정의 생산성을 풀이하라.
3. 대표적인 공정에 대한 *T-S*, *T-V*, *H-S* 및 *P-H* 선도를 그리고 해석하라.
4. 터빈/압축기와 관련된 일을 결정하기 위하여 입력 및 출력 조건과 효율을 이용하라.
5. 실제 계에 대한 기준점으로서 가역공정에 대한 최대 일을 결정하라.

4.1 엔트로피의 개념

2장과 3장에서 효율적인 에너지 전환과 관련하여 비가역성의 중요성을 보였다. 공정이 비가역적으로 수행될 때 일의 에너지는 일반적으로 열의 에너지로 소산됨을 언급하였다. 만약 '비가역성 측정기(irreversibility meter)'가 있다면 특정 공정의 비가역성을 측정할 수 있고 그것에 따라서 공정을 설계할 수 있다. 대안으로 가역공정에 비교한 공정의 효율이 주어지면, 그것으로부터 비가역성의 크기를 추론할 수 있다. 예를 들어, 경험을 통해 특정한 1,000 kW 터빈의 효율이 85%임을 보일 수 있다. 그러면, 실제 터빈을 나타내는 것은 가역적 터빈(100%효율)에 대하여 계산한 후에 간단히 할 수 있다.

! 엔트로피는 최대/최소 일을 결정하는 유용한 성질이다.

Rudolf Julius Emanuel Clausius (1822~1888)은 독일의 물리학자이자 수학자로 카르노기관의 해석을 위한 엔트로피의 거시적 형태를 공식화하였고 열역학 제2법칙을 발전시킨것으로 유명하다.

우리가 처음 대면하는 것은 엔트로피 생성은 비가역성의 측정을 제공하는 것이다. 엔트로피를 좀 더 공부하면, 그것의 더 넓은 영향을 알기 시작한다. 이러한 확장된 영향은, 특히 8~16장에서 언급된 다성분 평형공정의 학습에 특히 중요하다. 5~7장에서는 상태함수로서 엔트로피의 특징을 배우게 된다. 그 값이 경로에 독립적이기 때문에 그 값을 계산할 수 있는 다양한 방법을 상상할 수 있고, 특정한 상황에 가장 편리한 경로를 선택할 수 있다.

엔트로피는 미시적이고 거시적으로 탐구할 수 있다. 미시적 관점은 엔트로피와 '무질서(disorder)'를 직관적으로 연결하게 한다. 거시적인 관점은 체계적인 실험의 수행과 엔트로피와 같은 통합적인 개념을 찾기 위한 경험적인 접근을 추구한다. 엔트로피는 초기에 수증기 엔진 설계와 관련하여 거시적으로 고려되었다. 엔트로피라는 용어는 그리스어의 전환(transformation)[1]으로부터 Rudolf Clausius에 의해서 만들어졌다. 학생들에게 (기체에 대한) 부피와 온도의 효과의 연관성를 주기 위하여, 이 책은 미시적 관점에서 시작하여 무질서의 자세한 의미를 생각하고 거시적인 정의가 일치함을 증명한다.

1 Denbigh, K. 1971. *The Principles of Chemical Equilibrium*. 3rd ed. New York: Cambridge University Press, p.33.

엔트로피의 두 가지 관점 사이의 차이를 알기 위해 두 관점을 먼저 정의하는 것이 도움이 된다. 거시적 정의는 공정문제의 문제해결에 특히 편리하다. 하지만, 이 정의와 무질서 사이의 관계는 즉각적으로 명확하지 않다.

거시적 정의–세기 엔트로피(intensive entropy)는 계의 상태 성질(state property)이다. 닫힌 단순계(closed simple system: 계 내부에 온도구배, 혹은 농도구배가 없으며 단열의 견고한 비투과성 경계면으로 되어 있음)[2]의 상태에 아주 작은 변화가 있을때, 계의 아주 작은 엔트로피 변화는 가역경로를 따라서 계에 의하여 흡수된 열을 열전달이 이루어지는 표면에서의 계의 절대온도로 나눈 것과 동일하다.

$$d\underline{S} \equiv \frac{d\underline{Q}_{rev}}{T_{sys}} \qquad \text{〈식 4.1〉}$$

여기서 $d\underline{S}$는 계의 엔트로피 변화이다. 이 정의가 미시적 정의와 일치함은 나중에 보여 줄 것이다.

미시적 정의–엔트로피는 계의 분자 규모의 무질서한 정도의 척도이다. 그 값은 특정한 거시상태에서 가능한 미시적, 또는 미소상태의 수와 관계한다. 구체적으로 계의 에너지가 고정되어 있고 입자 수가 N 일 때,

$$\underline{S}_i \equiv k\ln(p_i) \text{ 또는 } \Delta\underline{S} \equiv k\ln\left(\frac{p_2}{p_1}\right) \qquad \text{〈식 4.2〉}$$

여기서 p_i는 i번째 거시상태에서의 미소상태의 수이며, $k = R/N_A$이다. 우리는 다음 절에서 미소상태와 거시상태에 대해 논의할 것이다.

미시적인 관점은 엔트로피가 (기체의 경우)부피, 온도, 그리고 혼합에 따라서 어떻게 변화하는지 이해하는 것에 직접적으로 유용한다. 도입부에서 양말과 서랍으로 언급한 바와 같이 무질서도는 가능한 배열이 증가할수록 증가한다고 간단히 말할 수 있다. 유사하게, 밸브가 열렸을 때 압력이 평형이 될 때까지 분자들은 재배열된다. 미시적인 접근으로부터, 엔트로피는 분자의 가능한 배열의 수와 연관된 특정한 수학적인 연관관계이다. Boltzmann은 미시적인 정의는 Rudolf Clausius에 의해서 유추된 거시적인 특성과 전적으로 일치함을 보여 준다. 어떻게 두 접근이 동일한지를 입증할 것이다.

엔트로피는 이해하기 어려운 개념이다. 이것은 물리적 상황에 대한 엔트로피의 영향이 오묘해서 우리가 수학적 정의에 전적으로 의존해야만 하기 때문이다. 우리는 몇 가지 물리적 상황과 엔트로피를 연관 지을 것이며, 이들에 대한 논의를 통해 엔트로피가 어떻게 변하는가에 대한 이해를 높이는 기회를 갖도록 할 것이다. 궁극적으로 엔트로피는 수학적으로 정의되며, 또한 성질을 알아

---

2 단순계는 외력장(external force field)이나 관성력에 의해서 작용을 받지 않는다.

보기 위해 설정한 물리적 상황이 때로는 만족스럽지는 않지만 엔탈피와 같이 문제를 푸는데 사용될 수 있다는 것에 여러분이 확신을 가져야 한다.

엔트로피의 미소적인 접근이 먼저 논의되고, 거시적인 접근이 논의된다.

엔트로피의 미시적 정의는 4.2절에서 논의된다. 미시적으로는 S는 (부피와 혼합에 의하여 영향받는) 공간적 배열과 (온도에 의해서 영향받는) 에너지 준위의 에너지적 배열에 주로 영향을 받는다. 우리는 먼저 분자의 공간적 분포를 분석함으로써 미시적 정의의 의미를 명백히 이해하도록 한다. 엔트로피와 온도를 연관 짓기 위해서 분자의 공간적 분포의 원리가 에너지적 분포로 어떻게 확장될 수 있는지를 알아볼 것이다. 4.3절에서는 엔트로피의 거시적인 정의와 열역학 제2법칙의 결론을 내릴 것이다.

4.4절에서는 제2법칙이 에너지 수지에 의하여 수학적 형태로 표현될 것이다. 이 절에서는 (전기발전에서와 같이) 열이 어떻게 일로 바뀌는지 설명할 것이다. 그러나 Carnot 효율에 의하여 나타낸 바와 같이, 열이 일로 전환될 때의 최대 효율은 100%에 미치지 못한다. 이 효율은 엔트로피 수지를 사용하면 쉽게 계산할 수 있다. 열이 일로 전환될 때의 간단하고도 근본적인 제한은 에너지 공학에 큰 영향을 준다. 4.5절에서는 심지어 전체공정이 비가역일지라도, 전체공정의 부분은 가역적일 수 있다는 점에 중점을 두고 있다.

4.6절에서는 통상적인 공정장치에 대해서 엔트로피 수지를 세우고 이 후의 절에서는 이 엔트로피 수지를 응용할 것이다. 전체적으로 이 장은 엔트로피를 이해하도록 하고 있는데, 엔트로피는 5장에서는 공정 계산에 일상적으로 사용된다.

4.2 엔트로피의 미시적 관점

확률론은 계산으로 변한 상식일 뿐이다.

LaPlace

우선 계의 무질서가 변하는 방법에는 두 가지가 있다는 것을 인식할 필요가 있다. 첫 번째는 원자의 물리적 배열(혹은 분포)에 기인한 무질서가 있다. 우리는 이를 **배열 엔트로피**(configurational entropy)로 나타낸다.[3] 두 번째는 입자의 운동에너지 분포에 따른 엔트로피가 있다. 우리는 이를 **열엔트로피**(thermal entropy)로 나타낸다. 운동에너지 분포의 예로서 두 입자로 이루어진 계에서 한 입자의 운동에너지는 3이고 다른 입자의 운동에너지는 1인 경우와 두 입자의 운동에너지가 각각 2인 경우를 생각해 보자.[4]

배열 엔트로피는 공간분배와 관련 있고 열 엔트로피는 운동에너지 분배와 관련이 있다.

3 '배열(configurational)'이라는 말은 때때로 여러 가지 다른 의미로 쓰인다. 우리는 이 말을 Denbigh, K. (1981. *The Principles of Chemical Equilibrium*, 4th ed. Cambridge University Press, pp. 54–55)가 설명한 의미로 받아들인다. 기술적으로는 배열 엔트로피는 이상기체에 대하여 이 장에서 논의한 조합분포(combinatorial distribution)와 제II부에서 논의한 엔트로피 편차함수(energy departure function)와 동등함을 주목해야 한다.

4 이 두 형태의 엔트로피가 두드러지게 다른 점은 Denbigh, K. (1981. *The Principles of Chemical Equilibrium*, 4th ed. Cambridge University Press, pg. 353)에 의해 자세히 설명되었다.

이 두 경우는 모두 원자의 배열이 같음에도 불구하고 미시적으로는 전혀 다르다. 이와 같이 열 엔트로피는 미시적으로 다루기가 더 어려우므로 이 절에서는 배열 엔트로피에 초점을 맞추고자 한다.

엔트로피와 공간 분포 : 배열 엔트로피

N개의 분자와 M개의 상자가 있다고 하자. 상자에 분자들이 어떻게 분포될 수 있을까? 그리고 어떤 한 분포가 다른 분포보다 더 잘 일어날 수 있을까? 이런 문제에 대해서 숙고하면 미소상태와 거시상태가 의미하는 것이 무엇인지, 그리고 엔트로피가 무질서와 어떻게 관련되는지를 명백하게 이해할 수 있다. 이제 두 상자에 입자가 분포되는 경우에 대해서 좀 더 구체적으로 생각해 보자.

먼저 $N = 2$인 이상기체[5] 분자가 $M = 2$인 상자에 분배되는 방법을 생각해 보자. 입자가 표시되어 있어서 어떤 입자가 어느 상자에 들어가 있는지 안다고 한다면 입자를 나누는 방법은 그림 4.1에서와 같이 네 가지가 된다. 이와 같이 배열된 것을 **미소상태**(microstate)라고 한다. 그러나 각 상자에 들어 있는 입자를 구분할 수 없다면 거시적으로 볼 때의 특성은 어느 입자가 어느 상자에 들어 있는가 하는 사실보다는 상자에 입자가 몇 개 들어 있는가 하는 사실일 것이다. **거시상태**(macrostate)에 대해서는 상자 안에 어떤 입자가 들어 있는가 보다는 몇 개가 들어 있는가를 알기만 하면 된다. 상자와 연결된 압력계를 생각하면 이해에 도움이 될 수 있다. 압력계는 상자 안에 입자가 하나도 없거나, 1개가 있거나 2개가 있는 것을 나타낼 뿐이지 어떤 입자가 들어 있는지는 알려 주지 않는다. 그러므로 미소상태 α와 δ는 입자의 분포가 다르기 때문에 다른 거시상태이다. 그러나 미소상태 β와 γ는 동일한 거시상태 이다. 따라서 네 가지 미소상태에 대하여 세 가지 거시상태만 존재할 수 있다.

❗ 분간성은 미소상태와 관계되고 비분간성은 거시상태와 관계된다.

입자의 어떤 배열이 더 잘 이루어지는가를 알기 위해서 우리는 '동일 확률의 원리(principle of equal a priori probabilities)'를 적용한다. 이 '원리'에 따르면 미소상태의 에너지가 같으면 발생 확률이 같다. 우리가 고찰해 온 상호 작용하지 않는 입자로 이루어진 계의 모든 미소상태는 에너지가 같으므로 발생 확률도 같다. 실제적으로는 우리는 어떤 거시상태가 확률이 높은가 하는 데에 관심이 있다. 표 4.1에 나타낸 바와 같이 어떤 거시상태의 확률은 그 상태에

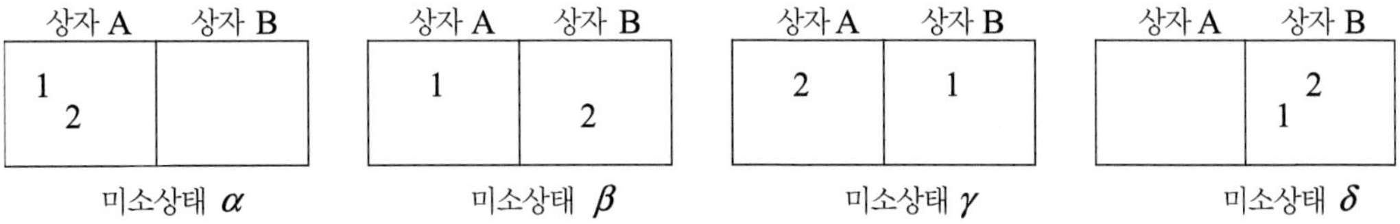

그림 4.1 • 두 입자가 두 상자에 배열되어 나타난 네 가지 미소상태, β와 γ는 같은 압력의 거시상태값을 가진다.

5 이상기체는 상호작용이 없다. 상호작용이 없는 입자들은 다른 입자의 존재를 의식하지 않으며 에너지는 입자 간 분리에 독립적이다. 다시 말해서, 퍼텐셜 에너지는 무시된다.

표 4.1 • 두 입자와 두 상자에 대한 거시상태

거시상태		미소상태의 수	미소상태의 확률
상자 A 안의 입자의 수	상자 B 안의 입자의 수		
0	2	1	0.25
1	1	2	0.5
2	0	1	0.25

서의 미소상태의 수를 모든 거시상태에 대한 미소상태의 수로 나눈 것이다.[6] 예를 들어 첫 번째 미소상태의 확률은 1/4 = 0.25이며 고르게 분포된 상태의 확률은 2/4 = 0.5이다. 말하자면 거시상태의 1/3은 50%의 확률을 나타낸다. 그러므로 '가장 확률이 높은 분포(most probable distribution)'는 고르게 분포된 경우이다.

입자가 훨씬 많으면 어떻게 될까? 입자 수가 N이고 상자 수가 M인 경우의 미소상태의 수는 M^N으로 알려져 있기 때문에, 미소상태의 수를 헤아리는 일은 지루해진다. 입자 수가 5이고 상자 수가 2일 때에는 그래도 헤아릴 만하다. 모든 입자가 두 상자 중의 한 상자에 모두 들어 있는 미소상태의 수는 2이다. 다음에 상자 A에는 한 입자만 들어 있고 상자 B에는 네 입자가 들어있는 경우를 생각해 보자. 거시상태는 어떤 입자가 상자에 들어 있느냐에 좌우되는 것이 아니라 몇 개가 들어 있느냐에 달려 있음을 상기하면 이 거시상태에 대해서는 표 4.2a에서 알 수 있는 바와 같이 5개의 미소상태가 존재한다.

상자 A에 두 입자를 넣고 상자 B에 세 입자를 넣어서 된 미소상태의 수를 세는 것은 약간 더 지루한데, 그 결과를 표 4.2b에 나타내었다. 이 거시상태에서 미소상태의 수가 10임을 알 수 있다. (상자 A에 3 입자) + (상자 B에 2 입자)와 (상자 A에 4 입자) + (상자 B에 한 입자)에 대한 입자 분포는 각각 (상자 A에 2입자) + (상자 B에 3입자)와 (상자 A에 한 입자) + (상자 B에

표 4.2 • 두 상자에 분포되어 있는 5개의 입자로 이루어진 둘째, 셋째 거시상태에 대한 미소상태

4.2a 상자 A에 1개의 입자		4.2b 상자 A에 2개의 입자			
상자 A	상자 B	상자 A	상자 B	상자 A	상자 B
1	2,3,4,5	1,2	3,4,5	2,4	1,3,5
2	1,3,4,5	1,3	2,4,5	2,5	1,3,4
3	1,2,4,5	1,4	2,3,5	3,4	1,2,5
4	1,2,3,5	1,5	2,3,4	3,5	1,2,4
5	1,2,3,4	2,3	1,4,5	4,5	1,2,3

6 입자의 수와 에너지가 일정하며 부피는 각 단계에서 명시하였음을 주목해야 한다. 상호작용하지 않는 입자들의 에너지가 일정하다는 것은 온도가 일정하다는 것을 의미한다. 단지 부피가 큰 경우에는 압력이 줄어드는데, 이것은 입자가 상자 안을 돌아다니다 벽과 부딪치는 데 더 오랜 시간이 걸리기 때문이다. 우리는 이것을 N, $\underline{V}$, $\underline{U}$의 시각에서 생각할 수 있는데, 이때 평형에서는 엔트로피가 최대임을 이해할 수 있게 된다. 그러나 어떤 다른 양을 일정하게 하였을 때에는 나머지 다른 양이 평형을 특징짓는다.

4입자)의 입자 분포와 같다. 이 세 경우로서 전체적인 확률 분포를 충분히 구할 수 있다. 미소상태의 수는 모두 $M^N = 2^5 = 32$ 이며 이들의 분포를 다음의 표에 나타내었다.

거시상태		미소상태의 수	거시상태의 확률
상자 A	상자 B		
0	5	1	0.0313
1	4	5	0.1563
2	3	10	0.3125
3	2	10	0.3125
4	1	5	0.1563
5	0	1	0.0313

거시상태의 1/3(6 상태 중에서 2)이 미소상태의 62.5%를 차지하는 것을 주목하여야 한다. 이와 같이 입자 분포는 거시상태의 1/3이 미소상태의 50%를 차지한 두 입자로 이루어진 계보다는 상자에 보다 골고루 입자가 들어 있는 거시상태 쪽으로 분포가 더욱 집중된다. 이 사실은 미시적 접근 방법의 가장 중요한 면의 하나이다. 입자의 수가 증가하면 오래지 않아 미소상태의 99%가 거시상태의 1/3에 해당하게 된다. 이러한 경향이 계속되므로 입자의 수를 더욱 증가시키면 거시상태의 1/10이 미소상태의 99%를 차지하게 된다. $N \to \infty$의 극한에서는 ('열역학적 극한'에서는) 골고루 분포되지 않은 거시상태도 매우 작은 유한한 확률을 갖고 있지만, 거의 모든 미소상태는 몇 개의 골고루 분포된 거시상태에 속하게 된다. 이제까지의 논의와 엔트로피의 미시적 정의(식 4.2)에 근거하여 에너지와 총부피가 고정된 계에서는 엔트로피가 평형일 때 최대임을 알 수 있다.[7]

❗ 입자의 수가 많을 때, 가장 넓게 분포한 배열상태가 가장 확률이 크고, 다른 상태는 작다.

일반화된 미시적 공식

미소상태를 세는 과정을 N이 매우 큰 (N 약 10^{23}) 계로 확장하려고 할 때 모든 가능한 경우를 세고 기록하는 일은 상상할 수 없다. N이 10^9인 계에 대해서 밤낮으로 쉬지 않고 세어도 40년이 걸린다. 배열을 생각하고 과정을 기술하는 모델식을 전개하기 위해서는 우리는 확률을 체계적으로 분석해야만 한다.

N이 클 때 특정한 거시상태에 대해서 미소상태의 수를 결정하는 방법을 생각해 보자. 이 과정의 첫 번째 단계인 상자 B에 입자가 하나만 있게 하는 방법은 N 가지가 있다는 것은 명백하다. 입자 1을 넣고 다음에 입자 2를 넣고 …, 이런 식으로 표 4.2a를 만들었다. 그러나 두 입자가 계를 이룰 때에는 세는 것이 훨씬 복잡해진다. 입자 하나를 상자에 넣는 방법은 N 가지

7 일정한 ($\underline{U}$, $\underline{V}$)의 고립계에서 평형에 접근함에 따라 엔트로피가 생성된다. S는 점점 증가하고 평형에서 최대가 된다. 계가 고립되지 않고 닫혀 있다면, 최소로 되는 성질은 제어 변수(controlled variable)의 자연함수로 나타내는 성질에 의해서 결정된다. $\underline{H}$는 일정한 ($\underline{S}$,P)에서 최소이다. A는 일정한 (T,$\underline{V}$)에서 최소이다. $\underline{G}$는 일정한(T,P)에서 최소이다. $\underline{A}$와 $\underline{G}$는 이후의 장에서 소개할 것이다.

가 있고 $N-1$개가 남으므로 남아 있는 $N-1$개의 입자에 대해서도 똑같은 방법을 적용할 수 있다. 예를 들면 입자가 5일 때, 첫 번째 입자를 넣는 방법은 다섯 가지이고 다음에 두 번째 입자를 넣는 방법은 네 가지여서 두 입자를 상자 B에 넣는 방법은 모두 20가지이다. 이를 나타내는 한 가지 방법은 5 · 4인데 (5 · 4 · 3 · 2 · 1)/(3 · 2 · 1)과 같으므로, 첫 번째 상자에 들어 있는 입자의 수가 m일 때 $N!/(N-m)!$로 일반화시킬 수 있다.[8] ($N!$은 'N 팩토리얼'이라고 읽으며 $N \cdot (N-1) \cdot (N-2) \cdots \cdot 2 \cdot 1$로 계산한다). 이 공식에 의하면 20가지여야 하나 표 4.2b에는 10가지만 나타나 있다. 무엇이 빠진 것일까? 우리가 이런 식으로 셀 때 어떤 미소상태를 과다하게 세기 쉽다. 상자 B에 첫 번째 입자를 넣는 방법에는 두 가지가 있지만, 우리가 미소상태의 수를 셀 때 입자를 집어넣는 순서와는 관계가 없음이 표 4.2b에 반영된 것을 주목하여야 한다. 그러므로 $N!/(N-m)!$ 은 입자를 넣는 순서가 구별되는 경우를 포함하고 있다. 우리가 미소상태의 수를 셀 때에는 특정한 미소상태가 이루어진 과정에는 관심을 갖지 않으므로 이 경우에 10개의 구별 가능한 미소상태만 있을 뿐이다.

❗ 팩토리얼은 배열의 경우의 수를 빠르게 셀 수 있는 방법이다.

이렇게 과다하게 헤아린 것은 비교적 간단하게 바로잡을 수 있다. 한 상자에 두 입자를 넣고자 할 때, 두 입자를 1-2 혹은 2-1의 순서로 넣을 수 있으므로 두 가지 경우가 생긴다. 세 입자에 대해서는 1-2-3, 1-3-2, 2-1-3, 2-3-1, 3-1-2, 3-2-1의 순서를 넣을 수 있으므로 여섯 가지 경우가 존재한다. 상자 안에 m개의 입자가 있을 때 식을 보정하지 않으면 $m!$만큼 과다하게 세게 되므로 이 식을 $m!$으로 나누면 과다한 계산을 바로잡을 수 있다. 결과적으로 N개의 입자를 두 상자에 넣는데 m개의 입자를 그중의 한 상자에 넣는 미소상태의 수는[9]

$$p_j = \frac{N_j!}{m_j!(N_j - m_j)!} \qquad \text{〈식 4.3〉}$$

이다. M 상자에 대한 일반식은[10]

❗ N개 입자가 M개의 상자에 들어 있는 미소상태의 수에 대한 일반식

$$p_j = \frac{N_j!}{\prod_{i=1}^{M} m_{ij}!} \qquad \text{〈식 4.4〉}$$

이며 여기에서 m_{ij}는 j번째 거시상태에서의 i번째 상자 안에 있는 입자의 수를 나타낸다. 우리는 이 일반식을 유도하지 않고 앞에서의 두 상자에 대한 식을 확장하여 얻었다. 그러므로 10개의 입자가 첫째 상자에 3개, 둘째 상자에 2개, 셋째 상자에 5개가 들어 있는 거시상태에 대해

8 통계역학에서는 이것을 순열(permutations)의 수라고 한다.

9 상자 안에 들어 있는 입자에 대한 공식은 이항 분포(binomial distribution)의 예이다. 이항 분포는 확률론과 통계학 연구에 있어서 기본이다. 이항 분포와 비분간성(indistinguishability)에 대한 자세한 사항은 어느 교과서나 이 주제를 다루고 있는 편람을 참고하기 바란다.

10 통계학에서는 이를 조합(combinations)의 수라고 한다.

서 미소상태의 수는 10!/(3! 2! 5!) = 3,268,800/(6 · 2 · 120) = 2,520이다.

식 4.2로 주어진 엔트로피의 미시적 정의를 다시 생각하자. 이 식을 이용하여 일정한 온도에서 부피가 변하는 이상기체의 엔트로피 변화를 계산해 보자. 이상기체는 상호작용하지 않는 분자로 되어 있으며 이웃하는 분자에 의하여 에너지가 영향을 받지 않으므로 우리가 유도한 통계적 방법을 적용할 수 있다. 이와 같이 언급된 팽창에서 계가 고립되어 있으므로 에너지는 일정하다. 따라서 이상기체는 $dU = C_V dT$ 이므로 온도 또한 일정하다.

이상기체의 엔트리피와 등온 부피/압력 변화

단열된 용기가 칸막이로 인하여 같은 부피의 두 방으로 나누어져 있고, 한 방에는 N개의 이상기체 분자가 들어 있고 다른 방은 비어 있다고 가정하자. 칸막이를 제거하면 분자들은 곧 용기 전체에 골고루 분포하게 된다. 이때 엔트로피는 어떻게 되는가? 하첨자 1인 초기상태를, 하첨자 2는 최종상태를 나타내고 최종상태에서는 분자가 용기 내에 균등하게 분포되어 있는 것으로 한다.

식 4.4를 이용하여 답을 구할 수 있다. 0! = 1임을 적용하면

$$p_1 = \frac{N!}{N!0!} = 1, \qquad p_2 = \frac{N!}{(N/2)!(N/2)!}, \qquad \ln(p_2/p_1) = \ln\left(\frac{N!/[(N/2)!]^2}{1}\right)$$

이 된다. 이를 식 4.2에 대입하고 $\ln\left[\left(\frac{N}{2}\right)!\right]^2 = 2\ln\left(\frac{N}{2}\right)$의 관계를 사용하면

$$\Delta \underline{S} = \underline{S}_2 - \underline{S}_1 = k\ln(p_2/p_1) = k\{\ln(N!) - 2\ln[(N/2)!]\}$$

$N > 100$일 때 ln $(N!)$에 대해서 **Stirling의 근사식**을 사용할 수 있다.

$$\boxed{\ln(N!) \approx N\ln(N) - N} \qquad \langle 식\ 4.5\rangle$$

❗ Stirling의 근사

이 근사식은 수학적으로 간편하게 한 것이며 본래 열역학과는 관계가 없다.

$$\begin{aligned}\Rightarrow \Delta \underline{S} &= k[N\ln(N) - N - 2(N/2)\ln(N/2) + 2(N/2)] \\ &= k[N\ln(N) - N - N\ln(N) + N\ln(2) + N] \\ &= kN\ln(2) \Rightarrow \Delta \underline{S} = nR\ln(2)\end{aligned}$$

그러므로 일정한 온도에서 부피가 두 배로 되었을 때 계의 엔트로피는 ln(2)배만큼 증가한다. 만일 기체가 들어 있는 방이 빈방보다 세 배가 크면 나중 상태에서 부피는 33%가 증가한다. 이 때 엔트로피 변화는 얼마인가? 부피가 동일한 4개의 방 중에서 3개의 방이 기체 분자로 채워진 것과 같으므로 이 상황으로 설정하여 생각하면

❗ 일정 온도의, 계에서 엔트로피는 부피가 증가할 때 증가한다.

$$p_1 = \frac{N!}{[(N/3)!]^3 0!}, \qquad p_2 = \frac{N!}{[(N/4)!]^4}$$

유사하게 Stirling의 근사식을 사용하면

$$\Delta \underline{S} = k\ln\left\{\frac{N!}{[(N/4)!]^4}\cdot\frac{[(N/3)!]^3 0!11}{N!}\right\} = -k\left\{N\ln\left(\frac{N}{4}\right) - N - N\ln\left(\frac{N}{3}\right) + N\right\} = nR\ln\left(\frac{4}{3}\right)$$

이 된다. 이 결과와 이전의 결과의 형태로부터 일반화시키면

$$(\Delta S)_T = R\ln\left[\frac{V}{V^i}\right] \qquad \langle 식\ ig\ 4.6\rangle$$

이상기체의 등온 엔트로피 변화에 관한 공식

이다. 여기서, 첨자 T는 이 식이 일정한 T에서 유지됨을 나타낸다. 등온 이상기체에 대해서는 식 4.6에 $V = RT/P$를 대입하여 등온선을 따라 변할 때의 압력의 식으로 나타낼 수도 있다. 즉

$$(\Delta S)_T = -R\ln\left[\frac{P}{P^i}\right] \qquad \langle 식\ ig\ 4.7\rangle$$

그러므로 일정한 온도에서 압력이 증가하면 엔트로피는 감소한다. 이와 같은 방식으로 일정한 온도에서 부피가 감소하면 엔트로피는 감소한다. 이 개념은 엔트로피의 이해에 매우 중요하다. 그러나 그것이 일의 비효율성과 최대 일의 결과가 이 장의 초기 목적에 직접적으로 도움이 되지는 않는다. 다음의 예제는 이 개념이 우리의 실제적인 목적과 어떻게 연결되는지 안내해 준다.

예제 4.1 기체 팽창에서 엔트로피 변화와 잃은 일

등온 이상기체 팽창은 가역적으로 수행되면 최대 일이 생산되고 마찰이나 다른 손실이 존재하면 더 적은 일이 생산된다. '다른 손실'의 한 가지 방법은 다음의 (b)부분과 같이 피스톤에 기체의 힘이 팽창하는 동안 반대의 힘과 균형을 이루지 않을 때 생성된다. 5 bar와 300 K에서 1 mol의 질소를 포함하는 피스톤/실린더 장치가 1 bar로 등온 팽창하는 경우를 생각하자.

(a) 팽창이 가역적이라고 가정한다. 얻어진 일과 전달된 열은 얼마인가? 기체의 엔트로피 변화는?

(b) 등온 팽창이 피스톤 스톱을 제거하여 일어나며 1 bar의 대기에 대하여 팽창한다. 등온이 유지되도록 열전달이 일어난다. 기체에 의해 수행된 일과 전달된 열은 얼마인가? 기체의 엔트로피 변화는? 가역적인 등온공정에 비해 잃은 일은 얼마이고 가역적인 일의 몇 퍼센트를 얻었는가?

풀이

계산기준: 1몰, 닫힌 비정상상태계

(a) 기체가 등온이고 이상기체이므로 피스톤/실린더의 에너지 수지는 $\Delta\underline{U} = \underline{Q} + \underline{W}_{EC} = 0$

이다. $d\underline{W}_{EC} = -Pd\underline{V} = -(nRT/V)dV$, $\underline{W}_{EC} = -nRT\ln(V_2/V_1) = -nRT\ln(P_1/P_2) = -(1)8.314(300)\ln(5) = -4014$ J이므로 에너지 수지에서 $Q = 4014$ J이다.

엔트로피 변화는 식 4.7에서 $\Delta\underline{S} = -nR\ln(P_2/P_1) = -(1)8.314\ln(1/5) = 13.38$ J/K

(b) 에너지 수지는 계가 가역적인지에는 의존하지 않고 같다. 계로서 대기를 취하면, 일은 $\underline{W}_{EC,atm} = -P_{atm}(\underline{V}_{2,atm} - \underline{V}_{1,atm}) = -\underline{W}_{EC} = -P_{atm}(\underline{V}_1 - \underline{V}_2) = P_{atm}(nRT/P_2 - nRT/P_1) = nRT(P_{atm}/P_2 - P_{atm}/P_1) \Rightarrow \underline{W}_{EC} = nRT(P_{atm}/P_1 - P_{atm}/P_2) = (1)8.314(300)(1/5-1) = -1995$J, $\underline{Q} = 1995$ J

엔트로피 변화는 상태 변화에 의존하고 이것은 식 (a)와 같이, 13.38 J/K.

잃은 일은 $\underline{W}_{lost} = 4014 - 1995 = 2019$ J, 얻어진 가역적인 일의 퍼센트는 $1995/4014 \cdot 100\% = 49.7\%$이다.

예제 4.1에서 예가 이상기체로 제한되어 있지만 중요한 점이 제안되었다. 기체에 대한 등온엔트로피 변화가 가역과 비가역 변화에 대하여, 기체의 상태 변화가 같기 때문에, 동일한 것을 보았다. 차후에 증명하겠지만 식.4.7은 이상기체에 제한되지만 엔트로피 변화와 상태 변화는 일반화될 수 있다. 또한, (b)의 경우는 엔트로피를 더 생성한다는 것을 보일 것이다.

이상기체를 혼합할 때의 엔트로피 변화

우리가 이제까지 전개시킨 통계학 방법을 적용할 수 있는 또 하나의 중요한 공정은 혼합이다. 동일한 온도와 압력하에 있는 순수한 산소 증기 1 mol과 순수한 질소 증기 3 mol을 접근시켜서 산소와 질소가 완전히 섞이도록 한다. 이렇게 하여 생긴 증기는 산소와 질소가 무질서하게 섞인 균일한 혼합물이다. 이상기체 거동을 가정하여 이 혼합의 엔트로피 변화를 구해 보자.

두 이상기체의 초기온도 T^i와 압력 P^i는 일정하므로 $V^i_{N2} = 3V^i_{O2}$, $V^i_{tot} = 4V^i_{O2}$ 이다. 이상기체는 점질량(point mass)을 갖는 물체이므로 압력이 일정하면 O_2 와 N_2 가 존재하여도 아무런 영향을 미치지 않으며, 이의 주된 효과는 O_2와 N_2가 초기 상태보다는 활동할 수 있는 공간이 더 크다는 것이다. 부피 변화에 따른 엔트로피 변화에 화학종의 기여항은 간단히 더할 수 있다.

O_2의 엔트로피 변화

$$\Delta\underline{S} = n_{O2}R\ln(4) = n_{tot}R[-x_{O2}\ln(0.25)] = n_{tot}R[-x_{O2}\ln(x_{O2})]$$

N_2의 엔트로피 변화

$$\Delta\underline{S} = n_{N2}R\ln\left(\frac{4}{3}\right) = n_{tot}R[-x_{N2}\ln(0.75)] = n_{tot}R[-x_{N2}\ln(x_{N2})]$$

그러므로 전체 유체에 대한 엔트로피 변화는 다음과 같다.

$$\Delta\underline{S} = -n_{tot}R[x_{O2}\ln(x_{O2}) + x_{N2}\ln(x_{N2})] = -4R(-0.562) = 18.7 \text{ J/K}$$

주의: 일반적으로 이상기체의 이상 혼합에 따른 엔트로피 변화 ΔS^{is}_{mix}

는 다음과 같다.

❶ 이상적인 혼합 엔트로피

$$\boxed{\Delta S^{is}_{mix} = -R\sum_i x_i \ln x_i} \quad \text{일반적으로, 이상 혼합의 경우} \qquad \langle \text{식 } 4.8\rangle$$

이상은 상호작용을 하지 않는 입자들을 혼합할 때의 엔트로피 변화를 알려 주는 중요한 결과이다. 또한, 혼합에 의한 에너지와 전체 부피 변화가 없는 이상용액에 대하여 타당한 근사이다. 이 식은 제III부에서의 혼합물과 상평형에 대한 많은 논의의 토대를 제공한다.

혼합된 이상기체 혹은 **이상용액**(ideal solution)의 엔트로피는 여기서 모두 상첨자 '*is*'로 표기하였다.

$$\boxed{\underline{S}^{is} = \sum_i n_i \underline{S}_i + \Delta\underline{S}_{mix} = \sum_i n_i \underline{S}_i - R\sum_i n_i \ln x_i} \text{ or } \boxed{S^{is} = \sum_i x_i S_i - R\sum_i x_i \ln x_i} \quad \langle \text{식 } 4.9\rangle$$

여기서 이 식은 x를 y로 치환하면 이상기체에 적용된다. 이 장에서는 이상기체 분자들의 계가 평형에서 가장 무질서하게 (분산된) 형태를 보일 것으로 설명하였다. 왜냐하면, 이 상태가 가장 커다란 분율의 미소상태를 갖는 거시상태가 되기 때문이다. 다시 말해서, 상태의 엔트로피는 고정된 $\underline{U}$, $\underline{V}$ 그리고 N의 계에서 평형에서 최대가 된다.

그러면 온도는 무질서와 어떻게 연관될 수 있을까? 다음 절에서 이 주제를 다루어 보자

엔트로피와 온도 변화 : 열 엔트로피

열 엔트로피와 무질서의 연관을 이해하는 하나의 핵심은 에너지가 양자화되는 것을 인식하는 것이다. 입자가 배열되는 여러 단계의 에너지 준위가 있다. 이 에너지 준위는 공간 분배 문제에서의 상자들과 유사하다. 온도를 증가시키는 효과는 분자의 에너지를 증가시키고 도달할 수 있는 더 높은 에너지 준위로 만든다.

이것의 엔트로피에 미치는 효과를 알아보기 위해 3분자와 3개 에너지 준위 ε_0, $\varepsilon_1 = 2\varepsilon_0$, $\varepsilon_3 = 3\varepsilon_0$의 계를 생각하자. 낮은 온도에 있고 전체 에너지는 $\underline{U} = 3\varepsilon_0$이다. 이것이 가능한 유일한 방법은 모든 3분자를 가장 낮은 에너지 준위에 두는 것이다. 다른 에너지 준위는 접근할 수 없고 $\underline{S} = \underline{S}_0$이다. 이제 온도를 올려서 계의 에너지는 $\underline{U} = 4\varepsilon_0$이 된다. 하나의 거시상태가 가능지만(한 분자는 ε_1에 있고 두 분자는 ε_0에 있음), 이제 3개의 미시상태가 존재하여 $\Delta\underline{S} = k\ln(3)$이다. $\underline{U} = 6\varepsilon_0$일 때 각 준위에 1개 입자가 있는 거시상태에서 $\Delta\underline{S} = k\ln(6)$이 되는지 보여 줄 수 있는가? 실제 계는 훨씬 크고 분자는 더 복잡하다. 그러나 같은 정량적인 거동이 보인다. 온도를 올리면 접속할 수 있는 에너지 준위가 증가하고, 미소상태가 증가하여 엔트로피가 증가한다.

우리는 Einstein 고체를 고려하여 엔트로피에 미치는 열효과의 이해를 발전시킬 것이다.[11] Albert Einstein(1907)의 제안은 고체는 큰 수의 동일한 진동하는 단원자 위치로 간주될 수 있

---

11 Moore, Schroeder, 1997. *Am. J. Phys*. 65:26 – 36.

고, 퍼텐셜 에너지는 Hooke의 법칙을 따르는 스프링으로 간주하였다. 에너지 수지와 양자역학적으로 유사한 것은 Shrödinger식으로 알려졌는데, 이것은 모멘텀(운동에너지)과 퍼텐셜 에너지를 연관시킨다. 엄밀한 해는 양자 준위로 알려진 같은 간격의 에너지 준위에 대해서만 가능하다. 각 진동자가 같은 공간을 가진 양자화된 상태는 hf에 의해서 분리된다. 여기서 h는 Plank 상수이고 f는 진동자의 진동수이다. 따라서 계는 조화 진동자의 계로 설명된다. 각 진동자와 각 차원 (x, y, z)이 독립적이면, 내부에너지와 열용량에 대한 표현을 얻을 수 있다.

Albert Einstein (1879~1955)는 독일 출생 물리학자. 양자 거동과 상대성 이론의 일반이론에 기여하였다. 물리학에서 1921년 노벨상을 수상하였다.

Einstein 고체 모델(Einstein solid model)은 고전역학의 한계를 확실하게 설명한 최초의 모델이다. 오늘날 양자역학이나 통계역학이 열역학적 성질의 일관성 있고 실험적으로 입증할 수 있는 표현에 이르게 하는 방법을 간단히 설명하였다.

- 고체의 전체 에너지는 M 조화진동자 에너지의 합이다. 여기서 원자는 3차원에서 독립적으로 진동하므로 $M/3$은 원자의 수이다. 각 진동자의 에너지는 양자화되므로 전체 내부에너지는

$$\underline{U} = q_M \varepsilon_q + M\varepsilon_q/2 \qquad M/3 \text{ 원자} \qquad \langle \text{식 } 4.10 \rangle$$

여기서 ε_q는 각 에너지 준위에 대한 (일정) 에너지 단계이고 q_M은 모든 첨가된 진동자 양자에너지에 대한 전체 양자 승수이다. $M\varepsilon_q/2$은 진동자가 가장 낮은 에너지 준위를 갖는 바닥상태에너지를 나타낸다. 에너지를 평균 양자 승수와 연관시키는 것이 때때로 편리하다.

$$\langle q_M \rangle = q_M/M = \underline{U}/M\varepsilon_q - 1/2 \qquad \langle \text{식 } 4.11 \rangle$$

- 각 차원에서 진동자는 각각 독립적이다. 따라서 승수의 전체 합이 q_M이면 ε_q의 정수배를 할당할 수 있다. 각각의 독립적인 사양은 미소상태를 표시한다. $M = 3$인 진동자 (3, 1, 1)는 첫 번째 진동자는 3단위의 에너지를 그리고 다른 둘의 각각은 1단위 가지며 전체는 $q_M = 5$이고, $\underline{U} = 5\varepsilon_q + 3\varepsilon_q/2$이다.
- q_M의 크기를 올리면(T를 올리기 위해서 열을 가함) 접근할 수 있는 미소상태를 더 많이 만들고, 엔트로피를 증가시킨다.

$M = 4$인 진동자들로 Einstein 고체 내에 $q_M = 3$단위의 에너지가 분배될 때, 다음은 에너지의 가능한 분배의 자세한 목록이다. 4개의 진동자 내에 3단위의 에너지가 전체적으로 20개의 다른 분배를 가진다.

상태	1	2	3	4	5	6	7	8	9	10	11	12	13	14	15	16	17	18	19	20
진동자 1	3	0	0	0	2	2	2	1	1	1	0	0	0	0	0	0	0	1	1	1
진동자 2	0	3	0	0	1	0	0	2	0	0	2	2	1	1	0	0	1	0	1	1
진동자 3	0	0	3	0	0	1	0	0	2	0	1	0	2	0	2	1	1	1	0	1
진동자 4	0	0	0	3	0	0	1	0	0	2	0	1	0	2	1	2	1	1	1	0

아보가드로수의 진동자로 실제 고체를 설명하고자 시도한다면, 열거하는 것은 명백히 비현

실적이다. 다행히 다수에 대한 수학적인 표현은 일을 다룰 수 있게 만든다. Callen[12]은 미소상태의 수에 대한 일반적인 표현을 $p_i = (q_{Mi} + M_i - 1)!/[q_{Mi}!(M_i - 1)!]$로 제시하였다. 이 공식을 이해할 수 있는 좋은 방법이 있다. M 진동자 '상자들' 사이에 q_{Mi} 양자를 분배하는 대신에, 진동자 '상자들' 사이에 $M_i - 1$ 분할이 있다는 것을 고려하라. 앞의 표에서 4개의 진동자가 있고, 3개의 줄 경계가 있다. 양자들이 입자의 순열에 의하여 재배열될 수 있고 경계는 $(q_{Mi} + M_i - 1)!$임을 고려하자. 그러나 q_{Mi}가 분명하지 않은 점에서 순열은 더 많은 수를 셈하고 $q_{Mi}!$로 나눈다. $(M_i - 1)$ 경계는 분명하지 않으므로 $(M_i - 1)!$로 나눈다. $q_M = 2$에 공식을 적용하면, $M = 2$이다.

경우	진동자 1	진동자 2
1	2	0
2	0	2
3	1	1

$$p_i = (2+2-1)!/[2!(1!)] = 3!/2! = 3.$$

$q_M = 3$, $M = 4$인 경우 $p_i = (3 + 4 - 1)!/[3!(3!)] = 20$이며, 위에서 계산된 것과 같다.

예제 4.2 Einstein 고체에서 Stirling의 근사

(a) Callen의 공식이 다음의 계산과 일치함을 보여라.

(1) $q_M = 3$, $M = 3$ (2) $q_M = 4$, $M = 3$

(b) $M > 100$일 때 $\underline{S} = \underline{S}(q_M, M)$에 대한 표현을 전개하기 위하여 일반적인 식을 사용하라. 평균 양자승수 $\langle q_M \rangle$에 의하여 답을 기술하라.

(c) $\langle q_M \rangle$에 따른 $\underline{S}/Mk$를 그려라. 이것은 열이 가해졌을 때 엔트로피 변화에 대하여 무엇을 나타내는가?

풀이

(a) (1) (3,0,0),(0,3,0),(0,0,3),(2,1,0),(2,0,1),(1,2,0),(1,0,2),(0,2,1),(0,1,2),(1,1,1) = 10

(2) (4,0,0), (0,4,0), (0,0,4), (3,1,0), (3,0,1), (1,3,0), (1,0,3), (0,3,1), (0,1,3), (2,1,1), (1,2,1), (1,1,2), (2,0,2), (2,2,0), (0,2,2) = 15

(b) $\underline{S}_i = k\ln(p_i) = k\{\ln[(q_{Mi}+M_i-1)!] - \ln[q_{Mi}!(M_i-1)!]\}$ Stirling의 근사를 적용하면,

$$\underline{S}/k = [(q_M+M-1)\ln(q_M+M-1)-(q_M+M-1)] - q_M\ln q_M + q_M - (M-1)\ln(M-1) + M-1 =$$

$$\underline{S}/Mk = (q_M/M)\ln[(q_M+M-1)/q_M] + [(M-1)/M]\ln[(q_M+M-1)/(M-1)]$$

$$\underline{S}/Mk = \langle q_M\rangle\ln(1+1/\langle q_M\rangle) + \ln(\langle q_M\rangle+1)$$

(c) 그림 4.2는 $\underline{S}$가 $\langle q_M\rangle = q_M/M\ (=\underline{U}/M\varepsilon_q - ½)$에 따라서 증가함을 보여 준다. T가 증가할 때 $\underline{U}$는 증가할 것이고 이는 $\langle q_M \rangle$과 $\underline{S}$가 증가함을 의미한다. 엔트로피의 변화를 온도의 변화와 정량적으로 연관시키면 좋을 것이다. 그러나 전체 온도범위에서의 완전한 분석은 이 단계에서 주개념과 동떨어진 것으로 사전에 처리가 필요하다. 우리는 6장에서 이 문제를 다룬다.

12 Callen, H.B. 1985. *Thermodynamics and an Introduction to Thermostatistics*, 2ed, Indianapolis IN: Wiley, p.333.

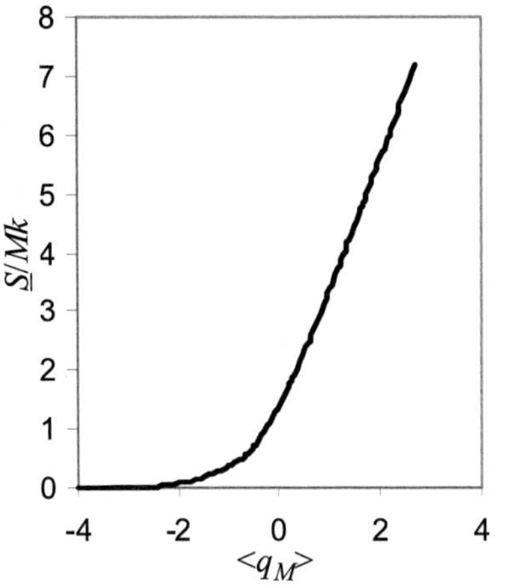

그림 4.2 • 예제 4.2 에서 설명된 에너지와 온도의 증가에 따른 Einstein 고체의 엔트로피

우리는 단원자 위치의 상호작용을 그것이 고체상에서 Hooke의 법칙에 의해서 연결된 것처럼 표현했음을 알아야 한다. 그것은 이 방법을 엄격하게 연결하지 않고, 간단한 모델로 퍼텐셜 에너지 우물에서 상호작용하는 두 분자의 거동을 근사한다. 스프링의 비유가 정확하면 퍼텐셜 에너지 우물은 포물선이 될 것이다(따라서 조화진동자). 1장의 Lennard-Jones 퍼텐셜로 되돌아가서 원자가 우물의 최소로부터 너무 멀리 진동하지 않는다면 그 형태는 좋은 근사일 것이다. Einstein 모델은 정량적으로 바른 거동을 주지만, 1912년에 만들어진 Debye 모델은 고체를 통하는 집단적인 파동의 움직임을 표현하므로 더 정확하다. 우리의 목적은 Einstein 모델과 부합하므로 Debye 모델의 논의는 생략한다.[13] 유도의 계산에 대한 보다 강력한 방법을 발전시키는 6장에서 Einstein 모델의 개념을 간단하게 확장한다.

오늘날 엔트로피와 분자 분배 사이의 미묘한 관계는 복잡하지만 접근할 수 있다. 양자역학이 발전하기 전인, 1880년에 Boltzmann이 이것을 이해하기 얼마나 어려웠겠는가 생각해 보라. 그 당시 많은 과학자는 심지어 분자의 존재를 받아들이는 것조차도 거부했다. 따라서 사람들에게 자연과 그가 발견한 것의 중요성을 설명하기 위해 시도하는 것은 매우 힘든 일이었을 것이다. 우리가 확실히 아는 것은 Boltzman은 1903년에 자살한 것이다. 엔트로피에 대한 좌절감을 너무 심각하게 갖지는 마라.

학습점검

1. 이상기체에 대하여 다음의 몰당 엔트로피는 증가하는가, 감소하는가 혹은 그대로인가? (a) 등온으로 부피증가, (b)등온으로 압력증가, (c) 등압으로 온도증가, (d) 증기압의 기체가 응축, (e) 두 순수 기체성분의 혼합
2. 액체에 대하여 다음의 몰당 엔트로피는 증가하는가, 감소하는가 혹은 그대로인가? (a) 등

---

13 Debye 모델은 McQuarrie, D.A. 1976. (*Statistical Mechanics*. Harper and Row)에 의해 설명되었다.

압에서 온도증가, (b) 등온에서 압력증가, (c) 증기압에서 액체가 기화, (d)두 순수액체의 혼합

4.3 엔트로피의 거시적 정의

이 장의 도입 부분에서 엔트로피와 최대 공정효율과의 관계를 암시하였다. 이제까지 우리는 엔트로피가 온도와 압력에 따라 변한다는 것을 보였다. 최대 일 출력과 최소 일 입력을 결정하는 데 엔트로피를 어떻게 사용할 수 있는가 하는 질문에 대한 답은 일련의 다음 설명에 의하여 가장 잘 요약될 수 있다. 이 설명들은 우주의 엔트로피를 언급한다. 이것은 우주 전체의 엔트로피를 측정하는 것을 의미하지는 않는다. 계의 어느 한 부분의 엔트로피가 감소하면 계의 다른 곳에서 최소한 그 이상이 증가해야 함을 의미한다. 계 전체의 가역성을 평가함에 있어서 계 전체와 외계에서 각 공정의 모든 변화를 합해야 한다. 이것이 우리의 목적에 부합하는 우주이다.

몰 엔트로피(molar entropy) 혹은 비엔트로피(specific entropy, 단위 무게당 엔트로피)는 다음과 같은 방법으로 우리를 돕는 하나의 **상태** 성질이다.

1. 비가역과정은 우주의 엔트로피를 증가시킨다. (비가역과정은 엔트로피 생성을 초래한다). 이것은 또한 일을 하는 역량을 잃게 만든다.
2. 가역과정은 **우주**의 엔트로피를 증가시키지 않는다. (가역과정은 엔트로피 생성을 초래하지 않는다. 이 원리는 공정의 최대 일 출력과 최소 일 입력을 계산하는 데 유용하다.)
3. 우주의 엔트로피를 감소시키는 어떤 공정도 불가능하다. (어떤 공정도 음의 엔트로피 생성을 초래하지 못한다.)

❗ 엔트로피 수지는 열역학 제2법칙이다.

이 세 가지 원리는 **열역학 제2법칙**에 요약되어 있다. 가역과정이나 최적 일 상호작용은 엔트로피가 생성되지 않고 일어나지만 비가역과정은 엔트로피 생성을 초래한다. 앞 절의 미시적 관점에 의해 엔트로피와 무질서와의 관계를 효과적으로 이해할 수 있다. 그러나 계의 엔트로피가 증가하는 경우에 부피가 증가하면 잠재적으로 유용한 일을 잃게 된다고 말하는 것은 옳지 않다(비가역과정을 결정하는 것은 우주의 엔트로피 변화이지 계의 엔트로피 변화가 아니다). 결국 팽창/압축에서 일을 얻는 유일한 방법은 부피를 변화시키는 것이다. 잃어버린 일과 부피 변화를 이해하기 위해서 우리는 가역성의 의미와 그리고 엔트로피 생성과 관계되는 현상에는 어떤 형태가 있는지를 알아야 한다. 우리는 이 개념을 다음 절에서 살펴보고자 한다.

거시적 엔트로피의 정의

닫힌 단순계(closed simple system)의 엔트로피의 미소 변화는 다음 식과 같이 정의된다.

$$dS \equiv \frac{dQ_{rev}}{T_{sys}} \qquad \text{〈식 4.12〉}$$

상태의 변화에 대하여 식 4.12의 양변을 적분하면 다음과 같이 된다.

$$\Delta \underline{S} = \int_{\text{state 1}}^{\text{state 2}} \frac{d\underline{Q}_{rev}}{T_{sys}} \qquad \langle \text{식 } 4.13 \rangle$$

여기에서

1. 식 4.13의 좌변의 엔트로피 변화는 상태 1과 2에만 의존하고 가역성에는 의존하지 않는다. 그러나 적분에 의하여 엔트로피 변화를 계산하기 위해서는 **적분은** 어떤 **가역**경로를 따라서 행해져야 한다.

2. T_{sys}는 열전달이 일어나는 계의 경계(boundary)에서의 온도이다. 계의 경계에서의 온도가 경로를 따라서 일정할 때에만 적분 기호 밖으로 나갈 수 있다.

순수한 단일상 유체에 대한 엔트로피 변화는 임의의 두 상태 변수에 의해 완벽하게 결정된다. Q는 경로에 의존하는 성질이고 적분은 경로에 의존하지 않는다는 것은 신기하게 보일 수 있다. 이를 이해하는 열쇠는 적분경로가 **가역경로이기만 하면** 우변의 적분은 경로에 의존하지 않는다는 사실이다. 엔트로피 변화는 **어떤** 가역경로를 선택하여 적분하여도 얻을 수 있다. 실제로 경로가 가역적이면 실제 발생하는 열전달과 경로를 사용할 수 있다. 경로가 비가역적이면 계산하기 좋은 가역경로가 구성될 수 있다.

❗ 엔트로피는 상태함수이다. 순수한 단일상의 유체에서 비엔트로피는 2개의 상태함수(T와 P)로 정의된다.

예제 4.1로 되돌아가서 등온과정의 엔트로피 변화가 미시적 공식에 의해서 계산되었음을 주지하자. 그러나 식 4.13과 그 이후에 진술 2의 관점으로 공정을 다시 살펴보라. 공정이 등온이기 때문에 엔트로피 변화는 $\Delta S = Q_{rev}/T_{sys}$로 계산될 수 있다. 그 예제의 비가역공정은 가역공정에 의해 계산된 엔트로피 변화와 같음을 주지하라.

식 4.13의 적분으로 되돌아가서 단열 등온공정을 생각하자. 공정은 **등엔트로피**(isentropic, $\Delta S = 0$)일 것이다. 가역 단열공정에 따른 최종상태를 확인하는 상태함수로서 어떻게 엔트로피가 사용될 수 있는지를 생각하자. 또한, 물성은 이상기체 법칙의 제한에 의존하지 않는다. 이상기체 법칙은 물성을 도입할 때 편리하다. 비이상기체 수증기의 단열 가역 팽창을 생각하자. 우리는 수증기표로부터 S값을 읽을 수 있다.

예제 4.3 수증기의 단열 가역 팽창

수증기가 450°C, 4.5 MPa에서 피스톤/실린더 장치 내에 있다. 피스톤이 2.0 MPa로 단열적이고 가역적으로 팽창한다. 최종온도는 무엇인가? 행하여진 가역적인 일은 얼마인가?

풀이

초기상태의 T, P는 알려져 있고 S값은 수증기표로부터 찾을 수 있다. 수증기는 이상기체가 아니지만 공정이 가역 단열이므로, 식 4.12에 의해서 공정은 등엔트로피이다. 수증기표로부터 초기상태의 엔트로피는 6.877 kJ/kgK이다. 2 MPa에서 엔트로피는 300°C와 350°C 사이에서 찾을 수 있다. 내삽하면,

$$T = 300 + \frac{6.877 - 6.7684}{6.9583 - 6.7684}(350 - 300) = 300 + 0.572(350 - 300) = 329°C$$

P와 $S^f = S^i$는 최종상태에서 알려지고, 두 가지의 상태 물성은 다른 모든 상태 물성을 찾는 데 사용될 수 있다. 일은 에너지 수지 $\Delta U = Q + W_{EC}$에 의해 결정된다. U의 초깃값은 3005.8 kJ/kg이다. 최종상태에서 S^f와 P^f를 사용하여 U를 외삽하면, $U = 2773.2 + 0.572(2860.5 - 2773.2) = 2823.1$ kJ/kg이고

$$W_{EC} = (2823.1 - 3005.8) = -182.7 \text{ kJ/kg}$$

새로운 상태함수인 엔트로피를 가지고 3.1절의 카르노 사이클을 다시 살펴보자. 카르노 사이클은 이상기체로부터 발전되었지만 사이클은 작동유체로 이상기체가 아닌, 단지 두 등온단계와 두 단열단계의 조합에 의존함을 증명할 수 있다.[14] 공정이 순환하므로 초기상태와 최종상태는 같고, 4단계의 전체 엔트로피 변화는 합이 0($\Delta S = 0$)이어야 한다. 가역적이기 때문에 단열단계는 등엔트로피 $\Delta S = 0$ 이고, 두 등온단계의 엔트로피 변화는 0이 되어야 한다. 위에서 논의했듯이 등온단계에서 식 4.13은 $\Delta S = Q_{rev}/T$가 된다. 엔트로피 측면에서 카르노 사이클을 분석하면,

$$\left(\Delta S = 0 = \frac{Q_H}{T_H} + \frac{Q_C}{T_C}\right) \Rightarrow \frac{Q_C}{Q_H} = \frac{-T_C}{T_H} \quad \text{카르노 사이클} \qquad \langle \text{식 } 4.14 \rangle$$

이 식은 식 3.6의 카르노 효율에 대한 공식에 넣을 수 있다. 이 관계는 이상기체에 제한되지는 않는다. 사실 이 수지식에는 다음과 같이 3개의 제한이 있다. (1) 공정은 순환공정이고, (2) T_H에서 모든 열이 흡수되고, (3) T_c에서 모든 열이 방출된다. 예제 4.4는 상전이를 포함하는 수증기에 카르노 사이클이 어떻게 사용되는지를 보여 준다.

예제 4.4 수증기에 기반을 둔 카르노 사이클

그림 4.3은 3.1절의 평행한 2개의 등온단계와 2개의 단열단계의 연속적인 사이클에서 카르노기관이 수증기로 작동되는 것을 보여 준다. 첫 번째로 5 MPa의 포화 액체가 단계 ($a \rightarrow b$)에서 포화기체로 등온으로 끓는다. 단계 ($b \rightarrow c$)에서 수증기는 5 MPa에서 1 MPa로 단열적이고 가역적으로 팽창한다. 단계 ($c \rightarrow d$)에서 열은 등온으로 제거되고 응축과정에서 부피가 감소한다. 최종적으로 단계 ($d \rightarrow a$)에서 수증기는 단열적 가역적으로 압축하여 5 MPa의 포화 액체가 된다.

(a) $W(a \rightarrow b)$와 Q_H를 계산하라.

14 Uffink, J. 2003. "Irreversibility and the Second Law of Thermodynamics," Chapter 7, in *Entropy*, Greven, A., Keller, G., Warnecke, G. eds., Princeton, NJ: Princeton University Press.

(b) $W(b \to c)$를 계산하라.

(c) $W(d \to a)$를 계산하라(사이클의 마지막 단계).

(d) $W(c \to d)$와 Q_C를 계산하라(사이클의 세 번째 단계).

(e) 사이클에 대하여 $\eta_\theta = -W_{net}/Q_H$에 의하여 열효율을 계산하고 카르노 효율 $\eta_\theta = (T_H - T_L)/T_H$와 비교하라.

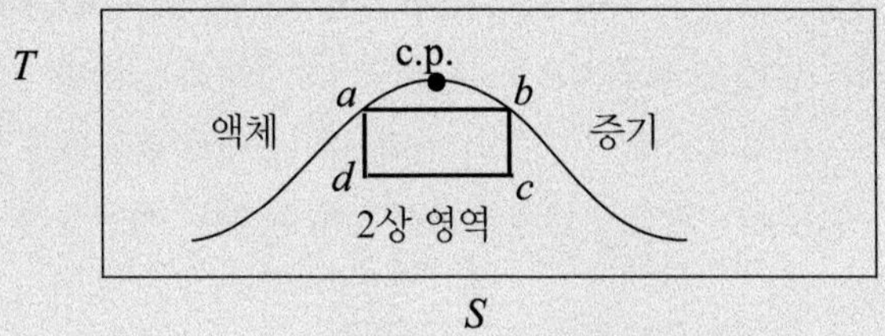

그림 4.3 • 수증기에 기반한 카르노 사이클을 보여 주는 $T-S$ 선도

풀이

(a) 에너지 수지: 고정된 T, P, 기화 $Q_H = \Delta U - W_{EC} = (\Delta U + P\Delta V) = \Delta H^{vap} = 1639.57$ J/kg, $W_{EC}(a \to b) = P\Delta V = 5(0.0394 - 0.001186)*1000 = 191.1$ J/kg.

(b) 에너지 수지: 등엔트로피 $W_{EC}(b \to c) = \Delta U$; $U_b = U$(sat. vap., 5 MPa) = 2596.98 kJ/kg; 엔트로피 수지: $\Delta S = 0$; $S_c = S_b = 5.9737$ kJ/kg-K $= q_c(6.5850) + (1 - q_c)2.1381$; $q_c = 0.8625$;

$U_c = 0.8625(2582.75) + (1 - 0.8625)761.39 = 2332.31$ kJ/kg;

$W_{EC}(b \to c) = 2332.31 - 2596.98 = -264.67$ kJ/kg.

(c) 마지막 단계. 에너지 수지: 등엔트로피 $W_{EC}(d \to a) = \Delta U$; $U_d = U$(sat. liq., 5 MPa) = 1148.21 kJ/kg; 상태 d에서 질은 알려지지 않았다. 상태 a에서의 엔트로피를 사용할 수 있다.

엔트로피 수지: $\Delta S = 0$; $S_d = S_a = 2.9210$ kJ/kg-K $= q_d(6.5850) + (1 - q_d)2.1381$; $q_d = 0.1761$; $U_d = 0.1761(2582.75) + (1 - 0.1761)761.39 = 1082.13$ kJ/kg; $W_{EC}(d \to a) = 1082.13 - 1148.21 = -66.08$ kJ/kg.

(d) 세 번째 단계이다. (c)에서 계산된 d에 대한 질을 이용한다. 이것은 고정된 T, P 응축이다. 에너지 수지: $Q_C = \Delta U - W_{EC} = (\Delta U + P\Delta V) = \Delta H$; $H_d = 762.52 + 0.1761(2014.59) = 1117.29$ kJ/kg; $H_c = 762.52 + 0.8625(2014.59) = 2500.10$ kJ/kg; $Q_C = H_d - H_c = -1382.21$ kJ/kg

$W_{EC} = P\Delta V$; $V_c = 0.001127(1 - 0.8625) + 0.8625(0.1944) = 0.1678$ m^3/kg = 167.8 cm^3/g

$V_d = 0.001127(1 - 0.1761) + 0.1761(0.1944) = 0.0352$ m^3/kg = 35.2 cm^3/g

$W(c \to d) = 1.0(35.2 - 167.8) = -132.6$ MPa-cm^3/g $= -132.6$ kJ/kg

(e) $\eta_\theta = -W_{net}/Q_H$; $W_{net} = (264.67–66.08+191.1–132.6) = 257.1$ kJ/kg;

$\eta_\theta = 257.1/1639.57 = 0.157$; η_θ(Carnot) = (263.94–179.88)/(263.94+273.15) = 0.157

실제 사이클이 카르노식과 일치한다. 이 공정의 사이클 현상은 다음에 의해서 보다 빠르게 계산할 수 있다.

$W_{net} = -(Q_C + Q_H) = 1382.21 - 1639.57 = 257.4$ kJ/kg

엔트로피의 거시적 관점은 처음 공부할 때 학생들이 물리적인 연관성을 이해하려고 노력하기 때문에 혼란스러울 수 있다. 엔트로피의 미시적 관점은 어떤 학생들에게는 도움이 되지만 상당한 불일치성이 때때로 존재한다. 두 경우에 대하여 이 장의 도입부의 정의를 다시 살펴보면 둘은 모두 물리적이지 않고 수학적이다. 2장에서 Q는 경로에 의존하는 성질로 논의하였지만, 그 양을 T로 나누고 경로를 따라서 적분하면 경로에 무관한 양을 얻을 수 있다.[15] 어떤 학생들은 엔트로피의 이름으로 수학적인 관계로서 받아들이는 것이 도움이 된다. 사실, 엔트로피의 거시적인 정의의 발전은 최종적으로 그것을 상태함수로 증명한 과학자들에게는 모호한 것이 아니다. 카르노 시대의 과학적인 문헌은 적분의 상태의 현실화가 모호하여 읽기에 혼란스러울 수 있지만, 오늘날의 과학자들에 의해서 상당한 양의 성실성과 통찰력으로 발전되었다.

엔트로피는 계에 한 일에 직접적으로 의존하지는 않는다. 그러므로 가역공정에 대한 에너지 수지에서 열과 일을 분리하는 데 사용되기도 한다. 또한 가역공정에서 엔트로피는 우리가 앞의 두 예제에서 살펴본 바와 같이 공정에서 알려지지 않는 것을 결정하는 데 사용되는 두 번째 물성을 제공한다. 사실, 이 물성의 능력은 공정의 가역성을 계산하는 데 쓸 수 있고, 이와 같은 이해는 이산화탄소의 제거와 같은 환경친화적인 에너지 관리 방법을 찾는 것에 매우 중요하다. 경로를 활용하는 예제를 풀기 전에 엔트로피 변화의 계산에 대한 편리한 경로를 조사해 보자.

❗ 엔트로피는 열과 일을 연결하는 데 이용될 수 있다.

닫힌계에서의 엔트로피 변화의 계산

엔트로피 정보의 원천으로는 엔탈피, 내부에너지와 같이 표(table)나 도표(chart)가 선호된다. 부록 E의 테이블에 엔트로피의 도표를 나타내었다. 이 표와 도표는 다음의 장들에서 논의할 비이상성 유체에 대해 정의된 엔트로피와 방법으로부터 계산되었다. 엔트로피를 손으로 계산하기 위하여, 여기서 간단한 방법을 전개하고 8장에서 엄밀한 방법을 보여 준다. 식 4.13의 적분은 가역적인 경로를 따라서 계산되어야 하므로 좀 더 쉬운 경로를 고려하자. 축일(shaft work)이 없는 닫힌 **가역계**에서의 에너지 수지(식 2.16)는

$$d\left[U + \cancel{\frac{v^2}{2g_c}} + \cancel{\frac{g}{g_c}z}\right] = dQ_{rev} + \cancel{dW_S} + dW_{EC} \qquad \langle\text{식 4.15}\rangle$$

이다. 여기에 식 2.3을 대입하면

$$[dU + PdV] = dQ_{rev} \qquad \langle\text{식 4.16}\rangle$$

이 된다. 이제 우리는 엔트로피 변화를 계산하는 데 이 식을 식 4.13의 적분에 어떻게 대입하는지를 생각해 보자.

---

15 Q는 거시적인 정의에서 가역적인 경우에 제한되며 전적으로 임의적이지 않음을 주의하라.

등압경로

많은 공정 계산은 압력이 일정할 때의 상태 변화와 관련된다. $H = U + PV$와 $dH = dU + PdV + VdP$에서 이 경우에 $dP = 0$이므로 식 4.16은

$$dH = dQ_{rev} \qquad \langle 식\ 4.17\rangle$$

등압(isobaric)경로를 따르면 압력이 일정하므로 $dH = C_p dT$이고 이를 식 4.13의 dQ_{rev}에 대입하면 엔트로피 변화는

$$(dS)_P = \frac{C_P}{T}(dT)_P \qquad \langle 식\ 4.18\rangle$$

$$\boxed{\Delta S = \int_{T_1}^{T_2} \frac{C_P}{T} dT} \qquad \langle 식\ 4.19\rangle$$

일정 압력

등적경로

부피가 일정한 경로에 대하여 식 4.16은

$$dU = dQ_{rev} \qquad \langle 식\ 4.20\rangle$$

등적(isochoric)경로를 따르면 부피가 일정하므로 $dU = C_V dT$이고 이를 식 4.13의 dQ_{rev}에 대입하면 엔트로피 변화는

$$\boxed{\Delta S = \int_{T_1}^{T_2} \frac{C_V}{T} dT} \qquad \langle 식\ 4.21\rangle$$

일정 부피

등온경로

등온(isobaric)에서의 엔트로피 거동은 dQ_{rev}가 집합체의 상태에 따라 다르기 때문에 표나 도표를 사용하지 않고 일반화하기가 더욱 어렵다. 이상기체에 대해서 $dU = 0 = dQ - PdV$이므로 $dQ = RTdV/V$이다. 이를 식 4.13에 대입하면

$$\boxed{\Delta S^{ig} = R\ln\left[\frac{V_2}{V_1}\right]} \text{ 또는 } \boxed{\Delta S^{ig} = -R\ln\left[\frac{P_2}{P_1}\right]} \qquad \langle 식\ ig\ 4.22\rangle$$

등온

를 얻는다. 액체나 고체에 대해서 세밀한 계산에 필요한 정확한 관계식은 6~8장에서 다룬다. 등온에서의 수증기표(steam table)를 참조하면 액체 물의 엔트로피는 압력에 약하게 의존함을 알 수 있다. 이 결과는 $T_r = 0.75$ 이하의 온도에 있는 다른 액체와 그리고 고체로 확장하여 일

반화시킬 수 있다. 응축상(condensed phase)에 대해서는 일차 근사로(to a first approximation) 온도가 일정할 때에는 엔트로피가 압력(또는 부피)에 무관하다고 가정한다.

단열경로

단열(adiabatic) 그리고 가역공정은 등엔트로피 경로(isentropic path)를 초래한다. 식 4.13에 의하여

단열 및 가역

$$\boxed{\Delta S = \int_{state\ 1}^{state\ 2} \frac{dQ_{rev}}{T_{sys}} = 0} \text{ (오로지 가역과정에만)} \qquad \langle \text{식 } 4.23 \rangle$$

이다. 단열적이지만 가역적이 아닌 경로는 등엔트로피가 아님을 유념하여야 한다. 이것은 똑같은 상태 1에서 시작한 가역 단열공정은 동일한 경로를 따라가지 않으므로 상태 2에서 끝나지 않기 때문이다. 상태 2에 도달하기 위해서는 가역 열전달이 일어날 필요가 있다.

상전이

표나 도표가 없을 때에도 상전이(phase transition)에 의한 엔트로피 변화는 쉽게 구할 수 있다. 순수한 물질에서의 평형 상전이는 일정한 압력과 일정한 온도에서 일어나므로, 예를 들면 기화에 대해서는 다음과 같이 된다.

$$\Delta S^{vap} = \int \frac{dQ_{rev}}{T} = \frac{1}{T^{sat}} \int dQ_{rev} = \frac{Q^{vap}}{T^{sat}}$$

여기에서 T^{sat}는 평형 포화온도(equilibrium saturation temperature)를 가리킨다. 마찬가지로 고-액 전이에서는

$$\Delta S^{fus} = \frac{Q^{fus}}{T_m}$$

이다. 위에서 T_m은 평형 녹는 온도(equilibrium melting temperature)이다. 가역경로를 따라서 일정한 압력에서 두 상전이 중의 하나가 일어난다면 식 4.17로부터 우리는 다음 식을 얻는다.

상전이

$$\boxed{\Delta S^{vap} = \frac{\Delta H^{vap}}{T^{sat}}}, \quad \boxed{\Delta S^{fus} = \frac{\Delta H^{fus}}{T_m}} \qquad \langle \text{식 } 4.24 \rangle$$

이제 2장의 가역과정을 조사하여 엔트로피 변화를 알아보자. 2개의 다른 경로에 대해서 계산한 결과는 마찬가지임을 우리는 알게 될 것이다.

예제 4.5 단열, 가역 팽창에서 이상기체의 엔트로피 변화

예제 2.11에서 닫힌계에서의 이상기체의 단열 팽창에 대한 온도 변화를 유도하였다. 엔트로피는 이 경로를 따라서 어떻게 변할까? 그리고 이 예제는 온도에 대한 엔트로피 변화에 관해서 무엇을 말하고 있을까?

풀이

$(C_V/T)dT = -(R/V)dV$ 를 다시 음미해 보자. 이 식은 $(C_V/R)d\ln T = -d\ln V$로 쓸 수 있다. 우리는 이 경로를 그림 4.4의 대각선으로 나타낼 수 있는데, 이 경로가 단열 ($dQ = 0$) 가역적이고 엔트로피의 정의는 $dS = (dQ_{rev})/T$이므로 등엔트로피 경로(엔트로피가 일정한 경로)임을 알 수 있다. 엔트로피는 상태 성질인데 이 사실은 그림에서의 일정한 온도경로 A와 일정한 부피경로 B를 따라서 엔트로피를 계산함으로써 증명할 수 있다.

가역 등온경로 A에 대해서

$$dU = dQ_{rev} - PdV = 0 \quad \text{or} \quad dQ_{rev} = PdV \qquad \langle 식\ ig \rangle$$

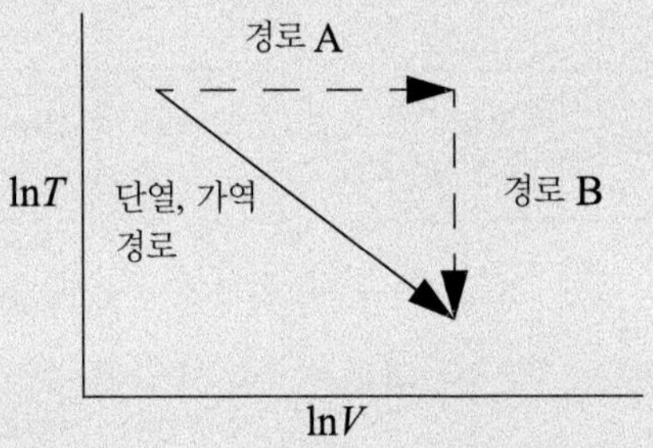

그림 4.4 • $T-V$ 선도에서 단열과 다른 경로의 등가성

따라서

$$(dS)_T = \frac{dQ_{rev}}{T} = \frac{PdV}{T} \qquad \langle 식\ ig \rangle$$

이다. 이상기체 법칙을 적용하면

$$(dS^{ig})_T = \frac{RTdV}{VT} = R\frac{dV}{V} \qquad \langle 식\ ig\ 4.25 \rangle$$

이 된다. 일정 부피경로에 대하여,

$$dU = dQ_{rev} \quad 혹은 \quad C_V dT = dQ_{rev}$$

이므로

$$(dS)_V = \frac{dQ_{rev}}{T} = C_V\frac{dT}{T} \qquad \langle 식\ 4.26 \rangle$$

이다. 단열경로를 따른 미소단계는 대체 경로 (경로 A + 경로 B)의 미소단계로 대신할 수 있다.

단일 가역경로를 따른 엔트로피 변화는(경로 A + 경로 B)를 따른 엔트로피 변화와 같다. 이것은 S가 상태 성질임을 알려 준다.

$$dS_{adiabat}^{ig} = (dS)_V + (dS^{ig})_T = \frac{C_V}{T}dT + \frac{R}{V}dV = 0 \qquad \text{〈식 ig 4.27〉}$$

이것은 에너지 수지에 의해서 얻어진 식 2.62의 결과에서 비롯된 것이다. 그러므로 본 예제의 단열 가역 팽창은 등엔트로피 과정임이 증명되었다. 추가적인 경로에 대한 시도에서도 ΔS는 같음을 보일 것이다.

상태 변화를 개개의 온도와 부피 변화로 나누는 방법은 앞의 예에서와 같이 단열과정에만 적용되는 것이 아니라 어느 과정으로도 확장될 수 있다. 따라서

$$\boxed{dS^{ig} = \frac{C_V}{T}dT + \frac{R}{V}dV} \qquad \text{〈식 ig 4.28〉}$$

이며 경로 A와 경로 B를 개별적으로 적분할 수도 있다. 온도와 압력으로 된 경로를 사용하여 엔트로피 변화를 계산할 수 있는데 이때에는 다음과 같이 된다.

이상기체에 대한 식

$$\boxed{\Delta S^{ig} = C_V \ln\frac{T}{T^i} + R\ln\frac{V}{V^i}} \quad \text{or} \quad \boxed{\Delta S^{ig} = C_P \ln\frac{T}{T^i} - R\ln\frac{P}{P^i}} \qquad \text{〈식 *ig 4.29〉}$$

연습으로 두 상태를 택하여 온도, 압력, 그리고 그것의 순서를 바꾼 두 다른 경로에 따른 S의 변화를 구할 수 있다. 열과 일은 두 경로를 따라서 다를 수 있지만 엔트로피의 변화는 같다.

식 4.26을 다시 살펴보면 이 식은 이상기체일 때에만 성립하는 식이 아님을 알게 된다. 따라서 우리는 일반적으로 성립하는 다음의 결과를 얻는다.

$$\boxed{\left(\frac{\partial S}{\partial T}\right)_V = \frac{C_V}{T}} \qquad \text{〈식 4.30〉}$$

엔트로피와 온도에 대한 도함수는 C_P와 C_V에 관계된다.

이 식은 C_V와 엔트로피와의 관계를 나타내 주고 있다. 같은 방법으로 식 4.18로부터

$$\boxed{\left(\frac{\partial S}{\partial T}\right)_P = \frac{C_P}{T}} \qquad \text{〈식 4.31〉}$$

를 얻는다.

식 4.30과 식 4.31은 특히 이상기체에 적용하기 쉽다. 사실, 다음에 보인 바와 같이, 온도에 따른 엔트로피 변화를 계산하기 위하여 식 4.31에 이런 방법을 적용하는 것이 가장 일반적인 방법이다.

예제 4.6 이상기체 엔트로피 변화 : $C_P^{ig}(T)$ 적분

프로판(propane) 기체가 105°C 5 bar의 이상기체에서 190°C 25 bar로 변한다. 이상기체 법칙을 이용하여 엔탈피의 변화를 계산하라.

풀이

각 상태에서 T와 P가 정해졌기 때문에, 이상기체 변화는 식 4.19의 등압온도 단계, 식.4.22의 등온 압력 변화를 결합하여 가장 쉽게 계산될 수 있다. 열용량은 부록 E로부터 얻을 수 있다.

$$S_2^{ig} - S_1^{ig} = \int_{T_1}^{T_2} \frac{C_P^{ig}}{T} dT - R\ln\frac{P_2}{P_1} ; \int_{T_1}^{T_2} \frac{C_P^{ig}}{T} dT = \int_{T_1}^{T_2} \frac{(A + BT + CT^2 + DT^3)}{T} dT$$

$$S_2^{ig} - S_1^{ig} = A\ln\left(\frac{T_2}{T_1}\right) + B(T_2 - T_1) + \frac{C}{2}(T_2^2 - T_1^2) + \frac{D}{3}(T_2^3 - T_1^3) - R\ln\frac{P_2}{P_1}$$

$$= -4.224\ln\frac{463.15}{378.15} + 0.3063(463.15 - 378.15) + \frac{-1.586\times10^{-4}}{2}(463.15^2$$

$$-378.15^2) + \frac{3.215\times10^{-8}}{3}(463.15^3 - 378.15^3) - 8.314\ln\frac{25}{5} = 6.613 \text{ J/mol-K}$$

엔트로피 생성

4.3절 도입부의 항목 1은 비가역과정이 엔트로피를 생성시킨다는 것을 선언하고 있다. 엔트로피를 계산하는 몇 가지 방법을 제시하였으므로 이 원리를 좀 더 살펴볼 수 있다.

예제 4.7 엔트로피 생성과 '잃은 일(Lost Work)'

예제 4.1에서 300K의 외계를 고려하였다. (a) 4.1(a)와 4.1(b)에서 외계와 우주의 엔트로피 변화를 구하고 엔트로피 생성과 잃은 일 간의 관계를 논하라. (b) 외계가 310 K라면 생성되는 엔트로피는 어떻게 영향을 받겠는가?

풀이

(a) 식 4.1(a)로부터, 외계의 엔트로피 변화는

$$\Delta S_{surr} = \int \frac{dQ}{T_{surr}} = \frac{Q}{300} = \frac{-4014}{300} = -13.38\text{J/K}.$$

이 값은 피스톤/실린더의 엔트로피 변화와 크기가 같고 부호가 반대이다. 따라서 전체 엔트로피 변화는 $\Delta S_{universe} = 0$이다.

4.1(b)에서 우주의 엔트로피 변화는 $\Delta\underline{S}_{surr} = \underline{Q}/300 = -1995/300 = -6.65$ J/K이다.
전체 엔트로피 변화는 $\Delta\underline{S}_{universe} = 13.38 - 6.65 = 6.73 \text{ J/K} > 0$
따라서, 일을 잃었을 때 엔트로피는 생성된다.

(b) 만약 외계의 온도가 310 K로 상승한다면, 4.1(a)의 가역적인 피스톤 실린더 팽창에서, $\Delta\underline{S}_{surr} = -4014/310 = -12.948$ J/K, $\Delta\underline{S}_{universe} = 13.38 - 12.95 = 0.43 \text{ J/K} > 0$.
이 공정은 피스톤/실린더 장치와 일이 마찰과 다른 손실이 없지만 경계에서 온도차이에 기인한 '잃은 일'을 가질 것이다. 우리는 나중에 예제에서 열전달의 구배에 대하여 다시 확인할 것이다. 4.1(b)의 경우 엔트로피의 생성은 여전이 크고 더 큰 잃은 일을 가리킨다.
$\Delta\underline{S}_{surr} = -1995/310 = -6.43$ J/K, $\Delta\underline{S}_{universe} = 13.38 - 6.43 = 6.95 \text{ J/K} > 0$

! 엔트로피가 생성되므로 비가역공정이다.

주의: 우주의 엔트로피 변화가 양이면 공정은 비가역이다. 엔트로피는 상태 성질이기 때문에, 적분은 어떤 가역경로를 따라 계산할 수 있고, 경로를 따르는 시간 의존성은 중요하지 않다.

우리는 제 2장에서 마찰과 속도구배는 결과적으로 비역가역성을 초래한다는 것에 대하여 논의하였다. 엔트로피 생성은 열전달이 일어난 경우에도 발생하는데 이 경우에 대해서 생각해 보자.

예제 4.8 온도구배하에서의 엔트로피 생성

283 K의 유리병에 담긴 물 500 mL를 냉장고에서 꺼내면 물은 서서히 온도가 올라가 실온 298 K에서 평형에 도달한다. 이 과정은 1기압에서 일어난다. 물의 엔트로피 변화 ΔS_{water}, 주위의 엔트로피 변화 ΔS_{surr}, 그리고 우주의 엔트로피 변화 ΔS_{univ}를 구하라. 용기의 비열은 무시하고 물의 비열은 $C_P = 4.184$ J/gK이다.

풀이

물: 이 계는 압력이 일정하고 $T^i = 283$ K이며 $T^f = 298$ K인 닫힌계이다. 우리는 식 4.13을 사용하여 엔트로피 변화를 계산하는데 이때 어떤 가역경로도 사용할 수 있다. 여기에서는 정압 가열이 편리한 경로이다. 따라서

$$d\underline{Q}_{rev} = d\underline{H} = mC_P dT$$

이므로 이 식을 엔트로피의 정의에 대입하고 C_P는 온도에 의존하지 않는다고 가정하면

$$\Delta\underline{S}_{water} = \int_{T^i}^{T^f} \frac{mC_P dT}{T_{sys}} = mC_P \ln\left(\frac{T^f}{T^i}\right) = 500(4.184)\ln\left(\frac{298}{283}\right) = 108.0\frac{J}{K} \qquad \langle 식\ *\rangle$$

외계: 외계도 닫힌계이며 정압과정을 겪는다. 그러나 유리병으로부터의 열전달은 온도 변화를

야기하지 못하는데, 이는 외계가 저장조의 역할을 하므로 온도는 이 과정 동안에 298 K로 남아 있다. 외계로의 열전달은 물로의 열전달과 반대 방향이므로

$$\Delta \underline{S}_{\text{surr}} = \int_{T^i}^{T^f} \frac{d\underline{Q}_{rev}}{T_{\text{surr}}} = -\int_{T^i}^{T^f} \frac{d\underline{Q}_{rev,\text{ water}}}{T_{\text{surr}}} = \frac{-mC_P \Delta T_{\text{water}}}{T_{\text{surr}}} = \frac{-31380J}{298K} = -105.3\frac{J}{K} \quad \langle \text{식 } * \rangle$$

이다. 외계의 온도가 변하지 않고 일정한 것을 유념하여야 하며, 온도가 일정하므로 적분이 간단해진다.

우주: 우주의 엔트로피 변화는 이 두 부분계(subsystem)의 엔트로피 변화를 합하여 얻는다. 그러므로

$$\Delta \underline{S}_{\text{univ}} = 2.7\frac{J}{K}$$

이다.

4.4 엔트로피 수지

우리는 2장에서 외계와의 세 가지 상호작용, 즉 흐름, 열, 그리고 일에 의한 계의 에너지 변화를 추적하기 위하여 에너지 수지를 사용하였다. 우리가 이 수지를 모든 상호작용을 설명하는 점검표로 사용할 수 있기 때문에 이 방법은 매우 유용하다. 그러므로 우리는 같은 방법으로 엔트로피 수지(entropy balance)를 다루고자 한다. 공정문제를 풀기 위해서 우리는 이전과 유사한 방법을 사용한다. 즉 발생한다고 생각되는 모든 기여를 포함하는 식으로부터 출발하여 고려 중인 상황에 적용할 수 없는 항들을 삭제해 나간다.

경계로 둘러싸인 계 내부의 엔트로피 변화는 계로 들어오고 나간 엔트로피 사이의 차이와 경계를 통한 열전달에 기인한 엔트로피의 변화에 의해서 주어진다. 그리고 엔트로피는 비가역 과정에 의해 생성될 수 있으므로 엔트로피 생성항을 추가한다. 그러므로 일반적인 엔트로피 수지는

❗ 일반적인 엔트로피 수지식

$$\frac{d\underline{S}}{dt} = \sum_{inlets} s^{in}\dot{m}^{in} - \sum_{outlets} s^{out}\dot{m}^{out} + \sum_{surfaces} \frac{\dot{\underline{Q}}}{T_{sys}} + \dot{\underline{S}}_{gen} \quad \langle \text{식 } 4.32 \rangle$$

이다. 에너지 수지에서와 같이 이 식의 좌변은 계의 엔트로피 변화를 나타낸다. 열전달을 나타내는 항은 열전달이 일어나는 곳마다 적용해야 하며 T_{sys} 은 열전달이 일어나는 경계에서의 계의 온도이다. 일반적인 엔트로피 수지에 나타난 열전달은 실제로 일어난 열전달을 가리킨다. 정상상태나 닫힌계에 대해서는 다음 식으로 간단히 표시할 수 있다.

열린 정상상태 엔트로피 수지식

$$0 = \dot{m}(\underline{S}^{in} - \underline{S}^{out}) + \frac{\dot{Q}}{T} + \dot{S}_{gen} \qquad \langle 식\ 4.33 \rangle$$

닫힌계 엔트로피 수지식

$$d\underline{S} = \frac{dQ}{T} + dS_{gen} \qquad \langle 식\ 4.34 \rangle$$

수지식에서 열전달항은 수지식이 쓰인 계의 관점에서 항상 '양(plus)'으로 적힌다.

경고: 엔트로피 수지는 열역학 문제를 푸는 데 사용될 수 있는 또 하나의 식을 우리에게 제공한다. 그러나 비가역과정에 대해서 엔트로피 생성항은 에너지 수지로부터 계산되지 않는다. 그러므로 이 항은 식 4.32~4.34에서 미지수이다. $\underline{S}_{gen}$이 알려져 있지 않으면 엔트로피 수지는 다른 변수를 계산하는 데 유용하지 않다. 예제 4.8에서 물과 주변에 대해서 각각 엔트로피 수지를 적용했더라면 문제를 풀기 어려웠을 것이다. 이것은 우리가 물과 주변에 대해서 $\underline{S}_{gen}$을 계산하는 방법을 알지 못하기 때문이다. 그러나 우리는 가역경로를 따라서 각 부분계에 대한 $\Delta\underline{S}$는 계산할 수 있었다. 우주의 부분계에 대한 엔트로피 변화를 합하면 우주의 엔트로피 변화를 얻는다. 이를 위해 이 예제에서 우주에 대한 엔트로피 수지를 쓰고 이의 우변을 생각해 보자. 우주에 대해서는 들어오고 나가는 질량이 없으며, 우주의 부분계 사이에만 물질 이동이 있을 뿐이다. 또한 우주의 부분계 사이에만 열흐름이 있으므로 엔트로피 수지식 우변의 처음 세 항은 0이다. 그러므로 우주의 엔트로피 변화는 우주에서 생성된 트로피와 일치한다.

경고: 공정이 타당한가 하는 판단의 기준은 엔트로피 생성항이 0과 같거나 크다는 것이다. 계가 우주가 아니라면 이러한 타당성은 명백하게 결정되지 못할 수도 있다.

주의: 비가역과정에 대해서는 엔트로피 변화를 구하기 위해 엔트로피 수지를 적용하지 않는다. 우리는 언제나 같은 상태에 이르는 가역경로를 선택하여 엔트로피 변화를 계산하고 엔트로피 수지를 사용하여 엔트로피 생성이 얼마나 되는지를 구한다.

가역과정에 대해서는 엔트로피 생성항이 0이므로 엔트로피 수지를 적용한다.

이제 엔트로피 수지를 다른 열전도 문제에 먼저 적용해 보자. 예제 4.8에서 비정상상태(unsteady-state)에 있는 계를 공부하였다. 여기에서는 엔트로피 수지의 어떤 항이 중요한지를 알기 위하여 정상상태의 열전달을 생각해 보자. 온도구배가 있는 곳에서는 엔트로피가 생성되는데, 이번 예제는 이와 같은 열전도가 엔트로피 생성을 초래한다는 것을 보여 준다.

예제 4.9 정상상태의 엔트로피 생성

두 저장조 사이에서 열전달이 일어나는 것을 생각해 보자.

(a) 이런 계의 정상 상태에서의 온도 변화를 다음의 그림 (a)에 나타내었다(공정은 저장조에 대하여 비정상상태이고, 여기서의 관심은 벽에 있다). 거의 모든 온도구배는 벽 내부에서 이

루어진다. 이와 같은 이상적인 경우에는 어느 저장조 내부이든지 온도구배가 존재하지 않는다(그러므로 저장조는 엔트로피 생성의 원천이 아니다). 벽은 정상상태이다. 관련된 에너지와 엔트로피 수지를 유도하라. 뜨거운 저장조, 벽, 차가운 저장조의 세 부분계를 주의 깊게 분석하라. 그림 (b)에 저장조와 벽의 대략적인 모습을 나타내었다.

(b) 그림 (c)에 나타내었듯이 벽이 같은 저장조를 가로지르는 가역적인 Carnot 엔진으로 치환되었다. 열효율을 얻기 위한 에너지와 엔트로피 수지를 결합하라.

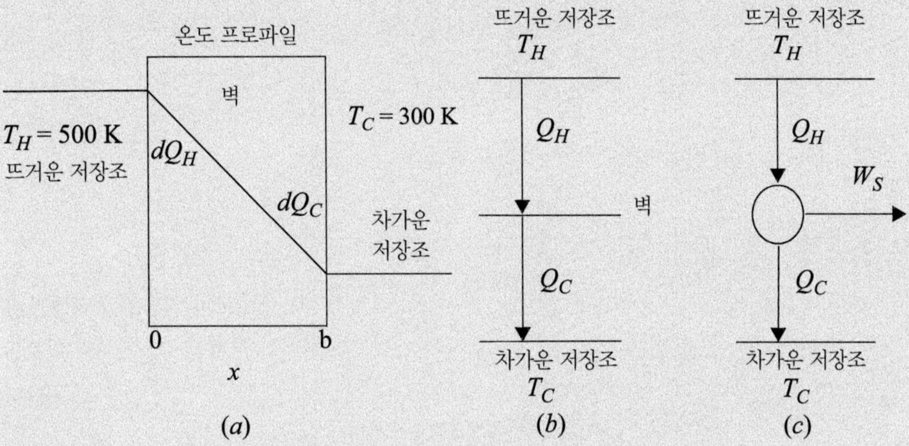

주의: 우주가 여러 개의 부분계로 나뉘어졌을 때 부호와 변수를 계속 추적하다가 혼동이 야기될 수 있다. 벽의 뜨거운 쪽에서의 열전달은 뜨거운 저장조에 대해서는 부호가 음(−)이지만 벽에 대해서는 양(+)이다. 이 예제에서 하첨자 *H*, *C*, *W*는 각각 뜨거운 저장조, 차가운 저장조, 벽을 나타낸다. 부분계 사이의 경계에서는 열전달이 같아야 하므로 다른 부분계에 대한 열전달을 식으로 쓰고 여기에 음(−)의 부호를 붙여도 된다.

풀이

(a) 벽이 정상상태이므로, 벽에 대한 에너지 수지는 입구와 출구의 열흐름이 같고 부호가 반대이다.

$$0 = \sum_{\text{boundaries}} \dot{Q} = \dot{Q}_H + \dot{Q}_C \Rightarrow \dot{Q}_H = -\dot{Q}_C \qquad \text{〈식 4.35〉}$$

두 저장조에 대한 엔트로피 수지는 다음과 같다.

$$\frac{dS_{H \text{ or } C}}{dt} = \sum_{in} S^{in}\cancel{\dot{m}^{in}} - \sum_{out} S^{out}\cancel{\dot{m}^{out}} + \frac{\dot{Q}}{T_{sys}} + \cancel{\dot{S}_{gen}}$$

저장조 내에 온도구배가 없으므로 엔트로피 생성항은 없어진다. 뜨거운 열저장조를 부시스템으로 택하고 벽을 기반으로하여 Q_H와 Q_C를 정의하면

$$\frac{dS_H}{dt} = \frac{\dot{Q}}{T_H} = \frac{-\dot{Q}_{H,\text{wall}}}{T_H}; \quad \frac{dS_C}{dt} = \frac{\dot{Q}}{T_C} = \frac{-\dot{Q}_{C,\text{wall}}}{T_C} = \frac{\dot{Q}_{H,\text{wall}}}{T_C} \qquad \text{〈식 4.36〉}$$

여기서 열선속은 에너지 수지에 의해서 나타내었다.

벽에 대한 엔트로피 수지를 생각해 보자. 엔트로피는 상태 성질인데 벽 전체에 걸쳐서 상태 성질이 시간에 따라 변하지 않으므로 벽의 엔트로피는 일정하고 따라서 엔트로피 수지식의 좌변은 영(0)이다. 아울러 온도구배가 존재하므로 엔트로피 생성항은 유지된다. 따라서

$$\frac{d\underline{S}_{\text{wall}}}{dt} = 0 = \frac{\dot{\underline{Q}}_H}{T_H} + \frac{\dot{\underline{Q}}_C}{T_C} + \dot{\underline{S}}_{gen,\,W}$$

이다. 식 4.35에서 열선속 사이에 관계가 없으므로, 벽에 대하여 다음과 같이 쓴다.

$$\dot{\underline{S}}_{gen,\text{wall}} = \dot{\underline{Q}}_H\left(\frac{1}{T_C} - \frac{1}{T_H}\right) \qquad \langle 식\ 4.37\rangle$$

온도구배를 가진 벽이 엔트로피 생성의 원천임을 알 수 있다. 정리하면,

$$\frac{d\underline{S}_{\text{univ}}}{dt} = \frac{d\underline{S}_H}{dt} + \frac{d\underline{S}_{\text{wall}}}{dt} + \frac{d\underline{S}_C}{dt} = \frac{-\dot{\underline{Q}}_{H,\text{wall}}}{T_H} + \frac{-\dot{\underline{Q}}_{C,\text{wall}}}{T_C} = \dot{\underline{S}}_{gen,\text{wall}} \qquad \langle 식\ 4.38\rangle$$

벽이 우주의 엔트로피 생성의 원천이고 양수임을 알 수 있다. 엔트로피 생성을 설명하기 위해서 벽에 대한 것을 엔트로피 수지에 포함하는 것이 중요하다는 사실을 인식하여야 한다.

❗ 온도구배에 의해서 엔트로피는 생성된다.

(b) 엔진에 대한 전체적인 에너지 수지는

$$0 = \sum_{\text{boundaries}} \dot{\underline{Q}} + \dot{\underline{W}} = \dot{\underline{Q}}_H + \dot{\underline{Q}}_C + \dot{\underline{W}}_S \Rightarrow \eta_\theta = \frac{-\dot{\underline{W}}_S}{\dot{\underline{Q}}_H} = \left(1 + \frac{\dot{\underline{Q}}_C}{\dot{\underline{Q}}_H}\right) \qquad \langle 식\ 4.39\rangle$$

엔진이 정상상태 사이클로 작동되고 $d\underline{S}_{\text{engine}}/dt = 0$ (내부적 가역성)이면,

$$0 = \cancel{\sum_{in} S^{in}\dot{m}^{in}} - \cancel{\sum_{out} S^{out}\dot{m}^{out}} + \sum_{\text{boundaries}} \frac{\dot{\underline{Q}}}{T} + \cancel{\dot{\underline{S}}_{gen}} = \frac{\dot{\underline{Q}}_H}{T_H} + \frac{\dot{\underline{Q}}_C}{T_C} \Rightarrow \frac{\dot{\underline{Q}}_C}{\dot{\underline{Q}}_H} = \frac{-T_C}{T_H} \qquad \langle 식\ 4.40\rangle$$

$\eta_\theta = -\dot{\underline{W}}_S/\dot{\underline{Q}}_H = (1 - T_C/T_H)$ 이고 이 식은 엔트로피 수지로부터 유도되었다. 열유량은 더 이상 같지 않고 저장조의 엔트로피 변화의 합은 0이다.

우리는 열전달이 엔트로피 생성을 초래한다는 것을 알았다. 엔트로피가 생성되지 않도록 어떻게 열을 가역적으로 전달할 수 있을까? 온도구배의 크기가 줄어들면 식 4.37의 우변도 크기가 작아진다. 왜냐하면 어떤 물체를 통한 열전도는 느리고 다음 식으로 주어진다.[16]

$$\dot{\underline{Q}} = Ak\frac{dT}{dx} \quad 여기서\ A = 단면적$$

작은 온도구배 (dT/dx)는 엔트로피 생성속도를 감소시킨다. 그러나 실제적인 관점에서 생각하면 주어진 양의 열을 전달하는 데 더 오랜 시간이 걸릴 것이다. 유한한 온도 차이에 있는 두

16 이 관계는 Fourier의 법칙이고 열전달 강좌에서 학습한다.

용기 사이에 열을 가역적으로 전달하기 위해 (b) 부분에 언급한 바와 같이 열기관(heat engine)을 사용할 수 있는데, 열기관을 사용하면 열을 가역적으로 전달할 뿐만 아니라 일을 발생시키기도 한다.

주의: 이 예제는 계 사이의 경계(벽)는 엔트로피를 생성할 수 있음을 보여 주었다. 엔트로피가 두 용기에서는 생성되지 않았는데 이는 온도구배가 없기 때문이다. 엔트로피 생성은 벽 내부에서 발생하였다.

❗ 엔트로피는 계의 경계에서 생성될 수 있다.

(b) 부분의 엔진의 일은 다음과 같이 쓸 수 있다.

$$\underline{W}_{S,net} = \underline{Q}_H\left(1-\frac{T_C}{T_H}\right) = T_C \cdot \underline{Q}_H\left(\frac{1}{T_C}-\frac{1}{T_H}\right) \quad \langle 식\ 4.41\rangle$$

이 식을 정상상태 엔트로피 생성의 결과인 식 4.37과 비교하라. 얻는 일이 없이 열전달 공정을 운전할 수 있다면, 전체적으로 다음과 같은 양의 일을 잃을 것이다.

$$\dot{\underline{W}}_{\text{lost}} = T_C\dot{\underline{S}}_{gen} \quad \langle 식\ 4.42\rangle$$

엔진의 더 차가운 온도인 T_C는 잃은 열과 엔트로피의 생성을 연관시키는 데 중요하다. T_C는 일을 잃는 곳에서의 온도로 불린다. 잃은 일은 4.12절에서 좀 더 철저히 다룰 것이다. 또한 우리는 열기관이 열저장소와 동일한 온도에서 작동하도록 조작하였다. 이것이 임의적이지만 최대 일을 얻기 위해 필요하다. 열기관은 이러한 제한 없이 가역적일 수 있지만 전체 공정은 가역적이지 않다. 자세한 사항은 다음 절에서 명확히 할 것이다.

열펌프와 같이 열기관을 가역적으로 운전할 수 있다면 열전달에 대하여 전적으로 유사한 분석을 적용했을 것이다. 열펌프에 대하여 상대적으로 열과 일이 흐르는 방향에서 부호가 바뀔 것이다. 그러므로 엔트로피의 사용은 이상기체만이 아니라 모든 유체에 대하여 Carnot식을 적용하는 것을 허용한다.

$$\eta_\theta = \frac{-\dot{\underline{W}}_{S,net}}{\dot{\underline{Q}}_H} = \left(1+\frac{\dot{\underline{Q}}_C}{\dot{\underline{Q}}_H}\right) = \left(1-\frac{T_C}{T_H}\right), \text{ Carnot 기관} \quad \langle 식\ 4.43\rangle$$

❗ 카르노 열효율

$$COP \equiv \frac{\dot{\underline{Q}}_C}{\dot{\underline{W}}_{S,net}} = \left(\frac{T_H}{T_C}-1\right)^{-1} = \frac{T_C}{T_H-T_C}, \text{ Carnot 냉각기} \quad \langle 식\ 4.44\rangle$$

❗ 카르노 성능계수

4.5 내부 가역성

공정은 계가 가역적이더라도(예제 4.9에서 논의한 바와 같이) 경계에서의 상호작용 때문에 비가역적일 수도 있다. 이러한 계를 내부적으로 가역적이라고 한다. 이런 계는 계의 경계 안쪽에서는 엔트로피가 생성되지 않는다. 우리는 저장조 온도와 동일한 온도 사이에서 작동한다고 가정하고 Carnot 엔진과 열펌프에 대한 식을 유도하였다. 이런 제한 조건은 **내부 가역성**(internal reversibility)에 대한 필요한 조건은 아니지만 여기에서는 이 조건에서 Carnot 엔진이 일을 최대로 하고 Carnot 열펌프가 일을 최소로 요구한다는 것을 보여 줄 것이다. Carnot 장치에서 관심 있는 온도는 순환과정의 뜨겁고 찬 부분에서의 작동온도일 뿐이다. 다음의 예에서 내부적으로 가역적인 엔진과 열펌프가 온도 T_H와 T_C 사이에서 작동하고 이때 저장조의 온도는 T_2, T_1 이다.

열기관

Carnot 엔진의 개요를 그림 4.5(a)에 나타내었다. 열은 온도 T_2인 저장조에서 온도 T_1인 저장조로 전달되고 그 결과로 일이 얻어진다. 열전달이 두 저장조 사이에서 일어나고 열기관이 원하는 방향으로 작동되기 위해서는 $T_2 \geq T_H > T_C \geq T_1$이 만족되어야 한다. 그리고 효율이 식 3.6로 주어지므로 최대 효율을 얻기 위해서는 T_C는 가능한 한 낮아야 하고, T_H는 가능한 한 높아야 한다. 즉, $T_H = T_2$, $T_C = T_1$이어야 한다.

> ❗ 가역 열기관과 열펌프의 작동 온도는 외계온도와 반드시 같을 필요는 없다. 그러나 외계온도와 일치할 때에는 최적의 일 상호작용이 일어난다. 이것은 온도가 일치하면 엔트로피를 생성하는 유한한 크기의 온도 구동력이 없어지기 때문이다.

열펌프

Carnot 열펌프의 개요를 그림 4.5(b)에 나타내었다. 열은 온도 T_1인 저장조에서 온도 T_2인 저장조로 전달되고 일이 가해져서 열전달이 이루어진다. 열전달이 두 저장조 사이에서 일어나고 열기관이 원하는 방향으로 작동되기 위해서는 $T_2 \leq T_H > T_C \leq T_1$이 만족되어야 한다. COP는 식 4.44로 주어지므로 최대의 COP(최소의 일)를 달성하기 위해서 T_C는 가능한 한 높아야 하고, T_H는 가능한 한 낮아야 한다. 즉 $T_H = T_2$, $T_C = T_1$이어야 한다. 그러므로 최적의 일 상호작용(optimum work interaction)은 Carnot 장치가 외계의 온도와 일치하는 온도에서 작동할 때 일어난다. 우리는 이후의 계산에서 특별히 언급하지 않고 이 성질을 이용할 것이다.

그림 4.5 • 열기관(a)과 열펌프(b)의 개략도. 저장소의 온도는 가역기관의 온도와 일치하도록 맞출 필요는 없지만, 다음에 다루었듯이 일치한다면 일이 최적화된다.

4.6 공정장치에 대한 엔트로피 수지

다른 예제를 다루기 전에 보통 흔히 사용되는 정상상태에 있는 공정장치에 대한 엔트로피 수지를 생각해 보는 것이 도움이 될 것이다. 이러한 일반적인 공정에 익숙함으로써 다중공정에 대한 빠른 분석을 수월하게 하는데, 이것은 엔트로피 수지가 가역적인 열과 일의 상호작용을 계산하는 데 열쇠가 되기 때문이다.

간단한 닫힌계

엔트로피의 변화는 모든 종류의 계에 영향을 준다. 우리는 피스톤/실린더와 심지어 물 한 잔에 대하여 다루었다. 엔트로피 수지식는 잘 고안된 장치뿐만 아니라 매일 일어나는 것들에도 창조적인 방법으로 적용될 수 있어야 한다.

예제 4.10 급랭에 따른 엔트로피 생성

무게가 100 kg이고 온도가 700 K인 탄소강 엔진 주물[$C_P = 0.5$ kJ/kg°C]을 경도를 조절하기 위하여, 300 kg이고 온도 298 K인 기름[$C_P = 2.5$ kJ/kg°C]에 급랭시킨다. 계로부터 열손실이 없다면 다음의 각각에 대하여 엔트로피 변화는 얼마인가? (a) 주물, (b) 기름, (c) 주물과 기름 함께, (d) 이 공정은 가역과정인가?

풀이

이전의 문제와는 달리 열 저장조가 없으며, 주물과 기름 둘 다 온도가 변한다. 기름과 철 주물의 최종온도는 에너지 수지를 사용하여 구할 수 있다. 절대온도 T^f를 최종온도 K라고 하자.

에너지 수지 : 기름과 철 주물에서의 총에너지는 0이다.

주물에 의한 열손실:

$$\underline{Q} = mCp\Delta T = 100\,(0.5)\,(700 - T^f)$$

기름에 의한 열 얻음:

$$\underline{Q} = mCp\Delta T = 300\,(2.5)\,(T^f - 298) \Rightarrow \text{흐름 열의 균형을 맞추면, } T^f = 323.1\text{ K}$$

엔트로피 수지 : 우주의 엔트로피 변화는 기름과 주물의 엔트로피 변화를 합한 것이다. 우리는 $\Delta \underline{S}_{univ} = \underline{S}_{gen}$라는 사실을 유념하는 것 이외에는 엔트로피 수지를 직접 적용하지는 않는다. 같은 상태에서 시작하고 끝나는 임의의 가역경로를 따라서 주물과 기름의 엔트로피 변화를 구할 수 있다. 등온경로를 택하면

$$\text{거시적 정의로부터} \Rightarrow \quad \Delta \underline{S} = \int \frac{d\underline{Q}}{T} = m\int \frac{C_P}{T}\,dT = mC_P \ln\left(\frac{T_2}{T_1}\right) \qquad \langle 식\ *\rangle$$

(a) 주물의 엔트로피 변화량

$$\Delta \underline{S} = 100\,(0.5)\,\ln[323.1/700] = -38.7\text{ kJ/K} \qquad \langle 식\ *\rangle$$

(b) 기름의 엔트로피 변화량(기름통은 크기가 유한하므로 열이 가해지면 온도가 변한다)

$$\Delta \underline{S} = 300\,(2.5)\,\ln[323.1/298] = 60.65\text{ kJ/K} \qquad \langle 식\ *\rangle$$

❗ 예제 4.8과 비교하라.

(c) 총엔트로피 변화량 : $S_{gen} = \Delta S_{univ} = 60.65 - 38.7 = 21.9$ kJ/K

(d) $S_{gen} > 0$이다. 따라서 비가역적이다. 유사점을 이해하기 위하여 이 원리를 예제 4.8와 비교해 보라. 차이점은 두 부분계의 온도가 변했다는 것이다.

열교환기

흐름이 둘인 표준 열교환기에 대한 엔트로피 수지도 식 4.45에 의해서 주어진다. 이 장치가 정상상태에 있으므로 좌변은 0 이다. 열교환기 전체를 대상으로 엔트로피 수지를 세우므로 (열손실이 없는 경우에) 계의 경계를 가로질러서 일어나는 열전달은 없고 따라서 열전달 항은 없어진다. 열교환기는 유한한 온도 구동력을 갖는 관(튜브) 벽을 통해서 열을 전달하여 동작하므로 이 장치는 비가역적이라고 간주된다. 실제로 입구와 출구의 상태를 안다면 흐름에 의한 항의 값을 구할 수 있으므로 생성된 엔트로피를 계산할 수 있다.

$$\cancel{\frac{dS}{dt}} = \sum_{in} S^{in}\dot{m}^{in} - \sum_{out} S^{out}\dot{m}^{out} + \cancel{\frac{\dot{Q}}{T_{sys}}} + \dot{S}_{gen} \qquad \langle 식\ 4.45 \rangle$$

우리는 또한 가역적으로 작동하는 이상적인 열교환기를 '서류상' 설계해 볼 수 있다. 엔트로피 생성항을 0으로 두면 입구와 출구상태는 조건이 부여된다. 흐름이 여러 개 있는 경우에 흐름의 온도는 엔트로피 수지를 만족하도록 서로 연결되어(coupled) 있다. 이런 가역 열교환기를 제작하려면 온도구배가 매우 작도록 해야 하므로 열교환기의 크기는 비현실적으로 매우 커야 할 것이다.

예제 4.11 열교환에서 엔트로피

10 kg/min의 냉각수를 25°C로 열교환기에 주입하여 뜨거운 액체 탄화수소를 냉각시키는 열교환기가 있다. 5 kg/min의 뜨거운 오일이 300°C로 들어가고, 150°C로 나가면 평균 열용량은 2.51 kJ/kgK이다.

(a) 조업 조건에서 공정은 가역적임을 증명하라.

(b) 공정의 열손실이 없다고 가정하고, 만약 수증기를 제거하고 25°C에서 주위로 열을 전달하는 카르노 장치로 열교환기를 대체하면 얻을 수 있는 최대 일을 계산하라.

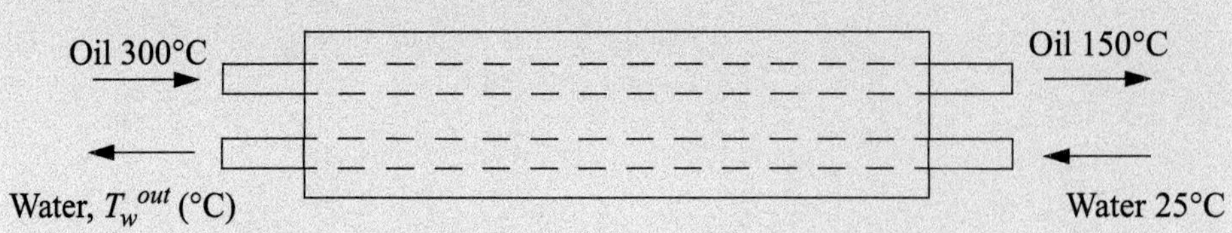

풀이

(a) 계는 (정상상태이며 열린계) 열교환기이다.

에너지 수지:

$$\Delta H_{oil}\dot{m}_{oil} + \Delta H_{water}\dot{m}_{water} = 0$$

$$10(4.184)(T_w^{out} - 25) + 5(2.51)(150 - 300) = 0;\; T_w^{out} = 70°C$$

엔트로피 수지:

$$\Delta S_{oil}\dot{m}_{oil} + \Delta S_{water}\dot{m}_{water} = \underline{\dot{S}}_{gen}$$

$$dS_i = dQ/T = C_P\, dT/T \Rightarrow \Delta S_i = C_{Pi} \ln (T_i^{out}/T_i^{in}) \quad \langle 식\ *\rangle$$

$$\Delta S_{oil} = C_P \ln (T^{out}/T^{in}) = (2.51)\ln(423.15/573.15) = -0.7616 \text{ kJ/kgK} \quad \langle 식\ *\rangle$$

$$\Delta S_{water} = C_P \ln (T^{out}/T^{in}) = (4.184) \ln(343.15/298.15) = 0.5881 \text{ kJ/kgK} \quad \langle 식\ *\rangle$$

$$\underline{\dot{S}}_{gen} = \Delta S_{oil}\dot{m}_{oil} + \Delta S_{water}\dot{m}_{water} = 5(-0.7616) + 10(0.5881) = 2.073 \text{ kJ/K-min}$$

엔트로피가 생성되므로 공정은 가역적이다.

(b) 개선된 공정은 다음의 장치로 표현된다. 우리는 장치를 일반적인 열교환기와의 혼란을 피하기 위해 열교환기라 부르는 것을 피하고자 한다. 간단히 분석하기 위해, 전체적인 계의 경계를 사용한다.

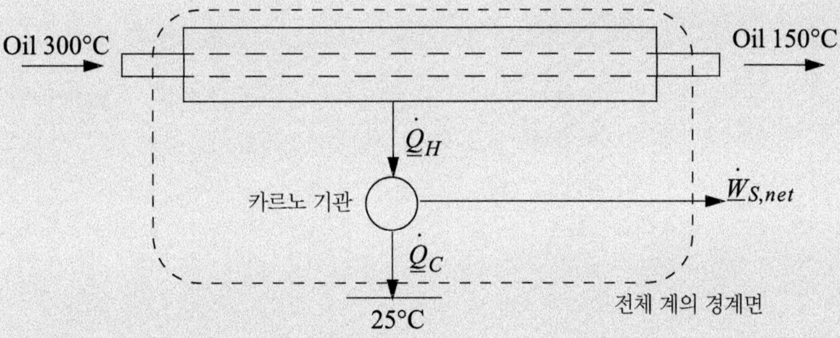

전체계 주위에 에너지 수지식에 의해서 $0 = \dot{n}(H^{in} - H^{out}) + \underline{\dot{Q}}_C + \underline{\dot{W}}_S$

단지 엔탈피항을 풀 수 있다.

$$\dot{m}(H^{in} - H^{out}) = \dot{m}C_P(T^{in} - T^{out}) = 5(2.51)(300 - 150) = 1882.5 \text{ kJ/min}$$

열과 일을 모두 알지 못하므로 다른 식이 필요하다. 가역공정이므로 엔트로피 수지를 이용한다.

$$0 = \dot{m}(S^{in} - S^{out}) + \frac{\underline{\dot{Q}}_C}{T}, \qquad \underline{\dot{Q}}_C = 298.15 \cdot (-0.7616) \cdot 5 = -1135 \text{ kJ/min}$$

이 결과를 전체적인 에너지 수지식에 넣으면 일은 다음과 같다.

$$\underline{\dot{W}}_S^{net} = -1883. + 1135. = -748 \text{ kJ/min}$$

조름밸브

정상상태 조름밸브(throttle valve)는 특징적으로 단열이 가정되고 일이나 운동에너지의 회복이 0인 일정량의 압력강하는 $\dot{S}_{gen} > 0$을 나타낸다. 조름은 등엔트로피 과정이다. 이상기체에 대하여 등온이다. $\Delta S^{ig} = C_P \ln(T/T^i) - R\ln(P^{out}/P^{in})$. 실제유체에서 온도 변화는 상당하다. 엔트로피 변화는 기체는 크고 액체는 0이 아니지만 작다. 포화 근처에서 액체 수증기는 플래시 될 수도 있다. 이것은 큰 엔트로피 변화와 공정이 등엔탈피일지라도 공정유체의 큰 냉각을 일으킨다. 다음 장에서 논의하겠지만 플래시와 관련된 조름은 액화와 냉동에서 일반적이다. 조름은 항상 비가역적이다.

노즐

정상상태 노즐(nozzle)은 거의 가역적으로 작동되도록 디자인될 수 있다. 그러므로 $\dot{S}_{gen} = 0$을 가정하고 식 4.47을 적용할 수 있다. 노즐과 조름의 차이는 팽창의 가역성에 있다. 2장에서 노즐은 층류와 비가역성을 피하기 위해 특별히 가늘어지는 테이퍼로 디자인된다. 어떤 실제 노즐은 근사적으로 가역적이고, 잘못 디자인된 노즐은 조름과 같이 작동할 것이다. 노즐의 적절한 디자인은 유체역학의 영역이다. 적절하게 디자인된 노즐의 기본적인 열역학적 개념을 예제에서 보일 것이다.

예제 4.12 노즐의 등엔트로피 팽창

1000°C, 1.1 bar의 수증기가 수직한 단열수렴 노즐을 통과하여 1 bar로 된다. 노즐이 가역적이고 수증기는 주어진 조건에서 이상기체를 적용할 수 있다고 가정할 때, 출구에서 수증기의 온도, 속도, 운동에너지를 계산하라. 초기속도는 무시할 수 있다. 수렴하는 노즐에서 가능한 가장 높은 출구속도는 음속이다. 출구 조건에서 수증기의 음속은 NIST 웹사이트를 이용하라.

풀이

에너지 수지 : $\Delta H = -m\Delta v^2/2$

엔트로피 수지: $\Delta S = 0$

등엔트로피 가역 팽창에서 온도는 떨어진다. 열용량은 평균값으로 근사할 것이다. 650 K에서 C_P를 초깃값으로 사용하자. 650 K에서 부록 E로부터 열용량을 계산하면, 다항식으로부터 $C_P = 44.6$ J/mol, $R/C_P \sim 8.314/44.6 = 0.186$이다. 다음 식은 단열, 가역, 이상기체에 대하여 만족한다(식 4.29).

$$\left(\frac{T_2}{T_1}\right) = \left(\frac{P_2}{P_1}\right)^{R/C_P} = (1.1)^{-0.186} = 0.9824 \Rightarrow T_2 = 1273(0.9824) = 1250.5\text{ K} \quad \langle \text{식 } * \rangle$$

온도 변화는 작아서 일정 열용량의 가정은 타당하다. 엔탈피 변화는

$$-\Delta H = -C_P\Delta T = 44.6(1273 - 1250.5)(\text{J/mol}) = 1004\text{ J/mol}$$

초기속도가 낮다고 가정하면, $v_1 \sim 0$ 이고 엔탈피 변화를 속도 변화로 바꾸면 $v^2 = -2\Delta H/m$ = 2 · 1004 J/mol(mol/18.01 g)(1000 g/kg)(1 kg-m²/s²)/J = 111,500 m²/s²이거나 v = 334 m/s이다. NIST 웹사이트에 따르면 1250K, 0.1MPa에서 음속은 843 m/s이고, 디자인은 합당하다.

a. Lemmon, E.W., McLinden, M.O., Friend, D.G. "Thermophysical Properties of Fluid Systems." in *NIST Chemistry WebBook*, NIST Standard Reference Database Number 69, P.J. Linstrom, W.G. Mallard (eds.) National Institute of Standards and Technology, Gaithersburg, MD. http://webbook.nist.gov, (retrieved November 12, 2011).

단열 터빈, 압축기, 펌프

정상상태에서의 단열장치에 대한 엔트로피 수지는 다음과 같다.

$$\cancel{\frac{dS}{dt}} = \sum_{in} S^{in}\dot{m}^{in} - \sum_{out} S^{out}\dot{m}^{out} + \cancel{\frac{\dot{Q}}{T_{sys}}} + \dot{S}_{gen} \qquad \langle 식\ 4.46 \rangle$$

좌변은 계가 정상상태이므로 없어진다. 장치가 가역적이라면 $\dot{S}_{gen} = 0$이다. 더욱이 장치의 출구와 입구가 하나씩이라면 [17] $\dot{m}^{in} = \dot{m}^{out}$이므로

$$S^{out'} = S^{in'} \qquad \langle 식\ 4.47 \rangle$$

단열 가역 터빈, 압축기 그리고 펌프

이 성립한다. 그러므로 우리가 입구에서의 상태를 안다면 S^{in}을 구할 수 있고, 출구의 압력은 대체로 주어지므로 순수한 유체에서 출구의 상태는 두 상태 변수 S^{out}과 P^{out}에 의해서 완전하게 규정된다. 이후에는 이 상태에서의 다른 열역학적 변수를 결정하기 위해서 열역학적 관계식을 사용하고 W_{rev}을 구하기 위해서 에너지 수지를 사용한다. 터빈, 압축기, 펌프는 화학공정에서 매우 일반적인 장치이다. 실험에 기반하여 각 장치들의 비가역성을 계산하는 지침이 존재하며, 이 지침은 계산된 효율의 형태를 가진다. 예를 들어, 큰 고가의 터빈은 85%의 효율을 가지고 작고 값싼 것은 65%의 효율을 가진다. 이 지침을 적용하기 위해 효율을 공식적으로 정의하고, 이 조작의 용량이나 조업 조건을 어떻게 특징짓는지의 변화에 익숙해져야 한다.

4.7 터빈, 압축기, 펌프효율

Carnot 장치에 대한 우리의 분석은 4.3절의 서두에 있는 2항을 입증하고 있다. 우리는 엔트로피 생성이 없을 때에는 일이 최소화/최대화됨을 이해하였다. 다른 공정에 대한 분석도 이 유용한 결론을 입증하게 될 것이다. 엔트로피를 생성하는 공정에서는 일을 잃게 된다. 또한 장치가 **내부적으로 가역적**이라고 하더라도 주변과의 비가역적인 상호작용에 의해서 일을 잃게 될 수도 있다. 그러므로 최대/ 최소 일을 찾아내려고 문제를 파악하고 해결하기 위해서는 계가 내부적

17 다단계 장치에서는 각 단계를 하나씩 고려할 수도 있다.

으로 가역적인가 혹은 전 과정이 가역적인가를 분명히 알아야 한다. 우리가 가역과정에 엔트로피 수지를 적용할 때에는 엔트로피 생성항은 0이다.

2장에서 속도구배와 마찰이 비가역성에 이르게 하는 현상이라는 것을 논의하였다. 이 장에서 논의한 온도구배에 의한 열전달과 마찬가지로 속도구배와 마찰은 실제로 엔트로피를 생성시킨다. 가역성(엔트로피 생성)에 영향을 주는 인자를 생각하면 무한히 작은 온도 차이에 의해서 열을 전달시키거나, 무한히 작은 속도구배에 의해서 유체가 움직이도록 하는 실제적인 방법을 생각해 내어 여러분이 여러분 자신에게 도전할 수도 있었을 것이다. 그러나 여러분은 실제로는 이렇게 무한히 작은 구배가 가능하지 않다는 것을 아마도 잘 인식하고 있을 것이다. 온도 구동력이 증가하면 열전달 속도도 증가하므로 열을 실제로 전달시키기 위해서는 어느 정도 유한한 크기의 온도차가 필요하다. 마찬가지로 펌프는 큰 속도구배를 가진다. 비가역성으로부터 야기되는 엔트로피 변화를 계산하게 하는 다른 성질들의 변화를 우리가 측정할 수 있다고 하더라도 잃어버린 일(W_{lost}, lost work)이나 생성된 엔트로피(S_{gen})를 미리 예측하는 것은 지극히 어렵고 일반적으로 실제적이지 못하다. 터빈과 압축기 같은 공정장치에서의 잃어버린 일을 직접 평가하는 것은 일상적인 계산 이상의 것이며 경험에 의해서 결정된다. 가역과정을 특징짓는 모든 노력을 실제 공정과 연관시키는 것은 어렵게 보인다.

그러나 실제 공정을 이상화된 가역과정과 연관시키기 위해서는 우리가 실제를 통해 얻은 경험을 사용할 수 있다. 그러므로 우리가 공정을 분석하고 설계하는 데에는 실제 상황을 (W_{lost})=0인(엔트로피 생성이 없는) 가역과정으로 종종 근사시킬 필요가 있다. 압축기와 가역 조건에서의 성능을 실제 조건하에서의 작동과 관련시키게 해 준다. 이 관계는 보통 효율로 표현된다. 주변으로부터 일을 이용하는 펌프와 압축기 같은 장치에 대해서 효율은 다음과 같이 정의된다.

$$\text{펌프 또는 팽창기의 효율} = \boxed{\eta_C = \frac{\underline{W}'}{\underline{W}} \times 100\%} \qquad \langle \text{식 } 4.48 \rangle$$

❗ 프라임은 가역공정를 나타내기 위해 사용한다.

여기에서 기호(')는 가역 일을 나타낸다. 이 기호는 이 책 전반에 걸쳐서 유사한 문제에서 비가역적인 양과 가역적인 양을 계산할 때 사용된다. 주변으로 일을 제공하는 터빈과 기타 팽창장치에 대해서는 정의에서 분모와 분자가 바뀌어

$$\text{터빈 또는 팽창기의 효율} = \boxed{\eta_E = \frac{\underline{W}}{\underline{W}'} \times 100\%} \qquad \langle \text{식 } 4.49 \rangle$$

가 된다. 단열 펌프, 압축기, 터빈 혹은 팽창기의 일은 에너지 수지를 적용하여 구한 가역 및 비가역 엔탈피 변화로부터 결정될 수 있다.

주의: 먼저 가역과정에서의 일을 계산하고 유사한 장치에 대한 과거의 경험을 통해 얻은 효율을 적용한다. 비가역 단열 터빈 혹은 펌프에서 출구 압력은 가역장치의 압력과 언제나 같지만, 엔탈

피는 동일한 입구상태에 대해서 언제나 크다. 이것은 단열 가역장치의 방출물이 단일상이면 단열 비가역장치의 방출물은 온도가 높은 상태에 있음을 의미한다. 단열 가역장치의 방출물이 2상혼합물이면 단열 비가역장치의 방출물의 질은 더욱 좋거나 방출물이 단일상일 수 있다.

4.8 에너지와 엔트로피 변화의 시각화

터빈, 압축기 및 펌프는 자주 등장하므로 공정 계산에 도움이 되는 편리한 도구가 필요하다. 엔트로피를 도표에 그리면 상태 변화가 한눈에 보여 알 수 있다. 이 방법으로 도표를 공정 계산에 직접 사용될 수 있게 해 준다. 통상적으로 쓰이는 도표 중의 하나는 그림 4.6에 나타낸 *T-S* 도표이다. 2-상(two-phase) 영역의 경계는 꽤 대칭적인 언덕으로 나타난다. 가역적인 터빈, 압축기, 혹은 펌프는 이 도표상에서 수직 방향을 따른 상태 변화를 야기한다. 등엔탈피와 등온곡선도 이 도표에 표시되어 있다. 부피도 보통 표시되어 있지만 압력곡선과 매우 가까이 있으므로 이 그림에서는 분명히 하기 위해서 생략하였다.

❗ 상태 변화를 도표에 가시화하는 것은 표를 사용하거나 물성을 계산할 때 도움이 된다.

그림 4.7에 나타낸 *P-H* 도표 또한 유용하다. 도표는 냉동공정에 자주 사용된다. 상 경계 곡선(phase envelope)은 왼쪽으로 기울었는데, 이는 증기와 액체의 엔탈피가 모두 임계점에 이를 때까지 포화곡선을 따라서 증가하기 때문이다. 임계점에서는 증기가 이상기체에서 크게 벗어남으로써 엔탈피가 감소한다. 등엔트로피 곡선은 그림 4.7(a)에 나타난 바와 같이 양(+)의 기울기를 갖는 대각선처럼 되어 있다. 어떤 탄화수소와 할로겐화 화합물에 대해서는 상 경계곡선은 그림 4.7(b)에 나타난 바와 같이 등엔트로피 곡선보다 좀 더 왼쪽으로 기울어져 있다. 가역 압축기는 등엔트로피를 따라 작동한다.

❗ 수증기에 대한 3D 선도는 PHT.m 에서 이용할 수 있다. 선도는 회전할 수 있다.

엔트로피의 또 하나의 편리한 표현은 *H-S* 도표(몰리에 선도, Mollier diagram)이다. 이 도표에서는 그림 4.8에서와 같이 등압선은 대각선처럼 되어 있고 등온선은 아래 방향으로 곡선을 이룬다. 포화곡선은 상당히 비대칭적이다.

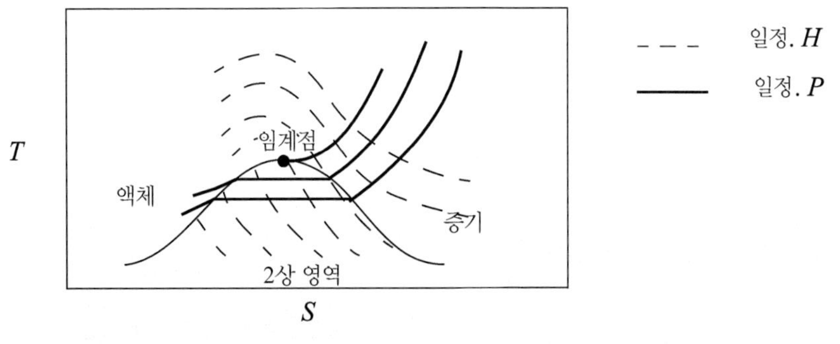

그림 4.6 • *T-S* 도표. 일정 압력과 일정 엔탈피의 선도

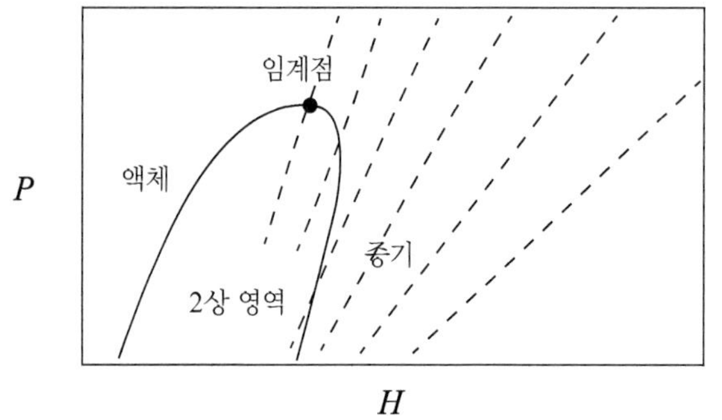

(a)

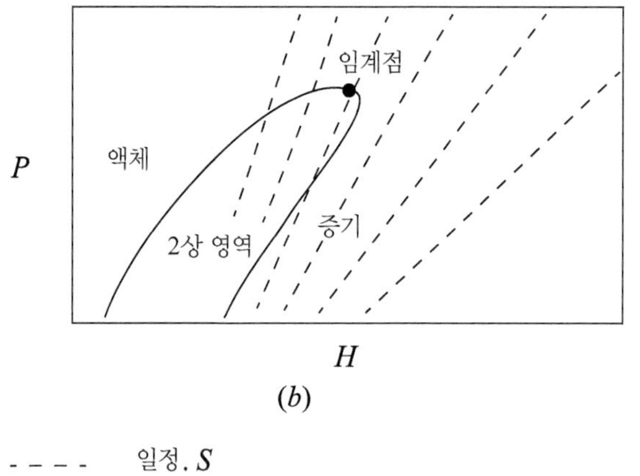

(b)

그림 4.7 • *P*−*H* 도표. (a) 포화곡선이 엔트로피 곡선보다 덜 기울어진 화합물(예: 물)에 대한 등엔트로피 곡선, (b) 포화곡선이 엔트로피 곡선보다 더 기울어진 화합물(예: 확산)에 대한 등엔트로피 곡선

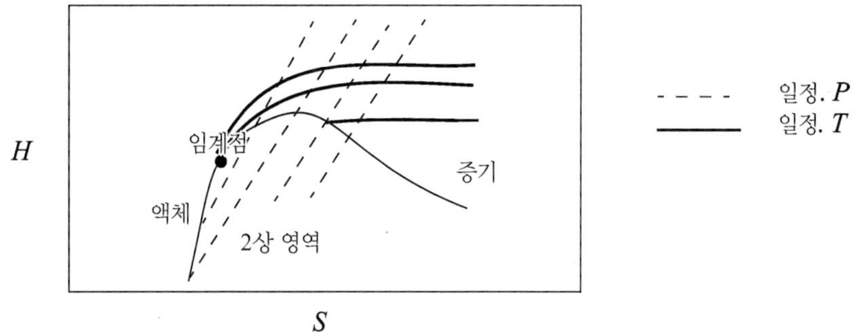

그림 4.8 • 등엔트로피 곡선을 나타내고 있는 *H*−*S* 도표(몰리에 선도)

4.9 터빈에 대한 계산

❗ 동일한 출구 압력에서 비가역 단열 터빈의 출구 엔트로피는 가역 단열 터빈의 엔트로피보다 크다.

가역 단열 터빈에 대한 4.6절의 엔트로피 수지는 출구 엔트로피가 입구 엔트로피와 같음을 보였다. 비가역 터빈에서는 출구 엔트로피는 입구 엔트로피보다 크다. 우리는 이제 상태 변화를 4.8절에 간략하게 그린 도표에서 눈으로 보아 알 수 있다. 예를 들면 *T-S* 도표상에서 터빈의

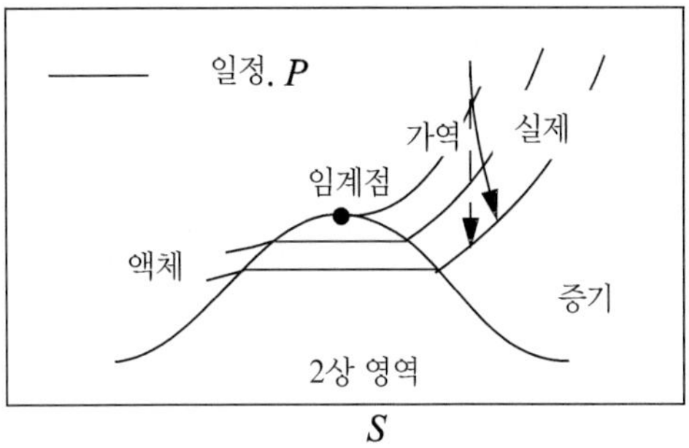

그림 4.9 • 가역과 (비가역)실제 터빈의 $T-S$ 도표

성능은 그림 4.9에 도시한 방법으로 결정할 수 있다. 가역 및 비가역 터빈에서 출구 압력은 동일하기 때문에 터빈의 거동을 살펴보는 데 등압선이 중요함을 유념하여야 한다. 그러나 출구 엔탈피(나타내지 않았음)와 엔트로피는 가역이냐 혹은 비가역이냐에 따라서 값이 다르다.

수증기 질(steam quality)의 계산

수증기, 메탄, 냉매와 같은 유체의 압력을 단열적으로 감소시킬 때 보통 부딪치는 문제는 기-액 혼합물의 형성이다. 증기의 무게 분율(질, quality)에 따라서 열역학적 물성이 급격히 변하기 때문에 이 무게 분율을 계산하는 방법을 이해하는 것이 중요하다. 이때의 계산 절차는 분출물이 가역 그리고 비가역의 경우 모두 단일상인 그림 4.9의 경우와 다르다. 가역 단열 터빈은 등엔트로피이므로 수직선은 가역과정을 나타낸다. 그림 4.10에서와 같이 입구에서의 엔트로피가 출구 압력에서의 포화 증기 엔트로피보다 작으면 가역과정은 포화 증기곡선의 왼쪽인 기-액 2상 영역 내에서 끝나게 된다. 이 경우에 우리는 기체의 분율을 결정하는 질(quality)을 계산해야만 한다. 실제 터빈은 입구에서보다 출구에서 엔트로피가 생성되어 엔트로피가 높기 때문에 출구상태는 상 경계 내에, 즉 2상 영역에 혹은 포화곡선상에 혹은 2상 영역 밖에서 끝나게 된다. 어디에서 끝나는가 하는 것은 가역 출구상태가 포화곡선에 얼마나 가까이 있는가, 또 터빈과 팽창기의 효율이 어떠한가에 달려 있다. 학생들이 이런 문제에 처음으로 부딪치면 종종 '질 계산을 해야 할 필요가 있을 때를 어떻게 알 수 있는가?'하는 의문을 가지게 된다. 그

> ❗ 가역 출구상태가 2상 영역에 있을 때 실제 출구 상태는 단일상 영역에 있을 수 있다.

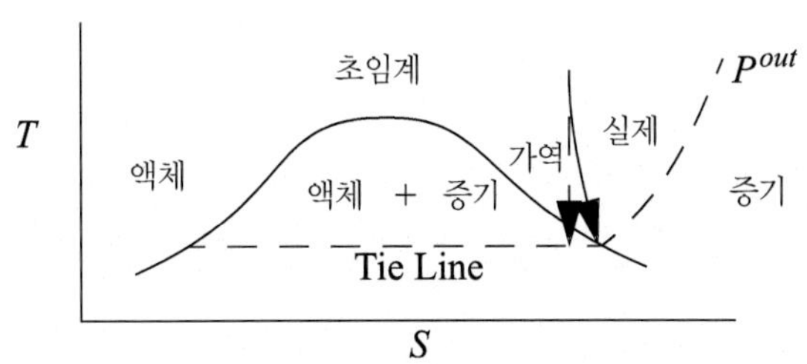

그림 4.10 • 실제 출구가 포화 수증기인 터빈 출구의 질 계산의 필요성

림에서 설명한 바와 같이 입구 엔트로피가 출구 압력에서의 포화 엔트로피보다 작으면 질을 계산하여야 한다. 또한 실제 엔탈피가 출구 압력에서의 포화 엔탈피보다 작은 것으로 판명되어도 실제 상태의 질을 계산하여야 한다.

터빈 계산을 정복하는 방법은 연습이다. 이 장의 예제는 여러분의 노력을 수월하게 하기 위해 고안되었다. 예제 4.13은 출구 조건을 추리와 터빈 효율의 적절한 적용에 대하여 탐구한다. 예제 4.14는 터빈 효율을 설명한다. 예제 4.15는 입력 조건이 원하는 결과를 맞추도록 설명하였다. 입구와 출구의 특정한 조합은 열거하기 힘들 정도로 많다. 그러므로 여러분은 어떤 주어진 상황에서 필요한 과정을 추측하는 연습이 필요하다. 예제들을 단계를 보지 않고 반복하여 도전하라. 몇 가지 실질적인 문제는 이 장의 끝에 두었고 자세한 해답은 교재의 웹사이트에서 이용할 수 있다. 여러분은 연습할 때 결과에 주의하고 이해를 넓히는 것보다 일반성을 찾는 것에 주의해야 한다.

터빈 출구 조건의 결정

터빈 출구의 계산에 발생할 수 있는 다양한 상황을 살펴볼 수 있는 몇 가지 예제를 풀도록 하자. 대체로, 터빈의 디자인은 주어진 입구상태와 출구 압력과 연관된다. 출구 압력은 명확하게 정의된다. 출구온도와 질에 의해서 주어지는 표현 안에 내포될 수 있고 주어진 온도에서 포화 압력으로 추론될 수 있다. 가역적인 터빈이 그림 4.9를 따르는지 혹은 그림 4.10을 따르는지를 빨리 결정하는 것은 중요한 기술이다. 결론적으로, 그림 4.10을 따르는 경우, 출구상태는 상 경계의 내부 혹은 외부에 놓일 수 있다. 다음의 경우에 결정은 효율과 입구 엔트로피에 의존한다.

(i) 가역적 출구 단일상, 실제 출구 단일상
(ii) 가역적 출구 2상, 실제 출구 단일상
(iii) 가역적 출구 2상, 실제 출구 2상

이 예제는 길지만, 알려진 입구상태와 특정 압력강하로부터 단일단계 터빈에 대한 터빈 출구를 결정하는 풀이 방법을 철저하게 포함한다.

예제 4.13 터빈 출구 조건의 다양한 경우

단열터빈 입구는 500°C, 1.4MPa이다. 다음의 출구 조건에 대하여 특정한 양을 결정하라.

(a) $P_2 = 0.6$ MPa, $\eta_E = 0.85$일 때, W_S, H_2, S_2와 T_2를 구하라.
(b) $P_2 = 0.03$ MPa, $\eta_E = 0.85$일 때, W_S, H_2, S_2와 T_2를 구하라.
(c) $P_2 = 0.01$ MPa, $\eta_E = 0.9$일 때, W_S, H_2, S_2와 T_2를 구하라.

각 경우에서 보통의 입구상태를 사용한다면 다른 대체적인 것을 계산할 때와 같이 입구상태를 결정하는 단계를 생략할 수 있다.

풀이

우선 입구 물성이 결정된다. H_1 = 3474.8 kJ/kg, S_1 = 7.6047 kJ/kg-K. 가역 터빈은 등엔트로피인 것을 주의하여 각 출구 조건에 대하여 가역적 계산을 한다.

(a) $S_2' = S_1$ = 7.6047 kJ/kg-K, P_2 = 0.6 MPa에서 S^{satV} = 6.7593 kJ/kg-K와 비교하여, $S_2' > S^{satV}$, **가역적인 출구상태는 과열되었고 어떤 비가역성은 더 큰 엔트로피와 과열상태를 유도한다**. 이것은 그림 4.9의 경우이다. 내삽하면,

T (°C)	H (kJ/kg)	S (kJ/kg-K)
350	3166.1	7.5481
		7.6047
400	3270.8	7.7097

$$H_2' = 3166.1 + \frac{7.6047 - 7.5481}{7.7097 - 7.5481}(3270.8 - 3166.1) = 3202.8 \text{ kJ/kg}$$

유사한 내삽에 의해서 T_2' = 367.5°C

$$\Delta H' = W_S' = 3202.8 - 3474.8 = -272.0 \text{ kJ/kg}$$

η_E 계산을 적용하면 $\Delta H = W_S = \eta_E \Delta H' = 0.85(-272) = -231.2$ kJ/kg

$$H_2 = H_1 + \Delta H = 3474.8 - 231.2 = 3243.6 \text{ kJ/kg}$$

내삽을 위하여,

T (°C)	H (kJ/kg)	S (kJ/kg-K)
350	3166.1	7.5481
	3243.6	
400	3270.8	7.7097

$$S_2 = 7.5481 + \frac{3243.6 - 3166.1}{3270.8 - 3166.1}(7.7097 - 7.5481) = 7.6677 \text{ kJ/kg-K}$$

유사한 내삽으로 T_2 = 380.0°C이다. 비가역성으로 출구가 따뜻해졌지만 단열이므로 가열하지는 않았다. 단일상의 출구에 대하여 $T_2 > T_2'$ (만약, $\eta_E < 1$)

(b) (a)의 경우보다 압력이 더 낮고 포화 증기의 S는 더 크며 거의 포화경계이다.

$S_2' = S_1$ = 7.6047 kJ/kg-K이다. S^{satV} = 7.7675 kJ/kg-K, P_2 = 0.03 MPa와 비교하여, $S_2' < S^{satV}$ 이다. 따라서 가역적인 출구상태는 2상이다. 이것은 그림 4.10의 경우이고 실제 상태가 상 경계의 안쪽이거나 바깥쪽인지를 결정하는 것이 필요하다.

T_2' = 69.1°C에서 S_2'에 따라서 포화 엔트로피를 사용하여 내삽하면

$$q' = \frac{S - S^{satL}}{\Delta S^{vap}} = \frac{7.6047 - 0.9441}{6.8234} = 0.976$$

식 1.27을 사용하면

$$H_2' = 289.27 + 0.976(2335.28) = 2568.5 \text{ kJ/kg}$$

$$\Delta H' = W_S' = 2568.5 - 3474.8 = -906.3 \text{ kJ/kg}$$

η_E 계산을 적용하면, $\Delta H = W_S = \eta_E \Delta H' = 0.85(-906.3) = -770.35$ kJ/kg

$$H_2 = H_1 + \Delta H = 3474.8 - 770.35 = 2704.4 \text{ kJ/kg}$$

$P_2 = 0.03$ MPa에서 $H^{satV} = 2624.55$ kJ/kg과 H_2를 비교하면, $H_2 > H^{satV}$이다. 따라서 출구상태는 과열(상 경계의 바깥쪽)이다. **이것은 사례(ii)의 경우이다.**

계산을 마치기 위하여, 중복된 내삽이 필요하다. 첫 번째 내삽을 0.01에서 0.05 MPa 사이에서 하면 출구상태를 같이 묶을 수 있다.(0.03 MPa은 0.01과 0.05 사이에 반이다. 따라서 더 늦은 내삽에 의해서보다는 평균에 의해서 표의 값을 얻을 수 있다.)

T (°C)	H (kJ/kg)	S (kJ/kg-K)
100	(2687.5 + 2682.4)/2 = 2684.95	(8.4489 + 7.6953)/2 = 8.0721
	2704.4	
150	(2783.0 + 2780.2)/2 = 2781.6	(8.6892 + 7.9413)/2 = 8.3153

내삽하면

$$S_2 = 8.0721 + \frac{2704.4 - 2684.95}{2781.6 - 2684.95}(8.3153 - 8.0721) = 8.121 \text{ kJ/kg-K}$$

유사하게 내삽에 의해서 $T_2 = 110.1$°C

주의: 가역상태는 2상이고 실제 출구는 (b)에서 단일상이다. 또한 비가역 터빈에서 항상 그렇듯이 $S_2 > S_2' = S_1$이고 $H_2 > H_2'$이다. $T_2 > T_2'$은 단일상 출구의 일반적인 결과이다.

(c) 매우 낮은 출구 압력은 S값을 더 높은 값으로 이동시키고, 출구가 사례(iii)와 같이 2상을 선호하도록 만든다.

$S_2' = S_1 = 7.6047$ kJ/kg-K. $P_2 = 0.01$ MPa에서 $S^{satV} = 8.1488$ kJ/kg-K와 비교하면 $S_2' < S^{satV}$이다. 따라서 가역적인 출구상태는 2상이다. 이것은 그림 4.10의 경우이고, 실제 상태가 상 경계의 안쪽인지 바깥쪽인지 결정하기 위해서 더 진행할 필요가 있다. $P = 0.01$ MPa($T_2' = 45.81$°C)에서 내삽하면

$$q' = \frac{7.6047 - 0.6492}{7.4996} = 0.9274$$

식 1.27을 이용하면

$$H_2' = 191.81 + 0.9274(2392.05) = 2410.2 \text{ kJ/kg}$$

$$\Delta H' = W_S' = 2410.3 - 3474.8 = -1064.6 \text{ kJ/kg}$$

η_E 계산을 적용하면 $\Delta H = W_S = \eta_E \Delta H' = 0.90(-1064.6) = -958.1$ kJ/kg

$$H_2 = H_1 + \Delta H = 3474.8 - 958.1 = 2516.7 \text{ kJ/kg}$$

$P_2 = 0.01$ MPa에서 $H^{satV} = 2583.86$ kJ/kg과 H_2를 비교하면, $H_2 < H^{satV}$이다. 따라서 **출구상태는 2상이며 가역출구인 사례(ii)의 경우와 같다.** 실제 출구에 대하여 H_2로부터,

$$q = \frac{2516.7 - 191.81}{2392.05} = 0.972$$

식 1.27을 사용하면

$$S_2 = 0.6492 + 0.972(7.4996) = 7.9388 \text{ kJ/kg}$$

실제 출구는 $T_2 = 45.81$°C에서 젖은 수증기이다. (c)의 경우 가역적인 출구와 실제 출구는 모두 젖은 수증기이다. 또한 $S_2 > S_2' = S_1$이고 $H_2 > H_2'$은 비가역 터빈의 경우 항상 그렇다. (c)의 경우 $T_2 = T_2'$ 이고 $q_2 > q_2'$ 이며, 2상 출구의 일반적 결과이다.

이 예제는 주어진 특별한 압력강하와 알려진 입구상태에서 터빈 분석을 수행할 때 일어날 수 있는 가능성을 철저하게 포함하고 있다. 실제 출구 엔탈피와 엔트로피는 가역적인 값보다 항상 크다. 실제 출구온도 T는 양쪽 상태가 젖은 수증기일 때 가역적인 T와 같다. 많은 변화는 이 경우들과 다른 계산을 만들 수도 있지만 실질적으로는 유사하다. 예를 들어, 질은 출구의 효율 대신에 정해질 수 있다. 어떤 문제에서 내삽의 상세한 값은 수증기표의 영역에 의존하며 주어진 적용에 대하여 다를 수 있다. 그럼에도 불구하고, 가역상태를 명확히 하고자 엔트로피를 사용하고 실제 상태에 대하여 보정하는 전체적인 과정은 동일하다. 다음 예제는 작동하는 터빈의 효율을 설명하는 전형적인 터빈 계산의 예를 설명한다.

예제 4.14 터빈 효율 계산

500°C, 1.4 MPa의 단열 터빈이 있다. 출구는 0.01 MPa이고 $q = 99\%$이다.

(a) 터빈의 일을 계산하라.
(b) 가역적 터빈의 일을 계산하라.
(c) 터빈의 효율과 실제 터빈의 엔트로피 생성을 계산하라.

풀이

에너지 수지는 $\Delta H = W_S$ 이다.

(a) 입구는 예제 4.13과 같다. $H_1 = 3474.8$, $S_1 = 7.6047$이다. 출구에서,

$$H_2 = 191.81 + 0.99(2392.05) = 2559.9 \text{ kJ/kg}$$

$$\Delta H = W_S = 2559.9 - 3474.8 = -914.9 \text{ kJ/kg}$$

(b) 엔트로피 수지는 $\Delta S' = 0 \Rightarrow S_2' = S_1 = 7.6047$ kJ/kg-K.

우리가 출구 압력을 맞추거나 질을 정하는 것은 다소 모호하다. 관례상, 압력은 원하는 기준(혹은 유사한 상황에서 온도)으로 가정한다. 그 이유는 설계의 물리적인 제한을 가지기 때문이다. 이것은 가역적인 일은 예제 4.13(c)와 같고 $W_S' = -1064.6$ kJ/kg 이다.

(c) 터빈의 효율은 $\eta_E = W_S/W_S' = 914.9/1064.6 = 85.9\%$ 로 정의된다.

엔트로피 생성은 $S_{gen} = S_2 - S_2'$ 이다.

$$S_2 = 0.6492 + 0.99(7.4996) = 8.0738 \text{ kJ/kg-K}$$

엔트로피 수지를 이용하여 $S_2' = S_1 = 7.3046$이고, $S_{gen} = 8.0738 - 7.6047 = 0.4691$ J/g-K이다.

터빈 입구의 결정과 관련된 다른 형태의 계산은 결과적으로 특정 출구가 될 것이다. 그 과정은 대략적인 추측으로서 입구 엔트로피를 계산하기 위하여 출구를 계산하는 것이고, 입구상태를 시행착오를 거쳐서 원하는 출구상태에 맞추는 것이다.

예제 4.15 주어진 효율과 출구에서 터빈 입구 계산

단열 터빈의 출구(상태2)는 0.01 MPa과 $\eta_E = 85\%$에서 99% 질의 수증기이다. 입구 압력은 0.6 MPa이다. 0.6 MPa의 절대 압력은 관례적으로 낮은 압력 수증기로 정의되며 화학공정에 적용된다.
W_S, H_1, S_1 과 T_1을 구하라.

풀이

출구 물성은 예제 4.14에서 결정되었다. $H_2 = 2559.9$, $S_2 = 8.0738$이다. 0.6 MPa에서 수증기표를 참조하면, $\eta_E < 100\%$은 엔트로피가 생성됨을 의미하므로, 8.0738 kJ/kg-K보다 작은 엔트로피값을 찾는다. 이것은 500°C 근처에서 일어난다. 500°C를 이용하면 $H_1 = 3483.4$ kJ/kg이고, $S_1 = 8.0041$ kJ/kg-K이다.
그러면 $W_S = -923.5$ kJ/kg, $q' = (8.0041 - 0.6492)/7.4996 = 0.9807$이다.
따라서 $H_1' = 191.8 + 0.9807(2392) = 2537.6$ kJ/kg, $W_S' = 2537.6 - 3483.4 = -945.8$ kJ/kg, $W_{lost} = 945.8 - 923.5 = 22.3$ kJ/kg, $\eta_E = -923.5/(-923.5 - 22.3) = 97.7\%$.
추가적인 시도는 다음 도표의 값을 얻는다. 마지막 온도는 내삽으로 계산된다. (힌트: 이것을 계산해 보고 답을 확인해 보는 것은 큰 연습이 될 것이다.)

T	H_1	S_1	W_S	W_{lost}	η_E
450	3376.5	7.8611	–816.6	67.9	92.3%
400	3270.8	7.7097	–710.9	116.2	86.0%
350	3166.1	7.5481	–606.2	167.8	78.3%
393.8	3257.7	7.6895	–697.8	122.6	85.0%

다단 터빈

터빈은 보통 몇 가지 이유로 다단으로 만들어지는데 그 이유는 5장에서 다루게 된다. 일반적으로 수증기의 일부를 다른 용도로 사용하기 위하여 중간 압력단계에서 빼낸다. 이 경우에 효율을 어떻게 정의하는가 하는 것이 중요하다. 그림 4.11에 나타낸 3단 터빈, 그리고 총체적인 가역경로와 실제 경로를 표시한 개략도를 고찰해 보자. 물에 대한 H-S 도표의 등압선은 위쪽으로 올라가고 있으며 위쪽보다 아래쪽에서 약간 촘촘하다. 총체적인 효율은 $\eta_E^{overall} = \dfrac{H_4 - H_1}{\Delta H'_{overall}}$이고 각 단계에서의 효율은 $\eta_{E,i} = \dfrac{H_{i+1} - H_i}{\Delta H'_i}$로 주어진다. 가역적인 일을 $\Delta H'_{overall}$이라고 한다면 이것은 $\sum_{stages} \Delta H'_i$보다 작을 것이다. 사실상 등압선 간격이 도표의 오른쪽으로 증가하므로 총체적인 가역경로로 표시된 선상의 어떤 두 등압선 사이의 수직 거리는 (첫 번째 터빈을 제외하고) 실제 경로상의 동일한 등압선 사이의 수직 거리보다 작을 것이다. 그러므로 총체적인 계에 대해서 계산한 효율은 각 단에 대해서 계산한 효율보다 크다. 이러한 비교가 터빈을 다단으로 하는 것이 성능을 개선시킨다는 것을 의미하는 것은 아니다. 효

❗ 동일한 총출력에 대하여 전체적인 터빈 효율은 단 효율보다 크다.

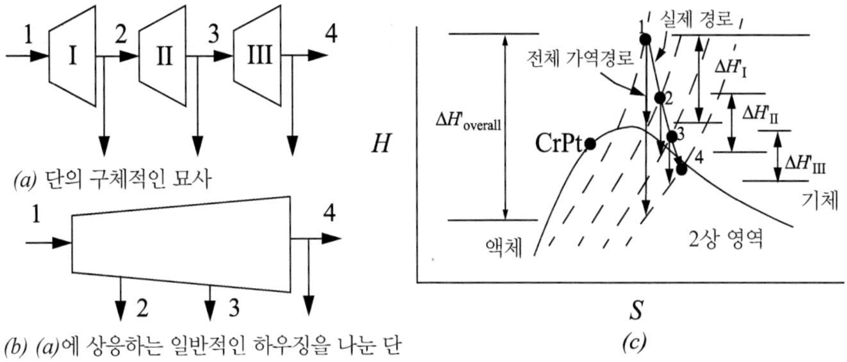

그림 4.11 • 단열 다단 터빈과 이의 총체적인 효율이 각 단의 효율보다 높음을 보여 주는 예증

율의 차이는 가역과정을 계산하는 기준이 다른 데 따른 것이다. 이 논의에서 주의하여 새겨두어야 할 점은 다단 터빈의 성능을 이야기할 때 총체적인 효율과 각 단의 효율 사이의 현격한 차이를 이해하는 것이 중요하다는 것이다.

4.10 펌프와 압축기

비가역 단열 펌프와 압축기는 엔트로피를 생성한다. 이 장치가 가역적이면 이것은 등엔트로피이다. 이 두 장치의 예를 그림 4.12에 나타내었다. 계산 절차는 일반적으로 간단하다. 입구상태와 출구 압력이 알려진 경우를 생각해 보자. 먼저 등엔트로피 조건으로부터 가역 출구상태를 결정한다. 가역상태에서의 엔탈피는 알려져 있다. 압축기에 대한 가장 일반적인 계산은 예제 2.12에 나타내었다. 이상기체에 대하여 의도되었지만, 많은 응용에서 편리하고 때때로 합리적인 첫 번째 근사를 제공한다. 펌프에 대한 가장 일반적인 계산은 식 2.32에 나타내었다. 이 두 가지 경우는 모두 가역공정을 나타낸다. 효율은 식 4.46을 사용하여 실제 출구 엔탈피와 일을 결정하는 데 사용할 수 있다.

예제 4.16 수증기의 등온 가역 압축

예제 2.12에서 수증기의 등온 압축에 대한 일을 계산하는 것은 이상기체에 대한 일을 계산하는 것과 다르다고 했다. 엔트로피 수지에 대하여 알고 있을 때, 그것을 이용하여 연속적이고, 등온, 가역적으로 5bar, 224°C에서 25 bar로 압축하는 일을 계산하라. 이상기체식의 결과와 비교하라.

풀이

에너지 수지: $\Delta H = Q + W$. 엔트로피 수지 : $\Delta S = Q/T$. 가역공정이지만 $\Delta S \neq 0$ 임을 주지하라. $S_{gen} = 0$이다. 그러나 공정은 단열은 아니다. 수증기표로부터 224°C, 25 bar는 실질적으

로 포화기체이다. 224°C, 25 bar의 증기에 대하여, 내삽하면 $H = 2910.5$, $S = 7.1709$. $Q = T\Delta S$이면, $Q = (224 + 273.15)(6.2558 - 7.1709) = -454.94$, $W = (2801.9 - 2910.5) + 454.94 = 346.3$ J/g.

이상기체식에 의해서 $W = 8.314(4.04)(224 + 273.15)\ln(5)/18 = 1493.1$ J/g.

일은 분자상호 간의 인력 때문에 실제 증기보다 작다. 이 경우에 차이가 특별히 컸는데 이유는 마지막 압력이 상당히 크기 때문이다(> 10 bar).

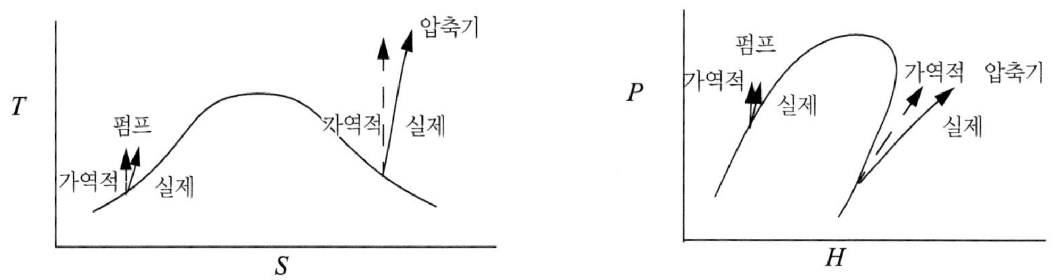

그림 4.12 • 가역 및 비가역 펌프와 압축기에 대한 경로 *P*–*H* 도표는 그림 4.7(a)와 같은 계에 대한 것이다.

다단 압축기

증기를 단열 압축하는 동안에 온도는 올라간다. 온도 상승이나 압축 비율(P^{out}/P^{in})이 너무 크면 장치에 문제가 생길 수 있다. 이 문제를 처리하기 위해서 단 사이를 냉각하여 압축 단 사이의 기체온도를 낮춘다. 이런 조작은 높은 압력에 이르게 할 때 통상적으로 사용된다. 단 사이의 냉각 방법이 있는 압축기의 도해를 그림 4.13에 나타내었다. 다단 압축기를 위한 전체 일은 일반적으로 식 2.69를 사용하여 각 단의 일을 합하여 구한다. 그러나 이상기체 법칙은 단마다 입력 압력이 증가함에 따라 덜 믿을 만하다. 만약 입력 압력이 10 bar 이상이고, 환산온도가 1.5보다 작으면, 비이상성 효과가 계산되어야 한다. 기체의 비이상성을 계산하는 방법과 비상기체의 엔트로피를 계산하기 위한 모든 방법은 제II부에서 논의한다. 보통의 냉장고는 수증기표와 기능적으로 동등한 도표를 적용하는 것이 편리하다. 도표는 읽기 어렵고 정밀도가 수증기표를 사용하는 것에 비해 상대적으로 낮다. 예제 4.17은 냉매 R134a를 사용한 공정을 설명하고 있다.

예제 4.17 *P*–*H* 도표를 이용하는 R134a의 압축

압축기가 R134a로 작동한다. 압축기의 주입부는 −20°C의 포화 증기이고, 압축기의 출구는 7.7 bar, $\eta_C = 0.8$이다. 압축기의 가역 그리고 필요한 일(kJ/kg)과 출구온도를 구하라.

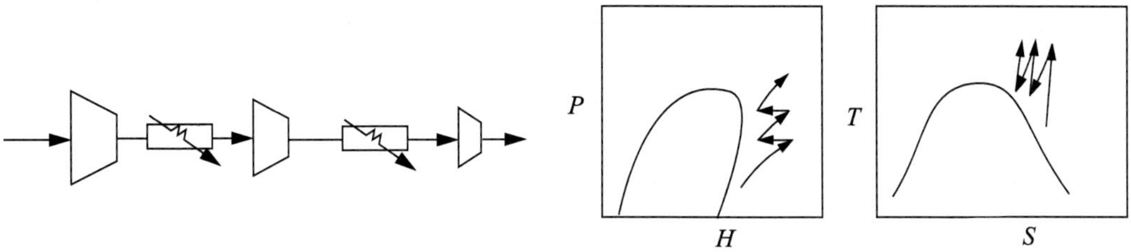

그림 4.13 • 다단 압축기와 이에 상응하는 $P-H$ 선도, $P-H$ 선도에서 압축기는 압력이 증가하는 곡선으로 나타나고 열교환기는 일정한 압력에서 수평선으로 나타난다.

풀이

부록 E의 P-H 선도의 삽화가 다음에 있다. 축표시와 과열온도 표시를 삽화된 선도에 나타내었다.

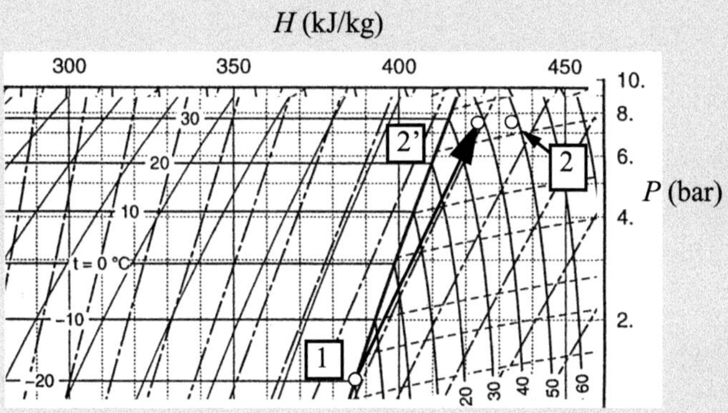

입구상태는 –20°C 등온선과 포화 증기선의 교차점에 위치한다. 엔탈피는 축에 수직한 선과 H = 386.5 kJ/kg을 따라 찾을 수 있다. (이 정확한 값은 첨부한 포화표에서 찾았다. 도식적인 값은 일치하지만 덜 정확하다.) 가역적인 출구상태는 7.7 bar까지의 등엔트로피 출발로 찾을 수 있다. 한 세트의 대각선이 등엔트로피이고, 우리는 시각적으로 내삽하여 2'로 표시된 상태에의 7.7 bar에서 등엔트로피 사이에 같은 상대적인 위치를 유지하도록 한다. 축에 수직한 선을 따라서 $H_2' = 424$ kJ/kg이다. 가역적인 일은 $W_S' = 424 - 386.5 = 37.5$ kJ/kg이다. 실제 일은 $W_S = W_S'/0.8 = 47$ kJ/kg이다. 실제 출구상태는 7.7 bar에서 엔탈피값이 $H_2 = 386.5 + 47 = 433.5$ kJ/kg일 때 오른쪽으로 이동한다. 가역적인 출구는 38°C 근처이다. 실제적인 출구는 48°C 근처이다.

4.11 엔트로피 수지의 적용 전략

열역학 문제를 풀 때 최선의 접근 방법은 **물질수지와 에너지 수지로 시작**하는 것이다. 이 장에서 우리는 문제를 기술하는 데에 있어서 부가적인 조건을 규정할 수 있는 새로운 용어들을 소개하였다. 이 용어들은 '등엔트로피의(isentropic)', '가역적(reversible)', '내부적으로 가역적

❗ 제한 조건을 규정하는 새로운 핵심 술어가 정의되었다.

(internally reversible)', '비가역적 (irreversible)', '열효율(thermal efficiency)', '기계적 효율 (mechanical efficiency)' 등이다.

엔트로피 수지는 공정으로부터 얻을 수 있는 최대의 일을 계산하거나 가역성을 평가하는 데 유용하다. 엔트로피 수지는 주의해서 사용해야 하는데, 이것은 2.13절의 전략적인 방법 5로부터 얻은 정보로 단순화시킬 때 에너지 수지와는 종종 과다한 조건을 제공하기 때문이다(예: 예제 2.11에 적용된 엔트로피 수지는 단순화시키면 에너지 수지와 동일하게 된다). 일반적으로 공정의 압력과 온도를 미리 안다면 각 지점에서의 엔트로피, 그리고 엔트로피 변화는 엔트로피 수지를 직접 적용하지 않고도 결정할 수 있다. 그러나 압력과 온도 둘 중에서 어느 하나를 모른다면 엔트로피 수지는 해답의 열쇠가 될 수 있다.

❗ 순수한 계의 어떤 경우에는 T와 P가 알려져서 S는 엔트로피 수지를 사용하지 않고 결정될 수 있다.

더 많은 예를 다루기 전에 엔트로피를 생성하는 공정을 기억하는 것이 도움이 되고 또한 중요하다. 이것은 이런 공정이 일어날 경우에는 엔트로피가 생성되는 원천을 제거하도록 공정이 수정되지 않으면 엔트로피가 생성항을 0으로 만들 수 없기 때문이다. 엔트로피는 다음과 같은 공정에 의해서 생성된다.

1. 온도구배를 따른 열전달
2. 농도구배를 따른 확산
3. 성분이 다른 물질의 혼합
4. 초기에 (T, P) 차이로 인해 몰 엔트로피가 다른 동일한 물질의 등적 조건에서의 단열 혼합
5. 장치 내의 속도구배, 이것은 유체역학 교과서에 설명된 마찰인자에 의한 파이프 내의 흐름을 설명한다.
6. 마찰
7. 전기 저항
8. 측정할 수 있는 속도에서 화학반응경로

열린계(open system)에서의 비가역성은 압력은 일정하지만 온도가 다른 흐름을 혼합할 때 (위의 항목 4) 항상 도입된다. 이것은 혼합하기 전에 두 흐름의 온도를 동일하게 하기 위해서 두 흐름 사이에 열기관을 작동시켜 일을 얻을 수 있어야 하기 때문이다. 흐름들의 온도는 같지만 조성이 다르면, 혼합하는 경우 엔트로피를 생성시킨다(식 4.8 참조). 그러나 이와 같은 분자 운동으로부터 일을 얻는 일반적인 방법을 아직 고안하지 못하고 있다.

❗ 서술된 문제에서 엔트로피 생성은 거의 명시되지 않는다. 그러므로 엔트로피 생성의 원인을 찾아야 한다.

화학공학자로서 모든 화학반응은 유한한 속도로 엔트로피를 생성하며 진행한다는 것을 인지하는 것은 중요하다. 이 사실의 기본적인 증거는 17.16절에 제공되며 화학 퍼텐셜의 논의는 이 장의 후반부에서 다룬다. 여기에 열거된 다른 공정과 같이 반응은 제한된 구동력에 기인하여 평형상태를 향하여 자발적으로 전개된다. 반응 조건에서 화학 퍼텐셜이 알려진다면 엔트로피 생성속도를 계산하는 것이 가능하다. 그러나 실질적인 반응이 열역학적으로 가역적이라고 생각하면 안 된다. 반응공학 문헌에서는 반응은 평형상수가 1 근처일 때 가역적이라고 말하는데, 이때 구동력에 의존하여 양쪽 방향(앞쪽/뒤쪽)으로 반응이 갈 수 있기 때문이다. 반응

이 측정할 수 있는 속도로 양쪽 방향으로 갈 때 엔트로피가 생성되고 열역학적으로 가역적이다. 최소 일의 입력, 혹은 최대 일의 출력이 필요할 때, 계는 엔트로피의 최소 생산 혹은 여기서 논의하는 제한을 고려하면 0으로 만들도록 설계되는 것이다. 예제를 다루기 전에 3.4절의 해설을 다시 한 번 상기해 보기로 한다.

주의: 가역과정에서는 엔트로피 변화를 구하기 위해 엔트로피 수지를 적용하지 않는다. 우리는 항상 동일한 최종상태에 이르는 다른 가역경로를 택해 엔트로피 변화를 계산하고, 엔트로피가 얼마만큼 생성되었는가를 결정하기 위하여 엔트로피 수지를 적용한다. 또는 가역적인 일을 구하고 효율을 사용하여 에너지 수지로부터 최종상태를 규정한다.

가역과정에서의 또 다른 방법으로는 엔트로피 생성항을 0으로 두고 엔트로피 수지를 적용한다.

4.12 최적 일과 열전달

일반적인 계에 대하여 최적의 일을 구하는 방법을 생각하자. 열린계에서 운동에너지와 퍼텐셜 에너지가 무시된다면

$$dU̲ = \sum_{\text{inlets}} H^{in} dn^{in} - \sum_{\text{outlets}} H^{out} dn^{out} + dQ̲ - PdV̲ + dW̲_S \quad \text{〈식 4.50〉}$$

$$dS̲ = \sum_{\text{inlets}} S^{in} dn^{in} - \sum_{\text{outlets}} S^{out} dn^{out} + \frac{dQ̲}{T_{sys}} + dS̲_{gen} \quad \text{〈식 4.51〉}$$

내부적으로 가역적인 공정에서 $dS̲_{gen} = 0$이다. 유일한 온도 T_{sys}에서 모든 열이 전달된다면 첫 번째 수지식에서 dQ를 제거하여 다음과 같이된다.

$$dU̲ = \sum_{\text{inlets}} (H^{in} - T_{sys} S^{in}) dn^{in} - \sum_{\text{outlets}} (H^{out} - T_{sys} S^{out}) dn^{out} + T_{sys} dS̲ - PdV̲ + dW̲_S - T_{sys} dS̲_{gen} \quad \text{〈식 4.52〉}$$

이 수지식을 개념적으로 가역적인 공정에 적용하기 원하면, 내부적으로 비가역적인 어떤 공정(조름밸브, 조성혼합공정, 온도가 다르고 같은 조성의 흐름의 혼합, 표준 열교환기, 유한한 속도의 화학반응)도 피하도록 주의해야 한다. 따라서 조성의 혼합이나 반응과 관련된 공정을 고려하면, 최적 일의 상호작용을 결정하기 전에 이 항의 실질적인 계산을 포함해야 한다. 일단 이 제한을 인지한다면, 최적 일의 상호작용을 찾는 일반적인 문제를 고려할 준비가 된 것이다.

유용성

4.5절에서 닫힌계와 저장소 사이의 최적 일의 상호작용을 다루었고 최적 일의 상호작용은 열

전달이 일어나는 계의 온도가 저장소의 온도와 같을 때임을 발견하였다. 따라서 식 4.52에서 외계온도 T_{sys}를 갖는 최적 일의 상호작용은 외계온도 T_O로 치환되어야 한다. 최적의 일로 이어지지만 (열전달에서 배웠듯이) 열전달의 속도가 온도차와 비례하고 미소온도 차이를 갖는 열전달은 매우 늦으므로 이상적인 조건이다. 외계의 온도와 압력(T_O와 P_O)은 종종 **죽은 상태**(dead state)로 불린다. 계가 이 온도와 압력에 도달하면 팽창/압축 일, 축일, 혹은 열전달을 얻기 위해서 어떤 형태의 에너지 입력이 필요하다. 에너지 입력이 없으면 공정은 죽은 것이다. 그러나 이 죽은 상태에서 출발하여 일과 열의 상호작용에 대한 기회를 제공하라. 또한, 그 결과의 변수의 조합에 이름을 붙이는 것이 타당하다. 식 4.52의 합에 있는 변수의 조합에 대하여 T_o로 개선하여, 그 항을 **유용성**, 혹은 **엑서지**(exergy) B를 사용할 것이다.

$$B = H - T_o S \quad \text{유용성 혹은 엑서지} \qquad \langle \text{식 } 4.53 \rangle$$

여기서 H와 S는 T와 P에서 계의 상태 성질이지만, T_O는 죽은 상태의 온도이다. 이 성질에 대하여 '유용성(availability)'과 '엑서지(exergy)'가 모두 문헌에서 사용된다. 주어진 T와 P에서 유용성은 T_o에 따라서 변한다. 따라서 B는 이 점에서 사용되는 다른 상태 성질과는 다소 다르다. 유용성을 식 4.52에 대입하고, 왼쪽의 계의 상태 변화를 모으면, 일반적인 수지식이 된다 (전과 같이 운동과 퍼텐셜 에너지를 무시함).

$$d\underline{U} + Pd\underline{V} - T_o d\underline{S} = \sum_{\text{inlets}} (B^{in}) dn^{in} - \sum_{\text{outlets}} (B^{out}) dn^{out} + d\underline{W}_S - T_o d\underline{S}_{gen} \qquad \langle \text{식 } 4.54 \rangle$$

정상상태 흐름

Josiah Williard Gibbs(1839~1903)은 미국의 화학자, 수학자, 물리학자이다. Yale대학에서 1863년에 공학에서 첫 번째 미국 ph.D를 수여하였고 Gibbs는 그의 경력을 거기에서 쌓았다. 열역학에 미적분학을 적용한 것과 제1법칙과 제2법칙을 결합한 것으로 유명하다. Gibbs는 화학 퍼텐셜의 개념, Gibbs 상규칙과 다른 많은 관계식을 연구하였다.

계가 정상상태로 흐를 때, 왼쪽의 모든 항은 제거되고, 결과식은 다음과 같다.

$$\sum_{\text{outlets}} (B^{out}) dn^{out} - \sum_{\text{inlets}} (B^{in}) dn^{in} = d\underline{W}_S - T_o d\underline{S}_{gen} \qquad \langle \text{식 } 4.55 \rangle$$

입구와 출구에서의 유용성의 차이는 최적 축일과 연관된다고 판단한다. $T_o d\underline{S}_{gen} \geq 0$이고 $d\underline{W}_S \geq 0$일 때 항상 주입된 일로부터 빼내게 된다. 이것은 비가역 공정에 대한 주입된 일은 주어진 상태 변화에 대하여 가역적인 공정보다 항상 크다는 것을 의미한다. 유사하게, 주어진 상태 변화가 일을 생산하는 경우에 대하여, 비가역공정은 항상 가역공정에 비해 적은 일을 생산할 것이다. $T_o\underline{S}_{gen}$은 **잃은 일**이라고 불리며 그 항에 대한 이유는 현재 명백하다. T_O는 외계로 전달되는 열이 없는 경우에 모호하고 식의 유용성에 어떤 손실이 없는 단열 터빈과 같은 단열 공정에서는 제거된다.

$$(\Delta H - T_o \Delta S) dn^{out} = d\underline{W}_S - T_o d\underline{S}_{gen} \qquad \Delta H = W_S, \; -T_o \Delta S = -T_o S_{gen} \qquad \langle \text{식 } 4.56 \rangle$$

닫힌계

닫힌계에서는 식 4.54가 다음과 같이 된다.

$$d\underline{U} + Pd\underline{V} - T_o d\underline{S} = d\underline{W}_S - T_o d\underline{S}_{gen} \text{ 닫힌계} \quad \langle \text{식 } 4.57 \rangle$$

일정 압력 닫힌계에서 $\underline{V}dP$가 (크기가 0이기 때문에)왼쪽 편에 더해질 수 있고, 결과적으로 $d\underline{U} + Pd\underline{V} + \underline{V}dP = d\underline{U} + d(P\underline{V}) = d\underline{H}$가 된다. 따라서 $d\underline{H}$와 $T_o d\underline{S}$를 독립적으로 계산하기가 쉽지만, 왼쪽 항은 dB로 치환될 수 있다. **Gibbs 에너지**(Gibbs energy)는 $G \equiv H - TS$ 로 정의된다. 그러면, $dG = dU + PdV + VdP - TdS - SdT$가 된다. 따라서 만약 압력이 일정하고 온도가 T_o로 일정하면, Gibbs 에너지는 팽창/압축이 없는 일과 연결된다. [18]다른 흥미로운 분석은 두 일의 항이 식의 오른쪽 항에 있을 때 할 수 있다.

Hermann Ludwig Ferdinand Von Helmholtz (1821~1894)은 독일 의사이며 물리학자이다. 눈의 광학을 연구하였고 에너지 보존을 연구하였다.

$$d\underline{U} - T_o d\underline{S} = d\underline{W}_S - Pd\underline{V} - T_o d\underline{S}_{gen} \text{ 닫힌계} \quad \langle \text{식 } 4.58 \rangle$$

우리는 **Helmholtz 에너지**를 $A \equiv U - TS$로 정의할 수 있다. 따라서 $dA = dU - TdS - SdT$이다. 계가 T_O에서 등온일 때 Helmholtz 에너지의 변화는 일의 모든 항의 합과 연관된다.

유용성 분석

세계 인구가 증가하고 에너지 소비가 증가함에 따라, 에너지 보존의 중요성이 커질 것이다. 에너지 균형이 중요할 뿐만 아니라 존재하는 자원의 지혜로운 사용이 중요하다. 유용성 분석은 공정에 의해서 얼마나 많은 엔트로피가 생성되는지를 결정하는 데 사용될 수 있고,[18] 에너지 자원의 지혜로운 관리를 생각할 때 미래에 보다 널리 사용될 수 있다.

분리를 위한 최소 일

발효공정의 개발에서 핵심적인 사항은 **역가**(titer), 혹은 발효로부터의 효율이다. 발효는 제약 산업에서 천연분자를 만드는 데 사용된다. 예를 들어, 인슐린 박테리아의 생산은 실현 가능한 기술이다. 생산품 가격의 많은 부분은 희석 수준에 따른다. 에너지와 엔트로피 수지를 결합하여 생산품을 농축시키는 최소한의 에너지 비용을 계산할 수 있다. 등온공정에서 주입량 F에 대하여 순수한 생산량 P와 부생산 수분 B를 얻기를 원한다고 생각하자. 혼합된 수증기의 연속적인 분리를 위하여 가역 분리공정에 대한 정상상태 에너지 수지는,

$$0 = H_F \dot{n}_F - H_B \dot{n}_B - H_P \dot{n}_P + \dot{\underline{Q}}_{rev} + \dot{\underline{W}}_s \quad \langle \text{식 } 4.59 \rangle$$

이상용액을 가정하면, 혼합열이 0이기 때문에 에너지 수지가 다음과 같이 됨을 알 수 있다.

---

18 Bejan, A. 2006. *Advanced Engineering Thermodynamics*, 3ed, New York: John Wiley & Sons.

$$H_F\dot{n}_F - H_B\dot{n}_B - H_P\dot{n}_P = \left(\sum x_i H_i\right)\dot{n}_f - H_B\dot{n}_B - H_P\dot{n}_P = 0 \quad \langle 식\ 4.60\rangle$$

에너지 수지는 따라서 다음과 같이 간단히 된다.

$$\dot{\underline{Q}}_{rev} = -\dot{\underline{W}}_s \quad \langle 식\ 4.61\rangle$$

온도 T에서 열교환으로 가역적 분리공정의 정상상태 엔트로피 수지는

$$0 = T(S_F\dot{n}_F - S_B\dot{n}_B - S_P\dot{n}_P) + \dot{\underline{Q}}_{rev} \quad \langle 식\ 4.62\rangle$$

이다. 전략은 엔트로피 수지로부터 열전달을 결정하고 에너지 수지에서 일을 찾기 위해 사용하는 것이다.

주입 흐름의 엔트로피는(식 4.9을 사용하여)

$$\dot{n}_F S_F = \dot{n}_F \sum_i x_i S_i - \dot{n}_F R \sum_i x_i \ln x_i \quad \langle 식\ 4.63\rangle$$

대입하면

$$0 = T\left(\dot{n}_F \sum_i x_i S_i - \dot{n}_F R \sum_i x_i \ln x_i - S_B\dot{n}_B - S_P\dot{n}_P\right) + \dot{\underline{Q}}_{rev} = -\dot{n}_F RT \sum_i x_i \ln x_i + \dot{\underline{Q}}_{rev}$$

$\langle 식\ 4.64\rangle$

이 식은 다음과 같이 된다.

$$RT\dot{n}_F(x_1 \ln x_1 + x_2 \ln x_2)_F = \dot{\underline{Q}}_{rev} \quad \langle 식\ 4.65\rangle$$

성분 2가 원하는 화학종으로 생각하자. 성분 2의 몰당 열전달에 기초하여

$$\frac{RT\dot{n}_F(x_1 \ln x_1 + x_2 \ln x_2)_F}{\dot{n}_2} = \frac{RT(x_1 \ln x_1 + x_2 \ln x_2)_F}{x_2} = \frac{\dot{\underline{Q}}_{rev}}{\dot{n}_2} \quad \langle 식\ 4.66\rangle$$

에너지 수지와 결합하여, 원하는 화학종의 몰당 최소의 에너지는

$$\frac{-RT(x_1 \ln x_1 + x_2 \ln x_2)_F}{x_2} = \frac{\dot{\underline{W}}_s}{\dot{n}_2} \quad \langle 식\ 4.67\rangle$$

예제 4.18 정제의 최소 열과 일[a]

생물학적 계에 의해서 생산된 생산물을 10^{-1}에서 10^{-9}의 몰분율의 범위를 가진다.

(a) 298.15K에서 이 범위 이상에서 생산물 1 mol을 정제하기 위해 필요한 최소한의 가역적인 열과 일을 계산하라.

(b) 희석 혼합물 내의 농도를 결정하기 위하여 0.1 wt % 수용액 내에 있는 인슐린의 몰분율을 계산하라.

풀이

(a) 일은 식 4.67로부터 얻고 열은 반대 부호를 가진다.

$$\frac{-RT(x_1 \ln x_1 + x_2 \ln x_2)_F}{x_2} = \frac{\dot{W}_s}{\dot{n}_2}$$

298.15K에서 $x_2 = 0.10$, $x_1 = 0.9$일 때,

$\dot{W}_s/\dot{n}_2 = -8.314(298.15)(0.1\ln(0.1) + 0.9\ln(0.9))/0.1 = 8.1\text{kJ}$

x_2의 다른 값에 대하여 계산을 반복하면,

x_2	10^{-1}	10^{-2}	10^{-3}	10^{-4}	10^{-5}	10^{-6}	10^{-7}	10^{-8}	10^{-9}
$\dot{W}_s/\dot{n}_2$(kJ/mol)	8.1	13.9	19.6	25.3	31.0	36.7	42.4	48.1	53.8

열이 제거되어야 함을 주의하라. 만약 공정이 열이 필요한 것으로 보이면, 제거된 열은 같은 양만큼 증가해야 한다. 예를 들어, 농도 $x_2 = 0.10$의 용액이 1 kJ의 열을 가하여 정제된다면, 9.1 kJ이 제거되어야 한다.

(b) 인슐린의 분자량을 검색하여 5808 g/mol임을 알았다. 따라서 $x_1 = 0.001/5808 = 1.72(10^{-7})$이다. 핵심은 바이오 분자는 종종 크기가 커서, 그것의 농도는 몰분율에 기반을 두면 너무 작을 수 있다.

a. 이 문제는 O'Connell, J.P (July 2010, NSF BioEMB Workshop, San Jose, CA)이 제안하였다.

4.13 생물 생명의 비가역성

생명계의 매우 흥미로운 특성은 그것들이 큰 구조 내에 작은 분자들을 형성한다는 것이다. 성장하는 소나무는 태양으로부터의 에너지, CO_2, 물, 땅으로부터 추출된 무기물을 이용하여 성장한다. 포유류는 적은 양의 음식을 소비하고, 물을 소비하며, 공기를 숨 쉬며 생각하는 창조물로 자란다. 작고 사고가 없는 편모조류는 주화성으로 알려진 공정으로 음식물을 향하여 농도 변화로 헤엄쳐 오르는 것을 알려졌다. 모든 생물학적인 생명체는 라세미산보다는 키랄의 분자를 형성한다. 이러한 공정은 우리가 계는 무질서한 방향으로 움직인다는 경향을 나타내는 것으로 이 장에서 계속해서 발전시켜 왔던 것을 위배하지는 않는가? 주의 깊게 분석하면 해답은 위배하지 않는 것이다.

핵심은 공정의 가능성이 공정 자체가 아니라 우주의 엔트로피에 의해 결정된다는 것이다. 만약 생물체가 반응물보다 더 낮은 엔트로피를 갖는 분자를 만든다면, 외계의 엔트로피가 크

게 증가해야 한다. 이 변화는 계로 들어오고 나가는 분자의 양이나 전달되는 열에 의해 조절될 수 있다. 포유류는 따뜻한 피를 가지고 있고, 사실상 등온이다. 건강한 인간의 체온은 일반적으로 37°C(310 K)이다. 인간의 엔트로피 수지를 다시 정리하면 다음과 같다.

$$(d(nS))/(dt) - T\dot{S}_{gen} = TS^{in}\dot{n}^{in} - TS^{out}\dot{n}^{out} + \dot{Q} \qquad \text{〈식 4.68〉}$$

우리가 $T = 310$ K를 가정하면 엔트로피는 인간(human)과 주위(surrounding) 사이의 경계에서 생성되고, 이것은 포함되어 있지 않음을 알아야 한다.

몸속의 모든 생화학적 반응은 연속적으로 엔트로피를 생성한다. 유기조직이 완전히 성장하면, 성인을 정상상태 공정으로 근사할 수 있고, 왼쪽 첫 번째 항은 거의 0이다. 왼쪽의 두 번째 항은 엔트로피가 생화학적 반응에 의해서 일정하게 생성되므로 음의 값이 된다. 초기에 이동 항을 무시하면, 열전달은 음이 되는 것으로 기대할 수 있다. 그 크기는 계를 들어오고 나가는 엔트로피 흐름에 의존한다. 음의 열전달을 제한하는 다른 가능성을 고려하면, '들어오는(in)' 엔트로피의 흐름은 '나가는(out)' 엔트로피의 흐름보다 작아야 한다. 실질적으로, 이 흐름은 생명을 유지하기에 충분하지는 않다. 인간을 위하여 우리 몸은 약 100 J/s의 속도로 열을 방출한다는 것을 알고 있다. 따라서 생산물을 버리기 위한 음식의 엔트로피 변화에 추가적으로, 우리의 존재는 외계로 열을 방출하는 능력과 열전달에 의한 외계의 엔트로피의 증가에 따른 기여에 의존한다. 외계의 온도가 온도가 증가하는 경우, 인간은 열전달이 불가능할 때 생물학적 공정이 멈추기 때문에 열사병을 경험하게 된다.

나무와 식물은 빛에너지(광자)를 변환하기 위해 광합성을 사용한다. 반응은 다음과 같다.

$$n\mathrm{CO_2} + n\mathrm{H_2O} + \text{light} \rightarrow (\mathrm{CH_2O})_n + n\mathrm{O_2} \qquad \text{〈식 4.69〉}$$

우리는 지금까지 에너지 수지에 광자를 포함하지 않았지만 광자는 열과 유사한 복사의 형태이다. 핵심은 이 반응은 쓰인 바와 같이 자발적이지 않다. 화학반응의 구동력에 대한 논의는 책의 끝 부분에 있고, 여기서는 간단한 논의가 적절하다. 이 반응은 실제공정을 지나치게 간단히 나타내었다.[19] 사실은 광합성에 의한 포도당의 생산은 100단계 이상이 필요하지만, 이 단계들이 위의 총괄반응으로 유도된다. 정반응을 만들기 위해서는 생물학적 계가 복잡한 연속적인 단계를 전개해야 하고, 각 단계는 탄화수소의 생산이 가능하도록 자발적으로 연결되어야 한다. 식물은 작은 분자가 탄화수소로 변화할 때 엔트로피의 감소하는 반응보다 더 큰 양의 외계의 엔트로피를 증가시켜서 이 반응을 유지할 수 있다.

에너지 사용은 본질적으로 먹이 사슬의 위로 가면 효율이 낮다. 초식동물이나 잡식동물은 식물체를 먹고 위와 장의 효소가 탄화수소를 **이화작용**(엔트로피를 증가시키는 단계)에 의해서 단당으로 부순다. 이 당은 이전 장에서 살펴보았듯이 CO_2를 생산하기 위해서 연소한다(엔트로피 증가). 에너지는 생활을 유지하기 위하여 사용되고 죽은 세포를 대체하고 조직을 유지

---

19 Kondepudi, D. 2008. *Introduction to Modern Thermodynamics*. New York: Wiley, p. 386.

하기 위하여 계속해서 새로운 세포를 생산(**동화작용**, 엔트로피 감소[20])하기 위해 사용된다. 또한, 먹은 단백질은 아미노산으로 나누어지고(엔트로피 증가) 새로운 단백질로 재합성된다(엔트로피 감소). 위에서 논의했듯이, 포도당에 의해서 제공된 에너지의 일부분만이 생물학적 유지에 활용될 수 있고 일부는 열로서 방출되어야만 한다. 먹이 사슬의 각 생명체는 열이 방출될 때 이러한 에너지의 '손실'을 반복한다. 엔지니어가 에너지를 효과적으로 사용하기 위하여 고심할 때, 살아 있는 독립체의 복잡성에도 불구하고 삶의 기본적인 것들은 이 장에서 전개한 것과 같은 원리에 지배를 받는다는 점을 갖는 것이 도움이 될 것이다. 사람은 생물학적 장치를 운전하기 위하여 열을 외계로 방출함으로써 삶이 가능하다. 그것들의 복잡성에도 인간은 연소되는 당에 의해서 생성되는 모든 에너지를 사용할 수 없다.

4.14 비정상상태의 열린계

비정상상태의 예를 들어서 이 장을 마무리한다. 첫 번째 예는 그와 같은 계의 분석은 실린더/피스톤에서의 팽창과 상당히 일치하는 결과를 만들 수 있다는 것을 보여 준다.

예제 4.19 새는 탱크에서의 엔트로피 변화

공기(이상기체)가 탱크로부터 새는 경우를 생각하자. 탱크 안의 기체의 엔트로피는 얼마나 변할까? T^f와 P^f 사이의 관계를 구하고 에너지 수지에 의하여 이전에 구한 관계식과 비교하라.

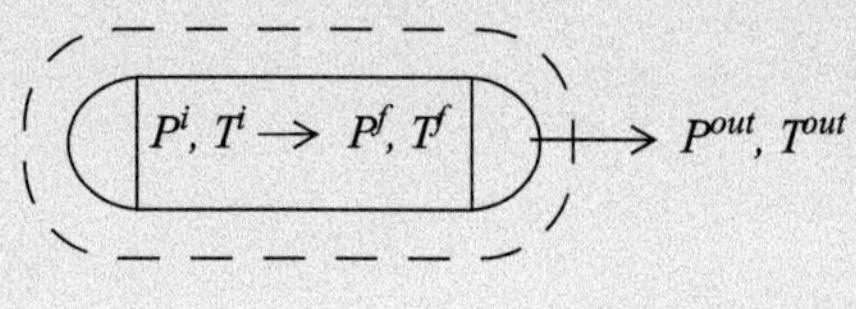

풀이

질량 수지 : $dn = -dn^{out}$

엔트로피 수지: $\dfrac{d(nS)}{dt} = -S^{out}\dfrac{dn^{out}}{dt} \Rightarrow ndS + Sdn = -S^{out}dn^{out}$

새는 유체는 물리적으로는 탱크 안에 있는 유체와 같은 상태에 있다. 그러므로 엔트로피 수지는

$ndS + \cancel{Sdn} = -\cancel{S^{out}dn^{out}}$ 혹은 $\Delta S = 0$이다. 비열이 일정한 이상기체에 대하여

$$\Delta S = C_V \ln(T_2/T_1) + R\ln(V_2/V_1) = 0 \qquad \text{〈식 *ig〉}$$

---

20 건물의 건축은 엔트로피를 감소시키지만, 반응이 유한한 속도로 진행하여 엔트로피를 생성한다.

$$\Delta S = C_V \ln(T_2/T_1) + R\ln((T_2P_1)/(P_2T_1)) = (C_V + R)\ln(T_2/T_1) - R\ln(P_2/P_1)$$ 〈식 *ig〉

$$(T_2/T_1) = (P_2/P_1)^{(R/C_P)}$$ 〈식 *ig〉

이것을 예제 2.15와 비교해 보자. 이 예제에서 엔트로피 수지와 에너지 수지는 독립적이지 않으므로 둘 중의 어느 하나를 사용해도 같은 결과를 얻는다. 이 결과는 또한 예제 2.15에서의 분석은 가역과정을 가정했음을 보여 준다.

❗ 에너지와 엔트로피 수지는 독립적이지 않을 수 있음을 증명한다.

다음 예제는 먼저 터빈과 탱크를 결합한다. 계는 문제를 풀기 위해 세부로 재분할된다.

예제 4.20 터빈에서 새는 이상기체(비정상상태)

어떤 휴대용 동력공급기(power supply)는 압력 13.8 MPa과 온도 300 K인 압축 헬륨이 들어 있는 28 L 용기가 터빈에 연결되어 있는 구조로 되어 있다. 작동하는 동안에는 용기의 압력이 0.69 MPa로 떨어질 때까지 헬륨이 연속적으로 터빈을 돌린다. 열전달을 무시하고 터빈으로부터 얻을 수 있는 최대의 일을 계산하라. 헬륨은 $C_P = 20.9$ J/mol-K인 이상기체로 가정한다.

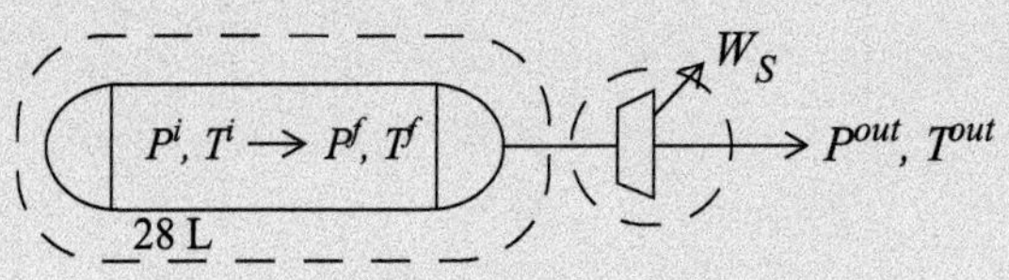

풀이

용기에 대한 수지만 생각한다. 결과는 예제 4.19에서와 동일할 것이다. 가역 단열 터빈이 엔트로피 수지로부터 다음을 얻는다.

$$(S^{out} - S^{in})\dot{n} = 0 \Rightarrow \Delta S = 0$$

이것은 터빈의 몰 엔트로피도 변하지 않음을 말해 준다. 따라서 나가는 유체의 몰 엔트로피는 용기 내에 있는 유체의 몰 엔트로피와 같으며, 후자는 공정이 시작될 때의 몰 엔트로피와 동일하다. 그러므로 나가는 헬륨 기체의 몰 엔트로피와 압력은 고정되어 있다. 순수한 유체에 대하여 오직 2개의 세기 성질(intensive property)만이 모든 다른 세기 성질을 규정하므로 나가는 헬륨의 온도도 고정되어 있다. 가역 단열곡선상에서의 이상기체에 대해서

$$T^{out} = T^i (P^{out}/P^i)^{R/C_P} = 42.3 \text{ K}$$ 〈식 *ig〉

마찬가지로

$$T^f = T^i (P^f/P^i)^{R/C_P} = 91.1 \text{ K}$$ 〈식 *ig〉

총체적인 에너지 수지에 의한 풀이

$d(nU) = H^{out}dn + d\underline{W}_S$인데 T^{out}과 P^{out}이 고정되어 있으므로 H^{out}도 고정되어 있다. 그러므로

2.14절의 힌트 4a를 적용한다. 식을 적분하여

$$n^f U^f - n^i U^i = H^{out}(n^f - n^i) + \underline{W}_S$$

를 얻는다. 이를 다시 정리하면 다음과 같이 된다.

$$\underline{W}_S = n^f(U^f - H^{out}) - n^i(U^i - H^{out}) \quad \langle\text{식 } 4.70\rangle$$

방적식의 변수 결정은

$$n^f = P^f \underline{V}/RT^f,\ n^f = 25.5\text{gmol},\ n^i = 154.9 \text{ gmol} \quad \langle\text{식 ig}\rangle$$

기준 온도를 $T_R \equiv 300$ K 로 선정하고 $U_R = 0$으로 두면, $H_R = U_R + (PV)_R$이고 헬륨은 이상기체로 취급하므로 $C_V = C_P - R = 20.9 - 8.314 = 12.586$J/mol-K 이다. 그러므로

$$H_R = (PV)_R = RT_R = R(300) \quad \langle\text{식 ig } 4.71\rangle$$

주의: $\Rightarrow H(T) = C_P(T - T_R) + H_R = C_P(T - 300) + R(300)$ ⟨식 *ig⟩

$$H^{out} = -2892 \text{ J/mol} \quad \langle\text{식 *ig}\rangle$$

$$U^f = C_V(T - T_R) + U_R = -2629 \text{ J/mol},\ U^i = 0 \quad \langle\text{식 *ig}\rangle$$

이 된다. 이들을 식 4.70에 대입하면 다음 결과를 얻는다.

$$\underline{W}_S = 25.5(-2629 + 2892) - 154.9(0 + 2892)$$

$$\Rightarrow \underline{W}_S = -441{,}200 \text{ J}$$

❗ 기준상태를 이용한 설명.

4.15 간략하게 정리한 엔트로피 수지

이 절에서 우리는 2.14절에서 기술된 것과 똑같은 3개의 부분계로 우주를 나눈다.

$$\frac{d\underline{S}}{dt} = \sum_{inlets} S^{in}\dot{m}^{in} - \sum_{outlets} S^{out}\dot{m}^{out} + \sum_{surfaces} \frac{\dot{\underline{Q}}}{T} + \dot{\underline{S}}_{gen}$$

1. T는 Q가 전달되는 곳에서의 계의 온도이다.
2. S^{in}, S^{out}은 상태 변수이고 입구 조건에서 출구 조건으로의 변화를 계산하기 위해서는 어떤 경로를 사용해도 된다. 계산에 사용된 경로는 실제공정 경로일 필요는 없다.
3. $\dot{\underline{S}}_{gen}$는 계 내부에서의 비가역성에 기인한 엔트로피 생성을 나타낸다. 이 비가역성은 내부에서의 열전달 또는 열전도, 점도소산, 조성이 다른 두 흐름의 혼합, 기계적 에너지의 열에너지로의 변화 등에서 야기된다. 계 경계에서의 엔트로피 생성은 이 수지에 포함되지 않는다.
4. 엔트로피 생성은 용기 벽에서 발생될 수도 있다. 우주의 엔트로피 생성은 계 1이나 계 3만이 아니고, 이 세 부분계 모두에 대한 $\dot{\underline{S}}_{gen}$을 합하여 계산한다.

학습점검

1. $\dot{S}_{gen}$의 부호의 제한은 무엇인가?
2. 같은 온도에서 열을 방출하는 두 가지의 등온공정을 생각하자. 한 공정이 가역이고 다른 공정은 비가역이다. 어느 것이 열전달의 큰 절댓값을 갖겠는가?

4.16 요약

엔트로피의 계산을 위한 미시적인 방법으로 이 장을 시작하였다. (기체의)부피나 온도가 증가하면 엔트로피가 증가함을 보였다. 열에너지는 미소상태에 접근할 수 있으므로 무질서도를 표현하는 실질적인 방법이며, 엔트로피의 미시적인 정의의 측면에서 가장 잘 이해하는 개념이다. 거시적인 정의는 미시적 정의와 일치하는 것을 보였다. 비가역공정은 엔트로피를 생성하므로 엔트로피는 공정의 가역성을 분석하는 데 필수적인 것임을 보였다. 가역적인 카르노 사이클 열효율은 엔트로피를 이용하여 쉽게 계산될 수 있음을 증명하였다. 순수유체의 적용에서 주요한 영향은 압축기와 터빈이 가역적인 장치에 대비한 경험적인 효율을 사용할 수 있다는 것이다. 그러나 더 넓은 측면에서 열을 일로 전환하는 것의 제한을 인정해야 한다.

이 장은 엔트로피와 관련된 계산을 정복하는 것이 도전될 수 있다는 점에서 상대적으로 길다. 학생들은 이전 코스에서 에너지 수지와 반응열과는 익숙하겠지만 엔트로피는 새롭고 추상적일 수 있다. 그러므로 많은 예제가 제시되었다. 학생들은 이것들을 살펴보고 이장의 끝 부분의 익힘문제를 살펴볼 것을 권장한다. 엔트로피의 안정적인 수준을 만들기 위해서는 연습하고 배우는 것이 최선이다.

주요 식

엔트로피는 상태 변화이고 이상기체에 대하여

$$\Delta S^{ig} = C_V \ln\frac{T}{T^i} + R\ln\frac{V}{V^i} \text{ 또는 } \Delta S^{ig} = C_P \ln\frac{T}{T^i} - R\ln\frac{P}{P^i} \qquad \langle \text{식 *ig 4.29} \rangle$$

응축상에 대하여, 두 번째 식의 첫 번째 항은 적절한 상에 대한 열용량을 사용한 첫 번째 근사를 사용하여 사용하여야 한다.

물론, 이 장의 가장 중요한 식은 완전한 엔트로피 수지식이다. 그러나 몇 가지 가장 일반적인 단순화를 기억하는 것이 편리하다.

정상상태 **단열 가역** 압축기나 터빈 혹은 비정상상태 가역 피스톤/실린더와 같은 단열 가역공정에 대하여 $\Delta S = 0$이다.

등온 가역 압축기와 같은 어떤 공정의 유체에서 $\Delta S = Q_{rev}/T$이다. 비가역공정에서는 실제 최종상태까지의 가역경로를 설계한다.

가역 단열 누출 탱크에서의 엔트로피는 $\Delta S = 0$이다.

이 식들의 미묘한 차이에 주의를 기울이자. 일반적인 실수는 '가역적'이라는 단어를 볼 때마다 $\Delta S = 0$을 쓰는 것이다. 가역성은 직접적으로 S나 ΔS가 아닌 엔트로피의 생성과 같이 한다. 유체의 엔트로피 변화에 대하여 영리한 접근은 $\Delta S = Q_{rev}/T$를 쓰고, 의도적으로 공정이 단열이고 가역으로 결정한 후에 Q_{rev}를 지나는 선을 이용한다. 비가역 단열공정에 있는 유체는 실제 열전달이 0일지라도 엔트로피 변화(그리고, Q_{rev})를 가진다. 엔트로피 수지는 Q_{rev}가 아닌 실제 열전달 Q를 사용한다. 단지 가역공정에 대해서 그것들이 일치한다.

$\Delta \underline{S} = 0$과 $\Delta S = 0$ 사이의 차이점은 아마도 작은 것이다. $\Delta S = 0$을 쓸 때는 유체의 비엔트로피가 일정하다는 것을 강조한다. 열린계에 대하여 $\Delta S = 0$일 때는 S가 기준상태가 아닐 때 $\Delta \underline{S} = n^f S^f - n^i S^i = S\Delta n$는 0이 아니다.

만약 두 다른 기체가 천천히 단열로 혼합되면 무질서도는 증가해야 하지만, dS의 거시적인 정의로부터 엔트로피를 계산하는 방법을 알기는 어렵다. 이상용액에서 미소적인 접근으로부터 전개된 식은

$$\Delta S_{mix}^{is} = -R\sum_i x_i \ln x_i \qquad \langle 식\ 4.8 \rangle$$

이 식은 식이 유도되는 데 사용된 이상기체의 범주 이상이지만, 많은 경우에서 혼합의 영향을 계산하는 데 유용한다. 식 4.8은 엔트로피의 거시적인 정의에서 유추할 수 있듯이, 무질서와 혼합이 가열과 직접적으로 연관되지 않았다는 것을 보여 준다. 혼합의 엔트로피는 제III부에서 혼합물에 대한 논의에서 중요한 부분이다.

4.17 익힘문제

P4.1 상자 A와 상자 B에 입자가 들어 있는 것을 각각 '앞(head, H)'과 '뒤(tail, T)'라고 하자. 하나의 입자에 대해서는 두 가지 경우 H와 T가 있다. 입자가 둘이라면 {HH, HT, TH, TT}의 네 가지 경우가 생긴다. 우리는 개개의 입자들을 순서 있게 생각하여 미소상태를 취급한다. 예를 들면 {H T H H}는 첫째 입자는 상자 A에, 둘째 입자는 상자 B에, 셋째 입자는 상자 A에, 넷째 입자도 상자 A에 있음을 의미한다.

(a) 세 입자에 대해서 몇 가지 경우가 있는지 열거하라. 네 입자에 대해서도 생각해 보라.
경우의 수 대 입자 수에 대한 일반식은 무엇인가?

답: 2^N

(b) 두 입자를 상자 A에, 한 입자를 상자 B에 넣는 경우의 수는 얼마인가? {2H, 1T}의 확률은 얼마인가?

답: 3/8

(c) {2H, 2T}, {3H, 2T}, {4H,2T}, {3H, 3T}에 대한 경우의 수는 얼마인가?

답: $N!/[(N-m)!m!]$

(d) 입자가 8이고 상자가 2인 경우의 거시상태와 각 거시상태에 대응하는 미소상태의 수를 열거하라. 모든 미소상태 중에서 5:3, 4:4 혹은 3:5에 해당하는 부분은 얼마인가?

(e) 5:3 거시상태에서 4:4 거시상태로 변할 때의 엔트로피는 무엇인가?

(f) Stirling 공식을 사용하여 상자 A에 6.022E23개의 50.1% 들어 있는 경우로부터 50.001%가 들어 있는 경우로 변할 때의 엔트로피 변화를 구하라. 또 50.001%로부터 50.000%로 변할 때는 얼마인가?

답: 1.2E18 J/K

P4.2 분자 20개가 낮은 압력에서 피스톤 + 실린더 조합에 들어 있다. 피스톤이 움직여서 부피가 네 배로 팽창했으나 어떤 종류의 일이든지 얻어지지 않았다. $\Delta \underline{S}/k$를 계산하라.

답: 23.19

P4.3 분자 15개가 크기가 같은 상자 A, B, C에 9:4:2로 들어 있다. 상자 사이의 가로막이 제거되어 분자가 상자 안에 고르게 분포되었다. $\Delta \underline{S}/k$를 계산하라.

답: 11.23

P4.4 주사위 (각 면에 1에서 6 사이의 숫자가 하나씩 쓰인 6면 입방체) 2개를 던지는 것은 두 입자를 여섯 상자에 집어넣는 것과 같다. {6,6}에서 {4,3}로 변할 때의 $\Delta \underline{S}/k$를 계산하라.

답: 0.693

P4.5 실린더에 들어 있는 질소 1 mol을 300K, 23 L/mol에서 400 K, 460 L/mol로 피스톤으로 압축할 때 엔트로피 변화는 얼마인가?

답: 1.07 kJ/kgK

P4.6 부피가 10 m^3인 단열된 실린더에 400°C, 10 bar의 수증기가 들어 있다. 실린더의 작은 구멍으로 수증기가 새어 압력이 1 bar로 떨어진 후의 수증기의 상태는 무엇인가? 실린더에서의 수증기의 단위 무게당 엔트로피 변화는 얼마인가? 이것은 가역과정인가? 실린더의 질량은 600 kg이고 비열은 0.1 cal/g-K이다. 실린더의 비열을 고려하거나 고려하지 않는 경우에 대해서 문제를 풀어라.

답: (a)~120°C, (b) 360°C

P4.7 $CO:H_2$ = 1:2의 혼합물이 5 atm 100°F에서 100 atm 1100°F로 단열 연속적으로 압축되었다. (힌트: 이 혼합물에 대해서 $C_P = x_1 C_{P1} + x_2 C_{P2}$ 이다.)

(a) 기체 ($C_P = 7/2R$) 1톤/h를 압축하는 데 드는 일을 계산하라.

답: 1.3×10^6 Btu/h

(b) 압축기의 효율을 결정하라.

답: 76%

P4.8 단열 압축기를 사용하여 질소(C_P/R = 7/2)를 2 bar 300 K에서 15 bar로 연속적으로 압축하였다. 압축된 질소의 출구온도는 625 K였다. 얼마의 일(kJ/kg)이 소요되었는가? 압축기의 효율은 얼마인가?

답: 9.46 kJ/mol, 72%

P4.9 단열 압축기를 사용하여 낮은 압력의 수증기를 0.8 MPa, 200°C에서 4.0 MPa, 500°C로 정상상태 과정에서 연속적으로 압축하였다. 수증기 단위 무게당 소요된 일은 얼마인가? 압축기의 효율은 얼마인가?

답: 606 J/g, 67%

P4.10 단열 터빈에 2.0 Mpa, 600°C의 수증기가 공급되고 24°C, 질 98%의 수증기로 방출된다. 수증기 단위 무게당 터빈이 한 일은 얼마인가? 터빈의 효율은 얼마인가?

답: 1.2E3 kJ, 85%

P4.11 단열 압축기가 포화 수증기 1 kg/s를 1 bar에서 100 bar, 1100°C로 연속적으로 압축하도록 설계되었다. 이 압축기에 소요되는 동력을 마력으로 표시하고 압축기의 효율도 결정하라.

답: 3000 hp, 60%

P4.12 에틸렌 가스가 초기상태 1 bar, 20°C에서 최종 압력 18 bar로 단열 압축기에서 연속적으로 압축된다. 압축기가 등엔트로피 과정과 비교하여 70%의 효율을 나타낸다면 압축기에 소요되는 일은 얼마이며, 에틸렌 가스의 최종온도는 얼마인가? 에틸렌 가스는(C_P = 44 J/mol-K)인 이상기체로 가정한다.

답: 13.4 kJ/mol, 596 K

P4.13 바람 터널을 이용하여 항공기를 실험하기 위하여 대기의 공기를(300 K) 가역적을 단열 압축하여 전체 부피가 200 bar에서 20 m^3인 긴 실린더로 주입한다. 실린더는 초기에 1 bar이다. 압축단계를 수행하기 위해 필요한 일의 초소량을 계산하라.

답: Online

(a) 이 공정의 가장 적절한 에너지 수지를 쓰라. 에너지 수지에 포함된 계를 명확히 하고, 이유를 간단히 설명하라.

(b) 이 공정의 가장 적절한 엔트로피 수지를 쓰라. 엔트로피 수지에 포함된 계를 명확히 하고, 이유를 간단히 설명하라.

(c) 압축단계를 수행하기 위하여 필요한 최소의 일을 계산하라.

P4.14 냉동 사이클의 부분으로, 프레온 134a는 60°C의 포화 증기에서 1017 kPa, 100°C로 압축된다.

(a) 얼마의 일이 필요한가(kJ/kg)?

(b) 압축기의 효율을 계산하라.

답: 121, 75%

P4.15 수증기가 30 bar의 압력과 알려지지 않은 온도에서 만들어진다. 소량의 수증기가 새어 나와 단열 조름밸브를 통과하여 1 bar로 된다. 조름밸브에서 나오는 수증기의 온도는 110°C이다. 밸브에 들어오기 전의 수증기의 무게당 엔트로피는 얼마인가?

답: 5.9736 J/g-K

P4.16 문제 P2.19에서의 팽창이 등온이 아니고 단열이며 C_P = 7 cal/(mol-K)이라고 가정하자. 피스톤의 높이가 얼마나 영향을 받을까? 등온 조작을 유지하기 위해서는 열을 가하여야 하는가 혹은 뺏어야 하는가?

답: 감소, 가함

P4.17 초기에 비어 있는 탱크가 300 bar와 300 K의 80 L 실린더로부터 채워질 때 부피를 결정하고자 한다. 두 탱크의 최종 압력은 5 bar이다. 부피는 L로 계산하라.

답: 4720 L

P4.18 자유롭게 움직일 수 있는 피스톤이 장착된 단열 실린더에 압력이 9 bar이고 질이 90%인 수증기 0.5 kg가 들어 있다. 피스톤 위의 0.05 m^3의 공간에는 수증기의 압력을 유지하기 위해 300 K의 공기가 들어 있다. 피스톤 위의 공간에 공기를 주입하여 피스톤이 내려가도록 하여 수증기의 질이 100%가 될 때까지 수증기의 압력을 높인다. 수증기의 최종 압력은 30 bar, 수증기에 가해진 일은 360 kJ이고, 피스톤 위의 공간에 있는 공기는 피스톤, 실린더 및 주위와 열교환을 할 시간이 없었다. 공기 주입 쪽은 압력이 50 bar이고 온도가 300 K이다. 피스톤 위 공간에 있는 공기의 최종온도는 얼마인가?

답: Online

P4.19 마찰이 없는 피스톤이 장착된 잘 단열된 실린더가 초기에 1.4 MPa의 압력에서 9 kg의 물과 0.4 kg의 수증기가 들어 있다. 1.6 MPa에서 피스톤이 팽창하여 압력이 일정하게 유지되며 2 kg의 수증기가 들어 왔다.

답: Online

(a) 이 공정의 에너지 수지를 적어라.

(b) 만약 최종 부피가 초기 부피의 6배라면, 실린더 내로 들어온 과열 수증기의 온도를 결정하라.

P4.20 많은 액션 영화에서 기체 실린더의 뚜껑이 없어지는 것을 보여 준다. 탱크는 커다란 파괴를 일으키며 날아간다. 탱크는 얼마의 속도를 실제적으로 일으키는가? 위쪽 경계는 뚜껑이 제거된 등엔트로피 노즐로 탱크가 마찰이 없는 표면을 수평으로 움직이는 것을 생각하자. 실린더의 무게는 70 kg이고, 100 bar, 300 K에서 50 L의 헬륨이 들어 있다.

(a) 이 공정의 가장 적절한 에너지 수지식을 쓰라. 에너지 수지식에 포함된 계를 명확히 기술하라. 이유를 간단히 설명하라.

(b) 이 공정의 가장 적절한 엔트로피 수지식을 쓰라. 엔트로피 수지식에 포함된 계를 명확히 기술하라. 이유를 간단히 설명하라.

(c) 탱크와 그것의 속도에 의한 전체 운동에너지를 구하라.

4.18 연습문제

4.1 CO_2는 적외선(IR) 영역의 진동주파수를 가지므로 지구로부터 반사되는 복사에너지를 흡수하고 이 에너지는 열에너지로 될 수 있기 때문에 지구 온난화에 많은 영향을 준다. ε/k = 290 K(903 cm^{-1})에서의 진동은 특히 중요한다.

(a) CO_2에 대하여 200~400 K에서 T에 따른 C_V^{ig}/R을 그려라. 책 뒤의 다항식 표현을 사용하여 기준온도 200K에서 C_V^{ig}/R을 구하라. 또한 같은 도표에서 점선의 다항식 표현을 그려라.

(b) 인터넷 검색을 이용하여 IR 스펙트럼의 파장범위를 찾아라. 얼마나 많은 파장이 있는가? 903 cm^{-1}에서 파장은 어떤 부류로 구성되는가? 만약 지구의 대기 전체가 CO_2로 구성된다면, CO_2에 의해서 어떤 IR 에너지가 흡수되는가?

(c) 지구 대기는 실제로 CO_2가 380 ppm이다. 흡수율이 농도에 비례한다면, 이 경우에 CO_2에 의해서 흡수되는 IR 에너지의 양은?

4.2 수증기가 450°C, 3.5 MPa에서 150°C, 0.3 MPa로 상태 변화를 겪는다. 다음을 사용하여 ΔH와 ΔS 를 구하라.

(a) 수증기표 데이터

(b) 수증기를 이상기체로 가정함(물에 대해서는 이상기체 비열을 사용하라.)

4.3 온도에 의존하지 않는 $C_P = (7/2R)$인 이상기체가 초기상태 15°C, 60 m^3로부터 50°C의 저장조로부터 열을 받아 일정한 압력(P = 0.1013 MPa)에서 30°C로 가열된다. $\Delta \underline{S}_{gas}$, $\Delta \underline{S}_{heat\ reservoir}$, $\Delta \underline{S}_{universe}$를 구하라. 이 공정의 비가역 특성은 무엇인가?

4.4 $C_P = 5R/2$인 단원자 이상기체 1 mol이 교반기, 전기 가열기 및 냉각수가 흐를 수 있는 냉각 코일이 장착되어 있으며 부피가 변할 수 있는 피스톤/실린더에 들어 있다(그

림 참조). 피스톤은 완벽하게 단열되어 있다. 특별히 명시하지 않으면 초기 조건은 $T^i = 25°C$, $P^i = 5$ bar이다.

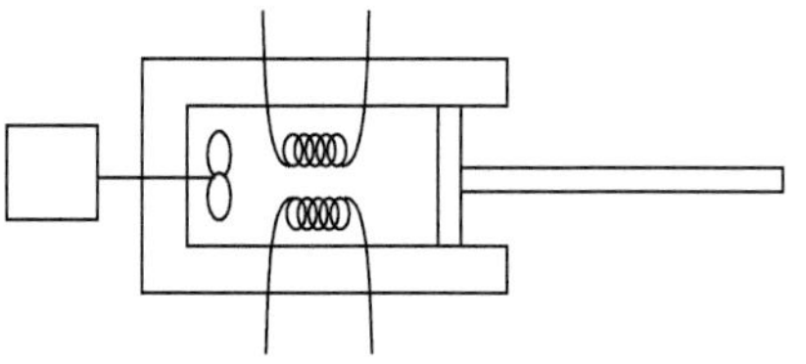

(a) 현재 상태: 가열기: 켜졌음, 냉각수: 흐르지 않음. 교반기: 꺼졌음, 피스톤: 고정되어 있음. 가열기에 의해서 5 kJ이 가해졌다. $\Delta U, \Delta S, \Delta P$ 및 ΔT를 구하라.

(b) 현재 상태: 가열기: 꺼졌음, 냉각수: 흐르지 않음, 교반기: 꺼졌음, 피스톤: 고정되지 않음. (a)에서와 같은 온도 상승이 있다면 부피 변화는 얼마일까? 또한 ΔU, ΔS 및 ΔP를 구하라.

(c) 현재 상태: 가열기: 꺼졌음, 냉각수: 흐르지 않음, 교반기: 켜졌음, 피스톤: 고정되어 있음. ΔU,와 ΔS가 (a)에서와 같다면 축일(shaft work)은 얼마인가?

(d) 현재 상태: 가열기: 꺼졌음, 냉각수: 흐르지 않음, 교반기: 켜졌음, 피스톤: 고정되어 있음. 교번 모터는 55W(와트)를 소모하고 효율은 70%이다. 온도가 변하는 속도는 얼마인가? U와 S의 초기 변화속도는 얼마인가?

(e) 현재 상태: 가열기: 상태 불명, 냉각수: 상태 불명, 교반기: 꺼졌음, 피스톤: 자유자재로 움직일 수 있음. 부피가 초기 부피의 절반이 될 때까지 가역 등온 수축을 시키고자 한다. 부피가 줄어드는 속도가 2.0 cm^3/s라면 가열시키거나 냉각시키는 속도는 얼마인가? 순간적인 부피로 답을 말하라. 전달된 필요한 열은 얼마인가?

4.5 견고한 벽으로 둘러싸인 독립된 방이 똑같은 크기의 두 부분으로 나뉘어 있는데, 한쪽에는 기체가 차 있으나 다른 쪽은 진공상태로 있다. 두 부분 사이의 가름막이 파열되었으며 한참 후에 방 안의 온도와 압력이 균일하게 되었다.

(a) 차 있는 기체가 25 MPa, 650 K의 이상기체라면 방 안의 최종온도와 압력은 얼마인가? 또 이 과정에 대한 ΔS는 얼마인가? 비열은 일정하고 $C_p/R = 4.041$로 가정한다.

(b) 차 있는 기체가 25 MPa, 650 K의 수증기일 때 방 안의 최종온도와 압력은 얼마인가? 또 이 과정에 대한 ΔS는 얼마인가? (수증기표를 이용하라.)

4.6 견고한 벽으로 둘러싸인 독립된 방이 똑같은 크기의 두 부분으로 나뉘어 있는데, 한쪽에는 600 K, 1 MPa의 기체가 차 있으나 다른 쪽은 진공상태로 있다. 두 부분 사이

의 가름막이 파열되었을 때 다음의 경우에 대하여 T, P, ΔS를 계산하라.

(a) 기체가 $C_P/R = 7/2$인 이상기체일 때

(b) 기체가 수증기일 때

4.7 압축가스 저장 탱크가 제대로 작동되지 않았을 때 발생하는 폭발은 너무 빨리 진행되므로 가스 구름은 단열되었고 주변의 공기와 섞이지 않는다고 가정할 수 있다. 부피가 2.5 m^3, 압력이 15 bar인 공기 저장 탱크가 제대로 작동되지 않았다고 생각하자. 기압은 1bar이며 $C_P = (7R/2)$이다.

(a) 대기에 한 일을 계산하라. 가역성의 가정은 실제일을 과대평가하는가 혹은 과소평가하는가?

(b) TNT 1 kg을 폭발시키면 약 4.5 MJ의 일이 발생된다. (a)에 의한 일과 같은 일을 하는 TNT의 질량은 얼마인가?

4.8 수증기 보일러가 제대로 작동하지 않았을 경우에 대해 문제 4.7을 풀라. 이 경우에 보일러 부피는 250 L이고 조업 압력은 4 MPa이며, 보일러에 액체가 절반 들어 있다.

4.9 비행기가 수증기 사출기에 의하여 항공모함으로부터 이륙된다. 사출기는 수증기와 마찰 없는 피스톤을 함유한 원통형이며, 피스톤은 케이블로 비행기에 연결되어 있다. 수증기가 팽창하면 피스톤이 움직여서 비행기를 움직이게 한다. 사출기는 270 kg의 수증기가 15 MPa, 450°C에서 0.4 MPa로 팽창하도록 설계된다. 피스톤이 한차례 움직일 때 사출기가 한 일은 얼마인가? 이 결과를 30,000 kg의 항공기를 정지상태로부터 시속 350 km로 가속시키는 데 필요한 에너지와 비교하라.

4.10 비열 $C_P = 5R/2$, 속도 50 mol/h인 이상기체 흐름(흐름 A)이 정상상태의 열교환기에서 $C_P = 7R/2$, 속도 45 mol/h, 온도 180°C인 다른 이상기체 흐름 B에 의해서 20°C에서 100°C로 가열된다. 열교환기에서의 열손실은 무시할 만하다.

(a) 병류(concurrent) 열교환기에 대해서 각 흐름의 몰 엔트로피 변화 $(S^{out} - S^{in})$와 열교환기에서의 엔트로피 생성속도 $\dot{S}_{gen}$ 를 구하라.

(b) 향류(countercurrent) 열교환기에 대해서 각 흐름의 몰 엔트로피 변화 $(S^{out} - S^{in})$와 열교환기에서의 엔트로피 생성속도 $\dot{S}_{gen}$를 구하라. (a)와 (b)의 결과를 비교하여 논하라.

4.11 이산화황(SO_2) 증기가 100°C에서 45 mol/h의 속도로 열교환기에 들어간다. 열이 1,300 kJ/h 속도로 이산화황에 전달된다면 출구에서의 기체에 전달된 엔트로피 속도 $(S^{out} - S^{in})\dot{n}$은 얼마인가?

4.12 열과 일은 경로에 의존하는 것으로 간주해 왔다. 그러나 외계와의 모든 열전달이 가역적인 열교환장치(어떤 형태의 가역적인 카르노기관)를 이용하여 이루어지면, 열이

외계로 전달되는 동안 일이 열전달 장치에 의해서 수행될 수 있다. 외계로 전달된 전체 열과 수행된 전체 일은 경로에 무관할 것이다. 계, 열전달 장치, 외계의 온도가 273 K일 때 다음 각 장치의 합에 대한 열과 일의 상호작용을 계산하여 증명하라. 상태 변화는 $P_1 = 0.1$ MPa, $T_1 = 298$ K의 상태 1에서 $P_2 = 0.5$ MPa (a)에서 구하는 T_2의 상태 2로 변화한다.

(a) 실린더/피스톤 내에 이상기체의 상태 변화를 고려하라. 단열 가역경로에 의한 T_2를 구하라. 우주에서 생성되는 엔트로피가 없도록 하는 열과 일을 구하라. 이것이 경로 a이다. P-V 선도에서 경로 a를 정성적으로 그려라.

(b) T_1에서 등온단계인 단계 b를 구성하는 경로와, P_2에서 등압인 단계 c를 고려하자. (a)에서 만들어진 P-V 선도에 단계를 그리고 표시하라. 우주의 엔트로피가 증가하는 것을 막기 위하여 단계 동안에 열전달을 위하여 열 엔진/펌프을 사용하라. 각 단계와 전체에 대한 외계와의 열전달과 W_{EC}와 W_S를 계산하라. 외계와 상호작용하는 전체 일과 열을 (a)와 비교하라.

(c) P_1에서 등압단계인 단계 d를 구성하는 경로와, T_2에서 등온인 단계 e를 고려하자. 각 단계와 전체에 대한 외계와의 열전달과 W_{EC}와 W_S를 계산하라. 이 경로를 이용하여 (a)와 비교하고 (b)와 비교하라.

4.13 어떤 발명가가 특허를 신청했는데, 그 특허는 온도에 의존하지 않는 비열 $C_P = (7/2)R$인 (이상기체로 가정한) 공기가 1 mol/min의 속도로 500 K, 2 bar에서 들어가고 350 K, 1 bar로 나가는 내용을 담고 있다. 이런 공정으로 2,000 J/min의 일을 생산하며, 300 K의 열 저장조에는 알려지지 않은 양의 열전달이 필요하다고 주장하고 있다. 이 발명자에게 특허를 승인해야 하는가?

4.14 공기의 두 흐름을 다음 그림과 같이 정상상태에서 섞는다. 공기가 일정한 비열 $C_P = (7R/2)$을 갖는 이상기체로 가정한다.

(a) 탱크를 떠나는 흐름의 온도는 얼마인가?

(b) 탱크 내에서의 엔트로피 생성속도는 얼마인가?

(c) 내부 가역과정이며 흐름의 조건(온도, 압력, 유속)을 그대로 따른다면 일이 얻어지는 최대 속도는 얼마인가? 필요하다면 온도 295 K인 주위에 열을 전달한다고 생각하여도 무방하다.

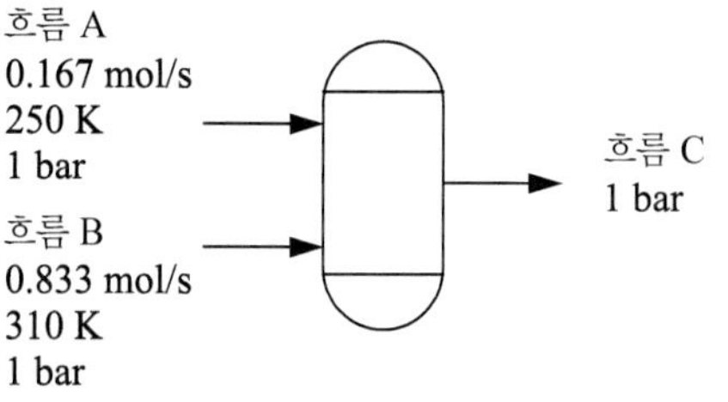

4.15 Hilsch vortex 튜브는 움직이는 부분이 없이 기체 흐름을 받아서 뜨거운 흐름과 찬 흐름을 얻는 특별한 장치이다. 고압의 흐름 A가 튜브의 한쪽 끝으로 들어와서 찬 기체는 A 쪽의 튜브 끝 B로 나가고 뜨거운 기체는 튜브의 다른 쪽 끝 C로 나간다. 흐름 B는 튜브 끝에 씌워진 뚜껑의 가운데에서 나오며, 흐름 C는 뚜껑 바깥쪽의 가장자리를 따라 뚫어져 있는 구멍을 통해 나온다.

튜브는 다음과 같이 작동한다. 흐름 A는 튜브의 가장자리와 접선인 방향으로 들어와서 소용돌이치고 팽창하면서 냉각된다. 찬 기체의 일부분은 흐름 B로 나간다. 나머지는 팽창되는 동안 부피 변화가 생겨서 큰 운동에너지를 갖게 되는데 소용돌이 운동 때문에 운동에너지는 소모되어 다시 내부에너지로 된다. 따라서 온도는 올라가고 흐름 C로 나간다.

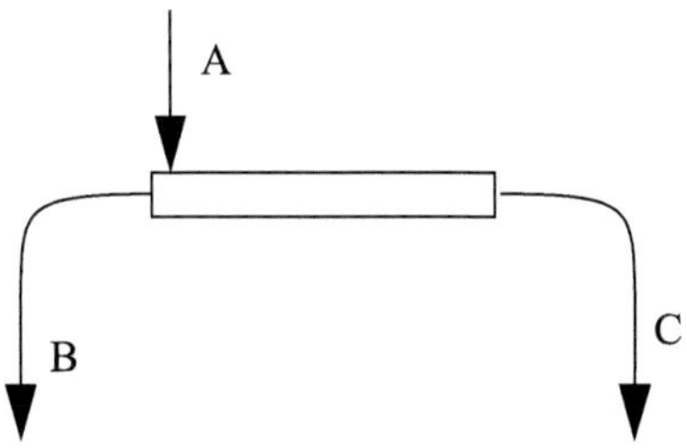

흐름 A는 5 bar, 310 K, 유량 3.2 mol/min, 흐름 B는 1 bar, 260 K, 흐름 C는 1 bar, 315 K이다. 튜브는 단열되었으며 사용된 유체는 $C_P = 7R/2$인 공기이다.

(a) 흐름 B와 C의 유량을 구하라.

(b) Hilsch 튜브의 $\dot{S}_{gen}$ 을 구하라.

(c) 최대 일을 얻게 하는 가역 열기관이 흐름 B와 C 사이에 설치되었다고 하자. 제안된 열기관은 흐름 사이에서만 열을 교환하고 주위와는 열교환을 하지 않는다. 흐름 B와 C의 최종온도를 $T_{B'}$이라면 $T_{B'}$는 얼마인가?

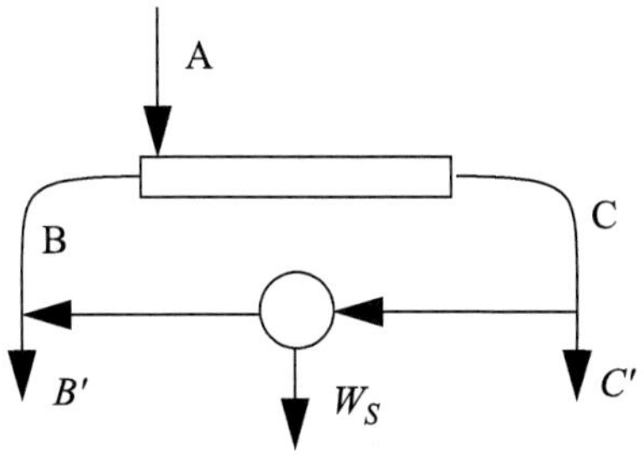

(d) 가능한 일출력은 몇 W인가? 튜브와 열기관을 합한 전체 계의 $\dot{S}_{gen}$을 구하라.

(e) 열기관을 사용하는 대신에 흐름 B와 C를 단일 흐름이 되도록 섞는다면 온도는 얼마이며 (c)에서 구한 $T_{B'}$와는 얼마만큼 다른가? $\dot{S}_{gen}$을 구하고 (c)에서 구한 $\underline{S}_{gen}$와 비교하라. 이 비교로부터 어떤 결론을 얻는가?

4.16 지름 5 cm의 관을 통해서 $P = 5$ bar, $T = 500$ K인 공기가 유속 0.35 mol/min로 흐르고 있는데, 조름밸브를 지난 후에는 압력이 1 bar가 되었다. 공기는 이상기체이고 $C_P = 29.1$ J/mol-K를 가정한다. 조름밸브를 가역적인 정상상태 흐름장치로 대체하여 공기가 똑같은 상태 변화를 일으킨다면 일이 얻어지는 속도는 무엇인가? 필요하다면 열저장조로 작용하는 298 K의 주위와 열전달을 허용할 수 있다.

4.17 난로(furnace)에 Carnot 열기관/펌프를 덧붙여서 겨울에 집을 가열하는 것을 생각해 보자. 주위로 빼앗기는 열을 보상하기 위하여 일정한 속도로 열전달 $\underline{Q}_{house}$를 이용하여 집의 온도를 T_{house}로 유지시킨다. 난로는 일정한 온도 T_F에서 작동하고 난로가 필요한 열전달 속도 $\underline{Q}_F$는 $\underline{Q}_{house}$와 같다.

(a) 직접적인 열전달을 이용하는 대신에 온도가 T_S인 주변을 또 하나의 열원으로 이용하고 열펌프 기술을 포함시키면 T_F와 T_S 사이에서 작동하는 열기관이 일을 수행하므로 $\underline{Q}_F$는 줄어들 수 있다. 그러므로 이 일을 T_S와 T_{house} 사이에서 작동하는 열펌프에 이용한다. $T_F = 800$ K, $T = 293$ K, $T_S = 265$ K, $\underline{Q}_{house} = 40$ kJ/h이라면 열펌프 기술을 이용할 때 $\underline{Q}_F$는 얼마인가? 이 외의 다른 에너지원은 없는 것으로 한다.

(b) T_F와 T_{house} 사이에서 열기관을 작동시키고 T_S와 T_{house} 사이에서 열펌프를 작동시키는 방법도 있다. 이 방법을 (a)와 비교하라.

4.18 정상상태로 흐르는 수증기가 400°C, 7 MPa에서 터빈에 들어간다. 출구의 압력은 0.275 MPa이다. 터빈의 효율이 85%라면 나오는 수증기의 질은 무엇인가? 수증기 1 kg당 얻어지는 일은 얼마인가?

4.19 수증기가 4 MPa, 500°C인 단열 터빈에 들어가고 0.1 MPa에서 나온다.

(a) 터빈이 가역적이면 수증기 kg당 얻어지는 일은 얼마인가?
(b) 터빈의 효율이 80%라면 수증기 kg당 얻어지는 일은 얼마인가?

4.20 (a) 작은 전력발전소의 증기터빈은 60 bar, 500°C의 수증기 5000 kg/h를 받아들여서 1 bar의 수증기로 내보내도록 설계되었다. 터빈이 단열 가역적일 때 수증기가 터빈을 떠날 때의 온도와 생산된 일률(power)을 계산하라.

(b) (a)에서 터빈이 단열이지만 효율이 80%g라면 터빈 출구에서의 수증기의 온도는 얼마인가? 터빈 내에서의 엔트로피 생성률은 얼마인가?

(c) 효율이 100%인 (a)의 일률을 감소시키는 간단한 방법은 조름밸브를 조정하여 터빈 입구의 수증기의 압력을 30 bar로 떨어뜨리는 것이다. 이 경우에 대해서 터빈으로 들어가는 수증기의 온도, 엔트로피 생성률 및 터빈의 일률을 구하라. 이 방법은 일률을 감소시키는 데 있어서 열역학적으로 효율적인가? 보다 나은 다른 방법을 생각할 수 있는가?

4.21 전기를 만들기 위하여 다음과 같은 단열 터빈에 수증기가 쓰인다. 15%의 질량이 첫 번째 터빈으로부터 다른 용도를 위해 배출된다.

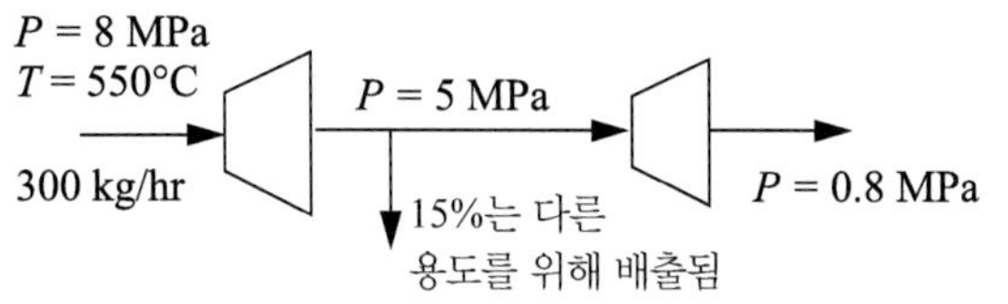

(a) 효율이 80%인 첫 번째 터빈에 의해 얻어지는 일은 몇 kJ/h 인가?

(b) 효율이 80%인 두 번째 터빈에 의해 얻어지는 일은 몇 kJ/h 인가?

(c) 터빈에 쓰이는 수증기는 보일러에서 만들어진다. 유속이 300 kg/h일 때 보일러에 제공되는 열은 얼마인가? 보일러에서 들어오는 수증기는 T = 170°C, P = 8 MPa 이다. 보일러를 떠나는 수증기는 첫 번째 터빈에 들어간다.

4.22 메탄이 정상상태 단열 압축기(효율 87%)에서 0.4 MPa로 압축되었다. 메탄 1 mol당 요구되는 일은 몇 kJ인가? 흐름이 17.5 kmol/h이라면 압축기에 의해서 제공되는 일은 몇 kW인가? 엔트로피 생성률은 몇 kJ/K/h 인가?

(a) 압축기 입구의 조건이 0.1013 MPa, –240°F일 때

(b) 압축기 입구의 조건이 0.1013 MPa, 200K일 때

4.23 압축기를 통해서 공기가 유속 1000 kg/h로 꾸준히 흐르고 있는데, 들어올 때는 300 K, 0.1 MPa이고 나갈 때는 425 K, 1 MPa이다, 압축기에는 1500 kg/hr의 물이 흘러 온도가 20 K로 높아지는 냉각 재킷이 있다. 공기를 이상기체라고 가정하여 압축기가 한 일을 구하라. 또한 똑같은 상태 변화를 갖는 공기에 대하여 필요한 최소 일을 구하라.

4.24 메탄이 0.05 MPa, –120°F에서 5 MPa로 2단 압축기에서 압축되었다. 단 사이에 열교환기가 있어서 온도를 –120°F로 만들고 이때의 압력은 1.5 MPa이다.

(a) 압축기의 1단에서 필요한 일은 몇 kJ/kg인가?

(b) 압축기 1단 출구의 온도는 몇 °C 인가?

(c) 단 사이에서의 냉각에 소요되는 에너지는 몇 kJ/kg인가?

4.25 프로판이 2단 압축기에 의하여 0.4 MPa, 360 K에서 4 MPa로 압축된다.프로판이 두 번째 압축기로 들어가기 전에 단 사이의 냉각장치에 의해서 360 K로 된다. 단 사이의 압력이 1.2 MPa이고 두 압축기의 효율은 80%이다.

(a) 첫 번째 압축기에서 필요한 일은 프로판 kg당 얼마인가?

(b) 첫 번째 압축기 출구에서의 프로판의 온도는 얼마인가?

(c) 단 사이의 냉각장치에서 필요한 일은 프로판 kg당 얼마인가?

4.26 화학공정 설계에서 흔히 있는 문제는 낮은 압력 P_1에서 훨씬 높은 압력 P_2로 기체를 정상상태에서 압축하는 것이다. 이상기체를 단 사이의 냉각이 있는 단열 가역 압축을 행함으로써 이런 공정의 최적 설계에 대한 이해력을 높일 수 있다. 첫째 단계에서 기체를 P_1에서 P^*로 압축하고 일정한 압력하에서 기체를 압축기 입구온도인 T_1으로 냉각시키며, 둘째 단계에서 기체를 P_2로 압축시키는 2단계로 압축이 진행된다면 최소의 일로 압축을 하기 위한 P^*의 값은 얼마인가?

4.27 액체 질소는 의료와 연구에서 유용하게 쓰인다. 질소를 298 K, 0.1013 MPa로부터 정상 끓는점, 즉 77.4 K, 0.1013 MPa에서의 포화 액체로 액화시키는 데 필요한 축일을 결정하라. 정상 끓는점에서의 증발열은 5.577 kJ/mol이고 주위의 온도는 298 K이다. 기체 질소의 정압 비열은 $7/2R$이고 온도에 의존하지 않는다고 가정한다.

(a) 질소가 유속 1 mol/min로 들어올 때 축일은 몇 kW인가?
(b) 피스톤/실린더 장치에서 질소 1 mol을 액화시키는 데 필요한 일은 몇 kJ인가?
(c) 두 방법에서의 축일을 비교하라. 한 방법이 다른 방법보다 유리한가?

4.28 프로판 1000 kg/h이 2단 압축기로 액화된다. 들어갈 때에는 300 K, 0.1 MPa이고 단열 압축기 I에서 나갈 때에는 0.65 MPa이다. 그리고 프로판이 단 사이의 냉각장치로 들어가서 320 K로 나오고, 단열 압축기 II는 프로판의 압력을 4.5 MPa로 높인다. 마지막 냉각장치가 온도를 320 K로 떨어뜨리고 단열 조름밸브를 통과한 후에는 0.1 MPa이 된다. 두 단열 압축기의 효율은 80%이다,

(a) 각 압축기에서 필요한 일을 구하라.
(b) 모터와 기타 연결 부분을 합쳐서 효율이 80%라면 어떤 크기의 모터가 필요한가?
(c) 단 사이의 냉각장치와 마지막 냉각장치에서 필요한 냉각량은 얼마인가?
(d) 프로판의 몇 %가 액화되며 프로판 액체의 최종온도는 얼마인가?

4.29 벤젠 증기는 냉각수를 사용하여 열교환기에서 응축된다. 유량 100 kmol/h의 벤젠이 0.1013 MPa, 120°C에서 들어가서 0.1013 MPa, 50°C로 나오고 냉각수는 10°C로 들어가서 40°C로 나온다.

(a) 필요한 물의 양은 몇 kg/h인가?
(b) 가역 열교환기를 사용한다면 물의 유량이 얼마로 감소되는가? 냉각수의 온도 상승은 동일하다. 새로운 열교환 장치에서 얻을 수 있는 일은 얼마인가?

4.30 열교환기에서 들어가는 물의 온도는 20°C, 유량 30 kg/h이고 나가는 물의 온도는 70°C이며, 들어가는 유기물의 온도는 100°C, 유량 41.8 kg/h이고 나가는 유기물의 온도는 40°C이다.

(a) 유량과 온도는 그대로 유지되고 다만 298 K인 주위와 열전달이 있다면 얻어지는 최대 일은 얼마인가? $C_{P\,\text{water}} = 4.184$ kJ/(kgK), $C_{P\,\text{orange}} = 2.5$ kJ/(kgK)

(b) 들어가는 유량과 온도가 그대로 유지되고 주위와 열전달이 없으며 단지 열교환기를 가역 열전달 장치로 대체했다면 얻어지는 최대 일은 얼마인가?"

4.31 메탄가스가 6.9 MPa, 300 K, 0.65 m^3의 용기에 들어 있다. 메탄가스를 이 용기로부터 0.5 MPa이 될 때까지 빠르게 분출시켰다. 분출이 매우 빨라서 용기 벽과 기체 사이에 열전달이 일어나지 않았으며, 용기와 주위 사이에서도 열전달이 없었다. 용기 내에서의 팽창이 가역적이라면, 분출 직후 용기 안에 있는 기체의 최종온도는 무엇이며 몇 몰이 남아 있는가?

(a) 메탄은 $C_P/R = 4.298$인 이상기체이다.

(b) 메탄은 실제 기체이며 이의 물성은 도표에서 구한다.

4.32 잘 단열된 두 탱크가 다음 그림과 같이 연결되어 있으며 이들의 부피는 그림에 표시되어 있다. 두 탱크 사이에는 질량 흐름 조절기가 있으며 초기에는 닫혀 있다. 시간 $t =$ 0에서 질량 흐름 조절기가 열려서 0.1 mol/s가 흐른다. 500초 후에 두 탱크의 온도는 얼마인가? 탱크와 연결관의 열용량은 무시하며 두 탱크 사이에 열전달도 일어나지 않는다. (500초 후에도 왼쪽 탱크의 압력이 오른쪽 탱크의 압력보다 높다.) 사용되는 유체는 질소이며 이상기체 법칙이 성립한다고 가정한다. 이상기체 비열은 $C_P = 7/2R$이며 온도에 의존하지 않는다.

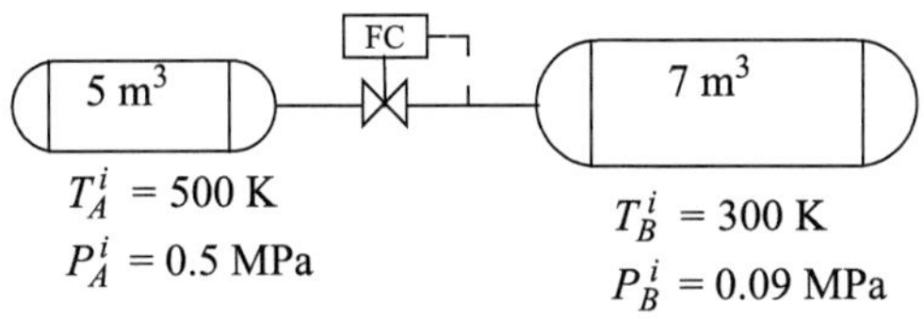

4.33 부피가 각각 0.1 m^3인 두 저장 탱크에 2 bar의 공기가 들어 있다. 탱크, 연결부분 및 압축기 모두 280 K의 항온조 안에 있다. 압축기는 한 탱크로부터 기체를 흡입하여 압축하고 다른 탱크로 보낸다. 기체는 항상 280 K이고, $C_P = 29.3$ J/mol-K인 이상기체로 가정한다.

(a) 한 탱크 안에 있는 기체를 3 bar로 압축하는 데 필요한 최소 일은 얼마인가?

(b) 항온조와의 열전달량은 얼마인가?

4.34 열역학적으로 재미있는 문제의 하나는 '펑크를 고치세요.'라고 불리는 상품에 담겨 있는 기본 원리를 해석하는 것이다. 이 상품은 가압상태에 있는 휘발성 물질이 들어 있는 500 mL 깡통이다. 따라서 깡통 안에는 대부분의 경우 액체가 들어 있다. 그럼에도 불구하고 우선 깡통의 내용물을 이상기체로 취급하여 분석할 수 있다. 압축 공기와 타이어 안의 공기의 초기온도가 300 K일 때 타이어를 1 bar로부터 3 bar로 부풀리는 데 필요한 압축 공기의 초기 압력을 구하라. 또한 타이어와 깡통 안의 최종온도를 구하라. 계산을 하기 위하여 다음 사항을 가정한다. 공기는 $C_P/R = 7/2$인 이상기체이고,

타이어는 부풀리는 동안에 크기와 형태가 변하지 않으며, 타이어의 내부 튜브는 부피가 40,000 cm^3이다. 순수한 유체의 상평형을 논의한 후에 액상 내용물에 대하여 이 문제를 다시 검토할 것이다.

4.35 문제 4.34에서 조름밸브를 터빈으로 대체하면 아주 훌륭하지 않을까? 그리고 여러분이 하는 바를 밤에도 볼 수 있도록 부풀리는 동안에 전구에 불이 들어오도록 한다. 다른 조건이 문제 4.34에서와 같다면 몇 J의 일을 얻겠는가?

4.36 부피가 1 m^3인 탱크를 300 K, 20 MPa의 질소로 채우려고 한다. 질소를 탱크 안으로 조름밸브를 통해 넣는 대신에 가역 터빈을 사용하여 압력강하에 수반되는 일을 얻고자 한다. 탱크 안의 초기 압력이 0이고 최종 압력이 20 MPa이라면 탱크 안의 최종온도는 얼마일까? 이 과정에서 얻는 일은 얼마일까? (힌트: 엔트로피 수지를 주의 깊게 고찰하라.)

4.37 2개의 기체저장 탱크가 등온 팽창기로 연결되어 있다. 탱크 1 (V = 1 m^3)과 탱크 2 (V = 1 m^3)의 초기 조건은 각각 298 K, 30 bar와 298 K, 1 bar이다. 가역 열전달이 탱크 사이, 팽창기와 주위(298K)에서 일어난다. 탱크 1로부터 탱크 2로 등온 흐름이 있을 때 팽창기로부터 얻을 수 있는 최대 일은 얼마인가?

4.38 일정한 압력의 공기 공급원이 다음 그림과 같이 작은 탱크 A에 연결되어 있다. 밸브 B와 C를 사용하여 탱크의 압력을 높이거나 낮출 수 있다. 초기 조건은 T = 300 K, P = 1.013 bar, C_P = 29.3 J/molK이며 계는 단열되어 있다.

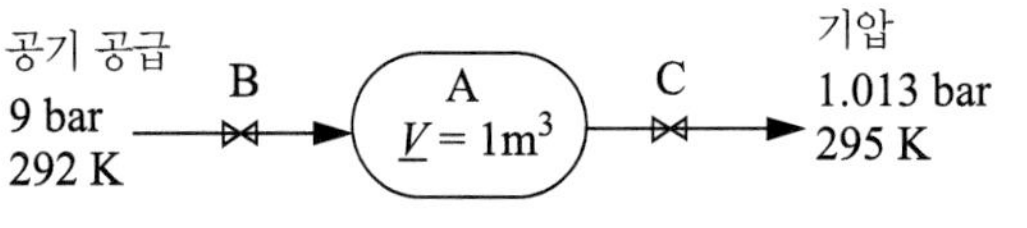

(a) B를 열고 C를 닫아서 탱크의 압력을 높였다. 탱크의 최종온도는 얼마인가? 탱크와 밸브의 열용량은 무시한다.

(b) 탱크와 밸브를 합하여 계로 간주하면 계의 엔트로피 변화는 얼마인가? 공기 공급원의 엔트로피 변화는 얼마인가? 300 K, 1.013 bar를 기준상태로 한다.

(c) 밸브 B를 닫고 C를 열어서 압력을 낮출 때, 밸브 C를 떠나는 몰 엔트로피와 들어오는 몰 엔트로피를 비교하라. 압력을 낮추었을 때 탱크의 온도는 얼마인가?

4.39 문제 4.38에서의 가압은 입구 쪽 밸브를 내부 가역적인 장치로 대체하여 이룰 수 있다. 계가 주위와 열전달을 하지 않고 단열로 유지된다.

(a) 탱크의 최종온도는 얼마인가?

(b) 얼마만 한 일이 얻어지는가?

5
CHAPTER

공정 열역학

과학의 실제적인 응용을 피상적으로 여기는 것보다 더 큰 실수는 없다. 과학의 생명과 정신은 그 실제적인 응용에 있다.

Kelvin 경(William Thompson)

처음 네 장에서는 제1법칙과 2법칙을 단순한 계(예를 들어 터빈과 조름공정)에 적용하는 것에 집중하였다. 제2법칙에 의한 제한 조건이 분명해졌다. 이 장에서는 단독으로 혹은 동시에 이루어지는 두 가지 조작에 대해 전개한 해석이 어떻게 복잡한 공정에 적용되는지 알아볼 것이다. 이런 방식으로 조작이 서로 연결되어 동력 순환공정, 냉동 순환공정, 액화 순환공정이 이루어지는 특정된 몇 가지 예를 보여 주게 된다. 이런 공정들을 에너지와 엔트로피 제약조건이 적용되는 실제 예로 생각할 수 있다.

학습목표

1. 적절한 표시방식을 이용하여 여러 장치에 대하여 질량 유속이 포함된 에너지와 엔트로피 수지식을 세울 수 있다.
2. 흐름이 동일한 성질(분배기) 혹은 동일 유량(열교환기의 입구와 출구)을 갖는 특성을 이용하여 에너지 수지식을 단순화할 수 있다.
3. 다중 재가열기와 공급수 전열기를 갖는 동력 순환공정을 통한 일에 대해 올바른 전략을 적용할 수 있다.
4. 일반적인 증기 압축 순환공정에 대하여 응축기/증발기의 P 혹은 T 중 하나가 주어지면 나머지 하나의 위치를 결정할 수 있으며 공정의 출구와 P-H 도표를 도시할 수 있다.
5. E-수지식과 S-수지식을 간단히 한 뒤 미지수를 풀어 복잡한 공정에 대해 적절하게 접근할 수 있다.

5.1 Carnot 증기 순환공정

예제 4.4에서 증기를 작동유체로 하는 Carnot 순환공정이 어떻게 만들어지는지 보았다. 등온에서의 가열과 거시적인 엔트로피의 정의로부터 온도와 가열/제열 간의 관계식이 성립한다. 수증기는 비등과 응축이 자연적으로 등온공정이고 많은 양의 열교환이 이루어지므로 등온 열교환에 특히 잘 어울린다. 다시 살펴보면, 이 순환공정을 *T-S* 도표에 도시하고 그림 5.1에서 보인 바와 같이 단열 팽창을 통한 일을 생산하는 터빈과 단열 압축을 위한 어떤 종류의 압축기가 포함된 흐름공정을 생각할 수 있다. *P-V* 순환공정 내의 면적은 한 사이클에서 기체에 의한 일을 나타내며, *T-S* 경로에 의해 둘러싸인 면적은 한 사이클 동안에 기체에 의해 열로 도입된 순 에너지양과 같다.

Carnot 순환공정은 다른 순환공정에 비해 큰 장점을 가지고 있다. 가능한 가장 높은 온도에서 운전되므로 전체 열전달 과정에서 계의 온도가 열저장고의 온도에 근접하게 되어 경계의 비가역성이 감소한다. 반대로 다른 순환공정의 온도는 열전달 과정 중 짧은 순간 동안만 고온 열저장고의 온도에 근접한다. 유사한 방식의 설명이 저온 열저장고에도 적용된다. 불행히도 실제에서는 Carnot 순환공정의 모든 장점을 구현하는 것은 불가능하다. 증기를 작동유체로 이용하는 경우에는 다음의 세 가지 이유로 Carnot 순환공정이 불가능하다. (1) 온도가 높으면 압력도 높아지므로 상포락선 내부에 머물 수 없다. 압력이 높아지면 열을 흡수하는 증발열의 양이 감소한다. 물의 임계점은 연소온도보다도 낮은 대략 374°C 정도이므로 가열기와 증기의 온도 구배가 클 것이다. (2) 포화 증기가 낮은 품질(아주 습한)의 증기로 팽창하면 물방울로 인한 빠른 부식으로 터빈 날개가 손상된다. (3) 부분 응축된 유체를 압축하는 것은 완전히 응축된 액체를 압축하는 것보다 훨씬 어렵다. 그러므로 대부분의 발전소는 다음에 설명하는 Rankine 순환공정을 기반으로 한다. 그럼에도 불구하고 Carnot 순환공정은 매우 간단하여 다른 순환공정에 대한 계산 결과를 확인하기 위한 유용한 추산값을 제공할 수 있다.

5.2 Rankine 순환공정

Rankine 순환공정에서는 증기가 터빈에 유입되기 전에 과열된다. 증기의 품질이 너무 낮아 터

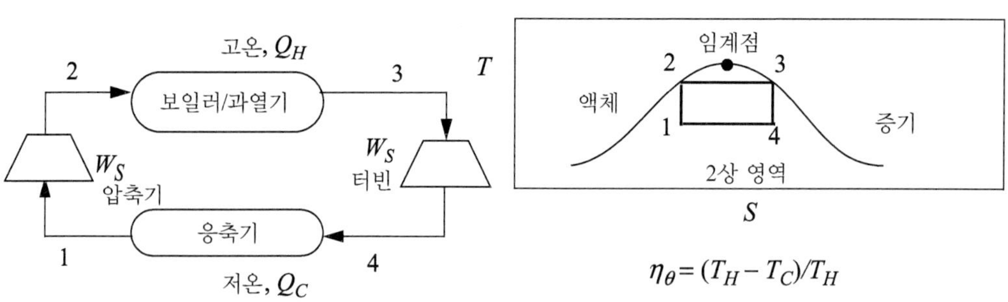

그림 5.1 • *T-S* 좌표에서 나타낸 수증기를 기반으로 하는 Carnot 순환공정

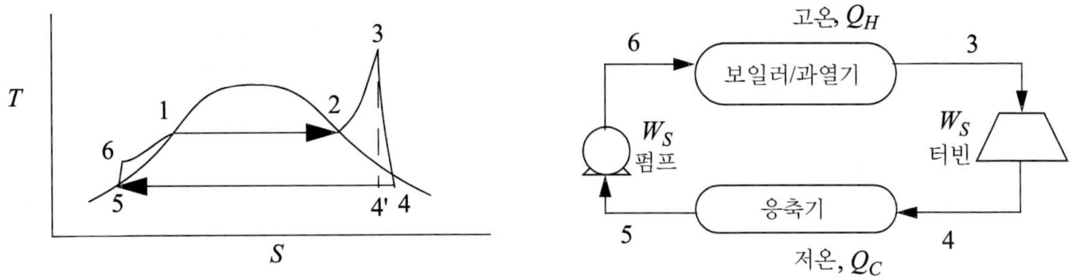

그림 5.2 • Rankine 순환공정

빈의 날개가 부식되지 않도록 과열 정도가 조절된다. 같은 방식으로 응축기에서는 펌핑이 원활하도록 수증기를 완전히 액체로 응축시킨다.

그림 5.2에서 상태 4'은 가역 단열 터빈에 대한 출구상태이다. **이전의 장에서와 마찬가지로 프라임(')은 가역출구상태를 나타낸다.** 상태 4는 엔탈피 변화에 대한 효율을 적용하여 계산한 실제 상태이다.

> ❗ 프라임은 가역출구상태를 나타낸다.

$$\Delta H_{3\to4} = \eta_E \Delta H_{3\to4'} \quad H_4 = H_3 + \Delta H_{3\to4} \qquad \text{〈식 5.1〉}$$

실제 터빈에서는 언제나 엔트로피가 생성되므로 *T-S* 도표상에서 상태 4는 항상 4'의 오른쪽에 위치한다. 상태 4와 4'은 상 포락선의 내부 혹은 외부에 위치할 수 있다. 상태 4가 약간 상 포락선의 내부에 위치하면 압력강하가 같더라도 큰 증발열로 인해 엔탈피 변화가 크므로 효율이 높을 것이다. 그러나 대부분의 경우에 터빈의 날개 손상을 피하기 위해 품질을 90% 이상으로 유지한다.

그림 5.2에서 보일러와 터빈 사이에 과열기가 표시되지 않고 단일 장치로 나타냈음을 유의하라. 실제 발전소에서는 별개의 과열기가 사용된다. 그러나 여기의 설명에서는 간단히 하기 위해 개략도에서 보일러/과열기 수증기 발생장치의 조합을 하나의 장치로 나타낼 것이다.

> ❗ 대부분의 공장에서는 별개의 보일러와 과열기를 사용한다. 간단히 하기 위해 보일러만 나타내었다.

앞의 장에서 터빈에 대한 계산의 원리를 다루었다. 이제는 순 일이 터빈과 펌프에 대한 일의 합이고 터빈으로 생산된 일의 일부가 펌프에서 소비된다는 것을 알고 있다. 일반적으로 열효율은 다음과 같이 주어진다.

$$\eta_\theta = \frac{-W_{S,net}}{Q_H} = \frac{-(\Delta H_{3\to4} + W_P)}{\Delta H_{6\to3}} \qquad \text{〈식 5.2〉}$$

보일러에 대한 입력은 펌프 출구의 엔탈피와 원하는 터빈의 입력으로부터 직접 계산할 수 있다. 주요 단계를 예제 5.1에서 설명하였다.

예제 5.1 Rankine 순환공정

발전소에서는 Rankine 순환공정을 이용한다. 터빈의 입구는 500°C와 1.4 Mpa이다. 출구는 0.01 MPa이다. 터빈의 효율은 85%이며 펌프의 효율은 80%이다. 다음을 계산하라.

(a) 터빈에 의해 행한 일(kJ/kg)

(b) 펌프에 의한 일, 소요 열, 그리고 열적 효율

(c) 1 MW의 순 출력을 위해 필요한 순환속도

풀이

흐름의 번호는 그림 5.2를 참고한다. 공정문제를 해결하기 위해 추천하는 방법은 결정되는 값을 이용하여 표를 작성하는 것이다. 이 교과서에서는 수지식을 이용하여 결정한 값은 굵은 경계선으로 표에 나타낼 것이다. 터빈의 출구는 내삽하지 않고 온도표로부터 읽을 수 있다. 표준 경계선의 셀은 문제의 설명으로부터 직접 결정된 값을 나타낸다.

❗ 굵은 선으로 표시된 셀은 수지식에 의해 결정된 계산값이다. 이후의 예제에서도 이 관례를 따를 것이다.

상태	T(°C)	P(MPa)	q	H(kJ/kg)	S(kJ/kgK)	V(m^3/kg)
3	500	1.4	supV	3474.8	7.6047	
4'	45.81	0.01	0.927	2409.2	7.6047	
4	45.81	0.01	0.972	2515.8	7.9388	
5, sat L	45.81	0.01	0.0	191.8		0.00101
6			compL	193.6		

터빈 입구에서는 두 상태변수가 규정되어 있으므로 나머지 상태 성질은 수증기표로부터 결정하여 성질표에 수록한다. 과열 수증기와 압축 액체는 각각 'supV'와 'compL'로 나타낸다.

(a) 터빈에 대해서는 예제 4.13의 (c)에서 규정한 것과 같다. 상태 4와 4'에 대한 성질은 그 예제의 성질표를 인용한다. 행한 일은 –959 kJ/kg이다.

(b) 냉각기의 출구는 주어진 압력에서 포화된 액체로 간주하여 그 값을 표에 기입한다. $\dot{Q}_H$와 $\dot{W}_{net}$를 계산해야 한다. 그리고 상태 5로부터 압력을 높이기 위해 펌프에 가해야 할 단열일을 이용하여 결정되는 H_6와 $W_{S,\,pump}$를 계산해야 한다. 가역적인 펌프에 대한 계산이지만 엔트로피를 직접 사용하지 않고 식 2.61을 적용하고 효율에 대하여 보정할 수 있다. 펌프에 대하여

$$\Delta H'_{pump} = W'_{S,\,pump} = \int V dP \approx V \Delta P$$

$$\Delta H'_{pump} = \frac{1010\ \text{cm}^3(1.4 - 0.01)}{\text{kg}} \left| \frac{1\text{J}}{\text{cm}^3\text{MPa}} \right| \frac{\text{kJ}}{10^3\text{J}} = 1.4\ \text{kJ/kg}$$

$$W_{S,\,pump} = W'_{S,\,pump}/\eta_C = 1.4/0.8 = 1.8\ \text{kJ/kg}$$

그러므로 펌프의 일은 작아서 $H_6 = 191.8 + 1.8 = 193.6$ kJ/kg이 된다. 순 일은 $W'_{S,\,net} = -959.0 + 1.8 = 957.2$ kJ/kg이다. 순환공정에서 유일한 열원은 보일러/과열기이다. 모든 열은 보일러/과열기에서 공급된다. 에너지 수지식으로부터 $Q_H = (H_3 - H_6) = 3281.2$ kJ/kg이다. 열적 효율은

$$\eta_\theta = \frac{-W_{S,net}}{Q_H} = \left(\frac{957.2}{3281.2}\right) = 0.2917$$

펌프의 일을 무시하면 효율은 29.23%가 된다. 열적 효율에 대한 펌프 일의 영향은 미미하지만 이론적인 엄밀함을 위해 포함시켰다.

(c) 1 MW의 용량에 대하여 $\dot{W}_S = \dot{m}W_{S,net}$이다. 순환속도는 다음과 같다.

$$\dot{m} = \frac{-1000\ \text{kJ}}{\text{s}}\left|\frac{\text{kg}}{-957.2}\right|\frac{3600\ \text{s}}{\text{h}} = 3761\ \text{kg/h}$$

그림 5.2의 순환공정에서 포화상태의 펌프입력을 가정했으므로 실제 공정을 이상화한 것이다. 실제 공정에서는 펌프에서의 어려움(예: 공동화[1])을 피하기 위해 과냉각시킨다. 사실 실제 공정에서는 개략도의 각 부분을 연결하는 파이프를 따라 온도와 압력의 변화가 있겠지만 Rankine 순환공정과 이 장에서 다루는 모든 공정에서는 달리 언급하지 않으면 이 변화를 무시할 만한 것으로 간주한다. 이렇게 단순화하면 가장 중요한 개념에 집중할 수 있고, 이러한 단순화는 상세 공정설계에서 다시 감안하게 된다.

5.3 Rankine 순환공정의 수정

순환공정의 효율을 높이기 위해 일반적으로 두 가지 방법으로 Rankine 순환공정을 수정한다. 재가열기를 Rankine 공정에 도입하면 보일러의 압력을 증가시키지만 대략적으로 동일한 최대 온도가 유지된다. 보일러의 최대온도는 부식을 방지하는 범위로 제한된다. 이러한 수정에서는 중간에 재가열기가 위치한 2단 터빈이 사용된다. 수정된 순환공정이 그림 5.3에 나타나 있다. 대략적으로 재가열기를 이용하여 단수를 늘리면 최대온도를 가능한 한 길게 유지할 수 있으며 팽창과정에서 지나치게 습한 수증기의 발생을 피할 수 있다. 그렇게 되면 Carnot 순환공정에 대한 효율에 근접하게 된다. 이러한 수정의 의미가 예제 5.2에 설명되어 있다.

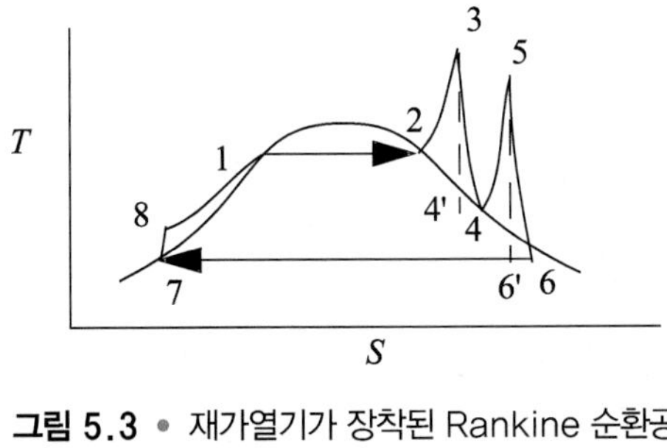

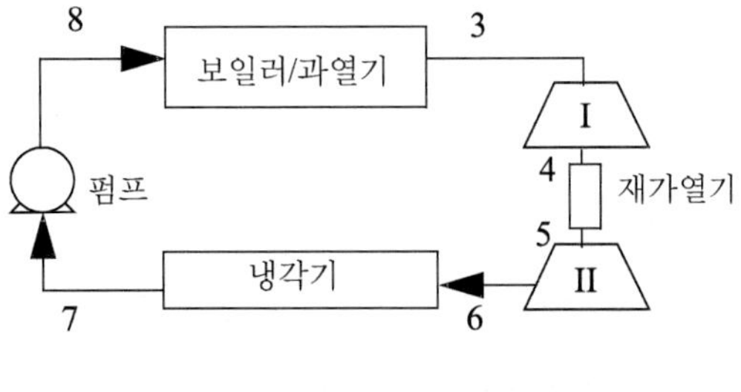

그림 5.3 • 재가열기가 장착된 Rankine 순환공정

1 액체펌프의 입력선에 증기방울이 생기면 공동화가 발생하며 이 방울들이 펌프 내부로 액체를 빨아들이지 못하도록 방해한다.

예제 5.2 재가열기가 장착된 Rankine 순환공정

예제 5.1에 대한 수정을 생각하자. 공정을 500°C의 재가열기가 장착된 보일러/과열기로 국한하면 효율과 순환속도의 향상을 살펴볼 수 있는 새로운 순환공정을 만들 수 있다. $\eta_E = 0.85$인 2개의 가역 터빈과 $\eta_C = 0.8$인 펌프를 활용한 순환공정의 운전을 생각하자. 첫 번째 터빈으로 500°C와 6 Mpa인 수증기가 유입되도록 하자. 두 번째 터빈으로는 1.4 MPa과 500°C의 수증기(예제 5.1과 동일한)가 유입된다고 하자. 예제 5.1과 비교하여 향상된 효율과 순환속도를 결정하라.

풀이

흐름의 번호는 그림 5.3을 참조하라. 먼저 상태 3을 구하자. 유입상태값을 표에 입력한다. 열교환기의 압력강하는 무시하므로 $P_4 = P_5$이다. 첫 번째 터빈을 통한 팽창에 대하여 1.4 Mpa에 대한 S^{satV}값을 찾으면 그 값이 S_4보다 낮다는 것을 알게 된다. 그러므로 가역상태는 과열되어 있다. {S, P}를 이용하여 H를 구한다.

$$H_4' = 2927.9 + \frac{6.8826 - 6.7488}{6.9552 - 6.7488}(3040.9 - 2927.9) = 3001.2 \text{ kJ/kg}$$

효율에 대하여 보정하면

$$\Delta H_I = W_{S,I} = 0.85(3001.2 - 3423.1) = 0.85(-421.9) = -358.6 \text{ kJ/kg}$$

$$H_4 = 3423.1 - 358.6 = 3064.5 \text{ kJ/kg}$$

상태	T(°C)	P(MPa)	H(kJ/kg)	S(kJ/kgK)	V(m^3/kg)
3	500	6	3423.1	6.8826	
4'		1.4	3001.2	6.8826	
4			3064.5		
7, sat L	45.81	0.01	191.8		0.00101

상태 5는 예제 5.1(상태 3)에서 사용하였다. 재가열기에 대한 에너지 수지식을 풀면

$$Q_{reheat} = (H_5 - H_4) = 3474.8 - 3064.5 = 410.3 \text{ kJ/kg}$$

터빈 II는 예제 5.1에서 분석하였다. $W_{S,II} = -959.0$ kJ/kg이고 총일 생산량은 $W_{S,turbines} = (-358.6 - 959.0) = -1317.6$ kJ/kg이다. 펌프에서는 6 MPa까지 압력이 상승하였다. 식 2.61을 이용하고 효율에 대해 보정하면

$$\Delta H_{pump} = W_{S,pump} = 1010\frac{(6 - 0.01)}{1000}\frac{1}{0.8} = 7.6 \text{ kJ/kg}$$

상태 7은 예제 5.1의 상태 5와 동일하며 성질표에 수록하였다. $H_8 = H_7 + W_{S,pump} = 191.8 + 7.6 = 199.4$ kJ/kg이다. 그러므로 순 일은

$$W_{S,net} = -1317.6 + 7.6 = -1310 \text{ kJ/kg}$$

보일러/과열기에 대한 열은 $Q_{b/s} = H_3 - H_8 = 3423.1 - 199.4 = 3223.7$ kJ/kg

열효율은 다음과 같다.

$$\eta = \frac{-W_{S,net}}{Q_H} = \frac{-W_{S,net}}{(Q_{reheat} + Q_{b/s})} = \frac{1310}{410.3 + 3223.7} = 0.36$$

$$\dot{m} = \frac{(-1000)(3600)}{(-1310)} = 2748 \text{ kg/h}$$

효율은 $\frac{(0.36 - 0.29)}{0.29} \times 100\% = 24\%$ 향상되었으며 순환속도는 27% 감소하였다.

❗ 재가열하면 열효율이 향상된다.

다른 형태로 변형된 Rankine 순환공정은 그림 5.4에 나타낸 것과 같은 열병합 발전이다. 대부분 화학공장에서는 전기뿐 아니라 증류탑과 반응기의 가열에 공정수증기가 필요하다. 그러므로 중간 압력의 수증기를 사용하고 필요에 따라 응축물을 보일러로 되돌린다. Rankine 순환공정의 또 다른 중요한 변형은 **공급수 예열기**를 이용한 재생 순환공정이다. 고압 수증기의 일부를 이용하여 펌프로부터 보일러로 돌아가는 물을 예열한다. 그림 5.5에는 **폐쇄 공급수 예열기**를 이용한 공정의 대략도가 나타나 있다. 5개의 예열기를 사용할 때까지는 경제적 이익이 증가하지만 그 이상에서는 추가적인 비용에 대한 효용성은 낮다. 3개의 예열기를 사용하는 것이

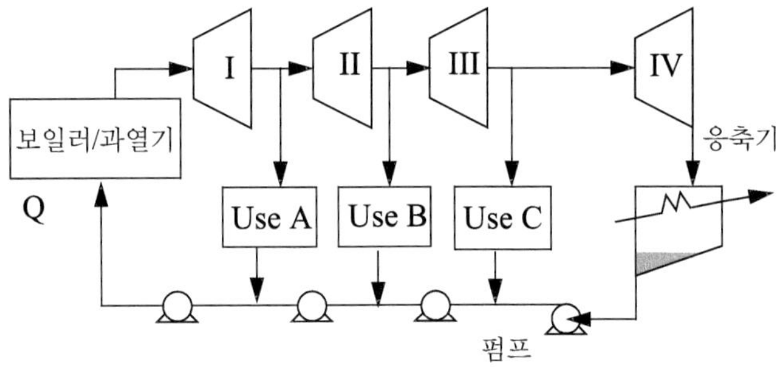

그림 5.4 • 공정수증기를 위한 측면 배출선을 갖는 Rankine 순환공정. 공정수증기를 보일러로 되돌리기 위해 펌프 혹은 조름밸브를 사용할 수도 있다.

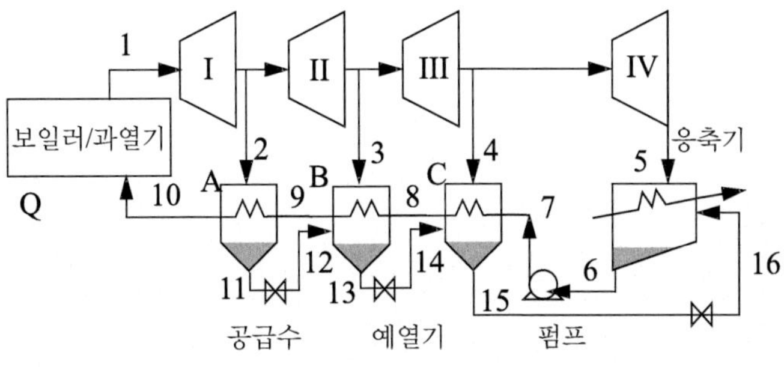

그림 5.5 • 폐쇄 공급수 예열기를 사용하는 재생 Rankine 순환공정

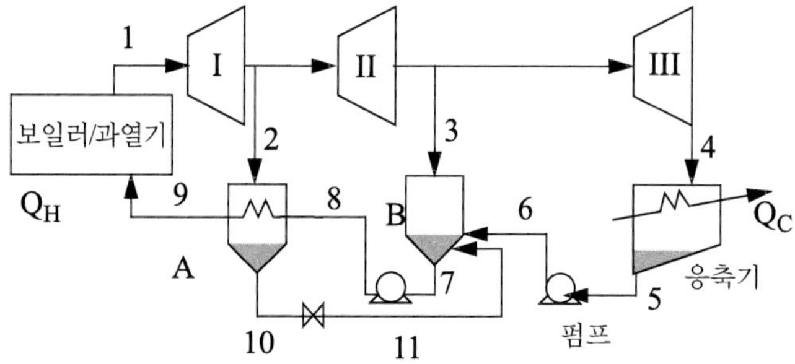

그림 5.6 • 폐쇄 공급수 예열기 A와 개방 공급수 예열기 B를 사용하는 계의 개략도

더욱 일반적이다. 각각의 예열기로부터 배출되는 응축수가 다음의 예열기로 들어가면서 조름 밸브를 통해 다음 단계의 압력으로 낮춰지며 부분적으로 혹은 완전히 응축된다. 공정에서 사용하고 가열하기 위해서 터빈 배출물의 일부를 취하는 것도 일반적이다. 실제 공정에서는 흔히 **개방 공급수 예열기**를 사용하기도 한다. 개방 공급수 예열기에서는 유입되는 흐름이 모두 혼합된다. 이 예열기의 장점은 되돌아오는 응축물에 용해된 산소를 가열을 통해 제거할 수 있으며 개방 공급수 예열기로부터 비응축성 기체를 배출할 수 있는 수단이 주어지면 보일러에 공급하기 전에 용해된 공기를 제거할 수 있는 **공기제거장치**로도 역할을 한다. 개방 공급수 예열기가 장착된 계가 그림 5.6에 나타나 있다. 개방 공급수 예열기로부터 배출되는 양은 일반적으로 흐름이 작아 개략도와 초기 계산에서 생략되기도 한다. 재생 Rankine 순환공정이 예제 5.3에 예시되어 있다.

예제 5.3 재생 Rankine 순환공정

수증기(1)가 보일러/과열기로부터 500°C와 5 MPa로 배출된다. 공정의 개략도가 그림 5.7에 나타나 있다. 첫 번째 터빈에서는 1 MPa로 배출되고(2, 3) 두 번째 터빈의 출구(4)는 0.1 MPa이다. 공급수 예열기를 이용하여 흐름 7과 8 사이에 5°C의 접근온도를 유지하면서 열교환이 이루어진다. 흐름 1의 단위 질량당의 흐름에 대한 순 출력을 구하라.

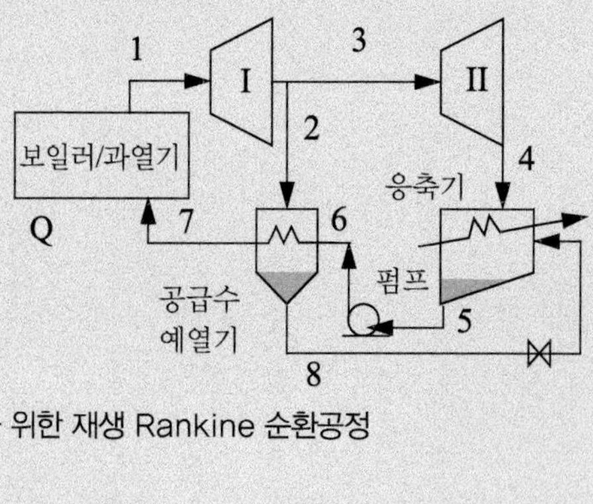

그림 5.7 • 예제 5.3을 위한 재생 Rankine 순환공정

풀이

먼저, 흐름 2와 8은 공급수 예열기에서 같은 방향에 위치하므로 압력이 동일하다는 것을 유의

하라. 흐름 7과 6은 같은 이유로 보일러의 압력과 같다. 그리고 흐름 5는 역시 응축기의 압력이다. 흐름 8은 1 MPa의 포화 액체로 배출되므로 $H_8 = 762.5$ kJ/kg이고, $T_8 = 180°C$이다. 그러므로 흐름 7은 175°C와 5 MPa이다. 압축 액체에 대해서는 예제 2.6에 의거하여 $H_7 = 741.02$ kJ/kg + (5 − 0.893 MPa)(1.12 cm³/g) = 745.6 kJ/kg이 된다. 흔히 재생 순환공정이 포함된 문제를 풀 때 중요한 단계 중 하나는 각각의 유속에 대하여 푸는 것보다 각 흐름 중에서 우회시키는 분율을 구하는 것이다.

흐름	T(°C)	P(MPa)	H(kJ/kg)	S(kJ/kgK)
1	500	5	3434.7	6.9781
2	300	1	3051.6	7.1246
4		0.1	2615.7	7.2000
5		0.1	417.5	
6		5	422.7	
7	175	5	745.6	
8	180	1	762.5	

재생 순환공정에서 총유량을 알지 못할 때는 유량비에 대해서 푸는 것이 도움이 된다.

흐름 7, 6, 5의 유량은 흐름 1과 같으므로 흐름 1의 물질 유량을 흐름 2의 물질 유량과 함께 사용하여 공급수 예열기에 대한 에너지 수지식을 $\dot{m}_1(H_6 - H_7) + \dot{m}_2(H_2 - H_8) = 0$으로 쓸 수 있다. $\dot{m}_1$으로 나누고 값을 대입하면 (423 − 746) + ($\dot{m}_2$ / $\dot{m}_1$)(3052 − 763) = 0이 되어 $\dot{m}_2 / \dot{m}_1 = 0.14$가 된다.

순 일은 $\dot{W}_{S,net} = \dot{m}_1(W_{S,I}) + \dot{m}_3(W_{S,II}) + \dot{m}_1(W_{S,pump})$로 주어지고 보일러/예열기로부터의 단위 kg을 기준으로 하면 $\frac{\dot{W}_{S,net}}{\dot{m}_1} = (W_{S,I}) + \left(1 - \frac{\dot{m}_2}{\dot{m}_1}\right)(W_{S,II}) + (W_{S,pump})$이며 엔탈피를 이용하여 각 터빈에 대하여 계산하면 다음과 같다.

$$\frac{\dot{W}_{S,net}}{\dot{m}_1} = (3052 - 3435) + (1 - 0.14)(2616 - 3052) + (423 - 418) = -753 \frac{\text{kJ}}{\text{kg 흐름 1}}$$

수록된 값을 이용하면 다음과 같다.

$$\frac{\dot{Q}_H}{\dot{m}_1} = H_1 - H_7 = 3435 - 746 = 2689 \frac{\text{kJ}}{\text{kg 흐름 1}} \Rightarrow \eta_\theta = \frac{753}{2689} = 0.280$$

재가열기와 재생기를 모두 조합한 경우에는 터빈 단수와 열교환기의 배열 방법의 수가 거의 무한대이다. 실제적으로는 복잡함이 더해져 이득이 작아지는 점에 이르게 된다. 가장 적절한 선택은 특정된 응용의 내용에 따라 다르다. 대략적으로는 예제 5.2에서 재가열기를 사용하여 24%의 열효율에 대한 이득을 분명하게 보였다. 예제 5.3은 예제 5.1과 동일한 조건은 아니지만, 같은 조건에서 η_θ = (3435 − 2617)/(3435 − 422) = 0.271로 쉽게 열효율을 추산할 수 있으므로 재생기만으로 3%의 이득을 얻는다. 매 이득을 위해서는 정교한 전력 설비가 절대적으로 요구되지만 고립된 시외지역의 화학공장을 위한 작은 발전소는 다른 제약 조건을 갖게 된다. 예를 들어 증류탑을 가동하기 위한 중간 압력의 수증기가 필요하므로 중간 압력을 제약하게 되고 유사한 방식으로 건물 난방을 위한 수증기로 인해 낮은 온도가 제약을 받는다. 최종적인 해석에서 이러한 예제에 익숙해지고 임의의 특정된 상황에 대한 관찰을 통해 최선의 해결책을 도출하는 것은 기술자의 손에 달려 있다.

5.4 냉동

일반적인 증기 압축 사이클

일반적인 증기 압축 사이클은 가장 일반적인 냉동 사이클이다.

동력생산에서 설명한 바와 유사한 이유 때문에 Carnot 사이클은 냉동에 있어 실용적이지 못하다. 따라서 대부분의 냉동기들은 그림 5.8에 제시된 바와 같은 일반적인 증기 압축 사이클(OVC) 상에서 조작된다.

Rankine 사이클에서와 같이 상세한 계산에서는 다시 고려해 주어야 하는 몇 가지 단순화를 여기에서도 적용한다. 즉 파이프에서의 압력손실은 무시한다. 압축기로 유입되는 증기는 포화 증기이고, 응축기에서 배출되는 액체는 포화 액체로 가정한다. 그러므로 포화 증기가 압축기로 유입되어 응축기의 온도 이상으로 가열되어 배출되며 응축기 내에서 포화 액체로 냉각된다. 사이클 공정에서 포화 액체가 일정한 엔탈피로 조름밸브를 통과하여 2상 혼합물로 배출된다. 증발기는 등온으로 간주하고 증발을 완전히 이루기 위해 낮은 온도에서 열을 받는다. OVC 사이클은 그림 5.9와 같이 *P-H* 선도를 이용하여 나타낼 수 있다.

COP를 공정흐름의 상태와 연관시킬 수 있다.

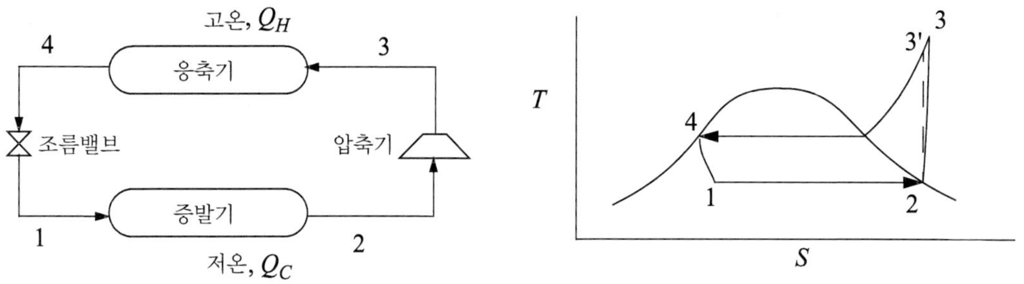

그림 5.8 • OVC 냉동 사이클 공정 개요도와 *T-S* 선도

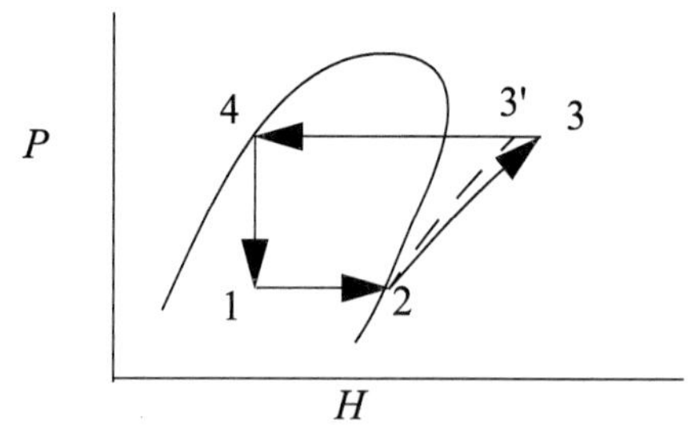

그림 5.9 • 보다 일반적으로 사용되는 *P-H* 선도상에서 도식된 OVC 냉동 사이클. 상태 번호는 그림 5.8 참조

$$COP = Q_C/W_{S,net},\ Q_C = (H_2 - H_1)$$

$$\text{에너지 수지식: } W_{S,net} = \Delta H_{2\rightarrow 3} = (H_3 - H_2)$$

$$\Rightarrow COP = (H_2 - H_1)/(H_3 - H_2) = (H_2 - H_4)/(H_3 - H_2)$$ 〈식 5.3〉

❗ 일반적인 증기 압축 사이클의 COP

예제 5.4 증기 압축 사이클에 의한 냉동

냉매 R-134a를 작동유체로 사용하는 냉동기를 이용하여 산업용 냉동실을 −15°C로 유지하고자 한다. 효율적인 열전달을 위하여 증발기 코일은 −20°C로 유지한다. 현장의 우물로부터 공급되는 냉각수는 10°C이며 응축기 내에서 25°C로 가열된다. 응축기에서 배출되는 냉매의 온도는 30°C이다. 냉동기의 냉동용량은 120,000 BTU/h(126,500 kJ/h)이며, 12,650 kJ/h는 대략적으로 0°C, 1톤의 물을 0°C, 1톤의 얼음으로 24시간 안에 냉동시키기 위해 필요한 냉각속도(냉각용량)이며 1냉동톤으로 알려져 있다. 그러므로 이 냉동기는 10톤 냉동기에 해당하는 것이다. 일반적인 기준으로 가정용 일반 에어콘은 약 2~3톤이지만, 무게는 보통 100 kg을 넘지 않는다. 다음 경우에 대하여 산업용 냉동기에 대한 COP와 재순환 속도를[(a)항 제외] 구하라.

❗ 12,650 kJ/h가 1냉동톤으로 알려져 있다.

(a) Carnot 사이클
(b) 가역적 압축기가 있는 일반적인 증기 압축 사이클
(c) 팽창기를 조름밸브로 대체한 증기 압축 사이클
(d) 압축기의 효율이 80%인 일반적인 증기 압축 사이클

풀이

상태의 번호는 그림 5.8을 참조한다. 냉동장치의 작동온도는 다음과 같다.

$$T_H = T_4 = 303\text{ K} \qquad T_C = T_2 = 253\text{ K}$$

(a) Carnot 사이클

T_3가 T_4보다 높지만 응축기 온도 T_4를 기준온도로 사용한다는 것을 유의하라.

$$COP = \frac{T_C}{T_H - T_C} = \frac{253}{303 - 253} = 5.06$$

(b) 가역적 압축기가 있는 일반적인 VC 사이클

표를 작성하여 결과를 요약한다. 수지식으로부터 얻은 값은 굵은 선의 셀에 나타나 있다. 다른 값들은 부록 E의 R-134a 도표로부터 얻는다. 상태 2는 포화 증기이고 그 온도는 주어져 있으므로 편리한 시작점이 된다. $T_2 = -20$°C이므로 도표로부터 $H_2^{satV} = 386.5$ kJ/kg, $S_2^{satV} = 1.7414$ kJ/kg-K이다. 응축기 출구(상태 4)에서 30°C인 포화 액체라면 응축기의 압력은 P_4^{sat}(30°C) = 0.77 MPa이고 $H_4 = 241.5$ kJ/kg, $S_4 = 1.1428$ kJ/kg-K이 된다. 조름밸브는 등엔탈피 공정이므로(2.13절), $H_1 = H_4$이다.

상태	T(K)	P(MPa)	H(kJ/kg)	S(kJ/kg-K)
1	253	0.13	241.5	
1' (for part (c))	253	0.13	235.0	1.1428
2, *satV*	253	0.13	386.5	1.7414
3'	311	0.77	424	1.7414
4	303	0.77	241.5	1.1428

압축기에 대한 계산은 이미 예제 4.17에서 실시하였다. 공정이 가역적이라면 상태 3′의 엔트로피는 S_2와 같을 것이다. $S_3' = 1.7414$ kJ/kg-K와 $P_3 = 0.77$ MPa를 이용하여 도표로부터 H_3'을 구하면 $H_3' = 424$ kJ/kg이다. 응축기 온도가 아닌 응축기의 압력이 포화 증기로부터 등엔트로피 선상의 최종점을 결정한다는 것에 주목할 필요가 있다.

$$COP = \frac{Q_C}{W_{S,\,net}} = \frac{(H_2 - H_1)}{(H_3' - H_2)} = \frac{(H_2 - H_4)}{(H_3' - H_2)} = \frac{386.5 - 241.5}{424 - 386.5} = 3.87$$

필요한 순환속도는

$$\dot{Q} = 126,500 = \dot{m}Q_C = \dot{m}(H_2 - H_1) = \dot{m}(386.5 - 241.5)\text{이므로} \quad \dot{m} = 872 \text{ kg/h}$$

(c) 터빈 팽창을 가지는 VC 사이클

조름밸브를 가역적 팽창기로 대체한다. 그러므로 $S_1' = S_4 = 1.1428$ kJ/kg-K이다. 253 K에서의 포화성질은 $S^{satL} = 0.8994$ kJ/kg-K와 $S^{satV} = 1.7414$ kJ/kg-K이므로 $S_1' = 1.1428 = q' \cdot 1.7414 + (1 - q')0.8994$이고 이로부터 $q' = 0.289$가 얻어진다.

그런 다음, 포화 엔탈피값과 품질을 이용하여 $H_1' = 235.0$ kJ/kg를 얻는다. COP를 계산하기 위해서는 $H_1' - H_4$로 주어지는 팽창기로부터 일부의 일을 회수할 수 있다는 것을 알아야 한다.

$$COP = \frac{Q_C}{W_{S,\,net}} = \frac{(H_2 - H_1')}{(H_3' - H_2) + (H_1' - H_4)} = \frac{386.5 - 235.0}{(424 - 386.5) + (235.0 - 241.5)} = 4.89$$

2상 팽창기는 작은 물방울에 의한 터빈 날개의 부식으로 인해 터빈의 수명이 짧아지므로 COP를 증가시키기 위해서는 장치가 복잡해지고 비용이 증가한다.

(d) (b)와 동일하나 비가역적 압축기를 가지고 있다.

상태 1과 2 그리고 4는 (b)에서와 같다. 비가역성은 단지 상태 3만 변화시킬 뿐이다.

$$COP = \frac{Q_C}{W_{S,\,net}} = \frac{(H_2 - H_1)}{(H_3 - H_2)} = 0.8\frac{(H_2 - H_4)}{(H_3' - H_2)} = 0.8(4.08) = 3.26$$

냉매를 선택할 때는 몇 가지 사항을 고려해야 한다.

1. 환경적 영향(프레온 R-12는 오존을 고갈시키기 때문에 더 이상 사용할 수 없으며, 프레온 R-22 역시 점차 사라지고 있다). HFO1234yf가 R134a를 대체하기 시작했다.
2. 증기압 ~ T_{evap}에서 대기압. 결과적으로 냉매 유출에 대한 구동력 손실이 작아지겠지만,

공기가 사이클에 유입되는 것을 방지하기 위해서 대기압보다 약간 높은 증발기의 압력이 바람직하다.

3. 증기압이 T_H에서 지나치게 높지 않아 조작압력이 너무 높지 않도록 한다. 고압은 압축기와 장치의 비용을 증가시킨다.
4. 단위 질량당 높은 증발열
5. 압축기의 온도상승과 일을 최소화를 위한 증기의 낮은 C_P/C_V값
6. 증기와 액체에서의 높은 열전달 계수

플래시실(절약기) 중간 냉각

응축기와 증발기 사이의 온도차가 커지면 압축기는 더 넓은 압력범위에서 작동해야 한다. 압축비(P^{out}/P^{in})가 너무 커지는 경우에는 효율을 높이기 위해 단 사이의 냉각을 이용할 수 있다. 일반적으로 공정온도가 냉각수 온도보다 낮기 때문에 그림 5.10에서와 같이 응축된 냉매흐름의 일부는 플래시시켜 단 사이를 냉각한다. 단 사이 냉각기는 흔히 **절약기(economizer)**라고 불린다. 절약기는 달리 언급하지 않으면 단열로 간주되며 입구밸브로부터 배출되는 액체와 기체를 분리하는 역할을 한다. 이 밸브에서 배출되는 품질은 $\dot{m}_7/\dot{m}_6$이다.

❗ 플래시실 중간 냉각은 COP를 증발시키는 일반적인 방법이다.

다단(Cascade) 냉동

극단적으로 넓은 온도범위에 걸쳐서 작동하는 경우에는 압축비(P^{out}/P^{in})가 매우 커지고 COP는 감소하므로 단일 냉매를 사용하는 것은 실질적이지 않다. 일반적인 지침으로는 압축비가 8이 넘지 않도록 하는 것이다. 그러므로 아주 넓은 범위의 작동을 위해 **2중** 증기 사이클이나 **다**

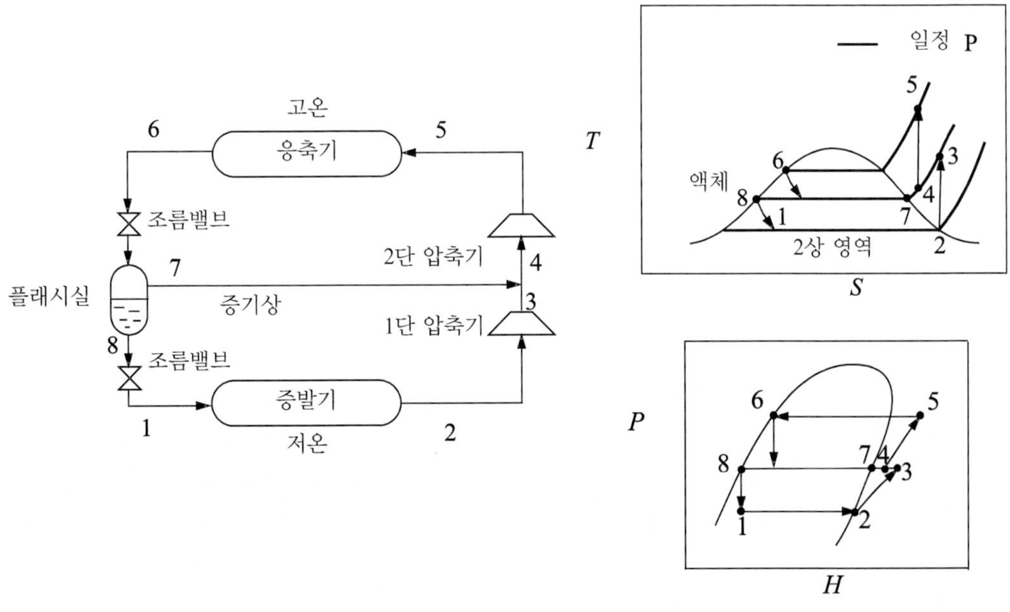

그림 5.10 • 플래시실 단 사이 냉각

❗ 극저온에 도달하기 위해 다단 냉동이 이용된다.

단 증기 사이클이 사용된다. 2중 사이클에서는 가장 낮은 온도 이하의 표준 비점을 갖는 냉매를 저온 사이클에서 사용하고, 중간 압력에서 응축하는 냉매는 고온 사이클에서 사용한다. 두 사이클은 그림 5.11에 나타낸 바와 같이 저온 사이클의 응축기와 고온 사이클의 증발기가 서로 결합된다. 증발열은 어떠한 냉매에 대해서도 포화온도와 관련되어 있으므로 각 사이클에 대하여 일반적으로 작동온도와 순환속도가 결정된다. 분명히 이러한 형태의 공정을 설계함에 있어서 많은 변수를 최적화해야 한다. 액화가스의 저온공정과 같이 극단적으로 넓은 범위에 대해서는 다중의 사이클이 사용되는 다단 냉동이 사용된다. 예를 들어 천연가스의 액화공정에는 암모니아, 에틸렌과 메탄의 세 가지 사이클이 사용될 수도 있다. 각 사이클에서 응축기 온도가 아래 사이클의 응축기보다 높아서 열전달이 올바른 방향으로 이루어져야 한다는 것을 유의하라.

5.5 액화

터빈에서 품질 계산을 할 때 액화공정을 접한 바 있다. 냉동에서 조름 혹은 등엔트로피 팽창에 의해 부분적인 액체흐름이 발생하였다. 액화공정의 핵심은 단순히 주된 생산물로서 액체를 회수하는 것이다.

Linde 액화

Linde 공정에서는 고압의 증기를 조름공정에 통과시킨다. Joule-Thomson 계수 $\left(\frac{\partial T}{\partial P}\right)_H$는 기

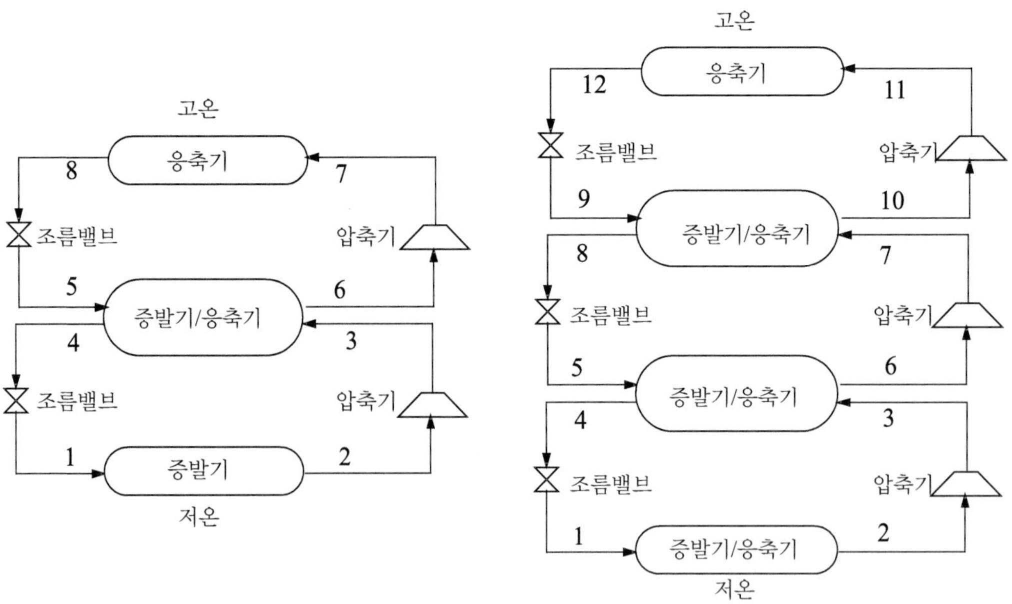

그림 5.11 • 2중 사이클(왼쪽)과 3단 사이클(오른쪽)의 냉동 사이클. 냉매는 증발기/응축기에서 혼합되지 않는다.

체가 팽창되면 냉각되는 값이어야 하며[2], 팽창하여 2상 영역에서 종료될 수 있도록 온도는 낮고 압력은 높은 값을 가져야 한다. 액화는 100% 이하로 이루어지므로 증기상은 압축기로 돌아가고 액체상을 취한다. Linde 액화공정에서는 필요한 높은 압력에 도달하기 위해 일반적으로 다단 압축이 사용된다. *T-S* 선도에 표시된 공정 경로의 한 예가 그림 5.12에 나타나 있다. 다단 압축기로 유입되는 기체의 실제 상태는 원료의 상태에 따라 다르다.

예제 5.5 Linde 공정에 의한 메탄의 액화

간단한 Linde 공정에서 메탄이 액화된다. 공급물과 재순환되는 흐름이 혼합되어 60 bar로 압축된 뒤 300 K로 예비 냉각된다. 그런 다음, 증기는 조름밸브를 통해 1 bar로 되기 전에 추가적인 냉각을 위해 열교환기를 통과한다. 액화되지 않은 부분은 포화온도로 분리기에서 나와 열교환기를 통과한 후 295 K에서 배출된다. (a) 공정 내에서 액화되는 기체의 분율은 얼마인가? (b) 조름밸브로 유입되는 고압기체의 온도는 얼마인가?

풀이

공정의 개요도는 그림 5.12에 나타나 있다. 이 문제를 풀기 위해서 먼저 알아야 할 것은 상태 3, 6, 7, 8이 이미 알려져 있다는 것이다. 상태 3은 300 K와 60 bar이고 상태 6은 1 bar의 포화 액체이며 상태 7은 1 bar의 포화 증기, 상태 8은 295 K와 1 bar이다. 부록 E에 주어진 메탄 도표를 이용하라.

(a) 계 I의 에너지 수지식은 $H_3 - [qH_8 + (1-q)H_6] = 0$이다.

$$\Rightarrow q = \frac{H_3 - H_6}{H_8 - H_6} = \frac{H(60, 300) - H(1, satL)}{H(1, 295) - H(1, satL)} = \frac{1130 - 284}{1195 - 284} = 0.9286 \Rightarrow 7.14\% \text{ 액화}$$

(b) 계 II에 대한 에너지 수지식은

$$H_4 - H_3 = -q(H_8 - H_7) = -0.9286(1195 - 796.1) = -370.5 \Rightarrow H_4 = 780\text{이다.}$$

$$\Rightarrow H_4 = 780 \text{ @ } 60 \text{ bar} \quad \Rightarrow \text{표로부터 } -95°\text{F} = 203 \text{ K}$$

Claude 액화공정

Linde 공정에서 상태 4와 5 사이의 조름공정은 비가역적이다. 이 점을 개선하기 위해서는 가역적 팽창이 바람직하다. 그러나 입구 흐름의 대부분을 액화시키는 것이 공정의 목표이므로 터빈으로는 품질이 낮은 혼합물을 다루지 못하여 실용적이지 않다. 한 가지 절충형태인 Claude 액화공정에서는 그림 5.13에서와 같이 2상 영역을 피하는 조건하에서 팽창기를 이용하여 고압유체의 일부를 팽창시킨 것이다. 극히 일부의 압축기체만 이 비가역 조절밸브로 유입되므로 총괄 효율은 더 높아질 수 있으나 좀 더 복잡한 장치가 필요하다.

---

2 이 기준은 열역학적인 도표나 표의 일정한 엔탈피에서 압력에 대한 온도 의존성을 살펴보고 평가할 수 있다. 6장에서는 *P*, *V*, *T* 성질로부터 이 도함수를 계산하는 원리를 소개한다.

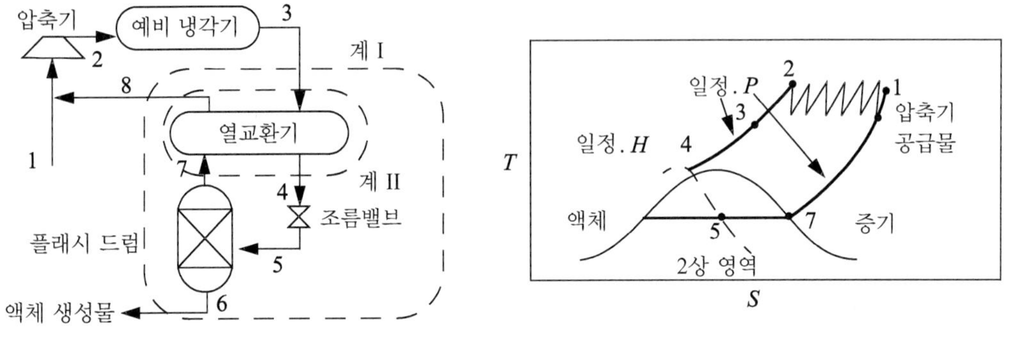

그림 5.12 • Linde 액화공정 개요도. 예제 5.5에서는 왼쪽에 보이는 계의 경계들을 사용한다.

5.6 기관

수증기가 동력을 생산하는 사이클에 이용할 수 있는 유일한 동작유체는 아니다. 일반적인 대안으로는 연소시킬 수 있는 소량의 연료와 혼합한 공기이다. 연소열을 이용하여 기체 혼합물을 가열하여 팽창단계에서 일을 생산하도록 한다. 공기를 사용하는 주된 이점은 물리적인 순환경로가 필요하지 않다는 것이다. 즉, 대기를 순환경로로 생각할 수 있다. 이러한 방법이 잔디 깎기, 제트 엔진, 디젤 그리고 자동차와 같은 내연기관의 기본이 되는 것이다. 온라인 보충자료에서 기체 터빈, 터보팬 제트 엔진, 내연기관, 디젤기관 등을 소개한다.

5.7 유체흐름

이 절의 내용은 온라인 보충자료에서 제공되며 액체와 압축 기체도 포함하고 있다. 보충자료

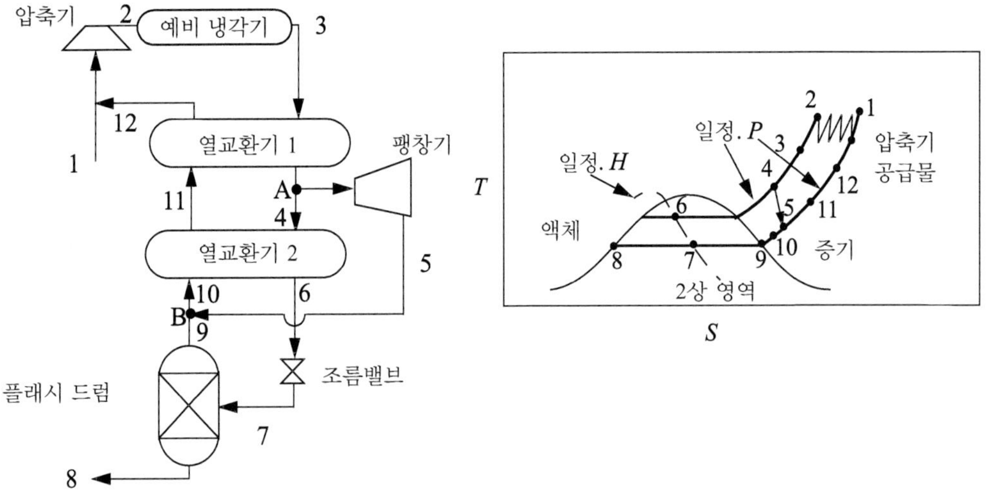

그림 5.13 • Claude 액화공정

에서는 에너지 수지식, Bernoulli 식, 마찰인자, 손실 일 등을 설명한다. 또한 $W_s = \int_{P^{\text{in}}}^{P^{\text{out}}} VdP$가 단열되지 않은 열린계 압축기에 대한 일반적인 결과임을 보인다.

5.8 문제해결 전략

일반적인 가정과 힌트의 재검토

다소 복잡한 문제를 다룰 때는 2.14절의 전략을 사용한다. 5단계 전략을 이용하며 문제를 해결하기 위해 2.13절의 밸브, 노즐, 열교환기, 터빈, 펌프에 대하여 전개된 에너지 수지식을 4.6절의 터빈, 압축기 그리고 열펌프/엔진에 대한 엔트로피 수지식과 결합한다. 응축기의 배출 흐름은 달리 언급되지 않는 한 포화 액체로 가정한다. 마찬가지로, 보일러 내에서 증발된 흐름은 달리 규정하지 않는 한 포화된 상태로 배출된다고 가정한다. 그러나 Rankine 사이클에서 수증기는 언제나 과열되며 간단히 하기 위해 개략도에서 과열기를 생략했다는 것을 상기하라. 터빈의 출구상태를 확인하기 위해 문제설명을 주의하여 읽어라. 일반적으로 이러한 방식으로 작동되지만 터빈의 출구상태가 포화되거나 2상 영역 안에 있을 필요는 없다. 재가열기가 없는 다단계 터빈에서는 재가열하지 않으면 마지막 단계에서만 포화에 가까워질 것이다. 달리 규정하지 않으면 우선 파이프와 열교환기 내의 압력강하는 무시되는 것으로 생각한다. 특별히 언급이 없으면 조름밸브는 단열되었다고 가정하고, 달리 말하지 않는 한 언제나 비가역적이며 중요한 압력강하가 발생한다. 실제 사용되는 조름밸브나 열교환기는 본질적으로 비가역적이고 엔트로피를 생성하므로 이들 장치에 대한 엔트로피 수지식은 일반적으로 도움이 되지 않는다는 것을 인식하라.

때에 따라서 질량 유속을 구하기 위해 에너지 수지식이 사용되어야 한다는 것을 기억하라. 개방 정상상태 흐름계에 대해서는 하나의 흐름을 제외하고 모든 흐름에 대한 질량 유속과 더불어 모든 흐름에 대한 엔탈피를 알아야 한다. 이러한 조건을 만족시키는 수지식을 구하기 위해 2.14절의 전략 7단계에서 제시된 바와 같이 계의 경계를 이동시켜 볼 수도 있다. 질량 유속도 엔트로피 수지식으로부터 구할 수도 있으나 자주 이루어지지 않는다. 왜냐하면 엔트로피 수지식은 공정이 내부적으로 가역적이거나 엔트로피 생성속도를 알 수 있을 때만 유용하기 때문이다(예: 계의 경계 내부에 비가역적인 열교환기나 조절밸브 혹은 비가역적인 터빈이나 압축기가 없을 때).

기본적으로 에너지, 엔트로피 수지식과 *P-V-T* 관계식만이 항상 적용되는 방정식들이다. 일반적인 단순화 과정을 보여 주었지만 언제든지 새로운 적용대상이 나타나면 주어진 상황에 따라 수지식을 단순화하는 원리를 공부하는 것이 현명하다.

5.9 요약

3장의 에너지 수지식과 유사하게 엔트로피 수지식도 합성계에 적용할 수 있다. 이 장에서 새로운 것은 상세 정도와 에너지 수지식과 엔트로피 수지식의 결합이다. Carnot 사이클과 같은 추상적인 공정 대신에 엔트로피 수지식을 이용하면 등온과정이든 비가역과정이든 아니면 다른 과정이든지 각 개별 단계의 영향을 산출할 수 있다. 이렇게 하면 열교환기, 다단, 혼합기가 결합하여 Carnot 사이클 혹은 Stirling 사이클의 효율에 버금가는 혼합계를 형성할 수 있다. 상업적 규모의 공정에서는 0.1%의 효율 향상이 수백만 달러에 해당되므로 현명한 공학기술에 투자할 가치가 충분하다.

주요 식

다시 한 번, 에너지와 엔트로피 수지식이 가장 중요한 식이다. 이전의 대부분의 장에서는 상태 성질, 효율 계산 조름공정 등과 같은 것을 이용하였다. Carnot 사이클의 열효율, COP는 임의의 공정에서 취할 수 있는 상한선을 제시하므로 중요하다.

5.10 익힘문제

P5.1 일반적인 증기 압축 사이클은 R-134a를 사용하여 – 40°C와 40°C(응축기 온도) 사이에서 작동하는 냉동기이다. 하루에 냉동기에 의해 사용되는 동력이 9,000 J일 때 냉동기로부터 제거되는 열과 성능계수를 계산하라.

답: 1.76

P5.2 일반적인 증기 압축 사이클은 메탄을 사용하여 첌버를 –260°F로 냉각시키기 위해 조작된다. 열은 –165°F에서 액화 에틸렌으로 배출된다. 응축기와 증발기 내의 온도는 각각 –160°F와 –280°F이다. 성능계수를 계산하라.

답: 0.86

P5.3 간단한 Rankine 사이클이 터빈으로부터 배출되는 포화수증기를 사용하여 200°C와 99.6°C 사이에서 가동된다. 이 사이클의 최대 가능한 열역학적 효율은 얼마인가?

답: 7.8%

P5.4 일반적인 증기 압축 사이클에 메탄을 사용하여 첌버를 112 K까지 냉각한다. 열은 160 K에서 액체 에틸렌으로 배출된다. 코일의 온도는 각각 168 K와 100 K이다.

답: 온라인

(a) 압축과정에 적용되는 에너지와 엔트로피 식을 쓰라.

(b) 이상기체 방정식을 가정하여 압축계에 대한 최소 소요 일(J/g)을 추산하라.

(c) 이 OVC 사이클에 대한 성능계수(COP)를 추산하라.

(d) Carnot 지침에 따른 COP를 추산하라.

(e) 교과서 내 도표를 이용하여 압축기에 대한 최소 소요 일을 추산하라.

P5.5 어떤 주택의 순 열손실이 100,000 Btu/hr이다. 160일간의 난방기간 동안 평균 내부온도는 70°F이며 외부의 온도는 45°F이다. 작동유체는 Freon-134a이고 일반적인 증기 압축 사이클이 사용된다. 각 측의 접근온도는 10°F으로 가정한다. 전기료는 $0.14/kW-hr이다.

(a) 압축기의 효율이 100%이면 비용은 몇 $/hr인가?
(b) 압축기의 효율이 80%이면 비용은 어떻게 되는가?

답: 약 0.37, 0.45

P5.6 어떤 단열 터빈에 300 psia와 550°F에서 수증기가 공급되어 대기압에서 배출된다. 배출 수증기의 품질(quality)은 95%이다.

(a) 터빈의 효율은 얼마인가?

답: 76%

(b) 이러한 조건에서 이 터빈을 사용한 Rankine 사이클의 열역학적 효율은 얼마인가?

답: 17%

5.11 연습문제

5.1 어떠한 수증기 동력플랜트가 아래와 같이 주어진 조건에 따라 Rankine 사이클로 운전된다. 그림 5.2의 흐름번호를 사용하여 다음에 주어진 조건에 대하여 다음을 구하라.

(a) 수증기 kg당 터빈의 생산 일
(b) 순환되는 물의 kg당 공급수 펌프에 공급되는 일
(c) 필요한 수증기의 유속
(d) 보일러 내에서 요구되는 공급 열
(e) 열효율

조건	T_3(°C)	P_3(MPa)	P_4(MPa)	$\eta_{turbine}$	η_{pump}	플랜트 용량
i	600	10	0.01	0.8	0.75	80 MW
ii	600	8	0.01	0.8	0.75	80 MW
iii	400	4	0.01	0.83	0.95	75 MW
iv	500	4	0.02	0.85	0.8	80 MW
v	600	4	0.02	0.85	0.8	80 MW

5.2 그림 5.7에 주어진 단일 공급수 예열기를 사용하는 수정 Rankine 사이클의 특성이 다음과 같다.

(a) 첫 번째 터빈의 입구는 500°C, 0.8 MPa이다.
(b) 공급수 예열기에서 재순환 물을 재가열하여 흐름 7이 140°C가 되며 가열을 위한 수증기는 0.4 MPa인 첫 번째 터빈의 출구에서 취한다.
(c) 각 터빈의 효율은 79%이다.
(d) 플랜트의 출력은 1 MW이다.
(e) 두 번째 터빈의 출력은 0.025 MPa이다.

흐름 1과 8 그리고 응축기(조름밸브 다음에 있는)로 유입되는 흐름 9의 유량을 결정하라. 풀이에서 사용하는 흐름 번호는 그림 5.7의 흐름 번호를 따르라.

5.3 어떠한 수증기 동력플랜트가 다음의 주어진 조건하에서 재가열기가 장착된 Rankine 사이클로 작동한다. 그림 5.3의 흐름 번호를 이용하여 다음에 주어진 조건에 대하여 다음을 구하라.

(a) 수증기 kg당 터빈의 생산 일
(b) 순환되는 물의 kg당 공급수 펌프에 공급되는 일
(c) 필요한 수증기의 유속
(d) 보일러 재가열기에서 요구되는 공급 열
(e) 열효율

조건	T_3(°C)	P_3(MPa)	P_4(MPa)	T_5(°C)	P_6(MPa)	$\eta_{turbines}$	η_{pump}	플랜트 용량
i	450	5	0.4	400	0.01	0.8	0.75	80 MW
ii	400	5	0.6	450	0.01	0.8	0.75	80 MW
iii	400	4	0.5	500	0.01	0.9	0.95	75 MW
iv	500	4	0.8	500	0.01	0.85	0.8	80 MW
v	600	4	1.2	600	0.01	0.85	0.8	80 MW

5.4 어떤 재생 Rankine 사이클에 하나의 개방 공급수 예열기와 또 다른 폐쇄 공급수 예열기가 장착되어 있다. 그림 5.6의 흐름 번호와 다음에 주어진 조건에 따른 플랜트의 용량이 75 MW이다. 다른 제약 조건은 다음과 같다. 즉, 각 단계의 터빈 효율은 85%, 펌프의 효율은 80%이며 폐쇄 공급수 예열기에서 배출되는 공급수의 온도는 폐쇄 예열기의 바닥에서 배수되는 응축물의 온도보다 5°C 낮다. 다음 주어진 조건에 대하여 다음을 구하라.

(a) 흐름 1의 유속
(b) 플랜트의 열효율
(c) 공급수 펌프의 용량크기(kW)

조건

(*i*) 조건은 T_1 = 500°C, P_1 = 4 MPa, P_2 = 0.7 MPa, P_3 = 0.12 MPa, P_4 = 0.02 MPa이다.

(*ii*) 조건은 T_1 = 600°C, P_1 = 4 MPa, P_2 = 1.6 MPa, P_3 = 0.8 MPa, P_4 = 0.01 MPa이다.

5.5 재생 Rankine 사이클이 3개의 폐쇄 공급수 예열기를 사용한다. 그림 5.5의 흐름 번호를 사용하여 주어진 조건은 다음과 같으며 플랜트의 용량은 80 MW이다. 다른 제약 조건은 다음과 같다. 즉, 각 터빈단계의 효율은 88%, 펌프의 효율은 80%이며 각 예열기에서 배출되는 공급수는 각 예열기의 바닥에서 배수되는 응축수의 온도보다 5°C 낮다. 아래의 각 조건에 대하여 다음을 계산하라.

(a) 흐름 1의 유속

(b) 플랜트의 열효율

(c) 공급수 펌프들의 크기(kW)

조건

(*i*) 조건은 T_1 = 700°C, P_1 = 4 MPa, P_2 = 1 MPa, P_3 = 0.3 MPa, P_4 = 0.075 MPa, P_5 = 0.01 MPa이다.

(*ii*) 조건은 T_1 = 750°C, P_1 = 4.5 MPa, P_2 = 1.2 MPa, P_3 = 0.4 MPa, P_4 = 0.05 MPa, P_5 = 0.01 MPa이다.

5.6 프로판을 이용하는 일반적인 증기 압축 사이클이 저온 열교환기 내의 온도 240 K과 고온 열교환기 내의 온도 280 K에서 가동된다. 만일 압축기가 80%의 효율이라면 순환되는 프로판 kg당 얼마의 일이 필요한가? 순환되는 프로판 kg당 냉각 용량은 얼마인가? 저온 열교환기의 압력을 동일하고 고온 열교환기의 압력을 낮추면 순환되는 프로판 kg당 냉각 용량은 어떻게 되는가?

5.7 어떤 일반적인 증기 압축 냉동기의 증발기와 응축기의 온도는 각각 –20°C와 35°C이며 냉매 R-134a로 작동이 된다. 압축기는 가역적으로 가정한다.

(a) 공정 각 지점의 성질(포화, 과열, 온도, 압력과 H 등)을 요약한 표를 작성하라.

(b) 이 사이클의 성능계수를 구하고 Carnot 사이클값과 비교하라.

(c) 만일 이 사이클의 압축기가 1 hp의 전동기에 의해 가동된다면 냉동기의 톤 등급은 얼마가 되겠는가? 전동기 내 손실은 무시하라.

5.8 증류탑의 저온 응축기가 프로판 냉각장치를 사용하여 조작된다. 증발기의 가동온도는 –20°C이며 냉각 용량은 10,000,000 kJ/hr이다. 압축기는 단열효율이 80%(각 단에서)인 2단 압축기로서 각 단에 대한 압축비(P^{out}/P^{in})는 동일하다. 응축기의 출구는 50°C이다. 흐름 번호는 그림 5.8을 참조한다.

(a) 응축기, 증발기, 압축기의 단 사이 압력을 구하라.
(b) 각 압축기를 통과하는 냉매 유속을 구하라.
(c) 각 압축기에 대해 요구되는 공급 일을 구하라.
(d) 응축기 내에서 필요한 냉각속도를 구하라.

5.9 그림 5.10의 흐름 번호를 사용하여 중간의 압력에 절약기가 장착된 문제 5.8을 풀어라.

5.10 단 사이에서 냉각하는 냉동공정에서 냉매 R-134a를 사용한다. 응축기의 출구에서는 40°C의 포화 액체이다. 증발기는 –20°C에서 운전되고 출구에서는 포화 증기이다. 절약기는 10°C에서 운전된다. 풀이에서 사용하는 흐름 번호들은 그림 5.10을 참조하라.

(a) 장치의 냉각 용량이 8,250 kJ/h인 경우에 필요한 흐름 1의 유속을 구하라.
(b) 흐름 3의 압력과 효율이 85%인 첫 번째 압축기에 필요한 일을 구하라.
(c) 흐름 7과 6의 유속은 얼마인가?
(d) 흐름 4의 엔탈피는 얼마인가?
(e) 두 번째 압축기(85%의 효율)에 필요한 일과 COP를 구하라.

5.11 Claude 액화공정을 메탄에 적용한다. 그림 5.13의 개요도의 흐름 번호를 이용하며 중요 변수들은 액화되는 흐름 3의 분율 $\dot{m}_8/\dot{m}_3$과 팽창기에 공급되는 흐름 3의 분율 $\dot{m}_5/\dot{m}_3$에 의존한다. 낮은 번호에서 높은 번호까지의 모든 흐름에 대한 목차표를 작성하고 문제를 풀어 빈칸을 채워라. 풀이에는 *P-H* 선도를 첨부하라.

(a) 압축기와 예비 냉각기를 제외한 모든 장치를 포함하는 계의 경계(system boundary)에 대한 물질수지식을 써라.
(b) (a)에서와 동일한 경계에 대한 에너지 수지식을 쓰고 다음을 보여라.

$$\frac{\dot{m}_8}{\dot{m}_3} = \frac{(H_3 - H_{12}) + (\dot{m}_5/\dot{m}_3)W_{S\ \text{expander}}}{(H_8 - H_{12})}$$

(c) 흐름 3은 300 K와 3 MPa, 흐름 4는 280 K와 3 MPa, 흐름 12는 290 K와 0.1 MPa이 되며 플래시 드럼이 0.1 MPa에서 조작된다. 팽창기의 효율은 91%이다. 액화분율은 $\dot{m}_8/\dot{m}_3 = 0.15$가 된다. 팽창기로 향하는 흐름 $\dot{m}_5/\dot{m}_3$는 얼마인지 구하라.
(d) 흐름 3~12의 엔탈피와 온도, 압력을 구하라.

❗ 이 문제는 http://chethermo.net/ 상의 보충자료를 참조한다.

5.12 온라인 보충자료에서 설명한 표준공기 Otto 사이클을 생각하자. 압축행정 초기에 $P_1 = 95$ kPa, $T_1 = 298$ K이다. 공기는 $C_P = 0.79 \cdot C_{P,N2} + 0.21 \cdot C_{P,O2}$인 이상기체로 간주한다. 압축비가 6이고 $T_3 = 1200$ K 다음 조건들이 적용되는 경우에 T_2와 T_4를 결정하라.

(a) 열용량은 298 K의 값으로 온도와 무관하다.

(b) 열용량은 부록 E의 다항식으로 주어진다.

5.13 문제 5.12(a)를 생각하자. 연료를 이소옥탄으로 간주하고 완전히 연소되는 경우에 공기 단위 몰당 필요한 연료의 양을 구하라.

5.14 Brayton 기체 터빈에서 고온에서는 물질의 열화가 생기므로 터빈 입구의 온도을 비교적 낮게 유지하기 위하여 소량의 연료만을 첨가하여 운전하는 것이 일반적이므로 흐름이 공기만으로 구성되어 있는 것으로 가정할 수 있다. 다음에 주어진 조건하에서 운전되는 공기를 사용하는 Brayton 사이클을 생각하자. 조건은 $T_A = 298$ K, $P_A = P_D = 0.1$ MPa, $P_B = 0.6$ MPa, $T_C = 973$ K이다. 터빈과 압축기의 효율은 85%이다. 공기는 $C_P = 0.79 \cdot C_{P,N2} + 0.21 \cdot C_{P,O2}$인 이상기체로 가정한다. 다음과 같은 가정에 대하여 열효율, 필요한 열, 공기 1몰당 순 출력을 구하라.

❗ 이 문제는 http://chethermo.net/ 상의 보충자료를 참조한다.

(a) 열용량이 298 K의 값으로 온도에 무관하다.

(b) 열용량이 부록 E의 다항식으로 주어진다.

5.15 문제 5.14(a)를 생각하자. 연료를 이소옥탄으로 간주하고 완전히 연소되는 경우에 공기 단위 몰당 필요한 연료의 양을 구하라.

5.16 다음의 도식에서와 같이 재생기를 추가하여 Brayton 사이클의 열효율을 향상시키고 있다. 다음 조건하에 있는 공기를 사용하는 Brayton 사이클을 생각하자. 즉, $T_A = 298$ K, $P_A = P_E = P_F = 0.1$ MPa, $P_B = 0.6$ MPa, $T_D = 973$ K, $T_F = 563$ K이다. 터빈과 압축기의 효율은 85%이다. 공기는 $C_P = 0.79 \cdot C_{P,N2} + 0.21 \cdot C_{P,O2}$인 이상기체로 간주하고 B와 E의 몰 유속은 동일하다고 가정한다. 다음과 같은 가정에 대한 열효율, 필요한 열, 공기 1몰당 순 출력을 구하라.

❗ 이 문제는 http://chethermo.net/ 상의 보충자료를 참조한다.

(a) 열용량은 298 K에서의 값으로 온도에 무관하다.

(b) 열용량이 부록 E의 다항식으로 주어진다.

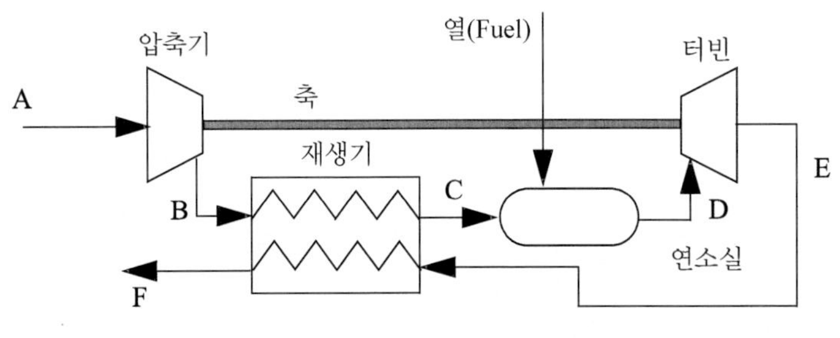

❶ 이 문제는 http://chethermo.net/ 상의 보충자료를 참조한다.

5.17 화학공장에 있는 헥산(ρ ≈ 0.66 kg/L, μ = 3.2 E-3 g/(cm-s)) 저장 탱크가 3분 내로 채워야 하는 200 L의 용매탱크로부터 250 m 거리에 있다. 펌프는 지면에 있는 저장 탱크의 바닥에 위치해 있다. 저장탱크는 충분히 커서 200 L를 제거해도 수위가 현저히 변하지 않는다. 파이프의 굴곡과 부품에 의해 15 m의 추가적인 파이프에 해당하는 일 손실이 발생한다. 펌프와 모터 용량은 지상으로부터 0.3 m 높이의 저장탱크 수위를 기준으로 결정하여 저장탱크가 거의 비어 갈 경우에도 적절한 유량이 보장되도록 한다. 펌프와 모터에 필요한 동력을 구하라.

(a) 파이프의 지름은 2.5 cm이고 출구는 지상으로부터 10 m 높이에 위치한다. 펌프의 효율은 85%이고 모터의 효율은 90%이다.
(b) 파이프의 지름은 3.0 cm이고 출구는 지상으로부터 8.5 m 높이에 위치한다. 펌프의 효율은 87%이고 모터의 효율은 92%이다.
(c) 저장탱크의 수위가 지상으로부터 6.5 m 높이에 위치하는 경우에 (a)에서 결정한 사양의 펌프와 모터를 이용하여 용매 탱크를 채우기 위한 시간을 결정하라.
(d) (b)에 대하여 채우는 시간을 결정하라.

5.18 (a) 반응물과 생성물의 혼합에너지를 무시하고 이상기체법칙을 가정하여 폐쇄된 정용계 기상반응에 대한 에너지 수지식을 유도하라.
(b) 200 L 프로판 탱크의 압력이 0.09 MPa이며 누출 때문에 당량의 공기와 프로판이 담겨 있다고 가정하자. 불꽃이 생기면 계가 급격하게 연소되므로 단열과정으로 간주할 수 있으며 열이 용기 외부로 빠져나갈 시간이 없다. 계의 부피가 일정하고 반응이 완결된다고 가정하고 20°C에서 점화되면 도달하게 되는 압력과 온도는 얼마인가?

5.19 대기압에서 증기가 폭발적으로 연소되는 경우에는 연소가 매우 빠르게 진행되므로 증기 구름을 단열로 모사할 수 있다. 증기 구름은 연소로 인한 몰수의 증가로 빠르게 팽창하지만 단열과정이므로 온도도 상승한다. 22°C, 1 m^3의 프로판와 양론적인 공기 혼합물의 폭발적인 완전 연소에 의한 부피증가를 추산하라.

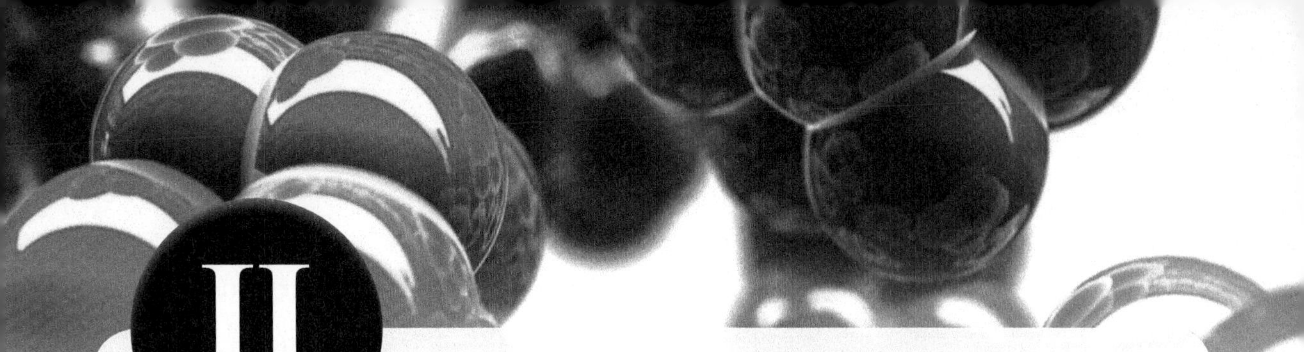

PART II

일반화된 유체물성의 분석

외부 압력이 작용하지 않는다는 가정하에서의 액체와 분자 간의 힘이 무시된 기체의 중간상태를 구성하다 보면 이들 성질이 공존하는 상태가 나타난다. 사실상 앞으로 이 상태가 자연에서 일어나는 유일한 상태임을 알게 될 것이다.

van der Waals(1873)

제I부에서는 전적으로 상대적으로 적은 수의 순수 유체에 초점을 맞추었다. 그러나 모든 가능한 응용분야를 생각하면 접하게 되는 화합물의 수가 방대하고 매일 새로운 화합물이 고안되어 이용되고 있다. 이 모든 화합물에 대한 물성을 나타내기 위해서는 얼마나 많은 도표가 필요할지 상상해 보라. 다음으로, 이 화합물로 이루어지는 상상할 수 있는 모든 혼합물의 물성을 나타내기 위해 얼마나 많은 도표가 필요할 것인지도 생각해 보라. 분명히 모든 문제에 대해 제I부에서 적용한 동일한 기법을 그대로 적용할 수는 없다. 여전히 에너지 및 엔트로피 수지를 이용하지만 순수 화합물과 혼합물의 물리적 성질을 보다 압축된 형태로 나타낼 필요가 있으며 매우 제한된 데이터에 근거하여 물리적 성질을 예측할 수 있기를 원한다.

기대한 바와 같이, 수학적 용어의 사용은 매우 훌륭한 속기법이 될 수 있다. 수증기표에서 어떤 값을 찾는 경우에 관심 있는 변숫값(예: S나 H)을 구하기 위해서는 2개의 변숫값만 알면 충분하다는 것을 알았다. 여기에 두 변수를 포함하는 미적분학이 적용될 것이다. 관심 있는 각 변숫값의 변화를 가장 편리한 임의의 다른 두 변수들의 변화로 나타낼 수 있다. 수학적으로 가장 편리한 두 변수는 온도와 밀도이고 실험적으로 가장 편리한 변수는 온도와 압력임이 밝혀졌다.

수학적 해석의 함축성에는 한계가 있다. 그 한계는 관심 있는 물성을 원하는 수준의 정확도로 나타내는데 어느 정도의 물리적 통찰력이 요구되는가에 따라 결정된다. 물리적 통찰력 없이는 단순히 원하는 값만 측정할 수 있을 뿐이며 실제적이지 못하다. 최대한도의 물리적 통찰력으로는 주기율표에 주어진 것과 같은 기본적인 전자구조와 이미 알고 있는 분자구조를 이용하여 모든 물성을 나타낼 수 있다. 현재의 기술 수준은 이들 두 한계 사이에 위치하고 있지만 좀 더 기본적인 편에 가깝다. 분자 수준의 상호 간섭에 대한 정교한 해석의 발전에 따라 일반적으로 신중하게 선택된 물리적 성질을 특징짓는 3개의 매개변수를 이용하여 대부분의 공학 응용분야에서 필요로 하는 정확도 수준까지 충분히 물성을 나타낼 수 있다는 것을 입증할 수 있다. 이러한 해석을 통해 상태방정식에 이르게 되는데 이는 다시 필요한 수학기법과 결합되어 관심 있는 물리적 성질을 계산하고 예측하는 수단이 된다. van der Waals 상태방정식이 유도되어 물리적 통찰과 적절한 바깥짐작 기법에 바탕을 둔 공학모델 개발의 뛰어난 사례가 되었다. van der Waals 이전에는 증기상은 오늘날 이상기체라고 부르는 상태로 나타내었으며 액체는 이와는 전적으로 다른 종류인 것으로 간주하는 것이 기본적인 개념이었음을 유의하라. van der Waals의 해석을 통해 유체에 대한 두 개념이 통합되었으며 계면 및 다른 비균질 유체의 해석을 위한 계기가 되었다. van der Waals의 접근 방법은 비균질 유체에 대한 오늘날의 연구에서도 그 명맥을 이어 가고 있다.

6 CHAPTER

고전 열역학 –임의의 유체에 대한 일반화

우연히 J.W.Gibbs의 업적을 알게 되었을 때 삶의 진실을 기술해 놓은 책을 발견한 어린 소년과 같아짐을 느꼈다.

T.von Karmann

전후관계나 검증 없이 '고전 열역학'이라면, 일반적으로 유체에서 에너지와 엔트로피의 수학적 변환을 취급하는 물리화학의 한 분야를 일컫는다. 여기에서 변환은 상태함수의 특성 때문에 몇 가지 제약을 받는다. 이 분야는 1800년대 후반기에 J.W.Gibbs(Gibbs는 1863년 미국에서 첫 번째 공학박사 학위를 받았다)의 노력에 의해 널리 발전되었다. 여기서는 세 가지 관점에 중점을 둔다.

1. 기본 특성 관계: $dU(S, V) = TdS - PdV$
2. 측정 가능하지 않은 성질의 특성치 의존성을 측정 가능한 변수를 이용하여 나타내는 일반식들의 전개: 예를 들어 P, V, T를 이용하여 나타낸 U와 H의 압력과 온도 의존성
3. 상평형: 예를 들어 품질과 조성의 계산

기본적인 성질의 관계식은 에너지 수지식과 엔트로피 수지식 간의 매우 일반적인 관계를 나타낸다. 이는 상태함수를 수학적으로 서로 연관시켜 줌으로써 에너지와 엔트로피 변화가 얼마인지를 생각할 때 특정한 물리적 상황이 필요하지 않도록 해 준다. 즉 어느 한 변수가 알고 있는 다른 변수에 대하여 어떻게 변하는가를 나타내는 것이다. 예를 들어 압력과 엔탈피로부터 조름(throttle)의 상류 성질을 결정하는 것과 같이 증기가 포함되는 여러 문제의 해를 구하기 위해 이와 같은 접근법이 적용된다. 이 장에서는 측정된 변수에 의존하는 성질에 관한 일반적인 식을 전개하기 위한 준비로 한 세트의 변수를 다른 세트의 변수로 변환시키는 방법을 이해하는 것에 초점을 두기로 한다.

'고전 열역학'을 이용하여 증기에 대한 통찰력을 임의의 조건하에 있는 유체에 일반화시킬 수

있다. 모든 공학적 공정에서는 한 조건에서 다른 조건으로의 전환을 다룬다. 한 상태로부터 다른 상태에 도달하는 자신의 경로를 개발하는 방법을 배워야 한다. 각 단계에 대한 변화를 계산하고 그것을 합산할 수 있으면 어떤 경로를 취하든지 상관없다. 7장에서는 van der Waals가 그의 방정식을 고안하여 주어진 밀도와 압력에서 임의의 유체에 대한 압력을 추산할 수 있게 한 통찰력을 소개한다. 이러한 해석을 통해 현재와 미래의 상태방정식의 개발 근거도 명확해진다. 8장에서는 최소의 실험측정을 기반으로 임의의 상태하에 있는 임의의 유체에 대한 열역학적 성질을 추산하기 위해 상태방정식을 편리하게 적용할 수 있는 경로를 소개한다.

마지막으로 성질의 추산 부분에는 상전이에 따른 열역학적 성질의 변화에 대한 계산을 포함하고 있으므로 공정 계산에 사용될 수도 있다[예: 터빈의 팽창과정에서 응축물의 생성과 품질(quality)의 규정]. 상변화에 대한 일반화된 해석에서는 상평형의 개념과 평형이 온도와 압력 변화에 의해 어떤 영향을 받는가에 대한 이해가 요구된다. 이 장에서 전개하는 기법은 8장의 비이상 유체 거동에 대한 열역학을 해석하기 위해 약간 다른 형태로 통합된다.

학습목표

1. dU와 H, A, G의 정의가 주어지면 dU와 같은 변수를 dH, dA, dG, dS, dP, dV, dT로 변환(식 6.5~6.7의 Legendre 변환, 예제 6.7)
2. '측정 가능한 성질'이 의미하는 바와 그것이 유용한 이유를 설명*
3. 연쇄규칙과 다변수 미적분을 적용하여 하나의 도함수를 다른 도함수로 변환(식 6.11~6.17)
4. Maxwell 관계식을 이용하여 도함수를 상호변환
5. 편미분을 둘 혹은 세 단계로 조작하여 측정 가능한 성질을 이용하여 나타냄
6. 적절한 엔트로피의 온도에 대한 편도함수를 C_P와 C_V로 대체
7. 등온 압축률과 Joule-Thomson 계수와 같은 도함수 성질의 특징을 파악하고 측정 가능한 성질을 이용하여 나타냄
8. 이상기체와 밀도의존 항으로부터 $\Delta U(T, V)$와 $\Delta S(T, P)$ 혹은 $\Delta S(T, V)$ 등을 산출할 수 있는 단계별 과정을 고안

6.1 기본적인 성질 관계

이 장에서 설명하는 모든 식의 기초가 되는 하나의 식이 존재한다. 그 식은 축일이 없는 닫힌계에 대한 에너지 수지식과 엔트로피 수지식을 결합한 식이다. 이 절에서 추가한 유일한 특징으로는 특정한 물리적 상황에 대한 기준상태를 제거했다는 것이다. 순수한 수학적 영역으로 변환시키면 다변수 미적분을 자유롭게 적용하여 어떤 문제든지 때에 따라 가장 편리해 보이는 변수로 변환시킬 수 있다. 이 책의 전반에 걸쳐 자주 그렇게 비교적 편리한 형태가 나타나므로, 여기서 그것들이 U의 변화에 대한 기본적인 성질 관계식이 변화된 형태임을 분명하게 보일 것이다.

단순계에서 dU에 대한 기본적인 성질 관계식

여기서 다루는 계는 내부에 단단한 불침투성 단열벽과 내부 온도구배가 없고 외부에 힘이 작용하지 않는 계로 제한한다. 단순계라는 것은 이런 제약 조건이 적용되는 계이다. 그러나 이것은 엄격한 제약 조건은 아니다. 대부분의 계는 단순계의 합성으로 이루어진다. 목표는 열과 일 같은 크기 성질(extensive properties)로부터 밀도, 온도, 비엔트로피와 같은 세기(intensive) 성질(상태)로 에너지 수지식을 변환시키는 것이다. 그러기 위하여 단순히 세기상태에 관계하는 한 최종 결과가 경로에 무관하다는 것을 상기하여 임의의 편리한 물리적 경로를 생각할 수 있다.

닫힌 단순계에 대한 에너지 수지식은

$$d(U+E_K+E_P) = dQ + dW_S + dW_{EC} \qquad \langle 식\ 6.1\rangle$$

이며 여기서 E_K와 E_P는 계의 질량 중심의 세기 운동에너지와 퍼텐셜 에너지이다. 단순한 계에서는 구배나 축일이 없고 계의 질량 중심을 기준으로 취하여 E_K와 E_P의 변화를 무시할 수 있으므로 팽창 또는 수축을 유발하는 힘을 제외한 모든 표면력은 소거한다.

$$dU = dQ - PdV \qquad \langle 식\ 6.2\rangle$$

구배가 무시되는 것에 주목하면 두 상태 간의 가역적 미소 변화는

$$dU_{rev} = dQ_{rev} - (PdV)_{rev} \qquad \langle 식\ 6.3\rangle$$

그러나 정의에 의해

$$d\underline{S} = \frac{d\underline{Q}_{rev}}{T_{sys}} \Rightarrow T_{sys}d\underline{S} = d\underline{Q}_{rev} \qquad (T_{sys}\text{-}Q\text{가 전달되는 지점의 온도})$$

계가 단순하기 때문에 내적으로 가역적인 공정의 경우에는 계 전반의 온도는 균일해야 한다(구배가 없다). 따라서 계의 온도는 전체적으로 단일온도이다. 1몰 기준으로 dU의 기본적인 성질 관계식은

$$\boxed{dU = TdS - PdV} \qquad \langle 식\ 6.4\rangle$$

❗ 닫힌 단순계에 대한 dU

이 관계식의 특징은 하나의 상태 변수 dU의 변화가 2개의 다른 상태 변수의 변화 dS와 dV와 연관된다는 것이다. 그러므로 열흐름과 부피 변화를 에너지 변화와 연관시키는 물리적 문제가 전적으로 두 변수를 가지는 미적분의 수학적인 문제로 변환된 것이다. 이러한 변환으로 에너지의 전환에 대한 물리적 의미를 깊이 생각할 필요가 없게 되었다. 그 대신 주어진 S와 V의 변화에 대하여 비교적 간단한 미적분 규칙을 적용할 수 있게 된다.

편의 성질에 대한 보조 관계식

dU는 S와 V의 함수로서 가장 단순하게 나타낼 수 있기 때문에 S와 V의 자연함수(natural function)라고 부른다. 다른 상태 성질($\{P, T\}$나 $\{T, V\}$ 같은)을 이용해서도 내부에너지 변화를 나타낼 수 있지만 이 경우에는 항상 추가적인 도함수가 나타난다. 예제 6.11에서 좀 더 상세하게 다루게 될 것이다. 아울러 편의 성질에 대한 자연 변수에 대하여 살펴볼 것이다.

엔탈피는 $H \equiv U + PV$로 정의하였다. 따라서 $dH \equiv dU + PdV + VdP = TdS - PdV + PdV + VdP$,

❗ 가역적인 닫힌 단순계에 대한 dH. 열과 압력을 조작할 때는 엔탈피가 편리하다.

$$\boxed{dH = TdS + VdP}$$ 이 식은 H가 S와 P의 자연함수임을 보여 주고 있다. 〈식 6.5〉

여기서 실행한 조작을 **Legendre 변환**이라 한다. $\{T, S\}$와 $\{P, V\}$는 U와 변환된 H에서 모두 짝을 이룬다. 이 짝을 **켤레짝**이라 하고 모든 변환에서 짝지어 나타날 것이다.[1]

엔탈피는 가역적인 열흐름과 압력이 변화하는 문제에 특별히 유용하도록 정의되었으므로 이를 **편의 성질**이라 한다. 이제까지 사용에 너무 익숙해서 실제로 엔탈피는 무엇인지에 궁금할 것이다. 엔탈피를 소개할 때를 다시 생각해 보면, 새로운 도구가 필요하기 때문에 임의로 정의했었다는 것을 알 수 있다. 엔탈피가 일정 압력의 닫힌계에 대한 열전달과 정상상태 흐름계에 대한 열전달/축일과 관련되어 있다는 사실은 엔탈피를 조심스럽게 정의한 결과이다.

특히, 입자계를 설정하여 일정 온도에서 부피(분자 간 거리)를 변화시키고자 하는 어떤 문제를 다루는 통계역학에서는 T와 V를 조작하고자 할 수도 있다. 이러한 상황은 피스톤과 실린더에 대한 문제에서 상당히 자주 나타난다. U가 T와 V의 자연함수가 아니므로 상태 성질이 편리하다. 따라서 **Helmholtz 에너지** $A \equiv U - TS$를 정의한다. 이는 $dA = dU - TdS - SdT = TdS - PdV - TdS - SdT$이므로

❗ T와 V가 조작될 때는 Helmholtz 에너지가 편리하다.

$$\boxed{dA = -SdT - PdV}$$ A가 T와 V의 자연함수임을 보여 주고 있다. 〈식 6.6〉

등온계에 대한 팽창/수축 일이 Helmholtz 에너지와 어떻게 연관되는지 생각해 보자. 일정한 T와 V에서 Helmholtz 에너지의 도함수가 0일 때 평형이 이루어진다. 자주 사용되는 또 다른 편의 성질은 **Gibbs 에너지**로서 $G \equiv U - TS + PV = A + PV = H - TS$ 이다. 따라서 $dG = dH - TdS - SdT = TdS + VdP - TdS - SdT$이다.

❗ T와 P가 조작될 때는 Gibbs 에너지가 편리하다.

$$\boxed{dG = -SdT + VdP}$$ G가 T와 P의 자연함수임을 보여 주고 있다. 〈식 6.7〉

Gibbs 에너지는 특히 온도와 압력이 조절되는 상평형 문제에서 이용된다. T와 P가 일정한 계에 대해 Gibbs 에너지 도함수가 0일 때 (⇒ 구동력의 합이 0이 되어 Gibbs 에너지는 최소가 된다) 평형이 이루어진다. T와 P가 일정하면($dT = 0$, $dP = 0$), $dG = 0$임을 유의하라. Helm-

1 상세한 것은 J. W. Tester와 M.Modell의 *Thermodynamics and Its Application*, 3rd Ed, Prentice Hall, Upper Saddle River, NJ.,1996을 참고한다.

표 6.1 • 기본적인 성질 관계식과 보조적인 성질 관계식

	자연 변수	Legendre 변환	변환된 변수 세트
$dU = T\,dS - P\,dV$	$U(S, V)$		--------
$dH = T\,dS + V\,dP$	$H(S, P)$	$H = U + PV$	$\{V, P\}$
$dA = -S\,dT - P\,dV$	$A(T, V)$	$A = U - TS$	$\{S, T\}$
$dG = -S\,dT + V\,dP$	$G(T, P)$	$G = U - TS + PV$	$\{S, T\}$, $\{V, P\}$

holtz 에너지와 Gibbs 에너지는 엔트로피 효과를 내포하고 있다. Helmholtz 에너지($A = U - TS$)와 Gibbs 에너지($G = H - TS + PV$)의 부호를 살펴보면 다른 에너지에서 엔트로피의 증가만큼 빼 주도록 되어 있다. 다시 말하면 엔트로피가 증가하면 에너지의 증가는 감소하는데 이 에너지를 흔히 **자유에너지**라 부른다. 이 자유에너지와 최대 일 간의 관계를 4.12절에서 설명하였다.

요약하면 일반적인 Legendre 변환을 표 6.1에 정리하였다. 다른 Legendre 변환은 18장에서 사용하게 될 것이다.

때때로 직관적으로 평형에서 에너지가 최소화된다고 생각할 수 있을 것이다. 그러나 좀 더 깊이 생각해 보면 순전히 에너지를 기초로 하는 평형에서는 궁극적으로 모든 원자가 퍼텐셜 우물이 최소가 되는 어떤 한 상태에 도달한다는 것을 나타낸다. 전체 세상이 고체 블록일 수도 있다. 한편으로 엔트로피가 항상 최대가 된다면, 분자가 흩어져 모든 것이 기체와 같을 것이다. 또한 이 흥미로운 현상은 엔트로피 구동력에 의해 일어나는 퍼짐과 에너지 구동력에 의해 일어나는 수축이 균형을 이루는 좁은 범위의 조건(예: 298 K)에서만 가능하다. 이러한 균형이 어떻게 이루어지는가에 대한 더욱 자세한 평가는 다음의 여러 장에 걸쳐서 전개될 것이다.

6.2 도함수 관계식

1~5장에서는 이상기체 법칙이나 열역학적 선도나 표를 이용하여 유체의 특성을 나타내어 공정을 분석하였다. 대상물질에 대한 열역학적 선도/표들이 주어지지 않거나 유체에 대해서 이상기체 법칙이 적용되지 않을 경우에는 어떻게 해야 하는지 설명하지 않았다. 이러한 필요에 따라 P와 T와 같은 상태 변수를 이용하여 U와 H를 나타낼 수 있다면 이상적일 것이다. 식 2.35에서 식 2.38까지는 이상기체에 대해 이러한 일을 해 왔다. 불행하게도 실제유체에 대한 그와 같은 표현식은 훨씬 어렵다. 열역학적 선도나 표에서는 그러한 일이 이미 실행되어 있다. 선도와 표는 유체의 P-V-T 성질과 그 도함수값을 이용하여 H, U, S 값을 계산하여 정리한 것들이다. 7장에서 유체의 P-V-T 성질을 나타내는 상태방정식을 설명한 다음, 이들이 어떻게 적용되는가에 대한 사항을 8~9장에서 다루게 될 것이다. 이 장의 나머지 부분에서는 상태 변수를 측정 가능한 성질을 이용하여 나타내는 도함수의 조작에 필요한 중요한 수학적 도구를 살펴본다. 여기서 **측정 가능한 성질**로는

> ❗ T와 P와 같은 변수들로 나타낸 일반화된 U와 H의 표현식이 바람직하다. 더욱이 관계식들에서는 P-V-T 성질과 열용량이 이용된다.

1. P-V-T 와 P-V-T 만 포함되는 도함수
2. 저압에서 온도의 함수로 주어진 C_P와 C_V (사실, C_P와 C_V는 엔트로피 도함수를 나타내는 특수한 이름이다)
3. 만일 도함수의 제한 조건이나 도함수 내에 포함되지 않았다면 S도 가능함. 상태가 규정되면 S는 계산이 가능함

순수한 단일상 유체에 대한 Gibbs의 상규칙에 의하면 임의의 상태 변수가 다른 2개의 상태 변수의 함수라는 것을 상기하자. 편의상, 내부에너지를 $\{P, T\}$나 $\{V, T\}$ 혹은 다른 두 변수의 조합을 이용하여 나타낼 수 있다. 사실, 이미 내부에너지가 $\{S, V\}$의 자연함수임을 확인한 바 있다.

$$dU = T\,dS - P\,dV$$

실제 공정에서는 $\{S, V\}$보다 $\{V, T\}$와 $\{P, T\}$가 자주 조작되므로, 이 식을 적용하기가 쉽지만은 않다. 그러므로 다음과 같은 형태의 식을 찾는다.

$$dU = f(P, V, T, C_P, C_V)\,dV + g(P, V, T, C_P, C_V)\,dT \qquad \langle 식\ 6.8\rangle$$

이제 당면한 문제는 함수 $f(P, V, T, C_P, C_V)$와 $g(P, V, T, C_P, C_V)$를 결정하는 것이다. 함수를 결정하는 방법을 이해하는 유일한 길은 다변수 미적분을 검토한 후 결과를 주어진 문제에 적용하는 것이다. 여기서 적용하는 단계를 이해하기 위한 추가적인 배경을 알 필요가 있는 경우에는 수학이나 열역학에 대한 좀 더 깊은 이해가 필요한지 살펴보라. 수학에서는 일반적으로 연쇄 규칙의 변형이나 그에 관련된 도함수를 다룬다. 열역학에서는 최종 결과를 변형시킬 선호하는 변수를 선택하기 위해 집중한다. 이 장에서 열역학적인 전개는 다분히 수학적이지만 최종 목표는 U, H, A, G 등을 측정 가능한 성질을 이용하여 나타내는 것이다.

❗ 적용한 원리는 다변수 미적분을 이용한 것이다.

먼저 상호 연관시킬 상태 변수 $\{T, S, P, V, U, H, A, G\}$들의 집합이 존재한다는 것을 알아야 한다. 나아가 순수한 단순계에 대해서 2개의 상태 변수를 규정하면 다른 변수도 규정된다는 사실을 상규칙으로부터 알 수 있다(즉, 자유도가 2). **이 절에서 전개되는 상관관계는 순수 단순계에 적용되고, 전적으로 수학적이므로 증명은 엄밀하게 '열역학'의 범위 내에 국한하지 않는다.** 처음 4개의 상태 성질의 집합인 $\{T, S, P, V\}$가 실험적으로 가장 유용한 성질의 부분집합이므로 제어 변수로 사용하기 위해 자주 선택된다. 따라서 만일 이 변수 중에서 2개 변수의 변화를 안다면 U, H, A, G를 포함하는 다른 변수들의 변화도 결정할 수 있다. 이제 U의 변화를 x와 y로 나타내는 어떤 두 성질의 변화로 나타내고자 한다. 수학적으로 나타내면 다음과 같다.

$$dU = (\partial U/\partial x)_y\,dx + (\partial U/\partial y)_x\,dy \qquad \langle 식\ 6.9\rangle$$

여기서 x와 y는 성질 중 임의의 두 변수이다. 또한 위의 식을 다음과 같이 나타낼 수도 있다.

$$dT = (\partial T/\partial x)_y\,dx + (\partial T/\partial y)_x\,dy \qquad \langle 식\ 6.10\rangle$$

여기서 x와 y는 T가 아닌 임의의 성질이다. 이러한 수학적 구조가 짝을 이룬 모든 성질을 결정하는 방법이 된다. 이 분석법을 집합 중 모든 변수의 조합으로 확장할 수 있다. 이 장의 나머지 부분에서 보게 되는 바와 같이, 다른 조합들보다 좀 더 유용한 조합이 존재한다. 상태방정식을 다루게 되는 다음 장에서는 좀 더 특수한 조합을 필요로 하게 된다. 미적분 시간에 강조되지 않는 열역학만의 특징은 예를 들어 $(\partial U/\partial x)_y$에서 y와 같이 일정 값으로 고정된 양의 중요성이다. 수학에서는 변수가 2개만 존재하며 ∂x가 변화하는 변수를 나타내면 y는 일정하게 고정된다는 것은 당연하다. 그러나 열역학에서는 두 변수가 동시에 변하더라도 이들 두 변수 이외에 많은 다른 변수가 존재한다. 예를 들어 $(\partial U/\partial T)_V$는 $(\partial U/\partial T)_P$와 전혀 다르므로 하첨자를 생략하거나 무심코 잃어버리지 말아야 한다.

기본적인 항등식

도함수를 조작하면서 알아두어야 할 다음 형태의 도함수 관계가 자주 나타난다.

$$\left(\frac{\partial x}{\partial y}\right)_z = \frac{1}{\left(\frac{\partial y}{\partial x}\right)_z} \qquad \text{〈식 6.11〉}$$

$$\boxed{\left(\frac{\partial x}{\partial y}\right)_x = 0 \text{ 이고 } \left(\frac{\partial x}{\partial y}\right)_y = \infty} \qquad \text{〈식 6.12〉}$$

기본 정의식

$$\boxed{\left(\frac{\partial x}{\partial x}\right)_y = 1} \qquad \text{〈식 6.13〉}$$

삼중곱 규칙(Triple Product Rule)

만일 $F = F(x, y)$이면

$$dF = (\partial F/\partial x)_y\, dx + (\partial F/\partial y)_x\, dy \qquad \text{〈식 6.14〉}$$

$dF = 0$(일정 F에서)이면

$$0 = \left(\frac{\partial F}{\partial x}\right)_y \left(\frac{\partial x}{\partial y}\right)_F + \left(\frac{\partial F}{\partial y}\right)_x \Rightarrow \left(\frac{\partial x}{\partial y}\right)_F = \frac{-\left(\frac{\partial F}{\partial y}\right)_x}{\left(\frac{\partial F}{\partial x}\right)_y} = \frac{-\left(\frac{\partial x}{\partial F}\right)_y}{\left(\frac{\partial y}{\partial F}\right)_x} \text{ or}$$

$$\boxed{\left(\frac{\partial x}{\partial y}\right)_F \left(\frac{\partial y}{\partial F}\right)_x \left(\frac{\partial F}{\partial x}\right)_y = -1} \qquad \text{〈식 6.15〉}$$

삼중곱 규칙

유용한 두 가지 관계식

먼저 x와 y 그리고 F의 세 변수가 포함된 편도함수(partial derivative)에서 **연쇄 규칙**을 이용하여 제4변수인 z를 도입할 수 있다.

❗ 연쇄 규칙에 의한 변수 도입

$$\left(\frac{\partial x}{\partial y}\right)_F = \left(\frac{\partial x}{\partial z}\right)_F \left(\frac{\partial z}{\partial y}\right)_F \quad \langle 식\ 6.16\rangle$$

또한 **확장 규칙**(expansion rule)이라는 과정을 이용하여 다른 유용한 관계식들을 얻을 수 있다. 일반적으로 미적분학 입문 교과서에서는 확장 규칙에 대해 자세하게 다루지 않는다.

❗ 확장 규칙

$$\left(\frac{\partial F}{\partial w}\right)_z = \left(\frac{\partial F}{\partial x}\right)_y \left(\frac{\partial x}{\partial w}\right)_z + \left(\frac{\partial F}{\partial y}\right)_x \left(\frac{\partial y}{\partial w}\right)_z \quad \langle 식\ 6.17\rangle$$

이는 함수 $F = F(x, y)$로부터 시작하였음을 상기하자. 확장 규칙을 잘 살펴보면 $(\partial x/\partial w)_z$와 $(\partial y/\partial w)_z$를 이용하여 도함수 $(\partial F/\partial w)_z$를 산출할 수 있는 방법을 알게 될 것이다. 그리하여 F의 편도함수 계산을 x와 y의 편도함수로 변환시켰다. 이러한 관계는 S, U, H, A, G 등의 성질을 F에 대입하고 자연 변수를 x와 y에 대입시킨 기본적인 성질 관계식을 조작하는 데 특히 유용하다. 예제 6.1과 6.2가 그 예이다. 식 (6.17)을 다시 검토해 보자. 이는 식 6.14의 미분식을 취해 z가 일정하다는 조건하에 미분항을 dw로 나눈 것처럼 보이지만 그 방식은 미분 연산자 법칙을 위배한 것이다. 실제로 행한 내용은 그렇게 간단한 것이 아니다.[2] 그러나 이와 같은 방법으로 수식을 생각하면 복잡하게 보이는 표현식을 가장 쉽게 기억할 수 있다.

완전 미분식

이 절에서는 기본적인 성질에 미적분을 적용한다. Maxwell 관계식으로 알려진 수식을 유도하는 것이 목표이다. 임의의 상태 성질은 다른 두 상태 성질을 이용하여 표현할 수 있다는 것을 상기하면서 시작하자. 단지 두 변수에만 의존하는 어떤 함수에 대해서 수학적으로 완전 미분이라는 다음의 미분 관계식을 얻을 수 있다.

$$U = U(S, V) \Rightarrow dU = (\partial U/\partial S)_V\, dS + (\partial U/\partial V)_S\, dV \quad \langle 식\ 6.18\rangle$$

방금 실행한 바와 같이 임의의 상태 변수를 $\{T, S, P, V\}$ 중의 다른 두 변수를 이용하여 나타낼 수 있는 능력을 기르는 것이 매우 중요하지만 관계식이 그리 간단해 보이지는 않는다. 그러나 기본적인 성질 관계식은 다음과 같다.

$$dU = TdS - PdV \quad \langle 식\ 6.19\rangle$$

위의 두 식을 비교하면 다음과 같다.

2 Leithold, L., *The Calculus with Analytical Geometry*, 3판 p.929, 1976. Harper & Row.

$$T = (\partial U/\partial S)_V \text{ 이고} \qquad -P = (\partial U/\partial V)_S \qquad \langle 식\ 6.20\rangle$$

이것은 식 6.18의 도함수가 실제로는 잘 알려진 성질이라는 것을 의미한다. 유사한 방식으로 엔탈피로부터 간단치 않아 보이는 도함수에 대해서 알 수 있다.

$$H = H(S, P) \Rightarrow dH = (\partial H/\partial S)_P dS + (\partial H/\partial P)_S\, dP \qquad \langle 식\ 6.21\rangle$$

그러나 기본적인 성질 관계식은 다음과 같다.

$$dH = TdS + VdP$$

위의 두 식을 비교하면 다음과 같다.

$$T = (\partial H/\partial S)_P \text{ 이고} \qquad V = (\partial H/\partial P)_S$$

이제 명확한 형태가 나타나고 이런 해석을 Helmholtz 에너지와 Gibbs 에너지까지 확장할 수 있다는 것을 알 수 있다. 실제로 이러한 관계식에서 2차 도함수들 사이의 관계를 구할 수 있다. U, H, A, G와 같은 성질이 오직 2개의 다른 상태 변수의 상태 성질이라는 사실로부터 2개의 다른 상태 변수로 주어지는 미분식은 수학적으로 완전 미분임을 알 수 있다. 이러한 성질에 대해 완전 미분방정식의 성질을 적용할 수 있다. 여기서는 특징을 소개하였으며 상세한 내용은 미적분학 교재를 참고하라. 일반적인 두 변수함수 $F = F(x, y)$를 생각하면

$$dF = \left(\frac{\partial F}{\partial x}\right)_y dx + \left(\frac{\partial F}{\partial y}\right)_x dy$$

완전 미분식을 적용하면 x에 대한 미분을 취해 함수 M으로 정의할 수 있다.

$$M \equiv (\partial F/\partial x)_y = M(x, y) \qquad \langle 식\ 6.22\rangle$$

같은 방식으로 y에 대한 미분을 취해 N을 정의한다.

$$N \equiv (\partial F/\partial y)_x = N(x, y) \qquad \langle 식\ 6.23\rangle$$

완전 미분식

2차 도함수를 취하고 미분 순서는 상관없다는 다변수 미적분법을 상기하면 다음 식을 얻는다.

$$\frac{\partial^2 F(x, y)}{\partial x \partial y} = \frac{\partial}{\partial x}\left(\left(\frac{\partial F(x, y)}{\partial y}\right)_x\right)_y = \frac{\partial}{\partial y}\left(\left(\frac{\partial F(x, y)}{\partial x}\right)_y\right)_x = \frac{\partial^2 F(x, y)}{\partial y \partial x} \qquad \langle 식\ 6.24\rangle$$

$$\left(\frac{\partial N}{\partial x}\right)_y = \left(\frac{\partial M}{\partial y}\right)_x \qquad \langle 식\ 6.25\rangle$$

Euler의 상호관계식

이 간단한 결과를 때로는 Euler의 상호관계식이라 부른다.[3] 상호관계식을 적용하기 위해 $H = H(S, P)$임을 감안하여 엔탈피에 대한 전미분을 취하면

$$dH = (\partial H/\partial S)_P dS + (\partial H/\partial P)_S\, dP = TdS + VdP \qquad \langle 식\ 6.26\rangle$$

3 다른 표현에서는 '완전 미분의 조건'이라는 말이 있다. 또는 Rudolf Clausius에 의해 '직접 적분가능성'으로 불렸다.

2차 도함수를 취하면 다음과 같다.

$$\frac{\partial^2 H}{\partial S \partial P} = \frac{\partial^2 H}{\partial P \partial S} = \left[\frac{\partial}{\partial S}\left(\frac{\partial H}{\partial P}\right)_S\right]_P = \left[\frac{\partial}{\partial P}\left(\frac{\partial H}{\partial S}\right)_P\right]_S \qquad \text{〈식 6.27〉}$$

$$\Rightarrow \left(\frac{\partial V}{\partial S}\right)_P = \left(\frac{\partial T}{\partial P}\right)_S \qquad \text{〈식 6.28〉}$$

다른 열역학적 성질들의 함수에 유사한 유도과정을 적용하면 Maxwell 관계식으로 알려진 결과를 얻을 수 있다.

Maxwell 관계식

Maxwell 관계식

$$dU = TdS - PdV \;\Rightarrow\; -(\partial P/\partial S)_V = (\partial T/\partial V)_S \qquad \text{〈식 6.29〉}$$

$$dH = TdS + VdP \;\Rightarrow\; (\partial V/\partial S)_P = (\partial T/\partial P)_S \qquad \text{〈식 6.30〉}$$

$$dA = -SdT - PdV \Rightarrow (\partial P/\partial T)_V = (\partial S/\partial V)_T \qquad \text{〈식 6.31〉}$$

$$dG = -SdT + VdP \Rightarrow -(\partial V/\partial T)_P = (\partial S/\partial P)_T \qquad \text{〈식 6.32〉}$$

예제 6.1 *H*의 압력 의존성

$\left(\frac{\partial H}{\partial P}\right)_T$ 에 대한 관계를 유도하고 20°C에서 (a) $\left(\frac{\partial V}{\partial T}\right)_P = 2.07 \times 10^{-4}\ \text{cm}^3/\text{g-K}$이고 $\left(\frac{\partial V}{\partial P}\right)_T = -4.9 \times 10^{-5}\ \text{cm}^3/\text{g-bar}$, $\rho = 0.998\ \text{g/cm}^3$인 물과 (b) 이상기체에 대한 값을 구하라.

풀이

먼저 일반적인 관계식 $dH = TdS + VdP$을 생각하자. 확장 규칙을 적용하면

$$\left(\frac{\partial H}{\partial P}\right)_T = T\left(\frac{\partial S}{\partial P}\right)_T + V\left(\frac{\partial P}{\partial P}\right)_T^{\nearrow 1} = T\left(\frac{\partial S}{\partial P}\right)_T + V$$

Maxwell 식에 의해 엔트로피의 도함수가 다음과 같이 치환되며

$$\left(\frac{\partial H}{\partial P}\right)_T = -T\left(\frac{\partial V}{\partial T}\right)_P + V \qquad \text{〈식 6.33〉}$$

이 관계식은 모든 유체에 적용된다.

(a) 액체 물에 대한 값을 대입하면

$$\left(\frac{\partial H}{\partial P}\right)_T = -293.15(2.07 \times 10^{-4}\text{cm}^3/\text{g-K}) + 1.002$$

$$= -0.061 + 1.002$$

그러므로 식 2.42와 예제 2.6에서 사용한 바와 같이 액체 물에 대하여 실내 온도에서 6% 이내로 $\left(\frac{\partial H}{\partial P}\right)_T \approx V$의 관계가 성립한다.

(b) 이상기체에 대하여 $(\partial V/\partial T)_P$를 산출해야 한다. 관계식을 $V = RT/P$에 적용하면 $(\partial V/\partial T)_P = R/P$이다. 식 6.33에 대입하면 이상기체의 경우에는 엔탈피가 압력에 무관하게 된다.

$$\left(\frac{\partial H}{\partial P}\right)_T = -\frac{TR}{P} + V = -V + V = 0 \qquad \text{〈식 ig 6.34〉}$$

비이상기체의 경우에는 편미분이 달라지므로 8장에서와 같이 엔탈피가 압력에 의존하게 된다.

예제 6.2 일정 압력 P에서 T에 대한 엔트로피 변화

$(\partial S/\partial T)_P$를 C_P, C_V, T, P, V와 이들의 도함수를 이용하여 나타내라.

풀이

C_P는 일정 압력에서 H의 온도에 대한 도함수이다. 엔탈피의 기본적인 성질 관계식에서 출발하여 확장 규칙을 적용한다. $dH = TdS + VdP$임을 상기하자.
식 6.17에 확장 규칙을 적용하면

$$\left(\frac{\partial H}{\partial T}\right)_P = T\left(\frac{\partial S}{\partial T}\right)_P + V\left(\frac{\partial P}{\partial T}\right)_P \qquad \text{〈식 6.35〉}$$

식 6.12의 기본 항등식을 우변의 두 번째 항에 적용하면 압력이 도함수와 제약 조건에 나타므로 0이 된다.

$$\left(\frac{\partial H}{\partial T}\right)_P = T\left(\frac{\partial S}{\partial T}\right)_P$$

그러나 좌변의 정의는 식 2.36으로 주어진다. 즉 $C_P \equiv (\partial H/\partial T\})_P$이다.
그러므로 $(\partial S/\partial T)_P = C_P/T$이며, 이 식은 이전의 식 4.31이며 정압 열용량은 일정 압력에서 온도에 대한 엔트로피의 도함수와 관련되어 있음을 알 수 있다. 일정 부피에서의 내부에너지 U에 대해서도 유사한 해석을 통해 정용 열용량과 일정 부피의 조건에서 온도에 대한 엔트로피의 도함수 간의 관계식을 얻을 수 있다. 즉, 식 4.30이 된다.

$$(\partial S/\partial T)_V = C_V/T$$

예제 6.3 ***T*와 *P*의 함수로서 엔트로피**

온도와 압력에 대한 유체의 엔트로피 변화에 관한 일반적인 관계식을 C_P, C_V, P, V, T와 이들 도함수를 이용하여 유도하라.

풀이

먼저 T와 P를 제어 변수로 선택하였으므로 식 6.14를 적용하여

$$dS = (\partial S/\partial T)_P\, dT + (\partial S/\partial P)_T\, dP \qquad \langle 식\ 6.36\rangle$$

그러나 위에서 유도한 바와 같이 $(\partial S/\partial T)_P = C_P/T$이고 Maxwell 관계식으로부터 다음을 얻을 수 있다.

$$(\partial S/\partial P)_T = -(\partial V/\partial T)_P$$

$$\Rightarrow dS\,(T, P) = C_P/T\ \ dT - (\partial V/\partial T)_P\ \ dP \qquad \langle 식\ 6.37\rangle$$

이는 $V(T, P)$를 나타내는 상태방정식이 주어지면 곧바로 활용할 수 있는 유용한 식이다.

유사한 방법으로 다른 열역학적 변수들에 대하여 식 6.37과 비슷한 관계들을 얻을 수 있음을 유의하라. 이런 식들은 많은 다른 공정관련 문제를 해결하기 위해 사용할 수 있는 강력하면서도 간단한 관계식들이다. 식 6.37과 더불어 몇 가지 유용한 식들을 다음에 정리하였다. 이 식들은 자주 유용하게 사용되므로 편리한 참고자료로 활용할 수 있도록 이 책의 마지막 부분에 있는 빠른 참조에 정리해 두었다.

유용한 식의 요약

$$dS\,(T, V) = C_V/T\ \ dT + (\partial P/\partial T)_V\ \ dV \qquad \langle 식\ 6.38\rangle$$

$$dS\,(V, P) = C_P(\partial T/\partial V)_P/T\ \ dV + C_V(\partial T/\partial P)_V/T\ \ dP \qquad \langle 식\ 6.39\rangle$$

$$dH\,(T, P) = C_P\ \ dT + [V - T(\partial V/\partial T)_P\,]\, dP \qquad \langle 식\ 6.40\rangle$$

$$dU\,(T, V) = C_V\ \ dT + [T(\partial P/\partial T)_V - P]\, dV \qquad \langle 식\ 6.41\rangle$$

도함수 조작의 중요성

상태방정식은 유체의 P, V, T 성질을 연관시킨다.

'C_P, C_V, T, P, V와 그에 대한 도함수가 왜 그렇게 중요한가?'에 대한 의문이 있을 수도 있다. 정답은 바로 이와 같은 기본적인 성질이 **실험적으로 측정 가능하다**는 것이다. 엔지니어들은 이들 기본적인 성질로 표현되는 **상태방정식**을 유도하였다. 간략하게 말하면, 상태방정식은 P와 V 그리고 T 간의 관계를 나타낸다. 그러므로 $P = P(V, T)$의 관계식을 알면 모든 도함수를 풀 수 있고 모든 변화를 합산할 수 있다. H와 U 그리고 S는 측정 가능한 계기가 없으므로 측정 가능하다고 간주하지 않는다. 6.2절을 상기하라. C_P와 C_V는 일반적으로 온도 변화에 따른 에너지 수지식을 이용하여 측정하지만 측정 가능한 것으로 간주한다. 편미분 조작의 목적은 측정 가능하지 않은 성질이 포함된 도함수를 측정 가능한 성질로 나타낸 도함수로 변환하는 것이다.

C_P와 C_V의 경우에 있어서 실제유체의 C_P나 이상기체의 C_P^{ig}를 언급할 때 매우 조심해서 구별해야 하지만, 문헌에서는 가끔 명확하게 구별하지 않는 경우가 있다. C_P가 이상기체에 대한 것인지 혹은 다른 경우의 것인지 문맥상으로 이해할 필요가 있다. 대부분의 경우에 온도의 영향을 감안하기 위해서 낮은 밀도의 C_P^{ig}를 사용한 뒤 비이상기체 밀도나 압력을 감안하기 위해서 dV 혹은 dP인 보정인자를 적용한다. 이런 방식으로 8장에서는 임의의 초기 (혹은 기준)조건에서 최종 조건으로의 ΔU, ΔH, ΔS, ΔA 혹은 ΔG를 계산하여 특정 화합물에 대한 수증기표와 같은 형식으로 결과를 정리하는 것을 상상할 수 있다.

학습 점검

2개의 미임계 등온선과 초임계 등온선을 그려라. 등온선을 이용하여 다음의 도함수가 수치적으로 어떤 값을 갖는지 설명하라. 즉, $(\partial P/\partial T)_V$, $(\partial V/\partial T)_P$, $(\partial V/\partial T)_T$을 설명하라. 액체와 기체에 대한 도함수의 상대적 크기값을 비교하라.

중요한 측정 가능한 도함수

유체성질에 관해 자주 거론되는 두 가지의 측정 가능한 도함수는 등온 압축률과 등압 열팽창계수이다. **등온 압축률**은

$$\kappa_T \equiv \frac{-1}{V}\left(\frac{\partial V}{\partial P}\right)_T = \frac{1}{\rho}\left(\frac{\partial \rho}{\partial P}\right)_T \qquad \langle 식\ 6.42 \rangle$$

❗ 등온 압축률

등압 열팽창계수는

$$\alpha_P \equiv \frac{1}{V}\left(\frac{\partial V}{\partial T}\right)_P = \frac{-1}{\rho}\left(\frac{\partial \rho}{\partial T}\right)_P \qquad \langle 식\ 6.43 \rangle$$

❗ 등압 열팽창계수

유사하게 자주 사용되는 성질은 다음과 같이 정의되는 **Joule-Thomson 계수**이다.

$$\mu_{JT} \equiv \left(\frac{\partial T}{\partial P}\right)_H \qquad \langle 식\ 6.44 \rangle$$

H에 대한 제약 조건이 적용되므로 측정 가능한 것으로 간주되지는 않지만, 이 특성치가 등엔탈피 조름공정에서 압력강하에 따른 온도 변화의 물리적인 상황과 어떻게 연관되어 있는지 쉽게 알 수 있다. 측정 가능한 성질을 이용한 조작은 문제 6.7에서 다룬다.

다음 두 예제에서는 특별히 간단한 상태방정식과 함께 편미분 조작을 적용하여 ΔS에 대한 표현식을 유도하는 방법을 보여 준다. 이 장에서는 이러한 개념적 접근 방법과 가정한 상태방정식의 특징적인 역할을 수립한다. 다음 장에서는 합리적인 상태방정식을 유도할 수 있는 물리적인 근거에 주목할 것이다. 편미분 조작은 완벽하게 정확하므로 모든 열역학적 모델링에 따른 어림짐작은 상태방정식에 대한 가정으로부터 기인한다. 공학적 열역학 모델이 부정확성을 나타낼 때는 상태방정식에 대한 가정을 재고하여 특정된 응용에 적합하도록 개선해야 한다.

예제 6.4 이상기체의 엔트로피 변화

어떤 기체가 상온 상압에서 높은 압력으로 압축된다. $\Delta S(T, P)$에 대한 모델을 전개하라. 이상기체 상태방정식을 가정하라.

풀이

낮은 (일정한) 압력에서의 온도 의존성으로부터 시작한다. 식 6.37을 이용하면

$$dS)_P{}^{ig} = C_P^{ig}\, dT/T \qquad \langle \text{식 ig} \rangle$$

일정 압력에서 온도 의존성을 감안했으므로 다음 단계로 일정 온도에서 압력 의존성을 감안한다. 도함수 $(\partial V/\partial T)_P$가 필요하다.

$$V = RT/P \;\Rightarrow (\partial V/\partial T)_P = R/P \qquad \langle \text{식 ig} \rangle$$

모두 결합하면

$$dS = \frac{C_P^{ig}}{T}dT - \frac{R}{P}dP = C_P^{ig}\, d\ln T - R\ln P \qquad \langle \text{식 ig} \rangle$$

C_P^{ig}는 T에 무관하다고 가정하고 적분하면 다음과 같다.

$$\Delta S = C_P^{ig} \ln (T_2/T_1) - R\ln (P_2/P_1) \qquad \langle \text{식 ig} \rangle$$

또다시 식 4.29에 도달했지만 이번에는 실제 기체에 적용하기 위해 필요한 변형을 쉽게 알 수 있다. 즉 도함수를 산출할 때 좀 더 현실적인 상태방정식으로 P-V-T 관계식을 대체하면 된다.

예제 6.5 단순한 비이상기체의 엔트로피 변화

상온 상압의 기체를 높은 압력으로 압축한다. $V = RT/P + (a + bT)$이며 여기서 a와 b는 상수인 상태방정식을 따르는 유체에 대한 $\Delta S(T, P)$의 모델식을 유도하라.

풀이

새로운 상태방정식을 대입하고 이전 예제를 따르면

$$(\partial V/\partial T)_P = R/P + b$$

압력의 영향을 고려하기 전에 낮은 P에서 온도의 영향을 조심스럽게 감안할 수 있으므로 아직 C_P^{ig}를 사용할 수 있다. 식 6.37에 대입하면 다음과 같다.

$$dS = \frac{C_P^{ig}}{T}dT - \frac{R}{P}dP - b\,dP = C_P^{ig}\, d\ln T - R\ln P - b\,dP$$

C_P^{ig}는 T와 무관하다고 가정하여 적분하면 다음과 같다.

$$\Delta S = C_P^{ig} \ln (T_2/T_1) - R\ln (P_2/P_1) - b\Delta P \qquad \langle * \rangle$$

상태방정식이 이보다 훨씬 복잡할 수도 있으므로 가장 효율적인 방식을 조심스럽게 고안하여 복잡한 상태방정식을 유용한 공학 모델로 변형하기 위한 도함수 관계식을 조직화할 필요가 있다. 8장에서 설명하는 이탈함수 형식이 이러한 효율성을 제공하는 예이다. 이 장에서 가장 중요한 조작은 일정한 압력에서 성질에 대한 부피 의존성일 것이다.

예제 6.6 에너지에 대한 *T*와 *V*의 영향을 감안

측정 가능한 성질을 이용하여 $\left(\frac{\partial U}{\partial V}\right)_T$에 대한 표현식을 유도하라. (a) 이상기체에 대하여 적용하라. (b) van der Waals 상태방정식 $P = RT/(V - b) - a/V$에 대하여 적용하라.

풀이

dU에 대한 기본적 관계식에서 시작하여

$$dU = TdS - PdV$$

확장 규칙을 적용하여

$$\left(\frac{\partial U}{\partial V}\right)_T = T\left(\frac{\partial S}{\partial V}\right)_T - P\left(\frac{\partial V}{\partial V}\right)_T \quad \langle 식\ 6.45\rangle$$

Maxwell 관계식과 기본적 항등식을 이용하여

$$\left(\frac{\partial U}{\partial V}\right)_T = T\left(\frac{\partial P}{\partial T}\right)_V - P \quad \langle 식\ 6.46\rangle$$

(a) 이상기체에 대해 $P = RT/V$이므로

$$\left(\frac{\partial P}{\partial T}\right)_V = \frac{R}{V},\quad \left(\frac{\partial U}{\partial V}\right)_T^{ig} = \frac{RT}{V} - P = 0 \quad \langle 식\ \mathrm{ig}\rangle$$

그러므로 이상기체의 내부에너지는 주어진 온도에서 부피(혹은 압력)에 의존하지 않는다.

(b) van der Waals 방정식에 대하여

$$\left(\frac{\partial P}{\partial T}\right)_V = \frac{R}{V-b},\quad \left(\frac{\partial U}{\partial V}\right)_T = \frac{RT}{V-b} - \left(\frac{RT}{V-b} - \frac{a}{V^2}\right) = \frac{a}{V^2} \quad \langle 식\ \mathrm{ig}\rangle$$

U, H, A, G 그리고 S 간의 의미 있는 연결식을 유도하기 위한 과정에서 편미분 조작이 중요하게 적용된다. 두 예를 통해 이러한 적용을 설명한다. 첫 번째는 에너지와 Helmholtz 에너지 간의 비교적 간단한 관계식의 유도이다. 이 교과서의 제III부의 용용에서 이 관계가 자주 나타난다. 두 번째 예제는 엔트로피의 미시적 정의와 거시적 정의 간의 연관성을 설명하기 위해서 사용되는 Einstein 고체에 관계된 것이다. 두 번째 예제에서는 좀 더 지루한 미적분이 필요하지만 엔트로피와 열용량뿐만 아니라 화학과 분광학에 관련된 통찰력을 보여 준다.

예제 6.7 Helmholtz 에너지와 내부에너지 간의 관계식

$(\partial(A/RT)/\partial T)_V$을 U, H, S, G와 이들의 도함수를 이용하여 나타내라.

풀이

곱의 규칙을 이용하면

$$\left(\frac{\partial(A/RT)}{\partial T}\right)_V = \frac{1}{RT}\left(\frac{\partial A}{\partial T}\right)_V - \frac{A}{RT^2}$$

식 6.6과 A의 정의식을 적용하면

$$\left(\frac{\partial(A/RT)}{\partial T}\right)_V = \frac{-S}{RT} - \frac{(U-TS)}{RT^2} = \frac{-U}{RT^2}$$

재정렬하고 일반적인 정의식 $\beta \equiv 1/kT$를 도입하여

$$\frac{U}{RT} = \left(-\frac{T\partial(A/RT)}{\partial T}\right)_V = \left(\frac{\beta\partial(A/RT)}{\partial \beta}\right)_V \quad \text{〈식 6.47〉}$$

식 (6.47)의 특징은 적분과 미분을 통해 Helmholtz 에너지를 내부에너지로 혹은 그 역으로 쉽게 변환할 수 있다는 것이다. 특히, 온도 의존성을 다항식으로 나타내면 쉽다.

이제는 4장에서 시작한 엔트로피와 온도 간의 관계식에 대한 공부로 돌아갈 때가 되었다. 약 1900년경 많은 실험적 관찰에 의해 전통적인 원자운동의 이론이 도전을 받게 되었다. 원자크기 혹은 그보다 작은 입자가 연속적인 에너지 단계에서 움직이는 것이 아니라는 것을 밝혔던 것이다. 예를 들어 질소의 공유결합은 고전적으로는 고온에서 진동하는 것으로 보이지만 저온에서는 딱딱해진다. 이러한 전이의 성질과 열용량에 대한 영향에 대한 설명이 필요하게 되었다. Einstein의 고체 모형이 많은 특이한 관찰을 설명하는 주요 이정표가 되었다.

Albert Einstein은 1901년과 1907년 사이에 45편의 논문을 썼다. 그중에서 11편이 열역학에 관한 것이며, 24편은 열역학에 관한 총설, 7편은 상대성 원리, 1편은 전자장 그리고 2편은 광전 효과에 관한 내용이었다. 물론 물리적 통찰력에 대한 지평을 열었기 때문에 그의 혁명적인 업적은 상대성 원리와 광전효과에 관한 내용이다. 그러나 열용량에 대한 그의 업적은 주장컨대 더욱 광범위하고 즉각적인 충격을 가져왔다. Einstein은 아주 간단한 양자이론을 이용하여 고전 이론이 설명하지 못하는 실험적 관찰을 예측하였다. 다음의 예제에서 기술적인 조작을 통해 엔트로피로부터 열용량을 구하고 절대 0 K에서 열용량이 0에 접근함을 보일 것이다.

예제 6.8 저온 열용량에 대한 양자론적 설명

예제 4.2의 Einstein 고체 모형 결과를 다음과 같이 재정렬할 수 있다.

$$\underline{S}/Mk = y = x\ln(1+x) - x\ln x + \ln(1+x) \quad \text{〈식 6.48〉}$$

여기서 $y = \underline{S}/Mk$이고 $x = \langle q_M \rangle = \underline{U}/M\varepsilon_q - 1/2$이다. 이 결과를 이용하여 지시한 바에 따라 $\underline{S}/Mk$, $\underline{U}/M\varepsilon_q - 1/2$ 그리고 C_V의 온도 의존성을 유도하라.

(a) $\underline{C}_V/Mk$에 대한 공식을 유도하라. $\beta\varepsilon_q = \{0.1, 0.2, 0.5, 1, 2, 5, 10\}$에 대하여 $\beta\varepsilon_q$에 대한 x, y, $\underline{C}_V/Mk$의 값들의 표를 작성하라.

(b) 다음의 은에 대한 데이터는 McQuarrie에 의해 작성된 표이다.[a] ε_q/k 값을 변화시켜 적합시키고 이론과 실험값을 비교하는 $\underline{C}_V/Mk$ 대 kT/ε_q의 그림을 그려라. 또 고전역학의 결과는 점선으로 나타내라.

T(K)	5	10	20	47.3	83.9	103.1	144.4	205.3
C_V(J/mol-K)	0.02	0.2	1.7	10.8	18.1	20.1	22.5	23.5

풀이

(a) $(\partial S/\partial T)_V = \underline{C}_V/T$이므로 논리적 단계는 $(\partial y/\partial T)_V = \underline{C}_V/MkT$를 취하는 것이다.

$$\frac{dy}{dT} = \frac{dx}{dT}\left[\ln(1+x) - \ln x + \frac{x}{1+x} - \frac{x}{x} + \frac{1}{1+x}\right] = \frac{dx}{dT}\ln\left(1+\frac{1}{x}\right) = \frac{\underline{C}_V}{MkT}$$

$$\frac{dx}{dT} = \left(\frac{1}{M\varepsilon_q}\right)\left(\frac{\partial \underline{U}}{\partial T}\right)_V = \frac{\underline{C}_V}{M\varepsilon_q}$$

$\underline{C}_V$가 상쇄되어 목표하는 바가 실종된 것 같지만 아무튼 대입하고 내부에너지가 내포되었다는 것을 유의하라.

$$\ln\left(1+\frac{1}{x}\right) = \beta\varepsilon_q \Rightarrow x = \frac{\underline{U}}{M\varepsilon_q} - \frac{1}{2} = [\exp(\beta\varepsilon_q) - 1]^{-1} \qquad \langle \text{식 } 6.49\rangle$$

기대했던 바와 같이 $\underline{C}_V$를 구하지 못했을지도 모르지만 $\underline{U}(T)$는 구했으므로 그의 정의식 $\underline{C}_V = (\partial U/\partial T)_V$로부터 $\underline{C}_V$를 구하는 것은 간단하다.

편의상 양변을 T로 곱하면

$$\frac{\underline{C}_V}{M\varepsilon_q}T = \frac{T}{M\varepsilon_q}\left(\frac{d\underline{U}}{dT}\right) = \left(-\frac{\beta\varepsilon_q}{M\varepsilon_q}\right)\left(\frac{d\underline{U}}{d(\beta\varepsilon_q)}\right) = (-\beta\varepsilon_q)\left(\frac{dx}{d(\beta\varepsilon_q)}\right) = \frac{(\beta\varepsilon_q)\exp(\beta\varepsilon_q)}{[\exp(\beta\varepsilon_q)-1]^2}$$

좌변을 k로 곱하고 나누면

$$\left(\frac{\underline{C}_V}{Mk}\right)\left(\frac{kT}{\varepsilon_q}\right) = \frac{(\beta\varepsilon_q)\exp(\beta\varepsilon_q)}{[\exp(\beta\varepsilon_q)-1]^2} \Rightarrow \left(\frac{\underline{C}_V}{Mk}\right) = \frac{(\beta\varepsilon_q)^2\exp(\beta\varepsilon_q)}{[\exp(\beta\varepsilon_q)-1]^2} \qquad \langle \text{식 } 6.50\rangle$$

$\beta\varepsilon_q$ 변화시키면서 에너지와 엔트로피값의 표를 작성하고 가장 낮은 온도가 오른쪽에 있는 것을 유의하여 $\underline{U}$와 $x = \langle q_M \rangle$의 값은 식 6.49로 계산하고, $\underline{S}/Mk$는 식 6.48로, $\underline{C}_V/Mk$는 식 6.50을 이용하여 계산한다. 0 K에 접근함에 따라 열용량이 0으로 접근하는 것을 볼 수 있다.

$\beta\varepsilon_q = \varepsilon_q/kT$	0.1	0.2	0.5	1.0	2.0	5.0	10
$x = \underline{U}/M\varepsilon_q - 1/2$	9.508	4.517	1.541	0.582	0.157	0.007	4.5E-5
$y = \underline{S}/Mk$	3.303	2.611	1.703	1.041	0.458	0.041	0.0005
$\underline{C}_V/Mk$	0.9992	0.997	0.979	0.921	0.724	0.171	0.005

(b) 예제 4.2에서 설명한 바와 같이 각 원자는 3개의 가능한 운동 방향을 가지므로 $M = 3N$이다. 그러므로 양자역학의 공식은 $\underline{C}_V/(Mk) = \underline{C}_V/(3Nk) = C_V/(3R)$이 된다.

고체 열용량의 고전적인 값은 자유도를 고려하여 유추할 수 있다.[b] 운동에너지와 퍼텐셜 에너지는 각각의 결합에 대한 자유도에 영향을 미친다. 각각의 자유도는 C_V에 $R/2$만큼 영향을 미친다는 2.10절의 내용을 상기하면 $\underline{C}_V^{cs} = 2(Nk/2)(M/N) = Mk = 3nR$ 또는 $C_V^{cs} = 3R$이고 여기서 C_V^{cs}는 고전적 고체의 열용량이다. (a)의 표로부터 고온에서 고전적 결과 $C_V^{cs}/3R = 1$에 접근함을 유의하라.

Excel에서 셀의 이름을 ε_q/k로 하고 식 6.50을 적용하여 $\underline{C}_V/Mk$를 적합하였다. 함수 SUMXMY2를 이용하여 $\Sigma(\text{calc} - \text{expt})^2$를 계산하였다. 해 찾기를 이용한 최소화를 통해 $\varepsilon_q/k = 159$ K를 구하였다. $\varepsilon_q/k = 159$ K에서 $C_V/3R$과 $\underline{C}_V/Mk$ 값을 다음의 표로 작성하였다.

$T(K)$	$C_V/3$R(expt)	$\underline{C}_V/Mk$(calc)
5.0	0.0009	1.6E-11
10.0	0.0080	03.1E-5
20.0	0.0670	0.0223
47.1	0.4331	0.4176
83.9	0.7257	0.7447
103.1	0.8047	0.8234
144.4	0.9013	0.9048
205	0.9402	0.9515

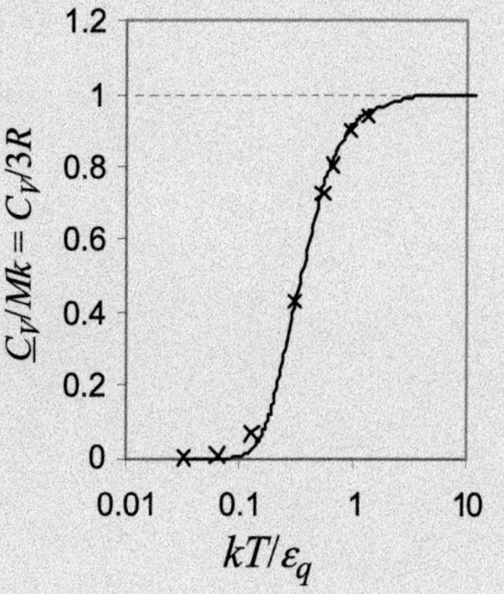

a. McQuarrie, D.A., 1976. *Statistical Mechanics.* New York, NY: Harper & Row, p. 205.

b. 여기서 설명하는 운동에너지와 퍼텐셜 에너지에 관한 자유도는 Gibbs의 상규칙에서 자유도와는 다르다. 2.10절을 참조하라.

Einstein의 표현식은 실험 데이터에 비해 너무 급격하게 0에 접근하지만, 고전적 이론과 실험의 커다란 양적 차이를 설명해 주고 있다. 수년에 걸쳐 여러 번 개선이 이루어져 더욱 데이터에 근접하게 적합하게 되었으나, 중요한 점은 양자화된 에너지로 인하여 0 K보다 상당히 높은 온도에서 진동 자유도가 소멸된다는 것이다. 이원자 분자에 대한 숙제에서 알아본 바와 같이 이러한 현상이 다원자 분자에도 적용된다. 이 책의 마지막 부분에 있는 빠른 참조에 수록된 바와 같이, C_P/R값이 높은 것으로부터 질소보다 브롬의 결합에너지가 약하다는 것은 확실하다. 보다 넓은 시각으로부터 Einstein의 근원적인 통찰력은 양자화된 에너지는 입자를 공간적인 상자가 아니라 에너지 준위에 위치시키는 것을 제외하고는 배열 엔트로피와 유사한 방식으로 열 엔트로피를 인식하는 것이다. 이런 방식으로 거시적 엔트로피의 정의와 미시적 엔트로피의 정의에서는 유사한 방식으로 분포를 활용한다는 것을 알 수 있다.

편도함수 조작을 위한 힌트

편도함수 취급을 위한 유용한 힌트

1. $\left(\frac{\partial S}{\partial T}\right)_P$와 $\left(\frac{\partial S}{\partial T}\right)_V$가 각각 C_P와 C_V와 관련되어 있다는 것을 유의하라.
2. 예를 들어 $\left(\frac{\partial T}{\partial P}\right)_H$와 같이 엔트로피, 엔탈피, Helmholtz 에너지 혹은 Gibbs 에너지가 일정하게 유지되는 도함수에서는 삼중곱 규칙(식 6.15)을 이용하여 그 함수를 괄호 안으로 가져간다. 그런 다음 확장 규칙(식 6.17)을 적용하여 측정 불가능한 양을 제거한다. 그 식에서 F가 기본적인 특성값일 때 확장 규칙은 매우 유용하다.
3. 도함수에 $\{T, S, P, V\}$만 포함된다면 Maxwell 관계식을 이용해 본다.
4. 만일 어떠한 방법도 효과가 없으면, Jacobian 법[4]을 적용한다. Jacobian 법을 이용하면 언제나 원하는 독립 변수로 주어지는 도함수를 얻을 수 있다.

예제 6.9 이상기체에 대한 C_V의 부피 의존성

$(\partial C_V/\partial V)_T$에 대한 식을 유도하여 어떻게 C_V가 부피(또는 압력)에 의존하는지 결정하라. 표현식을 이상기체에 대하여 평가하라.

풀이

힌트 1번에 따라 식 4.30을 적용하면

$$C_V = T\left(\frac{\partial S}{\partial T}\right)_V$$

연쇄 규칙에 의해

$$\left(\frac{\partial C_V}{\partial V}\right)_T = \left(\frac{\partial S}{\partial T}\right)_V\left(\frac{\partial T}{\partial V}\right)_T + T\frac{\partial}{\partial V}\left[\left(\frac{\partial S}{\partial T}\right)_V\right]_T$$

미분순서를 바꿔

$$\left(\frac{\partial C_V}{\partial V}\right)_T = T\frac{\partial}{\partial T}\left[\left(\frac{\partial S}{\partial T}\right)_T\right]_V = T\left(\frac{\partial^2 P}{\partial T^2}\right)_V$$

이상기체에 대하여 $P = RT/V$이므로 예제 6.6의 $\left(\frac{\partial P}{\partial T}\right)_V$는

$$\frac{\partial}{\partial T}\left[\left(\frac{\partial P}{\partial T}\right)_V\right]_V = \frac{\partial}{\partial T}\left(\frac{R}{V}\right)_V = 0 \qquad \langle\text{식 ig 6.51}\rangle$$

따라서 일정 온도에서 이상기체의 열용량은 부피(또는 압력)에 의존하지 않는다(7장에서 실제 유체를 취급하면서 이 미분을 재평가할 것이다).

4 이 방법은 선택적인 6.3절에서 다룬다.

예제 6.10 삼중곱 관계식의 응용

$(\partial S/\partial V)_A$를 C_P, C_V, T, P, V로 나타내라. 만일 S가 도함수 항의 내부에 있거나 도함수의 제약 조건이 아니면 답에 S의 절댓값이 포함될 수도 있다.

풀이

Helmholtz 에너지가 상수(힌트 #2)이기 때문에 삼중곱 규칙이 유용하게 적용될 수 있는 전형적인 경우이다. Helmholtz 에너지의 변화를 다른 변수들의 변화로 변환하는 것이 가장 쉽다. 삼중곱 규칙을 적용하면 다음과 같다.

$$(\partial S/\partial V)_A = -(\partial A/\partial V)_S\,/\,(\partial A/\partial S)_V$$

확장 규칙을 두 번 적용하여 $dA = -PdV - SdT \Rightarrow (\partial A/\partial V)_S = -P - S(\partial T/\partial V)_S$와 $(\partial A/\partial S)_V = 0 - S(\partial T/\partial S)_V$를 얻는다. 식 4.30을 이용하여 측정 가능한 도함수로 변환시키면

$$\Rightarrow \left(\frac{\partial T}{\partial S}\right) = \frac{T}{C_V} \text{ 그리고 } (\partial T/\partial V)_S = \left(\frac{\partial T}{\partial S}\right)_V \left(\frac{\partial S}{\partial V}\right)_T = -\frac{T}{C_V}\left(\frac{\partial P}{\partial T}\right)_V$$

대입하면

$$\Rightarrow \left(\frac{\partial S}{\partial V}\right)_A = \frac{-PC_V}{ST} + \left(\frac{\partial P}{\partial T}\right)_v$$

예제 6.11 이상기체에 대한 기본 방정식

이상기체에 대한 U의 변화값을 계산하기 위한 기본 방정식을 $\{V, T\}$로 나타내라.

풀이

$$dU = \left(\frac{\partial U}{\partial V}\right)_T dV + \left(\frac{\partial U}{\partial T}\right)_V dT$$

이전 예제의 결과를 적용하여

$$dU = C_V dT + \left[T\left(\frac{\partial P}{\partial T}\right)_V - P\right] dV \qquad \langle 식\ 6.52\rangle$$

이 식은 $\{S, V\}$로 나타낸 기본적인 성질의 관계식보다 좀 더 복잡함을 유의하라. 이미 앞에서도 밝혔지만 이는 $\{S, V\}$가 $\{T, V\}$나 다른 성질들의 조합보다도 dU에 대한 자연 변수가 되는 이유가 된다. 이상기체에 대해서는 예제 6.6의 결과를 사용할 수 있다.

$$dU^{ig} = C_V^{ig} dT \qquad \langle 식\ ig\ 6.53\rangle$$

예제 6.12 C_P와 C_V의 연관성

C_P와 C_V를 연관시키는 일반적인 식을 유도하라.

풀이

구하고자 하는 도함수 중의 하나(예: C_V)가 포함되어 있는 식에서 출발하여, 두 번째 도함수(예: C_P)를 만드는 데 필요한 변수를 도입한다. 식 6.38으로부터

$$dS = \frac{C_V}{T}dT + \left(\frac{\partial P}{\partial T}\right)_V dV$$

일정 압력에서 온도에 대한 확장 규칙을 이용하여

$$\left(\frac{\partial S}{\partial T}\right)_P = \frac{C_V}{T}\overbrace{\left(\frac{\partial T}{\partial T}\right)_P}^{1} + \left(\frac{\partial P}{\partial T}\right)_V\left(\frac{\partial V}{\partial T}\right)_P,$$ 여기서 좌변은 $\frac{C_P}{T}$이다.

$$C_P = C_V + T\left(\frac{\partial P}{\partial T}\right)_V\left(\frac{\partial V}{\partial T}\right)_P$$

연습

마지막 항은 이상기체일 때 간단하게 R이 됨을 증명하라.

모든 도함수가 서로 연관되어 있으므로 일반적으로 하나 이상의 유용한 결과를 도출할 수 있는 방법이 존재한다. 그럼에도 인내심을 가지고 다른 각도에서 문제를 접근하면 마음속으로 미적분의 구조를 시각화하는 데 도움이 된다. 각각의 문제는 여러 방식으로 조합할 수 있는 수수께끼와 같다. 이러한 도구를 개발하기 위한 인내심은 문제를 해결하기 위한 가장 쉬운 방법에 대한 통찰력을 습득함으로써 보상받게 된다.

6.3 고급 주제

보조 관계식을 기억하기 위한 힌트

보조 관계식은 dU에 대한 기본 관계식과 다른 성질에 대한 자연 변수를 기억하여 쉽게 사용할 수 있다. $\{T, S\}$와 $\{P, V\}$는 항상 쌍으로 나타나며 각각의 쌍은 결레 변수의 집합이다. 결레 변수 사이에서 내부에너지에 대한 Legendre 변환을 실행하면 종속 변수와 결레 변수를 포함하는 항의 부호가 바뀐다. 예를 들어 P와 V를 변환시키기 위해 PV를 U에 더하면 식 6.5가 된다. T와 S를 변환시키기 위해서는 TS를 빼 준다. 즉 $A = U - TS$, $dA = dU - TdS - SdT = -SdT - PdV$이다. 이와 같은 형태들은 이 책의 마지막 부분의 빠른 참조의 '유용한 도함수' 표에서 쉽게 볼 수 있다. $\{T, S\}$는 항상 함께 나타나고 $\{P, V\}$ 역시 함께 나타나며 변환하면 부호가 바뀐다.

미분 조작을 위한 Jacobian 법

편도함수는 {P, V, T} 중 원하는 임의의 두 독립 변수를 이용한 측정가능 성질의 도함수로 변환시킬 수 있다. Jacobian 표기법을 이용하여 편미분을 조작할 수 있으며 표기법을 이용한 도함수 조작을 위한 여러 가지 유용한 법칙이 있다. Joule-Thomson 계수 $\left(\frac{\partial T}{\partial P}\right)_H$는 일정 엔탈피에서 압력 변화에 따른 온도의 변화를 나타내는 도함수이며, 이는 Jacobian 표기법으로 $\left(\frac{\partial T}{\partial P}\right)_H = \frac{\partial(T, H)}{\partial(P, H)}$로 쓸 수 있다. 일정한 엔탈피라는 조건이 표기법 안에서 어떻게 사용되었는지 유의하라. Jacobian 표기법의 규칙은 다음과 같다.

1. Jacobian 표기법은 편미분의 행렬값을 나타낸다.

$$\frac{\partial(K, L)}{\partial(X, Y)} = \left(\frac{\partial K}{\partial X}\right)_Y\left(\frac{\partial L}{\partial Y}\right)_X - \left(\frac{\partial K}{\partial Y}\right)_X\left(\frac{\partial L}{\partial X}\right)_Y = \begin{vmatrix} \left(\frac{\partial K}{\partial X}\right)_Y & \left(\frac{\partial K}{\partial Y}\right)_X \\ \left(\frac{\partial L}{\partial X}\right)_Y & \left(\frac{\partial L}{\partial Y}\right)_X \end{vmatrix} \quad \text{〈식 6.54〉}$$

   분자와 분모가 공통 변수를 가질 때 Jacobian은 아주 간단하게 된다.

$$\frac{\partial(K, L)}{\partial(X, L)} = \left(\frac{\partial K}{\partial X}\right)_L \quad \text{〈식 6.55〉}$$

   이는 식 6.54의 특별한 경우이다.

2. 분자 또는 분모에 있는 변수의 순서가 바뀌면 Jacobian의 부호도 바뀐다. 분자와 분모에 있는 변수의 순서가 동시에 바뀌는 경우에는 상쇄되어 부호가 변하지 않는다. 분자에 있는 변수의 순서를 교환하는 경우는 다음과 같다.

$$\frac{\partial(K, L)}{\partial(X, Y)} = -\frac{\partial(L, K)}{\partial(X, Y)} \quad \text{〈식 6.56〉}$$

3. Jacobian의 역을 취할 수도 있다.

$$\frac{\partial(K, L)}{\partial(X, Y)} = \left[\frac{\partial(X, Y)}{\partial(K, L)}\right]^{-1} = \frac{1}{\frac{\partial(X, Y)}{\partial(K, L)}} \quad \text{〈식 6.57〉}$$

4. 추가적인 변수를 도입할 수도 있다. 추가적인 변수를 도입하면 일반적으로 Jacobian 가운데 하나의 역을 취하는 것이 편리하다.

$$\frac{\partial(K, L)}{\partial(X, Y)} = \frac{\partial(K, L)}{\partial(B, C)}\frac{\partial(B, C)}{\partial(X, Y)} = \frac{\frac{\partial(K, L)}{\partial(B, C)}}{\frac{\partial(X, Y)}{\partial(B, C)}} \quad \text{〈식 6.58〉}$$

도함수의 조작

도함수를 조작하기 전에 원하는 독립 변수를 선택한다. 선택된 독립 변수는 최종 식의 미분에서는 상수로 고정된다. 일반적인 절차는 원하는 독립 변수를 도입하고, 충분히 재배열하여 분자와 분모에 공통 변수가 있는 Jacobian을 얻은 후, 공통 변수가 포함되지 않은 Jacobian에 대한 행렬값을 얻는다. 다음으로 답을 간단하게 하기 위해 Maxwell 관계식과 확장 규칙 등을 사용한다.

1. 출발 도함수에 원하는 독립 변수가 모두 포함되어 있으면, Jacobian을 조작한 결과는 삼중곱 규칙과 중복된다. 단계는 다음과 같다. (1) Jacobian을 쓴다. (2) 독립 변수를 도입한다. (3) 편도함수로 변환하기 위해 재배열한다.

   예: $\left(\frac{\partial T}{\partial P}\right)_H$를 T와 P를 독립변수로 하는 도함수로 변환하라.

$$\left(\frac{\partial T}{\partial P}\right)_H = \frac{\partial(T, H)}{\partial(P, H)} = \frac{\partial(T, H)}{\partial(T, P)}\frac{\partial(T, P)}{\partial(P, H)} = \frac{\frac{\partial(H, T)}{\partial(P, T)}}{-\frac{\partial(H, P)}{\partial(T, P)}} = \frac{-\left(\frac{\partial H}{\partial P}\right)_T}{\left(\frac{\partial H}{\partial T}\right)_P} = \frac{-\left(\frac{\partial H}{\partial P}\right)_T}{C_P}$$

   분자는 예제 6.1에 제시된 바와 같이 확장 규칙을 이용하여 간단하게 만들 수 있다.

2. 만일 출발 도함수가 원하는 독립 변수 중 하나만 가진 경우의 단계는 다음과 같다. (1) Jacobian을 쓴다. (2) 원하는 변수를 도입한다. (3) 공통 변수가 없는 Jacobian 행렬값을 쓴다. (4) 편도함수로 변환하기 위해 재배열한다.

   예: 단열 압축률 $\kappa_S = -\frac{1}{V}\left(\frac{\partial V}{\partial P}\right)_S$에 대한 관계식을 T와 P를 독립 변수로 하는 도함수로 나타내라.

$$\left(\frac{\partial V}{\partial P}\right)_S = \frac{\partial(V, S)}{\partial(P, S)} = \frac{\partial(V, S)}{\partial(P, T)}\frac{\partial(P, T)}{\partial(P, S)} = \left[\left(\frac{\partial V}{\partial P}\right)_T\left(\frac{\partial S}{\partial T}\right)_P - \left(\frac{\partial V}{\partial T}\right)_P\left(\frac{\partial S}{\partial P}\right)_T\right]\left(\frac{\partial T}{\partial S}\right)_P$$

   이제 대괄호 내의 두 번째 항을 간단히 하기 위하여 Maxwell 관계식을 사용하고 항을 결합하면

$$\left(\frac{\partial V}{\partial P}\right)_S = \left(\frac{\partial V}{\partial P}\right)_T + \frac{T}{C_P}\left(\frac{\partial V}{\partial T}\right)_P^2$$

$$\kappa_S = -\frac{1}{V}\left(\left(\frac{\partial V}{\partial P}\right)_T + \frac{T}{C_P}\left(\frac{\partial V}{\partial T}\right)_P^2\right) = \kappa_T - \frac{T}{VC_P}\left(\frac{\partial V}{\partial T}\right)_P^2$$

3. 출발 도함수가 원하는 독립 변수를 하나도 포함하지 않는 경우의 단계는 다음과 같다. (1) Jacobian을 쓴다. (2) 원하는 변수를 도입한다. (3) 몫의 Jacobian을 쓰고 두 Jacobian 행렬값을 쓴다. (4) 편미분을 얻기 위해 역수로 재배열한다.

   예: $\left(\frac{\partial S}{\partial V}\right)_U$를 P와 T를 독립 변수로 하여 측정 가능한 양으로 나타내라.

$$\frac{\partial(S,U)}{\partial(V,U)} = \frac{\partial(S,U)}{\partial(P,T)}\frac{\partial(P,T)}{\partial(V,U)} = \frac{\dfrac{\partial(S,U)}{\partial(P,T)}}{\dfrac{\partial(V,U)}{\partial(P,T)}}$$

두 Jacobian의 행렬값을 쓴다.

$$\frac{\left(\frac{\partial S}{\partial P}\right)_T\left(\frac{\partial U}{\partial T}\right)_P - \left(\frac{\partial U}{\partial P}\right)_T\left(\frac{\partial S}{\partial T}\right)_P}{\left(\frac{\partial V}{\partial P}\right)_T\left(\frac{\partial U}{\partial T}\right)_P - \left(\frac{\partial U}{\partial P}\right)_T\left(\frac{\partial V}{\partial T}\right)_P}$$

U의 도함수에 대하여 확장 규칙을 적용하고 Maxwell 관계식을 도입한다.

$$\frac{-\left(\frac{\partial V}{\partial T}\right)_P\left[C_P - P\left(\frac{\partial V}{\partial T}\right)_P\right] + \frac{C_P}{T}\left[T\left(\frac{\partial V}{\partial T}\right)_P + P\left(\frac{\partial V}{\partial P}\right)_T\right]}{\left(\frac{\partial V}{\partial P}\right)_T\left[C_P - P\left(\frac{\partial V}{\partial T}\right)_P\right] + T\left(\frac{\partial V}{\partial T}\right)_P^2 + P\left(\frac{\partial V}{\partial P}\right)_T\left(\frac{\partial V}{\partial T}\right)_P} =$$

$$\frac{P\left(\frac{\partial V}{\partial T}\right)_P^2 + C_P\frac{P}{T}\left(\frac{\partial V}{\partial P}\right)_T}{T\left(\frac{\partial V}{\partial T}\right)_P^2 + C_P\left(\frac{\partial V}{\partial P}\right)_T} = \frac{P}{T}$$

결과는 매우 간단하다. S와 V가 U에 대한 자연 변수임을 안다면 이 결과를 직접 유도할 수 있으므로 $TdS|_U = -PdV|_U$, $T\left(\frac{\partial S}{\partial V}\right)_U = P$, $\left(\frac{\partial S}{\partial V}\right)_U = \frac{P}{T}$ 이다. 그러나 결과가 이 예제에서와 같은 정도로 간단하게 되지 않을지라도 이 예제에서는 Jacobian 기법의 편리성과 능력을 보여 주고 있다.

6.4 요약

이 장에서는 미적분학이 측정 불가능한 성질의 변화를 다른 측정 가능한 성질을 이용하여 계산할 수 있는 강력한 방법임을 알게 되었다. Legendre 변환을 통해서 추가적인 편리함수 A와 G를 정의하는 것으로부터 시작하였다. 그런 다음 기본적인 미적분 항등식을 검토하고 이 장의 나머지 부분까지 확장하였다. 조작법을 쉽게 수행할 수 있는 능력이 P-V-T 자료로부터 열역학적 성질을 계산하기 위한 일반적인 방법을 전개하는 바탕이 되었다. 모든 우주의 화학물질에 대한 $P = P(V, T)$ 관계를 완벽하게 나타낼 수 있는 일반적인 관계식을 안다면 이 장에서의 도구들과 결합하여 에너지와 엔트로피 수지식을 이용해 필요한 어떤 성질이든지 계산할 수 있다. 현재까지는 그러한 완벽한 방정식은 존재하지 않는다. 이것은 그러한 방정식을 개발하는 것을 어렵게 하는 것이 무엇이고 다양한 사용 가능한 방정식을 다양한 상황에 적용하여 합리적이고 지속적으로 향상되는 추정값을 얻을 수 있는 방법을 이해할 필요가 있다는 것을 의미한다.

주요 식

중요한 것은 이 장에서 전개한 과정이다. 그 과정을 통해 한 집합의 도함수를 다른 집합의 도함수로 변환하고 변수 간의 연관성을 체계적으로 생각할 수 있는 기초가 된다. 이 장의 나머지 부분에서 기본 항등식 6.11~6.17이 기본 성질과 결합되었다. 그럼에도 불구하고, 비교적 쉽게 원하는 형태로 재배열될 수 있는 결과의 요약으로 몇 개의 방정식이 눈에 띈다. 그것은 식 6.29~6.32의 Maxwell 관계식과 식 6.37~6.41의 중간 조작식이다. 편의를 위해 이 책의 마지막 부분에 있는 빠른 참조에 수록하였다. 식 (6.47)은 Helmholtz 에너지를 내부에너지와 연관시키므로 오랫동안 참고할 수 있는 방정식으로서 중요하다. 그 식이 용액 모델을 공부할 때 중요한 단계가 된다. 물론 7장의 압축인자가 유사한 관계식과 결합되면 열역학적 성질에서의 Helmholtz 에너지의 중심적 역할이 두드러지게 된다.

학습점검

1. 2개의 다른 상태 변수로 하나의 상태 성질을 계산하는 데 필요한 제한은 무엇인가?
2. 식 6.53을 적분할 때 어떤 조건에서 C_V가 적분식 밖으로 나오게 되는가?
3. 식 6.53은 응축상에 적용될 수 있는가?
4. 액체 아세톤의 열용량과 기체 아세톤 열용량은 서로 다른가?
5. 고압의 기체에 대하여 표에 주어진 열용량을 식 6.53에 사용할 수 있는가?

6.5 익힘문제

P6.1 다음을 P, V, T, C_P, C_V와 그들의 도함수로 나타내라. 만일 도함수의 제약이나 도함수에 포함되지 않는다면 답은 S의 절댓값을 포함할 수도 있다.

(a) $(\partial H/\partial S)_V$

(b) $(\partial H/\partial P)_V$

(c) $(\partial G/\partial H)_P$

답: (a) $T[1 + V/C_V(\partial P/\partial T)_v]$, (b) $C_v(\partial T/\partial P)_v + V$, (c) $-S/C_P$)

6.6 연습문제

6.1 0.1 MPa과 $T > 150$ K인 질소(N_2)는 대략적으로 이상기체 거동을 보인다. $T < 300$ K에서는 공유결합이 상당히 강직되어 회전가능성의 결과로 구형분자에 비해 높은 열용량을 보인다. 즉, 분자가 선형이므로 축을 중심으로 회전하면 운동량은 생성되지 않지만 축의 직각 방향으로 회전하면 서로 다른 두 방향의 운동량이 생긴다. 그러므로 상온에서 열용량은 $C_V/R \sim 3/2 + 2/2 = 5/2$가 된다. 온도가 상승함에 따라 분자당 단

일 진동자를 갖는(즉 $M = N$) 것을 제외하고는 Einstein 고체와 같은 ΔC_V를 가진다. NIST의 WebBook을 이용하여 0.1 MPa과 T = [150, 2,000 K]의 N_2에 대한 데이터를 구하라. 회귀분석을 통해 N_2에 대한 최적 ε_q/k 값을 구하고 계산 결과와 실험 데이터를 비교하여 도시하라.

6.2 다음을 P, V, T, C_P, C_V와 그들의 도함수로 나타내라. 도함수의 제약이나 도함수 내에 포함되지 않는다면 답은 S의 절댓값을 포함할 수도 있다.

(a) $(\partial G/\partial P)_T$
(b) $(\partial P/\partial A)_V$
(c) $(\partial T/\partial P)_S$
(d) $(\partial H/\partial T)_U$
(e) $(\partial T/\partial H)_S$
(f) $(\partial A/\partial V)_P$
(g) $(\partial T/\partial P)_H$
(h) $(\partial A/\partial S)_P$
(i) $(\partial S/\partial P)_G$

6.3 2장에서는 응축상의 내부에너지는 엔탈피에 비해 압력에 대한 의존성이 약하다는 것을 알았다. 다음 물음에 답하라.

(a) $\left(\frac{\partial H}{\partial P}\right)_T$와 $\left(\frac{\partial U}{\partial P}\right)_T$을 측정 가능한 성질을 이용하여 유도하라.

(b) 문제 5.6에 열거한 액체들에 대하여 $\left(\frac{\partial H}{\partial P}\right)_T$를 구하고 $\left(\frac{\partial H}{\partial P}\right)_T$에 대한 기여항의 크기를 비교하라.

(c) 문제 5.6에 열거한 액체들에 대하여 $\left(\frac{\partial U}{\partial P}\right)_T$를 구하고 $\left(\frac{\partial H}{\partial P}\right)_T$와 비교하라.

6.4 단열 압축률 $\kappa_S = -\frac{1}{V}\left(\frac{\partial V}{\partial P}\right)_S$를 측정 가능한 성질로 나타내라.

6.5 α_P와 κ_T를 이용하여 $\left(\frac{\partial H}{\partial V}\right)_T$를 나타내라.

6.6 (a) $\left(\frac{\partial P}{\partial T}\right)_S = \frac{C_P}{TV\alpha_P}$임을 증명하라.

(b) 단열과정의 이상기체에서 $(P/P^i) = (T/T^i)^{C_P/R}$이다. 이 식이 (a)의 표현과 일치됨을 보여라.

6.7 Joule-Thomson 계수를 다음의 경우에 대하여 측정 가능한 성질을 이용하여 나타내라.

(a) 예제 6.6에 주어진 van der Waals 식

(b) 이상기체

6.8 다음의 도함수를 U, H, S, A와 그들의 도함수를 이용하여 나타내라.

$$\left(\frac{\partial(G/(RT))}{\partial T}\right)_V$$

6.9 20℃ 근처의 Data를 이용하여 다음과 같은 액체의 $C_P - C_V$ 차이 값을 계산하라.

액체	MW	ρ (g/cm³)	$10^3\alpha_P$ (K^{-1})	$10^6\kappa_T$ (bar^{-1})
(a) 아세톤	58.08	0.7899	1.487	111
(b) 에탄올	46.07	0.7893	1.12	100
(c) 벤젠	78.12	0.87865	1.237	89
(d) 2 황화 탄소	76.14	1.258	1.218	86
(e) 클로로포름	119.38	1.4832	1.273	83
(f) 에틸 에테르	74.12	0.7138	1.656	188
(g) 수은	200.6	13.5939	0.18186	3.95
(h) 물	18.02	0.998	0.207	49

6.10 20℃, 1 bar에서 단단한 용기에 액체 아세톤이 채워져 있다. 열전달을 통해 일정 부피에서 100 bar로 압력이 증가하였다. C_P = 125 J/mol-K이다(아세톤에 대한 다른 성질은 문제 6.9에 주어져 있다). 다음에 대한 최선의 추정값을 구하라.

(a) 온도 상승분

(b) ΔS, ΔU, ΔH

(c) 몰당 전달된 열량

6.11 고무줄에 대한 기본적인 내부에너지의 관계식은 $dU = TdS - FdL$이다. 여기서 F는 계의 힘으로서 고무줄이 늘어날 때 음의 값을 갖는다. 가해지는 힘은 $F_{applied} = K(T)(L - L_o)$이다. $K(T)$는 온도증가에 따라 증가하며 양의 값을 갖는다. 일정 길이에서의 열용량은 $C_L = \alpha(L) + \beta(L) \cdot T$로 주어진다. 안정성 원리에 따르면 $\alpha(L)$과 $\beta(L)$은 $C_L \geq 0$이 되도록 주어져야 한다.

(a) 고무줄이 단열적이고 가역적으로 당겨질 때 온도가 증가됨을 보여라.

(b) 과학적 사실에 대해 탐구하던 Lira 교수는 고무줄에 물체를 매달고 실내 온도에서 그것의 길이를 측정하였다. 냉동기 내에서 동일한 무게의 물체를 고무줄에 매달았을 때 고무줄의 길이는 변화된 것을 알았다. 고무줄은 늘어났는가? 줄어들었는가?

(c) 일정한 힘에서 열용량 식은 $C_F = T(\partial U/\partial T)_F$이다. $C_F - C_L$에 대한 관계식을 유도하고 그 차이가 양인지, 음인지, 혹은 0인지를 확인하라.

(d) 같은 양의 열이 2개의 고무줄에 가해진다. 하나는 일정 장력이고 다른 하나는 일정 길이로 유지된다. 어느 경우에서 온도가 더 많이 올라가는가?

(e) 일정 길이에서의 $K(T)$의 온도 의존성이 일정 온도에서 길이에 대한 엔트로피의 의존성과 관련이 있음을 보여라. 도함수의 부호에 대해 물리적 설명을 하라.

CHAPTER 7

PVT 성질에 대한 공학적 상태방정식

나는 점점 더 van der Waals에 대한 예찬자가 된다.

Lord Rayleigh(1891)

6장으로부터 우리는 *P-V-T* 중 임의의 2개 변수의 변화와 C_P 또는 C_V를 알면 U, S, H, A, 그리고 G의 변화를 계산할 수 있다는 것이 분명해졌다. 이 장은 일반적인 경우에 우리가 원하는 *P-V-T* 성질들을 정량적으로 예측하기 위해 사용 가능한 여러 가지 방법을 소개한다. U, H 등과 같은 열역학적 성질을 계산하는 방법은 다음 장의 주제인 **편차함수**(departure functions)를 사용함으로써 가능하게 된다. 편차함수의 개발은 도함수 조작의 비교적 간단한 적용이다. 이보다 덜 간단한 것은 P, V, 그리고 T 사이의 연관성을 논리적으로 이끌어 내는 것이다. 우리는 1장에서 압력, 온도와 밀도 (즉, V^{-1})는 분자 간의 상호작용을 통해 연결된다는 개념을 소개하였다. 이제 우리는 그 개념을 적용하여 단순히 이상기체가 아니라 어떠한 조건에 있는 어떠한 유체에도 적용할 수 있는 정량적인 관계식을 유도해야 한다. P, V, T 사이의 연관성을 구하는 것은 분자 규모의 힘과 퍼텐셜 에너지를 거시적인 압력과 내부에너지로 어떻게 전환하는가에 달려 있다는 것을 알게 될 것이다. 특정한 상태방정식에 내재된 근사를 이해하는 것은 어떤 열역학 모델에 있는 모든 근사는 효과적으로 그 가상의 상태방정식으로 거슬러 올라가기 때문에 중요하다. 공정 모델에서 부족한 점이 발견될 때마다 개선하고자 하는 첫 번째 위치는 상태방정식의 가정을 다시 점검하는 것이다.

분자 규모로부터 거시적 규모로의 전환을 이해하는 것은 에너지, 엔트로피, 평형을 계산하는 우리의 개념적 퍼즐(수수께끼)에 있어서 중요한 기여이다. 우리는 엔트로피를 소개할 때 엔트로피에 대하여 미시적 규모와 거시적 규모 사이의 정성적 연관성을 만들었다. 그러나 에너지에 대해서는 여러분이 인식하지 못했을지도 모를 어떤 틈새를 남겨 놓았다. 우리는 1장에서 분자에너지에 대해 논의했으나 거시적인 의미를 정량화시키지 않았다. 2장에서는 에너지의 거시적 의미에 대해 논의했지만 분자 기반에 대해서는 논의하지 않았다. 이제는 그 틈새를 채우고 그렇게 하면서 전체 본문의 개념적인 골격을 연결해 줄 시점이다.

하나의 관점으로 볼 때, 6장에 있는 예제의 목적은 분자 규모로부터 거시적 규모로의 전환을 만드는 것에 대한 필요성을 설명하는 것이었다. 이 장 이후에 있는 내용의 목적은 몇 개의 다른 내용과 관련하여 이러한 개념적 골격을 실습하는 것을 보여 주는 것이다. 그래서 많은 점에서 이 장은 모든 분자 열역학에 대한 개념적 핵심요소를 제시하고 있다.

학습목표

1. 2개 또는 3개의 매개변수를 갖는 대응상태의 원리를 설명하고 적용할 수 있어야 한다.
2. 상태방정식을 적용하여 주어진 온도와 압력에서 밀도에 대해 풀 수 있어야 하며, 이는 액체 근과 증기 근을 포함한다.
3. *PVT* 성질에 대해 임의의 상태방정식을 사용하여 6장에 있는 것과 같은 편도함수를 평가할 수 있어야 한다.
4. 임의의 상태방정식에 대한 분자 간의 반발력 기여와 인력 기여를 식별하고, 분자 모사 및 실험 데이터와 비교하여 얼마나 정확한지 엄격히 평가할 수 있어야 한다.

7.1 실험적 측정

P-V-T 성질을 구하기 위해 선호하는 방법은 원하는 유체나 유체 혼합물의 성질을 실험적으로 측정하는 것이다. 우리는 이 책의 대부분을 이론을 논의하는 데 할애하고 있으나, 실험 데이터의 소중한 값어치를 결코 잊어서는 안 된다. 실험적 측정은 매번 이론을 능가한다. 실험적 측정의 문제점은 비싸다는 것이며, 특히 컴퓨터에서 몇 개의 버튼을 누르는 것에 비해 상대적으로 매우 큰 비용이 든다는 것이다.

모든 성질의 값을 실험적으로 측정하는 것이 어렵다는 것을 보여 주기 위해 다음의 경우를 고려해 보자. 성질을 측정하는 한 가지 방법은 유체가 들어 있는 용기의 온도를 조절하면서 조심스럽게 조절된 양만큼 용기의 부피를 변화시키고 조심스럽게 압력을 측정하는 것이다. 그 다음 이러한 방법으로 얻은 데이터를 수치해석적으로 미분하여 필요한 도함수를 계산한다. 또한 조심스럽게 측정된 열량을 추가하고 *P*, *V*, *T*의 변화를 결정함으로써 열용량을 별도로 측정하는 것도 역시 가능하다. 이러한 측정은 Maxwell 관계식을 *P-V-T* 측정에 적용함으로써 얻어지는 추정된 변화와의 일관성을 유지하기 위해 서로 교차되어 참고할 수 있다. 관심 있는 모든 유체와 혼합물을 고려할 때 이러한 접근 방법이 얼마나 많은 일을 요구하는지 상상해 보라. 이러한 형태의 세밀한 측정이 상대적으로 매우 적은 수의 물질에 대해서만 이루어져 왔다는 것은 쉽게 이해할 수 있다. 물은 가장 완벽하게 연구된 유체이며 수증기표는 이러한 연구의 결과이다. 암모니아, 이산화탄소, 냉매, 그리고 저분자량 탄화수소들도 상당히 철저하게 연구되었다. 이전의 장들에서 사용된 바 있는 도표들은 이와 같은 세심한 측정의 산물이다. 상태방정식은 이용할 수 있는 도표들보다 훨씬 더 편리하고 더 광범위하게 적용될 수 있는 실험 데이터의 상관과 외삽을 가능케 한다.

! 성질을 계산하기 위한 기본적인 과정은 *P−V−T* 자료의 도함수를 사용하는 것을 포함한다.

성질을 알고자 하는 유체의 종류가 매우 많기 때문에 어떤 실험적 접근 방법을 모든 물질에 대해 적용하기에는 현실적으로 어렵다. 상태방정식의 개발은 원하는 정확도에 대하여 가능한 가장 적은 수의 조절 가능한 매개변수를 사용하여 자료의 예측, 내삽 및 외삽을 위해 유체의 거동을 묘사하는 공학적 접근 방법이다. 보통, 오늘날 자료를 분석할 때, 내삽의 값이나 도함수를 구하기 전에 실험 데이터를 정교한 식(이 장에서 논의되는 복잡하게 고안된 상태방정식)에 맞춘다. 상태방정식의 맞춰진 결과로부터 도표들이 생성된다.

상태방정식에 대한 실험적 접근 방법을 요약하기 위해 *P-V-T* 측정의 역사적인 발전과정을 간단히 검토해 보는 것은 유익하다. 우선 초기 *P-V-T* 관계의 측정은 현대 물리화학의 기초를 이루었다는 것을 알아야 한다. 종 모양의 항아리 안에 있는 기체의 밀도를 아는 것은 분자량, 분자식, 그리고 심지어 분자 자체의 존재에 대한 근본적인 입증의 초기 특성 분석을 가져왔다. 처음에는 질소, 수소, 산소와 같은 기체는 비응축성이며 물이나 메틸알코올(메탄올)과 같은 액체하고는 매우 다른 듯 보였다. 그러나 기술이 발전함에 따라 실험이 더 높은 온도와 압력에서 수행되었다. 이산화탄소는 초기에 매우 일반적인 물질[van der Waals에게는 '탄산(carbonic acid)'으로 알려졌음]이었고, 곧이어 이산화탄소는 매우 높은 압축성을 보인다는 것이 분명히 드러났다. 110 bar까지의 압력범위에 있는 이산화탄소에 대하여 1871년에 실험 데이터가 주의 깊게 측정되었으며, 이 데이터는 van der Waals에 의하여 광범위하게 인용되었다. 특히 이산화탄소는 상온 부근과 높은 압력에서 보이는 매우 '독특한' 성질을 가지고 있기 때문에 많은 관심을 불러일으켰다. 31°C와 약 70 bar에서 매우 작은 압력 변화는 그 유체를 기체와 유사한 밀도로부터 액체 밀도까지 변환시킬 수 있다. van der Waals는 이러한 거동은 이 밀도범위에서 두드러지게 되는 분자 간의 퍼텐셜로부터 나오는 인력과 이 온도에서의 높은 속도의 충돌에 의해 나타나는 반발력 사이의 균형 때문이라는 것을 보여 주었다. 이러한 '독특한' 범위의 조건은 임계 영역(critical region)이라고 알려져 있다. 임계점 위에서는 온도가 일정하게 유지될 때 압력에 대하여 더 이상의 갑작스런 밀도 변화가 없다. 대신, 힘 사이의 균형은 증기와 유사한 밀도에서 액체와 유사한 밀도까지에 걸쳐 있는 단일상 영역을 이루게 한다. van der Waals의 업적으로 연구자들은 이러한 거동이 '독특한'것이 아니며 모든 물질은 임계점을 가진다는 것을 인식하기 시작했다.[1]

❗ 다행히 유체의 *P*, *V*, *T* 거동은 모든 유체에 대하여 같은 경향을 따른다. 모든 유체는 임계점을 가지고 있다.

7.2 3-매개변수 대응상태

몇 가지 다른 유체에 대하여 P 대 ρ를 그림으로 그리면 몇 가지 주목할 만한 유사한 경향을 발견하게 된다. 다음의 그림 7.1에 나타낸 바와 같이 메탄과 펜탄은 모두 온도가 증가함에 따라 포화 증기 밀도가 포화 액체 밀도에 접근하고 있다는 것을 보이고 있다. 이 그림을 그림 1.4와 비교하고 P-ρ 그래프가 정성적으로 P-V 그래프의 대칭상임을 인식하자. 등온선은 **환산온도**

1 자연적으로 일부 화합물은 그 화합물의 임계점에 도달하기 전에 분해된다. 아니면 탄소나 텅스텐과 같은 물질은 녹는점 온도가 매우 높아 지금도 그 측정이 불가능하다.

$T_r \equiv T/T_c$에 대하여 보여져 있다. 포화 밀도는 상분리선 (phase envelope)과 포화 압력에서 그어진 수평선의 교차에 의해 얻은 값이다. 임계점(메탄의 경우 191 K와 4.6 MPa)에서 **등온 압축률** $\left(\equiv -\frac{1}{V}\left(\frac{\partial V}{\partial P}\right)_T = \frac{1}{\rho}\left(\frac{\partial \rho}{\partial P}\right)_T\right)$은 무한대이며 그 역수는 0이다. 임계온도 등온선이 임계점에서 변곡점을 보인다는 것을 아는 것 역시 가치가 있다. 이것은 임계점에서 $(\partial^2 P/\partial \rho^2)_T = 0$일 뿐만 아니라 $(\partial P/\partial \rho)_T = 0$임을 뜻한다. **대응상태의** 원리는 환산 변수로 적절히 표현된다면 모든 유체 성질은 유사하다는 것을 주장한다.

❗ 임계점에서 등온 압축률은 무한대이다.

그림 7.1에 있는 거동은 전체적으로 유사하게 보일지라도 연구자들이 **임계온도** T_c와 **임계압력** P_c에만 근거한 P-V-T 거동을 겹쳐 놓았을 때 이들이 서로 충분히 일치하지 않는다는 것을 발견하였다. 예를 들어, 유체의 거동을 비교하는 하나의 방법은 **압축인자** Z를 도식하는 것이다. 압축인자는 다음과 같이 정의된다.

❗ 압축인자

$$Z \equiv \frac{PV}{RT} \qquad \text{〈식 7.1〉}$$

주의: 압축인자는 등온 압축률과 **같지 않다**. 이름에서의 유사성은 그 개념을 처음 배울 때 자주 혼동을 일으킬 수 있다.

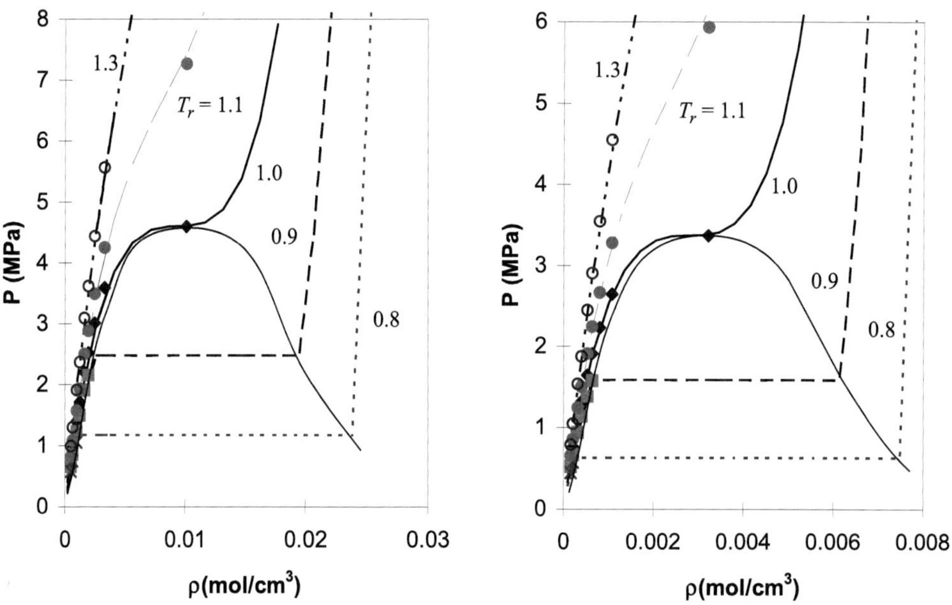

그림 7.1 • 유체의 대응상태 처리를 가능케 하는 정성적인 유사성을 보여 주는 메탄(왼쪽)과 펜탄(오른쪽)의 $P\rho T$ 거동의 비교. 선들은 나중에 논의될 Peng-Robinson식으로 계산된 것이다. 상분리선은 그림에서 얻을 수 있는 점을 통해 대략적으로 그린 것이다. 실험 데이터는 Brown, G. G, Sounders Jr., M., Smith, R . L., 1932. Ind. Eng. Chem., **24**: 513으로부터 얻은 것이다. 보이지는 않았지만, Peng-Robinson식은 액체 밀도를 모델링하는 데 특별하게 정확한 것은 아니다.

압축인자는 유체가 이상기체처럼 행동할 때는 1이지만 압력이 증가할 때는 1로부터 벗어난다. 그림 7.1로부터 얻은 자료와 계산을 **환산온도** $T_r = T/T_c$와 **환산 압력** $P_r = P/P_c$의 함수로 그리면 그림 7.2가 얻어진다. 자료를 정확하게 상관시키기 위해서는 또 다른 매개변수가 필요하다는 것이 명확해졌다. 아임계 등온선(subcritical isotherms) 위에 있는 수직선에 의해 나타냈듯이 메탄과 펜탄에 대한 증기압은 압축인자 도표에서 서로 다르다는 것을 주목하자. 다른 유체들도 이와 유사한 거동을 따른다. 예를 들면, 6개의 화합물에 대한 증기압을 그림 7.3에 나타냈는데 이들은 모두 거의 직선이지만 기울기는 다르다. 실제로, **이심인자**(acentric factor) ω로 알려진 세 번째 경험적 매개변수를 가지고 이 기울기를 특징지을 수 있다. 이심인자는 증기압 곡선의 설정에 유용한 매개변수이며, 결국 그 증기압 곡선은 나머지 열역학 변수들을 상관시켜 준다.[2]

$$\omega \equiv -1 - \log_{10}\left(\frac{P^{sat}}{P_c}\right)\Bigg|_{T_r = 0.7} \equiv \text{이심인자} \qquad \langle 식\ 7.2\rangle$$

❗ 임계온도와 임계 압력은 그들만으로는 불충분한 특성을 갖는 매개변수이다. 이심인자가 제3의 중요한 매개변수로서의 역할을 한다.

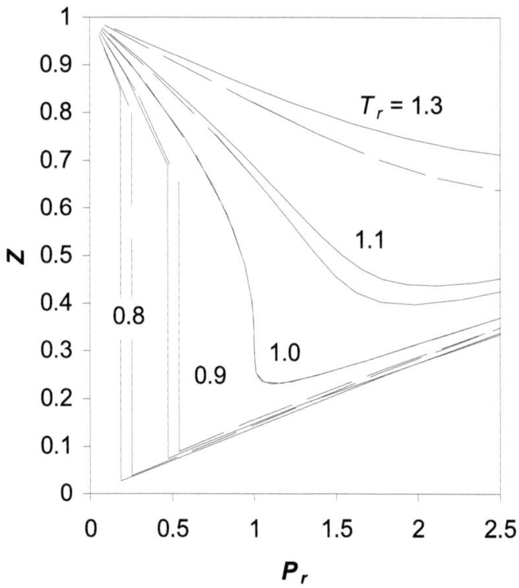

그림 7.2 • T_r = 0.8, 0.9, 1.0, 1.1, 1.3에서 환산 압력에 관해 도식화된 그림 7.1로부터 얻은 Peng-Robinson 선들. 이는 임계온도와 임계 압력만으로는 *P-V-T* 거동을 정확히 나타내기에 불충분하다는 것을 보여 주고 있다. 대시 점선은 메탄에 대한 것이며 실선은 펜탄에 대한 것이다. 이 그림은 하나의 예를 만들기 위해 의도된 것이다. 정확한 계산은 다음 절에 개발된 압축인자 도표를 사용해야 한다.

---

2 증기 엔탈피와 액체 엔탈피 사이의 차이를 고려한다면 열역학적 성질을 결정하는 데 있어서 증기압 곡선의 중요성은 손쉽게 이해할 수 있다. 증기압 거동에 대한 상세한 고찰은 9장에서 다룬다.

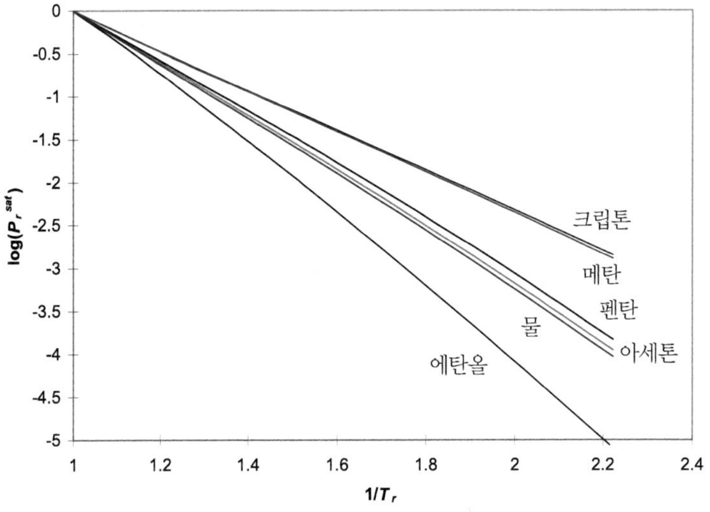

그림 7.3 • 여섯 가지의 유체에 대하여 환산온도의 함수로 그려진 환산 증기압으로 곡선의 형태는 구조에 크게 의존하지 않으나 주된 차이는 이심인자에 의해 주어지는 기울기라는 것을 보여 주고 있다.

주의: T_c, P_c와 ω를 정하면 증기압 곡선상에 두 점이 얻어진다. T_c와 P_c는 증기압 곡선의 끝점을 지정해 준다. ω는 0.7의 환산온도에서의 증기압을 지정해 준다. 이심인자는 Pitzer 등[3]에 의해 처음 도입되었다. 이심인자의 정의는 본래 임의적인 것으로서, 예를 들어 다른 환산온도를 선택하여 정의할 수도 있었을 것이다. 위의 정의에 따르면 아르곤, 제논, 네온, 크립톤, 메탄과 같은 구형 분자의 경우 $\omega \sim 0$이다. 0으로부터 벗어나는 것은 보통 구형적 대칭성에 있어서의 벗어남으로부터 온다. 비구형 분자는 '중앙에 대해 대칭이 아니므로', 즉 '이심적(acentric)'이다. 일반적으로 이심인자와 분자 간 퍼텐셜의 형태 사이에는 직접적이고 이론적인 연관성이 없다. 오히려 이심인자는 어떤 임시 방편적인 방식으로 분자 간 퍼텐셜의 형태를 가지고 상관될 수 있는 편리한 실험적 증기압을 제공한다. 그 값은 많은 화합물에 대하여 실험적으로 결정되었으며 그 값을 아는 것은 우리가 다루는 공학적 상태방정식의 정확성을 크게 증대시킨다는 점에 있어서 매우 편리하다.

❶ 이심인자는 ln P^{sat} 대 $1/T$로 그려진 증기압 곡선의 기울기를 측정한 것이다.

7.3 일반화된 압축인자 도표

❶ Pitzer 상관식

P-V-T 거동은 T_c, P_c, ω에 대하여 일반화될 수 있다. 본래의 상관관계는 Pitzer에 의해 제시되었으며 그 형태는 다음과 같다.

$$Z = Z^0 + \omega Z^1 \qquad \langle 식\ 7.3 \rangle$$

여기에서 환산온도와 환산 압력에서의 Z^0와 Z^1 값은 표나 그래프에 요약되어 있다. 컴퓨터와

3 Pitzer, K.S., Lippmann, D.Z., Curl Jr., R.F., Huggins, C.M., Petersen, D.E. 1955. *J. Am. Chem. Soc*. 77:3427–3433.

프로그램이 가능한 계산기의 광범위한 사용이 이러한 접근 방법을 다소 쓸모없게 만들고 있지만, 그 경향을 예상해 보는 것은 가치가 있다. 그림 7.4[4]는 대부분의 탄화수소에 적용될 수 있다. Z^0 도표는 이심인자가 0인 유체의 거동을 나타내고, Z^1 도표는 이심인자의 값이 1인 가상적인 유체에 대한 보정인자 $Z|_{\omega=1} - Z|_{\omega=0}$의 크기를 나타낸다. 이 책 마지막 부분에 있는 빠른 참조의 표를 보면 대부분의 유체는 이 범위 안에 속하므로 그 도표들은 내삽을 위해 사용될 수 있다는 것을 알게 될 것이다.

일단 T_r, P_r, ω가 알려지면 식 7.3은 어떠한 유체에도 적용될 수 있다. 그러나 7.5절과 연습문제에서 다루게 되는 것처럼 상태방정식에 대하여 더 편리하게 컴퓨터 프로그램으로 작성할 수 있으므로 이러한 도식적 접근 방법은 현재 드물게 사용된다.

예제 7.1 일반화된 도표의 적용

압축인자 도표를 이용하여 310 K, (a) 8 bar, (b) 75 bar에서 이산화탄소의 비용(specific volume)을 cm^3/g의 단위로 구하고, 실험값 70.58 및 3.90과 각각 비교하라.

풀이

(a)와 (b)의 경우 모두에 대하여 $\omega = 0.228$, $T_r = 310/304.2 = 1.02$이다. 따라서

(a) $P_r = 8/73.82 = 0.108$. 도표로부터 $Z^0 = 0.96$, $Z^1 = 0$이므로 $Z = 0.96$이다.

$V = ZRT/(P \cdot MW) = (0.96 \cdot 83.14 \cdot 310)/[(8 \cdot 44)] = 70.29$로 이는 실험값의 0.4% 이내이다.

(b) $P_r = 75/73.82 = 1.016 \approx 1.02$이다. 압축인자는 임계 영역에서 온도에 극히 예민하다는 점에 주목하라. 도표를 읽는 데 있어서 합당한 정도의 정확도를 얻기 위하여 우리가 더 확신을 갖고 읽을 수 있는 환산온도 1.0과 1.05 사이에서 내삽해야 한다.

$T_r = 1.0$일 때, $Z^0 = 0.22$, $Z^1 = -0.08$이므로 $Z = 0.22 + (0.228) \cdot (-0.08) = 0.202$

$T_r = 1.05$일 때, $Z^0 = 0.58$. $Z^1 = 0.03$이므로 $Z = 0.58 + (0.228) \cdot (0.03) = 0.587$

내삽하면, $Z = 0.202 + (0.587 - 0.202) \cdot 2/5 = 0.356$이 된다.

$V = ZRT/(P \cdot MW) = (0.356 \cdot 8.314 \cdot 310)/(7.5 \cdot 44) = 2.78$. 이는 실험값에 대하여 29%의 상대오차를 준다.

이 예제에서 나타난 상대오차는 대부분의 조건에 비해 상대적으로 다소 과장되었다는 점을 알아야 한다. 왜냐하면 Z-도표는 이 문제에 사용된 임계 영역에서 매우 비선형적 특성을 보이고 있기 때문이다. 압축인자 도표는 본래 $\omega = 0$과 $\omega = 1$에 대한 Z값 사이에서 '선형 내삽'을 제공하기 때문에, 임계 영역에서는 오차가 커진다. 만약 환산온도가 약간 더 높았다면(예: $T_r = 1.1$), 연습문제에서 보인 것처럼 상대오차는 대략 1% 정도일 것이다. 도표가 훨씬 더 믿을

4 이것은 Lee-Kesler식이다(Lee, B. I., Kesler, M.G. 1975. *AIChE J.* 21:510).

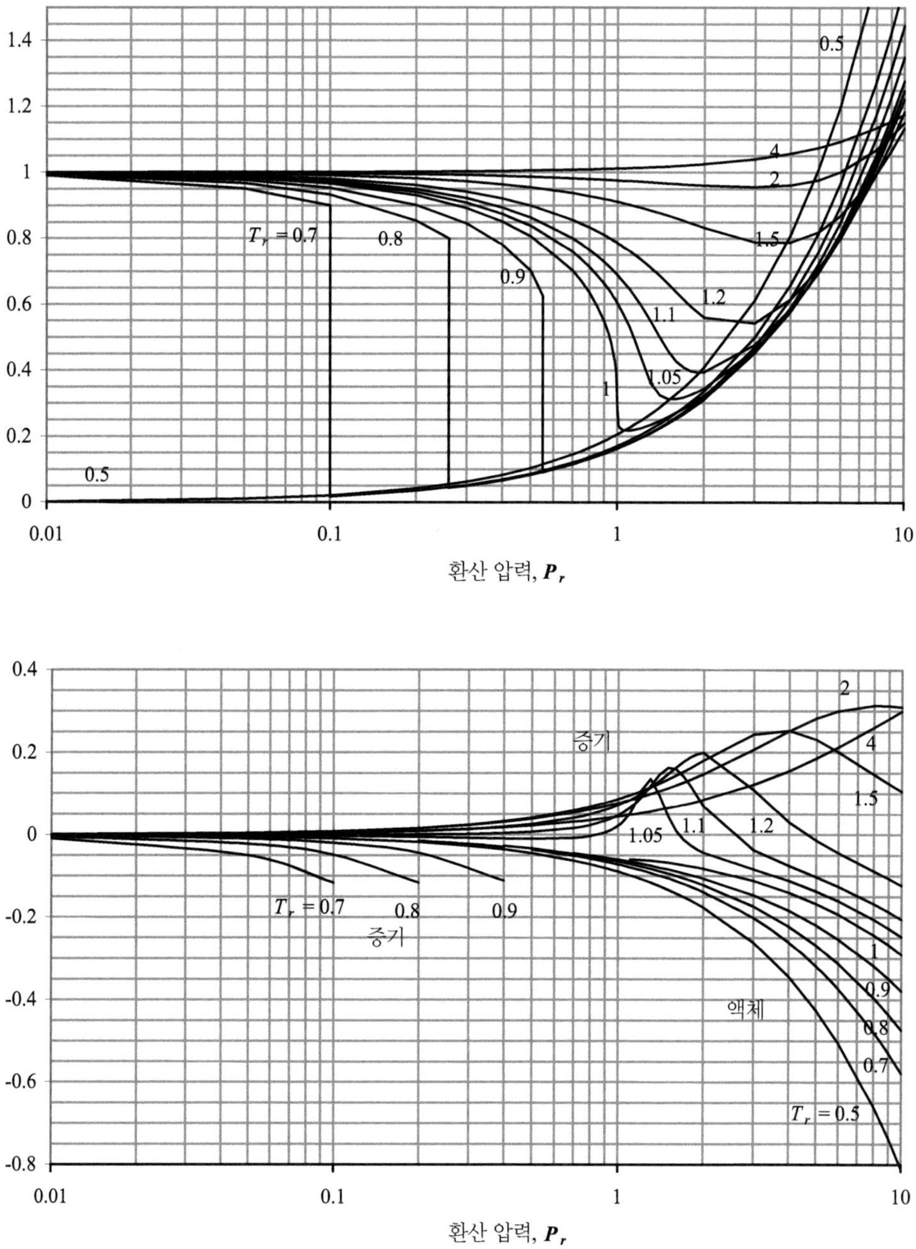

그림 7.4 • 압축인자를 예측하기 위한 일반화된 도표. (Z^0)는 $\omega = 0$을 사용한 Lee-Kesler식을 적용한 것이며, (Z^1)은 $\omega = 1.0$을 가진 가상 유체에 대한 보정인자이다. 이 그래프는 반로그눈금으로 그린 것이라는 것에 주목하라.

수 있는 것으로 보이도록 만드는 조건을 정하는 것은 간단한 일이지만, 이 경우 학생들은 부주의하게 흔히 실수하는 경향이 있을 수 있다. 더 좋은 신뢰성을 위해 컴퓨터를 이용하는 방법은 적당한 대안이 되며, 이들은 현대의 어떠한 공학 계산기에도 적용될 수 있다. 예제 7.5에서 이러한 관점의 타당성을 자세히 보여 줄 것이다.

7.4 비리얼 상태방정식

낮은 환산 압력에서는 이상기체 거동으로부터 벗어나 있는 정도가 충분히 작아서 상태방정식을 밀도에 대해 다음과 같이 멱급수 형태로 쓸 수 있다.

$$Z = 1 + B\rho + C\rho^2 + D\rho^3 + \cdots \qquad \text{〈식 7.4〉}$$

여기에서 B, C, D는 각각 제2, 제3, 제4 비리얼 계수이다. 이는 ρ에 대하여 멱급수로 확장한 것으로 볼 수 있다. 이 멱급수는 넓은 범위의 조건에 대해서는 아주 정확하지는 않기 때문에 계수 C와 D는 드물게 적용된다. 비리얼 상태방정식의 가장 일반적인 공학적 적용은 제2 비리얼 계수 이후를 절삭하고 그 적용범위를 적당하게 제한하는 것이다. 이로써 적절한 수의 적용 가능한 경우를 가지는 간단한 식이 얻어진다. 비록 실제로는 특별히 만들어진 형태이긴 하지만 제2 비리얼 계수 이후가 절삭된 식을 비리얼식으로 언급하는 것이 일반적인 용법이 되었다. 여기에서도 이러한 일반적인 용법을 따를 것이다. 더욱이, 그 절삭된 형태는 $Z = Z(P, T)$로 표현할 수 있다. 그러므로 우리는 종종 다음과 같은 형태의 식을 비리얼식으로 칭한다.

$$Z = 1 + B(P/RT) \qquad \text{〈식 7.5〉}$$

> ❗ 비리얼식. B는 제2 비리얼 계수로 알려져 있으며, 이는 선형 영역에서 Z-도표 상의 등온선의 기울기를 측정한 것이다.

여기에서 B는 T의 함수이다. 식 7.5는 Z가 등온선에 따라 압력에 대하여 선형으로 변한다는 것을 나타낸다. 그림 7.4를 다시 봐라. 그리고 선형적 거동이 일어나는 영역이 제한되어 있지만 일반적으로 환산온도가 더 높을 때에는 더 높은 환산 압력에서 근사법이 사용될 수 있다는 사실에 주목하라. 이러한 비리얼식은 식 7.6 ~ 식 7.95[5]에 의해 주어진 것처럼 환산 좌표로 일반화될 수 있다. 식 7.10은 선형의 Z 영역까지로 계산상의 제한성이 있음을 확인해 준다.

$$Z = 1 + (B^0 + \omega B^1)P_r/T_r \quad \text{또는} \quad Z = 1 + BP/RT \qquad \text{〈식 7.6〉}$$

$$\text{여기서 } B(T) = (B^0 + \omega B^1)RT_c/P_c \qquad \text{〈식 7.7〉}$$

$$B^0 = 0.083 - 0.422/T_r^{1.6} \qquad \text{〈식 7.8〉}$$

$$B^1 = 0.139 - 0.172/T_r^{4.2} \qquad \text{〈식 7.9〉}$$

$$\text{조건: } T_r > 0.686 + 0.439P_r \quad \text{또는} \quad V_r > 2.0 \qquad \text{〈식 7.10〉}$$

5 Smith, J.M., Van Ness, H.C. 1975. *Introduction to Chemical Engineering Thermodynamics*, 3rd ed, New York: McGraw-Hill, p. 87.

Z선의 기울기에 대한 온도 의존성은 $1/T$에 의해 충분히 나타낼 수 없으므로, 식 7.8과 식 7.9에 따른 B의 온도 의존성이 요구된다. 비리얼식은 적용범위에 있어서 제한적이지만 단순하다는 장점을 가지고 있다. 비리얼식의 단순성은 실제유체 거동의 유도를 일차적으로 예시하고 열역학적 관계식을 증기 혼합물로 확대 적용할 때 특히 유리하다. 불행하게도 비리얼식은 액체에는 적용되지 않으며, 열역학에서의 많은 흥미로운 결과는 액체에 대한 연구에서 나타난다. 기체와 액체에 적용할 수 있는 식을 개발하기 위해서는 더 복잡한 방식으로 유체의 물리학을 고려해야 한다. 아직도 이러한 수준의 복잡성을 허용하는 가장 간단한 형태는 다음 절에서 논의될 3차식이다.

예제 7.2 비리얼식의 적용

비리얼식을 이용하여 310 K와 (a) 8 bar, (b) 75 bar에서 이산화탄소의 비용을 cm^3/g의 단위로 구하고, 실험값인 70.58 및 3.90과 각각 비교하라.

풀이

(a)와 (b)의 경우 모두에 대하여 $\omega = 0.228$, $T_r = 310/304.2 = 1.02$. 따라서

$B^0 = 0.083 - 0.422/1.02^{1.6} = -0.326$

$B^1 = 0.139 - 0.172/1.02^{4.2} = -0.0193$

$B(T)P_c/RT_c = (B^0 + \omega B^1) = (-0.326 + (0.228 \cdot (-0.0193)) = -0.3304$

(a) $P_r = 8/73.82 = 0.108$. 따라서 $Z = 1 + (B^0 + \omega B^1)P_r/T_r = 1 - 0.3304 \cdot 0.108/1.02 = 0.965$.
$V = ZRT/(P \cdot MW) = (0.965 \cdot 83.14 \cdot 310)/(8 \cdot 44) = 70.66$으로 이는 실험값의 0.1% 이내이다.

(b) $P_r = 75/73.82 = 1.016$. 식 7.10을 적용하면 $0.686 + 0.439 \cdot 1.016 = 1.13 > T_r = 1.02$.
그러므로 제2 비리얼 계수만을 사용하면 비리얼식은 부정확할 수 있다.

이 논의를 결론짓기 전에 비리얼 급수의 형태 개선에 대해 언급하고자 한다. 추가적인 조절 가능한 매개변수를 비리얼 급수의 형태 안에 포함하는 것은 극히 간단한 일이라는 것은 놀라운 일이 아니다 — 더 높은 차수의 항을 급수에 단순히 추가하면 된다. 많은 경우에 식 7.11에서처럼 지수항들도 포함된다. 이러한 방법으로 증기뿐만 아니라 액체의 P-V-T 거동을 합리적인 정도의 정확도까지 맞추는 것은 가능하다. 그러나 이러한 방법으로 급수 확장에 대해 만들어진 이론적 토대는 미약하다는 것이 밝혀졌다. Taylor 급수와 같은 급수 확장에 대한 논의에서 세세한 항목을 읽어 보면 그러한 접근법은 오직 '해석적' 함수에만 적용 가능하다는 것을 알 수 있다. 실제유체의 거동은 임계점에서 비해석적이라는 것은 현재 일반적으로 받아들여지고 있다. 이는 임계 밀도 이상과 임계온도 이하에서의 그러한 급수 확장의 적용은 엄격한 수학적 기반을 가지고 있지 않다는 것을 의미한다. 그럼에도 불구하고 공학자들은 종종 "충분한 수의 조절 가능한 매개변수를 가지면 우리는 코끼리의 모양도 맞출 수 있다."라는 격언을 들먹

인다. Benedict-Webb-Rubin식과 같은 실험식이 가장 높이 평가된다는 것은 이러한 정신에서 비롯된 것이다. Benedict-Webb-Rubin식의 수정된 한 형태가 다음에 주어졌다. 이는 Lee와 Kesler[6]가 Pitzer 상관식을 컴퓨터 친화적인 식으로 만들기 위해 개발한 형태이다. 그림 7.4를 만들기 위해 사용된 Lee-Kesler식은 다음과 같다.

$$Z = 1 + \frac{B}{V_r} + \frac{C}{V_r^2} + \frac{D}{V_r^5} + \frac{E_0}{T_r^3 V_r^2}\left(E_1 + \frac{E_2}{V_r^2}\right)\exp\left(-\frac{E_2}{V_r^2}\right) \qquad \langle\text{식 } 7.11\rangle$$

각 화합물에 대한 B, C, D, E_0, E_1, E_2의 온도 의존성을 지정하기 위하여 12개의 매개변수가 사용된다. 여러분은 연습문제의 일부로 매개변수의 정확한 값을 얻기 위해 원래의 논문을 참고할 수 있다.

7.5 3차 상태방정식

물성의 변화를 C_P, C_V, P, T, V 및 이들의 도함수와 관계시키기 위하여 우리가 개발할 수 있는 관계식을 적용하기 위해서는 P, V, T 사이의 일반적인 관계식이 필요하다. 이 관계식은 상태방정식(equation of state, EOS)으로 불린다. 확고한 물리적, 수학적 토대를 가진 어떤 상태방정식을 만들기 위해서는 분자 간의 힘이 유체 안에 있는 에너지와 압력에 어떻게 영향을 미치는가를 고려할 필요가 있다. 밀도가 큰 유체에서는 분자들이 평균적으로 더 가까워지고 그러한 가까워짐은 분자 간에 서로 끌어당기는 퍼텐셜 에너지를 야기시킨다. 이러한 끌어당기는 에너지의 실제로 나타나는 징후는 끓는 액체의 증발열이다. 그러나 우리가 어떻게 분자력과 거시적 성질 사이의 정량적인 연관성을 만들 수 있는가? 이러한 물리적 수학적인 기반에 대한 확고한 이해는 다성분 혼합물과 다상 평형까지로의 확장을 이해하는 데 도움이 된다. 식의 적절한 유도는 미시적 퍼텐셜과 거시적 성질 사이의 수학적 연관성을 제공해 준다. 우리는 나중에 그와 같은 엄밀한 식의 유도를 위한 기초작업을 수행할 것이다. 그러나 소개할 목적으로 우리는 몇몇 전형적인 식이 어떻게 이루어졌고, 그 식을 대응상태의 이론과 함께 어떻게 사용하는지 알아보고자 한다.

! 머리글자 EOS는 상태방정식을 의미하는 데 사용된다.

van der Waals 상태방정식

van der Waals(1873)식은 가장 많은 영향을 끼쳐 온 상태방정식 중의 하나이다. 심지어 현재 사용되고 있는 가장 성공적인 공학식도 van der Waals의 원래 이론에 약간의 변화만 준 것이다. 그의 모델의 우수성은 분자 상호작용에 관한 세부적인 지식이 필요 없다는 것이다. van der Waals는 단순히 2개의 특징적인 분자에 관한 양(ε과 σ)과 2개의 특징적인 거시적 양(T_c와 P_c)만을 주목함으로써 대응상태의 법칙을 통해 각 유체의 중요한 특징을 파악한 간단한 식을 추론할 수 있었다. 그의 최종 식은 끌어당기는 에너지를 a로 나타낸 매개변수로 표시하였으

Johannes Diderik van der Waals (1837~1923)는 네덜란드 물리학자이며, 1910년 노벨 물리학상을 수상했다.

6 Lee, B.I., Kesler, M.G. 1975. *AIChE J.* 21:510.

며, 크기 매개변수는 b로 나타냈지만 기호의 선택은 임의적이다. 이 단계에서 알아야 할 중요한 특징은 모든 식에는 최소한 2개의 매개변수가 있으며 이 매개변수는 실험 데이터와 비교해 봄으로써 결정할 수 있다는 것이다.

결과로부터 얻은 상태방정식은 다음과 같다.

van der Waals EOS.

$$P = \frac{RT}{\underline{V}-b} - \frac{a}{\underline{V}^2} = \frac{\rho RT}{1-b\rho} - a\rho^2 \quad \text{또는} \quad Z = \frac{1}{(1-b\rho)} - \frac{a\rho}{RT} \qquad \text{〈식 7.12〉}$$

여기서 ρ = 몰밀도 = $n/\underline{V}$이다.

ρ는 몰밀도를 나타내기 위해 사용된다.

주의: 일반적으로 공학에서는 세기 밀도(intensive density)를 나타내기 위해 ρ를 사용한다. 우리는 여기서 ρ를 몰밀도로 사용하면서 그러한 관례를 따르기로 한다. 고급 화학 및 물리학 교재와 연구 출판물은 종종 ρ를 수밀도(number density) $N/\underline{V} = nN_A/\underline{V}$로 사용하기도 한다. 따라서 정의는 매우 주의 깊게 정해져야 한다.

매개변수 a와 b의 값을 결정하는 정확한 방법은 7.8절에서 논의한다.

$$a \equiv \frac{27}{64}\frac{R^2T_c^2}{P_c} \quad , \quad b \equiv \frac{RT_c}{8P_c} \qquad \text{〈식 7.13〉}$$

우리는 상태방정식을 $Z = 1 + Z^{rep} + Z^{att}$로 쓸 수 있다. 여기서 1은 이상기체 거동을 나타내며, Z^{rep}는 반발작용에 기인한 이상기체 법칙으로부터의 편차를 나타내고, Z^{att}은 인력작용에 기인한 편차를 나타낸다. van der Waals식에 대하여,

$Z = 1 + Z^{rep} + Z^{att}$ 형태로 표현된 van der Waals식.

$$\boxed{Z = 1 + Z^{rep} + Z^{att} = 1 + \frac{b\rho}{1-b\rho} - \frac{a\rho}{RT}} \qquad \text{〈식 7.14〉}$$

이 식에서 오른편의 두 번째 및 세 번째 항은 각각 Z^{rep}와 Z^{att}이다. 식 7.12는 치밀하지만, 식 7.14는 Z에 대한 기여의 근원을 더 분명히 나타내 준다. 추후의 많은 응용에서 우리는 이상기체로부터의 Z의 편차, 즉 $Z-1$을 사용할 필요가 있으며, 식 7.14는 이러한 필요성을 채워 줄 것이다. van der Waals식의 두 가지 중요한 특징이 있다. 첫째, 반발항은 충전인자(packing factor) $b\rho$가 증가할 때 압축인자의 점근적 발산을 설명한다. 발산은 분자가 서로 가깝게 충전될수록 밀도를 증가시키기 위해 빠르게 증가하는 높은 압력을 요구하기 때문에 그러한 발산이 일어난다. 둘째, 인력항은 온도가 감소함에 따라 크기가 증가하며, 낮은 T에서는 Z의 더 작은 값에 기여한다. 인력의 기여는 낮은 온도에서 증가하는데 이는 운동에너지가 낮은 온도에서는 더 이상 퍼텐셜 인력을 압도할 수 없기 때문이다. 우리가 이미 살펴본 바와 같이 이것은 궁극적으로 응축으로 이어진다. 7.11절에서의 논의는 van der Waals식의 분자적 기반을 더 잘 이해하도록 해 준다. van der Waals EOS는 이심인자를 포함하지 않으며 다른 증기압 기울기들을 나타낼 수 없다는 것에 주목하라. 따라서 3차 EOS의 형태를 소개하는 것은 주로 교육학적 도구이며 실행 도구가 아니다.

Peng-Robinson 상태방정식

van der Waals(1873)의 시대 이래, 많은 근사적인 상태방정식이 제안되었다. 대부분 이들은 'a = 상수'라는 van der Waals의 특성에 대한 준실험적 수정이었으며, 대부분 $a = a(T, \omega)$의 형태를 취했다. 이러한 접근 방법 중 가장 성공적인 사례 가운데 하나는 Peng과 Robinson(1976)의 식이다. 우리는 이 책을 통해 여러 번 이 식을 인용할 것이며, 유용한 활용의 예뿐만 아니라 열역학적 이론에서의 많은 중심적인 주제들을 보여 주기 위하여 이 식을 사용할 것이다.

Peng-Robinson 상태방정식(EOS)은 다음과 같이 주어진다.

$$P = \frac{RT\rho}{(1-b\rho)} - \frac{a\rho^2}{1+2b\rho-b^2\rho^2} \text{ 또는 } Z = \frac{1}{(1-b\rho)} - \frac{a}{bRT} \cdot \frac{b\rho}{1+2b\rho-b^2\rho^2} \quad \text{〈식 7.15〉}$$

❗ Peng-Robinson EOS. a는 온도 의존적인 매개변수로 상수가 아니라는 것에 주목하라. 이심인자에 미치는 의존성에 주목하라.

여기에서 ρ = 몰밀도 = $n/\underline{V}$이며, b는 상수이고 a는 온도와 이심인자에 의존한다.[7]

$$a \equiv a_c\alpha, \quad a_c \equiv 0.45723553\frac{R^2T_c^2}{P_c} \qquad b \equiv 0.07779607R\frac{T_c}{P_c} \quad \text{〈식 7.16〉}$$

$$\alpha \equiv [1+\kappa(1-\sqrt{T_r})]^2 \qquad \kappa \equiv 0.37464 + 1.54226\omega - 0.26992\omega^2 \quad \text{〈식 7.17〉}$$

α는 등압 열팽창 계수가 아니고, κ는 등온 압축률이 아니며, 이들은 단순히 표기법상 편의를 위해 Peng과 Robinson에 의해 도입된 변수라는 것을 알아라. a의 온도에 대한 도함수는 Z의 온도에 대한 도함수가 필요할 때 유용하다.

$$\frac{da}{dT} = \frac{-a_c\kappa\sqrt{\alpha T_r}}{T} \quad \text{〈식 7.18〉}$$

T_c, P_c, ω는 대응상태 원리에 따른 환산 상수들이다. Z에 대한 기여를 van der Waals식에 대해 따르는 방식으로 표현하면,

$$\boxed{Z = 1 + Z^{rep} + Z^{att} = 1 + \frac{b\rho}{1-b\rho} - \frac{a}{bRT} \cdot \frac{b\rho}{1+2b\rho-b^2\rho^2}} \quad \text{〈식 7.19〉}$$

Peng-Robinson식을 van der Waals식과 비교하면 반발항이 같다는 한 가지 명확한 유사성을 보여 주지만 몇 가지 차이점도 있다. 즉, Peng-Robinson식에는 인력 매개변수 a의 온도 의존성이 포함되어 있고, 이심인자에 대한 a의 의존성이 도입되어 있으며, Z^{att}의 밀도 의존성이 인력항의 분모에 의해 바뀌었다. 이와 같이 특별한 세부사항들이 추가된 방법은 거의 완전히 경험적이었으며, 3차식의 거동을 유지하면서 실험 데이터를 가장 잘 맞추는 식이 발견될 때까

7 식 7.16에 나타낸 유효숫자들의 수는 Peng-Robinson 상태방정식에 의해 예측되는 Z_c = 0.307의 보편적 값을 재현할 때에 중요하다.

지 여러 가지 다른 식들이 시도되었다(103년 동안이면 많은 식이 시도될 수 있다). 이심인자가 포함된다는 중요성 이외에는 이러한 실험적 접근 방법에 대하여 특별히 더 언급할 만한 사실은 별로 없다. Peng-Robinson식이 성공하게 된 주된 이유는 이 식이 주로 기-액 평형에 적용되며, 기-액 평형의 표현은 이심인자의 포함에 내포되어 있는 증기압의 더 정확한 표현에 의해 크게 영향을 받는다는 사실 때문이다. 임계점과 이심인자는 증기압을 상당히 정확하게 특징짓기 때문에, Peng-Robinson식이 증기압을 정확하게 표현할 수 있다는 사실은 놀라운 것이 아니다.

❗ 많은 상태방정식이 있지만 개념을 예시하기 위해 우리는 Peng-Robinson식에 초점을 둔다.

한 가지 주의가 요망된다. 여러 상태방정식들 간의 정확도의 차이는 매우 미묘해서 하나의 식은 하나의 좁은 범위의 적용에 대하여 가장 정확할 수 있는 반면에 다른 상태방정식은 다른 범위에서 가장 정확할 수 있다. 이 때문에 특정한 응용에 대해서는 Peng-Robinson식보다는 다른 상태방정식을 택하는 것이 필요할 수도 있다. 그럼에도 불구하고, 여기서 제시된 Peng-Robinson식을 다루는 과정은 어떠한 다른 상태방정식을 다루는 방법과도 완전히 유사하기 때문에 여기서 다루는 방법을 이해하면 다른 상태방정식을 사용하는 경우에도 아무 문제가 없을 것이다. 화학공정 모사에서 보통 접하게 되는 몇 가지 열역학적 모델들에 대한 간단한 검토가 부록 D에 주어져 있다.

❗ 변수 *a*와 *b*는 상태방정식에서 일반적으로 사용된다. 공식을 서로 교환해서는 안 된다.

주의: 변수 *a*와 *b*는 상태방정식 매개변수를 나타내기 위해 상태방정식 문헌(이 책 포함)에서 널리 사용된다. 어떤 주어진 상태방정식에 대한 매개변수들의 공식이나 값은 다른 상태방정식과 함께 직접적으로 사용될 수 없다.

7.6 *Z*에 대한 3차 상태방정식의 풀이

❗ 차원 분석은 중요한 공학적 도구이다. 여기에서 우리는 EOS를 일반화된 방법으로 풀 수 있도록 EOS를 무차원으로 만든다.

대부분의 적용에서는 압력과 온도가 주어지고 유체의 밀도와 다른 성질을 결정하도록 요구받는다. 식이 가능한 한 많이 단순화되었을 때라도 세제곱멱('3차')까지의 밀도항을 포함하기 때문에 이 풀이는 약간 어려워진다. 3차식을 풀기 위한 표준 방법이 적용될 수 있다. 풀이 방법을 적용하기 전에 식을 무차원으로 만든다.

$$Z = PV/RT = P/\rho RT \qquad \text{〈식 7.20〉}$$

매개변수에 대한 무차원 형태를

$$A \equiv aP/R^2T^2 \qquad \text{〈식 7.21〉}$$

$$B \equiv bP/RT \qquad \text{〈식 7.22〉}$$

로 정의하면, 다음의 집중 변수를 얻는다.

$$b\rho = B/Z;\ a\rho/RT = A/Z \qquad \text{〈식 7.23〉}$$

Peng-Robinson 상태방정식은 다음과 같다.

$$Z = \frac{1}{(1-B/Z)} - \frac{A}{B} \cdot \frac{B/Z}{1+2B/Z-(B/Z)^2}$$ 〈식 7.24〉

❗ EOS 매개변수 A와 B를 변수들의 다른 사용과 혼동하지 마라. 의도된 사용은 거의 언제나 분명하다.

주의: 변수 A는 Helmholtz 에너지를 나타내기 위해 이 책의 다른 곳에서도 사용된다. 변수 B는 이 책의 다른 곳에서 제2 비리얼 계수를 표현하기 위해 사용된다. 변수 사용의 맥락은 변수의 의미를 명확하게 하도록 해야 한다. 우리는 문헌에서의 상태방정식에 대한 논의와의 일관성을 유지하기 위해 A와 B를 환산 상태방정식 매개변수로 사용하기로 한다.

무차원 Peng-Robinson식을 다시 정리하면 증기, 액체 또는 유체 근을 구하기 위해 풀어야 하는 Z의 3차 함수를 얻는다.

$$Z^3 - (1-B)Z^2 + (A - 3B^2 - 2B)Z - (AB - B^2 - B^3) = 0$$ 〈식 7.25〉

등온선 형태와 실근

그림 7.5는 식 7.15를 가지고 얻은 CO_2에 대한 몇 개의 P-V 등온선을 보여 준다. 그림 1.4와 비교하면 3차의 EOS는 $T < T_c$일 때 '혹(툭 튀어난 것)'들을 예측한다는 것에 주목하라. 이 혹들은 낮은 온도에서는 더 크며, 275 K에서의 등온선에서 보여 주듯이 압력이 음수가 될 수도 있다. 3차식은 항상 3개의 근을 가지지만 어떤 조건에서는 2개가 허근이다. 공학에서는 실근

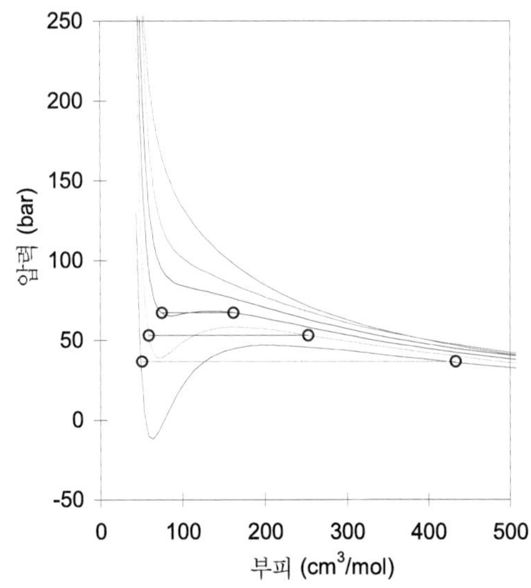

그림 7.5 • 275 K, 290 K, 300 K, 310 K, 320 K, 350 K에서 CO_2(T_c = 304.2 K)에 대하여 Peng-Robinson 상태방정식으로 예측한 등온선의 예시. 임의의 주어진 부피에 대하여 더 높은 온도는 더 높은 압력을 낳는다. '혹'들은 본문에 설명되어 있으며, 증기압의 계산값은 275 K에서 36.42 bar, 290 K에서 53.2 bar, 300 K에서 67.21 bar이다.

에 관심이 있다. 290 K에서의 등온선에 대하여 약 39 bar와 58 bar 사이의 압력에서는 3개의 실근이 존재한다. 이 영역에는 3개의 실근이 있다는 의미로 우리는 이 압력 영역을 **3근 영역**이라고 나타낼 것이다. 58 bar 이상에서는 단 1개의 액체 근이 생기며, 39 bar 이하에서는 1개의 증기 근만이 생긴다. 이 영역에서는 단 1개의 실근만이 존재한다는 뜻으로 두 영역은 **1근 영역**으로 불린다. 3근 영역의 크기는 온도에 의존한다. 275 K에서 3근 영역은 $P = 0$까지 확장되지만, 300 K 근처에서 그 영역은 매우 좁게 된다.

식 7.25에 있는 Z에 대한 3차식은 유사한 거동도 가지고 있다. 이 함수를 $F(Z)$라고 놓으면, 우리는 그림 7.6에 보인 것처럼 Z에 대한 $F(Z)$를 도시하여 근에 대한 이해를 높일 수 있다. $P = P^{sat}$인 경우를 고려하면, 3개의 근이 존재한다는 것을 알게 된다. $F(Z)$의 가장 큰 근은 증기의 근이므로 포화 증기에 대한 Z의 값이 되고, 가장 작은 근은 액체의 근이므로 포화 액체에 대한 Z의 값이 된다. 3개의 실근이 발견되는 이 온도에서의 모든 다른 압력에서는 그 근들 중 하나는 항상 더 안정하다. 임계온도 아래에서 $P > P^{sat}$일 때 유체는 압축된 액체가 되며 액체 근은 더 안정하게 된다. 반면에 임계온도 아래에서는 $P < P^{sat}$일 때 유체는 과열된 증기가 되며 증기 근이 더 안정하게 된다. $T > T_c$일 때 우리는 단 1개의 근을 가지는 초임계 유체를 얻는다. 그러나 그 근은 '증기와 유사한' 혹은 '액체와 유사한' 밀도와 압축인자 사이에서 연속적으로 변

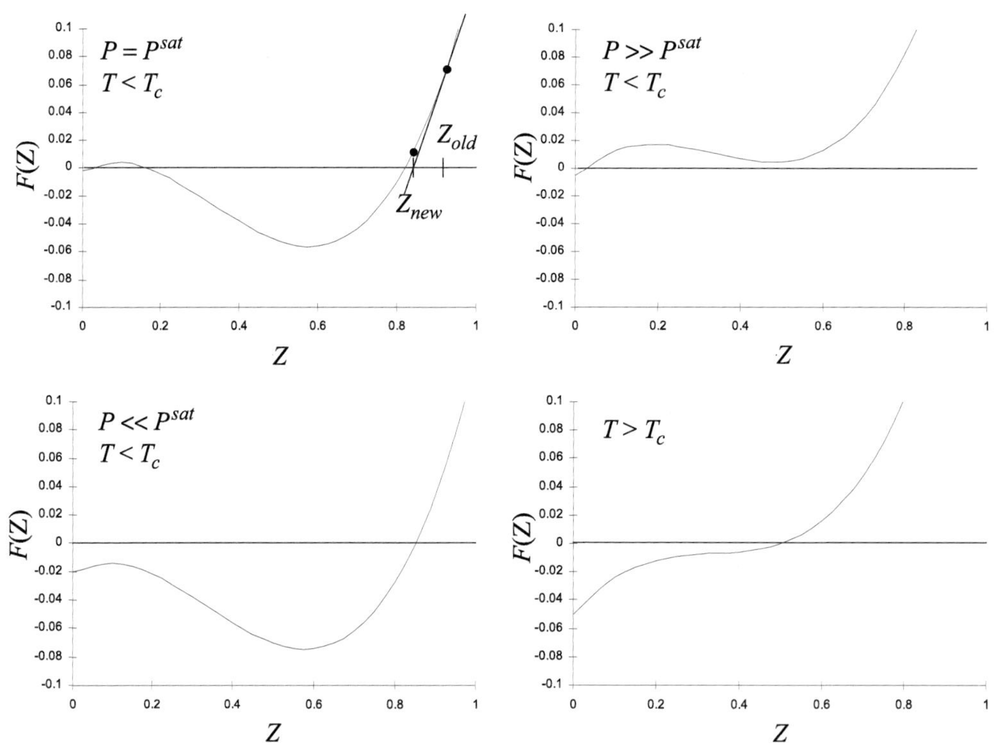

그림 7.6 • 몇 가지 조건에서 Peng-Robinson 상태방정식에 대하여 Z의 3차 거동의 비교. 왼쪽 위 그래프에 있는 라벨 Z_{new}와 Z_{old}에 대한 설명은 부록 B에 있는 반복 풀이법에 묘사되어 있다.

할 수 있다. 다음 절에서 우리는 안정성 문제에 대하여 논의하고 등온선 전체를 만들지 않고 어떻게 안정한 근을 선택할 수 있는지에 대하여 토의할 것이다.

3차식 풀이법

공학적 적용은 보통 P와 T를 고정하고 V에 대한 정보를 필요로 한다. Z에 관한 상태방정식의 풀이가 V에 대해 해를 구하는 것보다 더 선호되며, 그다음에 다음의 식을 사용하여 V를 구할 수 있다.

$$V = ZRT/P \qquad \text{〈식 7.26〉}$$

Z의 값은 종종 0과 1 사이에 있다(그림 7.4 참조). 압력이 0에 접근함에 따라 V는 종종 액체의 경우 50~100 cm^3/mol로부터 가스의 경우 거의 무한대까지 변한다. 압축인자 Z를 이용하여 더 작은 변수범위에 대하여 근을 구하는 것이 훨씬 더 쉽다. 3차 상태방정식을 푸는 데에는 두 가지 기본적인 접근 방법이 있다. 첫째, 반복법을 사용하는 것으로서 그중 하나가 반복적인 Newton-Raphson법이다. 다른 방법은 해석적으로 푸는 것이다. 컴퓨터나 계산기가 이들 두 방법에 많은 도움이 될 수 있다.

반복법

Newton-Raphson법은 부록 B에 묘사되어 있다. Newton-Raphson법은 빠르게 해로 수렴시키기 위해 도함수값과 함께 초깃값을 사용한다.

해석적 풀이

3차식을 풀기 위해 우리가 선택할 수 있는 다른 방법은 부록 B에 상세히 나타냈듯이 해석적으로 근을 얻는 것이다. 이 방법은 관심 압력에서 1개의 근이 존재하는지 아니면 3개의 근이 존재하는지에 따라 달라진다. 해는 스프레드시트(Preos.xlsx) 또는 MATLAB 스크립트(Preos.m)에 실행되어 있다. MATLAB은 다항식 근 구하기를 포함하므로 실행문 `Zvals=roots([1 a2 a1 a0])`은 실근과 허근 모두를 낳는다. 'roots' 함수에 있는 인수는 Z에 있는 다항식에 대한 계수의 벡터이다. MATLAB에서 실근의 지수는 `Zreal=real(Zvals(index))`를 사용해 근의 실수부를 선택함으로써 `index=find(imag(Zvals)==0)`를 가지고 구할 수 있다.

Preos.xlsx는 부록 B의 과정을 사용하며 중간 계산과정을 보여 준다.

예제 7.3 수계산에 의한 Peng-Robinson식의 해

105.6 K와 0.498 MPa에 있는 아르곤에 대해 실근을 구하기 위한 수계산을 수행하라.

풀이

이 예제는 온라인으로 얻을 수 있으며 다음 예제와 같은 조건에서 수계산의 예를 제공한다.

예제 7.4 몰부피에 대한 Peng-Robinson식

105.6 K와 4.98 MPa에 있는 아르곤에 대하여 Peng-Robinson 상태방정식으로 예측한 몰부피를 구하라.

풀이

임계 성질 자료는 이 책 마지막 부분에 있는 빠른 참조의 표로부터 입력된다.

Preos.xlsx, Preos.m.

Preos.xlsx로부터 얻은 출력물을 다음에 나타냈다. Excel에 의해 1근 영역에 대한 셀에는 모두 #NUM!가 붙어 있으므로, 유체의 상태는 3근 영역에 있다. 많은 중간 계산과정도 역시 보여 준다. 몰부피의 답은 27.8, 134, 1581 cm^3/mol이다. 가장 작은 값은 액체 부피에 해당하며 가장 큰 값은 증기 부피에 해당한다. *Z* 값은 액체에 대해서는 0에 가깝고 증기에 대해서는 1에 가깝다는 것에 주목하라.

MATLAB 스크립트 Preos.m로부터 얻은 출력물도 역시 다음에 나타냈다. 디폴트 출력물은 중간과정의 값을 포함하지 않더라도 코드 라인의 끝에 있는 ";"를 제거하고 스크립트를 다시 작동시키면 그 중간과정의 값을 얻을 수도 있다.

Preos.m으로부터의 출력물:

```
argon  Tc(K)= 150.9 Pc(MPa)= 4.898 w = -0.004
T(K)= 105.600000 P(MPa)= 0.496000
Zvals =
    0.8971
    0.0759
    0.0157
Z= 0.897123  0.015681
V(cm^3/mol)= 1588.066740  27.758560
fugacity (MPa)= 0.449384  0.449903
Hdep (J/mol)= -222.933032  -6002.507074
```

Peng-Robinson Equation of State (Pure Fluid)

Spreadsheet protected, but no password used.

Properties			
Gas	T_c (K)	P_c (MPa)	
ARGON	150.9	4.898	-0.004

Current State		Roots		
T (K)	105.6	Z	V	fugacity
P (MPa)	0.496		cm^3/gmol	MPa
answers for three root region		0.897123	1588.067	0.449384
		0.075938	134.4247	
		0.015681	27.75856	0.449909
& for 1 root region		#NUM!	#NUM!	#NUM!

Stable Root has a lower fugacity

Intermediate Calculations			
R(cm^3MPa/molK)		8.314472	
T_r	0.699801	a (MPa cm^6/gmol^2)	
P_r	0.101266	165184.2	
	0.368467	b (cm^3/gmol)	
	1.124086	19.92796	
fugacity ratio		A	0.10628
	0.998832	B	0.011258

To find vapor pressure, or saturation temperature, see cell A28 for instructions

Solution to Cubic $Z^3 + a_2Z^2 + a_1Z + a_0 = 0$

a_2	a_1	a_0	p	q
-0.988742	0.083385	-0.001068	-0.242486	-0.045187

$R = q^2/4 + p^3/27 =$ -1.76E-05
If Negative, three unequal real roots,
If Positive, one real root

Method 1 - For region with one real root

P	Q	Root to equation in x
#NUM!	#NUM!	#NUM!

Solution methods are summarized in the appendix of the text.

Method 2 - For region with three real roots

m	3q/pm	3* 1	1	Roots to equation in x		
0.568607	0.983181	0.183666	0.061222	0.567542	-0.253642	-0.3139

예제 7.5 Peng-Robinson식의 적용

Peng-Robinson식을 사용하여 310 K와 (a) 8 bar, (b) 75 bar에서 이산화탄소의 비용을 cm^3/g의 단위로 구하고, 실험값인 70.58 및 3.90과 각각 비교하라.[8]

Preos.xlsx, Preos.m.

풀이

$\omega = 0.228$, $T_c = 304.2$, $P_c = 73.82$, MW = 44 g/gmol

(a) $Z = 0.961$

$V = ZRT/(P \cdot MW) = (0.961 \cdot 83.14 \cdot 310)/(8 \cdot 44) = 70.37$이다. 이는 실험값의 0.3% 이내이다.

(b) $Z = 0.492$

$V = ZRT/(P \cdot MW) = (0.492 \cdot 83.14 \cdot 310)/(75 \cdot 44) = 3.84$이다. 이는 실험값에 대하여 1.5%의 상대오차를 주는 것이다.

예제 7.5는 상태방정식이 예제 7.1에 있는 압축인자 도표를 읽는 것보다 훨씬 더 신뢰성이 있다는 것을 보여 준다.

안정된 근의 결정

3개의 실근을 구할 때, 그중에서 가장 안정한 근은 빠르게 결정될 수 있다. 예제 7.4에서 언급되었듯이, 가장 작은 근은 보통 액체상태에 해당되며 가장 큰 근은 보통 증기상태에 해당된다.[9] 임의의 주어진 온도에서 압력범위에 걸쳐 3개의 실근을 구할 때, 이 근은 모든 조건에서 증기 + 액체가 공존한다는 것을 보여 주지는 않는다. 증기와 액체상은 증기압에서만 공존한다. 증기압 이상에서는 액체 근이 가장 **안정**(stable)하며, 증기압 이하에서는 증기 근이 가장 안정하다. 가장 안정한 근은 평형에서 존재하게 될 상을 나타낸다. 3개의 근을 구할 때, 가장 안정한 근은 더 작은 Gibbs **에너지** 또는 **퓨가시티**(fugacity)를 가진다. 상평형에서 근의 Gibbs 에너지와 퓨가시티는 같게 된다. 퓨가시티는 Gibbs 에너지와 밀접한 관련이 있으며 9장에서 설명할 것이다. 그러나 우리는 계산과정을 완전히 설명하기 전에 계산된 값을 사용하기 시작할 것이다. 3개의 근이 존재할 때, 가운데 근은 열역학적으로 **불안정**(unstable)하다. 왜냐하면 부피에 대한 압력의 도함수는 양수인데 이는 우리의 상식에 어긋나며 고급 열역학 교재에서 열역학적으로 불안정하다고 제시되어 있기 때문이다. 물리적으로 불안정한 근의 의미를 다음과 같이 이해할 수 있다. 한 방향으로 각 분자를 당기는 힘이 다른 방향에서의 힘에 의하여 똑같이 균형을 이루도록 Lennard-Jones 구를 모두 한 줄로 배열했다고 상상해 보자. 다음, 원하는 온도에서 원하는 밀도를 얻을 때까지 이에 수직으로 유사한 줄의 형태로 배열했다고 상상해

! 안정된 근은 평형에서 존재하는 상을 나타내며, 더 낮은 Gibbs 에너지 또는 퓨가시티를 가진다.

8 Vargaftik, N.B. 1975. *Handbook of Physical Properties of Liquids and Gases.* New York: Hemisphere Publishers.

9 그러나 Peng-Robinson식은 높은 압력에서 작은 실근을 주며, 따라서 가장 작은 실근이 언제나 액체 근이라는 것은 아니다. 문제 7.8 참조.

보자. 물리학적으로, 그리고 수학적으로 이러한 배열은 상상할 수 있으나 이 원자들 중 하나가 움직였을 때 무슨 일이 일어날 것인가? 완벽한 균형은 무너질 것이고 많은 수의 원자는 서로 응집하여 액체를 형성할 것이다. 액체를 형성하지 않는 원자는 낮은 밀도의 증기 형태로 남아 있을 것이다. 이러한 논의는 상호작용 에너지만을 논하지만 엔트로피도 역시 중요하다. 이는 9장에서 논의하겠지만 상평형을 야기하는 것은 사실상 엔탈피와 엔트로피의 균형이다.

등온선을 따라 기-액 평형을 유발하는 조건을 가시화하는 간단한 방법은 그림 7.5에 예시된 P-V 선도를 고려하는 것이다. 증기 근과 액체 근 사이의 평형 조건은 P-V 선도상의 수평선이 그 선 위에 둘러싸인 면적과 그 선 아래에 둘러싸인 면적이 정확히 같도록 위치할 때 일어난다는 것을 9장에서 보여 줄 것이다. 비록 둘러싸인 면적이 다른 형태를 가질지라도 이 면적들이 같아 보일 때까지 이 선을 위아래로 움직이는 것을 상상할 수 있다. 그림에 있는 점들은 포화 액체와 포화 증기 부피의 예측값이며 상분리선을 형성한다. 포화 증기와 포화 액체 근들 사이에 있는 등온선 부분은 **준안정적**(metastable) 또는 **불안정적**(unstable)인 상태이다. 주어진 점이 준안정적인지 불안정적인지를 결정하기 위해서는 그 등온선이 최대점이나 최소점에 도달하는 점을 찾아야 한다. 액체 근과 최소점 사이에 있는 점은 준안정적 액체로 여기고, 최대점과 증기 근 사이에 있는 점은 준안정적 증기로 여긴다. 준안정적 상태는 주의 깊은 실험을 통해 실험적으로 얻을 수 있다. 청결한 조건하에서 과열된 액체를 얻기 위하여 끓는점 이상으로 액체를 실험적으로 가열하는 것은 가능하다. 마찬가지로 청결한 조건하에서 과냉각된 증기를 실험적으로 얻는 것 역시(도전적이긴 하지만) 가능하다. 그러나 준안정적 상태는 예를 들어 비등석이나 먼지에 의해 제공되는 진동이나 핵 생성 부위에 의해 쉽게 와해되는데, 일단 와해되면 그 상태는 신속하게 평형상태로 붕괴된다. 준안정상태와 안정상태 간의 경계는 **스피노달**(spinodal) 조건으로 알려져 있으며, 이 조건은 임계점 이하의 등온선에 있는 혹들의 최대점과 최소점에 의해 EOS로 예측된다. 순수유체의 상평형을 다룰 때 적절한 유체 근의 특성에 대한 사항을 보다 상세히 논의할 것이다.

7.7 실제유체 거동의 의미 암시

앞에서 제시된 식들로부터 명확해져야 하는 비이상 유체 거동에 대하여 한 가지 내포된 점이 있다. 실제유체는 이상기체와 다르게 거동한다. 어떻게 다른가? 한 가지 보기를 들어 이 질문에 대한 가장 직접적인 답을 제시해 보고자 한다. 여기에서 우리는 6장에서 얻은 도함수 중 일부를 조정한다.

예제 7.6 Peng-Robinson식의 도함수

Peng-Robinson식에 대하여 $\left(\dfrac{\partial P}{\partial T}\right)_V$, $\left(\dfrac{\partial C_V}{\partial V}\right)_T$ 그리고 $\left(\dfrac{\partial U}{\partial V}\right)_T$ 를 구하라.

풀이

도함수 $(\partial U/\partial V)_T$와 $(\partial C_V/\partial V)_T$는 각각 예제 6.6과 6.9에서 측정 가능한 변수에 대하여 쓰인 적이 있으며, 이상기체에 대하여 평가된 바 있다. Peng-Robinson 모델을 가지고 수행한 분석은 실제 물질의 성질에 대해 더 현실적인 묘사를 제공한다. 참고 사례에서 제시된 것과 같은 해석적 표현을 가지고 시작하면 Peng-Robinson식에 대한 다음의 핵심적인 도함수를 얻는다.

$$\left(\frac{\partial P}{\partial T}\right)_V = \frac{R\rho}{1-b\rho} - \frac{\rho^2}{1+2b\rho-b^2\rho^2}\frac{da}{dT}$$

이 식은 이상기체의 한계 조건, $\lim_{\rho\to 0}\left(\frac{\partial P}{\partial T}\right)_V = R\rho = \frac{R}{V}$에 접근한다. C_V의 부피 의존성은 다음의 2차 도함수에 의해 얻어진다.

$$\left(\frac{\partial C_V}{\partial V}\right)_T = T\left(\frac{\partial^2 P}{\partial T^2}\right)_V = \frac{-T\rho^2}{1+2b\rho-b^2\rho^2}\frac{d^2a}{dT^2} = \frac{-\rho^2}{1+2b\rho-b^2\rho^2}\frac{a_c\kappa}{2}\left(\frac{\kappa}{T_C}+\frac{\sqrt{\alpha T_r}}{T}\right)$$

이 식은 낮은 밀도에서 이상기체 한계 조건에 접근한다.

$$\left(\frac{\partial U}{\partial V}\right)_T = T\left(\frac{\partial P}{\partial T}\right)_V - P = \frac{\rho^2}{1+2b\rho-b^2\rho^2}\left[a-\frac{da}{dT}\right] = \frac{\rho^2 a_C}{1+2b\rho-b^2\rho^2}[\alpha+\kappa\sqrt{\alpha T_r}]$$

이 식 역시 낮은 밀도에서 0의 이상기체 한계 조건에 접근한다. 이와 같이 우리는 C_V가 부피에 의존한다는 것을 보였다. C_V 값을 계산하기 위해서는 먼저 $C_V^{ig} = C_P^{ig} - R$을 구하는데, 여기서 C_P^{ig}는 부록 E의 표에 제시된 열용량이다. 그러고 나서 주어진 $\{P, T\}$에서 상태방정식을 ρ에 대해 푼다. $V\to\infty$이면 $\rho\to 0$이고, $dV = -d\rho/\rho^2$인 관계를 이용하면 계산으로부터 얻어지는 밀도는 다음의 적분 안에서 한계 조건으로 사용된다.

$$C_v - C_V^{ig} = \int_\infty^V \left(\frac{\partial C_V}{\partial V}\right)_T dV = \left(\frac{d^2a}{dT^2}\right)\int_0^\rho \frac{T\rho^2}{1+2b\rho-b^2\rho^2}\frac{d\rho}{\rho^2} = \frac{T}{2\sqrt{2}b}\left(\frac{d^2a}{dT^2}\right)\ln\left[\frac{1+(1+\sqrt{2})b\rho}{1+(1-\sqrt{2})b\rho}\right]$$

여기서 $\left(\frac{d^2a}{dT^2}\right) = \frac{a_c\kappa}{2T_c^2 T_r}\left[\kappa+\sqrt{\frac{\alpha}{T_r}}\right]$

7.8 임계점 맞추기

그림 7.5~7.6에 예시되어 있고 나중에 그림 7.7과 7.9에서 보여 줄 복잡한 물리적 현상을 표현하는 상대적으로 간단한 식의 처리능력은 van der Waals의 천재성을 입증해 준다. 아임계 유체와 초임계 유체 간의 차이의 특징을 묘사하기 위한 그의 방법은 역시 뛰어난 것이었다. 그는 임계점에서 다음 관계가 성립된다는 것을 인식하였다.

$$T_c, P_c\text{에서}\quad \left(\frac{\partial P}{\partial \rho}\right)_T = 0 \quad \text{그리고} \quad \left(\frac{\partial^2 P}{\partial \rho^2}\right)_T = 0 \qquad \langle\text{식 } 7.27\rangle$$

여러분은 그림 7.1의 P 대 ρ의 그림을 보면 이것이 사실이라는 것을 확신할 수 있다. 이러한 관찰로부터 우리는 임계상수 T_c와 P_c에 관하여 상태방정식 매개변수 a와 b를 특징짓는 2개의 식을 얻는다. 이론상으로는 이것이 우리가 이 문제에 대하여 말할 수 있는 모든 것이다. 그러나 실제는 임계점의 또 다른 주요한 특징, 즉 증기 근과 액체 근이 임계점에서는 완전히 같다(그리고 의미 없는 중간 근도 같다)는 것을 인식함으로써 결과를 얻는 것이 훨씬 더 간단하다. 우리는 $(Z-Z_c)^3 = 0 = Z^3 - 3Z_cZ^2 + 3Z_c^2 Z - Z_c^3 = Z^3 - a_2Z^2 + a_1Z - a_0$인 관계를 이용하여 앞의 사실을 문제해결에 적용할 수 있다(부록 B 참조). 이들 다항식의 계수를 서로 대조함으로써 3개의 미지수 Z_c, A_c, B_c에 대하여 3개의 식을 얻을 수 있다.

예제 7.7 van der Waals식에 대한 임계 매개변수

위의 방법을 적용하여 van der Waals식에 대한 Z_c, A_c, B_c의 값을 결정하라.

풀이

식을 A_c와 B_c에 대하여 재배열하면 다음을 얻는다.

$$0 = Z^3 - (1 + B_c)Z^2 + A_cZ - A_cB_c = 0 = Z^3 - 3Z_cZ^2 + 3Z_c^2 Z - Z_c^3$$

Z^n의 계수들을 비교하면, (1) $Z_c = (1 + B_c)/3$, (2) $A_c = 3Z_c^2$, (3) $A_cB_c = Z_c^3$

마지막 식으로 A_c를 대입시키면, $3Z_c^2 B_c = Z_c^2 (1 + B_c)/3$

Z_c^2을 소거하고 풀면 $B_c = 1/8 = 0.125$를 얻는다. 다른 식들로부터 $Z_c = 0.375$와 $A_c = 27/64$를 얻는다.

해는 van der Waals식에 대해서는 특히 간단하지만, 다음의 과정은 어떤 상태방정식에 대해서도 맞춰질 수 있다.

1. 상태방정식을 다음과 같은 3차식의 형태로 재배열하라. $Z^3 - a_2Z^2 + a_1Z - a_0$
2. Z_c의 값을 추측하라(예: $Z_c \sim 1/3$).
3. B_c에 대하여 표현 (1)의 해당 식을 풀어라.
4. A_c에 대하여 표현 (2)의 해당 식을 풀어라.
5. Z_c에 대하여 표현 (3)의 해당 식을 풀어라.
6. Z_c가 추측치와 같다면 종료하라. 그렇지 않으면 반복하라.

7.9 상태방정식의 분자 기반: 개념과 표기법

앞 절에서 우리는 상태방정식이 마치 마술에 의해 생겨났음직한 경험식인 것으로 언급하였다. 이 절과 다음의 두 절에서 우리는 상태방정식의 발전에 대한 현재의 견해를 종합적으로 묘사함으로써 상태방정식 뒤에 있는 근원을 분명히 설명해 주고자 한다. 그와 같은 간단한 식을 정당화시키기 위해 수많은 이론을 전개하는 것은 지나친 것처럼 보일 수 있다. 경험식이 전개됨에 따라 상태방정식은 Newton의 운동법칙 같은 것보다 받아들이기에 훨씬 더 어렵지는 않다. 그럼에도 불구하고 우리의 일반적인 목적은 독자들로 하여금 그들 자신의 공학적 모델식을 개발하고 합리적이지 않은 모델을 반박하는 것을 습득하도록 해 주는 것이다. 나노 유효범위의 퍼텐셜 함수와 거시적 성질 간의 연관성을 설정함으로써 분자 모델링은 나노 규모에서의 설계에 대한 근간을 놓는다.

실험 데이터를 맞추는 데에만 근거하여 상태방정식을 개발하는 것은 실현 가능하다. 어떤 적용에 대하여 그 맞추기가 충분히 정밀하지 않다면 단순히 더 많은 매개변수를 더하면 된다. 여러분은 Peng-Robinson식에서 이러한 접근 방법에 대한 증거를 보게 되는데, 그 식에서는 증기압과 밀도를 더 잘 맞추기 위해 온도와 밀도 의존성이 매개변수 '*a*'에 추가된다. 이러한 접근 방법에 대해 더 확장된 예로 Lee-Kesler 모델에 기반한 32개의 매개변수를 가진 Benedict-Webb-Rubin식을 들 수 있다. H_2O에 대한 IAPWS 모델은 이러한 접근 방법에 대한 현재의 상태를 나타내는 대표적인 것이다. 그 모델은 부록 E에 있는 수증기표의 기반이 된다.

이러한 접근 방법의 단점은 상태방정식에 있는 매개변수와 그것의 물리적인 의미 사이의 연결고리를 놓치고 있다는 것이다. 예를 들어, Peng-Robinson식의 '*a*' 매개변수는 사각우물 매개변수 ε과 같이 분자 간의 끌어당기는 상호작용과 관련되어야 한다. 그러나 ε은 온도와 밀도의 함수가 될 수 없다. 그렇다면 Peng-Robinson 모델에서 ε에 기인한 것은 어떤 부분이며 다른 것에 기인한 것은 어느 부분인가? 우리가 그러한 물리적 연결고리를 회복할 수 있다면, 데이터를 맞추려는 우리의 모든 노력은 분자 간의 상호작용에 대한 종합적으로 정제된 특성을 낳을 것이다. 분자 간의 상호작용에 대한 신뢰할 만한 특성을 가지고 정수용 막, 나노복합소재, 산소를 차단할 수 있는 고분자 포장용 랩, 이식할 수 있는 소형 인공신장 등과 같은 무수히 많은 나노구조들을 조립하기 위해 분자를 설계할 수 있다. 그러한 가능성은 무한하다.

1960년 이래, 컴퓨터는 특정 분자 간 퍼텐셜에 기반하여 거시적 성질은 모사하는 것을 가능하게 만들었다. 이러한 도구를 가지면 그 과정은 다음과 같이 분명하다. (1) 주어진 분자에 대한 분자 모델을 정하라. (2) 거시적 성질을 모사하라. (3) 모사된 성질과 실험으로 측정한 성질과의 편차를 평가하라. (4) 그 편차들이 최소화될 때까지 반복하라. 이러한 과정은 단순하지만 지루하다. $Z(T, \rho)$에 대한 각각의 모사는 1시간가량 걸릴 수 있다.

분자 차원에서의 대응상태

엔지니어로서 우리는 결과를 더 빨리 얻고 싶어 한다. 한 가지 아이디어는 대응상태 원리를 이용하는 것이다. ε은 J/molecule의 차원을 가지고 있으므로 $N_A\varepsilon$은 J/mol의 차원을 가지게 된다. 그러므로 $RT/(N_A\varepsilon)$은 무차원이 되고 일반적인 환산온도 T/T_c에 비슷한 방식으로 기여할 것이다. 유사하게 분자 부피 v_{mol}은 cm^3/molecule의 차원을 가지고 있으며 N_Av_{mol}은 cm^3/mol의 차원을 가지게 된다. 따라서 $N_Av_{mol}\rho$는 무차원이 되고 일반적인 환산 밀도 ρ/ρ_c에 비슷한 방식으로 기여할 것이다. 또 다른 아이디어는 많은 상태점에서의 모사로부터 얻은 무차원 성질을 표로 만들고 수증기표와 유사하게 내삽하는 것이다. 내삽 방정식들은 형태와 속도 면에서 전통적인 상태방정식과 비슷할지도 모른다. 내삽 방정식은 나노 규모의 퍼텐셜 모델과 거시적 성질 간의 연결고리를 유지한다는 면에서 차이가 있다. 다시 말해서 우리는 '환산' 온도와 밀도를 분자 차원을 사용해 표현함으로써 특정한 퍼텐셜 모델과 일관성 있는 상태방정식을 만들어 낼 수 있다. 그다음 대응상태 원리를 적용하여 van der Waals 모델에 있는 a와 b 매개변수들을 대응시키는 것과 같은 방법으로 특정한 분자에 대해 ε과 σ를 대응시킬 수 있다.

분자적 관점을 이해하는 데 가장 어려운 부분은 아마도 거시적 규모로부터 나노 규모로 전환하는 것이다. 예를 들어 'b' 매개변수는 cm^3/mol의 차원을 가지고 있다. nm의 단위로 분자의 지름에 대하여 그것은 무엇을 암시하는가? 또 다른 예로, 'a' 매개변수는 J-cm^3/mol^2의 차원을 가지고 있다. 그것은 어떻게 분자 성질과 관련이 되는가? 이 문제에 답한다는 것은 규모 변환을 용이하게 하기 위한 몇 가지 '간단한 전환 방법'에 대해 소개하는 것이 된다. 한 가지 가치 있는 간단한 전환은 cm^3로부터 nm^3로의 변환은 $(10^7)^3$ 또는 10^{21}의 인수를 포함한다는 것에 주목하는 것이다. 이와 같은 cm^3로부터 nm^3로의 변환은 보통 N_A라는 인수를 포함하는 mole로부터 molecule로의 변환과 관련되어 있다. $6.02(10^{23})$ 대신 $N_A = 602(10^{21})$을 쓰면, 인수 10^{21}이 상쇄된다. 이러한 편리함 때문에 거시적 수준에서는 cm^3로 작업하게 된다. 또 다른 간단한 방법은 구의 부피를 표현할 때 반지름 대신 지름을 쓰는 것이다. 마지막으로, 몰기준으로 분자의 부피는 cm^3/mol의 단위로 'b' 매개변수에 해당된다. 종합하면,

$$v_{mol} = 4\pi r^3/3 = 4\pi(\sigma/2)^3/3 = \pi\sigma^3/6,\ N_A v_{mol} = b \qquad \langle 식\ 7.28 \rangle$$

예제 7.8 분자 크기 추산하기

예제 7.4에 의하면 아르곤에 대해 $b = 19.9\ cm^3$/mol이다. Peng-Robinson 모델에 따라 아르곤의 지름(nm)을 추산하라.

풀이

$N_A\pi\sigma^3/6 = 19.9\ cm^3/mol$, $\sigma^3 = 6(19.9\ cm^3/mol)(1\ mol/602(10^{21})\ molecules)(10^{21}\ nm^3/cm^3)/\pi$. 따라서 $\sigma^3 = 6(19.9)/(602\pi) = 0.06313\ nm^3$, $\sigma = (0.06313)^{1/3} = 0.398$ nm.

매개변수 'b'에 대해 말할 때, $b\rho$의 조합이 식에 매우 자주 나타난다는 것을 주목하는 것은 유용하다. 이 조합 변수는 매우 중요하다. 그 변수가 무차원이고 편리한 환산 밀도일 뿐만 아니라 그것의 의미도 매우 중요하다. 그 변수는 분자에 의해 차지한 부피를 전체 부피로 나눈 것을 나타내고 있다. 밀도는 전체 부피가 완전히 채워질 때보다 더 클 수 없다는 것은 직관적으로 이해가 된다. 따라서 그것은 이 한계에 접근함에 따라 발산하게 만들면서 van der Waals 식이 분모에 왜 $(1 - b\rho)$를 포함하고 있는지 설명해 준다. 이러한 조합 변수들이 자주 나타나게 되면 우리는 그 변수들에 특별한 기호와 이름을 주게 된다. 즉, $\eta_P = b\rho = b/V$로 놓으며,

이를 충전 효율[**충전 분율**(packing fraction)이라고도 함]이라고 한다.[10]

마지막으로, 사각우물 에너지 매개변수 ε과 van der Waals 매개변수 a를 고려해야 한다. 식 7.13을 적용한다는 것은 'a' 매개변수의 차원은 J-cm^3/mol^{2}이라는 것을 보여 주는 것이다. 우리는 van der Waals식을 $Z = 1/(1 - \eta_P) - (a/bRT)\eta_P$로 다시 쓸 수 있다. 이 포맷에서 변수의 조합 'a/b'는 J/mol의 단위로 끌어당기는 에너지를 나타낸다. 다시 말하면, $a/b \sim N_A\varepsilon$가 된다. 거시 규모로부터 나노 규모로 빠르게 변환시키기 위한 또 다른 간단한 방법은 $\varepsilon/k = N_A\varepsilon/R$이며 둘 다 절대온도 K의 차원을 가지고 있다는 것을 인식하는 것이다. 이러한 맥락에서 변수의 조합 $\varepsilon/kT = \beta\varepsilon$는 무차원인 온도의 역수에 대한 특별히 편리한 특징을 보여 주며, 여기서 $\beta = 1/kT$이다.

반발력 효과와 인력효과 구별하기

분자 모델링의 장점 중의 하나는 퍼텐셜 모델이 여러 가지 부분, 즉 반발하는 중심, 끌어당기는 벽, 쌍극자 모멘트, 수소결합 등으로 나눠질 수 있다는 것이다. 전체 퍼텐셜 함수는 이러한 모든 상호작용의 합이다. 그러나 모사는 하나, 둘 또는 모든 상호작용을 가지고 따로 수행될 수 있다. 그다음 우리는 상태방정식 중의 어떤 부분이 퍼텐셜 모델의 각 부분으로부터 오는지 이해할 수 있다. 그림 7.7은 Z 대 온도의 역수를 보여 주고 있다. 이것은 무한의 온도에서 특정한 y-절편을 보여 준다. van der Waals식을 분석하면 이 y-절편이 $Z_0 = 1/(1 - b\rho)$에 대응한다는 것을 알게 되며, 여기서 하첨자 '0'은 온도의 역수가 0에 접근하는 점을 명시한다. 이러한 기여는 이상성으로부터의 양의 편차를 나타내며, 우리는 그것을 반발성이라고 부른다. van der Waals식의 온도 의존적인 부분은 이상성으로부터 음의 편차를 가지며 인력 기여를 나타낸다. 인력 기여는 높은 온도에서 무시될 수 있는 이유는 그런 큰 분자 운동에너지가 분자 인력의 비교적 작은 점착성을 압도하기 때문이다. 반발력 상호작용만이 높은 온도에서 기여할 만큼 충분히 크다.

y-절편이 매우 중요하다면 x-절편은 무슨 의미가 있는가? 우리는 전에 $Z \sim 0$이라는 것을 알았으며, 예제 7.4에서 액체 근에 대하여 $Z = 0.016$을 얻었다. 그림 7.7의 Z축 눈금을 볼 때, $Z = 0.016$은 사실상 0이다. 포화 액체의 압력은 높은 밀도(따라서 높은 반발력)를 가짐에도 불구하고 낮은데, 이는 온도가 충분히 낮을 때는 인력이 반발력과 비교될 만하기 때문이다. 느리게 움직이는 분자들은 '서로 달라붙으려는' 경향이 더 크다는 것을 보여 준다.

---

10 그러나 더 정확하게 말하면, 공간이 완전히 채워지도록 구를 충전하는 것은 불가능하다. 매우 효과적인 충전은 체심 입방 (body-centered cubic, bcc) 단위 격자(그림 7.10)이다. 단위 격자에는 2개의 원자가 있다는 것에 주목함으로써 bcc 단위 격자에 대하여 η_P를 결정할 수 있다. 분명한 원자는 중심에 있는 것이다. 두 번째 원자는 사실 모서리에 있는 원자들의 조합이다. 8개의 모서리에 있으며 각각은 한 원자에 대하여 1/8만큼 기여한다. 충전 분율을 계산하기 위해 상자 길이 L을 지름 σ에 관계시킬 필요가 있다. 모서리에 있는 모든 원자들은 중심에 있는 원자와 접촉하고 있다. 그러므로 좌측 아래 모서리로부터 우측 위 모서리까지의 대각선은 2σ를 통과한다. 직교 좌표에서 같은 거리는 $(L^2 + L^2 + L^2)^{1/2} = L(3)^{1/2}$를 나타낸다. 그러므로 $L = 2\sigma/3^{1/2}$이 되며, 충전 분율은 $2\pi\sigma^3/(6L^3) = 0.68 = \eta_P^{bcc}$가 된다. 일반적인 조건에 있는 액체는 이것을 효과적으로 충전할 수 없다. 따라서 액체에 대한 일반적인 충전 분율은 0.25~0.45이다.

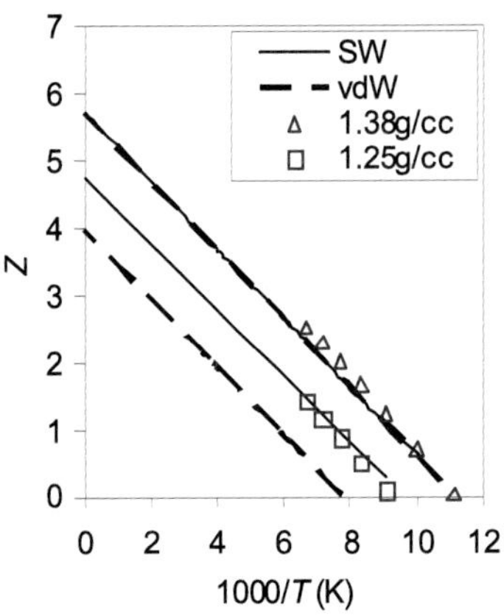

그림 7.7 • 압축된 액체 아르곤. NIST WebBook으로부터 얻은 실험 데이터. 점선은 van der Waals 모델의 특징을 나타내며 실선은 λ = 1.7을 갖는 사각우물 모델의 분자 모사에 대응한다. 분자 매개변수(a와 b 또는 ε과 σ)를 맞추는 방식은 예제 7.9에 묘사되어 있다.

궁극적으로, 분자 간 퍼텐셜을 실험 데이터에 관계시켜 주는 매개변수들의 특징을 나타낼 필요가 있다. 압축 액체 밀도에 대한 충분한 데이터를 가지고 ε과 σ을 특징짓는 문제는 그림 7.7과 같은 그래프의 기울기와 절편을 일치시키는 간단한 일이 된다. 그 과정은 예제 7.9(b)에 보여져 있다. 이것은 *PVT* 실험 데이터를 분자 모사로부터 얻은 *PVT* 데이터에 직접 관계시켜 주기 때문에 가장 간단한 접근 방법이다.

그림 7.7은 또한 아르곤에 대하여 압축 액체 실험 데이터와 비교하고 있다. 이 데이터는 초임계온도와 압력까지 빠르게 변환되지만, 밀도가 일정하기(즉, 일정 부피) 때문에 그 경향은 부드럽다(거의 선형적이다). 예제 7.9(a)에 보인 바와 같이 a와 b 매개변수를 조율함으로써 한 밀도에서 van der Waals식을 맞출 수 있다. 그러나 van der Waals 모델을 같은 a와 b를 사용하여 또 다른 밀도에 적용할 때 편차가 큰데, 이것은 van der Waals 모델의 물리학적인 면에서의 부족함을 반영한다.

λ = 1.7을 갖는 사각우물 퍼텐셜을 사용함으로써 아르곤의 특성을 나타내는 것을 향상시킬 수 있다. 다시 한 번, 예제 7.9(b)에 보인 바와 같이 고밀도에서 매개변수들(이번에는 ε과 σ)을 Z 대 $1/T$ 데이터에 조율시킨다. 그림 7.7의 실선으로 보인 바와 같이 (같은 ε과 σ를 사용한) 예측이 훨씬 더 좋은데, 이는 분자 모사와 결합된 사각우물 모델의 기저를 이루고 있는 향상된 물리학을 반영해 준다. 종합적으로 사각우물 모델을 연구하고 반발력 기여와 인력 기여를 나누면, 분자 간의 상호작용을 더 잘 이해하게 되며, 더 좋은 예측을 얻게 된다.

실험 데이터로부터 퍼텐셜 매개변수를 추론하기 위한 다른 접근 방법이 존재하지만, 우리의 기초적인 취급을 위해서 너무 복잡하다. 한 가지 대안은 포화 증기압과 밀도에 대한 실험 데이터를 적용하는 것이다. 이 접근 방법은 화학공학에서 매우 중요한 성질인 증기압을 더 잘 설명하며 더 많은 데이터를 얻을 수 있다. 또 다른 대안으로 여러분은 van der Waals에 의해 행해졌듯이 임계점을 맞추는 것에 대해 궁금하게 여길 수 있다. 불행히도 임계점에서의 거동은 정규 미적분학의 규칙에 따르지 않으며 심지어 모사조차 도전적이다. 미적분학의 정리에 대한 세세한 항목을 읽는다면, 여러분은 미적분학 정리를 적용하기 위해 함수가 해석적이어야 하는 조건을 구하게 된다. 임계 영역에서의 현상은 비해석적이다. 비해석적 거동은 모든 화합물에 대하여 보편적이므로 대응상태의 원리가 아직도 유효하다. 반면에, 간단한 해석적 함수를 임계 영역 밖에 있는 데이터에 맞추면 임계 영역 내에서 불일치를 얻게 되며, 그 역 또한 성립한다. 3차식은 맨 위에서 충분히 평평하지 않은 *PV* 상경계를 예측함으로써 이러한 불일치를 드러낸다. 이러한 불일치를 더 취급하는 것이 현재 연구의 주제이다. 임계 영역을 피하는 방법은 현재 관심을 얻고 있다.

우리가 상상할 수 있는 모든 분자들 사이의 분자 간 힘의 특징을 나타내기 위해 필요한 것에 대하여 겨우 겉만 다뤘다. 예를 들어, 우리는 단지 사각우물 모델만을 고려했지만 Lennard-Jones 모델이 더 현실적이며, 그 두 모델은 단지 가능성 중의 2개일 뿐이다. 또 다른 예로 여기에 제시된 것은 구형 분자에 제한된다. 그 분자적 관점은 19장까지는 비구형 분자로 확장되지 않는다.[11] 여러분은 Peng-Robinson식이 비구형 분자에 적용될 수 있다고 말할 수 있지만 모델식과 잘 맞출 때만 그렇다. Peng-Robinson식 뒤에 있는 물리학은 간단히 van der Waals, 즉 구형 분자 뒤에 있는 물리학과 같다. 간단한 물리학과 교육받은 경험적 맞추기는 공학 모델의 초석이다. Peng-Robinson 모델은 그러한 접근 방법으로 성취될 수 있는 것의 주된 예이다. 그러나 우리는 항상 물리학에 대하여 더 많은 것을 배우고 있으며 그러한 새로운 통찰력은 새로운 기술의 초석이 된다는 것을 인식하라. 분자 간 힘을 정확히 특징짓는 것은 보통의 조각들을 공유하는 많은 작은 분자들을 특징짓는 것을 포함한다. 그런 조각들이 특징지어질 때, 조각들이 모여서 큰 분자의 성질을 예측할 수 있게 된다. 궁극적으로, 오늘날 토목 기술자가 다리를 건설하는 방법처럼 나노 구조가 설계되고 만들어질 수 있는 때를 상상할 수 있다. 이러한 구조는 조개껍데기부터 단백질까지 모든 것에서 자연적으로 일어난다. 그것을 어떻게 하는지 배우는 것이 현대 연구에 대한 기반이다.

예제 7.9 분자 상호작용을 특징짓기

그림 7.7에 기반하여 추세선은 각각 1.38 g/cm^{3}과 1.25 g/cm^{3}에서의 아르곤에 대한 등적 *PVT* 데이터에 맞출 때 *y*-절편값이 대략 5.7과 4.7이라는 것을 나타낸다. 유사하게 *x*-절편값은 각각 대략 11.2와 9.5이다. 이 값을 사용하여 EOS 매개변수를 추산하라.

(a) van der Waals 모델에 따라 1.38 g/cm^{3}에서 *a*와 *b* 값을 추산하라.

(b) (a)에서 구한 *a*와 *b* 값을 사용하여 1.25 g/cm^{3}에서 *x*-절편값과 *y*-절편값을 예측하라.

(c) 사각우물 모사 데이터는 다음 식으로 표현될 수 있다고 하자.

$$Z = 1+4\,\eta_P/(1-1.9\,\eta_P)-15.7\,\eta_P\,\beta\varepsilon/(1-0.16\,\eta_P)$$

11 분자 모사를 비구형 분자로 확장하기 위한 원리는 간단하다. 이것은 http://chethermo.net/상의 추가자료에 있는 많은 실행 자원과 함께 묘사되어 있다.

1.38 g/cm^{3}에서 σ와 ε/k 값을 추산하고 1.25 g/cm^{3}에서 x-절편값과 y-절편값을 예측하라.

풀이

(a) 1.38 g/cm^{3}에서 y-절편은 $Z_0 = 1/(1-\eta_P) = 5.7 \Rightarrow \eta_P = 1 - 1/5.7 = 0.825 = b\rho$. $b = (0.825)(39.9\text{ g/mol})/(1.38\text{ g/cm}^3) = 23.9\text{ cm}^3\text{/mol}$

x-절편에서 $0 = 5.7 - (a/bRT)\cdot\eta_P = 5.7 - (a/bRT)\cdot 0.825 \Rightarrow a/bRT = 5.7/0.825 = 6.91$이다. 온도를 결정하기 위해 x-절편을 사용하면 $1000/T = 11.2 \Rightarrow T = 1000/11.2 = 89.3\text{K} \Rightarrow a = 23.9(8.314)89.3(6.91) = 123\text{ kJ-cm}^3\text{/mol}^2$

(b) 1.25 g/cm^{3}에서 $\eta_P = 23.9(1.25)/39.9 = 0.7487 \Rightarrow Z_0 = 1/(1-\eta_P) = 4.0 = y$-절편이고, x-절편에서 $0 = 4.0 - 123000/(23.9RT)\cdot 0.7487 = 4.0 - 463/T \Rightarrow T = 463/4 = 116$이다. 그러므로 x-절편은 $1000/T = 1000/116 = 8.6$이 된다. 이 x-절편과 y-절편은 1.25 g/cm^{3}에서 그림 7.7에 있는 점선에 대한 기반을 형성한다. Van der Waals 모델의 예측 능력은 떨어진다.

(c) σ와 ε/k를 구하는 과정도 유사하다. 1.38 g/cm^{3}에서,

$Z_0 = 1 + 4\,\eta_P/(1 - 1.9\,\eta_P) = 5.7 \Rightarrow \eta_P\,(4 + 4.7\cdot 1.9) = 4.7 \Rightarrow \eta_P = 0.363 = b\rho$

$b = 0.363\cdot 39.9/1.38 = 10.5\text{ cm}^3\text{/mol} = N_A\pi\sigma^3/6 \Rightarrow \sigma = 0.322\text{ nm}$

x-절편에서 $0 = 5.7 - 15.7(0.363)\beta\varepsilon/(1 - 0.16\cdot 0.363) \Rightarrow \beta\varepsilon = 0.942$,

$1000/T = 11.2 \Rightarrow T = 1000/11.2 = 89.3\text{K} \Rightarrow \varepsilon/k = (0.942)89.3 = 84.1\text{ K}$

1.25 g/cm^{3}에서 같은 과정을 따르면

$\eta_P = 10.5(1.25)/39.9 = 0.329 \Rightarrow Z_0 = 1 + 4\eta_P/(1-\eta_P) = 4.5 = y$-절편이고,

x-절편에서 $0 = 4.5 - 15.7(0.329)\beta\varepsilon/(1 - 0.16\cdot 0.329) = 4.5 - (5.452)\beta\varepsilon \Rightarrow \beta\varepsilon = 0.827 \Rightarrow T = 84.1/0.827 = 102$가 된다. 그러므로 x-절편은 $1000/T = 1000/102 = 9.8$이 된다. 이 x-절편과 y-절편은 1.25 g/cm^{3}에서 그림 7.7에 있는 실선에 대한 기반을 형성하며, 모델의 예측은 매우 양호하다.

이러한 분석의 중요성을 합리적으로 고찰하기 위해 여러분은 van der Waals 모델을 사용하여 공기로부터 아르곤을 포집할 수 있는 알맞은 크기의 기공을 갖는 소재를 설계하고 있다고 상상하라. 지름은 알맞은 기공 크기를 나타낼 것이다. van der Waals 모델에 대하여 $\sigma = ((6)(23.9)/(602\pi))^{1/3} = 0.423$ nm를 얻으며 사각우물 모델로부터 얻은 추산값인 0.322 nm와 비교된다. 이것은 여러분의 기공이 30% 이상만큼 과도하게 크게 될 수 있다는 것을 의미한다. 향상된 물리적 통찰력은 더 성공적인 실험을 제시할 수 있다.

7.10 상태방정식에 대한 분자 기반: 분자 모사

1장에서 우리는 이상기체 상호작용에 기반한 극도로 간단한 운동이론을 개발했다. 정교한 운동이론을 구축하는 것은 간단하게 인력과 충돌과 같은 분자 간 상호작용을 설명하는 것을 의미

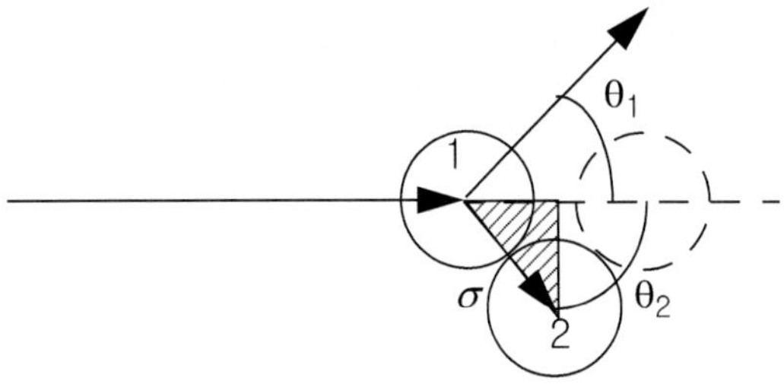

그림 7.8 • 2D에서의 분자 충돌. 점선으로 그려진 디스크는 이 책에서 논의될 디스크 이미지이다.

한다. 불행히도, 이러한 상세한 상호작용을 설명하는 것은 명백한 해에 도움이 되지 않는 충돌에 대한 순차적인 계산을 요구한다. 다행히도, 현대의 컴퓨터는 시간에 걸친 이러한 충돌의 특징을 나타내는 것을 쉽게 해 준다.

분자가 서로 충돌하고 벽과 충돌하는 분자들의 한정된 시스템을 포함한 계산은 분자 동역학 모사(molecular dynamics simulation)라 불린다. 이 절에서는 그림 7.8에 나타난 바와 같이 기초 물리학에서 가져온 간단한 계산, 즉 두 입자 간의 충돌을 적용한다. 만약 단일 충돌을 계산할 수 있다면 컴퓨터는 다음 1조 개의 충돌을 계산할 수 있도록 프로그램 되어 있다. 따라서 모든 충돌에 대한 평균 성질이 분자 상호 간의 퍼텐셜로부터 어떻게 계산될 수 있는지를 볼 수 있다. 컴퓨터 모델을 실험 데이터와 비교하면 분자의 성질(예: ε, σ)과 거시적 성질(예: a, b) 간의 연결고리를 얻게 된다. 분자 운동을 보고 분자의 성질을 밀도, 온도, 에너지, 그리고 압력의 변화와 연관시키는 것은 나노 수준과 거시적 수준 모두를 밝힌다.

2차원에서 두 입자 간의 탄성 충돌

분자 모사 도구는 자유롭게 이용 가능하고, 매우 시각적이며, 편리하게 쌍방향적이다.[12] 반면에, 신비로운 '블랙 박스' 같은 모사기를 이용하는 것은 만족스럽지 못하다. 우리는 분자 동역학 모사는 뉴턴의 법칙의 적용에 지나지 않는다는 확신을 가져야 한다. 이러한 방법으로, 우리는 거대 분자 시스템의 거동을 추론하기 위해 뉴턴의 법칙에서의 우리의 확신을 이용할 수 있다. 그러면 기초 물리학과 분자 열역학 사이의 연결은 전혀 신비스럽게 보이지 않을 것이다.

간단하게 하기 위해 2차원(2D)에서 움직이는 2개의 디스크를 고려해 보자. 일반적인 물리학 과정은 2D 입자 충돌을 묘사한다.[13] 속도의 x-성분을 가진 디스크 1과 그림 7.8에서 보여준 것과 같은 동일한 크기의 정지된 디스크 2의 특별한 경우를 고려해 보자. 운동에너지와 운동량 보존은 다음의 식을 제공한다.

$$m_1 (v_1^o)^2 = m_1 v_1^2 + m_2 v_2^2 \quad \text{운동(탄성)에너지 보존} \quad \langle 식\ 7.29 \rangle$$

$$m_1 v_1^o = m_1 v_1 \cos\theta_1 + m_2 v_2 \cos\theta_2 \quad x\text{-운동량 보존} \quad \langle 식\ 7.30 \rangle$$

$$0 = m_1 v_1 \sin\theta_1 + m_2 v_2 \sin\theta_2 \quad y\text{-운동량 보존} \quad \langle 식\ 7.31 \rangle$$

12 예를 들어, Etomica.org에서 불연속 분자 동역학(DMD) 모듈을 찾아보라.

13 예를 들어, Giancoli, D.C. 2000. Physics for Scientists and Engineers, 3rd ed., Englewood Cliffs, NJ: Prentice-Hall, Example 7.6.

이것은 3개의 식과 4개의 미지수(v_1, θ_1, v_2, θ_2)를 제공한다. 견고한 디스크의 경우에는 충격력이 각 입자의 운동량을 변화시킨다는 것에 주목함으로써 네 번째 식이 유도된다. 충돌하는 힘은 접촉하고 있는 2개의 중심 사이의 벡터의 방향으로 디스크 2에 작용하고 디스크 1에 작용하는 힘은 같고 반대 방향이다. 충격력은 대응하는 방향으로 운동량을 바꾼다. 그림 7.8을 참고하면, 디스크 2의 반동각 θ_2는 빗금 쳐진 직각 삼각형에 의해 구할 수 있다. 이렇게 제시할 목적으로 우리는 동일한 디스크 지름 σ의 경우를 고려한다. 빗금 쳐진 삼각형의 빗변은 σ이고, 수직변은 $y_2^c - y_1^c$이며, 여기에서 'c'는 충돌 위치를 나타낸다는 점에 주목하라. 각은 다음과 같이 주어진다

$$\sin\theta_2 = (y_2^c - y_1^c)/\sigma \qquad \langle 식\ 7.32\rangle$$

이렇게 제시할 목적으로 우리는 두 질량이 같은 특별한 경우를 풀 것이다. 그 경우에 식 7.29와 피타고라스 정리에 의하면 다음 식이 성립한다.

$$\theta_1 - \theta_2 = 90^o (\theta_2 < 0\text{이라는 것에 주목하라.}) \qquad \langle 식\ 7.33\rangle$$

남아 있는 3개의 식을 동시에 풀면 다음과 같은 해를 얻는다.

$$v_2 = v_1^o \cos\theta_2,\ v_1 = \sqrt{(v_1^o)^2 - v_2^2},\ v_2\sin\theta_2 = -v_1\sin\theta_1 \qquad \langle 식\ 7.34\rangle$$

동시 풀이에 대한 자세한 사항은 온라인 보충자료에서 제공된다. 2D에서의 풀이는 다른 방향이 이 기준 틀로 회전될 수 있기 때문에 원칙적으로 충분하다.[14]

http://chethermo.net/상의 보충자료에서 다른 크기와 질량에 대해 일반화된 유도과정을 제공한다.

계산의 마지막 요소는 충돌 시간을 계산하는 것이다. 전략은 모든 가능한 충돌에 대해 충돌 시간을 계산하고 처음 일어나는 것을 실행하는 것이다. 벽과의 충돌이 가장 간단하다. 만약 분자가 양의 x-속도를 가진다면 이것은 서쪽 벽과 충돌하기 전에 동쪽 벽과 충돌할 것이라는 것을 알 것이다. 비슷한 이유가 y-속도와 북쪽 또는 남쪽 벽에도 적용된다. 벽 충돌은 현재 위치로부터 분자의 바깥쪽 모서리가 벽에 닿을 때까지 이동할 때 일어난다. 확실히 말하면, 원점이 남서쪽 모서리고 'L' 길이의 벽을 가진 '모사 박스'를 정의할 수 있다. 예를 들면, 동쪽 벽(E)과의 충돌 시간은 다음 식이 된다.

$$t_i^E = (L - x_i - \sigma/2)/v_{i,x} \qquad \langle 식\ 7.35\rangle$$

두 분자 간의 충돌 시간은 유사한 과정을 따른다. 이 경우에 두 분자는 거리가 $(\sigma/2 + \sigma/2) = \sigma$일 때 접촉한다. 그러나 분자가 알맞은 각도로 접근할 때에만 접촉한다. 벽은 무한히 확장될 수 있기 때문에 접근 각도는 벽 충돌의 관심사가 아니지만, 분자는 크기에서 한정되어 있다. 전략은 그림 7.8의 기준 틀로 분자를 변형시키고, 분자 2의 x-위치를 가로지를 때까지 걸리는 시간을 계산하고, 분자들이 그 지점에서 충돌하기에 충분히 가까운지 확인하는 것이다.

---

14 2D 관점은 일반적인 프로그램에 대해서는 편리한 것이 아니다. 그러므로 온라인 보충자료는 3차원으로의 일반적인 방법론에 대한 공식을 포함하는데, 거기에서는 인력 충돌, 복수점을 가진 분자, 실행원 등을 모두 벡터 표시로 다룬다.

변형의 첫 번째 단계는 간단하게 첫 번째 분자의 위치를 원점에 놓기 위해 빼 주고 정지된 상태로 만들기 위해 분자 2의 속도를 빼 주는 것을 포함한다.

$$x_i' = x_i - x_1, y_i' = y_i - y_1 \; ; \; v_{i,x}' = v_{i,x} - v_{2,x} \, , v_{i,y}' = v_{i,y} - v_{2,y} \qquad \text{〈식 7.36〉}$$

두 번째 분자의 위치는 $v_{1,x}'' = ((v_{1,x}')^2 + (v_{1,y}')^2)^{½}$이 되도록 x-축에 있는 첫 번째 분자의 속도와 일치하게 회전되어야 한다. 극좌표에서는 다음과 같이 된다.

$$\tan \phi_1 = v_{1,y}/v_{1,x}; \tan \phi_2 = y_2'/x_2'; r_2' = ((x_2')^2 + (y_2')^2)^{½} \qquad \text{〈식 7.37〉}$$

회전을 통해 좌표를 변형하면,[15]

$$x_2'' = r_2'\cos(\phi_2 - \phi_1) \qquad \text{〈식 7.38〉}$$

$$y_2'' = r_2'\sin(\phi_2 - \phi_1) \qquad \text{〈식 7.39〉}$$

충돌은 $|y_2''| < \sigma$일 때 발생한다. 만약 충돌이 있으면,

$$x_1^{c''} = x_2'' - \sigma \cos \theta_2, \text{ 여기에서 } \sin \theta_2 = y_2''/\sigma \qquad \text{〈식 7.40〉}$$

$$t_{12}{}^c = x_1{}^{c''}/v_{i,x}'' \qquad \text{〈식 7.41〉}$$

충돌 직후 위치는 다음과 같다.

$$x_i^f = x_i + v_{i,x} \cdot t_{12}{}^c; y_i^f = y_i + v_{i,y} \cdot t_{12}{}^c \qquad \text{〈식 7.42〉}$$

속도는 ϕ_1 회전을 뒤집는 것으로 원래의 기준 틀에서 보고될 수 있다.

$$v_{1,x}{}^f = v_1 \cos(\theta_1 + \phi_1); v_{1,y}{}^f = v_1 \sin(\theta_1 + \phi_1) \qquad \text{〈식 7.43〉}$$

두 번째 분자의 경우, 해결된 형태로 식 7.30과 식 7.31을 적용하는 것이 가장 편리하다.

$$v_{2,x}{}^f = v_{2,x}{}^o + v_{1,x}{}^o - v_{1,x}{}^f \; ; v_{2,y}{}^f = v_{2,y}{}^o + v_{1,y}{}^o - v_{1,y}{}^f \qquad \text{〈식 7.44〉}$$

예제 7.10 이차원에서 분자 간 충돌 계산

두 디스크의 지름 σ를 0.4 nm, 질량을 16 g/mole, 그리고 정육면체 상자의 길이 L을 5 nm라고 하자. [1.67 1.67], [3.33 3.33]에 있는 디스크와 초기속도(nm/ps) [0.167 0.222], [−0.167 −0.222]를 가지고 시작하라. 여기에서 1 nm = 10^{-9} m이고 1 ps = 10^{-12} s이다. 기체상수는 8.314 J/mol-K = 8.314 kg-nm^2/(ns^2-mol-K) = 8.314(10^{-6}) kg-nm^2/(ps^2-mol-K)이라는 것에 주목하라.

(a) 온도를 계산하라(K).

(b) 벽과의 충돌 시간을 계산하라.

15 Spiegel, M.R. 1968. *Schaum's Mathematical Handbook of Formulas and Tables*, New York:McGraw-Hill, p. 36.

(c) 디스크들과의 충돌 시간을 계산하라. 어떤 사건이 먼저 발생하는가?

(d) 첫 번째 충돌 후의 속도 벡터(m/s)를 계산하라.

풀이

(a) $T_{2D} = M_w\langle v^2\rangle/(2R)$, $\langle v^2\rangle = (0.167^2 + 0.222^2 + 0.167^2 + 0.222^2)/2 = 0.07717$
$T_{2D} = (0.016\text{kg/mol})(0.07717\ \text{nm}^2/\text{ps}^2)/(2\cdot 8.314(10^{-6})\ \text{kg-nm}^2/(\text{ps}^2\text{-mol-K})) = 89\text{K}$.

(b) 벽과의 충돌 시간은 접근하는 벽에 의존한다. 분자 좌표는 벽 충돌이 일어날 때 벽 좌표의 $0.5\sigma = 0.2$ nm 내에 있다는 것에 주목하라. 디스크 1은 북쪽 벽과 동쪽 벽에 접근하며(지리적인 방향을 나타내기 위해 상첨자를 이용함), 충돌 시간은 $t_1^N = (4.8 - y_1^o)/v_{1,y} = (4.8 - 1.67)/0.333 = 9.40\text{ps}$, $t_1^E = (4.8 - x_1^o)/v_{1,x} = (4.8 - 1.67)/0.222 = 14.1\text{ps}$가 된다. 유사하게 $t_2^S = (0.2 - y_2^o)/v_{2,y} = (0.2 - 1.67)/(-0.222) = 6.62\text{ps}$, $t_2^W = (0.2 - x_2^o)/v_{2,x} = (0.2 - 3.33)/(-0.111) = 28.2\text{ps}$ 가 된다. 분자 2는 모든 벽 충돌 중 남쪽 벽과 가장 먼저 충돌한다.

(c) 식 7.36에 의해 변형하면, $x_2' = y_2' = 3.33 - 1.67 = 1.66$이 된다. 분자 2를 정지된 상태로 만들기 위해 속도를 변형하면, $v_{1,x} = 0.167 - (-0.167) = 0.334$. $v_{1,y}' = 0.444$가 된다. 식 7.37을 사용하면 $\phi_1 = \tan^{-1}(v_{1,y}'/v_{1,x}') = \tan^{-1}(0.444/0.334) = 53.13^o$, $\phi_2 = \tan^{-1}(1.66/1.66) = 45^o$. $r_2' = 1.66(2)^{1/2} = 2.35\text{nm}$. $x_2'' = 2.35\cos(45 - 53.13) = 2.326$, $y_2'' = 2.35\sin(45 - 53.13) = -0.332$를 얻는다. $|y_2''| < \sigma$이기 때문에 이 분자들은 충돌한다. 식 7.40에 의해, $\theta_2 = \sin^{-1}(-0.332/0.4) = -56.10^o$을 얻는다. 그러고 나면 $x_1^{c''} = 2.326 - 0.4\cos(-56.10) = 2.103$이 된다. 여기서 $v_{1,x}'' = (0.334^2 + 0.444^2)^{1/2} = 0.5556$ 이고, $t_{12}^c = 2.103/0.556 = 3.78$ ps가 된다는 것에 주목하라. 따라서 분자 간 충돌이 먼저 일어난다.

(d) 충돌 후 속도를 계산하는 것은 식 7.34를 요구한다. 이때 식 7.33에 의해 $\theta_1 = 90 - 56.10 = 33.9$, $v_2 = v_1''\cos\theta_2 = 0.5556\cos(-56.10) = 0.3099$, $v_1 = (0.5556^2 - 0.3099^2)^{1/2} = 0.4612$가 된다는 것에 주목하라. 또한 식 7.34는 속도의 크기만을 주며 우리는 아직도 그림 7.8의 기준 틀에 있다는 것에 주목하라. 원래의 기준 틀로 회전시키면, $v_{1,x}^f = v_1\cos(\phi_1 + \theta_1) = 0.4607\cos(33.9 + 53.13) = 0.0239$, $v_{1,y}^f = 0.4607\sin(33.9 + 53.13) = 0.4605$, $v_{2,x}^f = v_{2,x}^o + v_{1,x}^o - v_{1,x}^f = -0.167 + 0.167 - 0.0239 = -0.0239$, $v_{2,y}^f = -0.222 = +0.222 - 0.4605 = -0.4605$를 얻는다. 마지막으로, 우리는 모든 위치를 충돌한 시간으로 업데이트한다. $x_1^f = [1.67 + 0.167\cdot 3.78\ 1.67 + 0.222\cdot 3.78] = [2.301\ 2.514]$, $x_2^f = [3.33 - 0.167\cdot 3.78\ 3.33 - 0.222\cdot 3.78] = [2.695\ 2.486]$이다. 이 시점에서 다음 충돌의 과정은 정확히 똑같다.

돌이켜 생각하면, 이 문제의 주된 지나친 단순화는 의견이 필요하다. 시스템을 2개의 입자로 제한시키면 속도의 성분은 같고, 부호가 반대일 필요가 있다. 반면에, 시스템 그 자체는 순 속도를 가질 것이다. 이 동일성을 일반적인 결과라고 잘못 생각하면 안 된다. 예를 들어, 만약 3개의 입자가 있으면 속도의 합은 영이 될 것이다. 하지만 각각의 크기는 상당히 다양할 것이다.

MD 결과를 분석하기

우리의 목적을 위해, 만약 여러분이 단일 충돌을 계산할 수 있다면 분자 모사의 원리를 충분히 이해했다고 가정할 수 있다. 두 번째 충돌은 처음 것과 매우 비슷하고 컴퓨터가 이러한 종류의 반복 계산을 하도록 만들어졌다. 그 점에서 문제는 모사의 결과를 분석하는 데에 있다. 우리는 사각우물 유체의 상태방정식에 대한 반발력적 기여를 추론하기 위해 강체구 유체의 모사를 가지고 이러한 종류의 분석을 예시할 수 있다. 그림 7.9(a)에서 보인 바와 같이, 강체구(HS) 퍼텐셜은 우물의 깊이가 0에 접근할 때 사각우물 퍼텐셜의 특별한 경우로 고려된다. 따라서 $\beta\varepsilon$가 0에 접근할 수 있는데,즉 온도가 무한대에 접근하거나 우물의 깊이 ε이 0에 접근하는 것이다. 두 결과 모두 강체구의 반발항을 낳는다.

Erpenbeck과 Wood의 강체구 모사 결과는 그림 7.9(b)에 나타나 있다.[16] 세 가지 상태방정식—van der Waals 모델, Carnahan-Starling 모델, 그리고 ESD 모델—이 모사 결과와 비교된다. 이러한 모델들은 Scott 모델이라고 불리는 또 하나의 모델과 함께 다음에 나열되어 있다.

$$Z^{HS} = 1/(1-\eta_P) \text{ van der Waals 모델} \quad \langle 식\ 7.45\rangle$$

$$Z^{HS} = (1+2\eta_P)/(1-2\eta_P) \text{ Scott 모델} \quad \langle 식\ 7.46\rangle$$

$$Z^{HS} = 1+4\eta_P/(1-1.9\eta_P) \text{ ESD 모델} \quad \langle 식\ 7.47\rangle$$

$$Z^{HS} = 1+4\eta_P(1-\eta_P/2)/(1-\eta_P)^3 \text{ Carnahan-Starling 모델} \quad \langle 식\ 7.48\rangle$$

Carnahan-Starling 모델이 실제적으로 정량적인 반면 van der Waals 모델은 상당히 부정확하다는 것은 즉각적으로 알 수 있다. ESD 모델은 충전 분율이 $\eta_p > 0.40$일 때에는 부정확하

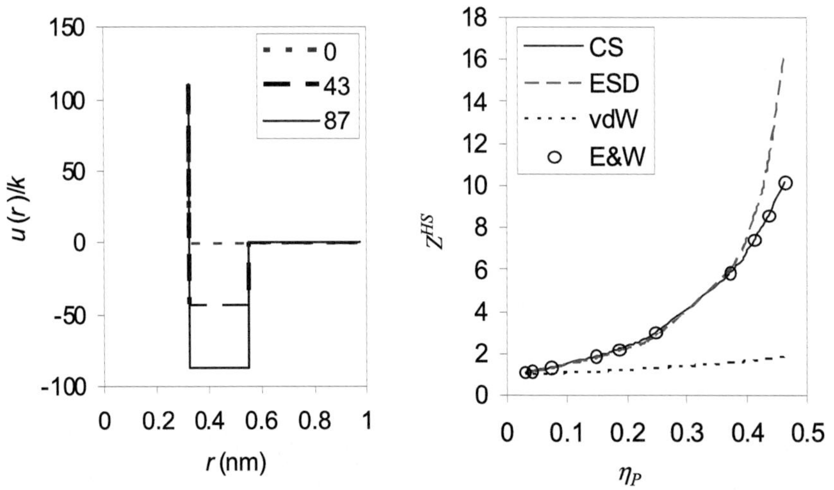

그림 7.9 • (a) 사각우물 모델의 특별한 경우로서 강체구 퍼텐셜, (b) 본문에서 인용된 Erpenbeck과 Wood의 모사 데이터와 비교된 강체구 퍼텐셜에 대한 DMD 모사 결과.

16 Erpenbeck, J.J., Wood, W.W. 1984. *J. Stat. Phys*. 35:321.

지만, 3차의 상태방정식에 대한 기반을 형성하는 가능성을 유지시켜 준다. Scott식은 나타나 있지 않지만 ESD 모델보다 약간 덜 정확하고 약간 더 간단하다. Carnahan-Starling 모델의 정확성은 이 책에서 논의된 많은 상태방정식에 대해 인기 있는 선택이 되게 해 준다. 그럼에도 불구하고, 특정한 상황에 적용할 수 있는 상태방정식을 구축하기 위해 반발 기여와 인력 기여의 다양한 특징을 섞고 짜맞추는 것은 실현 가능하다. 여러분 자신의 상태방정식을 직접 만드는 것은 Peng-Robinson식과 같은 기초를 이루는 모델의 장점과 단점을 이해하는 가장 좋은 방법이다. 우리는 아마 여러분이 '관찰, 예측, 시험, 평가'의 길에 들어서기 시작하면 멈추기 힘들 것이라는 것을 경고해야 할 것이다. 하지만 만약 여러분 자신이 그 방향으로 끌려간다는 것을 느끼면 그것은 굉장히 좋은 신호이다.

분자 동역학 모사는 1959년에 처음으로 완성되었다.[17] 그때까지, 누구의 강체구 기준 시스템이 가장 좋은 것인지에 대한 논쟁을 해결하는 것은 불가능했다. 마지막 분석에서 분자 모사만이 논쟁을 결정적으로 해결할 수 있었다. 오늘날, 몇몇의 그런 프로그램들이 온라인으로 접근 가능하고 일부는 공개된 자료들이다. 특히, Etomica.org에 있는 불연속 분자 동역학(DMD) 모듈은 온도, 압력, 밀도, 내부에너지, 그리고 퍼텐셜 모델의 선택 사이의 관계의 시각적이고 상호작용적인 탐구를 간단하게 할 수 있도록 설계되었다.

예제 7.11 분자 모사의 추세로부터 얻은 상태방정식

❗ 온라인 연습은 여러분이 분자 모사를 이해하는 데 도움을 줄 수 있다.

Etomica.org에 있는 3D DMD 모듈을 사용하여 1.25 g/cm^{3}와 1.38 g/cm^{3}의 밀도에 있는 λ = 1.7을 가진 아르곤에 대한 인력 기여의 추세를 특징지어라. 0.323 nm의 지름과 ε/k = 87 K를 가정하라. 그 결과를 사용하여 3차 상태방정식을 얻어라.

풀이

0.323 nm의 지름, $N_A\varepsilon$ = (87)(8.314) = 723 J/mol, MW = 40, λ = 1.7을 설정하는 것은 간단하다. 이 문제의 목적을 위해 우리는 3차 방정식을 얻는 목적과 함께 ESD 형태가 관심 있는 밀도범위에 대해 충분하다고 가정한다.

다음 단계는 전체 퍼텐셜을 모사하고 뺄셈을 통해 인력 기여에 대해 푸는 것이다. 그림 7.7은 $\beta\varepsilon$에서의 선형함수는 충분하다고 제안하고 있고, 우리는 인력 기여가 밀도에 따라 증가한다는 사실을 알고 있다. 이런 관찰은 다음에 주어진 형태의 상태방정식을 제시한다.

$$Z = 1 + 4\,\eta_P/(1 - 1.9\,\eta_P) - z_{11}\,\eta_P\,\beta\varepsilon$$

여기에서 z_{11}은 η_p와 $\beta\varepsilon$에 대해 1차에 해당하는 상수를 정한다. 2개의 주어진 밀도에서 인력 기여의 기울기를 회귀시킴으로써 z_{11}을 밀도의 함수로 특징지을 수 있다. 우리는 또한 제2 비리얼 계수로부터 z_{11}에 대한 밀도가 영인 극한을 $z_{11}(0) = 4(\lambda^3 - 1)$ = 15.7로 추론할 수 있다. 이러한 특징을 나타내는 결과는 η_p = 0.333에서 z_{11} = 16.3을 주며, η_p = 0.367에서는 z_{11} = 17.0을 준다. 3차식을 얻기 위해서 우리는 다음과 같은 형태의 식에 관심을 제한해야 한다.

---

17 Alder, B.J., Wainwright, T.E. 1959. *J. Chem. Phys*. 31:459.

$$z_{11} = z_{11}(0)/(1 - z_{12}\,\eta_P)$$

$z_{11}(0)/z_{11}$을 그래프로 그리고 추세선을 맞추면 $z_{12} = 0.16$을 얻으며, 최종 모델은 다음 식과 같다.

$$Z = 1 + 4\,\eta_P/(1 - 1.9\,\eta_P) - 15.7\,\eta_P\,\beta\varepsilon/(1 - 0.16\,\eta_P)$$

이러한 인력의 추세를 맞추는 것은 투박하지만 3차의 형태에 의해 부여된 제한 조건을 향상시키는 것은 어려울 것이다. 이것은 3차 형태를 넘어서는 미래의 향상에 문을 열어두게 할 것이다. 그러나 그 접근 방법은 유사할 것이다.

7.11 상태방정식의 분자 기반: 해석적 이론

분자 모사는 분자 간 퍼텐셜 모델과 거시적 성질 사이의 수치적 연결고리를 제공하지만, 한 번에 1개의 상태점 (state point)에 대해서만 그렇게 한다. 상태방정식에 대하여 이러한 연결고리를 모든 상태점에 대하여 만드는 식이 필요하다. 이러한 종류의 연결고리를 만들 때 핵심이 되는 것은 퍼텐셜 모델의 범위 내에 있는 각 분자 주위에 있는 평균 분자 수를 고려하는 것이다. 우리는 예제 1.1(e)에서 이것을 넌지시 언급했으며, 단순히 그것을 '4'라고 불렀다. 그러나 이 숫자는 밀도와 인력의 세기에 따라 그리고 분자 간의 정확한 거리에 따라 변해야 한다. 그러므로 우리는 평균 분자의 중심으로부터의 각 거리에 있는 평균 분자 수를 나타내는 양을 정의하고, 밀도와 온도에 대한 그것의 의존성을 연구해야 한다. 배열 내부에너지[18]를 얻기 위해서는 이 평균 분자 수를 그 거리에 있는 퍼텐셜 에너지의 양으로 곱하고 전체 거리에 대하여 적분하면 된다. 압력을 얻기 위해서는 평균 분자 수를 그 거리에서의 단위 면적당 힘으로 곱하고 전체 거리에 대해 적분하면 된다. 평균 분자로부터 어떤 특정한 거리에 있는 평균 분자 수는 다음에서 상세히 논의될 '방사방향 분포함수(radial distribution function)'라는 것에 의해 그 특성이 설명된다. 여러분이 주차장을 본 적이 있다면, 여러분은 이미 여러분이 알고 있는 것보다 반사방향 분포함수를 더 많이 알고 있는 것이다.

에너지식

이상기체는 편리한 기준 유체이기 때문에 앞으로도 중요한 개념으로 남아 있게 된다. 실제기체의 내부에너지를 계산하기 위해서는 단순히 이상기체로부터 떨어져 있는 정도를 계산하기만 하면 된다. 이러한 방법으로 기체의 운동에너지는 이상기체 내부에너지에 포함되고, 실제기체의 분자 간 퍼텐셜에 기인한 내부에너지에 미치는 기여 정도를 계산한다.

$$U - U^{ig} = \frac{N_A\rho}{2}\int_0^\infty N_A u \;\; g(r)\;\; 4\pi r^2 dr \qquad \langle 식\ 7.49\rangle$$

18 배열에너지는 주어진 거리에 있는 분자들 간의 상호작용에만 기인한 에너지이다. 따라서 '배열'이라는 용어가 사용되었다.

여기에서 u는 짝 퍼텐셜(pair potential)이고 $g(r)$은 식 7.55에 의해 정의되는 방사방향 분포함수이다. 이것은 배열에 대한 합산된 퍼텐셜 에너지와 관련이 있다는 것을 나타내기 위해 종종 **배열에너지**(configurational energy)로 불린다. 이 식은 다시 다음과 같은 무차원 형태로 쓸 수 있다.

$$\frac{U-U^{ig}}{RT} = \frac{N_A\rho}{2}\int_0^{\infty}\frac{N_A u}{RT}g(r)4\pi r^2 dr \qquad \text{〈식 7.50〉}$$

압력식

우리는 또한 실제유체의 압력에 대하여 푸는 것을 선택할 수도 있다. 다시 한 번 이상기체를 기준 유체로 사용하고 이상기체 법칙에 상대적인 실제유체의 압력을 계산하는 것이 편리하다. 분자 간 힘은 분자 간 퍼텐셜의 도함수이므로 다음 식에서 분자 간 퍼텐셜의 도함수를 확인할 수 있다.

$$P = \rho RT - \frac{\rho^2 N_A^2}{6}\int_0^{\infty} r\left(\frac{du}{dr}\right)g(r)\ 4\pi r^2\ dr \qquad \text{〈식 7.51〉}$$

이 식은 보통 곱 PV를 결정함으로써 유도되지만, 우리는 압력을 보여 주기 위하여 밀도로 곱했다.[19] 이 식도 역시 압축인자의 정의를 고려하여 무차원 형태로 다시 쓸 수 있다.

$$\frac{P}{\rho RT} = 1 - \frac{\rho N_A}{6}\int_0^{\infty}\frac{N_A r}{RT}\left(\frac{du}{dr}\right)g(r)\ 4\pi r^2 dr \qquad \text{〈식 7.52〉}$$

에너지식과 압력식 두 경우 모두 적분범위는 0부터 무한대까지임을 주목할 필요가 있다. 당연히 무한대로 큰 용기를 가질 수는 없다. 어떻게 실제기체를 이런 방법으로 표시할 수 있을까? 다시 한 번 1장에서의 분자 간 퍼텐셜의 형태를 보자. 먼 분자 간 거리에서 짝 퍼텐셜과 짝 퍼텐셜의 도함수는 모두 0이다. 분자 규모에서 먼 거리는 분자 지름의 4~5배에 달하는 길이이며(대략 나노미터), 이 거리 바깥에서 피적분 함수는 사실상 0이다. 그러므로 그 무한대를 용기의 크기로 대체하면 대부분의 상황에서 동일한 수치의 결과를 얻을 수 있다. 이렇게 대체시키면 몇 개의 분자 지름보다 더 큰 어떠한 크기의 용기에 대해서도 유용한 단일식을 만들 수 있다.[20]

방사방향 분포함수의 소개

원자분포에 대한 일반적인 설명에 앞서 그림 7.10에 보인 것처럼 체심 입방(body-centered cubic, bcc) 금속에 있는 것과 같은 결정 격자의 구조를 재검토하는 것은 도움이 된다. 그러한

19 Hansen, J-P., McDonald, I.R. 2006. *Theory of Simple Liquids*, 3rd ed. New York:Academic Press, p. 32.

20 임계점 바로 근처에서는 이러한 논의에 대한 예외가 발생한다. 그러나 이 문제를 지적하는 것은 이 책의 범위를 벗어난다.

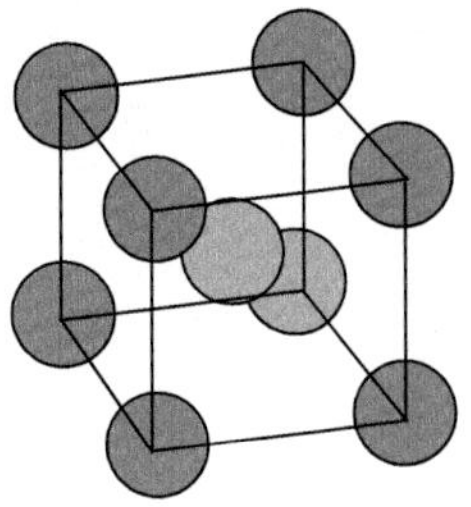

그림 7.10 • 체심 입방 단위 셀

격자는 3차원의 단위 셀이 반복적으로 배열되어 있으므로 긴 범위에 걸쳐 질서를 유지할 수 있다. 이러한 조밀하게 충전된 원자의 배열은 밀도에 대해서는 단일값을 주며, 밀도는 물질의 많은 거시적 성질(예: 강도, 연성)과 상관관계가 있다. 이들은 재료 과학에 기초가 되는 핵심적인 고려사항으로서, 더 상세한 내용은 이에 관한 일반적인 문헌에 나타나 있다. 방사방향 분포함수를 소개하는 한 가지 목표는 원자 배열의 개념을 일반화시켜 비격자 유체가 포함될 수 있도록 하기 위한 것이다.

bcc 결정 안에 있는 원자들의 분포는 이해하기 매우 쉬우나, 유체 안에 있는 원자들의 분포는 어떻게 설명할 수 있는가? 유체의 경우 중앙 원자 주변에 있는 원자들의 위치는 결정에서보다 제대로 나타내기가 어렵다. 우선 가장 간단한 유체인 이상기체에 대해 생각해 보기로 한다.

이상기체의 유체구조

중앙 입자 주변에 점 입자들이 있는 유체를 고려하자. 그 중앙 입자를 둘러싸고 있는 주어진 부피 요소 안에는 얼마나 많은 수의 입자가 있는가? 그들은 점 입자이기 때문에 서로 영향을 미치지 않는다. 이는 입자의 수가 단순히 밀도에 관계된다는 것을 의미한다.

$$dN_V = N\frac{d\underline{V}}{\underline{V}} \qquad \langle \text{식 ig 7.53} \rangle$$

여기에서, dN_V는 부피 요소 안에 있는 입자의 수, N은 전체 부피 안에 있는 입자의 총수, $\underline{V}$는 전체 부피, $d\underline{V}$는 부피 요소의 크기, 그리고 $dN_V = N_A \rho d\underline{V}$이다.
중앙 입자의 구형 이웃 영역 안에 있는 입자의 수를 알고 싶다면

$$d\underline{V} = 4\pi r^2 dr$$

여기에서 r은 중앙 입자로부터의 방사방향 거리이다.

$$N_c = \int_0^{N_C} dN_V = N_A \int_0^{R_o} \rho 4\pi r^2 dr \qquad \langle \text{식 ig 7.54} \rangle$$

여기에서 R_0는 구형 이웃 영역의 범위를 정의하며, N_c는 그 이웃지역에 있는 입자의 수(좌표수)이다.

저밀도 강체구 유체의 유체구조

이제 한정된 크기를 가지는 원자의 경우를 고려하자. 이 경우 주어진 이웃 영역 안에 있는 입자의 수는 이웃 영역의 범위에 의하여 강력하게 영향을 받는다. 이웃 영역의 범위가 2개의 원자 반지름, 혹은 1개의 원자 지름보다 작으면 이웃 영역 안에 있는 입자의 수는 0이다 (중앙 입자는 계산에 넣지 않음). 1개의 원자 지름 범위 바깥에서는 입자 수의 정확한 변동을 미리 예측하기는 힘들지만, 여러분은 주차장에 차를 주차시키는 방법에 대하여 생각하면 예측이 가능하다. 우리는 방사방향 거리의 함수인 '가중치(weighting factor)'를 정의함으로써 이러한 예측 능력을 수학적으로 표현할 수 있다. 가중치는 2개의 원자 반지름보다 작은 범위에서는 0의 값을 가지며, 더 큰 범위에 대해서는 그 거동이 아직 측정되지 않은 것으로 생각할 수 있다.

> ❗ 강체구 유체는 구형 유체를 표현하기 위해 광범위하게 연구되어 왔다.

이 경우 다음 식으로 쓸 수 있다.

$$N_c = N_A \rho \int_0^{R_o} g(r) 4\pi r^2 dr \qquad \langle 식\ 7.55 \rangle$$

여기서 $g(r)$는 방사방향 분포함수라고 불리는 평균 '가중치 함수(weighting function)'이다. 방사방향 분포함수는 r부터 $r + dr$까지의 구형의 껍질(shell) 안에 위치한 원자 중앙의 수를 그 껍질의 부피와 총괄 수밀도로 나눈 것이다.

이것은 대수학과 매우 흡사하다. 이는 우리가 무엇을 알고 무엇을 모르는지를 정리하는 데 도움을 준다. 다음에 해야 할 일은 우리가 몇 가지 공학적인 근사를 가능케 하도록 이 가중치의 거동에 대한 인식을 증대시키는 것이다.

첫 번째 근사로서 2개의 원자 반지름의 범위 바깥에 있는 원자들은 상호 간에 영향을 미치지 않는다고 가정하는 것이다. 이 경우 주어진 부피 요소 안의 입자 수는 부피 요소의 크기에 비례하는 것으로 되돌아가며, 방사방향 분포함수는 지름보다 큰 모든 r에 대하여 1의 값을 가진다. 원자 지름 바깥에 있는 원자는 상호 간에 영향을 미치지 않는다는 근사는 낮은 밀도에서는 합리적이다. 분자 분포의 문제와 차를 주차시키는 문제 사이에 유사성이 그려질 수 있다. 주차장이 비어 있을 때 차는 서로서로의 위에 주차하지 않는 한 어떠한 위치에도 무작위로 주차할 수 있다. 무작위 분포와 평 방사방향 분포함수 사이의 관계를 상기하면 그림 7.11은 이 시점에서 상당히 분명해 보인다.

bcc 격자의 구조

저밀도 한계로부터 멀어지면 계는 조밀하게 충전된다. 조밀 충전의 궁극적인 형태는 결정 격자이다. 격자의 방사방향 분포함수가 무엇을 의미하는지 명확히 밝혀보자. bcc 격자의 방사방향 분포함수는 N_c에 관한 지식과 $g(r)$에 대하여 정의된 관계로부터 유추할 수 있다.

$$N_c = \rho N_A \int_0^{R_o} g(r) 4\pi r^2 dr \qquad \langle 식\ 7.56 \rangle$$

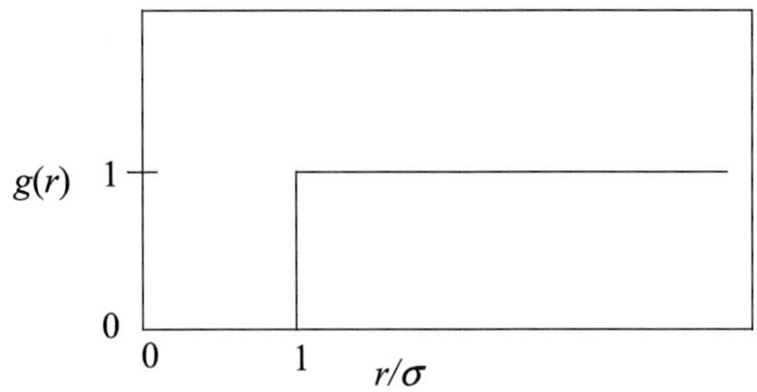

그림 7.11 • 저밀도 강구체 유체에 대한 방사방향 분포함수.

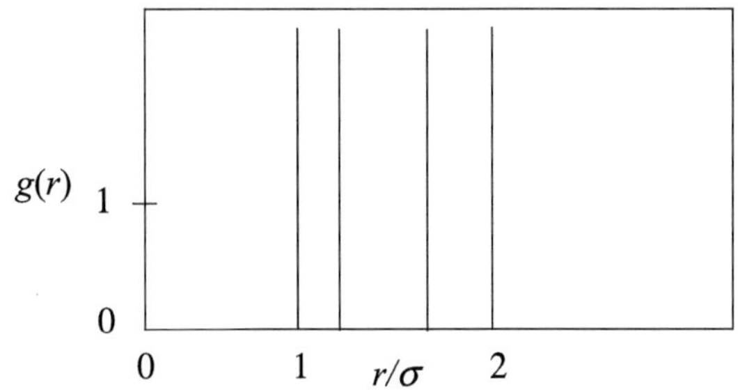

그림 7.12 • bcc 강체구 유체에 대한 방사방향 분포함수

결정에 있는 원자들이 특정한 자리에 위치하고 어떠한 원자도 이들 자리로부터 벗어나지 않는다고 가정하면, $g(r)$은 특정한 자리를 제외하고는 모든 곳에서 0이다. 이 자리들이 $r = \{\sigma, 1.15\sigma, 1.6\sigma, \ldots\}$에 있는 체심 입방 결정에 대하여 $g(r)$은 일련의 가늘고 긴 못처럼 보인다. 주차장 비유에서는 가장 많은 차를 주차시키는 최선의 방법은 그림 7.12에 보였듯이 사이사이에 규칙적인 공간을 두고 지정된 규칙적인 공간을 할당하는 것이다.

고밀도 강체구 유체의 유체구조

유체 내의 원자들의 분포는 가장 편리하게 유체의 **구조**(structure)라고 통칭된다. 이렇게 간단한 경우에 대한 구조는 우리가 사용하고 있는 문맥 내에서의 구조가 뜻하는 것이 무엇인지를 명확하게 보여 주지만, 고밀도 액체의 거동은 이러한 구조의 개념이 왜 필요한지를 보여 준다. 고밀도 액체의 거동은 저밀도 유체와 고체 격자 사이의 하이브리드와 같은 어떤 것이다. 먼 거리에서 원자들은 너무 멀리 떨어져 있어 서로에게 영향을 미치지 않으며 이웃에 있는 원자들의 증가는 이웃 영역의 크기에 비례하기 때문에 방사방향 분포함수는 1에 접근한다. 그러나 원자 지름 근처에서는 중앙 원자는 격자의 조밀 충전에 접근하도록 하기 위하여 '층(layers)'의 형태로 이웃 원자들이 그 중앙 원자를 둘러싸도록 영향을 미친다. 이와 같이 방사방향 분포함수의 값은 하나의 원자 지름에 매우 근접할 만큼 크다. 액체는 결정의 긴 범위 질서가 부족하기 때문에 중앙 원자의 그 이웃 원자들에 대한 영향은 결정에서처럼 잘 정의되어 있지 않으며, 가늘고 긴 못 형태 대신 찌그러진 봉우리와 계곡 형태를 띤다. 주차장과의 유사성으로 되돌아가 보면, 액체구조의 그림은 규칙적인 격자구조의 가정보다 훨씬 더 현실적이다. 실제유체에는 적

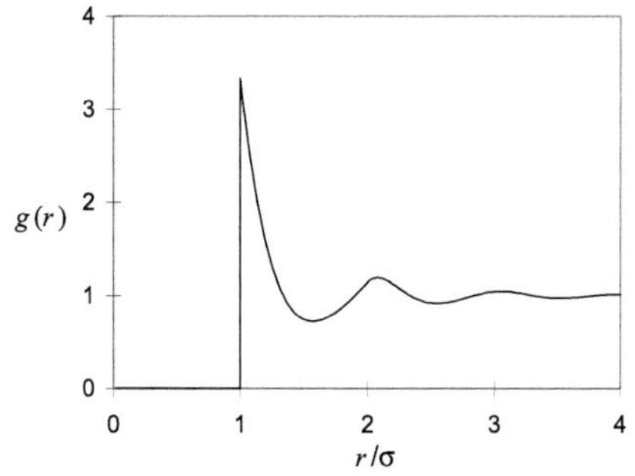

그림 7.13 • $b\rho$ = 0.4의 충전 분율에서의 강체구 유체에 대한 방사방향 분포함수.

당한 '주차공간'을 표시하는 '선'이 없다. 몇몇 개인이 선을 벗어나 주차하면 격자구조의 규칙성은 붕괴되고 10개, 또는 20개 분자 지름에서 정밀한 구조가 무엇인지를 말하는 것은 불가능하게 된다. 그러나 어떠한 특정 물체 주변의 평균 주차도 다소 더 짧은 범위에 대해서는 상당히 규칙적일 것이라는 것은 사실이며 그림 7.13의 유체구조는 짧은 범위에서는 예리한 봉우리와 계곡을 보이고 긴 범위에서는 무작위 분포에 접근한다는 것을 보여 줌으로써 이러한 사실을 반영하고 있다.

인력과 반발력이 존재할 때 유체의 구조

마지막 경우로서 그 이웃에 대한 (1.2절에서 제시된) 사각우물 퍼텐셜의 영향을 고려해 보기로 한다. $r < \sigma$인 범위는 한계 바깥이며, 이 범위에서의 방사방향 분포함수의 값은 여전히 0이다. 그러나 인력 퍼텐셜이 영향을 미치는 범위에 대하여 낮은 밀도에서의 방사방향 분포함수는 어떠한가? 인력범위 $\sigma < r < \lambda\sigma$ 내에서는 에너지를 방출할 것이기 때문에 원자에 대한 어떤 선호성을 예상할 수 있다. 원자에 대한 그 선호성이 얼마나 될 것인가? 퍼텐셜 함수 고유의 에너지와 간단하게 관계되어 있는 것으로 판명되었다.

$$\lim_{\rho \to 0} g(r) = \exp\left[-\frac{u(r)}{kT}\right] \qquad \langle 식\ 7.57 \rangle$$

❗ 방사방향 분포함수의 저밀도 한계는 짝 퍼텐셜과 관련된다.

Boltzmann 분포로 알려져 있는 이러한 지수함수는 한계를 벗어난 범위와 영향이 없는 범위($r > \lambda\sigma$)뿐만 아니라 인력범위를 설명해 준다. 주차장 유사성을 다시 언급하면 주차장이 거의 비어 있는 이른 아침에 커피와 도넛 자동판매 트럭 주위의 분포를 상상해 보라. 만약 밀도가 이를 허용할 정도로 충분히 작으면, 많은 운전자는 그러한 가능성에 의해 이끌리고 자연스럽게 근처에 주차할 것이다.

높은 밀도에서의 방사방향 분포함수에 관해서는 고밀도에 이르는 것은 근본적으로 효과적인 충전에 의해 영향을 받기 때문에 충전효과가 주도적일 것이며 인력효과가 부수적일 것으로 예측된다. 그림 7.14에 보였듯이 중간 밀도에서의 방사방향 분포함수는 높고 낮은 밀도 한계성의 혼합형태가 된다.

이러한 직관적인 개념에 대한 수학적인 정리는 몇몇 교재에 나타나 있으나, 그러한 엄격한

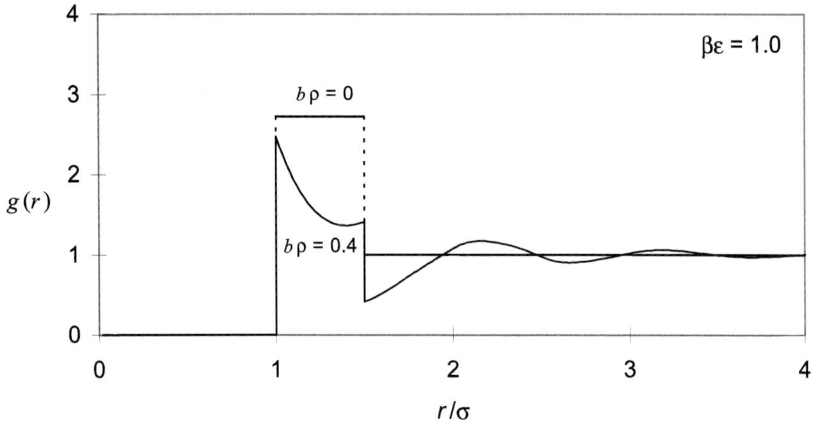

그림 7.14 • 밀도가 0이고 충전 분율이 $b\rho = 0.4$인 경우의 사각우물 유체($R = 1.5$). 변수 $\beta = 1/kT$이다.

취급의 어려움은 우리의 기초적인 설명범위를 넘는다. 우리의 목적을 위하여 중앙 입자 주위에 있는 입자의 수는 온도와 밀도에 의존하는 어떤 특성을 갖고 있으며 따라서 이러한 온도와 밀도 의존성을 어떤 방법으로 표현하는 것은 분자들이 어떻게 상호작용하는가에 관한 에너지론을 분석하는 데 필요할 것이라고 간단히 이해하고 싶다. 다른 말로 '유체구조'라고 불리는 것이 존재하며 이것은 '방사방향 분포함수'에 의하여 자세히 설명된다는 것을 인정하고 싶다. 이러한 인정은 우리가 이러한 고려사항을 혼합의 에너지론으로 확장할 때 다시 유용할 것이다. 그다음 우리는 여러 상들(예: 기-액 평형) 간에 성분의 분배를 예측하기 위해 사용될 수 있는 표현을 개발할 것이다.

비리얼식

제2 비리얼 계수는 약간의 수학을 추가하여 이 절에서 제시된 개념을 사용하면 쉽게 유도될 수 있다. 고급 화학 및 물리학 교재에서는 관례상 밀도의 항으로 전개된 비리얼식을 유도한다.

$$Z = 1 + B\rho + C\rho^2 + D\rho^3 + \ldots \qquad \langle 식\ 7.58 \rangle$$

이와 같이 유도된 결과는 각각의 비리얼 계수가 퍼텐셜 함수에 의해 특징지어진 분자 간 상호작용에 대한 적분으로 정확하게 표현될 수 있다는 것이다. 심지어 초보 수준에서도 제2 비리얼 계수에 대하여 이러한 접근 방법을 예시할 수 있다. 저밀도에서의 비리얼식 $Z = 1 + B\rho$를 식 7.52와 비교하면 제2 비리얼 계수가 낮은 밀도에서의 방사방향 분포함수와 관련되어 있다는 것을 알 수 있다. 식 7.57에 의해 주어진 것과 같은 방사방향 분포함수의 저밀도형을 삽입하고 이어서 부분 적분하면 (연습문제 7.27의 주제) 다음 식을 얻는다.

$$B = 2\pi N_A \int_0^\infty \left(1 - \exp\left(-\frac{u}{kT}\right)\right) r^2 dr \qquad \langle 식\ 7.59 \rangle$$

예제 7.12 자신의 상태방정식 유도하기

부록 B는 거시적 상태방정식을 $\lambda = 1.5$에 대한 사각우물 퍼텐셜 면에서 미시적 성질에 관계시키기 위해 다음의 식이 어떻게 유도될 수 있는지를 보여 준다.

$$Z = 1 + \frac{4\pi N_A \rho \sigma^3}{6}\{g(\sigma^+) - 1.5^3[1 - \exp(-\varepsilon/kT)g(1.5\sigma)]\} \quad \langle 식\ 7.60\rangle$$

다음 형태의 방사방향 분포함수를 가진 여러분의 상태방정식을 개발하기 위해 위의 결과를 적용한다.

$$g(x) = \frac{\exp(-u/kT)}{(1-2b\rho/x^6)(1+2Sb\rho/x^6)} \quad \langle 식\ 7.61\rangle$$

여기에서 $x = r/\sigma$, $b = \pi N_A\sigma^3/6$, 그리고 S는 '학생' 매개변수이다. 여러분이 S에 대하여 어떤 숫자 하나를 뽑으면, 이 식은 여러분의 상태방정식이 된다. $\varepsilon/kT = 0.5$, $b\rho = 0.4$에서 여러분의 상태방정식을 평가하라.

풀이

언뜻 보기에 이 문제는 엄청나게 복잡한 것처럼 보이지만 실제로는 매우 간단하다. 우리는 $x = 1$과 $x = 1.5$에서 방사방향 분포함수를 평가하고 이 두 결과를 식 7.60에 삽입한다.

$$g(\sigma^+) = \frac{\exp(\varepsilon/kT)}{(1-2b\rho)\{1+2Sb\rho\}} \quad 식\ 7.62$$

$$g(1.5\sigma) = \frac{\exp(\varepsilon/kT)}{(1-0.176Sb\rho)\{1+0.176Sb\rho\}} \quad 식\ 7.63$$

$$Z = 1 + \frac{4b\rho}{1-2b\rho}\frac{\exp(\varepsilon/kT)}{1+2Sb\rho} - \frac{13.5b\rho[\exp(\varepsilon/kT)-1]}{(1-0.176b\rho)(1+0.176Sb\rho)} \quad 식\ 7.64$$

$S = 3$을 가정하면, $Z(0.5, 0.4) = 1 + 4\cdot0.4\cdot1.649/(0.2\cdot2.4) - 13.5\cdot0.4\cdot0.648/(0.789\cdot1.211) = 2.83$

축하합니다! 여러분은 방금 여러분 자신의 상태방정식을 개발하였다. 여러분의 상태방정식으로 재미를 갖고 방사방향 분포함수에 대한 다른 근사법으로 자유롭게 실험해 보길 바란다. 더 알고 싶으면 Hansen과 McDonald[a]가 그와 같은 근사법을 개발하는 데에 대한 몇 가지의 조직적인 접근 방법을 설명한 것을 참고할 수 있다.

a. Hansen, J.P., McDonald, I.R. 1986. *Theory of Simple Liquids*. New York: Academic Press.

실험적 비리얼 계수 자료를 사용하여 짝 퍼텐셜에 대한 매개변수값을 얻을 수 있기 때문에 이 관계식은 특히 가치가 크다.

우리는 유사한 분석이 혼합물을 취급할 때에도 나타난다는 것을 언급하면서 이러한 이론적 발전에 대하여 결론을 내린다. 그 당시, 혼합물로의 확장은 주로 회계 중의 하나, 즉 개념적인 골격은 똑같다는 것이다. 반발력과 인력으로부터의 분리된 기여의 개념을 더 빨리 습득할수록 여러분은 분자 규모로부터 거시 규모로까지의 유체 거동에 대한 이해를 더 빨리 달성할 것이다.

7.12 요약

이 장에서 제시된 간단한 물리적 관찰과 간결한 수학적 모델은 현재의 화학적 적용에 강력한 도구를 제공하며 우리 모두가 본받을 만한 모델 개발의 탁월한 예를 제시한다. 이 장에서는 현대의 많은 공학적 발전에 대한 표준을 정하는 물리적 추론, 차원 해석, 점근적 해석, 매개변수 평가의 적용을 예시하였다.

더욱이, 분자 수준과 거시적 규모 사이에서 최종 연결이 이루어졌다. 되돌아보면 엔트로피의 미시적 정의는 상대적으로 간단하다. 그것은 자연적으로 2항 분포의 기초 통계학으로부터 유래된다. 분자 간 상호작용 에너지의 정성적 설명 역시 간단하다. 이는 1장에서 논의되었다. 마지막으로 그러나 역시 중요한 것이지만 에너지에 대한 거시적 설명은 이해하기가 쉽다. 이는 거시적 에너지 수지식을 제공한다. 그러나 분자에너지에 대한 정성적 설명을 거시적 에너지 수지식과 연결시키는 것은 그렇게 간단하지 않다. 이것은 이 장의 상당한 발전이다. 분자 및 거시적 에너지와 엔트로피를 완벽하게 설명할 수 있다면 '수수께끼에 대한 모든 조각들'이 지금 우리 손안에 있는 셈이다. 남은 것은 그 조각들을 함께 맞추는 것이다. 이러한 마지막 단계는 상당한 양의 수학을 요구하지만 그것은 주로 미분학의 초보과정과 6장의 배경으로부터 즉시 습득할 수 있는 도구를 곧바로 적용하는 정도의 것이다.

주요 식

이 장에 있는 몇 개의 식들은 앞으로 그것들을 반복해서 적용시키기 때문에 돋보인다. 이 식들은 식 7.2, 7.12, 그리고 7.15~7.19이다. 식 7.2는 편리한 표준 증기압과 분자형태에 대한 대강의 특징적 묘사를 제공해 주는 이심인자(ω)에 대한 정의이다. 식 7.12는 van der Waals 상태방정식이며, 이는 역대 가장 위대한 모델식 중의 하나이다. 식 7.15~7.19는 Peng-Robinson 상태방정식을 묘사하는데, 이는 100년의 연구 간격을 고려할 때 van der Waals 모델로부터의 현저하게 작은 진화이다. 수증기 및 냉매와는 다른 화학물질들에 대한 에너지 및 엔트로피 수지식에 대한 더 나아간 유도와 적용을 위한 기본으로 우리는 종종 이 식들을 언급한다.

마지막으로, 식 7.51과 식 7.52는 분자 규모와 거시적 규모 간의 연결을 이해하기 위한 토대를 전해 준다. u와 U 간의 연결을 보기 위해서는 식 7.51보다 더 간단한 방법은 없다. 어떤 혼합물이 왜 이상적으로 거동하고 다른 혼합물은 왜 그렇게 거동하지 않는지를 고려할 때 분자 간의 상호작용을 이해하는 것은 필수적이다. 이것은 식 7.51을 혼합물로 확장시킬 때 분명해진다.

7.13 익힘문제

P7.1 $T_r < 1$과 $P_r \approx P_r^{sat}$에 대하여 Peng-Robinson 상태방정식은 0과 10 사이의 압축인자에 대응하는 3개의 근을 가진다. 가장 작은 근은 액체의 압축인자이다. 가장 큰 근은

증기의 압축인자이며, 중간 근은 물리적인 중요성을 가지지 않는다. 이것은 우리에게 Peng-Robinson 방정식을 따르는 어떤 유체의 압축인자를 구하기 위한 일반적인 방법을 제공한다. 반복 계산법을 실행하기 위해서 다음의 조건에 있는 메탄의 액체 근을 구하기 위해서는 $Z = 0$의 초기 추정값을 사용하고 증기 근을 구하기 위해서는 Z = 1의 초기 추정값을 사용하라.

T_r	0.9	0.8	0.7	0.6
P_r	0.55	0.26	0.10	0.03

계산 결과를 N. B Vargaftik(Handbook of Physical Propertise of Liquids and Gases, 2nd ed., New York: Hemisphere, 1975)로부터 얻은 실험 데이터와 비교하라.

T_r	0.9	0.8	0.7	0.6
Z^L	0.0908	0.0413	0.0166	0.0050
Z^V	0.6746	0.8124	0.9029	0.9608

답: 액체 근은 매우 비슷하다. $T_r < 0.9$의 경우 증기 근은 정확하다.

Z^L	0.0909	0.0397	0.0154	0.0049
Z^V	0.6374	0.7942	0.8977	0.9573

P7.2 (a) $P_r = 30$과 $T_r = 15$에서 네온에 대하여 압축인자 Z의 값을 추산하라.

(b) $P_r = 30$과 $T_r = 15$에서 네온의 밀도를 추산하라.

답: 1.14, 0.25 g/cm^3

P7.3 임계점 이상이나 포화곡선에서 멀리 떨어진 조건에서는[21] 3차 상태방정식에 대하여 단 1개의 실근만이 존재한다. 만일 Newton의 방법을 사용한다면, 2개의 서로 다른 초기 추정값을 시도해 보고 그들 2개의 경우 모두 동일한 근으로 수렴하는지를 봄으로써 얼마나 많은 상이 존재하는지 파악할 수 있다. 만약에 수렴한다면 하나의 실근만이 존재한다고 가정할 수 있다. 다음 조건에서 메탄에 대한 압축인자를 구하고, 그들이 증기 근인지, 액체 근인지, 혹은 초임계유체 근인지 확인하라. 여러분이 구한 결과를 표로 만들고 그 결과를 Z-도표와 비교하라.

T_r	P_r	Z	상
0.9	0.77		
0.9	0.05		
1.1	2.00		

답: 온라인

Newton의 방법을 적용하고 초기 추정값을 0으로 하면, 이러한 조건에서는 일정치 않은 결과를 얻게 된다. 각각의 반복 계산에 대하여 $F(Z)$ 대 Z의 그래프를 그려서 어떤 현상이 일어나고 있으며 왜 일어나고 있는지 설명하라.

P7.4 어떤 견고한 용기가 부피의 1/2까지 표준 끓는점(111 K)에 있는 액체 메탄으로 채워

21 그림 7.5는 환산온도가 낮을 때 P^{sat} 아래의 모든 압력에서 3개의 근이 존재할 것이라는 것을 보여 주지만, 이는 T_r=1 부근의 제한된 영역에만 해당된다.

져 있다. 용기가 따뜻해진 후 밀폐되어 77°F로 가열된다. Peng-Robinson식을 이용하여 최종 압력을 구하라.

답 : 33.8 MPa

P7.5 20°C, 1 bar에 있는 4 m^3의 메탄은 대략 일반적으로 설계된 자동차 엔진에서의 가솔린 1 gal에 해당된다. 만일 메탄이 200 bar, 20°C로 압축된다면, 가솔린 10 gal을 담기 위해 필요한 용기의 부피는 얼마인가?

답 : 16 L

P7.6 부피가 0.15 m^3인 이산화탄소 실린더가 38°C에서 100 bar가 될 때까지 이산화탄소로 채워진 후 0°C로 냉각된다. 실린더 내의 최종 압력은 얼마이며, 100 bar를 초과하기 전에 얼마나 더 많은 이산화탄소가 추가될 수 있는가? 만일 0°C에 있는 실린더에 그만큼의 이산화탄소를 추가한다면, 38°C의 더운 날에는 실린더 내의 압력은 얼마인가? 만약 실린더가 오직 200 bar만을 견딜 수 있다면 무슨 일이 발생할 것인가? [힌트: $\log(P_r^{sat}) \approx (7(1+\omega)/3)\,(1-1/T_r)$]

답 : 3.5 MPa, 38 MPa, 폭발한다.

7.14 연습문제

7.1 부피가 40 L인 어떤 용기가 주어진 초기 조건하에서 다음의 유체들 중 하나를 담고 있다. 누출 후에 온도와 압력은 다시 측정한다. 다음 각각의 선택에 대하여 누출에 의해 손실되는 유체의 양(kg)을 구하라.

(a) 압축인자 도표

(b) Peng-Robinson식

선택:

(i) 메탄 $T^i = 300$ K, $P^i = 100$ bar, $T^f = 300$ K, $P^f = 50$ bar

(ii) 프로판 $T^i = 300$ K, $P^i = 50$ bar, $T^f = 300$ K, $P^f = 0.9$ bar

(iii) n-부탄 $T^i = 300$ K, $P^i = 50$ bar, $T^f = 300$ K, $P^f = 10$ bar

7.2 298 K, 10 bar에서 프로판의 액체 밀도(g/cm^3)를 추산하라. 일반적인 가스 그릴에 사용되는 프로판 5 gal의 값이 대략 20달러라고 가정할 때, 프로판의 킬로그램당 가격을 가솔린의 가격과 비교하라. 보통 가솔린을 298 K와 1 bar에서의 순수 이소옥탄(isooctane: 2,2,4-trimethylpentane, $\rho = 0.692$ g/cm^3)이라고 간주하여 가솔린의 밀도를 추산할 수 있다.

7.3 압축인자 도표는 이상기체 법칙이 유효할 때 평가하기 위한 신속한 방법을 제공한다. 다음의 유체들에 대하여, 30 bar에서 유체의 기상 압축인자가 0.95보다 더 크게 되는

최소 온도는 K 단위로 얼마인가?

(a) 질소
(b) 이산화탄소
(c) 에탄올

7.4 N. B. Vargaftik(1975)[22]는 175°C에 있는 이소부탄의 비부피에 대하여 다음의 실험값을 제시하였다. 이론적인 값과 그 값의 실험값과 편차를 다음의 방법으로 계산하라.

(a) 일반화된 도표
(b) Peng-Robinson식

P (atm)	10	20	35	70
V (cm^3/g)	60.7	27.79	13.36	3.818

7.5 Dymond와 Smith(1969)에 의한 수소에 대한 자료가 다음과 같이 주어져 있다.

T(K)	19	25	30	40	50	75	100	150	200	300	400
B(cm^3/mole)	−164	−111	−85	−54	−35	−12	−1.9	7.1	11.3	14.8	15.2

(a) 이 자료를 T^{-1}에 대하여 그리고 일반화된 비리얼식(식 7.7)으로부터 얻은 결과와 비교하라. 아울러 이러한 특정 화합물은 일반화된 식에 매우 정확하게 맞지 않는 이유를 제시하라. 실험 데이터에 대해서는 선이 없는 점을 사용하고 이론적 곡선에 대해서는 점이 없는 선을 사용하라.

(b) 일반화된 비리얼식을 사용하여 300 bar, 298 K에 있는 H_2 관에서의 소량의 누출이 자연점화를 일으킬 만큼 H_2의 온도를 충분히 높게 올릴 수 있는지 짐작해 보라.

7.6 실험 데이터로부터 보통의 압력에서는 부피 상태방정식이 $PV = RT + B \cdot P$로 표현될 수 있는 것으로 알려졌다. 여기서 두 번째 비리얼 계수 B는 온도만의 함수이다. 메탄에 대한 자료는 Dymond와 Smith(1969)에 의해 다음과 같이 제시되었다.[23]

T(K)	120	140	160	180	200	250	300	350	400	500	600
B(cm^3/mole)	−284	−217	−169	−133	−107	−67	−42	−27.0	−15.5	−0.5	8.5

(a) 가스상태의 메탄에 대하여 Boyle 온도($B = 0$인 온도)와 역전 온도, ($(\partial T/\partial P)_H = 0$일 때의 온도)를 찾아라. (힌트: B를 T^{-1}에 대하여 그리고 추세선을 얻은 후 해석적으로 미분하라.)

(b) 이 자료를 T^{-1}에 대하여 그리고 식 7.7로부터 얻은 곡선과 비교하라. 실험 데이터에 대해서는 선이 없는 점을 사용하고 이론적 곡선에 대해서는 점이 없는 선을 사용하라.

---

22 Vargaftik, N.B. 1975. *Handbook of Physical Properties of Liquids and Gases*, 2nd ed. New York: Hemisphere.

23 Dymond, J.H., Smith, E.B. 1969. *The Virial Coefficients of Pure Gases and Mixtures*, New York: Oxford University Press.

7.7 (a) 도함수$(\partial V/\partial T)_P$를 Peng-Robinson식과 같은 상태방정식의 음함수 미분법(implicit differentiation)에 의해 계산하는 것은 매우 지루한 작업이다. 미적분학이 구하기 쉬운 압력의 도함수 항들로 구성된 도함수를 구할 수 있게 하고, 이 상태방정식에 대한 공식을 제공할 수 있게 한다는 것을 보여라.

(b) Peng-Robinson식을 사용하여 다음의 조건 $\{T_r = 0.7,\ P = 0.414\ \text{MPa}\}$, $\{T_r = 0.8,\ P = 1.16\ \text{MPa}\}$, $\{T_r = 0.9,\ P = 2.60\ \text{MPa}\}$에 있는 포화 증기와 포화 액체 에틸렌의 등온 압축률을 계산하라.

7.8 3차 상태방정식에서 Z에 대하여 3개의 실근이 주어질 때, 일반적으로 가장 작은 근은 액체 근이고 가장 큰 근은 증기 근이다. 그러나 Peng-Robinson식은 고압에서는 이러한 경향과는 다른 실근을 줄 수 있다. 이러한 거동을 알아보기 위해 특정 가스에 대해 구한 모든 근과 압력을 표로 만들어라. 이 온도에서 최고 압력에 접근함에 따라 유체는 액체인가 기체인가? 최고 압력에서 어느 실근(가장 작은 근, 중간 근, 혹은 가장 큰 근)이 이 상을 나타내며, 특정 압력에서 Z값은 얼마인가?

(a) 250 K와 1,3, 10, 100, 150, 170, 175, 200 MPa에서의 에틸렌

(b) 400 K와 0.2, 0.5, 1, 10, 100, 130, 150 MPa에서의 n-헥산

(c) 420 K와 0.1, 1, 5, 10 MPa에서의 아르곤

7.9 아래에 주어진 Redlich-Kwong 상태방정식에 대하여 $\left(\frac{\partial P}{\partial T}\right)_V$를 구하라.

$$P = \frac{RT}{V-b} - \frac{a}{T^{1/2}V(V+b)}$$, 여기서 a와 b는 온도에 독립적인 매개변수들이다.

7.10 상태방정식 $P = RT/(V - b)$ (b는 상수)에 대하여 $(\partial P/\partial V)_T$를 구하라.

7.11 $T_r = [0.7, 0.9, 1.0]$에서 Peng-Robinson 방정식에 대해 P_r을 ρ_r에 대하여 그리고, 2상 영역에 있는 증기 근과 액체 근 둘 다를 보여라. N_2에 대해서처럼 $\omega = 0.040$으로 가정하라. 그림 7.1에 보인 것처럼 각 등온선에 대한 전체 곡선을 포함하라. 또한 포화 압력에서 증기의 밀도와 액체의 밀도를 연결시키는 수평선을 보여라. 이론적 곡선에 대해서는 점이 없는 선을 사용하라. $\log(P_r^{sat}) = 2.333\ (1 + \omega)\ (1 - 1/\ T_r^{sat})$을 사용하여 T_r^{sat}을 추정하라.

7.12 2상분리선 범위 내에서 실험실에서 관찰될 수 있는 증기의 과냉각과 액체의 과열의 한계들을 나타내는 또 다른 분리선을 그릴 수 있다. 이것들은 각각의 등온선을 따라 $(\partial P/\partial \rho)_T = 0$가 되는 점들이다. Peng-Robinson식에 대하여 이 분리선을 구하고, 그것을 문제 7.11에서 만들어진 것과 똑같은 그림 위에 그려라. 이것이 스피노달(spinodal) 곡선이다. 포화곡선과 방금 얻은 곡선 사이의 영역은 유체의 준안정 영역이라 부른다. 스피노달 곡선 내부에서 유체는 무조건 불안정하다. 포화곡선은 바이노달(bimodal) 곡선, 즉 2상 공존 곡선이라 불린다. 이 곡선의 바깥에서 유체는 완전히

안정적이다. 아주 깨끗한 플라스크 내에서 대기압에서 가열함으로써 뜨거운 물로 준안정 영역으로 들어가는 것이 가능하다. 그렇지만 조만간 과열된 액체는 불안정하게 된다. 이러한 조건에서 뜨거운 물이 있는 플라스크에 어떠한 현상이 발생하는지 묘사하고, 이러한 일련의 현상들을 피하기 위한 간단한 예방책을 제시하라.

7.13 Lee-Kesler(1975) 상태방정식(*AIChE J*, 21:510)을 사용하여 몇 개의 환산온도 등온선에 대해 환산 압력의 함수로 압축인자값을 계산하는 스프레드시트를 만들어라. 이러한 작업을 하는 지루하지만 간단한 방법은 표로 만드는 것인데, 맨 위에 있는 행에 0.01부터 10까지의 환산 밀도를 놓고 첫 번째 열에 환산온도를 놓는다. 그다음에 단순 유체의 압축인자에 대하여 Lee-Kesler식을 중앙에 있는 셀 중 하나에 기입하고 그 셀의 내용을 표의 다른 모든 셀 안에 복사한다. 다음, 전체 표를 몇 개의 아래에 있는 행에 복사한다. 새로운 셀 안의 내용을 관계식 $P_r = Z \cdot \rho_r \cdot T_r$로 대체시킨다. 여러분은 이제 각각의 등온선에 대하여 한 세트의 압축인자값에 대응하는 한 세트의 환산 압력을 갖게 되며, 원한다면 이 값은 이 장에서 도표를 재생성하기 위해 도식화될 수 있다. 이 스프레드시트를 새로운 스프레드시트에 복사하고, 참고 유체에 대응하는 매개변수 B, C, D, E의 값들을 변환시켜라. 마지막으로, 단순 유체의 워크시트를 새로운 워크시트에 복사하고, 압축인자 셀에 있는 내용을 공식 $Z = Z_0 + \omega(Z_{ref} - Z_0)/\omega_{ref}$로 바꿔라. 여기에서 Z_{ref}와 Z_0는 다른 워크시트들의 셀 안에 있는 숫자는 말한다.

7.14 Peng-Robinson식에 대하여 $B_c = bP_c/RT_c = 0.07780$임을 보여라. van der Waals식과 유사한 B_c에 대한 3차 방정식을 세우고 부록 B에서 설명한 대로 해석적으로 풀면 된다.

7.15 다음에서 주어진 상태방정식에 대해 T_c와 P_c의 항으로 ε/kT_c, Z_c, b_c 값을 구하라.

$$Z = \frac{1+2b\rho}{1-2b\rho} - Fb\rho$$

여기서 $F = \exp(\varepsilon/kT) - 1$이다. 오른쪽에 있는 첫 번째 항은 강체구 압축인자에 대한 Scott식으로 알려져 있다.

7.16 Soave-Redich-Kwong식[24]은 다음과 같이 주어진다.

$$\boxed{P = \frac{RT\rho}{(1-b\rho)} - \frac{a\rho^2}{1+b\rho} \text{ 또는 } Z = \frac{1}{(1-b\rho)} - \frac{a}{bRT}\cdot\frac{b\rho}{1+b\rho}} \quad \text{〈식 7.65〉}$$

여기에서 ρ = 몰밀도 = $n/\underline{V}$

$$a \equiv a_c\alpha, \quad a_c \equiv 0.42748\frac{R^2T_c^2}{P_c} \qquad b \equiv 0.08664\frac{RT_c}{P_c} \quad \text{〈식 7.66〉}$$

---

24 Soave, G. 1972. *Chem. Eng. Sci.* 27:1197.

$$\alpha \equiv [1 + \kappa(1 - \sqrt{T_r})]^2 \qquad \kappa \equiv 0.480 + 1.574\omega - 0.176\omega^2 \qquad \langle 식\ 7.67 \rangle$$

그리고 T_c, P_c, ω는 대응상태의 원리에 따른 환원 상수들이다. 이 상태방정식에 대하여 임계점에서의 매개변수 (a_c, b_c, Z_c)들에 관해 풀고, 수열 0.086664…에서 다음 5개의 유효숫자를 표기하라.

7.17 ESD 상태방정식[25]은 다음과 같다.

$$\frac{PV}{RT} = 1 + \frac{4\langle c\eta_P\rangle}{1 - 1.9\eta_P} - \frac{9.5\langle qY\eta_P\rangle}{1 + 1.7745\langle Y\eta_P\rangle}$$

$\eta_P = b\rho$이고, c는 반발항에 미치는 비구형성의 영향을 나타내는 '형태 매개변수(shape parameter)'이며, $q = 1 + 1.90476(c - 1)$이다. $c = 1$의 값은 구형 분자에 해당한다. Y는 Peng-Robinson식에 있는 a 매개변수의 온도 의존성과 유사한 역할을 하는 온도에 의존하는 함수이다. $c = 1.3$을 사용하는 에틸렌에 대하여 예제 7.7의 방법을 사용하여 b와 Y를 임계점에 맞춰라.

7.18 모든 디스크의 속도를 여러분이 분명하게 알 수 있을 만큼 충분히 천천히 2차원으로 움직이는 4개의 분자들의 운동을 모사할 수 있는 프로그램을 가지고 있다고 하자. (힌트: Etomica.org에서 DMD 모듈에 있는 피스톤-실린더 애플릿 '단열' 모드로 유지될 때의 그러한 프로그램의 한 가지 예이다.)

(a) 디스크 상호작용이 이상기체 퍼텐셜로 특징짓는다고 하자. 디스크가 어떻게 움직이는지 묘사하라. 느린 입자들은 항상 느리게 유지하고 빠른 입자들은 빠르게 유지한다는 것에 주목하라. 그것은 왜 그런가?

(b) 강디스크 모델로 모델링되는 것처럼 퍼텐셜을 '오직 반발'로 바꿔라. '오직 반발' 입자의 움직임을 이상기체 입자의 움직임과 비교하고, 그 차이를 설명하라. 어떤 것이 더 현실적으로 보이는가?

(c) $\lambda = 2.0$인 사각우물 모델로 모델링되는 것처럼 퍼텐셜을 '반발과 인력'으로 놓아라. 이 입자의 움직임을 '오직 반발' 입자의 움직임 및 이상기체 입자의 움직임과 비교하고, 그 차이를 설명하라.

7.19 구와 디스크의 충돌은 간결하게 설명될 수 있으며 벡터 기호로 더 편리하게 계산될 수 있다. 주로 이것은 예제 7.10의 과정을 바꿔서 상대 위치와 상대 속도의 내적을 사용하는 것을 포함한다. (힌트: Etomica.org의 DMD 모듈에서 유용한 정보를 찾을 수 있다.)

(a) 임의의 주어진 시간, t_0에서 두 디스크의 속도 $\boldsymbol{u}$와 위치 $\boldsymbol{r}_0$가 주어졌을 때 디스크 간의 중심부터 중심까지의 거리를 계산하기 위한 벡터 공식을 써라.

---

25 Elliott, J.R., Suresh, S.J., Donohue, M.D. 1990. *Ind. Eng. Chem. Res.* 29:1476.

(b) 각각의 벽으로부터 각각의 디스크까지의 거리를 계산하기 위한 벡터 공식을 써라. (힌트: 단위 벡터 $\boldsymbol{x} = (1,0)$과 $\boldsymbol{y} = (0,1)$을 사용하여 벡터 성분들을 격리시켜라.)

(c) 충돌이 일어나는 동안 에너지 운동량은 보존되어야 한다는 것에 주목하면서 충돌 후 두 디스크의 속도 변화에 대한 벡터 공식을 써라. (힌트: (1) $\mathbf{ab} = ab\cos\theta$, (2) 벡터 $\mathbf{a}$의 방향을 갖는 단위벡터는 $\mathbf{a}/a$이다.)

(d) 벽과 충돌하는 디스크의 속도 변화에 대한 벡터 공식을 써라.

7.20 분자 모사는 고급 주제처럼 들리지만, 강체구에 대해서는 아주 간단하다.[26] 더욱이, 모사에 대한 기초의 이해가 보인 후, 이런 모사를 수행할 수 있도록 해 주는 최신 소프트웨어를 구할 수 있다. 이 문제는 그러한 이해를 보여 주기 위한 기회를 제공한다. 4개의 견고한 디스크가 구 상자 주변에서 2차원으로 튀고 있다고 하자. 디스크의 지름 σ가 0.4 nm이고, 질량이 40 g/mol이며, 구 상자의 길이 L을 5 nm로 놓자. 4개의 디스크들을 $(0.25L,\ 0.25L)$, $(0.75L,\ 0.25L)$, $(0.25L,\ 0.75L)$, $(0.75L,\ 0.75L)$에서 $(v,\ v/(1+2^{1/2}))$, $(-v,\ v)$, $(v/2^{1/2},\ -v/2^{1/2})$, $(-v/2^{1/2},\ -v/2^{1/2})$의 초기 속도로 시작하라. 여기서 v는 임의의 속도를 지정한다. (힌트: Etomica.org에 있는 DMD 모듈에서 유용한 정보를 찾을 수 있다.)

(a) 초기에 298 K의 온도를 가정하여 v를 계산하라.

(b) 모든 네 입자들의 속도를 더하라(x와 y 별도로). 이 합의 중요성을 설명하라.

(c) 화살표를 사용하여 디스크를 개략적으로 그리고 그들의 방향을 보여라. 속도의 크기에 비례하는 화살표의 크기를 만들어라.

(d) 최초의 충돌의 시간에 대하여 풀어라. 그것은 벽과 함께 있는가 입자들 사이에 있는가? 최초의 충돌 후 모든 디스크의 속도를 계산하라.

7.21 2차원으로 움직이는 N 개의 분자들의 운동을 모사할 수 있는 프로그램을 가지고 있다고 하자. (힌트: Etomica.org에서 DMD 모듈에 있는 2D 애플릿 '단열' 모드로 유지될 때의 그러한 프로그램의 한 가지 예이다.)

(a) 300 K의 초기온도를 가지고 1000 ps (1 picosecond = 10^{-12} second)와 2.86E-6 mol/m^{2}의 밀도에서 각 퍼텐셜 모델(이상기체, 강디스크, 사각우물)을 사용하여 디스크의 움직임을 모사하라. 어떤 모델이 더 높은 압력을 가질 것인가, 이상기체 모델인가 아니면 강디스크 모델인가? 설명하라. 어떤 모델이 더 높은 압력을 가질 것인가, 이상기체 모델인가 아니면 사각우물 모델인가? 설명하라.

(b) 300 K의 초기온도를 가지고 2.86E-6 mol/m^{2}의 밀도에서 1000 ps에 대하여 각 퍼텐셜 모델을 사용하여 디스크의 움직임을 모사하라. 각각의 경우에 온도 대 시간의 그림을 개략적으로 그리고, 그것으로부터 관찰한 것을 설명하라.

---

26 Alder, B.J., Wainwright, T.E. 1959. J. *Chem. Phys*. 31:459.

(c) 300 K의 초기온도를 가지고 2.86E-6 mol/m^{2}의 밀도에서 1000 ps에 대하여 각 퍼텐셜 모델을 사용하여 디스크의 움직임을 모사했다고 하자. 각각의 경우에 내부에너지는 어떻게 비교될 것인가? 설명하라.

7.22 분자 모사는 상태방정식에 미치는 개별적인 기여의 정확성과 중요성을 탐색하기 위해 사용될 수 있다. 여기에서 우리는 σ 매개변수가 실험 데이터에 어떻게 관련되는지 탐색하고자 한다.

(a) Erpenbeck와 Wood는 다음에 수록한 바와 같이 강체구에 대한 상세한 모사 결과를 발표한 바 있다. 이 데이터를 그래프로 그리고, 강체구에 대한 ESD식과 Carnahan-Starling식을 비교하라.

η_P	0.0296	0.0411	0.0740	0.1481	0.1851	0.2468	0.3702	0.4114	0.4356	0.4628
Z^{HS}	1.128	1.183	1.359	1.888	2.244	3.031	5.850	7.430	8.600	10.194

(b) CS식에 따르면 $\eta_P = 0.392$에서 Z^{HS}에 대하여 어떤 값을 얻는가?

(c) 22.14 mol/L에서 제논(Xenon)에 대하여 $\eta_P = 0.392$에 해당하는 b값은 얼마인가? b값에 해당하는 σ값은 얼마인가?

(d) $\eta_P = 0.392$에서의 모사 결과를 아래에 표로 만들었다. 이 자료에 대하여 Z 대 $\beta\varepsilon$의 그래프를 그려라. 포화온도에 해당하는 $\beta\varepsilon$값을 추산하라.

(e) NIST WebBook에 있는 제논 자료를 참고하여 22.14 mol/L에서의 포화온도를 추산하라. $\beta\varepsilon$값에 대해 (d)를 참고하여 ε(J/mol)의 값을 추산하라.

(f) $\eta_P = 0.392$에서 최적의 ε과 σ를 사용하여 모사 자료에 대한 Z 대 1000/T를 그래프로 그려라. 'fluid properties' 링크를 참고하여, 동일한 축 위에 22.14 mol/L에서 NIST WebBook으로부터 얻은 제논에 대한 등적(isochoric) 데이터를 그래프로 그려라.

(g) vdW EOS에 대한 a와 b의 어떤 값들이 이 그래프의 모사 자료와 일치하는가? Z^{vdw} 대 1000/T를 계산하고 vdW 결과를 그 그래프 위에 대시 점선으로 보여라.

(h) (c)와 (e)로부터 얻은 결과를 사용하여 400 ps까지의 시간에 대하여 225 K와 20.0 mol/L에서 시스템 'isothermally(등온적으로)'를 모사하라. CS식을 사용하여 Z에 대한 y-절편을 추산하고, 식과 함께 추세선을 포함하는 점을 그려라. 동일한 축 위에 이 등적선(isochore)에 대한 NIST 자료를 그려라. 매개변수들이 다른 조건에서 결정되었기 때문에 이것은 20.0 mol/L에서의 자료의 예측을 나타낸다.

(i) (g)로부터 얻은 a값과 b값을 사용하여 20.0 mol/L에서의 vdW 결과를 그 그래프 위에 대시 점선으로 그려라.

(j) 어떤 모델(SW 또는 vdW)이 실험적 경향과 가장 잘 맞는가? 왜 그러한가?

(k) 어떠한 예측도 완벽하지는 않다. 그 예측을 더 향상시키기 위해 할 수 있는 방법을 제시하라.

$\eta_P = 0.392$, $\lambda = 2.0$에서의 SW 결과

η_P	$\beta\varepsilon$	t (ps)	t (min)	Z	$-(\underline{U}-\underline{U}^{ig})/N_A\varepsilon$	$g(\sigma)$	$g(2\sigma)$
0.392	0.493±0.002	2479	540	0.430±0.03	12.41±0.004	3.65	1.5
0.392	0.407±0.002	996	33	1.56 ±0.04	12.27±0.005	3.5	1.45
0.392	0.245±0.002	611	31	3.60 ±0.03	12.02±0.004	3.5	1.4
0.392	0.166±0.002	1411	44	4.63 ±0.08	11.91±0.004	3.3	1.3

7.23 분자 모사는 상태방정식에 미치는 개별적인 기여의 정확성과 중요성을 탐색하기 위해 사용된다. Etomica.org에 있는 DMD 모듈을 사용하여 제논(Xe)의 ε과 σ 매개변수를 조율하라.

(a) Carnahan-Starling(CS) 모델에 따르면, $\eta_P = 0.375$에서 Z^{HS}에 대하여 어떤 값을 얻는가?

(b) 22.14 mol/L에서 Xe에 대하여 $\eta_P = 0.375$에 해당하는 σ 값은 얼마인가?

(c) $\eta_P = 0.375$와 $\lambda = 1.7$에서의 모사 결과를 다음에 표로 만들었다. 이 자료에 대하여 Z 대 $\beta\varepsilon$의 그래프를 그려라. Xe에 대해 NIST WebBook을 참고하여 22.14 mol/L에서의 포화 T와 Z을 추산하라. 포화 Z에 해당하는 $\beta\varepsilon$값을 추산하라. ε(J/mol)의 값을 추산하라.

(d) $\eta_P = 0.375$에서 최적의 ε와 σ를 사용하고 22.14 mol/L에서의 WebBook.nist.gov 유체 성질 (등적) 자료를 동일한 축 위에 보이면서 Z 대 $1000/T$를 그래프로 그려라.

(e) vdW EOS에 대한 a와 b의 어떤 값들이 이 그래프의 모사 자료와 일치될 것인가? vdW 결과를 그 그래프 위에 대시 점선으로 보여라.

(f) (b)와 (c)로부터 얻은 ε값과 σ값을 사용하여 400 ps까지의 시간에 대하여 225 K와 20.0 mol/L에서 시스템을 모사하라. CS식을 사용하여 Z에 대한 y-절편을 추산하고, 새로운 그래프 위에 점들을 x-축을 통해 외삽시키는 직선과 연결하라. 식과 함께 추세선을 포함하는 점들을 그려라. 동일한 축 위에 이 등적선에 대한 NIST 자료를 그려라. 매개변수들이 다른 조건에서 결정되었기 때문에 이것은 20.0 mol/L에서의 자료의 예측을 나타낸다.

(g) (e)로부터 얻은 a값과 b값을 사용하여 20.0 mol/L에서의 vdW 결과를 그 그래프 위에 대시 점선으로 그려라. 이것은 vdW 예측을 나타낸다. 비판적으로 논평하라.

(h) 문제 7.24와 비교하라. 여러분이 관찰한 것을 요약하라.

$\eta_P = 0.375$, $\lambda = 1.7$에서의 SW 결과

η_P	$\beta\varepsilon$	t (ps)	t (min)	Z	$(U-U^{ig})/RT$	$g(\sigma)$	$g(\lambda\sigma)$
0.375	0.431 ± 0.002	923	40	3.536 ± 0.05	−2.74	2.9	1.02
0.375	0.611 ± 0.003	418	17	2.437 ± 0.08	−3.91	2.85	1.1
0.375	0.965 ± 0.009	455	22	0.290 ± 0.13	−6.27	2.9	1.3

7.24 이 장에서의 논의는 사각우물 유체에 초점을 맞추고 있지만, 같은 추론이 똑같이 어떠한 모델 퍼텐셜 함수에 대해서도 적용 가능하다. 이 장에서의 것과 유사한 몇 가지 개략적인 그림을 가지고 이러한 추론을 여러분이 이해하고 있음을 보여라.

(a) 저밀도 Lennard-Jones(LJ) 유체에 대하여 방사방향 분포함수 대 방사방향 거리에 대한 그림을 개략적으로 그리고, 그렇게 보이는 이유를 서술하라.

(b) 고밀도 LJ 유체에 대해 위의 과정을 반복하라. 또한 같은 밀도에 있는 강체구 유체의 방사방향 분포함수를 같은 그림에 개략적으로 그려라. 강체구 유체를 고밀도에서의 LJ 유체와 비교하고 대조하라.

7.25 방사방향 분포함수에 대한 타당한 근사법이 다음과 같다고 가정하자.

$$g(x) = \begin{cases} 0 & r < \sigma \\ \dfrac{1}{1-2b\rho/x^6} + \dfrac{2.5F}{(1+x^6 Fb\rho)} & r \geq \sigma \end{cases}$$

여기에서 $x = r/\sigma$, $F = \exp(\varepsilon/kT) - 1$이며, $b = \pi N_A \sigma^3/6$이다. 이 근사법에 기초한 사각우물 유체의 상태방정식에 대한 표현을 유도하라. $b\rho = 0.6$과 $\varepsilon/kT = 1$에서의 상태방정식을 구하라.

7.26 비리얼 계수는 식 7.59에 의해 짝 퍼텐셜과 관련된다.

(a) 사각우물 퍼텐셜 매개변수인 ε/k, σ, R의 항들로 제2 비리얼 계수에 대한 적분된 식을 유도하라.

(b) 매개변수를 아르곤[27]에 대한 실험 결과에 맞춰라.

T(K)	B (cm^3/mole)	T(K)	B (cm^3/mole)
85	−251	400	−1
100	−183.5	500	7
150	−86.2	600	12
200	−47.4	700	15
250	−27.9	800	17.7
300	−15.5	900	20

(c) 매개변수를 프로판[1]에 대한 실험 결과에 맞춰라.

27 Dymond, J.H., Smith, E. B. 1980. *The Virial Coefficients of Pure Gases and Mixtures*. New York: Oxford University Press.

T(K)	B (cm^3/mole)	T(K)	B (cm^3/mole)
250	−584	350	−276
260	−526	375	−238
270	−478	400	−208
285	−424	430	−177
300	−382	470	−143
315	−344	500	−124
330	−313	550	−97

7.27 절단된 비리얼식(밀도형)은 $Z = 1 + B\rho$이다. 식 7.52에 따르면 비리얼 계수는 다음과 같이 주어진다.

$$B = -\frac{2}{3}\frac{\pi N_A}{kT}\int_0^\infty \left(\frac{du}{dr}\right) g(r) r^3 dr$$

여기에서 식 7.57에 의해 주어진 $g(r)$의 저압 한계가 사용되어야 한다. 일반적으로 인용되는 또 다른 비리얼 계수에 대한 식은 식 7.59이다. 다음 단계에 따라 두 식이 동일함을 보여라.

(a) $B = -\frac{2}{3}\frac{\pi N_A}{kT}\int_0^\infty \left(\frac{du}{dr}\right) g(r) r^3 dr$로 시작하라. $g(r)$에 대한 저압 한계를 넣고 가능한 한 단순화시켜라.

(b) 부분 적분하여 다음 식을 얻어라.

$$\frac{1}{3}\int_0^\infty d(r^3 \exp(-u/kT)) = \int_0^\infty \exp(-u/kT) r^2 dr - \frac{1}{3kT}\int_0^\infty \left(\frac{du}{dr}\right) g(r) r^3 dr$$

(c) 위의 (b) 문제에 대한 답의 왼편이 물리적으로 현실적인 짝 퍼텐셜에 대하여 $\int_0^\infty r^2 dr$로 쓰일 수 있다는 것을 보여라. 그다음 적분을 합쳐서 식 7.59의 유도를 완성시켜라.

7.28 단순한 짝 퍼텐셜에 대한 하나의 제안은 삼각 퍼텐셜이다.

$$r < \sigma \text{인 경우} \quad u(r) = \infty \quad \text{그리고} \quad r > R\sigma \text{인 경우} \quad u(r) = 0$$

$$\sigma < r < R\sigma \text{인 경우} \quad u(r) = -\varepsilon\left[\frac{(r/\sigma) - R}{1 - R}\right]$$

제2 비리얼 계수를 유도하고 매개변수인 σ, ε, R을 문제 7.26의 표에 제시된 아르곤에 대한 비리얼 계수 자료에 맞춰라.

8

CHAPTER

편차함수

자연의 모든 결과는 소수 불변의 법칙에 의한 수학적 결론에 불과하다.

P.-S. LaPlace

Maxwell 관계식은 어느 한 변수의 변화는 다른 변수 쌍의 변화로 표시될 수 있음을 명확히 보여 준다. 화학공정에서 우리는 종종 엔탈피와 엔트로피의 변화를 온도와 압력의 함수로 표현하는 데 관심을 가진다. 예를 들어 정해진 입구 조건 T, P와 출구 압력 사이에서 작동하는 가역 터빈을 생각해 보자. 제I부의 방법을 이용하면, 출구온도 T와 입력 엔트로피에 해당하는 q를 결정한 뒤 엔탈피 변화를 구하게 된다. 이 방법을 수증기에 대해 응용하는 것이 현 단계에서는 매우 간단해 보인다. 그러나 공정에 사용되는 유체가 열역학적 도표나 표가 존재하지 않는 새로운 냉매이거나 여러 성분으로 구성된 천연가스일 때는 이를 어떻게 적용하겠는가? 이러한 경우, 우리는 모든 유체에 적용할 수 있는 일반적인 접근 방법이 필요하다. 이런 접근 방법에서의 핵심 요소는 우리가 알려고 하는 변수의 변화를 유도조작에 의해 편리한 변수의 항으로 표현하는 능력이다. 또 다른 중요한 고려사항은 편리한 변수를 선택하는 일이다. 실험적으로는 P와 T를 선택하는 것이 좋지만 3차 상태방정식을 사용하는 데는 V와 T가 더 용이하다.

이러한 관찰은 상태방정식에서의 근사치(approximation) 자체가 '유동성(fluidity)'의 정도를 나타낸다는 관찰과 연결되어 있다. 즉, 다른 말로 하나의 응용 프로그램에 대한 최고의 예상치는 다른 응용 프로그램에서는 최고가 아닐 수 있다는 것이다. 이 유동성에 대한 대응으로 엔지니어는 근사치를 다시 논의하며 U, H, S에 대한 모델식을 빠르게 재구성할 필요가 있다. 다행히, 필요로 하는 유도조작은 상태방정식이 $\{T, P\}$ 또는 $\{T, V\}$ 변수의 형태이기 때문에 상태방정식과 관계없이 유사하다. 편차함수의 형식화는 각 식을 간소하게 하는 능률화이다.

상태방정식은 이상기체 법칙이 적용되는 저압상태를 포함하여 우리가 관심을 가지는 계의 성질에 대한 압력의 효과를 설명한다. 하지만 여러 성질의 압력에 대한 적분은 비교적 복잡한

❗ 실험적으로는 대개 P와 T가 정해진다. 그러나 상태방정식은 통상 밀도(부피)에 의존한다.

데, 이는 일반적인 상태방정식에서 열역학 변수의 변화는 압력이 아니라 밀도의 함수로 표현되기 때문이다. 반면에 엔지니어는 주로 압력을 다룬다. 공학적 상태방정식은 전형적으로 압력에 대한 함수로 표현됨을 상기하자.

$$P = P(T, V) \qquad \text{〈식 8.1〉}$$

그러나 일반 상태방정식(예: 3차)은 일반적으로 부피에 대한 함수로 재정리되지 못한다.

$$V = V(T, P) \qquad \text{〈식 8.2〉}$$

그러므로 $\{V, T\}$를 변수로 하는 열역학 성질의 개발은 가장 많이 사용되고 있는 상태방정식의 형태와 일치하게 되고, 이상기체로부터의 편차는 8.1~8.5절에서 논의될 편차함수를 밀도에 의존하는 식으로 표현할 수 있다. 8.6절에서는 비리얼 상태방정식에 유용한 압력에 의존되는 형태를 제시한다. 그리고 8.8절에서는 기준상태가 열역학 성질을 도표화하는 데 어떻게 이용되는지를 설명한다.

학습목표

1. 주어진 상태방정식에 대해 8.5 또는 8.6절에서의 적분 사용의 선택
2. 단순한 상태방정식에 대한 8.5 또는 8.6절에서의 적분의 평가
3. 상태 성질의 수치 변화를 결정하기 위한 이상기체의 계산과 편차함수의 결합 및 표준상태의 이용
4. 도표나 표를 이용하지 않고 Preos.xlsx 또는 PreosProps.m과 같은 프로그램을 이용해서 공정 열역학 문제를 풀기. 이 기술은 출력물을 읽고/해석하고, 정확한 근을 선택하는 것을 포함하는 다른 주제에 의해 커버되는 여러 개념의 적분을 요구한다.

8.1 편차함수의 경로

초기상태 (V_L, T_L)로부터 최종상태 (V_H, T_H)로 변화하는 공정에서의 내부에너지 U의 변화를 계산하는 경우를 가정해 보자. 앞에서 설명한 대로 우리의 목적은 변수로서 T와 P를 사용하는 것이므로 이 문제를 T와 V로 표시하는 것은 생소한 것처럼 보인다. 그러나 우리는 부피의 함수로 표현된 상태방정식을 종종 사용하여야 하므로 변수로서 T와 V를 택한다. 임의의 압력에 해당하는 부피는 7장에서 설명한 방법으로 쉽게 구할 수 있다. 그림 8.1에서와 같이 우리는 상태변수로서 $\{V, T\}$를 사용하여 U의 변화를 계산하는 서로 다른 두 가지의 경로를 가진다. 경로 A는 먼저 부피가 일정한 등용과정을 거친 다음 등온과정을 거치는 경로이다. 반면 경로 B는 등온과정을 먼저 거치고 등용과정을 거치는 경로이다. 당연히 U는 상태함수이므로 어느 경로이든 간에 ΔU는 동일하다. $dU(T, V)$에 대한 관계를 이용하여 ΔU는 어느 경로로나 구할 수 있다.

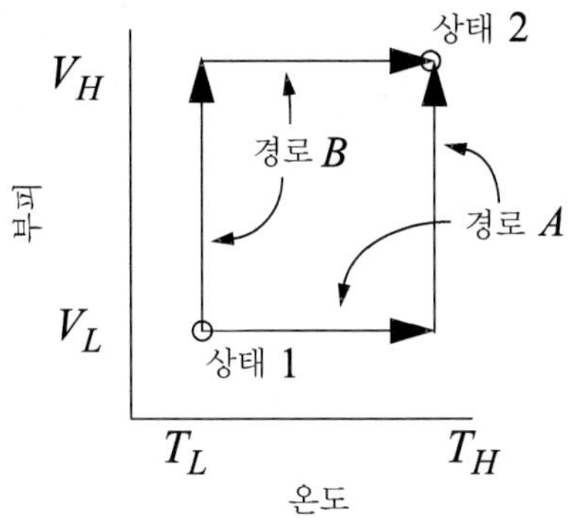

그림 8.1 • 상태 변화를 계산하기 위한 두 가지 경로의 비교

경로 A:

$$\Delta U = \int C_V\Big|_{V_L} dT + \int\left[T\left(\frac{\partial P}{\partial T}\right)_V - P\right]\Big|_{T_H} dV \qquad \langle 식\ 8.3\rangle$$

혹은 경로 B:

$$\Delta U = \int C_V\Big|_{V_H} dT + \int\left[T\left(\frac{\partial P}{\partial T}\right)_V - P\right]\Big|_{T_L} dV \qquad \langle 식\ 8.4\rangle$$

예제 7.6에서 본 대로 C_V는 실제유체에서 부피의 함수이다. 그러므로 두 번째 적분항의 피적분 함수에 대해서는 상태방정식을 대입할 수는 있지만, 예제 7.6의 결과를 이용하여 최소한 하나의 부피에 대해서는 상태방정식으로 C_V를 추산해야만 한다. 이과정은 지루할 뿐만 아니라 상태방정식에 의한 C_V의 예측도 다른 성질의 추산보다 신뢰성이 떨어진다.

이 과정을 피하기 위해 3단계로 된 대등한 경로를 고안하였다. 첫째, 유체를 이상기체로 바꿀 수 있는 마술지팡이가 있다고 상상하자. 둘째, 이상기체 상태 변화 계산은 상당히 쉬울 것이다. 셋째, 최종단계에서 우리는 이 유체를 다시 실제유체로 되돌릴 수 있다. **편차함수**는 실제유체를 이상기체로 바꿔 주는 마술지팡이의 효과를 나타낸다. 각 항의 부호에 유의하고, 다음과 같이 계산을 결합하여 원하는 결과를 얻을 수 있다.

$$\Delta U = U_2 - U_1 = (U_2 - U_2^{ig}) + (U_2^{ig} - U_1^{ig}) - (U_1 - U_1^{ig}) \qquad \langle 식\ 8.5\rangle$$

이 계산은 일반적 성질을 나타내는 변수 M을 사용하여 $\{U, H, A, G, S\}$와 같은 어떠한 기본 성질에도 적용시켜 일반화할 수 있다.

$$\Delta M = M_2 - M_1 = (M_2 - M_2^{ig}) + (M_2^{ig} - M_1^{ig}) - (M_1 - M_1^{ig}) \qquad \langle 식\ 8.6\rangle$$

이 과정은 그림 8.2처럼 나타낼 수 있다. 그림에서 점선은 비이상성을 부여하거나 부여하지 않거나 하는 마술지팡이 효과의 계산을 나타낸 것이다.

❗ 편차함수는 쉬운 이상기체 계산을 이용할 수 있게 해 주며, 초기 및 최종상태에 대한 편차 물성 값을 조합시킨다.

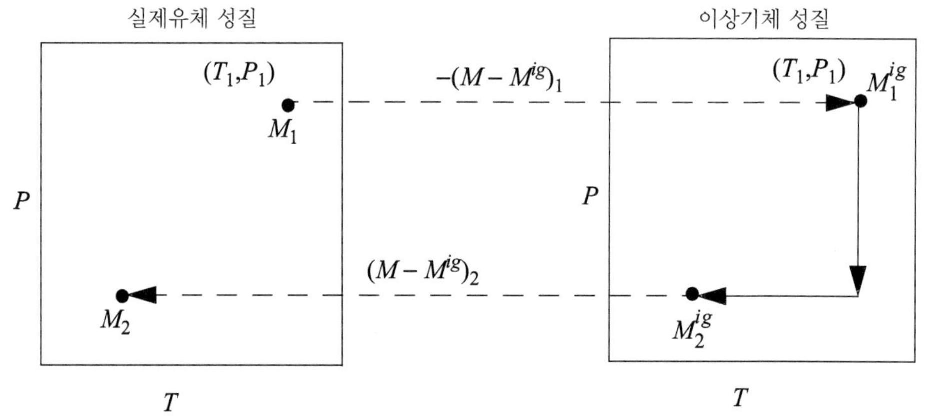

그림 8.2 • 일반적 성질 M이 U, H, S, G 또는 A라 할 때, 편차함수를 이용하여 상태 변화에 따른 성질 M의 변화값을 계산하는 예

식 8.5와 8.6에서 어떻게 모든 이상기체 항이 상쇄되어 우리가 원하는 성질의 차이를 얻는지에 유의하라. 이때 우리가 쉽게 범하는 실수는 이들 식에 있는 항들 중 어느 한 항의 부호를 잘못 계산하는 것이다. 이상기체 항이 서로 상쇄됨을 확인함으로써 각 항이 올바른 순서로 놓이도록 해야 한다. 이 경로의 장점은 모든 온도에 대한 계산은 다음과 같은 이상기체 상태에서 행해진다는 점이다.

$$C_P^{ig} = C_V^{ig} + R$$
$$dU^{ig} = C_V^{ig}dT \qquad dH^{ig} = C_P^{ig}dT \qquad dS^{ig} = (C_P^{ig}/T)dT - (R/P)dP \qquad \langle\text{식 } 8.7\rangle$$

그리고 이상기체 열용량은 압력(그리고 부피)에 무관하다(예제 6.9 참조).

실제유체에 대한 엔탈피, 내부에너지, 엔트로피값을 계산하는 데 사용되는 식을 유도하기 위해 우리는 기본 성질 관계식과 Maxwell 관계식을 한 번씩 적용해야 한다.

8.2 내부에너지 편차함수

그림 8.3은 동일한 온도에서 실제기체의 등온선과 이상기체의 등온선을 도식적으로 비교한 것이다. 주어진 조건 $\{T, P\}$에서 실제유체의 부피는 V이고, 이상기체의 부피는 $V^{ig} = RT/P$이다. 마찬가지로 $\{T, V\}$가 명시되었을 때 이상기체 압력은 실제 압력과 같지 않다. 이상기체 거동으로부터의 편차는 (1) 동일한 $\{T, V\}$ 또는, (2) 동일한 $\{T, P\}$에서의 두 방법에 의해 규정지을 수 있음을 주목하자. 우리는 두 가지 개념 모두를 이용하는 것이 편리하다는 것을 알게 되지만, 또한 두 가지 편차의 특징을 구별하는 명칭이 필요하다는 것을 깨닫게 될 것이다. 동일한 $\{T, P\}$에서 실제유체의 성질과 이상기체 성질과의 편차를 단순히 **편차함수**라 부르고 $U - U^{ig}$로 표시한다. 반면 동일한 $\{T, V\}$에서의 편차는 **일정한 T, V에서의 편차함수**로 부르며 $(U$

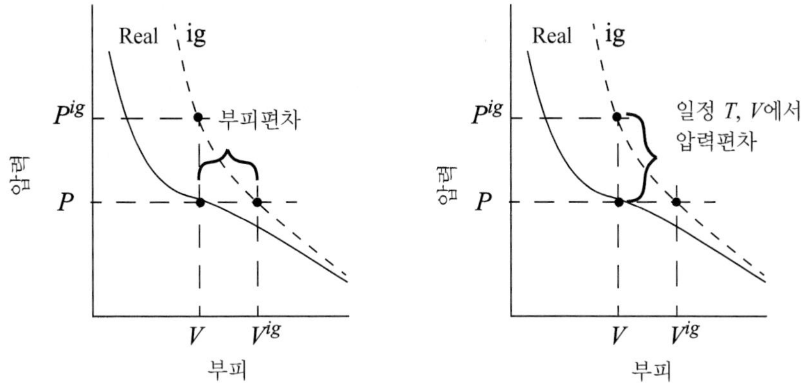

그림 8.3 • 동일온도에서의 실제유체와 이상기체의 등온선 비교로 편차함수 및 일정한 T, V에서의 편차함수를 보여 준다.

$- U^{ig})_{TV}$ 로 표시한다.[1]

실제유체의 등온선을 따라 내부에너지의 변화를 계산하기 위해 먼저 다음과 같이 표현한다.

> 물성 M의 편차는 고정된 T, P에서의 편차이며 $(M - M^{ig})$로 주어진다. 고정된 T, V에서의 편차 역시 유용하며 (특히, 15장에서) $(M - M^{ig})_{TV}$로 주어진다.

$$U(T, V) - U(T, \infty) = \int_{\infty}^{V} dU = \int_{\infty}^{V} \left(\frac{\partial U}{\partial V}\right)_T dV \qquad \langle 식\ 8.8 \rangle$$

이상기체에 대해서는

$$U^{ig}(T, V) - U^{ig}(T, \infty) = \int_{\infty}^{V} dU = \int_{\infty}^{V} \left(\frac{\partial U}{\partial V}\right)_T^{ig} dV \qquad \langle 식\ 8.9 \rangle$$

부피가 무한대로 커지는 경우 실제유체는 이상기체에 접근하게 되므로 이들 식의 차이를 구하면 일정한 T, V에서의 편차함수를 구할 수 있다.

$$(U - U^{ig})_{TV} - (U - U^{ig})_{T, V=\infty} = \int_{\infty}^{V} \left[\left(\frac{\partial U}{\partial V}\right)_T - \left(\frac{\partial U}{\partial V}\right)_T^{ig}\right] dV \qquad \langle 식\ 8.10 \rangle$$

실제유체 에너지는 무한대의 부피(낮은 압력)에서 이상기체에 접근하게 되므로 $(U - U^{ig})_{T, V=\infty}$는 소거된다. 우리가 원하는 상태 ($T$, P, V)에 있는 실제유체에 대한 계산값을 얻었다 하더라도 기준상태는 동일한 압력에서가 아니라 동일한 부피에서의 이상기체로 정하고 있다. 그 차이를 알아보기 위해 250 K, 10 MPa, 139 cm^3/mole 상태에 있는 메탄을 생각해 보자. 이상

1 이상기체 상태의 일반화에 대해서는 여기에서 언급한 두 가지 방법 이외에도 가능하다. 더 자세한 사항의 논의는 다음을 참조하라. Reid, R.R., Prausnitz, J.M., Poling, B.E.1987. *The Properties of gases and liquids*. 4th ed. New York: McGraw-Hill.

기체의 부피는 $V^{ig} = 8.314 \cdot 250/10 = 208\ \text{cm}^3/\text{mole}$이 된다. $(U - U^{ig})$(이는 동일한 압력하에 있는 이상기체를 기준으로 한 값임)로 표기되는 편차함수를 구하려면 부피가 아닌 압력에 대응하는 이상기체의 상태로 변화시키는 수정항을 첨가해야 한다. 그림 8.3에 나타난 대로 실제 상태는 2개의 편차함수에 대해 동일하므로—두 편차함수의 차이는 각 계산과정에서 이상기체 부분에 사용된 부피와 관련이 있다. 그 결과는

$$U - U^{ig} = (U - U^{ig})_{TP} = (U - U^{ig})_{TV} - (U^{ig}_{TP} - U^{ig}_{TV}) = (U - U^{ig})_{TV} - \int_V^{V^{ig}} \left(\frac{\partial U}{\partial V}\right)^{ig}_T dV$$

〈식 8.11〉

이미 앞에서 살펴본 바와 같이(예제 6.6 참조) 우리는 $(\partial U^{ig}/\partial V)_T$ 의 값이 0이 된다는 것을 알았다. 이 경우에는 다행히 이상기체의 내부에너지는 부피에 의존하지 않는다. 그러나 엔트로피를 동반하는 성질의 경우에는 부피에 대한 의존성에 대해 주의 깊게 해석할 필요가 있다. 이때, 앞에서 이미 유도했던 체계적인 처리 방법이 매우 유용하게 된다.

$$\left(\frac{\partial U}{\partial \text{V}}\right)_T = T\left(\frac{\partial P}{\partial T}\right)_V - P \text{ 그리고 } \left(\frac{\partial U}{\partial V}\right)^{ig}_T = 0 \quad \text{〈식 8.12〉}$$

위 식을 대입하면 다음의 식을 얻는다.

$$\boxed{U - U^{ig} = \int_\infty^V \left[T\left(\frac{\partial P}{\partial T}\right)_V - P\right] dV} \quad \text{〈식 8.13〉}$$

위의 적분을 밀도에 대한 적분으로 변환하면, 식은 3차 상태방정식에 대해 적분하기 쉬워진다. $dV = -d\rho/\rho^2$이고 $V \to \infty$에서 $\rho \to 0$이 되므로, 따라서 다음 식을 얻는다.

$$\frac{U - U^{ig}}{RT} = \int_0^\rho \left[\frac{P}{\rho RT} - \frac{1}{\rho R}\left(\frac{\partial P}{\partial T}\right)_\rho\right] \frac{d\rho}{\rho} = -\int_0^\rho T\left(\frac{\partial Z}{\partial T}\right)_\rho \frac{d\rho}{\rho} \quad \text{〈식 8.14〉}$$

위 식은 다음의 연쇄법칙이 적용되었다.

$$T\left(\frac{\partial Z}{\partial T}\right)_V = T\left(\frac{\partial (P/\rho RT)}{\partial T}\right)_V = \frac{T}{\rho RT}\left(\frac{\partial P}{\partial T}\right)_V - \frac{PT}{R\rho T^2}\left(\frac{\partial T}{\partial T}\right)_V = \frac{1}{\rho R}\left(\frac{\partial P}{\partial T}\right)_V - Z$$

〈식 8.15〉

우리는 어느 상태방정식에도 적용되는 간결한 형태의 식을 얻었다. $Z = Z(T, \rho)$(즉, 식 7.15의 Peng-Robinson 모델)을 앎으로써, 단순히 한 번 미분을 하고 상쇄되는 항을 정리한 뒤 적분할 수 있다. 이 과정은 현 단계에서 잘 숙지해야 할 다변수 미적분으로 응용할 수 있는 좋은 예이다. 더욱 중요한 것은 어느 편차함수의 계산에도 적용할 수 있는 체계적 접근 방법의 개발이며, $Z = Z(T, \rho)$인 계에 대해서 그 과정은 다음과 같다.

1. 일정한 온도 T에서의 부피에 대한 성질의 도함수를 써라. 6장에서 사용한 방법을 이용하여 측정 가능한 성질의 도함수로 전환하라.
2. 실제유체와 이상기체의 도함수의 차이를 써라.
3. 무한대 부피(이때 실제유체와 이상기체가 같아진다)로부터 계의 부피 V까지 dV에 대해 적분한다.
4. V에서 V^{ig}로 이상기체에 대하여 필요한 적분 보정항을 가해 준다(이것은 엔트로피에 대해서 더욱 명확하다).
5. 도함수를 Z의 도함수로 변환시켜라. 상태방정식을 사용하여 도함수를 구하고 적분한다.
6. 좀 더 간결하게 하기 위해 밀도와 압축인자의 항으로 재정리한다.

내부에너지에 대해서는 위의 몇 단계는 생략 가능하다. 왜냐하면 $(\partial U^{ig}/\partial V)_T = 0$이기 때문이다. 1부터 4단계는 절삭된 비리얼 상태방정식과 같이 $Z = Z(T, P)$일 때 약간 다르다. 모든 단계의 중요성을 보기 위해 엔트로피 편차함수를 고려해 보자.

예제 8.1 van der Waals식으로부터의 내부에너지 편차

van der Waals식에 대해 내부에너지 편차함수를 유도하라. 메탄이 200 K, 0.1 MPa 상태에서 220 K, 60 MPa 상태로 압축되었다고 가정하라. 이상기체 기여와 편차함수 중 어느 것이 ΔU의 크기에 더 많이 기여하는가? 이 책의 마지막 부분에 있는 빠른 참조에서의 C_p를 사용하고 온도 의존성은 무시하라.

풀이

메탄에 대해서 예제 7.7의 임계점 기준에 의해 $a = 230030$ J-cm^3/mol^{2}이며, $b = 43.07$ cm^3/mole 임을 알 수 있다. 편차함수를 유도하면 $-T(dZ/dT)\rho = -a\rho/RT$이다. 왜냐하면, 반발력항(repulsive part)은 T에 관해 일정하기 때문이다. 대입하면,

$$\frac{U-U^{ig}}{RT} = -\int_0^{\rho} T\left(\frac{\partial Z}{\partial T}\right)_{\rho}\frac{d\rho}{\rho} = -\int_0^{\rho}\frac{a\rho}{RT}\frac{d\rho}{\rho} = -\frac{a}{RT}\int_0^{\rho} d\rho = -\frac{a\rho}{RT}\Bigg|_0^{\rho} = -\frac{a\rho}{RT}$$

$T_r > 1$이므로 하나의 실근만 존재한다. ρ에 대한 빠르고 대충 계산하는 식은 $Zb\rho = bP/RT = b\rho/(1-b\rho) - (a/bRT)(b\rho)^2$과 같이 정리할 수 있다.

2,200 K, 60 MPa 상태에서

$60\cdot 43.07/(8.314\cdot 220) = b\rho/(1-b\rho) - 230030/(43.07\cdot 8.314\cdot 220)(b\rho)^2$

초기 추정값인 $b\rho = 0.99$를 대입하고, 과정을 반복해서 풀면 $b\rho = 0.7546$이 된다.

따라서 $(U_2 - U_2^{ig})/RT = -230030\cdot 0.7546/(43.07\cdot 8.314\cdot 220) = -2.203$이다.

1,200 K, 0.1 MPa 상태에서는

$0.1\cdot 43.07/(8.314\cdot 200) = b\rho/(1-b\rho) - 230030/(43.07\cdot 8.314\cdot 200)(b\rho)^2$

초기 추정값인 $b\rho$ = 0.99를 대입하고, 과정을 반복해서 풀면 $b\rho$ = 0.00290이 된다.
따라서 $(U_1 - U_1^{ig})/RT = -230030 \cdot 0.00290/(43.07 \cdot 8.314 \cdot 200) = -0.00931$이다.

$$\Delta U = U_2 - U_1 = (U_2 - U_2^{ig}) + (U_2^{ig} - U_1^{ig}) - (U_1 - U_1^{ig})$$

$\Delta U = -2.203(8.314)220 + (4.3 - 1) \cdot 8.314(220 - 200) + 0.00931(8.314)200 = -4030 + 549 + 15 = -3466$ J/mol이므로 이 계산에 의하면 이상기체 부분(549)은 상태 2의 편차함수 (–4030)의 14%의 양만큼을 차지한다. 명백히 상태 2 는 이상기체가 아니다.

매번 새로운 문제에 대해 적분을 반복할 필요는 없다. van der Waals식에 대해서, 주어진 온도에서 van der Waals 유체의 밀도를 안다면 식 $(U - U^{ig})/(RT) = -(a\rho)/(RT)$를 쉽게 이용할 수 있다.

8.3 엔트로피 편차함수

엔트로피 편차를 구하기 위해 식 8.11을 적용하자.

$$S - S^{ig} = (S - S^{ig})_{TV} - \int_V^{V^{ig}} \left(\frac{\partial S}{\partial V}\right)_T^{ig} dV \qquad \text{〈식 8.16〉}$$

일정한 $\{T, V\}$에서 편차에 대한 적분을 대입하여 다음을 얻는다(Maxwell 관계를 사용해서).

$$S - S^{ig} = \int_\infty^V \left[\left(\frac{\partial S}{\partial V}\right)_T - \left(\frac{\partial S}{\partial V}\right)_T^{ig}\right] dV - \int_V^{V^{ig}} \left(\frac{\partial S}{\partial V}\right)_T^{ig} dV = \int_\infty^V \left[\left(\frac{\partial P}{\partial T}\right)_V - \left(\frac{\partial P}{\partial T}\right)_V^{ig}\right] dV - \int_V^{V^{ig}} \left(\frac{\partial P}{\partial T}\right)_V^{ig} dV$$

〈식 8.17〉

$\left(\frac{\partial P}{\partial T}\right)_V^{ig} = \frac{R}{V}$이므로, 우리는 손쉽게 이상기체 적분을 할 수 있다(에너지에 대한 유사성 식이 0인 것과는 달리 0이 되지 않음에 유의하라).

$$S - S^{ig} = \int_\infty^V \left[\left(\frac{\partial P}{\partial T}\right)_V - \frac{R}{V}\right] dV + R\ln\frac{V}{V^{ig}} \qquad \text{〈식 8.18〉}$$

$V^{ig} = RT/P$, $V/V^{ig} = PV/RT = Z$를 이용하여

$$\frac{S - S^{ig}}{R} = \int_\infty^V \left[\frac{1}{R}\left(\frac{\partial P}{\partial T}\right)_V - \frac{1}{V}\right] dV + \ln Z = \int_0^\rho \left[-T\left(\frac{\partial Z}{\partial T}\right)_\rho - (Z - 1)\right]\frac{d\rho}{\rho} + \ln Z \qquad \text{〈식 8.19〉}$$

여기서 식 8.15는 P의 편미분을 위한 식에 적용되었다.

앞 식의 마지막 항인 $\ln(Z)$ 항을 주목하라. 이 항은 식 8.16에서의 적분으로 나타난 이상기체에서의 변화 $S^{ig}_{TP} - S^{ig}_{TV}$로부터 나온다. 이와 같은 상태의 변화가 이해하기 어려워 보이긴 하지만, 종종 큰 수치적 차이를 유발할 수 있는 미묘한 항임을 알게 된다. 예제 7.4에서 Z의 기체와 액체에 대한 근을 결정했다. 기체에 대한 근은 1에 가까우므로, 이 경우에는 $\ln(Z)$가 큰 차이를 유발하지는 않는다. 그러나 액체의 경우에는 $Z = 0.016$이므로 $\ln(Z)$가 큰 차이를 일으킨다. 이와 같이 상태설정에 연관된 난해함이 열역학을 어렵게 만드는 것 중의 하나이다.

8.4 다른 편차함수

나머지 편차함수는 처음 2개의 편차와 열역학 성질의 정의로부터 구할 수 있다.

> ❗ U와 S에 대한 편차는 이전의 절에서 유도된 관계를 조합함으로써 다른 편차를 나타낼 수 있게 해 주는 주춧돌이다.

$$H = U + PV \Rightarrow \frac{H - H^{ig}}{RT} = \frac{U - U^{ig}}{RT} + \frac{PV - RT}{RT} = \frac{U - U^{ig}}{RT} + Z - 1$$

$$A = U - TS \Rightarrow \frac{A - A^{ig}}{RT} = \frac{U - U^{ig}}{RT} - \frac{S - S^{ig}}{R} \qquad \text{〈식 8.20〉}$$

위의 엔탈피 편차에서 이상기체에 대해서는 $PV^{ig} = RT$를 이용하였다. 방금 유도된 $H - H^{ig}$를 이용하여

$$\frac{G - G^{ig}}{RT} = \frac{H - H^{ig}}{RT} - \frac{S - S^{ig}}{R} \qquad \text{〈식 8.21〉}$$

8.5 밀도 의존식의 요약

일정한 T, V에서의 편차에 대한 식은 다음에 나열하였다. 이 식은 3차 상태방정식처럼 $Z = f(T, \rho)$로 간단히 주어졌을 때 유용하다. 상태방정식이 절삭된 비리얼 상태방정식처럼 $Z = f(T, P)$의 형태로 주어졌을 때는 8.6절을 참조하라.

$$\frac{(U - U^{ig})}{RT} = \int_0^\rho -T\left[\frac{\partial Z}{\partial T}\right]_\rho \frac{d\rho}{\rho} \qquad \text{〈식 8.22〉}$$

$$\frac{(S - S^{ig})}{R} = \int_0^\rho \left[-T\left[\frac{\partial Z}{\partial T}\right] - (Z - 1)\right]\frac{d\rho}{\rho} + \ln Z \qquad \text{〈식 8.23〉}$$

$$\frac{(H - H^{ig})}{RT} = \int_0^\rho -T\left[\frac{\partial Z}{\partial T}\right]_\rho \frac{d\rho}{\rho} + Z - 1 \qquad \text{〈식 8.24〉}$$

$$\frac{(A - A^{ig})}{RT} = \int_0^\rho \frac{(Z - 1)}{\rho} d\rho - \ln Z \qquad \text{〈식 8.25〉}$$

$$\frac{(G-G^{ig})}{RT} = \int_0^{\rho} \frac{(Z-1)}{\rho} d\rho + (Z-1) - \ln Z \qquad \langle 식\ 8.26 \rangle$$

일정한 T, V에서의 유용한 식으로 다음을 들 수 있다.

$$\frac{(A-A^{ig})_{TV}}{RT} = \int_0^{\rho} \frac{(Z-1)}{\rho} d\rho \qquad \langle 식\ 8.27 \rangle$$

$$\frac{(S-S^{ig})_{TV}}{R} = \int_0^{\rho} \left[-T\left[\frac{\partial Z}{\partial T}\right]_{\rho} - (Z-1) \right] \frac{d\rho}{\rho} \qquad \langle 식\ 8.28 \rangle$$

8.6 압력 의존식

상태방정식은 8.5절에서 유도된 식을 이용하여 편차함수를 얻기 위해서 적분을 수행하기가 어려울 때가 종종 있다. 이는 절삭된 비리얼 상태방정식과 같이 상태방정식을 $Z = f(T, P)$의 형태로 정리하고 적분하는 편이 훨씬 용이하기 때문이다. 3차 상태방정식같이 간단히 $Z = f(T, \rho)$로 쓰인 상태방정식을 다루는 경우는 8.5절을 참조하라. 우리는 이를 8.2절에서 주어진 절차에 적용시켜 보자.

1. 일정한 T에서 압력에 관하여 성질에 대한 도함수를 써라. 6장에서 사용된 방법을 이용하여 측정 가능한 성질의 도함수로 변환시킨다.
2. 실제유체의 도함수와 이상기체의 도함수의 차이를 써라.
3. $P = 0$(실체유체와 이상기체가 같아지는 점)에서부터 계의 압력 P까지 dP에 대해 적분.
4. 도함수를 Z의 도함수로 변환시켜라. 상태방정식을 사용하여 도함수를 구하고 적분한다.
5. 좀 더 간결하게 하기 위해 밀도와 압축인자의 항으로 재정리한다.

위의 과정에서 유도는 생략하고, 숙제로 부여한다. 일정한 T, P에서 가장 중요한 두 가지 편차함수는

$$\left(\frac{H-H^{ig}}{RT}\right) = -\int_0^{P} T\left(\frac{\partial Z}{\partial T}\right)_P \frac{dP}{P} \qquad \langle 식\ 8.29 \rangle$$

$$\left(\frac{S-S^{ig}}{R}\right) = -\int_0^{P} \left[(Z-1) + T\left(\frac{\partial Z}{\partial T}\right)_P \right] \frac{dP}{P} \qquad \langle 식\ 8.30 \rangle$$

다른 편차함수는 위의 식으로부터 식 8.20과 식 8.21을 이용하여 유도될 수 있다. 압력 의존식에서의 P와 밀도 의존식에서의 ρ 사이의 수학적인 유사성에 주목하라.

8.7 편차식의 완성

이제 남은 일은 적절한 도함수를 택해서 대입한 후, 간단한 식으로 만들고 성질의 변화를 감안해서 특정한 상태방정식을 선택하는 것이다. 좋은 소식은 수년에 걸친 공학연구를 통해 합리적 정확도를 가진, 어떠한 경우라도 적용 가능한 다수의 상태방정식이 나왔다는 것이다(부록 D 참조). 책의 목적에 따라 우리는 Peng-Robinson식 또는 비리얼 상태방정식을 성질 계산의 원리를 설명하기 위해 사용한다. 그러나 많은 경우에 더 높은 정확도를 요구한다. 따라서 새로운 상태방정식이 계속 개발되고 있다. 이는 학생 각자가 직면할 새로운 상황에 어떻게 편차함수법을 적용할지를 아는 것이 필요하다는 뜻이다.

다음은 압력 의존식 또는 밀도 의존식과 함께 응용 가능할 정도로 충분히 간단한 상태방정식에 의한 응용 방법을 설명하는 예제이다. 비록 중간단계는 서로 약간 다르지만 최종 결과는 물론 같다.

예제 8.2 연소기관에서의 실제 엔트로피

적절히 작동하는 내연기관 엔진은 점화 플러그를 필요로 한다. 연료와 공기의 혼합물이 단열압축이 일어난 후에 점화부로 들어간다. 엔진 내의 연료/공기 혼합물은 0.08 MPa, 20°C하에 있는 실린더에 들어간다 가정하고, 폐쇄된 실린더 내에서 부피가 초기 부피의 1/7이 될 때까지 단열 가역과정에 의해 압축된다. 이 상태에서 아직 점화는 일어나지 않는다고 가정할 때, 1몰의 연료/공기 혼합물을 압축하는 데 필요한 일과 최종 T와 P를 결정하라. 이 혼합물에 대한 C_V^{ig}는(온도에 무관하게) 32 J/mole-K이고 이 기체는 다음의 상태방정식을 만족시킨다고 가정하라.

$$PV = RT + aP$$

이때 $a = 187\ \text{cm}^3/\text{mole}$로 상수이다. 이 경우 C_V가 ρ에 무관하다고 가정하지는 마라. 밀도의 적분을 사용하여 풀어라.

풀이

이 시스템은 피스톤/실린더 내의 기체에 대한 닫힌계로 본다. 왜냐하면 흐름이 없고, 시스템이 가역적, 그리고 비가역적이기 때문에 엔트로피 수지는 다음과 같고

$$\frac{dS}{dt} = \sum_{in} \cancel{S^{in}\dot{m}^{in}} - \sum_{out} \cancel{S^{out}\dot{m}^{out}} + \cancel{\frac{\dot{Q}}{T_{sys}}} + \cancel{\dot{S}_{gen}} = 0 \qquad \text{〈식 8.31〉}$$

이 과정이 등엔트로피 공정임을 보여 준다. 최종 T와 P를 찾기 위해 우리는 초기 엔트로피와 몰부피를 구하기 위한 초깃값을 사용한다. 그러고 나서 최종상태에서 엔트로피와 몰부피는 마지막 T와 P를 결정하기 위해 사용된다.

이 예제는 일정한 T와 P에서의 편차함수와 일정한 T와 V에서의 편차함수 간의 차이를 이해하는 데 도움을 준다. 이 경우에 상태방정식은 매우 단순해서 어느 경우에나 적용 가능하다.

ln(Z) 항이 어떻게 작용하는지 주목할 필요가 있다. 문제에서 부피의 변화가 주어졌으므로 일정한 T와 V에서의 조건이 편리하며 이를 방법 I로, 일정한 T와 P 조건을 방법 II로 한다.

이 상태방정식은 8.6절에서의 압력의 적분이나 8.5절의 밀도의 적분과 함께 쉽게 평가된다. 이 문제는 우리에게 밀도의 적분을 사용하라고 요구하고 있다.[a] 먼저 주어진 상태방정식을 $Z = f(T, \rho)$의 형태로 재정리할 필요가 있다. 이 재정리 방법이 그렇게 간단하지 않을 수도 있다. 양변의 모든 항을 RT로 나누면 $PV/RT = 1 + aP/RT$를 얻음과 $V\rho = 1$임에 유의하라. 마지막 항에 $V\rho$를 곱하면 $Z = 1 + aZ\rho$를 얻고 이를 다시 정리하면

$$Z = \frac{1}{1-a\rho}$$

또한 상태방정식을 사용하여 2개의 상태에서의 밀도를 알 수 있다.

$$\rho = \frac{P}{RT+aP} \Rightarrow \rho_1 = 3.257\text{E-5 gmole/cm}^3 \Rightarrow \rho_2 = 2.280\text{E-4 gmole/cm}^3$$

방법 I. 일정한 T와 V의 항으로, $\left(\frac{\partial Z}{\partial T}\right)_\rho = 0,\quad Z-1 = \frac{1}{1-a\rho} - \frac{1-a\rho}{1-a\rho} = \frac{a\rho}{1-a\rho}$

$$\frac{(S-S^{ig})_{TV}}{R} = \int_0^\rho \left[-T\left[\frac{\partial Z}{\partial T}\right] - (Z-1)\right]\frac{d\rho}{\rho} = -a\int_0^\rho \frac{d\rho}{1-a\rho} = \ln(1-a\rho)$$

$$S_2 - S_1 = (S-S^{ig})_{TV,2} + (S_2^{ig} - S_1^{ig}) - (S-S^{ig})_{TV,1}$$

$$= R\cdot[\ln(1-187\cdot 2.28\text{E-4}) + \{(C_V/R)\ln(T_2/T_1) + \ln(V_2/V_1)\} - \ln(1-187\cdot 3.257\text{E-5})]$$

$$\Delta S/R = 0 = -0.04357 + 32/8.314\cdot\ln(T_2/293.15) - \ln(7) + 0.00611 = 0 \Rightarrow T_2 = 490.8\text{ K}$$

방법 II. T와 P의 항으로

$$\frac{(S-S^{ig})}{R} = \int_0^\rho \left[-T\left[\frac{\partial Z}{\partial T}\right] - (Z-1)\right]\frac{d\rho}{\rho} + \ln Z$$

$$= -a\int_0^\rho \frac{d\rho}{1-a\rho} + \ln Z = \ln(1-a\rho) + \ln\left[\frac{1}{1-a\rho}\right] = 0$$

편차는 0이 되므로 계산에서 생략된다.

$S_2 - S_1 = S_2^{ig} - S_1^{ig} = C_p\ln(T_2/T_1) - R\ln(P_2/P_1)$이다. 그러나 최종 부피가 주어졌으므로 최종 압력을 계산할 필요가 있다. 위 식에서처럼 우리가 이상기체로 계산하고 있기는 하지만 이상기체식을 마지막 항의 압력비에 대입시킬 수는 없음에 유의하라. 우리는 실제기체에 대한 압력비를 이용해야 한다.

$$\Delta S = C_P\ln(T_2/T_1) - R\ln\left[\frac{RT_2}{V_2-a}\Big/\frac{RT_1}{V_1-a}\right] = (C_P - R)\ln(T_2/T_1) - R\ln\left(\frac{V_1-a}{V_2-a}\right)$$

이제, 위 식을 재정리하면 그 결과가 방법 I에서 구한 결과와 같음을 알 수 있다.

$$\Delta S = C_V \ln(T_2/T_1) + R\ln(V_2/V_1) + R\ln\left(\frac{1-a\rho_2}{1-a\rho_1}\right)$$

$$= R\ln(1-a\rho_2) + C_V\ln(T_2/T_1) + R\ln(V_2/V_1) - R\ln(1-a\rho_1)$$

이는 방법 I로 $T_2 = 490.8$ K일 때 얻은 식과 같다.

결국 $P_2 = \dfrac{RT_2}{V_2 - a} = \dfrac{8.314(490.8)}{1/2.28\times10^{-4} - 187} = 0.972$ MPa

$$W = \Delta U = (U - U^{ig})_2 + C_V\Delta T - (U - U^{ig})_1 = 0 + C_V\Delta T - 0 = 6325 \text{ J/mole}$$

a. 압력의 적분을 사용하는 문제의 풀이는 연습문제 8.5를 참조한다.

예제 8.1과 8.2에서 편차함수의 영향을 계산하고 유도하는 과정을 설명하였다. 하지만 이 식들은 넓은 범위에 적용하기에는 너무 간단하다. 일반화된 비리얼 상태방정식은 간단한 함수형태를 유지함에도 여러 화합물 형태에 적용할 수 있게 도와준다.

예제 8.3 비리얼 상태방정식을 이용한 메탄의 압축

메탄가스가 연속 조름공정에서 40°C, 20 bar로 들어와서 1 bar로 나간다. 조름장치를 빠져나가는 가스의 온도는 얼마인가? 이상기체 상태에서의 1몰당 메탄의 열용량은 다음과 같이 주어진다.

$$C_P = 19.25 + 0.0523\,T + 1.197\text{E-5}\,T^2 - 1.132\text{E-8}\,T^3,\ T\,[\equiv]\,\text{K},\ C_P\,[\equiv]\,\text{J/mol–K}$$

메탄에 대해서 비리얼 상태방정식(식 7.6~7.10)이 이 조건하에서 사용될 수 있다.

$$Z = 1 + BP/RT = 1 + (B^0 + \omega B^1)P_r/T_r$$

여기서, $B^0 = 0.083 - 0.422/T_r^{1.6}$ and $B^1 = 0.139 - 0.172/T_r^{4.2}$

풀이

조름공정은 등엔탈피 공정이기 때문에 엔탈피 편차는 출구온도 계산을 위해 사용된다.

$$\Delta H = 0 = H_2 - H_1 = (H_2 - H_2^{ig}) + (H_2^{ig} - H_1^{ig}) - (H_1 - H_1^{ig})$$

우항에서 첫 번째, 세 번째 괄호의 엔탈피 편차는 식 8.29에 의해 계산할 수 있다. $Z(P, T)$이기 때문에 식 8.29를 사용하자. 피적분 함수를 위해 Z의 온도에 대한 도함수가 필요하다. B는 온도만의 함수이고 미분에 의해,

$$\left(\frac{\partial Z}{\partial T}\right)_P = 1 + \frac{P}{R}\left[\frac{\partial(B\cdot(1/T))}{\partial T}\right]_P = \frac{P}{R}\left[\left(\frac{1}{T}\right)\frac{dB}{dT} - \left(\frac{B}{T^2}\right)\right]$$

식 8.29에 도함수를 대입하면

$$\left(\frac{H-H^{ig}}{RT}\right) = \int_0^P \frac{1}{R}\left[\left(\frac{B}{T}\right) - \frac{dB}{dT}\right]dP$$

$$\left(\frac{H-H^{ig}}{RT}\right) = \frac{P}{R}\left(\frac{B}{T} - \frac{dB}{dT}\right) \qquad \text{〈식 8.32〉}$$

$$\left(\frac{S-S^{ig}}{R}\right) = -\frac{P}{R}\frac{dB}{dT}$$

식 7.8과 7.9를 미분함으로써 다음을 쉽게 얻을 수 있다.

$$\frac{dB^0}{dT_r} = \frac{0.6752}{T_r^{2.6}} \qquad \frac{dB^1}{dT_r} = \frac{0.7224}{T_r^{2.6}}$$

B^0, B^1, dB^0/dT_r 그리고 dB^1dT_r의 관계를 순수유체의 편차함수에 대한 식 8.32에 대입하면 다음 식을 얻을 수 있다.

$$\boxed{\left(\frac{H-H^{ig}}{RT}\right) = -P_r\left[\frac{1.0972}{T_r^{2.6}} - \frac{0.083}{T_r} + \omega\left(\frac{0.8944}{T_r^{5.2}} - \frac{0.139}{T_r}\right)\right]} \qquad \text{〈식 8.33〉}$$

$$\boxed{\left(\frac{S-S^{ig}}{R}\right) = -P_r\left[\frac{0.675}{T_r^{2.6}} + \omega\frac{0.722}{T_r^{5.2}}\right]} \qquad \text{〈식 8.34〉}$$

초기상태 1에서

$$\left(\frac{H-H^{ig}}{RT}\right) = -0.110 \qquad (H-H^{ig})_1 = -287\ \text{J/mole}$$

온도강하를 매우 작다고 가정하면 열용량이 그 온도범위 안에서 일정하다고 할 수 있으므로, $C_p \approx 36$ J/mole-K로 두면

조름공정에 대해 $\Delta H = 0 \Rightarrow (H-H^{ig})_2 + 36(T_2 - 40) + 287 = 0$.

$P = 1$ bar, $T_2 = 35°C$인 상태 2에서는 시행착오법에 의해 $\Rightarrow -13 + 36(35-40) + 287 = 94$.

$$T_2 = 30°C \Rightarrow -13 + 36(30-40) + 287 = -87$$

내삽에 의해 $T_2 = 35 + (35-30)/(94+87)(-94) = 32.4°C$이다. 또 다른 시도는 이것이 매우 근접한 값임을 보여 줄 것이다.

결국, Peng-Robinson 모델은 그 식의 유도가 지루하기는 하지만, 넓은 영역에 응용할 수 있을 정도로 충분히 정교하다. 수학식에 압도되기 전에 궁극적인 계산은 매우 단순하다는 사실을 아는 것이 유용할 것이다. 그러므로 다음의 첫 번째 예제는 이 책에 제공된 컴퓨터 프로그램으로부터 단순히 어떻게 결과를 얻는가를 보여 준다. 이어지는 예제들은 Peng-Robinson식을 사용하는 컴퓨터 프로그램에 나타나는 편차함수의 유도에 대한 것이다.

예제 8.4 Peng-Robinson식을 이용한 엔탈피 및 엔트로피 편차 계산

프로판가스가 5 bar, 105°C의 초기상태에서 25 bar, 190°C로 변화할 때, 엔탈피와 엔트로피의 변화량을 계산하라.

Preos.xlsx 또는 PreosPropsMenu.m

풀이

프로판은 T_c = 369.8 K, P_c = 4.249 MPa, ω = 0.152이다. 열용량 매개변수는 A = −4.224, B = 0.3063, C = −1.586E-4, D = 3.215E-8이다. 우리는 스프레드시트인 Preos.xlsx 또는 PreosPropsMenu.m을 사용할 수 있으며, 스프레드시트를 택한다면 열역학 성질을 계산하기 위해 PROPS 페이지를 이용할 수 있다. 그리고 m-file을 사용하여 기능 불러오기에서 PreosPropsMenu.m의 ID 숫자를 명시하고 명령창에서 편차를 찾는다. 우리는 다음과 같은 결과를 얻을 수 있다.

상태 2에 대해서:

$Z = 0.889058$ $\quad V(\text{cm}^3/\text{mol}) = 1369.45$ $\quad (H - H^{ig})\ (\text{J/mol}) = -1489.87$
$(U - U^{ig})\ (\text{J/mol}) = -1062.65$ $\quad (S - S^{ig})\ (\text{J/mol-K}) = -2.29246$

상태 1에 대해서:

$Z = 0.957388$ $\quad V(\text{cm}^3/\text{mol}) = 6020.28$ $\quad (H - H^{ig})\ (\text{J/mol}) = -400.512$
$(U - U^{ig})\ (\text{J/mol}) = -266.538$ $\quad (S - S^{ig})\ (\text{J/mol-K}) = -0.708254$

지금 기준상태의 설정을 무시하고(기준상태 접근법을 어떻게 적용하는지는 예제 8.8을 참조), 8.1절에서 설명한 대로 해를 I. 편차함수, II. 이상기체, III. 편차함수의 세 과정으로 나누어 생각하자.

$H_2 - H_1$에 대한 전체 풀이 경로는

$$\Delta H = H_2 - H_1 = (H_2 - H_2^{ig}) + (H_2^{ig} - H_1^{ig}) - (H_1 - H_1^{ig})$$

유사하게 $S_2 - S_1$에 대해서는

$$\Delta S = S_2 - S_1 = (S_2 - S_2^{ig}) + (S_2^{ig} - S_1^{ig}) - (S_1 - S_1^{ig})$$

전체 풀이과정은 세 단계로 구성되며, 다음과 같이 개별적으로 다루어진다.

과정 I. 스프레드시트로부터 상태 2에서의 편차는

$$(H_2 - H_2^{ig}) = -1490 \text{ J/mol}$$

$$(S_2 - S_2^{ig}) = -2.292 \text{ J/mol-K}$$

과정 II. 이상기체의 상태 변화: 이상기체 엔탈피의 변화는 예제 2.5에서 계산되었다.

$$H_2^{ig} - H_1^{ig} = 8405 \text{ J/mol}$$

이상기체 엔트로피는 예제 4.6에서 구했다.

$$S_2^{ig} - S_1^{ig} = 6.613 \text{ J/mol-K}$$

과정 III. 스프레드시트에서 상태 1에서의 편차는

$$(H_1 - H_1^{ig}) = -401 \text{ J/mole}$$

$$(S_1 - S_1^{ig}) = -0.708 \text{ J/mole-K}$$

전체 변화는 각 단계의 합에 의해 얻을 수 있다.

$$\Delta H = -1490 + 8405 + 401 = 7316 \text{ J/mole}$$

$$\Delta S = -2.292 + 6.613 + 0.708 = 5.029 \text{ J/mole-K}$$

우리는 상태방정식에서 주어진 편차함수를 유도하고 적용하기 위한 기초를 쌓았다. 이제 남은 것은 우리가 마주칠 수 있는 수많은 응용 면에서 편리하고 정확한 계산을 가능케 하기 위한 노력을 체계화하는 것이다. 이러한 계산의 유형을 여러 번 반복해야 하기 때문에, 광범위하게 적용할 수 있는(만능의) 열역학적 모델을 구현하고 입력과 출력을 용이하게 하는 컴퓨터 프로그램을 만들 가치가 있다. 이 유도와 프로그래밍은 지루하지만, 그들은 여러 응용을 통해 그 노력을 보상해 준다. 다음의 예제들은 Peng-Robinson 모델의 유도과정을 설명하지만, 몇 가지 변형된 모델이 넓은 응용을 위한 기초로 구성될 수 있다. 학생들은 연습문제에서 설명된 것과 같은 변형된 모델을 유도함으로써 프로그래밍의 기본이 되는 모델식을 숙달하고 응용할 수 있어야 한다.

예제 8.5 Peng-Robinson식의 엔탈피 편차

! 이 예제의 최종 결과는 Preos.xlsx와 PreosProps-Menu.m에 추가되었다

Peng-Robinson식의 엔탈피 편차함수에 대한 일반적인 식을 구하라.

풀이

Peng-Robinson식은 $Z(T, \rho)$의 형태이기 때문에, 우리는 밀도의 적분들로만 해결할 수 있다.

$$Z = \frac{1}{(1 - b\rho)} - \frac{(a\rho)/(RT)}{(1 + 2b\rho + (-b^2\rho^2))}$$

$$-T\left(\frac{\partial Z}{\partial T}\right)_\rho = \frac{(\rho T)/R}{(1 + 2b\rho - b^2\rho^2)}\left[\frac{-a}{T^2} + \frac{1}{T}\left[\frac{da}{dT}\right]\right]$$

식 7.18에 주어진 da/dT를 대입하여,

$$-T\left(\frac{\partial Z}{\partial T}\right)_\rho = \frac{b\rho}{(1 + 2b\rho - b^2\rho^2)}\left[\frac{-a}{bRT} - \frac{a_C\kappa\sqrt{\alpha T_r}}{bRT}\right]$$

위 식에서 대괄호 안을 $F(T_r)$로 간단히 표시하면

$$-T\left(\frac{\partial Z}{\partial T}\right)_\rho \equiv \frac{b\rho}{(1 + 2b\rho - b^2\rho^2)}F(T_r)$$

또한, $B \equiv bP/RT \Rightarrow b\rho = B/Z$ 그리고 $A \equiv aP/R^2T^2 \Rightarrow a/bRT = A/B$이다. 적분 과정은 $b\rho$에 대한 적분으로 단순화시킬 수 있다는 것에 유의하라(식 B.34 참조).

$$\int_0^{b\rho}\left(-T\left(\frac{\partial Z}{\partial T}\right)_\rho\right)\frac{d(b\rho)}{b\rho} = \int_0^{b\rho}\frac{b\rho}{(1+2b\rho-b^2\rho^2)}F(T_r)\frac{d(b\rho)}{\rho} =$$

$$\frac{F(T_r)}{\sqrt{8}}\left[\ln\left(\frac{1-\sqrt{2}}{1+\sqrt{2}}\right)\left(\frac{b\rho(1+\sqrt{2})+1}{b\rho(1-\sqrt{2})+1}\right)\right]_0^{b\rho} = \frac{F(T_r)}{\sqrt{8}}\ln\left[\frac{1+(1+\sqrt{2})b\rho}{1+(1-\sqrt{2})b\rho}\right]$$

$$\frac{B}{Z} = \frac{\dfrac{bP}{RT}}{\dfrac{P}{\rho RT}} = b\rho \Rightarrow \int_0^{b\rho}-T\left(\frac{\partial Z}{\partial T}\right)_\rho\frac{d(b\rho)}{b\rho} = \frac{F(T_r)}{\sqrt{8}}\ln\left[\frac{Z+(1+\sqrt{2})B}{Z+(1-\sqrt{2})B}\right]$$

$$\frac{(H-H^{ig})}{RT} = Z-1+\frac{1}{\sqrt{8}}\ln\left[\frac{Z+(1+\sqrt{2})B}{Z+(1-\sqrt{2})B}\right]\left[\frac{-a}{bRT}-\frac{a_c\kappa\sqrt{\alpha T_r}}{bRT}\right]$$

$$\boxed{\frac{(H-H^{ig})}{RT} = Z-1-\ln\left[\frac{Z+(1+\sqrt{2})B}{Z+(1-\sqrt{2})B}\right]\frac{A}{B\sqrt{8}}\left(1+\frac{\kappa\sqrt{T_r}}{\sqrt{\alpha}}\right)}$$

〈식 8.35〉

예제 8.6 Peng-Robinson식의 Gibbs 에너지 편차

Peng-Robinson식의 Gibbs 에너지 편차함수에 대한 일반적인 식을 구하라.

$$Z = \frac{1}{(1-b\rho)}-\frac{a\rho/RT}{(1+2b\rho-b^2\rho^2)}$$

> ❗ 이 예제의 마지막 해답은 Preos.xlsx와 PreosProps-Menu.m에 잘 일치한다.

풀이

답은 식 8.26을 수행하므로 얻는다. 피적분 함수는

$$Z-1 = \frac{1}{1-b\rho}-\frac{1-b\rho}{1-b\rho}-\frac{(a\rho)/RT}{(1+2b\rho-b^2\rho^2)} = \frac{b\rho}{(1-b\rho)}+\frac{a\rho/RT}{(1+2b\rho-b^2\rho^2)}$$

적분 변수의 변화에 대해 재차 주의하며 적분을 수행하면(예제 8.5의 적분과 유사)

$$\int_0^{b\rho}(Z-1)\frac{d(b\rho)}{b\rho} = \int_0^{b\rho}\frac{d(b\rho)}{(1-b\rho)}+\frac{a}{bRT}\int_0^{b\rho}\frac{d(b\rho)}{(1+2b\rho-b^2\rho^2)}$$

$$\frac{(A-A^{ig})_{T,V}}{RT} = -\ln(1-b\rho)-\frac{a}{bRT\sqrt{8}}\ln\left[\frac{1+(1+\sqrt{2})b\rho}{1+(1-\sqrt{2})b\rho}\right]$$

결과를 무차원으로 표시하면

$$\frac{(G-G^{ig})}{RT} = Z-1-\ln(Z-B)-\frac{A}{B\sqrt{8}}\ln\left[\frac{Z+(1+\sqrt{2})B}{Z+(1-\sqrt{2})B}\right] \quad \text{〈식 8.36〉}$$

지루함을 피할 수 있는 단순화에 대한 인식이 종종 중요하게 된다. 만약 두 모델들이 유사하다면, 동등한 유도과정의 일부를 다시 사용할 수 있다. 또한 열역학적 동일성이 유도과정의 주요한 부분에 대체해서 사용될 수 있다면 훨씬 더 나아진다. 다음과 같이 엔지니어들은 그들의 시간을 효율적으로 활용할 수 있는 기회에 대해 자각하고 있어야 한다.

예제 8.7 Peng-Robinson식의 *U*와 *S* 편차

Peng-Robinson식에 대한 내부에너지와 엔트로피의 편차함수를 유도하라.
힌트: 식 8.22와 8.23과 함께 시작하거나, 혹은 식 8.20과 8.21에서 제시된 많은 적분 없이 예제 8.5와 8.6의 결과를 이용할 수 있다.

풀이

식 8.20에 의해 *U* 편차는 식 8.35에서 '$Z-1$'항을 생략함으로써 얻을 수 있다. 이 식을 써 보면,

$$\frac{U-U^{ig}}{RT} = -\frac{A}{B\sqrt{8}}\frac{\kappa\sqrt{T_r}}{\sqrt{\alpha}}\ln\left[\frac{Z+(1+\sqrt{2})B}{Z+(1-\sqrt{2})B}\right] \quad \text{〈식 8.37〉}$$

식 8.21에 의해, 엔트로피 편차는 식 8.35와 8.36에서의 엔탈피 편차와 Gibbs 에너지 편차의 차이에 의해 얻을 수 있다. 그러므로 곧바로 다음 식으로 쓸 수 있다.

$$\frac{S-S^{ig}}{R} = -\ln(Z-B)-\frac{A}{B\sqrt{8}}\frac{\kappa\sqrt{T_r}}{\sqrt{\alpha}}\ln\left[\frac{Z+(1+\sqrt{2})B}{Z+(1-\sqrt{2})B}\right] \quad \text{〈식 8.38〉}$$

8.8 기준상태

열역학 성질의 상태 변화값을 구하려 할 때는 기준상태는 중요하지 않고, 모든 기준상태의 정보는 계산에서 소거된다. 하지만 열역학 성질의 도표나 표를 만들려고 하거나 또는 우리가 계산한 값을 열역한 도표나 표의 값과 비교하고자 하는 경우 기준상태의 설정은 필수적이다. 또한 비정상상태 문제를 해결하려고 할 때 예제 2.15에서 보듯이 답은 기준상태에 의존하게 되므로 기준상태의 설정이 중요하게 된다. $H_R - U_R = (PV)_R$의 양은 0이 되지 않으며 이상기체에 대해서는 $(PV)_R = RT_R$을 대입할 수 있지만 실제유체에서는 $(PV)_R = Z_RRT_R$를 사용해야 하는데, 이때 Z_R은 기준상태에서 결정되는 값이다. 또한 우리는 실제유체 기준상태나 이상기체 기

준상태를 사용할 수 있다. 우리가 계산한 값을 열역학 도표/표와 비교할 때면 우리의 기준상태와 도표/표에서 사용된 기준상태와의 차이를 고려해야만 한다. 그러므로 실제유체의 기준상태를 정하기 위해서는 다음 사항을 반드시 명시해야 한다.

압력

온도

그 외에도 기준상태에서의 응집상태, 즉 다음 중 하나를 정해야 한다.

1. 이상기체
2. 실제기체
3. 액체
4. 고체

그리고 $S_R = 0$으로 놓고 U_R과 H_R중 하나(둘 모두는 아님)를 0으로 한다. 기준상태를 이용하는 원리가 그림 8.4에 제시되어 있는데, 그림 8.2에 나타낸 계산법과 비슷하다.

이상기체 기준상태

이상기체 기준상태에 대한 엔탈피값을 계산하기 위해서 다음을 이용한다.

$$H = (H - H^{ig})_{T,P} + \int_{T_R}^{T} C_P dT + H_R^{ig} \qquad \langle \text{식 } 8.39 \rangle$$

위 식에서 괄호 안의 값은 8.5절 혹은 8.6절에서 설명한 편차함수이고 H_R^{ig}은 0으로 정할 수 있다. 이와 유사한 식이 내부에너지에 대해서도 사용될 수 있다. 이상기체의 엔트로피는 압력에 의존하므로 이상기체에 대해서 압력에 대한 적분항을 포함시켜야 한다.

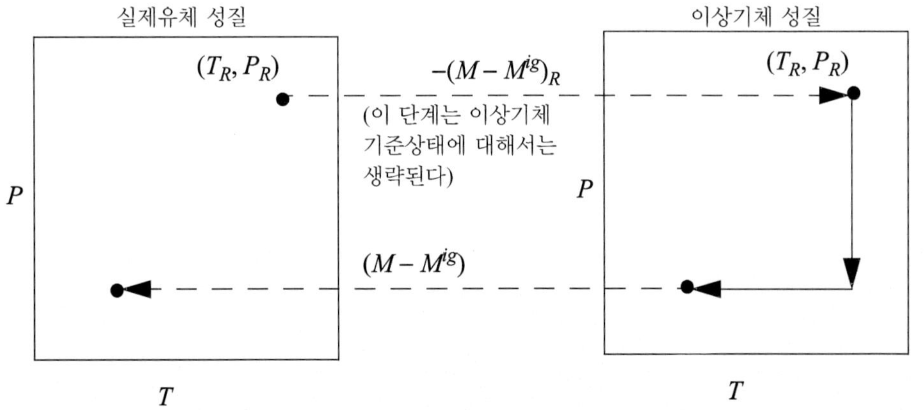

그림 8.4 • 편차함수를 이용하여 일반적 성질 M(M은 U, H, S, G 혹은 A)의 상태 변화를 계산하는 예. 이 계산은 초기상태를 기준상태로 정한 그림 8.2에 사용된 원리의 확장이다.

$$S = (S - S^{ig})_{T,P} + \int_{T_R}^{T} \frac{C_P}{T} dT - R \ln \frac{P}{P_R} + S_R^{ig} \qquad \langle 식\ 8.40 \rangle$$

위 식에서 기준상태의 값 S_R^{ig}도 0으로 놓을 수 있다. 이 결과들과 6.1절에서 설명한 $G = H - TS$, $A = U - TS$와 $U = H - PV$의 관계를 이용하여 다른 성질들을 계산할 수 있다.

실제유체 기준상태

실제유체를 기준상태로 했을 때, 엔탈피값을 구하기 위해서 식 8.5와 유사한 과정을 채택한다.

$$H = (H - H^{ig})_{T,P} + \int_{T_R}^{T} C_P dT - (H - H^{ig})_R + H_R \qquad \langle 식\ 8.41 \rangle$$

엔트로피에 대해

$$S = (S - S^{ig})_{T,P} + \int_{T_R}^{T} \frac{C_P}{T} dT - R \ln \frac{P}{P_R} - (S - S^{ig})_R + S_R \qquad \langle 식\ 8.42 \rangle$$

상태함수 성질의 변화

상태함수 성질의 변화는 기준상태, 혹은 기준상태를 이용하는 방법에는 무관하다. 엔탈피의 변화를 계산하기 위해 식 8.5와 유사한 관계를 이용한다.

$$\Delta H = (H - H^{ig})_{T_2,P_2} + \int_{T_1}^{T_2} C_P dT - (H - H^{ig})_{T_1,P_1} \qquad \langle 식\ 8.43 \rangle$$

엔트로피 변화의 계산은 다음과 같다.

$$\Delta S = (S - S^{ig})_{T_2,P_2} + \int_{T_1}^{T_2} \frac{C_P}{T} dT - R \ln \frac{P_2}{P_1} - (S - S^{i})^{ig}_{T_1,P_1} \qquad \langle 식\ 8.44 \rangle$$

예제 8.8 Peng-Robinson식을 이용한 엔탈피와 엔트로피

! Preos.xlsx 또는 PreosProps-Menu.m

프로판가스가 5 bar, 105°C의 초기상태에서 25 bar, 190°C로 변화하였다. 엔탈피와 엔트로피의 변화량을 계산하라. 190°C에서 편차함수에 의한 값이 총변화값에서 차지하는 분율은? 편차는 예제 8.4에서 사용되었지만, 이제 우리는 물성값을 직접 사용할 수 있다.

풀이

프로판에 대해서 T_c = 369.8 K, P_c = 4.249 MPa, ω = 0.152이다. 열용량 매개변수는 A = −4.224, B = 0.3063, C = −1.586E-4, 그리고 D = 3.215E-8이다. Preos.xlsx에 대하여 임계상수와 열용량 상수를 결정하기 위해 'Props'페이지를 사용할 수 있다. 기준상태는 첨부된 스프레드시트 'Ref State'에 명시되어 있다. 임의의 기준상태 설정은 230 K, 0.1 MPa의 액체로 정한다. PROPS 작업표에서 원하는 온도와 압력을 명시하면 V, U, H와 S에 대한 열역학 성질을 구할 수 있다.

상태	T(K)	P(MPa)	V(cm³/mole)	U(J/mole)	H(J/mole)	S(J/moleK)
2	463.15	2.5	1369	33478	36902	109.15
1	378.15	0.5	6020	26576	29587	104.13

열역학 성질의 변화는 ΔH = 7315 J/mole, ΔS = 5.024 J/mole-K이고, 이는 예제 8.4에서 더 지루한 방법으로 결정된 값과 잘 일치한다. 편차함수에 의한 전체 변화의 분율을 계산하는 목적은 편차함수의 역할을 이해하고 편차함수가 전체 계산과 어떻게 조화를 이루는가를 보여주는 데 있다. 엔탈피에 대해서는 편차함수가 전체 변화의 20%를 차지하는 반면에 엔트로피에서는 46%를 차지한다.

예제 8.9 액화의 재계산

Peng-Robinson식을 이용하여 예제 5.5에서의 메탄의 액화문제를 다시 계산하라. 앞에서는 메탄의 차트를 사용하였다. 천연가스를 여기서는 순수한 메탄으로 가정하여 단순 Linde 공정에 의해 액화한다. 이 공정은 그림 8.5로 요약된다. 60 bar로 압축하고 300 K로 예비 냉각한다. 분리기는 1.013 bar의 압력으로 유지되고, 이 압력에서 액화되지 않은 가스는 295 K로 열교환기를 나간다. 이 공정에서 열교환기로 들어가는 메탄 가운데 액화되는 분율은 얼마인가?

Preos.xlsx 또는 PreosPropsMenu.m

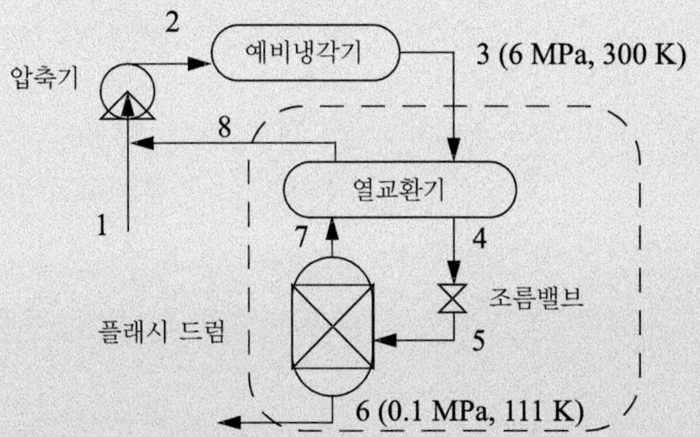

그림 8.5 • Linde 액화장치의 개략도

State 8

Current State		Roots		Stable Root has a lower fugacity			
T (K)	295	Z	V	fugacity	H	U	S
P (MPa)	0.1013		cm^3/gmol	MPa	J/mol	J/mol	J/molK
& for 1 root region		0.9976741	24156.607	0.101064	883.5888	-1563.476	35.86881

State 6

Current State		Roots		Stable Root has a lower fugacity			
T (K)	111	Z	V	fugacity	H	U	S
P (MPa)	0.1013		cm^3/gmol	MPa	J/mol	J/mol	J/molK
answers for three root region		0.9666276	8806.5826	0.09802	-4736.595	-5628.701	6.759068
		0.0267407	243.62412		-6972.974	-6997.653	-26.6613
		0.0036925	33.640918	0.093712	-12954.48	-12957.88	-66.90221

State 8

Results — methane

T(K)	295	P(MPa)	0.1013
Z		0.997674	
V (cm^3/mol)		24156.1	
U (J/mol)		-1563.48	
H (J/mol)		883.589	
S (J/mol-K)		35.8688	
fugacity (MPa)		0.101064	

State 6

Results — methane

T(K)	111	P(MPa)	0.1013
Z		0.966628	0.00369249
V (cm^3/mol)		8806.4	33.6402
U (J/mol)		-5628.7	-12957.9
H (J/mol)		-4736.59	-12954.5
S (J/mol-K)		6.75907	-66.9023
fugacity (MPa)		0.0980197	0.0937095

그림 8.6 • Preos.xlsx(위)와 PreosPropsMenu.m(아래) 파일에서 취한 메탄에 대한 엔탈피 계산의 요약.

풀이

각 흐름의 엔탈피를 계산하기 전에 먼저 기준상태를 정해야 한다. 기준상태는 임의로 정한다. 가끔, 흐름 조건을 기준상태로 정함으로써 어느 하나의 엔탈피를 0으로 설정하는 것이 에너지 수지식을 풀기 쉽게 한다. 결과를 설명하기 위해, 흐름 3의 상태(6 MPa과 300 K)의 실제유체에 대해 $H = 0$의 기준상태를 선택하기로 했다. 상태 3이 기준상태이기 때문에 $H_3 = 0$이다. Peng-Robinson식에 의한 계산의 결과를 그림 8.6에 요약하였다.

에너지 수지에 의해 액화된 분율을 계산한다. $m_3H_3 = m_8H_8 + m_6H_6$이다. 다음 물질수지식을 결합시키면, $H_3 = (1 - m_6/m_3)H_8 + (m_6/m_3)H_6$이다.

조름밸브는 등엔탈피 공정이다(2.13절 참조). 플래시 드럼은 액체를 분리하고 증기는 조름밸브를 빠져나간다. 액화된 분율은 $(1 - q) = m_6/m_3 = (H_3 - H_8)/(H_6 - H_8) = (0 - 883)/(-12{,}954 - 883) = 0.064$ 또는 6.4%가 액화된다. 이 결과는 예제 5.5에서 구한 값과 잘 일치한다.

예제 8.10 단열상태에서 탱크에 프로판 채우기

Preos.xlsx, PreosPropsMenu.m

350 K, 1 MPa에 있는 저장용기의 프로판을 이용할 수 있다. 진공의 실린더가 저장용기에 연결되어 있고, 실린더는 단열적으로 압력이 1 MPa이 될 때까지 채워진다. 실린더 내의 최종온도는 얼마인가?

풀이

임곗값, 이심인자, 열용량 계수는 PREOS.xlsx의 'PROPS' 페이지에 들어 있다. 'Ref State' 페이지에는 기준상태로 298 K, 0.1 MPa의 실제 증기를 임의로 선택한다. 저장용기의 조건에서 프로판은 $Z = 0.888$, $H = 3290$ J/mol, $U = 705$ J/mol, 그리고 $S = -7.9766$ J/mol K 값을 갖는 1개의 근 영역에 있다. 이런 유형의 문제는 예제 2.16에서 이미 다룬 바 있다. 그러나 이 예제에서는 이상기체식이 적용될 수 없다. 에너지 수지식은 $U^f = H^{in}$이 되며, 여기서 $H^{in} = 3290$ J/mol이다. Excel에서 해답은 Solver를 이용하여 $U = 3290$ J/mol이 될 때까지 'Props' 페이지에서 온도를 조정함으로써 쉽게 구할 수 있다. 수렴으로 구해진 해는 381 K이다. MATLAB에서는 T를 조정함으로써 dialog box를 이용하여 $U = 3290$ J/mol로 맞출 수 있다. MATLAB 창에서 최종온도 T는 'Results' 박스에 나타난다는 것을 유의하라. 초기 예측은 왼쪽 상단에 보존되어 있다.

Current State		Roots		Stable Root has a lower fugacity			
T (K)	381.365167	Z	V	fugacity	H	U	S
P (MPa)	1		cm^3/gmol	MPa	J/mol	J/mol	J/molK
& for 1 root region		0.9153077	2902.3034	0.920298	6192.303	3290	-0.039259

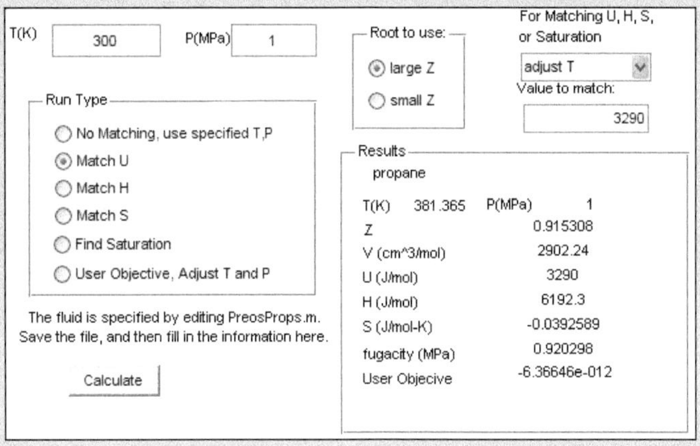

8.9 엔탈피 편차에 대한 일반화된 도표

압축인자의 경우와 같이 일반화된 성질이 어떻게 작용하는가를 그림으로 보여 주는 것이 종종 유용하다. 그림 8.7은 엔탈피의 식이 $(H - H^{ig}) = (H - H^{ig})^0 + \omega(H - H^{ig})^1$인 점을 제외하고는 앞의 장에 있는 압축인자 도표와 유사하다. 액체 엔탈피 편차를 결정하는 데에 중요한 영향을 미치는 것은 증발열이라는 것에 유의하라. 또한 임계점 이하에 있는 등온선은 포화 압력이 낮아질 때 그 낮은 압력에서의 액체 거동 쪽으로 이동된다. 엔탈피 편차함수는 등온선이 서로 교차하지 않는다는 점에서 압축인자보다는 간단한 편이다. 편차를 무차원으로 만들어 주는 데 사용되는 온도는 T_C임에 유의하라. 예로서 463.15 K, 2.5 MPa에서의 프로판에 대한 계산은

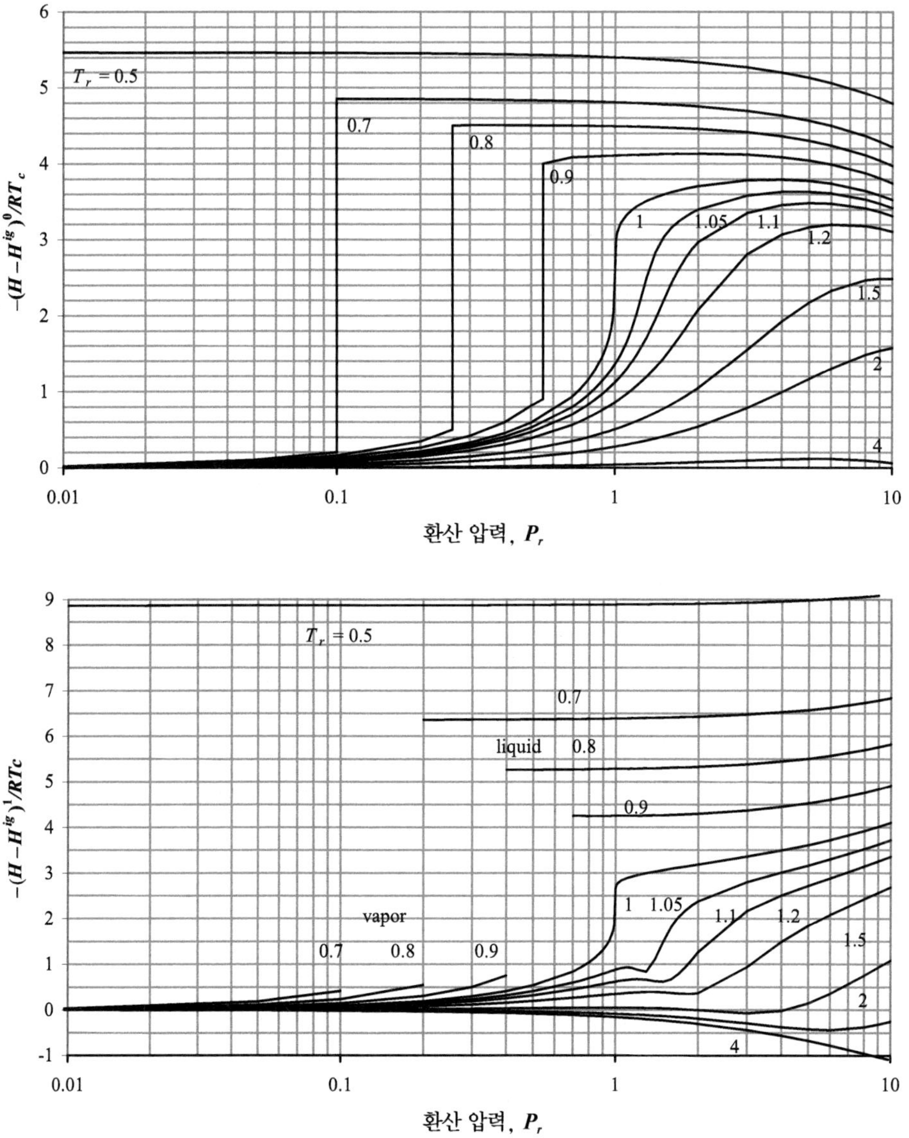

그림 8.7 • Lee-Kesler 상태방정식을 이용하여 $(H-H^{ig})/RT_c$를 계산하는 일반화된 도표. $(H-H^{ig})^0/RT_c$은 $\omega=0.0$일 때이고, $(H-H^{ig})^1/RT_c$는 $\omega=1.0$인 가상적인 유체에 대한 보정항이다. 엔탈피 편차함수를 얻기 위해 환산온도로 나누었다.

$H^{ig}-H=[0.45+0.152(0.2)]\ (8.314)\ 369.8=1480$ J/mole이고 Peng-Robinson식으로부터 구한 값은 1489.2이다.

8.10 요약

여러분은 종종 편차함수를 공부할 때 큰 어려움을 느끼기도 할 것이다. 이는 편차함수를 구하는 것이 물리학과 다변수 미적분학의 동시 적용을 동반하기 때문인 것으로 이해된다. 이것은 여러분이 상당한 정도까지 두 과목을 병행하여 응용한 첫 번째 예일 수도 있다. 반면에, 이러한 도구: 우주의 어느 물질에 대해서도 사용할 수 있는 수증기표(steam tables)의 기능적 대체물(주어진 신뢰성 있는 상태방정식)로 무엇을 이룰 수 있는지 보는 것은 상당히 인상 깊은 일이다.

그러나 우리가 전문적인 상세한 부분을 이해한다면 이상기체와 실제유체 간에 차이가 있음을 분명히 이해할 것이다. 에너지 이동에 대한 회계사로서 우리는 이들의 기여에 대하여 계산할 수 있어야 한다. 우리의 방법은 먼저 모든 것이 이상기체처럼 거동한다고 가정하고, 모든 기여분을 더하고 난 뒤 이상기체로부터의 편차를 가미하는 것이다. 우리는 이 과정을 반복하여 적용한다. 이 계산은 컴퓨터를 이용하여 어떤 계산이 필요한지 그리고 어떤 버튼을 눌러야 하는지에 대한 최소한의 지식만으로도 매우 편리하게 수행할 수 있다. 이장의 목적은 컴퓨터 프로그램 안의 기본 수식과 같은 세부요소에 대해 여러분이 보다 잘 이해할 수 있도록 주의를 환기시키는 데 있다.

편차함수에 대한 이해는 수치를 더하는 기법뿐만 아니라 다양한 상태방정식에 대한 수식을 개발하는 데 반영된다. 우리는 Peng-Robinson 모델을 포함한 여러 유도과정을 다루었으며, 여러분은 다른 모델에 대해서도 이러한 과정을 수행할 수 있어야 한다. 수치에 대한 결과를 얻는 것은 때때로 반복 계산과 주요한 제약에 대한 신중한 고려를 필요로 한다. 예를 들어, 등엔트로피 압축은 해를 3개 갖는 지역으로부터 해를 하나만 갖는 지역으로의 이동일 수 있고, 이 같은 문제의 인식은 어떻게 계산이 수행되는지에 대한 여러분의 이해와 직접 관련되어 있다. Excel 파일을 직접 작성하도록 하고, 그것을 완벽히 이해하도록 하라.

주요 식

이 장에서 식 8.22~8.30은 어떤 상태방정식에 대해 필요한 편차함수식을 유도하는 시작점으로서 두드러진다. 편차함수로부터의 기여, 표준상태, 이상기체 온도효과를 더하기 위해, 의식 없이 마치 인간 컴퓨터와 같이 스프레드시트나 프로그램을 사용하기 쉽다. 그러나 이 장의 주요 목표가 모델식의 개발과 응용을 가르치는 것이라는 점을 명심하라. 새로운 응용을 위한 모델식의 개발에 있어 당신의 능력은 열역학 연구의 범위를 초월할 수 있다. 프로그램을 이용하는 기법뿐만 아니라 프로그램 내에 숨어 있는 유도과정에 대해서도 완전히 숙지하라.

8.11 익힘문제

P8.1 Redlich-Kwong 상태방정식(1958)에 기반하여 Gibbs 에너지의 편차함수에 대한 식을 유도하라.

$$Z = 1 + \frac{b\rho}{1 - b\rho} - \frac{a\rho}{RT^{3/2}(1 + b\rho)}$$

답: $(G - G^{ig})/RT = -\ln(1 - b\rho) - a\ln(1 + b\rho)/(bRT^{3/2}) + Z - 1 - \ln Z$

P8.2 어떤 유체에서 상태방정식이 $Z = 1 - b\rho/T_r$로 주어졌을 때 이런 유체의 엔탈피 편차함수에 대한 식을 유도하라.

답: $-2b\rho/T_r$

P8.3 편차함수에 대한 논의에서 상태방정식에 대한 내부에너지 편차를 구하는 식 8.14를 유도했다.

(a) $(C_V - C_V^{ig})/R$에 대한 유사식을 유도하라.

(b) $(C_V - C_V^{ig})/R$에 대한 식을 다음 상태방정식의 a, b, ρ와 T의 항으로 유도하라.

$$Z \equiv 1 + \frac{b\rho}{1 + b\rho} - \rho[\exp(a/T) - 1]$$

답: (a) $\int_0^\rho \left(-2T\left(\frac{\partial Z}{\partial T}\right) - T^2\left(\frac{\partial^2 Z}{\partial T^2}\right)\right)\frac{d\rho}{\rho}$; (b) $a^2\rho T^{-2}\exp(a/T)$

P8.4 van der Waals 시대에서도 사각우물(square-well)형 퍼텐셜 유체($\lambda = 1.5$)에 대한 2차 비리얼 계수가 $B/b = 4 + 9.5\,[\exp(N_A\varepsilon/RT) - 1]$로 알려져 있었다. $e^x \sim 1 + x + x^2/2 + \cdots$ 임에 유의하면, 이 2차 비리얼 계수로부터 다음의 상태방정식이 제안될 수 있다.

$$Z = 1 + \frac{4b\rho}{1 - b\rho} - \frac{9.5N_A\varepsilon}{RT}b\rho$$

이 상태방정식에 대한 Helmholtz 에너지 편차함수식을 유도하라.

답: $-4\ln(1 - b\rho) - 9.5N_A\varepsilon b\rho/kT)$

P8.5 Peng-Robinson식을 이용하여 1 gmol의 1,3-부타디엔이 25 bar, 400 K에서 125 bar 550 K로 압축될 때, ΔH, ΔS, ΔU, ΔV를 계산하라.

답: ΔH = 12,570 J/mol, ΔS = 17.998 J/mol-K, ΔU = 11,690 J/mol,
ΔV = –640.8 cm³/mol

P8.6 425 K, 100 bar의 에탄이 처음에 1 m³ 실린더 안에 있다. 단열가역으로 작동하는 터빈이 탱크 (실린더)의 출구에 연결되어 있고, 절대 압력 1 bar로 에탄이 배출된다.

(a) 터빈을 빠져나가는 처음 기체의 온도를 계산하라.

답: 185 K

(b) 터빈 작동이 시작될 때의 몰당 일률을 구하라.

답: 8880 J/mol

P8.7 350°C, 50 bar에 있는 에틸렌이 단열 팽창기를 통과하면서 일을 생산하고 2 bar의 압력으로 배출된다. 만약 이 팽창기의 효율이 80%일 때 에틸렌 1몰로 얻는 일은 얼마

인가? 또한 에틸렌의 최종온도는 얼마인가? 이때의 최종온도를 가역 팽창기로 작동할 때 얻을 수 있는 최종온도와 비교하라.

답: 11 kJ/mole, 450 K 대 404 K

P8.8 메탄올로 Rankine 사이클을 작동한다. 보일러는 200°C(P^{sat} = 4.087 MPa)에서 작동하고 과열기에서 증기를 더 가열한다. 터빈출구에서는 0.1027 MPa의 포화 증기가 배출되고 응축기의 출구에서 65°C(P^{sat} = 0.1027 MPa)의 포화 액체가 나간다고 한다. 이 사이클에서 가능한 최대 열효율 ($\eta_\theta = -W/Q_H$)은 얼마인가?

답: 26%

P8.9 평범한 증기 압축 사이클이 냉매로 N_2를 사용하여 초전도체에 적용하기 위해 설계되었다. 팽창은 1 bar까지 되며, 저열원(heat sink)의 온도는 105 K이다. 5 K 접근이면 충분하며, 대략 100 Btu/hr로 제거되어야 한다. 성능계수(COP)를 계산하고, 카르노 성능계수와 비교하라. 또한, 단열과 가역과정으로 가정하고 압축기가 필요로 하는 일(hp)을 구하라.

답: 1.33, 0.3

P8.10 에탄이 효율 70%인 연속 압축기로 단열 압축된다고 가정하라. 하부 흐름 압력이 350°F를 초과하지 않는 온도에서 1500 psia로 규정되어 있다. 상부 흐름 압력이 200 psia라면 가장 높은 상부 흐름 온도는 얼마인가? (힌트: 상부 흐름의 편차함수는 무시한다.)

답: 269 K

P8.11 액화공정의 일환으로 조름밸브에서 암모니아가 1 bar에서 80%로 압축된다. 만약 상부 흐름 압력이 100 bar라면 이 상부 흐름의 온도는 얼마가 되어야 하는가?

P8.12 분자 규모로부터 거시적 규모에 이르는 압력 방정식을 이용하는 방법에 대한 대안으로 에너지 방정식(식 7.51)을 이용하는 방법을 들 수 있다. 이 방법은 압력 방정식에서의 해석 방법과 비슷하지만 방사방향 분포함수에 대한 식이 퍼텐셜 함수의 전 구간에 대해 적분되어야 한다.

(a) $u(r)$이 사각우물 퍼텐셜(R = 1.5)로 표시되고 $r > \sigma$일 때 $g(r) = 10 - 5(r/\sigma)$이라고 가정한다. $\rho\sigma^3 = 1$, $\varepsilon/kT = 1$일 때의 내부에너지 편차함수를 구하라.

답: −5.7 π

(b) 밀도가 아주 높지 않은 구간에서의 방사방향 분포함수는 모든 온도에서 $g \sim (1 + 2(\sigma/r)^2)$로 적절하게 표시된다고 가정하자. Sutherland 퍼텐셜로 정확하게 표시될 수 있는 유체에서 압축인자에 대한 인력 기여분의 식을 유도하라.

답: $3\pi\rho N_A\sigma^3 N_A\varepsilon/RT$

8.12 연습문제

8.1 van der Waals와 Redlich-Kwong식이 적용되는 기체에서 도함수 $(\partial C_V/\partial V)_T$가 어떤 형태를 갖는가? (Redlich-Kwong식은 익힘문제 P8.1에 주어져 있음) 결과에 대해 논하라.

8.2 Peng-Robinson식을 사용하여 298K에서 포화 액체 n-부탄의 C_P, C_V 및 $C_P - C_V$ (J/mol-K)값을 구하라. 마찬가지로 포화 증기에 대해서 그 값을 구하라.

8.3 다음의 데이터로부터 액체 n-부탄에 대한 C_P, C_V 그리고 이들의 차인 $C_P - C_V$ (J/mol-K)를 계산하라.[2]

T(°F)	P(psia)	V(ft³/lb)	H(BTU/lb)	U(BTU/lb)
20	14.7	0.02661	−780.22	−780.2924302
40	1400	0.02662	−765.05	−771.9507097
0	14.7	0.02618	−791.24	−791.3112598

8.4 8.6절에 나와 있는 엔탈피(H)와 엔트로피(S)에 대한 적분식을 이용하여 $Z = f(T, P)$의 형태로 쓰인 상태방정식에 대해 내부에너지(U), Gibbs 에너지(G), 그리고 Helmholtz 에너지(A) 편차함수에 필요한 적분식을 유도하라.

8.5 예제 8.2에서는 상태방정식을 $Z = f(T, \rho)$의 형태로 표현하였다. 상태방정식은 $Z = f(T, P)$의 형태로도 쉽게 바꿀 수 있다. 상태방정식을 이 형태로 다시 정리하고, 일정한 T, P에서의 여러 편차를 이용하여 문제를 해결하기 위해 8.6절에 주어진 식에 적용하라.

8.6 정압 이상기체 열용량이 $15R$인 기체가 있다. 이 기체는 관심 영역하에서 다음의 상태방정식에 따르며 이때 $a = -1000$ cm³/mole이다.

$$Z = 1 + \frac{aP}{RT}$$

(a) 엔탈피 편차가 다음과 같음을 증명하라.

$$\frac{H - H^{ig}}{RT} = \frac{aP}{RT}$$

(b) 이 기체의 다음과 같은 상태 변화에 따른 엔탈피 변화를 구하라.

$$T_1 = 300\text{ K}, P_1 = 0.1\text{ MPa}, T_2 = 400\text{ K}, P_2 = 2\text{ MPa}$$

8.7 어떤 기체가 정상상태 흐름의 가역 등온 압축기에서 압축된다. 입구 쪽은 300 K, 1 MPa이며, 이 기체는 20 MPa로 압축된다. 이 기체는 다음의 상태방정식을 따른다고

---

2 Starling, K.E. 1973. *Fluid Thermodynamic Properties for Light Petroleum Substances*, Houston, TX: Gulf Publishing.

가정하자.

$$PV = RT - \frac{a}{T}P + bP$$

이때 $a = 385.2\ \text{cm}^3\text{-K/mol}$, $b = 15.23\ \text{cm}^3\text{/mol}$이다. 이 공정에서 기체의 몰당 필요한 일을 계산하라.

8.8 단단한 벽으로 이루어진 1 m^3의 고립된 용기가 동일한 부피의 2개의 방으로 나뉘어 있다. 2개의 방 사이에는 열전달이 허용된다. 한쪽 방은 5 MPa, 300 K의 비이상기체가 채워져 있으며 다른 쪽 방은 완전 진공상태이다. 두 방의 칸막이가 순간적으로 깨진 후, 계가 평형에 도달할 만큼 충분한 시간이 흐른 뒤 계의 온도와 압력이 균일해졌다. 다음 문제의 목적은 최종온도(T)와 압력(P)을 계산하는 것이다.

이 기체는 다음의 상태방정식을 따른다.

$$\frac{PV}{RT} = 1 + \left(b - \frac{a}{T}\right)\frac{P}{RT}$$

여기서 b = 20 cm^3/mole, a = 40,000 cm^3K/mole, C_p = 41.84 + 0.084T(K) J/mol-K이다.

(a) 이 문제에 대한 에너지 수지식과 엔트로피 수지식을 세우고 간략화하라.

(b) 문제를 풀기 위해 요구되는 편차함수에 관한 식을 유도하라.

(c) 최종온도(T)와 압력(P)을 계산하라.

8.9 단순유체의 P-V-T 거동이 문제 8.8에 주어진 상태방정식을 따르는 것으로 밝혀졌다.

(a) 이 유체에 대해 엔탈피 편차함수에 관한 식을 유도하라.

(b) 20 bar, 300 K에서의 엔탈피 편차를 결정하라.

(c) 20 bar, 300 K에서 엔트로피 편차는 어떤 값을 갖는가?

8.10 (a) van der Waals 유체에 관한 엔탈피 및 엔트로피 편차함수를 유도하라.

(b) Gibbs 에너지 편차에 관한 식을 유도하라.

8.11 Soave-Redlich-Kwong식이 문제 7.16에 주어져 있다. 이 상태방정식으로 엔탈피와 엔트로피 편차함수식을 유도하라.

8.12 ESD식이 문제 7.17에 주어져 있다. 이 상태방정식으로 엔탈피와 엔트로피 편차함수식을 유도하라.

8.13 비리얼 상태방정식(식 7.7)에 대해 Helmholtz 에너지 편차에 관한 적분식을 유도하라. 단 B는 온도에만 의존한다. 유도한 적분식을 B와 B의 온도에 관한 도함수로 나타내라.

8.14 열역학적 섭동(perturbation) 이론의 최근 연구는 다음과 같은 상태방정식을 제시한다.

$$Z = 1 + \frac{4\eta_P}{(1-1.9\eta_P)} - \frac{9.5\eta_P}{T + 0.7\exp(-10\eta_P)}$$

(a) $(A - A^{ig})_{T,V}$에 대한 편차함수를 유도하라.

(b) $(U - U^{ig})$에 대한 편차함수를 유도하라.

(힌트: $u = 0.7 + T\exp(10\eta_P)$, $\eta_P = b\rho$.)

8.15 최근 연구는 PC-SAFT 모델이라 알려진 다음의 상태방정식을 제공한다.

(a) Z에 대한 식을 유도하라.

(b) $(U - U^{ig})$에 대한 편차함수를 유도하라.

참고: $\eta_P = b\rho$, m = 분자량에 비례하는 상수, a_i, b_i는 상수.

$$\frac{(A - A^{ig})_{T,V}}{RT} = \frac{m\eta_P(4-3\eta_P)}{(1-\eta_P)^2} - (1-m)\ln\left(\frac{5-2\eta_P}{(1-\eta_P)^3}\right) - A_1\beta\varepsilon - A_2(\beta\varepsilon)^2$$

$$A_1 = 12m\eta_P\sum_{i=0}^{6} a_i\eta_P^i,\ A_2 = \frac{m^2 6\eta_P\sum_{i=0}^{6} b_i\eta_P^i}{1 + \frac{4m\eta_P(2-\eta_P/2)}{(1-\eta_P)^4} + \frac{(1-m)\eta_P(20-27\eta_P+12\eta_P^2-2\eta_P^3)}{[(1-\eta_P)(2-\eta_P)]^2}}$$

8.16 N.B. Vargaftik[3](1975)는 175°C에서 이소부탄의 엔탈피 편차에 대한 실험값을 다음의 표와 같이 나타내었다. 다음의 방법으로 이론값을 계산하고 실험값과의 백분율 오차를 계산하라.

P(atm)	10	20	35	70
$H - H^{ig}$(J/g)	−15.4	−32.8	−64.72	−177.5

(a) 일반화된 도표를 이용하라.

(b) Peng-Robinson식을 이용하라.

8.17 다음의 각 유체의 상태 변화에 대해 Peng-Robinson식을 이용하여 계산을 수행하라. (a) 표를 준비하고, 초기 및 최종상태에 대한 몰당 부피, 엔탈피, 엔트로피를 요약하라. (b) 이 공정에 대한 ΔH와 ΔS를 계산하라. (c) 유체가 이상기체일 때의 ΔH, ΔS와 비교하라. 기준상태를 명시하라.

(a) 1 bar, 60°C의 프로판 기체가 125 bar, 250 °C 상태로 압축된다.

(b) −40°C, 0.1013 MPa의 메탄 기체가 10°C, 7 MPa로 압축된다.

3 연습문제 6.6의 Vargaftik 참고문헌을 보라.

8.18 어느 피스톤에 425 K, 8.5 MPa하의 프로판 기체 2몰이 들어 있다. 이 피스톤이 어떤 경로에 따라 여러 상태 변화를 거쳐 최종상태가 444 K, 3.4 MPa이 되었으며, 이때 기체에 의해 행해진 전체 일은 2 kJ이라고 한다. Peng-Robinson식을 이용했을 때 이 기체의 엔탈피 변화(ΔH)는 얼마이며 또 얼마나 많은 열이 이동하였는가? 참고: 기준상태는 임의로 선택이 가능하지만 필요하면 400 K, 0.1 MPa의 기체상태를 이용하라.

8.19 Peng-Robinson식을 이용하여 부탄이 271K, 1 bar의 포화 액체상태로부터 352 K, 10 bar의 증발 기체로 변화할 때의 엔트로피 변화(J/mole-K)를 계산하라. 271 K에서 편차함수값이 전체 변화에서 차지하는 비율은 얼마인가? 편차함수에 의한 352 K에서의 변화 비율은 얼마인가?

8.20 마찰이 없는 피스톤/실린더 장치 내에서 부피가 1 m³인 CO_2가 150°C, 50 bar의 초기 상태에서 최종 압력 300 bar로 등온 압축된다. 압축 기체의 부피, $\Delta \underline{U}$, 그리고 기체를 압축시키기 위해 행한 일을 계산하라. 압축과정에서의 열흐름에 대한 가정은 다음과 같다.

(a) CO_2는 이상기체이다.
(b) CO_2는 Peng-Robinson식을 따른다.

8.21 단열 압축과정에 대하여 문제 8.20을 풀어라.

8.22 식 $T_2 = T_1(P_2/P_1)^{R/C_P}$의 오차한도를 편차함수를 이용하여 계산했을 때, T_2가 5% 이내로 예측되는 것으로 설정하고자 한다. $\omega = 0$이고, $T_r = [1, 10]$의 상태 1에서 벤치마킹으로 Peng-Robinson식을 사용할 경우 위의 설정이 유효한 값을 결정하라.

8.23 유체로서 공기 대신 벤젠을 이용하고 이상기체라는 가정 없이 문제 3.11을 다시 계산하라. 상태방정식은 Peng-Robinson식을 이용한다. 동일한 초기상태에 대해서

(a) 탱크의 최종온도는 499.6 K가 되지 않을 것이다. 온도는 얼마가 될 것인가?
(b) 공정의 마지막에서 남아 있는 몰수는 얼마인가?
(c) 공정에 대한 에너지 수지식을 세우고 간략화하라. 피스톤/실린더 내 기체의 최종 온도를 결정하라.

8.24 30 bar, 100°C의 에틸렌이 조름밸브를 통과하여 열교환기를 거쳐 20 bar, 150°C로 되었다. 에틸렌이 Peng-Robinson식을 따르는 경우, 에틸렌 몰당 열교환기 내부로 주입되는 열의 양을 계산하라.

8.25 다단 단열 압축의 마지막 단에서 메탄이 −75°C, 2 MPa로부터 6 MPa로 압축된다. 압축기의 효율이 76%라면 메탄 1몰당 얼마나 많은 양의 일을 공급하여야 하는가? 또 출구의 온도는 얼마인가? 이 출구온도는 가역 압축기를 이용했을 때의 결과와 비교하면 어떻게 되겠는가? Peng-Robinson식을 이용하라.

8.26 우리의 우주 계획은 우주 정거장에서 전기를 생성할 수 있는 이동식 엔진을 필요로 한다. 이를 위해 Rankine 사이클의 맞춤형 작동유체로서 나트륨(T_c = 2300 K, P_c = 195 bar, ω = 0, C_p/R = 2.5)의 사용이 제안되었다. 고온 흐름은 터빈을 통과하기 전에는 과열되지 않는다. 대신에 포화 증기(T = 1444 K, P^{sat} = 0.828 MPa)가 곧바로 터빈(단열, 효율은 100%)을 통과해 간다. Rankine 사이클에서의 그 외의 나머지 부분은 보통의 Rankine 사이클과 같다. 즉, 터빈의 출구 흐름은 냉각기를 통해 나가며, 여기서 1155 K(이 온도는 나트륨의 표준 비점이다)에서 포화 액체로 냉각되고, 펌프를 통해(펌프가 하는 일은 무시) 보일러로 되돌아가게 된다.

(a) 터빈으로부터 나오는 유체의 질(quality)을 결정하라.

(b) 사이클로 입력되는 단위 열당 생산되는 일을 계산하라. 그리고 동일한 온도 T_H 와 T_C 사이에서 작동되는 카르노 사이클에서의 값과 비교하라.

8.27 0.1 MPa 압력하의 정상 흐름 공정에서 n-부탄을 액화시키기 위해 필요한 최소한의 축일(shaft work)은 몇 kW인지 계산하라. 0.1 MPa에서의 포화온도는 271.7 K이다. 부탄은 12 mol/min, 0.1 MPa, 290 K로 들어가며, 0.1 MPa, 265 K로 나온다. 주위는 298 K, 0.1 MPa 상태하에 있다.

8.28 어느 탱크가 내부 격막에 의해 같은 크기의 두 부분으로 나뉘어 있다. 한쪽 부분은 700 bar, 298 K의 아르곤이 있으며 다른 쪽 부분은 완전 진공상태이다. 갑자기 격막이 깨지고 충분히 시간이 흘러 계가 평형에 도달했을 때의 기체의 최종온도와 압력을 계산하라. 탱크와 기체 사이의 열전달은 없다고 가정하고, 아르곤 기체는,

(a) 이상기체이다.

(b) Peng-Robinson식에 따른다.

8.29 이전 문제에서 격막이 갑자기 깨지는 대신 조금씩 새는 경우, 만약 기체와 탱크 사이의 열전달이 없다면 유체의 흐름이 정지한 후 각 탱크 내의 기체의 온도와 압력은 얼마가 되겠는가? 아르곤은 Peng-Robinson식을 따른다고 가정한다.

8.30 위 문제와 관련된 실제적인 응용으로서 압축 유체를 담고 있는 조그마한 캔을 이용하여 바람 빠진 타이어를 다시 부풀리는 예가 있다. 이 제품을 'Fix-a-flat'이라고 명명하고 프로판을 이용하여 fix-a-flat 시스템을 고안한다고 가정하자. 캔의 부피는 500cm³이고 타이어는 40,000 cm³이다. 타이어는 등온상태를 유지하고 있으며, 이상기체식을 이용할 수 있을 만큼 충분히 압력이 낮다고 가정한다. 이 캔은 298 K, 10 bar하에서 250 g의 포화 액체 프로판을 담고 있다. 캔 내부의 압력이 0.85 MPa로 떨어진다면, 타이어 내의 압력은 얼마나 되겠는가? 그리고 캔 내부에 남아 있는 프로판의 양은 얼마가 되겠는가? 잠시 동안 차가 움직일 수 있는 타이어의 압력은 20 psig면 충분하다고 가정한다면 타이어 내의 압력은 충분한가? 그리고 동일한 캔으로 또 다른 타이어도 채울 수 있는가?

8.31 일반적인 액체의 엔탈피는 온도에 대해 거의 선형적으로 변화한다. 그러므로 일반적인 액체에 대해 단일 통과 향류 열교환기에서 두 유체의 온도분포 곡선은 거의 선형에 가깝게 나타난다. 그러나 고압 기체의 엔탈피는 정압 열용량이 임계점 근처에서 매우 크기 때문에 온도와 비선형적인 관계가 될 수 있다. 예를 들어 8.6 MPa, 115°C 상태로 들어가는 CO_2 흐름을 냉각시키기 위한 향류 열교환기를 고려해 보자. 출구는 8.6 MPa이며 온도는 22°C이고, 냉각은 향류로 주입되는 10°C의 물을 이용하여 수행된다. 1 mol/min의 CO_2를 기준으로 계산하라.

(a) 기준상태로서 출구상태에 대해 $H = 0$을 이용하고, 가로축을 $\underline{H}$로 하여 세로축에 CO_2의 온도(°C)를 도시하라.

(b) 열교환기의 향류 흐름에서 미분길이 dx에 대해 $d\underline{H}_{water}/dx = d\underline{H}_{CO2}/dx$이므로, 이에 상응하는 물에 관한 T 대 $\underline{H}$의 그림(입구상태를 기준상태로 사용)은 CO_2에 접촉하는 흐름에 대한 물의 온도분포 곡선을 나타낼 것이다. 물의 분포곡선은 물 흐름이 CO_2보다 더 냉각되어야 하기 때문에 CO_2 분포곡선의 아래에 와야 한다. 만약 물의 분포곡선이 CO_2의 분포곡선과 마주치면, 그 위치를 핀취점(pinch point)이라 하며, 열교환기는 무한히 커질 필요가 있다. 무한대 크기의 열교환기에 대해 얻을 수 있는 물의 출구 쪽 최대온도는 얼마인가?

(c) 두 흐름에 대한 온도차를 최소한 약 10°C로 보장하기 위한 물의 배출온도는 대략 얼마인가?

8.32 분자 수준에서 거시 수준으로 변환시키는 방법인 압력 상태방정식에 대한 대안으로 에너지 상태방정식에 의한 방법을 들 수 있다(식 7.50). 이 방법은 압력 상태방정식의 해석과 비슷하나 방사방향 분포함수에 대한 식은 퍼텐셜 함수의 구간에 대해 적분하여야 한다. 방사방향 분포함수가 모든 온도와 밀도에서 다음과 같이 표시될 수 있다고 가정하자.

$$r < \sigma \text{일 때, } g = 0$$

$$r < \sigma \text{일 때, } g \sim 1 + \rho N_A \sigma^6 \varepsilon/(r^3 kT)$$

식 (7.50)을 이용하여 다음 항에 의해 정확히 표시되는 유체에 대해 내부에너지 편차 함수식을 $\rho N_A \sigma^3 = 0.6$, $\varepsilon/kT = 1$에서 유도하라.

(a) $\lambda_{sw} = 1.5$인 사각우물 퍼텐셜

(b) Sutherland 퍼텐셜

8.33 6장에서 설명된 압력 상태방정식으로부터 시작하여, 다음을 적용한 상태방정식에 적절한 미분과 적분을 수행함으로써 $\rho N_A \sigma^3 = 0.6$, $\varepsilon/kT = 1$에서의 내부에너지 편차함수를 구하라.

$$r < \sigma \text{일 때}, \ g = 0$$

$$g \sim 1 + \rho N_A \sigma^6 \varepsilon / (r^3 kT), \quad r > \sigma$$

모든 온도와 밀도에서

(a) $\lambda_{sw} = 1.5$인 사각우물 퍼텐셜

(b) Sutherland 퍼텐셜

(c) 위의 결과를 문제 8.32에서 얻은 결과와 비교하고 이들이 서로 같지 않은 이유를 설명하라.

8.34 분자모사는 상태방정식에 대한 개별적 기여의 정확성과 의미를 분석하는 데 사용된다. Etomica.org의 DMD 모듈을 사용하여 Xe의 에너지 편차를 분석하라.

(a) $\eta_P = 0.167$, $\lambda = 1.7$에서의 모사결과를 다음 표로 나타내었다. 이들 데이터와 연습문제 7.23에 있는 $\eta_P = 0.375$에서의 자료에 대해 $U/N_A\varepsilon$ 대 $\beta\varepsilon$를 도시하라.

(b) $\eta_P = 0.375$에서의 최적 ε, δ값을 사용하여 모사된 Xe의 $U - U^{ig}$ 대 $1000/T$의 그래프를 준비하고, Webbook.nist.gov로부터 같은 축의 22.14 mol/L에서의 Xe의 등용 데이터를 나타내라.

(c) $U - U^{ig}$는 $\beta\varepsilon$와 일반적으로 선형관계를 보인다. Z 또한 $\beta\varepsilon$와 선형관계를 보인다. $(A - A^{ig})_{TV}/RT$와는 두 데이터가 어떠한 경향을 보이는가? 그들은 서로 일치하는가? 설명하라.

(d) 사다리꼴 규칙(trapezoidal rule)과 에너지 방정식(식 7.49)을 이용하여 2개의 주어진 $g(r)$로 $U - U^{ig}$를 추정하고 파선으로 도시하라. 당신의 예측치(AAD%)가 얼마나 정확하며 어떻게 이를 향상시킬 수 있는가?

$\eta_P = 0.167$, $\lambda = 1.7$에서의 SW 결과

η_P	$\beta\varepsilon$	Z	$(U - U^{ig})/RT$	$g(\sigma)$	$g(\lambda\sigma)$
0.167	0.335	0.988	−1.04	1.6	1.2
0.167	0.384	0.820	−1.20	1.6	1.2
0.167	0.512	0.456	−1.63	1.7	1.3
0.167	0.624	0.156	−2.01	2	1.5
0.167	0.709	−0.038	−2.31	2.3	1.55

8.35 서로 비슷한 퍼텐셜 함수를 갖고 있지만, 다음 그림과 같이 모양이 반대인 2개의 분자를 고려해 보자. 어느 분자 (A 또는 B)가 더 큰 내부에너지 편차를 갖는가? 두 퍼텐셜 모델의 방사방향 분포함수는 비슷하다고 가정할 수 있다.

(a) 해답을 뒷받침할 수 있는 적절한 식에 근거한 이유

(b) 원자들이 차지하는 부피 분율(packing fraction)이 0.4이고 온도가 50 K인 조건에서 $(U - U^{ig})/RT$의 값을 계산하라. 방사방향 분포함수는 다음의 값을 따른다고 가정한다.

r(nm)	0.3	0.45	0.6
g(r)	6.93	0.91	1.05

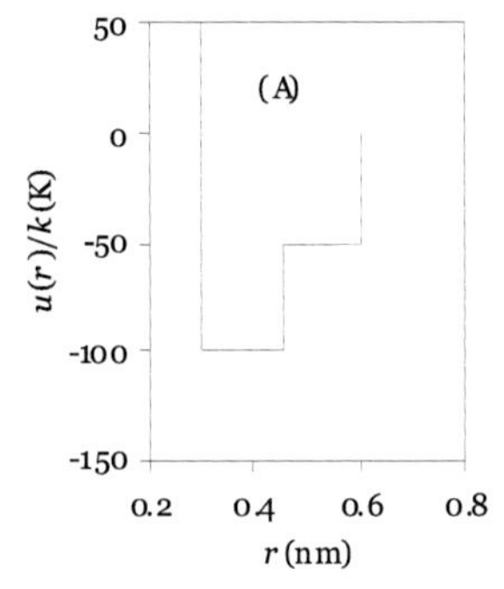

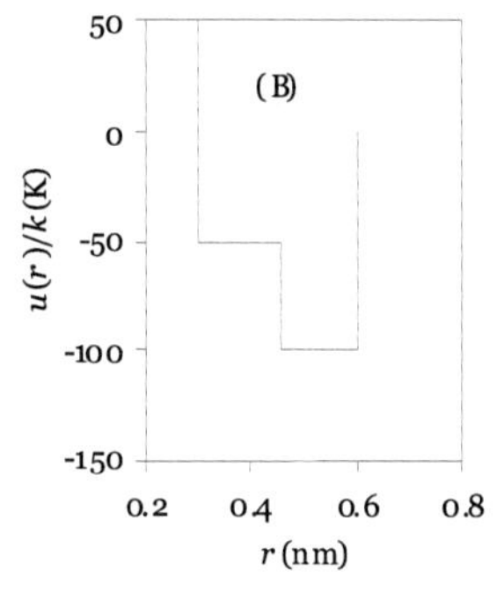

9 CHAPTER

순수유체에서의 상평형

이론적인 연구의 주요한 목적 중 하나는 그 주제를 가장 단순하게 표현할 수 있게 하는 관점을 찾아내는 것이다.

J. W. Gibbs(1881)

상평형의 문제는 '(유입−유출) = 축적'과는 확연히 구분된다. 기본적인 수지식은 조름, 펌프 이송, 압축 등 다수의 통상적인 조작을 묘사하는 데 유용하며, 본질적으로 모든 공정을 이해하기 위해 필요한 기준을 제공한다. 그러나 수지식이 상평형 문제를 해결하는 데는 비교적 단순한 기여만 하므로 무시되는 반면에 '몇 개의 상이 존재하는가?'와 같은 간단한 문제해결에 주된 역할을 한다.

상평형의 일반적 문제는 화학 열역학과 일반적인 열역학을 구별하는 데 상당히 중요한 역할을 한다. 만약 우리가 단지 수증기에만 관심이 있다면, 수증기로 할 수 있는 다양한 일들에 중점을 두고, 필요로 하는 모든 성질은 수증기표를 이용하는 것이 타당하다. 그러나 우리의 관심이 무한한 수의 화학종과 혼합물에 있다면, 보다 통합적으로 응용할 수 있는 원리가 필요하다. 우리는 화학 열역학에 관심을 두므로, 물성 예측을 광범위하게 다루어야 한다. 상평형의 결정은 가장 중요한 것 중의 하나이며 예측 또한 어렵다. 따라서 분리공정의 설계를 위해서는 상평형을 이해하고 모델을 수립하며 예측하는 능력이 특히 중요하다. 이 분리조작은 전형적으로 공장설비의 자본비용 측면에서 가장 중요한 부분을 차지하며, 이를 설계하고 유지 및 수리를 위해 필요한 지식을 갖춘 공학도가 요구된다.

거의 대부분의 분리공정에서 제어변수는 온도와 압력이다. 그러므로 우리가 상의 거동에 대한 모델링을 시도할 때 온도와 압력의 자연함수가 되는 열역학 성질들을 찾아야 한다. 편의성질에 관한 앞 장에서의 검토에서 Gibbs 에너지가 그러한 함수임을 보인 바 있다.

> ❗ 고정된 T, P에서 상평형은 P, T의 자연함수로서의 G를 사용하면 가장 쉽게 이해된다.

$$G \equiv U + PV - TS \qquad dG = -SdT + VdP \qquad \langle 식\ 9.1 \rangle$$

정의된 수학적 성질로서의 Gibbs 에너지는 엔탈피와 엔트로피가 개념적으로 설명하기 어려운 것과 마찬가지로 추상적인 함수이다. 그러나 P와 T의 자연함수에 대한 필요성 때문에 Gibbs 에너지의 사용이 요구된다.

학습목표

1. Clapeyron과 Clausius-Clapeyron식을 이용하여 제한된 데이터로부터 열역학 성질 계산.
2. 간단한 증기압식의 기원과 그 한계를 설명.
3. Antoine식을 이용하여 포화온도와 포화 압력을 계산.
4. Gibbs 에너지의 편차와 퓨가시티 사이의 관계를 설명.
5. 주어진 온도와 압력에서 이상기체 모델, 비리얼 상태방정식, 또는 3차 상태방정식을 이용하여 퓨가시티값의 예측(적절한 단위로).
6. 주어진 3차 상태방정식과 매개변수값 Z, A, B로 증기와 액체의 퓨가시티 계수 계산 및 여러 개의 근 중 가장 안정된 근의 결정.
7. 증기압이 주어진 경우에 액체 또는 고체의 퓨가시티 예측.
8. 포화상태에서의 상태방정식의 결과 해석과, 두 상의 혼합물에서 엔탈피, 내부에너지, 엔트로피와 같은 성질에 지렛대 법칙(lever rule)의 적용.
9. 도표나 표보다는 열역학 성질에 대한 3차 상태방정식을 이용하여 조름(throttling), 압축기, 터빈 팽창기 문제를 해결.

9.1 상평형의 판별기준

상평형의 제약 조건에 대한 서론으로 다음과 같은 예를 고려해 보자. 임의의 피스톤/실린더 장치 내에 −12°C의 프로판 액체와 기체가 들어 있다. 피스톤을 정해진 구간만큼 내려 누른다. 등온 조건을 유지하기 위하여 열교환이 이루어지고, 2개의 상은 그대로 유지된다. 이때 압력은 얼마나 증가될까?

이것은 속임수 질문이다. 단일성분에 대해 일정한 온도에서 2개의 상이 존재하는 한 계의 압력은 증기압으로 일정하게 고정되므로 그 답은 0만큼 증가한다. 기상과 액상의 몰부피 역시 상태함수이기 때문에 일정하게 유지된다. 그러나 전체 부피가 변함으로써 액체의 양은 증가하고 기체의 양은 감소한다. 먼저 $n = n^L + n^V$인 닫힌계에서 계산을 수행해 보자. 전체계에 대하여 $\underline{V} = n^L V^{satL} + n^V V^{satV} = nV^{satL} + q \cdot n \cdot (V^{satV} - V^{satL})$이며 V^{satL}와 V^{satV}가 고정되어 있고 $V^{satL} < V^{satV}$이기 때문에 $\underline{V}$가 감소하면 q가 감소하게 된다.[1]

1 계의 부피를 $\underline{V} < nV^{satL}$일 때까지 줄이면 이는 액체를 압축하게 되는 것이며, 압력이 매우 높아지게 된다. 압력이 얼마나 높은지를 상태방정식을 사용하여 계산할 필요가 있다. 이와 유사하게, 부피가 팽창하는 계에서 $\underline{V} > nV^{satV}$인 조건에서는 오직 증기만이 존재하게 된다. 주안점은 q값이 $0 < q < 1$ 인 범위에서만 물리적으로 의미가 있다는 것이다.

2개의 상이 존재하는 한, 온도와 압력이 처음부터 끝까지 일정하기 때문에 식 9.1을 적용하면 계의 각 상에서의 Gibbs 에너지 변화량은 처음부터 끝까지 0이 되어야 한다. 즉 $dG^L = dG^V = 0$.
전체계에 대하여,

$$G = n^L G^L + n^V G^V, \text{ 곱의 미분법에 의하여} \Rightarrow d\underline{G} = n^L dG^L + n^V dG^V + dn^L G^L + dn^V G^V \quad \langle 식\ 9.2 \rangle$$

그러나 물질수지식에 의해서 $dn^L = -dn^V$이며 이것을 사용하면 식 9.2는 $0 = G^L + G^V$ 또는

$$\boxed{G^L = G^V} \text{ 순수유체 상평형} \quad \langle 식\ 9.3 \rangle$$

Gibbs 에너지는 상평형을 특징짓는 주된 성질이다.

이것은 매우 중요한 결과이다. 다시 말해서 $G^L = G^V$는 상평형의 조건이다. 다른 열역학 함수인 U, H, S 그리고 A는 모두 각 상에서 같은 값을 갖지 않는다. 만일 상평형이 존재한다는 것과 또 하나의 제약 조건(예: 온도)을 지정하면 각 상의 모든 상태함수는 고정되고 상태방정식과 열용량에 의해 결정된다.

수증기표에 대한 우리의 경험에 근거하면 포화상태에서 모든 상태함수를 계산하기 위해 단지 하나의 변수만을 규정할 필요가 있다는 것은 놀랄 일이 아니다. 제약 조건 $G^L = G^V$는 단순히 '포화되었다'는 것의 수학적 표현이다. 예로서, 수증기표에서 임의의 포화 조건을 선택하고 각 상에 대해서 $G = H - TS$를 계산한다. 수학적 표현의 이점은 이것이 많은 화학종에 적용할 수 있는 특정의 등식을 만들어 낸다는 것이다. $G^L = G^V$에 대해 강력히 통찰함으로써 우리는 상평형에 관한 좀 더 어렵고 중요한 많은 질문에 대한 답변을 얻을 수 있다.

9.2 Clausius-Clapeyron식

우리는 평형에 관한 이러한 개념을 저압에서 증기압의 온도 의존성에 관한 아주 단순한 식을 얻는 데 응용할 수 있다. '고도의 단순성에 대한 관점'으로서 Clausius-Clapeyron식은 매우 중요한 예이다. 증기압 곡선의 기울기 dP^{sat}/dT를 찾아내려 한다고 가정하자. 증기압에 관한 계산이므로 온도가 변해도 두 상의 Gibbs 에너지는 서로 같다는 제약 조건이 적용되어야 한다. 만약 기상의 Gibbs 에너지가 변한다면, 액상의 Gibbs 에너지 또한 같은 양만큼 변하여야 한다. 즉,

$$dG^L = dG^V$$

기본적인 성질의 관계식을 다시 쓰면 $\Rightarrow dG = V^V dP^{sat} - S^V dT = V^L dP^{sat} - S^L dT$ 이를 다시 정리하면

$$\Rightarrow (V^V - V^L)dP^{sat} = (S^V - S^L)dT \quad \langle 식\ 9.4 \rangle$$

엔트로피는 측정이 어려운 성질이다. 엔트로피를 대체하기 위하여 기본적인 성질을 이용하자. Gibbs 에너지의 정의에 의하여 $G^V = H^V - TS^V = H^L - TS^L = G^L$

$$S^V - S^L = \Delta S^{vap} = \frac{(H^V - H^L)}{T} = \frac{\Delta H^{vap}}{T}$$ 〈식 9.5〉

식 9.5를 식 9.4의 $S^V - S^L$에 대입하면 포화곡선을 따라 순수한 유체에 적용할 수 있는 Clapeyron식을 얻게 된다.

Clapeyron 식.

$$\frac{dP^{sat}}{dT} = \frac{\Delta H^{vap}}{T(V^V - V^L)}$$ 〈식 9.6〉

주의: 이러한 일반적인 형태의 Clapeyron식은 어떠한 종류의 상평형에도 응용할 수 있다. 고-기 및 고-액 사이의 평형에는 식 9.6에 승화와 융해 성질을 각각 대입하면 된다. 식 9.6은 기-액 사이의 평형에 대하여 유도한 것이다.

이 식을 증기압(예: 기-액 평형)에 응용하기 위한 몇 가지 단순화 과정이 있다. 식 9.6을 Z^V와 Z^L의 항으로 나타내기 위해 양변에 T^2을 곱하고 P^{sat}로 나누면

$$\frac{T^2}{P^{sat}}\frac{dP^{sat}}{dT} = \frac{\Delta H^{vap}}{R(Z^V - Z^L)}$$

방법을 바꾸어 미적법을 이용해서 Clapeyron식은,

$$\frac{dP^{sat}}{P^{sat}} = d\ln P^{sat} \quad \text{그리고} \quad d\left(\frac{1}{T}\right) = -\frac{dT}{T^2}$$

이것을 결합시키면 변형된 형태의 Clapeyron식을 얻게 된다.

Clapeyron 식.

$$d\ln P^{sat} = \frac{-\Delta H^{vap}}{R(Z^V - Z^L)} d\left(\frac{1}{T}\right)$$ 〈식 9.7〉

'낮은' 환산온도에서 임계점으로부터 멀리 벗어난 상태의 기체의 경우 $Z^V - Z^L \approx Z^V$이다. 또한 증기압이 1 bar 근처인 경우 이상기체로 간주할 수 있으므로 $Z^V \approx 1$이 되며 따라서 Clausius-Clapeyron식은 다음과 같이 표현된다.

Clausius-Clapeyron 식.

$$d\ln P^{sat} = \frac{-\Delta H^{vap}}{R} d\left(\frac{1}{T}\right)$$ 〈식 ig 9.8〉

예제 9.1 비점 아래, 또는 근처에서의 Clausius-Clapeyron식

Clausius-Clapeyron식을 근거로 하여 증기압의 온도 의존성을 예측하는 식을 유도하라.

풀이

비점 근처에서 ΔH^{vap}가 거의 일정하다고 가정하면 Clausius-Clapeyron식의 양변을 비점에서부터 포화곡선상의 또 다른 상태까지 다음과 같이 적분할 수 있다.

$$\ln\left[\frac{P^{sat}}{P_R^{sat}}\right] = \frac{-\Delta H^{vap}}{R}\left[\frac{1}{T} - \frac{1}{T_R}\right] \quad \langle식\ 9.9\rangle$$

여기서 P_R^{sat}은 0.1013 MPa이고 T_R은 표준 비점(normal boiling point)이다. 이 식은 두 가지 다른 방법으로 사용될 수 있다. (1) ΔH^{vap}를 조사하고 이를 이용하여 새로운 온도 T에서 P^{sat}를 계산한다. (2) 2개의 증기압 자료를 사용하여 ΔH^{vap}를 계산한 후 방법 (1)에 따라 또 다른 P^{sat}를 계산한다.

1개의 증기압값은 통상적으로 환산온도 0.7에서의 환산증기압인 이심인자로부터 얻는다(흔히 비점은 이 온도 근처에 있다). 즉, 이심인자의 정의를 이용하여 임계점에 연관된 증기압을 계산할 수 있다.

9.3 포화상태 성질의 지름길 계산

낮은 온도에서 증기압을 계산하는 2개의 상수를 갖는 간단한 식이 Clausius-Clapeyron식으로부터 야기됨을 알았다. 그러면 높은 온도에서는 어떻게 될까? 물론 높은 온도에서는 증기압이 커지기 때문에 Clausius-Clapeyron식을 유도하는 데 사용된 이상기체라는 가정은 적절치 못하다. 그러므로 Clapeyron식으로 되돌아가야 한다. 만일 $\Delta H^{vap}/\Delta Z^{vap}$ 항이 넓은 온도범위에서 일정하다면 다시 간단한 식으로 만들 수 있다. 분명히 ΔZ^{vap}는 일정하지 않다. 임계점에 접근할수록 증기와 액체의 부피는 서로 비슷하게 되고, 결국 같은 값을 가지며 $\Delta Z^{vap} \to 0$이 된다. 그렇지만 임계점에서 증기와 액체의 엔탈피도 서로 같은 값을 갖게 되어 $\Delta H^{vap}/\Delta Z^{vap}$를 일정한 상수로 가정할 수 있다. 이러한 전제를 분석하기 위하여 $\Delta H^{vap}/\Delta Z^{vap}$가 상수라고 가정하고 실험 데이터를 식 9.7의 형태로 도표로 나타내 보자. $\Delta H^{vap}/\Delta Z^{vap}$가 일정한 상숫값이 되려면 곡선의 기울기가 일정하여야 한다. 두 종류의 유체에 대한 도표가 그림 9.1에 나타나 있다.

결론적으로 $\Delta H/\Delta Z$가 상수라는 것은 적절한 가정이며, 특히 $0.5 < T_r < 1.0$의 범위에서 타당하다. 에탄에 대한 도시에서 $1/T_r > 2$ (표준 비점보다 낮은 온도)에서 기울기와 절편이 다른 또 하나의 선형범위가 있음을 보여 준다. 이전 절의 접근방식은 $T_r < 0.5$에서 적용되어야 한다. 증기압에 대한 Clapeyron식을 적분하면 다음과 같다.

$$\ln\left(\frac{P^{sat}}{P_R}\right) = -\frac{\Delta H^{vap}}{R\Delta Z^{vap}}\left(\frac{1}{T} - \frac{1}{T_R}\right) \quad \langle식\ 9.10\rangle$$

❗ $\ln p^{sat}$ 대 $1/T$의 관계가 거의 선형적이다.

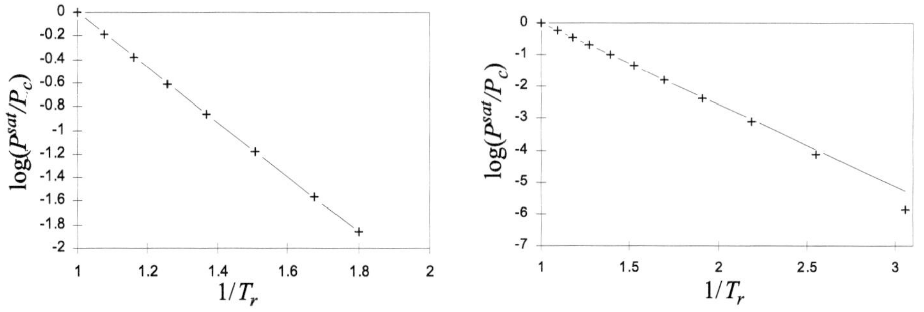

그림 9.1 • 고압에서의 증기압을 계산하기 위한 Clausius-Clapeyron식의 평가를 위한 도표. 아르곤 (좌), 에탄 (우)

예제 9.2 증기압 내삽

프로판이 −12°C(261.2 K)에서 증기 및 액체상태로 피스톤/실린더 장치 내에 들어 있을 때 압력은 얼마일까? 비점(화학편람에서 구할 수 있음), 임계 성질, 이심인자만을 사용하여 답하라.

풀이

이심인자에 의하여 주어지는 비점과 증기압을 사용하여 식 9.10의 $(-\Delta H^{vap})/(R\Delta Z^{vap})$를 계산하고 비점과 $(-\Delta H^{vap})/(R\Delta Z^{vap})$를 이용하여 원하는 증기압을 결정한다. 먼저 $T_r = 0.7$에서의 증기압을 구하기 위하여 이심인자를 사용하자. 프로판의 경우 $T_c = 369.8$ K, $P_c = 4.249$ MPa, $\omega = 0.152$이다. 이심인자의 정의를 재정리하여 증기압을 MPa 단위로 계산하면 $(P^{sat}|_{Tr=0.7}) = P_c \cdot 10^{(-(1+0.152))} = 0.2994$ MPa이 된다.[a] 이 압력에 상응하는 온도는 $T = T_r \cdot T_c = 0.7 \cdot 369.8 = 258.9$ K이다. CRC 편람에 의하면 프로판의 표준 비점은 −42°C = 231.2 K이다. 이 증기압 자료를 식 9.10에 이용하면,

$$\ln(0.2994/0.1013) = -\Delta H^{vap}/(R\Delta Z^{vap})(1/258.9 - 1/231.2) \Rightarrow -\Delta H^{vap}/(R\Delta Z) = -2342 \text{ K}$$

그러므로 비점과 $-\Delta H^{vap}/(R\Delta Z^{vap})$의 값을 이용하면

$$P^{sat}(261.2 \text{ K}) = 0.1013 \text{ MPa} \cdot \exp[-2342(1/261.2 - 1/231.2)] = 0.324 \text{ MPa}$$

이 같은 계산값은 실험치 0.324 MPa과 정확히 일치한다.

a 이 조건에서 Clausius-Clapeyron식을 사용할 수 있을까? Clausius-Clapeyron식은 이상기체식이 사용되므로 이상기체 법칙을 따르기 위해서는 P^{sat}가 충분히 낮아야 한다. 이 상태에서의 편차는 비리얼 상태 방정식으로 간단히 조사할 수 있다, 즉, $P_r = 0.07$, $T_r = 0.7$, $B^0 = -0.664$, $B^1 = -0.630$, $Z = 0.924$이다. 그러므로 Clausius-Clapeyron식을 적용하는 것은 타당치 못하다. 그럼에도 이 좁은 영역에서는 증기압 계산에서 아마 같은 값을 얻게 될 것이며, 이로 인한 ΔH^{vap}에 대한 부정확한 값은 여러분으로 하여금 차후의 계산에서 오차를 유발케 할 것이다.

식 9.10이 넓은 온도범위에서 선형적 관계를 나타내고 있기 때문에, 임계점을 기준으로 하고 이심인자를 증기압 곡선상의 두 번째 점으로 정하여 포화 압력을 예측할 수 있는 일반적인 식을 유도할 수 있다.

$P_R = P_c$, $T_R = T_c$라 놓으면

$$\ln(P_r^{sat}) \approx \frac{-\Delta H^{vap}}{R\Delta Z^{vap} T_c}\left(\frac{T_c}{T} - \frac{T_c}{T_c}\right) = \frac{\Delta H^{vap}}{R\Delta Z^{vap} T_c}\left(1 - \frac{1}{T_r}\right)$$

지름길 예측(빠른 계산)에는 상용대수의 사용이 일반적인데, 이는 10배의 크기를 가시화하기 편리하기 때문이다.

$$\log_{10} P_r^{sat} = \frac{1}{2.303}\frac{\Delta H}{R\Delta Z T_c}\left(1 - \frac{1}{T_r}\right) \equiv A\left(1 - \frac{1}{T_r}\right)$$

이 식을 식 7.2로 정의되는 이심인자에 연결하면

$$\log_{10} P_r^{sat}\Big|_{T_r = 0.7} \equiv -(\omega + 1) = A\left(1 - \frac{1}{0.7}\right) = -\frac{3}{7}A \Rightarrow A = \frac{7}{3}(1 + \omega)$$

가 되고 결과적으로 다음과 같은 **지름길 증기압 계산식**을 얻게 된다.

$$\boxed{\log_{10} P_r^{sat} = \frac{7}{3}(1 + \omega)\left(1 - \frac{1}{T_r}\right)} \qquad \langle 식\ 9.11\rangle$$

❗ 지름길 증기압 계산식. 이 식은 $T_r = 0.5$ 이하에서는 유의해서 사용한다.

주의: 지름길 증기압 계산식은 빠른 증기압 추정을 위한 근사식으로 간주되어야 한다. 이 근사법은 일반적으로 $P = 0.5$ bar 이상에서 적절한 방법이다. 낮은 압력(그리고 온도)상태에서는 백분율 오차가 커진다. 이 증기압 추정은 일반적으로 40~50 bar 범위의 임계 압력과 이심인자($T_r = 0.7$에서)를 기준으로 함을 염두에 두어야 한다.

예제 9.3 지름길 증기압 계산식의 응용

지름길 증기압 계산식을 이용하여 −12°C에서 프로판의 증기압을 계산하고 예제 9.2의 결과와 비교하라.

풀이

온도 −12°C의 프로판에 대하여 $T_r = 261.2/369.8 = 0.7063$,

$$P^{sat}(-12°C) \approx P_c \cdot 10^{\frac{7(1+\omega)}{3}\left(1 - \frac{1}{0.7063}\right)} = 0.324 \text{ MPa}$$

이 결과는 매우 간단히 계산되었으나 예제 9.2의 결과와 우수한 일치성을 보인다.

예제 9.4 Clapeyron식의 일반적 응용

액체 부탄이 압력 1.88 MPa의 포화 액체상태로 증발기에 유입된다. 유입된 부탄은 증발기에서 유입 압력과 같은 압력으로 90% 젖은 증기(wet vapor)상태로 배출된다. 다음의 정보로부터 유입되는 부탄 1 g당 증발기에 부과되는 열을 계산하라.
부탄은, $T_C = 425.2$ K, $P_C = 3.797$ MPa, $\omega = 0.193$이다. 지름길 방법을 택해 증발기의 온도를 추종하고, Peng-Robinson식을 이용해서 증발열을 계산하라.

풀이

공정이 시작되는 온도 T는[a]

$$\log_{10}(P_r^{sat}) \approx \frac{7}{3}(1+\omega)\left(1-\frac{1}{T_r}\right) \Rightarrow T_r^{sat} = 0.90117,\ T = 383.2\ \text{K}$$

먼저 Peng-Robinson식을 이용하여 각 상의 편차함수를 구하고, 다음에 383.2 K와 1.88 MPa에서의 증발열을 계산한다.

$$\frac{H^V - H^{ig}}{RT} = -0.9949,\quad \frac{H^L - H^{ig}}{RT} = -5.256$$

따라서 $\Delta H^{vap} = (-0.9949 + 5.256)8.314 \cdot 0.90117 \cdot 425.2 = 13{,}575$ J/mol

부탄이 포화 액체상태로 유입되고 출구에서 90%가 증기인 상태로 배출되므로 에너지 수지로부터 $Q = 0.9 \cdot 13{,}575 = 12{,}217$ J/mol $\cdot$ 1 mol/58 g = 210.6 J/g 이다.

또 다른 방법으로 Clapeyon식과 지름길 식을 비교하여 지름길 식을 다르게 사용할 수 있다.

Clapeyron: $\ln(P^{sat}) = -\Delta H^{vap}/RT(Z^V - Z^L) + \Delta H^{vap}/RT_c(Z^V - Z^L) + \ln P_c$

지름길: $\ln(P^{sat}) = 2.3025\frac{7}{3}(1+\omega)\left(1-\frac{1}{T_r}\right) + \ln P_c$

두 식을 비교하면: $\dfrac{\Delta H^{vap}}{R\Delta Z^{vap}} = 2.3025\dfrac{7}{3}(1+\omega)T_C = 2725\ \text{K}$

따라서 Peng-Robinson식을 이용하여 383.2 K와 1.88 MPa에서 압축인자값을 결정하면,

$$\Delta H^{vap} = 2725R(Z^V - Z^L) = 2725(8.314)(0.6744 - 0.07854) = 13{,}500\ \text{J/mol}$$

이 결과는 첫 번째 방법으로 계산한 결과와 잘 일치한다.

a 원칙적으로 이 문제에서 Peng-Robinson식을 이용하도록 되어 있기 때문에 포화온도 역시 이 식을 이용하여 계산할 수 있으나 지름길 식을 사용하였다. 상태방정식을 사용한 증기압 계산은 8.10절에서 검토되었다.

Antoine식

지름길 증기압 계산식의 단순한 형태는 매우 인상적이지만, 단순한 식으로는 얻을 수 없는 정확도를 필요로 할 경우가 있다. 명백히 다른 식이 지름길 식과 같은 형태로 좁은 온도범위에서 사용될 수 있다. 국부적인 기울기와 절편을 합치함으로써 실험치에 잘 맞는 식을 얻을 수 있으

며, 적용범위를 조금 넓히기 위해서 지름길 식의 분모에 매개변수를 추가하는 수정이 제시되었다. 이러한 식을 **Antoine**식이라 한다.

$$\log_{10} P^{sat} = A - B/(T + C) \qquad \langle 식\ 9.12\rangle$$

이 식에서 T는 전통적으로 °C를 사용한다.[2] Antoine식의 매개변수는 여러 곳에서 입수할 수 있으며, 특히 Gmehling과 그 연구 그룹에 의한 기-액 평형자료 편찬물에서 쉽게 찾을 수 있다.[3] Antoine식은 좁은 온도범위에서 정확한 증기압 상관관계를 제공한다. 그러나 명시된 온도범위 밖에서 사용할 경우 상당한 주의를 요한다. 즉, 외삽은 부정확하다. Antoine식을 사용할 경우에는, 매번 반드시 온도범위와 계수의 값을 명시하여야 한다. 부록 E와 Excel 워크북 Antoine.xlsx에 몇 가지 화합물의 Antoine 계수를 요약하였다.

❗ Antoine식. 명시된 매개변수 도출온도 밖에서는 사용에 유의하고, log, ln을 사용 시에 단위를 잘 살펴라.

9.4 압력에 따른 Gibbs 에너지 변화

💻 Antoine.xlsx 와 Matlab/Props은 많은 일반적인 물질에 대한 계수들을 가지고 있다.

Gibbs 에너지가 상평형의 특성을 기술하는 주된 성질이 됨을 이미 확인한 바 있다. 그리고 앞 절에서는 증기압에 관한 유용한 식들을 유도하는 데 Gibbs 에너지를 사용하였다.

순수한 성분의 두 상을 서로 연관 지을 수 있으며 Gibbs 에너지의 값을 실제 계산할 필요는 없다는 것이 이 절에서의 검토내용이다. 그러나 다음 장에서 다루는 보다 일반적인 상평형에서는 각 상에서의 Gibbs 에너지 편차를 계산할 수 있는 능력이 요구되며, 가끔 각 상에 대하여 다른 방법을 사용하게 된다.

❗ 상평형의 일반화를 위해서는 Gibbs 에너지 편차의 값이 요구된다.

위의 식으로부터 유도된 유체에 대한 Gibbs 에너지의 수학적 거동을 관찰하면 압력이 어떻게 Gibbs 에너지에 영향을 미치는가를 알게 되며 따라서 그 성질이 좀 더 명확하게 된다. 기본적인 관계식, $dG = -SdT + VdP$로부터 출발하면 압력의 영향은 일정한 온도에서 가장 쉽게 표현된다.

$$dG = VdP (T\ 일정) \qquad \langle 식\ 9.13\rangle$$

❗ 여러 가지 유도식을 위한 출발점.

식 9.13은 상평형에서 사용되는 관계식을 유도하는 데 출발점이 되는 기본식이다. 실제 응용에서는 식의 형태가 다를 수 있으나, 대부분의 관계식은 식 9.13의 변형된 형태로부터 유도된 것이라는 사실을 기억하면 도움이 된다. Gibbs 에너지의 변화는 유체의 P-V-T 성질만 알면 계산된다. 이 P-V-T 성질은 실험값을 표로 나타낸 형태이거나 또는 일반화된 상관관계식, 혹은 상태방정식을 이용한 추산값의 형태가 된다. 압력 변화에 대하여 식 9.13은 다음과 같이 적분할 수 있다.

$$G_2 - G_1 = \int_{P_1}^{P_2} VdP (T\ 일정) \qquad \langle 식\ 9.14\rangle$$

2 Clausius-Clapeyron식이 정확하다면 어느 C값이 일반적일까? 그 값을 발표된 C값과 비교하라.

3 Gmehling, J. 1977 -. *Vapor-liquid Equilibrium Data Collection*. Frankfurt, Germany:DECHEMA.

Gibbs 에너지 및 관련된 성질을 계산하는 방법은 기체, 액체, 그리고 고체에 따라 다르다. 각 상에서의 계산 방법을 명확하게 구별하기 위하여 절을 나누어 검토할 것이다. 이러한 분석을 진행하기에 앞서 저압에서 Gibbs 에너지를 다룰 때 야기되는 문제를 고려해 보자. 이 문제는 다음 절에서 Gibbs 에너지를 대신하여 나타나는 '퓨가시티(fugacity)'를 소개하는 동기가 된다.

저압 범위에서의 Gibbs 에너지

ΔG의 계산이 그림 9.2에 설명되었는데, 그림에서 빗금 친 부분은 적분을 의미한다. 일정 온도에서 G 대 P 그래프의 기울기가 몰부피가 된다. 실제유체의 경우에는 저압에서만 이상기체 가정이 유효하다. 부피는 $V = ZRT/P$로 주어지므로,

$$dG = RTZ\frac{dP}{P} \qquad \text{〈식 9.15〉}$$

이 식에서 임의의 T와 P에서 Z를 나타내기 위하여 일반화된 상관관계식 또는 부피에 관하여 정리된 상태방정식을 사용할 수 있다.[4] 물론 상태방정식을 사용해서 V를 계산하고 식 9.13을 직접 사용할 수 있다. 이 두 가지 방법은 추후에 설명될 것이지만 먼저 계산의 정성적인 면을 살펴보자.

이상기체의 경우 식 9.15에 $Z = 1$을 대입하면 다음을 얻는다.

$$dG^{ig} = RT\frac{dP}{P} = RTd\ln P \qquad \text{〈식 ig 9.16〉}$$

$$\Delta G^{ig} = \int_{P_1}^{P_2}\frac{RT}{P}dP = RT\ln\frac{P_2}{P_1} \qquad \text{〈식 ig 9.17〉}$$

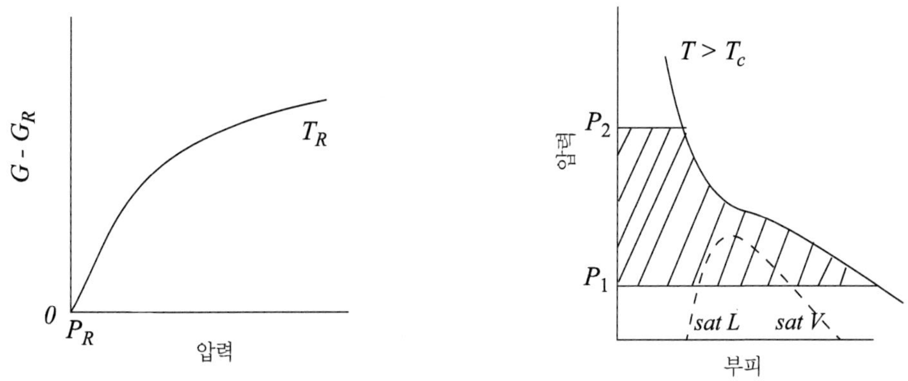

그림 9.2 • 온도 T_R에서 실제기체의 경우 G의 압력에 대한 의존성과, P_1에서 P_2로 변할 시 P-V 도표에서의 등온 변화를 나타내는 개략도.

4 당연히 이 계산의 정확도는 예측된 Z의 정확성에 의존하므로, 정확한 상태방정식 또는 상관관계를 사용하여야 한다.

압력이 0에 접근하면 dG와 dG^{ig}는 무한대가 된다. 이것은 저압에서 식 9.15와 식 9.16을 직접 사용하기 어렵다는 것을 의미한다. 그렇지만 실제유체의 압력이 0에 접근함에 따라 Z는 이상기체의 값에 근접하게 되고 dG는 dG^{ig}에 접근하게 된다. 그러므로 $dG - dG^{ig}$는 유한한 값을 가지며 P가 0으로 가면 이 차이도 0이 된다. 따라서

$$dG - dG^{ig} = d(G - G^{ig})$$

이것은 단순히 편차함수에서의 변화이다. 그러므로 식 9.15와 식 9.16을 결합하여 다음과 같이 표현할 수 있다.

$$d(G - G^{ig})/RT = (Z - 1)/P\ dP \qquad \text{〈식 9.18〉}$$

❶ Gibbs 에너지 편차의 미분 형태

이 식은 앞에서와 같은 방법으로 편차함수를 P-V-T 성질에 연관시킨다. 식 8.26으로 돌아가 보면 압력이 아닌 부피에 관해 적분하는 식이므로 식 9.18과 다르게 보일지 모르나 두 식은 실제로 서로 관련된 것이다. 우리는 이 편차를 상의 거동을 묘사하기 위한 새로운 상태함수, 퓨가시티를 정의하는 데 사용한다. 기체에서 압력의 영향은 다음 절에서 좀 더 검토될 것이며 거기에서 Gibbs 에너지와 퓨가시티를 동시에 고려할 것이다. 또한 편차함수에 의한 일반적인 처리법도 역시 검토된다.

9.5 퓨가시티와 퓨가시티 계수

원칙적으로 모든 순수한 성분의 상평형 문제는 Gibbs 에너지를 사용하여 해결할 수 있다. 그렇지만 역사적으로 화학공학의 계산에서는 Gibbs 에너지의 대체 성질인 **퓨가시티**를 적용하였다. 퓨가시티가 Gibbs 에너지에 대하여 갖는 하나의 장점은 혼합물에 대한 적용이 순수한 유체에 적용하는 것의 단순한 확장이라는 점이다. 또한 다음 9.8절에서 볼 수 있는 바와 같이 이상기체의 퓨가시티는 압력과 같고 보통의 조건에서 액체의 퓨가시티는 증기압과 같기 때문에, 퓨가시티는 실험적인 측면에서도 유용하다. 증기압은 실험 연구자들이 상평형을 규명하는 데 사용한 근본적인 고유 성질이었다.

❶ 퓨가시티는 정확한 조건하에서 측정 가능한 성질과 직접적으로 관련시킬 수 있다.

식 9.16과 식 9.15의 형태는 서로 유사하다. 식 9.16의 단순성이 특히 관심을 끈다. G.N.Lewis는 다음과 같이 퓨가시티를 정의하였다.

$$dG = VdP \equiv RTd\ln f \qquad \text{〈식 9.19〉}$$

이 식을 9.16과 비교하면

$$d(G - G^{ig})/RT = d\ln(f/P) \qquad \text{〈식 9.20〉}$$

❶ 퓨가시티와 퓨가시티 계수는 Gibbs 에너지 편차를 양적으로 쉽게 나타낼 수 있다.

일정한 온도에서 저압으로부터 적분하면, 저압에서 $(G - G^{ig})$는 0에 근접하므로 좌변은 다음과 같다.

$$\frac{1}{RT}\int_0^P d(G-G^{ig}) = \frac{1}{RT}[(G-G^{ig})\big|_P - (G-G^{ig})\big|_{P=0}] = \frac{(G-G^{ig})}{RT}$$

식 9.20의 우변을 적분하면 다음을 얻는다.

$$\ln\left(\frac{f}{P}\right)\bigg|_P - \ln\left(\frac{f}{P}\right)\bigg|_{P=0}$$

퓨가시티의 정의를 완성하기 위하여, 저압의 극한을 다음과 같이 정의한다.

$$\lim_{P\to 0}\left(\frac{f}{P}\right) = 1 \qquad \langle식\ 9.21\rangle$$

그리고 비율 f/P를 **퓨가시티 계수** φ로 정의한다.

> ❗ 퓨가시티는 압력의 단위를 가지며, 퓨가시티 계수는 무차원이다.

$$\frac{(G-G^{ig})}{RT} = \ln\left(\frac{f}{P}\right) = \ln\varphi \qquad \langle식\ 9.22\rangle$$

퓨가시티 계수는 단순히 고정된 T, P에서 Gibbs 에너지 편차함수를 특징짓는 또 다른 방법이다. 이상기체에서 퓨가시티는 압력과 같고 퓨가시티 계수는 1이 된다. P-V-T 자료가 $Z = f(T, P)$의 형태로 표현된 경우(비리얼 상태방정식과 같이) 퓨가시티 계수는 다음과 같은 형태의 식으로부터 계산된다.

$$\frac{(G-G^{ig})}{RT} = \ln\left(\frac{f}{P}\right) = \ln\varphi = \frac{1}{RT}\int_0^P (V-V^{ig})dP = \int_0^P \frac{(Z-1)}{P}dP \qquad \langle식\ 9.23\rangle$$

또는 P-V-T 자료가 $Z = f(T, V)$의 형태로 표현된 경우에는 식 8.26과 근본적으로 같은 식으로

$$\frac{(G-G^{ig})}{RT} = \ln\left(\frac{f}{P}\right) = \int_0^\rho \frac{(Z-1)}{\rho}d\rho + (Z-1) - \ln Z \qquad \langle식\ 9.24\rangle$$

이것은 3차 상태방정식을 위한 형태이다.

퓨가시티 계수를 도표로 설명하면 그림 9.3과 같다. 식 9.23의 적분은 실제기체의 등온선과 이상기체의 등온선 사이의 빗금 친 부분 면적의 음숫값이 된다. 퓨가시티 계수는 비이상성의 척도이다. 대부분의 통상적인 조건에서 퓨가시티 계수는 1보다 작다. 매우 높은 압력에서 퓨가시티 계수가 1보다 클 수 있다.

주의: 실제 문제에서는 물질의 퓨가시티를 직접 구하지 않는다. 대신 퓨가시티 계수를 먼저 구하고 퓨가시티는 다음 식으로 계산한다.

$$f = \varphi P \qquad \langle식\ 9.25\rangle$$

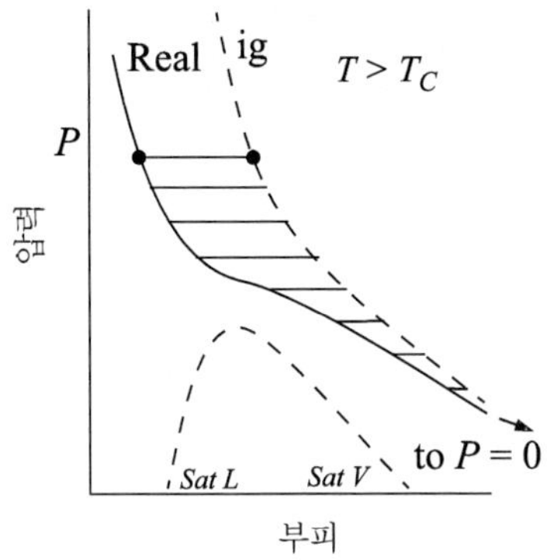

그림 9.3 • 편차함수인 $RT \ln \varphi$의 예시

9.6 상평형에 대한 퓨가시티 기준

이 장의 시작에서 평형상태에서는 각 상의 Gibbs 에너지가 같다는 것을 보였다. 여기서는 각 상의 퓨가시티가 같다는 것에 의해서도 평형을 묘사할 수 있음을 보인다.

$$G^L = G^V \qquad \langle\text{식 9.3}\rangle$$

양변에서 G^{ig}를 빼고 RT로 나누면 다음을 얻는다.

$$\frac{(G^L - G^{ig})}{RT} = \frac{(G^V - G^{ig})}{RT} \qquad \langle\text{식 9.26}\rangle$$

식 9.22를 대입하면

$$\ln\left(\frac{f^L}{P}\right) = \ln\left(\frac{f^V}{P}\right)$$

이 식으로부터 다음을 얻게 된다.

$$\boxed{f^L = f^V} \qquad \langle\text{식 9.27}\rangle$$

그러므로 각 상의 퓨가시티를 계산하고 서로 값을 같게 하는 것이 상평형을 계산하는 데 주로 쓰는 방법이다. 다음의 몇 절에서 기체, 액체, 그리고 고체의 퓨가시티를 계산하는 방법에 대해 검토할 것이다.

9.7 퓨가시티 계산(기체)

퓨가시티 계수 계산의 원칙은 식 9.23 또는 식 9.24를 사용하는 것으로 이들 계산 방법은 모두 동일하다. 각 방법은 보통 P-V-T 성질을 다르게 정리하기 때문에 서로 다르게 보이는 것이다. 모든 방법은 다음의 식을 사용하는데, 퓨가시티 계수를 구하는 방법만이 다르다.

$$f = \varphi P \qquad \text{〈식 9.28〉}$$

상태방정식

상태방정식은 컴퓨터를 이용하여 쉽게 풀 수 있기 때문에 공정 모사기에서 주로 이용하는 수식이다. 두 가지 상태방정식으로 비리얼 상태방정식과 Peng-Robinson식을 고려하고 또한 Lee-Kesler식으로 계산된 일반화된 압축인자 도표를 고려해 보기로 한다.

이상기체

$$\varphi^{ig} = 1 \text{ 그리고 } f^{ig} = P \qquad \text{〈식 ig 9.29〉}$$

비리얼 상태방정식

비리얼 상태방정식은 Z가 일정한 온도에서 압력에 선형적으로 비례하는 저압에서부터 적정 압력까지의 범위 내에서 압축인자를 표현하는 데 사용된다. 비리얼 계수 방법의 적절성을 평가하기 위해서는 식 7.10을 사용하여야 한다. $Z = 1 + BP/RT$ 또는 $Z - 1 = BP/RT$를 식 9.23에 대입하면

$$\ln \varphi = \int_0^P \frac{B}{RT} dP = \frac{BP}{RT} \qquad \text{〈식 9.30〉}$$

따라서

기체에 대한 비리얼 상태방정식

$$\ln \varphi = \frac{BP}{RT} \qquad \text{〈식 9.31〉}$$

환산온도와 환산 압력으로 비리얼 계수를 표현하면

$$\ln \varphi = \frac{P_r}{T_r}(B^0 + \omega B^1) \qquad \text{〈식 9.32〉}$$

여기에서 B^0와 B^1은 식 7.8과 7.9로 주어지는 비리얼 계수의 상관관계이다.

Peng-Robinson식

3차의 상태방정식은 증기와 액체상을 모두 표현하는 데 사용되기 때문에 석유 및 탄화수소 공정산업에서 특히 유용하다. 7장에서는 상태방정식이 어떻게 기체의 부피 성질을 나타내는 데 사용되는지에 대하여 검토하였다. 식 9.23의 적분식은 압력 양함수(pressure-explicit) 상태방정식에 사용하기는 어렵다. 그러므로 식 9.24의 형식으로 풀어야 한다. 이 적분식은 8장에서 나오는 방법에 의해 분석적으로 구한다. 사실상, 예제 8.6의 결과는 Peng-Robinson식에 따라 계산된 φ이다.

$$\ln\varphi = -\ln(Z-B) - \frac{A}{B\sqrt{8}}\ln\left[\frac{Z+(1+\sqrt{2})B}{Z+(1-\sqrt{2})B}\right] + Z - 1 \qquad \langle 식\ 9.33\rangle$$

❶ Peng-Robinson식

이 식을 적용하는 법은 편차함수 계산과 유사하다. P, T가 주어졌을 때 3차 방정식을 Z에 대해 풀고 그 결과를 사용하여 φ를 계산한 다음, 퓨가시티 역시 $f=\varphi P$를 사용하여 계산한다. 이 방법은 Press.xlsz와 Preos.com에 프로그램되어 있다.

임계온도 아래에서 상태방정식들은 또한 액체의 부피 성질과 함께 증기압과 포화 증기 및 포화 액체의 부피를 예측하는 데 사용된다. 반면에, 식 9.33은 액체의 퓨가시티 계수 계산에 사용될 수 있는데, 정확한 계산은 다음 절에서 논의할 것이다. 식 9.24가 예제 8.6에서 사용된 식 8.26과 매우 밀접하게 연관되어 있다는 점에 다시 한 번 주목하라.

일반화된 도표

일반화된 도표로 표현된 성질은 다양한 온도와 압력범위에서의 퓨가시티 계수의 크기를 가시화하는 데 도움이 된다. 일반화된 도표를 사용하기 위해 다음과 같이 정리한다.

$$\ln\varphi = \int_0^P (Z-1)\frac{dP}{P} = \frac{G-G^{ig}}{RT} = \int_0^\rho (Z-1)\frac{d\rho}{\rho} + (Z-1) - \ln Z \qquad \langle 식\ 9.34\rangle$$

Gibbs 에너지 편차도표는 특정한 이심인자의 값을 지정하여 Lee-Kesler식으로부터 만들어진다. 이 도표는 상관관계식 $\ln\varphi = \ln\varphi^0 + \omega\ln\varphi^1$를 계산하기 위한 것이다. 엔트로피 편차도 그림 9.4와 그림 8.7을 결합하여 다음과 같이 예측할 수 있다.

$$(S-S^{ig})/R = [(H-H^{ig})/RT]/T_r - (G-G^{ig})/(RT) \qquad \langle 식\ 9.35\rangle$$

❶ 일반화된 도표

그림 9.4는 계산기가 없을 때 손으로 계산하는 데 유용하다. 예를 들어 463.15 K, 2.5 MPa의 프로판에 대해 계산하면 다음과 같다.

$$\ln(f/P) = \frac{G-G^{ig}}{RT} = -0.1 + 0.152(0.05) = -0.09$$

이것은 Peng-Robinson식으로 계산하면 −0.112가 나온다.

9.8 퓨가시티 계산(액체)

액체의 퓨가시티 계산을 설명하기 위해 그림 9.5를 고려해 보자. 임계온도 이하에서는 등온선의 모양이 이상기체의 등온선과 현저히 다르다. 이러한 등온선은 낮은 압력의 증기 영역에서 시작하여 증기와 액체가 공존하는 상의 경계를 교차하고 액체 영역에서의 높은 압력까지 연장되는 것으로 나타난다. 점 A는 증기상태를, 점 B는 포화 증기, 점 C는 포화 액체, 그리고 점 D는 액체상태를 각각 나타낸다.

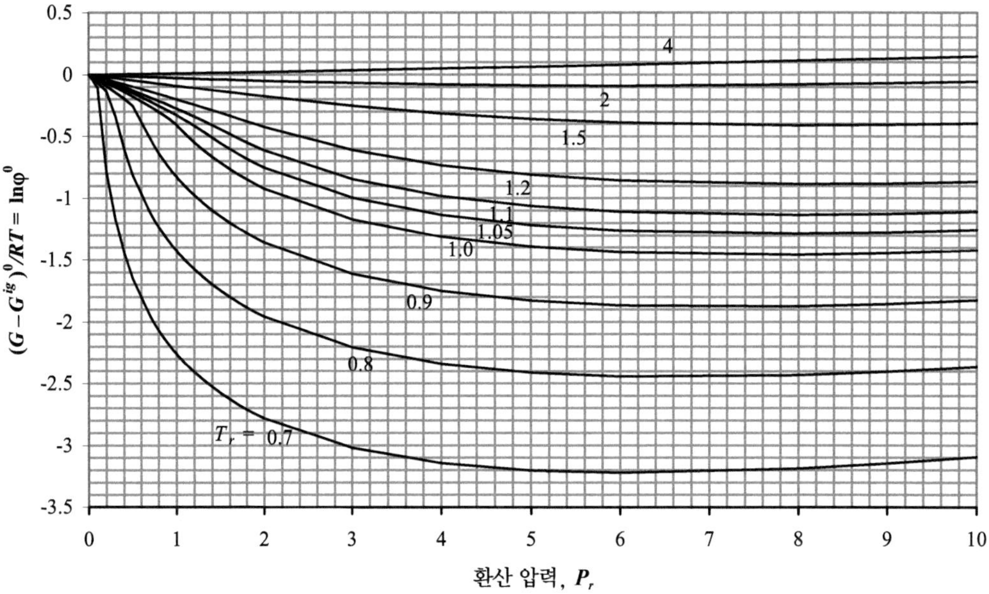

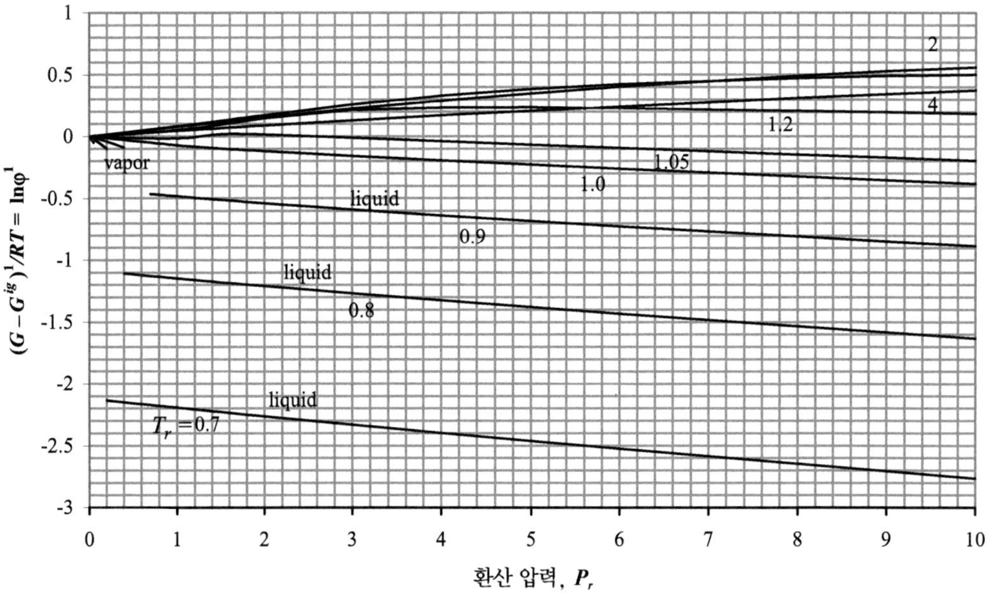

그림 9.4 • Lee-Kesler 상태방정식을 이용한 Gibbs 편차함수 측정을 위한 일반화된 도표. $(G - G^{ig})^0/RT$은 $\omega = 0.0$을 적용했으며, $(G - G^{ig})^1/RT$은 $\omega = 1.0$인 가상물질에 대한 보정인자이다.

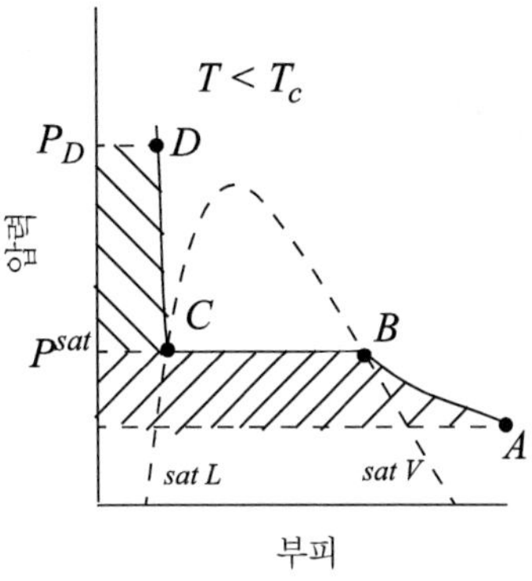

그림 9.5 • 일정 온도에서 순수한 액체의 Gibbs 에너지와 퓨가시티 변화량 계산을 위한 개략도

9.6절에서 다음을 보였다.

$$f_C = f_B = f^{sat} \qquad \langle\text{식 } 9.36\rangle$$

점 C와 B의 퓨가시티를 f^{sat}로 동일하게 나타낸 것에 유의하라. 이러한 표기는 포화 조건을 의미하는 것으로 액체와 증기 사이의 구별을 필요로 하지 않는다. 그러므로 퓨가시티를 검토할 경우 점 B와 점 C를 포화 증기 혹은 포화 액체로 서로 바꿔어 나타낼 수 있다. 점 B(포화 증기)의 퓨가시티를 계산하는 것은 포화 액체의 퓨가시티인 점 C의 퓨가시티를 계산하는 것도 된다. 포화 퓨가시티의 계산은 9.6절에서의 증기 퓨가시티를 계산하는 어느 방법에 의해서도 실행될 수 있다. 이 방법은 점 C와 D 사이에서 어떻게 퓨가시티를 계산하는가에 따라 약간 달라진다. 이 퓨가시티 변화를 계산하기 위한 주된 두 가지 방법이 있는데, 하나는 Poynting 방법이고 다른 하나는 상태방정식을 사용하는 방법이다.

Poynting 방법

Poynting 방법은 포화상태(점 B, C)와 점 D 사이에 식 9.19를 사용하는 것이다. 적분은 다음과 같다.

$$RT\ln\frac{f_D}{f^{sat}} = \int_{P^{sat}}^{P_D} VdP \qquad \langle\text{식 } 9.37\rangle$$

액체는 $T_r < 0.9$인 조건에서 거의 비압축성이기 때문에, 적분구간 내에서 부피는 일정한 것으로 간주하여 적분에서 제외되고 결과적으로 Poynting 보정(Poynting correction)은 다음과 같이 된다.

$$\frac{f}{f^{sat}} = \exp\left(\frac{V^L(P - P^{sat})}{RT}\right) \qquad \langle\text{식 } 9.38\rangle$$

Poynting 보정

그리고 퓨가시티는 다음 식에 의해서 계산된다.

액체에 대한 Poynting 방법

$$f = \varphi^{sat} P^{sat} \exp\left(\frac{V^L(P - P^{sat})}{RT}\right) \quad \langle 식\ 9.39 \rangle$$

포화 액체의 부피는 **Rackett**식을 이용하여 수 % 이내의 오차범위로 예측할 수 있다.

$$V^{satL} = V_c Z_c^{(1-T_r)^{0.2857}} \quad \langle 식\ 9.40 \rangle$$

Poynting 보정식 9.38은 상온, 상압에서 대다수 화합물에 대하여 본질적으로 1이 되므로 보통 무시된다.

흔히 사용되는 근사식

$$f^L \approx \varphi^{sat} P^{sat} \quad 또는\ 일반적으로 \quad f^L \approx P^{sat} \quad \langle 식\ 9.41 \rangle$$

상태방정식 법

상태방정식을 이용한 액체의 퓨가시티 계산은 증기에서와 같이 식 9.24를 이용한다. Peng-Robinson 상태방정식을 적용하기 위해 식 9.33을 사용할 수 있다. **단지 주의할 사항은 액체의 압축인자를 사용해야 한다는 것이다.** 계산을 위한 수학을 이해하기 위하여 그림 9.6(a)의 등온선을 고려해 보자. $T_r < 1$인 경우, 상태방정식을 이용하면 등온선이 증기/액체 영역에서 '봉우리'를 갖는 것을 예측하게 된다. 놀랍게도 등온선이 오르락내리락하는 것은 점 C' 근처에서의 마이너스 압력범위(예시에는 나타나 있지 않음)까지 확대된다. 그러나 이런 현상은 통상적인 계산에서 중요하지 않은 범위(P-V 도표상의)에서 형성되므로, 일반적으로는 마이너스 압력의 실젯값을 심각하게 고려하지 않는다. 상태방정식에 의한 Gibbs 에너지는 압력에 관한 부피의 적분으로 주어지기 때문에 등온선의 봉우리에 대한 적분이 필요하다. 등온선이 아래 방향으로

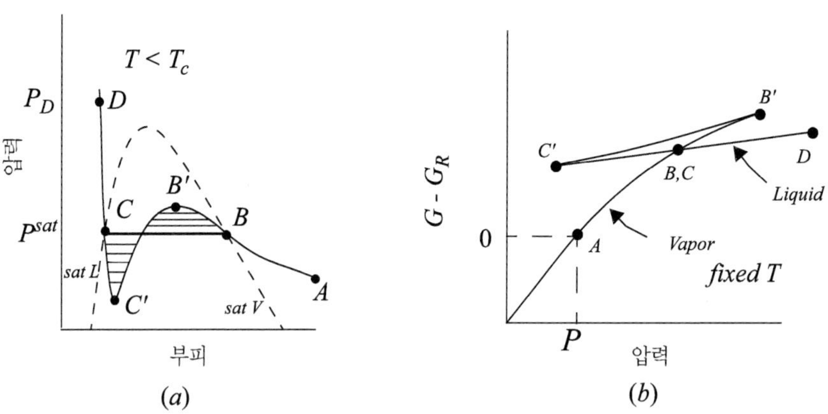

그림 9.6 • 3차 상태방정식에 의한 등온선 상태 예측값에 대한 도식적 설명. 그림. 9.5와 비교하라. 오른쪽 그림은 기준상태에 대해 상대적으로 계산된 Gibbs 에너지를 나타낸다. 퓨가시티값도 정성적으로 같은 모양을 가질 것이다.

굽어진 골짜기 부분과 위 방향으로 튀어나온 봉우리 부분의 적분은 서로 상쇄된다. 이러한 관찰로부터 포화 조건을 계산하기 위한 등면적 법칙이 제시되었다. 9.10절에서 직선 $\overline{BC}$ 의 위쪽과 아래쪽의 빗금부분 면적이 서로 같다는 것과 직선이 위치한 곳의 압력이 포화 조건(증기압)을 나타낸다는 것을 보여 줄 것이다. 퓨가시티 계산에 있어서 등온선의 이러한 봉우리 부분이 적분 가능하다는 것과, 상태방정식으로 증기의 퓨가시티 계산을 위해 유도된 동일 식으로 쉽게 계산된다는 것만 유의하면 될 정도로 충분히 단순하다.

그림. 9.6 (b)는 몰당 Gibbs 에너지는 유체가 증기로부터 액체로 변환되는 과정에서 실제로 연속적이라는 것을 보여 준다. Gibbs 에너지는 처음에 증기의 부피에 근거한 식 9.14에 따라 증가한다.

부피와 압력 변화가 모두 양의 변화임에 유의하라. 그러므로 기준치에 상대적으로 Gibbs 에너지값은 단순 증가하게 된다. 증기에서 액체로 변화되는 과정에서 등온선의 '봉우리'는 'van der Waals loop'라는 이름과 연관된 삼각형 지역을 유발하게 된다. 그다음은 액체의 거동이 나타나며 식 9.14를 다시 사용하게 된다. 이 경우 부피는 액체의 부피를 사용한다. 등온 조건에서 Gibbs 에너지의 압력에 대한 미분이 연속이 아니라는 것에 주의하여야 한다. 이 도함수를 P, V, T ,C_P, C_V와 이들의 미분 등으로 나타낼 수 있는 간단한 식을 제시할 수 있겠는가? 이 질문에 대한 답변을 근거로 미분값의 변화가 크다고 예측하겠는가, 혹은 작다고 예측하겠는가?

예제 9.5 비리얼 상태방정식을 이용한 액체와 증기의 퓨가시티

비리얼 상태방정식과 지름길 증기압 계산식을 사용하여 (a) 250 K, 10 bar, (b) 250 K, 20 bar 상태에서의 아세틸렌의 퓨가시티(MPa)를 결정하라.

풀이

소프트웨어의 Props.xlsx 또는 props.mat 물성 파일로 부터 아세틸렌의 값은 $T_c = 308.3$ K, $P_c = 6.139$, $\omega = 0.187$, $Z_c = 0.271$이다. 각각의 문제에 대하여 풀이 방법을 결정하기 전에 집합된 유체의 상태를 결정한다. 250 K에서 지름길 증기압 계산식 9.11을 사용하면 증기압은 $P^{sat} = 1.387$ MPa이다.

250 K에서 식 7.7~7.9를 사용하여 비리얼 계수를 계산하면,

$T_r = 250/308.3 = 0.810$, $B^0 = -0.5071$, $B^1 = -0.2758$, $B = -233.3$ cm^3/mol.

(a) $P = 1$ MPa < P^{sat}이므로 아세틸렌은 증기상태이다(그림 9.5의 점 A와 B 사이). 1 Mpa에서 비리얼 상태방정식의 타당성을 평가하기 위하여 식 7.10을 사용한다. $P_r = 1/6.139 = 0.163$, 그리고 $0.686 + 0.439P_r = 0.76$, $T_r = 0.810$이다. 따라서 이 상관은 정확하다. 식 9.31을 사용하면,

$$\ln \varphi = \frac{BP}{RT} = \frac{-233.3(1)}{8.314(250)} = -0.11224$$

($f = \varphi P = 0.894(1) = 0.894$ MPa)

(b) $P = 2$ MPa > P^{sat}, 따라서 아세틸렌은 액체상태이다(그림 9.5의 점 D). 액체상태이기 때문에 비리얼 상태방정식을 적용하기 위한 유일한 방법은 식 9.39의 Poynting 방법을 사용하는 것이다. 증기압하에서 비리얼 상태방정식의 타당성을 평가하기 위해 식 7.10을 사용한다. $P_r^{sat} = 1.387/6.139 = 0.2259$, $0.686 + 0.439P_r^{sat} = 0.785$, $T_r = 0.810$이다. 따라서 이 상관은 정확하다.

증기압하에서

$$\ln\varphi^{sat} = \frac{BP^{sat}}{RT} = \frac{-233.3(1.387)}{8.314(250)} = -0.156$$

$f^{sat} = \varphi^{sat}P^{sat} = 0.8558(1.387) = 1.187$ MPa

Poynting 방법을 사용하여 증기압 이상의 압력에 대해 보정할려면 액체의 부피를 필요로 한다. 액체 부피는 $V_c = Z_cRT_c/P_c = 0.271(8.314)(308.3)/6.139 = 113.2$ cm^3/mol를 이용하여 식 9.40의 Rackett 식으로 추산할 수 있다.

$$V^{satL} = 113.2(0.271)^{(1-0.8109)^{0.2857}} = 50.3 \text{ cm}^3\text{/mol}$$

Poynting 보정은 식 9.38에 의해 주어진다.

$$\frac{f}{f^{sat}} = \exp\left(\frac{50.3(2-1.387)}{8.314(250)}\right) = 1.015$$

그러므로 $f = 1.187(1.015) = 1.20$ MPa이다. 비록 압력이 2 MPa일지라도 퓨가시티는 액체 아세틸렌의 증기압과 가깝다.

9.9 퓨가시티 계산(고체)

고체의 퓨가시티는 Poynting 보정항에서의 부피가 고체상의 부피라는 것만을 제외하고 기존의 Poynting 방법을 사용하여 계산한다.

❗ 고체에 대한 Poynting 방법

$$f^S = \varphi^{sat}P^{sat}\exp\left(\frac{V^S(P-P^{sat})}{RT}\right) \qquad \langle 식\ 9.42\rangle$$

증기에 대한 어떠한 방법이든 φ^{sat}를 계산하는 데 사용할 수 있다. P^{sat}는 열역학 표로부터 주어진다. 상태방정식은 액체와 기체를 나타내는 데 사용되기 때문에 보통 고체상을 계산하는 데 적용할 수 없다. 그러나 상태방정식을 고체와 평형을 이루고 있는 기체상의 퓨가시티($\varphi^{sat}P^{sat}$으로 주어지는)를 계산하는 데는 사용할 수 있다. 액체에서와 같이 Poynting 보정항은 흔히 1로 놓을 수 있으며, 이때 오차는 무시할 수 있다.

❗ 흔히 사용되는 근사식

$$f^S \approx \varphi^{sat}P^{sat} \quad \text{또는 일반적으로} \quad f^S \approx P^{sat} \qquad \langle 식\ 9.43\rangle$$

9.10 상태방정식으로부터의 포화 조건

포화온도 또는 포화 압력을 결정하는 데 요구되는 유일한 열역학적인 조건은 증기와 액체의 Gibbs 에너지(또는 퓨가시티)가 서로 같다는 것이다. 이것은 증기와 액체의 퓨가시티가 같은 값을 갖게 되는 온도 또는 압력을 찾아내는 것을 의미한다. 이러한 문제에서 흥미로운 점은 온도 또는 압력에 관한 반복 계산에 의하여 포화 조건을 계산한다는 것이다.

예제 9.6 Peng-Robinson식을 이용한 증기압 계산

Peng-Robinson식을 이용하여 메탄의 표준 비점을 계산하라.

Preos. xlsx, Preos-PropsMenu.m.

풀이

증기압 계산은 Preos.xlsx 와 PreosPropsMenu.m을 이용하여 할 수 있다. 먼저 Preos.xlsx를 논의해 보자. 계산의 단계는 스프레드시트로 보다 쉽게 알 수 있다. Excel에서 포화온도 및 압력을 계산하는 것은 Excel의 Solver 도구를 사용하여 신속하게 수행된다.

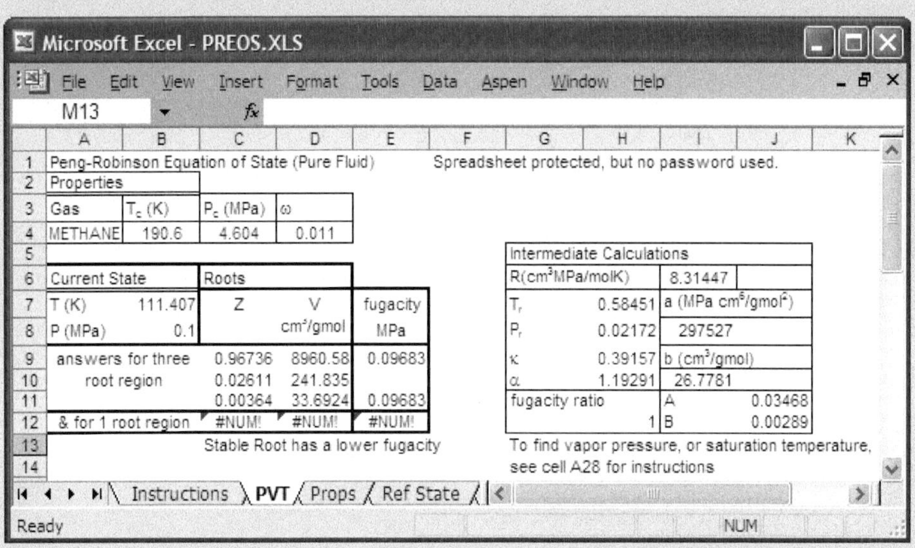
Microsoft Excel - PREOS.XLS

	A	B	C	D	E	F	G	H	I	J
1	Peng-Robinson Equation of State (Pure Fluid)					Spreadsheet protected, but no password used.				
2	Properties									
3	Gas	T_c (K)	P_c (MPa)	ω						
4	METHANE	190.6	4.604	0.011						
5							Intermediate Calculations			
6	Current State		Roots				R(cm³MPa/molK)		8.31447	
7	T (K)	111.407	Z	V	fugacity		T_r	0.58451	a (MPa cm⁶/gmol²)	
8	P (MPa)	0.1		cm³/gmol	MPa		P_r	0.02172	297527	
9	answers for three		0.96736	8960.58	0.09683		κ	0.39157	b (cm³/gmol)	
10	root region		0.02611	241.835			α	1.19291	26.7781	
11			0.00364	33.6924	0.09683		fugacity ratio		A	0.03468
12	& for 1 root region		#NUM!	#NUM!	#NUM!			1	B	0.00289
13			Stable Root has a lower fugacity				To find vapor pressure, or saturation temperature,			
14							see cell A28 for instructions			

Instructions | PVT | Props | Ref State

그림 9.7 • 증기압 계산에 사용된 Preos.xlxs의 예

그림 9.7에 보인 스프레드시트에서 셀(cell) H12는 두 상의 퓨가시티 비를 포함한다. 이 셀은 포화 조건을 결정하는 데 사용될 수 있다. Excel의 첫 단계는 셀 B8에 원하는 P(이 경우에는 0.1 MPa)를 넣으므로 초기화된다. 다음은 2개의 상이 존재하는 (근이 3개인) 영역의 추정치를 얻기 위해 온도를 조정한다. 그다음에 온도(B7)가 임계온도 이하라는 조건하에서 Solver에게 온도(B7)를 조정하여 퓨가시티 비(H12)가 1이 되도록 지시한다.

❗ 상평형은 $f^L = f^V$상태를 찾는 것을 포함한다.

MATLAB에서 초기 추측값은 왼쪽 상단에 입력한다. 'Run Type'은 포화 계산으로 설정된다. 'Root to use'와 'Value to match'는 포화 계산에 이용되지 않는다. 드롭다운박스 'For

Matching...'은 온도를 조정하도록 설정되어 있다. 결괏값은 그림 9.8에 나타내었다.

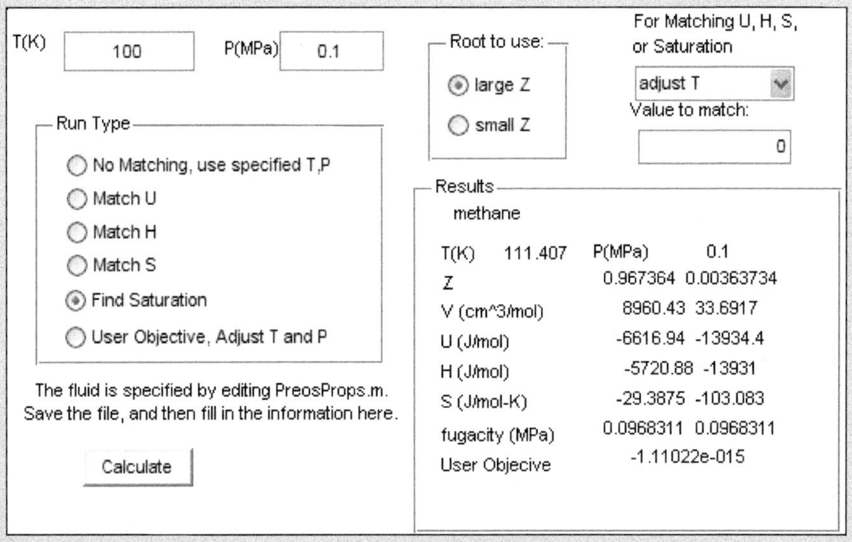

그림 9.8 • 증기압 계산에 사용된 PreosPropsMenu.m의 예

메탄에 대하여 답은 111.4 K로 나타났으며, 이것은 예제 8.9에서 사용된 실험치와 매우 근접한 값이다. 또한 포화 압력은 고정된 온도에서 압력을 조정하여 얻을 수 있다.

Peng-Robinson식에 의하여 계산된 이산화탄소의 퓨가시티와 *P*-*V* 등온선이 그림 9.9와 그림 7.5에 나타나 있다. 그림 9.9는 등온선의 모양이 어떻게 퓨가시티 계산에 관련되는지를 좀 더 분명히 보여 주고 있다. 그림 9.6에 표시된 *B*와 *B′* 사이의 압력에서 액체 근(liquid root)의 퓨가시티는 같은 범위에서의 증기 근(vapor root)의 퓨가시티보다 작으며, 따라서 액체의 Gibbs 에너지가 작으므로 더 안정하다. 같은 이유로 *C*와 *C′* 사이의 압력에서 액체 근과 증기 근의 비교는 증기가 더 안정하다는 것을 보여 준다. 7장에서 우리는 경험적으로 여러분에게 낮은 퓨가시티를 사용하도록 지시했다. 이제 그림 9.9에 비춰, 독자는 이러한 퓨가시티의 사용에 대한 이유를 이해할 수 있다.

❗ 안정적인 시스템은 Gibbs 에너지와 퓨가시티를 최소화한다.

'퓨가시티'라는 용어는 라틴어 'fleetness'에 근거하여 G. N. Lewis에 의해 정의되었는데, 이는 종종 '자유로운 또는 달아날 수 있는 경향(The tendency to flee or escape)' 또는 간단하게 '달아날 경향(escaping tendency)'으로 해석할 수 있다. 단일근의 물성을 계산할 때 때때로 이 용어의 대한 이유를 이해하는 것이 어렵지만, 그림 9.9에서 보는 바와 같이 다중근이 존재할 때, 그 계가 어떻게 높은 퓨가시티값에서 낮은 값으로 '탈출'을 시도하려 하는지를 이해할 수 있다. 이 관점은 구동력의 방향이 낮은 퓨가시티 쪽으로 나타나므로, 혼합물에 특히 유용하다.

지름길 증기압 계산식에 의해 예측한 증기압이 100% 정확하지 않듯이, 상태방정식에 의해 예측한 증기압도 100% 정확하지 않다. 예를 들면 Peng-Robinson식을 사용하여 계산한 증기

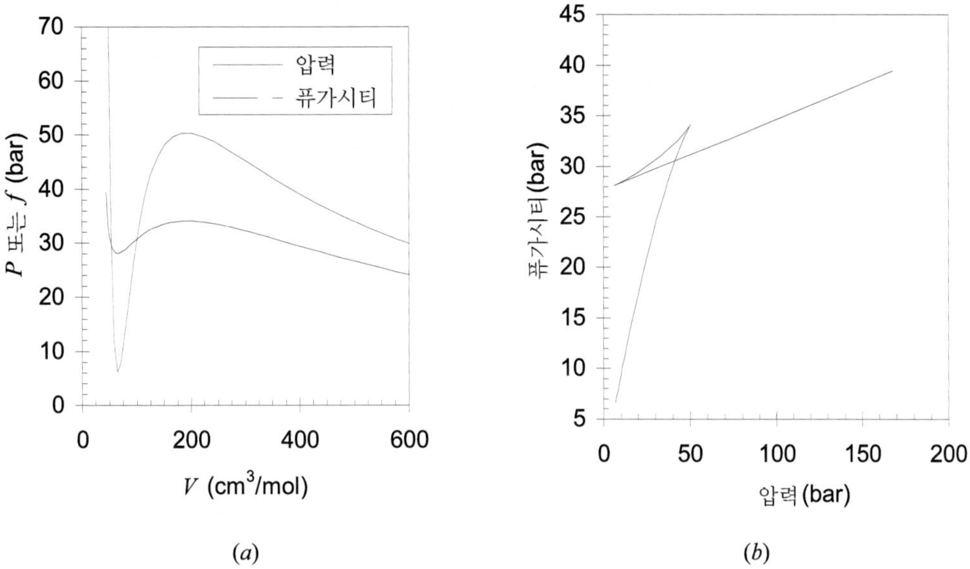

그림 9.9 • 이산화탄소에 대한 Peng-Robinson 상태방정식의 예측: (a) 280 K에서의 퓨가시티와 *P*−*V* 등온선의 예측, (b) 증기압에서 퓨가시티의 교차선(crossover)을 보여 주는 그림 (a)의 퓨가시티 대 압력 자료 도표. 이산화탄소에 대한 몇 개의 등온선이 그림 7.5에 나타나 있다.

압은 $0.4 < T_r < 1.0$의 범위에서 약 5% 정도의 평균오차를 가진다. 이것은 지름길 계산식에 비해서는 상당한 개선을 이룬 것이다. 반면에 van der Waals식은 증기압에 관해서 지름길 식보다 더 큰 오차를 나타낸다. van der Waals식의 하나의 문제점은 증기압 특성을 보다 더 정교하게 조화시키기 위한 이심인자를 도입하는 수단을 제공하지 못한다는 것이다.

그러나 다음의 예제에서 보인 바와 같이 van der Waals식과 관련된 문제를 더 깊이 있게 검토해 보기로 한다.

예제 9.7 van der Waals식에 적용되는 이심인자

다른 상태방정식에 Preos.xlsx의 적용.

상평형 계산에서 van der Waals식과 관련된 문제를 명백하게 하기 위하여 환산온도 0.7에서 환산증기압을 계산하는 설명이 필요하다. 그리고 van der Waals식에 의한 증기압의 거동을 특징짓는 이심인자의 정의를 응용할 수 있다. 만일 van der Waals식으로 계산된 이심인자가 우리가 알고 있는 대표적인 유체의 이심인자값과 현저히 다르다면 지름길 증기압 식을 이용하여 오차의 크기를 빠르게 평가할 수 있다. 이러한 계산을 수행하고 그 결과를 이 책의 마지막 부분에 있는 빠른 참조에 수록된 이심인자와 비교하라.

풀이

van der Waals식에 의한 계산은 Peng-Robinson식의 계산과 매우 유사하다. 단순히 3차 방정식 $Z^3 + a_2Z^2 + a_1Z + a_0 = 0$의 근을 구하는 데 사용되는 a_0 , a_1 , a_2를 표현하는적절한 식의 유

도만이 필요하다.

7.6절에 주어진 Peng-Robinson식에 대한 계산과정을 적용하면, 식 7.13을 무차원식으로 정리할 수 있다.

$$Z = \frac{1}{1-b\rho} - \frac{a\rho}{RT} = \frac{1}{1-B/Z} - \frac{A}{Z} \qquad \langle 식\ 9.44 \rangle$$

여기서 무차원 매개변수는 식 7.21~7.24로 주어진다. $A = (27/64)P_r/T_r^2$, $B = 0.125\ P_r/T_r$이다. Z에 관한 3차 방정식으로 정리하면 계수는 $a_0 = -AB$, $a_1 = A$, $a_2 = -(1+B)$가 된다. 증기압 계산을 위해 van der Waals식에 의한 퓨가시티 계수는 다음과 같이 간단히 유도된다.

$$\ln\left(\frac{f}{P}\right) = \int_0^\rho \frac{Z-1}{\rho} d\rho + Z - 1 - \ln Z = -\ln(Z-B) - \frac{A}{Z} + Z - 1 \qquad \langle 식\ 9.45 \rangle$$

이 식을 Preos.xlsx 파일 내 해당 위치에 대입하면 주어진 문제를 풀 수 있다. 어느 특정한 화합물에 관심이 있는 것이 아니므로 $T_c = 1$, $P_c = 1$, $T_r = 0.7$로 놓을 수 있다. $P_r = 0.1$을 초깃값으로 하여 계산을 수행하면, Solver는 계산 결과로 $P_r = 0.20046$를 준다.

PreosPropsMenu.m 파일의 수정은 일상적인 PreosProps.m 파일을 편집하여 수행된다. '전역상수(gloval constant)'를 책에서 찾아라. van der Waals식의 a와 b 매개변수에 맞는 명령어로 변경하라. 'PRsolve*Z*'를 찾아라.두 경우가 나오고 기능(function)명을 'vdwsolve*Z*'로 변경하고 싶을 것이다. 'PRsolve*Z*'의 세 번째 경우는 3차 방정식을 풀 수 있는 기능이다. 기능명칭을 변경하라. 3차 방정식 계수에 사용된 수식을 편집하라. 마지막으로 유체를 명시하고 T_r= 0.7에 해당하는 온도에서 증기압을 찾아라.

이심인자의 정의로부터

$$\omega = -\log(P_r) - 1 = -\log(0.20046) - 1 = -0.302$$

이 값을 이 책의 마지막 부분에 있는 빠른 참조에 수록된 이심인자와 비교하면 수소가 그나마 근접한 값을 갖는 유일한 화합물이다. 그런데 $T_r < 1$에서 수소에 대한 퓨가시티는 거의 계산값이었다. 이것이 van der Waals식이 갖는 가장 큰 단점이다. 이러한 단점은 혼합물의 상평형 자료를 상관할 때 더욱 명백해진다. 그러므로 혼합물 상평형에 대한 정확한 상관이 순수한 성분의 상평형 특성을 정확히 묘사하기 전에는 불가능하다는 것이 명백해졌다. 따라서 van der Waals식은 그 자체로 **정량적**인 계산을 수행하기에는 적절치 않다. Carnahan-Starling 또는 ESD 방식을 사용하여 van der Waals식의 반발력에 대한 기여를 수정하면 이심인자 계산에서 상당한 개선을 보인다. 또 다른 방법으로는 반발력에 대한 기여의 오류를 상쇄시키는 방법으로 인력항 기여를 보정하는 것이다. 상쇄는 역사적으로 Redlich-Kwong, Soave, 그리고 Peng-Robinson식에서 널리 사용되었던 방법이다.

등면적의 법칙

앞에서 언급한 바와 같이 P-V 곡선의 진동은 자유에너지/퓨가시티가 되는 곡선 아래의 면적을 상쇄시키게 된다. 다음의 간략한 검토는 등온선으로부터 포화 압력과 액체 및 증기의 부피를 어떻게 결정하는가를 이해하는 데 도움이 된다.

정량적인 해석을 위하여 액체상과 증기상의 Gibbs 편차가 서로 같다는 것을 주지하고(식 9.26), Gibbs 편차함수를 나타내는 식을 기억하면 도움이 된다.

$$\frac{G^L - G^V}{RT} = \frac{G^L - G^{ig}}{RT} - \frac{G^V - G^{ig}}{RT} = \int_{\rho^V}^{\rho^L} \frac{Z-1}{\rho} d\rho + Z^L - Z^V - \ln(Z^L/Z^V) \quad \langle 식\ 9.46 \rangle$$

$$\frac{G^L - G^V}{RT} = -\int_{V^V}^{V^L} \left(\frac{P}{RT} - \frac{1}{V}\right) dV + \frac{1}{RT}(PV^L - PV^V) - \ln\left(\frac{PV^L/RT}{PV^V/RT}\right) \quad \langle 식\ 9.47 \rangle$$

$$\frac{G^L - G^V}{RT} = \frac{1}{RT}(PV^L - PV^V) - \int_{V^V}^{V^L} \left(\frac{P}{RT}\right) dV + \int_{V^V}^{V^L} \left(\frac{1}{V}\right) dV - \ln\left(\frac{V^L}{V^V}\right) \quad \langle 식\ 9.48 \rangle$$

$$\frac{G^L - G^V}{RT} = \frac{-1}{RT}\left\{ -[PV]_{V^V}^{V^L} + \int_{V^V}^{V^L} P dV \right\} \quad \langle 식\ 9.49 \rangle$$

마지막 식에서 우변 중괄호 안의 두 번째항은 등온선 아래의 면적을 나타낸 것이며, 첫 번째 항은 그림 9.6(a)에서 액체의 부피로부터 증기의 부피까지 연결된 포화 압력의 수평선에 의해 형성된 직사각형의 면적을 나타낸다. 이 면적을 중괄호 안의 총액에서 빼는 것이므로 각 등온선에서 증기압 윗부분의 빗금면적과 증기압 아랫부분의 빗금면적이 같게 된다. 포화 조건을 계산하는 이와 같은 방법은 임계점 근처에서 P-V 곡선의 모양에 매우 민감하며 임계 조건 근처에서의 포화 성질을 예측하는 데 매우 유용하게 사용된다.

식 9.49가 가장 명확하게 등면적 법칙의 개념을 설명함에도, 실제 응용에서 가장 유용한 형태는 아니다. 평형에서 $G^L = G^V$임을 주의하고 식 9.47을 재배열하면 다음을 얻는다.

$$P = \left(\int_{\rho^V}^{\rho^L} \frac{Z-1}{\rho} d\rho - \ln\left(\frac{V^L}{V^V}\right)\right)\left[\frac{RT}{(V^V - V^L)}\right] \quad \langle 식\ 9.50 \rangle$$

우변의 첫번째 항을 $(A^L - A^{ig})_{T,V} - (A^V - A^{ig})_{T,V}$로 인식해야 하며, 아마도 이미 유도된 $(A - A^{ig})_{T,V}$에 대한 식을 얻을 수 있을 것이다. V^V와 V^L에 대해 풀기 위해서는 초기 압력값을 추측해야만 하기 때문에, 근본적으로 압력을 구하는 것은 반복법으로 수행한다. 일반적으로 대여섯 번의 반복에 의해 적절한 정밀도로 수렴시키기에 충분하다.[5] 이 방법은 P-V 등온선에 최댓값과 최솟값이 존재하는 한 수렴되는 것이 보장된다. 따라서 극값이 없다는 것은 단일상을 암시하는 것이므로 '안정성 확인'(다음 절 참고)의 한 형태로 극값을 찾는 것으로 시작된다. 극값은 증기의 최댓값이 $\rho < \rho_c$에서 나타나는 반면 액상의 최솟값은 $\rho < \rho_c$에서 나타나야 한다는 것에 유의

5 Eubank, P.T., Elhassan, A.E., Barrufet, M.A. 1992. Whiting, W.B. *Ind. Eng. Chem Res*. 31:942. Tang, Y., Stephenson, G.,Zhao, Z., Agrawal, M., Saha, S. 2011. *AIChE J*. 57:3333.

하면 쉽게 찾을 수 있다. 만약 $P_{min} > 0$라면, $P_0 = (P_{min} + P_{max})/2$로 초기화하라. 다른방법으로는 $P = 10^{-12}$에서 V^V와 V^L을 구함으로써 초기화할 수 있다. 이 수행 절차는 다음의 예제 9.8을 참고하라.

예제 9.8 등면적의 법칙을 이용한 증기압

수렴은 예제 9.6에서와 같이 퓨가시티가 같다는 점을 사용하면 임계점 근처나 또는 매우 낮은 온도에서는 까다로울 수 있다. 등면적의 법칙은 이러한 상황에서 도움이 될 수 있다. 예로서, 30°C에서 이산화탄소에 대해 Solver를 이용하라. 지름길 식에 의한 초기 추정값이 매우 좋더라도 Solver는 발산한다. 다른 방법으로, 위에서 언급한 대로 풀기 위해 등면적의 법칙을 적용하라. 이런 범위의 조건은 이산화탄소 냉동 시스템을 설계하는 데 중요할 수 있다. 따라서 의심의 여지없는 수렴이 중요하다.

풀이

첫 번째 단계는 등온선을 그리고 스피노달 밀도와 압력을 찾는 것이다. 그림 9.10은 $P_{min} = 7.1917$, $P_{max} = 7.2291$, $V_{max} = 117.98$, $V_{min} = 94.509$임을 보여 준다. 위에서의 절차를 따르면, $P_0 = 7.2104$이다. 통상적인 방법으로 P_0에서 증기상과 액상의 근을 구하면 $V_{vap} = 129.842$, $V_{liq} = 88.160$이다. 마찬가지로, 예제 8.6에 주어진 식을 이용하면 $(A^L - A^{ig})_{T,V} = -1.0652$, $(A^V - A^{ig})_{T,V} = -0.7973$이다.

$$\frac{(A - A^{ig})_{T,V}}{RT} = -\ln(1 - b\rho) - \frac{a}{bRT\sqrt{8}}\ln\left[\frac{1 + (1 + \sqrt{2})b\rho}{1 + (1 - \sqrt{2})b\rho}\right]$$

이 식은 다음과 같이 P^{sat}의 다음 추정치를 준다.

$$P^{sat} = [-1.0652 + 0.7973 - \ln(88.160/129.842)][8.314(303.15)/(129.842 - 88.160)] = 7.2129$$

증기상과 액상의 근들을 구하고 두 번 이상 반복하면 다음 그림에서 보여 주는 것과 같이 $P^{sat} = 7.21288$이 된다. 압력의 좁은 범위에 주의하라.

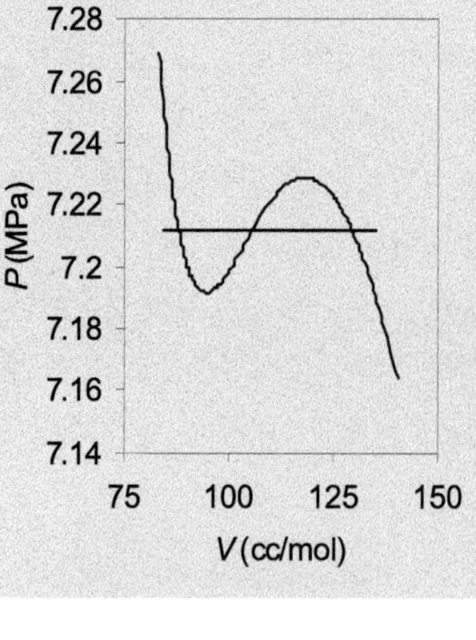

그림 9.10 • 작은 van der Waals 루프에 대한 등면적의 법칙 사용 설명도

9.11 안정한 근과 포화 조건

여러 개의 실근이 존재한다면, 9.10절에서 설명한 것과 같이 퓨가시티가 어느 근이 안정한지를 결정하는 데 사용된다. 그러나 종종 상태 성질의 값을 찾기는 하지만 목푯값과 안정한 근을 찾을 수는 없다. 이 절에서는 이런 상황을 어떻게 다루는지를 설명한다. 이를 위해 엔트로피를 사용하겠지만, 다른 상태 성질을 가지고 하는 계산도 비슷할 것이다.

그림 9.11은 0.1 MPa에서 에탄의 엔트로피값의 거동을 보여 주는데, 이들은 $T = 298.15$ K, $P = 0.1$ MPa의 실제기체 표준상태를 이용해서 Peng-Robinson 상태방정식으로 계산된 것이다. 그림은 중간 근에 대해 엔트로피 편차식을 가하고, 그다음 고정된 압력 0.1 MPa에서 온도를 변화시켜 가며 스프레드시트 Preos.xlsx로부터 만들어졌다. 대응하는 S값이 기록되고 도시되었다.

$S = -18.185$ J/mol-K의 상태를 필요로하는 공정을 가정해 보자. 200 K에서 가장 큰 Z 근이 이 값을 가진다. 가장 큰 Z값에서 가장 작은 Z값까지에 대응하는 퓨가시티값은 각각 0.0976 MPa, 0.652 MPa 그리고 0.206 MPa이다. 가장 큰 근은 가장 안정한 근을 나타내므로 가장 큰 근에 의해 나머지 상태 변수가 결정될 것이다.

이번엔 $S = -28.35$ J/mol-K의 상태를 필요로하는 공정을 가정해 보자. 150 K에서 가장 큰 Z 근이 이 값을 가진다. 가장 큰 Z값에서 가장 작은 Z값까지에 해당하는 퓨가시티값은 각각

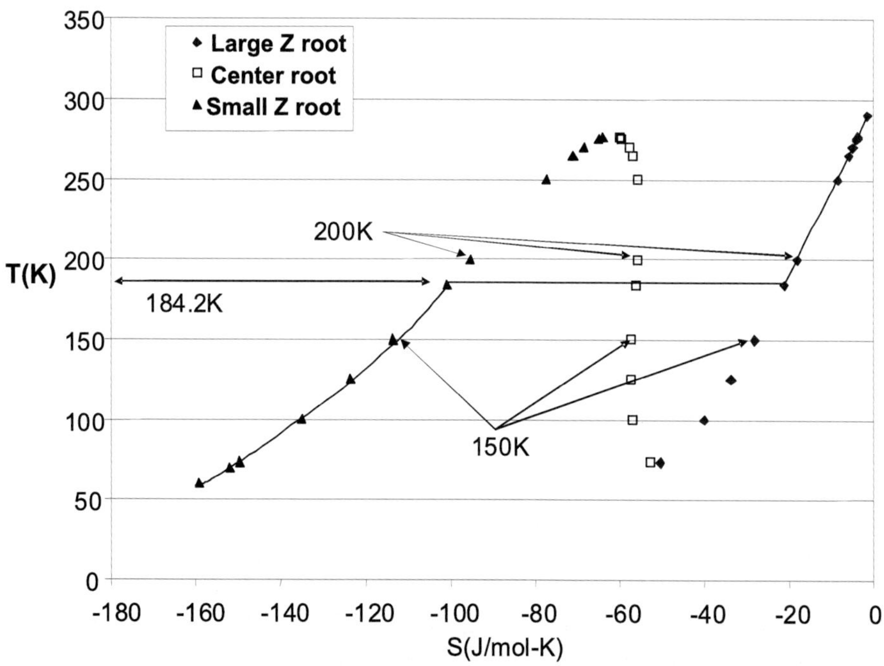

그림 9.11 • 0.1 MPa 정압에서 Peng-Robinson식으로 계산된 에탄의 엔트로피값. 가장 큰 Z 근은 다이아몬드 모양으로 표시되고, 가장 작은 Z근은 삼각형 모양으로 표시되었으며, 중간 근은 빈 사각형 모양으로 표시되었다. 안정된 거동은 실선으로 표시되었다.

0.0951 MPa, 0.313 MPa 그리고 0.0099 MPa이다. 가장 작은 근이 가장 안정한 상태를 보인다. 문제에서 가장 큰 Z 근이 정확히 S의 값을 가짐에도 불구하고, 이 근은 가장 안정한 근이 아니기 때문에 버려야 한다.

근에 대한 심도 있는 탐구는 원하는 S값이 중간 또는 가장 작은 근 또는 대부분의 안정한 어떠한 근에 의해서도 얻을 수 없다는 것을 보여 준다. 보통 이 거동이 의심되면 주어진 압력에 대해 포화상태를 결정하고, 그 포화값을 명시된 값과 비교하는 것이 빠르다(수증기표와 제시된 포화값을 가지고 어떻게 터빈으로부터 포화 수증기 계산을 수행할지를 생각하여라). 0.1 MPa에서 포화 조건은 큰 Z의 퓨가시티와 작은 Z 근들의 퓨가시티가 서로 같아질 때까지 T를 조정함으로써 찾을 수 있으며, 이 온도는 184.2 K이다. 이 조건에서 가장 큰 Z값부터 가장 작은 Z값까지에 해당하는 퓨가시티값은 각각 0.0971 MPa, 0.524 MPa 그리고 0.0971 MPa이다. 가장 큰 Z 근과 가장 작은 Z 근이 상평형에 있고 중간 근은 전과 같이 버려진다. 포화 엔트로피에 해당하는 값은 기체상에서는 $S = -21.3021$ J/mol-K이고 액체상에서는 -100.955 J/mol-K이다. 0.1 MPa에서는 어떠한 조건에서도 S의 값은 기-액의 두 상영역에서 이 두 값 사이에 존재할 것이다. 그러므로 $S = -28.35$ J/mol-K의 원하는 상태는 포화값을 사용해 계산했을 시에 두 상영역에 해당된다.

$$S = S^{satL} + q\,(S^{satV} - S^{satL})$$

-28.35 J/mol-K $= -100.955 + q(-21.3021 + 100.955)$를 풀면, $q = 0.912$

예제에서 강조된 주의사항은 P 그리고/또는 T를 조절함으로써 다른 상태 성질의 구체적인 값을 찾을 때 역시 적용할 수 있다. 예를 들어, $\{H, P\}$값이 명시된 상태에서 T를 조절함으로써 상태 성질을 찾는 것은 일반적인 일이다. 사용자는 선택된 근이 안정한 근임을 확실히 해야 하며 만약 계가 2상이라면, 질적 계산(quality calculation)이 수행되어야 한다.[6]

9.12 *G*와 *f*에 대한 온도의 영향

일정 압력에서 온도의 영향은 다음과 같다.

$$\left(\frac{\partial G}{\partial T}\right)_P = -S \qquad \langle 식\ 9.51 \rangle$$

온도에 따른 Gibbs 에너지 변화는 엔트로피에 의존한다. Gibbs 에너지는 온도 증가와 함께 감소할 것이다. 증기의 엔트로피가 액체의 엔트로피보다 높기 때문에, Gibbs 에너지는 증기의 경우 온도에 대해서 더욱 빠르게 변화할 것이다. Gibbs 에너지가 퓨가시티의 로그값에 비례하기 때문에, 퓨가시티의 의존도도 같은 경향을 보일 것이다. 액체와 고체에 대해서도 비슷한 결

6 불안정한 근을 피하기 위한 조건을 프로그램하는 것은 가능하다. 하지만 화공기사들의 조건에 대한 이해의 중요성 때문에, 우리는 사용자가 결정하기를 원한다. 당신은 조건들을 프로그램하는 방법을 아는가?

과를 보인다.[7]

9.13 요약

우리는 순수유체의 상평형을 계산하기 위해서 Gibbs 에너지의 필요성을 소개함으로써 이 장을 시작했다. 왜냐하면 이것이 온도와 압력의 자연함수이기 때문이다. 우리는 또한 증기압과 더 밀접하게 닮았기 때문에, Gibbs 에너지 대신에 사용하는 편리한 성질인 퓨가시티를 소개했다. 또한 퓨가시티 계수가 편차함수(식 9.23과 9.24)처럼 이상기체 거동으로부터의 유체의 편차와 직접적으로 연관된다는 것을 보였다. 비이상성 특성 규명의 원리는 혼합물의 비이상성을 다루는 다음 장으로 이어진다. 사실, 이 장에서 제시된 교수내용은 혼합물의 상평형으로 더욱 더 복잡해지는 다음 장에서 의미를 찾을 수 있다.

퓨가시티를 계산하는 방법을 도표나 상태방정식 그리고 유도작업을 통해서 소개하였다(연습문제에서는 표가 어떻게 사용되는지를 역시 보여 준다). 기체와 함께 액체와 고체도 고려되며, 압축된 상에서 압력의 영향을 계산하기 위해서 Poynting 보정항이 도입되었다. 이러한 순수성분 방법들이 표 9.1에서 요약되었고, 그들은 종종 혼합물의 분석에서도 적용된다. 적용기술에 대해서는 다음 장에서 준비되었다.

이 장에서 중요한 개념은 과정 계산에서 여러 개의 상태방정식 근이 존재할 때, 안정한 근은 낮은 Gibbs 에너지 또는 낮은 퓨가시티를 갖는다는 것이다. 우리는 또한 순수유체에서 포화조건을 찾는 방법을 제공하였다.

주요 식

식 9.3과 9.27은 기본적으로 각 상의 퓨가시티가 같을 때 평형이 발생한다는 것을 명시한다.

표 9.1 • 순수성분 퓨가시티 계산을 위한 기법

기체	액체	고체
1. 이상기체 법칙	1. Poynting 방법[a]	1. Poynting 방법[a]
2. 상태방정식	2. 상태방정식(poynting 항과 결합되지 않은 3차)	
a. 비리얼 상태방정식($V_r > 2$)		
b. 3차 상태방정식		

[a] 포화 퓨가시티는 기체에 사용되는 어느 방법에 의해서나 결정되며, 증기압 근처에서 Poynting 보정항은 생략된다.

7 우리는 자주 기준상태로 임의로 $S_R = 0$ 그리고 H_R이나 U_R을 0으로 설정한다. 계산의 일관성을 위해 $G_R = H_R - T_R S_R$. 결과적으로, 주어진 상태에서 S의 계산값은 기준상태에 연관된 현재 상태에 의존된다. 계산된 S값은 우리가 선택한 $S_R = 0$의 조건에 따라 양 또는 음의 값을 가지므로 Gibbs 에너지는 온도와 함께 증가 또는 감소할 것이다. 엔트로피는 절대온도에서 완벽한 크리스탈을 제외하고는 실제로 0에 도달하지 않으며, 모든 물질은 실제 조건에서 양수이다. S가 음수인 계산 결과라는 것은 오로지 기준상태로 $S_R = 0$(절대온도 0에서 완벽한 크리스탈에 비해 실젯값의 계산의 어려움을 피하기 위해서) 상태를 선택한 결과이다. 주제 색인에서 열역학 제3법칙을 보아라.

이것은 혼합물에서 각 성분에 적용할 수 있고, 혼합물에서의 상평형 계산을 위한 기본을 형성하는 일반원리이다. 식 9.11은 식 9.6의 특별한 형태로서 넓은 온도범위에서 증기압을 추정하는 데 특히 편리하다. 이것은 좁은 온도범위에서는 Antoine식만큼 정확하지는 않지만, 외삽이 필요할 때 큰 오차를 줄일 수 있다. 그럼에도 불구하고 식 9.11은 만능이 아니다. 만약 증기압 이외의 고-액(예: 얼음이 녹는것) 또는 고-기(예: 드라이아이스)와 같은 상평형 문제에 직면했을 때, 식 9.6으로부터 시작해야 하고, 최종 식은 문제에 관련된 가정에 따라 재도출해야 한다.

퓨가시티는 통상 식 9.28(기체), 9.29(이상기체), 9.41(액체) 그리고 식 9.43(고체)에 의해 계산되며, 퓨가시티 계수의 계산에 의존된다. 퓨가시티는 특히 안정한 근을 확인하는 데 도움을 준다.

9.14 익힘문제

P9.1 1.5 MPa과 25°C하의 이산화탄소(C_p = 38 J/mol-K)가 조름밸브를 통과하면서 0.1 MPa까지 팽창한다. 팽창된 기체의 온도를 결정하라. 이 문제를 다음과 같이 해결하라.

(a) 이상기체 법칙을 가정

답: 298 K

(b) Peng-Robinson식을 사용

답: 278 K, sat L + V

(c) 이산화탄소의 표를 이용, 이산화탄소의 삼중점이 −56.6°C와 5.2 bar이고, 43.2 cal/g의 융해열(ΔH^{fus})을 갖는 것에 주의

답: 194 K, sat S + V

P9.2 300 bar, 150 K에서의 순수 일산화탄소 흐름을 고려하자. 1 bar에서 최대한으로 액화시키고자 한다. 하나의 제안은 이 고압의 유체를 Joule-Thomson 밸브를 통과시켜 팽창시킴으로써 형성된 액체를 얻는 것이다. 이러한 조작으로 액화된 비율은 얼마인가? 1몰 처리 시 발생되는 엔트로피는? Peng-Robinson식을 사용하여 수치적인 답을 제시하라. 선택한 기준상태를 명확히 하라(빠른 계산을 위해 C_P = 29 J/mol-K로 가정한다).

답: 32% 액화

P9.3 위에서 검토된 일산화탄소의 액화를 위한 다른 방법으로 Joule-Thomson 밸브 대신에 90% 효율의 단열 터빈을 사용한다. 이 경우 액화된 비율은?

답: 60%

P9.4 서부 펜실베이니아의 메탄가스정에서 윗부분(head)의 압력은 250 bar이고 온도는 약

300 K이다. 이 기체의 흐름은 Linde 공정에서 1차 냉각기(precooler)로부터 유출되는 고압의 유체와 유사하다. 유입되는 고압의 유체(예제 8.9의 흐름 3~8과 유사한)와 순환되어 돌아오는 저압의 증기상 유체가 접촉하는 완전한 열교환기(온도차가 0에 접근)가 있다. 재순환되는 증기상 유체의 압력이 30 bar인 경우, 조름장치를 사용하여 액화되는 비율을 계산하라.

답: 30 %

9.15 연습문제

9.1 열역학 표와 도표는 H와 S가 모두 표로 정리되어 있을 경우에 사용할 수 있다. $G = H - TS$이므로 일정한 온도에서 $\Delta G = RT\ln(f_2/f_1) = \Delta H - T\Delta S$이다. 만일 상태 1이 이상기체가 되는 낮은 압력이라면 $f_1 = P_1$, $TR\ln(f_2/P_1) = \Delta H - T\Delta S$이다. 여기서 하첨자는 상태를 나타낸다. 400°C와 15 MPa에서 수증기의 퓨가시티를 이 방법을 사용하여 결정하라. 이 압력에서 퓨가시티 계수의 값은 얼마인가?

9.2 이 문제는 순수한 물질에 대한 상평형의 개념을 보강한다.

(a) 수증기표를 사용하여 150°C, 50 kPa(기준상태)의 수증기에 연관된 150°C의 포화수증기 1 kg의 Gibbs 에너지를 계산하라. 부피 자료를 도시하고, 도표상에서 적분하여 계산을 수행하라. kJ 단위로 답하라.(주의: 그래프 용지의 각 사각형은 면적에 상당하는 [압력 × 부피]를 나타내며 에너지 단위로 전환될 수 있다.)

(b) 표에 정리된 엔탈피와 엔트로피값을 이용하여 다시 계산하고 (a)의 결과와 비교하라.

(c) (a)의 포화수증기가 일정한 T에서 압축되어 1/2 kg이 응축된다. (a)에 제시된 기준상태에 연관해서 증기/액체 혼합물의 총 Gibbs 에너지는? 혼합물이 완전히 응축되어 포화 액체가 되었을 때, 같은 기준상태에 대한 총 Gibbs 에너지는?

(d) (a)에 제시된 기준상태에 대하여 600 KPa, 150°C의 물(액체)의 Gibbs 에너지는? 액체는 비압축성이라고 가정할 수 있다.

(e) (a)와 (d)에서 주어진 상태의 물의 퓨가시티를 계산하라. 50 kPa에서 $f = P$라고 가정할 수 있다.

9.3 얼음–물 상전이에 대한 융해열은 0°C, 1 bar에서 335 kJ/kg이다. 물의 밀도는 이 조건에서 1 g/cm^{3}이고 얼음의 밀도는 0.915 g/cm^{3}이다. 압력의 함수로 얼음의 녹는 온도 변화를 나타내는 식을 구하라. 100 kg의 하키선수가 신고 있는 10 cm × 0.1 cm의 스케이트 날에 대해, 이 스케이트가 얼음 표면 위에서 미끄러지는 이유를 정량적으로 설명하라. 너무 추우면 얼음 썰매가 불가능할까? 고체 이산화탄소와 같은 다른 물질 위에서도 얼음 썰매가 가능할까?

9.4 이산화탄소가 35°C에서 몰부피 200 cm^3/gmole까지 압축된다. Peng-Robinson식을 사용하여 퓨가시티를 MPa 단위로 계산하라.

9.5 580 K, 0.8 MPa에서 순수한 *n*-옥탄 증기의 퓨가시티를 비리얼 상태방정식을 사용하여 계산하라.

9.6 125°C , 220 bar에서 이산화탄소의 퓨가시티를 일반화된 도표를 사용하여 구하라.

9.7 다음을 이용하여 320 K, 70 bar의 에탄의 퓨가시티를 계산하라.

(a) 일반화된 도표
(b) Peng-Robinson식

9.8 van der Waals식에 따른 퓨가시티 계산식을 유도하라.

9.9 문제 9.8의 결과를 사용하여, 온도 320 K와 몰부피 150 cm^3/mol의 에탄의 퓨가시티를 계산하라. 압력도 bar 단위로 계산하라.

9.10 298 K에서 500 K 사이의 온도에서 Antoine식과 지름길 증기압 식을 비교하라(어느 범위에서 증기압 식이 외삽되었는지를 풀이에 적어라). 비교를 위하여 $\log_{10} P^{sat}$ 대 1/T의 도표를 사용하라. 단 증기압이 0.1 MPa 이하에서는 별도로 P^{sat} 대 T의 그래프를 제시한다.

(a) *n*-헥산
(b) 아세톤
(c) 메탄올
(d) 2-프로판올
(e) 물

9.11 문제 9.10에서 교수에 의해 제안된 화합물들에 대하여, 비리얼 상태방정식을 이용하여 포화 증기의 비리얼 계수와 포화 액체의 퓨가시티를 추산하라. 퓨가시티값을 증기압과 비교하라.

9.12 문제 9.10에 제시된 화합물에 대하여, Peng-Robinson식으로 구한 증기압과 실험에 의한 증기압(Antoine 상수에 의하여 구한)을 비교하라.

9.13 Peng-Robinson식을 사용하여 T = [260, 340]의 범위에서 부탄의 포화 증기와 포화 액체에 대한 P-H 도표를 도시하라. 260 K, 300 K, 340 K의 포화 증기로부터 시작되는 일정한 S의 선을 나타내라. 일반적인 증기 압축 사이클에서 유입물이 260 K의 포화 증기일 경우 단열가역 압축기의 출구의 온도와 상태는?(힌트: 이것은 속임수 질문이다.)

9.14 어떤 three-cycle cascade 냉동장치가 메탄(사이클 1), 에틸렌(사이클 2), 암모니아(사

이클 3)를 사용한다. 증발기는 사이클 1이 115.6 K에서, 사이클 2가 180 K에서 사이클 3이 250 K에서 조업된다. 압축기들의 출구 압력은 사이클 1이 4 MPa, 사이클 2가 2.6 MPa, 사이클 3이 1.4 MPa이다. Peng-Robinson식을 사용하여 유체의 성질을 예측하라. 그림 5.11에 표시된 각 흐름번호를 사용하라. 압축기의 효율은 모두 80%이다.

(a) 사이클 1의 유체의 유속에 대해서 사이클 2와 사이클 3의 순환 유속을 결정하라.
(b) 각 사이클의 압축기에서 유체 1 kg당 요구되는 일을 결정하라.
(c) 사이클 1에서의 유체 1 kg당, 사이클 3의 응축기의 부하를 결정하라.
(d) 이 사이클을 개선할 수 있는 두 가지 방법을 제시하라.

9.15 이산화탄소는 아민용액으로의 선택적인 흡수에 의해 다른 기체들로부터 분리할 수 있다. 흡수된 이산화탄소는 대기압에서 가열하여 회수된다. 80°C, 1 bar에서 이 공정에 의해 순수한 이산화탄소 증기가 얻어진다고 가정하라. 이산화탄소를 액화시켜 43-L 용량의 실험실 가스실린더에 채워 상품화한다. 실린더 내부는 295 K에서 90%(질량 기준)가 액체로 채워져 있다. 다음과 같은 질문을 통해 액화, 저장, 시장판매 등에 대한 옵션을 조사하라. 유체의 성질은 Peng-Robinson식을 사용하여 계산하고 풀이에서 사용된 각 상태에 대한 *H-U-S* 표를 제출하라.

(a) 풀이에서 사용될 기준상태를 정하고 기록하라.
(b) 각 실린더 내의 압력과 이산화탄소의 양(kg)은?
(c) 특정한 사양을 갖추어 상품화된 실린더는 저장과 운송에 따른 더운 온도에 견디어야 한다. 온도가 373 K까지 올라간다면 가득 찬 실린더가 견디어야 하는 최소 압력은?
(d) 1단식 단열 압축기($\eta_C = 0.8$)에서 이산화탄소 증기가 80°C, 1 bar에서 6.5 MPa까지 압축되는 액화공정을 고려하자. 압축기는 이어서 열교환기에 의해 295 K, 6.5 MPa까지 냉각된다. 각 단계에서의 공정온도와 압력, 그리고 요구되는 일과 열교환량 및 총괄 일과 열을 결정하라.
(e) 중간에 냉각공정을 갖는 2단식 압축기에서 이산화탄소 증기가 80°C, 1 bar에서 6.5 MPa까지 압축되는 액화공정을 고려하자. 각 단($\eta_C = 0.8$)은 단열상태로 조업된다. 1단계 압축 후의 압력은 2.5 MPa이며, 단 사이의 냉각기는 이산화탄소의 온도를 295 K이 되게 한다. 2단 압축기는 이어서 열교환기를 통해 295 K, 6.5 MPa까지 냉각된다. 각 단계에서의 모든 공정온도와 압력 그리고 요구되는 일과 열교환량 및 총괄 일과 열을 결정하라.
(f) 295 K에서 주위로의 열교환이 일어나면서, 80°C, 1 bar에서 295 K, 6.5 MPa로 상태가 변할 때 요구되는 최소의 일을 계산하라. 요구되는 주위와의 열전달은 얼마인가?

9.16 다음 상태방정식을 고려하자.

$$Z = 1 + \frac{4c\eta}{1 - 1.9\eta} - \frac{a\eta}{bRT}$$

여기서 $\eta = b/V$

(a) a, b, c와 T_c ,P_c ,Z_c 간 관계를 결정하라.

(b) 이 식에 의해 얻어지는 Z_c값에 대한 실질적 제한은 무엇인가?

(c) 퓨가시티에 대한 식을 유도하라.

(d) 이 상태방정식에 대해 Preos.xlsx 또는 Preos.m을 개조하라. 다음에서 지정한 화합물의 증기압을 가장 잘 나타내는 c(+/−0.5)의 값을 결정하라. 지름길 증기압 계산식을 사용해서 교수에 의해 제시되는 옵션과 이 문제의 목적에 따른 증기압 실험치를 예측하라.

(i) 이산화탄소
(ii) 에탄
(iii) 에틸렌
(iv) 프로판
(v) n-헥산

PART

III 혼합물의 상평형

우리는 순수한 유체에 대해 논의할 때 이미 상평형 문제에 접한 바가 있다. 제I부에서는 수증기의 질에 관심을 두었으며, 제II부에서는 증기압에 대한 일반화된 상관관계를 개발하였다. 이러한 해석에 의해 액체/증기 상전이가 일어나는 조건과 액체에 대한 증기의 비율을 추산할 수 있게 된다. 제III부에서는 액체에 대한 증기의 비율뿐만 아니라 각 성분에 대하여 증기상 성분에 대한 액상성분의 비율에 대해서도 관심을 가지게 된다. 혼합물에 있는 모든 성분이 모든 상에서 똑같이 용해되는 것이 아니기 때문에 이들 비율은 서로 같지 않을 수도 있다. 극히 일반적인 많은 응용 분야(예: 증류나 추출)에서 이러한 문제들이 발생한다. 불행히도, 원하는 물성을 원하는 정확도로 예측하는 것은 아직도 도전적인 과제이다. 실제로, 화학공정 산업에서 일반적으로 만나는 제한된 형태들의 상평형에 대해서도 현재 나와 있는 방법들 가운데 완전하게 만족스러운 것은 없다. 그럼에도 불구하고, 알려져 있는 방법들은 가용한 데이터를 상관시키고 적절한 외삽 계산을 수행하기 위한 알맞은 바탕을 제공하고 있으며, 따라서 그 방법들은 공정 설계에도 성공적으로 적용될 수 있다. 분자 수준에서 유도된 관련 이론들의 세심한 인식에 의해 적절한 외삽 계산과 논리적인 예측 간의 차이에 대한 이해를 쉽게 이해를 할 수 있게 된다. 합리적이지 않은 외삽 계산을 피하기 위한 수단으로 이러한 이해를 발전시키는 것이 강력히 권장된다. 이 단원에서는 비반응성 혼합물의 분자 열역학에 대한 확고한 기반을 제공하기 위하여 앞에서 다룬 바 있는 에너지, 엔트로피, 평형에 대한 개념들을 그대로 확장시킨다. 이 책의 마지막 단원인 제IV부에서는 반응계를 다룰 것이다.

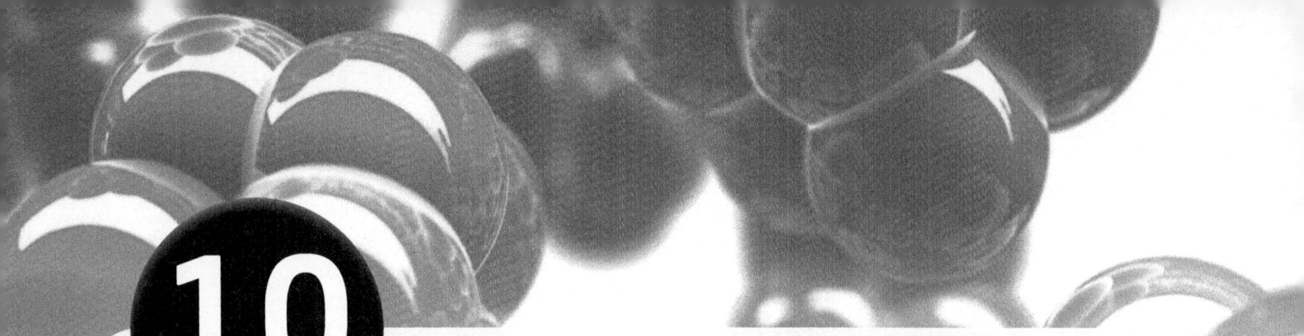

10 CHAPTER

다성분계의 기초

우리는 값싸게 얻은 것을 너무 가볍게 생각한다.

Thomas Paine

겉으로만 보면, 순수성분에 적용한 개념을 혼합물로 확장하는 것은 단순하게 보일 수도 있다. 사실상 이것은 반도체 및 초전도체, 고분자 용액과 혼합물, 합금재료, 복합체, 그리고 생화학에서 상전이에 큰 영향을 주는 현대 과학의 중요한 문제이다. 이러한 각 분야에서의 전문가들은 분자 간의 부분 상호작용에 관한 기본적인 문제에 상당한 노력을 기울인다. 열역학적 관점에서 보면 이런 다양한 연구 노력은 매우 유사하다. 분자의 특정 유형은 서로 다르고 쌍전위 모델들도 다를 수 있으나, 분자 규모를 거시 규모에 연결시켜 주는 수단은 여전히 똑같다.

다성분계에 대하여 이 장에서 다룰 내용은 (1) 수학적, 물리적 원리를 혼합물에 아주 간단히 확장하는 법과, (2) 이러한 원리를 실행하기 위한 몇 가지 일반적인 방법을 소개하는 설명으로 구성되어 있다. 특정한 세부사항을 배우는 것은 부분적으로 고분자 과학자와 세라믹 학자를 구분하는 것과 같기 때문에 이러한 설명은 단지 기초적인 것에 불과하다. 그러한 전문화된 연구는 각각의 상황에서 가장 큰 영향을 미치는 분자 상호작용의 형태에 대해 인식함으로써 크게 가능하게 된다. 공정의 핵심적인 측면이 쉽게 확인될 수 있도록 하는 열역학적 자료를 분석할 수 있는 능력도 그와 유사하게 중요하다.

학습목표

1. 상거동 선도를 해석하여 이슬점, 기포점 및 플래시 조건이 어디에 위치하는지 알아야 하며, 2개의 상이 공존하는 영역에서는 지렛대의 원리를 사용할 줄 알아야 한다.
2. 기포점, 이슬점 및 플래시 계산이 언제 요구되는지 알아보고, 이상용액을 가정하여 계산

을 실행할 수 있어야 한다.

3. 이상용액의 가정을 이해하고 비이상용액의 모델을 개발하기 위해 기본식을 사용하여 어느 곳에서부터 전개해야 하는지 습득하여야 한다.
4. 이상용액 모델이 타당할 때와 그렇지 않을 때를 인식할 수 있어야 한다. 이는 분자 상호작용의 본질에 대한 개념적 추론과 결부시켜 도식적 및 통계적으로 이론적 결과를 실험 데이터와 비교하는 것을 포함한다.
5. 기-액 평형(VLE)이 개념적으로 증류공정에 어떻게 관련되는지 이해할 수 있어야 한다.

10.1 상선도(phase diagrams)의 소개

상평형 계산에 관한 세부 항목을 철저히 공부하기 전에 일반적인 기-액 상선도의 기본 개념을 소개하고자 한다. 순수유체의 경우, **Gibbs의 상규칙**(Gibbs phase rule)에 따르면 기-액 평형은 **자유도**(degree of freedom)가 1($F = C - P + 2 = 1 - 2 + 2 = 1$)일 때만 일어난다. 1기압에서 기-액 평형은 단 한 온도, 즉 표준 끓는점 온도에서만 일어난다. 그러나 2성분 혼합물에 대해서는 자유도가 2($F = 2 - 2 + 2 = 2$)가 된다. 압력이 고정된 어떤 계에 대해 상의 조성과 온도는 모두 두 상이 공존할 때 한정된 범위 내에서 변화될 수 있다. 이 유형의 실험에 대한 실험 데이터는 일반적으로 그림 10.1에 정성적으로 보인 것과 같은 ***T-x-y* 선도**로 알려진 도면 뒤에 T와 조성의 함수로 나타낸다. 고정된 온도에서는 2성분 혼합물에서 압력과 조성이 변할 수 있으며, 그림 10.1에서 보인 것과 같은 ***P-x-y* 선도**를 만들기 위한 자료를 얻을 수 있다. 2개의 상이 공존하는 영역은 두 선도 중 어느 선도상에 있든 곡선에 의해 둘러싸인 면적으로 보이며, 이 영역은 **상분리선**(phase envelope)이라고 알려져 있다.[1] *T-x-y* 선도상에서 증기 영역은 상부에 위치한다(고정된 P에서 T를 올리는 것은 액체의 증발을 야기시킴). 반면에 *P-x-y* 선도상에서 증기 영역은 하부에 위치한다(고정된 T에서 P를 낮추는 것은 액체의 증발을 야기시킴). 순수성분 조성에서 상분리선과 세로 좌표 눈금선이 만나는 두 점은 *T-x-y* 선도상에서는 각 순수성분의 포화온도를 제공하며, *P-x-y* 선도상에서는 각 순수성분의 증기 (포화) 압력을 준다는 것에 주목하라. 따라서 선도의 형태에 대한 중요한 정보는 종종 순수성분의 양 끝점과 함께 한 점의 혼합물 자료로부터 유추될 수 있다. 정성적으로 보면, *P-x-y* 선도의 형태는 *T-x-y* 선도를 뒤집어 줌으로써 얻을 수 있으며, 그 반대의 경우도 마찬가지이다.[2] 관례상 분리에 관한 문헌에 있는 2성분계에 대하여 휘발성이 더 큰 성분의 조성이 가로 좌표를 따라 몰분율 또는 몰 퍼센트로 표시된다.

T-x-y 선도상의 아래쪽에 있는 곡선은 액체 영역에 인접해 있고 **기포선**(bubble line)으로 알

1 선도에도 많은 변화가 존재하며, 여기에서는 가장 일반적으로 만나는 유형의 선도만을 소개하는 것으로 한다. 더 복잡한 선도들은 서서히 소개하며, 16장에서 더 깊이 논하게 된다. 이 선도들은 16장에서 논하게 되는 3차원 선도의 단면이다.

2 이 방법은 단 1개의 선도만 구할 수 있는 경우에 두 선도를 모두 가시적으로 그려 볼 수 있는 편리한 조작 방법이다.

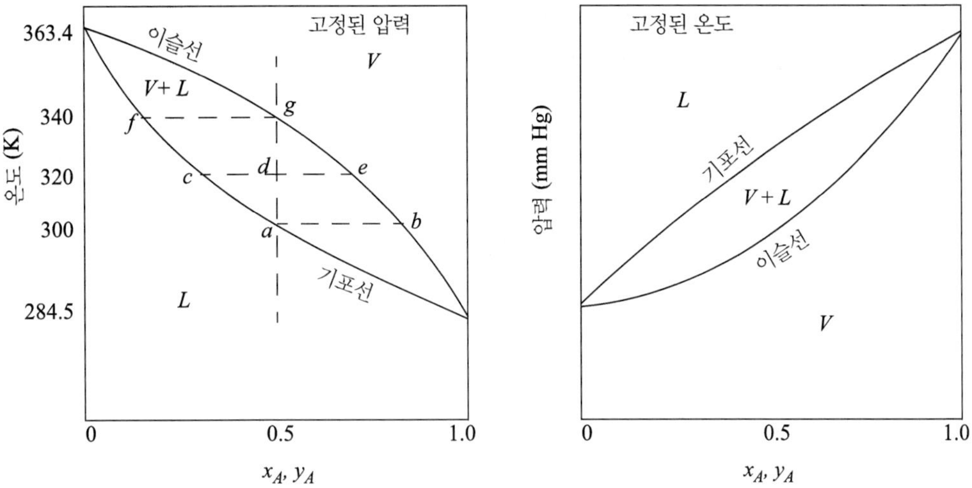

그림 10.1 • *T-x-y* 선도(왼편)와 *P-x-y* 선도(오른편)의 예시.

려져 있다. 기포온도선은 정해진 압력에서 조성의 함수로 혼합물의 끓는점 온도를 준다. 위쪽에 있는 곡선은 증기 영역에 인접해 있으며 **이슬선**(dew line)이라고 불린다. 두 선은 조건이 두 성분의 임계 압력 이하인 경우 양축 위에서 만난다. 임의의 주어진 조성에서 기포선 상의 온도는 증기의 극히 작은 기포가 액체와 공존하는 온도이다. 따라서 성분 *A*의 전체조성이 50 mole%인 경우, 고정된 압력에서 그림 10.1의 계는 선도의 압력에서는 300 K 아래에서 100% 액체이다. 온도가 상승됨에 따라 전체조성은 선도상에 그려진 수직 점선을 따르도록 제한되어 있고, 첫 번째 증기 기포가 점 *a*의 300 K에 있는 기포선과의 교점에서 생성된다. 이 온도를 계의 압력에서 50 mole% 혼합물에 대한 **기포온도**(bubble temperature)로 불린다. 주어진 *P*와 *T*에서 상 조성은 300 K에서의 점선과 같이 선도상에 그려진 기포선 및 이슬선의 수평선과의 교차점으로부터 조성을 읽음으로써 얻을 수 있다. 기포온도에 있는 우리가 다루는 사례에 대하여 증기의 첫 번째 기포가 측정할 수 있을 만큼의 액체조성의 변화를 아직 유발시키지 못했기 때문에 액상은 50 mole% *A*가 될 것이다. 기포점 온도에서 공존하는 증기상의 조성은 80 mole% *A*(점 *b*)가 된다. 온도가 320 K로 증가되면 전체 혼합물은 점 *d*에 있게 되고, 액상은 30 mole% *A*(점 *c*), 증기상은 70 mole% *A*(점 *e*)가 된다. 350 K에서 100% 증기로 이루어진 50 mole% 조성의 혼합물을 가지고 실험을 시작한다고 가정하자. 온도가 내려감에 따라 **이슬온도**(dew temperature)는 계의 압력에서 50 mole%의 혼합물에 대해서는 340 K에서 맞닥뜨리게 되고(점 *g*), 액체의 첫 번째 방울이 약 20 mole% A에서 생성된다(점 *f*). 기포온도와 이슬온도는 조성에 의존한다는 것에 주목하라. 예를 들면, 30 mole% 혼합물의 기포온도는 320 K이고(점 *c*), 20 mole% 혼합물의 기포온도는 340 K이다(점 *f*). 유사한 논의가 이슬온도에 대해서도 제시될 수 있다. 기포점과 이슬점에 관한 논의 역시 압력선도상에서 행해질 수 있지만, 이 경우에는 **기포 압력**(bubble pressure)과 **이슬 압력**(dew pressure)에 대해 언급하게 된다. 공존하는 조성을 연결해 주는 수평 점선은 **연결선**(tie line)이다.

❗ 상선도를 빨리 읽을 수 있는 능력은 필수적인 기술이다.

두 상으로 이루어진 혼합물에서의 조성에 대해 언급할 때에는 어떤 상에 관하여 논의하고 있는지 명백히 해야 한다. 우리는 액상 몰분율을 나타내기 위해 x를, 증기상 몰분율을 나타내기 위해 y를, 총괄 몰분율을 나타내기 위해 z를 사용한다.[3] 예를 들어 우리는 50 mole%의 혼합물을 사용하여 논의해 오고 있다. 300 K의 기포점에서 $z_A = 0.5$, $x_A = 0.5$, $y_A = 0.8$; 320 K에서 $z_A = 0.5$, $x_A = 0.3$, $y_A = 0.7$; 340 K에서 $z_A = 0.5$, $x_A = 0.2$, $y_A = 0.5$를 가진다. 320 K에서 계는 두 상 영역 안에 있으며, 총괄 혼합물 중 증기 또는 액체의 분율을 계산하기 위해, 총괄 물질수지와 함께 증기상과 액체상의 조성을 활용한다. 이를 **플래시 계산**(flash calculation)이라고 한다. 초기의 몰수를 F로 나타내고 이것이 L몰의 액체와 V몰의 기체로 분리된다면, 총괄 몰수지는 $F = L + V$가 되며 이는 $1 = L/F + V/F$로 쓸 수 있다. A 성분에 대한 수지는 $z_AF = y_AV + x_AL$가 되며 이는 $z_A = y_A \cdot V/F + x_A \cdot L/F$로도 표현할 수 있다. V/F를 제거하기 위해 두 수지식을 결합하면 액체로 존재하는 비율은 다음과 같다.

$$\frac{L}{F} = \frac{z_A - y_A}{x_A - y_A} \qquad \langle 식\ 10.1\rangle$$

이것은 간단히 선분 길이의 비 $\overline{de}/\overline{ce}$에 의해 주어진다. 마찬가지로, 증기로 존재하는 분율은 다음 식으로부터 계산된다.

$$\frac{V}{F} = \frac{x_A - z_A}{x_A - y_A} \qquad \langle 식\ 10.2\rangle$$

❗ 지렛대 법칙

이것도 역시 선분 길이의 비 $\overline{cd}/\overline{ce}$에 의해 주어진다. 이 수지식은 종종 **지렛대 법칙**(lever rule)이라 불린다. 두 분율을 합하면 1이 된다는$\left(\frac{L}{F} + \frac{V}{F} = 1\right)$ 사실에 주목하라.

10.2 기-액 평형(VLE) 계산

VLE 계산의 분류

❗ 여기에 제시된 VLE 계산의 분류는 이 책의 나머지 장 모두에 적용되므로 이 개념은 매우 중요하다.

제공된 정보에 따라 기-액 분배를 모델링하기 위한 기-액 평형(VLE) 계산의 여러 가지 유형 중 하나의 계산을 수행할 수 있다. 기-액 평형 계산의 유형에는 **기포점 압력**(bubble-point pressure, BP), **이슬점 압력**(dew-point pressure, DP), **기포점 온도**(bubble-point temperature, BT), **이슬점 온도**(dew-point temperature, DT), 그리고 **등온 플래시**(isothermal flash, FL)와 **단열 플래시**(adiabatic flash, FA)가 있다. 필요한 정보의 사양과 계산해야 할 정보는 다음의 표 10.1에 나타내었다. 또한 각 계산의 상대적 난이도에 대한 표시도 그 표에 나타내었다. 계산을 이해하기 위한 가장 좋은 접근 방법은 여러 상황에 대해 상분리선을 그려 봄으로써 경험을 쌓는 것이다.

---

3 100% 액체일 때는 $x = z$가 되고, 100% 증기일 때는 $y = z$가 된다는 것에 주목하라. 상태방정식에 대한 공식과 같이 어떤 경우에는 액체 또는 증기일 수 있는 포괄적인 상에 관해 논의하므로, x 또는 y 둘 중의 하나를 사용하기도 한다.

계산의 원리

VLE 문제를 풀기 위한 표준 접근 방법은 **VLE *K*비**라고 알려진 액체 몰분율에 대한 증기 몰분율의 비율을 이용하는 것이다.

$$\boxed{K_i \equiv y_i / x_i}$$ 〈식 10.3〉

VLE K비

물리적 상황으로부터 얻을 수 있는 정보는 표 10.1에 보여 준 과정 중 하나를 사용하여 K비와 결합한다. 얻을 수 있는 정보는 표의 두 번째 열에 나타나 있다. 그러한 과정은 추산된 미지의 조성에 근거한 목적함수를 계산하기 위하여 알려진 정보를 모델 의존적인 K비와 결합하는 것을 포함한다. 기포점 계산의 경우, 모든 x_i가 알려져 있으면 $\sum_i y_i = 1$(x_i로 표현하면 $\sum_i K_i x_i = 1$)인 조건에 대해 풀어서 y_i를 구한다. 이슬점 계산의 경우에는 모든 y_i를 알고 있으면 y_i와 K_i에 관해 쓴 $\sum_i x_i = 1$의 조건에 대해 풀이한다. 플래시 계산에 대해서는 총괄 몰분율 z_i와 K_i에 관해 쓴 $\sum_i x_i - \sum_i y_i = 0$의 조건을 가지고 푼다. 표 10.1에 있는 정보는 엄격하다. K_i를 계산하기 위해 사용된 방법은 모델 의존적이며 이 책의 다음 몇 장에 대한 주안점이 될 것이다. 이 장에서는 K_i-비가 온도와 압력에만 의존하는 상황에서 Raoult의 법칙을 사용하는 것에 초점을 두고 있지만, K_i-비는 일반적으로 조성, 압력, 온도에 따라 변한다.

VLE 문제를 풀기 위한 전략

표 10.1에 요약해 놓은 VLE에 대하여 단 여섯 가지의 다른 계산 유형이 있다는 것에 주목하

표 10.1 • 상평형 계산 유형의 요약(이 표는 VLE 모델과는 관계 없음)

유형	알려진 정보	계산되어야 할 정보	판정 기준	계산 수월성 검토
BP	T, $x_i = z_i$	P, y_i	$\sum_i y_i = \sum_i K_i x_i = 1$	가장 쉬움
DP	T, $y_i = z_i$	P, x_i	$\sum_i x_i = \sum_i (y_i/K_i) = 1$	나쁘지 않음
BT	P, $x_i = z_i$	T, y_i	$\sum_i y_i = \sum_i K_i x_i = 1$	어려움
DT	P, $y_i = z_i$	T, x_i	$\sum_i x_i = \sum_i (y_i/K_i) = 1$	어려움
FL	P, T^{in}, T^{out}, z_i	x_i, y_i, V/F, $\underline{Q}$	$\sum_i \frac{z_i(1-K_i)}{1+(V/F)(K_i-1)} = 0$, E-bal for $\underline{Q}$	매우 어려움
FA	P, T^{in}, z_i, $\underline{Q} = 0$	x_i, y_i, V/F, T^{out}	$\sum_i \frac{z_i(1-K_i)}{1+(V/F)(K_i-1)} = 0$, E-bal	가장 어려움

라. 일반적으로 표의 어떤 행을 사용할 것인지 결정한 후에는 VLE 문제를 푸는 것은 비교적 간단하다. VLE 문제의 풀이에서 한 가지 결정적인 기법은 다섯 가지 방법 중 어떤 방법이 사용될 것인가? 그리고 K비를 어떻게 계산할 것인가를 결정하기 위해 물리적 상황을 해석하는 것이다.

1. 문제 설정으로부터 액체조성, 증기조성, 또는 총괄조성이 알려져 있는지 결정하라.
2. 유체가 기포점 또는 이슬점에 있는지 확인하라. 유체가 기포점에 있다면 총괄조성은 액체조성과 같을 것이다. 반면에 이슬점에서는 총괄조성이 증기조성과 같을 것이다.
3. P 또는 T 아니면 P와 T 둘 다 고정되어 있는지 확인하라. 계가 단열인지 결정하라.
4. 처음 세 단계에서 수집된 정보는 계산 방법을 확인하기 위해 표 10.1에 있는 두 번째 열에 사용될 것이다.
5. VLE K비를 계산하기 위한 방법을 선택하라.
6. 선택된 계산 방법이 반복 계산을 필요로 하는지를 결정하라. 만약 그렇다면, 해에 대한 초기 추정값을 만들어라. 반복 계산을 취급하기 위한 접근 방법은 뒤따르는 장과 예제에서 소개한다.

반복 계산

K비가 변할 때 VLE 계산은 임의의 초기 추정값으로부터 반복 계산적인 풀이를 필요로 한다. 반복 계산을 수행하기 위해서 Excel의 solver 도구나 MATLAB의 `fzero()` 함수나 `fsolve()`함수를 사용하면 유용할 것이다. 뒤따르는 많은 예제는 반복 계산을 완전히 보여주기 위한 자세한 계산을 요약하고 있다. 실제로 자세한 계산은 solver를 사용하여 빠르게 수행할 수 있다. 부록 A는 반복 계산법과 연속치환법의 사용에 대해 요약하고 있다.

10.3 Raoult의 법칙을 이용한 2성분 기-액 평형

성분이 매우 유사한 분자 기능성과 분자 크기를 가지고 있는 혼합물의 경우, 그림 10.2와 그림 10.3에 보이듯이 기포 압력선은 조성에 관해 선형적 함수인 것으로 알려져 있다. 10.1절에서 언급했듯이, T-x-y 선도와 P-x-y 선도의 형태는 그 선도들 중 하나를 뒤집어 놓음으로써 정성적으로 관계를 맺게 된다. 기포 압력은 조성에 대해 선형적 함수이기 때문에 2성분계에 대해서 다음 식과 같이 쓸 수도 있다.

❗ 기포 압력에 대한 Raoult의 법칙

$$P = P_2^{sat} + x_1(P_1^{sat} - P_2^{sat}) = x_1P_1^{sat} + (1 - x_1)P_2^{sat} = x_1P_1^{sat} + x_2P_2^{sat} \qquad \langle 식\ 10.4\rangle$$

이 식을 P로 나누면 표 10.1에 요약해 놓은 기포 목적함수의 모양을 얻게 된다.

$$1 = \frac{P_1^{sat}}{P}x_1 + \frac{P_2^{sat}}{P}x_2 = K_1x_1 + K_2x_2 \qquad \langle 식\ 10.5\rangle$$

그러므로 Raoult의 법칙[4]에 대한 K비는 다음 식과 같다고 결론을 내릴 수 있다.

$$\boxed{K_i = \frac{P_i^{sat}}{P}} \quad \text{또는} \quad \boxed{y_i P = x_i P_i^{sat}} \qquad \langle 식\ 10.6 \rangle$$

10~16장과 18~19장을 통해 K-값 모델들을 계속해서 개선하고 참고하고자 한다. K-값에 초점을 맞추는 동기는 그 값들이 모든 형태의 분리에서 사용된다는 것이다. 이러한 선택된 부류의 혼합물에 대하여, K비는 T와 P에만 의존하며 조성에는 무관하다. K비를 계산하기 위해서는 증기압에 대한 어떠한 방법도 사용할 수 있다. 지금까지 K비를 경험적으로 유도해 왔을지라도 이 모델을 사용하여 VLE 계산을 연습하고 앞으로 나오는 절에서 더 기본적인 유도과정으로 돌아가 이 모델의 한계점을 완전히 탐색할 것이다. 앞으로 나오는 장에서는 Raoult의 법칙이 적용되지 않고 K비가 조성에 의존할 때 K비를 추산하기 위한 더 정교한 방법을 탐색할 것이다. P-x-y 선도와 T-x-y 선도뿐만 아니라 증류 연구를 위해 데이터를 보여 주는 또 다른 일반적인 방법은 공존하는 조성을 나타내는 x-y 선도이며, 이는 그림 10.4에 보여져 있다.

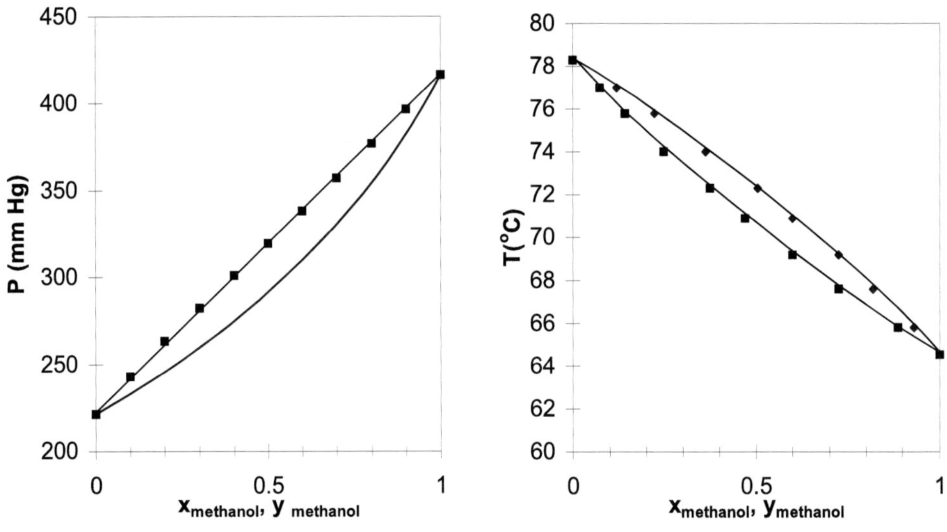

(a) (b)

그림 10.2 • (a), (b). 메탄올-에탄올 계의 상거동. 왼쪽 그림은 50°C. 오른쪽 그림은 760 mmHg. (*P-x-y*는 Schmidt, G.C. 1926. Z. Phys.Chem. 121:221로부터, *T-x-y*는 Wilson, A., Simons, E.L. 1952. Ind. Eng. Chem. 44:2214로부터 가져온 것임).

❗ Raoult의 법칙과 K비

❗ K-값은 모든 유형의 분리에서 사용된다.

Francois-Marie Raoult (1830~1901)은 빙점 강하와 기포 압력에 미치는 혼합의 영향을 연구한 프랑스 화학자이다. 1878년에 용액 거동에 관한 그의 최초 연구는 빙점 강하를 다루는 것이었다. 「Raoult의 법칙」에 관한 그의 논문은 1892년에 발표되었다.

---

4 Raoult의 공헌에 관한 흥미로운 관점은 J. Wisniak이 2001년도에 *The Chemical Educator* 6 (1): 41~49 (doi:10.1007/s00897000432a) 저널에 발표한 "François-Marie Raoult: Past and Modern Look"이라는 논문에 나타나 있다.

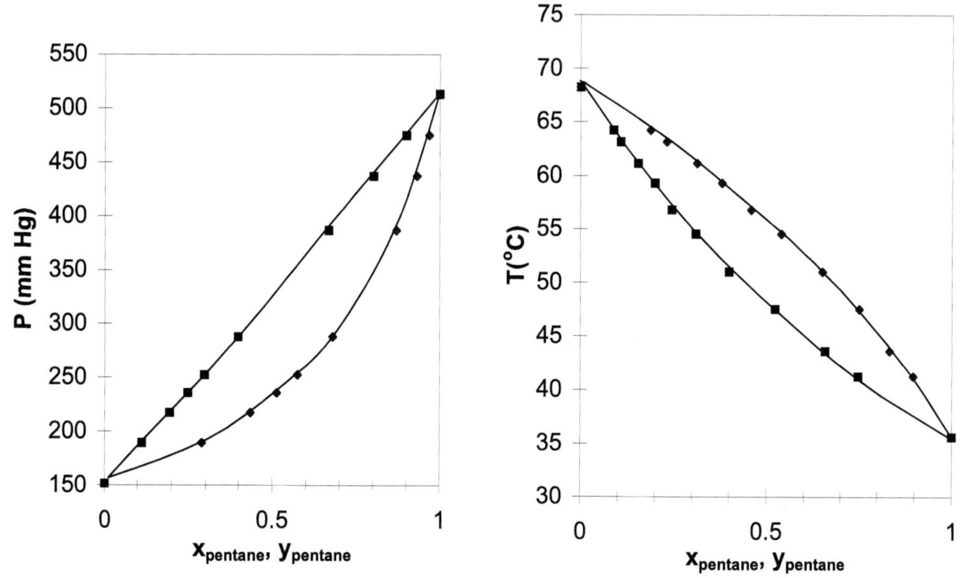

(*a*) (*b*)

그림 10.3 • (a), (b). 펜탄–헥산 계의 상거동. 왼쪽 그림은 25°C. 오른쪽 그림은 750 mmHg. (*P-x-y*는 Chen, S.S., Zwolinski, B.J. 1974. J.Chem. Soc. Faraday Trans. 70:1133으로부터, *T-x-y*는 Tenn, F.G., Missen, R.W. 1963. Can. J. Chem. Eng. 41:12로부터 가져온 것임).

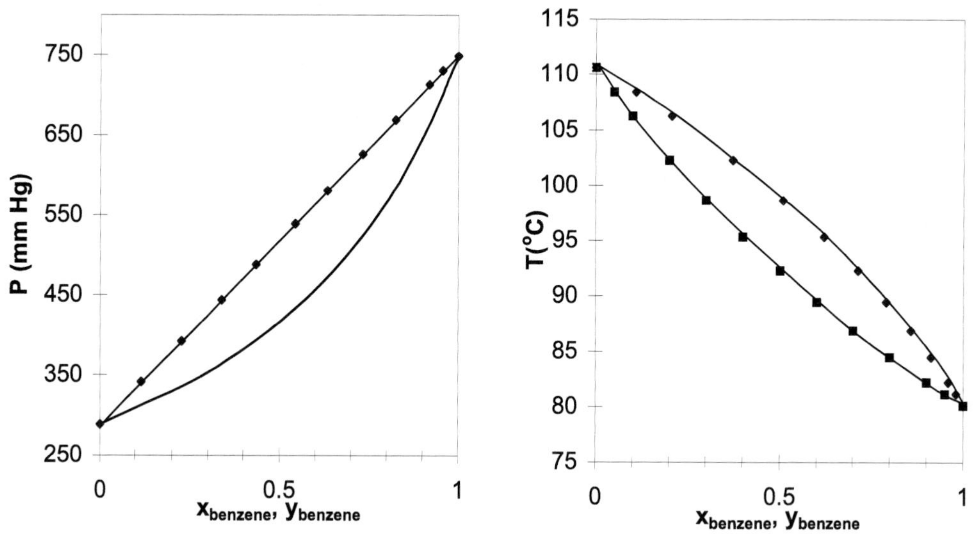

(*c*) (*d*)

그림 10.3 • (c), (d). 벤젠–톨루엔 계의 상거동. 왼쪽 그림은 79.7°C. 오른쪽 그림은 760 mmHg. (*P-x-y*는 Rosanoff, M.A., et al. 1914. J. Am.Chem.Soc. 36:1993으로부터, *T-x-y*는 Delzenne, A.O. 1958. Ind. Eng. Chem., Chem. Eng. Data Series. 3:224로부터 가져온 것임).

VLE K비의 지름길 추산

9장에서 Raoult의 법칙이 주어지고 증기압을 추산하기 위한 지름길 과정을 상기할 때, 이들을 결합하여 이상용액 K비를 추산하는 간단하고 신속한 방법을 도출하는 것은 매우 유용하다.

$$K_i = \frac{P_i^{sat}}{P} \approx \frac{P_{c,i}10^{\frac{7}{3}(1+\omega)\left(1-\frac{1}{T_{r,i}}\right)}}{P} \quad \text{지름길 } K\text{비} \qquad \langle\text{식 } 10.7\rangle$$

❗ Raoult의 법칙에 대한 지름길 K비. 이 표현은 Raoult의 법칙에 제한될 뿐만 아니라 식 9.11의 제한도 받는다.

이상용액 모델은 정교하지 못하고 다소 거칠기 때문에, 빠른 근삿값이 요구될 때 이상용액에 대한 첫 번째 근삿값으로 위 식을 적용하는 것이 꼭 불합리한 것은 아니다.[5]

기포 압력

기포 압력(bubble-pressure)을 계산하기 위해서 $\sum_i y_i = 1$을 $\sum_i K_i x_i = 1$로 쓰면, 이는 다시 $\sum_i \frac{P_i^{sat}}{P} x_i = 1$이 된다. 이 식에 P를 곱하면 다음의 식을 얻는다.

❗ 우리가 응용을 시작하면서, 일부 식들은 모델 의존적임에 주목하라.

$$P = x_1 P_1^{sat} + x_2 P_2^{sat} \qquad \langle\text{식 } 10.8\rangle$$

여기에서는 온도에 따라 증기압이 알려져 있기 때문에 어떠한 반복 계산도 필요가 없다. 일단 기포 압력을 구하면 그 값을 식 10.6으로 다시 집어넣어 증기 몰분율을 구한다.

$$y_i = x_i P_i^{sat}/P = K_i x_i \qquad \langle\text{식 } 10.9\rangle$$

---

5 초임계 성분이 상당한 양으로 존재한다면, 지름길 K비가 증기압의 외삽에 기인하여 액상을 잘못 예측할 수도 있기 때문에 사용자는 조심해야 한다. 액상에 존재하지만 임계온도보다 높은 온도에 있는 어떤 성분에 대한 VLE K비를 계산해야 할 때 흥미로운 문제가 발생한다. 기온이 32°C인 날에 소다수에 존재하는 이산화탄소(T_c = 31°C)가 전형적인 예가 될 것이다. CO_2의 포화 압력은 임계온도 이상에서는 존재하지 않고 따라서 순수한 CO_2는 응축할 수 없기 때문에 CO_2는 액상에 존재하지 않고, Raoult의 법칙은 K비에 대해 무한 값을 보여 줄 것이라는 것을 고려해야 한다. 경험에 의하면 이 성분은 조성범위의 일부분에 걸쳐 액상에 존재한다. 놀랍게도, 비응축성 성분의 액상에서의 농도가 작을 때에는 위의 공식에서 외삽으로 구한 증기압은 상당히 정확한 결과를 준다. 물론, 임계온도보다 약간만 높은 온도에 있는 성분에 대해서는 외삽을 약간만 하기 때문에 더 정확하다. 초임계 성분이 있는 계산은 **Henry의 법칙**, 또는 가상 액체 퓨가시티(11.12절), 또는 상태방정식(예제 15.9)을 사용하면 가장 잘 된다.

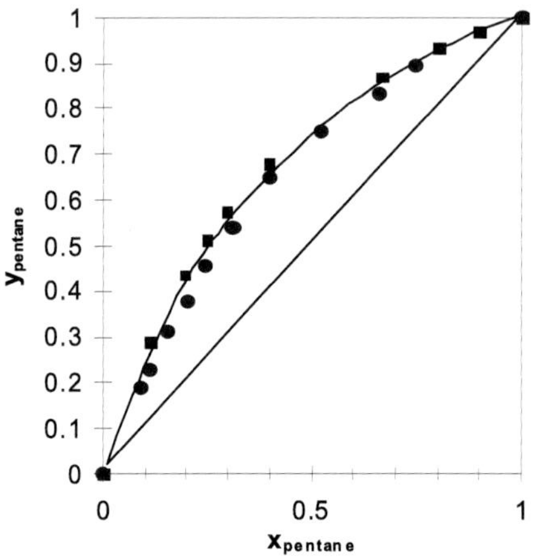

그림 10.4 • x-y 선도를 얻기 위해 각각의 실험 연결선에 대하여 공존하는 액상조성과 증기상 조성을 가지고 그린 그림 10.3으로부터 얻은 데이터. 하나의 데이터 세트가 등압이면 다른 데이터 세트는 등온이기 때문에 이 데이터들은 정확히 중첩되지 않는다는 것에 주목하라. 이 그림에서 정사각형은 T-x-y 데이터이며, 원은 P-x-y 데이터이다. x-y 선도 그림에서 대각선을 그리는 것이 관례이며, Raoult의 법칙을 따르는 계에 대해서는 데이터가 대각선을 절대 가로지르지 않는다.

이슬 압력

이슬 압력(dew-pressure) 계산을 하기 위해서 $\sum_i x_i = 1$을 $\sum_i (y_i/K_i) = 1$로 쓰고 재정리하면 다음의 식을 얻는다.

$$\frac{y_1 P}{P_1^{sat}} + \frac{y_2 P}{P_2^{sat}} = 1 \qquad \langle 식\ 10.10\rangle$$

이 식은 또다시 재정리될 수 있으며 반복 계산을 하지 않고 풀 수 있다. 왜냐하면 명시된 온도에서는 증기압이 고정되기 때문이다.

$$P = \frac{1}{\dfrac{y_1}{P_1^{sat}} + \dfrac{y_2}{P_2^{sat}}} \qquad \langle 식\ 10.11\rangle$$

일단 이슬 압력을 계산하면 그 값을 식 10.6에 다시 집어넣어 액체 몰분율을 구할 수 있다.

$$x_i = y_i P / P_i^{sat} = y_i / K_i \qquad \langle 식\ 10.12\rangle$$

기포온도

기포온도(bubble-temperature) 계산을 하기 위해서 $\sum_i y_i = 1$을 $\sum_i K_i x_i = 1$로 쓰고 재정리하면 다음 식을 얻는다.

$$P = x_1 P_1{}^{sat} + x_2 P_2{}^{sat} \qquad \langle 식\ 10.13\rangle$$

이 식을 풀기 위해서는 P가 명시된 압력과 같아질 때까지 온도(이 온도는 P_i^{sat}을 변화시킴)에 대한 반복 계산이 필요하다. 그다음에 증기상 몰분율은 식 10.9를 사용하여 계산한다.

이슬온도

이슬온도(dew-temperature) 계산을 하기 위해서 $\sum_i x_i = 1$을 $\sum_i (y_i/K_i) = 1$로 쓰고 재정리하면 다음 식을 얻는다.

$$P = \frac{1}{\dfrac{y_1}{P_1^{sat}} + \dfrac{y_2}{P_2^{sat}}} \qquad \text{〈식 10.14〉}$$

이 식을 풀기 위해서는 P가 명시된 압력과 같아질 때까지 온도(이 온도는 P_i^{sat}을 변화시킴)에 대한 반복 계산이 필요하다. 그다음에 액상 몰분율은 식 10.12를 사용하여 계산한다.

일반 플래시

플래시 드럼(flash drum)은 화학공정에서 자주 사용된다. 등온 드럼에서는 드럼의 온도와 압력이 정해진다. 그림 10.5에 보인 바와 같이 공급 흐름(공급되는 줄기)은 드럼으로 들어온 후 부분적으로 기화되는 액체라고 생각하자. 플래시 과정이라는 이름은 그것이 오로지 액체를 플래시 시키기 위해서만 적용된다는 것을 뜻한다. 그러나 사실 그 과정은 **부분 응축기**(partial condenser)로 들어오는 증기에 대해서 또는 $\{z_i\}$로 명기된 총괄조성과 총괄 유속 F를 가진 여러 가지 도입되는 증기 및/또는 액체 흐름에 대해서도 유효하다. 그 과정을 적용하기 위해서는 성분의 총괄조성 z_i, 총공급유속 F, 그리고 출구 T와 P가 과정이 시작되기 전에 알려질 필요가 있다. 흐름(흐르는 줄기)을 사용하는 방법이 소개될지라도, 플래시 계산을 하기 위해 흐름은 요구하지 않는다. 닫힌계 내에서조차 특정 온도와 압력에서 제한된 총괄 조성에 대하여 계산을 실행할 수 있다. 또한, 입구 흐름온도와 출구온도가 일치할 필요는 없다. 2개의 출구 흐름은 명시된 온도에 있게 된다.

플래시 식은 10.1절에서 지렛대 법칙을 개발할 때 사용된 총괄 수지와 성분 수지를 수정함으로써 쉽게 유도된다. 만약 z가 공급조성이고 V/F가 공급 대비 액체의 비라고 하면, $L/F = 1 - V/F$가 되며 성분 수지는 $z_i = x_i(L/F) + y_i(V/F)$가 된다. 총괄 수지로부터 L/F를 치환시키고 $y_i = x_iK_i$를 사용하면 성분 수지는 $z_i = x_i[(1 - V/F) + K_i(V/F)]$가 된다. 이 식을 x_i에 대해 풀면 다음 식을 얻는다.

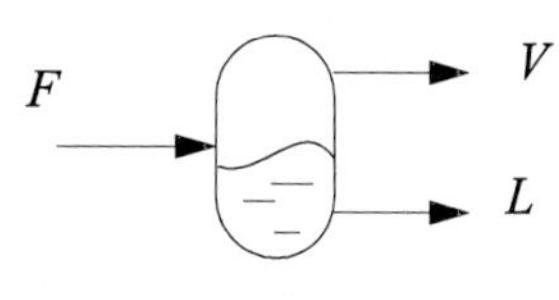

그림 10.5 • 플래시 드럼의 개략도와 흐름에 대한 변수 정의. F가 액체일 필요는 없다는 것에 주목하라. F는 전체가 증기일 수도 있고 부분적으로 증기일 수도 있다. 원리는 2성분에 대해 묘사된 바와 같이 비흐름계에 적용될 수 있다.

$$x_i = \frac{z_i}{1+(V/F)(K_i-1)} \quad \text{〈식 10.15〉}$$

식 10.15를 K_i로 곱하고 $y_i = x_iK_i$를 사용하면 y_i를 얻을 수 있다.

$$y_i = \frac{z_iK_i}{1+(V/F)(K_i-1)} \quad \text{〈식 10.16〉}$$

이 시점에서 해야 할 한 가지 분명한 것은 $\sum_i x_i = 1$을 만족시키는 V/F 비를 구하기 위해 반복 계산을 하는 것이다. 그러나 플래시 문제는 $\sum_i y_i = 1$을 풀어야 하기 때문에 이슬점과 기포점 문제와는 다르다. 다행히 목적함수로 $\sum_i x_i - \sum_i y_i = 0$을 사용하여 이 문제를 푸는 믿을 만한 연속치환법이 Rachford와 Rice[6] 에 의해 개발되었다. 각 성분에 대하여 x_i와 y_i 간의 차이를 나타내기 위해 변수 $D_i \equiv x_i - y_i$를 도입하면, $\sum_i x_i - \sum_i y_i = \sum_i (x_i - y_i) = \sum_i D_i = 0$이 될 때까지 V/F에 관하여 반복 계산을 할 수 있다. 2성분계에 대하여 K_i 비를 사용하면 목적함수는 다음과 같다.

$$\begin{aligned}\sum_i x_i - \sum_i y_i &= (x_1 - y_1) + (x_2 - y_2) = D_1 + D_2 \\ &= \frac{z_1(1-K_1)}{1+(V/F)(K_1-1)} + \frac{z_2(1-K_2)}{1+(V/F)(K_2-1)} = 0\end{aligned} \quad \text{〈식 10.17〉}$$

Raoult의 법칙에 의하면 K_i는 온도와 압력만의 함수이며, 이 둘 모두 일반적인 등온 플래시 계산에서는 고정된다. 출구 흐름은 상평형 상태에서 배출되는 것으로 가정하며, 출구에서의 조건을 사용하여 K_i를 계산한다. 따라서 식 10.17에서 유일한 미지수는 V/F이다. 식 10.17은 V/F에 있어서 단조롭다. 즉 V/F가 증가함에 따라 합도 항상 증가한다. 그러므로 그 식을 만족시키는 V/F의 값을 찾는다. 물리적으로 현실성이 있는 V/F 값은 $0 < V/F < 1$임을 주목하라. 이 범위를 벗어나면 계는 이슬 압력 아래에 있거나(수학적으로 $V/F > 1$) 기포 압력 위에 있게(수학적으로 $V/F < 0$) 된다. 우리의 근거로부터 V/F를 구한 후에는 $L/F = 1 - V/F$가 되고 흐름 조성을 식 10.15와 식 10.16으로부터 구할 수 있다.

플래시 계산을 손으로 실행하기 전에, 주어진 온도에서 플래시 드럼이 기포 압력과 이슬 압력 사이에 있는지 확실히 하기 위해 총괄조성에서 기포 계산과 이슬 계산을 먼저 하도록 권장한다. (이 계산은 플래시 계산보다 더 쉬우며 계가 상분리선을 벗어나 있다면 그 계산을 하는 수고를 덜어줄 수 있게 한다.) 컴퓨터를 이용할 때에는 계가 두 상(2상) 영역을 벗어나 있는지 알아내기 위해 V/F의 값을 사용할 수 있다. 컴퓨터 플래시 계산이 수렴하지 않는다면, 해결하기 위해 기포 계산과 이슬 계산을 수행해야 한다.

6 Rachford Jr., H.H., Rice, J.D. 1952. *J. Petrol. Technol*. 4(sec. 1):19, 4(sec. 2):3.

2성분계의 경우, 이슬 압력과 기포 압력 사이에서 P-x-y 선도 위에 총괄조성을 그려 넣고 그래프로부터 증기조성과 액체조성을 읽어 냄으로써 플래시 계산을 피할 수도 있다. 지렛대 법칙을 적용하면 증기의 총분율을 계산할 수 있다. 그러나 이 방법은 아직 해당되는 선도가 없는 경우 그 선도를 만들기 위해 수많은 계산을 필요로 하며 2성분 혼합물에 국한된다. 또한 곡선을 그리는 것은 직접 계산하는 것보다 더 많은 시간이 걸린다.

일반적인 플래시에 대한 정상상태 에너지 수지는 다음과 같이 주어진다.

$$\begin{aligned} 0 &= FH^F - LH^L - VH^V + \dot{Q} \\ &= F\left(\sum_i z_i H_i^F + \Delta H_{mix}^F\right) - L\left(\sum_i x_i H_i^L + \Delta H_{mix}^L\right) - V\left(\sum_i y_i H_i^V + \Delta H_{mix}^V\right) + \dot{Q} \end{aligned} \quad \langle \text{식 } 10.18 \rangle$$

이 식에서는 어떤 혼합물의 엔탈피를 그 혼합물을 구성하는 성분들의 엔탈피와 혼합열의 합(식 3.24)으로 계산하는 일반적인 방법을 보여 주고 있다. 위 식을 V/F에 관해 쓰면 다음과 같다.

$$0 = \left(\sum_i z_i H_i^F + \Delta H_{mix}^F\right) - \left(1 - \frac{V}{F}\right)\left(\sum_i x_i H_i^L + \Delta H_{mix}^L\right) - \frac{V}{F}\left(\sum_i y_i H_i^V + \Delta H_{mix}^V\right) + \frac{\dot{Q}}{F} \quad \langle \text{식 } 10.19 \rangle$$

각 성분에 대한 기준 상태를 정해야 하며, 엔탈피를 계산하기 위한 방법을 선택해야 한다. 기준 상태에 상대적인 증기와 액체의 엔탈피를 계산하기 위한 간단한 방법을 예제 3.3에서 보여 주었다. 등온 플래시의 경우, VLE 제약 조건인 식 10.17은 에너지 수지와 상관없이 풀릴 수 있으며, 그러고 나면 소요 열전달에 대하여 에너지 수지도 풀릴 수 있다.

단열 플래시

식 10.19에서 $\dot{Q} = 0$이기 때문에 단열 플래시는 등온 플래시와 다르다. 단열 조건은 종종 특별한 의미가 있는 공급 조건으로부터 온도 변화를 초래할 것이다. 대표적인 시나리오는 출구 압력이 입구 압력보다 낮게 되어 공급되는 것 중 일부분의 증발을 초래하는 것이다. 증발은 흡열과정이기 때문에 이러한 형태의 플래시는 온도강하(종종 특별한 의미가 있음)를 낳는다. 우리는 5장에서 조름밸브를 사용하여 순수유체에 대하여 이러한 형태의 계산을 본 바 있다. 혼합물에 대해 추가적으로 복잡한 점은 혼합물을 구성하는 성분들의 서로 다른 휘발성에 따라 성분이 분배된다는 것이다. 단열 플래시 계산의 목적은 L 조성과 V 조성 외에 출구온도를 결정하는 것이다. 단열 플래시는 식 10.19($\dot{Q} = 0$)가 식 10.17과 함께 동시에 풀려야 한다는 것을 요구한다. 식 10.19에 대한 증기 몰분율과 액체 몰분율은 식 10.15와 식 10.16으로부터 결정된다. 이 방법은 심지어 이상 혼합($\Delta H_{mix} = 0$)과 같은 간단한 가정만으로도 컴퓨터 알고리즘에서 혜택을 받을 만큼 충분히 복잡하다.

단열 플래시를 풀기 위한 알고리즘은 성분들의 끓는점의 차이에 의존한다. 보통 끓는점은 T의 초기 추정값이 VLE 식 10.17(여기서 V와 L은 같은 T에서 나간다고 가정함)에서 사용되어 0과 1 사이에 있는 초기 V/F 값을 구할 만큼 충분히 다르다. V/F의 초깃값을 사용하여 V 조성과 L 조성(식 10.15와 식 10.16) 및 에너지 수지(식 10.19)를 평가한다. 엔탈피값이 클 때에는 1000으로 나눠 줌으로써 식 10.19의 크기를 조정할 필요도 있다. 에너지 수지가 만족되지 않으면, 새로운 T 값을 가지고 식 10.17에 넣는다. 식 10.19는 온도에 대하여 단조함수이고 온도가 감소함에 따라 항상 증가한다. 이성질체 혼합물과 같은 경우처럼 모든 성분에 대한 끓는점이 매우 밀접하면, 계산은 식 10.17에 있는 V/F의 초깃값으로 더 잘 수렴하며 그 식을 만족시키는 T에 대한 시행착오법으로 풀어 준다. 그다음 식 10.19에 있는 출구 엔탈피에 대해 L 조성과 V 조성 및 T를 사용하여 새로운 V/F 값을 얻으며 수렴할 때까지 반복 계산을 계속한다.

10.4 다성분 VLE에 대한 Raoult의 법칙 계산

2성분계에 대한 식을 다성분계로 확장하는 것은 간단하다. 기포 계산에 대해서는

$$1 = \left(\sum_i x_i P_i^{sat}\right)/P = \sum_i x_i K_i \qquad \text{〈식 10.20〉}$$

이 되며, 이슬 계산의 경우에는

$$1 = P\sum_i \frac{y_i}{P_i^{sat}} = \sum_i \frac{y_i}{K_i} \qquad \text{〈식 10.21〉}$$

이 된다. 이 식은 기포 압력 또는 이슬 압력 계산을 하기 위해 반복 계산 없이 사용할 수 있다. 그러나 기포점 온도 또는 이슬점 온도의 경우에는 반복 계산이 필요하다. 첫 번째 추산치는 다음 공식들 중 하나로부터 얻는다.

$$T_{\text{bubble guess}} = \sum_i x_i T_i^{sat}$$

$$T_{\text{dew guess}} = \frac{\sum_i y_i T_{r,i} T_i^{sat}}{\sum_i y_i T_{c,i}} \quad \text{또는} \quad T_{\text{dew guess}} = \sum_i y_i T_i^{sat} \qquad \text{〈식 10.22〉}$$

그러나 이들은 차후에 반복 계산을 필요로 하는 다소 부정확한 추측들이다.[7]

등온 플래시 계산에 대한 L/F를 구하기 위한 일반적인 공식은 다음과 같다.

$$\sum_i x_i - \sum_i y_i = \sum_i D_i = \sum_i \frac{z_i(1-K_i)}{1+(V/F)(K_i-1)} = 0 \qquad \text{〈식 10.23〉}$$

---

7 식 10.20~식 10.22는 성분들이 초임계 상태에 있는지 아닌지, 또는 기상과 액상이 실제적으로 가능한지에 상관없이 기포점과 이슬점을 추산하는 데 사용될 수 있다는 점에 주목하라. 우리는 상태방정식에 대해 논의할 때 혼합물도 역시 임계점을 가질 수 있으며, 이것은 많은 미묘한 복잡성을 가져올 수 있다는 것을 알게 될 것이다.

그다음 x_i와 y_i는 식 10.15와 식 10.16을 사용하여 구한다.

다음의 예제를 사용하여 10.2절에서 설명한 계산 전략을 어떻게 적용하는지 이해하도록 하자. 이용할 루틴(routine)을 결정하기 위해 칼럼 조건을 어떻게 사용할지에 대해 주목하라. 또한 어떤 루틴을 실행할지를 결정하기 위한 기법을 개발하는 것은 그 루틴을 가지고 숙달하는 것만큼 중요하다는 점을 알아야 한다.

예제 10.1 이상용액에 대한 기포 및 이슬온도와 등온 플래시

증류탑으로부터의 탑정은 다음과 같은 조성을 가지고 있다.

	z(탑정 생성물)
프로판	0.23
이소부탄	0.67
n-부탄	0.10
계	1

증류탑 상부에 대한 개략도는 다음의 그림과 같다. 탑 및 응축기와 연관된 탑정 흐름은 V_{prod}가 증기 흐름을, 그리고 D_{prod}가 액체 흐름을 나타내도록 보여져 있다. 이상적인 탑에서 각 단을 떠나는(올라가는) 증기는 같은 단을 떠나는(내려가는) 액체와 상평형을 이루고 있다. 만약 응축기로 공급되는 냉각수가 중단된다면 단지 증기 생성물만 얻는다. 그러나 탑으로 돌아오는 일부 액체 L로 인해 탑이 더 잘 운전되기 때문에 이것은 일반적이지는 않다. 액체 생성물만을 얻기 위해서 만약 냉각수가 공급되고 증기 생성물 흐름이 중단된다면 응축기는 **완전 응축기**(total condenser)가 된다. 만약 증기 흐름을 부분적으로 응축시키도록 냉각수가 공급된다면, 액체 생성물 흐름은 보통 중단된다. 그러면 응축기는 **부분 응축기**(partial condenser)로 작동되면서 추가적인 분리를 제공한다. 이상적인 부분 응축기에서는 떠나는 증기와 액체는 서로 상평형을 이루면서 배출된다.

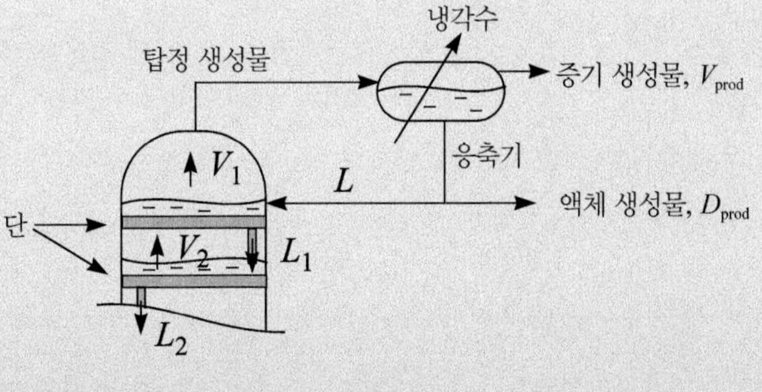

(a) 지름길 K비를 사용하여 8 bar에서 탑정 생성물을 완전히 응축시키기 위해 작동되어야 하는 응축기의 온도를 계산하라.

(b) 지름길 K비를 사용하고 탑정 생성물 증기가 탑의 최상단에 있는 액체와 평형에 있다고 가정하여 (a)의 압력에서 작동될 때 탑정 증기의 온도와 최상단에 있는 액체의 조성을 계산하라.

(c) 증기가 8 bar, 320 K에서 작동하는 부분 응축기에 의해 응축된다. 지름길 K비를 사용할 때, 얼마만 한 분율의 액체가 응축되는가?

풀이

K비의 지름길 추정값을 사용하라. 다음에 요약된 수동 반복 계산에 대한 이해를 터득한 후에는 풀이 도구의 사용이 권장된다.

(a) 탑정 생성물을 완전히 응축시키기 위해서는 그 혼합물은 기포점 온도나 그 이하의 온도에 있어야 한다. 최대온도는 기포점 온도이다. 3성분계에 대한 기포점 온도를 구하기 위하여 3성분으로 확장된 식 10.20을 적용하고자 한다. 이 계산은 표 10.1에 요약해 놓은 바와 같이 온도에 관한 시행착오 반복 계산을 필요로 한다.

이 계산을 신속하게 수행하기 위한 Excel 스프레드시트를 만드는 것은 쉽다(예: Flshr.xlsx를 수정할 수 있다).

다음에 표로 나타냈듯이, 8 bar에서의 각 온도 추정값에서 식 10.7을 사용하여 지름길 K비를 계산하며, 식 10.9로부터 얻은 y 값은 모두 더하여 표 10.1에 제시된 과정을 따라 수렴 여부를 확인한다. 이 반복 계산은 y 값의 합이 1이 될 때까지 되풀이된다.

	추정온도 $T = 310$ K		추정온도 $T = 320$ K	
	K_i	y_i	K_i	y_i
C_3	1.61	0.370	2.03	0.466
iC_4	0.616	0.413	0.80	0.536
nC_4	0.438	0.044	0.58	0.058
	$\Sigma y_i =$	0.827	$\Sigma y_i =$	1.061

온도는 내삽하면서 괄호로 묶었다.

$$T = 325 + \left(\frac{1.00 - 0.994}{1.123 - 0.994}\right)(320 - 325) = 324.8 \text{ K} \qquad \langle 식\ 10.24 \rangle$$

온도는 내삽하면서 괄호로 묶었다.

$$\Rightarrow T = 310 + \left(\frac{1.000 - 0.827}{1.061 - 0.827}\right)(320 - 310) = 317 \text{ K}$$

(b) 단을 떠나는 포화 증기는 액체와 평형을 이루고 있으며, 8 bar에서 이슬점 온도에 있다. 식 10.21이 사용된다. 이 계산은 온도에 대하여 반복 계산을 필요로 한다. (a)에서와 같이 K_i비를 구하면서 액상조성의 합이 1이 될 때까지 식 10.12를 사용하여 각각의 반복 계산에서 액상조성을 계산한다.

	추정온도 $T = 325$ K		추정온도 $T = 320$ K	
	K_i	x_i	K_i	x_i
C_3	2.26	0.102	2.03	0.113
iC_4	0.905	0.740	0.80	0.838
nC_4	0.658	0.152	0.58	0.172
	$\Sigma x_i =$	0.994	$\Sigma x_i =$	1.123

이 온도에서 계산과정을 반복하면 마지막에 다음과 같이 액상조성을 얻게 된다.

	추정온도 $T = 324.8$ K	
	K_i	x_i
C_3	2.25	0.102
iC_4	0.900	0.744
nC_4	0.654	0.153
	$\Sigma x_i =$	0.999

(c) P와 T가 모두 정해져 있기 때문에 본 풀이는 등온 플래시 계산을 포함하고 있다는 것을 인지하라. 정해진 응축기 온도는 기포온도 317 K와 이슬온도 324 K 사이에 있으며 따라서 기-액 평형이 실제로 가능하다는 것을 인식하는 것에서부터 시작하라. T와 P가 이미 정해져 있기 때문에, 식 10.7을 사용하여 각 성분에 대한 K비를 구한다. 그다음, 320 K와 8 bar에서 식 10.23에 대한 해를 찾는다. 일반적인 플래시 루틴에서는 플래시 드럼에 대한 유속을 표시하기 위해 F_{flash}, V_{flash}, L_{flash}를 사용하며 이 플래시 변수들을 칼럼 흐름의 이름에 맞춘다. 분명하게 표현하기 위해 'flash'와 'column'을 하첨자로 붙인다. 풀이에서 F_{flash}, V_{flash}, L_{flash}은 부분 응축기에 대한 유속을 나타내며, $F_{flash} = V_{1,column}$, $V_{flash} = V_{prod}$, $L_{flash} = D_{prod} + L_{column}$이 된다. 아래에 요약해 놓은 계산을 보면, $V_{flash}/F_{flash} = V_{prod}/V_{1,column}$이며 표에 있는 D_i는 탑의 액체 생성물 유속인 D_{prod}가 아니라 식 10.23에서 사용된 것처럼 플래시 계산을 하기 위한 목적 변수이다. 표에 있는 각각의 열은 플래시 비율 V_{flash}/F_{flash}에 대한 추정값과 그것으로부터 얻는 플래시 목적 변수 D_i를 요약해 놓은 것이다. 공급물의 조성은 플래시 계산 관례상 z_i로 주어져 있으며 이는 $V_{1,column}$의 조성이다.

등온 플래시 계산을 요약하면 다음과 같다.

이 예제를 수행하기 위해 Flshr.xlsx 또는 Chap10/Flshr.m을 알맞게 바꿀 수 있다.

F_{flash}			추정값 $V_{flash}/F_{flash} = 0.5$	추정값 $V_{flash}/F_{flash} = 0.4$	추정값 $V_{flash}/F_{flash} = 0.23$
	z_i	K_i	$D_i = x_i - y_i$	D_i	D_i
C_3	0.23	2.03	−0.1564	−0.1678	−0.1915
iC_4	0.67	0.80	0.1489	0.1457	0.1405
nC_4	0.10	0.58	0.0532	0.0505	0.0465
			합계 = 0.0457	합계 = 0.0284	합계 = −0.0045

마지막 2개의 결과를 내삽하면, 다음과 같이 답을 얻는다.

$$\frac{V_{flash}}{F_{flash}} = 0.23 + \left(\frac{0.4 - 0.23}{0.0284 + 0.0045}\right)(0. + 0.0045) = 0.2533$$

$V_{flash}/F_{flash} = 0.25$로 놓고, 식 10.15와 식 10.6을 적용하면,

$$\Rightarrow \{x_i\} = \{0.1829, 0.7053, 0.1117\},\ \ \{y_i\} = \{0.3713, 0.5642, 0.0648\}$$

조성이 수렴되는지 확인할 수 있다. 증기 V_{prod}의 배출조성은 $\{y_i\}$로 주어지며, 이 배출 증기는 탑정으로부터 도입되는 증기 $V_{1,column}$보다 휘발성 성분에 있어서 확실히 더 많이 농축된다.

주의: 플래시 문제는 기포점 계산이나 이슬점 계산보다 더 느리게 수렴한다. 따라서 세 번째의 반복 계산이 필요하다.

예제 10.2 단열 플래시

에탄올 + 메탄올 혼합물은 그림 10.2에 보인 바와 같이 거의 이상용액을 형성한다. 760 mmHg에서 등몰의 공급물이 200 mmHg에서 작동되는 단열 플래시의 대상이 된다. 공급물은 70°C에서 43 mol/min로 들어간다. 배출되는 흐름의 온도, 유속 및 조성을 구하라. 이상용액을 가정하고 증기압에 대해서는 Antoine식을 사용하라.

풀이

이 예제는 한 과정에 대한 직접적인 적용이며, 따라서 어떤 VLE 루틴을 사용해야 할지 분명하다. 즉, 그 루틴은 표 10.1에 있는 FA 행에 해당한다. VLE 계산과정을 에너지 수지와 결합하여야 한다. 70°C에서의 기포 압력 계산은 (보이지는 않지만) 공급물이 모두 액체라는 것을 말해 준다. 엔탈피 계산에 대한 다른 경로를 사용하여 2개의 용액이 제공된다. 이 두 용액은 모두 같은 플래시 과정을 사용할 것이며 Antoine식이 {메탄올, 에탄올}의 형태로 사용된다.

Chap10/ Ex10_02.m.

$$A = \{8.081,\ 8.1122\},\ B = \{1582.3,\ 1592.9\},\ C = \{239.73,\ 226.18\}$$

풀이 1

이 풀이 방법은 모든 화학종에 대하여 $H_R = 0$로 놓는 25°C에서의 액체를 기준상태로 사용하여 성분들의 엔탈피를 계산한다. 엔탈피 계산은 그림 2.6(a)의 경로는 사용한다. 그 경로는 예제 3.3에서처럼 각 성분의 끓는점을 통해 취해진다. 엔탈피를 계산하기 위하여 예제 3.3에 보인 바와 같이 이상용액을 사용하며 혼합열은 무시한다. 열용량 상수와 증발열은 부록 E로부터 얻는다.

이 풀이는 2개의 상을 제공하면서 $0 \le V/F \le 1$을 낳는 T의 추정을 요구하며, 그다음에 에너지 수지의 점검을 필요로 한다. 계산의 복잡성 때문에, 먼저 손으로 T의 추정치에 대해 반복 계산을 하고, 그러고 나서 V/F에 대해 풀고 에너지 수지를 점검하는 지루한 부분은 자동적으로 되도록 한다. 풀이는 MATLAB 파일 Ex10_02.m으로 제공된다. 일부 중간 결과는 표로 만들었다.

컴퓨터를 사용하기 때문에 예비 기포 계산과 이슬 계산은 생략한다. $0 \le V/F \le 1$가 될 때까지 모든 값을 표로 만들지는 않는다는 것에 주목하라. 첫 번째 추정치인 45°C는 이슬온도보다 높고, 두 번째 추정치인 35°C는 기포온도보다 낮다. 그다음 추정치는 우연히 기포온도에 가까운 조건을 주며, 그래서 온도 추정치를 약간 올린다. 탑 *OBJEB* = (식 10.19)/1000이다 . 조성과 엔탈피값은 다음에 나타냈으며, 마지막 줄이 수렴된 값이다. 배출되는 유속은 $V = V/F(43) = 0.09(43) = 3.87$ mol/min이며, $L = 43 - 3.87 = 39.13$ mol/min이다. 도입량의 약 9% (몰 기준)가 플래시되며, 출구온도는 40.2°C로 입구온도 70°C와 비교될 수 있다.

T^{out}(C)	V/F	OBJEB	x_{EtOH}	y_{EtOH}	H^F(J/mol)	H^L(J/mol)	H^V(J/mol)
45	2.98						
35	−9.32						
40	0.001	3.137	0.50	0.33	4672	1481	39,149
41	0.43	−13.30	0.57	0.40	4672	1618	39,539
40.2	0.09	−0.22	0.515	0.349	4672	1508	39,225

풀이 2

이 풀이 방법은 그림 2.6(c)의 경로, 25°C에서의 원소의 기준상태, 이상기체의 생성열, 식 2.45에 있는 증발열에 대한 일반화된 상관관계, 그리고 이 책의 마지막 부분에 있는 빠른 참조에서 $C_p^{ig}(25°C)$를 사용하여 성분의 엔탈피를 계산한다. 그 결과는 식 2.45의 비정밀성과 열용량의 차이로 인해 풀이 1로부터 얻은 결과와 약간 다르다. 공정 시뮬레이션 소프트웨어는 대개 이 엔탈피 경로와 기준상태를 사용한다.

25°C에서의 원소에 상대적인 공급물의 엔탈피를 구함으로써 본 풀이를 시작한다. 그리고 그 공급물은 액체 이상용액이라는 것에 주목하라. $H^F = H^L(70°C) = \Sigma x_i(H_{f,i} + Cp^{ig}(T - T_R) - H_i^{vap}) = 0.5(-200,940 + 5.28(8.314)(70 - 25) - 35,976) + 0.5(-234,950 + 7.88(8.314)(70 - 25) - 38,595) = -252,769$ J/mol이다. 이것은 식 10.19에 있는 첫 번째 항을 처리한다. 공급물은 액체이고 온도강하는 작다는 것에 주목할 때, 플래시가 대부분 액체라는 것을 의심할지도 모른다. 200 mmHg에서 기포온도 계산을 수행하면 $T = 40.0°C$와 $H^L(40°C) = -256,901$을 얻으며 $Q = -4,132$ J/mol이 된다.[a] Q를 0쪽으로 이동시키기 위해서 온도는 약간 더 높아야 한다. 온도를 40.23°C로 추정했다고 하자.[b] 그러면 플래시 계산은 $x_E = 0.5173$, $y_E = 0.3515$, $V/F = 0.1042$, $H^L(40.23°C) = -257.502$를 준다. H^V에 대한 공식은 H^L에 대한 공식과 유사하지만 H_i^{vap} 기여도를 생략하며 x_i를 y_i로 바꿔 준다. 따라서 $H^V(40.23°C) = -212,088$이 된다. 식 10.19를 따르면 $Q = (1 - 0.1042)(-257,502) + 0.1042(-212,088) + 252,769 = 0.1$ J/mol이 된다. 0.1 J/mol은 충분히 0에 가깝다고 가정할 수 있다.

a. 증발열은 새로운 온도에서는 재계산되어야 한다는 것에 주목하라.
b. 분명히 이것은 우리의 첫 번째 추정값은 아니었다. 그 대신에 T와 V/F를 동시에 바꿔 줌으로써 $\Sigma D_i = 0$일 때 $Q = 0$이 되도록 추가된 제한사항을 가지고 solver를 부를 수 있었다.

10.5 배출과 안전

환경문제에 민감한 화학 제조업과 공정에서 탄화수소 배출 감시는 중요한 측면이다. 미국 환경보호국(EPA)은 **휘발성 유기화합물**(volatile organic compounds, VOCs) 배출의 계산에 관한 지침을[8,9,10] 공포하였으며, VOC 배출은 미국에서 감시한다. 대부분의 배출 모델들은 이상기체 법칙과 Raoult의 법칙을 적용하므로 계산 방법은 쉽게 적용된다. 이러한 기법들로 표현되는 많은 혼합물이 Raoult의 법칙에 의해 상평형이 정확하게 모델링되지는 않지만, 그 방법

8 OAQPS, Control of Volatile Organic Compound Emissions from Batch Processes – Alternate Control Techniques Information Document, EPA-450/R-94-020, Research Triangle Park, NC 27711, February 1994.

9 OAQPS, Control of Volatile Organic Emissions from Manufacturing of Synthesized Pharmaceutical Products, EPA-450/2-78-029, December 1978.

10 U.S. E.P.A., Compilation of Air Pollution Emission Factors – Volume 1, (1993) EPA Publication AP-42.

은 배출 계산에 대한 첫 번째 근삿값으로서 적합하다. 이 절은 회분공정에 대한 배출 계산을 탐구한다. 회분공정은 특수 화학물질 제조에서 보편적으로 이용된다. 대부분의 경우에 공기나 질소와 같은 불활성 기체가 증기 공간[**상부 공간**(head space)으로도 알려졌음]에 존재한다. 어떤 경우에는 불활성 상부 공간 기체가 용기를 통해서 흐르는데 이는 **퍼지**(purge) 또는 **일소**(sweep) 기체라 불린다. 이 기체는 보통 액상에서 무시할 수 있는 용해도를 가지며, 따라서 **비응축성**(noncondensable)으로 간주한다. VOC 배출에서 대두되는 여러 가지 일반적인 유형의 단위조작이 있는데 이들은 개별적으로 다룰 것이다.

채우기(filling) 또는 충전(charging)

휘발성 성분으로 탱크를 채우는 동안 기체는 상부 공간으로부터 이동된다. 이동되는 기체는 Raoult의 법칙과 이상기체 법칙으로 예측되는 것과 같이 휘발성 성분으로 포화되어 있다고 가정한다. 상부 공간에서 초기에는 $n^i_{head} = (P\underline{V}^i_{head})/(RT)$이며, 채운 후에는 $n^f_{head} = (P\underline{V}^f_{head})/(RT)$이다. 여기에서 하첨자 head는 상부 공간을 의미한다. 충전된 액체의 부피는 상부 공간의 부피 변화와 같다. VOC 성분의 몰분율은 Raoult의 법칙에 의해 결정되며, 비응축성 기체는 상부 공간의 균형을 이루게 한다. 탱크로부터 배출되는 VOC의 몰수는 각 VOC에 대하여 $y_i(n^i_{head} - n^f_{head})$에 의해 추산된다.

퍼지 기체(액체 VOC가 존재하는 경우)

퍼지(일소) 기체가 액체 VOC를 포함하는 용기를 통해 흐를 때, 유출물은 VOC 배출을 포함한다. 그 상한에서는 용기 유출물이 Raoult의 법칙에 의해 예측되는 것과 같이 VOC로 포화된다고 가정한다. VOC 성분 i에 대하여,

$$\Delta n_i = n_{sweep} \cdot k_m (y_i / y_{nc}) \qquad \langle 식\ 10.25 \rangle$$

여기에서 $y_{nc} = 1 - \sum_i y_i$이고, 합은 VOC들 만에 대한 것이다. 변수 k_m은 포화 수준이며, 포화되었다고 가정할 때에는 1로 설정하고 퍼지 기체가 불포화되었다고 판단될 될 때에는 더 낮게 조정한다. 비응축성 물질들의 흐름 n_{sweep}는 이상기체 법칙을 이용하여 퍼지 기체의 부피 흐름과 연관시킬 수 있다.

$$n_{sweep} = \dot{n}t = \frac{P\dot{\underline{V}}_{sweep}}{RT}t \qquad \langle 식\ 10.26 \rangle$$

퍼지 기체(액체 VOC가 존재하지 않는 경우)

반응물을 교체할 때나 정비를 하기 전에는 용기를 퍼지시킬 필요가 있다. 모든 액체를 다 빼낸 후, VOC 증기는 빼내기 전에 존재하는 포화 수준으로 용기에 남아 있게 된다. 퍼지에 대해 세우는 전형적인 가정은 용기가 잘 혼합된다는 것이다. VOC에 대한 몰수지는 $dn_i/dt =$

$-y_i\dot{n}_{sweep}$이며, 이를 y_i로 나누면 $dn_i/y_idt = -\dot{n}_{sweep}$이 된다. 이 식에서 좌변은 $n_{tank}dy_i/y_idt = (P\underline{V}_{tank})/(RT_{tank}) \cdot (dy_i)/(y_idt)$로 쓸 수 있고, 우변은 $(P\dot{\underline{V}}_{sweep})/(RT_{sweep})$으로 쓸 수 있다. 일소 기체와 탱크가 같은 온도에 있을 때(일반적으로 타당한 경우임), 위의 식은 $(dy_i)/y_i = (-\dot{\underline{V}}_{sweep}/\underline{V}_{tank})dt$로 재배열되고 다음과 같이 적분된다.

$$y_i^f = y_i^i \exp\left(\frac{-\dot{\underline{V}}_{sweep}}{\underline{V}_{tank}}t\right) \qquad \langle 식\ 10.27\rangle$$

배기는 다음 식에 의해 계산된다.

$$\Delta n_i = n_{tank}(y_i^i - y_i^f) \qquad \langle 식\ 10.28\rangle$$

가열

가열공정 동안 온도가 증가함에 따라 상부 공간에 있는 증기가 팽창하기 때문에 배기가 발생하게 된다. 온도의 증가에 따라 증기압은 급격히 상승하므로 증기상에 있는 VOC의 농도 역시 증가한다. 가열시키는 동안 발생하는 배기에 대한 자세한 계산은 다소 지루하므로 근사법이 사용된다. 각 VOC의 배기는 가열의 초기에서와 마지막에서의 비응축성 기체에 대한 VOC의 몰비의 산술평균에 용기에서 나오는 비응축성 기체의 총몰수를 곱한 값에 기초를 두고 있다. VOC를 하첨자 i로 나타내고, 비응축성 물질은 하첨자 nc로 나타낼 때, 가열의 초기에 관심 있는 비는$(n_i/n_{nc})^i = (y_i/y_{nc})^i = (y_iP/y_{nc}P)^i$이고, 마지막에는 $(n_i/n_{nc})^f = (y_i/y_{nc})^f = (y_iP/y_{nc}P)^f$이다. VOC 성분 i의 배기는 다음과 같이 계산된다.

$$\Delta n_i = \frac{\Delta n_{nc}}{2}\left[\left(\frac{y_i}{y_{nc}}\right)^i + \left(\frac{y_i}{y_{nc}}\right)^f\right] \qquad \langle 식\ 10.29\rangle$$

여기에서 $y_{nc} = 1 - \sum_i y_i$이고 합은 VOC들 만에 대해서 취한다. Δn_{nc} 값은 다음 식으로 주어진다.

$$\Delta n_{nc} = \frac{\underline{V}_{head}}{R}\left[\left(\frac{\left(1-\sum_i y_i\right)P}{T}\right)^i - \left(\frac{\left(1-\sum_i y_i\right)P}{T}\right)^f\right] + \Delta n_{sweep} \qquad \langle 식\ 10.30\rangle$$

여기에서 합은 VOC들 만에 대한 것이고, Δn_{sweep}는 가열되는 동안 용기를 통해 일소(퍼지)되는 비응축성 물질의 총몰수이며 퍼지가 없는 경우에는 0으로 설정된다. 탱크가 액체의 기포점에 접근한다면 y_{nc}가 0에 접근하기 때문에 식 10.29와 식 10.30은 배기를 상당히 과대평가할 수 있다. 그렇다면 계산은 더욱 지루한 적분에 의해 좀 더 정확하게 다뤄질 수 있다. 적분은 작은 온도 단계에 대하여 여기에 제시된 방법을 사용하고 그 결과를 합함으로써 근사적으로 이루어질 수 있다.

감압

감압을 모델링하기 위해 다음과 같은 세 가지 가정이 도입된다. (1) 압력은 시간에 따라 선형적으로 감소한다. (2) 용기로 새어 들어가는 공기의 양은 무시한다. (3) 공정은 등온이다. 이 경우 관계식은 식 10.29와 같으며, 여기에서 Δn_{nc}는 $\Delta n_{sweep} = 0$을 이용하여 식 10.30에 의해 계산된다.

기타 조작

기타 조작은 응축기, 반응기, 진공 용기, 고체 건조와 탱크 저장소를 포함한다. 응축기는 일반적으로 VOC의 회수에 사용된다. 그러나 VOC들은 응축기 온도에서조차 한정된 증기압을 가지며, 배기량은 응축기 온도에서 식 10.25와 식 10.26을 사용하여 계산할 수 있다. 반응기는 VOC들을 전환시키거나 생성할 수 있으며 배기구가 있는 반응기에서의 배기는 위에 기술한 방법들 중의 하나를 적용하여 계산한다. 이 경우 기체의 생성은 반응에 기인한 추가적인 증기의 대체 및 가능한 온도상승을 유발한다는 것에 주의해야 한다. 진공 장치와 고체 건조 조작 또한 위 방법을 직접 적용한 것이다. 탱크 저장소의 계산은 더욱 상세하고 경험적이다. 탱크 배기의 계산은 기후와 탱크의 색과 같은 요소에 달려 있다. 고정된 지붕을 가진 탱크는 햇볕 때문에 낮 동안에는 데워지고 밤 동안에는 식기 때문에 통풍을 해야 한다. 또한 위와 같이 씌워진 탱크는 통상적인 충전 시에 작업손실이 생긴다. 정지 액위를 가진 탱크의 가열과 냉각은 위에 나타낸 방법으로 다룰 수 있지만 사용에 의해 액위가 변화될 때에는 더욱 지루한 계산과정에 대한 EPA 간행물을 참조할 것을 권장한다.

인화점

인화점(flash point)은 앞서 논의된 일반 플래시나 단열 플래시에 의해 나타내는 것과는 상당히 다른 성질이다. 불은 연료, 산화제(이 경우에는 공기) 및 점화원을 필요로 한다. 인화점은 점화원이 존재할 때 증기 혼합물이 연소를 도와주는 온도이다. 액체가 불에 탈 때 불은 액체 표면에서 일어난다. 액체 자체가 아니라 액체 표면 근방에 있는 증기가 불타고 있는 것이다. 인화점은 액체 표면에서 **가연 하한**(Lower Flammability Limit, LFL) 농도가 도달되는 온도이기 때문에 중요하다. 인화는 전적으로 증기상에서도 일어날 수 있다. 액션 영화에서 불타고 있는 건물이 폭발할 때, 영화는 인화점에 도달하는 건물 안에 있는 증기의 실제 조건을 플라스틱 및 다른 물질들이 분해하는 것으로 묘사한다. 소방대원들은 그러한 폭발 가능성이 존재하는 건물로 들어가는 것을 매우 조심스러워한다.

> ❗ 화학안전위원회는 화학물질과 관련된 사건을 다루는 연방정부 기구이다. 그 기구의 목표는 사건으로부터 교훈을 배우고 안전을 향상시키는 것이다.

화학안전위원회(Chemical Safety Board, www.csb.gov)는 미국 화학산업에서 일어난 사고들을 추적한다. 화학안전위원회는 유기용매 주변에 있는 점화원에 작업자들이 계속해서 부주의하다고 보고하고 있다. 앞의 절들에서 낮 동안에 탱크가 데워지는 것에 대하여 논의한 바 있다. 배기구가 있는 탱크가 데워질 때, 배기는 더워짐에 따라 LFL에 도달할 수 있다. 금속 탱크를 유지 보수할 때 종종 연마나 용접을 하게 되는데, 이는 점화원을 제공하는 것이 되어

재산 피해뿐만 아니라 많은 인명 사상을 초래하게 된다. 증기압 농도를 추산하기 위해 Raoult의 법칙을 사용할 수 있으며, 인화점 온도는 근사적으로 $y_i(100\%) = \text{LFL}$이 되는 온도이다. 기술적으로 LFL은 연소될 수 있는 물질의 부피 퍼센트로 정의되었으나, 그것은 이상기체에서의 몰분율과 같다. 어떤 혼합물에 대하여 인화점은 근사적으로 다음의 경험식으로 계산할 수 있다.

$$\sum_i \frac{y_i}{LFL_i} = 1 \quad \text{(혼합물에 대한 인화점 온도 조건)} \qquad \langle\text{식 } 10.31\rangle$$

연소는 산화제를 필요로 하기 때문에, 각 연료는 연소를 유지하기 위해 존재하는 충분한 산소가 없는 **가연 상한**(Upper Flammability Limit, UFL)도 역시 가지고 있다. 대부분의 사고는 LFL 근처에서 일어나는데, 이는 LFL에 대하여 더 많은 논의를 해야 하는 동기가 된다. LFL과 UFL 모두 연료에 대한 산화제의 비에 미치는 영향 때문에 불활성 물질에 의해 영향을 받는다.

10.6 기-액 평형과 증류의 관계

3.2절에서 증류의 중요성에 대한 몇 가지 주요 요지를 소개하였다. 분리 중에서 대략 80%가 증류를 포함하면서 이루어지며 화학공장의 자본 비용 중 약 70%가 증류 장치에 들어간다. 따라서 제대로 된 기-액 평형의 적용과 설계는 필수적이다. 일반적으로, 두 성분을 분리하기 위해서는 1개의 증류탑이 요구되며, 세 가지 성분을 높은 순도로 분리하기 위해서는 2개의 탑이 필요하다. 네 가지 성분을 높은 순도로 얻기 위해서는 3개의 탑을 필요로 한다. 따라서 두 가지 반응물을 요구하고 두 가지 생성물을 생성하는 (A + B → C + D) 단일 반응기는 모든 성분을 높은 순도로 원하는 경우 반응기 다음에 3개의 증류탑을 필요로 한다. 의약품 공장과 특수 화학물질 생산 공장은 화학물질을 대량으로 생산하는 공장보다 더 많은 부산물을 가지게 된다. 이것은 화학공학자들이 VLE에 상당히 친숙해질 필요가 있다는 것을 의미하며, 특히 정밀 화학산업에서는 더욱 그렇다.

증류는 어떻게 작동하는가?

실험실에서의 실험(그림 10.6(a))은 화학공장에서의 증류(그림 10.6(b)와 (c))에 어떻게 연관되는가? 우리는 증류의 개념적인 근거에 대한 기본적인 소개를 가지고 시작한다. 그러고 나서 그 공정을 모델링하기 위한 근거에 대하여 더 자세히 설명하고자 한다.

열역학은 액체 용액이 비등할 때 가장 휘발성이 큰 성분들이 증기상에서 농축된다는 것을 우리에게 가르쳐 주고 있다. 예를 들어, 10% 메탄올(MeOH)과 90% 물로 구성되어 있는 혼합물로부터 메탄올(잠재적인 수송 연료 또는 연료전지 반응물)을 회수하고자 한다고 가정하자. 메탄올 + 물 계에 대한 열역학을 그림 10.7에 요약하였다. 그림 10.7(a)는 용액의 기포점 온도가 약 87°C라는 것을 보여 준다. 그 용액이 비등할 때, 온도는 일정하게 유지되지만 용기를

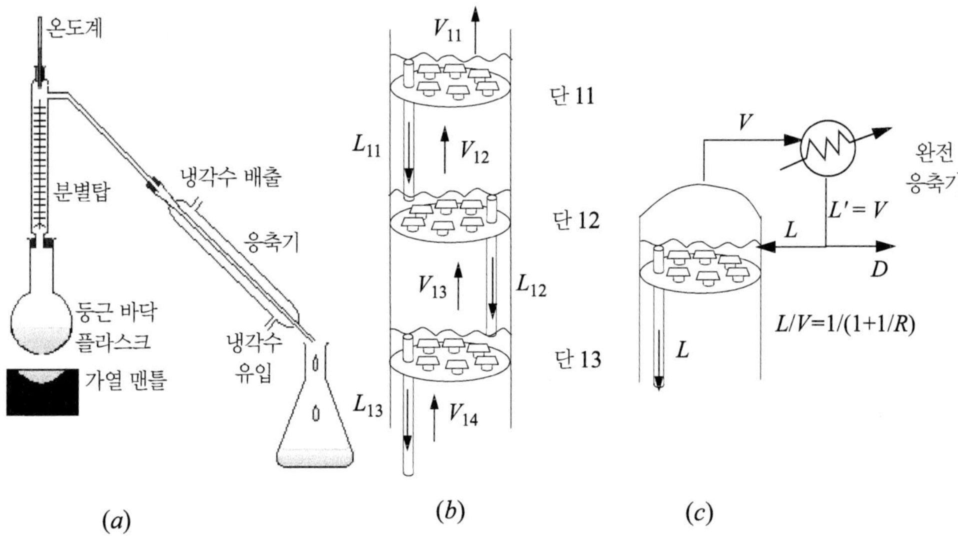

그림 10.6 • 증류탑의 개략도. (a) 대표적인 화학 실험실 증류 장치, (b) 단 (tray)에 있는 구멍, 하강유로(downcomer), 각 단 위에 있는 액체를 보여 주는 체판(sieve tray)의 근접 모습, (c) 부분 응축기는 플래시 장치처럼 운전됨.

떠나는 증기의 조성은 약 40 mol% 메탄올이 된다. 이 분리를 *a*단이라고 부르자. 40%는 초기의 10%와 비교하여 크게 향상된 것이다. 그러나 용액은 여전히 대부분 물이다. 그 용액을 더 순수하게 만들기 위해서 무엇을 할 수 있을까? 증기를 액체로 응축시키지 않고 그것을 다시 끓이기 위한 별도의 단지에서 모으는 이유는 무엇인가? 그 단지 안에 충분한 용액을 모은 후에 그것을 또 다른 보일러로 보내고 *b*단을 수행하며, 그다음에 그림 10.7(a)에 보인 것과 같이 단 *c*, *d*, *e*를 반복한다. 약 5개의 단을 거친 후에 98% 순도의 메탄올을 얻을 수 있다. 이것은 개념 수준에서의 다단 증류를 단순하게 나타낸 것이다. (대부분의 공정 시뮬레이션 소프트웨어는 탑저부터 단의 번호를 매기는 대신 탑상부터 단의 번호를 매기며, 이러한 이유로 여기에서는 단을 문자로 지정했다는 것에 주목하라.) 지금까지 요약한 바와 같이 휘발성 성분이 증발하는 동안 액상조성은 변하지 않는다고 여겼기 때문에 이는 비효율적이며 과도하게 단순화된 것이다. 분리 분야의 교과서는 물질수지에 관해 자세한 것을 제공한다.

열역학 제1법칙은 에너지가 보존된다는 것을 말해 주고 있다. *a*단에서 나오는 증기를 응축시키는 열을 *b*단에서의 비등열로 사용할 수 있다면 어떨까? 이 점은 큰 향상이 될 것이다. 뿐만 아니라 배관을 아주 잘한다면 최소한의 공간에서 이것을 성취할 수 있게 된다. *b*단의 단지를 *a*단의 상단에 놓고 단지의 바닥에 작은 구멍들을 만든다면, 증기는 액체가 흘러내려 가는 것보다 더 빨리 구멍을 통해 비등하게 된다(그림 10.6(b)). *b*단에 있는 혼합물의 끓는점은 아래로부터 나오는 증기온도보다 더 낮다(그림 10.7(a) 참조). *a*단으로부터의 더 따뜻한 증기는 *b*단에 있는 더 차가운 액체와 접촉할 때 응축한다. 그러나 제1법칙에 따르면 응축열은 어디론가 가야 한다. 어디로 가는가? 그것은 *b*단에 있는 액체를 비등시키는 곳으로 들어간다. 그다

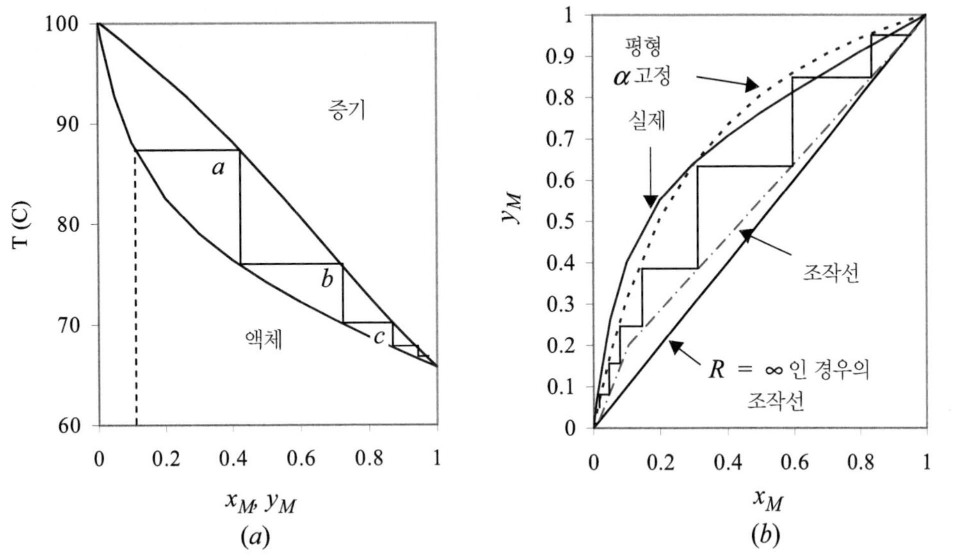

그림 10.7 ∘ 메탄올(M)과 물의 단계 분리. (a) 1 bar에서의 T-x-y 선도, 여러 개의 단을 보여 주고 있다. (b) 일정한 상대 휘발도를 가정한 McCabe-Thiele 분석, $\alpha_{LH} = [(\alpha_{LH}{}^{T})(\alpha_{LH}{}^{B})]^{1/2}$(점선)의 실험곡선과의 비교.

음 단 c, d, e에 대해서도 같은 것을 할 수 있다. 이러한 접근은 단(tray) 증류탑이라고 불리며 이는 화학산업을 통틀어 매우 일반적이다. 대략 70%의 증류탑이 단 형태를 취하고 있다.

우리는 단 증류가 화학 실험실에 어떻게 연관이 되는지 아직도 다루지 않았다. 화학 실험실에서는 비등 플라스크 위에 있는 유리관 안에 거즈나 유리솜을 넣어 사용한다. 응축기 벽을 통한 열손실 때문에, 비등하는 액체 중 일부가 응축하여 거즈 아래로 흘러내리며 비등 플라스크로 도로 떨어진다. 이렇게 흘러내리는 액체는 단 위에 있는 액체와 같은 기능을 하게 되지만, 접촉과 물질 교환은 훨씬 덜 효율적이다. 반면에, 많은 거즈를 사용함으로써 많은 표면적과 기-액 접촉을 만들 수 있다. 화학산업에서 이러한 원리에 기초를 둔 탑들은 충전탑(packed column)이라고 불린다. 충전탑은 증류탑 중 나머지 30%를 차지한다. 화학산업과 화학 실험실 간에 또 하나의 큰 차이가 있다. 대부분의 산업용 탑은 화학 실험실과 같은 회분식 방식이 아니라 연속식이면서 정상상태 방식으로 운전된다. 이는 원료에 유사한 조성을 가지는 단으로 원료가 연속적으로 들어간다는 것을 의미한다.

대부분의 혼합물은 2개 이상의 성분을 포함한다. 그러나 2개의 기준성분의 분리에 근거하여 다성분 탑을 설계하는 것이 일반적이다. 끓는점(나중에 논의될 공비물이 없을 때)은 M_w에 따라 증가하기 때문에, 탑 위로 이동하는 가벼운(더 증발하기 쉬운) 성분에 기반을 두고 분리를 논하는 것이 일반적이다. 그리고 무거운 성분은 탑 아래로 이동한다. 예비 증류탑 설계에 대하여 증발하기 쉬운 **저비점 한계**(light key)성분(보통 낮은 M_w, 따라서 가벼운)과 휘발성이 덜한 **고비점 한계**(heavy key)성분이 지정된다. 2개의 기준성분을 분할시키는 것은 묵시적으로 '저비점 한계' 성분보다 더 가벼운 성분을 '고비점 한계' 성분보다 더 무거운 성분과 나누는 것

❗ 저비점 한계 성분과 고비점 한계성분은 예비 증류탑 설계에서 사용된다.

이다. 그 **분할**(split, S)은 증류액과 함께 나가는 분율이다. 저비점 한계성분(LK)은 $S_{LK} > 0.5$를 갖는 휘발성이 가장 덜한 성분이다. 저비점 한계성분보다 더 가벼운 성분은 훨씬 더 증발하기 쉬워야 하며 증류액으로 탑을 떠난다. 예를 들어, 헥산, 옥탄, 데칸, 그리고 도데칸의 증류를 고려하자. 옥탄을 저비점 한계성분으로 지정하면 헥산도 역시 탑상으로 나가야 한다. 고비점 한계성분은 $S_{HK} < 0.5$를 갖는 가장 가벼운 (가장 증발하기 쉬운) 성분이다. 이 예제에서 우리는 고비점 한계성분으로 데칸을 선택할 수 있으며, 그러면 도데칸은 탑저로 나갈 것이다. 완벽한 세상에선 분할은 저비점 한계성분에 대해서는 100%, 고비점 한계성분에 대해서는 0%가 될 것이다. 그러나 그것은 무한히 높은 증류탑을 요구한다. 보다 전형적인 분할은 99%와 1%이다.

분할 분율(split fraction)은 증류에서 적절한 물질수지를 정의한다. 증류와 관련된 열역학은 VLE K비에 관한 **상대 휘발도**(relative volatility)를 사용하여 실행된다.

$$\alpha_{ij} = K_i/K_j \qquad \langle 식\ 10.32\rangle$$

저비점 한계성분과 고비점 한계성분에 대해 쓰면 다음과 같이 된다.

$$\alpha_{LH} = K_{LK}/K_{HK} \qquad \langle 식\ 10.33\rangle$$

Raoult의 법칙의 경우, K비는 조성에 무관하므로 상대 휘발도는 다음과 같이 된다.

$$\alpha_{ij} = K_i/K_j = (P_i^{sat}/P)/(P_j^{sat}/P) = P_i^{sat}/P_j^{sat} \quad \text{Raoult의 법칙} \qquad \langle 식\ 10.34\rangle$$

Raoult의 법칙을 따르지 않는 계의 경우, 상대 휘발도는 조성의 변화 때문에 탑을 통해 변할 수 있지만, $\alpha_{LH} > 1$이기만 하면 증류가 가능하다(11.11절에서 비이상 α_{ij} 계산에 대한 분석을 보게 될 것이다). $\alpha_{LH} > 1$이기만 하면 다른 성분들의 존재는 예비 증류탑 설계의 경우 2차적인 관심사이다. 따라서 증류탑에 대한 단축 분석은 혼합물이 2성분인 것처럼 LK와 HK를 취급한다. 다른 성분의 부가를 통해(예: 추출 증류) $\alpha_{LH} > 1$를 향상시키는 것이 가능할 수도 있다. 그러나 그것은 단지 $\alpha_{LH} > 1$이라는 주문에 대한 전체 시스템의 요구사항을 늘리는 것이다.

모델링을 위해서는 그림 10.7(b)에 보인 바와 같이 단 증류탑이 도입하기에 가장 단순하다. 그림 10.7(b)는 온도의 영향을 무시하면서 조성의 변화에만 초점을 맞추고 있다. 그림 10.7(b)는 또한 상대 휘발도가 일정하다고 놓고 근사치로 계산해서 얻은 결과를 보여 준다. α_{ij}가 더 크면 x-y 곡선 아래의 면적이 더 커지며 더 쉽게 분리된다. 만약 α_{ij}가 1이면, 곡선은 45° 대각선 위로 내려 앉는다. 선도는 평형선과 조작선 사이의 '계단'들을 보여 주고 있다. 평형선은 단을 떠날 때 각 단에서의 조성을 나타내며, 조작선은 단 사이의 조성을 나타낸다. 탑 위와 아래로 이동하면서, '단 위'와 '단 사이'의 물질수지를 관계시킬 때 왔다 갔다 움직임으로써 물질수지를 도식적으로 보여 줄 수 있다. 실제 곡선과 α_{ij}가 일정할 때의 곡선을 비교할 때, 유사한 수의 단을 얻는다는 것에 주목하라. 우리의 모델을 위해서는 일정한 상대 휘발도가 평형곡선에 대한 편리한 근사방법이다. 그러나 아직도 증류의 개념에 대한 개요를 서술할 때 누락된 중요한 점이 있다. 단 증류탑의 단 위에 있는 액체는 어디에서 온 것일까?

그림 10.6(c)는 단 위에 액체를 일부 유지시켜 주기 위해 증류탑의 꼭대기에 있는 응축기는 어떻게 액체를 아래로 도로 붓는지를 보여 준다. 탑 아래로 도로 붓는 부분(L)은 **환류**(reflux)라 불린다. 생성물로서 회수하는 부분은 증류액(distillate)(D)이라 불린다. L/D의 비는 **환류비**(reflux ratio)(R)라 불린다. 환류비는 증류액으로 회수되는 생성물의 양을 조절한다. 실제로 생성물 중 일부를 회수하고자 한다면(즉, $D \neq 0$), $R \neq \infty$인 어떤 값을 수용해야 한다. R에 대한 유한한 값은 그림 10.7(b)에 있는 쇄선으로 그려진 조작선을 낳는다. 이것을 이해하기 위해 그림 10.7(b)에 있는 45° 대각선은 $L/V = 1$에 해당한다는 것을 고려하라. 탑상으로부터 증류액을 취하면 모든 단에서 분리가 약간 덜 되며 이는 그림 10.7(b)의 쇄선을 주게 된다. 물질전달 조작에 대한 일반적인 교과목들은 R값으로부터 쇄선을 어떻게 예측하는지 설명한다. R값은 0이 될 수 없다는 것이다. R값이 0이 된다면 단 위에 액체가 없게 될 것이다. 그리고 R값은 무한대가 될 수 없다. 만약 R값이 무한대가 되면 우리는 생성물을 전혀 회수하지 못한다. 이것이 지금의 중요한 점이다. 약간 더 나아가 1에 매우 가까운 상대 휘발도를 갖는 증류의 경우 R값은 무한대에 가깝다고 말할 수 있다. 그것 말고도, 어떤 사람이 이것을 전에 분석했으며 (무한 환류에서의) 원하는 분리를 달성하기 위한 최소 단수, 최소 환류비, 실제 단수를 계산하기 위한 식들을 개발했다는 것을 단순히 수용할 필요가 있다. 이것이 사실 그 경우이며, 모델식을 다음에 제시하였다.

일정한 상대 휘발도의 경우 증류탑의 높이에 대한 단축 계산은 다음의 Fenske식으로부터 추산될 수 있다.

$$N_{min} = \frac{\ln\left[\dfrac{S_{LK}(1-S_{HK})}{S_{HK}(1-S_{LK})}\right]}{\ln \alpha_{LH}^{m}} \quad \text{이상용액} \qquad \langle\text{식 } 10.35\rangle$$

여기서 N_{min}은 무한 환류에서의 최소 이론 단수이며 α_{LH}^{m}은 탑상과 탑저에서의 조성, T 그리고 P를 사용하여 계산된 상대 휘발도의 기하 평균이다. 보통, 단 사이의 공간이 0.6 m일 때, 실제 단수는 $N_{act} \sim 4\ N_{min}$이다. 따라서 분할이 99%와 1%이고 상대 휘발도가 3인 증류탑은 N_{min}= 8.4와 20 m의 높이를 가질 것이다. 이러한 배경으로 K비와 α_{LH}의 중요성은 분명해진다. 만약 $\alpha_{LH} = 1$이면 $N_{min} = \infty$가 된다는 것에 주목하라. 비이상계의 경우 상대 휘발도는 조성에 따라 변하며 공비점이 존재할 때에는 1로 간다. 그러면 식 10.35는 유효하지 않게 된다. 우리는 다음 절에서 그런 거동을 논의할 것이며, 뒤따르는 장에서는 그런 시스템에 대한 모델링을 이해하기 위한 중요한 동기를 발견할 것이다.

10.7 비이상계

우리는 10.3절에서 구성성분이 매우 비슷한 화학적 작용기와 분자량을 가지는 혼합물에 대하여 적용될 수 있는 Raoult의 법칙을 소개했다. 이상용액 계산이 얼마나 쉽게 실행될 수 있는지 살펴보았다. 그러나 Raoult의 법칙은 여러분이 실제로 만나게 될 계 중에서 단지 몇 가지에 대해서만 정확하다. Raoult의 법칙에서 벗어나는 상선도의 예가 그림 10.8과 10.9에 나타나 있다. 이 선도들에는 중요한 개념을 소개하는 몇 가지 특성이 있다. 먼저 편차를 강조하기 위해 *P-x-y* 선도에 Raoult의 법칙에 의한 기포선을 점선으로 그려 넣었다. 각각의 *P-x-y*/*T-x-y* 쌍의 상선도는 그 쌍의 하나의 선도를 뒤집음으로써 정성적으로 관련될 수 있다는 것을 다시 주목하라.

❗ Raoult의 법칙으로부터의 양의 편차. 성분들은 서로 '싫어한다'고 말하는 것이 편리하다.

그림 10.8에서 기포선은 Raoult의 법칙에 의한 선 위에 놓이는데 이러한 계는 Raoult의 법칙으로부터 **양의 편차**(positive deviations)를 가지고 있다고 말한다. 양의 편차는 혼합물에 있는 성분이 다른 성분의 분자 주위보다는 그들과 같은 유형의 분자 주위를 선호할 때 일어난다. 간단히 말해서 이 성분들은 서로 '싫어한다'고 말하는 것이 편리하다. 2-프로판올(propanol)과 물(water) 계는 이상성으로부터의 편차에 관해 서로에게 가까운 증기압을 가진다. 그 결과 양의 편차는 충분히 커서 압력이 최댓값(즉, $P^{max} > P_1^{sat} > P_2^{sat}$)에 도달하게 된다. 최대(또는 최소)의 존재는 상분리선이 공비조성으로 알려진 조성에 근접하도록 만든다. 증기압이 가까워진다는 것은 문제가 된다. 왜냐하면 $P_1^{sat} = P_2^{sat}$인 경우 이상성으로부터의 어떠한 편차도 **공비점**(azeotrope)이라고 알려진 최대점(또는 최소점)을 주기 때문이다. 한 가지 반례로, 메탄올 + 3-펜탄온 계는 상당히 다른 증기압을 가지고 있으며, 따라서 이상성으로부터의 편차는 공비점 형성을 야기시킬 만큼 충분히 크지 않다. 이슬선과 기포선이 평형에서 공존하는 조성을 나타낸다는 것을 상기한다면, 최대점이나 최소점은 공비점에서 $x_i = y_i$이고 상대 휘발도 $\alpha_{ij} = 1$임을 의미한다. 공비조성의 한쪽에서는 $\alpha_{ij} > 1$이며, 다른 한쪽에서는 $\alpha_{ij} < 1$이다. 이것은 공비조성에서는 증류가 분리를 할 수 없다는 것을 의미하며, 따라서 공비점을 안다는 것은 증류 설계에서 매우 중요하다. 양의 편차를 갖는 계에서 공비점이 형성될 때, 그 공비점은 *P-x-y* 선도상에서는 최대이고 *T-x-y* 선도상에서는 최소이다. 공비점의 형태에 이름을 부여하기 위해 관례에 따라 2-프로판올 + 물 계의 공비점과 같은 공비점을 **최소 비등 공비점**(minimum boiling azeotrope)으로 나타내는데, 이는 조성에서 최소에 도달하는 비등점 온도를 나타내는 것이다. 이것은 이상성으로부터 편차가 *P-x-y* 선도상에서 Raoult의 법칙에 관해 양으로 나타나기 때문에 혼동을 줄 수 있다. '비등'은 끓는 온도를 나타낸다는 것을 기억한다면 혼동을 감소시킬 수 있다. *P-x-y* 선도상에서의 공비점은 **최대 압력 공비점**(maximum pressure azeotrope)이다. 증기와 액체의 조성은 공비점에서는 같기 때문에 플래시 드럼이나 증류탑은 공비조성에서 혼합물을 분리할 수 없을 것이다.

❗ 상대 휘발도는 공비점에서 1과 같다. 공비조성의 한쪽에서는 $\alpha_{ij} > 1$이며, 다른 한쪽에서는 $\alpha_{ij} < 1$이다.

공비물은 화학공학자에게 도전을 만들어 주는 것이다. 양의 편차나 음의 편차를 가진 계에 대하여 공비조성은 온도와 압력에 의존하지만, 큰 압력 변화 또는 큰 온도 변화가 생기지 않는다면 그 의존성은 보통 약하다. 예를 들어, 에탄올 + 물 계는 널리 알려진 공비점을 가지고 있다. 이 공비점은 바이오 에탄올의 높은 에너지 비용에 중요한 기여를 한다. 희석된 발효 생성물 흐름으로부터 에탄올을 분리시키는 것은 에탄올의 에너지양의 약 3분의 1을 소비한다. 에탄올을 더 효과적으로 분리시킬 수 있는 방법이 있는가? 공비물 없이 생산될 수 있는 대체 발효 생성물이 있는가? 발효공정(그리고 방대한 양의 물)을 함께 피할 수 있으며 셀룰로오스를 중질유가 에틸렌으로 분해되는 방법과 유사한 화학 약품 공급원료로 직접 전환시킬 수 있을

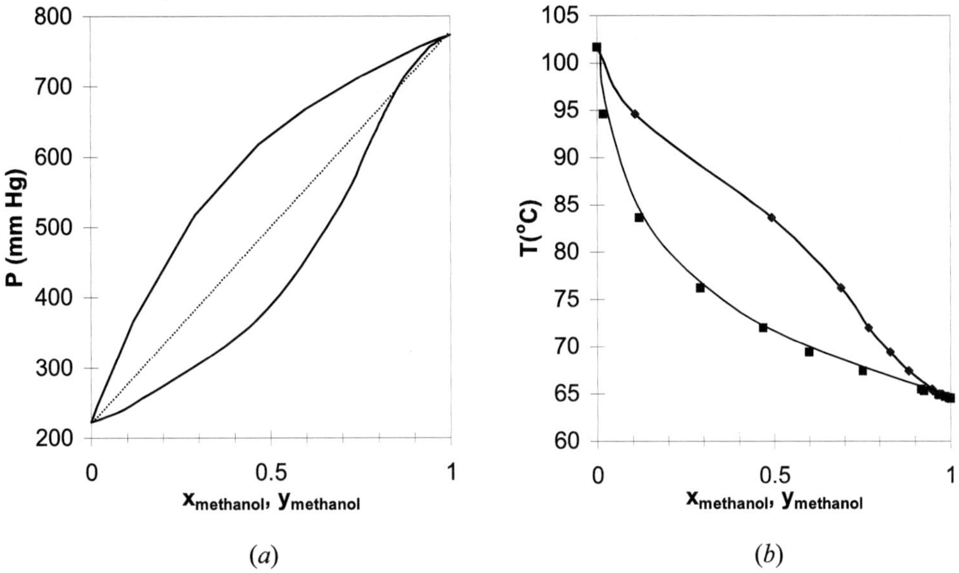

그림 10.8 • (a), (b) 메탄올 + 3-펜탄온 계의 상거동, 왼쪽 그림은 65°C에서의 상거동이며, 오른쪽 그림은 760 mmHg에서의 상거동이다. (*T-x-y*는 Glukhareva, M.I., et al. 1976. Zh. Prikl. Khim. (Leningrad) 49: 660으로부터 얻었으며, *P-x-y*는 *T-x-y*의 맞춤으로부터 계산된 것임.)

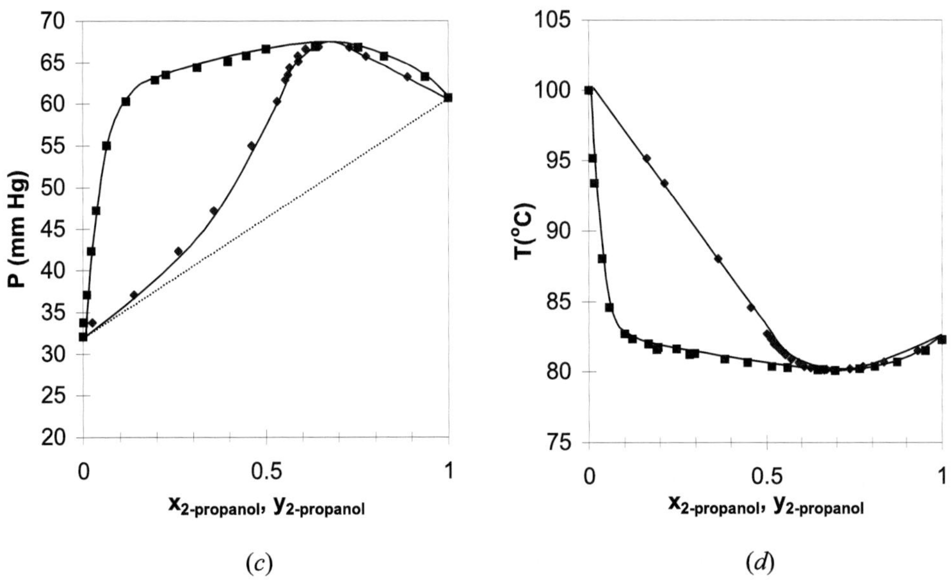

그림 10.8 • (c), (d) 2-프로판올 + 물 계의 상거동. 왼쪽 그림은 30°C에서의 상거동이며, 오른쪽 그림은 760 mmHg에서의 상거동이다. (*T-x-y*는 Wilson, A., Simons, E.L., 1952. Ind. Eng. Chem. 44:2214로부터, *P-x-y*는 Udovenko, V.V., and Mazanko. T.F. 1967. Zh. Fiz. Khim. 41:1615로부터 얻었음.)

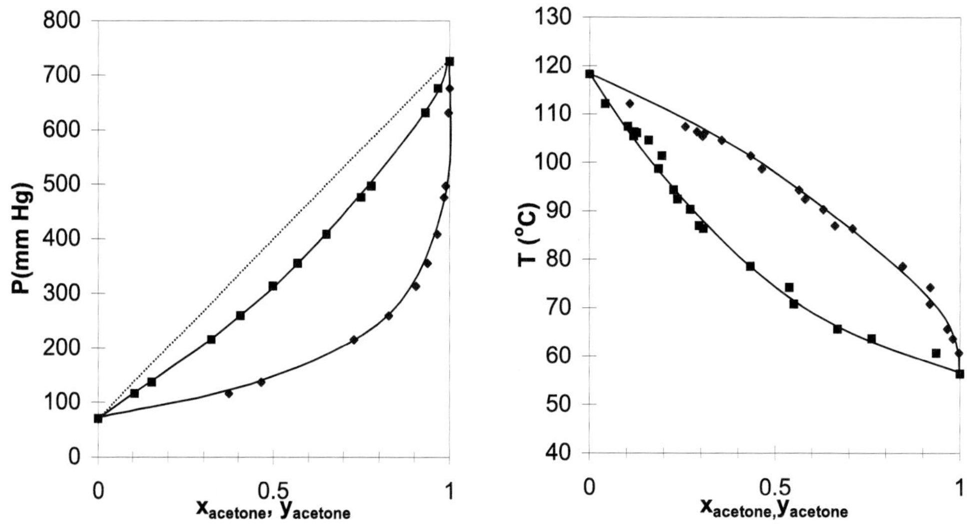

(a) (b)

그림 10.9 • (a), (b) 아세톤 + 아세트산 계의 상거동, 왼쪽 그림은 55℃에서의 상거동이며, 오른쪽 그림은 760 mmHg에서의 상거동이다. (*T*−*x*−*y*는 York, R., Holmes, R.C. 1942. Ind. Eng. Chem. 34:345로부터 얻었으며, *P*−*x*−*y*는 Waradzin, W., Surovy, J., 1975. Chem. Zvesti 29:783으로부터 얻었음.)

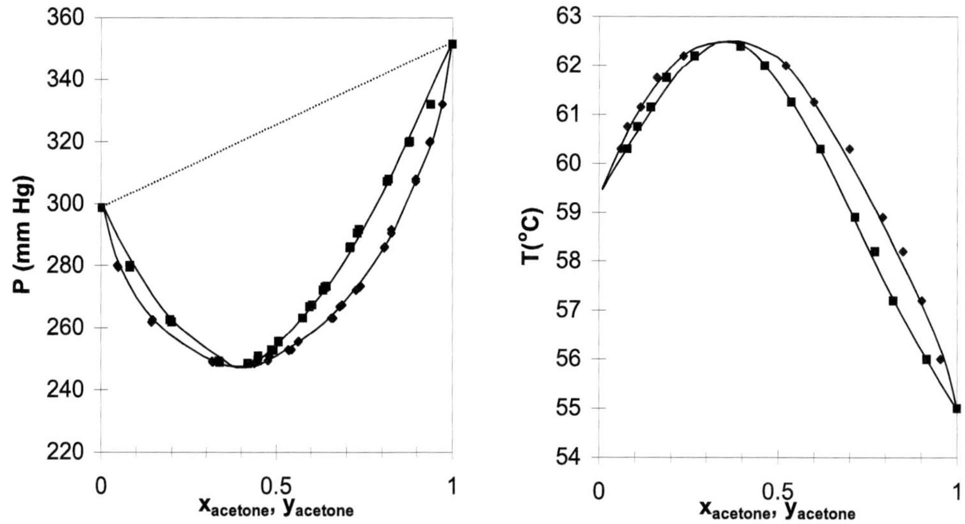

(c) (d)

그림 10.9 • (c), (d) 아세톤 + 클로로포름 계의 상거동. 왼쪽 그림은 35.17℃에서의 상거동이며, 오른쪽 그림은 732 mmHg에서의 상거동이다. (*T*−*x*−*y*는 Soday, F., Bennett, G.W., 1930. J.Chem. Educ. 7:1336으로부터, *P*−*x*−*y*는 Zawidzki, V.J., 1900. Z. Phys. Chem. 35:129로부터 얻었음.)

까? 이것은 화학공학적 관점이 이런 도전적인 문제에 미치는 질문이다. 상평형 열역학에서 우리는 주로 증류, 액액 추출, 그리고 공비물에 관심이 있다. **이상용액은 공비물을 형성하지 않으며 비혼화성 액상도 형성하지 않는다. 따라서 Raoult의 법칙은 이러한 계를 표현할 수 없다.**

이상용액은 공비물을 형성하지 않으며 비혼화성 액상도 형성하지 않는다.

그림 10.9에서는 기포선이 Raoult의 법칙의 선보다 아래에 있기 때문에 계는 Raoult의 법칙으로부터 **음의 편차**(negative deviations)를 가진다. 증기압들이 서로 비슷하거나 편차가 크다면 이러한 계에서 유사한 공비 거동이 발견된다. 음의 편차를 가진 계에서 공비점이 형성될 때, 그 공비점은 *P-x-y* 선도상에서는 최소이고 *T-x-y* 선도상에서는 최대이다. 그러므로 이러한 거동은 **최대 비등 공비점**(maximum boiling azeotrope) 또는 **최소 압력 공비점**(minimum pressure azeotrope)이라고 불린다. 화학적 관점으로부터 음의 편차는 성분이 자신을 좋아하는 것보다 다른 성분을 '좋아한다'는 것을 말해 준다. 예를 들어, 두 가지의 산을 혼합시키면 이상용액을 만들 수 있지만, 산과 염기를 혼합시키는 것은 만져 보아 따뜻하게 느끼는 이상성으로부터의 음의 편차를 줄 수 있다. 이것은 발열 반응열에 부여된 음의 부호와 일치하는 것이다.

Raoult의 법칙으로부터 음의 편차. 성분들은 서로 '좋아한다'고 말하는 것이 편리하다.

혼합물이 Raoult의 법칙으로부터 벗어나는 이유를 더 잘 이해하기 위해 기초적인 열역학 원리와 Raoult의 법칙에 기저를 이루는 가정을 이용할 필요가 있다. 그렇게 하기 위해서 Raoult의 법칙에 필요한 열역학적 거동을 드러내고, 모델에 대해 가끔의 성공과 자주 있는 실패에 대한 이유를 더 크게 평가한다. Raoult의 법칙은 경험적으로 개발되었다. Raoult의 법칙에 대한 진짜 열역학적 기반을 이해하기 위하여 열역학적 성질이 어떻게 조성에 의존하는지 '평가할' 필요가 있다. 추가로 순수유체에 대하여 9장에서 사용되는 퓨가시티는 혼합물로 확장되며 성분 퓨가시티는 혼합물에서의 상평형에 대한 출발점이라는 것을 보여 준다. Raoult의 법칙은 증기상과 액상 모두에 대하여 성분 퓨가시티에 관한 특정한 가정을 포함한다. 우리는 11~13장에서 Raoult의 법칙으로부터의 편차에 대한 모델을 개발한다.

10.8 일반화된 상평형에 대한 개념

순수성분에 대한 원리를 다성분계로 일반화시키는 것은 열역학적 성질이 개별 성분의 양의 변화에 관해 어떻게 변하는지 고려할 것을 요구한다. 순수유체의 경우 본래의 성질은 단순히 두 가지 상태 변수의 함수였다. 다성분 혼합물에서는 이 에너지들과 엔트로피 또한 조성에 의존한다.

$$d\underline{U}(T, P, n_1, n_2, \ldots n_i) = \left(\frac{\partial \underline{U}}{\partial P}\right)_{T,n} dP + \left(\frac{\partial \underline{U}}{\partial T}\right)_{P,n} dT + \sum_i \left(\frac{\partial \underline{U}}{\partial n_i}\right)_{P,T,n_{j\neq i}} dn_i \quad \langle 식\ 10.36\rangle$$

$$d\underline{G}(T, P, n_1, n_2, \ldots n_i) = \left(\frac{\partial \underline{G}}{\partial P}\right)_{T,n} dP + \left(\frac{\partial \underline{G}}{\partial T}\right)_{P,n} dT + \sum_i \left(\frac{\partial \underline{G}}{\partial n_i}\right)_{P,T,n_{j\neq i}} dn_i \quad \langle 식\ 10.37\rangle$$

이 식들은 6장으로부터 조성 변수로의 미적분학의 사용을 확장한다.

이 식들은 6장에서 개발된 수학적 규칙을 따르고 있음에 주목하라. 오른쪽에 있는 각 항은 모든 다른 변수를 상수로 하는 한 가지 변수에 관한 편미분 도함수로 이루어진다. 합계 부호는 단지 각 성분에 대하여 하나의 항을 쓰는 것을 피하기 위한 속기법이다. 하첨자 $n_{j\neq i}$는 i를 제외한 모든 성분의 몰수를 상수로 놓는다는 것을 의미한다. 다시 말해서 3성분계에 대하여 $((\partial \underline{U})/(\partial n_1))_{P,\,T,\,n_{j\neq i}}$는 P, T, n_2, n_3를 일정하게 놓은 상태에서의 n_1에 대한 $\underline{U}$의 편미분 도함수를 의미한다. P와 T가 조절되는 상평형에 대하여, Gibbs 에너지가 P와 T의 자연적인 함수이기 때문에 식 10.37이 식 10.36보다 더 유용하다. 물질의 일정한 몰수와 조성에서 혼합물은 순수한 유체와 동일한 제약 조건을 따라야 한다. 즉, 조성을 일정하게 유지시킨다면 그 상태는 단 2개의 상태 변수에만 의존한다.

$$\Rightarrow (\partial \underline{G}/\partial P)_{T,n} = \underline{V} \text{ 그리고 } (\partial \underline{G}/\partial T)_{P,n} = -\underline{S}$$

이러한 복잡해 보이는 도함수들은 아주 기본적인 성질이다. 따라서 우리는 식 10.37을 다음과 같이 다시 쓸 수 있다.

$$d\underline{G} = \underline{V}dP - \underline{S}dT + \sum_i \left(\frac{\partial \underline{G}}{\partial n_i}\right)_{P,\,T,\,n_{j\neq i}} dn_i \qquad \langle\text{식 } 10.38\rangle$$

$(\partial \underline{G}/\partial n_i)_{P,\,T,\,n_{j\neq i}}$는 모든 다른 화학종의 몰수가 고정될 때, 그리고 일정한 P와 T에서 혼합물의 총 Gibbs 에너지가 화학종 i의 몰수의 미세 변화에 따라 어떻게 변하는지를 말해 준다. $(\partial \underline{G}/\partial n_i)_{P,\,T,\,n_{j\neq i}}$는 이후의 논의에서 매우 중요한 역할을 하므로 우리는 그것에 **화학 퍼텐셜**(chemical potential)이라 불리는 이름과 다음과 같은 기호를 부여한다.

❗ 화학 퍼텐셜

$$\boxed{\mu_i \equiv (\partial \underline{G}/\partial n_i)_{P,\,T,\,n_{j\neq i}}} \qquad \langle\text{식 } 10.39\rangle$$

일반적으로 다음 식으로 쓴다.

$$\boxed{d\underline{G} = \underline{V}dP - \underline{S}dT + \sum_i \mu_i dn_i} \qquad \langle\text{식 } 10.40\rangle$$

부분 몰 성질

식 10.39의 특별한 도함수에 대한 또 다른 이름은 **부분 몰 Gibbs** 에너지(partial molar Gibbs energy)이다. 우리는 도함수의 형태를 일반화시킬 수 있고 그것을 다른 성질에 적용할 수 있다. 임의의 크기 열역학적 성질 $\underline{M}$에 대해 $(\partial \underline{M}/\partial n_i)_{T,\,P,\,n_{j\neq i}} \equiv \overline{M}_i$이라 쓸 수 있다. 부분 몰 성질에 대해서는 T, P와 $n_{j\neq i}$가 항상 일정하게 유지된다는 것에 주목하라. 여기서 변수의 위에 붙인 막대기 모양은 부분 몰양을 나타낸다. 즉, 전체 부피 $\underline{V}$에 대하여, $(\partial \underline{V}/\partial n_i)_{T,P,n_{j\neq i}}$는 부분 몰부피라 하고 기호 $\overline{V}_i$로 주어진다. 크기가 σ_R인 500개의 빨간색 공과 크기가 σ_B인 700개의 파란색 공으로 이루어진 혼합물을 고려하고 있다고 하자. 파란색 공은 700개 그대로 유지하면서 빨간색 공을 1개 더 추가한다면 전체 부피는 어떻게 변할 것인가? 이것은 빨간색 공의 부분 몰부피라 불리는 도함수에 대한 유한 차분의 예이다. 미분에 대한 특별한 수학적 결과는 일정한 온도와 압력에서 다음과 같이 쓸 수 있다.

$$\underline{M} = \sum_i n_i \overline{M}_i \quad \text{or} \quad M = \sum_i x_i \overline{M}_i \tag{식 10.41}$$

결과적으로 다음과 같이 쓸 수 있다.

$$\underline{G} = \sum_i n_i \overline{G}_i = \sum_i n_i \mu_i \text{ or } G = \sum_i x_i \overline{G}_i = \sum_i x_i \mu_i \tag{식 10.42}$$

> 부분 몰양은 전체 혼합물의 성질을 몰수 또는 몰분율로 표시되는 조성에 따라 배정하는 수학적 방법을 제공한다.

혼합물에 대해 더 많은 관계를 개발함에 따라 우리는 이 기본식으로 되돌아올 것이다.

화학 퍼텐셜은 각각의 핵심 성질인 U, H, A, G에 대하여 중요한 항이 된다. 왜냐하면 다음의 표에 보인 바와 같이 그 성질은 모두 적합한 Legendre 변환에 의해 관계되기 때문이다. 도함수에 대한 제한 사항은 중요하다. 예를 들어, 식 10.36에 있는 $(\partial \underline{U}/\partial n_i)_{P,T,n_{j\neq i}}$는 표의 첫 번째 줄에 있는 $(\partial \underline{U}/\partial n_i)_{\underline{S},\underline{V},n_{j\neq i}} = \mu_i$와 같지 않다.

닫힌계	열린계	자연 변수
$dU = TdS - PdV$	$d\underline{U} = Td\underline{S} - Pd\underline{V} + \sum_i \mu_i dn_i$	S, V
$dH = TdS + VdP$	$d\underline{H} = Td\underline{S} + \underline{V}dP + \sum_i \mu_i dn_i$	S, P
$dA = SdT - PdV$	$d\underline{A} = -\underline{S}dT - Pd\underline{V} + \sum_i \mu_i dn_i$	T, V
$dG = SdT + VdP$	$d\underline{G} = -\underline{S}dT + \underline{V}dP + \sum_i \mu_i dn_i$	T, P

열린계 방정식들은 온라인 보충자료에서 보인 바와 같이 앞 장들로부터 얻은 에너지 수지와 엔트로피 수지를 사용하여 개발될 수 있다.

평형 판별기준

일정한 T와 P에서의 평형에 대하여 Gibbs 에너지는 최소가 되는데 이는 수학적으로 $d\underline{G} = 0$임을 의미한다. 그러므로 dT와 dP가 0이고 닫힌계에서 모든 dn_i가 0이므로 식 10.38은 최소점에서 0과 같다. 따라서

$$d\underline{G} = 0 \qquad \text{(일정한 } T\text{와 } P\text{에 대하여 평형에서)} \tag{식 10.43}$$

이 식은 우리가 정의하는 어떠한 계에도 적용된다. 우리의 계를 두 상(예: 증기와 액체) 사이에 분포된 두 성분(예: 에탄올 + 물)으로 이루어진 것으로 정의한다면 $d\underline{G} = d\underline{G}^L + d\underline{G}^V = 0$이고, 일정한 T와 P에서 성분들의 몰은 두 상 사이로 재분배될 것이다. 두 상에 대한 식 10.40에 의해,

$$d\underline{G}^L + d\underline{G}^V = \mu_1^L dn_1^L + \mu_2^L dn_2^L + \mu_1^V dn_1^V + \mu_2^V dn_2^V = 0$$

그러나 성분 1이 액상을 떠난다면 전체계가 닫혀 있기 때문에 증기상으로 들어가야만 한다(성분 2에 대해서도 유사함).

$$\Rightarrow dn_1^L = -dn_1^V, \quad dn_2^L = -dn_2^V$$

$$\Rightarrow (\mu_1^V - \mu_1^L)dn_1^V + (\mu_2^V - \mu_2^L)dn_2^V = 0$$

이것을 0와 같게 만드는 유일한 방법은 일반적으로 다음 식과 같다.

❗ 평형에서 각 성분의 화학 퍼텐셜은 각 상에서 같아야 한다.

$$\boxed{\mu_1^V = \mu_1^L \quad \text{그리고} \quad \mu_2^V = \mu_2^L} \qquad \langle\text{식 } 10.44\rangle$$

각 상에서의 화학 퍼텐셜 및 T와 P를 각각 서로 같게 설정하는 것은 화학 퍼텐셜의 상 조성에 대한 의존성을 알고 있다고 가정할 때 상 조성에 대하여 풀릴 수 있는 일련의 제약 조건(연립 방정식)을 제공한다. 함수 $\underline{G}^L(x,T,P)$와 $\underline{G}^V(y,T,P)$가 2성분계에 대해 알려져 있다고 가정하자. 그러면,

$$\left(\frac{\partial G^L}{\partial n_1}\right)_{T,P,n_2} = \left(\frac{\partial G^V}{\partial n_1}\right)_{T,P,n_2}, \left(\frac{\partial G^L}{\partial n_2}\right)_{T,P,n_1} = \left(\frac{\partial G^V}{\partial n_2}\right)_{T,P,n_1}, x_2 = 1 - x_1, y_2 = 1 - y_1$$

이것은 원칙적으로 우리가 풀 수 있는 4개의 식과 4개의 미지수(x_1, x_2, y_1, y_2)를 제공한다.[11]

순수한 유체의 화학 퍼텐셜

9장에서 우리는 순수한 유체에 대한 평형 제약 조건은 각 상에 대하여 몰 Gibbs 에너지의 동일성이라는 것을 보였다(식 9.3 참조). 이것이 식 10.44와 어떤 관계가 있는가?

$$\mu_i \equiv (\partial(nG)/\partial n_i)_{P,T,n_{j\neq i}} = G(\partial n/\partial n_i)_{P,T,n_{j\neq i}} + n(\partial G/\partial n_i)_{P,T,n_{j\neq i}}$$

순수한 유체에는 단지 한 가지 성분만이 있으므로 $dn_i = dn$이고 $G(T,P)$가 세기 성질이므로 $n(\partial G/\partial n)_{T,P} = 0$이다. 또한 식 6.13에 의해 $(\partial n/\partial n_i)_{T,P} = 1$이 된다. 그러므로

❗ 순수한 유체의 화학 퍼텐셜은 그냥 몰 Gibbs 에너지이다.

$$\boxed{\mu_{i,pure} = G_i} \qquad \langle\text{식 } 10.45\rangle$$

즉, 순수한 유체의 화학 퍼텐셜은 그냥 몰 Gibbs 에너지이다. 순수성분은 평형 제약 조건의 동일한 일반적 서술문의 특별한 경우로 간주할 수 있다.

---

11 평형에서 $\mu^L = \mu^V$일지라도, 조성에 대한 μ^V의 의존성은 조성에 대한 μ^L의 의존성과 매우 다르다. 이는 분자들이 매우 다르게 배열되기 때문이다.

성분 퓨가시티

우리는 9장에서 퓨가시티를 소개했다. 화학 퍼텐셜 제약 조건은 어떠한 상평형 문제를 푸는 데에도 충분하지만, 실질적인 계산을 하기 위한 가장 인기 있는 접근 방법은 퓨가시티 개념을 이용하는 것이다. 퓨가시티는 기본적으로 '화학 퍼텐셜' 또는 '부분 몰 Gibbs 에너지'보다 더 '사용하기 쉬운' 것이다. 우리는 9장에서 퓨가시티는 이상기체에 대해서는 압력과 같으며 액체에 대해서는 증기압에 가깝다는 것을 살펴본 바 있다. 엔지니어들은 퓨가시티를 추산하고 계산을 재확인하기 위한 가이드라인으로 이와 같은 기준점을 사용한다. *Fuga-*는 비행, 도망, 또는 탈출을 의미하는 라틴 명사로부터 온 것이며, 접미사 *-ity*는 '기질'을 의미하는 어원으로부터 온 것이다. 따라서 퓨가시티(fugacity)라는 용어는 비행하는 기질을 의미하기 위해 고안되었으며, 보통 '탈출하려는 경향(escaping tendency)'이라고 불린다. 상이 평형에 있을 때, 구성성분은 퓨가시티가 두 상에서 같아질 때까지 더 높은 퓨가시티를 가지는 상으로부터 더 낮은 퓨가시티를 가지는 상으로 이동('탈출')한다.[12]

혼합물에 있는 성분에 적용시키기 위해 순수성분에 대한 퓨가시티 관계를 일반화시켜 보자. 일정한 T에서 $RTd\ln f \equiv dG$(식 9.19)를 정의했는데 이는 다음과 같이 혼합물에서 한 성분의 퓨가시티를 정의하기 위해 일반화될 수 있다.

> ❗ 퓨가시티는 공학에서 화학 퍼텐셜보다 더 넓게 사용되는 화학 퍼텐셜을 표현하는 또 다른 방법이다.

$$RTd\ln\hat{f}_i \equiv d\mu_i \qquad \text{〈식 10.46〉}$$

여기서 $\hat{f}_i$는 혼합물에서 성분 i의 퓨가시티이고, μ_i는 그 성분의 화학 퍼텐셜이다. 조성이 순수성분으로 접근하는 극한에서 이 성질들은 순수성분의 값과 같게 된다. 한 성분의 퓨가시티에 대한 심벌에서 변수 위에 기호 (^)을 붙인다. 성분 퓨가시티는 부분 몰 성질이 아니며, 따라서 변수 위에 막대기 모양을 붙인 심벌을 사용할 수 없다.

> ❗ 기호 (^)은 f에 대하여 혼합물에서 성분의 성질을 나타내기 위해 사용된다. 반면에 그 기호가 없으면 성질은 순수성분에 대한 f가 된다. μ를 가지고 작업할 때, 그 의미는 상황의 맥락으로부터 추론된다.

평형 판정기준으로서의 퓨가시티의 동등성

평형에서 화학 퍼텐셜의 동등성은 식 10.44로부터 순수성분에 대한 우리의 방법과 유사한 방식으로 퓨가시티를 이용하여 쉽게 다시 해석될 수 있다.

$$\mu_i^V(T,P) = \mu_i^L(T,P) \qquad \text{〈식 10.47〉}$$

고정된 T에서 조성의 함수로 식 10.46을 순수 i의 상태에서 혼합된 상태까지 적분하여 다음을

---

12 퓨가시티의 개념은 우리가 혼합물에서 상평형을 논의할 때 특히 유용하다. 그러한 경우 우리는 그것의 높은 탈출 성향(예: 100°F에서 탄산 음료에 있는 이산화탄소)에도 불구하고 액상에 용해되어 있는 어떤 초임계 성분을 가질 수 있다고 생각한다. 액체가 될 수 없는 성분이 아직 액체에 녹을 수 있는 가능성은 탈출 경향의 바로 그 일반적 개념을 필요로 한다. 왜냐하면 순수성분의 증기압은 그러한 조건에서 존재하지 않기 때문이다. 퓨가시티의 정의는 우리에게 일반적인 개념을 제공해 준다.

얻는다.

$$\mu_i^V - \mu_{i,pure} = RT\ln\frac{\hat{f}_i^V}{f_i} \qquad \text{〈식 10.48〉}$$

여기서 $\mu_{i,pure}$와 f_i는 계의 온도에서 순수 유체에 대한 것이다. 액상에 대해 유사한 표현을 쓰고 식 10.47을 사용하여 화학 퍼텐셜을 같게 하면 다음을 얻는다.

$$\mu_i^V - \mu_i^L = RT\ln\left[\hat{f}_i^V/\hat{f}_i^L\right] = 0 \qquad \text{〈식 10.49〉}$$

$$\boxed{\hat{f}_i^V = \hat{f}_i^L} \quad \text{평형일 때} \qquad \text{〈식 10.50〉}$$

주의: 식 10.47 또는 식 10.50은 모든 상평형 계산을 위한 출발점이 된다. 그러므로 증기, 액체와 고체 혼합물에서 성분들의 화학 퍼텐셜 또는 퓨가시티를 계산하는 능력을 개발할 필요가 있다. 여기에서는 직접적인 계산을 시작하기 전에 성분들의 퓨가시티를 계산하기 위한 틀을 간단히 소개한다.

식 10.50은 혼합물 열역학을 이용하기 위한 우리의 동기가 되는 Raoult의 법칙처럼 보이지 않는다. Raoult의 법칙과 식 10.50 사이에 이러한 마지막 연결고리를 만들기 위해서는 에너지와 부피가 어떻게 성분 퓨가시티에 영향을 주는지 이해할 필요가 있다.

10.9 이상기체에 대한 혼합물 성질

3.4절에서 혼합에 따른 에너지 변화, 혼합에 따른 엔탈피 변화, 혼합에 따른 부피 변화에 대한 개념을 소개한 바 있다. 이제 혼합 거동을 부분 몰 성질에 관계시킬 수 있다. 이상기체에 대한 부분 몰양 순수성분 성질과 같아야 한다.

$$\bar{V}_i^{ig} = V_i,\ \bar{U}_i^{ig} = U_i,\ \bar{H}_i^{ig} = H_i \qquad \text{〈식 10.51〉}$$

이상기체 혼합물에 대한 엔트로피는 매우 복잡한데, 이는 4장에서 보인 바와 같이 심지어 고정된 총에너지를 가진 계라도 성분들의 구별가능성에 기인한 혼합과 연관된 엔트로피 변화를 가지기 때문이다. 이상기체의 엔트로피는 4장에서 주어진 것과 같이 성분들의 엔트로피의 합과 혼합에 따른 엔트로피 변화의 합으로 계산된다.

$$\boxed{\underline{S}^{ig} = \sum_i n_i S_i^{ig} + \Delta \underline{S}_{mix} = \sum_i n_i S_i^{ig} - R\sum_i n_i \ln y_i} \quad \text{또는}$$

$$\boxed{S^{ig} = \sum_i y_i S_i^{ig} - R\sum_i y_i \ln y_i} \qquad \text{〈식 ig 10.52〉}$$

그러므로 혼합에 따른 엔트로피 변화는 0이 아니고 양수이다.

$$\Delta S^{ig}_{mix} = S^{ig} - \sum_i y_i S^{ig}_i = -R\sum_i y_i \ln y_i > 0 \qquad \text{〈식 ig 10.53〉}$$

그리고 부분 몰 엔트로피는 다음과 같다.

$$\bar{S}^{ig}_i = S^{ig}_i - R\ln y_i \qquad \text{〈식 10.54〉}$$

Gibbs 에너지와 퓨가시티는 상평형 계산의 핵심이다. 이상기체의 Gibbs 에너지는 정의 $G \equiv H - TS$로부터 얻는다. 위에 있는 H^{ig}와 S^{ig}를 사용하면 다음의 식을 얻는다.

$$\underline{G}^{ig} \equiv \underline{H}^{ig} - T\underline{S}^{ig} = \sum_i n_i H^{ig}_i - T\left(\sum_i n_i S^{ig}_i - R\sum_i n_i \ln y_i\right) = \sum_i n_i G^{ig}_i + RT\sum_i n_i \ln y_i \qquad \text{〈식 ig 10.55〉}$$

그러므로 혼합에 따른 Gibbs 에너지 변화는 0이 아니며 음수이다.

$$\Delta G^{ig}_{mix} = G^{ig} - \sum_i y_i G^{ig}_i = R\sum_i y_i \ln y_i < 0 \qquad \text{〈식 ig 10.56〉}$$

한 성분의 화학 퍼텐셜은 식 10.39로 주어지며 식 10.55에 대해 도함수를 취하면 다음의 식을 얻는다.

$$\mu^{ig}_i = (\partial \underline{G}^{ig}/\partial n_i)_{T,P,n_{j\neq i}} = G^{ig}_i + RT\left(\partial\left(\sum_i n_i \ln y_i\right)/\partial n_i\right)_{T,P,n_{j\neq i}} \qquad \text{〈식 10.57〉}$$

미분하기 전에 로그함수를 $\ln y_i = \ln n_i - \ln n$으로 전개하면 아주 쉽게 미분할 수 있다. 그러면 미분은 다음과 같다.

$$\left(\partial\left(\sum_i n_i \ln n_i - \ln n \sum_i n_i\right)/\partial n_i\right)_{T,P,n_{j\neq i}} = \ln n_i + 1 - 1 - \ln n = \ln y_i \qquad \text{〈식 10.58〉}$$

따라서 우리는 다음 식과 같은 **이상기체 성분의 화학 퍼텐셜**(chemical potential of an ideal-gas component)을 구한다.

$$\mu^{ig}_i = G^{ig}_i + RT\ln y_i \qquad \text{〈식 ig 10.59〉}$$

❗ 이상기체 성분의 화학 퍼텐셜.

식 10.48에 의해 식 10.59와 식 10.45를 사용하면 다음의 식을 얻는다.

$$\mu^{ig}_i - \mu^{ig}_{i,pure} = RT\ln\frac{\hat{f}^{ig}_i}{f^{ig}_{i,pure}} = RT\ln y_i \text{ or } \hat{f}^{ig}_i = y_i f^{ig}_{i,pure} \qquad \text{〈식 10.60〉}$$

❶ 이상기체 혼합물에서 한 성분의 퓨가시티는 특히 간단한데, 그것은 부분압 y_iP와 같다.

식 9.22에 의해 $f_{pure}^{ig} = P$가 되며, 이는 **이상기체 성분의 퓨가시티**(fugacity of an ideal-gas component)를 얻는다.

$$\boxed{\hat{f}_i^{ig} = y_i P} \quad \langle 식\ 10.61\rangle$$

따라서 이상기체 성분의 퓨가시티는 단순히 이상기체의 **부분압**(partial pressure) y_iP이다. 이것은 공학적 목적으로 이상기체 퓨가시티를 빠르게 정량화하기 쉽게 만들어 준다. 15장에서 추구할 계산의 목표 중 하나는 성분 퓨가시티 계수에 의해 정량화된 이상기체값으로부터의 퓨가시티의 편차를 정량화시키는 것이다.

10.10 이상용액에 대한 혼합물 성질

이상용액은 이상기체 혼합물과 유사하지만, 이상기체 법칙을 따르지는 않는다. 이상용액에 대한 내부에너지와 엔탈피는 3.5절에서 소개하였다. 이 성질들은 가산적이기 때문에 부분 몰 성질은 순수성분 성질과 같다.

$$\bar{V}_i^{is} = V_i,\ \bar{U}_i^{is} = U_i,\ \bar{H}_i^{is} = H_i \quad \langle 식\ 10.62\rangle$$

혼합에 따른 엔트로피 변화에 대해 말하면, 이상용액일지라도 혼합에 기인한 정돈된 상태의 손실은 불가피하다. 엔트로피에 대한 미시적 정의를 고려하여 혼합에 따른 이상적인 엔트로피 변화(식 4.8)를 유도하였다.

❶ 이상용액에 대하여 혼합에 따른 엔트로피의 변화는 0이 아니다.

$$\boxed{\frac{\Delta S_{mix}^{is}}{R} = -\sum_i x_i \ln x_i} \quad \langle 식\ 10.63\rangle$$

이상기체 혼합에 대하여 식 4.8을 유도했을지라도, 동일한 크기의 분자로 이루어진 액체의 혼합에 대해서도 이 식은 적절한 근사식이 된다. 그 이유는 엔트로피의 변화가 가용 부피의 변화와 관계되기 때문이다. 비록 밀도가 높은 액체에서 상당한 부피가 분자 자신에 의해 점유되었을지라도, 어떤 액체에서의 빈 공간은 각 액체의 분자들의 크기와 극성이 비슷하다면 다른 액체에 있는 빈 공간과 매우 유사하게 될 것이다. 이는 두 가지 동일한 크기를 갖는 성분들을 같은 양으로 혼합할 때 각 성분의 가용 부피가 두 배로 된다는 것을 의미한다. 이 경우는 이상기체를 혼합할 때의 경우와 본질적으로 동일한 상황이다. 혼합에 따른 부분 몰 엔트로피는 다음과 같다.

$$\bar{S}_i^{is} = S_i - R\ln x_i \quad \langle 식\ 10.64\rangle$$

이들 두 성질에 대하여 혼합효과가 주어지면, 다른 열역학적 성질들에 대한 효과도 유도할 수 있으며, 이상기체에 대해 구한 것과 같은 공식을 가진다.

$$\frac{\Delta G_{mix}^{is}}{RT} = \frac{\Delta H_{mix}^{is}}{RT} - \frac{\Delta S_{mix}^{is}}{R} = \sum_i x_i \ln x_i \quad \langle식\ 10.65\rangle$$

ΔG_{mix}에 대한 일반적인 관계식으로부터 퓨가시티에 대한 관계식을 얻을 수 있다. 우리는 혼합에 따른 엔탈피 변화에 대한 정의를 혼합에 따른 Gibbs 에너지의 변화로 확장할 수 있다.

$$\Delta G_{mix} \equiv G - \sum_i x_i G_i \quad \langle식\ 10.66\rangle$$

그러나 식 10.42와 10.48에 의해 다음 식을 얻는다.

$$\frac{\Delta G_{mix}}{RT} = \sum_i x_i \frac{(\mu_i - G_i)}{RT} = \sum_i x_i \ln\left(\frac{\hat{f}_i}{f_i}\right) \quad \langle식\ 10.67\rangle$$

따라서 식 10.67과 10.65를 비교하면, 이상용액에 대해 $\frac{\Delta G_{mix}}{RT} = \sum_i x_i \ln x_i = \sum_i x_i \ln\left(\frac{\hat{f}_i}{f_i}\right)$을 얻는다. 로그 안의 관계들을 비교함으로써 이상용액에 대한 **Lewis-Randall 규칙**을 얻는다.

❶ 이상용액에서 성분 퓨가시티에 대한 Lewis-Randall 규칙

$$\hat{f}_i^{is}/f_i = x_i \quad \Rightarrow \quad \hat{f}_i^{is} = x_i f_i \quad \langle식\ 10.68\rangle$$

10.11 이상용액 근사법과 Raoult의 법칙

평형 제한 조건에 의하면

$$\hat{f}_i^V = \hat{f}_i^L \quad \langle식\ 10.69\rangle$$

두 상 모두에서의 이상용액 근사법에 의하면, 평형 판정기준은 다음과 같이 된다.

$$y_i f_i^V = x_i f_i^L \quad \langle식\ 10.70\rangle$$

이제 우리는 9장에서 얻은 f_i^V와 f_i^L에 대한 표현을 대체할 필요가 있다. 순수 증기의 퓨가시티는 식 9.25로부터 다음과 같이 된다.

$$f_i^V = \varphi_i^V P \quad \langle식\ 10.71\rangle$$

액체의 퓨가시티는 식 9.39로부터 다음과 같이 된다.

$$f_i^L = \varphi_i^{sat} P_i^{sat} \exp\left(\frac{V_i^L (P - P_i^{sat})}{RT}\right) \quad \langle식\ 10.72\rangle$$

식 10.70~10.72를 결합하면, 다음과 같이 된다.

$$y_i\varphi_i^V P = x_i\varphi_i^{sat}P_i^{sat}\exp\left(\frac{V_i^L(P-P_i^{sat})}{RT}\right)$$

K_i비에 관해 쓰면, 다음을 얻는다.

$$K_i = \frac{y_i}{x_i} = \frac{P_i^{sat}}{P}\left[\frac{\varphi_i^{sat}\exp[V_i^L(P-P_i^{sat})/RT]}{\varphi_i^V}\right]$$

주의: 상당히 낮은 압력에서는 다음을 얻는다.

$$\frac{\varphi_i^{sat}}{\varphi_i} \approx 1,\ \exp[V_i^L(P-P_i^{sat})/RT] \approx 1$$

결국 다음 식과 같이 Raoult의 법칙을 얻는다.

Raoult의 법칙

$$\boxed{K_i = \frac{P_i^{sat}}{P}} \quad 또는 \quad \boxed{y_iP = x_iP_i^{sat}} \qquad \langle 식\ 10.73\rangle$$

Raoult의 법칙은 분자적으로 유사한 성분에 대해서만 유효하다. 이상 거동은 분자적으로 유사한 2성분 쌍의 주의 깊은 선택 때문에 그림 10.2와 10.3에 보인다. 그림 10.2(a)로부터 메탄올과 그림 10.3(c)로부터의 벤젠을 혼합하면, 그 결과로 얻는 계는 매우 비이상성이 될 것이다.

10.12 활동도 계수와 퓨가시티 계수 접근 방법

10.8~10.11절에서의 논의는 다음에 나오는 몇 개의 장에서 다룰 단계를 정해 준다. 여기에서 논의되는 원리들은 이 장들에 대한 근간을 형성하며 완전한 이해는 확장에 대해 빠르게 이해하도록 해 준다. 비이상성인 유체를 모델링하는 데는 두 가지 주요 접근 방법이 있다. 그 방법은 증기상과 액상에서의 퓨가시티를 취급한다는 면에서 다르다. 첫 번째 접근 방법은 11장부터 14장에서 다뤄지는 활동도 계수를 사용하여 액상에서의 이상용액 거동으로부터의 편차를 모델링하는 것이다. 증기가 비이상성일 때 증기상의 퓨가시티는 상태방정식으로 모델링될 수 있으며, 이 접근 방법은 보통 컴퓨터를 필요로 한다. 순수유체에 대해 논의했듯이, 액상도 역시 단순히 액체 근을 선택함으로써 상태방정식으로 모델링될 수 있다. 상태방정식(EOS) 접근 방법은 15장에서 논의된다.

계층에 따른 접근 방법에 따라 발표가 조직화되었다. 무엇보다도 먼저 Raoult의 법칙으로부터의 편차는 화학공정에 대한 관점을 상당히 변경시킬 수 있다는 것을 인식할 필요가 있다. 우리는 11장에서 비이상성 거동을 다루기 위한 활동도 접근 방법을 소개할 것이며, 그다음 12장과 13장에서 더 복잡한 모델로 확장시킬 것이다. 온도, 압력 및 성분의 차이(예: 오일 저장고 조건에서 CH_4 + eicosane)의 극한에 적용될 수 있는 '두루 적용되도록 만든' 접근 방법을 선호한다면, 15장을 곧 공부하고 싶어 할지도 모른다. 그러나 19장에서 논의하겠지만, EOS 접근 방법은 수소결합하는 성분에 대해서는 조심스럽게 다뤄야 한다. 우리는 일반적으로 단일 학부 과정으로 통합될 수 있는 더 많은 부분을 제공한다. 따라서 어떤 모델들을 다룰 것인가 하는 것은 강사의 선택이 될 것이다. 그럼에도 불구하고, 한 접근 방법으로부터의 원리는 보통 다른 접근 방법으로 확장되며 공부한 절들에 대한 원리를 공고히 이해하는 데 초점을 맞추면 여러분은 필요성이 발생할 때 그것을 확장할 수 있어야 한다.

10.13 요약

이 장에 있는 개념은 비교적 간단하지만 광범위한 것은 아니다. 연쇄법칙을 다성분계로 단순 확장시키면 다성분 다상의 평형에 관한 평형 제약 조건을 얻을 수 있다. 4장에서 유도한 혼합에 따른 엔트로피 변화를 간단히 응용하면 이상용액 모델, 혼합물에서 한 성분에 대한 Gibbs 에너지, 그리고 혼합물에서 한 성분에 대한 퓨가시티를 얻는다. 이 간단한 용액 모델을 이용하여 이슬점, 기포점과 플래시에 대한 계산과정을 보여 줄 수 있다.

제III부의 나머지 장들에서도 아주 유사한 방법으로 진행할 것이다. 우리는 용액 모델을 제시하고 *K*비에 대한 표현을 유도하기 위해 평형 제약 조건을 적용한다. 다음에 여기서 진행한 것과 정확히 같은 계산과정을 따른다. 주요한 차이점은 각 용액 모델에 결합된 정밀도 수준의 증가이다. 따라서 앞으로 나올 장들은 분자 상호작용에 대한 상세한 묘사와 결과적인 용액 모델들의 정확성에 미치는 가정의 영향에 점차적으로 초점을 맞추어 나갈 것이다.

이러한 맥락에서 이 장은 '관찰, 예측, 시험 및 평가'라고 하는 전형적인 수순으로 하나의 반복과정을 나타낸다. 등온 혼합물은 더 휘발성이 있는 성분이 존재할 때 높은 압력에서도 끓는다는 것을 관찰하였다. 기포점 압력은 성분들의 증기압 사이에서 몰분율에 따라 선형적으로 변한다(Raoult의 법칙)는 것을 예측하였다. 몇 가지 혼합물에 대한 선형성을 확인함으로써 이러한 예측들을 시험하였다. 기본적인 열역학 원리를 혼합물로 확장함으로써 Raoult의 법칙에 내포되어 있는 가정들을 평가하였다. 이러한 연속적인 반복과정은 앞에서 내린 평가로부터 얻은 단서를 따르면서 이러한 수순을 반복하는 것을 포함한다.

주요 식

*K*비를 다음과 같이 정의하였다.

$$\boxed{K_i \equiv \frac{y_i}{x_i}} \qquad \langle 식\ 10.3 \rangle$$

Raoult의 법칙은 중요한 식이지만, 적용에는 한계가 있다는 것도 역시 보았다.

$$K_i = \frac{P_i^{sat}}{P} \quad \text{또는} \quad y_i P = x_i P_i^{sat}$$ 〈식 10.6〉

표 10.1에 요약된 기포 조건, 이슬 조건, 플래시 조건들을 계산하기 위한 방법을 개발하였다. 상대 휘발도에 대한 관계식도 개발하였다.

$$\alpha_{ij} = K_i/K_j$$ 〈식 10.32〉

공비점에서 상대 휘발도가 1에 접근하고 도전하게 만드는 공비 혼합물계에서 상대 휘발도가 어떻게 조성에 따라 극적으로 변하는지 논의하였다. 이러한 변화는 Raoult의 법칙의 효용과 공비 혼합물 계에 대한 간단한 설계식의 사용을 떨어뜨린다.

액-액 평형을 포함한 상평형에 대하여 두 상에서의 한 성분의 퓨가시티는 같다.

$$\hat{f}_i^V = \hat{f}_i^L \quad \text{또는 더 일반적으로,} \quad \hat{f}_i^\alpha = \hat{f}_i^\beta$$ 〈식 10.50〉

여기에서 α와 β는 증기상이든, 액상, 또는 고체상이든 다른 상을 나타낸다. 이것은 제III부에서부터 출발점이 된다. 우리가 일반화된 접근 방법을 적용했을 때 다음의 식을 구하였다.

$$\hat{f}_i^{ig} = y_i P$$ 〈식 10.61〉

그리고 이상용액에 대하여 다음의 식을 얻었다.

$$\hat{f}_i^{is}/f_i = x_i \quad \Rightarrow \quad \hat{f}_i^{is} = x_i f_i$$ 〈식 10.68〉

앞으로의 유도에 대한 기반을 형성하는 2개의 마지막 식은 다음과 같다.

$$\mu_i \equiv (\partial \underline{G}/\partial n_i)_{P,T,n_{j \neq i}} \quad \text{그리고} \quad RT d\ln \hat{f}_i \equiv d\mu_i$$ 〈식 10.39와 10.46〉

이 식들을 통해 Gibbs 에너지에 대한 모델을 구축함으로써 아무리 복잡할지라도 어떤 용액에서 성분의 퓨가시티를 추론할 수 있다. 이것이 앞으로 나오는 장들에서 다룰 주제이다. Gibbs 에너지에 대한 모델의 범위는 투박하게 경험적인 모델로부터 정교한 분자 분석에 기반한 모델에까지 이르고 있다.

10.14 익힘문제

P10.1 가스정(gas well)으로부터의 흐름은 90 mol%의 메탄, 5 mol%의 에탄, 3 mol%의 프로판, 2 mol%의 *n*-부탄으로 구성되어 있다. 이 흐름은 233 K, 70 bar에서 등온 플래

시 된다. 지름길 K비 방법을 사용하여 L/F 분율과 액체 및 증기의 조성을 추산하라.

답: $L/F = 0.181$

P10.2 압력 P에서 n-부탄과 n-헥산의 등몰 혼합물이 373 K에서 등온 플래시 된다. 공급물에 대한 액체의 비는 0.35이다. 지름길 K비 방법을 사용하여 압력과 액체 및 증기의 조성을 추산하라.

답: $P = 0.533$ MPa, $x_{C6} = 0.78$

P10.3 25 mol%의 n-펜탄, 45 mol%의 n-헥산, 30 mol%의 n-헵탄으로 구성되어 있는 혼합물이 365.9 K와 2 bar에서 등온 플래시 된다. 지름길 K비 방법을 사용하여 L/F 분율과 액체 및 증기의 조성을 추산하라.

답: $L/F = 0.56$

P10.4 15 mol%의 에탄, 35 mol%의 프로판, 50 mol%의 n-부탄을 포함하는 혼합물이 9 bar와 온도 T에서 등온 플래시 된다. 공급물에 대한 액체의 비는 0.35이다. 지름길 K비 방법을 사용하여 압력과 액체 및 증기의 조성을 추산하라.

답: $T = 319.4$ K, $x_{C4} = 0.74$

10.15 연습문제

10.1 벤젠과 에탄올(e)은 공비 혼합물을 형성한다. 혼합물이 이상용액이라고 가정하여 45°C에서 벤젠–에탄올계에 대한 y-x 선도와 P-x-y 선도를 작성하라. 그 결과를 다음의 표에 보인 실험 데이터(Brown and Smith, *Austral. J. Chem*, 264(1954))와 비교하라(데이터 표에서 P의 단위는 bar이다).

x_e	0	0.0374	0.0972	0.2183	0.3141	0.4150	0.5199	0.5284	0.6155	0.7087	0.9591	1.000
y_e	0	0.1965	0.2895	0.3370	0.3625	0.3842	0.4065	0.4101	0.4343	0.4751	0.8201	1.000
P	0.2939	0.3613	0.3953	0.4088	0.4124	0.4128	0.41	0.4093	0.4028	0.3891	0.2711	0.2321

10.2 어떤 분리공정에서 30°C에서 브롬화에틸(ethyl bromide)과 n-헵탄 혼합물의 VLE 조성을 결정하는 것이 필요하다. 이 온도에서 순수 브롬화에틸의 증기압은 0.7569 bar이고, 순수 n-헵탄의 증기압은 0.0773 bar이다. 이상용액 거동을 가정하여 47.23 mol% 브롬화에틸을 포함하는 액체와 평형상태에 있는 증기의 조성과 기포점 압력을 계산하라. 계산된 압력을 실험값인 0.4537 bar와 비교하라.

10.3 14 bar에 있는 50 mol% n-펜탄과 50 mol% n-부탄의 혼합물을 고려하자.

(a) 이슬점 온도는 얼마인가? 액체 첫 번째 방울의 조성은 얼마인가?

(b) 압력이 14 bar로 유지된다면 어떤 온도에서 증기가 완전히 응축되겠는가? 증기 마지막 방울의 조성은 얼마인가?

10.4 *n*-프로판올과 에탄올(55 mol%)의 혼합물이 0.2 MPa, 80°C에서 70 mol/s로 단열 플래시 드럼으로 주입된다. 출구 흐름의 유속, 온도 및 조성을 계산하라.

(a) 그림 2.6(a)의 경로를 사용하라.
(b) 그림 2.6(c)의 경로를 사용하라.

10.5 프로판(1)과 *n*-부탄(2)의 50 mol%의 혼합물이 37°C에서 유지되는 등온 플래시 드럼으로 들어간다. 플래시 드럼이 0.6 MPa에서 유지된다면, 액체로 존재하는 공급물의 분율은 얼마인가? 플래시 드럼에서 나가는 상의 조성은 얼마인가? 다음의 두 가지 방법으로 문제를 풀어라.

(a) Raoult의 법칙을 사용하라(순수성분의 증기압을 계산하기 위해 Peng-Robinson 식을 사용하라).
(b) 기체와 액체의 이상 혼합물을 가정하라(각 성분에 대한 f^{sat}를 구하기 위해 Peng-Robinson식을 사용하라).

10.6 다음의 탄화수소 혼합물은 원유정제 시 하나의 흐름으로 얻어지는데 몰 기준으로 5%의 에탄, 10%의 프로판, 40%의 *n*-부탄, 45%의 이소부탄으로 구성되어 있다. 지름길 *K*비 모델 가정하여 (a) 5 bar에서 혼합물의 기포점을 계산하라. (b) 5 bar에서 혼합물의 이슬점을 계산하라. (c) 이 혼합물이 30°C에서 고압으로부터 5 bar까지 등온 플래시 기화된다면 그 결과로 나타나는 증기상과 액상의 양과 조성을 구하라.

10.7 탱크 A가 휘발성 탄화수소로 반만큼 빠르게 채워진다. 탱크 B는 10배 더 크며 같은 탄화수소로 반만큼 빠르게 채워진다. 초기에는 기체 공간에 휘발성 유기물이 없으며 같은 압력에 있다고 간주할 수 있다. 그다음 탱크는 밀폐된다. 두 탱크는 모두 20°C로 데워지며 압력이 상승한다. 데워진 후, 한 탱크는 다른 탱크보다 더 높은 압력을 보이는가, 아니면 두 탱크의 최종 압력이 같게 될 것인가? 여러분이 얻은 결과를 식과 함께 보여라. 여러분이 얻은 답은 일반적이어야 한다. 즉, 그 답은 수치 계산에 의존해서는 안 된다.

10.8 아세톤, *n*-부탄, 암모니아로 구성되어 있는 등몰의 3성분 혼합물이 1 MPa에서 플래시 된다. 알고 있는 변수 및 알려지지 않은 변수, 그리고 다음에 주어진 각각의 경우를 풀기 위한 제한식을 열거하라. 이상용액 열역학을 가정하고 별도로 표현된 *K*비를 계산하기 위한 식을 가지고 플래시 식을 *K*비에 관해 나타내라.

(a) 기포점 온도
(b) 이슬점 온도
(c) 25 mol% 증기를 갖는 플래시 온도
(d) 기포점 온도와 이슬점 온도 사이의 중간까지 올리고 단열적으로 플래시 되는 경우

10.9 어떤 용매의 인화점(flash point) 온도 이상에서, 상부 공간에 있는 증기의 농도는 불

꽃이 연소를 개시할 만큼 충분히 높다. 따라서 점화 불씨를 피하기 위해 극도로 조심해야 한다. 제조업자의 재료 안전 데이터시트(material safety data sheets, MSDS)로부터 얻은 인화점을 사용하여 다음의 액체 용매에 대한 증기상 몰분율을 계산하라. 계산된 증기농도는 저가연성 한계(lower flammability limit, LFL)의 추산된 값이다. 상부 공간은 760 mmHg에 있는 공기와 용매의 평형 혼합물이라고 가정하라. 이 계산에서는 액체 용매에 용해된 공기의 몰분율은 무시될 수 있다.

❗ 인화점 계산을 등온 플래시 계산과 혼동하지 마라.

(a) 메탄, −187.8°C (d) 헥산, −21.7°C (g) 톨루엔, 44°C
(b) 프로판, −104.5°C (e) 에탄올, 12.7°C (h) *m*-크실렌, 28.8°C
(c) 펜탄, −48.9°C (f) 2-부탄온, −5.6°C (i) 에틸 아세테이트, −4.5°C

10.10 Raoult의 법칙을 이용하여 750 mmHg의 전체 압력에 있는 공기 분위기에서 다음의 등몰 액체 혼합물에 대한 인화점 온도를 추산하라.

(a) 펜탄(LFL = 1.5%)과 헥산(LFL = 1.2%)
(b) 메탄올(LFL = 7.3%)과 에탄올(LFL = 4.3%)
(c) 벤젠(LFL = 1.3%)과 톨루엔(LFL = 1.27%)

10.11 www.csb.gov로 가서 여러분의 교수가 지정한 비디오를 보라. 포함된 물질에 대하여 LFL을 찾아라. Raoult의 법칙을 사용하여 인화점 온도를 추산하고, 그 결과를 문헌에 있는 값과 비교하라. 비디오에 있는 시나리오에 대하여 그 조건하에서 LFL에 도달하는 것이 얼마나 쉬운지 아니면 어려운지 설명하고 CSB의 추천에 대하여 여러분의 의견을 내라.

10.12 유지보수 요원이 들어가기 전에 다음 사항들을 보장하기 위해 용매 용기는 퍼지되어야 한다. (1) 호흡하기에 충분한 산소를 얻을 수 있어야 한다. (2) 증기 농도는 인화점 아래에 있어야 한다. (3) 호흡장치를 사용할 수 없다면 증기 농도가 직업 안전 위생 관리국(Occupational Safety and Health Association, OSHA)의 한곗값 아래에 있어야 한다. 고정된 지붕을 가진 8 m^3 용량의 용매 탱크가 방금 모든 액체를 배출하고 증기상이 22°C에서 초기에 포화되었다고 가정할 때, OSHA의 8시간 노출 한계에 도달하기 위해 0.1 MPa과 22°C에서 2 m^3/min의 기체로 퍼지시키는 데 필요한 시간을 추산하라.[13]

(a) 헥산 500 ppm
(b) 1-부탄올 100 ppm
(c) 클로로포름 50 ppm
(d) 에탄올 1000 ppm
(e) 톨루엔 200 ppm

---

13 OSHA는 이 한곗값을 언제든지 바꿀 수 있다.

10.13 어떤 의약품을 결정화시키고 순수 에탄올로 세척한다. 무게 기준 10%의 에탄올을 포함하는 100 kg 정량의 생성물을 건조기를 통해 50°C의 질소를 0.2 m^3/min로 통과시켜 무게 기준 0.1% 에탄올 함량까지 건조시킨다. 에탄올은 순수 액체로 있는 것과 같은 증기압을 발생시킨다고 가정할 때, 에탄올이 결정으로부터 제거되는 속도(mol/min)를 추산하라. 이 가정을 근거로 결정이 건조기에서 잔류하는 시간을 추산하라. 건조기는 0.1 MPa에서 운전되고, 의약품의 증기압은 무시될 수 있다.

10.14 이 문제는 지붕에 있는 열린 관을 통해 대기로 배출되는 고정된 지붕을 가진 탱크에 있는 헥산(1)과 톨루엔(2)을 가열하는 동안의 배기를 다루고 있다. 대기압은 760 mmHg이다. 탱크의 부피는 2000 L이지만 최고로 이용 가능한 액위(liquid level)는 1800 L까지이다. 탱크가 가열될 때 각각의 VOC의 배출량을 (g으로) 결정하라.

(a) 액체 부피 1800 L, $x_1 = 0.5$, $T^i = 10°C$, $\Delta T = 15°C$

(b) 액체 부피 1800 L, $x_1 = 0.5$, $T^i = 25°C$, $\Delta T = 15°C$

(c) 액체 부피 1500 L, $x_1 = 0.5$, $T^i = 25°C$, $\Delta T = 15°C$

(d) 액체 부피 1800 L, $x_1 = 1.0$, $T^i = 25°C$, $\Delta T = 15°C$

(e) 비율 ((b)에서 얻은 톨루엔의 배출량)/((a)에서 얻은 톨루엔의 배출량)이 왜 대응하는 헥산의 비율과 다른지 설명하라.

11

CHAPTER

활동도 모델의 소개

먼저, 해를 끼치지 마라.

Hippocrates

비이상용액에 대한 주제는 수용성 산에서부터 고분자, 반도체까지 모든 경우를 포함하고 있다. 놀라운 것은 아니지만, 비이상용액을 완전하게 설명할 수 있는 일반적인 모델은 존재하지 않는다. 그러나 알코올들의 기-액 평형(VLE)이나 유기용매의 물과의 액-액 평형(LLE)과 같은 특정한 상황에 대해서는 몇 가지의 일반적인 접근 방법이 존재한다. 우리는 대표적인 모델에 대해서 논의하고 그 모델의 형태와 역사에 대하여 간단히 설명하고자 한다. 더욱이 비이상용액의 거동을 정확히 묘사할 수 있는 방법을 개발하려는 도전은 모델 개발이 아직도 활발히 진행되고 있는 연구 분야라는 것을 의미한다. 이번 장에 제시되어 있는 내용은 오래된 모델 개발은 물론 새로운 모델 개발 뒤에 있는 논리들을 이해하기에 충분한 배경을 제공한다.

11장부터 13장은 '활동도 계수'로 알려진 Raoult의 법칙에 대한 보정계수에 관심이 있다. 그 차이는 11장은 2성분 혼합물에 대한 순수하게 경험적인 모델들에 관심이 있는 반면에 12장은 van der Waals 상태방정식으로부터 유도될 수 있는 모델식에 초점을 두고 있다는 것이다. 이 모델은 13장에 있는 모델만큼 복잡하지는 않지만 핵심 개념을 전달하고 입문으로서의 역할을 한다. 13장에 있는 모델은 혼합물에 대한 방사방향 분포함수를 사용하여 분석을 새로 만든다. 학생들은 Raoult의 법칙이 터무니없는 오차를 가져올 수 있다는 것을, 예를 들어 공비 혼합물 또는 액-액 평형(LLE)을 나타낼 수 없다는 것을 인식할 필요가 있다. 이것을 마음에 두고 계층적 접근법을 취하고자 한다. 우리는 Margules의 1-매개변수 모델을 사용하는 간단한 예를 가지고 시작한다. 이 모델은 서로 '좋아하는' 또는 '싫어하는' 성분들의 혼합물에 대해서는 대충 설명하기에 충분하다. 추후에, 이 간단한 모델이 Redlich-Kister 팽창이라고 불리는 일반화된 경험적 형태와 관계가 있다는 것을 보여 줄 것이다. 경험적인 맞춤을 넘어 진행하고 비이상성에 대한 분자 추진력을 이해하기 위해서 12장은 van der Waals 모델로 되돌아가서 그 모델을 다성분 혼합물로 확장한다. 우리는 분자에 대한 이해를 가지면 특정 데이터를 특정 시스템에 맞추고 외삽하는 것뿐 아니라 넓은 설계 목표를 성취하는 해법을 만들도록 해 주는 더 정확하고 일반적인 모델을 개발할 수 있다.

학습목표

1. 수정된 Raoult의 법칙을 사용하여 VLE 상선도를 계산할 수 있어야 한다. 수정된 Raoult의 법칙을 사용하여 기포 계산, 이슬 계산 및 플래시 계산을 수행할 수 있어야 한다.
2. 과잉 Gibbs 에너지에 대한 임의의 표현이 주어졌을 때 활동도 계수에 대한 표현을 유도할 수 있어야 한다.
3. 실험 데이터를 사용하여 활동도 모델에 있는 조절 가능 매개변수를 특징지을 수 있어야 한다.
4. 성분들의 분자 성질에 근거하여 주어진 혼합물의 비이상성의 정도를 가늠할 수 있어야 한다.
5. 주어진 적용에 대해 가장 적합한 모델을 찾기 위한 능력을 포함하여 다음의 용액 모델, 즉 Henry의 법칙, Margules 모델, Redlich-Kister 확장 모델의 장점과 한계에 대하여 비평적으로 논평할 수 있어야 한다.
6. Henry의 법칙을 적용하여 희석성분의 퓨가시티를 추산할 수 있어야 한다.
7. 생물학적 시스템에 대하여 삼투압을 설명하고 그 값과 함축된 내용을 계산할 수 있어야 한다.

11.1 수정된 Raoult의 법칙과 과잉 Gibbs 에너지

우리는 10.7절에서 Raoult의 법칙으로부터의 편차가 기포선의 변화에 의해 드러났으며 결국 양의 편차와 음의 편차로 특징지어진다는 것을 보여 준 바 있다. 거동을 모델링하기 위한 순수한 수학적인 관점으로 우리는 그림 11.1에 보인 바와 같이 Raoult의 법칙에 대한 '보정'을 개발할 수 있었다.

Raoult의 법칙에 대한 기포선은 선도의 모양을 완전히 빗맞히고 있다는 것에 주목하라. Raoult의 법칙에 대한 기포점 압력의 식은 $x_2 = 1 - x_1$이기 때문에 x_1에 관해 선형적이며 P^{sat}의 값은 x_1에 관해 상수이다. 각 성분에 대한 VLE K비에 대한 '보정'을 적용하고 있으며 그 편차를 분자들이 밀접하게 충전되어 있고 분자의 기하학적 구조와 분자 간 퍼텐셜이 기상에서보다 훨씬 더 중요한 액상의 탓으로 돌린다고 하자. 그 결과로 생긴 방법은 다음의 식을 제공한다.

$$K_i \equiv \frac{y_i}{x_i} = \frac{\gamma_i P_i^{sat}}{P} \quad \text{'수정된 Raoult의 법칙'} \qquad \langle 식\ 11.1 \rangle$$

기포선에 대한 관계는 아직은 분명하지 않다. 교차곱을 하고 더하면 다음의 식을 준다.

! 기포 압력 계산

$$P = y_1 P + y_2 P = x_1 \gamma_1 P_1^{sat} + x_2 \gamma_2 P_2^{sat} \qquad \langle 식\ 11.2 \rangle$$

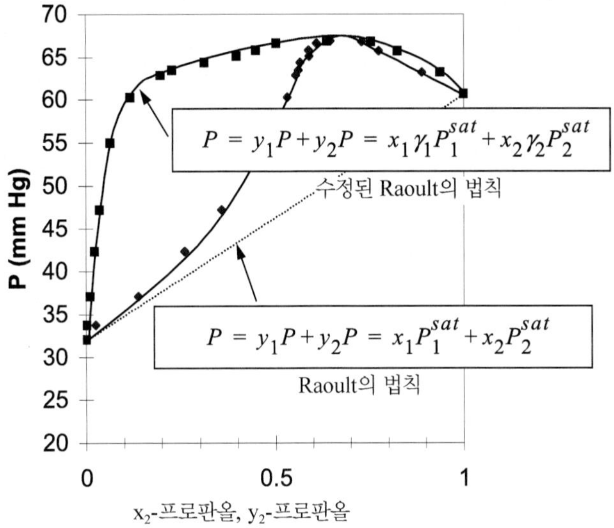

그림 11.1 • 수정된 Raoult의 법칙을 사용한 활동도 계수에 대한 이유를 보여 주는 30°C에서 이소프로판올/물에 대한 *P-x-y* 선도. 데이터는 Udovenko, V.V, and Mazanko, T.F. 1967. Zh. Fiz. Khim. 41:1615로부터 얻었음.

이제 우리는 이러한 접근 방법이 어떻게 기포점 압력에 대한 모델을 조정하는지 알 수 있다. 어떤 시스템이 Raoult의 법칙으로부터 **양의 편차**를 가지고 있을 때, 기포선은 Raoult의 법칙에 의한 기포선($P = x_1P_1^{sat} + x_2P_2^{sat}$)보다 위에 놓이며, 따라서 $\gamma_i > 1$이 된다. 어떤 시스템이 음의 편차를 가지고 있을 때는 $\gamma_i < 1$이 된다. 이러한 보정인자 γ_i는 **활동도 계수**(activity coefficient)라고 불린다. 그러므로 *P-x-y* 데이터는 활동도 계수의 1로부터의 편차와 관련이 있거나, $\ln\gamma_i$의 부호를 고려하는 것이 도움이 될 수도 있다.[1] 그림 11.1과 10.7절에 있는 그림을 되돌아보라. 그리고 순수한 조성에 접근함에 따라 Raoult의 법칙으로부터의 편차는 사라진다는 것에 주목하라. 이것은 그 편차가 조성에 의존하며, 식 11.1에서 소개한 $\gamma_i(x)$는 용액이 i번째 성분에서 순수해짐에 따라 1로 가야 한다는 것을 의미한다.

여러분이 상상할 수 있듯이, 실행 가능한 함수를 개발하기 위해 우리가 따라야 하는 규칙이 존재한다. 다음에 나오는 절에서는 그러한 이론적인 면들을 논의하고자 한다. 시스템을 모델링하는 인정된 방법은 **과잉 Gibbs 에너지**(excess Gibbs energy)에 기반을 두어 $\gamma_i(x)$를 만드는 것이다. 과잉 Gibbs 에너지도 다음에 나오는 절에서 논의되겠지만, 간략히 말하면 그것은 이상용액으로부터 '과잉'한 Gibbs 에너지이다. 과잉 Gibbs 에너지는 일반적으로 $\gamma_i > 1$일 때는 양수이며, $\gamma_i < 1$일 때는 음수이다. 과잉 Gibbs 에너지에 대한 모델은 혼합 거동에 대한 이론적 모델로부터 개발할 수 있으며, 보통 '과잉'의 크기와 비뚤어짐을 조절하여 실험값과 맞추기

1 고분자–용매 계에서 용매의 농도가 큰 경우 용매의 활동도 계수는 일반적으로 1보다 크다(> 1). 반면에 고분자의 활동도 계수는 1보다 훨씬 작다(<< 1). 그러나 전체 계는 기포점 압력의 관점에서 볼 때 양의 편차를 가진다. 위에서 우리는 거의 같은 크기를 갖는 분자로 구성된 계에서의 거동에 초점을 맞추고 있다.

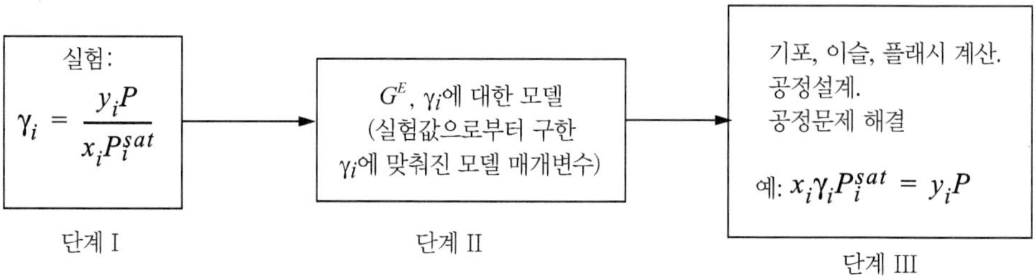

그림 11.2 • 활동도 계수에 대한 과잉 Gibbs 에너지 모델을 사용하기 위한 전략. 단계 I에서 γ_i를 결정하기 위해 실험값이 사용된다. 단계 II에서는 한 가지의 모델이 선정되고 데이터를 그 모델에 맞춘다. 단계 III에서는 선정된 모델을 이용하여 실험 결과를 확장하고 외삽한다.

위한 조절 가능한 매개변수를 포함한다.

활동도 계수는 식 11.1에 의해 제시되었듯이 수정된 Raoult의 법칙을 다시 배열함으로써 실험적 측정값으로부터 결정된다.

$$\gamma_i = \frac{y_i P}{x_i P_i^{sat}} \qquad \langle 식\ 11.3 \rangle$$

과잉 Gibbs 에너지에 대한 값은 활동도 계숫값으로부터 다음의 식으로 계산될 수 있다.

$$\frac{G^E}{RT} = x_1 \ln \gamma_1 + x_2 \ln \gamma_2 \qquad \langle 식\ 11.4 \rangle$$

이 값을 표로 만들어 G^E/RT 대 x_1을 제공할 수 있으며, 그 결과로 얻는 곡선을 회귀시켜 모든 조성에서의 편리한 내삽을 위한 합리적인 해석적 표현식으로 맞출 수 있다. 경험적으로 볼 때, 때로는 γ_i를 직접 맞추는 것이 더 낫다. 우리는 두 가지 접근 방법을 모두 보여 주고자 한다.

활동도 계수를 가지고 할 수 있는 세 가지 주요한 단계를 그림 11.2에 나타냈다. 단계 I에서는 실험값으로부터 여러 가지 조성에서의 활동도 계수가 결정된다. 단계 II에서는 모델이 선정되고 다양한 기법을 사용하여 모델을 실험 데이터에 맞춘다. 마지막으로, 단계 III에서는 모델을 이용하여 여러 가지 서로 다른 종류의 상평형 문제를 풀어 준다. 초기에는 단계 II가 단계 III으로부터 분리되는 몇 가지 예제를 실행한다. 발전된 맞추기에서는 단계 II와 III이 결합된다. 이러한 기법들의 개발에 더하여 이 장의 많은 부분이 여러분이 공정 설계 소프트웨어에서 이용할 수 있는 인기 있는 모델들에 친숙해지도록 그 모델들에 대한 이론적인 토대를 보여 주는 것에 할애된다. 토의를 통하여 기포점, 이슬점, 플래시 계산의 예제를 통합시킬 것이다.

❗ 1-매개변수 Margules식은 가장 간단한 과잉 Gibbs 표현식이다.

1-매개변수 Margules식

과잉 Gibbs 함수에 대한 가장 간단한 식은 바로 1-매개변수 Margules식(또한 2개의 변수 Margules식이라고도 알려져 있음)이다.

$$\frac{G^E}{RT} = A_{12} x_1 x_2 \qquad \langle 식\ 11.5 \rangle$$

주의: 매개변수 A_{12}는 상수이며, 변수의 다른 사용(상태방정식 매개변수, Helmholz 에너지, Antoine식의 계수)과는 관련이 없다. 매개변수 A_{12}는 일반적으로 Margules식을 논할 때 사용되며, 그래서 우리도 여기에서 그것을 사용한다.[2]

1-매개변수 Margules식은 조성에 대하여 대칭적이다. 이 식은 2성분계에 대하여 $x_1 = 0.5$에서 극점을 가지며 각 성분이 순수할 때에는 0이 된다. 1-매개변수 Margules식에 대한 2성분계에서의 활동도 계수는 다음 식이 된다(식 11.29~11.31에서 나중에 유도됨).

❗ 2성분계에 대한 Margules 1-매개변수 모델

$$\ln\gamma_i = A_{12}(1-x_i)^2 \qquad \langle 식\ 11.6\rangle$$

단계 I과 단계 II의 과정을 보여 주기 위해 모델을 실험 데이터에 맞춰 보자.

예제 11.1 2-프로판올 + 물 계에 대한 과잉 Gibbs 에너지

💻 gamma-Models/Marg1P.m.

그림 10.8에 나타낸 2-프로판올(1) + 물(2) 계로부터의 데이터를 사용하여 $x_1 = 0.6369$에서의 과잉 Gibbs 에너지를 계산하고 1-매개변수 Margules식에 맞춰라. 원출처로부터 얻은 데이터는 $T = 30°C$, $P_1^{sat} = 60.7$ mmHg, $P_2^{sat} = 32.1$ mmHg이고, $P = 66.9$ mmHg에서 $x_1 = 0.6369$일 때 $y_1 = 0.6462$이다.

풀이

접근 방법은 우선 활동도 계숫값을 결정하고 이들을 과잉 Gibbs 에너지와 연계시키는 것이다. 단계 I은

$$\gamma_1 = \frac{y_1P}{x_1P_1^{sat}} = \frac{0.6462 \cdot 66.9}{0.6369 \cdot 60.7} = 1.118$$

$$\gamma_2 = \frac{y_2P}{x_2P_2^{sat}} = \frac{0.3538 \cdot 66.9}{0.3631 \cdot 32.1} = 2.031$$

$$\frac{G^E}{RT} = x_1\ln\gamma_1 + x_2\ln\gamma_2 = 0.6369 \ln(1.118) + 0.3631 \ln(2.031) = 0.328 \qquad \langle 식\ 11.7\rangle$$

더 많은 실험 데이터가 주어진다면, 각각의 데이터 포인트에 대하여 계산을 반복할 수 있으며, 따라서 그림 11.3에서 보인 포인트와 같이 G^E 대 x_1의 그래프를 만들 수 있다.

그다음 단계 II에 대한 1-매개변수 Margules 모델을 사용한다. 식 11.5에 의해 주어진 것으로 모델을 맞추고 식 11.7로부터 얻은 값을 사용하면 다음과 같다.

$$\frac{G^E}{RT} = A_{12}x_1x_2 = 0.328 \Rightarrow A_{12} = 0.328/[(0.6369)(0.3631)] = 1.42 \qquad \langle 식\ 11.8\rangle$$

G^E 대 x_1의 곡선은 그림 11.3에 11.6절 및 예제 11.5에서 논의될 2-매개변수를 갖는 모델들과 함께 표시되어 있다.

---

2 1-매개변수 Margules 모델의 또 하나의 일반적인 특징은 $G^E = A_{12}x_1x_2$라는 것이다. 이것은 분명한 온도 의존성, $RT\ln\gamma_i = A_{12}(1-x_i)^2$을 낳는다. 여러 가지 출처로부터 매개변수를 사용할 때에는 주의하라.

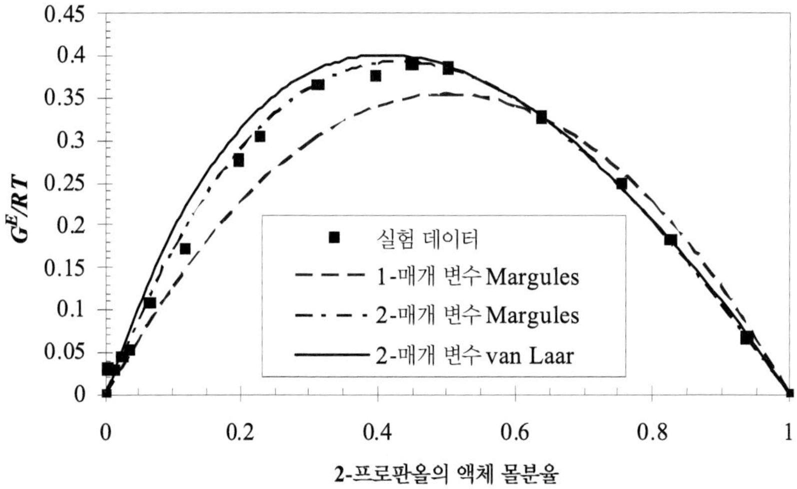

그림 11.3 • 2-프로판올 + 물 계에 대하여 실험값으로부터의 G^E의 계산과 예제 11.1과 11.5에서 논의된 바와 같은 단일 포인트에 대한 Margules 모델의 맞춤을 보여 주는 실례. 그림 10.8로부터 얻은 실험 데이터 포인트도 함께 표시되어 있다. 데이터는 예제 11.8에 표로 나타내었으며, 단일 포인트에 대한 van Laar 모델 맞춤은 12.2절에 설명되어 있다.

위 예제로부터, 단일 포인트 맞춤은(문제 설정에서 포함되지 않은 일부 추가적인 데이터와 비교했기 때문에) 단지 과잉 Gibbs 에너지에 대한 근사적인 표현만을 제공한다는 것에 주목하라. 그러나 이러한 1개의 데이터 포인트가 상거동을 연구하기 위해 어떻게 지렛대 역할이 될 수 있는지 계속 알아보자.

11.2 활동도 계수를 이용한 계산

주어진 시스템에 대하여 일단 활동도 계수 모델의 매개변수들이 알려지면, 식 11.1을 사용하여 조성의 함수로 K비를 계산할 수 있다. 1-매개변수 Margules식에 대하여 활동도 계수는 식 11.6으로 주어진다. 그다음, 표 10.1로부터 기포, 이슬 및 플래시 루틴을 실행할 수 있다. 활동도 계수는 x_i에 의존하기 때문에 x_i가 알려지지 않은 경우의 알고리즘은 γ_i의 값을 계산하기 초기 추정값과 수렴하기 위한 반복 계산과정을 필요로 한다. Raoult의 법칙은 종종 x_i에 대한 초기 추정값을 위해 사용된다. 이 방법에 대한 흐름도는 부록 C의 C.1절에 요약되어 있다. **기포 압력**(bubble pressure)에 대한 계산 방법은 식 11.2에 보인 바와 같이 활동도 계수가 온도와 액상조성에 의존하며 둘 다 입력으로 정해지기 때문에 반복 계산을 필요로 하지 않는다. 이 간단한 방법은 그림 11.4에 나타내었다.

기포 압력에 대한 알고리즘을 사용하여 예제 11.1로부터의 조성에서 G^E의 맞춤에 기반을 둔 새로운 조성에서의 1-매개변수 Margules식에 의해 예측되는 압력과 기상조성을 결정해 보자. 사실, 우리는 조성범위 전체에 대해 기포 압력 계산을 반복함으로써 전체 선도를 만들어 낼 수 있다.

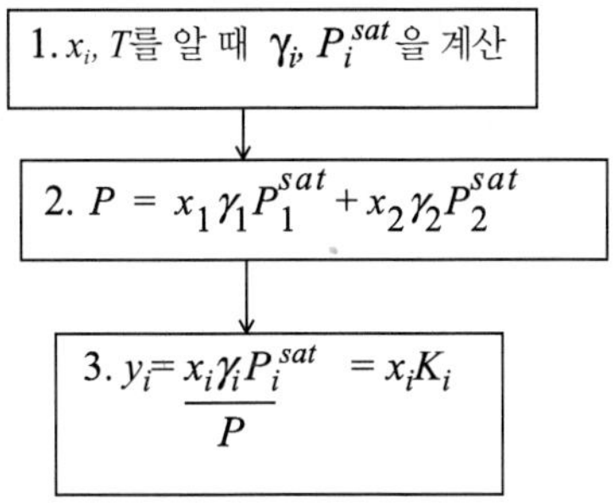

그림 11.4 • 수정된 Raoult의 법칙에 대한 기포 압력 계산 방법.

예제 11.2 Margules식으로부터 VLE 예측

예제 11.1의 맞춤을 사용하여 30°C에서의 이소프로판올 + 물에 대한 P-x-y 선도를 예측하라. 30°C에서의 2-프로판올(1) + 물(2)에 대하여 Udovenko 등으로부터 얻은 그림 9.5에 대해 사용되는 데이터는 $P = 60.3$ mmHg에서 $x_1 = 0.1168$과 $y_1 = 0.5316$이라는 것을 보여 준다.

풀이

이 문제는 첫 두 단계가 이미 완성되었기 때문에 단계 III의 문제이다. 실험 데이터가 제공되는 것과 같은 조성, $x_1 = 0.1168$에서 활동도 계수를 만들면서 시작하자.

$$\ln\gamma_1 = A_{12}x_2^2 = 1.42(0.8832)^2 = 1.107 \Rightarrow \gamma_1 = 3.03$$

❗ 기포 압력 계산.

$$\ln\gamma_2 = A_{12}x_1^2 = 1.42(0.1168)^2 = 0.0194 \Rightarrow \gamma_2 = 1.02$$

이 활동도 계수들은 액상조성이 다르기 때문에 예제 11.1에서 계산된 것과는 상당히 다르다는 것에 주목하라. 새로운 액상조성값과 맞닥뜨리면 활동도 계수를 항상 다시 계산한다.
수정된 Raoult의 법칙으로 대입시키고 기포 압력 계산을 수행하면 다음과 같다.

$$x_1\gamma_1P_1^{sat} = (0.1168)(3.03)(60.7) = 21.48 \text{ mmHg} = y_1P$$

$$x_2\gamma_2P_2^{sat} = (0.8832)(1.02)(32.1) = 28.92 \text{ mmHg} = y_2P$$

전체 압력은 부분압을 더해 줌으로써 얻어진다.

$$P = y_1P + y_2P = 50.4 \text{ mmHg}$$

그림 11.4의 단계 3에 보인 바와 같이 수정된 Raoult의 법칙을 조종한다.

$$y_1 = y_1P/P = 21.48/\ 50.4 = 0.426$$

따라서 실험 데이터와 비교하여 모델은 압력을 너무 낮게 추산하며 기상조성 y_1은 너무 낮다. 그러나 단일 측정값과 단일 매개변수의 사용은 Raoult의 법칙을 크게 개선한 것이다. 이러한 추산은 전체 조성범위에 걸친 선택된 x_i 값에서 기포 압력 계산을 반복함으로써 데이터와 비교될 수 있다. 그 결과를 그림 11.5에 나타내었다. 그림 11.3에서 $A_{12} = 1.42$를 사용하는 과잉 Gibbs 에너지 모델은 과잉 Gibbs 에너지 곡선의 비뚤어짐을 잡는 데 실패하였다는 것에 주목했다는 것을 상기하라. 이러한 부족함은 P-x-y 선도에서도 역시 눈에 띈다. 그림 11.5는 나중에 논의될 2-매개변수 맞춤을 포함한다.

이 예제는 단일 실험값이 시스템에 대하여 크게 향상된 모습을 보이는 전체 P-x-y 선도를 만들기 위해 지렛대 역할을 할 수 있다는 것을 보여 줬다. 2-매개변수 모델로 단일 실험값을 사용하는 훨씬 더 좋은 방법이 있지만, 그것은 나중에 설명할 것이다. 1-매개변수 모델을 이용한 또 하나의 예제를 살펴보자. 그러나 과잉 Gibbs 에너지(단계 II)의 맞춤을 기포 압력 계산(단계 III)과 동시에 통합시켜 보자.

예제 11.3 기포점 일치에 의한 Gibbs 에너지의 과잉 특성

❗ 기포압력 계산

2-프로판올(1) + 물(2) 계는 760 mmHg와 80.37°C(x_1 = 0.6854)에서 공비물을 형성하는 것으로 알려져 있다. 이 조성에서 기포 압력을 맞춰 Margules 매개변수를 추산하라. 여러분이 얻은 결과를 Raoult의 법칙에 의한 근삿값 및 그림 10.8(c)에 있는 데이터(30°C에서)와 비교하라. 여기에서 예제 11.1에서 사용된 바와 같이 x_1 = 0.6369에서 P = 66.9 mmHg이다.

풀이

2-프로판올과 물에 대한 Antoine 계수는 부록 E에 주어져 있다. T = 80.37°C에서 P_1^{sat} = 694.0 mmHg, P_2^{sat} = 359.9 mmHg이다. 우리는 P = 760 mmHg를 찾는다. 공비조성에서 시행착오 방법을 사용하여 기포 압력을 일치시키자.

A_{12} = 1에서 $\gamma_1 = \exp[1(1-0.6854)^2] = 1.104$, $\gamma_2 = \exp[1(1-0.3146)^2] = 1.600$. 기포 압력은 식 11.2로 계산된다.

$$P = 0.6854(694.)1.104 + 0.3146(359.9)1.600 = 706.3 \text{ mmHg}$$

💻 Ex11_03.m

이 압력은 너무 낮다. 우리는 더 큰 활동도 계수를 필요로 하므로 A_{12}는 증가되어야 한다. 기포 압력 공식을 Excel 또는 MATLAB(파일 Ex11_03.m을 보라)으로 넣으면서 P = 760 mmHg가 될 때까지 A_{12}값을 조절할 수 있다,

A_{12} = 1.368에서, $\gamma_1 = \exp[1.368(1-0.6854)^2] = 1.145$, $\gamma_2 = \exp[1.368(1-0.3146)^2] = 1.902$이다. 기포 압력은 다음과 같다.

$$P = 0.6854(694.)1.145 + 0.3146(359.9)1.902 = 760.0 \text{ mmHg}$$

이제, 문제의 두 번째 부분에 대하여 T = 30°C, P_1^{sat} = 58.28 mmHg, P_2^{sat} = 31.74 mmHg에서 이것을 적용하자. x_1 = 0.6369일 때, 이상용액은 다음을 준다.

$$P = 0.6369(58.28) + 0.3631(31.74) = 48.64 \text{ mmHg}$$

A_{12} = 1.368에서, $\gamma_1 = \exp[1.368(1-0.6369)^2] = 1.1976$, $\gamma_2 = \exp[1.368(1-0.3631)^2] = 1.7418$이다. 기포 압력은 다음과 같다.

$$P = 0.6369(58.28)1.1976 + 0.3631(31.74)1.7418 = 64.53 \text{ mmHg}$$

이상을 비교해 보면, Raoult의 법칙의 근사 방법인 P = 48.6 mmHg는 27%만큼 벗어나 있는 반면에 Margules 모델은 단지 3.5%만큼만 벗어나 있다는 것을 알 수 있다. 더욱이 64.5 > $P_1^{sat} > P_2^{sat}$이라는 것은 압력의 최대치가 존재한다는 것을 의미하기 때문에 Margules 모델은 공비점을 표시한다. 결국 Margules 모델은 더 낮은 온도에서 정성적으로 그림 10.8(c)와 일치하는 공비점을 '예측'하지만 이상용액 모델은 이러한 중요한 거동을 완전히 놓친다.

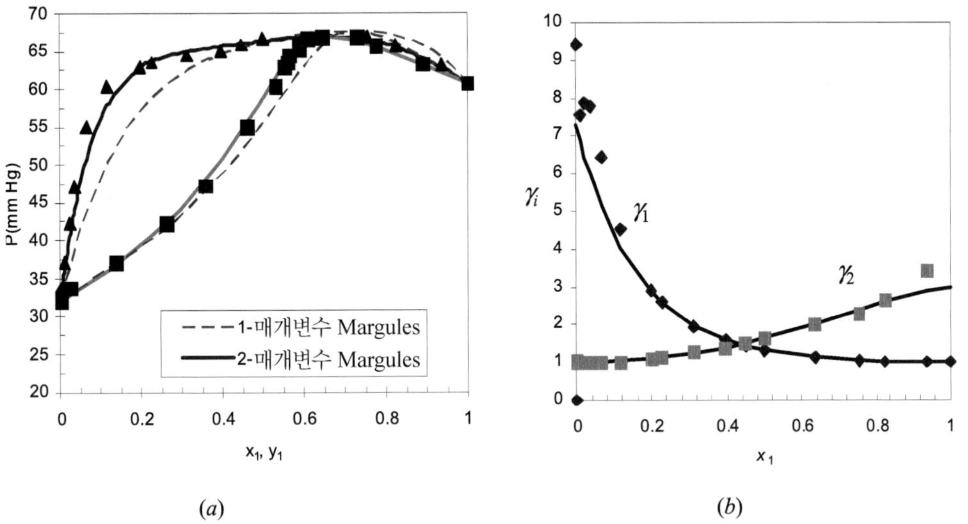

그림 11.5 • (a) 예제 11.2와 11.5에서 단일 측정값에 맞춘 1-매개변수 및 2-매개변수 Margules식과 그림 10.8로부터 얻은 실험 데이터 포인트들과의 비교. 데이터는 예제 11.8에 표로 만들었다. (b) 예제 11.5에서 맞춰진 매개변수로부터 예측된 활동도 계수와 데이터로부터 계산된 포인트들과의 비교.

x-y 그래프

그림 10.4에서 소개된 *x-y* 그래프는 그림 11.5의 공비 시스템에 대하여 각각의 온도나 압력에서 *y-x* 데이터와 계산치 쌍들을 그려 넣음으로써 만들 수 있다. 그러한 그래프는 그림 11.6에 나타내었다. 곡선은 그림 11.5에 보인 2-매개변수 맞춤을 나타낸다. 공비점이 존재할 때에는 *y-x* 곡선이 공비조성에서 대각선을 가로지른다는 것에 주목하라.

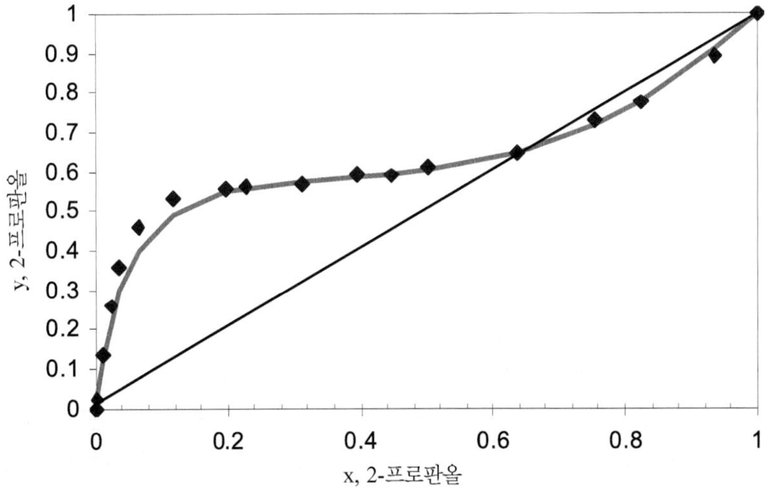

그림 11.6 • *x*와 *y*의 쌍으로 그려진 그림 11.5의 데이터와 2-매개변수 맞춤. *T*−*x*−*y*와 *P*−*x*−*y* 데이터는 이러한 방법으로 그릴 수 있다.

미리보기

주의 깊은 학생들은 예제 11.1로부터는 $A_{12} = 1.42$를 얻었고 예제 11.3으로부터는 $A_{12} = 1.37$을 얻었다는 것을 알았을 것이다. 조성은 약간 다르다. 우리는 또한 예제 11.1에서 추가 데이터를 엿보았을 때 단일 매개변수 모델은 전체 조성범위에 걸쳐서 시스템을 나타내기에는 불충분하다는 것을 지적했다. 우리가 고려하지 않은 활동도 계수 모델을 맞추기 위한 또 다른 가능성도 역시 존재한다. 식 11.3으로부터 활동도 계수를 결정한 후 그 값을 모델식 11.6에서 직접 사용할 수 있었다. 이 방법은 해가 각각에 대하여 다른 2개의 식과 1개의 A_{12} 매개변수값으로 과도하게 정해지기 때문에 사용되지 않았다. 우리는 두 값을 계산하고 평균을 취할 수 있었지만, 대신 우리는 과잉 Gibbs 에너지 또는 기포 압력을 직접 사용하는 것, 즉 열역학 성질을 직접 사용하는 것을 선택했다. 개선된 모델이 바람직하다는 것을 알 수 있다.

분명히 1-매개변수 Margules 모델은 한계를 가지고 있지만, 공학에 기본적인 계속적인 개선의 과정 —관찰, 예측, 시험, 평가, 개선— 에 우리를 놓는다. 이상용액에 대한 관찰은 Raoult의 법칙에서 기초적인 모델을 제시했다. 그러나 Raoult의 법칙으로 구한 예측을 넓은 범위의 혼합물에 대해 시험할 때 부족한 점을 관찰했다. 모델을 평가할 때 $x_i = 1$일 때 $\gamma_1(x_i) = 1$과 같은 물리적 제한사항에 따르는 보정인자가 제시되었다. 그다음 약간 더 정교한 모델식, 즉 1-매개변수 Margules식이 제안되었다. 이 모델의 몇 가지 내포된 점을 따라(예: 식 11.4와 11.6) 새로운 예측에 도달하였다. 그러한 예측을 시험하여 개선점을 찾았지만 아직도 부족한 점이 있다. 이제 우리는 새로운 라운드의 평가를 시작할 준비가 되어 있다. 각각의 계속되는 라운드의 평가는 궁극적으로 분자 규모에서의 상호작용을 주의 깊게 고려하면서 물리적인 제한점으로의 더 깊은 통찰력을 필요로 한다.

이 장의 다음에 나오는 절에서 논의하는 활동도 계수 모델은 넓은 범위의 공학 분석을 가능하게 한다. 예를 들어, 일정한 압력에서 운전되고 *T-x-y* 데이터를 요구하는 증류탑을 설계하고 싶어 할 수도 있다. 그러나 얻을 수 있는 VLE 데이터는 일정 온도 *P-x-y* 데이터로만 존재할 수 있다. 활동도 계수 모델을 사용하여 등온 *P-x-y* 데이터를 등압 *T-x-y* 데이터로 또는 그와 반대로 바꿀 수 있다. 더욱이 다성분계 데이터를 구할 수 없을 때에는 2성분계 데이터로부터 얻은 매개변수들이 결합되고 다성분계로 확장될 수도 있다. G^E(또는 활동도 계수) 모델을 맞추기 위한 기초적인 기법이 단일 데이터 포인트를 맞추기 위해 제시된다. 전체 조성에 걸쳐 G^E 또는 VLE 데이터를 맞추기 위한 고급 기법은 특별한 예제와 11.9절에서 제시된다. 다음의 몇 쪽에서 우리는 개요에서 건너뛴 이론적 발전의 일부에 대해 자세히 설명할 것이다.

분자 전망에 기반을 둔 예비 예측

궁극적으로 우리는 단일 2성분계 혼합물에 대해 단일 데이터 포인트를 맞추는 것을 넘는 예측을 만들고 싶어 한다. 우리는 익힘문제를 풀기 위한 제조법(formulation)을 설계하고 싶어 한다. 예를 들어, 어떤 사람이 모나리자에 스프레이를 뿌려 낙서했다고 가정하자. 오리지널 페인트를 손대지 않은 채 그대로 남겨 놓으면서 스프레이 페인트를 제거할 수 있는 용매를 제조할 수 있는가? 멕시코 만에서의 기름 유출에 대해서는 어떤가? 에탄올 + 물에서의 공비점을 깨기 위해서는 어떤 종류의 분자가 첨가될 수 있는가? 어떻게 제조하는 것이 작은 장의 벽을 통한 인슐린의 투과를 촉진할 수 있는가? 이것은 매우 어려운 문제처럼 들릴지도 모르지만, 이 모두는 어떤 열역학 학자(thermodynamicist)와 매우 유사하다. 호환성 있는 용매를 제조하기 위해서는 단순히 활동도 계수를 최소화시킬 필요가 있다. 예를 들어, PMMA(polymethylmethacrylate, 낙서 페인트와 유사한 것)와 낮은 활동도 계수를 가지며 아마씨 기름(유성 페인트의 베이스)과 높은 활동도 계수를 갖는 용매를 찾아야 한다. 우리는 임의로 시험할 수 있는 많은 용매를 상상할 수 있지만, 예측을 낳는 유형을 관찰하기 바랄 것이다. 이것은 단순히 다른 온도나 조성으로 외삽하는 것보다 더 높은 정도의 예측이 될 것이다. 그러나 이것은 우리로 하여금 훨씬 더 큰 문제에 대한 해법을 심사숙고하게 만들어 줄 것이다. 여러분은 이미 이 과정을 시작할 수 있을 만큼 충분한 분자적 통찰력을 가지고 있다. 그것을 명료하게 하는 것은 이 문제를 덜 위압적으로 만들고 동시에 더 정교한 모델 평가를 하는 과정에서 우리에게 도움을 줄 것이다.

산과 염기는 서로 호의적으로 작용한다는 것을 알고 있다. 한 가지 분명한 예는 반응하는 제빵용 소다와 식초를 혼합하는 것이다. 또한 산을 물과 혼합할 수 있다. 이러한 상호작용은 발열을 의미하면서 에너지를 발산하기 때문에 '호의적'이다. 그것들은 서로 다른 종과의 상호작용이 자신과 같은 종과의 자기-상호작용보다 더 강하기 때문에 에너지를 발산한다. 더 파악하기 어려운 발열의 예는 분자들이 반응하지 않지만 발열 수소결합을 형성하는 DNA에 대한 토의로부터 아마도 친숙한 수소결합이다. 공유결합과는 달리 수소는 공여점과 수혜점 사이의 최소 에너지 위치에 놓인다. 히드록실(–OH)기의 양성자는 산성인 반면에 아미노기나 카보닐기는 염기로 작용한다. 우리는 이런 개념을 확장하여 Kamlet 등[3]에 의해 제안된 많은 분자의 산성과 염기성을 특징짓는 정성적인 수치를 할당할 수 있다. 이것을 **산성 매개변수**(acidity parameter, α)와 **염기성 매개변수**(basicity parameter, β)라고 하며, 그 값은 이 책의 마지막 부분에 있는 빠른 참조에 수록되어 있다. 예를 들어, 이 간단한 전략은 클로로포름($\alpha > 0$)은 PMMA[메틸에틸키톤과 유사한 분자 구조를 가진 고분자, ($\beta > 0$)]에 대한 좋은 용매가 될지도 모른다. 왜냐하면 α값과 β값은 호의적인 상호작용을 낳아야 하기 때문이다. 이것은 그림 11.7(a)에 의해 제시된 전략이다.

수소결합은 친숙한 것처럼 들리지만 복잡한 거동을 낳는 파악하기 어려운 점이 있다. 이러한 파악하기 어려운 점은 주로 수산기(hydroxyl) 종의 산성인 동시에 염기성인 거동과 연관이 있다. 물은 –OH기를 포함하고 있지만 산과의 강한 상호작용은 염기성적인 특징도 나타낸다는 것을 알고 있다. 물은 산성과 염기성 모두를 가지고 있다. 그 파악하기 어려운 점은 물이 순수한 유체로 존재할 때 물의 산성적 상호작용과 염기성적 상호작용이 함께 연결된다는 것을 고려할 때 일어난다. 그다음 그림 11.7(b)에 나타냈듯이, 물이 산성도 아니고 염기성도 아닌 '불활성' 분자와 어떻게 상호작용하는지에 대한 의문이 생긴다. 분명하게도, 그 물은 산–염기 상호

---

3 Kamlet, M. J., Abboud, J.-L.M., Abraham, M.H., Taft, R.W. 1983. *J. Org. Chem.* 48:2877.

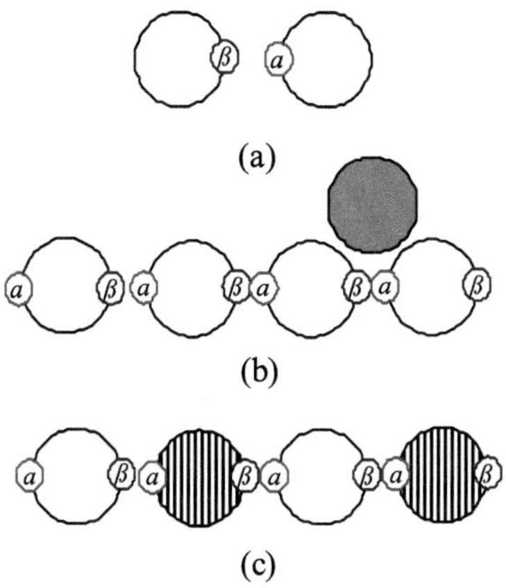

그림 11.7 • 복합체 형성에 대한 관찰. (a) 산과 염기의 혼합물은 아세톤 + 클로로포름과 같이 호의적인 상호작용을 제안한다. (b) 수소결합은 이소옥탄 + 물과 같이 한 성분이 강하게 결합하고 다른 성분은 불활성이면 호의적이 아닌 상호작용을 낳는다. (c) 수소결합 용액은 메탄올 + 에탄올과 같이 두 성분이 모두 유사한 산성과 염기성을 가진다면 이상용액이 될 수도 있다.

작용을 최대로 만들 수 있도록 불활성 분자를 밖으로 짜낼 것이다. 이 책의 마지막 부분에 있는 빠른 참조를 참고하면 옥탄-헥사데케인 같은 분자는 $\alpha = \beta = 0$이며, 이 성분은 기름과 같은 분자구조를 가진다. 따라서 이 산-염기 관점은 기름과 물은 섞이지 않는다는 오랜 지침과 연관성이 있다. 기름은 '물을 무서워함' 또는 **소수성**(hydrophobic)이라고 불린다. 마지막으로, 그림 11.7(c)는 메탄올과 에탄올같이 두 분자가 산성과 염기성을 가지고 있을 때 무엇이 일어나는지 보여 주고 있다. 두 분자는 수소결합 네트워크에서 서로 치환될 수 있으며 거의 이상적인 용액을 만들 수 있다. 알코올과 같은 분자는 **친수성**(hydrophilic) ('물을 좋아함')으로 불린다.

이러한 관점은 산, 염기, 수소결합에 대한 친숙한 개념을 크게 뛰어넘는 것은 아니지만, 그것은 '유사한 것이 유사한 것을 녹인다' 또는 '극성은 비이상성을 낳는다'와 같은 지침보다 더 많은 통찰력을 제공한다. 산은 염기와 완전히 '유사'하지는 않지만 호의적으로 상호작용한다. 메탄올과 에탄올은 모두 극성이지만 서로 이상용액을 형성한다.

우리는 **Margules 산-염기**(MAB) 모델이라고 인용하는 것을 사용하여 수치적인 예측을 만들어 냄으로써 한 단계 더 나아갈 수 있다. 그 모델은 1차 근사식을 제공하며, 다음과 같다.

$$A_{12} = (\alpha_2 - \alpha_1)(\beta_2 - \beta_1)(V_1 + V_2)/(4RT) \quad \langle 식\ 11.9\rangle$$

❶ Margules 산-염기(MAB) 모델.

여기에서 $V_i = M_{w,i}/\rho_i^L$은 298.15 K에서 cm^3/mol의 단위로 액체의 몰부피이다. MAB 모델은 교육적인 목적으로 여기에서 소개된다. MAB는 SSCED[4]를 단순화시킨 것이며, SSCED는 MOSCED[5]를 단순화시킨 개작이다. 이 둘 모두 12장에서 다룰 것이다. V, α, β에 대한 대표

4 Elliott, J.R. 2010. *Chem. Eng.* Ed. 44(1):13-22.

5 Lazzaroni, M.J., Bush, D., Eckert, C.A., Frank, T.C., Gupta, S., Olson, J.D. 2005. *Ind. Eng. Chem. Res.* 44:4075.

표 11.1 • 산성 매개변수(α) 및 염기성 매개변수(β), $(J/cm^3)^{1/2}$, 그리고 298 K[a]에서 액체로서의 여러 가지 물질에 대한 몰부피(cm^3/mol)

성분	α	β	V^L
아세톤	0	11.14	73.4
벤젠	0.63	2.24	89.7
클로로포름	5.80	0.12	80.5
에탄올	12.58	13.29	58.2
n-헥산	0	0	130.3
이소옥탄	0	0	162.9
이소프로판올	9.23	11.86	76.8
메탄올	17.43	14.49	40.5
MEK	0	9.70	90.1
물	50.13	15.06	18.0

a. 추가 매개변수는 빠른 참조에 수록되어 있다.

적인 값들이 표 11.1에 제시되어 있다. 예를 들어, 60°C에서의 클로로포름 + 아세톤에 대하여 이 공식은 다음을 준다.

$$A_{12} = (5.8 - 0)\cdot(0.12 - 11.14)\cdot(80.5 + 73.4)/[4(8.314)333] = -0.888 \quad \langle 식\ 11.10\rangle$$

성분 중의 하나가 산성이고 다른 것이 염기성일 때, 뺄셈의 순서가 어떻게 A_{12}에 대하여 음수를 낳는지 주목하라. 하첨자를 부여하는 것을 바꾸면 $\Delta\alpha$는 음수가 되고, $\Delta\beta$는 양수가 되지만, A_{12}는 여전히 음수로 남아 있다. 이 음숫값은 γ_i의 값을 더 작게 만든다. 그리고 이것은 기본적으로 수소결합이 호의적일 때 일어난다. 한 성분이 수소결합을 형성하고 다른 것은 불활성이면 그 밖의 어떤 것이 일어난다. 이소옥탄(1)을 기름(또는 가솔린)의 대표로 취하고 그것을 25°C에서의 물(2)과 혼합시키면,

$$A_{12} = (50.13 - 0)(15.06 - 0)(18.0 + 162.9)/[4(8.314)298] = 12.33 \quad \langle 식\ 11.11\rangle$$

이처럼 큰 양숫값은 이소옥탄에 대하여 $\gamma_1 > 7.5$를 가져온다. 물과 기름은 섞이지 않는다는 친숙한 지침으로부터 예상할 수 있듯이 $\gamma_i > 7.5$를 사용하여 액상의 분리를 제안할 수 있다. 더욱이, $\gamma_i > 100$일 때 $x_i \approx 1/\gamma_i$라는 것에 주목함으로써 서로에 대한 성분들의 용해도(**상호 용해도**라고도 알려져 있음)를 정량화시킬 수 있다. 물 오염물의 포화 한계를 안다는 것은 환경 응용에서 유용할 수 있다. 마지막 예로, 70°C에서의 에탄올 + 메탄올의 경우에서처럼 두 성분이 유사하게 수소결합을 할 때 이상용액으로 돌아간다는 것에 주목하라.

$$A_{12} = (17.43 - 12.58)(14.49 - 13.29)(40.5 + 58.2)/[4(8.314)343] = 0.05 \quad \langle 식\ 11.12\rangle$$

이 경우, 스스로 수소결합하는 것이 용액 비이상성의 원인이 아니라는 것을 알고 있다. 비이상성을 만들기 위해서는 수소결합의 부조화가 요구된다.

예제 11.4 MAB 모델에 의한 Margules 매개변수의 예측

MAB 모델을 사용하여 30°C에서의 2-프로판올(1) + 물(2) 계에 대한 A_{12}값을 예측하라. 그다음 여러분이 얻은 결과를 예제 11.1과 11.3의 결과와 비교하라.

풀이

식 11.9로부터 $A_{12} = (50.13 - 9.23)(15.06 - 11.86)(76.8 + 18.0)/[4(8.314)303] = 1.08$을 얻는다. 이것은 30°C에서 예제 11.1로부터 얻은 $A_{12}/RT = 1.42$ 및 예제 11.3으로부터 얻은 $A_{12}/RT = 1.37$과 비교된다. MAB 모델은 정밀한 예측값을 제공하지는 않지만, 정성적으로 오른쪽 크기의 양의 편차를 나타낸다.

이러한 관점으로 매우 광범위한 문제에 대한 조합을 고려하기 시작한다. 그러나 이것은 단지 시작일 뿐이다. MAB 모델은 상대적으로 매우 간단한 van der Waals 관점의 맥락에서조차 활동도 계수에 대한 한 가지 중요한 기여를 간과하고 있다는 것을 알게 될 것이다. 13.1절에서는 van der Waals 관점의 한계를 보여 준다. 마지막으로, 19장은 수소결합을 화학반응으로 설명하는 것은 11~13장에 있는 관점과 매우 다른 과잉 Gibbs 에너지에 대한 묘사를 낳는다는 것을 보여 준다. 이러한 모든 제시는 주로 알킬기, 히드록실기, 또는 아민과 같은 단일 작용기를 가진 비교적 작은 분자들에 초점을 두고 있다. 현대의 소재들(생체막과 단백질 포함)은 상당히 다양한 거시적 기능을 수행할 수 있는 자기 조립을 낳는 작용기들의 의도적인 배열을 가진 거대 분자로 이루어져 있다.

11.3 수정된 Raoult의 법칙의 유도

10장에서 우리는 Raoult의 법칙이 퓨가시티 계수가 무시되는 조건뿐만 아니라 증기상과 액체상에 대하여 이상용액 모델을 요구한다는 것을 보여 줬다. 11.1절에서는 비교적 간단한 함수가 Raoult의 법칙에 대한 주요한 보정을 잡을 수 있다는 것을 보여 준 바 있다. 그러나 표면적으로 기본 성질에 대한 연결고리들을 만들었으며 이 함수가 어떻게 혼합물 중의 성분의 퓨가시티 및 Gibbs 에너지에 관련이 되는지에 대한 이해를 지금 발전시켜야 한다.

VLE 계산을 수행하기 위해 기본적은 판정기준 $\hat{f}_i^V = \hat{f}_i^L$로 시작한다. 비이상계에서의 퓨가시티는 이상기체 모델이나 이상용액 모델로부터의 편차에 의해 모델링된다. 그림 11.8에 있는 Venn 선도는 이러한 관계들을 보여 주는 데 도움이 된다. 이상기체 거동은 입자가 서로 상호작용하지 않기 때문에 가장 단순한 형태의 혼합물 거동이다. 이것은 그림 11.8의 한가운데에 나타나 있다. 분명히 모든 혼합물은 이상기체 거동을 따르지 않는다. 그러므로 이상기체는 실제 혼합물의 부집합(subset)이다. 엄격히 말하면, 이상기체 분자는 끌어당기는 힘이 없기 때문에 응축할 수 없다. 유체가 이상기체라면 액체가 없을 것이며 따라서 VLE도 일어나지 않는다. 그러나 낮은 밀도에서 기체 분자들은 효과적인 분자 간 퍼텐셜이 중요하지 않도록 자주 충

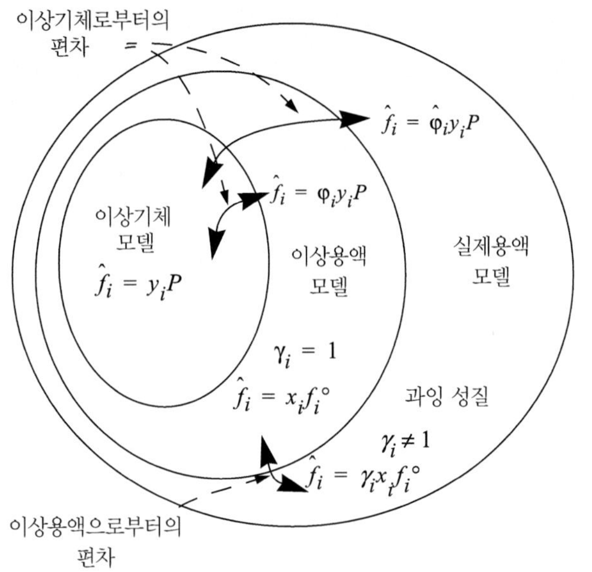

그림 11.8 • 여러 가지 유체 모델들 간의 관계를 보여 주는 개략도. 이상기체는 이상 혼합물의 부집합이며, 이상 혼합물은 차례로 실제 혼합물의 부집합이다. 편기함수(퓨가시티 계수)는 이상기체 거동으로부터의 편차를 특징지으며, 과잉 성질(활동도 계수)은 이상용액 거동으로부터의 편차를 특징짓는다.

분히 멀리 분리되어 있다. 그래서 우리는 자주 기상을 이상기체인 것처럼 모델링한다. 이상기체 혼합물에서의 한 성분의 퓨가시티는 특별히 간단하며 $y_i P$, 즉 부분압과 같다. 이상기체 모델은 대기압 근처에 있는 대부분의 저분자 증기에 대하여 수용될 수 있다.[6] 따라서 Raoult의 법칙의 주된 실패는 분자가 가까이 충전되어 있는 액상에 기인한다. 분자가 액상에서 가깝게 충전되어 있을 때는 퍼텐셜 에너지가 기상에서는 무시되는 같은 분자에 대해서 분자 간 퍼텐셜이 중요해진다. 분자의 크기와 모양 및 가까운 거리에서의 화학적 기능성의 차이는 종종 이상용액 거동을 위배한다. 그림 11.8에 요약된 바와 같이 이상 혼합물 모델을 보정하기 위하여 활동도와 활동도 계수 γ_i의 개념을 도입한다.

활동도 계수는 혼합물 중의 성분의 퓨가시티의 같은 몰분율에서의 이상용액 퓨가시티에 대한 비율로 정의된다.

$$\gamma_i \equiv \frac{\hat{f}_i}{x_i f_i^\circ} \qquad \text{식 〈11.13〉}$$

❗ 활동도 계수는 보통 고도의 비이상용액에 사용된다.

$\gamma_i = 1$의 값은 이상용액을 나타낸다. f_i°는 **표준상태**(standard state)에서의 퓨가시티의 값이다. 표준상태는 기준상태(reference state)와는 약간 다르다. 이 표준상태는 특정한 온도, 압력 및 조성이다. 용액 열역학에서 가장 일반적인 표준상태는 시스템과 같은 온도에 있는 순수성분이

6 카복실산은 거의 항상 이상기체 거동으로부터 상당한 편차를 가지고 있으며, 16장과 19장에서 이에 대해 토의할 것이다.

다. 표준상태는 일련의 계산과정을 통해 고정되어 유지되는 기준상태와는 분명히 다르다는 것을 알 수 있다. 이 표준상태에 대하여 표준상태 퓨가시티는 단순히 이미 9장에서 소개한 순성분의 퓨가시티 f_i이다. 그림 11.8에서는 이상기체 부분압에 상대적인 성분 퓨가시티를 특징짓기 위해 혼합물에서의 한 성분의 **퓨가시티 계수** $\hat{\varphi}_i$를 소개한다. 성분 퓨가시티 계수에 대한 대부분의 논의를 15장과 19장으로 미룬다.

이제 수정된 Raoult의 법칙의 발달에 대해 엄밀히 살펴보자. 기상에 대하여 이상기체 모델로부터의 편차를 포함하는 그림 11.8로부터의 정밀한 식, $\hat{f}_i^V = y_i\hat{\varphi}_iP$를 가지고 시작한다. 액상의 경우 액체 활동도 계수 γ_i를 사용하면

$$\boxed{\hat{f}_i^L = x_i\gamma_i f_i^L} \qquad \langle 식\ 11.14\rangle$$

가 된다.[7]

대개 Poynting 방법을 사용하여 순수성분의 액상 퓨가시티 $f_i^L = \varphi_i^{sat}P_i^{sat}\exp\left(\frac{V_i^L(P-P_i^{sat})}{RT}\right)$를 계산한다. 이 표현들을 종합하면,

$$y_i\hat{\varphi}_iP = x_i\gamma_i\varphi_i^{sat}P_i^{sat}\exp\left(\frac{V_i^L(P-P_i^{sat})}{RT}\right) \qquad \langle 식\ 11.15\rangle$$

을 얻는다. 식 11.15는 전체 형으로 사용될 때에는 **gamma-phi** 방법이라고 불린다. 이 식을 K비, $K_i = y_i/x_i$를 사용하여 다시 쓰면

$$K_i \equiv \frac{y_i}{x_i} = \frac{\gamma_iP_i^{sat}}{P}\left[\frac{\varphi_i^{sat}\exp[V_i^L(P-P_i^{sat})/(RT)]}{\hat{\varphi}_i}\right] \qquad \langle 식\ 11.16\rangle$$

낮은 압력의 많은 화학공정들의 경우 성분에 대한 Poynting 보정값과 $\varphi_i^{sat}/\hat{\varphi}_i$의 비는 1에 접근한다. $\hat{f}_i^L = \hat{f}_i^V$을 상기하면, 다음 식을 얻는다.

❶ 수정된 Raoult의 법칙

$$\boxed{K_i \equiv \frac{y_i}{x_i} = \frac{\gamma_iP_i^{sat}}{P}}, \quad \boxed{\hat{f}_i^L \approx x_i\gamma_iP_i^{sat}}, \quad \boxed{\hat{f}_i^V \approx y_iP} \qquad 식\ \langle 11.17\rangle$$

이 식을 보통 다음과 같이 쓴다.

❶ 수정된 Raoult의 법칙

$$\boxed{y_iP = x_i\gamma_iP_i^{sat}} \quad 또는 \quad \boxed{K_i = \frac{\gamma_iP_i^{sat}}{P}} \qquad \langle 식\ 11.18\rangle$$

수정된 Raoult의 법칙은 완전형인 이상기체 법칙에 반드시 의존하는 것은 아니지만 1에 가까운 퓨가시티 계수비에 의존한다는 것을 알 수 있다. 다음 활동도 계수가 과잉 Gibbs 에너지와 어떻게 연관되어 있는지 보여 주자.

7 대부분의 모델들은 표준상태 압력이 시스템 압력일 때에는 압력의 영향, $RTd\ln\gamma_i = \overline{V}_i^EdP$를 무시하기 때문에 우리도 활동도 계수의 압력 의존성을 무시한다.

11.4 과잉 물성

실제용액 물성과 이상용액 물성과의 편차를 **과잉 물성**(excess property)이라 부른다. 포괄적인 물성 M에 대하여 과잉 물성은 기호로 M^E라 표현하며, M^E는 이상 혼합물의 물성에 상대적인 실제 혼합물의 물성값 $M^E = M - M^{is}$이다. 이상용액은 10.10절에서 논의한 바 있다. 이상용액의 몰부피는 각 구성성분들의 몰부피에 대한 조성비의 곱의 합 $V^{is} = \sum_i x_i V_i$ 이다. 따라서 과잉 부피(excess volume)는

❗ 과잉 부피

$$V^E = V - V^{is} = V - \sum_i x_i V_i \qquad \text{〈식 11.19〉}$$

가 된다. 액체의 과잉 부피는 일반적으로 전체 부피에 비해 매우 작은 백분율일지라도 과잉 물성에 대한 개념은 과잉 부피를 먼저 공부하고 그다음에 과잉 엔탈피, 과잉 엔트로피, 그리고 과잉 Gibbs 에너지와 같은 좀 더 추상적인 양을 공부함으로써 쉽게 파악할 수 있다.

3-펜탄온(1) + 1-클로로옥탄(2) 계의 298.15 K에서의 과잉 부피는 Lorenza 등[8] 에 의해 측정되었으며 그림 11.9에 나타내었다. 순수성분들의 몰부피는 각각 $V_1 = 106.44$ cm^3/mol과 $V_2 = 171.15$ cm^3/mol이다. 등몰 농도에서의 과잉 부피는 0.204 cm^3/mol이므로, 이 혼합물의 몰부피는 $V = V^E + V^{is} = 0.204 + (0.5)(106.44) + (0.5)(171.15) = 139.00$ cm^3/mol가 된다. 과잉 부피는 총부피의 단지 0.15%에 불과하다. **부분 몰 과잉 부피**(partial molar excess volume)는 **부분 몰부피**(partial molar volume) $\bar{V}_i^E = (\partial \underline{V}^E / \partial n_i)_{T,P,n_{j \neq i}}$와 유사한 방식으로 계산된다. 과잉 부피에 대한 대수식을 구할 수 있다면 위 관계식에 따라 미분함으로써 과잉 부피에 대한 공식을 얻을 수 있다. 그래프로 어떤 조성에서의 부분 몰부피를 구하고자 할 때는 과잉 부피 곡선에 접선을 그리고 절편을 읽음으로써 구할 수 있다. 그림 11.9의 기울기 점에서 보인 조성에서 절편값은 $\bar{V}_1^E \approx 0.24$ cm^3/mol, $\bar{V}_2^E \approx 0.17$ cm^3/mol을 준다. 부분 몰 부피는 조성에 의존한다.

과잉 엔탈피는 과잉 부피와 매우 유사하다.

$$H^E = H - H^{is} = H - \sum_i x_i H_i \qquad \text{〈식 11.20〉}$$

$H^E > 0$인 용액은 **흡열 혼합열**(endothermic heat of mixing)을 가지며, $H^E < 0$일 때에는 **발열**(exothermic)이다. 단열 혼합공정에서 흡열 혼합공정은 냉각되고, 발열 혼합공정은 가열된다.

직접적으로 유사한 방식으로, **과잉 Gibbs 에너지**(excess Gibbs energy)는 실제 혼합물의 Gibbs 에너지와 이상용액의 Gibbs 에너지와의 차이, $G^E = G - G^{is}$로 정의할 수 있다. 부분 몰 부피에 관해서 말하는 대신 부분 몰 Gibbs 에너지에 대해 말한다. 그러나 10.8절에서 소개했듯이 **부분 몰 Gibbs 에너지**(partial molar Gibbs energy)를 **화학 퍼텐셜**(chemical potential)로 인식해야 하며, 10장을 읽은 후에는 상평형 계산에서의 화학 퍼텐셜의 중요성을 깊이 깨닫

8 Lorenzana, T., Franjo, C., Jiménez, E., Fernández, J., Paz-Andrade, M.I. 1994. *J. Chem. Eng. Data* 39:172.

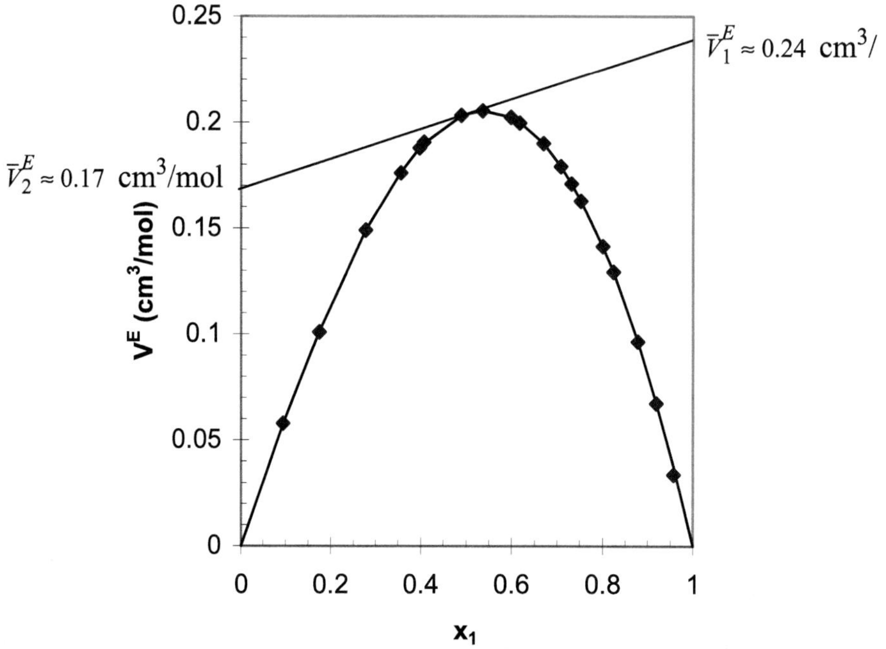

그림 11.9 • 3-펜탄온(1) + 1-클로로옥탄(2) 계에 대한 298.15 K에서의 과잉 부피.

게 될 것이다. 남아 있는 것은 이 물성이 활동도 계수와 어떻게 관계되는지 보여 주기 위해 수학을 마지막 관계식으로 재배열하는 것이다.

11.5 수정된 Raoult의 법칙과 과잉 Gibbs 에너지

과잉 Gibbs 에너지는 다음과 같다.

과잉 Gibbs 에너지.

$$G^E \equiv G - G^{is}$$
$$= \left(G - \sum_i x_i G_i\right) - \left(G^{is} - \sum_i x_i G_i\right) \qquad \langle 식\ 11.21\rangle$$
$$= \Delta G_{mix} - \Delta G_{mix}^{is} = \Delta G_{mix} - RT\sum_i x_i \ln(x_i)$$

두 번째 줄에서 성분의 Gibbs 에너지의 합을 더하고 뺐으며, 마지막 줄에서는 식 10.65와 10.66을 사용하였다. $\Delta G_{mix} = \left(G - \sum_i x_i G_i\right)$를 더 조사해 보자. $G = \sum_i x_i \mu_i$ (식 10.42)라는 것을 상기하라. 전에 식 10.48에서 퓨가시티의 비를 사용하여 순수성분값에 상대적인 값으로 μ_i를 표현하였다. 이 식의 일반화는 활동도 계수 모델을 낳는 Gibbs 에너지와 성분 퓨가시티 사이의 연결고리를 제공할 것이다. **표준상태**(standard state)에 상대적인 화학 퍼텐셜을 계산한다면, 10.48을 일반화시킴으로써 다음을 구한다.

$$\mu_i - \mu_i^o = RT\ln\frac{\hat{f}_i}{f_i^\circ} \qquad \langle 식\ 11.22\rangle$$

퓨가시티의 비는 종종 나타날 것이며 그 비를 활동도(activity)로 정의하는 것이 편리하다. 그러면 그 비는 활동도 계수를 사용하여 조성과 관계시킬 수 있다.

$$a_i \equiv \frac{\hat{f}_i}{f_i^\circ} = x_i\gamma_i \qquad \langle 식\ 11.23\rangle$$

❗ 활동도

시스템의 T와 P에서의 표준상태를 사용하면(11.3절 참고), $\mu_i^o = G_i$, $f_i^o = f_i$ 가 되며, ΔG_{mix} 에 대한 표현을 얻을 수 있다.

$$\Delta G_{mix} = G - \sum_i x_i G_i = \sum_i x_i(\mu_i - G_i) = RT\sum_i x_i \ln\left(\frac{\hat{f}_i}{f_i}\right) \qquad \langle 식\ 11.24\rangle$$

$$\Delta G_{mix} = RT\sum_i x_i \ln(a_i) = RT\sum_i x_i \ln(x_i\gamma_i) \qquad \langle 식\ 11.25\rangle$$

식 11.21로 대입하면, 다음 식을 얻는다.

$$G^E \equiv \Delta G_{mix} - RT\sum_i x_i \ln(x_i) = RT\sum_i x_i \ln(x_i\gamma_i) - RT\sum_i x_i \ln(x_i) = RT\sum_i x_i \ln(\gamma_i) \qquad \langle 식\ 11.26\rangle$$

$$G^E = RT\sum_i x_i \ln(\gamma_i) \qquad \langle 식\ 11.27\rangle$$

활동도 계수와 과잉 Gibbs 에너지는 결합되어 있다는 것에 주목하라. 모든 성분의 활동도 계수가 1일 때, 과잉 Gibbs 에너지는 0이 된다. 과잉 Gibbs 에너지는 이상용액에 대하여 0이다.

도함수로서의 활동도 계수

활동도 계수는 과잉 Gibbs 에너지의 도함수, 특히 부분 몰 과잉 Gibbs 에너지와 관계가 있다. 부분 몰 물성과 몰 물성 간에는 식 10.41에서 유도된 바와 같이 아주 간단한 관계를 가진다.

❗ 이상용액의 경우, 과잉 Gibbs 에너지는 0이며 활동도 계수는 1이다.

$$M = \sum_i x_i \overline{M}_i$$

이 관계식을 과잉 Gibbs 에너지에 적용하면,

$$G^E = \sum_i x_i \overline{G}_i^E$$

이를 식 11.27과 비교하면 다음을 얻는다.

❗ 활동도 계수는 부분 몰 과잉 Gibbs 에너지와 관계가 있다.

$$\left(\frac{\partial G^E}{\partial n_i}\right)_{T,P,n_{j\neq i}} = \overline{G}_i^E = \mu_i^E = RT\ln\gamma_i$$ 〈식 11.28〉

여기에서 우리는 한 성분의 부분 몰 과잉 Gibbs 에너지는 또한 그 성분의 과잉 화학 퍼텐셜이라는 것을 인식하였다. 따라서 $G^E\ (T,P,x)$를 나타내는 어떠한 표현에 대해서도 γ를 유도할 수 있다.

1-매개변수 Margules 모델에 대하여,

$$\frac{G^E}{RT} = n(A_{12}x_1x_2) = (A_{12}n_2)\left(\frac{n_1}{n}\right)$$ 〈식 11.29〉

$i = 1$에 대하여 식 11.28을 적용하고 $n_1/n = n_1(1/n)$에 대한 곱셈 규칙을 사용하면,

$$\frac{1}{RT}\left(\frac{\partial G^E}{\partial n_1}\right)_{T,P,n_2} = \ln\gamma_1 = An_2\left[\frac{1}{n}-\frac{n_1}{n^2}\right] = A\frac{n_2}{n}\left[1-\frac{n_1}{n}\right] = Ax_2(1-x_1)$$ 〈식 11.30〉

$$\ln\gamma_1 = Ax_2^2,\ \text{유사하게}\ \ln\gamma_2 = Ax_1^2$$ 〈식 11.31〉

11.6 Redlich-Kister 모델과 2-매개변수 Margules 모델

우리는 예제 11.1에서 실험값으로부터 구한 과잉 Gibbs 에너지의 비뚤어짐에 대한 1-매개변수 모델식의 묘사에 있어서의 결점에 주목하였다. 원칙적으로는 2-매개변수 모델식으로 G^E의 크기와 비뚤어짐을 모두 조절하는 것이 가능하다. 11.3~11.5절에 있는 수학적 관계들은 임의의 주어진 세트의 VLE 데이터를 맞출 수 있는 G^E의 형태에 관하여 자유롭게 어림짐작하도록 해 준다. 임의의 모델에 근거하여 활동도 계수에 대한 작동식을 얻는 것은 도함수를 취하는 간단한 방법이다. 이것은 Redich-Kister 모델과 Margules 2-매개변수 모델과 같은 많은 경험적 모델들 뒤에 있는 고려사항이다.

많은 모델은 다음 식으로 주어진 Redlich-Kister[9] 형태로 다시 쓸 수 있다.

$$\frac{G^E}{RT} = x_1x_2(B_{12}+C_{12}(x_1-x_2)+D_{12}(x_1-x_2)^2+\ldots)$$ 〈식 11.32〉

2-매개변수 Margules 모델

2-매개변수 Margules 모델은 Redlich-Kister식을 단순화시킨 것이다.

9 Redlich, O., Kister, T. 1948. *Ind. Eng. Chem.* 40:345 348.

$$\boxed{\frac{G^E}{RT} = x_1x_2(A_{21}x_1 + A_{12}x_2)}^{10} \qquad \langle 식\ 11.33\rangle$$

여기에서 우리는 $A_{21} = B_{12} + C_{12}$, $A_{21} = B_{12} - C_{12}$와 $D_{12} = 0$를 경유하여 상수들을 Redlich-Kister에 연관시킨다. 상수 A_{21}과 A_{12}는 다음에 나타나 있듯이 실험 데이터에 맞춰진다. $A_{21} = A_{12}$라면 표현식은 1-매개변수 모델이 된다는 것에 주목하라. 첫 번째 성분의 활동도 계수에 대한 표현은 다음과 같이 유도된다.

$$\frac{G^E}{RT} = n_2\frac{n_1}{n}(A_{21}(1-x_2) + A_{12}x_2) = n_2\left(\frac{n_1}{n}\right)\left(A_{21} + \left(\frac{n_2}{n}\right)(A_{12} - A_{21})\right) \qquad \langle 식\ 11.34\rangle$$

$i = 1$에 대하여 식 11.28을 적용하고 $n_1/n = n_1(1/n)$과 $n_2/n = n_2(1/n)$에 대한 곱셈 규칙을 사용하면

$$\frac{1}{RT}\left(\frac{\partial G^E}{\partial n_1}\right)_{T,P,n_2} = \ln\gamma_1 = n_2\left(A_{21} + \frac{n_2}{n}(A_{12} - A_{21})\right)\left[\frac{1}{n} - \frac{n_1}{n^2}\right] + n_2\left(\frac{n_1}{n}\right)\left(\frac{-n_2}{n^2}\right)(A_{12} - A_{21}) \qquad \langle 식\ 11.35\rangle$$

$$\ln\gamma_1 = x_2^2\ [(A_{21} + (1-x_1)(A_{12} - A_{21})) + (A_{21} - A_{12})x_1] \qquad \langle 식\ 11.36\rangle$$

$$\boxed{\ln\gamma_1 = x_2^2\ [A_{12} + 2(A_{21} - A_{12})x_1]},$$

$$유사하게 \quad \boxed{\ln\gamma_2 = x_1^2[A_{21} + 2(A_{12} - A_{21})x_2]} \qquad \langle 식\ 11.37\rangle$$

Actcoeff.xlsx, sheet Margules;gammaModels/Marg2P.m.

2개의 매개변수는 다음의 식을 사용하여 단일 VLE 측정값에 맞춰질 수 있다.

$$\boxed{A_{12} = \left(2 - \frac{1}{x_2}\right)\frac{\ln\gamma_1}{x_2} + \frac{2\ln\gamma_2}{x_1} \qquad A_{21} = \left(2 - \frac{1}{x_1}\right)\frac{\ln\gamma_2}{x_1} + \frac{2\ln\gamma_1}{x_2}} \qquad \langle 식\ 11.38\rangle$$

여기서 활동도 계수는 VLE 데이터로부터 계산된다. 실험 오차는 때때로 의심스러운 매개변수값을 낳을 수 있기 때문에 단일 측정값에 적용되는 식 11.38로부터의 값을 받아들이기 전에 매우 주의해야 한다.

예제 11.5 단일 측정값의 2-매개변수 Margules식과 맞추기

예제 11.2를 따르면서 단일 실험은 2-매개변수 모델을 가지고 더 효과적으로 사용될 수 있다는 것을 언급하였다. 식 11.38을 예제 11.1에서 계산된 두 활동도 계숫값에 적용하고 두 매개변수를 추산하라. 이것은 단계 II 계산의 한 예이다.

10 과잉 Gibbs 에너지로부터 RT가 생략된다면 γ_i에 대한 명시적인 온도 의존성이 얻어지며 식 11.37의 'ln' 항은 RT와 함께 먼저 온다. 여러 가지 출처로부터의 매개변수들을 비교할 때에는 두 가지 관례가 모두 사용되기 때문에 주의를 기울여라.

풀이

예제 11.1로부터 $x_1 = 0.6369$, $x_2 = 0.3631$, 그리고 $\gamma_1 = 1.118$, $\gamma_2 = 2.031$이다. 식 11.38로부터,

$$A_{12} = \left(2 - \frac{1}{0.3631}\right)\frac{\ln 1.118}{0.3631} + \frac{2\ln 2.031}{0.6369} = 1.99$$

$$A_{21} = \left(2 - \frac{1}{0.6369}\right)\frac{\ln 2.031}{0.6369} + \frac{2\ln 1.118}{0.3631} = 1.09$$

예제 11.5로부터 얻은 매개변수들은 그림 11.3에 보인 G^E에 대한 묘사를 제공한다. 활동도 계수에 대한 식 11.37과 함께 앞선 예제들로부터의 개념은 사용하여 전체 조성범위에 걸친 기포 압력 계산(단계 III 계산)은 2-매개변수 모델로 지정된 그림 11.5의 곡선을 낳는다.

예제 11.6 2-매개변수 Margules식을 이용한 이슬 압력

2-프로판올(1) + 물(2) 계에 대하여 $T = 30°C$, $y_1 = 0.4$에서 예제 11.5의 매개변수를 사용하여 이슬점 압력과 액상조성을 예측하고 그림 11.5와 비교하라. 증기압, $P_1^{sat} = 60.7$ mmHg, $P_2^{sat} = 32.1$ mmHg를 사용하라.

풀이

부록 C에 있는 과정을 적용하고 거기에 있는 단계 수들을 참고할 것이다.

단계 1. 10장을 참고하면, $P = 1/(0.4/60.7 + 0.6/32.1) = 39.55$ mmHg, $x_1 = 0.4(39.55)/60/7 = 0.26$이 된다. 처음에는 단계 2를 건너뛴다.

단계 3. 식 11.37로부터, $\gamma_1 = \exp(0.74^2(1.99 - 1.8(0.26))) = 2.30$, $\gamma_2 = \exp(0.26^2(1.09 + 1.8(0.74))) = 1.18$을 얻는다.

단계 4. $P = 1/(0.4/(2.3 \cdot 60.7) + 0.6/(1.18 \cdot 32.1) = 53.46$ mmHg

첫 번째 루프에 대해서는 단계 1과 비교하여 P에서의 급등이 있다는 것에 주목하라.

단계 5. $x_1 = 0.4(53.46)/(2.3 \cdot 60.7) = 0.153$. 다음의 표와 같이 루프를 계속한다.

γ_1	γ_2	P (mmHg)	x_1
3.421	1.063	51.26	0.0987
4.359	1.027	50.73	0.0767
4.849	1.016	50.62	0.0688

4개의 자릿수로 몇 번 더 반복 계산을 계속하면, $P = 50.63$ mmHg와 $x_1 = 0.0649$를 얻는다. 이 계산들은 그림 11.5와 잘 일치한다. 이슬점 계산은 $x_1 = 0.0649$에서의 기포점 계산과 일관성이 있다.

이 장은 매우 길기 때문에 지금까지 얻은 활동도 계수 모델들 간의 관계들을 표 11.2에 요약한다.

표 11.2 • Redlich-Kister와 관련된 경험적 활동도 모델과 단순화의 요약

모델	G^E/RT	$\ln\gamma_1$	단순화
Redlich-Kister	$x_1x_2[B_{12}+C_{12}(x_1-x_2)+D_{12}(x_1-x_2)^2+\ldots]$	익힘문제 P11.2 참고	--
2- 매개변수 Margules	$x_1x_2(A_{21}x_1+A_{12}x_2)$	$x_2^2[A_{12}+2(A_{21}-A_{12})x_1]$	$D_{12}=0; A_{21}=B_{12}+C_{12}$ $A_{21}=B_{12}-C_{12}$
1- 매개변수 Margules	$x_1x_2A_{12}$	$x_2^2A_{12}$	$C_{12}=D_{12}=0; A_{12}=A_{12}=B_{12}.$
이상용액	0	0	$B_{12}=C_{12}=D_{12}=0$

11.7 특별한 조성에서의 활동도 계수

2개의 매개변수를 가진 모델은 성공적인 VLE 모델링을 보여 주면서도 상대적으로 단순한 형태를 가진다는 점에서 충분한 유연성을 제공한다. 각 성분에 대한 활동도의 결정은 2개의 매개변수가 맞춰지도록 허용하며, 따라서 특별한 조성이 사용될 수 있다.

공비 혼합물(Azeotropes)

공비 혼합물의 위치는 단일 증류탑에서 추가적인 정제가 불가능한 점을 나타내기 때문에 증류 설계에서 매우 중요하다. 그림 11.1을 되돌아보자. 이소프로판올 농도가 희박한 경우 $x_{2\text{-프로판올}} = 0.01 < y_{2\text{-프로판올}}$이지만, 순수한 농도 근처에서는 $x_{2\text{-프로판올}} = 0.99 > y_{2\text{-프로판올}}$이다. 상대적인 크기 값은 교차하였으며 따라서 두 농도 사이 어딘가에서 $x_{2\text{-프로판올}} = y_{2\text{-프로판올}}$(즉, 공비점이 존재한다)가 되는 것을 예상하게 된다. 상대적인 크기가 조성범위의 양 끝에서 같다면 공비점이 존재하지 않는다고 예상하게 된다.[11] 공비점을 확인할 수 있는 가장 좋은 방법은 *T-x-y* 또는 *P-x-y*를 그려 보는 것이 확실하지만, 선도의 각각의 끝에서의 빠른 계산만 해도 보통 충분하다.

❗ 공비점이 존재하는지 결정하기 위한 간단한 알고리즘

10.6절에서 소개한 상대 휘발도 역시 공비 혼합물계에서는 상당히 변한다는 점에 주목하라. 위의 이유에 대하여 공비점의 한쪽에서는 $\alpha_{ij} > 1$이며, 공비점에서는 $\alpha_{ij} = 1$이고, 다른 쪽에서는 $\alpha_{ij} < 1$이다. 단축 증류 계산은 $\alpha_{ij} = 1$에서는 실패하기 때문에 증류탑의 양 끝 사이에서 $(\alpha_{ij} - 1)$값의 부호가 변한다면 사용해서는 안 된다. 이것은 단축 증류 계산에 무작정 수치를 넣기 전에 위의 알고리즘을 사용하는 것과 같은 공비 혼합물을 검사하는 시스템들은 매우 필요하다는 것을 의미한다.

❗ 상대 휘발도는 공비점에서 1을 가로지른다.

10.7절에서 우리는 공비 혼합물 거동은 이상성으로부터의 편차의 크기와 증기압비에 의존한다는 것에 주목하였다. 그림 11.1을 다시 보고 Raoult의 법칙으로부터의 편차는 기포선에서 곡선을 만든다는 것을 상기하라. 순수성분 증기압이 거의 같을 때는 비이상성에 기인한 약간의 곡선도 공비점을 야기할 수 있다. 크게 다른 증기압을 가진 시스템에서의 같은 크기의 편차는 공비점을 갖지 않을 수 있다. 두 성분 모두에 대해 $\log P^{sat}$ 대 $1/T$의 그래프를 그려 보면 증발열이 다를 때에는 2개의 증기압 곡선이 교차하는 점을 볼 수 있다. 이 점을 **Bancroft 점**이라

11 기술적으로, 이것은 2개의 공비점이 있는 경우에는 사실이 아니겠지만, 이 경우는 극히 드물다.

이상성으로 부터의 편차는 Bancroft 점에서 공비점을 만들 것이다.

고 부른다. Bancroft 점에서는 증기압이 정확히 같기 때문에 어떤 작은 비이상성도 공비점을 발생시킨다. 증류탑의 온도범위에서 Bancroft 점을 피하기 위해 계의 압력을 증가시키거나 감소시키면 이러한 현상을 막을 수 있다.

공비점은 매개변수를 맞추기 위한 유용한 포인트이다.

알려진 공비 혼합물에 대한 많은 표들을 일반적으로 구할 수 있다.[12] 공비점을 갖는 계에 대하여 공비 압력과 조성은 $x_1 = y_1$이기 때문에 활동도 계수 모델들을 맞추기 위한 유용한 데이터 포인트를 제공한다. 그러면, $\gamma_1 = P/P_1^{sat}$, $\gamma_2 = P/P_2^{sat}$가 된다. 전형적인 단일 포인트 맞추기 공식들은 모델 매개변수를 구하기 위해 공비조성과 함께 사용된다.

예제 11.7 기포온도 계산으로 공비점 맞추기

760 mmHg와 68.24°C에서 44.8 mol%의 에탄올을 포함하는 공비점을 보여 주는 벤젠(1) + 에탄올(2) 계를 고려하자. 2-매개변수 Margules 모델을 사용하여 760 mmHg에서 등몰 액체 용액과 평형상태에 있는 증기의 조성을 계산하라. 다음의 Antoine 상수가 주어져 있다.

$\log P_1^{sat} = 6.87987 - 1196.76/(T + 219.161)$

$\log P_2^{sat} = 8.1122 - 1592.86/(T + 226.18)$

풀이

68.24°C에서 $P_1^{sat} = 519.7$ mmHg, $P_2^{sat} = 503.5$ mmHg이며, 공비조성은 $x_1 = 0.552$, $x_2 = 0.448$로 주어져 있다. 이 조성에서 활동도 계수를 다음과 같이 계산할 수 있다.

Raoul의 법칙으로부터의 양의 편차, $\gamma_i > 1$.

$\gamma_1 = (y_1P)/(x_1P_1^{sat}) = P/P^{sat} = 760/519.7 = 1.4624$,유사하게 $\gamma_2 = 760/503.5 = 1.5094$

조성과 방금 계산한 γ 값을 가지고 식 11.38을 사용하면, $A_{12} = 1.2947$, $A_{21} = 1.8373$을 얻는다. $x_1 = x_2 = 0.5$의 조성에서 새로운 활동도 계수값을 구해야 한다. 식 11.37을 사용하면 $\gamma_1 = 1.583$, $\gamma_2 = 1.382$를 얻는다. 이 문제는 기포온도 계산을 요구한다. 표 10.1의 방법(흐름도는 부록 C의 옵션 (a)에서 구할 수 있으며, MATLAB 예제는 Ex11_07.m으로 제공된다)을 사용한다.

기포온도 계산

Ex11_07.m.

$T = 60$°C를 추정하라. $\Rightarrow P_1^{sat} = 391.63$ mmHg, $P_2^{sat} = 351.82$ mmHg. 이 모델에 대하여 활동도 계수는 온도에 따라 변하지 않는다. K비는 활동도 계수에 의존한다.

$$y_i = x_i \gamma_i P_i^{sat} / P \Rightarrow y_1 = 0.408, y_2 = 0.320$$

y_i의 합을 검사하라. $\sum_i y_i = 0.728 \Rightarrow T_{guess}$는 너무 낮다. 더 높은 T를 시도하라.

몇 개의 시도를 더 한 후, $T = 68.262$°C에서 $P_1^{sat} = 520.13$ mmHg, $P_2^{sat} = 504.1$ mmHg를 얻는다.

$$y_i = x_i \gamma_i P_i^{sat} / P \Rightarrow y_1 = 0.542, y_2 = 0.458, \sum_i y_i = 1 \Rightarrow T_{guess}\text{는 } T_{azeotrope}.$$

주의: $x_1 = 0.55$와 0.5에서는 기포점 온도가 거의 같다. T-x 선도는 공비점 근처에서 매우 평평하다. 이것은 증류탑에서의 온도 분포에 중요한 영향을 준다.

12 Gmehling, J. 1991. *Azeotropic Data.* Frankfort, Germany: DECHEMA Press; Weast, R.C. 2001. *Handbook of Chemistry and Physics*. Boca Raton, FL: CRC.

순수와 무한 희석

어떤 성분이 미량만이 존재할 때 무한 희석이라고 한다. 따라서 2성분 혼합물에서 성분 1이 거의 순수해지면 성분 2는 무한 희석이 된다. 활동도 계수는 순수하게 되거나 무한 희석이 되면 특별한 값을 취한다.

$$\lim_{x_i \to 1} \gamma_i = 1 \quad \text{그리고} \quad \lim_{x_i \to 0} \gamma_i = \gamma_i^{\infty} \qquad \langle 식\ 11.39 \rangle$$

그림 11.5에서 이 극한값을 구하라. 예를 들어, 식 11.37에 대하여 무한 희석 조성의 한계를 고려하면, $A_{12} = \ln\gamma_1^{\infty}$, $A_{21} = \ln\gamma_2^{\infty}$ 가 된다. 무한 희석 활동도 계수는 종종 문헌에서 구할 수 있으며 관심 있는 조성범위 근처에서 데이터를 구할 수 없을 때는 매개변수를 맞추기 위해 유용하게 사용될 수 있다. 그러나 외삽은 내삽보다 덜 신뢰할 만하다. 바꿔 말하면, 무한 희석 활동도 계수에 기반을 두고 매개변수를 구할 때, 등몰 조성 근처에서의 기포점 압력의 예측에서 상당한 오차를 경험했을지도 모른다. 같은 원리가 다른 활동도 계수 모델과 함께 사용될 수 있다. 무한 희석 활동도 계수는 고순도를 요구하는 경우에는 특히 중요하다. 그러한 경우, 99% 순도로부터 99.999% 순도까지 갈 때 몇 가지 단계가 요구될 수도 있다.

11.8 VLLE에 대한 사전 암시

10.7절로부터 공비점은 상거동 선도에서 최대점이나 최소점이 나타나는 $x = y$에서 일어난다는 것을 상기하라. 또한 기포선과 이슬선은 교차하지 않지만 공비조성에서 만난다는 것에 주목하라. 때때로 단계 III 계산에서 *P-x-y* 선도나 *T-x-y* 선도가 만들어질 때, 그 선도는 매우 이상해 보일 수 있다. 그림 11.5에 있는 2-매개변수 맞추기는 예제 11.5에서 얻은 $A_{12} = 1.99$, $A_{21} = 1.09$를 사용하여 만들어졌다. 약간의 계산 오차와 프로그램 오자에 기인하여 매개변수 $A_{12} = 2.99$, $A_{21} = 1.09$를 얻었다고 상상해 보자. 예측된 상선도와 *y-x* 선도는 그림 11.10에 보인 것과 같을 것이다.

이 매개변수를 사용한 선들의 거동은 보통 2개의 액상이 존재하는 것으로 예측한다. 그러나 그 선도는 공존하는 조성 전에 추가적인 수정을 필요로 하며, 그러면 그 선도로부터 기-액-액 평형(VLLE)을 읽을 수 있다. 그 선도는 1개의 액상만이 존재한다고 가정하여 얻어졌다는 것을 이해하는 것은 중요하다. 매개변수 계산 오차가 예측을 낳았다는 것을 가정함으로써 논의를 시작했을지라도 VLLE를 보여 주는 모든 시스템은 단 1개의 액상만이 존재한다고 가정할 때 비슷하게 이상한 선도를 가질 것이다. 이러한 가정은 ASPEN Plus나 ChemCAD와 같은 일반적인 공정 모사기에서는 기본으로 사용되는 가정이다. 이는 모사기가 2개의 상이 있는지 확인하는 것을 피할 수 있을 때 계산이 매우 빠르기 때문이다. 모사기를 가지고 작업할 때, 액-액 상거동이 존재하는지 알아보기 위해 상선도를 검토해야 하며, 액-액 상거동이 존재할 때에는 이를 계산하기 위해 모사기 설정을 어디에서 변화시켜야 하는지 알아야 한다. 이 장에서 여러분은 그러한 선도가 2개의 상을 나타내는 것인지 알아차릴 준비가 되어 있어야 한다.

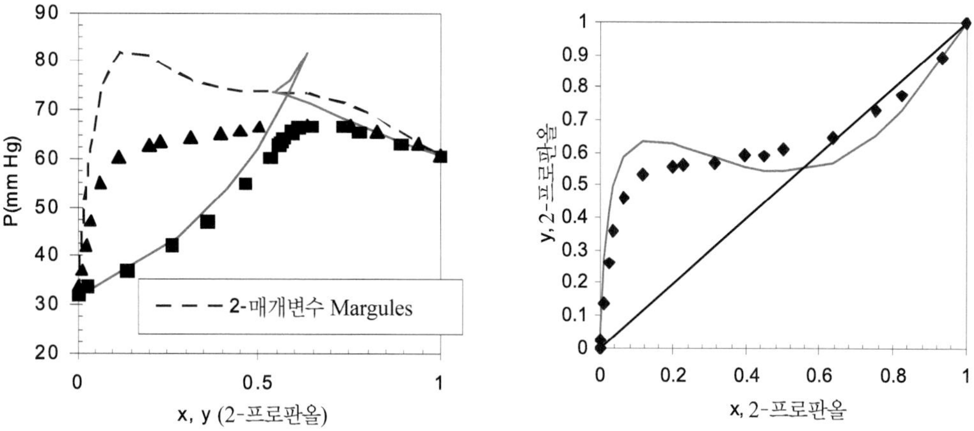

그림 11.10 • 30°C에서의 2-프로판올 + 물 계에 대한 상선도 계산과 예제 11.2에 인용된 데이터와의 비교. 매개변수들은 수치상의 오차가 어떻게 열역학적으로 불안정한 루프를 낳는지 보여 주기 위해 본문에서 설명한 대로 선택하였다. 이슬선은 루프를 가지며 기포선에서의 최대점은 공비 조건에 있는 것이 아니라는 것에 주목하라. *y*-*x* 그래프에서 공존 곡선은 최대점과 최소점을 가진다는 것에 주목하라. 실험이 LLE를 보여 주지 않더라도 이렇게 계산된 조건들은 본문에 설명한 대로 LLE를 보여 준다.

또한 *T-x-y* 선도는 정성적으로 *P-x-y* 선도를 뒤집어 놓은 것과 비슷해서 유사한 상황이 존재한다면 *T-x-y* 선도에도 특이한 루프가 나타난다는 것을 상기하라. 모델들이 부정확하다고 알고 있는 VLLE 거동을 부정확하게 예측할 때에는 우리가 계산한 것을 점검할 필요가 있다. 14장에서 VLLE 선도를 어떻게 확고히 특징짓고 루프를 어떻게 제거하는지 배울 것이다.

11.9 활동도 모델을 다수의 데이터에 맞추기

Margules식을 제한된 데이터에 맞추는 것은 예제 11.2와 11.5에서 논의한 바 있다. 다수의 데이터에 맞추는 것이 더 선호되는데, 이 경우 맞추기를 최적화시키기 위해 매개변수의 회귀를 필요로 한다. 몇 가지 경우에 Gibbs 과잉 함수를 재배열시켜 선형 회귀에 대한 기초를 만들 수 있다. 일반적으로는 비선형 회귀가 요구된다. 현대의 컴퓨터는 어느 경우든 다 할 수 있다.

Margules식의 선형 맞추기

식 11.33은 다음과 같이 선형으로 만들 수 있다.

> Margules 모델은 매개변수를 맞추기 위해 선형으로 표현될 수 있다.

$$\frac{G^E}{x_1x_2RT} = (A_{21} - A_{12})x_1 + A_{12} \qquad \langle 식\ 11.40\rangle$$

따라서 G^E/x_1x_2RT 대 x_1을 그리면 기울기 $(A_{21}-A_{12})$와 절편 A_{12}를 얻는다. A_{21}의 값은 $x_1 = 1$에서의 값으로 결정될 수도 있다. 예제 11.8에 수록된 2-프로판올 + 물 계에 대한 데이터를 사용하면(첫 번째 혼합물 포인트는 무시하면서), 기울기 = −0.9289와 절편 = 2.001을 얻는다. 따라서 예제 11.5에서 단일 포인트 맞추기를 사용해 얻은 결과와 약간 다른 $A_{12} = 2.001$과 $A_{21} = 1.072$를 얻는다.

비선형 맞추기 기법

일반적으로 과잉 Gibbs 에너지 모델에 대한 매개변수들은 비선형적으로 G^E 또는 γ와 관련이 있다. Redlich-Kister식과 Margules식의 경우에도 단순히 비선형 맞추기 과정을 적용하는 것이 더 편리할 수도 있다. 실험으로 얻은 기포점 압력(*P-x-y* 데이터) 또는 기포점 온도(*T-x-y* 데이터)에 맞추기를 최적화시키기 위해 매개변수를 실험 데이터에 맞출 수 있다. 기포점 압력 데이터를 맞추는 경우, 예제 11.3에서 1-매개변수 Margules식으로 보여 줬듯이 매개변수를 사용하여 각각의 실험으로부터 얻은 x_i에서 기포점 압력을 얻을 수 있다. Excel Solver 도구나 MATLAB fminsearch 또는 lsqnonlin을 사용하면 매개변수 맞추기를 빠르게 수행할 수 있다. 스프레드시트 Gammafit.xlsx 또는 MATLAB m-file GammaFit.m은 전체 압력을 맞춤으로써 Margules식에 대한 활동도 계수 매개변수의 비선형 맞추기를 허용한다. 활동도 계수 모델에 대한 매개변수를 구하기 위해 어떤 방법이든 쉽게 수정할 수 있다. 여기에 보인 방법은 매개변수에 대해 가정한 값을 사용하여 활동도 계수를 계산하고 각각의 실험 데이터 포인트에 대해 식 11.2를 사용하여 기포점 압력 계산을 수행하는 것이다. 그런 다음 각각의 기포점 압력을 실험으로부터 얻은 기포점 압력과 비교하여 $OBJ = \sum_{\text{all points}} (P_{\text{expt}} - P_{\text{calc}})^2$를 계산한다. OBJ가 최소가 될 때까지 최적화를 실행하여 매개변수값을 계속 조절한다.

비선형 매개변수 맞추기는 Excel과 MATLAB에서 가능하다.

예제 11.8 비선형 최소 제곱법을 이용한 매개변수 맞추기

Gammafit.xlsx, Gammafit.m.

30°C에서 2-프로판올 + 물 계에 대한 측정값이 Udovenko 등(1967)[a]에 의해 발표되었다. 압력과 액상조성을 사용하여 2-매개변수 Margules식을 기포점 압력에 맞춰라. 그 결과로부터 얻은 *P-x-y* 선도를 그려라.

풀이

실험 데이터에서 연구자들은 증기압의 실험값을 보고하고 있다. 불순물이나 보정 오차에 기인하여 데이터에 존재할 수 있는 계통 오차의 영향을 줄이기 위해 같은 논문으로부터의 실험값을 사용하는 것이 가장 좋다. 전체 조성범위에 걸쳐서 기포점 압력에 대한 오차의 제곱의 합을 최소화시킴으로써 답을 얻을 수 있다.

MATLAB(주요 단계만을 보여 주기 위해 축약되었음)

```
function GammaFit()
% statements omitted to load experiments into matrix 'Data'
x1 = Data(:,1); %data have been entered into columns of 'Data'
y1expt = Data(:,2); Pexpt = Data(:,3);
Ps1Calc = 60.7; Ps2Calc = 32.1; %experimental values used for Psat
x2 = 1-x1; % calculate x2
x  = [x1  x2];  % create a 2 column matrix of x1 & x2
A = [0 0];  % initial guess for A12 and A21
A = lsqnonlin(@calcError,A); %optimize, calling 'calcError' as needed
   function obj = calcError(A)
        A12 = A(1); %extract coeffs so eqns look like text
        A21 = A(2);
        Gamma1Calc = exp((x2.^2).*(A12 + 2* (A21 - A12).*x1));
        Gamma2Calc = exp((x1.^2).*(A21 + 2* (A12 - A21).*x2));
        Pcalc = (x1.*Gamma1Calc)*(Ps1Calc) + ...
                 (x2.*Gamma2Calc)*(Ps2Calc);
       obj = Pcalc - Pexpt;
end
```

계산 결과로부터 얻은 매개변수는 $A_{12} = 2.173$, $A_{21} = 0.9429$이다. 배포된 파일은 다음에 보인 것과 비슷한 마지막 그래프를 그리기 위한 설명을 포함하고 있다. 여러분이 설치한 MATLAB 도구 상자의 탓으로 lsqnonlin을 구할 수 없다면 fminsearch를 사용할 수 있다는 것에 주목하라. 그림 11.11에 있는 맞추기 결과를 보아라.

Excel: 워크북 Gammafit.xlsx에 있는 스프레드시트 'P-x-y fit P'를 사용하여 다음에 보인 바와 같이 매개변수를 맞춘다. 스프레드시트의 맨 위에 보인 성분들에 대한 표에 Antoine 계수가 입력된다. 가운데에서 오른쪽의 상자에 있는 깃발 표시는 증기압의 실험값이 계산에서 사용되는지 아니면 Antoin식으로 계산된 값이 사용되는지를 결정해 준다.

System Components	Parameters to adjust				Antoine Coefficents			Calculated P^{sat}(mm Hg	Expt P^{sat}(mm Hg	Selected P^{sat}(mm Hg)
	A_{12}	A_{21}	T(C)		A	B	C			
(1) 2-propanol				1	8.87829	2010.33	252.636	58.277622	60.7	60.7
(2) water	2.173055	0.942929	30	2	8.07131	1730.63	233.426	31.740167	32.1	32.1
		<---optional----->								

x_1	x_2	$\gamma_{1,calc}$	$\gamma_{2,calc}$	$y_{1,expt}$	$y_{2,expt}$	$y_{1,calc}$	$y_{2,calc}$	P_{expt}	P_{calc}	$(P_{error})^2$
0	1	8.785079	1	0	1	0	1	32.1	32.1	0
0.0015	0.9985	8.695982	1.000008	0.0254	0.9746	0.024107	0.975893	33.8	32.84386	0.9141954
0.0111	0.9889	8.152908	1.000416	0.1374	0.8626	0.147468	0.852532	37.1	37.25008	0.0225244
0.0231	0.9769	7.535179	1.001787	0.2603	0.7397	0.251681	0.748319	42.3	41.98014	0.102312
0.0357	0.9643	6.95177	1.004234	0.3577	0.6423	0.326426	0.673574	47.2	46.14952	1.1035166
0.0649	0.9351	5.815504	1.013755	0.4604	0.5396	0.42951	0.57049	55	53.33938	2.7576741
0.1168	0.8832	4.353254	1.043423	0.5316	0.4684	0.510602	0.489398	60.3	60.44532	0.0211192
0.197	0.803	2.970369	1.119928	0.5547	0.4453	0.551655	0.448345	62.9	64.38697	2.2110888
0.2271	0.7729	2.62311	1.158008	0.5611	0.4389	0.557245	0.442755	63.5	64.88977	1.9314539
0.312	0.688	1.945005	1.292474	0.5659	0.4341	0.563409	0.436591	64.4	65.3793	0.9590351
0.3958	0.6042	1.549309	1.463142	0.5907	0.4093	0.567416	0.432584	65.1	65.59962	0.2496163
0.4477	0.5523	1.386629	1.586209	0.589	0.411	0.572644	0.427356	65.8	65.80383	1.468E-05
0.5009	0.4991	1.264065	1.724032	0.6098	0.3902	0.581846	0.418154	66.6	66.05434	0.2977452
0.6369	0.3631	1.083192	2.106142	0.6462	0.3538	0.630433	0.369567	66.9	66.42417	0.2264146
0.7542	0.2458	1.01937	2.411709	0.7296	0.2704	0.710348	0.289652	66.8	65.69551	1.2198966
0.8245	0.1755	1.004463	2.546001	0.7752	0.2248	0.778018	0.221982	65.7	64.61353	1.1804165
0.9363	0.0637	0.999471	2.622202	0.8892	0.1108	0.913749	0.086251	63.2	62.16513	1.0709608
1	0	1	2.567492	1	0	1	0	60.7	60.7	0

Enter 1 to use Calculated P^{sat} Enter 0 to use Expt P^{sat}
0

Objective Function
14.26798435

x_1과 P_{expt}에 대한 실험 데이터를 A열과 I열에 입력한다. 상수 A_{12} 및 A_{21}에 대한 초기 추정값을 표 상단에 있는 라벨 표시된 셀에 입력한다. 그러고 나서 Solver를 불러 2개의 매개변수를 조절함으로써 목적함수에 있는 오차를 최소화시킨다. 기포점 압력 계산에 의해 계산된 압력이 결정된다.

매개변수 맞추기의 결과가 스프레드시트 'P-x-y Plot'에 있는 그래프에 나타나 있다. 그림 11.11에 있는 맞추기 결과를 보아라.

시스템은 예제 11.2와 예제 11.5에서 사용된 것과 같다는 것에 주목하라. 모든 데이터를 사용하는 이 예제에서의 매개변수 맞추기가 더 우수하다. 매개변수도 위에서 논의된 선형 맞추기와 약간 다른데 이는 목적함수가 다르기 때문이다.

a. Udovenko, V.V., Mazanko, T.F. 1967. *Zh. Fiz. Khim.* 41:1615.

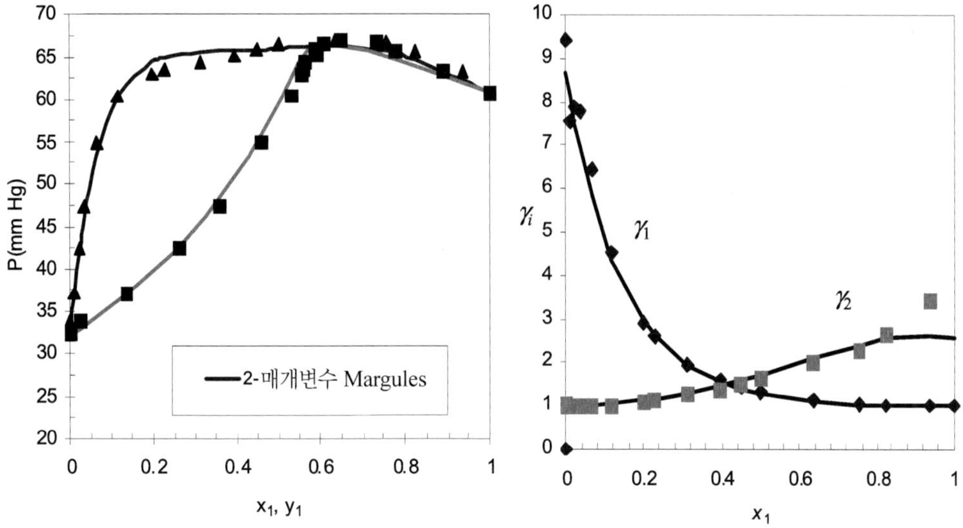

그림 11.11 • 예제 11.8에서 설명한 실험 데이터와 회귀 모델과의 비교.

대체 목적함수

주어진 세트의 데이터에 대한 목적함수의 대체 선택은 보통 약간 다른 세트의 매개변수를 낳는다. 총압력은 종종 정확히 측정될 때에는 목적함수에 증기의 조성을 포함하는 것이 바람직할 수 있다. 예를 들어, 여러 연구자에 의해 측정된 순수한 성분의 증기압은 문헌 데이터와 다를 수 있다는 것은 드문 것이 아니며, 이것은 불순물이나 계통 오차를 암시하는 것이다. 추가적인 고려사항을 맞추기 과정으로 포함시키는 한 가지 방법은 가중치를 준 목적함수를 사용하는 것인데 이 경우 측정과정에서 생길 수 있는 가능한 오차를 인지하는 것이다. 가장 확고한 방법 중의 하나는 최대 가능성 원리를 사용하는 것이다. 이는 모든 측정은 무작위 오차를 수반하며 따라서 일부 그것과 관련된 불확실성을 가진다고 주장하는 것이다. 그러한 기법은 Anderson 등과 Prausnitz 등에 의해 논의되었다[13]. 그러한 접근 방법에 대한 목적함수는 다음과 같은 형

13 Anderson, T.F., Abrams, D.S., Grens, E.A. 1978. *AICHE J.* 24:20.

태를 취한다[14].

$$\sum_{points}\left\{\frac{(P_{true}-P_{expt})_i^2}{\sigma_P^2}+\frac{(T_{true}-T_{expt})_i^2}{\sigma_T^2}+\frac{(x_{1true}-x_{1expt})_i^2}{\sigma_x^2}+\frac{(y_{1true}-y_{1expt})_i^2}{\sigma_y^2}\right\} \quad \langle 식\ 11.41\rangle$$

여기서 σ는 각각의 측정 형태에 대한 분산을 나타낸다. 계산과정의 부분으로 '참값'이 계산된다. 대표적인 분산값은 $\sigma_P = 2$ mmHg, $\sigma_T = 0.2$ K, $\sigma_x = 0.005$, $\sigma_y = 0.01$이며, 따라서 한 측정에 대한 가중치는 그 값에서 생길 수 있는 실험 오차에 의존한다.

11.10 부분 몰 성질에 대한 관계

Gibbs-Duhem식

Gibbs-Duhem식으로 알려진 유용한 표현은 식 10.40을 식 10.42와 함께 분석할 때 나타난다. 식 10.42의 미분을 곱셈법칙을 사용하여 고려해 보자.

$$d\underline{G} = \sum_i \mu_i dn_i + \sum_i n_i d\mu_i \quad \langle 식\ 11.42\rangle$$

식 10.40에 있는 $d\underline{G}$로 대입하면, 다음 식을 얻는다.

$$\sum_i \mu_i dn_i + \sum_i n_i d\mu_i = -\underline{S}dT + \underline{V}dP + \sum_i \mu_i dn_i \quad \langle 식\ 11.43\rangle$$

이 식을 간단히 만들면 Gibbs-Duhem식을 얻는다.

$$\boxed{0 = -\underline{S}dT + \underline{V}dP - \sum_i n_i d\mu_i} \quad \langle 식\ 11.44\rangle$$

따라서 일정한 T와 P에서는 다음 식이 된다.

$$\sum_i n_i d\mu_i = 0 \quad T\text{와 } P\text{가 일정} \quad \langle 식\ 11.45\rangle$$

이 관계식은 다음에 묘사한 바와 같이 보통 활동도 계수의 맥락에서 적용된다.

활동도 계수에 대한 Gibbs-Duhem 관계

Gibbs-Duhem식을 과잉 성질로 확장하기 위하여 위에 있는 유도과정과 유사한 방법으로 과잉 Gibbs 에너지를 조정할 수 있다. 따라서

14 Prausnitz, J., Anderson, T., Grens, E., Eckert, C., Hsieh, R., O'Connell, J. 1980. *Computer Calculations for Multicomponent Vapor-Liquid Equilibria*, Upper Saddle River, NJ: Prentice-Hall.

$$0 = -\underline{S}^E dT + \underline{V}^E dP - \sum_i n_i d\mu_i^E \quad \langle 식\ 11.46\rangle$$

은 다음 식과 같은 결과를 낳는다.

$$\sum_i n_i d\mu_i^E = 0 \quad T\text{와 } P\text{가 일정} \quad \langle 식\ 11.47\rangle$$

과잉 화학 퍼텐셜과 활동도 계수 간의 관계를 넣으면 다음 식이 된다.

$$\boxed{\sum_i n_i d\mu_i^E = RT\sum_i n_i d\ln\gamma_i = 0} \quad \langle 식\ 11.48\rangle$$

기술적으로 T나 P를 변화시키지 않고 2성분계에서 2개의 공존하는 상에 대한 조성을 변화시키는 것은 가능하지 않다. 그러나 등온 *P-x-y* 데이터나 등압 *T-x-y* 데이터에 대한 실험적 분석에 의하면 $\underline{S}^E$와 $\underline{V}^E$ 항은 마지막 항과 비교해 거의 항상 매우 작으며 식 11.48은 일반적으로 우수한 근사 방법이라는 것을 보여 준다. 몰분율 중의 하나를 사용하여 확장법칙, 식 6.17을 적용하고 n으로 나누면, 2성분계의 경우 다음의 식을 얻는다.

$$\boxed{x_1\left(\frac{\partial\ln\gamma_1}{\partial x_i}\right)_{T,P} + x_2\left(\frac{\partial\ln\gamma_2}{\partial x_i}\right)_{T,P} = 0} \quad \text{고정 } T\text{와 } P\text{에서 2성분계} \quad \langle 식\ 11.49\rangle$$

이 식은 2성분계에 대한 활동도 계수가 조성의 함수로 그려질 때 반대 부호를 갖는 기울기를 가져야 하며 그 기울기는 크기에 있어서 식 11.49와 관련된다는 것을 의미한다. 더 나아가 추론으로 2성분계에서 활동도 계수 중의 하나가 최댓값을 보여 준다면 다른 것은 같은 조성에서 최솟값을 보여 준다. 우리는 이 관계식이 다음과 같을 때, 즉 (1) 실험 오차에 대해 데이터를 시험할 때(극도로 일관성 없는 데이터), (2) 2성분계에서 단 하나의 활동도 계수만이 측정되는 실험에서 제1 성분의 거동에 기반을 두고 제2 성분에 대한 활동도 계수를 얻을 때, (3) 우리가 사용하는 모델은 이 관계식을 따라야 하기 때문에 혼합물의 Gibbs 에너지에 대한 이론을 발전시키기 위해 유용하다는 것을 발견한다. Gibbs-Duhem식은 데이터의 열역학적 일관성을 점검하기 위해서도 유용하다. 그러나 그러한 적용은 활동도 계수 자체가 가정(즉, 수정된 Raoult의 법칙)으로부터 유도되기 때문에 불확실성 그 자체를 수반한다.[15] 다행히도 활동도 계수 모델의 개발자들은 일반적으로 모델이 Gibbs-Duhem식을 만족시킨다는 것을 보장하도록 신중을 기한다. Gibbs-Duhem식에 대한 제한 조건에 대한 이해는 Henry의 법칙이나 전해질 모델과 같은 대체 표준상태를 연구할 때 도움이 된다. 2성분 혼합물에서 Gibbs-Duhem식에 대한 특별히 유용한 적용은 한 성분의 활동도 계수를 사용하여 다른 성분의 활동도 계수를 계산하

---

15 Van Ness, H.C., Byer, S.M., Gibbs, R.E. 1973. *AIChE J.* 19:238.

는 것이다.[16] 종종 이것은 모델을 제1 성분의 활동도에 맞춤으로써 수행될 수 있지만, Gibbs-Duhem식은 그것과 연관된 가정으로 특별한 혼합물 모델의 적용을 요구하지 않는 방법을 제공한다.

여러 가지 과잉 성질 간의 관계

정확한 공정 계산법을 발전시키기 위해 열역학 모델은 이상용액 거동으로부터의 편차에 대한 온도와 압력 의존성을 정확하게 표현해 주어야 한다. 과잉함수는 전체 물성함수 $H^E = U^E + PV^E$, $G^E = H^E - TS^E$와 동일한 관계를 따른다. 미분 관계도 역시 다음 식과 같이 따라야 한다.

$$\left(\frac{\partial G^E}{\partial T}\right)_{P,x} = -S^E; \quad \left(\frac{\partial \bar{G}_i^E}{\partial T}\right)_{P,x} = -\bar{S}_i^E \qquad \langle \text{식 } 11.50\rangle$$

$$\left(\frac{\partial G^E}{\partial P}\right)_{T,x} = V^E; \quad \left(\frac{\partial \bar{G}_i^E}{\partial P}\right)_{T,x} = \bar{V}_i^E \quad P^\circ = P_{\text{system}} \qquad \langle \text{식 } 11.51\rangle$$

$$\left(\frac{\partial \ln \gamma_i}{\partial P}\right)_{T,x} = \frac{\bar{V}_i^E}{RT} \quad P^\circ = P_{\text{system}} \qquad \langle \text{식 } 11.52\rangle$$

Gibbs-Helmholtz 관계를 적용하면,

$$\left(\frac{\partial G^E/T}{\partial T}\right)_{P,x} = \frac{-H^E}{T^2}, \quad \left(\frac{\partial \bar{G}_i^E/T}{\partial T}\right)_{P,x} = \frac{-\bar{H}_i^E}{T^2} \qquad \langle \text{식 } 11.53\rangle$$

활동도 계수와의 관계를 사용하면 식 11.53은 특히 유용하다.

$$\left(\frac{\partial \ln \gamma_i}{\partial T}\right)_{P,x} = \frac{-\bar{H}_i^E}{RT^2} \qquad \langle \text{식 } 11.54\rangle$$

그러므로 열량계로 측정한 과잉 엔탈피 데이터를 사용하여 열역학적 일관성을 위해 활동도 계수 모델의 온도 의존성을 점검할 수 있다. 일반적으로 활동도 계수 매개변수들은 데이터를 정확하게 나타내기 위해 온도 의존적일 필요가 있다. 유사하게 혼합열을 갖는 어떠한 시스템도 온도 의존적인 활동도 계수를 가질 것이다. 단순한 모델의 수정은 매개변수를 함수, 예를 들어 $A_{ij} = a_{ij} + b_{ij}/T$로 바꾸는 것이다. 여기에서 a_{ij}와 b_{ij}는 상수이며 T의 단위는 K이다. 이것은 예제 11.9에 보인 바와 같이 활동도 모델에 대한 혼합열을 계산하기 위한 단계를 설정한다.

---

16 하나의 활동도만을 측정하는 기법의 예로는 삼투압, 비휘발성 고분자 용액에서의 용매의 부분압, 전해질계에서 용매의 활동도를 측정하기 위한 동증기압력법, 그리고 액체 금속 용액에서 전기화학적 기전력 기술 등이 있다.

예제 11.9 Margules 2-매개변수 모델과 혼합열

308~328 K의 온도범위에서 메탄올 + 벤젠[a]의 VLE를 Margule 2-매개변수 모델로 맞추고 다시 그 매개변수를 $A_{ij} = a_{ij} + b_{ij}/T$에 맞추면, $A_{12} = 0.1671 + 714/T$와 $A_{21} = 2.3360 - 247/T$를 얻는다. 318 K에서 50 mol% 벤젠에 대한 혼합열을 추산하라.

풀이

Margules 2-매개변수 모델은 다음과 같다.

$$\frac{G^E}{RT} = x_1x_2(A_{21}x_1 + A_{12}x_2)$$

G^E와 H^E 간의 관계는 식 11.53으로 주어진다. 문제 설정에서 오른쪽에 있는 Margules 매개변수는 간단한 (1/T)의 함수라는 것에 주목하면, 이 함수에 대한 도함수를 조정할 수 있다. $d(1/T) = -T^{-2}dT$이므로

$$((\partial G^E/(RT))/(\partial T)) = -T^{-2}((\partial G^E/(RT))/(\partial(1/T))) = -H^E/(RT^2) \quad \text{〈식 11.55〉}$$

가 되며, 따라서

$$\frac{H^E}{RT} = \frac{x_1x_2}{T}\left(\frac{x_1dA_{21}}{d(1/T)} + \frac{x_2dA_{12}}{d(1/T)}\right) = x_1x_2\left(x_1\frac{714}{T} - x_2\frac{247}{T}\right)$$

가 된다. 318 K와 $x_1 = x_2 = 0.5$에서 $H^E = (8.314)(0.5)(0.5)(0.5 \cdot 714 - 0.5 \cdot 247) = 485$ J/mol을 얻는다. 가능하다면 과잉 엔탈피에 대한 직접적인 측정을 추천한다. 정확한 혼합열을 제공하기 위해서는 상평형 데이터가 매우 정밀해야 한다.

a. Gmehling J., et al., 1977-. *VLE Data Collection.* Frankfurt/Main: DECHEMA; Flushing, N.Y.: Distributed by Scholium International.

이 예제는 '온도 의존성이 있는 활동도 계수 매개변수'에 대하여 무엇을 의미하는지와 G^E에 대해 도함수를 취하는 방법을 보여 준다. 전 예제에서 과잉 Gibbs 에너지를 계산한 적이 있을지라도 매개변수를 사용하여 활동도 계수의 온도 의존성을 계산할 수도 있다. 활동도 계수는 조성에 대해서는 강하게 의존하는 함수이지만 온도에 대해서는 약하게 의존하는 함수이다. 이것은 여러분이 더 많은 시스템을 공부하면 분명해진다.

이상용액에 대한 혼합열이 0이라는 것을 상기하면, 혼합열과 과잉 엔탈피는 하나이며 같다는 것에 주목하게 된다. 액체 메탄올에 대한 열용량은 약 80 J/mol-K이며 벤젠에 대해서는 130 J/mol-K이다. 단열 혼합과정에서 이 등몰 혼합물은 혼합 후에 대략 5°C만큼 더 차가워질 것으로 예상된다. (주의: 과잉 열용량, $C_p^E = C_p - C_p^{is}$는 과잉 엔탈피의 온도에 대한 도함수이다. 이 혼합물에 대한 과잉 열용량의 값을 결정할 수 있는가?) 일반적으로 어떤 주어진 조성에서의 엔탈피는 다음 식에 의해 주어진다고 쓸 수 있다.

$$\frac{H}{RT} = \frac{x_1H_1}{RT} + \frac{x_2H_2}{RT} + x_1x_2\left(x_1\frac{714}{T} - x_2\frac{247}{T}\right) \quad \text{〈식 11.56〉}$$

이 방식으로 에너지 수지를 수행하기 위해 어떤 시스템에 대해서도 엔탈피를 표현할 수 있다.

11.11 증류와 비이상용액의 상대 휘발도

실제 응용에 대한 활동도 계수의 영향을 보여 주기 위하여 증류에 대한 논의를 다시 방문하는 것은 도움이 된다. 10.6절에서 논의된 바와 같이 고비점 한계성분에 대한 저비점 한계성분의 상대 휘발도 α_{LH}는 증류에서 매우 중요하다. α_{LH}는 전체 증류탑에 걸쳐 일정하지 않을 수도 있기 때문에 탑저와 탑상에서의 값들의 기하 평균으로 평균값을 추산하는 것이 일반적이다.

$$\alpha_{LH}{}^{m} = (\alpha_{LH}{}^{top}\alpha_{LH}{}^{bot})^{1/2} \qquad \langle 식\ 11.57\rangle$$

식 10.32로부터 α_{LH}의 정의를 상기하고 식 11.18을 대입하여 압력을 소거하면,

$$\alpha_{LH} = K_{LK}/K_{HK} = (\gamma_{LK}P_{LK}{}^{sat})/(\gamma_{HK}P_{HK}{}^{sat}) \qquad \langle 식\ 11.58\rangle$$

2성분 혼합물에서 분리를 정해 탑상과 탑저에서의 저비점 한계성분의 조성이 $x_{LK}{}^{top} = 0.99$, $x_{LK}{}^{bot} = 0.01$이라고 가정하자. 활동도 계수는 순수해지면 1로 간다는 것을 인식하면,

$$\alpha_{LH}{}^{top} = [(P_{LK}{}^{sat})/(\gamma_{HK}{}^{\infty}P_{HK}{}^{sat})]^{\mathrm{top}} \qquad \alpha_{LH}{}^{bot} = [(\gamma_{LK}{}^{\infty}P_{LK}{}^{sat})/(P_{HK}{}^{sat})]^{\mathrm{bot}} \qquad \langle 식\ 11.59\rangle$$

주의: 공비점을 피하기 위해서는 증류탑의 양 끝에서 $\alpha^{LH} > 1$이라는 것이 요구된다. 다른 말로 표현하면, 식 10.35와 식 11.57은 증류탑의 양 끝에서 $\alpha^{LH} > 1$이 아니라면 적용될 수 없다.

예제 11.10 공비점을 의심하기

80°C에 있는 벤젠(B) + 2-프로판올(I) 계에서 공비점을 의심해야 하는지 예비 추산을 하라. MAB 모델을 가정하라. Margules 1-매개변수 모델 (MAB 모델 포함)들의 편리한 특징은 무한 희석 활동도 계수가 같다는 것이다. (여기서 '편리한'은 '정확한'과 같지 않을 수도 있다.)

풀이

이 문제는 증류탑 설계라기보다는 오히려 등온이지만, 조성의 범위의 어느 한쪽 끝에서의 상대 휘발도를 평가할 수 있다는 것에 주목하라. Antoine.xlsx는 증기압, $P_B{}^{sat} = 757$ mmHg와 $P_I{}^{sat} = 683$ mmHg를 주며, 따라서 벤젠이 LK(저비점 한계성분)이다. MAB 모델에 대하여

$$A_{12} = (9.23 - 0.63)(11.86 - 2.24)(89.8 + 76.8)/[4(8.314)353] = 1.174$$

$$\gamma_i^{\infty} = \exp(1.174) = 3.235$$

한계성분의 할당을 사용하면, $P_{LK}{}^{sat}/P_{HK}{}^{sat} = 757/683 = 1.108$이 된다. 그러므로 LK가 더 많은 탑의 끝에서는 $\alpha_{LH} = (P_{LK}{}^{sat})/(\gamma_{HK}{}^{\infty}\ P_{\mathrm{HK}}{}^{sat}) = 1.108/3.235 = 0.343$을 얻으며, HK가 더 많은 탑의 끝에서는 $\alpha_{LH} = (\gamma_{LK}{}^{\infty}\ P_{LK}{}^{sat})/(P_{HK}{}^{sat}) = 3.235 \cdot 1.108 = 3.58$을 얻는다. $(\alpha_{LH} - 1)$의 부호가 변하므로 MAB는 공비점을 예측한다. MAB 모델에서의 근사방법 때문에 그 예측은 실험 데이터 및 더 정확한 모델을 가지고 입증되어야 한다.

11.12 Lewis-Randall 규칙과 Henry의 법칙

이 장에서 우리는 지금까지 계의 상태(즉, 같은 T, P와 액체상태)에서의 순수성분의 성질을 사용하여 표준상태를 도입한 바 있다. 이 조건에서 순수 액체 물질이 존재하지 않는다면 어떻게 할 것인가? 예를 들어, 액상 수소화 반응에서 H_2는 임계온도로부터 훨씬 높은 온도에 있으며, 작은 농도로 액체 용액 내에 존재한다. 액체 H_2의 순수 표준상태는 비현실적이다. 유사하게 소금은 수용액에서 이온으로 용해되지만, 이온은 순수 액체로 존재할 수 없다. 특히, 액체를 어떤 형태의 이상용액으로 모델링하는 것이 가능하다면, 희박한 액체 용액에 대한 모델이 편리할 것이다. 이러한 거동에 대한 모델을 개발하기 위해 먼저 성분 퓨가시티에 대한 일반적인 조성에 따른 거동을 고려한다. 이러한 관찰에 기반을 두고 희박 농도에서 이상용액에 상대적인 용액 거동을 모델링하기 위해 Henry의 법칙을 소개한다.

Henry의 법칙 표준상태

이 장에서 개발된 활동도 계수 모델과 함께 식 11.13이 사용될 때 성분-2의 퓨가시티 대 조성의 형태를 고려하자. 액상 모델 매개변수가 Raoult의 법칙으로부터의 양의 편차를 제공한다면, 성분 퓨가시티 곡선의 형태는 그림 11.12에 있는 곡선으로 표시된다. 이 그림에서는 2성분 희박 용액에 대하여 널리 사용되는 관례를 따른다. 이 관례에서는 용매를 성분-1로 지정하며 희박 용질을 성분 2로 지정한다. 표준상태로 순수성분의 성질을 사용하는 것은 **Lewis-Randall 규칙** 이상용액선으로 알려진 이상용액선(식 10.68)을 만든다. Raoult의 법칙은 표준상태 퓨가시티를 근사적으로 구하기 위해 증기압을 사용하는 Lewis-Randall 이상용액의 특별한 경우이다.[17] 따라서 우리가 전에 개발한 활동도 계수 모델은 Lewis-Randall 이상용액과 관련이 있다. Lewis-Randall 이상용액에 대하여 그 성분에 대한 농도가 순수해짐에 따라 활동

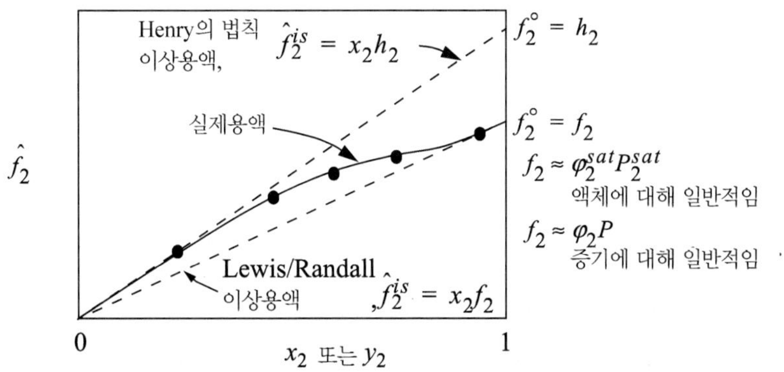

그림 11.12 • 2성분 혼합물에서 성분 2의 퓨가시티에 대한 개략적인 표현.

17 우리는 Henry의 '법칙', Raoult의 '법칙' 그리고 Lewis-Randall '규칙'을 논하고 있다는 것을 혼동하지 마라. '법칙'이나 '규칙'으로 지정하는 것은 순수하게 역사적인 이름이며, 단순히 실제 용액을 모델링하는 데 대한 다른 관점이다.

도 계수는 1에 접근하며, 따라서 활동도 계수는 보통 무한 희석에서는 1로부터 가장 멀리 떨어져 있다.

그림 11.12에 있는 퓨가시티 곡선은 낮은 농도에서는 거의 선형이라는 것을 고려하자. 따라서 무한 희석 근처에서의 접선을 사용하여 성분 퓨가시티를 농도에 비례하는 것으로 표현할 수 있다.

❗ 이상적인 Henry의 법칙 성분

$$\hat{f}_i^{is} = x_i h_i \qquad \langle \text{식 } 11.60 \rangle$$

이 식은 Henry의 법칙으로 주어진 이상용액의 거동이다.

Henry의 법칙 상수 h_i는 보통 실험적으로 결정되며 온도, 압력 및 용매에 의존한다. 그 상수가 용매에 의존한다는 사실은 증기압은 용매에 무관하기 때문에 그 상수를 가상의 증기압과 매우 다르게 만든다.

그림 11.12를 보면서 활동도 계수 모델이 개발되지 않는다면 Henry의 법칙은 한 성분의 농도가 높을 때는 실패한다는 것에 주목하라. 비이상성을 표시하기 위해 Henry의 법칙 활동도 계수를 도입하면

❗ 비이상용액에 대한 Henry의 법칙.

$$\boxed{\hat{f}_i = x_i \gamma_i^* h_i} \qquad \langle \text{식 } 11.61 \rangle$$

여기서 γ_i*는 Henry의 법칙 활동도 계수이다. 그림 11.12에 보인 퓨가시티 곡선에 대하여 Henry의 법칙 활동도 계수는 고농도에서는 1보다 작을 필요가 있으며 Henry의 법칙 활동도 계수는 무한 희석에서는 1로 간다(Henry의 법칙 이상용액선과 상대적으로 비교하라). 반대로, 그림 11.12는 Lewis-Randall 이상용액에 관한 활동도 계수는 1보다 더 클 것이라는 것을 보여준다. 성분들이 서로 '좋아한다'는 것을 의미하는 1보다 더 작은 활동도 계수에 여러분이 익숙해졌다면 이것은 혼란스러울 수도 있다. 그 성분은 Henry의 법칙으로부터 음의 편차와 Lewis-Randall 규칙으로부터 양의 편차를 가질 것이다.

무한 희석에서 Henry의 법칙 활동도 계수가 1로 갈지라도 그 조성에서 Henry의 법칙 표준상태를 지정하는 것은 부정확하다. 사실 정확한 표준상태의 지정은 무한 희석 활동도 계수가 1로 가는 방법으로 선택된(종종 실험적으로 접근할 수 없는) 가상적인 순수성분 퓨가시티이다. 활동도의 정의, 식 11.23을 적용하면 $a_i = x_i\gamma_i^* = \hat{f}_i/f_i^\circ$라는 것을 알게 된다. 식 11.61과 비교하면 표준상태는 $f_i^\circ = h_i$라는 것을 알게 된다. 따라서 중요한 활동도 계숫값은 무한 희석에서의 값이지만, 표준상태 조성은 가상적인 순수상태이다. 이 관점은 특히 전해질 용액에 대하여 유용하다.

γ_i를 Henry의 법칙과 Lewis-Randall 규칙에 관계시키기

그림 11.12에서 Henry의 접근과 Lewis-Randall의 접근 모두 같은 퓨가시티를 표시한다는 것에 주목하라. 두 접근을 같게 놓으면,

$$\hat{f}_i = x_i \gamma_i^* h_i = x_i \gamma_i f_i \qquad \langle식\ 11.62\rangle$$

γ_2^*가 1에 접근하는 무한 희석에서의 극한을 취하면,

$$\hat{f}_i = x_i h_i = x_i \gamma_i^\infty f_i \quad \text{무한 희석일 때} \qquad \langle식\ 11.63\rangle$$

을 얻으며, 이 식은 다음과 같은 Henry의 상수, Lewis-Randall의 퓨가시티 및 활동도 계수 간의 관계를 낳는다.

$$\boxed{h_i = \gamma_i^\infty f_i} \qquad \langle식\ 11.64\rangle$$

❗ Henry의 상수와 Lewis-Randall 퓨가시티 간의 관계

그림 11.13에서 $\ln\gamma_2$가 $\ln\gamma_2^\infty$에 접근하고 $\ln\gamma_2^*$가 0에 접근하는 오른쪽 항을 보라. $x_2 = 0$에서의 절편의 차이는 $\ln(h_2/f_2)$이다. Henry의 법칙 활동도 계수를 모델링하기 위하여 활동도 계수가 Gibbs-Duhem 식 11.49를 따라야 한다는 제한 조건이 남아 있다. 따라서 Henry의 법칙 활동도 계수의 로그를 취한 것의 기울기는 Lewis-Randall 활동도 계수의 로그를 취한 것의 기울기와 같아야 한다. 그 이동은 조성에 무관하며 그림 11.13에 도시되어 있다. 우리는 Henry의 법칙에 의해 모델링된 성분에 대한 절편값을 이동시킴으로써 Lewis-Randall 규칙에 대해 개발된 어떠한 활동도 모델도 Henry의 법칙에 맞출 수 있다. 따라서,

$$\boxed{\ln\gamma_i^* = \ln\gamma_i - \ln\gamma_i^\infty} \qquad \langle식\ 11.65\rangle$$

❗ Lewis-Randall 활동도 모델을 Henry의 법칙 활동도 모델로 이동시키는 공식

여기서 어떠한 Lewis/Randall 모델도 γ_i에 대해 사용될 수 있으며 같은 모델이 γ_2^∞에 대해 사용된다. 보통 활동도 계수 모델을 조종하여 활동도 모델 매개변수로 표현된 무한 희석 활동도 계수를 얻으며, 그 차이는 해석적으로 표현된다. 1-매개변수 Margules식에 대하여 $\ln\gamma_i^\infty = A_{12}$이다. Lewis-Randall 규칙에 의해 표시되는 성분 1(농도가 더 큰 용매)을 가지고 2성분 혼합물의 성분 2(희박 용질)에 적용된다면,

$$\ln\gamma_2^* = \ln\gamma_2 - \ln\gamma_2^\infty = A_{12}x_1^2 - A_{12} = A_{12}(x_1^2 - 1) \quad \ln\gamma_1 = A_{12}(x_2^2) \qquad \langle식\ 11.66\rangle$$

❗ 1-매개변수 Margules식에 기반한 Henry의 법칙에 대한 비대칭 활동도 계수.

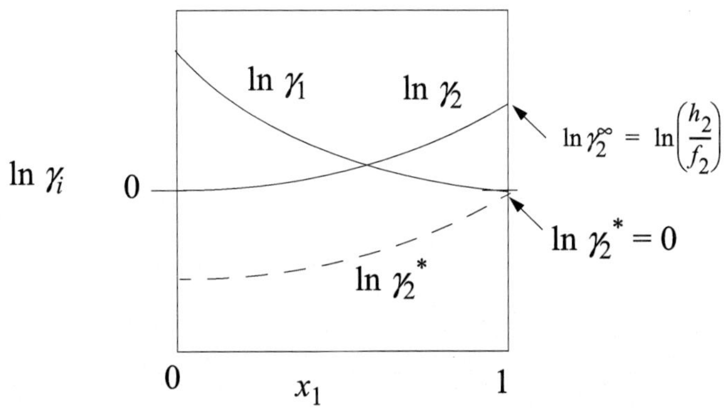

그림 11.13 • Lewis-Randall 규칙 활동도 계수와 비교된 Henry의 법칙 활동도 계수의 관계를 보여주는 개략적 도해.

독자들은 우리가 2개의 표준상태 사이를 구별하기 위하여 주의를 기울였으며 이것은 다른 활동도 계수에 대한 뚜렷한 기호를 포함한다는 것을 인식해야 한다. 한 성분이 Henry의 법칙으로 표현되고 다른 성분이 Lewis-Randall 규칙으로 표현된다면 전체 모델은 활동도 계수에 대하여 **비대칭적 표준화 관례**(unsymmetrical normalization convention)를 사용하는 것으로 묘사된다.

몰랄 활동도 스케일로의 Henry의 법칙

식 11.61은 Henry의 법칙 상수에 대한 단위는 압력이어야 한다고 제시하고 있지만 다른 관례들도 존재한다. 예를 들어, 기체에 대한 Henry의 상수를 나타내는 일반적인 방법은 액상 농도를 **몰랄**농도(molality)로 표시하고 h_i에 관해 도치된 상수를 제공하는 것이다. 그 결과는

❗ 몰랄 활동도 계수와 Henry의 법칙

$$\hat{f}_i = x_i\gamma_i^* h_i = m_i\gamma_i^{\square}/(K_H) \qquad \langle 식\ 11.67\rangle$$

이며, 여기에서 농도에 대한 단위의 변화는 활동도 계수의 변화와 Henry의 법칙 상수의 단위의 변화를 필요로 한다.[18] 몰랄 활동도 계수 $\gamma_i^{\square}$에 대한 상세한 내용은 18장에서 다룰 것이다. 그러나 γ_i*와 같이 몰랄 활동도 계수도 무한 희석에서 1로 간다. 기상 성분에 대하여 $\hat{f}_i^V = \hat{f}_i^L$이라는 것을 본 바 있으며, 따라서 Henry의 법칙 계산에서는 기상 퓨가시티를 사용할 수도 있다. NIST Chemistry WebBook에 있는 많은 Henry의 법칙 상수들은 몰랄농도 단위에 대하여 K_H의 관례를 따른다. 물에서의 몰랄농도와 몰분율 간의 관계는 $x_i = m_i x_w 0.001 M_{w,w}$이다. 여기서 $M_{w,w}$는 물의 분자량이며, x_w는 물의 몰분율이다. 이 관계식은 나중에 (식 18.147 참조) 유도할 것이다.

예제 11.11 Henry의 법칙에 의한 CO_2의 용해도

물에 대한 이산화탄소의 용해도는 생물 생리학과 환경 해양 화학에서 대단히 중요한 역할을 하고, 분석화학에서 산-염기 적정의 정확성에 영향을 주며, 많은 탄산음료를 만들어 준다. 물에서의 CO_2에 대한 Henry의 법칙 상수는 NIST Chemistry WebBook[a]에 298.15 K에서 K_H = 0.035 mol/kg-bar로 수록되어 있다. 0.7 MPa의 전체 압력과 298.15 K에서 물에 녹아 있는 CO_2의 몰분율을 추산하라. 기상을 이상기체로 취급하고 액체를 Henry의 법칙 표준상태를 가진 이상용액으로 취급하라. 이온성 카보네이트 화합물의 생성은 무시하라.

풀이

$K_H y_{CO_2} P = m_{CO_2}$이며, 여기서 m_{CO_2}의 단위는 mol/(kgH_2O)이다. 먼저 물에 대한 Raoult의 법칙을 사용하여 y_{CO_2}를 구하라. 수증기표로부터 P_w^{sat}를 취하면 물에 대한 Raoult의 법칙은 다음을 준다.

---

18 Henry의 법칙 상수가 역으로 나타나는 이유는 녹아 있는 화합물이 '생성물'이고 기상에 있는 화합물이 '반응물'인 '반응'에 대하여 용해도가 평형상수로 표현되기 때문이다.

$$y_w = P_w^{sat}/P = 0.00317/0.7 = 0.0045 \Rightarrow y_{CO_2} = 0.9955.$$

따라서 CO_2의 용해도는 다음과 같이 계산된다.

$$K_H y_{CO_2} P = 0.035(\text{mol/kg-bar})(0.9955)(7 \text{ bar}) = 0.244 \text{ molal}$$

$$x_{CO_2} = m_{CO_2} x_w 0.001 M_{w,w} = m_{CO_2} 0.001 M_{w,w}(1 - x_{CO_2}) \Rightarrow$$

$$x_{CO_2} = \frac{m_{CO_2} 0.001 M_{w,w}}{1 + m_{CO_2} 0.001 M_{w,w}} = \frac{0.244(0.018)}{1 + 0.244(0.018)} = 0.0044$$

이 예제에서의 2성분계에 대하여 여기에서 무시된 이온성 화합물은 pH를 낮추기 위해 충분하며, 포괄적인 이해를 위해 필수적일지라도 농도는 여기에서 모델링된 분자 CO_2에 비해 작다. 생리학이나 해양 화학에서는 평형을 더 복잡하게 만드는 많은 다른 염들이 포함된다. 18장에서는 이온화에 대한 몇 가지 쟁점을 다룬다.

a. webbook.nist.gov

가상적인 Lewis-Randall 퓨가시티를 이용한 희박 용액 계산

녹아 있는 기체의 용해도는 액상과 기상을 모두 상태방정식을 직접 이용하여 취급함으로써 모델링될 수 있다(15장에서 논의될 것임). 그러나 식 11.63은 희박 용액을 Lewis-Randall 규칙에 관해 모델링할 수 있다는 것을 제시한다. 식 11.63을 보면 왜 Henry의 법칙 상수가 용매에 의존하고 Lewis-Randall γ_i^∞가 모든 용매에 대하여 다른지를 평가할 수 있다. 우리가 개발한 활동도 계수 모델은 γ_i^∞ 를 설명할 수 있다. 우리가 필요로 하는 것은 임계점 이상의 가상적인 액체의 퓨가시티를 상관시키는 방법이다. 석유화학에서 저비점 기체들에 대한 일반적인 모델은 Grayson-Streed 모델(그리고 밀접히 관련된 Chao-Seader 모델과 Prausnitz-Shair 모델)이다.[19]

$T > T_c$일 때조차 간단한 증기압식으로 Lewis-Randall 퓨가시티에 대한 유한한 수치 결과를 얻는다는 것에 주목하라. 임계온도에 가까워지면 간단한 식을 단순하게 외삽하는 것은 합리적이다. 그 경우 액체 증기압이 $T > T_c$에서는 엄밀히 정의되지 않기 때문에 간단한 결과가 f^L의 추산치로 더 적절하게 언급된다. 온도를 증가시키면 기체의 용해도가 감소한다는 것은 일반적으로 경험하는 것이다. 그러나 $T > 2T_c$인 온도에서는 놀라운 일이 발생한다. **기체의 용해도는** 온도를 증가시킴에 따라 **증가**한다. 다른 말로 표현하면, 가상적인 기체성분의 **퓨가시티는** 온도를 증가시킴에 따라 **감소**한다. 이러한 거동은 상태방정식에 의해 예측되지만(15장), 간단한 상관관계를 위해 전에 인용된 연구자들은 단순한 혼합물 모델(대부분 다음 장에서 논의될 정규 용액 모델)을 가지고 실험을 일치시키는 가상적인 Lewis-Randall 퓨가시티에 대한 상관관계를 개발하였다. 우리는 MAB 모델을 사용하는 개념을 여기에서 소개하고자 한다.

19 Chao, K. C., Seader, J. D. 1961. *AIChE J.* 7:598; Grayson, H.G., Streed, C.W. Paper 20-PO7, 6th World Petroleum Conference, Frankfurt, June 1963; Prausnitz, J.M., Shair, F.H. 1961. *AIChE J.* 7:682.

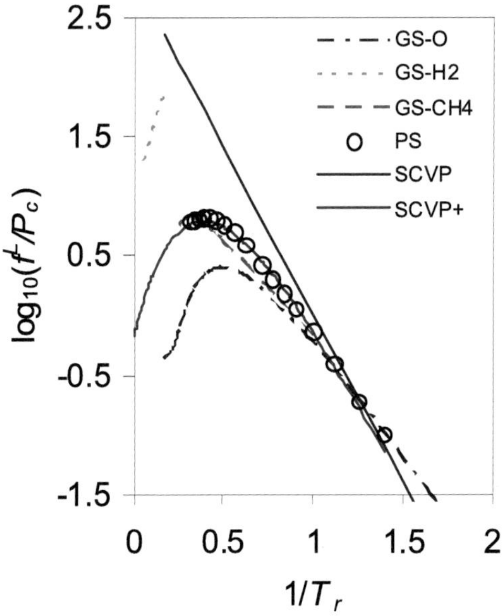

그림 11.14 • 본문에 묘사된 바와 같이 높은 온도에서 액체 퓨가시티에 대한 상관관계의 비교. GS = Grayson/Streed, PS = Prausnitz/Shair, SCVP = 간단한 증기압식, SCVP+ = 확장된 간단한 증기압식. (SCVP와 SCVP+에 대하여 $\omega = 0.21$)

그림 11.14는 환산온도의 함수로 f^L에 대한 몇 가지 일반화된 추산치를 보여 주고 있다. Grayson-Streed 추산치는 메탄(CH_4)이나 수소(H_2)에 대하여 일반적인 상관관계가 적용되는지(GS-0) 아니면 특정한 상관관계가 적용되는지에 의존하여 상당히 변한다. Grayson-Streed 추산치는 그림 11.14에서 추산치들의 범위에 의해 나타나는 온도범위에서 한계를 가지고 있다. Prausnitz-Shair 상관관계는 화합물의 이심인자에 관계없이 모든 화합물에 대한 단일 곡선을 준다. 우리의 목적을 위해서 높은 온도에서 간단한 식을 정성적으로 향상시킬 수 있는 일반화된 상관관계를 가지고 싶어 한다. 이러한 목표는 Lewis-Randall 퓨가시티에 대한 다음의 상관관계를 가지고 달성될 수 있다.

❶ 공비점이 존재하는지 결정하기 위한 간단한 알고리즘

$$\log_{10}(f^L / P_c) = 7(1 + \omega)(1 - T_c/T)/3 - 3\exp(-3T_c/T) \quad \text{SCVP+ 식} \qquad \langle 식\ 11.68 \rangle$$

이 상관관계는 $T < T_c$에서 간단한 증기압(SCVP)식을 일치시키기 위해 설계되었다. 그것은 $T > T_c$에서 CH_4에 대한 Grayson-Streed 추산치의 합리적인 일치와 $\omega = 0.21$의 값이 식 11.68에 적용될 때 Prausnitz-Shair 상관관계에 대한 상당히 정확한 일치를 제공한다. 그것은 또한 모든 온도에 대한 합리적인 결과를 제공한다. 우리는 이것을 SCVP+ 식이라고 한다.

예제 11.12 MAB/SCVP+ 모델로 CO_2에 대한 Henry의 상수 구하기

298 K와 7 bar에서 물에 녹는 CO_2의 용해도는 $x_{CO_2} = 0.0044$로 추산될 수 있다. 기상을 이상기체로 취급하고 물에 있는 이온성 화학종을 무시할 때, (a) 순수 CO_2에 대한 Lewis-Randall

규칙과 SCVP+ 식을 사용하여 γ_i^∞를 맞추고 1-매개변수 Margules 모델의 매개변수를 결정하라. (b) 물에서의 CO_2에 대하여 MAB 모델의 A_{12}와 γ_i^∞를 추산하고 (a)의 결과와 비교하라. (c) MAB와 SCVP+ 식을 사용하여 311 K에서의 Henry의 상수를 예측하라.

풀이

(a) 먼저 SCVP+ 식을 사용하여 가상적인 액체 퓨가시티를 예측하라.

$$\log_{10}(f^L/73.82) = 7(1 + 0.228)(1 - 304.2/298)/3 - 3\exp(-3\cdot 304.2/298)$$

$$\Rightarrow f_{CO_2}{}^L = 73.82\cdot 10^{-0.200} = 47 \text{ bar}$$

(참고: SCVP 모델에 의한 Lewis-Randall 표준상태는 47 bar 대신에 64 bar가 될 것이다.)

예제 11.11을 참고하면 이상기체 증기의 퓨가시티는 거기에서 계산된 바 있으며, 그것을 Henry의 법칙과 같게 놓을 수 있고 x_{CO_2} 실험값을 가지고 방금 계산된 퓨가시티를 사용할 수 있다.

$$y_{CO_2}P = 7\cdot 0.9955 = x_{CO_2}\gamma_{CO_2}{}^\infty f_{CO_2}{}^L \quad \Rightarrow \gamma_i^\infty = 7\cdot 0.9955/(0.0044\cdot 47) = 34.$$

$$\ln\gamma_{CO_2}{}^\infty = A_{12} = \ln(34) = 3.52$$

(b) MAB에 대하여 기본 추산값은 $A_{12} = (\alpha_2 - \alpha_1)(\beta_2 - \beta_1)(V_1 + V_2)/(4RT)$ 이다.

$$A_{12} = (1.87 - 50.13)(0 - 15.06)(44/1.18 + 18/1)/(4(8.314)298) = 4.05$$

$$\gamma_i^\infty = \exp(4.05) = 57.4$$

A_{12}에 대한 MAB 예측은 대략 (100%)(4.05 − 3.52)/3.52 = 15%로 너무 높다.

(c) 311 K에서 맞춰진 MAB 모델은 $A_{12} = 3.52(298/311) = 3.37 = \ln\gamma_{CO_2}{}^\infty$를 제시한다. 따라서 $\gamma_{CO_2}{}^\infty = 29$가 된다.

식 11.68에 의해 $\log_{10}(f^L/73.82) = 7(1 + 0.228)(1 - 304.2/311)/3 - 3\exp(-3\cdot 304.2/311) = -0.0968 = -0.0968$

식 11.64에 의해 $h_{CO_2} = \gamma_{CO_2}{}^\infty f_{CO_2}{}^L = 29(10^{-0.0968}) = 23$ bar

Henry의 법칙에 대한 SCVP+ 모델을 가지고 H_2O에 녹은 CO_2에 대하여 $\gamma_i^\infty > 10$를 얻었으며 이는 CO_2와 물이 매우 유사하지는 않다는 것을 제시하고 있다는 것에 주목하라. 사실 CO_2 + H_2O 계는 VLLE를 보이는데, 이는 Henry의 법칙에 대한 이러한 접근 방법이 Lewis-Randall 관점과 일관성을 유지한다고 단언하는 것이다. 유사한 방법으로 다른 활동도 모델, 화합물, 그리고 조건을 특징지을 수 있다.

11.13 삼투압

반투과막은 나노 규모로 분자를 분류할 수 있는 뛰어난 능력을 보여 준다. 이 반투과막은 물은 투과되지만 염은 투과되지 못하는 역삼투압 정수와 혈액이 정제되는 투석막에서 사용된다.

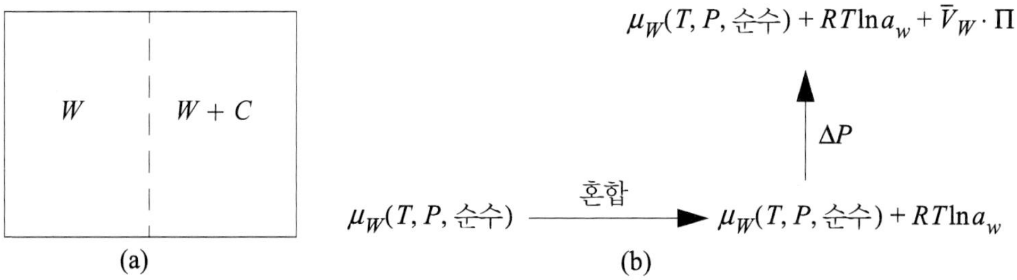

그림 11.15 • (a) 반투과막의 도해. 막은 *W*에는 투과성이지만 *C*에는 투과성이 아니다. *W*라는 표식은 물이 대표적인 용매이기 때문에 편리상 붙인 것이다. (b) 삼투압에서 혼합물의 화학 퍼텐셜 계산에서 사용된 경로의 도해.

생물계에서 세포벽과 세포막도 역시 많은 화합물에 대한 선택적인 투과성을 가지고 있다. 그림 11.15(a)에 보인 막을 고려하자. 순수한 W가 막의 왼쪽에 있으며 $W + C$의 혼합물이 막의 오른쪽에 있다. (보통 용매는 물이지만 고분자 화학에서는 유기 용매가 사용될 수도 있다.) 막은 W에는 투과성이지만 C에는 투과성이 아니다. 용액이 같은 압력 P에 있다면, 성분 W는 **삼투**(osmosis)의 조건에서 자연발생적으로 왼쪽 방에서 (더 높은 몰분율에 기인한 더 높은 화학 퍼텐셜) 오른쪽 방으로 (더 낮은 몰분율에 기인한 더 낮은 화학 퍼텐셜) 흐른다. 오른쪽 방의 압력이 증가하면 흐름의 정도는 감소한다. 압력이 삼투압(osmotic pressure) Π만큼 증가했을 때, 양측은 상평형에 도달하고 흐름은 중단된다. 오른쪽 방의 압력이 삼투압 이상으로 증가하면 **역삼투**(reverse osmosis)의 조건이 존재하며 성분 W는 오른쪽에서 왼쪽으로 흐른다. 역삼투는 인구가 증가하고 물이 부족해짐에 따라 세계에서 가장 큰 규모의 화학공학 단위조작이 되고 있다.

오른쪽에서의 압력($P + \Pi$)에서 W의 내부 흐름은 중단되고 화학 퍼텐셜은 균형이 유지된다. P에 있는 순수 유체의 화학 퍼텐셜을 $P + \Pi$에 있는 혼합물에 관련시키는 편리한 경로를 만들자. 순수한 유체를 가압한 후 혼합시키는 것을 고려할 수 있거나 유체를 혼합시킨 후에 고정된 조성에서 가압하는 것을 고려할 수 있다. 역사적인 유도과정을 따르면 혼합에 대하여 표준상태 압력으로 P를 사용하는 것은 일반적이다. 혼합공정은 다음 식과 같이 활동도 $a_W = x_W\gamma_W$(식 11.23 참조)로 표현될 수 있다.

$$\mu_W(T, P, x_W) - \mu_W(T, P, \text{순수}) = RT\ln a_W \qquad \langle 식\ 11.69 \rangle$$

혼합물에 있는 W에 대하여 일정한 T에서 화학 퍼텐셜에 미치는 압력의 영향은 $d\mu_W = \bar{V}_W dP$이다. 액체는 거의 비압축성이기 때문에 압력의 변화에 대하여 $\Delta\mu_W = \bar{V}_W \cdot ((P + \Pi) - P)$가 되며 전체적으로는 다음과 같이 된다.

$$\mu_W(T, P + \Pi, x_W) = \mu_W(T, P, x_W) + \bar{V}_W \cdot ((P + \Pi) - P) = \mu_W(T, P, x_W) + \bar{V}_W \cdot \Pi \qquad \langle 식\ 11.70 \rangle$$

계산 경로는 그림 11.16(b)에 나타나 있다. 초기상태는 막의 왼쪽을 나타내며 최종상태는 오른쪽을 나타낸다. 막의 양쪽에 대한 화학 퍼텐셜 식을 같게 놓으면

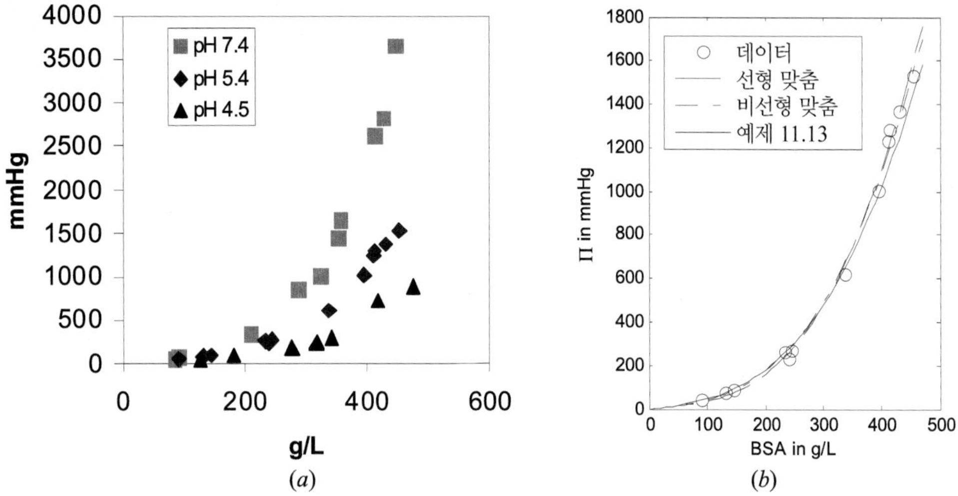

그림 11.16 • (a) 여러 가지 pH값에서 25°C에 있는 물에서의 소혈청 알부민(BSA) 용액에 대한 mmHg 단위로의 삼투압. 데이터는 Vilker, V.L.; Colton, C.K.; Smith, K.A. J. Colloid Int. Sci. 1981. 79:548로부터 얻었음. (b) 예제 11.13에 설명된 바와 같이 pH 5.4에서의 삼투압의 맞춤.

$$\mu_W(T, P, \text{순수}) = \mu_W(T, P, \text{순수}) + RT\ln a_W + \bar{V}_W \cdot \Pi$$

이 되며, 삼투압과 투과성 있는 화학종의 활동도 사이의 관계를 얻는다.

$$\boxed{\Pi = -\frac{RT}{\bar{V}_W}\ln a_W} \qquad \text{〈식 11.71〉}$$

삼투압과 투과성 성분의 활동도 간의 관계

활동도는 임의 활동도 계수 모델로부터 계산될 수 있다. 용액은 몰 기준으로 거의 순수한 W이기 때문에, W에 대하여 Lewis-Randall 규칙과 관련된 활동도를 계산하며, 부분 몰부피를 순수한 W의 부피로 대체하는 것이 일반적이다. **McMillan-Mayer 체계**(framework)[20]라고 알려진 방법이 생물학에서 자주 사용되는데 이를 사용하여 활동도의 로그를 용질의 몰농도 [C]에 관한 팽창으로 써서 $\ln a_W$를 표현한다. W의 몰부피를 사용하여 W의 몰당으로 표현된 식을 정규화시키면, McMillan-Mayer 체계는 다음의 결과를 낳는다.

$$RT\ln a_W = -RTV_W([C] + B_2(T)[C]^2 + B_3(T)[C]^3 + \cdots) \qquad \text{〈식 11.72〉}$$

여기에서 $B_2(T)$와 $B_3(T)$는 **삼투 비리얼 계수**(osmotic virial coefficients)라고 알려진 것으로 온도의 함수이다. 두 표현을 결합시키고 몰부피를 제거한 후, 용질을 통칭하는 하첨자 i, 용질의 **질량 밀도(그램/(용액의 부피)의 단위로)** C_i, 그리고 분자량 $M_{w,i}$를 사용하여 그 표현을 다시 쓰면, 데이터를 보여 줄 때 일반적인 형태인 다음의 식을 얻는다.

20 Tester, J.W., Modell, M. 1997. *Thermodynamics and Its Applications*, 3rd ed. Upper Saddle River, NJ: Prentice-Hall, p. 469.

$$\boxed{\frac{\Pi}{RT} = \frac{C_i}{M_{w,i}}(1 + B_2(T)C_i + B_3(T)C_i^2 + \ldots)}$$ 〈식 11.73〉

pH의 함수로 전하를 바꾸는 생물학적 분자에 대해서는 pH에 의존하기도 하지만, 삼투 비리얼 계수는 온도의 함수로 명쾌하게 주어진다. $\Pi/(RTC_i)$의 그래프는 분자량의 역수와 관련된 절편을 가지며, 그 그래프는 용질의 분자량을 결정하기 위해 사용될 수 있다는 것에 주목하라. 여러 가지 pH값에서 물에서의 돼지 혈액 단백질 소혈청 알부민(bovine serum albumin, BSA)에 대한 삼투압 실험 데이터를 그림 11.16에 나타냈다. 전하에 미치는 pH의 영향은 18장에서 전해질에 대해 논의할 때 설명될 것이다.

예제 11.13 BSA의 삼투압

소혈청 알부민(bovine serum albumin, BSA)은 66,399 g/mol의 분자량을 가진다. 25°C와 pH 5.4에서 농도가 130 g/L일 때는 수용액의 삼투압은 74 mmHg이며, 농도가 234 g/L일 때는 260 mmHg이다.[a] 이 데이터만을 사용하여 제2 및 제3 삼투 비리얼 계수를 결정하고 다른 쪽에 순수한 물을 가진 막을 가로질러 용액을 450 g/L까지 농축시키는 데 필요한 압력을 추산하라.

풀이

2개의 포인트가 주어졌기 때문에 삼투압에 대한 선형식을 구해 계수를 기울기와 절편에 관계시키자. 재배열된 변수들을 유지하기 위해 변수 s를 정의하면

$$\left(\frac{\Pi M_i}{RTC_i} - 1\right)/C_i \equiv s_i = B_2(T) + B_3(T)C_i$$ 〈식 11.74〉

삼투압을 MPa로 바꾸면 $\left(\frac{\Pi M_i}{RTC_i} - 1\right)/C_i$는

$$s_i = \frac{\left(\dfrac{74\text{mmHg}}{} \Big| \dfrac{0.1\text{MPa}}{750\text{mmHg}} \Big| \dfrac{\text{mol}\cdot\text{K}}{8.314\text{MPacm}^3} \Big| \dfrac{66399\text{ g/mol}\ \ 1000\text{ cm}^3/\text{L}}{298.15\text{K}\ \ 130\text{ g/L}} - 1\right)}{130\text{g/L}} = 7.946\times10^{-3}\text{L/g}$$

이 되며, 234 g/L에서 $s_i = 1.269 \times 10^{-2}$ L/g을 얻는다. 제2 계수는 s_i 대 C_i의 기울기로 주어진다.

$$B_3(T) = \frac{(s_i)_{234} - (s_i)_{130}}{(C_i)_{234} - (C_i)_{130}} = \frac{1.269\times10^{-2} - 7.946\times10^{-3}}{234 - 130} = 4.562\times10^{-5}(\text{L/g})^2$$

제2 계수는 원래의 데이터 포인트들 중의 어느 1개를 가지고 제3 계수를 사용하여 구한다. 130 g/L에서의 포인트로부터,

$$B_2(T) = s_i - B_3(T)C_i = 7.946\times10^{-3} - 4.562\times10^{-5}(130) = 2.015\times10^{-3}\text{L/g}$$ 〈식 11.75〉

이제 450 g/L에서

$$\frac{\Pi}{RT} = \frac{C_i}{M_i}(1 + 2.015\times10^{-3}C_i + 4.562\times10^{-5}C_i^2)$$

$$= \frac{450}{66399}(1 + 2.015\times10^{-3}(450) + 4.562\times10^{-5}(450)^2) = 0.07548\,\text{mol/L}$$

$$\Pi = (0.07548\,\text{mol/L})(8.314)(298.15)(\text{L}/1000\,\text{cm}^3)(750\,\text{mmHg}/0.1\,\text{MPa}) = 1403\,\text{mmHg}$$

그러므로 우리는 BSA를 450 g/L까지 농축하기 위해 1,400 mmHg의 최소 추산 압력을 적용하여야 한다. 인용된 원본 논문은 대략 1,500 mmHg의 값을 준다. 따라서 우리가 얻은 추산 값은 10% 내에 드는 것이다. 예측은 선택된 데이터 포인트에서의 잡음에 민감하다. 더 좋은 방법은 데이터를 몇 개 더 수집하여 가장 좋은 맞춤을 회귀시키는 것이다.

그림 11.16(b)는 데이터에 대한 3개의 맞춤을 보여 주고 있다. '선형 맞춤'에 대하여 데이터는 이 예제에 있는 과정을 따르면서 선형화된다. 그러고 나서 선형 회귀는 모든 포인트에 걸쳐 사용된다. '비선형 맞춤'에 대해서는 비선형 회귀 방법을 사용하여 식 11.73의 삼투압 예측에서의 오차가 최소화된다. '예제 11.13' 곡선은 이 예제에서 맞춰진 계수들을 사용한다. 이 데이터에 대한 제2 삼투 비리얼 계수는 회귀 방법에 민감하다. 선형 맞춤에 대하여 $[B_2\ B_3]$ = [1.93E-4 5.352E-5]이며, 비선형 맞춤에 대해서는 [−3.57E-3 6.360E-5]이다. 회귀 통계에 대한 주의 깊은 분석은 B_2값에서의 불확실도는 그 값보다 더 크다. 즉, 비선형 맞춤의 95% 신뢰 한계에 대한 불확실도는 ±[5.25E-3 1.25E-5]이다.

a. Vilker, V.L., Colton, C.K., Smith, K.A. 1981. *J. Colloid Int*. Sci. 79:548. 원본 논문은 69,000 g/mol의 분자량을 사용한다는 것에 주목하라.

세포막은 반투과막의 좋은 예이며, 특히 물 투과성을 고려할 때는 더욱 그렇다. 이러한 성질이 암시하고 있는 한 가지는 세포 환경에서 삼투압을 바꾸는 것은 세포를 '불편하게' 만들 수 있다는 것이다. 특히 세포 밖에서의 더 높은 염의 농도는 탈수를 야기할 수도 있다. 반면에, 세포 밖에서의 염의 농도가 0이면 세포가 부풀거나 터질 수 있다. 이러한 성질은 피부나 눈의 상피와 같이 세포를 뭉치게 한다. 예를 들어, 눈물에 의해 야기되는 불편함을 최소화하기 위해 필요한 한 가지는 용액을 **등장성**(isotonic)으로 만드는 것이며, 이는 용액에서의 물의 삼투압이 기준 세포 재료, 이 경우에는 눈의 삼투압과 같다는 것을 의미한다.[21].

의약품 제조에서의 일반적인 상황은 약물의 농도가 처리 규약에 의해 결정된다는 것이다. 그러나 전달 용액은 신체의 유체와 등장성이 되어야 한다. 그러므로 용액을 등장성으로 만들어 주기 위해서는 용액을 소금으로 보충하여야 한다. 다행히 세포에 있는 용질의 농도는 낮아서 식 11.73의 B_2와 B_3가 무시될 수 있다. 이것은 몰농도가 같기만 하면 삼투압은 화합물의 성질과 무관하다는 흥미로운 관찰 결과를 낳는다. 다른 말로 표현하면, 모든 구성성분들의 농도는 등장 농도에 도달할 때까지 간단히 더해질 수 있다. 화학적 특성에 관계없이 구성성분을 더하는 이러한 규칙을 따르는 성질은 **총괄 성질**(colligative property)이라고 부르는데, (농도가

21 Connors, K.A. 2002. *Thermodynamics of Pharmaceutical Systems*. Hoboken, NJ: Wiley.

충분히 낮아서 B_2와 B_3가 무시될 수 있기만 하면) 이러한 성질 중의 한 예가 삼투압이다.[22] 참조가 되는 것으로서 인간의 혈액은 총괄 성질이 가정될 수 있는 농도범위에 있으며 용질의 농도가 0.308 mol/L인 등장성 용액이다.

예제 11.14 삼투압과 대장균(E. coli)의 전기 천공(electroporation)

대장균(E. coli)은 유전자 변형을 통해 원하는 단백질을 발현시키기 위하여 일반적으로 사용되는 박테리아이다. 이는 대장균이 발견하는 어떠한 세포 내 DNA도 복제하고 발현시키기 때문이다. 외래 DNA를 도입한다는 것은 세포막을 4°C에서 순수한 물로 간단히 (약 10분) 두 번 세척하고 10 wt% 글리세롤 용액으로 한 번 세척하며 세척 전 매질로부터 세포 펠릿을 분리하기 위해 원심분리시킴으로써 세포막을 약하게 만드는 것을 필요로 한다. 세척을 통해 세포가 '전기 천공되기에 적합한' 상태로 만들어진 후, 글리세롤 용액 1 ml를 제외하고 모든 것들이 제거되며 '전기 천공' 단계(전기적으로 세포들에 충격을 주는 것)가 수행될 때까지 분액을 냉동시켜 보관한다. 인간 혈액과 등장성인 용액을 만들기 위해서는 어떤 농도(wt%)의 글리세롤이 필요한가? 매질을 10 wt% 글리세롤로 바꾼다면, 세포 안에 있는 물과 세포 밖에 있는 글리세롤에 무엇이 발생할 것인지 기술하라.

풀이

글리세롤의 분자량은 92.1이며, 이는 NIST Chemistry WebBook으로부터 구할 수 있다. 이는 0.308 mol/L의 용액은 (0.308)·(92.1) g/L의 글리세롤을 가진다는 것을 의미한다. 밀도로 1,000g/L(농도가 낮기 때문에 물의 밀도와 같음)를 가정하면, (0.308)·(92.1)/1,000 = 0.0284 = 2.84 wt%의 무게 분율을 얻는다. 그러므로 10 wt% 용액은 **고장성**(hypertonic)이다. 물의 활동도는 등장성이기에는 너무 낮다. 세포 밖에 있는 글리세롤을 희석시키기 위해 물이 세포 밖으로 나오게 될 것이다. 결과적으로 세포는 수축하여 쪼글쪼글해진다.

11.14 요약

문제 풀이 전략은 10장의 끝에 제시된 전략과 같으며 그 전략에 대한 검토가 제시된다. 표 10.1과 10.1~10.8절에 있는 정보를 사용하여 알려진 변수들과 사용할 정확한 루틴을 확인하라. 그다음 유효한 접근 방법을 적용하라.

활동도 계수의 도입은 이 장에서 새로운 것이다. 먼저, 활동도 계수로 작업할 때에 세 가지 다른 단계—실험 데이터로부터 활동도 계수 얻기, 모델을 실험 데이터에 맞추기, 모델—를 사용하여 새로운 조성이나 다른 온도와 압력으로 외삽하기가 있다.

---

22 여러분이 상상했을지도 모르겠지만 정맥 링거 주사에 들어 있는 '생리 식염수'에 왜 다른 염이 용해되어 있는지 이유가 있다. 많은 특정 전해질에 대하여 균형을 유지하는 것은 중요하다. 따라서 피상적으로 보면 용액을 등장성으로 만들기 위해 어떠한 화학종도 사용될 수 있지만 어떤 화학종이 용해되어 전달되는지 주의를 기울여야 한다.

활동도 계수 모델들을 실험 데이터에 맞추기 위한 몇 가지 방법을 제공하였으며, 기포 압력 계산과 기포온도 계산을 보여 줬다. 비이상성을 과잉 Gibbs 에너지에 관계시키기 위한 전략을 제시하였다. 모델에 가설을 세워 정확한 형태의 과잉 Gibbs 에너지를 맞췄으며, 모델식을 미분하여 활동도 계수에 대한 표현을 얻었다. 비이상성의 본질을 산성과 염기성의 개념을 통해 혼합물에서의 화학구조에 관계시켰다.

활동도의 개념을 소개하였다. 혼합물에서의 한 성분의 퓨가시티를 순수성분 퓨가시티에 관계시키기 위한 토대가 여기에 놓여 있다. Henry의 법칙과 삼투압의 소개에서 논의된 바와 같이, 치밀하면서 자세한 것은 표준상태의 특징과 관련되며, 표면적으로 몰랄농도를 기준으로 한 Henry의 법칙을 소개하였다. 전해질을 다룰 때 이러한 논의를 다시 언급할 것이다.

이 장과 10장 사이의 주된 차이는 K_i를 계산하기 위해 사용된 γ_i라는 것을 인식하라. 또한 다음 두 장에서 소개할 이론에 바탕을 둔 모델을 개발하는 데 도움을 주는 용액 거동에 대한 더 많은 이해가 필요하다는 것을 지적했다.

주요 식

많은 상평형 문제들에 대한 출발점은 식 11.13이다.

$$\boxed{\hat{f}_i^L \equiv x_i \gamma_i f_i^\circ} \qquad \text{〈식 11.13〉}$$

여러 가지 활동도 모델은 γ_i를 계산하는 방법을 바꾸지만, 이 기본식을 바꾸지는 않는다. 식 11.13은 수정된 Raoult의 법칙에 대한 단순화된 형태로 나타날 것이다.

$$\boxed{\hat{f}_i^L \approx x_i \gamma_i P_i^{sat}} \qquad \text{〈식 11.14〉}$$

$$\boxed{y_i P = x_i \gamma_i P_i^{sat}} \text{ 또는 } \boxed{K_i = \frac{\gamma_i P_i^{sat}}{P}} \qquad \text{〈식 11.18〉}$$

또 다른 중요한 식은 Redlich-Kister 확장(식 11.32)으로 요약될 수 있는데, 이것이 내포하고 있는 것은 모든 Margules 모델들을 나타낸다는 것이다. G^E 모델이 식 11.28과 결합되면, 활동도 계수는 어떤 조성에서도 유도될 수 있으며 수정된 Raoult의 법칙으로 치환되어 다양한 형태의 문제들을 풀 수 있다. G^E와 활동도 계수 사이의 관계는 다음의 식으로 주어진다.

$$\boxed{G^E = RT\sum_i x_i \ln(\gamma_i)} \quad \boxed{\left(\frac{\partial \underline{G}^E}{\partial n_i}\right)_{T,P,n_{j\neq i}} = \overline{G}_i^E = \mu_i^E = RT\ln\gamma_i} \text{〈식 11.27과 11.28〉}$$

잊지 않고 있는 가장 간단한 2성분 상평형식은 다음의 기포점 압력식이다.

$$P = y_1P + y_2P = x_1\gamma_1P_1^{sat} + x_2\gamma_2P_2^{sat}$$ 〈식 11.2〉

이 식을 통해 비이상성을 계산하고 공비 혼합물이나 LLE와 같이 공정을 복잡하게 만드는 것들이 일어날 것인지 정성적으로 평가하는 것은 매우 쉽다. 이러한 평가를 안내할 간단한 식은 Margules 1-매개변수 모델에서의 A_{12}의 MAB 추산이다.

$$A_{12} = (\alpha_2-\alpha_1)(\beta_2-\beta_1)(V_1+V_2)/(4RT)$$ 〈식 11.9〉

증류에 적용하는 것을 고려할 때에는 먼저 탑상과 탑저에서 $\alpha_{LH} > 1$인지 확인해야 한다.

$$\alpha_{LH}{}^{top} = [(P_{LK}{}^{sat})/(\gamma_{HK}{}^{\infty}P_{HK}{}^{sat})]^{top} \qquad \alpha_{LH}{}^{bot} = [(\gamma_{LK}{}^{\infty}P_{LK}{}^{sat})/(P_{HK}{}^{sat})]^{bot}$$ 〈식 11.59〉

우리는 또한 Henry의 법칙을 개발했다.

$$\hat{f}_i = x_i\gamma_i^* h_i$$ 〈식 11.61〉

Henry의 법칙을 수정된 Raoult의 법칙을 위해 사용되는 Lewis-Randall 규칙에 어떻게 관계시키는지 그리고 어떻게 SCVP+ 모델로 액체 용매에서의 초임계 기체의 용해도를 예측하는지 보여 줬다.

11.15 익힘문제

P11.1 Ninov 등(*J. Chem. Eng. Data*, 40:199, 1995)은 다이에틸아민(1) + 클로로포름(2) 계가 1 bar, 341.55 K, 그리고 $x_1 = 0.4475$에서 공비점을 형성한다는 것을 보여 줬다. 이것은 최대 비등 공비점인가 아니면 최소 비등 공비점인가? $x_1 = 0.8$과 1 bar에서 기포점 온도와 증기의 조성을 구하라.

답: 331 K, 0.97

P11.2 Redlich-Kister 확장의 활동도 계수에 대한 표현을 유도하라.

11.16 연습문제

11.1 기-액 평형에서 상대 휘발도 α_{ij}는 식 10.32에 의해 정의된다.

(a) 만약 어떤 계가 Raoult의 법칙을 따른다면 상대 휘발도는 액체조성과 기체조성에 무관하다는 것을 간단히 증명하라.

(b) 비이상계에 대하여 개략적인 증류 계산을 할 때, 문제 11.4에 보인 실험 데이터를 사용하여 1 bar에서 n-펜탄(1) + 아세톤(2) 계에 대한 상대 휘발도 α_{12}와 α_{21}을 조성의 함수로 계산하라.

(c) 비이상계에 대하여 개략적인 증류 계산을 할 때, 문제 10.1에 제공된 데이터에 대

하여 상대 휘발도 α_{12}와 α_{21}을 조성의 함수로 계산하라.

(d) 여러분의 분석으로부터 결론을 제시하라.

11.2 298.15 K에서 액체 의산 메틸(1) + 액체 에탄올(2) 계에 대한 혼합에 따른 부피 변화는 Polack과 Lu(Polack, J., Lu, B.C.-Y. 1972, *J. Chem. Thermodynamics*, 4:469)에 의해 발표되었는데 그 값은 대략 다음과 같다.

$$\Delta V_{mix} = 0.8x_1x_2 \text{ cm}^3/\text{mol}$$

(a) 이 상관관계와 $V_1 = 67.28$ cm³/mol , $V_2 = 58.68$ cm³/mol 데이터를 사용하여 x_1 = 0, 0.2, 0.4, 0.6, 0.8, 1.0에서의 혼합물의 몰부피를 cm³/mol의 단위로 구하라.

(b) 위의 식을 미분하면 다음을 얻는다는 것을 보여라.

$$\bar{V}_1^E = 0.8x_2^2,\ \bar{V}_2^E = 0.8x_1^2 \text{ cm}^3/\text{mol}$$

그리고 부분 몰 과잉 부피를 x_1의 함수로 도시하라.

11.3 (a) Margules 2-매개변수식을 $x_1 = 0.549$에 맞춰서 90℃에서 메탄올(1) + 벤젠(2) 계의 다음에 주어진 *P-x-y* 데이터(Jost, W., Roek, H, Schroeder, W., Sieg, L., Wangner, H.G. 1957. *Z. Phys. Chem*. 10: 133)에 맞춰라. 두 상 모두에 대하여 모델에 맞춰 얻은 결과를 원래 데이터와 함께 그래프로 그려라.

(b) 데이터를 MAB 모델의 예측값들과 비교하라.

x_1	y_1	P (mmHg)
0.117	0.502	1865
0.257	0.594	2113
0.376	0.618	2218
0.549	0.65	2273
0.707	0.689	2292
0.856	0.765	2208

11.4 (a) Margules 2-매개변수식을 $x_1 = 0.503$에 맞춰서 1 bar에서 *n*-펜탄(1) + 아세톤(2) 계의 다음에 주어진 *T-x-y* 데이터 (Lo et al. 1962. *J. Chem.* Eng. *Data* 7:32)에 맞춰라. 두 상 모두에 대하여 모델에 맞춰 얻은 결과를 원래 데이터와 함께 그래프로 그려라.

(b) 데이터를 MAB 모델의 예측값들과 비교하라.

x_1	0.021	0.134	0.292	0.503	0.728	0.953
y_1	0.108	0.475	0.614	0.678	0.739	0.906
T(℃)	49.15	39.58	34.35	33.35	31.93	33.89
P_1^{sat}	1.560	1.146	0.960	0.903	0.880	0.954
P_2^{sat}	0.803	0.551	0.453	0.421	0.410	0.445

11.5 55℃에서 에탄올(1) + 톨루엔(2) 계에 대하여 두 상이 공존하는 조성은 $P = 307.81$ mmHg에서 $x_1 = 0.7186$과 $y_1 = 0.7431$이며, 이 데이터는 Kretschmer와 Wiebe(*J. Amer. Chem. Soc.*, 71, 1793(1949))에 의해 발표되었다. 다음의 식을 사용하여 55°C와 $x_1 = 0.1$에서의 기포 압력을 추산하라.

(a) 1-매개변수 Margules식
(b) 2-매개변수 Margules식

11.6 298 K에서 이황화탄소(carbon disulfide)(1) + 클로로포름(2) 계에 대한 기액 실험에서 얻은 데이터는 $P_1^{sat} = 46.85$ kPa , $P_2^{sat} = 27.3$ kPa , $x_1 = 0.2$, $y_1 = 0.363$, $P =$ 34.98 kPa이다. 다음의 식을 사용하여 298 K와 $y_1 = 0.6$에서의 기포 압력을 추산하라.

(a) 1-매개변수 Margules식
(b) 2-매개변수 Margules식

11.7 (1) + (2) 계는 $x_1 = 0.75$와 80°C에서 공비점을 형성한다. 80°C에서 $P_1^{sat} = 600$ mmHg, $P_2^{sat} = 900$ mmHg이다. 액상은 1-매개변수 Margules식으로 모델링될 수 있다.

(a) $x_1 = 0.75$와 80°C에서 성분 1의 활동도 계수를 계산하라. [힌트: 상대 휘발도(문제 11.1에 주어짐)는 공비 조건에서 1이다.]
(b) 여러분이 예상하는 *P-x-y* 선도와 *T-x-y* 선도를 정성적으로 그려 보라.

11.8 55℃에서 에탄올(1) + 톨루엔(2) 계의 액상 활동도 계수는 2-매개변수 Margules식으로 주어지며, 그 식에서 $A_{12} = 1.869$이고 $A_{21} = 1.654$이다.

(a) 순수한 성분의 포화 퓨가시티 계수는 두 성분 모두 1에 근접한다는 것을 보여라.
(b) $x_1 = 0.0$, 0.2, 0.4, 0.6, 0.8, 1.0일 때, 액체 혼합물에서 각 성분의 퓨가시티를 계산하고, 그 결과를 표로 정리하라. 두 성분의 퓨가시티 대 x_1을 도시하고 각각 구분하라. 각각의 곡선에 대하여 Henry의 법칙과 이상용액 모델이 적용되는 영역을 표시하라.
(c) (b)의 결과를 사용하여 기상이 공존할 때 55°C에서 액체 혼합물의 전체 압력을 계산하라. 이 계산에서 기상은 이상기체로 가정하라. 또한 기상조성을 추산하라.
(d) (c)에서 사용된 이상기체의 가정이 정당한지 설명하라.

11.9 에탄올(1) + 벤젠(2)은 공비 혼합물을 형성한다. 다음 열거된 모델 예측값을 문제 10.1에서 인용된 Brown과 Smith의 실험값과 비교하라.

(a) MAB 모델을 가정하여 45°C에서 이 계의 *y-x* 선도와 *P-x-y* 선도를 작성하라.
(b) 1-매개변수 Margules 모델을 가정하고 A_{12}를 추산하기 위해 $x_E = 0.415$에서의 실험 압력을 사용하여 45°C에서 이 계의 *y-x* 선도와 *P-x-y* 선도를 작성하라.
(c) 2-매개변수 Margules 모델을 가정하고 A_{12}와 A_{21}을 추산하기 위해 $x_E = 0.415$에서의 실험 압력을 사용하여 45℃에서 이 계의 *y-x* 선도와 *P-x-y* 선도를 작성하라.

11.10 아세톤(1) + 클로로포름(2) 계는 64.7℃, 760 mmHg, 20 wt% 아세톤에서 공비점을 보인다.

(a) MAB 모델을 사용하여 1 bar에서 *T-x-y* 선도를 예측하라.

(b) 1-매개변수 Margules 모델을 사용하여 1 bar에서 *T-x-y* 선도를 예측하라.

11.11 에탄올(1) + 벤젠(2)은 공비 혼합물을 형성한다.

(a) 다음 표에 주어진 45℃에서의 제한된 데이터로부터 1-매개변수 Margules식, $G^E/RT = Ax_1x_2$에 대한 상수 A를 추산하고자 한다. 모든 실험 데이터를 사용하여 가장 최선의 추정값을 구하라.

x_1	0	0.3141	0.5199	1
y_1	0	0.3625	0.4065	1
P(bar)	0.2939	0.4124	0.4100	0.2321

(b) 여러분이 얻은 값을 사용하면, $x_1 = 0.8$을 갖는 혼합물에 대한 기포 압력과 증기상의 조성은 얼마가 되겠는가?

11.12 2-매개변수 Margules 모델에 대하여 다음에 주어진 데이터를 사용하여 78.15℃에서 물(2)에 20 mol%의 에탄올(1)이 혼합되어 있는 용액과 평형상태에 있는 증기의 조성과 전체 압력을 추산하라.

$$P_1^{sat} = 1.006 \text{ bar}, \quad P_2^{sat} = 0.439 \text{ bar}, \quad \gamma_1^\infty = 1.6931, \quad \gamma_2^\infty = 1.9523$$

11.13 문제 11.12에 있는 데이터를 사용하여 2-매개변수 Margules식에 맞추고, 78.15℃ 에서 *P-x-y* 선도를 만들라.

11.14 30℃에서 *n*-헥산(1) + 벤젠(2) 계의 액체 혼합물에 대한 과잉 Gibbs 에너지는 $G^E = 1,089\,x_1x_2$ J/mol로 표현된다.

(a) 30℃에서 등몰 혼합물의 기포 압력은 얼마인가?

(b) 30℃에서 등몰 혼합물의 이슬 압력은 얼마인가?

(c) 760 mmHg에서 등몰 혼합물의 기포온도는 얼마인가?

(d) 760 mmHg에서 등몰 혼합물의 이슬온도는 얼마인가?

11.15 아세톤(1) + 메탄올(2) 계는 50℃에서 $A = 0.605$인 1-매개변수 Margules식으로 잘 표현된다.

(a) 30℃에서 등몰 혼합물의 기포 압력은 얼마인가?

(b) 30℃에서 등몰 혼합물의 이슬 압력은 얼마인가?

(c) 760 mmHg에서 등몰 혼합물의 기포온도는 얼마인가?

(d) 760 mmHg에서 등몰 혼합물의 이슬온도는 얼마인가?

11.16 0.1013 MPa에서 50 mol% 클로로포름(1)과 50 mol% 1,4-다이옥산(2) 액체 혼합물은 밸브를 통해 플래시 드럼으로 주입된다. 그 혼합물은 24.95 kPa와 50°C의 압력과 온도로 유지되는 드럼 내부에서 2개의 상으로 분리된다. 드럼을 떠나는 상의 조성은 $x_1 = 0.36$과 $y_1 = 0.62$이다.

50°C에서 액상의 조성이 $x_1 = 0.4$로 유지되도록 플래시 드럼의 압력을 조절하라고 감독관이 요구한다. 그 감독관은 어떠한 VLE 데이터도 제공하지 않았으며, 여러분은 계산기, 연필, 종이만을 가지고 플랜트의 한가운데에 서서 새로 설치된 플래시 드럼의 압력을 구해야 한다. 다행히 감독관이 50°C에서 순수성분의 증기압을 기억을 되살려서 $P_1^{sat} = 69.4$ kPa , $P_2^{sat} = 15.8$ kPa라고 알려 줬다. 더 이상의 정보가 없을 때 플래시 드럼의 압력 예측값을 구하라.

11.17 350 K와 1500 mmHg에서 등몰의 메탄올 + 벤젠을 포함하는 흐름이 단열적으로 대기압으로 플래시 되고 있다. 2-매개변수 Margules 모델이 적용되며 매개변수값은 $A_{12} = 1.85$, $A_{21} = 1.64$이다. 모든 플래시 식들을 K_i값을 써서 표현하고 K_i값을 수정된 Raoult의 법칙을 써서 표현하라.

(a) 플래시의 출구에 대해 풀기 위해 결정될 필요가 있는 모든 미지수를 열거하라.
(b) 미지수를 결정하기 위해 적용되는 식들을 열거하라.

11.18 아세톤, *n*-부탄, 암모니아로 구성되는 등몰의 3성분 혼합물이 1 MPa에서 플래시 된다. 알고 있는 변수들 및 알려지지 않은 변수들, 그리고 다음에 주어진 각각의 경우를 풀기 위한 제한 식을 열거하라. MAB 용액 열역학을 가정하고 별도로 표현된 *K*비를 계산하기 위한 식들을 가지고 플래시 식들을 *K*비에 관해 나타내라. (힌트: 활동도 계수를 포함하며 그것들을 어떻게 계산하는지 기억하라.)

(a) 기포점 온도
(b) 이슬점 온도
(c) 25 mol% 증기를 갖는 플래시 온도
(d) 기포점 온도와 이슬점 온도 사이의 중간까지 올리고 단열적으로 플래시 되는 경우

11.19 25°C에서 클로로포름(1)과 트릴메틸아민(2) 등몰 혼합물이 있는 용기가 있다고 하자. 25°C에서 다음과 같은 데이터들을 활용할 수 있다.

	클로로포름(1)	트릴메틸아민(2)
MW	119.4	101.2
V^L (cm^3/gmol)	80.19	139.
ΔH^{vap} (kJ/mol)	29.17	31.38
γ_i의 근사식	$-1.74x_2^2$	$-1.74x_1^2$
P^{sat} (mmHg)	193.4	67.3

(a) 만약 용기의 압력이 90 mmHg라면, 혼합물은 액상인가, 기상인가, 아니면 두 상이 같이 존재하는가? 구한 답에 대해 타당함을 보여라.

(b) 이 조건에서 용기의 부피를 계산하고, 이때 설정한 가정을 서술하라.

11.20 모든 포인트에 걸친 회귀법으로 문제 11.4로부터의 데이터를 다음의 모델에 맞추고, 모델로부터 얻은 결과를 실험 데이터와 함께 같은 그래프에 나타내어 비교하라.

(a) 1-매개변수 Margules식

(b) 2-매개변수 Margules식

11.21 메탄올(1) + 벤젠(2) 계에 대하여 압력의 실험값과 예측값의 차잇값의 제곱의 합을 최소화시키는 방법으로 다음에 주어진 모델을 90°C에서의 *P-x-y* 데이터에 맞춰라. 두 상에 대하여 모델로부터 얻은 결과를 원실험 데이터(데이터는 문제 11.3에 주어져 있음)와 함께 그래프에 나타내라.

(a) 1-매개변수 Margules식

(b) 2-매개변수 Margules식

11.22 메탄올(1) + 벤젠(2) 계에 대하여 압력의 실험값과 예측값의 차잇값의 제곱의 합을 최소화시키는 방법으로 다음에 주어진 모델을 760 mmHg에서의 *T-x-y* 데이터에 맞춰라. 두 상에 대하여 모델로부터 얻은 결과를 원실험 데이터(Hudson, J.W., Van Winkle, M. 1969. *J. Chem. Eng. Data* 14:310)와 함께 그래프에 나타내라.

x_1	y_1	T(°C)
0.026	0.267	70.67
0.05	0.371	66.44
0.088	0.457	62.87
0.164	0.526	60.2
0.333	0.559	58.64
0.549	0.595	58.02
0.699	0.633	58.1
0.782	0.665	58.47
0.898	0.76	59.9
0.973	0.907	62.71

(a) 1-매개변수 Margules식

(b) 2-매개변수 Margules식

11.23 760 mmHg에서 사염화탄소(1) + 1,2-디클로로에탄(2) 계에 대하여 문헌[23]에 나타나 있는 VLE 데이터는 다음와 같다.

23 Yound, H.D., Nelson, O.A. 1932. *Ind. Eng. Chem. Anal. Ed*. 4:67.

x_1	y_1	T(°C)
0.040	0.141	81.59
0.091	0.185	80.39
0.097	0.202	80.27
0.185	0.310	78.73
0.370	0.473	76.62
0.506	0.557	75.78
0.880	0.831	75.71
0.900	0.848	75.86
0.923	0.875	75.95
0.960	0.907	76.20

(a) 데이터를 1-매개변수 Margules식에 맞춰라.

(b) 데이터를 2-매개변수 Margules식에 맞춰라.

(c) (a) 또는 (b)로부터 얻은 결과를 가지고 80°C에서 P-x-y 선도를 도시하라.

11.24 2성분 혼합물에서 한 가지 성분만이 휘발성일 때, 혼합물에 미치는 압력은 전적으로 휘발성 성분에 의해 결정된다. 휘발성 성분에 대한 활동도 계수는 수정된 Raoult의 법칙을 사용하여 결정되며 임의의 활동도 계수 모델이 데이터에 맞춰질 수 있다. 모델은 Gibbs-Duhem식을 만족시킬 것이며 따라서 비휘발성 성분에 대해서는 활동도 계수의 예측이 이루어질 수 있다. 수크로스와 물의 용액을 고려하자. 수크로스는 비휘발성이다. 물(1) + 수크로스(2) 용액의 기포점 압력은 3개의 온도에 대하여 다음과 같이 표로 주어졌다.

0°C		25°C		100°C	
x_1	P(KPa)	x_1	P(KPa)	x_1	P(KPa)
1	0.611	1	3.116	1	101.33
0.9964	0.609	0.9982	3.16	0.995	100.78
0.9911	0.605	0.9928	3.14	0.9893	100.21
0.9823	0.599	0.9823	3.11	0.9858	99.81
0.9407	0.56	0.9653	3.03	0.9789	99.01
0.9251	0.542	0.9487	2.95	0.9737	98.35
0.9174	0.533	0.9328	2.87		
0.9025	0.516	0.9174	2.78		
0.8881	0.499				

(a) 여러분의 교수가 지정한 온도에서 1-매개변수 Margules식을 물 데이터에 맞춰라. A_{12}의 값을 보고하라.

(b) γ_1값에 대한 표를 만들고 실험 데이터로부터 구한 $\ln\gamma_1$ 및 모델에 맞춰 얻은 $\ln\gamma_1$을 실험조성의 범위에 걸쳐서 물과 수크로스에 대해 x_1의 함수로 그려라.

(c) 구한 값에 대한 표를 만들고 (b)에서 만든 그래프 위에 여러분의 교수가 지정한 온도에 대하여 $\ln\gamma_2$*의 곡선을 추가하라.

(d) 구한 값에 대한 표를 만들고 용액에 대한 삼투압(MPa 단위로)을 25°C에서 C_2(g/L)의 함수로 그래프를 그려라. 25°C에서의 밀도는 ρ(g/mL) = 0.99721 + 0.3725w_2 + 0.16638w_2^2을 사용하여 추산될 수 있으며, 여기서 w_2는 수크로스의 질량 분율이다. 이상용액에 대하여 예상되는 삼투압 곡선도 그래프에 포함하라.

(e) (a)에서 맞춰진 25°C에서의 1-매개변수 Margules식으로 모델링된 물의 활동도를 사용하여 삼투압(MPa)을 계산하라. 그것을 (d)에서 그린 그래프에 추가하라.

(f) (d)에서 얻은 계산을 맞춰서 25°C에서 제2 및 제3 삼투 비리얼 계수를(g/L의 농도 단위에 대하여) 계산하라. 모델링으로 얻은 삼투압을 (d)에서 얻은 그래프에 추가하라.

(g) (a)에서 맞춰진 1-매개변수 Margules 매개변수의 온도 의존성으로부터, 매개변수는 함수 $f(1/T(\mathrm{K}))$로 나타낼 수 있다는 것을 보여라. 그다음 과잉 엔탈피에 대한 모델과 실험 데이터를 나타내는 매개변수값을 제공하라.

11.25 붕산은 점안액을 등장성으로 만들어 주기 위해 사용되는 일반적인 보충제이며, 보통의 눈 조건에서는 완전히 해리되지 않는다.

(a) 인간 혈액과 등장성이 되는 용액을 만들기 위한 붕산의 농도(wt%)를 추산하라.

(b) 0.025 wt%의 클라리틴(Claritin) 용액을 등장성으로 만들어 주기 위해 그 용액에 추가되어야 하는 붕산의 농도(wt%)를 추산하라. 클라리틴의 분자식은 ChemSpider.com에 $C_{22}H_{23}ClN_2O_2$로 수록되어 있다.

11.26 적혈구는 0.3 M의 헤모글로빈(M_w~68,000) 농도를 가지고 있다. 인체의 온도(37°C)에서의 삼투압은 0.83 MPa이다. 물은 세포벽을 투과할 수 있지만 헤모글로빈은 투과할 수 없다.[24]

(a) 제2 삼투 비리얼 계수만을 사용하여 계숫값(L/g)을 구하고 위에 주어진 조건에서 물의 활동도를 결정하라.

(b) 위에 주어진 조건에서 이상용액 삼투압을 계산하라.

(c) 37°C에서 실험실 용액에 있는 적혈구를 이동시킨다고 하자(혈액은행은 이것을 할 필요가 있다). 세포가 부풀어 오르거나 오그라지는 것을 방지하기 위해 외부 글루코오스 용액을 적혈구의 내부 삼투압과 일치시키기를 원한다. 글루코오스가 0.7 M과 37°C에서 2 MPa의 삼투압을 가지고 있다면, 혈구를 안정하게 유지시키기 위해 내부 삼투압을 일치시키는 글루코오스 농도(g/L)는 얼마인가? 그 결과로 생긴 글루코오스 용액의 몰랄농도는 얼마인가? 몰랄농도를 비교할 때, 여러분은 헤모글로빈 용액과 비교된 글루코오스 용액의 용액 비이상성에 대하여 무엇을 추론할 수 있는가?

---

24 O'Connell에 의해 제안되었음 (O'Connell, J.P. 2010. NSF BioEMB Workshop, San Jose, CA).

11.27 소혈청 알부민(bovine serum albumin, BSA)의 삼투압이 298.15 K와 여러 가지 pH 값에서 측정되었으며(Vilker, V.L., Colton, C.K., Smith, K.A. 1981. *J. Colloid Int. Sci*. 79:548), 그 결과를 다음의 표에 요약하였다. 연구자들은 그들의 시료에 들어 있는 BSA의 분자량을 69,000으로 보고하고 있다.

pH = 7.4		pH = 5.4		pH = 4.5	
(g/L)	mmHg	(g/L)	mmHg	(g/L)	mmHg
84	48	91	41	126	47
211	59	130	74	182	93
211	332	144	90	278	182
211	334	234	260	317	228
289	844	240	229	318	244
325	996	245	269	343	284
325	996	338	618	418	716
354	1423	395	1005	475	889
357	1638	411	1230		
413	2620	414	1286		
428	2806	430	1370		
448	3640	454	1529		

(a) 모든 데이터를 회귀하여 pH 7.4에서의 제2 및 제3 삼투 비리얼 계수를 결정하라.

(b) 모든 데이터를 회귀하여 pH 4.5에서의 제2 및 제3 삼투 비리얼 계수를 결정하라.

12

CHAPTER

van der Waals 활동도 모델

좋은 이론보다 더 실용적인 것은 없다.[1]

Clausius

Redlich-Kister 전개와 같은 경험적인 모델들은 이상용액의 가정에 대하여 커다란 향상을 제공한다. 그러나 1장과 7장에서 제시한 분자적인 관점과 연결시키는 측면이 부족하다. 11장의 경험적인 모델들은 주어진 G^E에 대하여 주어진 표현으로부터 활동도 계수를 결정하는 데 유용하다. 그러나 G^E 가 나타내야 할 형태는 거의 제시하지 못한다. 물리적인 이해와 더 가까이 결합된 모델을 개발할수록, 더 훌륭한 예측능력을 얻을 수 있다.

12.1절에서 무질서 혼합규칙과 정규용액의 사정을 포함한 van der Waals 접근에 기초한 많은 모델에 일반적인 개념을 소개한다. 12.2절은 의미 있는 함수형태를 갖지만 Scatchard-Hildebrand 이론이나 Margules식과 같이 실험 데이터에 맞춰지는 van Laar식을 소개한다. 12.3절에서는 첫 번째로 넓게 채택된 예측 모델로 기본적으로 비극성 분자 혼합물에 유용한 Scatchard-Hildebrand 이론을 소개한다. 최초의 이론은 오늘날 직접적으로 사용되지 않지만, 여러 다른 모델의 기초가 되었고 포함된 용해도 매개변수는 용매를 특징짓기 위해 널리 사용된다. 12.4절은 Flory 모델을 전개하고, 혼합 엔트로피의 Flory 표현과 에너지의 혼합에 대한 Scatchard-Hildebrand 이론을 결합한 Flory-Huggins 모델을 제시한다. Flory-Huggins 표현은 고분자 열역학에 널리 사용된다. 12.5절에서는 무한 희석 활동도 계수의 계산에 매우 성공적인 산성과 염기성의 보정을 통해 Scatchard-Hildebrand 이론을 확장시킨다. 또한, 근사적인 방법의 개념을 적용한 교육적인 간략화가 있는 SSCED와 MAB 모델이 제시된다. 마지막 절은 이론과 본래의 van der Waals식과의 연관성을 제시하고 모델을 다성분계로 확장한다.

---

1 2010, AIChE National Meeting, Salt Lake City, UT의 영역 la 강연상의 행사에서 Cor Peters에 의해 인용됨

학습목표

1. 개선된 Raoult의 법칙과 van Laar, Scatchard-Hildebrand, SSCED, MOSCED 혹은 Flory-Huggins 모델을 이용하여 VLE 상선도를 계산하라.
2. 다성분 혼합물에 주요성분의 상대 휘발도를 계산하라.
3. 에너지 밀도, 산성, 염기성과 같은 분자 성질과 활동도 계수, 공비점, 예측과 공식화 디자인을 가능케 하는 거시적인 거동의 관계를 설명하라.

12.1 혼합물에 대한 van der Waals 관점

7장에서 van der Waals EOS가 순수성분의 엔트로피, 에너지, 반발력과 인력의 상호작용을 이해하는 데 간단한 기초를 제시하는 것을 보았다. 심지어 Peng-Robinson식의 더함은 van der Waals에 의해서 가시화된 정성적인 물리적인 그림에 추가하는 것이 미비하다. 그러므로 van der Waals 모델은 혼합물의 물리현상을 포함하는 합리적인 출발점을 제공한다. van der Waals에서 a와 b는 핵심적인 양으로 간주된다. 만약, $a = a(x)$와 $b = b(x)$를 어떻게 계산하는지를 안다면 혼합물에 대한 Z를 풀 수 있다. Z를 통해 우리는 G를 얻기 위한 밀도 의존식을 적분할 수 있고, 조성으로 미분하여 부분 몰 Gibbs 에너지, 화학 퍼텐셜, 조성의 퓨가시티를 얻을 수 있다. 이것은 일반적인 전략이다. $a = a(x)$와 $b = b(x)$에 대한 식은 혼합규칙(mixing rule)이라 부른다.

혼합규칙에 대한 간단한 모델

Gibbs 과잉함수의 중요성을 알고 있기 때문에, 많은 연구자가 그것의 거동과 다양한 형태를 표현할 수 있는 개발된 식을 연구하는 것은 놀라운 것이 아니다. 근본적으로 van der Waals식의 형태로 순수성분에 성공적으로 적용했던 것을 혼합물에 대하여 같은 추론을 적용하려고 시도하였다. 결과적인 표현은 이론의 범주 내에서 분자 상호작용을 나타내는 시도를 포함한 매개변수를 포함한다.이론의 유용성은 얼마나 간결하게 실험 데이터가 상관되는지와 얼마나 정확하게 예측하는지에 따라 결정된다. 용액의 분자가 어떠한 자연의 단일 법칙에 따라 실질적으로 상호작용하고 있을 때, 왜 이렇게 많은 다른 이론들이 존재하는지 의문을 가진다. 혼합물에 대한 도전은 다른 많은 종류의 상호작용, 예를 들어 분산력, 수소결합, 크기 불일치, 분자 가지(branching), 링, 다양한 회전과 형상비(aspect ratio) 등이 동시에 일어나는 것에 대한 것이다. 모든 이러한 영향이 결합해 있기 때문에 결과적으로 모델식이 다루기 어렵고, 많은 연구자들은 그들의 모델에 다른 근사법을 사용한다. 각 모델은 지지자들이 있다. 심지어 다양한 모델을 개인적인 편견을 표현하지 않고 기술하는 것은 힘들다. 실질적인 적용에서, 우리가 채택하는 관점은 이 식이 대체적으로 데이터와 일치하며, 어떤 위험을 가지고 수행하는 실험 데이터 이외에서 외삽과 일치하는가이다.

이 장의 나머지 부분에서 다룰 모델은 혼합물에 대한 에너지 차이에 대한 van der Waals 상태방정식(식 7.12)의 확장된 것에 기초를 두고 있다. 상태방정식을 혼합물로 확장시킬 때 상태방정식의 기본형태는 변하지 않는다. 혼합물의 유체 물성은 순수유체와 같은 상태방정식 매개변수로 쓰인다. 그러나 a, b와 같은 상태방정식 매개변수들은 조성의 함수이다. 혼합물 상수에 조성의 의존성을 포함하기 위해 사용한 식을 **혼합규칙**(mixing rule)이라 한다.

❗ 조성 의존성은 매개변수의 혼합규칙에 의해서 상태방정식에 도입된다. 기본식의 형태는 바뀌지 않는다.

매개변수 b는 분자의 유한한 크기를 나타낸다. 대략적으로 같은 크기의 분자를 갖는 많은 혼합물에서 밀도 부피는 이상적으로 섞인다. 따라서 다음의 가정이 타당하다.[2]

$$b = \sum_i x_i b_i \qquad \langle 식\ 12.1\rangle$$

a를 구하기 위하여 혼합의 Gibbs 에너지가 가깝게 연관되어 있으므로 이 값이 혼합의 내부에너지와 어떻게 연관되었는지 주의 깊게 고려해야 한다. 이탈함수(departure function)는 식 8.22의 이탈공식(departure formula)과 식 7.12를 사용하여 빠르게 찾을 수 있고 결과는,

$$U - U^{ig} = -a\rho = -a/V \qquad \langle 식\ 12.2\rangle$$

매개변수 a는 혼합물에서 많이 변화된 분자 상호작용에 기인한 평균 상호작용을 표현해야 한다.

2성분 혼합물에서 분자(1)과 (2)에 대하여 세 가지 형태의 상호작용이 있다. 첫 번째 분자는 그 자신과 상호작용(1 + 1 혹은 2 + 2 상호작용)을 할 수 있거나, 다른 형태의 분자와 상호작용(1 + 2 상호작용)을 할 수 있다. 무질서한 유체를 가정하면, (1)분자를 발견할 확률은 (1) 원자들의 분율 x_1이다. 1 + 1 상호작용의 **확률**은 **조건부 확률**이다.[3] 조건부 확률은 첫 번째가 특정 형태로 주어졌을 때 특정 형태의 두 번째 상호작용 분자를 찾을 확률이다. 독립적인 사건에서 조건부 확률은 개별 확률의 곱으로 계산된다. 따라서 1 + 1 상호작용의 확률은 x_1^2이다. 유사한 논리에 의해서 2 + 2 상호작용의 확률은 x_2^2이다. 1 + 2 상호작용의 확률은 x_1x_2이고, 2 + 1 상호작용은 x_1x_2이다.[4] a_{11}, a_{22}, a_{12}에 의해 상호작용이 표현되면, a의 혼합규칙은 다음과 같다.

$$a = x_1^2 a_{11} + 2x_1x_2a_{12} + x_2^2 a_{22} = \sum_i \sum_j x_i x_j a_{ij} \qquad \langle 식\ 12.3\rangle$$

여기서 순수성분의 a 매개변수들은 a에 동일한 하첨자로 나타냈다. 다시 말하면, a_{11}은 1 + 1 상호작용의 기여를 나타내고, a_{22}는 2 + 2 상호작용, a_{12}는 1 + 2 상호작용의 기여항을 나타낸다. 그리고 혼합규칙은 상호작용의 기여항을 합하는 수학적인 방법을 제공한다. a_{12}는 **교차상수**(cross coefficient)로 불리며 상이한 분자의 이체 상호작용을 나타낸다. 위의 합에서 a_{12}는

2 변수 x는 기체나 액체 근의 적용에 관계없이 혼합규칙에 대한 조성 변수로서 관습적으로 사용된다.

3 무질서 유체의 가정이 분석되고, 13.7절에서 계산된다.

4 1 + 1 상호작용에 대한 실제 확률은 $\dfrac{N_1}{N}\dfrac{(N_1-1)}{(N-1)}$ 이고, N이 크면 그것은 x_1^2과 같다. 같은 방법으로 2 + 2일 때 확률은 $\dfrac{N_2}{N}\dfrac{(N_2-1)}{(N-1)}$ 이다. 1 + 2일 때 확률은 $\dfrac{N_1}{N}\dfrac{N_2}{(N-1)}$ 이고 이것은 사실상 x_1x_2이다.

a_{21}과 동일한 것으로 이해된다. a_{12}는 혼합물의 a가 아님을 주목하라. 이 형태의 혼합규칙은 성분들의 모든 벡터 외적을 포함하므로 **이차 혼합규칙**(quadraticmixing rule)이라 불린다. 이것은 혼합을 표현하는 방법으로 상당히 명확한 근사를 표현한다.

a_{12}는 용액의 거동에서 중요한 역할을 하는 양이다. 용액의 거동을 예측하는 것은 a_{12}를 예측하는 것과 크게 같은 일이다. 이 예측은 다음의 형태를 가진다.

$$a_{12} = (1 - k_{12})(a_{11}a_{22})^{1/2} \qquad \langle 식\ 12.4 \rangle$$

여기서 k_{12}는 2성분 매개변수로 불리는 조정 가능한 매개변수이다. 내정값은 $k_{12} = 0$이고, a_{12}의 기본적인 계산값을 부여한다. 이 계산 이상에서는 Raoult의 법칙에서 양이나 음의 편차를 예측하여 고려하는 것이 필요하다. 식 12.3과 12.2는 더 큰 a_{12}값은 혼합의 음의 (발열)에너지가 더 커짐을 보여 준다. 더 큰 음의 k_{12}는 혼합을 선호하며, 혼합의 음의 에너지값을 갖게 한다.

사각우물 모델(square well model)을 고려하여 a_{12}를 분자 물성과 연관 지을 수 있다. 그림 1.2는 2성분 혼합물에 대한 사각우물 모델을 보여 주고 있다. 이제 그것의 의의를 해석할 좋은 위치에 있다. k_{12}가 양의 값(case (c))이면 인력의 깊이가 얕아진다. 대부분의 양의 값은 $k_{12} = 1$이고, 이 경우 인력은 전혀 없다. k_{12} 값이 양의 값일 때 반발력이 작용하는 것을 생각하는 것은 쉬운 일이다. k_{12}가 음의 값(case (b))이면 분산력이 매우 깊어질 수 있다. 사실, $k_{12} < -1$이면 매우 강한 산-염기 상호작용의 가능성이 있다. MAB 모델에 대한 논의로 되돌아가면 k_{12}를 어떻게 예측하는지 이해할 수 있게 된다. 이 장의 나머지 부분에서 이러한 이해를 더욱 발전시켜 나갈 것이다.

van der Waals 관점으로부터의 활동도 모델

몇 가지 모델은 van der Waals 상태방정식에 일정한 비질량편차(packing fraction, $b\rho$)를 가정하여 유도되었다. 그것은 결과식의 항에 다른 근사에 의해서 구분될 수 있다. 예를 들어, G^E에 대한 엔트로피 기여항은 정규용액(regular solution) 모델을 가정하여 무시할 수 있다(van Laar, Scatchard-Hildebrand, SSCED). van Laar 모델은 V_2/V_1의 비를 상관 매개변수로 간주한 반면에 Scatchard-Hildebrand는 액체 몰부피로부터 이 비를 계산하였다. SSCED는 분산인력($a\rho$)의 영향과 함께 (MAB 모델과 같이) 수소결합의 영향을 고려하며 Scatchard-Hildebrand와 다르다.

이러한 많은 차이점은 피상적일 수 있지만, 활동도 모델의 목록을 형성하는 역사적 발전의 한 부분이다. 더구나 그것은 전체적인 용액의 거동에 다양한 기여항을 기술하는 데 편리한 약칭를 제공한다. 가정된 활동도 모델은 10장과 11장에서 전개한 VLE의 계산을 위한 방법을 바꾸지는 않는다는 것을 기억해야 한다. γ에 대한 적절한 표현을 간단히 치환하여 VLE 문제를 푸는 데 어떤 용액 모델을 채택할 수 있어야 한다.

정규용액

Gibbs 에너지는 $G^E = U^E + PV^E - TS^E$ 세 가지 기여항으로 구성된다. 액체의 경우 PV 항은 작고, PV^E는 더 작아서 과잉 부피항은 무시하는 것이 의미 있으며 용액 부피는 이상 혼합규칙을 따르는 것으로 가정한다. 엔트로피가 어떻게 부피와 연관되는가를 상기하면 엔트로피는 또한 이상적으로 혼합될 수 있다는 가정을 제시하게 된다. 이러한 간단한 추정은 van Laar나 Scatchard-Hildebrand의 이론에 이르게 한다. $V^E = S^E = 0$의 가정을 적용하여 정규용액을 나타내며, $G^E \approx U^E$에 이르게 된다.

혼합에 대한 a의 에너지론은 식 12.3과 12.4에 의해 주어진다. 부피는 정규용액 이론에 따라서 과잉 부피를 0으로 하여 $V = \sum_i x_i V_i$이다. 식 12.2와 결합하면

$$(U - U^{ig}) = \frac{-\sum_i \sum_j x_i x_j a_{ij}}{\sum x_i V_i} \qquad \langle \text{식 } 12.5 \rangle$$

순수한 유체에 대하여, 극한 $x_i \to 1$을 취하면

$$(U - U^{ig})_i = \frac{-a_{ii}}{V_i} \Rightarrow (U - U^{ig})^{is} = -\sum_i (x_i a_{ii} / V_i) \qquad \langle \text{식 } 12.6 \rangle$$

2성분 혼합물에 대하여 이상용액을 빼면, $U^E = (U - U^{ig}) - (U - U^{ig})^{is}$이며 다음의 과잉 에너지를 얻는다.

$$U^E = x_1 \frac{a_{11}}{V_1} + x_2 \frac{a_{22}}{V_2} - \left(\frac{x_1^2 a_{11} + 2x_1 x_2 a_{12} + x_2^2 a_{22}}{x_1 V_1 + x_2 V_2} \right) \qquad \langle \text{식 } 12.7 \rangle$$

공통분모를 사용하면

$$U^E = \frac{x_1 \frac{a_{11}}{V_1}(x_1 V_1 + x_2 V_2) + x_2 \frac{a_{22}}{V_2}(x_1 V_1 + x_2 V_2) - (x_1^2 a_{11} + 2x_1 x_2 a_{12} + x_2^2 a_{22})}{x_1 V_1 + x_2 V_2} \qquad \langle \text{식 } 12.8 \rangle$$

$$U^E = \frac{x_1^2 a_{11} + x_1 x_2 a_{11} \frac{V_2}{V_1} + x_2^2 a_{22} + x_1 x_2 a_{22} \frac{V_1}{V_2} - (x_1^2 a_{11} + 2x_1 x_2 a_{12} + x_2^2 a_{22})}{x_1 V_1 + x_2 V_2} \qquad \langle \text{식 } 12.9 \rangle$$

$$U^E = \frac{x_1 x_2 a_{11} \frac{V_2}{V_1} + x_1 x_2 a_{22} \frac{V_1}{V_2} - 2x_1 x_2 a_{12} \frac{V_2 V_1}{V_1 V_2}}{x_1 V_1 + x_2 V_2}$$
$$= \frac{x_1 x_2 V_1 V_2}{x_1 V_1 + x_2 V_2} \left(\frac{a_{11}}{V_1^2} + \frac{a_{22}}{V_2^2} - 2\frac{a_{12}}{V_1 V_2} \right) \qquad \langle \text{식 } 12.10 \rangle$$

12.2 van Laar 모델

❗ J. van Laar는 Johannes van der Waals와 JacobusHenricusvan't Hoff의 학생이었다.

Johannes van Laar는 van der Waals 상태방정식으로부터 얻은 매개변수는 혼합의 과잉에너지의 예측에 정확하지 않고 경험적인 상관이 필요하다는 것을 발견하였다. 그는 과잉 내부에너지에 대한 식을 식의 마지막 항을 나타내는 기호 'Q'로 간략히 하였다.

$$U^E = \frac{x_1 x_2 V_1 V_2}{x_1 V_1 + x_2 V_2} Q \quad \text{여기서} \quad Q \equiv \left(\frac{a_{11}}{V_1^2} + \frac{a_{22}}{V_2^2} - 2\frac{a_{12}}{V_1 V_2} \right)$$

이 식은 3개의 매개변수(V_1, V_2, Q)를 포함하지만, van Laar는 결정해야 할 단지 2개의 조절 매개변수로 재정리하였다.

$$A_{12} = \frac{QV_1}{RT}, \quad A_{21} = \frac{QV_2}{RT}, \quad \frac{A_{12}}{A_{21}} = \frac{V_1}{V_2} \qquad \langle 식\ 12.11 \rangle$$

최종식은[5]

$$\boxed{\frac{G^E}{RT} = \frac{U^E}{RT} = \frac{A_{12} A_{21} x_1 x_2}{(x_1 A_{12} + x_2 A_{21})}} \qquad \langle 식\ 12.12 \rangle$$

식 12.12를 미분하면 활동도 계수에 대한 표현을 얻는다. γ_1에 대해 표현하면,

$$\frac{\underline{G}^E}{RT} = \frac{n_2 n_1 A_{12} A_{21}}{(n_1 A_{12} + n_2 A_{21})} \qquad \langle 식\ 12.13 \rangle$$

식 11.28을 n_1에 대하여 적용하고, $(n_2 A_{12} A_{21})(n_1)(1/(n_1 A_{12} + n_2 A_{21}))$의 곱의 미분법을 이용하면

$$\frac{1}{RT}\left(\frac{\partial \underline{G}^E}{\partial n_1}\right)_{T,P,n_2} = \frac{n_2 A_{12} A_{21}}{(n_1 A_{12} + n_2 A_{21})} - \frac{n_2 n_1 A_{12} A_{21}}{(n_1 A_{12} + n_2 A_{21})^2} = \frac{x_2 A_{12} A_{21}}{(x_1 A_{12} + x_2 A_{21})} - \frac{x_2 x_1 A_{12}^2 A_{21}}{(x_1 A_{12} + x_2 A_{21})^2}$$

$$\langle 식\ 12.14 \rangle$$

공통분모를 사용하고, 재배열하고 γ_2에 대해 적용하면

❗ van Laar 모델

$$\boxed{\ln\gamma_1 = \frac{A_{12}}{\left[1 + \frac{A_{12} x_1}{A_{21} x_2}\right]^2}} \qquad \boxed{\ln\gamma_2 = \frac{A_{21}}{\left[1 + \frac{A_{21} x_2}{A_{12} x_1}\right]^2}} \qquad \langle 식\ 12.15 \rangle$$

주의: van Laar식과 Margules식의 매개변수 A_{12}와 A_{21}은 같은 데이터에 대하여 다른 값을 가

---

5 독자는 식 12.11과 12.12가 때때로 RT 항이 없이 쓰임을 알아야 한다. 매개변수화를 통해, 식 12.15의 'ln' 항은 RT가 곱해지고 활동도 계수는 명확한 온도 의존성을 가진다. 문헌의 매개변수를 사용할 때는 주의해야 한다.

진다. 값을 교환하여 사용하지 말 것.

2성분계에 적용할 때, 이 식들은 어떤 한 VLE 점에서 주어진 γ_1, γ_2로부터 A_{12}와 A_{21}을 얻기 위해 다시 정리될 수 있다. 이 장에서 일반적으로 적용하는 매개변수 계산 방법은 간단한 방법이다. 2-매개변수 Margules식과 유사하게, 단일실험이 11.6장에 기술한 방법과 같이 사용될 수 있다.

$$A_{12} = (\ln\gamma_1)\left[1 + \frac{x_2\ln\gamma_2}{x_1\ln\gamma_1}\right]^2 \qquad A_{21} = (\ln\gamma_2)\left[1 + \frac{x_1\ln\gamma_1}{x_2\ln\gamma_2}\right]^2 \quad \langle 식\ 12.16\rangle$$

실험적인 오차는 때때로 의심스러운 매개변수값으로 나타나므로, 단일실험에 식 12.16을 적용한 값을 받아들이기 위해서는 주의가 필요하다. 식 12.16을 예제 11.1의 활동도 계수에 적용하면 $A_{12} = 2.38$, $A_{21} = 1.15$를 얻고 G^E는 그림 11.3에 도시하였다. 많은 데이터에 대하여 최적화 방법으로 매개변수를 맞추는 방법은 11.9절에 포함되어 있다.

예제 12.1 van Laar 이론으로부터 무한 희석 활동도 계수 계산

n-프로필알코올(1)은 톨루엔(2)과 $x_1 = 0.6$, 92.6°C, 760 mmHg에서 공비물을 형성한다. van Laar 모델을 이용하여 이 온도에서 두 화학종의 무한 희석 활동도 계수를 계산하라.

풀이

Antoine.xlsx로부터 매개변수를 사용하여 계산한 증기압은 $P_1^{sat} = 637.86$ mmHg, $P_2^{sat} = 442.24$ mmHg이다.

11.7절에서 풀이된 공비점 데이터를 적용하면 $\gamma_1 = P/P_1^{sat} = 760/637.86 = 1.191$, $\gamma_2 = P/P_2^{sat} = 1.719$이다. 식 12.16으로부터 $A_{12} = 1.643$, $A_{21} = 1.193$이다.

식 12.15를 각 성분에 대하여 조성이 0인 극한을 취하면 $\ln\gamma_1^\infty = A_{12}$이고 $\ln\gamma_1^\infty = 5.17$이다. 유사하게 $\ln\gamma_2^\infty = 3.30$이다.

van Laar 모델의 선형적인 상관

Margules 모델과 같이 van Laar 모델은 선형화될 수 있다. 식 12.12를 다시 나타내면,

$$\frac{x_1x_2RT}{G^E} = \left(\frac{1}{A_{21}} - \frac{1}{A_{12}}\right)x_1 + \frac{1}{A_{12}} \quad \langle 식\ 12.17\rangle$$

따라서, 만약 예제 11.1에 설명되고 x_1에 대한 그림으로 그려진 실험 데이터로부터 결정된 G^E를 이용하여 왼쪽 수식값이 결정되면, 기울기로부터 $(1/A_{21} - 1/A_{12})$를 구하고 절편으로 $1/A_{12}$를 구한다. $1/A_{21}$값은 또한 $x_1 = 1$에서의 값으로 결정될 수 있다. 때때로 상관이 시도되었을 때 데이터의 형태가 비선형적일 수 있다. 이것은 데이터가 오차를 포함하는 것을 의미하지는 않는다. 이것은 대체적인 모델이 데이터를 더 잘 맞추는 것을 의미한다. Margules 모델과 van

Laar 선형식에 대하여 데이터를 맞추어, 가장 선형적인 것이 더 좋은 모델로 간주될 수 있다. 예제 11.8의 2-프로판올 + 물에 대한 데이터의 상관으로부터(첫 번째 혼합물 점을 무시하면), 절편 = $1/A_{12}$ = 0.4993, 기울기 = 0.3486이고, A_{12} = 2.00, A_{21} = 1.18이다.

12.3 Scatchard-Hildebrand 이론

식 12.10으로 돌아가서, 유럽의 G.Scatchard와 미국의 Joel H. Hildebrand는 모두 van der Waals식을 실험에 맞추어서 비극성 유체를 예측할 수 있는 유사한 접근을 하였다. 그들은 식 12.4의 $k_{12} = 0$의 가정과 동일한 가정을 하였다. $a_{12} = \sqrt{a_{11}a_{22}}$로 두고 각 항을 정리하면,

> ❗ J.H. Hildebrand는 헬륨이 깊은 바다에서 숨 쉬는 공기에 포함되면 잠수병을 최소화할 수 있다는 것을 제안한 것으로 유명하다. 1962년에 ACS Priestly 상을 수상하였다. 100세까지 활동적인 교수직을 유지하였다.

$$U^E = \frac{x_1x_2V_1V_2}{x_1V_1+x_2V_2}\left(\frac{a_{11}}{V_1^2}+\frac{a_{22}}{V_2^2}-2\sqrt{\frac{a_{11}}{V_1^2}\frac{a_{22}}{V_2^2}}\right) = \frac{x_1x_2V_1V_2}{x_1V_1+x_2V_2}\left(\frac{\sqrt{a_{11}}}{V_1}-\frac{\sqrt{a_{22}}}{V_2}\right)^2 \quad \langle 식\ 12.18\rangle$$

Scatchard와 Hildebrand는 부피 분율과 분산 인력에너지에 대한 미지의 매개변수는 순수성분 값들로부터 연관 지을 수 있음을 인지하였다. **용해도 매개변수**(solubility parameter)로 불리는 항을 정의하면,

$$U^E = \Phi_1\Phi_2(\delta_1-\delta_2)^2(x_1V_1+x_2V_2) \quad \langle 식\ 12.19\rangle$$

$\Phi_i \equiv x_iV_i/\sum_i x_iV_i$는 부피 분율로 알려져 있고 〈식 12.20〉

$\delta_i \equiv \sqrt{a_{ii}}/V_i$는 용해도 매개변수이다. 〈식 12.21〉

δ_i의 값을 계산하기 위하여 Scatchard와 Hildebrand는 실험 데이터가 다음과 같이 사용될 수 있음을 제안하였다.

$$\delta_i \equiv \sqrt{\frac{\Delta U_i^{vap}}{V_i}} = \sqrt{\frac{\Delta H_i^{vap}-RT}{V_i}} \quad \langle 식\ 12.22\rangle$$

(식 12.2의 'a'매개변수와 식 12.21과 12.22를 비교하여 단위를 주목하고 식 12.22에 제곱근 안에 V_i가 들어 있는 것에 주의하라.)

다시 말하면, δ_i는 각 화학종의 '에너지 밀도(energy density)'의 표준값을 제공하는 것으로 추정된다. 에너지 차이를 부피로 나눈 것을 나타내므로, 응집에너지 밀도(cohesive energy density)라 부른다. 표준기준 조건이 사용되면, 어떤 편리한 ΔU^{vap}와 V_i가 적용될 수 있다. 관례적으로 편리한 조건은 298 K의 포화 액체이다. 표 12.1에 나타낸 바와 같이 이러한 기준으로 준비된 기준에 대한 상당수의 용해도 매개변수를 표로 만들 수 있다. 많은 유사한 화학종은 유사한 용해도 매개변수를 갖는 것을 주목하라. 유사한 용해도 매개변수는 작은 과잉에너지를 가지므로, 유사한 화학종들의 용액은 직관적으로 기대한 것과 같이 거의 이상적인 것으로 예

표 12.1 • 298 K에 액체인 다양한 화합물에 대한 용해도 매개변수$(J/cm^3)^{1/2}$와 몰부피(cm^3/mol)

1-Olefins	δ	V^L	Napthenics	δ	V^L	Aromatics	δ	V^L
1-pentene	14.11	109	cyclopentane	17.80	93	benzene	18.82	88
1-hexene	15.14	124	cyclohexane	16.77	107	toluene	18.20	106
1,3 butadiene	14.52	86	Decalin	18.00	156	ethylbenzene	18.00	122
Amines	δ	V^L	**Ketones**	δ	V^L	styrene	19.02	114
ammonia	33.34	28	acetone	20.25	73	*n*-propylbenzene	17.59	139
methyl amine	22.91	46	2-butanone	19.02	89	anthracene	20.25	145
ethyl amine	20.45	65	2-pentanone	17.80	106	phenanthrene	20.05	186
pyridine	29.86	80	2-heptanone	17.39	139	naphthalene	20.25	125
n-Alkanes	δ	V^L	**Alcohols**	δ	V^L	**Ethers**	δ	V^L
n-pentane	14.32	114	water	47.86	18	dimethyl ether	18.00	68
n-hexane	14.93	130	methanol	29.66	40	diethyl ether	15.14	103
n-heptane	15.14	145	ethanol	25.57	58	dipropyl ether	15.95	136
n-octane	15.55	162	*n*-propanol	21.48	74	furan	19.23	72
n-nonane	15.95	177	*n*-butanol	27.82	91	THF	18.61	81
n-decane	16.16	194	*n*-hexanol	21.89	124			
			n-dodecanol	20.25	222			

측된다. 용해도 매개변수값에 대한 테이블의 값을 살펴보면, 이상용액 모델이 정확한지 아닌지 빠르게 계산할 수 있다. 이 접근은 "비슷한 것은 비슷한 것을 녹인다."라는 옛 격언에 대한 정량적인 느낌을 준다.

Gibbs 에너지에 대하여 정규용액의 가정으로부터 다음을 얻는다.

$$G^E = U^E = \Phi_1\Phi_2(\delta_1-\delta_2)^2(x_1V_1+x_2V_2) \quad \langle 식\ 12.23\rangle$$

활동도 계수에 대한 결과는

$$\boxed{RT\ln\gamma_1 = V_1\Phi_2^2(\delta_1-\delta_2)^2} \quad \langle 식\ 12.24\rangle$$

Scatchard-Hildebrand 이론

$$\boxed{RT\ln\gamma_2 = V_2\Phi_1^2(\delta_1-\delta_2)^2} \quad \langle 식\ 12.25\rangle$$

예제 12.2 Scatchard-Hildebrand 이론을 사용한 VLE 예측

Actcoeff.xlsx, worksheet REGULAR.

벤젠과 사이클로헥세인은 1 bar에서 증류에 의해 분리된다. Scatchard-Hildebrand 이론을 이용하여 이 혼합물에 대한 공비점이 형성되는지 예측하라.

풀이

11.7절의 공비점에 대한 예측을 위한 알고리즘을 채택할 것이다. 주어진 x_B와 P에서 기포점 온도 계산을 수행해야 한다.

기포점 온도 계산

표 12.1의 매개변수를 이용하여, $x_B = 0.99$에서 $T = 350$ K를 가정한다.

$$\Rightarrow \quad \Phi_B = 0.99(88)/[0.99(88) + 0.01(107)] = 0.9879$$

증기압을 계산하면,

$$P_B^{sat} = 10\text{^}(6.87982 - 1196.76/(76.85 + 219.161)) = 686.9 \text{ mmHg}$$
$$P_C^{sat} = 10\text{^}(7.26475 - 1434.15/(76.85 + 246.721)) = 680 \text{ mmHg}$$

식 12.24와 12.25를 적용하면,

$$\ln\gamma_B = 88(1 - 0.9879)^2(18.74 - 16.75)^2/(8.314\cdot 350) = 1.8\text{E-5} \Rightarrow \gamma_B = 1.00002$$
$$\ln\gamma_C = 107(0.98789)^2\,(18.74 - 16.75)^2/(8.314\cdot 350) = 0.1443 \Rightarrow \gamma_C = 1.1552$$

압력과 기상의 몰분율을 계산하면,

$$\sum_i y_i P = \sum_i x_i\gamma_i P_i^{sat} = 0.99(1.00)(686.9) + 0.01(1.1552)(680.0) = 687.9 \text{ mmHg}$$
$$\Rightarrow y_B = 0.99(1.00)(686.9)/687 = 0.895,\ y_C = 0.01(1.1552)(680.0)/687 = 0.010$$

$\sum_i y_i < 1$ 이므로 더 높은 온도를 고려해야 한다.

$T = 354$ K일 때는 $\Rightarrow\ P_B^{sat} = 777.7,\ P_C^{sat} = 770.2,\ \gamma_B = 1.00,\ \gamma_C = 1.1533$

$$\sum_i y_i P = \sum_i x_i\gamma_i P_i^{sat} = 0.99(1.00)(777.7) + 0.01(1.1533)(770.2) = 778.8$$
$$\Rightarrow y_B = 1.013,\ y_C = 0.0113.$$

첫 번째 시도와의 사이에서 내삽하면,

$$T \approx 350 + 4(760 - 687)/(778.9 - 687) = 353.2$$
$$P_B^{sat} = 758.8,\ P_C^{sat} = 751.5,\ \gamma_B = 1.00,\ \gamma_C = 1.1537$$
$$\sum_i y_i P = 0.99(758.8)1.0 + 0.01(751.5)1.1537 = 760 \text{ mmHg}$$

Actcoeff.xlsx, worksheet REGULAR.

수렴하면 $\Rightarrow y_B = 0.9886 < x_B = 0.99$

$x_B = 0.01$일 때, $T = 353.5$ K를 가정하면 $\Rightarrow \Phi_B = 0.01(88)/[0.01(88) + 0.99(107)] = 0.0082$

$$\ln\gamma_C = 107(0.0082)^2(18.74 - 16.75)^2/(8.314\cdot 350) \approx 0 \quad \Rightarrow \gamma_C = 1.00$$
$$\ln\gamma_B = 88(1 - 0.0082)^2(18.74 - 16.75)^2/(8.314\cdot 350) = 0.1232 \Rightarrow \gamma_B = 1.126$$

$$\sum_i y_i P = \sum_i x_i\gamma_i P_i^{sat} = 0.01(1.126)(765.9) + 0.99(1.00)(758.4) = 759.5 \text{ mmHg}$$

수렴하면 $\Rightarrow y_R = 0.011 > x_R = 0.01$

따라서 $(y_B - x_B)$는 0.01과 0.99 사이에서 부호가 변하며 계는 공비점을 가진다.

Scatchard-Hildebrand 용액이론을 사용하면 $\{\delta_i\}$와 $\{V_i\}$는 순수성분 데이터로부터 직접적으로 구할 수 있고, 근본적으로 조절 매개변수를 가지고 있지 않다. 그 이론은 전적으로 예측 가능하다. 반면에 van Laar 이론은 A_{12}와 A_{21}을 조절 변수로 사용한다. 또한, 다음의 가정으로 조정값을 얻을 수 있다.

$$a_{12} = \sqrt{a_{11}a_{22}}\,(1-k_{12})$$

2성분 용액에 대한 활동도 계수는 다음과 같다.

$$RT\ln\gamma_1 = V_1\Phi_2^2\,[(\delta_1-\delta_2)^2 + 2k_{12}\delta_1\delta_2] \quad RT\ln\gamma_2 = V_2\Phi_1^2\,[(\delta_1-\delta_2)^2 + 2k_{12}\delta_1\delta_2] \qquad \langle 식\ 12.26\rangle$$

상관 매개변수를 가지는 Scatchard-Hildebrand 모델

이상용액의 거동으로부터 적정하게 벗어나는 성분의 혼합물에서, 2성분 매개변수를 가진 Scatchard-Hildebrand 용액이론은 크게 도움이 될 수 있다. 이러한 경우에 직접적으로 벗어난 정도를 다루지 않고 과잉 Gibbs 에너지의 크기를 상관할 수 있다. 그러나 큰 오차는 일반적으로 부피와 엔트로피에서 비이상 혼합에 기인한다. 이런 경우에 van Laar식은 종종 상관에 유용할 수 있지만, 매개변수가 지니는 물리적 의미는 일반적으로 잃게 된다.

12.4 Flory-Huggins 모델

식 4.8의 이상기체의 혼합 엔트로피의 유도에서 이상기체는 질량이 한 점에 있고 부피가 없다는 개념을 적용하였다. 그러나 액체의 혼합 엔트로피에서는 분자 자체가 차지하는 부피는 전체 액체 부피의 큰 부분임을 고려하였다. 한 분자가 차지하는 부피는 다른 분자들이 접근할 수 없고, 따라서 엔트로피에 대한 가정은 부정확할 수 있다. 이러한 영향에 대하여 보정하는 한 가지 간단한 방법은 전체 부피에서 분자가 차지하는 부피를 빼고, 결과적으로 '자유 부피'(free volume)를 이상기체 부피를 다루는 방법과 같이 취급하는 것이다.

Paul J. Flory는 1974년 화학에서 노벨상을 수상하였다. 본래의 유도는 통계역학을 사용하였지만, 대체적인 유도와도 일치한다.

자유 부피(Free volume)는 유체의 부피와 분자들이 차지한 부피의 차이이다.

이 개념을 사용하기 위하여 모든 액체와 액체 혼합물에 전반적으로 적용할 수 있는 매우 작은 양인 자유 부피 ϖ가 있다고 가정한다. 추가적으로 화학종의 엔트로피 변화는 그 화학종에서 사용할 수 있는 자유 부피의 변화로 가정한다.

예제 12.3 부피 분율을 포함한 활동도 모델의 유도

Scatchard-Hildebrand 이론의 유도에서 몰분율보다는 화학종의 특성으로 부피 분율이 자연스럽게 유발된다. 이러한 관찰은 많은 이론에서 적용됨이 확인되었다. 식 12.28로부터 식 12.24를 유도하여 부피 분율과 연관된 과잉 Gibbs 모델로부터 활동도 계수 모델을 유도할 수 있음을 보여라.

풀이

$\underline{G}^E = RT(\delta_2 - \delta_1)^2 (n_1V_1 + n_2V_2)\, \Phi_1\, \Phi_2$

G^E에 대한 식의 미분을 취하면, 세 가지 조성인자 $(n_1V_1 + n_2V_2)$, Φ_1, Φ_2에 연쇄법칙의 적용과 관련이 있다.

첫 번째 항의 미분은 간단히 V_1이고,

$$RT\ln\gamma_1 = \partial\underline{G}^E/\partial n_1 = RT(\delta_2 - \delta_1)^2 [\, V_1\, \Phi_1\, \Phi_2 + (n_1V_1 + n_2V_2)\, (\Phi_2\, \partial\Phi_1/\partial n_1 + \Phi_1\, \partial\Phi_2/\partial n_1)\,].$$

전개되는 것을 빠르게 확인하기 위해 무차원의 일관성을 유지하는 것이 도움이 된다. 이것은 n으로 곱하고 나누어 다음과 같이 얻을 수 있다.

$$RT\ln\gamma_1 = RT(\delta_2 - \delta_1)^2 [\, V_1\, \Phi_1\, \Phi_2 + (x_1V_1 + x_2V_2)\, (\Phi_2\, n\partial\Phi_1/\partial n_1 + \Phi_1\, n\partial\Phi_2/\partial n_1)\,]$$

이 유도에서 핵심적인 전략은 모든 조성의 양을 $\{x_i\}$, $\{\Phi_i\}$가 아닌 단지 $\{n_i\}$에 의존하는 표현으로 치환하는 것이다. $\{\Phi_i\}$는 분모와 분자에 n을 곱해서 쉽게 얻을 수 있다. $x_i = n_i/n$에 주의하여,

$$\Phi_1 = x_1V_1/(x_1V_1 + x_2V_2) = n_1V_1/(n_1V_1 + n_2V_2),\ \Phi_2 = x_2V_2/(x_1V_1 + x_2V_2) = n_2V_2/(n_1V_1 + n_2V_2).$$

미분을 취하여 Φ_1에 대한 곱의 법칙을 연관시키고 Φ_2 대하여도 간단히 구한다.

$$\partial\Phi_1/\partial n_1 = V_1/(n_1V_1 + n_2V_2) - n_1V_1^2/(n_1V_1 + n_2V_2)^2,\ \partial\Phi_2/\partial n_1 = -\, n_2V_2\, V_1/(n_1V_1 + n_2V_2)^2.$$

n을 곱하고 간단히 하면

$$n\partial\Phi_1/\partial n_1 = V_1/(x_1V_1 + x_2V_2) - x_1V_1^2/(x_1V_1 + x_2V_2)^2 = [V_1/(x_1V_1 + x_2V_2)](1 - \Phi_1) \quad \langle 식\ 12.27\rangle$$

$$n\partial\Phi_2/\partial n_1 = -\, n_2V_2\, V_1/(x_1V_1 + x_2V_2)^2 = -[V_1/(x_1V_1 + x_2V_2)](\Phi_2) \quad \langle 식\ 12.28\rangle$$

치환하고 $(x_1V_1 + x_2V_2)$을 분모와 분자에서 소거하여,

$$RT\ln\gamma_1 = RT(\delta_2 - \delta_1)^2 [\, V_1\, \Phi_1\, \Phi_2 + (\Phi_2\, V_1(1 - \Phi_1) - \Phi_1V_1(\Phi_2)]$$

괄호의 첫 번째와 마지막 항은 소거된다. 또한, 2성분계에 대하여 $\Phi_2 = (1 - \Phi_1)$이므로

$$RT\ln\gamma_1 = RT(\delta_2 - \delta_1)^2 [V_1\Phi_2^2]$$

이 과정은 모든 G^E 모델에 대하여 매우 유사하다. 특히, 식 12.27과 12.28은 연쇄법칙을 철저하게 따라서 적용하면 $\{\Phi_i\}$와 연관된 어떤 G^E 모델에도 쉽게 적용될 수 있다.

Flory 식 Flory–Huggins 모델

예제 12.4 메탄올 + 벤젠에 대하여 Scatchard-Hildebrand와 van Laar 이론의 비교

메탄올 + 벤젠 공비물에 대하여 Scatchard-Hildebrand와 van Laar 모델을 적용하라. 공비점 압력(그리고 van Laar 2-매개변수 모델의 경우에 조성)을 비교하라. 공비점은 58.3°C와 $x_m = 0.614$에서 나타난다. 58.3°C에서 증기압은 메탄올은 591.3 mmHg이고, 벤젠은 368.7 mmHg이다.

풀이

van Laar 매개변수와 2성분 매개변수는 앞의 예제에서 기술한 바와 같이 공비점 압력(그리고 van Laar식에 대한 조성)을 맞추어 결정한다. 계산 결과는 워크북 Actcoeff.xlsx과 MATLAB 파일 Ex12_04.m에 작업표 REGULAR에 표시되어 있다. 다음의 그림에서 명확하지는 않지만, Scatchard-Hildebrand는 2성분 매개변수가 조정될 때까지 부정확하게 예측한다. 지원된 컴퓨터 파일을 확인하라. 그림 12.1은 상관결과를 나타낸다.

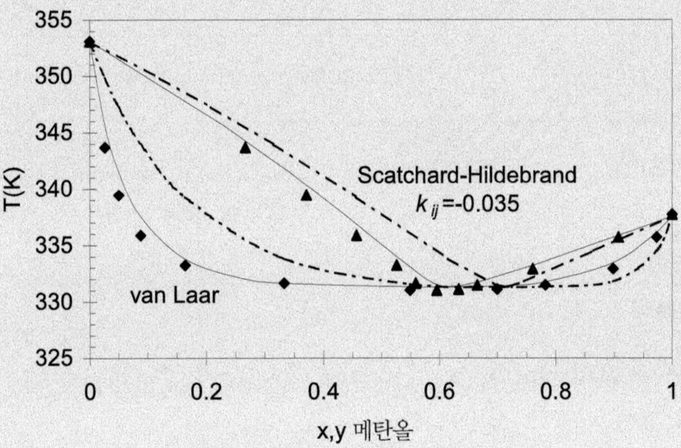

그림 12.1 • 예제 12.4의 메탄올과 벤젠에 대한 *T-x-y* 선도. 조성은 메탄올의 몰분율로 표시됨.

어떤 순수성분에 대하여 자유 부피는 다음과 같다.

$$\underline{V}_{f,i} = (n_i V_i)\varpi \qquad \langle 식\ 12.29 \rangle$$

만약 혼합의 부피 변화가 없다고 가정하면, 결과적으로 혼합물의 자유 부피는 같은 분율 ϖ로 주어지며, 혼합물의 부피는

$$\underline{V}_{f,mixture} = (n_1 V_1 + n_2 V_2)\varpi \qquad \langle 식\ 12.30 \rangle$$

두 성분을 혼합하면, 각 성분의 엔트로피는 전체 부피보다는 자유 부피를 이용하여 식 4.6의 개선을 통해서 얼마나 더 많은 공간을 차지하는지에 따라서 증가한다.

$$\bar{S}_i - S_i = R\ln\frac{\underline{V}_{f,\,mixture}}{\underline{V}_{f,\,i}} = R\ln\frac{(n_1V_1 + n_2V_2)\varpi}{(n_iV_i)\varpi} = -R\ln\Phi_i \qquad \langle 식\ 12.31\rangle$$

$$\Delta S_{mix} = S - \sum_i x_iS_i = \sum_i x_i(\bar{S}_i - S_i) = -R\sum_i x_i\ln\Phi_i \qquad \langle 식\ 12.32\rangle$$

식 12.32는 $V_1 = V_2$일 때 식 10.63의 이상용액의 결과가 됨을 주목하라. 과잉 엔트로피는,

$$S^E = -R\sum_i x_i\ln(\Phi_i/x_i) \qquad \langle 식\ 12.33\rangle$$

이 식은 이상혼합으로부터 엔트로피의 벗어남의 가장 간단한 표현을 보여 주고 있다. 식 12.33에 의한 혼합의 엔트로피는 상자 내의 입자들에 대하여 다루었던 조합과 순열로부터 유도되므로 종종 혼합의 조합 엔트로피(combinatorial entropy)라 불린다. 만약 엔트로피가 혼합의 주요 인자라면, 이 식은 과잉 Gibbs 에너지를 구하는 데 사용될 수 있다. 과잉 엔탈피가 0일 때, 혼합물은 **무열**(athermal)이라고 부른다.

Flory's 방정식.

$$\boxed{G^E = \cancel{H^E} - TS^E = RT(x_1\ln(\Phi_1/x_1) + x_2\ln(\Phi_2/x_2))} \qquad \langle 식\ 12.34\rangle$$

또한 Scatchard-Hildebrand 용액이론과 결합하여[6] 예측이론인 Blanks와 Prausnitz[7]이론 혹은 Flory-Huggin 이론을 유도할 수 있다. 이 표현은 고분자와 같은 큰 분자를 포함하는 용액에서 중요하다.

2성분계에 대하여

$$G^E = H^E - TS^E = RT(x_1\ln(\Phi_1/x_1) + x_2\ln(\Phi_2/x_2)) + \Phi_1\Phi_2(\delta_1 - \delta_2)^2(x_1V_1 + x_2V_2) \qquad \langle 식\ 12.35\rangle$$

$$\ln\gamma_1 = \ln(\Phi_1/x_1) + (1 - \Phi_1/x_1) + \frac{V_1}{RT}\Phi_2^2(\delta_1 - \delta_2)^2 \qquad \langle 식\ 12.36\rangle$$

$$\ln\gamma_2 = \ln(\Phi_2/x_2) + (1 - \Phi_2/x_2) + \frac{V_2}{RT}\Phi_1^2(\delta_1 - \delta_2)^2 \qquad \langle 식\ 12.37\rangle$$

때때로, 고분자와 용매의 혼합물에 대하여 엔탈피항은 실험 데이터에 식을 Flory-Huggins 모델의 형태로 상관하여 경험적으로 맞춰진다.

Flory–Huggins 모델.

$$\boxed{G^E = RT(x_1\ln(\Phi_1/x_1) + x_2\ln(\Phi_2/x_2)) + \Phi_1\Phi_2(x_1 + x_2r)\chi RT} \qquad \langle 식\ 12.38\rangle$$

여기서 성분 1은 항상 용매이고 성분 2는 항상 고분자이다. 변수 $r = V_2/V_1$은 용매에 대한 고분

6 Huggins, M.L. 1941. *J. Phys. Chem.*, 9:440; and 1942. *Ann. N.Y. Acad. Sci.* 43:1.

7 Blanks, R.F., Prausnitz, J.M. 1964. *Ind. Eng. Chem. Fundam*, 3:1.

자의 부피비를 나타낸다. 유사하게 $\chi \equiv V_1(\delta_1 - \delta_2)^2/RT$이다. 용매가 $\chi = 0$ 이면 무열 혼합물이다. 몇 가지 크기 비에 대하여 몰분율에 대한 S^E의 결과를 도시하면, 그림 12.2에서 값은 항상 양이고 크기 비가 증가함에 따라 더 크고 편향된 값을 가진다. 따라서 크기 비는 비가 클 때 상의 안정성에 크게 영향을 준다.

예제 12.5 고분자 혼합물

고분자 생산품의 재활용에 주요 문제점 중에 하나는 다른 고분자들은 서로 섞이는 용액을 형성하지 못하고, 큰 비이상용액을 형성한다. 1 g의 각각 서로 다른 고분자(고분자 A와 고분자 B)가 127°C로 가열되고 액체로 섞이는 것을 고려하자. Flory-Huggins 모델을 사용하여 A와 B의 활동도 계수를 계산하라.

	MW	$V(\text{cm}^3/\text{mol})$	$\delta(\text{J/cm}^3)^{1/2}$
A	10,000	1,540,000	19.2
B	12,000	1,680,000	19.4

풀이

$$x_A = (1/10{,}000)/(1/10{,}000 + 1/12{,}000) = 0.546, \quad x_B = 0.454$$

$$\Phi_A = 0.546(1.54)/[0.546(1.54) + 0.454(1.68)] = 0.524, \quad \Phi_B = 0.476$$

$$\ln\gamma_A = \ln(0.5238/0.5455) + (1 - 0.5238/0.5455) + (1.54\text{E}\,6(19.4 - 19.2)^2(0.4762)^2)/(8.314(400))$$

$$= -0.0008 + 4.200 \Rightarrow \gamma_A = 66$$

$$\ln\gamma_P = \ln(0.4762/0.4545) + (1 - 0.4762/0.4545) + (1.68\text{E}\,6(19.4 - 19.2)^2(0.5238)^2)/(8.314(400))$$

$$= +0.0008 + 5.544 \Rightarrow \gamma_B = 258$$

예제 12.5로부터 몇 가지 중요한 결과를 해석할 수 있다. Flory-Huggins 모델은 고분자 용액 모델에 대하여 특히 적합한 것으로 알려져 있다. 과잉 엔트로피는 고분자-용매 혼합물에 대하여 크게 중요한 반면에, 고분자-고분자 혼합물에는 그다지 중요하지 않다. 고분자-고분자 혼합물에 중요한 것은 활동도 계수가 고분자 몰부피의 지수항에 비례하는 것과 관련이 없다. 따라서, 심지어 아주 작은 용해도 매개변수의 작은 차이도 증폭된다. 또한 이러한 성분에 대한 큰 활동도 값은 성분들의 퓨가시티가 이 조성에서 섞여 있을 때 크게 커질 수 있다는 것을 의미한다. 이것은 그것들이 서로를 피하는 강한 경향을 보여 준다. 반면에 고분자 성분은 휘발성이 크지 않아 기상으로 탈출할 수 없다. 유일한 가능성은 분리된 액상으로 탈출하는 것이다. 다시 말해서, 액체가 섞이지 않게 된다. 위와 같은 활동도의 계산은 14장에서 자세하게 기술된 액-액 상평형에 주요한 역할을 한다.

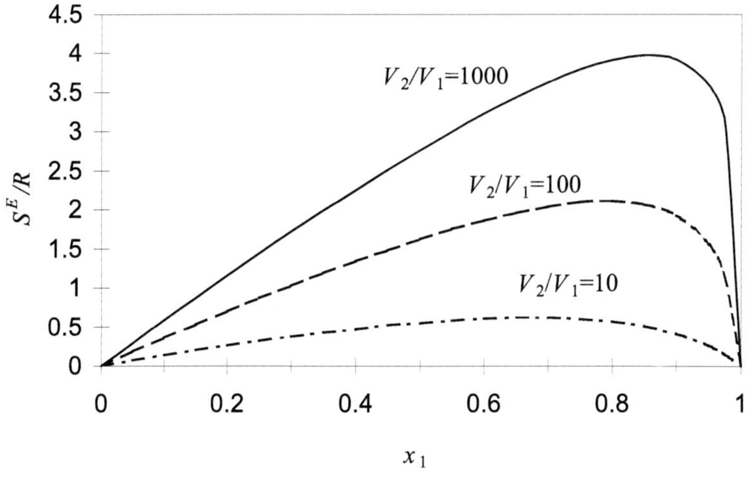

그림 12.2 • 여러 가지 순수성분의 부피 비율에 대한 Flory식에 따른 과잉 엔트로피

만약 잠시 창의적으로 생각하면, 이러한 확장 원리에 대하여 커다란 가능성을 상상할 수 있다. 우선, 폴리에틸렌과 폴리에틸렌 사이의 분자 상호작용의 크기를 정확히 측정하는 상거동을 생성하기 위해 올바른 크기의 분자를 만들 수 있다. 그러나 높은 분자량의 고분자의 섞이지 않는 혼합물을 균일하게 하겠다고 생각하자. 아마도 고분자는 각 형태의 반은 섞일 수 있다. 다음은 이 책에서 일반적으로 피했던 생각으로부터 나온다. 분자 내부구조에 차이를 둘 것인가? 다시 말해서,단량체 형태가 무질서하게 바뀌는(무질서한) 공중합체 그리고 하나의 단량체 형태의 긴 부분이 다른 단량체의 긴 부분에 이어져서 있는 (블록)공중합체를 만드는 것이 가능한가? 이와 같은 다른 분자 내의 상호작용을 초래하는 성질은 매우 다르다. 이것은 상분리는 아니지만 블록은 같은 분자의 일부분일 것이다. 이 주제를 20개의 특정한 단량체의(아미노산) 형태의 큰 규모로 다루는 분야는 단백질 공학이라고 한다. 현대과학은 특정 디자인된 목표로 자기 조립된 구조를 제조하기 위하여 이러한 상호작용을 다루기 시작했다. 그러나 이러한 가능성을 탐색하면 도입단계 이상으로 진입하게 된다.

12.5 MOSCED과 SSCED 이론

Scatchard-Hildebrand 이론은 탄화수소 혼합물에 적합한 결과를 제공한다. 그러나 성분 중에 하나가 수소결합을 가지며, 특히 그 성분이 물이면 크게 신뢰할 수 없다. MOSCED, SSCED 그리고 HSP 모델은 용해도 매개변수에 대한 분리된 기여항으로 수소결합에 대한 값을 계산하여 이 문제를 처리한다. MOSCED(moss-ked로 발음함)는 수정된 응집에너지 밀도의 분리(Modified Separation of Cohesive Energy Density)를 나타내고, SSCED(sked로 발음)는 간단한 응집에너지 밀도의 분리(Simplified Separation of Cohesive Energy Density)를 나타낸다. 응집에너지 밀도는 δ^2에 대한 항임을 기억하라. [8]HSP 모델(Hansen Solubility Parameters)은 개념적으로 유사하지만 산성과 염기성을 구분하지는 않는다. 그러므로 MOSCED나 SSCED의 방법에서 이상적인 것에서 음의 편차를 예측할 수 없으며 자세한 논의는 생략한다. 그러나 그것은 널리 적용될 수 있으며 이러한 종류의 이론으로 달성할 수 있는 것을 당당하게 증명할 수 있다. 이 모델들 뒤의 개념은 수소결합은 Scatchard-Hildebrand에 의해 구상된 물리적인 상호작용에서 분리되어 고려되어야 한다는 것이다.

MOSCED 모델

MOSCED 모델은 다음과 같이 주어진다.[9]

$$\ln\gamma_2^\infty = \frac{V_2}{RT}\left[(\lambda_2-\lambda_1)^2 + q_1^2q_2^2\frac{(\tau_2^T-\tau_1^T)^2}{\psi_1} + \frac{(\alpha_2^T-\alpha_1^T)(\beta_2^T-\beta_1^T)}{\xi_1}\right] + d_{12} \quad \text{〈식 12.39〉}$$

$$d_{12} = 1 - \left(\frac{V_2}{V_1}\right)^{aa} + aa\ln\left(\frac{V_2}{V_1}\right) \quad \text{〈식 12.40〉}$$

여기서 λ_i는 분산항(n-알케인에 대하여 δ와 같음)이고, τ_i는 극성항(벤젠에 대하여 3.95), q_i는 0.9에서 1 사이의 범위를 갖는 항(모든 성분에 대하여 $q_i = 1$, 자세한 설명은 참고문헌 9 참조), 그리고 α와 β는 산성과 염기성 매개변수이다. λ와 τ는 표 10.2에 주어져 있다. α와 β값은 이 책의 마지막 부분에 있는 빠른 참조 페이지에 있다. d_{12} 는 Flory-Huggin기여항으로 인식한다. aa, ψ_1와 ξ_1는 용매의 성질을 결정하는 매개변수이다.

$$aa = 0.953 - 0.002314((\tau_2^T)^2 + \alpha_2^T\beta_2^T) \quad \text{〈식 12.41〉}$$

$$\alpha_i^T = \alpha_i\left(\frac{293}{T(K)}\right)^{0.8},\ \beta_i^T = \beta_i\left(\frac{293}{T(K)}\right)^{0.8},\ \tau_i^T = \tau_i\left(\frac{293}{T(K)}\right)^{0.4} \quad \text{〈식 12.42〉}$$

$$\psi_1 = POL + 0.002629\,\alpha_1^T\beta_1^T \quad \text{〈식 12.43〉}$$

$$\xi_1 = 0.68(POL-1) + [3.24 - 2.4\exp(-0.002687(\alpha_1\beta_1)^{1.5})]^{(293/T)^2} \quad \text{〈식 12.44〉}$$

$$POL = 1 + 1.15q_1^4[1 - \exp(-0.002337(\tau_1^T)^3)] \quad \text{〈식 12.45〉}$$

MOSCED는 전체 용액의 거동을 직접적으로 기술하려고 시도하지는 않고, 무한 희석 활동도 계수의 계산을 제공한다. 이 점에서 다른 활동도 계수 모델을 이용하여 무한 희석에서

---

8 Hansen, C.M. 2007. *Hansen Solubility Parameters: A User's Handbook*. Boca Raton, FL: CRC Press, Inc.

9 Lazzaroni, M.J., Bush, D., Eckert, C.A., Frank, T.C., Gupta, S., Olson, J.D. 2005. *Ind. Eng. Chem. Res.* 44:4075.

MOSCED의 예측에 그 매개변수를 맞출 수 있다.

이 모델의 근본적인 특성은 산성과 염기성의 분명한 표현에 있다. 그림 9.6(c)의 아세톤 + 클로로포름계가 그 예이다. MOSCED 모델은 이 계에 대하여 실험적 거동과 같이 이상적 거동에서 음의 편차를 보인다.

$$(\alpha_2 - \alpha_1)(\beta_2 - \beta_1) = (5.8 - 0)(0.12 - 11.14) = -63.9 \qquad \langle\text{식 } 12.46\rangle$$

2-프로판올 + 물 계에서 양의 편차가 적합하게 나타난다.

$$(\alpha_2 - \alpha_1)(\beta_2 - \beta_1) = (9.23 - 50.13)(11.86 - 15.06) = 131 \qquad \langle\text{식 } 12.47\rangle$$

산성과 염기성의 이러한 측정은 화합물의 화학적 특성에 대한 유용한 정보를 제공한다. 표준 산과 염기를 사용한 화합물의 혼합범위에서 분광학적으로 나타낼 수 있다는 사실은 주목할 만하다. 예를 들어, 산성도를 측정하기 위해 피리딘을 아세톤, 벤젠, 클로로포름, 그리고 아세트산과 개별적으로 섞을 수 있다. 산성이 큰 분자는 피리딘 질소와 더 강하게 결합하고 자외선 흡광도를 보다 강하게 변화시킨다. 따라서 변화된 정도는 산성도의 상대적인 측정값을 제시한다. 다른 표준 염기로 이런 경향을 증명하여, 각 화합물 (혹은 그것의 이형)의 산성에 대한 평균적인 지표를 만들 수 있다.[10] 분광학적 측정은 VLE 측정과 독립적이며 이러한 두 가지 측정은 서로 강하게 보완한다. 분광학적 증거들과 결합된 화학적 이해는 설정의 넓은 변화에 유용하다. 예를 들어, 촉매의 디자인에서 큰 산성을 가지며 반응물을 끌어당기는 산성 흡수부를 고안할 수 있고, 분광학적으로 장치가 작동하는지 측정할 수 있다. 학생들은 이와 같은 교육과정을 넘어서는 개념과 관련하여 창조적인 기회를 찾아야 한다.

SSCED 모델

MOSCED 모델은 매력이 있음에도 상대적으로 다루기 힘들다. 많은 항을 가지고 있고 상거동을 계산하기 위해서는 다른 모델(예: Redlich-Kister, van Laar, 혹은 다음 장에 나오는 모델)을 사용해야 한다. MOSCED의 교육상의 소개로, 단일한 자체적 일관성을 가지며 단지 대략적인 계산이 아닌, 공비점이나 액 - 액 상분리가 일어나는지를 예측하는 데 충분한 정확성을 가지는 상거동을 계산하기를 원했다. 이러한 이유로 MOSCED의 간단한 형태의 제안이 요구된다.

MOSCED와 유사하게 SSCED 모델은 Scatchard-Hildebrand 모델의 간단한 형태를 가지며, MOSCED의 산성과 염기성 값의 장점을 이용하여 극성 혼합물의 전체적인 잘못된 표현을 보정하였다. 2성분 혼합물에서 SSCED 모델은

---

10 Kamlet, M.J., Abboud, J.-L.M., Abraham, M.H., Taft R.W. 1983. *J. Org. Chem.*, 48:2877. For solutes in liquids see Abraham, M.H., Andonian-Haftvan, J., Whiting, G.S., Leo, A., Taft, R.W. 1994. *J. Chem. Soc. Perkin Trans.* 2:1777.

표 12.2 • 293 K에서 액체의 분산(dispersion, λ)과 극성(polarity, τ) 매개변수

1-Olefins	λ	τ	Napthenics	λ	τ	Aromatics	λ	τ
1-pentene	14.6	0.25	Cyclopentane	16.6	0	Benzene	16.7	3.95
1-hexene	15.2	0.23	Cyclohexane	16.7	0	Toluene	16.6	3.22
Amines	λ	τ	**Ketones**	λ	τ	Ethylbenzene	16.8	2.98
Aniline	16.5	9.41	Acetone	13.7	8.30	Naphthalene	17.8	4.53
Pyridine	16.4	6.13	2-butanone	14.7	6.64	Phenanthrene	18.5	5.31
			2-pentanone	15.1	5.49	Naphthalene	17.8	4.53
			2-heptanone	14.7	4.20			
n-Alkanes	λ	τ	**Alcohols**	λ	τ	**Ethers**	λ	τ
n-pentane	14.4	0.0	Water	10.6	10.5	Diethyl ether	14.0	2.79
n-hexane	14.9	0.0	Methanol	14.4	3.77	Dipropyl ether	15.2	2.00
n-heptane	15.2	0.0	Ethanol	14.4	2.53	MTBE	15.2	2.48
n-octane	15.4	0.0	*n*-propanol	14.0	1.95	THF	15.8	4.41
n-nonane	15.6	0.0	*n*-butanol	14.8	1.86			
n-decane	15.7	0.0	*n*-hexanol	15.0	1.27			
			n-octanol	15.1	1.31			

$$G^E = V\Phi_1\Phi_2[(\delta_2' - \delta_1')^2 + 2k_{12}\delta_2'\delta_1'] \quad \langle 식\ 12.48 \rangle$$

$$RT\ln\gamma_k = V_k(1-\Phi_k)^2[(\delta_2' - \delta_1')^2 + 2k_{12}\delta_2'\delta_1'] \quad \langle 식\ 12.49 \rangle$$

❗ SSCED 모델.

$$(\delta_i')^2 = \delta_i^2 - 2\alpha_i\beta_i \quad \langle 식\ 12.50 \rangle$$

$$k_{12} = \frac{(\alpha_2-\alpha_1)(\beta_2-\beta_1)}{4\delta_2'\delta_1'} \quad \langle 식\ 12.51 \rangle$$

예제 12.6 SSCED 모델을 사용한 VLE 예측

아민은 종종 염기로 작용하여 산성 화합물과 적절히 상호작용할 수 있다. 트라이에틸아민의 경우, 염기성이 완비된 높은 탄화수소 함량을 보이고 어떻게 용액의 이상성이 나타날지 직관적으로 접근하기 어렵다.

(a) SSCED 모델을 사용하여 308K와 x_1=0.59에서 트라이에틸아민(1)+에탄올(2) 계의 기포점 압력과 기상조성을 예측하라.

(b) 트라이에틸아민이 가벼운 주요 성분일 때 x_1=0.01과 0.99에서 상대휘발도, α_{LH}를 계산하라. 공비점이 나타나는가? Copp와 Everett(1953)는 x_1=0.59이고 P=119mmHg일 때 공비점을 보고하였다.

트라이에틸아민에 대한 SSCED와 Antoine 상수는 다음과 같다.

M_w	ρ	δ	α	β	A	B	C	T_{Lo}°C	T_{Hi}°C
101	0.72	15.17	0.00	7.70	6.829	1206	216.8	-23	55

풀이

(a) Antoine식으로부터, $P_1^{sat} = 109$, $P_2^{sat} = 102$ mmHg(에탄올에 대한 것은 부록 E 참조)
$\delta_1' = 15.17 - 0 = 15.17$, $\delta_2' = (26.13^2 - 2 \cdot 12.58 \cdot 13.29)^{1/2} = 18.67$, $V_1 = 101/0.72 = 140$, $V_2 = 58.5$.

식 12.51에서 $k_{12} = (12.58 - 0)(13.29 - 7.70)/(4 \cdot 15.17 \cdot 18.67) = 0.062$,
$[(\delta_2' - \delta_1')^2 + 2k_{12}\delta_1'\delta_2']/RT = [(18.67 - 15.17)^2 + 2 \cdot 0.062 \cdot 18.67 \cdot 15.17]/(8.314 \cdot 308)$
$= 0.0185$.
$x_1 = 0.59$일 때 $\Phi_1 = 0.59 \cdot 140/(0.59 \cdot 140 + 0.41 \cdot 58.5) = 0.774$.

$\gamma_1 = \exp(140(1 - 0.774)^2 0.0185) = 1.141$; $\gamma_2 = \exp(58.5(0.774)^2 0.0185) = 1.916$,
$P = 0.59 \cdot 1.141 \cdot 109 + 0.41 \cdot 1.01 \cdot 102 = 154$, $y_1 = 0.59 \cdot 1.141 \cdot 109/154 = 0.477$.

(b) $x_1 = 0.01$일 때, $\Phi_1 = 0.01 \cdot 140/(0.01 \cdot 140 + 0.99 \cdot 58.5) = 0.024$,
$\gamma_1 = \exp(140(1 - 0.024)^2 0.0185) = 11.9$, $\gamma_2 = \exp(58.5(0.024)^2 0.0185) = 1.001$,
$P = 0.01 \cdot 11.9 \cdot 109 + 0.41 \cdot 1.001 \cdot 102 = 114$, $y_1 = 0.99 \cdot 1.001 \cdot 109/114 = 0.113$.
$\alpha_{LH}(0.01) = 11.9 \cdot 109/(1.001 \cdot 102) = 12.6$
$x_1 = 0.99$일 때 $\Phi_1 = 0.99 \cdot 140/(0.99 \cdot 140 + 0.01 \cdot 58.5) = 0.996$,
$\gamma_1 = \exp(140(1 - 0.996)^2 0.0185) = 1.0001$, $\gamma_2 = \exp(58.5(0.996)^2 0.0185) = 2.93$,
$P = 0.99 \cdot 1.0001 \cdot 109 + 0.01 \cdot 2.93 \cdot 102 = 111$, $y_1 = 0.99 \cdot 1.0001 \cdot 109/111 = 0.973$.

$\alpha_{LH}(0.99) = 1.0001 \cdot 109/(2.93 \cdot 102) = 0.363$

따라서 11.11절에서 논의했듯이 $\alpha_{LH} - 1$ 의 부호가 바뀌었으므로 공비점이 의심된다. 이 계는 실험적인 방법이나 문헌조사로 평가되어야 한다.

그림 12.3은 SSCED 모델이 실험값에 비하여 용액의 비이상성을 높게 계산하는 것을 보여주며, 공비점의 예측이 가능함을 보여 준다. 보다 넓은 관점에서 예제 12.6 이상도 가능하며, Scatchard-Hildebrand 모델과 비교하면 Scatchard-Hildebrand(ScHil) 모델은 심지어 닫히지 않는다. Scatchard-Hildebrand 모델은 존재하지 않는 VLLE를 나타낸다. 이것은 수소결합이 있는 경우 Scatchard-Hildebrand 이론의 일반적이 문제이다. 이것은 대부분의 응용에 대한 Scatchard-Hildebrand 모델의 타당성을 약하게 한다. 반면에, SSCED 모델은 간단하지만 예측할 수 있는 식으로 간주하는 데 논리적인 기초를 제공한다. 마지막으로, MAB 모델은 P = 148 mmHg에서 이 혼합물에 대하여 SSCED 모델보다 다소 우세하다.

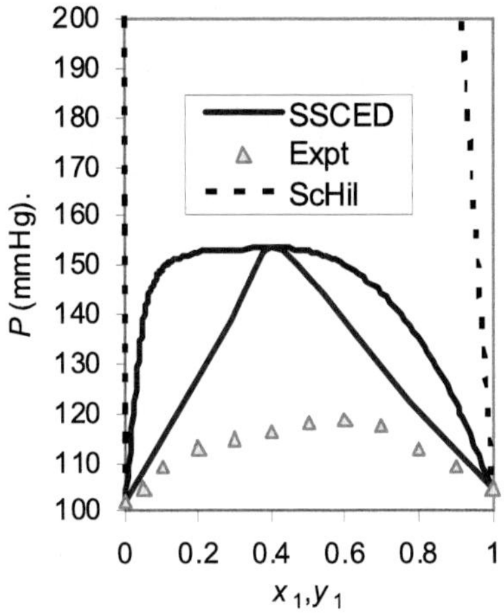

그림 12.3 • 308 K에서 트라이에틸아민(1) + 에탄올(2)의 VLE. 아민의 염기성은 수산기 상호작용을 용매화하여 용액의 비이상성을 완화한다. Data of Copp J.L., Everett.D.H. 1953. Disc. Faraday Soc. 15: 174

12.6 분자적 관점과 VLE 예측

이 모델들의 어떤 것들을 잊고 갈 수 있을까? 결국, van der Waals 관점에서 근본적으로 a와 b를 통해 분자의 성질을 설명한다. 너무 많은 변수를 왜 걱정해야 하는가? SSCED 모델은 Scatchard-Hildebrand 모델과 실제적으로 많이 다른가? MAB 모델은 어떤가? van Laar 모델은? 어느 모델의 최고인가? 고려하는 모델의 어떤 하나를 완전히 제외하는 것에 반하는 요인이 존재한다.

우선, SSCED 모델의 특별한 경우로 MAB 모델을 유도하는 것으로 가능하다. $V_1 = V_2$이고 $\delta_1' = \delta_2'$일 때, $\Phi_i = x_i$이고 1-매개변수 Margules 모델을 얻는다.

$$G^E = Vx_1x_2[2k_{12}\delta_2'\delta_1'] = \frac{(V_1+V_2)}{2}x_1x_2\left[2\frac{\Delta\alpha\Delta\beta}{4(\delta_2'\delta_1')}\delta_2'\delta_1'\right] = A_{12}x_1x_2 \qquad \text{〈식 12.52〉}$$

$(V_1 + V_2)/2$ 대신에 간단하게 V_1이나 V_2를 치환할 수 있지만 $V_1 = V_2$가 크게 다른 경우에 대하여 작은 보상을 제공한다. 따라서 만약 MAB 모델이 지나치게 간단하다면 단순히 SSCED 모델을 사용하는 것이 어떤가? MAB 모델이 이와 같이 간단한 모델이라는 것을 제외하면 좋은 논의사항이다. 몰분율을 부피 분율로 바꿀 필요가 없고 계산기를 사용하지 않고 G^E의 부호를 예측할 수 있는 것을 기대할 수 있다.

반면에, SSCED의 $\Delta\delta'$ 항은 어떤 경우에 상당히 의미가 있다. 예를 들어, n-헥산 + 메틸에틸케톤이 MAB에서 간과한 커다란 비이상성을 가진다. 폴리에틸렌 + 폴리에틸렌에 대하여 유사한 논의가 가능하다. 또한, V_1과 V_2의 차이는 SSCED에서 정확하게 나타나는데 n-부탄올 + 물 계에서와 같이 큰 분자가 작은 분자의 유체 속으로 스며들어 가는 것이 선호되지는 않으며 그 반대의 경우도 그렇다.

SSCED와 Scatchard-Hildebrand 모델 간의 차이에 대하여 다른 논의를 할 수 있다. 두 모델은 k_{12}가 실험 데이터에 맞춰지면 같은 정도의 벗어남을 보인다. Scatchard-Hildebrand 모델이 역사적으로 선행하는 모델이다. 따라서 SSCED 모델을 잊을 수도 있다. 반면에 SSCED 모델은 회합성 분자가 연관되어 있을 때 상거동의 우선적인 예측에서 더 좋다. 식 12.50은 $\alpha = 0$, $\beta = 0$이면 용해도 매개변수가 바뀌지 않지만 알코올과 물과 같은 회합성 화학종에 대해서는 대체로 작아진다. 이러한 변화만으로 계산된 비이상성은 대체적으로 작아진다. 비이상성의 과대평가(Scatchard-Hildebrand)는 용액이 이상적으로 간주한 것(그림 12.4(a))보다 더 혼란스러우므로 이것은 올바른 방향이다. "우선, 피해를 주지 마라."라는 격언을 기억하라. 유사한 관찰이 그림 12.4(b)에 그려졌다. Scatchard-Hildebrand(ScHil) 모델의 이상한 선은 활동도 모델이 VLLE를 나타낼 때 VLE 모델을 적용하면 어떤 일이 생기는가를 보여 준다. 실험 데이터는 두 계에 대하여 LLE가 없음을 나타내고 정량적인 결함과 더불어 Scatchard-Hildebrand 모델의 회합성 혼합물에 대한 정성적인 결함을 보여 준다. 반면에, SSCED 모델은 정성적으로 올바르며, 예측에 있어서 반정량적(semi-quantitative)이다.

SSCED와 Scatchard-Hildebrand 모델의 다른 차이는 식 12.51로 주어진 k_{12}의 값이다. 이 식을 이용하여 VLE를 계산할 수 있고 $k_{12} = 0$일 때와 비교하여 비이상성의 방향과 크기에 대한 계산의 범위를 얻을 수 있다. 다중 VLE 계산은 좋지 않은 생각인 것처럼 보이지만, 다른 대체적인 계산을 무시한 하나의 대략적인 예측은 훨씬 더 나쁜 생각일 것이다. 반박하는 계산은 가능할 때마다 k_{12}를 실험 데이터를 이용하여 상관하는 것의 가치를 알려 준다. 실험 데이터에 기초하여 SSCED의 k_{12}를 상관하는 과정은 Scatchard-Hildebrand 모델과 다르지 않고, Margules나 van Laar 모델과도 다르지 않다.

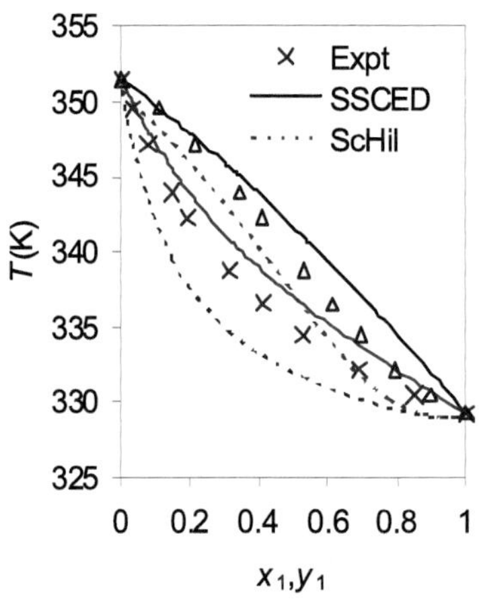

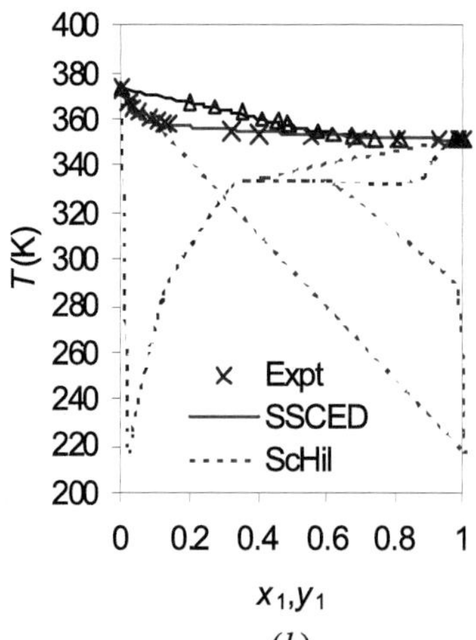

그림 12.4 • 1 bar에서 SSCED와 Scatchard-Hildebrand 이론의 예측. Scatchard-Hildebrand 이론은 $k_{ij} = 0$이 적용되고 SSCED는 식 12.51이 적용됨. (a) 아세톤 + 에탄올(data of Amer, H.H., Paxton, R.R. van Winkle, M. 1956. I&EC, 48:142),(b) 에탄올 + 물(data of Bloom, C.H., Clump, C.W., Koeckert, A.H. 1961. Ind.Ing.Chem. 53:829).

또 다른 논의사항은 van Laar 모델이 VLE 데이터의 상관에 가장 좋은 결과를 준다는 것이고, 이것을 우선적으로 다루겠다. 우리가 공식을 디자인할 때 고려하기를 원하는 사항이지만, 그 식은 예측할 수 있는 능력이 없다. 또한, 다음 절에서 논의했듯이, van der Waals 관점과 일치하는 방법으로 van Laar 모델은 다성분계로 확장할 수 없다.

최종적으로 MOSCED 모델을 최고의 모델로 생각할 수 있다. 첫 번째로, 고분자-용매 계에 대하여 Flory-Huggins 상관을 포함한다. 두 번째로 van Laar나 2-매개변수 Margules 모델과 결합하면, SSCED 모델보다 우수한 예측성능을 제공한다. 유기질산염과 관련된 특별한 경우의 연구에서 SSCED 모델은 기포점 압력 예측 계산에서 대략 10%의 오차를 보였고 MOSCED 모델은 단지 5%의 오차를 보였다. 또한, MOSCED 모델의 예측능력이 같은 α, β, δ 그리고 V를 사용하는 SSCED 모델의 예측능력과 비교하여 최소한 그 이상이다. 반면에, MOSCED 모델은 무한 희석 활동도 계수의 다른 활동도 계수 모델로 변형과 관심 있는 농도에서의 활동도 계수의 계산을 포함하는 SSCED 모델보다 몇 가지 추가적인 중간단계 계산이 필요하다. 많은 중간단계의 계산의 필요성으로 컴퓨터의 활용이 필요하다. 이 경우 13장의 방법이 일반적으로 선호된다. 전체적으로 SSCED보다 MOSCED이 선호되고, 아마도 최선일 것이다.

요약하면, 전체적인 활동도 모델 중에 최고의 모델은 특정 2성분계의 데이터를 상관하기 위한 기초를 제공하는 것과 더불어 단순한 분자 성질을 고려해야 한다. 왜냐하면 우리의 전체적인 목표는 공식화를 상상하는 것을 포함하기 때문이다. 공식화는 일반적으로 두 가지 화학성분 이상이 관여하고 그것을 디자인하는 것은 에너지 밀도(δ_i'에 반영됨)와 수소결합(α와 β에 반영됨)과 같이 단순한 직관적인 통찰력이 필요하다. 높은 에너지 밀도를 갖는 작은 분자는 비활성인 분자를 몰아내는 회합성 화합물과 같이 더 작은 에너지 밀도를 갖는 분자를 선호하지 않는다. 이런 형태들의 분자 상호작용들 사이의 상호작용은 크고 상거동을 예측할 때 두 영향을 고려하는 것이 최선이다. SSCED 모델을 통하여 몇 가지 관찰이 이 상호작용에 관하여 인용된다. (1) Scathard-Hildebrand 모델에서 관찰된 바와 같이 수소결합을 무시하면 용액의 비이상성을 과대평가하게 된다. (2) 수소결합을 고려하면 분산력의 차이가 감소한다(예: $\Delta\delta_i' < \Delta\delta_i$). (3) 복잡성의 효과와 에너지 밀도 사이의 경쟁은 Raoult의 법칙으로부터 양이나 음의 오차를 보이는 것을 예측하기 어렵게 할 수 있다. (4) 회합성과 에너지 밀도가 혼합을 선호하지 않는 경우를 나타낼 때 큰 비이상성 결과, 소수성 효과에 의한 유형이다.

이러한 맥락에서 SSCED와 MOSCED 모델은 van der Waals를 관점에서 가장 좋은 모델을 제공하는 것으로 보인다. 왜냐하면, 두 모델은 에너지 밀도와 수소결합을 모두 고려하기 때문이다. 그것들 사이에 균형을 유지하는 것은 간결함에 대해서 비교한 정확성이다. 이 균형을 유지하는 것을 해결하기 위해 특별한 적용의 맥락이 필요하다. 만약에 항상 유사한 용매와 화학종으로 일한다면, MOSCED 모델의 큰 상세함이 당신의 예측을 개선하는 기회를 제공할 수도 있다.

12.7 van der Waals 모델의 다성분으로의 확장

화학공정이나 공식에서 접하는 대부분의 계는 다성분계이다. 어떤 응용에서 공비점을 피하는 것이 필요하면, 제3의 성분[**첨가제**(entrainer)라 부른다]이 첨가되어야 한다. 만약 바이오막을 통해 약품을 처리한다면, 공식은 최소한 물, 약품, 바이오막 그리고 첨가제들을 고려해야 한다. A + B → C와 같은 간단한 반응의 생산물은 전환율이 100%보다 작다면 적어도 3성분은 분리되어야 한다. 이 예제와 더 많은 예들은 다성분 용액 모델이 필요하다는 결론에 도달하게 한다.

불행하게도, van Laar 모델은 V_2/V_1이 조정 매개변수로 간주될 수 있다고 가정하였다. 이것은 2성분계에 대해서는 좋지만, 3성분계에 대해서는 문제가 된다. 왜냐하면 V_2/V_1과 V_3/V_2를 안다면 V_3/V_1를 알아야 하기 때문이다. Van Laar 모델의 일반적인 과정은 2-1, 3-2, 3-1의 2성분에 대하여 독립적으로 상관한다. 그러나 이러한 상관으로부터 V_3/V_1의 일치하는 값을 얻는 가능성은 사실상 0이다.

반면에, Scatchard-Hildebrand 이론의 van der Waals식에 대한 간단한 관계는 다성분계로 간단한 확장을 가능하게 한다. 이 확장은 예제 12.4에 나타내었고, 결과는

$$G^E = \Sigma\, x_k V_k(\delta_k - <\delta>)^2 + V<<k_{mm}>>\,] \tag{식 12.53}$$

$$RT\ln\gamma_k = V_k[(\delta_k - <\delta>)^2 + 2<k_{km}>\delta_k - <<k_{mm}>>\,] \tag{식 12.54}$$

여기서 $<\delta> = \Sigma\Phi_j\delta_j$, $<<k_{mm}>> = \Sigma\Phi_i\delta_i<k_{im}>$, $<k_{im}> = \Sigma\Phi_j\delta_j<k_{ij}>$.

SSCED 모델의 디자인은 Scatchard-Hildebrand과 비슷하다. 이 유사성은 다성분 혼합으로 수학적인 확장이 같은 것을 보장한다. 결과는,

$$RT\ln\gamma_k = V_k[(\delta_k' - <\delta'>)^2 + 2<k_{km}>\delta_k' - <<k_{mm}>>\,] \tag{식 12.55}$$

여기서 $<\delta'> = \Sigma\Phi_j\delta_j'$, $<<k_{mm}>> = \Sigma\Phi_i\delta_i'<k_{im}>$, $<k_{im}> = \Sigma\Phi_j\delta_j'<k_{ij}>$.

첫 번째로 볼 때 기호가 혼란스럽게 보일 수 있다. 다음 예제는 필요한 합을 명확하게 한다.

예제 12.7 SSCED 모델을 이용한 다성분 VLE

분축기(partial condenser)는 심지어 기체가 묽다고 하더라도, 가벼운 기체 불순물을 가진 수증기를 증류할 때 필요하다. 전 응축기(total condenser)는 응축되지 않는 기체 때문에 비실용적이다. 물론, 어떤 충분히 낮은 온도에서 응축시킬 수 있다는 것을 알고 있지만, 먼 흐름을 냉각시키거나 가벼운 기체성분을 환류시키는 것은 낭비적인 것이다. 분축기는 칼럼이 작동을 유지하는 데 필요한 만큼의 액체를 응축시키고, 기상 증류 생산물로 하류의 나머지를 보낸다. 하류에서 두 번째 분축기는 액체를 만들고 나머지 가스는 플레어 타워(flare tower)로 보낸다.

곡식으로부터 아세톤(A), n-부탄올(B) 그리고 물(W)에 녹아 있는 에탄올(E)을 형성하기 위한 발효 이후에 건조단계에서는 증류해야 할 흐름이 생긴다. 녹아 있는 이산화탄소는 발효공정의 일반적인 부생산물이다. SSCED 모델을 사용하고 99% 에탄올과 2.8% 물이 나누어지는 2

bar의 압력을 가정한다. 아세톤이 에탄올 + 물의 상호작용을 조절하여 공비점의 방해가 없는 위쪽의 조성에 도달하도록 한다. 증기압은 간단한 식을 이용하여 계산할 수 있다.

조성	CO_2	A	E	W	B
kmol/h	0.7	13	5	15	42
V^L	37.3	73.4	58.5	91.8	18
δ	14.6	19.6	26.1	23.4	47.9
α	1.87	0	12.58	8.44	50.13
β	0	11.01	13.29	11.11	15.06
δ'	14.6	19.6	18.67	18.96	27.94

여기서 δ'은 식 12.50에 따라서 δ로부터 계산된다.

(a) 나누어지는 주요 성분에 기초하여 증류액의 유속과 조성을 계산하라.

(b) 분축기 내의 작동온도의 예비 계산으로 증류 흐름의 이슬점 온도를 계산하라.

풀이

분축기 흐름의 증기 출구를 D로 나타낸다.

(a) E는 가벼운 주성분이고 W는 무거운 주성분이다. 가벼운 주성분보다 더 가벼운 모든 것은 맨 위쪽으로 나가는 것으로 가정하고, 무거운 주성분보다 더 무거운 모든 것은 맨 아래쪽으로 나가는 것으로 가정한다. 첫 번째 열에서 2 bar에서의 끓는 온도(K)를 계산한다. 기술적으로, 2 bar에서 이산화탄소는 끓는점을 갖지 않는다. 그러나 우리는 여기에서(351 K에서 CO_2는 초임계) 문제의 서술에서 제안했듯이 단지 계산으로 간단한 모델을 적용한다. 성분은 휘발도가 감소하는 순서로 나누면 E와 W 사이에 나뉘어져 CO_2와 A는 완전히 증류액으로 보내고 B는 완전히 맨 아래쪽으로 보낸다.

조성	CO_2	A	E	W	B
T_b (K)	197	350	371	392	414
D(kmol/h)	0.7	13	4.95	0.42	0
y_i^D	0.037	0.682	0.260	0.022	0

무용매 기준(solvent free basis)으로 물에 대한 에탄올의 맨 위쪽 조성은 4.95/(4.95 + 0.42) = 92%이고, 이것은 공비조성을 아주 작게 초과한다.

(b) **이슬점 온도**의 계산을 위하여, 부록 C로부터 선택 (b)를 사용하고 단계 수를 참조하였다. 초기 계산으로 $T \sim \Sigma y_i^D T_b = 351$ K이고, Raoult의 법칙을 가정하면(단계 1),

$K_i^{(0)} = P_i^{sat}/P$ gives $x_i^{(0)} = y_i^D/K_i^{(0)}$

이다.

조성	CO_2	A	E	W	B	
y_i^D	0.037	0.682	0.260	0.022	0	
P_i^{sat}/P	89	1.01	0.51	0.25	0.13	((a)의 CO_2에 대한 사항을 보라.)
$x_i^{(0)}$	0.00	0.672	0.513	0.088	0	$\Sigma x_i^{(0)} = 1.273$ (단계 1)
$x_i^{(0')}$	0.00	0.528	0.403	0.069	0	(단계 1)

❗ 이슬점 온도 계산.

마지막 열에서 $x_i^{(0)}$를 $\Sigma x_i^{(0)}$로 나누어서[이 과정을 **정상화**(normalization)라 한다], 몰분율 $x_i^{(0')}$의 합이 1이 되도록 한다. 단계 3을 준비하기 위하여 SSCED 모델은 k_{ij}에 대하여 다음의 값을 이용한다. 예를 들어, 에탄올 + 물에 대한 값은

$$k_{EW} = (12.58 - 50.13)(13.29 - 15.06)/(4(18.67)27.94) = 0.0319$$

유사하게, $k_{AE} = 0.0184$, $k_{AW} = 0.0896$

최종적으로 SSCED 모델을 적용할 준비가 되었다. 부탄올과 CO_2는 액상조성이 0이므로 추가적인 계산에서 제외한다. $x_i^{(1)}$은 γ_i 가 적용된 첫 번째 반복 계산의 결과이다. $x_i^{(2)}$는 온도 변화로부터의 결과이고(조성 또한 약하게 변화하고 있지만) γ_i가 일정하다고 가정하였다. 다음 반복 계산에서 좋은 T 추측(단계 5)을 위하여 $x_T = 1$을 가정하고 있다.

조성	CO_2	A	E	W	B	
$x_i^{(0')}$	0.00	0.528	0.403	0.069	0	
$\Phi_i^{(0')}$	0.00	0.6094	0.3710	0.0196	0	$\langle \delta' \rangle = 19.4$
$\langle k_{im} \rangle$	NA	0.177	0.239	1.294	NA	$\langle\langle k_{mm} \rangle\rangle = 4.478$
γ_i	NA	1.065	1.106	2.374	NA	(단계3)
$\gamma_i P_i^{sat}/P$	NA	1.070	0.566	0.605	NA	(단계3)
$x_i^{(1)}$	0.00	0.637	0.459	0.036	0	(단계3) $\Sigma x_i^{(1)} = 1.133$ (단계 4)
$x_i^{(1')}$	0.00	0.563	0.405	0.032	0	$\Sigma x_i^{(1')} = 1.000$ (단계 4)
$\gamma_i P_i^{sat}/P$	NA	1.208	0.645	0.684	NA	T=354.88K(단계 5 새로운 γ_i을 무시하고)
$x_i^{(2)}$	0.00	0.565	0.403	0.032	0	$\Sigma x_i^{(2)} = 1.000$

여기서 γ_A, γ_E, γ_W, $\langle \delta' \rangle$, $\langle k_{im} \rangle$, 그리고 $\langle\langle k_{mm} \rangle\rangle$ 는 식 12.5에 의해서 계산되었다. 예를 들어,

$$\langle \delta' \rangle = 0.6094(19.6) + 0.3710(18.67) + 0.0196(27.94)0.0319 = 19.4$$

$$\langle k_{Em} \rangle = 0.6094(19.6)0.0184 + 0.3710(18.67)\mathbf{0.0} + 0.0196(27.94)0.0319 = 0.239$$

$$\langle\langle k_{mm} \rangle\rangle = 0.6094(19.6)0.177 + 0.3710(18.67)0.239 + 0.0196(27.94)1.294 = 4.478$$

$$\gamma_E = \exp(58.5((18.67 - 19.4)^2 + 2(0.239)18.67 - 4.478)/(8.314 \cdot 351)) = 1.106$$

$x_i^{(1')}$으로부터 $x_i^{(2)}$로 갈 때, γ_i는 변하지 않는다고 가정하며 온도를 변화시켰다.
이것은 $T = 354.88$ K에서 마지막 계산에서 입증되어야 한다.

조성	CO_2	A	E	W	B	
$x_i^{(2)}$	0.00	0.565	0.403	0.032	0	(단계 3)
$\Phi_i^{(2)}$	0.00	0.6378	0.3535	0.0087	0	$\langle \delta' \rangle = 19.4$
$\langle k_{im} \rangle$	NA	0.143	0.239	1.334	NA	$\langle\langle k_{mm} \rangle\rangle = 3.696$
γ_i	NA	1.051	1.120	2.413	NA	(단계 3)
$\gamma_i P_i^{sat}/P$	NA	1.192	0.653	0.695	NA	(단계 3)
$x_i^{(3)}$	0.00	0.572	0.397	0.032	0	(단계 3) $\Sigma x_i^{(3)} = 1.001 \sim 1.0$ (단계 7)

주의:

1. 휘발도가 낮은 성분의 액상조성은 분축기에서 증가한다.
2. 이 특별한 분축기에서 $K_W > K_E$는 E로부터 W의 분리는 한계가 있음을 의미한다.

MAB는 SSCED 모델의 특별한 경우임을 주목하면, 다성분 SSCED 모델은 MAB 모델에 대하여 유사한 형태를 제공한다.

$$G^E = V<<k_{mm}>> = \Sigma\Sigma\, x_i x_i A_{ij} \qquad \text{〈식 12.56〉}$$

Margules 형태와 Redlich-Kister 형태 사이의 관계는 유사한 관계를 제공한다.

$$G^E = \Sigma\Sigma\, x_i x_i B_{ij} + \Sigma\Sigma\, x_i x_i C_{ij}(x_i - x_j) + \Sigma\Sigma\, x_i x_i D_{ij}(x_i - x_j)^2 + \cdots \qquad \text{〈식 12.57〉}$$

이 방법으로 많은 활동도 모델을 다성분계 적용에 기대할 수 있다.

실제적인 문제를 해결하기 위한 공식을 디자인하는 능력은 일반적으로 다성분계와 관련이 있다. 디자인은 창조적인 생각과 더불어 많은 기본적인 원리들을 작업상자에 넣는 통합을 필요로 한다. 오일 유출물의 확산을 원한다면 오일과 함께 첨가제의 운명을 고려해야 한다. 오일이 확산된 후에 첨가제는 어디로 갈 것인가? 주요성분과 비교하여 그것의 휘발성이 더 커야 하는가 혹은 작아야 하는가? 그것의 물리적 성질이 주요성분의 성질과 어떻게 연관되어야 하는가? 페인트를 제거하기 위한 용매의 휘발도는 어떠한가? 용매의 물에 대한 용해도는 어떠한가? 다성분 SSCED의 관점은 이러한 종류의 문제에 창의적으로 생각하는 힘을 준다.

예제 12.8 가솔린 생산물에 대한 첨가제 선정

에탄올 + 물 계는 89.4 mol% 에탄올과 353 K에서 잘 알려진 공비점을 갖는데, 연료등급의 에탄올을 값싸고 쉽게 증류하는 것을 어렵게 한다. 산업적으로, 공비점은 흡착을 이용하여 없앨 수 있다 다른 전략은 물의 활동도 계수를 감소시키는 세 번째의 화학종(첨가제)을 첨가하는 것이다. 이 방법으로 에탄올의 물에 대한 휘발도는 1보다 크게 유지될 수 있다. 액상에 존재하는 활동도 계수를 주의하면, 첨가제는 액상에 머물러야 한다. 다시 말하면, 그것은 어떤 주요 화학종보다도 휘발도가 낮아야 한다. 증류 칼럼의 맨 윗부분에서 그것을 넣고 아래로 흐르게 하는 것을 상상할 수 있다. 이 공정은 **추출 증류**(extractive distillation)라고 부른다. 우리는 가능하면 첨가제를 적게 사용하고 물과 다른 공비점을 형성하지 않아야 한다. 제안된 첨가제는 2-피롤리돈이고 핵심적인 물성이 다음에 주어져 있다. 2-피롤리돈에 대한 간단한 VP 모델과 2-피롤리돈과의 k_{ij} 상호작용에 대한 SSCED 예측을 가정할 수 있다. 99 mol% 에탄올에서 1.1보다 큰 상대 휘발도를 유지하기 위해 얼마나 많은 2-피롤리돈이 필요할 것인가? 분자구조에 기초하여 다른 유망한 첨가제를 제안할 수 있는가?

2-피롤리돈의 분자 물성은 다음과 같다.

T_c	P_c	ω	M_W	ρ	δ	α	β
802.0	6.17	0.432	85.1	1.11	29.21	2.39	27.59

풀이

공비점이 증기압에 민감한 것을 유의하면, 에탄올과 물에 대하여 부록 E의 Antoine 상수를 사용해야 한다. 첨가제의 증기압은 다른 공비점을 막기 위하여 물의 증기압보다 상당히 더 낮아야 하기 때문에 중요도가 떨어진다. SSCED의 예측값인 $k_{12} = 0.0319$로는 실험적으로 관찰된 공비점을 재예측할 수 없었지만, $k_{12} = 0.058$은 $x_E = 0.894$와 353 K로 공비점을 계산한다.

$x_E = 0.99$와 353 K에서 상대 휘발도를 확인하면 $\alpha_{LH} = 0.94$이다. $\alpha_{LH} = 1.1$까지 첨가제를 추가해야 한다.

$T = 353$ K로 가정하여, 증기압의 비율이 일정하게 유지된다. 우리는 마지막으로 형성된 조성의 기포점 온도에서의 결과를 확인할 수 있다. 10.6절로부터 상대 휘발도의 정의를 이용하여 Raoult의 법칙에 치환하면,

$$\alpha_{LH} = K_L/K_H = (P_L^{sat}/P_H^{sat})(\gamma_L/\gamma_H) \qquad \langle 식\ 12.58\rangle$$

Antoine식으로부터, $P_L^{sat}/P_H^{sat} = 2.03$이다. 따라서 $\gamma_L/\gamma_H > 1.1/2.03 = 0.542$를 얻는다. 1 mol의 에탄올(그리고0.0101 mol의 물)을 기본으로 하여, 에탄올에 대한 2-피롤리돈(P)의 비율을 0.05로 증가시키면 $\{x_E, x_W, x_P\}$에 대하여 최종 조성은 {0.9433, 0.0095, 0.0472}이다. 이것은 $\alpha_{LH} = 2.03(1.001/2.075) = 1.11$이 되게 한다. 압력을 0.01로 맞추면 기포점 온도는 $T = 352.6$이 되며 온도는 매우 조금 바뀐다.

다른 첨가제 후보 물질은 에틸렌글리콜이다. 분자구조로부터 그것은 반은 에탄올 그리고 반은 물과 유사하다. 같은 과정을 통해 같은 α_{LH}를 도달하기 위해 {0.8532, 0.0086, 0.1382}의 조성이 필요하다. 이것은 대략 첨가제에 대하여 몰 기준으로 3, 질량 기준으로 2의 인자에 해당한다. 2-피롤리돈은 물보다 더 큰 정도의 큰 값의 염기성 값 때문에 우세한 것으로 예측된다. 이것은 2-피롤리돈의 k_{ij} 매개변수가 음의 값이 되게 한다. 글리콜은 덜 효과적이다.

12.8 Flory-Huggins와 van der Waals 이론

Flory-Huggins 이론에서 나타내었던 과잉 내부에너지의 기여분도 Scathard-Hildebrand 이론의 기여분과 동일하다. 12.3절에서 van der Waals식의 과잉 내부에너지로부터 Scathard-Hildebrand 이론을 유도하였다. 따라서 Flory-Huggins 이론과 van der Waals식의 퍼텐셜 차이는 과잉 엔트로피항과 관계가 있다. 간단히 다시 살펴보면, van der Waals식으로부터,

$$\frac{G(T,P) - G^{ig}(T,P)}{RT} = -\ln(1-b\rho) - \frac{a\rho}{RT} + Z - 1 - \ln(Z) \qquad \langle 식\ 12.59\rangle$$

$$\frac{G^E}{RT} = -\ln(1-b\rho) - \frac{a}{RTV} + Z - 1 + \sum_i x_i \ln(1-b_i\rho_i) + \sum_i x_i \frac{a_{ii}}{RTV_i} - \sum_i x_i Z_i + 1 - \sum_i x_i \ln(Z/Z_i) \qquad \langle 식\ 12.60\rangle$$

van der Waals식으로부터 $U - U^{ig} = \frac{a}{V}$

따라서 $U^E = U - \sum_i x_i U_i = -\frac{a}{V} + \sum_i x_i \frac{a_{ii}}{V_i}$이다. 정규용액과 $\left(-\frac{a}{V} + \sum_i x_i \frac{a_{ii}}{V_i}\right)$를 비교하면

$$U^E = \Phi_1 \Phi_2 (\delta_1 - \delta_2)^2 (x_1 V_1 + x_2 V_2)$$

임을 알 수 있다.

$Z - \sum_i x_i Z_i$는 매우 작은 수임을 주목해야 하는데, 그 이유는 (1) 액체의 압축인자 Z가 모두 작은 수치를 갖고, (2) 과잉 부피는 전체 부피에 비해 매우 작은 분율값을 갖기 때문에 $V \approx \sum_i x_i V_i$라고 할 수 있다. 따라서 $Z - \sum_i x_i Z_i$항을 무시할 수 있다.

엔트로피항 간의 차이로 돌아가서, van der Waals식은

$$TS^E = H^E - G^E = U^E - RT\left(Z - \sum_i x_i Z_i\right) - G^E \qquad \langle 식\ 12.61\rangle$$

$$\frac{S^E}{R} = \sum_i x_i \ln\left(\frac{1 - b\rho}{1 - b_i \rho_i}\right) + \sum_i x_i \ln\left(\frac{PV/(RT)}{PV_i/(RT)}\right) \qquad \langle 식\ 12.62\rangle$$

주의: $(1 - b_i\rho_i) = (V_i - b_i)/V_i \equiv (V_i\varpi)/V_i = \varpi$이다. 이것은 모든 i에 대하여 $b_i\rho_i = b\rho$임을 의미한다.

이 혼합물을 포함하여 모든 유체에 대한 보편적인 상수라면,

$$\frac{S^E}{R} = \sum_i x_i \ln\left(\frac{PV/(RT)}{PV_i/(RT)}\right) = -\sum_i x_i \ln\left(\frac{V_i}{V}\right) = \sum_i x_i \ln\left(\frac{x_i V_i}{V}\frac{1}{x_i}\right) = -\sum_i x_i \ln\left(\frac{\Phi_i}{x_i}\right) \qquad \langle 식 12.63\rangle$$

이 표현식은 Flory식과 동일하다(식 12.62의 오른쪽 두 번째 항에서 ln(Z)은 중요한 항으로 이상기체의 표준상태에서 도출되었다). 따라서 van der Waals 이론과 Flory 이론의 유일한 차이점은 ϖ가 보편적 상수라는 가정이다. 이것은 패킹 분율(packing fraction)은 상수(패킹 분율 = 1 − 공간 분율)라는 것과 같다. 다시 말하면 Flory –Hunggins 이론은 $b\rho$ = 일정하다는 가정을 가진 van der Waals 이론으로 표현할 수 있다. $b\rho$ = 일정하다는 가정은 다원자 화학종(polyatomic species)의 질량 밀도는 분자량에 대한 의존도가 약하다는 견해와 일치한다. 한 예로, 데케인의 질량 밀도는 0.73 g/cm^{3}이며, n-헥사데케인의 질량 밀도는 0.77 g/cm^{3}이다. 분자량이 증가할수록 몰밀도는 반대로 감소하지만, b-매개변수는 분자량이 증가하면 이에 비례하여 증가한다. 일정한 질량 밀도는 $b\rho$가 일정하다는 의미이다. 0.7~1.3 g/cm^3 사이에 거의 모든 탄화수소, 알코올, 아미드, 아민의 질량 밀도가 존재한다는 사실에 비추어 볼 때 이런 접근법이 상당히 폭넓게 응용될 수 있다는 생각을 한다.

그럼에도 불구하고, 일정 패킹 분율의 가정에도 명백한 한계가 있다. T_r = 0.99일 때 액화 프로판의 ϖ는 T_r = 0.619의 톨루엔의 혼합물은 366 K에서 Flory-Huggins 이론에 의해서는 정확하게 예측할 수 없다. 주목할 점은 서로 간의 차이는 성분들의 압축인자 차이와 관계가 있다는 것이다. 따라서 Flory-Huggins 이론을 비압축성 이론이라 언급하는 것과 압축성 고분자 혼합물을 나타내기 위하여 대체이론을 개발하는 것이 보편화되었다. 이러한 대체이론은 (a 매개변수의 온도 의존성을 약간 개선하여) van der Waals 방정식과 매우 비슷하다. 이 관찰은 "나는 늘 van der Waals의 찬양자 그 이상이다."라고 한 Rayleigh의 말을 더욱 중요하게 여기게 한다.

12.9 요약

이 장은 다소 이론적인 장이다. 우리는 관찰, 예측, 테스트, 몇 가지 이론의 평가(van Laar, Scatchard-Hildebrand, Flory-Huggins, SSCED, MOSCED)를 반복하여 왔다. 이러한 반복을 통해 정밀도와 통찰력이 증가하였다. 황산과 물은 서로 매우 선호적으로 반응하고(G^E << 0), 반면에 2-프로판올과 물은 그것들이 혼합되도록 하는 데 필요한 에너지가 엔트로피의 유도력과 반대로 작용하여 피하는 경향을 보인다($G^E > 0$). 이 사실은 많은 부분이, 용해도 매개변수, 산성도, 염기성도와 같은 분자의 양에 의해서 결정되는 상호작용 에너지에 기인한다. 우리는 두 가지 주요 효과인 에너지 밀도와 복잡성이 혼합에 영향을 미치는 것을 살펴보았다. 이러한 분자적인 관점은 '비슷한 것은 비슷한 것을 녹인다.'는 익숙한 지침를 명확하게 한다. 이러한 관점을 가지고, 화학적 공식에 대한 직관적인 견해의 능력을 얻기 시작하였다. 우리는 몇 가지 실질적인 예제로 이러한 추론의 가치를 입증하였다. 우호적인 분자의 상호작용과 비우호적인 것을 구분할 수 있어야 한다.

분자의 관점으로보면, 이 경향을 교차 상호작용 에너지(a_{12})로 구분할 수 있다. 교차 상호작용 에너지가 기하학적 평균보다 약하면($k_{12} > 0$), 각 화학종은 같은 화학종을 선호한다. 만약 교차 상호작용 에너지가 기하학적 평균보다 크면(즉, $k_{12} < 0$), 화학종은 강하게 당겨서 그들 서로 간의 인력의 우물에 빠질 때 에너지를 방출한다. 선호하는 상호작용을 깨뜨리기 위한 에너지는 이와 같은 혼합물을 분리하기 위해 첨가되어야 하고 이것은 최대 끓는 공비점으로 나타날 수도 있다. 역으로, $k_{12} > 0$인 혼합물은 최소 끓는 공비점 혹은 $\gamma_i > 10$이면 VLLE를 보이는 경향이 있다.

분자의 통찰력은 공식을 구상할 때 많은 도움이 되지만, 이 개념은 궁극적으로 실험적으로 확인되고 검증되어야 한다.

주요 식

이 장은 van der Waals 모델에 의해 제공되는 분자 관점과 2성분계와 다성분계에 대한 활동도 계수의 반경험적인 계산을 연결시킨다. 이러한 확장에서 핵심적인 식은

$$a = x_1^2 a_{11} + 2x_1 x_2 a_{12} + x_2^2 a_{22} = \sum_i \sum_j x_i x_j a_{ij} \qquad \langle 식\ 12.3 \rangle$$

$$a_{12} = (1 - k_{12})(a_{11} a_{22})^{1/2} \qquad \langle 식\ 12.4 \rangle$$

여기서 k_{12}는 2성분 상호작용 매개변수로 불리는 상관 매개변수이다.

이러한 확장이 결과적으로 다양한 복잡성을 가지는 몇 가지 활동도 계수 모델로 되었다. 최고의 모델의 선택은 적용성과 특별한 복잡성에 대한 개개인의 편안한 정도에 의존한다. 요약하면, SSCED 모델은 타당한 내용을 제공한다.

$$RT\ln\gamma_k = V_k(1-\Phi_k)^2[(\delta_2' - \delta_1')^2 + 2k_{12}\delta_2'\delta_1'] \quad \text{〈식 12.49〉}$$

$$(\delta_i')^2 = \delta_i^2 - 2\alpha_i\beta_i \quad \text{〈식 12.50〉}$$

$$k_{12} = \frac{(\alpha_2-\alpha_1)(\beta_2-\beta_1)}{4\delta_2'\delta_1'} \quad \text{〈식 12.51〉}$$

이 식을 이용하면, 에너지 밀도($\delta^2 \equiv a/V^2$), 분자 크기(V_k) 그리고 수소결합의 중요한 역할은 모두 분명하게 있다. 이 역할을 이해하면 데이터를 상관하는 것 이상으로, 많은 화학종이 결합되었을 때 예상되는 거동에 관한 예측을 할 수 있다. 연습을 통하여, 이러한 예측은 특별한 엔지니어링 목표를 달성하는 공식에 대하여 직관적인 통찰력을 제공하는 것과 관련이 있다.

12.10 익힘문제

P12.1 아클로레인 + 물은 97.4 wt% 아클로레인과 52.4°C에서 1기압 상태의 공비점을 가진다.

(a) 같은 기액조성과 온도에서 이 포화 압력을 갖는 van Laar 모델식의 A_{ij}값을 결정하라.

답: 2.97, 2.21

(b) 위에서 구한 A_{12}, A_{21}와 van Laar식을 이용하여 326.55 K와 x = {0.1, 0.3, 0.5} 일 때의 압력 P를 표로 나타내라.

답: P = 1.11, 1.15, 1.03

P12.2 α-에피클로로하이드린(1) + n-프로판올(2) 계는 760 mmHg, 96°C에서, 16 mol%의 에피클로로하이드린은 공비점을 보인다. 96°C에서 90% 에피클로로하이드린의 액체 용액과 평형인 증기조성을 van Laar식을 이용하여 구하라. (α-에피클로로하이드린의 분자식은 C_3H_5ClO이고 IUPAC 이름은 1-클로로-2,3-에폭시프로판이다. 증기압은 근사적으로 $\log_{10}P^{sat}$ = 8.0270 – 2007/T 이다. 여기서 P^{sat}는 mmHg, T는 Kelvin 단위이다. n-프로판은 간단한 증기압식을 이용할 수 있다)

답: 0.72, 0.63 bar

P12.3 다음의 자유에너지 모델은 특수한 2성분계의 액 – 액 혼합물에 대하여 제안되었다. 성분 1의 활동도 계수에 대한 표현을 유도하라.

$$\frac{\Delta \underline{G}^E}{nRT} = (\Phi_1\Phi_2)^{0.75}V\frac{(\delta_1-\delta_2)^2}{RT}$$

여기서, $\Phi_i = (x_iV_i)/V$ 그리고 $V = \sum_k x_kV_k$

답: $\dfrac{V_1(\delta_1-\delta_2)^2}{RT}\Phi_2^{0.75}[0.25\Phi_1^{0.75}+0.75\Phi_1^{0.25}\Phi_2]$

P12.4 Scatchard-Hildebrand 모델은 다음 방법으로 다성분 혼합물로 확장될 수 있다. $a_{ij}=(a_{ii}a_{jj})^{½}$와 $a_{ii}/V_i=V_i\delta^2$로 두면, 식 12.7은 다음과 같이 다시 쓸 수 있다.

$$U^E=\sum x_iV_i\delta_i^2-\left(\frac{\sum\sum x_iV_i\delta_ix_jV_j\delta_j}{\sum x_kV_k\delta_k}\right) \quad \langle 식\ 12.64\rangle$$

2차항은 분리될 수 있고, 제곱근을 간단히 하면,

$$U^E=\Sigma x_iV_i\delta_i^2-V<\delta>^2 \quad \langle 식\ 12.65\rangle$$

여기서, $<\delta>\equiv\Sigma x_iV_i\delta_i/V\equiv\Sigma\Phi_i\delta_i$ 그리고 $V\equiv\Sigma x_iV_i$이다.
이 결과는 $V<\delta>^2$를 더하거나 빼서 보다 간단히 만들 수 있고 재정리하여 다음을 얻을 수 있다.

$$U^E=\Sigma x_iV_i\delta_i^2-V<\delta>^2=\Sigma x_iV_i\delta_i^2-2V<\delta>(\Sigma x_iV_i\delta_i/V)+<\delta>^2\Sigma x_iV_i \quad \langle 식\ 12.66\rangle$$

여기서 두 번째 항의 $<\delta>$의 정의와 세 번째 항의 V를 치환하였다.

일반적인 합으로 모든 항을 모으면, 다음을 얻는다.

$$U^E=\Sigma x_iV_i(\delta_i^2-2\delta_i<\delta>+<\delta>^2) => G^E=U^E=\Sigma x_iV_i(\delta_i-<\delta>)^2 \quad \langle 식\ 12.67\rangle$$

이 식은 매우 간단한 식이다. 다성분 혼합물에서 성분의 활동도 계수에 대한 동등하게 간단한 표현을 유도하라. (힌트: 식 12.65로 유도하는 것이 쉽다.)

답: 식 12.54

12.11 연습문제

12.1 Flory식에 대한 과잉 Gibbs 에너지 공식에서 출발하여, 2성분계에 대하여 성분 1의 활동도 계수에 대한 공식을 유도하라.

12.2 (1) + (2) 계가 $x_1=0.75$와 80°C에서 공비물을 형성한다. 80°C에서 $P_1^{sat}=600$ mmHg, $P_2^{sat}=900$ mmHg이다. 액상은 van Laar 모델을 이용할 수 있다.

(a) $x_1=0.75$와 80°C에서 성분 1의 활동도 계수를 계산하라. [힌트: 상대 휘발도(식 10.32로 주어짐)는 공비 조건에서 1이다.]

(b) 예상되는 *P-x-y*와 *T-x-y* 선도를 정성적으로 그려라.

12.3 에탄올(1) + 벤젠(2)는 공비물을 형성한다. 문제 10.1에서 Brown과 Smith의 실험 데이터에 대한 모델을 비교하라.

(a) 45°C에서 van Laar 모델을 이용하여 y-x와 P-x-y 선도를 그려라. $x_E = 0.415$에서 실험 데이터를 사용하여 A_{12}와 A_{21}을 계산하라.

(b) 45°C에서 $k_{12} = 0$인 Scatchard-Hildebrand 모델을 이용하여 y-x와 P-x-y 선도를 그려라.

(c) 45°C에서 SSCED 모델을 이용하여 y-x와 P-x-y 선도를 그려라. k_{12}를 계산하기 위해서는 표준 지침을 이용하라.

(d) 45°C에서 SSCED 모델을 이용하여 y-x와 P-x-y 선도를 그려라. k_{12}를 계산하기 위해서는 $x_E = 0.415$에서의 실험 데이터를 이용하라.

12.4 에탄올(1) + 톨루엔(2)의 공존하는 상의 조성은, Kreschmer와 Wiebe에 의해 보고된 1949.*J. Amer.Chem. Soc.*, 71:1793에서, 55°C에서 $x_1 = 0.7186$, $P = 307.81$ mmHg에서 $y_1 = 0.7431$이다. 55°C와 $x_1 = 0.1$일 때 다음을 이용하여 기포점 압력을 구하라.

(a) $k_{12} = 0$인 Scatchard-Hildebrand 모델

(b) 내정된 k_{12} 값을 이용한 SSCED 모델

(c) 실험 데이터에 맞춘 k_{12} 값을 이용한 SSCED 모델

(d) van Laar식

12.5 디설술파이드(1) + 클로로포름(2) 계의 기체/액체 실험 데이터가 298 K에서 다음과 같이 주어진다. $P_1^{sat} = 46.85$ kPa, $P_2^{sat} = 27.3$ kPa, $x_1 = 0.2$, $y_1 = 0.363$, $P = 34.98$ kPa. 298 K와 $y_1 = 0.6$에서 다음을 이용하여 이슬점 압력을 계산하라.

(a) $k_{12} = 0$인 Scatchard-Hildebrand 모델

(b) 내정된 k_{12} 값을 이용한 SSCED 모델

(c) 실험 데이터에 맞춘 k_{12} 값을 이용한 SSCED 모델

(d) van Laar식

12.6 van Laar 모델과 문제 11.12의 데이터를 이용하여 78.15°C에서 20 mol%의 에탄올(1)이 물(2)에서 평형에 있을 때, 전체 압력과 기상의 조성을 계산하라.

12.7 0.1013 MPa에서 50 mol% 클로로포름(1)과 1,4-다이옥세인(2) 액체 혼합물은 밸브를 통해 플래시 증류기로 주입된다. 혼합물은 24.95 kPa와 50°C의 압력과 온도로 유지되고 2상으로 분리된다. 그때 상의 조건은 $x_1 = 0.36$과 $y_1 = 0.62$이다.

감독관이 50°C에서 액상의 조성을 $x_1 = 0.4$로 유지하기 위해 플래시 증류기의 압력을 조절하라고 요구한다. 그는 VLE 데이터를 제공하지 않았고 따라서 단순히 계산기, 연필, 종이만 가지고 새로운 플래시 증류기의 압력을 구해야만 한다. 다행히 감독관이 50°C에서 순수성분의 증기압을 기억을 되살려서 $P_1^{sat} = 69.4$ kPa, $P_2^{sat} = 15.8$ kPa 정도임을 알려 주었다. 더 이상의 정보가 없을 때 플래시 증류기의 압력 예측값을 구하라.

12.8 문제 11.4로부터 모든 점에 대하여, 그리고 같은 그림의 실험 데이터와 비교하여 다음 모델을 이용하여 최적화를 하여 실험 데이터를 상관하라.

(a) $k_{12} = 0$인 Scatchard-Hildebrand 모델

(b) 내정된 k_{12} 값을 이용한 SSCED 모델

(c) 실험 데이터에 맞춘 k_{12}값을 이용한 SSCED 모델

(d) van Laar식

(e) 교수님이 지시한 상관에 의해서 80°C에서 P-x-y 선도를 그려라.

12.9 문제 11.3으로부터 모든 점에 대하여, 그리고 같은 그림의 실험 데이터와 비교하여 다음 모델을 이용하여 최적화를 하여 실험 데이터를 상관하라.

(a)~(d)는 문제 12.8과 같음.

(e) 교수님이 지시한 상관에 의해서 1 bar에서 T-x-y 선도를 그려라.

12.10 문제 11.22로부터 모든 점에 대하여, 그리고 같은 그림의 실험 데이터와 비교하여 다음 모델을 이용하여 최적화를 하여 실험 데이터를 상관하라.

(a)~(e)는 문제 12.8과 같음.

12.11 범죄 장면 조사관들은 Leonardo는 아마인유를 사용한 모나리자를 훼손시키는 데 아크릴의 분산 페인트(Polymithyl methacrylate, PMMA)가 사용되었다고 결정하였다. 우리는 아마인유보다 아크릴과 더 강하게 상호작용하는 용매를 선호할 것이다. 그것들의 화학구조에 기초하여 SSCED 매개변수를 아마인유는 n-헥사데케인으로 아크릴 페인트는 메틸에틸케톤으로 근사할 수 있다. $CHCl_3$, 톨루엔 그리고 아세톤을 용매로 추천하겠는가? 이유를 설명하라.

12.12 바이오정제를 위한 효과의 한 부분으로, 발효에 의해서 부탄디올이 생산된다. 문제는 이성질체가 전체적으로 섞이는 것이다. 더구나 1,3-프로판디올은 건조량 기준으로 (즉, 물이 제거되었을때) 대략 30 mol%를 구성한다. 문제는 공비물 형성의 가능성과 그것을 피하는 것이다. 다음 단계가 문제해결의 빛을 제공한다.

(a) T°C = [100,400] 범위에서 1,3-프로판디올, 1,3-부탄디올, 그리고 1,4-부탄디올에 대하여 같은 축에 1000/T(K)에 대하여 $\log_{10}(P^{sat})$을 그려라. 밴크로프트 점이 있는가?

(b) SSCED 모델에 기초하여 각 성분에 대한 γ_i^∞의 표를 작성하라. 이 조합은 공비물의 형성에 대한 강한 경향을 보이는가?

12.13 R410a는 에어컨과 히트펌프에 사용되는 R22의 대체물질이다. 에어컨은 다른 온도 범위에서 사용되기 때문에 다른 냉매가 필요하다. R410a는 프레온가스(chlorofluorocarbon)에 의해 유발되는 오존층의 문제는 피하지만, 상대적으로 높은 지구온난화 지수(CO_2의 1,725배)는 그것의 지속적인 사용은 제한된다. 대략적으로, difluoromethane(D)와 pentafluoroethane(P)의 50wt% 혼합물이다(즉, 70 mol% D). Kobayashi와 Nishiumi(1998)은 283.05 K에서 1.098 MPa의 압력을 보고하였다. SCVP식을 이용할 수 있다.

Compound	Tc(K)	Pc(MPa)	ω	Cp^{ig}/R	M_W	ρ_{298}	$\delta(J/cc)^{1/2}$	$\alpha(J/cc)^{1/2}$	$\beta(J/cc)^{1/2}$
Difluoromethane	351.6	5.83	0.273	5.2	52.0	1.21	20.67	5.00	3.00
Pentafluoroethane	342.0	3.44	0.259	11.4	120.0	1.49	14.67	?	0.00

(a) SSCED식의 2성분 상호작용 매개변수에 $k_{ij} = 0$을 가정하여, 283.05 K에서 이 계가 공비점을 형성하는지 예측하라. $x_D = 0.01$과 0.99에서 상대 휘발도를 도표화하라.

(b) 보고되는 압력을 일치시키는 k_{12}에 대하여 계산하라.[11]

(c) (b) 문항에서 결정된 k_{ij}의 값은 pentafluoroethane에 대하여 어떤 산성도 값과 일치하는가?

11 1998. *Fluid Phase Equil*. 144:191.

13
CHAPTER

국부조성 활동도 모델

전등과 관련하여 3000개의 이론을 만들었지만 단지 두 가지 이론만이 실험을 통해 입증되었다.

Tomas A. Edison

Van der Waals의 혼합규칙으로 용액의 비이상성을 설명하는 것은 부정확하다는 것이 12장으로부터 분명하다. k_{12}나 A_{12}와 같은 단일 매개변수를 가지고 비대칭이 아닌 과잉에너지의 크기를 일치시킬 수 있다. Margules 2-매개변수와 van Laar 모델은 이 문제를 그때그때 주어지는 형태로 다루는데, 이것을 다성분으로 확장하기 위한 물리적인 근간이 없다. 혼합물의 분석을 확장하기 위한 합리적인 기초는 다양한 비대칭의 근원에 대한 타당한 풀이를 찾아야 한다. 이러한 풀이 중 하나는 분자는 그 자체를 무질서하게 분배하지 않는다는 것이다. 대신에, 그들은 클러스트를 형성하는 경향을 가질 수 있다. 이러한 종류의 분산은 저녁파티에서 볼 수 있는데, 아이들은 한 장소에 있고, 남자들은 운동을 이야기하며, 여성들은 운동 이외의 것을 이야기한다. 클러스트 사이에는 충분한 혼합이 있어서 그것을 상분리로 간주할 수는 없다. 어떤 아이들과 여성들은 운동을 좋아하지만 어떤 남자들은 운동을 좋아하지 않는다. 그럼에도 불구하고, 분산은 전적으로 무질서하지는 않다. 다시 말하면, 예를 들어, 디너파티에서 아이들 주위의 국부조성은 전체 조성과 다를 수 있다. 이러한 가능성을 예제 13.2에서 도표로 검토할 것이다. 국부조성 모델은 이 가능성을 인지하고, 과잉 에너지의 크기와 비대칭도를 나타내기 충분한, 두 매개변수에 의해서 국부조성의 증가를 고려한다. 국부조성에 의해서 분자 규모의 에너지를 주의 깊게 분석하면 다성분 혼합물로 직접적인 확장을 용이하게 한다.

학습목표

1. 실험 데이터를 이용하여 국부조성 활동도 모델에서 조절 매개변수를 나타내라.
2. 다음 활동도 계수 모델의 장점과 한계를 비판하여 말하라. Wilson, UNIQUAC, UNIFAC, NRTL. 주어진 혼합물에 대한 가장 적절한 모델을 나타내기 위한 능력을 포함하라.

UNIFAC의 예비적인 보기–예측 방법

이번 장은 이론적으로 자세히 다루는 내용이 많이 있다. 식의 유도와 관련된 것을 다루기 전에 최종식이 어떻게 적용되는가를 보는 것이 유용하다. 많이 쓰이는 활동도 계수 예측 모델의 하나로 UNIFAC 모델이 있다. 이 모델은 현존하는 모델 중에 가장 일반적으로 통용될 수 있는 예측 모델식으로 간주되고 있으므로 이 모델의 내용으로 바로 들어가서 이를 사용하는 데 필요한 기본 원리를 처음부터 소개하는 것이 의미가 있다. 이 모델은 꽤 복잡하므로 여러 유도과정을 거쳐야 하지만 컴퓨터의 발달과 소프트웨어의 발전이 이 모델을 이해하고 활발한 활용을 가능케 하여 주어 활동도 계수 모델로서의 가치가 매우 있다. 자세한 설명은 11장에 소개한 UNIFAC 스프레드시트 파일인 Actcoeff.xlsx와 MATLAB 파일 Ex13_01.m에 설명되어 있다.

예제 13.1 UNIFAC 활동도 계수 모델을 사용한 VLE예측

2-프로판올 (아이소프로필알코올 또는 *IPA* 로 알려져 있음) + 물 계는 대기압과 80.37°C(x_w = 0.3146)에서 공비 혼합물을 형성하고 있다. UNIFAC 모델식을 이용하여 760 mmHg에서 공비 혼합물의 상태를 추정하라.

See Actcoeff.xlsx - worksheets UNIFAC,unifacVLE/ MATLAB: Ex13_01.m

풀이

IPA와 물의 Antoine 계수는 부록 E에 실려 있다. 먼저 실제 실험 조건에서 VLE 계산을 하고 근방에서 공비점이 형성되는지 살펴본다. 이 계는 그림 10.8과 10.9에 나타내 있고 답은 어떤 형태인지 알 수 있다. 공비점이 형성되는지 결정하기 위해 11.7절에서 설명된 원리를 사용할 것이다. 공비점은 상도에서 최대 혹은 최소인 점을 주지하라.

압력은 760 mmHg로 주어져 있다. UNIFAC 모델식의 내용은 나중에 자세히 기술하겠지만 여기서 프로그램을 실행시키는 데 필요한 지식을 이해할 필요가 있다. UNIFAC 모델은 혼합물을 이루는 각각의 작용기에 대한 에너지 및 구조에 대한 정보에 기초를 두고 있다. UNIFAC 모델은 혼합물을 이루는 각각의 작용기에 대한 크기, 형태, 에너지 매개변수값을 계산함으로써 활동도 계숫값을 예측할 수 있다. 이 문제의 분자의 구조와 UNIFAC 그룹은 다음과 같다.

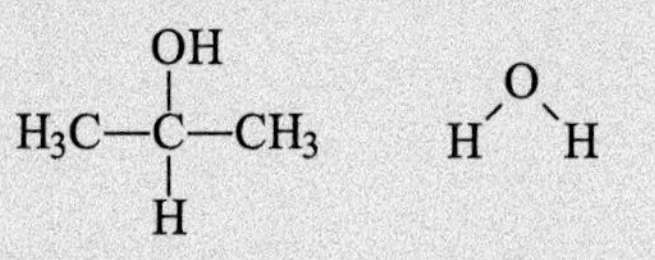

물	IPA
H2O - 1	CH3 - 2
	CH - 1
	OH - 1

기포점 온도 계산

UNIFAC 모델을 이용한 계산은 Excel 스프레드시트나 MATLAB 프로그램으로부터 실행될 수 있다. Excel 스프레드시트 프로그램을 실행시키기 위해 단순히 원하는 온도(80.37°C)와 각 성분들의 적절한 열에 작용기의 수를 입력한다. MATLAB의 사용하는 그룹 이름은 'unifacAij.mat'을 구동하여 사용할 수 있다. 몰분율(예: $x_w = 0.3146$, $x_{IPA} = 0.6854$)을 입력한다. 활동도 계숫값은 $\gamma_w = 2.1108$, $\gamma_{IPA} = 1.0885$이다. 수정된 Raoult의 법칙에 따르면 $P = y_1P + y_2P = x_1\gamma_1P_1^{sat} + x_2\gamma_2P_2^{sat}$ 이다. Antoine 계숫값을 입력함으로써 압력이 이 식으로부터 계산되고, 온도를 바꿔 가면서(이때 γ_s와 P^{sat}이 바뀜) 압력이 760 mmHg가 될 때까지 계산을 계속한다(혹은 Excel solver를 이용하거나 MATLAB fzero을 이용함 ⇒ $T = 80.47$°C).

T	P_{IPA}^{sat}	P_W^{sat}	$P = \sum_i x_i\gamma_iP_i^{sat}$	y_W
80.37	695	360	757	0.3158
82.50	760	395	829	0.3164
80.47	397	361	760	0.3158

기상의 몰 조성은 $y_1 = (y_1P)/P = (x_1\gamma_1P_1^{sat})/P$으로 계산된다. 두 번째 성분의 조성도 유사하게 계산된다(혹은, $y_2 = 1 - y_1$이용). 기상과 액상의 조성이 다르므로 ($x_w = 0.3146 \neq 0.3158 = y_w$), 공비점을 찾는 것이 아니다. 공비조성을 찾기 위하여 몇 가지 x 값으로 시도해야 한다. $x_w = 0.3177 \rightarrow \gamma_w = 2.1035$, $\gamma_{IPA} = 1.0904$

T	P_{IPA}^{sat}	P_W^{sat}	$P = \sum_i x_i\gamma_iP_i^{sat}$	y_W
80.47	697	361	760	0.3177

$x_w = 0.3177 = y_w$이므로, 이 조성이 UNIFAC식에서 계산된 공비조성이 된다. 이 결과로부터 UNIFAC 모델을 이용하여 얻은 공비 혼합물의 조성이 상당히 정확함을 알 수 있다. 또한 온도 T에 따른 조성 x에 대한 그래프를 그리면 공비점 근처에서 매우 평평하게 되는 것을 유의하자. 이 사실이 새로운 조성에서 포화온도를 계산하는 것이 불필요한 이유이다. 이는 실제 공비증류공정에서 일어나는 일로 중요한 사실이다.

a. Perry, R.H., Chilton, C.H. 1973. *Chemical Engineers' Handbook*, 5 ed, New York NY: McGraw-Hill, Chapter 13.

b. 주어진 분자의 작용기 그룹은 종종 공정디자인 소프트웨어로 자동적으로 결정된다. 그룹 할당에 몇 가지 예가 표 13.2에 나와 있다.

13.1 국부조성 이론

예측 모델의 가능성을 보았고, 모델의 이해에 대한 동기를 가지게 되었다. van der Waals 혼합규칙의 주요 가정 중에 하나는 식 12.3에서 보여 준 것처럼 2차 혼합규칙이 합리적인 근접을 제공하는 것과 같이 혼합물의 상호작용은 서로에 대해 독립적이다는 것이다. 그러나 어떤 경우에는, 근본적으로 분자 간 인력의 힘 차이가 클 경우, 혼합물의 상호작용과 혼합 조성이 강하게 관련된다. 한 예로, 상호작용 계수는 조성의 함수가 될 수 있다. 즉, $a_{12} = a_{12}(x)$이다. 이러

표 13.1 • 국부조성 이론에서 나타나는 변수들의 명명법

'1'분자 주위의 조성	'2' 분자 주위의 조성
x_{21} – '1'주위의 '2'의 몰분율	x_{12} – '2'주위의 '1'의 몰분율
x_{11} – '1'주위의 '1'의 몰분율	x_{22} – '2'주위의 '2'의 몰분율
국부 몰수지, $x_{11} + x_{21} = 1$	국부 몰수지, $x_{22} + x_{12} = 1$

한 관점을 다루는 한 가지 방법은 혼합물 속에서의 **국부조성**(local composition)은 전체조성과 크게 다르다는 가능성을 인정하는 것이다. 한 예로, 주요한 원자 A의 오른쪽에 각기 2개의 원자 B가 존재하는 격자를 생각해 보자. 모든 원자는 크기도 같고 배위수(coordination number)도 10개로 똑같음을 가정한다면, 원자 B 주위의 국부조성은 $x_{AB} = 9/10$ 이고, $x_{BB} = 1/10$(하첨자 AB 기호가 나타내는 것은 B 주위에 A)이다. 수소결합이나 극성과 같은 특수한 상호작용은 이런 결과를 초래하여 에너지적 차이가 질서(nonrandomness)를 유도하고 이 질서는 2차 혼합 규칙이 무너지게 되는 원인이 된다는 가설의 기초를 세웠다. 이론을 전개하기 위해 우리는 표 13.1에 요약 정리된 국부조성 이론의 명명법을 소개한다.

국부조성을 전체조성에 대한 가중치 Ω_{ij}에 의해 나타낼 수 있다고 가정한다면,

$$\frac{x_{21}}{x_{11}} = \frac{x_2}{x_1}\Omega_{21} \qquad \text{〈식 13.1〉}$$

$$\frac{x_{12}}{x_{22}} = \frac{x_1}{x_2}\Omega_{12} \qquad \text{〈식 13.2〉}$$

만일 $\Omega_{12} = \Omega_{21} = 1$이라 하면 풀이는 임의의 값을 가진다. 가중치의 함수를 서술하기 전에 이 가중치 인자가 어떻게 사용되는가를 알아보자.

'1' 분자 주위의 국부조성

'1'분자 주위의 조성에 대해서 고려해 보자. 전체조성은 x_1, x_2이고, 국부조성은 x_{21}, x_{11}로 쓴다. 국부 몰수지는

$$x_{11} + x_{21} = 1 \qquad \text{〈식 13.3〉}$$

식 13.1을 다시 정리하여

$$x_{21} = x_{11}\frac{x_2}{x_1}\Omega_{21} \qquad \text{〈식 13.4〉}$$

식 13.4를 식 13.3에 대입하면

$$x_{11}\left(1 + \frac{x_2}{x_1}\Omega_{21}\right) = 1 \qquad \text{〈식 13.5〉}$$

이를 다시 정리하면

$$x_{11} = \frac{x_1}{x_1 + x_2\Omega_{21}} \qquad \text{〈식 13.6〉}$$

식 13.6을 식 13.4에 대입하면

$$x_{21} = \frac{x_2\Omega_{21}}{x_1 + x_2\Omega_{21}} \qquad \langle \text{식 } 13.7 \rangle$$

'2' 분자 주위의 국부조성

분자 '2'의 경우도 분자 '1'과 비슷한 결과가 된다.

$$x_{22} = \frac{x_2}{x_1\Omega_{12} + x_2} \qquad x_{12} = \frac{x_1\Omega_{12}}{x_1\Omega_{12} + x_2} \qquad \langle \text{식 } 13.8 \rangle$$

예제 13.2 2차원 격자 안의 국부조성

x, o와 빈 공간이 있는 격자가 있다. 격자의 최소 단위는(cell)는 배위수가 8이다. 가장자리부터 멀리 떨어진 행과 열을 기초로 하여 국부조성 (x_{xo})와 가중치 인자 Ω_{xo}를 예측하라.

		o		o		x		o	
	x		o	x			x		
	x		x	x		o	x	o	
o		x		o			x		
						o			x
	o		x		o			x	
		x		o		o		x	
o	x				x		x		o

풀이

가장자리로부터 멀리 위치하는 9개의 o와 13개의 x가 있으며, 각 o 주위의 x와 o의 개수는 다음 표와 같다.

o#	1	2	3	4	5	6	7	8	9	
#x's	3	3	3	2	1	1	0	2	2	= 17
#o's	2	0	0	0	1	0	3	1	1	= 8
$x_{xo} = 17/25 = 0.68$, $x_o = 9/22$, $\Omega_{xo} =$					$17/8 \cdot 9/13$			= 1.47		= 1.47

주의: 실제로 유체는 원자가 격자 위치에 놓이는 것과 같은 거동을 보이지 않으나, 많은 이론은 격자가 합리적인 접근을 보여 준다는 가정에 기초하고 있다. 이 책에서는 격자이론의 기본 원리에 대해서 자세히 다루는 것을 생략한다. 이유는 완전한 문제인식을 주기엔 너무 개략적이고, 간단한 이론으로 다루기엔 너무 복잡하기 때문이다. 격자이론에 대해 더 공부하고 싶은 학생들이 존재할 것이므로, 이러한 학생들은 Sandler 책을 참조하기 바란다.[a]

a. Sandler, S.I. 1989. *Chemical Entineering Thermodynamic*, 2nd ed. Hoboken NJ: Wiley.

국부조성과 혼합의 Gibbs 에너지

과잉 Gibbs 에너지와 국부조성은 서로 연관될 필요가 있다. 사각우물(square-well) 퍼텐셜 에너지 함수로서 모든 유체의 물성을 나타냄은 자연적으로 국부조성 개념의 활용으로 이어진다. 분자 간 상호 에너지는 국부조성과 사각우물 퍼텐셜 에너지의 곱으로 이루어진다. 이 식에서 혼합물의 에너지식은 국부조성의 항들로 다시 수식화될 수 있다. 다음 식과 같이 Ω_{ij}의 정의를 이용하여 국부조성과 전체조성과의 관계식을 정리할 수 있다.

$$\frac{x_{ij}}{x_{jj}} \equiv \frac{x_i}{x_j}\Omega_{ij} \qquad \langle \text{식 } 13.9\rangle$$

다음에 다루어야 할 내용은 분자 수준, 즉 미시적 조건(국부조성)에서 혼합물에 대한 거시적 에너지 수준으로 규모를 증가시켜야 한다. 분자 상호작용 에너지에 대해 분자 분배의 곱에 대한 적분의 상세한 과정이 필요하게 된다. 이는 7.11절에서의 순수유체에 대해 적용한 방법과 유사한 방식이다. 이러한 전개는 13.7절에서 상세하게 나타내었다. 단순히 유도 결과식을 나타낼 수도 있는데 이는 국부조성 이론의 실제적이고 함축적인 의미의 이해를 빠른 시간에 가능하게 해 준다. 식의 형태는 직관적으로 이해하기에 그렇게 어렵지는 않다. 에너지 편차(energy edparture)에 있어서는 국부 상호에너지(ε_{ij})와 국부조성(x_{ij})의 곱으로 간단히 표현된다. 편차 물성(departure properties) 부분은 보편적으로 알려진 **두 유체이론**(two-fluid theory)에 근거하여 계산된다. 두 유체이론에 따르면[1] 2성분계에서 세기편차함수(intensive departure function)는 다음과 같이 주어진다.

$$(M - M^{ig}) = x_1(M - M^{ig})^{(1)} + x_2(M - M^{ig})^{(2)} \qquad \langle \text{식 } 13.10\rangle$$

분자형태 1의 국부조성 환경이 $(M - M^{ig})^{(1)}$을 결정하고, 분자 2의 국부조성 환경은 $(M - M^{ig})^{(2)}$로 결정된다. $(M - M^{ig})^{(i)}$은 조성에 의존하며 국부조성이 순수한 i일 때만 순수한 성분값과 같다.

$\varepsilon_{12} = \varepsilon_{21}$이고 국부 몰조성을 모두 더하면 1이 되므로 2성분계 혼합물에 대해

$$U - U^{ig} = \frac{N_A}{2}[x_1 N_{c,1}(x_{11}\varepsilon_{11} + x_{21}\varepsilon_{21}) + x_2 N_{c,2}(x_{12}\varepsilon_{12} + x_{22}\varepsilon_{22})] \qquad \langle \text{식 } 13.11\rangle$$

여기서 $N_{c,j}$는 배위수라 하고 (j번째 종 주위에 있는 모든 원자수) 다음 식과 같이 구분될 수 있다.

$$(U - U^{ig})^{(1)} = \frac{N_A}{2}N_{c,1}(x_{11}\varepsilon_{11} + x_{21}\varepsilon_{21}) \text{ and } (U - U^{ig})^{(2)} = \frac{N_A}{2}N_{c,2}(x_{12}\varepsilon_{12} + x_{22}\varepsilon_{22}) \qquad \langle \text{식 } 13.12\rangle$$

x_1이 1에 접근할 때 x_2는 0으로 접근하게 되므로, 식 13.1로부터 x_{21}은 0으로 접근하고 x_{11}은 1로 접근함을 알 수 있다. 이러한 한계치를 식 13.11에 적용하면 $(U - U^{ig})_{pure1} = (N_A/2)N_{c1}\varepsilon_{11}$

1 Scott, R.L. 1956. *Annu. Rev. Phys.Chem* 7:43.

이 된다. 이와 유사하게 x_2가 1에 접근하면 x_1이 0에 접근하고 x_{12}는 1로 접근함을 알 수 있으며, $(U - U^{ig})_{pure2} = (N_A/2)N_{c2}\varepsilon_{22}$이 된다. 이상용액에 대해서는,

$$(U-U^{ig})^{is} = x_1(U-U^{ig})_{pure1} + x_2(U-U^{ig})_{pure2} = \frac{N_A}{2}[x_1N_{c,1}\varepsilon_{11} + x_2N_{c,2}\varepsilon_{22}] \quad \text{〈식 13.13〉}$$

과잉 에너지는 식 13.11로부터 식 13.13을 빼면 얻을 수 있다.

$$U^E = U - U^{is} = \frac{N_A}{2}[x_1N_{c,1}((x_{11}\varepsilon_{11} + x_{21}\varepsilon_{21}) - \varepsilon_{11}) + x_2N_{c,2}((x_{12}\varepsilon_{12} + x_{22}\varepsilon_{22}) - \varepsilon_{22})] \quad \text{〈식 13.14〉}$$

같은 에너지 변수항을 모으고, 표 13.1로부터 국부 몰수지(local mole balance)를 사용하면 $(x_{11} - 1)\varepsilon_{11} = -x_{21}\varepsilon_{22}$, $(x_{22} - 1)\varepsilon_{22} = -x_{12}\varepsilon_{22}$이 되므로 위 식은

$$U^E = \frac{N_A}{2}[x_1x_{21}N_{c,1}(\varepsilon_{21} - \varepsilon_{11}) + x_2x_{12}N_{c,2}(\varepsilon_{12} - \varepsilon_{22})] \quad \text{〈식 13.15〉}$$

식 13.7과 식 13.8을 치환하여

$$\boxed{U^E = \frac{N_A}{2}\left[\frac{x_1x_2\Omega_{21}N_{c,1}(\varepsilon_{21} - \varepsilon_{11})}{x_1 + x_2\Omega_{21}} + \frac{x_2x_1\Omega_{12}N_{c,2}(\varepsilon_{12} - \varepsilon_{22})}{x_1\Omega_{12} + x_2}\right]} \quad \text{〈식 13.16〉}$$

이 점에서, 전통적인 국부조성 이론은 정규용액 이론(이 이론은 본질적으로 국부조성과 관계가 없다)과 차이가 난다. 다음 단계로서 고전 열역학의 일부에 초점을 맞춰 보자. 예제 6.7에서 Helmholtz 에너지의 벗어남은 내부에너지와 연관 있음을 보였다. 따라서 Helmholtz 에너지의 변화를 찾기 위해 적분을 할 수 있다.

$$\int_{\infty}^{T} d\left(\frac{A^E}{RT}\right) = \frac{A^E}{RT} - \frac{A^E}{RT}\bigg|_{\infty} = -\int_{\infty}^{T} \frac{U^E}{RT^2}dT \quad \text{〈식 13.17〉}$$

여기서 $A^E/(RT)\big|_{\infty}$는 주어진 온도에서 무한온도 허용값으로, 온도에는 무관하지만 조성이나 밀도에 의존할 수 있다. 식 13.16을 식 13.17에 대입하고 적분해야 한다. Ω_{ij}의 온도 의존성에 대한 대수적 표현이 필요하며, 이것은 국부조성 이론이 다른 이론과 차이를 나타내는 점이다.

13.2 Wilson의 모델식

Wilson[2] 은 Ω_{ij}의 온도 의존도에 대해서 대담한 가설을 만들어 냈다. 문헌에 인용되던 본래의 Wilson식의 변수는 Λ_{ij}였으나, 그것은 한 직접적인 방식에 있어 Ω_{ij}와 연관된다. Wilson은 다

2 Wilson, G.M. 1964. *J. Am. Chem. Soc*. 86:127.

음과 같이 가정하였다.[3]

$$\Omega_{ij} = \Lambda_{ji} = \frac{V_i}{V_j}\exp\left(\frac{-N_A N_{c,j}(\varepsilon_{ij}-\varepsilon_{jj})}{2RT}\right) = \frac{V_i}{V_j}\exp\left(\frac{-A_{ji}}{RT}\right) \quad \langle 식\ 13.18\rangle$$

($\varepsilon_{ij} = \varepsilon_{ji}$일지라도, $\Lambda_{ii} = \Lambda_{jj} = 1$이고 $A_{ij} \neq A_{ji}$이다.) 온도 T에 대해 적분하면 간단하게 된다. 모든 ρ에서 모든 j에 대해 $N_{c,j} = 2$라 가정하면

$$\frac{A^E}{RT} = -x_1\ln(\Phi_1 + \Phi_2\exp(-A_{12}/RT)) - x_2\ln(\Phi_1\exp(-A_{21}/RT) + \Phi_2) + \left.\frac{A^E}{RT}\right|_\infty \quad \langle 식\ 13.19\rangle$$

설명을 더 나아가기 전에, 편리한 간단히 하는 가정은 $G^E \sim A^E$이다. 이것은 다른 기여항과 상대적으로 혼합의 과잉 부피를 무시하는 것에 해당하고 액체에 대해서 상당히 받아들일 수 있는 것이다. G^E/RT를 해석하는 통상적인 방법은 이를 에너지항에 해당하는 **잔류항 부분**(residual contribution)과 크기/모양 항에 해당하는 **조합항 부분**(combinatorial contribution)을 분리하는 것이다. 잔류항 부분 $(G^E/RT)^{RES}$은 무한히 큰 온도지만 $\varepsilon_{12} - \varepsilon_{22} = 0$, $\varepsilon_{21} - \varepsilon_{22} = 0$일 때는 0이 되며, 조합항 부분 $(G^E/RT)^{COMB}$은 액체 밀도에서 무한온도를 나타낸다. Wilson식에서 첫 번째 두 항은 높은 온도에서 제거되어 다음과 같다.

$$(G^E/RT)^{RES} = -x_1\ln(\Phi_1 + \Phi_2\exp(-A_{12}/RT)) - x_2\ln(\Phi_1\exp(-A_{21}/RT) + \Phi_2) \quad \langle 식\ 13.20\rangle$$

조합항에는 Wilson은 Flory식을 이용하였다.

$$G^E/(RT)\Big|_\infty = (G^E/RT)^{COMB} = x_1\ln(\Phi_1/x_1) + x_2\ln(\Phi_2/x_2) \quad \langle 식\ 13.21\rangle$$

식 13.18의 온도 의존성은 편의를 위해서 사용되었음을 주지해야 하지만, 13.7절에서 보인 바와 같이 다소 정당성이 있다. Wilson식은 다음과 같다.

$$\frac{G^E}{RT} = -x_1\ln\left(\Phi_1 + \Phi_2\exp\left(\frac{-A_{12}}{RT}\right)\right) - x_2\ln\left(\Phi_1\exp\left(\frac{-A_{21}}{RT}\right) + \Phi_2\right) + x_1\ln\frac{\Phi_1}{x_1} + x_2\ln\frac{\Phi_2}{x_2} \quad \langle 식\ 13.22\rangle$$

Wilson식을 수학적으로 재정리하면, 일반적으로 인용되는 다음의 형태가 된다.

$$\boxed{\frac{G^E}{RT} = -x_1\ln(x_1 + x_2\Lambda_{12}) - x_2\ln(x_1\Lambda_{21} + x_2)} \quad \langle 식\ 13.23\rangle$$

2성분계 시스템에 대해 Wilson식으로부터 활동도 계숫값은

3 잘 학습해 온 독자들은 국부조성의 개념에 대한 정의는 Wilson의 최초 유도식에서의 국부조성 개념과는 조금 다르다는 사실을 인식할 것이다. Wilson의 식은 하나의 유체(One-fluid) Flory식과 두 유체(Two Fluid) 국부조성 이론과 합쳐진 이론이다. 두 유체 이론의 사용으로 신뢰성 있는 같은 결과를 얻게 될 것이다. 차이는 식 13.1과 13.2, 13.18에 정의된 바와 같이 국부조성은 에너지 및 분자 크기 모두에 의존한다는 사실이다. 이 점은 $x_{ij}/x_{jj} = (\Phi_i/\Phi_j)\exp(-A_{ji}/(RT))$이 된다. 여기서 본래는 $x_{ij}/x_{jj} = (x_i/x_j)\exp(-A_{ji}/(RT))$이다.

$$\ln\gamma_1 = 1-\ln(x_1\Lambda_{11}+x_2\Lambda_{12})-\frac{x_1\Lambda_{11}}{x_1\Lambda_{11}+x_2\Lambda_{12}}-\frac{x_2\Lambda_{21}}{x_1\Lambda_{21}+x_2\Lambda_{22}}$$

$$\ln\gamma_2 = 1-\ln(x_1\Lambda_{21}+x_2\Lambda_{22})-\frac{x_1\Lambda_{12}}{x_1\Lambda_{11}+x_2\Lambda_{12}}-\frac{x_2\Lambda_{22}}{x_1\Lambda_{21}+x_2\Lambda_{22}}$$

$\Lambda_{11}=\Lambda_{22}=1$이 됨에 주의하고 식 13.6을 살펴보면, 위의 첫 번째 식에서 $1-\frac{x_1}{x_1+x_2\Lambda_{12}} = x_{21} = \frac{x_2\Lambda_{12}}{x_1+x_2\Lambda_{12}}$ 이라는 사실을 알 수 있다. 이 식으로부터 다음의 함축적인 관계식을 구하게 된다.

$$\boxed{\ln\gamma_1 = -\ln(x_1+x_2\Lambda_{12})+x_2\left(\frac{\Lambda_{12}}{x_1+x_2\Lambda_{12}}-\frac{\Lambda_{21}}{x_1\Lambda_{21}+x_2}\right)} \quad \langle 식\ 13.24\rangle$$

❗ Wilson식

이와 비슷한 방법으로 두 번째 식을 다시 정리하면

$$\boxed{\ln\gamma_2 = -\ln(x_1\Lambda_{21}+x_2)-x_1\left(\frac{\Lambda_{12}}{x_1+x_2\Lambda_{12}}-\frac{\Lambda_{21}}{x_1\Lambda_{21}+x_2}\right)} \quad \langle 식\ 13.25\rangle$$

❗ Wilson식의 매개변수, A_{ji}. 문헌의 값은 때때로 에너지 단위를 포함. 올바른 R을 사용할 것!

여기서 $\boxed{\Lambda_{12} = \frac{V_2}{V_1}\exp\left(\frac{-A_{12}}{RT}\right)}$ 그리고 $\boxed{\Lambda_{21} = \frac{V_1}{V_2}\exp\left(\frac{-A_{21}}{RT}\right)}$ 〈식 13.26〉

❗ Wilson식은 LLE를 표현할 수 없다.

Wilson식의 한 가지 제한은 액–액 상평형을 할 수 없다는 것이다. 그러나 기–액 상평형에서 상관할 때 액상의 모델링에는 상당히 정확하다.

식 13.23을 다성분에 확장하면

$$\boxed{\frac{G^E}{RT} = -\sum_j x_j\ln\left(\sum_i x_i\Lambda_{ji}\right)} \Rightarrow \frac{G^E}{RT} = -\frac{1}{n}\sum_j n_j\ln\left(\sum_i\frac{n_i\Lambda_{ji}}{n}\right) \quad 여기서\ \Lambda_{ii}=1 \quad \langle 식\ 13.27\rangle$$

$$\frac{G^E}{RT} = -\left[\sum_j n_j\ln\left(\sum_i n_i\Lambda_{ji}\right)-n\ln(n)\right] \quad \langle 식\ 13.28\rangle$$

활동도 계수를 결정하기 위하여 , 과잉 Gibbs 에너지는 미분된다. 마지막 항을 미분하면,

$$\left(\frac{\partial(n\ln n)}{\partial n_k}\right)_{T,P,n_{i,j\neq k}} = \ln n+1$$

식 13.28의 합을 의미하는 항을 합하고 결합하면,

$$\left(\frac{\partial(\text{sum})}{\partial n_k}\right)_{T,P,n_{i,j\neq k}} = -\ln\left(\sum_i n_i\Lambda_{ki}\right)-\sum_j\left(\frac{n_j\Lambda_{jk}}{\sum_i n_i\Lambda_{ji}}\right)$$

결합하면,

$$\ln\gamma_k = 1-\ln\left(\sum_i x_i\Lambda_{ki}\right)-\sum_j\left(\frac{x_j\Lambda_{jk}}{\sum_i x_i\Lambda_{ji}}\right) \qquad \langle 식\ 13.29\rangle$$

예제 13.3 기-액 평형(VLE)에 Wilson식의 적용

n-펜탄올(1) + n-헥산(2)의 2성분계에서 Wilson식의 상수는 A_{12} = 1718 cal/mol, A_{21} = 166.6 cal/mol이다. 증기상을 이상기체라 가정하고 30°C에서 20 mole% n-펜탄올을 포함하는 액체와 평형을 이루는 증기의 조성을 결정하고 평형 압력을 구하라.
주어진 데이터: P_1^{sat} = 3.23 mmHg, P_2^{sat} = 187.1 mmHg

풀이

$$\rho_1 = 0.8144\text{g/ml (1mole/88g)} \Rightarrow V_1 = 108\ \text{cm}^3\text{/mole}$$
$$\rho_2 = 0.6603\text{g/ml (1mole/86g)} \Rightarrow V_2 = 130\ \text{cm}^3\text{/mole}$$

주의: ρ_1과 ρ_2는 온도 T의 함수이나 ρ_1/ρ_2 = 상수임 ⇒ 모든 온도에서 V_2/V_1 = 1.205 임을 가정.

식 13.26을 이용하면

$$\Lambda_{12} = 1.205\exp(-1718/1.987/303) = 0.070;\ \Lambda_{21} = 1/1.205\exp(-166.6/1.987/303) = 0.629$$

$$\frac{\Lambda_{12}}{x_1+x_2\Lambda_{12}}-\frac{\Lambda_{21}}{x_1\Lambda_{21}+x_2} = \frac{0.070}{0.2+0.8\cdot 0.070}-\frac{0.629}{0.2\cdot 0.629+0.8} = -0.4062$$

$$\ln\gamma_1 = 1.0408 \Rightarrow \gamma_1 = 2.822, \qquad \ln\gamma_2 = 0.1584 \Rightarrow \gamma_2 = 1.172$$

기포점 압력 계산

$$P = (y_1+y_2)P = x_1\gamma_1P_1^{sat} + x_2\gamma_2P_2^{sat} = 0.2\cdot2.822\cdot3.23+0.8\cdot1.172\cdot187.1 = 177.2\ \text{mmHg}$$
$$y_1 = x_1\gamma_1P^{sat}/P = 0.2\cdot2.822\cdot3.23/177.2 = 0.0103$$

13.3 NRTL

NRTL 모델[4](Non-Random Two Liquid)은 식 13.16의 U^E와 G^E를 같게 두어, 적절한 열역학적 적분을 무시하였다. 동시에, 활동도 계수를 상관하기 위해 유연성 있는 함수형태를 생성하는 세 번째 2성분 매개변수를 도입하였다.

See Actcoeff.xlsx, worksheet NRTLMAT
LAB: nrtl.m

$$G^E = U^E = \frac{N_A}{2}\left[\frac{x_1x_2\Omega_{21}N_{c,1}(\varepsilon_{21}-\varepsilon_{11})}{x_1+x_2\Omega_{21}}+\frac{x_2x_1\Omega_{12}N_{c,2}(\varepsilon_{12}-\varepsilon_{22})}{x_1\Omega_{12}+x_2}\right] \qquad \langle 식\ 13.30\rangle$$

4 Renon, H., Prausnitz, J.M. 1969. *Ind. Eng. Proc. Des. Dev*. 8:413.

$$N_{c,1} = N_{c,2} = 2\,;\ \tau_{ij} = \frac{N_A N_{c,j}(\varepsilon_{ij} - \varepsilon_{jj})}{2RT} = \frac{(g_{ij} - g_{jj})}{RT} = \frac{\Delta g_{ij}}{RT} \quad \text{〈식 13.31〉}$$

$$\Omega_{ij} = G_{ij} = \exp\left(\frac{-\alpha_{ij} N_A N_{c,j}(\varepsilon_{ij} - \varepsilon_{jj})}{2RT}\right) = \exp(-\alpha_{ij}\tau_{ij})\,;\ \tau_{ii} = 0;\ G_{ii} = 1;\ g_{ij} = g_{ji} \quad \text{〈식 13.32〉}$$

2성분 혼합물에 대하여, 과잉 Gibbs 에너지식은 다음과 같이 된다.

$$\frac{G^E}{RT} = x_1 x_2 \left[\frac{\tau_{12} G_{12}}{x_1 G_{12} + x_2} + \frac{\tau_{21} G_{21}}{x_1 + x_2 G_{21}}\right] \quad \text{〈식 13.33〉}$$

2성분 혼합물에 대하여 활동도식은 다음과 같이 된다.

$$\ln \gamma_1 = x_2^2 \left[\frac{\tau_{12} G_{12}}{(x_1 G_{12} + x_2)^2} + \tau_{21}\left(\frac{G_{21}}{x_1 + x_2 G_{21}}\right)^2\right] \quad \text{〈식 13.34〉}$$

$$\ln \gamma_2 = x_1^2 \left[\frac{\tau_{21} G_{21}}{(x_1 + x_2 G_{21})^2} + \tau_{12}\left(\frac{G_{21}}{x_1 G_{12} + x_2}\right)^2\right] \quad \text{〈식 13.35〉}$$

$$G_{ij} = \exp(-\alpha_{ij}\tau_{ij}), \quad \tau_{ij} = \frac{\Delta g_{ij}}{RT} \quad \text{〈식 13.36〉}$$

❗ 문헌의 NRTL 매개변수 값 Δg_{ij}는 에너지 단위를 가진다. 올바른 R을 사용할 것!

$\alpha_{ij} = 0$일 때 2성분 모델은 1-매개변수 Margules식이 된다

$$\ln \gamma_1 = x_2^2[\tau_{12} + \tau_{21}], \quad \ln \gamma_2 = x_1^2[\tau_{21} + \tau_{12}], \ \alpha_{ij} = 0 \quad \text{〈식 13.37〉}$$

NRTL 모델은 이론적인 관점에서는 매우 매력적인 식은 아니지만, 그것의 유연성은 전해질 모델과의 결합을 포함한 넓은 범위의 적용을 가능하게 한다. 실질적인 경우에 $\alpha_{ij} = 0.3$이 고정된 값으로 취하고, 이 식은 LLE을 모델링하는 데 사용할 수 있는 것을 제외하면 Wilson식과 매우 유사하게 동작한다. 매개변수 α_{ij}는 그 값이 일반적으로 증가하는 LLE를 모델링할 때와 같이 필요할 때는 추가적인 유연성을 위하여 상관된다.

$$\ln \gamma_i = \frac{\sum_j x_j \tau_{ji} G_{ji}}{\sum_k x_k G_{ki}} + \sum_j \frac{x_i G_{ij}}{\sum_k x_k G_{kj}} \left(\tau_{ij} - \frac{\sum_m x_m \tau_{mj} G_{mj}}{\sum_k x_k G_{kj}}\right) \quad \text{〈식 13.38〉}$$

❗ 다성분 NRTL

13.4 UNIQUAC

UNIQUAC[5](UNIversal QUAsi Chemical model)은 Wilson의 모델식에 근거를 두고 있으며, 세 가지 중요한 개선점을 제시하였다. 첫 번째로 국부조성(local composition) 내에서의 상호

5 Abrams, E.S., Prausnitz, J.M. 1975. *AIChE J.* 21:116.

작용 에너지는 분자 간 표면적의 상대적 넓이에 의존한다는 가정하에 Ω_{ij}의 온도 의존성이 부피보다는 표면적에 의해 결정되도록 수정되었다. 변수 q_i가 분자 i의 표면적에 비례한다면

$$\Omega_{ij} = \frac{q_i}{q_j}\exp\left(\frac{-N_A z(\varepsilon_{ij}-\varepsilon_{jj})}{2RT}\right) = \frac{q_i}{q_j}\exp\left(\frac{-a_{ij}}{T}\right) = \frac{q_i}{q_j}\tau_{ij} = \frac{q_i}{q_j}\exp\left(\frac{-a_{ij}}{T}\right) \quad \langle 식\ 13.39\rangle$$

여기서 $z = 10$이다. $\tau_{ii} = \tau_{jj} = 1, a_{ii} = a_{jj} = 0$ [6]일 때 촘촘하게 표기하기 위하여 중간 매개변수 $\tau_{ij} = \exp(-a_{ij}/T)$를 사용한다. 에너지 식 13.16이 모든 밀도에서 모든 j에 대해 $N_{c,j} = zq_j = 10q_j$일 경우 분자의 크기와 모양의 차이도 고려의 대상에 포함된다. 중심에 있는 한 분자와 접촉할 수 있는 분자의 수는 그 중심 분자의 크기가 증가할수록 커진다. 표면 비율의 사용은 여러 원자로 이루어진 분자의 구조상 펼쳐짐과 겹쳐짐에 대한 인식의 시도이다. 이들 각 분자 내 분체의 내부 중심으로는 접근이 불가능하며 에너지적 상호작용에 대하여 표면에만 접근이 가능한다. 그러므로 에너지식은 표면적에 비례한다고 제안하게 되었다. 불행히도 에너지식으로부터 표면 분율의 활용 측면에 대한 상세한 직접적인 논쟁은 쉽지 않다. 식 13.31과 식 13.16을 식 13.17에 넣으면, 2성분계 용액의 과잉 Helmholtz 에너지는 다음과 같이 표현된다.

$$A^E/(RT) = -x_1q_1\ln(\theta_1+\theta_2\tau_{21}) - x_2q_2\ln(\theta_1\tau_{12}+\theta_2) + A^E/(RT)\big|_\infty \quad \langle 식\ 13.40\rangle$$

여기서 θ_i는 표면적의 분율이고, 2성분계에서는 $\theta_i = x_iq_i/(x_1q_1 + x_2q_2)$이다. Wilson식과 유사하게 G^E는 A^E로 계산되므로, 훌륭한 근사이다. 첫 번째 두 항은 $(G^E/RT)^{RES}$을 나타낸다.

$$(G^E/(RT))^{RES} = -x_1q_1\ln(\theta_1+\theta_2\tau_{21}) - x_2q_2\ln(\theta_1\tau_{12}+\theta_2) \quad \langle 식\ 13.41\rangle$$

이 식은 식 13.20과 비교될 수 있다. 마지막 항인 $A^E/(RT)\big|_\infty$는 $(G^E/RT)^{COMB}$를 나타낸다. $(G^E/RT)^{COMB}$는 견고한 사슬(hard chain) 분자의 혼합 엔트로피항이고 Maurer와 Prausnitz에 의해 적용되었다.[7] 이 혼합 엔트로피식의 표현의 근본은 Staverman[8]과 Guggenheim[9]의 연구로부터 귀결된다.[10] 그리고 최근에는 Lichtenthaler 등에 의해 연구되었다. 이것은 Flory가 밝힌 수식과 매우 비슷하지만 큰 분자는 항상 큰 구의 형태가 아니라 때로는 긴 사슬형태일 때도 있다는 사실로 정정되었다. 구의 경우 표면적과 부피의 비는 긴 사슬형태일 때의 그것과 다르다는 것을 인식함으로써 Guggenheim의 식은 (실제 UNIFAC과 UNIQUAC에 적용되는 식)간단하지만 긴 사슬과 비구형태에 대한 일반적인 수정을 나타내는 식이다. 그럼에도 불구하고 Staverman-Guggenheim 항은 Flory식의 상대적으로 작은 수정으로 나타낸다. 그림 13.1에

---

6 이러한 가정은 $x_{ij}/x_{jj} = (\theta_i\ \theta_j)\exp(-a_{ij}/T)$ 형태의 국부조성이 나타나게 됨을 주목하라. 이 값과 Wilson식에 의한 값과 비교하라. 국부조성 에너지 변수 τ와 a에 대한 하첨자의 사용은 Wilson식의 Λ와 A에 대하여 상대적으로 UNIQUAC식으로 교환되었음을 주목하라.

7 Maurer, G., Prausnitz, J.M. 1978. *Fluid Phase Equil*. 2:91.

8 Staverman, A.J. 1950. Recl. Trav. *Chem. Pays Bas*. 69:163.

9 Guggenheim, E.A. Mixtures, 1952. Oxford, England: Oxford University Press.

10 Lichtenthaler, R.N., Abrams, D.S., Prausnitz, J.M. 1973. J.M. *Can. J. Chem*. 51:3071.

서 보이듯이 '표면적과 부피' 매개변수를 포함한 추가적인 수정은 0과 Flory-Hugguins 식의 계산값 사이에서 과잉 엔트로피값을 감소하게 해 준다. 2성분계에 대한 UNIQUAC식의 조합항 $(A^E/(RT)|_{\infty})$은 13.21과 비교될 수 있는 형태를 가진다.

$$\left(\frac{G^E}{RT}\right)^{COMB} = \left(x_1 \ln\frac{\Phi_1}{x_1} + x_2 \ln\frac{\Phi_2}{x_2}\right) - 5\left[q_1 x_1 \ln\left(\frac{\Phi_1}{\theta_1}\right) + q_2 x_2 \ln\left(\frac{\Phi_2}{\theta_2}\right)\right]. \quad \langle 식\ 13.42\rangle$$

과잉 엔트로피의 Guggenheim 형태는 분자 부피 분율 Φ_j와 표면 분율 θ_j에 기초한다. 그것들은 부피 분율과 표면 분율을 계산하기 위하여 거시적인 물성 데이터를 사용하는 대신에, 각 분자의 상대적인 분자 부피 r과 상대적인 분자 표면적 q를 기초로 한다.

$$\Phi_j \equiv \frac{x_j r_j}{\sum_i x_i r_i} \qquad \theta_j \equiv \frac{x_j q_j}{\sum_i x_i q_i} \quad \langle 식\ 13.43\rangle$$

❗ r과 q는 분자의 상대적인 부피와 상대적인 표면적이다.

상대적인 분자 매개변수 r과 q는 **그룹 기여** 개념을 사용한 그룹의 크기와 표면적 매개변수로부터 계산될 수 있다. 크기/면적 매개변수는 긴 체인 알칸에서 $-CH_2-$ 그룹에 대한 대응하는 크기/면적의 비이다.[11] 그룹 매개변수는 다음 절에 논의한 UNIFAC 방법과 같은 방법으로 첨가되었고 표 13.2에 나타내었다. 다른 점은 알코올에 대한 UNIQUAC r과 q값은 특별히 그룹 기여에 의해 계산되지 않았다(표 13.2의 각주 참조). 이 표에서 대문자 R_k 매개변수는 그룹 부피에 대한 것이고, 대문자 Q_k 매개변수는 그룹 표면적에 대한 것이다. 이런 값으로부터 분자 크기(r_j)와 형태(q_j) 계숫값은 각각의 분자에 나타나는 그룹의 숫자만큼 그룹값에 곱하여 합을 계산해 낼 수 있다.

❗ R_k와 Q_k는 작용기 그룹의 상대 부피와 상대 표면적이다.

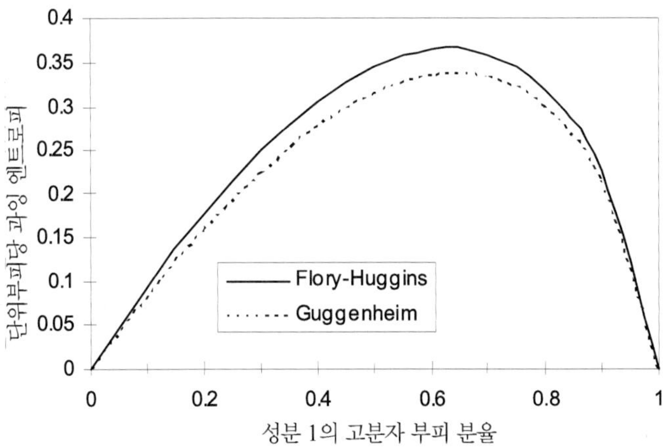

그림 13.1 • 고분자 용액 혼합물에서 V_2/V_1 = 1695일 때 Flory–Huggins식과 Guggenheim식에 따른 과잉 엔트로피

11 그룹 매개변수는 위치(site)의 상대적인 van der Waals 부피와 표면적에 기초한다. $R_k = V_k\ (cm^3/mol)/15.15$, $Q_k = A_k(cm^2/mol)/2.5E9$; Abrams, Prausnitz, 1975. *AIChE J.* 21:116을 참조하라. 환산 매개변수가 $-CH_2-$에 기초하지만, R_k와 Q_k는 1이 아니다. 자세한 것은 참고문헌을 참조하라. –OH 부피에 대하여 일치하는 값을 우연이다.

표 13.2 • UNIFAC과 UNIQUAC식에 대한 그룹 매개변수

Main Group	Sub-group	R(rel. vol.)	Q(rel.area)	Example
CH_2	CH_3	0.9011	0.8480	
	CH_2	0.6744	0.5400	n-hexane: 4 CH_2 + 2 CH_3
	CH	0.4469	0.2280	Isobutane: 1CH + 3 CH_3
	C	0.2195	0	Neopentane: 1C + 4 CH_3
C = C	CH_2 = CH	1.3454	1.1760	1-hexene: 1 CH_2 = CH + 3 CH_2 + 1 CH_3
	CH = CH	1.1167	0.8670	2-hexene: 1 CH = CH + 2 CH_2 + 2 CH_3
	CH_2 = C	1.1173	0.9880	
	CH = C	0.8886	0.6760	
	C = C	0.6605	0.4850	
ACH	ACH	0.5313	0.4000	Benzene: 6 ACH
	AC	0.3652	0.1200	Benzoic acid: 5 ACH + 1 AC + 1 COOH
$ACCH_2$	$ACCH_3$	1.2663	0.9680	Toluene: 5 ACH + 1 $ACCH_3$
	$ACCH_2$	1.0396	0.6600	Ethylbenzene: 5 ACH + 1 $ACCH_2$ + 1 CH_2
	ACCH	0.8121	0.3480	
OHb	OH	1.0000	1.2000	n-propanol: 1 OH + 1 CH_3 + 2 CH_2
CH_3OH	CH_3OH	1.4311	1.4320	Methanol is an independent group
water	H_2O	0.9200	1.4000	Water is an independent group
furfural	furfural	3.1680	2.484	Furfural is an independent group
DOH	$(CH_2OH)_2$	2.4088	2.2480	Ethylene glycol is an independent group
ACOH	ACOH	0.8952	0.6800	Phenol: 1 ACOH + 5 ACH
CH_2CO	CH3CO	1.6724	1.4880	Dimethylketone: 1 CH_3CO + 1 CH_3 Methylethylketone: 1 CH_3CO + 1 CH_2 + 1 CH_3
	CH_2CO	1.4457	1.1800	Diethylketone: 1 CH_2CO + 2 CH_3 + 1 CH_2
CHO	CHO	0.9980	0.9480	Acetaldehyde: 1 CHO+1 CH_3
CCOO	CH_3COO	1.9031	1.7280	Methyl acetate: 1 CH_3COO + 1 CH_3
	CH_2COO	1.6764	1.4200	Methyl propanate: 1 CH_2COO + 2 CH_3
COOH	COOH	1.3013	1.2240	Benzoic acid: 5 ACH + 1 AC + 1 COOH

a. 표의 AC는 방향족 탄소이다. UNIFAC 부분에서 설명했듯이 주요 그룹은 유사한 세부 그룹에 대한 범주를 제공한다.
b. 알코올은 대체로 UNIQUAC에서 그룹 기여 방법을 사용하지 않고 취급된다. 알코올에 대한 UNIQUAC 값들은 [MeOH, EtOH, 1-PrOH, 2-PrOH, 1-BuOH]는 r = [1.4311, 2.1055, 2.7799, 2.7791, 3.4543], q = [1.4320, 1.9720, 2.5120, 2.5080, 3.0520]이다. Gmehling, J와 Oken, U의 참고문헌을 참조하라. 1977-*Vapor-Liquid Equilibrium Data Collection*. Frankfort, Germany: DECHEMA.

$$r_j = \sum_k \nu_k^{(j)} R_k \ , \qquad q_j = \sum_k \nu_k^{(j)} Q_k \qquad \langle 식\ 13.44 \rangle$$

❗ 분자를 작용기 그룹으로 나눌 때는 주의가 필요하다.

여기서 $V_k^{(j)}$는 j번째 분자의 k 형태 그룹의 수이다. 분자를 그룹으로 나누는 것이 때론 명확하지 않을 때도 있는데 이는 다른 방식으로 나타날 수 있기 때문이다. 하지만 여기에 따른 관습적인 방식은 표에 정리하였고, 이 방식으로 계산이 수행될 것이다. 가능한 많은 수의 작용기 그룹(functional group)은 **주요 그룹**(main group)으로 나뉘고, 구조적으로 유사한 **세부 그룹**

(subgroup)으로 세분화될 수 있다. 일반적으로 작용기 그룹은 그룹의 부분으로서 가장 근처의 이웃 원자를 포함한다. 그룹 매개변수는 **van der Waals 부피와 van der Waals** 표면적으로부터 계산된다. **van der Waals 부피와 van der Waals** 표면적은 **van der Waals** 상태방정식으로 계산되지 않음을 주지하라. 그것은 x-선이나 다른 적절한 데이터로부터 유추된다.[12]

예제 13.4 활동도 계수에 대한 조합 기여항(combinatorial contribution)

고분자 용액에서 고분자의 용해도 매개변수가 용매의 용해도 매개변수와 거의 같은 것은 드문 일은 아니지만 혼합물은 여전히 비이상성이다. 입증하기 위하여 1g의 벤젠이 1g의 펜타스티렌에 첨가되어 용액이 되는 경우를 고려하자. $\delta_{PS} = \delta_B$이고 V_{PS}와 V_B가 그룹 기여로부터 계산될 때, 펜타스티렌(PS)에 있는 벤젠(B)의 활동도 계수를 계산하라. 부피 분율을 계산하기 위하여 Flory 활동도 모델과 UNIQUAC/UNIFAC 그룹 기여를 이용하라.

풀이

$\delta_{PS} = \delta_B = 9.2$이므로 잔류기여항(residual contribution)은 무시할 수 있다. 따라서,

$$\ln \gamma_B = \ln(\Phi_B/x_B) + (1 - \Phi_B/x_B) \qquad \langle 식\ 13.45\rangle$$

벤젠은 6(ACH)그룹으로 구성된다. @0.5313 R-units per group $\Rightarrow V_B \propto 3.1878$

펜타스티렌은 25(ACH) + 1($ACCH_2$) + 4(ACCH) + 4(CH_2) + 1(CH_3)로 구성된다.

$\Rightarrow V_{PS} \propto 21.17$

$$MW_B = 78.114,\ MW_{ps} = 520.76 \Rightarrow x_B = 0.8696 \qquad \langle 식\ 13.46\rangle$$

$$\Phi_B = 0.8696(3.1878)/[0.8696(3.1878) + 0.1304(21.17)] = 0.5010 \qquad \langle 식\ 13.47\rangle$$

주의: 구조적으로 유사하므로 부피 분율은 질량 분율과 유사하다.

$$\ln \gamma_B = \ln(0.5010/0.8696) + (1 - 0.5010/0.8696) = -0.1275 \Rightarrow \gamma_B = 0.8803 \qquad \langle 식\ 13.48\rangle$$

Flory 모델(에너지 기여항이 없음)의 예측은 기상에서 벤젠의 부분 압력 $y_BP = x_B\gamma_BP_B^{sat}$은 이상용액 모델보다 12% 적다.

부피와 표면적 비율을 결정짓기 위한 매개변수값은 이미 표로 작성되었고 더 이상의 매개변수는 사실상 이런 방법으로 제시되지 않는다. 여기서 유일한 문제는 이런 그룹값을 이용하여 손으로 계산하기엔 너무 지루하다는 점이다. 다행히 컴퓨터와 스프레드시트를 이용하면 좀 더 간단하게 계산할 수 있다. 이와 같이 UNIQUAC 방법을 van Laar 방법처럼 사용함으로써 간단히 행할 수 있다.

2성분계 혼합물에서 활동도식은 다음과 같다.

---

12 Bondi, A. 1968. *Physical Properties of Molecular Crystals, Liquids and Glasses*. Hoboken NJ: Wiley.

See Actco eff.xlsx, worksheets uniquac, uniquac5MA TLAB: uniquac.m.

$$\ln\gamma_1 = \ln(\Phi_1/x_1) + (1-\Phi_1/x_1) - 5q_1[\ln(\Phi_1/\theta_1) + (1-\Phi_1/\theta_1)] + q_1[1-\ln(\theta_1+\theta_2\tau_{21}) - \theta_1/(\theta_1+\theta_2\tau_{21}) - \theta_2\tau_{12}/(\theta_1\tau_{12}+\theta_2)] \quad \langle 식\ 13.49\rangle$$

$$\ln\gamma_2 = \ln(\Phi_2/x_2) + (1-\Phi_2/x_2) - 5q_2[\ln(\Phi_2/\theta_2) + (1-\Phi_2/\theta_2)] + q_2[1-\ln(\theta_1\tau_{12}+\theta_2) - \theta_1\tau_{21}/(\theta_1+\theta_2\tau_{21}) - \theta_2/(\theta_1\tau_{12}+\theta_2)] \quad \langle 식\ 13.50\rangle$$

$$\tau_{ij} = \exp\left(\frac{-a_{ij}}{T}\right) \quad \langle 식\ 13.51\rangle$$

문헌의 UNIQUAC 매개변수, a_{ij}는 보통 K 단위이다.

Wilson식처럼 UNIQUAC식에서도 2개의 조절변수가 2성분계 실험 데이터로부터 특성화된다. Abrams 등(1975)의 UNIQUAC식에서 과잉 엔트로피의 고려가 좀 더 이론적이기는 하지만 Wilson의 식은 2성분계 기-액 시스템에 대해 UNIQUAC 방법 만큼 정확하며 수작업에 의한 응용에는 훨씬 간편하다. UNIQUAC식은 액-액 상평형을 나타내는 데 있어서 Wilson식을 대신하게 되었는데 이는 Wilson식으로는 Λ_{ij}값이 양의 값을 갖는 한 액-액 상평형을 나타내기가 불가능하기 때문이다(정의에 따라 지숫값은 음의 값을 가질 수 없다).

식 13.40을 다성분계로 확장하면 UNIQUAC식은 다음과 같이 된다.

$$\frac{G^E}{RT} = \sum_j x_j\ln(\Phi_j/x_j) - 5\sum_j q_jx_j\ln(\Phi_j/\theta_j) - \sum_j q_jx_j\ln\left(\sum_i \theta_i\tau_{ij}\right) \quad \langle 식\ 13.52\rangle$$

앞의 합은 간단한 Flory식이다. 첫 번째 두 항이 조합 기여항이고 마지막 항이 잔류항이다. 부분들은 개별로 미분되어 활동도 계수의 기여를 찾을 수 있다.

$$\ln\gamma_k = \ln\gamma_k^{COMB} + \ln\gamma_k^{RES} \quad \langle 식\ 13.53\rangle$$

다성분 UNIQUAC

$$\ln\gamma_k^{COMB} = \ln(\Phi_k/x_k) + [1-\Phi_k/x_k] - 5q_k[\ln(\Phi_k/\theta_k) + (1-\Phi_k/\theta_k)] \quad \langle 식\ 13.54\rangle$$

$$\ln\gamma_k^{RES} = q_k\left[1 - \ln\sum_i \theta_i\tau_{ik} - \sum_j (\theta_j\tau_{kj})\Big/\left(\sum_i \theta_i\tau_{ij}\right)\right] \quad \langle 식\ 13.55\rangle$$

13.5 UNIFAC

UNIFAC[13](UNIveral Functional Activity Coefficient model)은 사용자가 필요한 변수, 또는 실험 데이터에 적용을 통한 조절할 매개변수가 없는 UNIQUAC식의 확장이다. 대신에 조정할 수 있는 매개변수의 모두는 매우 거대한 데이터 베이스에의 데이터와 관련이 있는 그룹 기여도 값에 기반을 둔 모델로서 이미 매개변수값이 특성화됐다. 배위수에 관한 가정은 UNIQUAC에서의 가정과 비슷하며 유사한 이론적 방법이 적용된다.

$$\ln\gamma_k = \ln\gamma_k^{COMB} + \ln\gamma_k^{RES}$$

13 Fredenslund, Aa., Jones, R.L.; Prausnitz, J.M. 1975. *AIChE J.* 21:1086.

조합항(combinatorial term)은 같으며 식 13.54에 주어져 있다. UNIFAC과 UNIQUAC 사이의 큰 차이점은 잔류항(residual term)인데 UNIFAC은 (분자 전체라기보다는)작용기 그룹 사이의 상호작용 에너지를 고려하게 된다. 작용기 그룹의 상호작용은 분자들의 상대적인 상호작용 에너지를 예측하기 위해 추가된다. 많은 수의 작용기 그룹은 주요 그룹(main group)으로 나누어지고 이는 다시 세부 그룹(subgroups)으로 세분화된다. 예를 들면 표 13.2는 각각의 세부 그룹이 특유의 크기와 표면적을 가지고 있음을 보여 준다. 하지만 주요 그룹 내의 세부 그룹들 간의 상호작용 에너지는 모두 같다고 가정한다. 그러므로 대표적인 상호작용 에너지 a_{ij}는 오직 주요 그룹에 대해서만 표로 만들어지고 모든 세부 그룹에서는 같은 에너지 매개변수값을 사용할 것이라는 것을 의미한다. 이러한 상호작용값의 실례가 표 13.3에 주어져 있다. 많은 작용기 그룹값을 이용한 UNIFAC 방법의 완전한 실행은 전형적으로 화학공정 설계 소프트웨어에서 이용할 수 있다. 매개변수의 부분적 이용은 책에 포함된 Actocoeff.xlsx 스프레드시트에 있는 UNIFAC 스프레드시트를 이용할 수 있다. 이러한 상호작용 에너지의 유용성을 안다는 것은 정말 많은 화학용액의 특성에 대한 평가를 가능하게 한다. 이것의 한계점은 이러한 예측의 정확성을 언제나 안전하게 확신할 수 있는 것이 아니라는 것이다.

비록 UNIFAC이 UNIQUAC과 밀접하게 연관되어 있다고 할지라도 UNIQUAC처럼 상관관계식을 직접 확장을 할 수 없는 사실을 명심하라. 만약 여러분 수중에 있는 실험 데이터를 적용하기 원한다면 UNIFAC의 식으로 할 수는 없다. UNIQUAC이나 NRTL는 2성분 매개변수가 있다면 선호되는 선택이다. 비록 UNIFAC로부터 UNIQUAC이나 NRTL의 a_{ij} 매개변수를 추정하는 것이 지루하기는 하지만 일반적으로 화학공정 설계 소프트웨어는 UNIFAC로부터 UNIQUAC이나 NRTL의 매개변수를 추정하기 위한 도구를 포함하고 있다. 이러한 접근은 2성분계 쌍의 대부분이 두 성분의 상호작용에 의해 특정지어지는 실험 데이터로 알려졌을 때 다성분계 혼합물 속에 있는 2성분계의 상호작용을 추정하는 데 유용하다.

기본적인 접근 방법은 잔류항(residual term)의 활동도 계수를 일반화하는 것이다. 예측 방

표 13.3 • UNIFAC식의 VLE 상호작용 에너지(a_{ij}). 단위는 Kelvin.

주요 그룹, i	CH2 $j=1$	ACH $j=3$	$ACCH_2$ $j=4$	OH $j=5$	CH_3OH $j=6$	water $j=7$	ACOH $j=8$	CH_2CO $j=9$	CHO $j=10$	COOH $j=20$
1,CH_2	---	61.13	76.5	986.5	697.2	1318	1333	476.4	677	663.5
3,ACH	–11.12	---	167	636.1	637.3	903.8	1329	25.77	347.3	537.4
4,$ACCH_2$	–69.7	–146.8	---	803.2	603.3	5695	884.9	–52.1	586.8	872.3
5,OH	156.4	89.6	25.82	---	–137.1	353.5	–259.7	84	−203.6	199
6,CH3OH	16.51	−50	–44.5	249.1	---	–181	–101.7	23.39	306.4	–202.0
7,water	300	362.3	377.6	289.6	---	324.5	–195.4	–116.0	–14.09	
8,ACOH	275.8	25.34	244.2	–451.6	–265.2	–601.8	---	–356.1	–271.1	408.9
9,CH_2CO	26.76	140.1	365.8	164.5	108.7	472.5	–133.1	---	–37.36	669.4
10,CHO	505.7	23.39	106.0	529	–340.2	480.8	–155.6	128	---	497.5
20,COOH	315.3	62.32	89.86	–151	339.8	–66.17	–11.00	–297.8	–165.5	---

법의 발전을 이해하기 위해 이소프로판올 (1)과 성분 (2)의 혼합물 속에 있는 CH_3 그룹의 상호작용을 상상해 보자. 이소프로판올은 2(CH_3) + 1(CH) + 1(OH)로 구성된다. 그러므로 혼합물에서 CH_3 그룹은 CH_3, CH, OH 그룹, 그리고 성분 (2)의 그룹과 만날 것이고, 상호작용 에너지는 용액에서 유용한 각각 그룹으로 구성되는 가상용액과 비교하여 계산할 수 있다. 혼합물(분자들로 구성된 용액이라기보다는 오히려)은 그룹들로 구성된 용액[14](solution of groups, SOG)으로 가정할 수 있고, 상호작용 에너지는 식 11.81과 11.82와 유사한 방법으로 화학 퍼텐셜에 도달하는 온도에 대해서 적분할 수 있다. 그러므로 식 $\frac{\mu_{CH_3}^{SOG} - \mu_{CH_3}^{o}}{RT} = \ln\Gamma_{CH_3}$의 계산이 가능하며 여기에서 $\mu_{CH_3}^{o}$는 100% CH_3 가상용액에 있는 화학 퍼텐셜이고 Γ_{CH_3}는 그룹으로 구성된 용액 내에 있는 CH_3의 활동도 계수이다. 순수한 이소프로판올 (1) 중의 CH_3 그룹의 화학 퍼텐셜 $\mu_{CH_3}^{(1)}$은 $\mu_{CH_3}^{o}$과 다르다. 왜냐하면 순수한 이소프로판올에서도 CH_3 그룹의 활동도 계수 $\Gamma_{CH_3}^{(1)}$는 1이 아니기 때문이다. 여기서 상첨자 (1)는 순수성분 (1)을 나타낸다. 기대되는 차이점은 순수한 이소프로판올과 이소프로판올에 존재하는 CH_3 그룹과 성분 (2)와의 혼합의 효과이다.

$$\frac{\mu_{CH_3}^{SOG} - \mu_{CH_3}^{(1)}}{RT} = \frac{\mu_{CH_3}^{SOG} - \mu_{CH_3}^{o}}{RT} - \frac{\mu_{CH_3}^{(1)} - \mu_{CH_3}^{o}}{RT} = \ln\Gamma_{CH_3} - \ln\Gamma_{CH_3}^{(1)}$$

그림 13.2는 성분 (2)로서 물을 이용하여 우리가 계산하고자 하는 차이점에 대한 예시를 보인 것이다. 만약 분자의 화학 퍼텐셜이 그룹의 상호작용 에너지의 합으로 구성된다면

$$\mu_1 = 2\mu_{CH_3}^{SOG} + \mu_{CH}^{SOG} + \mu_{OH}^{SOG} \quad \text{and} \quad \mu_1^o = 2\mu_{CH_3}^{(1)} + \mu_{CH}^{(1)} + \mu_{OH}^{(1)}$$

그러므로 UNIFAC에 이용되는 중요한 결과식을 얻을 수 있다.

$$\ln\gamma_1^{RES} = \frac{\mu_1 - \mu_1^o}{RT} = \sum_m \nu_m^{(1)}[\ln\Gamma_m - \ln\Gamma_m^{(1)}] \qquad \text{〈식 13.56〉}$$

위 식에서 합은 분자 (1)과 $V_m^{(1)}$ 내에 있는 전체 작용기 그룹에 대한 값이다. 또 다른 분자성분의 활동도 계수식은 식 13.56에 있는 (1)을 치환함으로써 사용할 수 있다. Γ_m는 혼합물 속에 있는 모든 분자에 대해 그룹의 용액으로부터 계산되어야 한다. 반면에 $\Gamma_m^{(1)}$는 단지 성분 (1)의 용액의 그룹에서 계산되어야 한다. 분자의 물성이 유사한 그룹 특성을 나타내기 위해 대문자를 사용한다는 점을 주목하라. 예외로서 활동 τ는 T와 매우 유사하여 ψ로 대신한다. 심지어 같은 기호조차도 UNIQUAC에서 분자 성질로 표현되지만 UNIFAC에서는 a_{ij}는 그룹 물성값으로 이해된다. 그 관계는 표 13.4에서 보여 준다.

14 문헌에 있는 모델은 ASOG라고 불리며, UNIFAC의 접근과는 다르지만 작용 그룹을 사용한다.

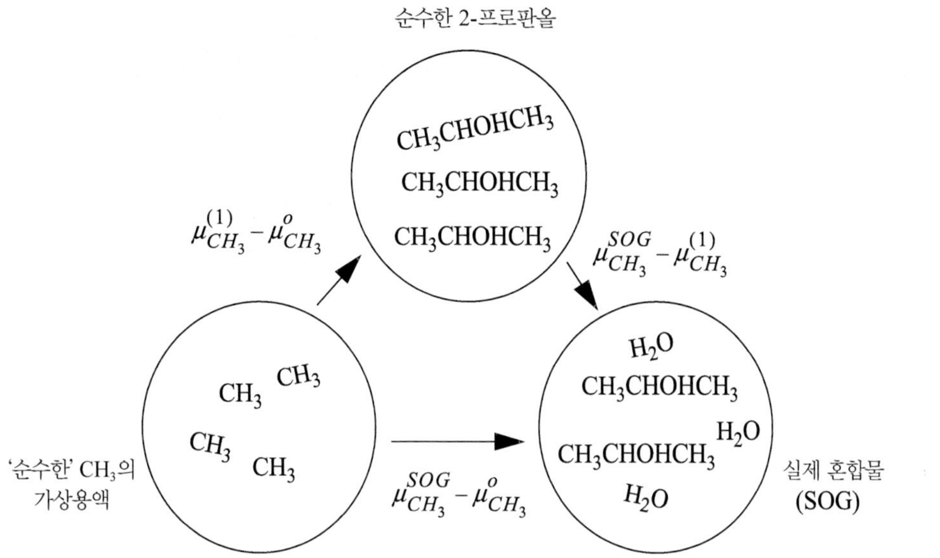

그림 13.2 • 실제 그룹의 용액과 순수 2-프로판올에서 CH_3 그룹의 화학 퍼텐셜을 설명함. 여기서 물은 성분 (2)이고, CH_3의 가상용액이 있다. 현재 존재하고 있는 그룹의 형태를 설명하기 위하여 각각의 원 안에 그려진 그룹의 수는 임의적이다. 화학 퍼텐셜 변화값은 $\mu^{SOG}_{CH_3} - \mu^{(1)}_{CH_3}$이다. 다른 2개의 경계에 대해서 이 차이를 계산할 수 있다.

표 13.4 • UNIFAC에서의 그룹 변수와 분자 변수의 비교

	Group Variable	Molecular Variable
Volume	R	r
Surface area	Q	q
Activity coefficient	Γ	γ
Surface fraction	Φ	θ
Energy variable	Ψ_{ij}	τ_{ij}
Energy parameter	a_{ij}	a_{ij}
Mole fraction	X	x

$\ln\Gamma_m$에 대해서 UNIQUAC식을 일반화시킴으로써 $\ln\Gamma_m$이 계산된다. 일반화된 식 13.55와 관련된 식은

$$\ln\Gamma_m = Q_m\left[1 - \ln\sum_i \Theta_i\Psi_{im} - \sum_j \frac{\Theta_j\Psi_{mj}}{\sum_i \Theta_i\Psi_{ij}}\right] \quad \langle\text{식 } 13.57\rangle$$

UNIFAC. See Actcoeff.xlsx, worksheets UNIFAC and UNIFACLLE, and MATLAB UnifacCaller.m.

$$\Theta_j = (\text{surface area fraction of group } j) \equiv \frac{X_jQ_j}{\sum_i X_iQ_i} \quad \langle\text{식 } 13.58\rangle$$

$$\Psi_{mj} = \exp\left(\frac{-a_{mj}}{T}\right) \text{ (상관되지 않음)} \qquad \langle 식\ 13.59\rangle$$

$$X_j = \frac{\sum_{molecules\ i} \nu_j^{(i)} x_i}{\sum_{molecules\ i} \sum_{groups\ k} \nu_k^{(i)} x_i} \qquad \langle 식\ 13.60\rangle$$

여기서 $\nu_k^{(i)}$는 i 분자에서 k 형태인 그룹의 개수이다. 다행히 이 책에 포함된 스프레드시트와 프로그램의 원리에 대한 이해도 중요하지만, UNFAC의 지루한 계산에서 우리를 구해 준다.

예제 13.5 그룹 몰분율의 계산

60 mol%의 2-프로판올과 40 mol%의 물의 혼합물에서 CH_3 그룹의 몰분율을 계산하라.

풀이

예제 13.1에서 두 분자의 그림과 배정을 보여 주었다. 10 mol의 용액을 기본으로 하면 6 mol의 2-프로판올과 4 mol의 물이 존재한다. 작용기 그룹을 정리하면 다음의 표와 같다.

그룹	몰	X_j
CH_3	12	0.429
CH	6	0.214
OH	6	0.214
H_2O	4	0.143
Σ	28	

CH_3 그룹의 몰분율은 $X_{CH_3} = 12/28 = 0.429$이다. 다른 그룹의 몰분율도 유사하게 알 수 있고 표에 정리되어 있다. 이 결과는 쉽게 프로그램될 수 있는 식 13.60의 결과와 일치한다.

$$X_{CH_3} = \frac{2(0.6)+0(0.4)}{(2(0.6)+1(0.6)+1(0.6))+(1(0.4))} = 0.429$$

예제 13.6 UNIFAC을 경유한 활동도 계수의 상세 계산

Actcoeff.xlsx, UNIFAC, andUnifacVLE/unifacCaller.m.

예제 13.1에서 언급된 IPA + 물 계로 돌아가 보자. 공비점에서의 표면 분율, 부피 분율, 그룹의 상호작용값과 이 계의 공비 조건에서 활동도 계수값에 적용되는 합을 계산하라. 이소프로필 알코올(IPA) + 물(W) 계는 대기압과 80.37°C에서 ($x_w = 0.3146$) 공비점을 형성한다고 알려져 있다.

식 13.57을 적용하면

$$\ln\Gamma_{CH_3}^{(1)} = 0.848\left\{1-\ln[0.543+0.073+0.384(0.642)] - \frac{0.543}{0.543+0.073+0.384(0.642)}\right.$$

$$\left. - \frac{0.073}{0.543+0.073+0.384(0.642)} - \frac{0.384(0.061)}{0.543(0.061)+0.073(0.061)+0.384}\right\} = 0.3205$$

풀이

(이 계산은 또한 UNIFAC 스프레드시트 프로그램에서 같은 절차로 진행된다.)

분자 크기와 표면적 매개변수는 식 13.44를 적용해서 구할 수 있다. 이소프로판올은 2개의 CH_3, 1개의 OH와 1개의 CH 그룹을 가지고 있다. 그룹 매개변수는 표 13.2로부터 구할 수 있다.

IPA는 $r = 2 \cdot 0.9011 + 0.4469 + 1.0 = 3.2941$, $q = 2 \cdot 0.8480 + 0.2280 + 1.2 = 3.124$

물은 $r = 0.920$, $q = 1.40$

$x_W = 0.3146$에서 $\Phi_W = 0.1150$이고 $\theta_W = 0.1706$이다. 식 13.54와 같이 조합 기여항을 사용하면,

$$\ln\gamma_W^{COMB} = \ln(\Phi_W/x_W) + (1 - \Phi_W/x_W) - 5q_W[\ln(\Phi_W/\theta_W) + (1 - \Phi_W/\theta_W)] = 0.10724$$
$$\ln\gamma_I^{COMB} = \ln(\Phi_I/x_I) + (1 - \Phi_I/x_I) - 5q_I[\ln(\Phi_I/\theta_I) + (1 - \Phi_I/\theta_I)] = -0.00204$$

조합 기여항은 전체 분자를 기본으로 계산됨을 명심하라. 이것은 작용기 그룹 또는 전체 분자로 고려하든지와 상관없이 공간 충전 물성(space-filling property)이 같기 때문이다.

잔류항에 대하여 용액을 그룹별 용액으로 나누게 한다. 각 그룹에 의해서 발생하는 활동도 계수의 기여도를 계산할 수 있다. 이 문제에서는 모두 4개의 작용기 그룹이 존재한다(2CH_3, CH, OH, H_2O). $\Gamma_{CH_3}^{(1)}$ 를 계산함으로써 개념을 알 수 있고, 유사하게 계산된 나머지 결과는 표로 만들 수 있다. 먼저 사용할 에너지 매개변수값을 표로 만들어 보자. 다음과 같이 표의 형태로 계산을 정리할 수 있다.

$\Psi_{row\text{-}col}$	CH3	CH	OH	H_2O
CH_3	1	1	0.061	0.024
CH	1	1	0.061	0.024
OH	0.642	0.642	1	0.368
H_2O	0.428	0.428	1.912	1

순수한 이소프로판올에 대해 작용기 그룹의 몰분율과 표면 비율을 계산하면,

j	$\nu_j^{(1)}$	X_j	Q_j	Θ_j
CH_3	2	0.5	0.848	0.543
CH	1	0.25	0.228	0.073
OH	1	0.25	1.2	0.384
			$\sum_j X_j Q_j = 0.781$	

다른 작용기의 그룹에도 같은 형태의 계산을 반복할 수 있다. 전체 물분자가 작용기 그룹으로 고려되기 때문에 $\Gamma_{H_2O}^{(2)}$ 계산은 불필요하다.

혼합물에 대한 계산을 하면 몰분율인 X_j는 전체 혼합물에는 그룹의 조성을 반영하기 위해 다시 계산해야 한다. 표 13.5에 계산을 정리하였다.

$\ln\Gamma_j^{(i)}$ 의 순수성분값은 스프레드시트 프로그램에서 쉽게 증명할 수 있다. 이 계산에서 중간계산 시 안 보이는 칸을 보이게 한 후, 각각의 분자 몰분율에 0과 1을 대입함으로써 $\ln\Gamma_j^{(i)}$를 계산하게 된다. (순수성분 극한값 적용 시 나타나지 않으나, 그룹의 무한 희석 활동도 계숫값은

스프레드시트 프로그램상에 나타날 것이다. 그러나 이것은 이 문제에는 적용되지 않으므로 무시할 수 있다). 순수성분에 대한 극한값을 제외하고 나머지는 표 13.5의 마지막 행에 주어졌다. 남은 계산은 그룹 특성치 값을 모두 더하고 조합항에 잔류항을 더하면 된다.

표 13.5 • 80.37°C, x_w = 0.3146에서 이소프로판올과 물 혼합물 계산의 정리

	CH_3 $j = 1$	CH $j = 9$	OH $j = 10$	H_2O $j = 20$
Q_j	0.848	0.228	1.200	1.400
Θ_j	0.4503	0.0605	0.3186	0.1706
$\sum_i \Theta_i \Psi_{ij}$	0.7885	0.7885	0.6762	0.3000
lnj	0.4641	0.1248	0.3538	0.6398
$\ln\Gamma_j^{(2)}$	Not Applicable	NA	NA	0
$\ln\Gamma j^{(1)}$	0.3205	0.0862	0.5927	NA
$\ln\Gamma j - \ln\Gamma j^{(i)}$	0.1336	0.0386	−0.2388	0.6398

$$\ln\gamma_I = \ln\gamma_I^{RES} + \ln\gamma_I^{COMB} = [2(0.1336) + 0.0386 - 0.2388] - 0.00204 = 0.0848, \quad \gamma_I = 1.0885$$
$$\ln\gamma_W = \ln\gamma_W^{RES} + \ln\gamma_W^{COMB} = [0.6398] + 0.1072 = 0.7470, \quad \gamma_W = 2.1108$$

a. Perry, R.H., Chilton, C.H. 1973. *Chemical Engineers' Handbook*, 5 ed. New York, NY: McGraw-Hill, Chapter 13.

13.6 COSMO-RS 방법

근본적으로, 모든 전자 그리고 분자의 상호작용은 양자역학에 의해서 표현된다. 따라서 왜 이 기본적인 접근으로 혼합물의 물성을 계산하는 것을 고려하지 않는가 궁금할 수 있다. 실질적으로, 이러한 접근의 용이성을 두 가지의 고려사항이 제한한다. 첫 번째는 양자역학의 계산에는 시간이 걸리는 경향이 있다. 간단한 계산이 며칠이 걸릴 수 있다. 분자 내부에 원자의 수가 N일 때, 단일 분자 나프탈렌의 크기와 계산 시간은 N^7로 증가한다. 두 번째로, 혼합의 성질에 영향을 미치는 분자 간의 내부에너지는 한 분자 내부의 상호작용 에너지보다 적어도 한 자릿수가 작다. 따라서 높은 정밀도는 분자 간의 상호작용을 직접적으로 계산하기 위해 필요하다. 이 제한을 피하는 것이 COSMO-RS 접근의 관심사이다.

COSMO-RS는 '실제 용매에 대한 전도체와 같이 검사하는 모델(Conductor-like Screening Model for Real Solvent)'에 대한 약자이다. 진공보다는 전도성의 수조에서 시뮬레이션하는 분자인 것으로 양자역학 계산을 수행하는 방법을 말한다. 이 방법은 본래 연속체 용매화 모델(continuum solvation model)에 대한 이전의 연구의 확장으로 Klamt 와 공동연구자에 의해서 개발되었다. Klamt와 공동연구자들의 결과는 COSMOtherm으로 상업적으로 시장에 나왔으며 지속적으로 업데이트 된다. 약 350 성분을 사용할 수 있는 것을 포함한 그래픽을 이용한 사용자 환경을 가진 무료의 교육용판을 사용할 수 있다. Klamt와 공동연구자의 결과는 양자역학

시뮬레이션에 TURBOMODE 패키지에 기초하고 있고,[15] 몇 가지 다른 패키지도 일치하는 결과를 보인다.[16] 나중에 Lin과 Sandler는 Accelry Materials Studio를 포함한, DMOL^3 시뮬레이션 패키지에 기초한 결과를 전개하였다. 우리는 이 결과를 COSMO-RS/SAC라 부른다. 이것은 Va. Tech의 Y.A. Liu에 의해 유지되는 웹사이트로부터 약 1500 화학종을 포함하고 있다.[17] 이 방법은 실험 데이터의 상관으로부터 결정된 몇 가지 경험적인 매개변수를 포함한다. 특정한 매개변수들은 양자 시뮬레이션 방법에 의존한다.[18] 다음의 예제에서 우리는 SAC 매개변수를 적용하였다.

COSMO-RS의 핵심적인 생각은 분자를 둘러싸는 표면의 극성에 관심을 둔다. 표면 극성화(surface polarization)의 의미는 SSCED 모델의 산성, 염기성에 비유될 수 있다. 둘러싸는 표면이 양으로 대전되면, 분자 표면은 극성이어야 한다. 만약 이러한 산성 상호작용을 푸른색으로, 염기성 상호작용을 빨간색으로 칠한 것을 상상하면, 분자 표면을 이 책 표지의 그림의 방법으로 나타낼 수 있다. 전체 표면 에너지는 양, 음 그리고 중성의 영향을 포함하여 활동도 계수와 기화열과 같은 성질로 상관될 수 있다.

표면 극성화를 계산하기 위하여 밀도함수이론(density functional theory, DFT)으로 알려진 근사적인 양자역학 방법이 적용될 수 있다. DFT의 계산은 특히 나프탈렌 한 분자 같은 경우에 단지 몇 시간이 필요하고, N^3에 따라서 계산 시간이 증가한다. 분자의 표면 사이에 상호작용에 대하여 적분한다면, SSCED가 달성할 수 있는 것과 어떻게 결과가 유사한지 상상할 수 있다. COSMO-RS의 추가적인 장점은 국부조성 효과가 국부 극성화 상호작용을 두 분자 사이에 모든 배향에까지 적분하는 것에 내재된다. 또한, 산성과 염기성은 분자당 단일의 특정한 값에 제한되지 않고, 각 분자의 전체 표면에 대한 극성화 범위로 특성화된다.

방법을 결정하기 위하여 분자 표면 전하는 DFT를 사용하여 계산된다. 관찰된 극성화는 σ-형태(profile)로 불린다. 여기서 σ는 표면 전하 밀도(Coulombs/Å^2)라 한다. 전형적인 σ-형태를 그림 13.3에 나타내었다. $p(\sigma)$는 표면 전하 밀도에 대해서 그려진 σ-간격(Å^2/(Coulombs/Å^2))당 면적의 양을 나타낸다. 다시 말해서 $p(\sigma)$는 얼마나 많은 분절이 주어진 양의 표면 극성화를 나타내는 숫자에 비례한다. 그것은 UNIFAC에서 한 그룹의 발생(occurrence)의 수와 유사하다. 분절당 유효면적은 활동도 계수를 계산할 때 계산의 거의 끝에서 나뉘어 나간다. 특별한 영역에서 곡선 아래의 면적은 전하 밀도를 갖는 분자의 전체 면적을 보여준다. 그림 13.3(a)는 곡선 아래의 전체 면적에 기초해서 에탄올이 옥탄올보다 얼마나 작은 분자인가를 보여 준다.

---

15 Klamt, A. 1995. *J. Phys. Chem*. 99:2224. Klamt, A., Jonas, V., Buerger, T, Lohrenz, J.C.W. 1998. *J. Phys. Chem*. 102:5074. Klamt, A., Eckert, F. 2000. *Fluid Phase Equil*. 172:43.

16 Klamt, A., Schurmann, G.J. 1993. *J. Chem*. Soc. *Perkin Trans*. 2:799.

17 Lin, S.T, Sandler, S.I. 2002. *Ind. Eng. Chem*. *Res*. 41:899. DMOL^3 was the original basis of Klamt's work and is still supported.

18 www.design.che.vt.edu/VT-Databases.html. Mullins, et al. 2006. *Ind. Eng. Chem. Res*. 45:3973.

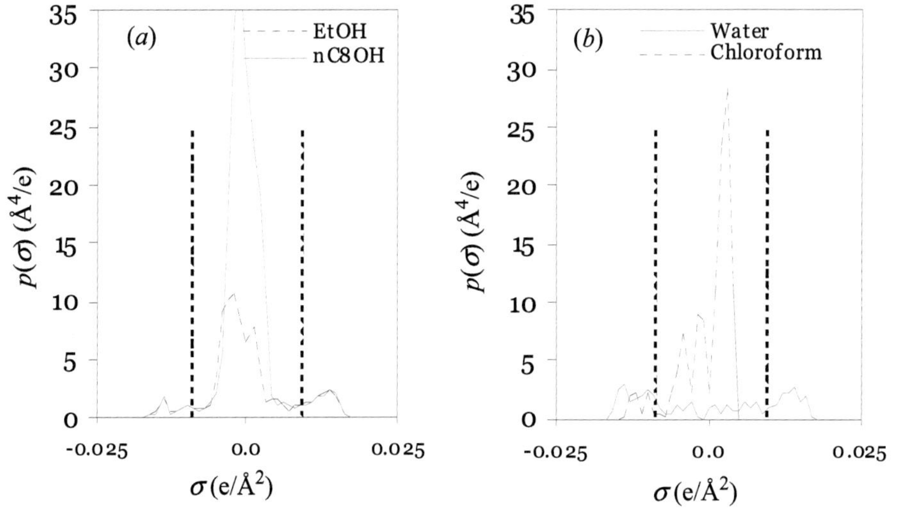

그림 13.3 • COSMO-RS 방법에 적용에 대한 σ-형태(σ-profile)의 예. $A_{eff}n_i(\sigma)$. 수직의 점선은 수소결합에 대한 한곗값

전하밀도 σ는 음과 양의 값의 범위가 넘어가므로 –0.0084보다 작은 모든 값은 산성도에 기여하는 것으로 간주한다. $\sigma > 0.0084$인 모든 염기성에 기여하는 것을 제외하면 β 기여에 대해서도 유사하게 생각이 적용될 수 있다. 그림 13.3(a)에서 두 알코올이 산성과 염기성에 양쪽에 대한 전체 면적에 지극히 유사하게 기여한다. 그림 13.3(b)는 물은 큰 수소결합(산과 염기의 분산경계의 바깥쪽)을 가지는 매우 작은 분자(선도의 아래쪽의 작은 면적)이고, 반면에 클로로포름은 강한 산성과 염기성을 가지는 상대적으로 큰 분자이다. 이러한 관찰은 정성적으로 이해할 수 있는 것이고, 남은 것은 정량적인 방법으로 옮기는 것이다.

2성분 용액에 대하여 활동도 계수를 계산하는 것은 σ-형태의 나누어진 극성 분체에 대한 합보다 먼저 그룹에 대한 합을 통한 전환을 생각하면 UNIFAC 방법과 유사하다. '분체(segment)'란 표현의 사용은 기하학적인 분절이 아니라 표면 극성의 '간격(interval)'을 위한 것임을 주의하라. 특별한 양의 표면 극성은 분자 표면에 대한 다양한 위치에서 일어날 수 있지만, 모든 것은 $p(\sigma)$를 얻기 위하여 합쳐질 것이다. 이 양은 물리적인 것보다는 수학적인 항으로 생각하는 것이 도움이 될 것이다. 일반적으로 σ-형태는 –0.025부터 0.025(coulombs/Å^2)[19]의 범위에서 51값으로 나누어진다. 따라서 $k = [1, 51]$에서 σ_k를 참조할 수 있다. 계산을 간단히 하기 위하여 적분 $\int p(\sigma)d\sigma \sim \Delta\sigma\Sigma p(\sigma_k)$은 $\Sigma p(k)$의 합으로 표시된다. 특정 분자의 더 큰 크기는 Scatchard-Hildebrand나 SSCED 모델에서 분자 부피에 대한 방법과 비슷한 방법으로 $\Sigma p(k)$에 반영된다. 분자 i의 나누어진 분체는 i번째 분자 자체를 포함하여 모든 분자 위의 분체와 상호작용한다. 혼합물에서 $p_i(k)$는 i번째 성분에 대한 $p(k)$를 나타낸다. 극성 분체의 용액에서 분체 $k(\Gamma_k)$에 대한 활동도 계수 기여항은 식 13.57과 유사하지만 크게 다른 함수의 형태를 가진다.

19 각각의 불연속적인 σ값은 σ의 범위에 대한 중앙을 나타낸다.

$$\mathrm{n}\Gamma_k = -\ln\sum_j \Theta(j)\Gamma_j\Psi_{jk} \quad \text{〈식 13.61〉}$$

분자형태 1 + 2의 2성분 혼합물에서 극성 분체의 표면적 분율은

$$\Theta(k) = \frac{x_1 p_1(k) + x_2 p_2(k)}{x_1 q_1 + x_2 q_2} \quad \text{〈식 13.62〉}$$

$$\Psi_{jk} = \exp\left(\frac{-a_{jk}}{T}\right) \quad \text{〈식 13.63〉}$$

여기서 a_{jk}는 아래에 정의되었고 분자 표면적은 다음과 같다.

$$q_i = \Sigma\, p_i(k) \quad \text{〈식 13.64〉}$$

식 13.57과 식 13.61 사이에 실질적인 차이는 주어진 σ 간격의 활동도 계수 기여항은 식 13.61에서 모든 상호작용에 대한 합을 통해 자체적으로 의존하는 것에 있다. 개념적으로, 분체가 그것의 이웃에 미치는 영향은 그 이웃이 국부적 활동도에 반응하는 것처럼 그 자체의 거동을 바꾼다. 필요한 반복 계산은 모든 k에 대하여 $\Gamma_k = 1$로 시작하였다.

식 13.57과 식 13.61의 근본적인 차이는 식이 전체적을 다르게 유도된 것이다. 행렬 a_{jk}는 다음에 주어진 바와 같이 정전기적 전하의 균형과 연관되어 있다.

$$a_{jk} = [\, 8233(\,\sigma(j) + \sigma(k)\,)^2 + 85580\, \alpha(j,k)\, \beta(j,k)\,]/0.001987 \quad \text{〈식 13.65〉}$$

여기서, $\alpha(j,k)$와 $\beta(j,k)$는 j번째와 k번째 분체 사이의 수소결합을 나타내고, SSCED 모델의 α와 β 매개변수와 유사하다. 수소결합은 σ값이(j 혹은 k) 한곗값을 넘어가는 것에 관계없이 발생하는 것을 가정한다. 왜냐하면 어디에 분체가 있는가에 관계없이 서로를 찾기에 충분한 에너지 보상이 있기 때문이다. 수학적으로 이것은 다음과 같다.

$$\beta(j,k) = \max(\,[\max\{\sigma(j),\sigma(k)) - 0.0084],\, 0\,\} \quad \text{〈식 13.66〉}$$
$$\alpha(j,k) = \min\{\,[\min\{\sigma(j),\sigma(k) + 0.0084],\, 0\,\}$$

UNIFAC과 유사하게 이 접근은 순수 유체의 활동도 계수에 1이 아닌 값을 갖게 한다. 따라서

$$\ln\gamma_i = \ln\gamma_i^{COMB} + \Sigma_k\, p_i(k)(\ln\Gamma_k - \ln\Gamma_k^{(i)}\,)/A_{eff} \quad \text{〈식 13.67〉}$$

여기서 γ_i^{COMB}는 UNIFAC이나 UNIQUAC과 같은 식을 사용하여 계산되었다. $A_{eff} = 7.5$는 면적에 대한 표준화이고, $\Gamma_k^{(i)}$는 식 13.62를 적용하여 적절한 조성으로 계산된 순수성분 i에서 분체 활동도이다.

COSMO-RS가 UNIFAC과 유사한 것이라고 생각할 수 있지만, 그것은 훨씬 더 일반적이다. UNIFAC 방법은 a_{ik} 행렬을 결정하기 위해서 실험 데이터를 필요로 한다. COSMO-RS는 반면에 이 행렬을 식 13.65에서 경험적인 상수를 제외하고는 실험 데이터를 사용하지 않고 계산된 σ-형태에 기초하여 계산한다. 일반적으로, 만약 모든 그룹이 결정되어 있다면 보다 간결한 결과가 UNIFAC으로부터 얻어지지만, COSMO-RS 접근은 실험 데이터가 존재하지 않을 때 UNIFAC 방법을 보충하는 데 사용될 수 있다.

예제 13.7 COSMO-RS/SAC을 이용한 활동도 계수의 계산

메탄올과 아세톤에 대한 σ-형태를 다음에 표로 나타내었다. (a) 이것을 이용하여 $x_M = 0.425$, 55°C에서 활동도 계수를 계산하라. SAC값과 COSMO-RS 매개변수는 Lin과 Sandler에 의해서 주어진다. (b) 전체 조성범위에서 활동도 계수를 계산하고 UNIQUAC의 계산 결과와 실험 데이터 그리고 SSCED 모델을 비교하라.

σ-형태의 표. $\sigma(k) = [-0.025, 0.025]$, 전체 51개 값. 모두 0이면 생략함.

k	7	8	9	10	11	12	13	14	15	16
$p_1(k)$	0	0	0	0.598	1.081	1.304	0.607	0.584	0.644	1.318
$p_2(k)$	0	0	0	0	0	0	0	0	0	0
k	17	18	19	20	21	22	23	24	25	26
$p_1(k)$	1.160	0.876	0.428	1.833	3.576	6.431	6.897	5.273	7.463	5.094
$p_2(k)$	0	0	3.548	11.256	10.867	9.795	8.820	8.261	13.617	6.570
k	27	28	29	30	31	32	33	34	35	36
$p_1(k)$	1.582	2.271	1.181	1.282	1.762	1.460	0.279	1.024	0.810	2.056
$p_2(k)$	4.665	1.551	1.622	1.050	0.154	0.846	0.812	1.879	1.541	3.309
k	37	38	39	40	41	42	43	44	45	46
$p_1(k)$	0.822	1.436	3.112	1.806	1.803	0.048	0	0	0	0
$p_2(k)$	4.498	3.771	2.594	1.620	0	0	0	0	0	0

풀이

식 13.64를 적용하면, $q_1 = 67.9$와 $q_2 = 102.6$이 된다. 혼합물의 분체 표면적 분율 $\Theta(k)$는 $k = 1$부터 9까지 0이다. $\Theta(10)=(0.425(0.598) + (0.575)0)/(0.425(67.9) + (0.575)102.6) = 2.89(10^{-3})$. $\Theta(11)$에서 $\Theta(42)$까지도 같다.

$j = k = 1$일 때, $\sigma(j) = \sigma(k) = -0.025$이다. 따라서 $\max(\sigma(j), \sigma(k)) = -0.025$ 이고 $-0.025 - 0.0084 = -0.0334$이지만 $\max(0, -0.0334) = 0$이다.

따라서 $\alpha(1,1) = 0$, $\beta(1,1) = -0.0166$일지라도 $\alpha(1, 1)\beta(1, 1) = 0$이고, $i = k = 1$에 대한 수소결합 기여항은 0이다.

$a_{1,1} = [8233(\sigma(1) + \sigma(1))^2]/0.001987 = 10359$이고 $\Psi(1, 1) = \exp(-10359/328.15) = 1.951(10^{-14})$.

수소결합이 0이 아닌 첫 번째 항은 $i = 1$, $k = 35$이므로 $\alpha(1, 35) = \max(\sigma(j), \sigma(k)) - 0.0084 = 0.0006$이고, $\beta(1, 35) = -0.0166$이다.

전체는 $a_{1,35} = [8233(-0.025 + 0.009)^2 + 85580(0.0006)(-0.0166)]/0.001987 = -428.98$이고, $\Psi(1, 35) = \exp(428.98/328.15) = 3.696$ 이다. $P(k)$가 어떻게 Ψ 가 아니라 Θ에 기여하는지 주의하라.

$(i = k = 1)$과 $(i = 1, k = 35)$의 두 경우는 중요한 거동을 보여 준다. 간단히, 두 같은 전하 분절 사이의 분산항의 상호작용과 관련된 분체의 짝은 작은 값의 Ψ로 표시된 것과 같이 선호하지 않는다. 심지어, 극성이 정확히 반대이고 합이 0일 때, 분산항에 대하여 최상은 $\Psi = 1$이다. 극성의 모든 다른 값은 분산항이 $\Psi < 1$에 이르게 하고(왜냐하면 기여가 제곱이 되므로), 비선

호적인 상호작용을 반영한다. 이것은 SSCED 모델에서 분산 상호작용에 적용되는 $(\Delta\delta)^2$ 항을 약하게 연상시킨다. 두 번째 경우는 산-염기 상호작용은 분산 상호작용과 반대의 부호를 갖는 것을 보여 준다. 일반적으로 $\Psi > 1$을 제공하기에 충분하며 선호적인 상호작용을 나타낸다. 이것은 SSCED 모델에서 수소결합을 연상시킨다.

(a)의 해를 완성시키기 위해서, 혼합물과 순수성분에 대하여 모두, 모든 항을 합한다. Γ_k 에 대한 식 13.61의 첫 번째 반복 계산을 하면, 첫 번째 10의 값은 대략 0.5이다. 다른 예의 값은 $\Gamma_{20} = 1.561$, $\Gamma_{30} = 1.203$, $\Gamma_{40} = 0.736$이고, $\Gamma_{50} = 0.500$이다. 마지막 반복 계산을 하면, 이 값은 $\Gamma_1 = 7.864(10^{-5})$, $\Gamma_{10} = 0.0279$, $\Gamma_{20} = 1.478$, $\Gamma_{30} = 1.107$, $\Gamma_{40} = 2.522$, $\Gamma_{50} = 3.312(10^{-3})$이 된다.

유사하게, 순수유체에 대하여 첫 번째 반복 계산을 하면 $\Gamma_k^{(1)} = 0.5$, $k = 1, 10, \cdots$, $\Gamma_{20}^{(1)} = 1.559$, $\Gamma_{30}^{(1)} = 1.267, \cdots, \Gamma_1^{(2)} = 0.501$, $\Gamma_{10}^{(2)} = 0.563$, $\Gamma_{20}^{(2)} = 1.562$, $\Gamma_{30}^{(2)} = 11.76$이다.

마지막 반복 계산을 하면, $\Gamma_1^{(1)} = 7.05(10^{-5})$, $\Gamma_{10}^{(1)} = 2.931(10^{-2})$, $\Gamma_{20}^{(1)} = 1.546$, $\Gamma_{30}^{(1)} = 1.204, \cdots$, $\Gamma_1^{(2)} = 3.322(10^{-4})$, $\Gamma_{10}^{(2)} = 3.748(10^{-3})$, $\Gamma_{20}^{(2)} = 1.453$, $\Gamma_{30}^{(2)} = 1.063, \cdots$

$\Gamma_k - \Gamma_k^{(i)}$ 을 합하면, $\ln\gamma_1 = 0.0957 - 0.0353 = 0.0605$이고 $\ln\gamma_2 = 0.0746 - 0.0145 = 0.0601$이다. 여기서 음의 항은 $q_i = r_1 = 48$, $r_2 = 86.4$를 사용한 Guggenheim-Stavermin 기여항이다. r_1과 r_2는 Mullins 등의 (VT)데이터베이스로부터 가져온다.

메탄올과 아세톤에 대한 σ-형태는 SSCED 모델과 UNIQUAC 모델로부터 구한 활동도 계수와 비교하여 다음 그림에 나타내었다.

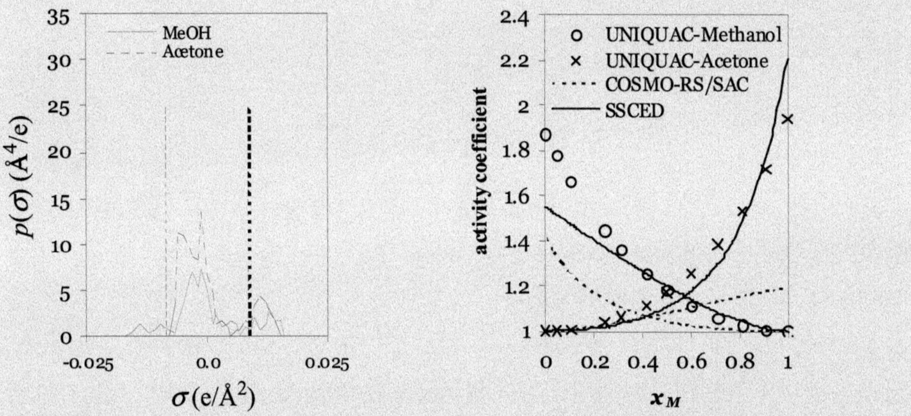

σ-형태에 관련하여, 아세톤의 높은 양의 극성으로부터 수소결합이 큰 역할을 해야 한다는 것은 분명하다. 올바른 그림은 COSMO-RS 모델을 UNIQUAC의 상관과 비교하여 보여 준다(이 경우가 기준점으로 간주됨). COSMO-RS/SAC 모델과 SSCED 모델은 거의 조정된 거울 이미지를 갖고, 어느 것도 정확히 맞지는 않는다. COSMO-RS/SAC 모델은 이 혼합물의 비이상성을 낮게 평가한다.

a. UNIQUAC 모델(오른쪽 그림)은 Marinichev A.N.와 Susarev M.P.의 데이터에 맞춰졌다. 1965. *Zhur. Prikl. Khim*, 38(2):371.

b. 이 성분들은 COSMOtherm 교육용판에서 사용할 수 있다. COSMOtherm으로 더 정확히 계산할 수 있지만, 거울상 효과는 일치한다.

13.7 용액 모델의 분자론적 배경

2차 혼합규칙의 유도과정에서 논의된 바와 같이, 무작위 혼합이라는 가정이 용액의 비이상성을 완전하게 설명할 수 없다는 점에 직면하게 된다. 국부조성 이론은 비무질서 혼합의 좋은 예이다. Wilson식이나 UNIFAC식과 같은 국부조성 모델들이 널리 이용된다는 사실은 바탕이 되는 이론의 적용성과 그 한계에 대한 인식을 필요로 하고 있다는 것을 의미한다. 임의 혼합 모델의 경우와 유사하게 국부조성 모델에도 한계가 있다. 그러나 이 시점에서 제한 조건과 한계가 어디까지인지 정확하게 확신할 수는 없다. 이 점이 현재 활발히 연구되는 분야이다. 그럼에도 불구하고 이러한 모델의 가정에 대한 이해를 도모할 수 있는데 이는 그 가정이 한계를 내포하는 오차의 근원이기 때문이다.

에너지식의 혼합물에의 확장

순수유체의 경우에 다루었던 압력식이 아닌 에너지식으로부터 논의를 시작하기로 한다. 이는 우리가 현재 혼합 Gibbs 에너지와 이상용액 거동에 대한 과잉 Gibbs 에너지 변화에 관심이 있기 때문이다. 대부분의 경우 과잉 Gibbs 에너지보다는 과잉 내부에너지값이 월등한 것으로 밝혀졌다. 바꿔 말하면 혼합 엔트로피값은 식 12.1에 주어진 b에 대한 혼합규칙에 의해 어느 정도 정확히 주어진다. 여기서는 에너지식의 이용을 혼합물에 확대 적용하는 데에 초점을 맞추도록 한다. 이를 위해서는 순수유체에 대한 에너지식의 유도과정을 다시 살펴보고 같은 원리를 혼합물에 대해 적용할 필요가 있다. 두 가지 간단한 보정으로부터 얻은 순수유체에 대한 에너지식은 다음과 같다.

$$\frac{\underline{U}_1 - \underline{U}_1^{ig}}{N_1 kT} = \frac{N_1}{2\underline{V}}\int \frac{u_{11}}{kT} g_{11} 4\pi r^2 dr \qquad \langle 식\ 13.68\rangle$$

이용된 간단한 보정은 (1) $n_i N_A = N_i$와 $Nk = nR$인 사실로부터 몰기준 대신 원자 기준으로 식을 세웠다. (2) 형태 '1'의 원자로부터의 에너지 편차에 기여한다는 사실을 인식한다. 순수유체의 경우 형태 '1'의 원자만을 가지는 셈이 된다.

순수유체에 대한 에너지식의 유도과정에서 원자당 평균 내부에너지 편차 $(\underline{U}_1 - \underline{U}_1^{ig})/N_1$는 전체 부피에 대해 적분된 부피에 대한 국부 밀도값과 단위부피당 각 쌍에 대한 에너지의 곱과 같음을 알 수 있다. 혼합물로의 확장을 위해서는 형태 '1' 원자 주위에 형태 '2'의 새로운 원자가 있는 것으로 간주한다. 예로 파란색 차와 녹색 차로 가득 차 있는 주차장을 생각해 보자. 만약 한 주차장이 오직 녹색 차로만 가득 차 있을 때 녹색 차 한 대당 평균 에너지는 하나의 녹색 차와 일정한 거리에 있는 녹색 차의 평균 대수와 상호 간에 그 거리만큼 떨어진 녹색 차들과 관련된 에너지값의 곱을 포함할 것이다. 당신이 차를 빈 공간 없이 빼곡히 주차시키기 위해서는 무척이나 힘든 일이 될 것이다. 이제 옆 주차장은 파란색 차와 녹색 차가 서로 섞여서 주차되어 있다고 생각하자. 녹색 차 한 대당 에너지는 녹색 차–녹색 차 상호 간섭에 의한 기여분과 녹색 차–파란색 차 상호 간섭에 의한 기여분을 포함할 것이다. 이를 식의 형태로 나타내면

$$\frac{\underline{U}_g - \underline{U}_g^{ig}}{N_g kT} = \frac{N_g}{2\underline{V}}\int \frac{u_{gg}}{kT} g_{gg} 4\pi r^2 dr + \frac{N_b}{2\underline{V}}\int \frac{u_{bg}}{kT} g_{bg} 4\pi r^2 dr \qquad \langle \text{식 } 13.69\rangle$$

모든 파란색 차가 주차장을 떠날 때 (즉 $N_b \rightarrow 0$) 앞의 식은 순수한 녹색 차에 대한 식으로 된다는 사실로부터 이 식의 타당성을 확인할 수 있다. 파란색 차 한 대당 평균 에너지식을 대칭적으로 쓸 수 있으며 이들을 합하여 전체 혼합 에너지식을 얻는다.

$$\frac{\underline{U}_b - \underline{U}_b^{ig}}{N_b kT} = \frac{N_b}{2\underline{V}}\int \frac{u_{bb}}{kT} g_{bb} 4\pi r^2 dr + \frac{N_g}{2\underline{V}}\int \frac{u_{bg}}{kT} g_{bg} 4\pi r^2 dr \qquad \langle \text{식 } 13.70\rangle$$

$$\frac{\underline{U} - \underline{U}^{ig}}{NkT} = \frac{N_g}{N}\left(\frac{\underline{U}_g - \underline{U}_g^{ig}}{N_g kT}\right) + \frac{N_b}{N}\left(\frac{\underline{U}_b - \underline{U}_b^{ig}}{N_b kT}\right)$$

$$\begin{aligned}\frac{\underline{U} - \underline{U}^{ig}}{NkT} &= \frac{N_g}{N}\left(\frac{N_g}{2\underline{V}}\int \frac{u_{gg}}{kT} g_{gg} 4\pi r^2 dr + \frac{N_b}{2\underline{V}}\int \frac{u_{bg}}{kT} g_{bg} 4\pi r^2 dr\right) \\ &+ \frac{N_b}{N}\left(\frac{N_b}{2\underline{V}}\int \frac{u_{bb}}{kT} g_{bb} 4\pi r^2 dr + \frac{N_g}{2\underline{V}}\int \frac{u_{bg}}{kT} g_{bg} 4\pi r^2 dr\right)\end{aligned}$$

마지막으로 몰분율에 의해 치환하고 $u_{bg} = u_{gb}$이고, $g_{bg} = g_{gb}$임을 알고 몰기준으로 다시 변환하면 다성분 혼합물에 대해서는

$$\boxed{\frac{\underline{U} - \underline{U}^{ig}}{RT} = \frac{N_A \rho}{2}\sum_i \sum_j x_i x_j \int \frac{N_A u_{ij}}{RT} g_{ij} 4\pi r^2 dr} \qquad \langle \text{식 } 13.71\rangle$$

순수유체에 대하여 van der Waals식과 비교하면

$$a_{ii} = -\frac{1}{2}\int N_A^2 u_{ii} g_{ii} 4\pi r^2 dr \qquad \langle \text{식 } 13.72\rangle$$

$$\Rightarrow \frac{\underline{U} - \underline{U}^{ig}}{RT} = -\frac{\rho}{RT}\sum_i \sum_j x_i x_j a_{ij} \Rightarrow a = \sum_i \sum_j x_i x_j a_{ij} \qquad \langle \text{식 } 13.73\rangle$$

! 혼합물의 에너지식

여기서 $a_{ij} = -\frac{1}{2}\int N_A^2 u_{ij} g_{ij} 4\pi r^2 dr$이고 $a_{ij} = a_{ji}$인 것으로 간주한다.

위 식에서 방사방향 분포함수(radial distribution function)는 온도와 밀도뿐만 아니라 조성에도 의존한다는 사실을 알 수 있다. 그러므로 2차 혼합규칙이라고 가정하는 것은 온도와 밀도 의존성뿐만 아니라 a 매개변수와 조성 의존성을 간단히 무시하는 결과가 된다. van der Waal 상태방정식에서 온도와 밀도에 관한 가정에 결함이 있으며 이 사실로부터 Peng-Robinson 상태방정식이 대두되었다는 사실을 우리는 제 II부에서 알았다. 마찬가지로 방사방향 분포함수의 조성 의존성의 무시는 국부조성 이론을 야기시킨 몇몇 한계에 이르게 된다.

방사방향 분포함수에 의한 국부조성

혼합물에 대한 에너지식을 상기하면, 식 13.71에 RT를 곱하여,

$$U - U^{ig} = \frac{N_A\rho}{2}\sum_i\sum_j x_i x_j \int N_A u_{ij} g_{ij} 4\pi r^2 dr \qquad \langle \text{식 } 13.74\rangle$$

방사방향 분포함수를 이용하여 국부조성을 정의하면

$$x_{ij} = \frac{N_i\sigma_{ij}^3}{\underline{V}N_{c,j}}\int_0^{R_{ij}} g_{ij}4\pi r_{ij}^2 dr_{ij} = \frac{x_i n N_A \sigma_{ij}^3}{\underline{V}N_{c,j}}\int_0^{R_{ij}} g_{ij}4\pi r_{ij}^2 dr_{ij} \qquad \langle \text{식 } 13.75\rangle$$

여기서 $r_{ij} = r/\sigma_{ij}$

R_{ij} = '이웃(neighborhood)'

N_{ci} = 형태 'i' 주위의 전체 원자의 수, 즉 배위수(coordination number)

이를 다시 정리하면 국부조성 매개변수 Ω_{ij}의 분자적 정의에 이른다.

$$\frac{x_{ij}}{x_{jj}} = \frac{N_{c,j}N_i\sigma_{ij}^3\int g_{ij}4\pi r_{ij}^2 dr_{ij}}{N_{c,j}N_j\sigma_{jj}^3\int g_{jj}4\pi r_{jj}^2 dr_{jj}} \equiv \frac{x_i}{x_j}\Omega_{ij} \qquad \langle \text{식 } 13.76\rangle$$

이로부터 우리는 국부조성의 정의에서의 적분과 에너지식의 적분 간의 유사성을 알 수 있다.

사각우물 유체에 있어서 ε_{ij}=일정이므로 이를 적분 밖으로 끌어 낼 수 있다.

$$\int u_{ij}g_{ij}4\pi r^2 dr = \varepsilon_{ij}\int g_{ij}4\pi r^2 dr \qquad \langle \text{식 } 13.77\rangle$$

$$U - U^{ig} = \frac{1}{2}\sum_i\sum_j x_j \frac{x_i N_A \sigma_{ij}^3}{\underline{V}} n N_A \varepsilon_{ij}\int g_{ij}4\pi r^2{}_{ij} dr_{ij} \qquad \langle \text{식 } 13.78\rangle$$

혼합물에 대한 에너지식에 $N_{c,j}$와 x_{ij}를 대입하면(식 13.75에 $N_{c,j}$를 곱하고 이를 식 13.78에 대입하면)

$$U - U^{ig} = \frac{1}{2}\sum_j x_j N_{c,j}\sum_i x_{ij} N_A \varepsilon_{ij} \qquad \langle \text{식 } 13.79\rangle$$

이 식은 앞에서 국부조성의 관점에 따라 과잉 Gibbs 에너지 모델식 유도의 출발점으로 이용된 식이다. 유도의 나머지 과정은 이전과 같다.

국부조성 모델에서의 가정

앞 절에서 현재 관심을 받고 있는 몇 가지 활동도 계수식에 대해서 논의했다. 그 식들의 개발 단계에서 포함된 가정을 열거했지만 이들 가정에 대한 논의는 하지 않았다. 대신 우리는 실질적인 필요성에 따라 그 식을 직접 응용하였다. 이 절에서는 그 가정을 다시 상기하고 분석해 보기로 하자. 결론적으로 예측의 신뢰도는 가정의 정확성에 크게 의존한다.

UNIQUAC 및 다른 여러 식의 근간이 되는 국부조성 이론은 중앙에 있는 화학물질 근처의 유체구조로 인한 용액거동의 비대칭성을 나타내기 위한 정규용액 이론의 보정을 의도한 것이다. $S^E = 0$이라는 가정을 무시한다면 혼합 엔트로피를 고려해야 하며 UNIQUAC 모델과 Wilson 모델과의 차이는 근본적으로 S^E에 대한 처리의 차이에 기인한다. 구에 대하여 고려할 경우 국부조성 이론은 다음 네 가지 가정을 공유하고 있다.

1. i-j 상호작용의 평균 에너지는 온도, 밀도 그리고 다른 화학종들의 존재와 무관하다.
2. $(A - A^{is}) = (G - G^{is})$
3. 혼합물에서 한 화학종의 배위수는 순수한 화학종과 같다.
4. 혼합 에너지의 온도 의존 부분은 $\Omega_{ij} = (\sigma_{ij}/\sigma_{ij})^3 \exp[z(\varepsilon_{ij} - \varepsilon_{jj})/2kT]$로 주어지며 여기서 z는 배위수이다.

Wilson식에서는 다음과 같은 가정을 하고 있다.

5w. 모든 밀도에서 모든 j에 대해 $N_{c,i} = z = 2$

6w. $(A^E/(RT))^{COMB} = \sum_j x_j \ln(\Phi_j/x_j)$.

7w. 모든 i와 j에 대하여 $(\sigma_{ij}/\sigma_{jj})^3 = V_i/V_j$이다. 아울러 $\dfrac{A_{ji}}{RT} = \dfrac{z(\varepsilon_{ij} - \varepsilon_{jj})}{2kT}$, $\Lambda_{ji} = \Omega_{ij}$[20] 이다.

UNIFAC(QUAC)식에서는 다음과 같은 가정을 하고 있다.

5u. $z = 10,\ N_{c,j} = 10 \cdot \sum_k \nu_k^{(j)} Q_k$

6u. $(A^E/(RT))^{COMB} = \sum_j \left[x_j \ln(\Phi_j/x_j) + \frac{1}{2} N_{c,j} x_j \ln(\theta_j/\Phi_j)\right]$

7u. 모든 i, j에 대하여 $(\sigma_{ij}/\sigma_{jj})^3 = N_{c,i}/N_{c,j} = q_i/q_j$이다. $\dfrac{a_{ij}}{T} = \dfrac{z(\varepsilon_{ij} - \varepsilon_{jj})}{2kT}$, $\Omega_{ij} = \dfrac{q_i}{q_j}\tau_{ij}$ 이다.

가정 1은 국부조성 적분이 얻어지도록 에너지 적분식 밖으로 일부 평균 에너지를 인자화하는 것을 포함한다. 이 가정을 사각우물 퍼텐셜에 대해 보정해 줌으로써 Lennard-Jones 퍼텐셜과 같은 유사한 다른 퍼텐셜에 대해서도 타당할 것이라고 간주할 수 있다. 그러나 큰 비이상성을 보이는 혼합물에 대해 이 같은 가정을 적용하는 데에는 의문이 따른다. 사각우물 및 Lennard-Jones 퍼텐셜은 그들의 매개변수에 대한 실제적인 값이 선택되었을 때도 큰 비이상성을 보이는 혼합물에 대해서 거의 작용하지 않는다. 이 같은 방법으로 인자화된 ε_{ij}가 비이상혼합물의 온도와 밀도에 실제로 독립적인지 아닌지 판단할 수 있는 증거는 거의 없다. 사실 1장에서 우리는 쌍극자 상호작용이 온도 의존성임을 보였다.

가정 2는 $\ln(Z/Z^{is})$를 무시하는 것과 관련이 있다. 액체의 경우 $\ln(1 + \rho^E/\rho) \approx \rho^E/\rho$가 무시될 수 있는 크기임을 확인하기 전까지는 적용하기가 곤란하다. 액체의 밀도와 관련해서 과잉밀도는 일반적으로 작은 값이며 이 가정은 타당하다(높은 정밀도로 측정이 용이함).

가정 3은 편리함과 관련이 있다. 만약 각 화학종의 배수위가 혼합에 따라 변화한다고 가정하면 이론은 대단히 복잡해진다. 이는 물론 좋은 물리적 이유가 되지는 못한다. 물리적으로 말한

20 Wilson식에 국부조성에 대한 하첨자의 순서는 직관적이지 않다. 식 13.1과 13.2를 보라.

다면 이 가정은 분자의 크기(또는 UNIFAC의 경우 분절)가 서로 크게 차이가 난다면 타당하지 않다.

가정 4는 현재 국부조성 접근법 모두에 대한 일차적인 가정이지만 국부조성 개념에 요구되지는 않는다. 그것은 단순히 수식을 유도하는 데 있어서의 계산 수단이다. 이 가정의 중요한 측면은 Ω_{ij}의 온도 의존성의 단순한 형태라는 것이다. 이 가정에 대한 주된 동기는 해석적으로 적분될 수 있는 식을 얻는다는 데에 있는 것으로 보인다. 그러나 물리적으로 이 가정이 얼마나 정확할까? 더욱이 Ω_{ij}의 거동에 대한 물리적인 거동을 어떻게 명확한 방법으로 결정할 수 있을까? 단지 과잉 Gibbs 함수에 대한 실험 데이터만을 조절하는 것은 모호하다. 그 이유는 어떤 물리적 근거도 가지고 있지 않음에도 불구하고 어떤 조절 가능한 매개변수들은 좋은 예측 결과를 보여 줄 수 있기 때문이다. van der Waals 시대에는 사용할 수 없었던 것으로서 현재 우리가 대안으로 사용할 수 있는 방법은 특정 온도와 밀도범위에서 사각우물 혼합물에 대한 컴퓨터 모사를 수행하는 과모사된 국부조성을 통해 직접적으로 Wilson의 근사의 타당성을 검증하는 것이다. 이 접근법은 Sandler와 Lee에 의해서 수행되었다.[21]

Sandler와 Lee는 사각우물 퍼텐셜의 Ω_{ij}에 이르는 상관관계식을 개발하였다.

$$\Omega_{ij} = (\sigma_{ij}/\sigma_{jj})^3 \exp[N_A(\varepsilon_{ij} - \varepsilon_{jj})/(2RT)] \left\{ \frac{\sqrt{2} + \rho\sigma_{jj}^3[\exp(\varepsilon_{jj}/(kT)) - 1]}{\sqrt{2} + \rho\sigma_{ij}^3[\exp(\varepsilon_{ij}/(kT)) - 1]} \right\} \quad \langle 식\ 13.80 \rangle$$

이 식은 Sandler와 공동연구자들에 의해서 얻은 방대한 양의 분자 전산 모사 데이터의 국부조성을 나타내 준다. 따라서 Wilson의 가정에 대한 정확성의 지표로서 분자 전산 모사 데이터와 함께 이 식을 사용할 수 있다.

가장 중요하게 고려되어야 할 사항은 이 매개변수의 온도 의존성이다. 이는 이것이 에너지에서부터 자유에너지까지 구할 수 있게 하는 온도에 대한 적분이기 때문이다. 밀도에 있어서 모든 액체의 밀도는 개략적으로 같기 때문에 특정한 밀도값을 택해 온도의 영향을 논의하는 것이 비논리적인 것은 아니라고 말할 수 있다.

$$(\sigma_{22}/\sigma_{11})^3 = 1,\ \rho\sigma^3 = 0.7,\ \ \varepsilon_{22} = 2\varepsilon_{11} \quad \langle 식\ 13.81 \rangle$$

$$\ln\Omega_{ij} = \frac{(\varepsilon_{ij} - \varepsilon_{jj})}{2kT} + \ln\left[\frac{0.714 + 0.7\exp(\varepsilon_{jj}/(kT))}{0.714 + 0.7\exp(\varepsilon_{ij}/(kT))}\right] \quad \langle 식\ 13.82 \rangle$$

위 식의 오른쪽 항의 자연로그 항이 작거나 또는 $1/kT$에 대하여 선형적이면 Wilson의 가정은 근본적으로 정확하며 ε_{ij}에 대한 정의도 식 13.18보다 약간 다른 값을 가지게 될 것이다. 만약 Ω_{ij}와 $1/kT$ 사이가 선형이 아니라면 Wilson의 가정은 문제점을 갖게 된다. 그림 13.4는 Ω_{ij}가 특정 온도범위 내에서 거의 선형적임을 보여 주고 있다. 이것은 Wilson과 UNIFAC(QUAC)에서의 기본적인 가정이 타당성이 없는 것은 아님을 보여 준다. 그러면 이것은 비이상용액 문제가 해결될 수 있음을 의미하는가? 그렇지도, 그렇지 않을 수도 있다. 불행히도 우리는 적용할 수 있는 온도범위를 주의 깊게 살펴보아야 한다. 그 범위는 상분리를 하고자 하

21 Sandler, S.I., Lee, K-H. 1986. *Fluid Phase Equil*. 30:135.

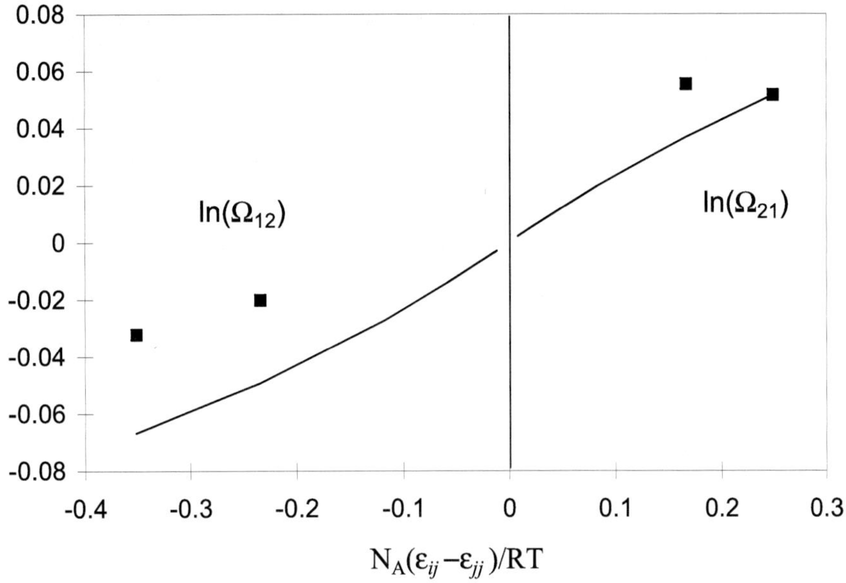

그림 13.4 • 국부조성 매개변수의 온도 의존성. 점은 분자 전산모사 데이터이고 곡선은 Sandler와 Lee의 상관결과이다. 이 그림에서 대략적인 선형성은 자유에너지를 얻기 위한 내부에너지의 적분에 적용된 가정을 뒷받침한다.

는 혼합물의 성향에 의해 제한을 받는다. 즉, 일정한 총괄 밀도에서 온도를 내리면 범위는 궁극적으로 쌍모드(binodal) 곡선 내부에 위치한다. 위에서 열거한 조성과 밀도의 경우 쌍모드는 $N_A(\varepsilon_{12} - \varepsilon_{12})/RT < -0.4$일 때 발생한다. 이것은 거의 400K에서 Wilson식의 A_{12}의 최댓값에 해당되며 약 300 cal/mol 정도의 값을 가진다. A_{12}에 대하여 이보다 더 큰 값을 사용하는 것은 근거가 없지만 예제 13.3에서 보인 것처럼 때로는 그러한 큰 값이 사용된다.

국부조성 방법의 또 하나의 잠재적 오차 발생 가능성의 지표는 과잉 혼합 엔탈피에 대한 실험 데이터에 의해 주어진다. 고전열역학으로부터의 관계식에 의해 온도에 대한 Gibbs 혼합 에너지의 미분으로부터 혼합 엔탈피를 예측하는 것이 가능하다. Larsen 등은 이 문제에 접근하기 위해 UNIFAC의 수정된 형태를 유도하였다[22]. 이 유도에는 추가적으로 조정 가능한 상당수의 매개변수의 도입이 포함된다. 수정된 식이 많은 시스템의 열역학적 물성치의 정확성을 증대시켰다고 하더라도 아직 많은 시스템에서 예측된 혼합열은 100~700%의 오차를 보이고 있다. 더 중요한 것은 예측값이 어느 때에 오차를 보이고 어느 때에 정확한 값을 보일지 미리 알 수 없다는 점이다.

그러면 왜 이러한 근사들이 활동도 계수 모델식 데이터를 만족시킬 수 있는가? 그 이유는 모델식이 데이터를 만족시킬 만한 조절 가능한 매개변수들을 충분히 가지고 있기 때문이다. 심지어는 많은 경우에 Margules의 1-매개변수 모델식으로도 충분하지만 그 물리적 정확도에 대해서는 의문이 있다. 결론적으로 국부조성 이론은 이를 추천할 만한 충분한 근거를 지니고 있

22 Larsen, B., Rasmussen, P.S., Fredenslund, Aa. 1987. *Ind. Eng. Chem*. Res. 26:2274.

다고 말할 수 있다. 이 모델은 광범위한 실험 데이터에 대해 잘 부합되며 적용 가능한 이론 물리학의 관점에서 볼 때 그 형태에 대한 정당성을 찾을 수 있다. 그러나 가끔 바깥짐작이 지나치게 이루어질 수 있고 부주의한 사용자는 계산값을 잘못 산출할 수도 있다. 마지막으로 비이상혼합물에 대한 실험 데이터의 가치를 결코 저평가해서는 안 될 것이며 현존하는 이론을 신중하고 비판적인 관점에서 적용하여야 한다.

가정 5~7까지는 혼합 엔트로피와 연관이 있다. 표면 비율과 부피 비율 간의 차이를 나타내기 위한 Staverman의 수정 모델식은 고분자 격자 모델 전산모사에서 보여 주었듯이 타당한 물리적 근거를 가지는 것으로 일반적으로 인식되고 있다. 액체 몰부피 대신에 그룹 기여도에 따른 분자 부피의 추정과 보정은 Wilson과 UNIQUAC 모델식 간의 기본적인 차이를 이룬다.

UNIQUAC 이론은 용액을 분자의 혼합물로 보지 않고 작용기 그룹의 혼합물로 본다는 점에서 UNIQUAC과 구별된다. UNIQUAC 이론은 각 형태의 그룹 상호작용에 적용된다. 그룹 상호작용에 대한 값은 여러 시스템의 상평형 데이터를 포함하는 데이터베이스로부터 추정된다. 한편 UNIQUAC 방법은 예측식이라고 하기보다는 단순히 많은 데이터를 이용한 관계식이라 할 수 있다. 이 방법은 van Laar 모델식의 상숫값을 조절하는 상관 관계식과 순수 예측방법인 Scatchard-Hildebrand 이론 사이의 중간쯤에 위치한다고 할 수 있다(혹은 k_{ij}= 0인 임의의 상태방정식). 다른 상관 관계식과 마찬가지로 처음 적용된 실험 데이터 영역 밖으로의 바깥짐작이 이용된다면 그 상관 관계식은 신뢰성이 없을 것이다. 여러분이 실제로 새로운 화학 시스템을 설계하는 위치에 있는 경우라면 특정 실험 데이터의 필요성에 대해 특히 예민해야 한다.

13.8 요약

이 장에서 전개된 이론들은 국부조성 개념에 기반을 두고 있다. 이전 장에서 개발된 모델과 유사하게 비이상성이 큰 용액을 정확히 표현하기 위해서는 적어도 2개의 조절 가능한 매개변수를 도입할 필요가 있다. 이 조절가능 매개변수는 조직적인 형태에 대한 우리의 무지를 보상해 주도록 한다. 실험 데이터로부터 매개변수의 타당한 값을 결정하여, 몇 가지 측정값 사이를 내삽할 수 있고, 어떤 경우는 실험 데이터가 없는 계로 외삽한다. 매개변수의 타당한 값을 어떻게 결정하는지 배우고 최종식을 적용하는 것은 이 장의 중요한 부분이다. 우리는 또한 UNIFAC 모델을 소개했는데, 이 모델은 실험적인 측정이 없을 때 상거동을 예측하는 데 유용하다. UNIFAC과 유사하게 COSMO-RS 모델은 예측 모델이고, 양자역학 시뮬레이션에 기초를 두고 있어서 특별한 작용기 그룹에 실험 데이터가 전혀 없을 때 적용될 수 있다. UNIFAC은 그룹 기여를 결정하기 위해서는 최소한의 작은 양의 실험 데이터를 필요로 한다.

상태방정식을 사용하는 것은 컴퓨터의 사용으로 간단화되었고, 액체에 대하여 특정한 용액 이론을 발전시키는 기본적인 동기는 실행를 위하여 필요한 컴퓨터에 의해서 동시에 약화되고 있다. 이런 관점에서 해야 할 것은 컴퓨터를 사용하려는 의도를 가진다면, 상태방정식의 혼합 규칙과 모델의 상호작용 에너지를 분석하는 것이 필요하다. 비이상용액에 대한 수소결합을 논의할 때, 제 IV부에서 이러한 관점으로 돌아간다.

13.9 주요 식

UNIFAC 방법은 열역학적 모델링을 통해 넓게 사용된다. 사실은 특정한 2성분계에 대하여 특별한 실험 데이터는 무시되고 UNIFAC 예측은 실질적인 측정에 타당하지 않다는 의미에서 UNIFAC의 응용이 너무 넓을 수 있다. 문헌조사는 혼합물의 모든 분자 상호작용을 포함하는 실험 데이터에 대하여 수행되고 UNIFAC 예측과 비교되어야 한다. 만약 큰 오차가 관찰되면, UNIQUAC(혹은, Wilson이나 NRTL)이 일반적인 활동도 모델로 적용되어야 한다. 이 모델은 가능하면 계의 특정한 매개변수와 실험 데이터가 없는 경우에는 UNIFAC 예측으로부터 유추된 매개변수를 가진다. 이러한 맥락에서 이 장의 중요한 식은 UNIQUAC 모델로 가장 잘 특징지어진다.

$$\frac{G^E}{RT} = \sum_j x_j \ln(\Phi_j / x_j) - 5\sum_j q_j x_j \ln(\Phi_j / \theta_j) - \sum_j q_j x_j \ln\left(\sum_i \theta_i \tau_{ij}\right) \qquad \langle 식\ 13.52\rangle$$

최종적으로, 혼합물에 대한 에너지식은 모든 국부조성 모델에 대하여 다음과 같이 요약된다.

$$\boxed{\frac{U - U^{ig}}{RT} = \frac{N_A \rho}{2} \sum_i \sum_j x_i x_j \int \frac{N_A u_{ij}}{RT} g_{ij} 4\pi r^2 dr} \qquad \langle 식\ 13.71\rangle$$

13.10 익힘문제

P13.1 다음 표는 X, O와 빈칸을 포함한다. 각 칸의 조합수는 8이다. 가장자리를 뺀 행과 열에 대하여 국부조성(X_{ox})과 매개변수(Ω)를 계산하라.

답: 0.68, 1.47

		o		o		x		o	
	x		o	x			x		
	x		x	x		o	x	o	
o		x		o			x		
						o			x
	o		x		o			x	
		x		o		o		x	
o	x				x		x		o

13.11 연습문제

13.1 아세톤(1) + 클로로포름(2) 계는 $x_1 = 0.38$, 248 mmHg, 35.17°C에서 공비점을 가진다. Wilson식을 이용하여 나타내고 P-x-y 선도를 그려라.

13.2 55°C에서 에탄올(1) + 톨루엔(2)의 거동을 매개변수가 r_1 = 2.1055, r_2 = 3.9228, q_1 = 1.972, q_2 = 2.968, a_{12} = −76.1573K, a_{21} = 438.005 k인 UNIQUAC식을 이용하여 나타내라.

13.3 Gmehling(1994)[23]에 따르면 아세톤+물 계는 (1) 2793mmHg, 95.1 mol% 아세톤과 100°C에서, (2) 5155 mmHg, 88.4 mol% 아세톤과 124°C에서 공비점을 가진다. 100°C와 124°C에서 UNIFAC식이 나타내는 공비 압력과 조성은 무엇인가? Othmer 등(1946)(참조 Gmehling[24])은 2570 mmHg에서 이 혼합물계를 연구했다. UNIFAC 예측값과 실험값을 비교해서 *T-x-y* 또는 *P-x-y* 를 도시하라.

13.4 액상을 모델링하기 위하여 UNIFAC식을 사용하여 문제 10.10을 풀어라.

13.5 1 bar에서 *n*-펜탄(1) + 아세톤(2) 계의 VLE 거동을 UNIFAC 모델을 이용하여 예측하고 문제 11.4의 실험 데이터와 비교하라.

13.6 문제 10.1에서 인용된 Brown과 Smith(1954)의 실험 데이터를 고려하라. *P-x-y* 선도를 준비하고 조성에 따른 활동도 계수의 실험 데이터를 그려라. UNIFAC 모델로 조성에 따른 활동도 계수를 예측하고 계산 결과를 선도에 첨가하라.

13.7 플래시 분리는 연속되는 여러 분리공정의 기초이다. 완전히 정상상태인 공정모사는 주로 연속적인 플래시 계산으로 이루어졌다. 760 mmHg에서 *n*-펜탄과 아세톤으로 이루어진 등몰 혼합물이 20 mol%가 기상이 되는 온도를 UINIFAC식을 이용하여 구하라.

13.8 새로운 공정의 구상에 대한 예비적인 평가 결과로 다음과 같은 조성을 가진 폐기물이 나오는 것이 밝혀졌다. 다음 흐름으로부터 순수한 물을 회수하는 동안 폐기물을 원래의 질량보다 10% 줄이고자 한다. 용액이 너무 묽기 때문에 이 계는 Henry의 법칙과 같은 간단한 식으로 표현할 수 있다. Henry의 법칙에 의하면 $f_i^L = h_i x_i = x_i \gamma_i^\infty P_i^{sat}$ 이다. UNIFAC 매개변수값을 구할 수 있을 때 Henry 상수를 계산하기 위하여 UNIFAC식을 사용한다. UNIFAC 매개변수를 구할 수 없을 때는 Scatchard-Hildebrand 이론식을 사용한다. (물에 대한) 각 성분의 상대 휘발도를 계산하라. 상대 휘발도는 문제 11.2에 정의되어 있다. 조성의 단위는 mg/L이다.

메탄올	H_2S	메틸메르캅탄	다이메틸설폭사이드	다이메틸다이설파이드
5100	30	50	50	100

13.9 $A_{ij} = A_{ji} = 0$일 때 Wilson식이 Flory식으로 됨을 보여라. 또한, 에너지 매개변수가 0이면 이상용액이 됨을 보이고 분자가 같은 크기임을 보여라.

---

23 Gmehling, et al., 1994. *Azeotropic Data*, NY: VCH.

24 Gmehling, J., Onken, V., Arlt, W. 1977. *Vapor-Liquid Equilibrium Data Collection*, Frankfurt, Germany: DECHEMA.

13.10 A_{ij}와 몰부피의 비율이 온도에 무관하다고 가정하고 Wilson식에 의해서 예측된 과잉 엔탈피의 식을 유도하라.

13.11 UNIFAC과 UNIQUAC식은 표면 비율과 부피 비율을 사용한다. 이 문제에서는 이 차이를 탐구한다.

(a) 지름 $d = 1.0$, 길이 $L = 5$인 임의의 실린더형 용기의 표면적과 부피를 계산하라. 같은 부피의 구형 용기에 대하여 표면적을 계산하라. 부피 대 표면적의 비율이 더 큰 것은 어느 것인가?

(b) (a)에서의 실린더와 구형 용기의 등몰 혼합물에서 부피 비율과 표면적 비율을 계산하라. 구형은 하첨자 s, 실린더는 하첨자 c를 사용하라.

(c) 이 등몰 혼합물에 대하여 에너지 변수 τ_{cs}와 τ_{sc}가 1이면, UNIQUAC식에서 국부 조성비인 $x_{cs}|x_{ss}$와 $x_{sc}|x_{cc}$를 계산하라. 이 등몰 혼합물에서 부피 비율과 표면적 비율값을 UNIQUAC 활동도 계수식에 대체하고, 가능한 간단히 하기 위하여 q는 결정되지 않은 값으로 둔다.

(d) n-펜탄과 2,2-다이메틸프로판(네오펜탄)이 있다. 그룹 기여 방법을 이용하여 각 분자의 UNIQUAC r과 q값을 구하라. 이 결과를 (a)와 비교하라. (힌트:-C-C-C- 결합 각도를 생각해 본다.)

13.12 이소부탄(1) + 부탄(2) 혼합물이 있다. 다음 계산에서 UNIFAC과 UNIQUAC식의 역할을 고려하자.

$$\begin{array}{c} CH_3 \\ | \\ CH_2 = C - CH_3 \end{array} \qquad\qquad CH_3CH_2CH_2CH_3$$

(1) (2)

(a) 각 분자의 표면적과 부피 매개변수를 계산하라.

(b) 어떤 성분이 더 큰 액상 몰부피를 갖는지 증명하라. 어느 성분이 더 큰 표면적을 갖는가?

(c) 등몰 혼합물에서 부피 비율을 계산하라.

13.13 (a) 식 13.23을 얻기 위하여 식 13.22를 재정리하라.

(b) 식 13.17 내부에 식 13.16과 식 13.18을 이용하여 식 13.19를 얻기 위하여 적분하라.

(c) 식 13.17 내부에 식 13.16과 식 13.31을 이용하여 식 13.40을 얻기 위하여 적분하라.

13.14 프로피온산 + 물에 대하여 UNIFAC 모델을 이용하여 90°C, x_1 = {0, 0.1, 0.3, 0.5, 0.7, 0.9, 1}에서 P-x-y 데이터를 예측하라. P-x-y 데이터를 예측하기 위하여 UNIQUAC 모델로 상관하고, UNIQUAC 매개변수 a_{12}와 a_{21}을 kJ/mole 단위로 보고하라.

13.15 문제 11.4의 데이터를 모든 포인트에 대하여 다음 모델로 회귀 분석하여 상관하고, 같은 그림에서 실험 데이터와 비교하라.

(a) Wilson식

(b) NRTL식

(c) UNIQUAC식

13.16 문제 11.21을 다음을 이용하여 풀라.

(a) Wilson식

(b) NRTL식

(c) UNIQUAC식

13.17 문제 11.23의 데이터를 이용하여 다음 모델로 상관하고, 80°C에서 *P-x-y* 선도를 그려라.

(a) Wilson식

(b) NRTL식

(c) UNIQUAC식

13.18 Orbey와 Sandler(*Ind. Eng. Chem. Res*, 34:4351, 1995)는 UNIQUAC식에 의해 구한 혼합 과잉 Gibbs 에너지에 대하여 보정항을 추가시킨 식을 제안하였다. 타당한 정확도를 가진 새로운 식은 다음과 같이 쓸 수 있다.

$$\frac{G_{HB}^E}{RT} = \sum_i x_i\left[-2\ln(1+a_iF) + \frac{a_iF}{1+a_iF} - C_i^{pure}\right]$$

여기서,

$$F \equiv \sum_i \frac{x_j a_j}{1+a_jF}$$

활동도 계수식에 보정된 항을 포함하는 식의 표현을 유도하라. (힌트: 함축적으로 구별되는 방법을 기억하라.)

13.19 고분자에 대한 혼합물의 에너지식은 다음과 같이 쓸 수 있다.

$$\frac{U-U^{ig}}{RT} = \frac{\rho}{2}\sum_i\sum_j x_ix_jN_{d,i}N_{d,j}\int\frac{N_Au_{ij}}{RT}g_{ij}4\pi r^2dr$$

Scatchard-Hildebrand의 이론식의 유도와 유사하게 다시 정리하면

$$\frac{U-U^{ig}}{RT} = \frac{-\rho}{2RT}\sum_i\sum_j x_ix_jN_{d,i}N_{d,j}N_A\varepsilon_{ij}\sigma_{ij}^3a_{ij}^*$$

N_{di} = i번째 성분의 고분자화 정도

ρ = 몰밀도

x_i = i번째 성분의 몰분율

N_A = Avogadro수

U = 몰 내부에너지

위의 활동도 계수 모델식으로부터 $\ln\gamma_1$의 표현을 유도하라.

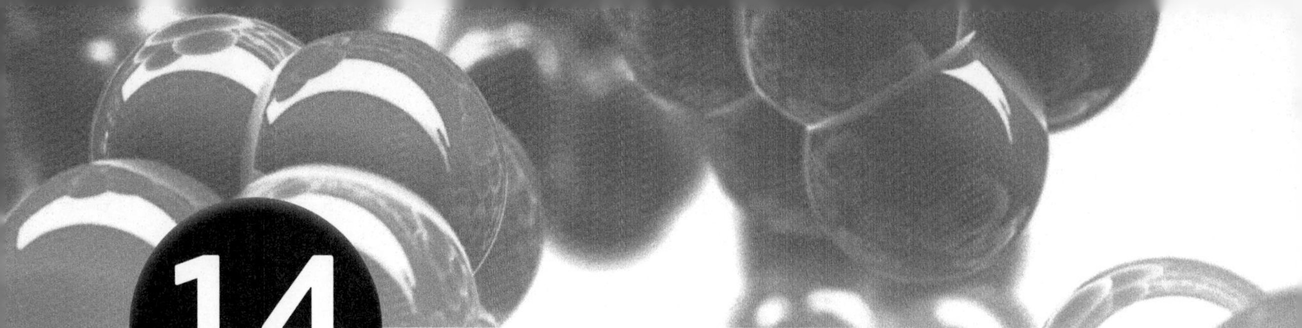

14 CHAPTER 액–액 상평형과 고–액 상평형

관찰의 분야에서는 마음이 준비된 사람에게 기회가 생긴다.

Pasteur

고분자 혼합물의 예제에서 큰 값의 활동도 계수는 흥미로운 가능성을 제시하고 있다. 아마도 고분자가 혼합물로부터 벗어나려는 경향이 매우 커서 고분자는 혼합물로부터 빠져나와 기상이 아닌 다른 곳에 위치하는 것을 선호할 것이다. 달리 말하면, 성분이 2개의 구분되는 액상으로 분리되는 것이다. 이런 현상에서는 플라스틱을 혼합할 때 혼화되지 않은 채 남아 있게 되므로 플라스틱을 혼합하여 재생하는 과정에서 문제를 야기할 수 있다. 그다음 질문은 액체 혼합물이 단일 액상으로 안정한지 어떻게 알 수 있는가이다. 또한 결정화는 의약품과 산업적 생산물의 공정에서 많이 활용된다. 용해도를 이해하는 것은 이러한 분리공정을 설계하는 데 중요하다.

학습목표

1. 액상에서 불안정성이 발생하는 것을 식별하는 것을 포함하여 LLE와 VLLE를 계산할 수 있다.
2. SLE 상거동을 계산할 수 있다.
3. 두 유체상(예: *n*-옥탄올과 물)에 걸친 용질의 분배를 예측할 수 있다.
4. 삼각 상평형 선표를 작성하고 해석할 수 있다.

14.1 액–액 불안정성의 발생

일상적인 경험으로부터 기름과 물은 모두 액체이지만 완전히 섞이지 않는다는 것을 알고 있다. 두 액상 간의 평형에서 각각의 상을 α와 β로 나타낸다. 이러한 계에 대해 평형조성은 다음과 같이 주어진다는 것을 쉽게 알 수 있다.

LLE에 대한 식

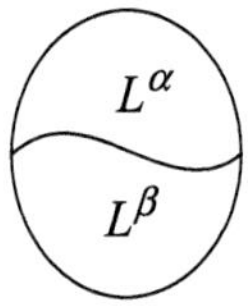

$$\hat{f}_i^\alpha = \gamma_i^\alpha x_i^\alpha P_i^{sat} = \gamma_i^\beta x_i^\beta P_i^{sat} = \hat{f}_i^\beta \qquad \text{〈식 14.1〉}$$

$$\gamma_i^\alpha x_i^\alpha = \gamma_i^\beta x_i^\beta$$

여기서 상첨자는 액상을 나타낸다. 공존조성을 **상호 용해도**라 한다. 상태방정식 접근 방법을 이용해서도 완전히 똑같은 방식으로 공식화할 수 있지만 여기서는 활동도 계수 접근 방법을 가정하였음을 유의하라. 또한 다음에 예시한 기-액-액 평형, 즉 VLLE로 알려진 두 액상과 하나의 기상 등 3 개의 상이 공존할 가능성도 있다. 이 경우에 그림에서는 기상에 대하여 이상기체를 가정했지만, 기상에 대한 퓨가시티 관계가 추가적으로 주어진다. 이런 문제를 해결하는 예제가 다음에 주어져 있다. 어떤 상이든지 가장 잘 아는 두 상에서 출발하여 세 번째 상에 대한 내용을 채워 간다.

VLLE 식

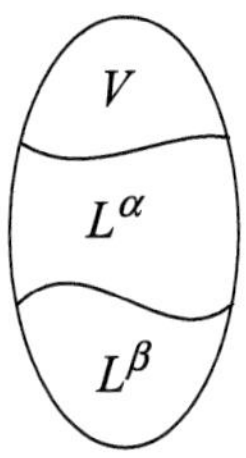

$$\hat{f}_i^\alpha = \hat{f}_i^\beta = \hat{f}_i^V = \gamma_i^\alpha x_i^\alpha P_i^{sat} = \gamma_i^\beta x_i^\beta P_i^{sat} = y_i P \qquad \text{〈식 ig 14.2〉}$$

예제 14.1 단순한 기-액-액 평형(VLLE) 계산

성분 1과 2로 이루어진 25°C의 2-성분계가 3-상 기-액-액 평형(VLLE)을 이룬다. 두 평형 액상 α와 β의 성분을 분석하여 다음의 조성을 얻었다.

$$x_2^\alpha = 0.05, \qquad x_1^\beta = 0.01$$

25°C에서 두 성분의 증기압은 각각 $P_1^{sat} = 0.7$ bar와 $P_2^{sat} = 0.1$ bar이다.

합리적인 가정을 이용하여 다음의 각 항에 해당하는 양을 추산하라.

(a) 활동도 계수 γ_1과 γ_2(Lewis-Randall의 표준상태를 이용하라.)

(b) 평형 압력

(c) 평형 증기 조성

풀이

$$y_i P = x_i \gamma_i P_i^{sat}$$

두 액상은 실제적으로 순수하다고 볼 수 있으므로 $\gamma_1^\alpha \approx 1$, $\gamma_2^\beta \approx 1$로 가정한다.

그러므로

$$y_1P = \gamma_1^\alpha x_1^\alpha P_1^{sat} = 0.95(0.7); \quad y_2P = \gamma_2^\beta x_2^\beta P_2^{sat} = 0.99(0.1)$$

$$P = \sum_i y_iP = 0.764 \text{ bar}, \qquad y_1 = 0.95(0.7)/0.764 = 0.8704, \qquad y_2 = 0.1296$$

$$\gamma_2^\alpha = y_2P/0.05(0.1) = 19.8; \quad \gamma_1^\beta = y_1P/0.01(0.7) = 95$$

무한 희석 농도를 구하는 이론으로부터도 활동도 계수를 결정할 수 있다. 한 상이 거의 순수하면 x_i가 거의 1로 접근함에 따라 활동도 계수도 거의 1이 된다.

예제 14.2 Flory-Huggins 이론을 이용한 LLE 예측: 고분자 혼합

고분자 제품의 재활용에서 가장 큰 문제 중 하나는 다른 종류의 고분자가 서로 잘 섞이지 않고 매우 비이상적인 용액을 형성한다는 점이다. 예를 들어 설명하면, 1 g의 서로 다른 종류의 고분자(고분자 A와 고분자 B)를 127°C까지 가열하여 액체상태로 혼합한다. Flory-Huggins식을 이용하여 상호 용해도를 추산하라. Scatchard-Hildebrand 이론을 이용하여 혼합 에너지를 예측하라. 고분자에 대한 데이터는 다음과 같다.

	MW	V (cm^3/mol)	δ (J/cm^3)$^{1/2}$
A	10,000	1,540,000	19.2
B	12,000	1,680,000	19.4

풀이

예제 12.5에서 다루었던 등 중량분율 혼합물과 같은 혼합물이다. 그 예제의 계산으로부터 비이상성이 큰 용액이라는 것을 알 수 있다. 활동도 계수의 값이 일정해질 때까지 추정 용해도를 반복 계산해야 한다. 두 고분자가 본질적으로 순수하며 서로 다른 고분자에 대하여 거의 용해되지 않는다고 가정하여 시작하자.

$$\lim_{x_A^\alpha \to 0} \Phi_A^\alpha = 0 \text{ 그리고 } \lim_{x_B^\beta \to 0} \Phi_B^\beta = 0$$

$$\lim_{x_i \to 0} \frac{\Phi_i}{x_i} = \lim_{x_i \to 0} \frac{x_iV_i}{x_iV_i + x_jV_j} \cdot \frac{1}{x_i} = \frac{V_i}{V_j}$$

식 11.46과 11.47을 사용하여

$$\ln\gamma_A^\alpha = \ln(0.91) + (1-0.91) + 1.54E6(19.4-19.2)^2(1.0)^2/[8.314(400)] = 18.5$$
$$\ln\gamma_B^\beta = \ln(1.09) + (1-1.09) + 1.68E6(19.4-19.2)^2(1.0)^2/[8.314(400)] = 20.2$$

$\gamma_i^\alpha x_i^\alpha = \gamma_i^\beta x_i^\beta$이므로 $\gamma_B^\beta x_B^\beta = 1$이고 $\gamma_A^\alpha x_A^\alpha = 1$이다.

$$\Rightarrow \gamma_A^\alpha = 1.1E8 \Rightarrow x_A^\alpha = 9.1E\text{-}9$$
$$\Rightarrow \gamma_B^\beta = 5.9E8 \Rightarrow x_B^\beta = 1.7E\text{-}9$$

적절한 추정값이다. 고분자는 전적으로 비혼화성이다. 더 이상의 반복 계산은 필요치 않다.

14.2 안정도와 과잉 Gibbs 에너지

LLE에 대한 활동도 계수의 표현식은 VLE에서와 같다. 차이점은 주어진 온도에서 다중의 액체조성에 대하여 동일한 전압 혹은 활동도 값을 가진다는 것이다. 이러한 거동이 그림 11.10에 나타나 있으며, 거기에서는 계산된 선이 LLE를 나타내는 것으로 언급되었다. 이제는 이러한 현상의 원인과 두 액상을 갖는 계의 상거동에 대한 적절한 표현 방법을 설명할 때가 되었다.

주어진 온도와 압력에서 자연은 Gibbs 에너지를 최소화하여 상의 안정성을 취한다는 것을 기억하자. 세 값의 A_{12}에 대하여 1-매개변수 Margules 식으로 계산한 Gibbs 에너지가 그림 14.1에 도시되어 있다(곡선들). 그림 14.1에서 양 끝점은 순수한 성분에 대한 $G_i = H_i - TS_i$ 값을 나타내며, 기준상태를 임의로 선택하였으며 성분 2만 기준상태에 있다. 각각 두 성분을 담고 있는 별개의 두 비커의 Gibbs 에너지를 계산한다고 생각하자. **전체 몰 Gibbs 에너지**는 그림에서 선 1로 나타낸 단순한 성분의 Gibbs 에너지의 몰 평균이다. 별개의 비커에 담겨 있어 혼합되지 않았으므로 Gibbs 에너지에 혼합 엔트로피 항의 기여는 없다. 이 몰 평균식에서 x_2 대신에 $(1 - x_1)$을 대입하면 이 식은 x_1에 대하여 간단한 선형 관계를 보인다. 이 선형 관계로부터의 편차는 혼합과정에서 비롯된다. Gibbs 에너지 모양이 A_{12} 값에 따라 어떻게 변하는지 유의하라. $\Delta G_{mix} = G - \sum_i x_i G_i$ 이므로 이를 다시 정렬하여 쓰면

$$G = \Delta G_{mix} + \sum_i x_i G_i = G^E + \Delta G_{mix}^{is} + \sum_i x_i G_i \qquad \langle 식\ 14.3\rangle$$

이 되며 여기서 마지막 항은 위의 직선으로 나타낸 성분에 대한 엔탈피의 합을 나타낸다. 혼합에 따른 과잉 Gibbs 에너지가 증가하면 (A_{12}가 커지면) 궁극적으로 G/RT가 'w-형태'를 보인다. Gibbs 에너지를 나타내는 식 14.3의 각 항의 기여가 그림 14.2에 나타나 있다.

선을 따라 Gibbs 에너지를 합산하는 과정은 모든 대응선에 적용된다. 그림 14.1에 나타난 바와 같이 $A_{12} = 1$일 때는 어떤 임의의 두 조성을 연결한 직선은 곡선으로 표시되는 G보다 전체 농도 범위에서 더 큰 값을 나타낸다. 그림의 선 2는 전체 조성이 $z_1 = 0.4$이고 $x_1^\alpha \approx 0.17$(점 a)와 $x_1^\beta \approx 0.74$(점 b)의 두 상이 형성된다면 이러한 상황이 적용된다. 전체 Gibbs 에너지는 $G/RT = -0.15$인 점 c가 된다. 그러나 계가 한 상을 유지한다면 Gibbs 에너지는 $G/RT = -0.23$(점 c')이 되어 더욱 안정함을 의미하는 낮은 값을 갖게 된다(점 c'은 $z_1 = 0.4$ 선상에 있는 전체 조성이어야 한다는 것을 유의하라). $A_{12} = 1$인 곡선은 아래로 볼록하므로 두 점을 잇는 직선이 나타내는 두 상의 경우에 항상 높은 값을 가진다.

❗ 하나의 계는 그로 인해 Gibbs 에너지가 작아질 경우 두 상으로 분리된다.

그러나 $A_{12} = 3$인 경우에는 상황이 상당히 다르다. 이 곡선에서는 $z_1 = 0.5$일 때 혼합물이 단일상을 이룬다면 $G \approx 0.31$(점 d)이다. 그러나 이 혼합물이 두 상으로 분리된다면 점 $e(x_1^\alpha \approx 0.07)$와 점 $f\ (x_1^\beta \approx 0.93)$로 표시된 평형상의 조성(점 d의 좌우에 있는 점)을 연결하는 선 3을 그릴 수 있고 전체 에너지는 이 직선과 전체 조성 $z_1 = 0.5$가 교차하는 점 d'로 주어진다. 그림에서 $G/RT \approx 0.18$일 때(점 d')와 같이 직선이 아래로 볼록한 부분의 접선일 때 가장 낮은 에너지를 얻는다. 그렇게 되면, 두 상으로 분리되어 계의 에너지는 명백히 더 낮은 G/RT 값을 갖

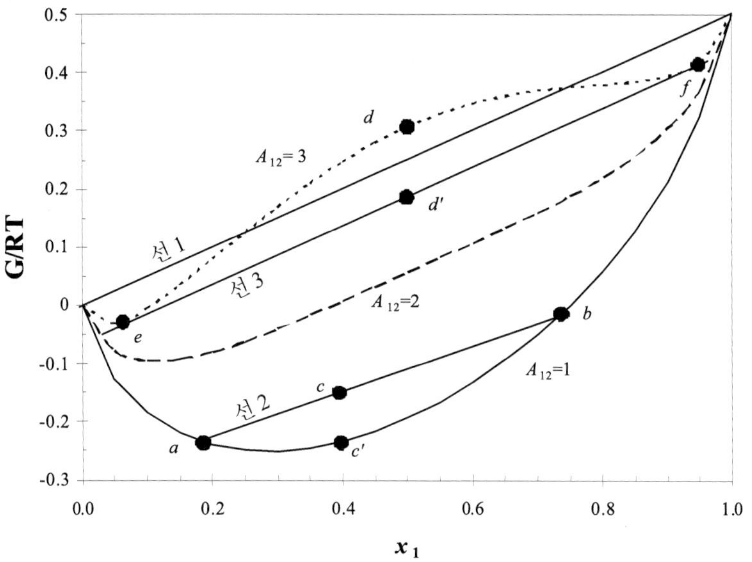

그림 14.1 • 매개변수 Margules식에 의해 표현된 혼합물의 Gibbs 에너지

게 된다. 직선을 달리 그으면 d'의 Gibbs 에너지 값이 더 높아지게 된다(시도해 보라). 다른 값의 A_{12}의 경우에도 G/RT가 위로 볼록하지 않는 한 상분리가 일어나지 않는다는 것을 알 수 있다. 이러한 곡률을 가지려면 A_{12}가 반드시 양수여야 한다는 것을 유의하라. 이 사실은 활동도계수는 1보다 크며, 계는 VLE에 대한 Raoult의 법칙으로부터 양의 편차를 보인다는 것을 의미한다.

예제를 다루기 전에 확실히 해 두어야 할 사항이 하나 더 있다. 직선을 긋는 것이 10장의 서두에서 다룬 기-액 평형의 플래시(flash) 계산과 유사함을 유의하라. 실제로 이것은 수학적으로 플래시와 완벽하게 유사하며 지렛대 법칙(lever rule)도 적용된다. 평형상의 비도 유사한 방법으로 결정할 수 있다. 유일한 다른 점은 여기에서는 두 액상이 증기와 액체의 플래시가 아니라 액-액 플래시에 의해 형성된다는 것이다. 위의 그림에서 혼합물 중의 α상의 분율(도표의 왼쪽)이 $\overline{fd'}/\overline{fe} = (0.93 - 0.5)/(0.93 - 0.07) = 0.5$가 되므로 이 예의 혼합물은 같은 양의 두 상으로 분리된다. 점 e와 f의 조성은 전체 조성이 두 점 사이의 어떤 값을 갖더라도 동일하다는 것을 유의하라. 그러므로 2성분계의 전체 조성이 달라지면 두 상의 상대적인 양은 달라지지만 두 평형상의 조성은 변하지 않는다(이러한 단순화는 다성분계인 경우에는 적용되지 않는다. Gibbs의 상규칙에 의하면 $F = C - P + 2$이다).

14.3 혼합 Gibbs 에너지의 도식화를 이용한 2성분계 LLE

그림 14.2에서는 그림 14.1의 $A_{12} = 3$인 경우에 Gibbs 에너지에 대한 기여를 나타냈다. 순수 성분의 Gibbs 에너지는 혼합물에 대한 Gibbs 에너지의 곡률에 영향을 미치지 않으므로 LLE 계산에서는 필요하지 않으며 ΔG_{mix}만 필요하다. 원칙적으로, LLE 분배를 예측하기 위해 필요

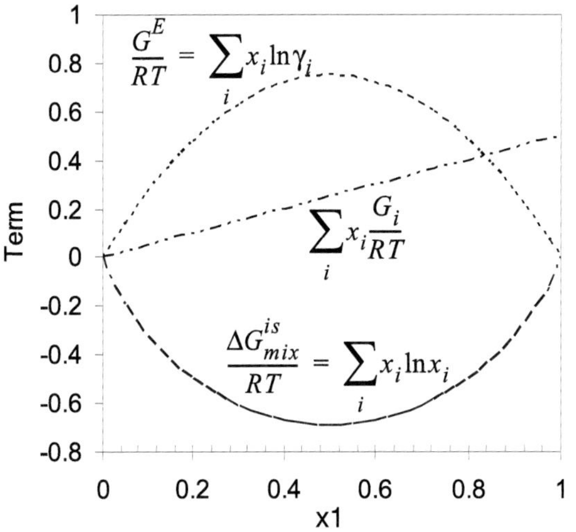

그림 14.2 • A_{12} = 3이고 순수성분의 Gibbs 에너지가 그림 14.1에서와 같이 주어졌을 때 2성분계의 Gibbs 에너지에 대한 기여의 비교

한 것은 활동도 계수를 계산하는 방법뿐이다. 이 절에서는 특정된 모델(MAB와 UNIFAC)을 사용하여 ΔG_{mix}를 이용한 LLE 계산을 보일 것이다. 접선을 도시하는 방법을 활동도 계수 모델에 확장할 수 있다. 접선을 그리고 읽는 데 불확실성이 있기는 하지만, 2성분계에 대해서는 이 방법이 가장 쉬운 방법이다.

❗ LLE에 대한 UNIFAC 매개변수는 VLE에 대한 매개변수와는 다르다.

MAB과 UNIFAC 모델은 계산을 설명하기는 쉽지만, 예측 결과를 너무 신뢰하는 위험성도 있다. LLE는 VLE보다 활동도 계수의 정확도에 민감하다. 더욱이 UNIFAC의 실험적 특성 때문에 VLE와 LLE에 동일한 매개변수의 집합 $\{a_{mn}\}$이 적용되지 않아서 두 경우에 대하여 다른 실험적 예측 매개변수를 사용한다. 민감성 문제에 있어서는 UNIFAC의 결과를 너무 과신하지 않는 것이 제일 좋은 방책이다. 그 결과는 용해도 매개변수 표를 이용하는 것보다는 약간 낫다는 생각으로 혼화성을 평가하는 지침으로 삼을 수 있으나, 실험 데이터를 대체할 수 있을 것으로 생각하면 안 된다. 이런 점을 유의하여 UNIFAC을 사용하여 LLE를 예측하는 방법을 보이는 것이 유용하다. LLE 매개변수에 대한 정보는 Actcoeff.xlsx와 Matlab/gammaModels/unifacLLE 내의 UNIFAC(LLE) 스프레드시트에 주어져 있다.

예제 14.3 도식화에 의한 LLE 예측

💻 Actcoeff.xlsx–UNIFAC(LLE); MATLAB Ex14_03.m.

Arce[a] 등은 298 K, 1기압에서의 물(1) + 프로피온산(2) + 메틸에틸케톤(3) 계의 평형상 조성을 보고하였다. 극한 조건으로 물과 MEK($1CH_3$ + $1CH_3CO$ + $1CH_2$)의 상호 용해도도 x_1^α = 0.342와 x_1^β = 0.922로 보고하였다.

(a) MAB을 사용하여 5 mol% 오차범위에서 이들의 상호 용해도를 계산하라.

(b) UNIFAC을 사용하여 5 mol% 오차범위에서 이들의 상호 용해도를 계산하라.

풀이

(a) A_{12} = (50.13 − 0)(15.06 − 9.70)(90.1 + 18.0)/(4 · 8.314 · 298) = 2.931, 사실상 위에서

사용한 매개변수와 동일.

$G^E/RT = A_{12}x_1x_2$와 $\Delta G^{is}_{mix}/(RT) = \sum_i x_i \ln x_i$를 결합하면 $\Delta G_{mix}/(RT)$가 주어진다. 도식화 도구를 사용하여 구하면 $x_1^\alpha = 0.93$과 $x_1^\beta = 0.07$을 얻는다.

(b) UNIFAC 메뉴에서 적절한 그룹을 선택하여 활동도 계수의 값을 복사한다. 그리고 x_W = 0.05씩 증가시켜서 그림 14.3과 14.4를 구성한다. MATLAB에서 x_1 = 0:0.05:1인 벡터를 만든 뒤, unifacCallerLLE.m에 반복 계산 루프를 삽입한다. $G^E/(RT) = \sum_i x_i \ln\gamma_i$임을 유의하여 $\Delta G_{mix}/(RT)$에 대한 공식을 프로그래밍한다.

도식화 도구를 이용하여 $x_1^\alpha = 0.35$와 $x_1^\beta = 0.94$에서 접선을 긋는다.

이 결과는 문제에서 요구한 정확도를 만족시킨다. MAB 모델은 LLE에 대한 심각한 결점인 대칭적인 조성을 얻게 되고 UNIFAC은 상당히 근접한 결과를 나타내는 것을 유의하라.

a. 1995. *J. Chem. Eng. Data* 40:225.

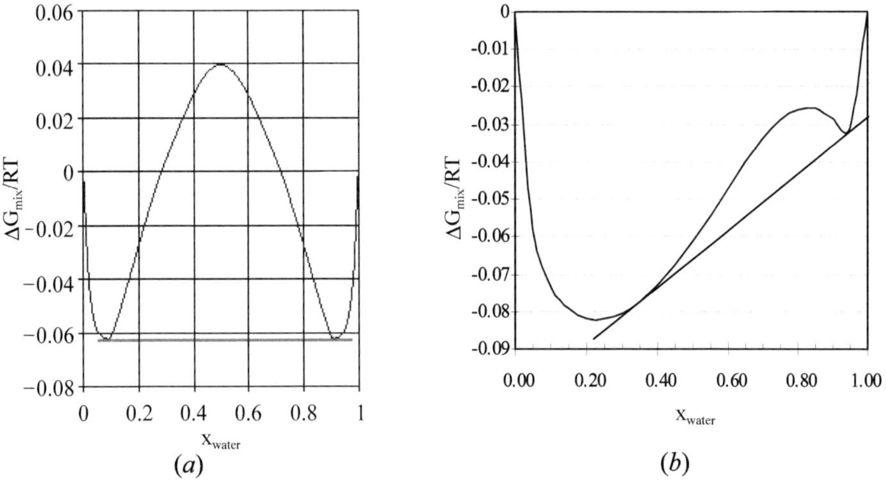

그림 14.3 • 물 + MEK 계에 대하여 (a) MAB, (b) UNIFAC를 이용하여 예측한 혼합 Gibbs 에너지

14.4 활동도를 이용한 LLE

일반적으로 Gibbs 에너지를 도식화하여 얻는 결과보다 더욱 높은 정밀도가 필요하다. 더욱이 접하게 되는 다성분계에 대해서는 이런 방법을 그대로 적용할 수 없다. 식 14.1의 상대적 활동도가 주어졌을 때 상분배를 계산할 수 있는 완전히 일반적인 방법을 전개할 수 있다. 그림 14.4에는 예제 14.3의 물 + MEK 계에 대한 활동도가 도시되어 있는데 활동도 도시의 양단이 LLE의 특성이다. 수직선은 각 상의 활동도가 같은 조성을 나타내며, 수평선은 활동도 값을 나타낸다. 이러한 분석법이 식 14.1에 대한 도식적 풀이이다. 이 조건을 수치적으로 구하는 방법이 필요하다. 식 14.1을 재정렬하면 다음을 얻는다.

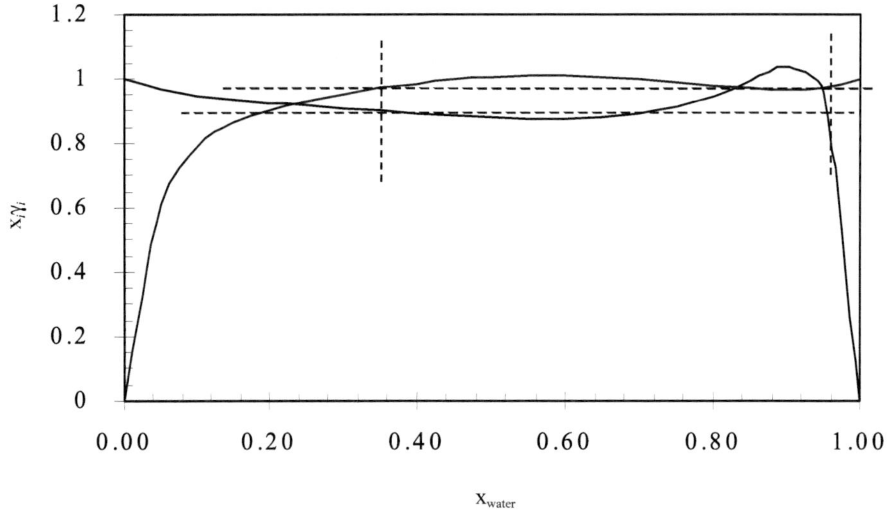

그림 14.4 • UNIFAC을 이용하여 예측한 물의 몰분율의 함수로 나타낸 물과 MEK의 활동도. 활동도 대 몰분율의 도시에서 LLE가 존재하면 최고점이 나타난다. 점선은 두 상에 존재하는 성분의 활동도가 같아지는 조성을 나타낸다.

$$K_i = \frac{x_i^\alpha}{x_i^\beta} = \frac{\gamma_i^\beta}{\gamma_i^\alpha} \qquad \langle 식\ 14.4\rangle$$

안정된 LLE 조건에서 몰분율을 이용하여 계산한 K-비는 활동도 계수를 이용한 비와 같아야 한다는 것을 유의하라. 이 형태는 완전하게 VLE에서의 K-비와 유사하다. 이 조건을 구하기 위해 LLE 플래시 계산을 이용할 수 있다. 계에 대하여 두 상의 조성을 가정하여 활동도 계수를 계산하고 그 조성에서 K-값을 구한 다음, K-비로부터 새로운 몰분율값을 생성한다. 적절하게 반복 계산 과정을 세우면 수렴하는 연속 치환 알고리즘이 생성될 것이다.

2성분계에 대하여 x_i^α의 합이 1이 되어야 한다는 사실을 이용하여 위와 같은 과정을 전개할 수 있다. 다른 상의 조성 x_1^β을 이용하여 농도를 계산할 수 있고, K-비를 이용하여 새로운 조성의 추정값을 생성할 수 있다. 가장 중요한 수지식은 $x_1^\beta K_1 + (1 - x_1^\beta)K_2 = 1$이며 이는 다음 식으로 쓸 수 있다.

❗ 2성분계 LLE에 대한 반복법에 의한 플래시 과정

$$x_1^\beta = \frac{1 - K_2}{K_1 - K_2} \text{ 과 } \quad x_1^\alpha = x_1^\beta K_1 \qquad \langle 식\ 14.5\rangle$$

두 상이 본질적으로 완전 비혼화성이어서 상대 성분이 극미량 포함된다고 가정하여 방법을 시작할 수 있다. 방법은 다음과 같다.

1. 상 β는 거의 순수한 1성분이므로 $x_1^\alpha = 1/\gamma_1^{\alpha,\infty}$이고 상 α는 거의 순수한 2성분이므로 $x_2^\beta = 1/\gamma_2^{\beta,\infty}$이라고 가정하라. 이것이 반복과정의 시작이다. 두 상 영역 밖의 상호 용해도를 초기 추정값으로 이용하면 이 과정이 가장 안정하다.

2. $K_{i,old} = \gamma_i^{\beta}/\gamma_i^{\alpha}$를 계산한다. 여기서 γ_i는 초기조성에 대하여 계산한다.
3. $x_{1,new}^{\beta} = (1 - K_{2,old})/(K_{1,old} - K_{2,old})$, $x_{2,new}^{\beta} = 1 - x_{1,new}^{\beta}$를 계산한다.
4. $x_{i,new}^{\alpha} = K_{i,old}x_{i,new}$를 계산한다.
5. 각 액상의 $x_{i,new}$로부터 $\gamma_{i,new}$ 값을 계산한다.
6. $K_{i,new} = \gamma_i^{\beta}/\gamma_i^{\alpha}$를 계산한다.
7. $x_{i,old}$ 와 $K_{i,old}$를 각각 해당되는 새로운 값으로 대체한다.
8. 계산이 수렴할 때까지 단계 3을 반복한다. 계산은 느리게 수렴한다.

연습문제에서 3성분계에 대한 유사한 방법을 알아본다. 10.3절에 주어진 VLE에 대한 Rachford-Rice 플래시 방법을 적용하면 더욱 강건한 해를 얻을 수도 있으나 매크로를 사용하지 않고 Excel에서 구현하기는 쉽지 않다. 그 방법은 Matlab/Chap14/LLEflash.m에 주어져 있다.

LLEflash.m에서는 Rachford-Rice 플래시 법을 구현한다.

위의 2성분계 알고리즘을 이전 예제에서 다루었던 물과 MEK 계에 적용해 보자.

예제 14.4 MAB와 SSCED를 이용한 2성분계 LLE 알고리즘

(a) MAB, (b) SSCED 모델을 이용하여 298 K에서 물과 MEK의 상호 용해도를 계산하고 예제 14.3의 실험 데이터와 비교하라.

풀이

(a) 예제 14.3으로부터 $A_{12} = 2.931$이다. 대칭적인 MAB을 이용하면 $x_1^{\alpha} = x_2^{\beta} = 1/\exp(2.931) = 0.05335$이다. 이 조성에 대한 γ_i들을 계산하면, $K_W = 1.0084/13.83 = 0.0729$와 $K_{MEK} = 13.83/1.0084 = 13.72$이다. 그러면 식 14.5로부터 초기 반복을 위한 추정값 $x_{1new}^{\alpha} = 0.93205$와 $x_{1new}^{\beta} = 0.06795$를 얻는다. 불행히도 LLE 계산은 VLE 플래시 계산보다 더 느리게 수렴한다. 몰 백분율이 10분의 1 크기로 변하면 계산에서 조성은 수 몰 백분율만큼 출렁거리므로 계산이 수렴되기까지는 인내가 필요하다. 14.9절에는 매크로나 반복 계산을 설정하는 자세한 내용이 담겨 있다. 다음의 표는 반복 계산 결과를 보여 주고 있다. 위에서 동일한 모델을 사용하였으므로 결과도 동일하나, 도식적인 방법보다는 이 방법이 수치적으로 더 정밀하다.

반복	x_1^{α}	x_1^{β}	$K_{1,new}$	$K_{2,new}$
초기화	0.9466	0.0534	0.0729	13.72
1	0.9321	0.0680	0.0794	12.59
2	0.9264	0.0736	0.0821	12.18
수렴됨	0.9225	0.0775	0.0840	11.91

(b) SSCED 모델을 사용하면

$k_{12} = (50.13 - 0)(15.06 - 9.70)/(4 \cdot 27.94 \cdot 18.88) = 0.1274.$

$$\ln\gamma_1^{\infty} = 18[(27.94\text{-}18.88)^2 + 2(0.1274)27.94(18.88)]/(8.314 \cdot 298) = 1.573$$

으로부터 $x_1^{\alpha} = 1/\exp(1.573) = 0.2072.$

동일한 공식을 MEK에 적용하면 $x_2^{\beta} = 1/2626 = 0.9997$이다.

다음의 표는 MAB에 비하여 개선된 SSCED의 결과를 보여 주고 있다. 분자 크기의 차이가 반영되어 작은 분자들 사이로 빠져가려는 큰 분자에 대한 활동도 계수의 값이 훨씬 크다는 것을 주목하라. 이러한 사실은 MAB보다는 SSCED에 월등하게 우수한 통찰력이 내포되었음을 나타낸다.

식 14.5를 통해 x_1^α에 대하여 반복 계산하면 $x_1^\alpha = 0.2509$가 된다.

반복	x_1^α	x_1^β	$K_{1,new}$	$K_{2,new}$
초기화	0.9997	0.2072	0.2073	2623
1	0.9997	0.2413	0.2414	2515
2	0.9997	0.2487	0.2488	2493
수렴됨	0.9997	0.2509	0.2510	2486

앞의 결과와 프로피온산에 대한 무한 희석 농도에서 출발하여 이 예제와 유사한 방법으로 프로피온산이 물과 MEK에 분배되는 양을 결정할 수 있다. 프로피온산의 농도를 점차 늘려 가면서 플래시 계산을 수행하여 물 + MEK의 분배에 미치는 프로피온산의 영향을 알아볼 수 있다. 프로피온산이 MEK가 물에 더 잘 용해되도록 하는지 혹은 그 반대인지 추측할 수 있는가? 이에 대한 해답은 나중에 연습문제에서 알게 될 것이다.

14.5 비혼화성 성분의 VLLE

물과 많은 탄화수소들의 혼합물에서 일어나는 것과 마찬가지로 한 액상성분이 다른 성분에 전적으로 용해되지 않고 다른 모든 성분도 그 액체에 녹지 않을 때 VLLE의 특별한 상황이 일어난다. 혼합물이 두 평형 액상으로 분리되면 각 상에서의 몰분율의 합은 1이 된다. 기상이 공존할 때는 그 상에 모든 성분이 포함되게 된다. 식 14.2를 이용하여 기포(bubble) 압력을 구할 수 있으며, 그 과정에서 액상의 퓨가시티 계수를 사용하여 기상의 분압을 계산한다. 예로서 물과 n-펜탄은 극단적으로 서로 용해되지 않는다. 각 액상은 본질적으로 순수하므로 예제 14.1의 해법을 적용하면 각 성분의 기포 압력보다 높은 기포 압력 P는 $P = P_{\text{water}}^{sat} + P_{\text{pentane}}^{sat}$가 된다. 기포 압력 대신에 기포온도를 생각해 보자. 각 성분의 분압이 기여하게 되므로 특정된 압력에서 비혼화성인 두 액체로 이루어진 혼합물의 기포온도는 어느 순수한 성분의 기포온도보다도 낮다. 다음의 예제에서 보인 것과 같이 이 현상을 이용하면 혼합물을 더 낮은 온도에서 끓일 수 있게 된다.

예제 14.5 수증기 증류

분별증류탑 탑상으로 나가서 0.1 MPa의 응축기로 들어가는 증기를 사용하는 수증기 증류를 생각해 보자. 분석 결과는 다음과 같다.

	y_i	T_c	P_c	ω
n-C8	0.20	568.8	2.486	0.396
C12 분율	0.40	660.0	2.000	0.540
H_2O	0.40	(수증기표를 사용하라)		

응축기 내부에서 압력강하는 없으며 물과 탄화수소를 완전 비혼화성으로 가정하여 0.1 MPa에서 완전히 응축되는 최고 온도를 구하라. 탄화수소에 대한 지름길 *K*-비 방법을 사용하라.

풀이

상을 나타내기 위해 다음의 표기법을 적용한다.

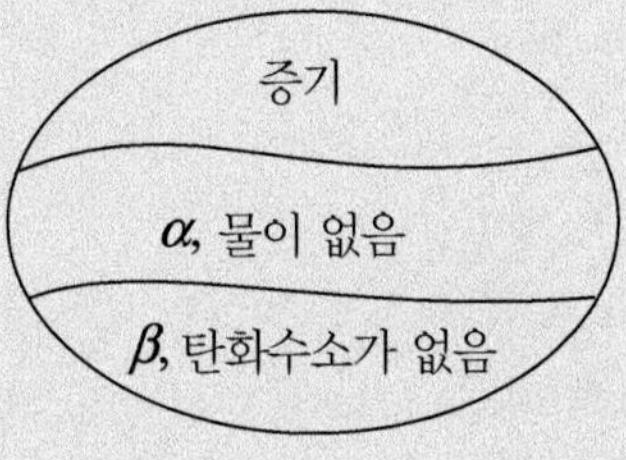

구하고자 하는 온도는 액상의 기포온도이다. 탄화수소와 물은 본질적으로 섞이지 않는다. 탄화수소 상 α를 물은 존재하지 않고 C8과 C12만으로 이루어진 이상용액으로 가정한다. 그러므로 순수한 물로 이루어진 상과 1/3 *n*-C8 + 2/3 C12로 이루어진 상의 두 평형상이 형성된다. 상 β의 물에 대하여 $x_w = 1$일 때 Raoult의 법칙을 적용하자. 그러나 기상 혼합물은 단일상이고 $1 = \sum_i y_i$를 만족해야 한다.

	상	x_i	*VLE* K_i (353 K)	y_i	*VLE* K_i (368 K)	y_i
n-C8	α	0.333	0.254	0.084	0.415	0.138
C12 분율	α	0.667	0.015	0.010	0.028	0.019
H_2O	β	1.0	0.474	0.474	0.846	0.846
			$\Sigma y_i =$	0.568	$\Sigma y_i =$	1.0027

따라서 물이 존재하는 경우의 기포온도는 약 95°C 이다. 이 온도는 순수한 물의 기포온도보다 낮다는 것을 유의하라. 물이 없다면 어떻게 될까?

	x_i	*VLE* K_i (400K)	y_i	*VLE* K_i (440K)	y_i
n-C8	0.333	1.049	0.349	2.727	0.908
C12 분율	0.667	0.092	0.061	0.319	0.213
		$\Sigma y_i =$	0.410	$\Sigma y_i =$	1.121

다음으로 내삽하면 $T \approx 400 + (1 - 0.41)/(1.121 - 0.41) \cdot 40 = 433$ K이다. 따라서 수증기 증류에서 기포온도가 65°C만큼 낮아졌다.

14.6 2성분계 상선도

부분적으로 용해되는 계에서 액-액 상호 용해도는 주어진 압력에서 온도에 따라 변한다. 용해도의 증가 혹은 감소는 수소결합을 포함한 여러 요인에서 기인한다. 한 성분은 H-결합을 하고 다른 성분을 그렇지 않으면 온도가 증가함에 따라 수소결합이 해체되고 유체는 '서로 닮아져' LLE의 영역이 좁아진다. 메탄올 + 사이클로 헥산에 대한 그림 19.12에서와 같이 비등점에 도달하기 전에 유체는 섞이게 된다. 그림에서 액-액 포락선은 반구형이다. 액체가 완전히 혼화되는 온도를 **위쪽 임계 용해온도**(UCST)라 한다. 압력이 VLE에 영향을 미치지만 액상 혹은 LLE에는 본질적으로 아무 영향이 없다. 그러므로 압력이 낮아지면, VLE는 낮은 온도 쪽으로 이동하여 LLE와 겹치게 되어 그림 16.2B의 삽입도 (e) 및 (f)와 유사한 선도를 얻는다. 증기압의 차이가 더욱 큰 다른 계에 대한 도표는 그림 16.2A의 삽입도 (b) 및 (c)와 같다.

공정 모사기를 이용하여 VLE를 예측하는 경우에 일반적으로 단일 액상만을 확인하도록 설정되어 있다. 그렇게 하면 그림 11.10과 같은 이상한 선도를 얻게 될 수도 있다. 이러한 선도를 어떻게 해결할 수 있는가? ASPEN Plus 데이터베이스에 내장된 UNIQUAC 매개변수를 이용하여 생성한 에틸 아세테이트 + 물 계에 대한 그림 14.5(a)의 *T-xy* 선도를 생각하자. ASPEN Plus가 자동적으로 VLE를 모사한다. 점선은 증기이고 쇄선은 액체이다. 실선과 점은 직접 그렸다. L^β는 373 K에서 가장 왼쪽의 두 점까지 모든 영역에서 왼쪽 V와 평형을 이룬다는 것을 유의하라. 마찬가지로 L^α는 순수한 에틸 아세테이트 비점에서 가장 오른쪽의 두 점

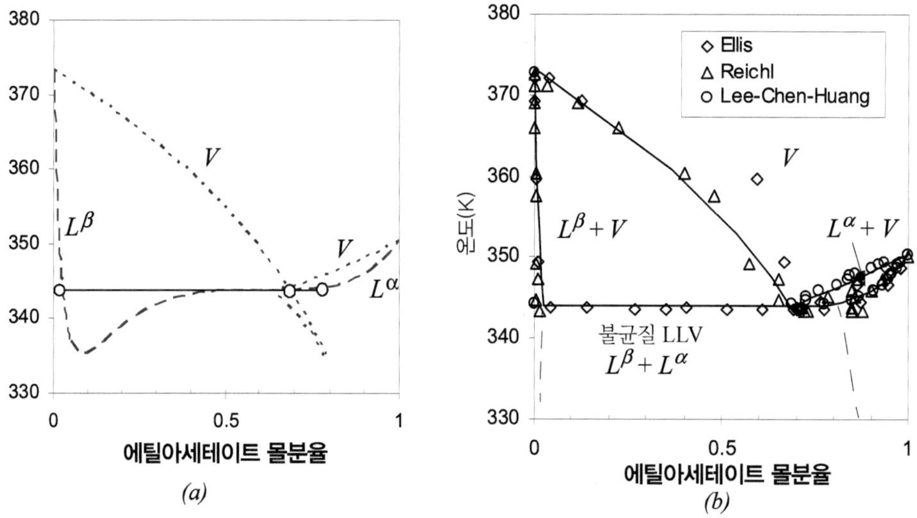

그림 14.5 • (a) UNIQUAC를 이용하여 ASPEN에서 문헌강의 매개변수로 예측한 에틸아세테이트 + 물에 대한 VLE 예측. 수평선과 점들은 직접 그려 넣었다. (b) VLLE를 확인하도록 설정한 후의 올바른 상거동. 예측값이 아니고 일반적으로 기대되는 상거동과 비점에서 두 액체조성은 수평 VLLE의 양 끝에 위치한다는 것을 바탕으로 액-액 포락선은 직접 그렸다. Ellis, S. R. M.; Garbett, R. D. 1960. Ind. Eng. Chem. 52:385-388; Reichl, A.; et al, 1998. Fluid Phase Equil. 153:113-134; Lee, L.-S.; et al. 1996. J. Chem. Eng. Japan 96:427-438에서 인용

까지 모든 영역에서 오른쪽 V와 평형을 이룬다. 수평선은 양쪽 L이 중앙의 V를 나타내는 점과 평형을 이루기 때문에 VLLE 조건이 만족되어 두 액상도 서로 평형을 이룬다. 액상의 조성은 바깥쪽 점이며 이 경우에 증기조성은 중앙의 점으로 표시된다. 이 상태에서는 두 액상이 공비조건에서 평형을 이루므로 **불균질** 공비혼합물(heterogeneous azeotrope)이라 한다. 이 VLLE 온도 이하에 나타나는 이상한 고리는 평형상태를 나타내는 것이 아니므로 무시한다. 그림 14.5(b)에서는 일반적으로 기대되는 거동의 형태를 보여 주기 위해 LLE 점선을 직접 그려 넣었지만, 실험 데이터를 공정 모사기에서 LLE를 확인하도록 설정하여 생성한 선도와 비교하였다. 하부의 고리가 제거되었음을 주목하라. 수평선 방법은 생성된 임의의 선도에 직접 적용하기 쉽다.

14.7 3성분계 LLE 데이터의 도식화

LLE 자료를 도식적으로 나타내는 것은 분리공정을 설계하는 데 중요하다. 3성분계에서는 삼각 좌표가 세 몰분율 혹은 세 무게 분율을 동시에 나타낸다. 그림 14.6(a)에는 몇 개의 눈금선이 표시된 삼각 좌표가 나타나 있다. 성분 A의 분율은 BC 축에 평행인 선으로 주어진다. 예를 들면 $\overline{de}$ 상에서는 $x_A = 0.25$이고, $\overline{ab}$ 상에서는 $x_A = 0.5$이다. 마찬가지로 성분 B의 분율은 AC 축에 평행인 직선으로 나타내므로 $\overline{ac}$ 에서는 $x_B = 0.5$이고 $\overline{fg}$ 상에서는 $x_B = 0.25$이다.

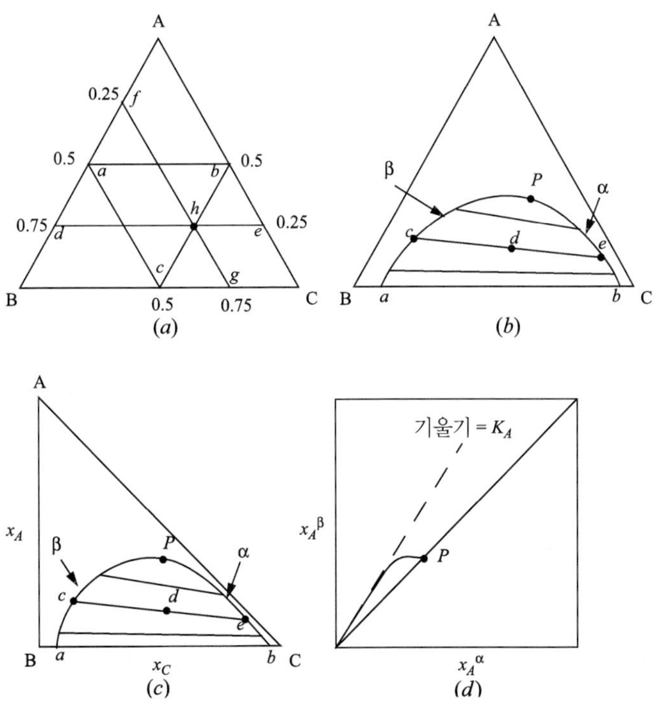

그림 14.6 • 삼각 도표에 도식적으로 3성분계 데이터를 나타낸 예. (a) 등변삼각형의 눈금선 예시, (b) 등변삼각형의 LLE 예시, (c) 직각삼각형에 나타낸 LLE 예시, (d) 직각삼각형에 나타낸 대응선의 예시

성분 C는 AB 축에 평행인 직선으로 나타내므로 $\overline{bc}$ 상에서는 $x_C = 0.5$이다. 이들을 모두 종합하면 점 h에서는 $x_A = 0.25$, $x_B = 0.25$, $x_C = 0.5$이다. LLE 상거동을 삼각 좌표로 나타낸 예를 그림 14.6(b)에 나타내었다. 공존하는 두 평형상 α와 β의 조성을 나타내고 대응선으로 이었다. 지렛대 법칙이 적용된다. 예를 들어, 그림 14.6(b)에서 공급물 조성이 점 d로 표시되는 점은 두 평형상으로 분리되고 (β상의 몰수)/(α상의 몰수) = $\overline{de}/\overline{cd}$가 되며 ($\beta$상의 몰수)/(공급 몰수)= $\overline{de}/\overline{ce}$가 된다.

3성분계에서 임의의 평형상 α의 조성을 규정하기 위해서는 2개의 몰분율만 필요하다. 몰분율의 합이 1이 되므로 x_A^α와 x_C^α를 알면 나머지 몰분율은 $x_B^\alpha = 1 - x_A^\alpha - x_C^\alpha$로 주어지기 때문이다. 하첨자는 서로 교환될 수 있으며 또 다른 평형상 β에 대해서도 똑같이 적용될 수 있다. 그러므로 직각 좌표에 각 평형상의 두 몰(혹은 무게)분율을 나타낼 수 있다 그림 14.6(c)는 그림 14.6(b)를 직각 좌표로 나타낸 것이다. 대응연결선과 지렛대 법칙은 직각 좌표로 표현된 그림에서도 적용될 수 있다. 또한 대응선은 직각 좌표에 그림 14.6(d)에서와 같이 나타낼 수도 있다. 이렇게 대응선을 나타내면 실험적으로 구한 대응선 내부를 안짐작할 때 좀 더 정확한 결과를 얻을 수 있다. 그림 14.6(d)에서 나타낸 바와 같이 흔히 대응선의 기울기는 원점 부근에서 거의 직선에 가깝다. 이 영역에서 직선의 기울기는 x_A^β/x_A^α, 즉 분배계수 K_A이다. 그림 14.6에 나타낸 LLE 상거동에서 A를 첨가함에 따라 $B + C$의 혼화성이 증가한다. 상경계를 따라 대응선은 점 P에 가까워질수록 짧아지는데 이때 점 P를 **상접점**(plait point)이라고 한다. 상접점에서는 모든 분배계수가 1이 됨을 주목하라.

LLE 거동의 다른 예

그림 14.6의 3성분계 LLE는 일반적인 여러 형태 중의 하나이다. 이 예에서 $A + C$는 $A + B$와 마찬가지로 완전히 섞인다(AC 축 상에 비혼화 영역이 존재하지 않는다). 성분들의 세 쌍 중 두 쌍이 섞이지 않을 때 그림 14.7(a)와 같은 거동이 나타나고, 세 쌍이 모두 섞이지 않을 때는 그림 14.7(b)를 얻는다. 그림 14.7(b)에서 중앙의 영역이 3-상 LLL 영역이다. T와 P가 고정되어 있으므로 삼각형 중앙의 어떤 점으로 표시되는 혼합물도 상규칙에 의해 $F = C - P + 2 = 3 - 3 + 2 = 2$이므로 조성이 a, b, c 인 3개의 상으로 분리된다.

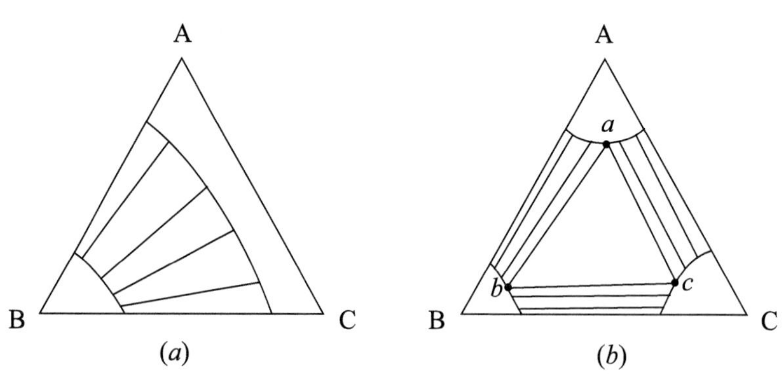

그림 14.7 • 다른 형태의 LLE 거동

14.8 2성분 액체 혼합물의 임계점

그림 14.1을 참조하여 계의 상분리가 시작하는 점의 x_1과 A_{12}를 찾고자 한다. 이 점이 액-액 임계점이다. 두 상이 공존하는 가장 높은 온도(위쪽 임계 용해온도 UCST라 부른다)가 T라면 곡률이 0인 유일한 조성 x_1를 구해야 한다(모든 영역에서 곡률이 음이면 일반적인 상분리가 일어나고 임계점은 없다. 그림 14.1에서 $A_{12} = 3$인 곡선을 상기하라). 곡률이 x_1에서 0이고 다른 농도에서는 양(+)이면 x_1에서 최솟값을 나타낸다. 임계점을 결정하기 위한 이 두 조건으로부터 두 미지수 x_1과 T에 대한 2개의 식이 얻어진다. 곡률은 2차 도함수로 주어진다는 것을 상기하면 다음 식이 얻어진다.

$$\frac{\partial^2 G}{\partial x_1^2} = 0 \qquad \frac{\partial^3 G}{\partial x_1^3} = 0 \tag{식 14.6}$$

이 개념을 다성분 혼합계로 일반화시키면

$$\frac{\partial^2 (\underline{G}/(RT))}{\partial n_1^2} = 0 \qquad \frac{\partial^3 (\underline{G}/(RT))}{\partial n_1^3} = 0 \tag{식 14.7}$$

을 얻는다. 순수 유체의 상도표와 마찬가지로 2차 도함수가 0인 점의 궤적이 혼합물이 불안정해지는 경계를 나타내며 이를 액-액 **스피노달**(liquid-liquid spinodal)이라고 부른다.

예제 14.6 1-매개변수 Margules 모델에 의한 액-액 임계점

그림 14.1과 위의 곡률에 대한 설명을 근거로 $A_{12} = 2$의 값이 임계점에 근접해 보인다. 식 14.6과 14.7을 이용하여 임계점에 대한 정확한 매개변수의 값을 구하라.

풀이

전체적으로 n을 곱하고 이 유도과정의 초기부분은 이미 실행한 것(식 11.29~11.31 참조)을 상기하면

$$\underline{G}/(RT) = n_1 \ln x_1 + n_2 \ln(1-x_1) + A_{12} n_2 x_1 \tag{식 14.8}$$

$$\frac{\partial(\underline{G}/(RT))}{\partial n_1} = \frac{\partial(\underline{G}^{is}/(RT))}{\partial n_1} + \frac{\partial(\underline{G}^{E}/(RT))}{\partial n_1} = \ln x_1 + \ln\gamma_1 = \ln x_1\gamma_1 = \ln x_1 + A_{12}x_2^2$$

2성분계이므로 몰에 대한 도함수와 몰분율에 대한 도함수 사이에는 간단한 관계가 성립하여 다음과 같이 쉽게 기대했던 결과를 얻는다.

$$\frac{\partial^2(\underline{G}/(RT))}{\partial n_1^2} = \frac{\partial^2(\underline{G}/(RT))}{\partial x_1^2}\left(\frac{\partial x_1}{\partial n_1}\right)^2 = 0 \Rightarrow \frac{\partial^2(\underline{G}/(RT))}{\partial x_1^2} = 0 = \frac{1}{x_1} - 2(1-x_1)A_{12}$$

$$\frac{\partial^3(\underline{G}/(RT))}{\partial n_1^3} = \frac{\partial^3(\underline{G}/(RT))}{\partial x_1^3}\left(\frac{\partial x_1}{\partial n_1}\right)^3 = 0 \Rightarrow \frac{\partial^3(\underline{G}/(RT))}{\partial x_1^3} = 0 = \frac{-1}{x_1^2} + 2A_{12} \tag{식 14.9}$$

$$2A_{12} = \frac{1}{x_1^2} \Rightarrow 1 - \frac{1-x_1}{x_1} \Rightarrow x_{1,c} = \frac{1}{2}$$

$$\frac{1}{x_{1,c}} = 0.5, \quad A_{12,c} = 2$$ 1-매개변수 Margules 모델 〈식 14.10〉

위의 예제로부터 비혼화성을 유발하는 활동도 계수의 크기에 관한 유용한 결론을 이끌어 낼 수 있다. Margules식을 기준으로 $A_{12} > 2$이면 언제나 LLE가 일어나며 공학적인 유용한 어림법으로 활동도 계수의 값이 7.4를 초과하면 비혼화성이 발생한다.

$$\gamma_i^\infty = \exp(A_{12}) = \exp(2) = 7.4$$ 1-매개변수 Margules에 의한 비혼화성 한계 〈식 14.11〉

비혼화성을 결정할 수 있는 능력을 이용하여 현대 열역학에서 현재 가장 도전적인 과학적 문제 중 하나에 대한 배경의 설명이 가능해진다. 그것은 고분자 용액과 고분자 혼합물의 상분리 문제이다. 용매나 혼합물 안에서 단일 고분자 사슬이 붕괴전이되는 지극히 중요한 문제도 상분리를 구동하는 힘과 동일한 힘에 의해 유발된다. 붕괴의 특별한 예로는 단백질 분자의 접힘 문제이다. 한가락의 국수로 된 스파게티 한 사발을 생각해 보자. 국수가 완전히 직선으로 펴질 때까지 늘인 다음에 놓으면 국수가 사발 안에서 붕괴되는 현상을 관찰할 수 있다. 국수가 실제 단백질 분자라면 펼치기 전과 똑같은 고리와 구불어진 모양으로 붕괴될 것이다. 접힘은 나선의 형성과 같이 소수성 영향, 수소결합 그리고 분자내부 상호작용에 의해 일어난다. 이 현상을 완전히 이해하면 제약 설계가 한층 쉬워질 것이다.

이 초보적인 설명을 액-액 평형에 한정시키면, 각각의 자세한 고분자 사슬보다는 덩어리 고분자 사슬만 다룬다는 점에서 고분자 혼합물의 상분배는 더욱 간단해진다. 고분자 용액은 수학적 해석이 불필요하다는 점에서 고분자 배합체와는 다르게 분류되며 후자에 대한 **고분자 용액**은 한 성분의 중합도가 1(용매라고 함)인 배합체이다. 이런 최소한의 배경으로 다음의 문제를 생각해 보자.

예제 14.7 Flory-Huggins 모델에 의한 액-액 임계점

각 성분의 중합도를 고려하여 Flory-Huggins의 매개변수 χ의 임계값을 결정하라.

풀이

두 성분의 분자들의 크기가 같은 특별한 경우에 대해서는 이미 다루었음을 유의하라. 이 경우에는 과잉 엔트로피는 0이며 부피 분율은 몰분율과 같고 Flory-Huggins의 매개변수 χ와 거의 동일한 의미의 A_{12}를 갖는 1-매개변수 Margules 모델이 얻어진다. 중합도 N_d가 포함되는 문제를 생각하기 위해서는 표준 단위부피에 대한 매개변수를 정의하여야 한다. N_d는 고분자 내 단량체의 반복단위의 수이다. 다음의 설명에서 (그리고 이와 같은 주제에 대한 대부분의 다른 설명에서) 성분 1의 단량체의 부피를 표준 부피($\chi = V_{std}\cdot[\delta_1 - \delta_2]^2/RT$, $V_{std} = V_1/N_{d,1}$)로 정한다. χ에 온도 의존성을 포함시켰다는 점을 유의하라. 이 표기법을 이용한 활동도 계수에 대한 공식을 상기하면 이 유도과정의 시작점(식 11.46)은 다음과 같다.

$$\frac{\partial(\underline{G}/(RT))}{\partial n_1} = \frac{\partial(\underline{G}^{is}/(RT))}{\partial n_1} + \frac{\partial(\underline{G}^E/(RT))}{\partial n_1} = \ln x_1 \gamma_1$$

$$= \ln\Phi_1 + (1-\Phi_1/x_1) + N_{d,1}\chi\Phi_2^2$$

각 성분의 무게 분율로부터 수평균 분자량을 계산하는 식과 매우 유사한 간단한 관계를 생각하면 다음 단계가 훨씬 간단해진다. 부피에 대한 유사한 공식을 다음과 같이 부피 비 $r = V_2/V_1$를 이용하여 재정렬할 수 있다.

$$V = \left[\frac{\Phi_1}{V_1} + \frac{\Phi_2}{V_2}\right]^{-1} \Rightarrow \frac{\Phi_1}{x_1 V_1} = \frac{1}{V} = \frac{\Phi_1}{V_1} + \frac{\Phi_2}{V_2}$$

$$\Rightarrow \frac{\Phi_1}{x_1} = \Phi_1 + \Phi_2(1/r) \Rightarrow 1 - \frac{\Phi_1}{x_1} = \Phi_2(1-1/r)$$

2성분계 용액이므로 몰수에 대한 도함수와 부피 분율에 대한 도함수 사이에는 간단한 관계가 성립하며 쉽게 다음의 일반적인 결론에 도달하게 된다($d\Phi_1 = -d\Phi_2$임을 주목하자).

$$\frac{\partial^2(\underline{G}/RT)}{\partial n_1^2} = \frac{\partial^2(\underline{G}/RT)}{\partial \Phi_1^2}\left(\frac{\partial \Phi_1}{\partial n_1}\right)^2 = 0 \Rightarrow \frac{\partial^2(\underline{G}/(RT))}{\partial \Phi_1^2} = 0$$

$$= \frac{1}{\Phi_1} - (1-1/r) - 2(1-\Phi_1)Nd_1\chi \qquad \text{〈식 14.12〉}$$

$$\frac{\partial^3(\underline{G}/(RT))}{\partial n_1^3} = \frac{\partial^3(\underline{G}/(RT))}{\partial \Phi_1^3}\left(\frac{\partial \Phi_1}{\partial n_1}\right)^3 = 0 \Rightarrow \frac{\partial^3(\underline{G}/(RT))}{\partial \Phi_1^3} = 0 = \frac{-1}{\Phi_1^2} + 2N_{d,1}\chi$$

이 식들로부터 다음과 같은 2개의 중요한 식이 얻어진다.

$$2N_{d,1}\chi = \frac{1}{\Phi_1^2} \Rightarrow 0 = \frac{1}{\Phi_1} - (1-1/r) - \frac{(1-\Phi_1)}{\Phi_1^2} \Rightarrow \Phi_{1,c} = \frac{1}{1+\sqrt{1/r}} = \frac{\sqrt{V_2}}{\sqrt{V_1}+\sqrt{V_2}}$$

$$\chi_c = \frac{1}{2N_{d,1}}(1+\sqrt{1/r})^2 = \frac{V_1}{2N_{d,1}}\left(\frac{1}{\sqrt{V_1}} + \frac{1}{\sqrt{V_2}}\right)^2 \Rightarrow \frac{(\delta_1-\delta_2)^2}{RT_c} = \frac{1}{2}\left(\frac{1}{\sqrt{V_1}} + \frac{1}{\sqrt{V_2}}\right)^2 \qquad \text{〈식 14.13〉}$$

이 결과는 고분자 크기가 증가함에 따라 임계농도는 0으로 감소하지만 임계온도는 용매의 크기와 관련된 유한한 한곗값에 접근함을 보여 주고 있다.

위의 식으로부터 몇 가지 중요한 결론을 얻을 수 있다. 첫째, (1) 용매가 1(즉 $V_1 << V_2$)인 고분자 용액에서 고분자(2)의 임계농도는 0으로 근접하며 임계온도는 용매와 고분자의 몰부피 및 용해도 매개변수에 의존하는 유한한 값이다. 더욱이 예측된 임계온도는 Scatchard-Hildebrand 이론의 근사적인 성질로 인하여 예측값이 반정량적이기는 하지만, 주어진 용매에 대한 모든 고분자 용액의 임계온도는 용해도 매개변수의 차를 이용하여 환산한 분자량에 대해 보편

적인 단일 곡선으로 나타내진다. $V_1 \sim V_2$인 배합체에 대해서는 임계온도가 분자량에 비례해야 한다. 그러나 이 식을 유도하는 과정에서 여러 가지 근사법을 적용하였다. 그러므로 위에 나타낸 식이 고분자 용액과 배합체에서 자주 관찰되는 복잡한 상거동을 나타내기에 충분히 정확한가를 결정하기 위하여 현재 많은 노력이 진행되고 있다. 상거동을 성공적으로 다룰 수 있는 능력은 매우 예민한 임계 영역 내에서 조작능력과 적절하게 다룰 수 있는 능력에 달려 있기 때문에 상업적으로 많은 장점을 지닌 고분자 용액과 배합체를 용도에 적합하게 만들어 내는 능력이 판단기준이 된다.

14.9 2성분계와 3성분계 LLE에 대한 수치적 방법

Excel과 MATLAB을 이용한 수치적 방법은 온라인 보충자료에서 제공한다. Excel 방법에서는 Actcoeff.xlsx를 확장하여 2성분계와 3성분계 혼합물에 대한 매크로와 순환참조의 설정에 대한 자세한 내용을 설명한다. MATLAB Rachford-Rice 방법은 다성분계에 더욱 쉽게 확장할 수 있다.

14.10 고-액 평형

고-액 평형(SLE) 계산은 VLE나 LLE 계산에서와 동일한 방식으로 퓨가시티를 등식으로 두고 시작한다. 식 11.13으로부터 $\hat{f}_i^L = x_i \gamma_i f_i^\circ$이다. 다음 단계는 $\hat{f}_i^L = \hat{f}_i^S$로 두고 문제 지시문에 따라 온도 혹은 조성에 대해 풀 수 있는 식을 유도하는 것이다. 그러나 VLE와 LLE에서처럼 의도적으로 $f_i^\circ = P_i^{sat}$로 대체하지 않았다. 용융점 이하의 온도에서 순수성분은 액체로 존재하지 않아서 증기압의 의미가 없기 때문이다. 이런 특이점으로 인하여 가상적인 액체상태를 특정하는 유도과정이 필요하다. 그러나 대부분의 고체는 실제적으로 순수한 상태로 존재하므로 고체상을 다루는 것은 일반적으로 훨씬 용이하다. 제약산업에서 결정화와 여과공정이 일반화되어 있는 것은 결정화된 고체상의 순도가 높기 때문이다.

압력효과

LLE에서와 같이 고-액 평형에서는 압력 변화가 10~100 MPa 정도로 크지 않는 한 평형에 미치는 영향은 미미한데, 그 이유는 응축상의 엔탈피와 엔트로피는 압력 의존도가 매우 약하기 때문이다. 일정한 온도 T에서 압력의 변화가 있을 때 $dG = RT\, d\ln f = dH - T\, dS = V\, dP$이므로 압력 변화에 수반되는 엔탈피와 엔트로피가 약간 변하고 그에 따라 Gibbs 에너지와 퓨가시티는 아주 작은 변화를 나타낼 뿐이다(Poynting 압력 보정항이 거의 1 근처의 값임을 상기하라). 액체 혼합물에서는 부분 몰 엔탈피와 부분 몰 엔트로피를 이용하여 해석이 이루어져야 한다. 그러나 이러한 성질 또한 압력 의존성이 매우 약하기는 마찬가지이다. 다음 절에서는 삼중점 또는 다른 저압에서의 물성을 계산하고 약한 압력 의존성을 감안하여 이들 결과를 압력에 대한 보정 없이 대기압에서 그대로 사용한다.

❗ 고-액 평형에 대한 압력의 영향은 무시된다.

단일성분계에서 고-액 평형(SLE)

설명을 시작하기 위하여 우선 단일성분을 생각하자. 1기압에서 물은 0°C에서 언다. 얼음은 이 온도 이하에서 존재하고, 그 이상의 온도에서는 물은 액체로 존재한다. 열역학의 원리로부터 Gibbs 에너지는 일정 온도와 압력 조건에서 최소가 된다. 그러므로 0°C 이상에서는 액체인 물의 Gibbs 에너지가 고체상의 물의 Gibbs 에너지보다 낮아야 한다. 이 개념을 정량적으로 나타내기 위하여 온도에 따라 각 상의 Gibbs 에너지가 어떻게 변화하는가를 생각해야 한다.

임의의 상에서 Gibbs 에너지에 대한 온도의 영향은 일정한 압력 조건에서 가장 쉽게 결정할 수 있다. $dG = -S\,dT + V\,dP$로 쓸 수 있고 6장의 개념을 이용하면

$$(\partial G/\partial T)_P = -S$$

Gibbs 에너지의 온도 의존성은 상의 엔트로피에 의존한다. 엔트로피는 양의 값을 가지므로 어떤 상의 Gibbs 에너지라도 온도가 증가하면 항상 감소하여야 한다. 그러나 액상의 엔트로피는 고체상의 엔트로피보다는 크므로 액상의 Gibbs 에너지는 온도가 증가함에 따라 더욱 빨리 감소한다. 각 상의 Gibbs 에너지는 어는점에서 같아지므로 어는점 이상의 온도에서는 액체의 Gibbs 에너지가 고체의 Gibbs 에너지보다 낮은 상태에 위치하게 된다(그림 14.8 참조).[1] 녹는점 이하에서 액체의 Gibbs 에너지를 바깥짐작할 수 있으나 그 조건에서 액체가 안정한 상으로 존재하지 않으므로 그 값은 가상적인 값이라고 해야 할 것이다. 녹는점 이상의 온도에서는 고체의 Gibbs 에너지 곡선 영역은 가상적인 고체의 Gibbs 에너지를 나타내므로 ΔG^{fus}가 음의 값이 되어 일정한 온도와 압력에서 자발적인 용융이 일어난다. 달리 말하면, 용융온도 이상에서는 ΔG^{fus}이 음의 값을 가지므로 평형 고체가 형성되지 않는다. 용융온도 이하의 거동에 관한 설명은 하지 않았지만, 개념은 동일하다. 동결 온도 이하에서 고체가 녹으려면 일정 온도와 압력하에서 $\Delta G^{fus} > 0$이어야 한다. 표준 용융온도 이하에서 이러한 고-액 혼합물이 형성되려면

❗ 표준 용융온도 이하에서는 $\Delta G^{fus} > 0$이다.

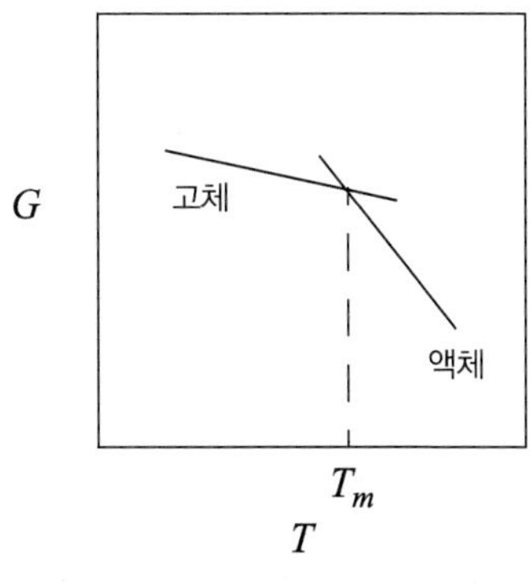

그림 14.8 • 순수성분의 SLE에 대한 Gibbs 에너지의 예시.

1 계산을 시작하기 위해서는 기준상태를 정해야 한다. 어떤 열역학적 해석에서도 각 화학종에 대한 유일한 기준상태가 주어져야 한다. 여기에서의 예에서는 물의 기준상태가 물이 고체든지 액체든지 동일해야 한다. 9.12절과 그에 따른 각주를 참조하라.

혼합과정에 따른 Gibbs 에너지 변화량이 용융에 따른 양의 Gibbs 에너지 변화량과 균형을 이루어야 한다.

계산경로

고체가 액체 용액 속에서는 표준 용융온도 이하에서도 잘 녹는다는 것을 알고 있다. 설탕과 소금의 경우에 순수한 고체의 녹는점이 실온보다 훨씬 더 높지만, 모두 실온에서 물에 녹는다. 또한 겨울철에 소금을 고속도로에 뿌려서 얼음이 어는 온도를 낮추기도 한다. 다음과 같은 문제들을 생각해 볼 수 있다. (1) 용해도의 한계에 이르기 전에 얼마만큼의 설탕이 물에 녹을 수 있는가? (2) 물/소금 용액의 어느 온도에서 고체가 형성되며, 결정은 물인가 혹은 소금인가? (엄밀하게 다루기 위해서는 전해질 열역학이 필요하지만, 소금을 연습의 예로 들었다) (3) 결정화를 위해서 용매나 용액 혼합물이 어떻게 바뀌어야 할 것인가? 이러한 개념을 수학적으로 다루기 위해, 상태 성질을 이용하여 가상적인 단계를 거치는 편리한 경로를 따라 열역학적인 변화를 계산한다.

실제적인 예로서 298 K에서 나프탈렌(2)을 노말 헥산(1)에 녹이는 경우를 생각해 보자. 순수한 나프탈렌의 녹는점이 353.3 K이므로 나프탈렌이 노말 헥산에 녹는 것을 어떻게 설명할 것인가? 먼저, 용해에 따라 노말 헥산과 나프탈렌 혼합계의 총 Gibbs 에너지가 감소하면 나프탈렌이 노말 헥산에 녹는다는 점을 상기하라. 그러므로 더 이상 첨가하면 총 Gibbs 에너지값이 감소하지 않고 증가하게 될 때까지 계속해서 고체를 액체 용액에 첨가할 수 있다. 이러한 평형 계산 방법을 적용하는 것은 상당히 지루한 작업이므로 동일한 결과를 얻을 수 있는 좀 더 선호되는 방법이 사용된다. 액상의 나프탈렌에 대한 화학 퍼텐셜이 순수한 고체 나프탈렌의 화학 퍼텐셜과 같을 때 용해도의 한계에 이른다. 그러므로 액상과 고체상의 나프탈렌에 대한 화학 퍼텐셜을 등식으로 두고 문제를 푼다.

평형은 다음과 같이 $\mu_2 = \mu_2^S$로 쓰거나, $\mu_2 = \bar{G}_2$와 $\mu_2^S = G_2^S$인 기호의 정의를 생각하면

$$\bar{G}_2 - G_2^S = 0 \qquad \langle 식\ 14.14 \rangle$$

다음으로 그림 14.9에 나타난 가상적인 경로를 따라 식 14.14로 주어지는 화학 퍼텐셜의 차이를 계산하는데, 이는 다음의 두 주요 단계로 구성된다.

단계 1. 298 K에서 나프탈렌이 녹아 가상의 액체를 형성한다. 이 단계에 대한 Gibbs 에너지 변화는 앞에서 설명한 바와 같이 양의 값을 가진다. Gibbs 에너지의 변화량은 다음과 같다.

$$\Delta G_T^{fus} = G_2^{hypL} - G_2^S \qquad \langle 식\ 14.15 \rangle$$

여기서 상첨자 *hypL*은 가상의 액체를 나타낸다.

단계 2. 가상의 나프탈렌 액체는 액체 노말 헥산과 혼합된다. 용액이 비이상용액이라면 성분 (2)에 대한 Gibbs 에너지 변화는 다음과 같다.

$$\bar{G}_2 - G_2^{hypL} = RT\ln(x_2\gamma_2) \qquad \langle 식\ 14.16 \rangle$$

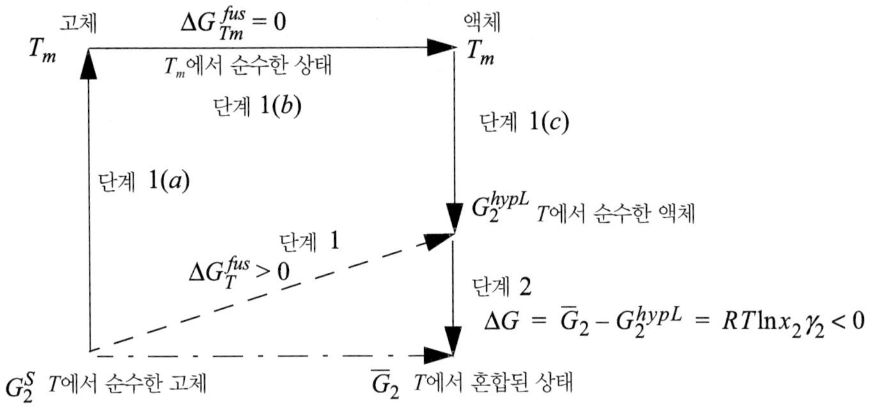

그림 14.9 • 액체에 대한 고체의 용해도를 계산하는 두 단계 과정의 예시. 전체적으로 $G_2^S = \bar{G}_2$이다. 표준 용융 T_m 이하에서 액체를 형성하는 단계 1에서는 Gibbs 에너지가 증가하지만 액체가 혼합될 때는 Gibbs 에너지가 감소한다.

이 단계에서 혼합이 자발적으로 이루어지면 Gibbs 에너지 변화는 항상 음의 값이 되며 그 값은 단계 1에서의 Gibbs 에너지 변화를 상쇄하기에 충분해야 한다.

❗ 용해도는 양의 ΔG^{fus}와 음의 값을 갖는 혼합에 따른 Gibbs 에너지 효과 사이의 균형에 의해 결정된다.

그러면 명백히 그림 14.9와 식 14.14~14.16으로부터 다음 관계를 얻는다.

$$\bar{G}_2 - G_2^S = (\bar{G}_2 - G_2^{hypL}) + (G_2^{hypL} - G_2^S) = RT\ln(x_2\gamma_2) + \Delta G_T^{fus}$$

또는

$$\boxed{\Delta G_T^{fus} = -RT\ln(x_2\gamma_2)} \qquad \langle 식\ 14.17\rangle$$

이 예제에서 T는 298 K이다. 식의 오른쪽에 있는 활동도 계수에 대한 관계식은 이전 장에서 전개하였다. 다음 절에서는 ΔG_T^{fus}의 계산을 설명한다.

가상적 액체의 형성

단계 1에 대한 Gibbs 에너지 변화는 엔트로피와 엔탈피를 사용하면 가장 쉽게 계산할 수 있다. 등온과정에 대해 다음의 식이 성립한다.

$$dG = dH - T\,dS$$

298 K에서의 나프탈렌의 용해에 대한 예를 계속 사용하면, 298 K에서 나프탈렌의 용해에 대한 Gibbs 에너지의 변화는 용융에 대한 엔탈피와 엔트로피로부터 다음과 같이 계산할 수 있다.

$$\Delta G_T^{fus} = \Delta H_T^{fus} - T\Delta S_T^{fus} \qquad \langle 식\ 14.18\rangle$$

여기서 $T = 298$ K이다. ΔH_{298}^{fus}는 액체와 고체상의 엔탈피를 표준 녹는점 온도에서 결정하여 계산하며, 용융열은 $\Delta H_{353.3}^{fus} = 18.8$ kJ/mol이다. 298 K의 고체를 기준으로 353.3 K에서 고

체의 엔탈피는[그림 14.9의 단계 1(*a*)]

$$H_{353.3}^S - H_{298}^S = \int_{298}^{353.3} C_P^S dT$$

353.3 K의 액체를 기준으로 298 K에서 액체의 엔탈피[그림 14.9의 단계 1(*c*)]는 다음과 같다.

$$H_{298}^{hypL} - H_{353.3}^L = \int_{353.3}^{298} C_P^L dT$$

그러므로 용융에 대한 ΔH_{298}^{fus}는

$$\Delta H_{298}^{fus} = H_{298}^{hypL} - H_{298}^S = (H_{298}^{hypL} - H_{353.3}^L) + (H_{353.3}^L - H_{353.3}^S) + (H_{353.3}^S - H_{298}^S)$$
$$= \Delta H_{353.3}^{fus} + \int_{353.3}^{298} (C_P^L - C_P^S) dT$$

일반화하면 다음과 같다.

$$\boxed{\Delta H_T^{fus} = H_T^{hypL} - H_T^S = \Delta H_{T_m}^{fus} + \int_{T_m}^{T} (C_P^L - C_P^S) dT} \qquad \text{〈식 14.19〉}$$

엔트로피에 대해서도 마찬가지 방법으로 유도하면 다음을 얻는다.

$$\Delta S_{298}^{fus} = \Delta S_{353.3}^{fus} + \int_{353.3}^{298} \frac{(C_P^L - C_P^S)}{T} dT$$

이것을 일반화하면 다음을 얻는다.

$$\boxed{\Delta S_T^{fus} = \Delta S_{T_m}^{fus} + \int_{T_m}^{T} \frac{(C_P^L - C_P^S)}{T} dT} \qquad \text{〈식 14.20〉}$$

이러한 관계식에 더하여 표준 용융온도에서 $\Delta G_{T_m}^{fus} = 0$이므로

$$\Delta S_{T_m}^{fus} = \frac{\Delta H_{T_m}^{fus}}{T_m} \qquad \text{〈식 14.21〉}$$

여기서 $T_m = 353.3$ K이다. 결과들을 종합하고 적분을 무시하면(적분값은 0이 아니지만 서로 상쇄됨) 다음의 식을 얻는다.

$$\boxed{\Delta G_T^{fus} = \Delta H_{T_m}^{fus} - T\Delta S_{T_m}^{fus} = \Delta H_{T_{m,2}}^{fus}\left(1 - \frac{T}{T_{m,2}}\right)} \qquad \text{〈식 14.22〉}$$

여기서 $T = 298.15$ K, $T_m = 353.3$ K이다. 앞에서 얻은 ΔG_T^{fus}은 식 14.17에서 사용된다.

평형의 기준

일반적으로 식 14.22를 식 14.17과 결합하면, 성분 2의 용해도에 관한 다음 식이 된다.

$$\ln(x_2\gamma_2) = \frac{-\Delta H_2^{fus}}{R}\left(\frac{1}{T} - \frac{1}{T_{m,2}}\right) = \frac{-\Delta S_2^{fus}}{R}\left(\frac{T_{m,2}}{T} - 1\right) \quad \text{〈식 14.23〉}$$

결정성 고체의 용해도 식

여기서 용해열은 성분 2의 표준 용융온도 $T_{m,2}$에서의 값이며 열용량 적분은 무시되었다.

예제 14.8 온도에 따른 용해도의 변화

SSCED 모델을 이용하여 T = [298, 350 K] 범위의 n-헥산에 대한 나프탈렌의 용해도를 추산하라. $\log_{10}(x_N)$ 대 1,000/T를 도시하라.

풀이

부록 E로부터 $T_{m,2} = 353.3$ K 이고 $\Delta H^{fus} = 18{,}800$ J/mol이다.
이상용액을 가정하여 298 K에서 시작한다. 그러면

$$x_N = \exp[(-18800/8.314)\cdot(1/298 - 1/353.3)] = 0.305.$$

초기 추정값 $x_N = 0.305$를 이용하여 시작하면

$$\Phi_N = 0.305\cdot130.6/(0.695\cdot130.3 + 0.305\cdot130.6) = 0.306$$

$\delta_1' = 14.93$, $\delta_2' = 19.19$, $k_{12} = 0.0052$이므로 $\gamma_2 = 1.693$, $x_N = 0.305/1.693 = 0.1802$가 된다. x_N이 일정한 값이 될 때까지 반복 계산하면 $x_N = 0.135$가 된다. 다른 온도에 대하여 같은 과정을 반복하면 그림 14.10이 얻어진다.

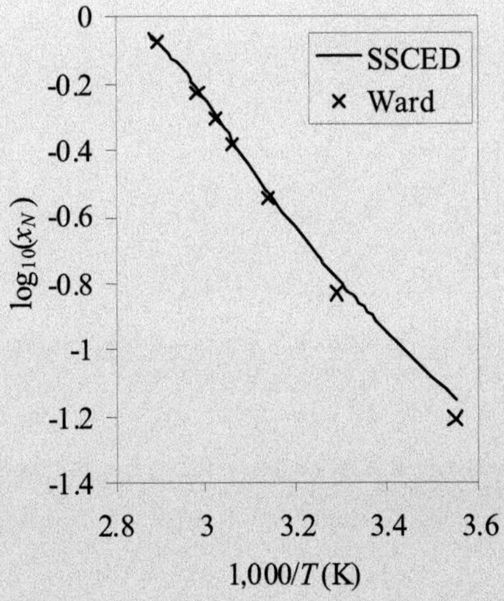

그림 14.10 • n-헥산(1)과 나프탈렌(2) 계에 대한 빙결곡선. 실험 데이터는 H.L. Ward, 1926. J. Phys. Chem., 30:1316에서 인용

헥산도 역시 용융점 이하에서 헥산-나프탈렌 용액에 용해된다. SLE를 풀기 위한 일반적인 관계식은 다음과 같이 쓸 수 있다.

$$\ln(x_i\gamma_i) = -\frac{\Delta H_i^{fus}}{R}\left(\frac{1}{T}-\frac{1}{T_{m,i}}\right) \quad \text{〈식 14.24〉}$$

여기서 순수한 i번째 성분에 대한 용해열은 그 성분의 표준 용융온도 $T_{m,i}$에서의 값이다. 식 14.23과 14.24를 이용하여 주어진 조성에 대한 결정화 온도를 결정할 수 있다는 것을 유의하라.

예제 14.9 클로로 나이트로벤젠의 공융 거동

❗ 공융.

그림 14.11은 *o*-클로로 나이트로벤젠 (1) + *p*-클로로 나이트로벤젠 (2) 계에 대한 용융을 나타낸다. 화합물들은 화학적으로 유사하므로 액상은 이상용액으로 가정할 수 있고 활동도 계수값은 1로 둘 수 있다. 2개의 가지는 식 14.23과 14.24로부터 계산된 것을 나타내며 각각은 그림의 반을 차지하고 있다. 중간 교점 이하는 가상적인 곡선이다. 이 두 곡선의 교점온도를 **공융 온도**라고 하며 이때의 조성이 **공융 조성**이다.

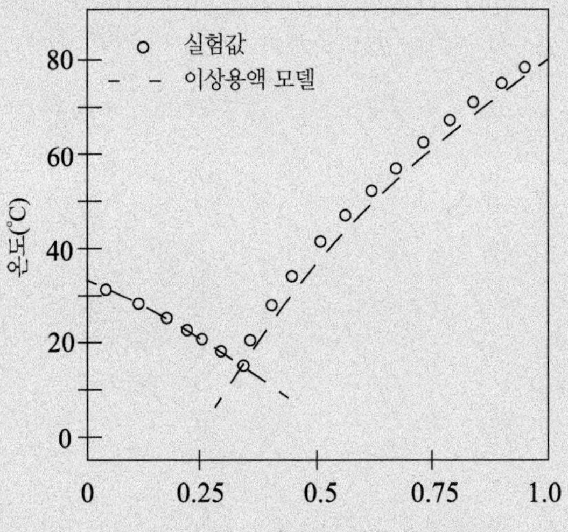

그림 14.11 • *o*-클로로 나이트로벤젠 (1) + *p*-클로로 나이트로벤젠 (2) 계의 어는점 곡선

예제 14.10 벤젠과 페놀의 공융 거동

대부분의 계에서 활동도 계수 모델이 필요하다. 그림 14.12에서는 이상용액 모델이 적절한 근사가 되지 못하므로 활동도 계수를 UNIFAC 모델을 이용하여 모사한 예를 보여 주고 있다. 주어진 온도에서 용해도를 구하기 위해 다음의 순서와 같이 계산할 수 있다(예: 성분 2에 대해서).

1. $\gamma_2 = 1$으로 가정하라.
2. 식 14.23을 x_2에 대하여 풀라.
3. 구해진 x_2에 대해서 활동도 모델을 이용하여 γ_2를 결정하라.
4. 단계 2로 돌아가서 식 14.23에서 γ_2의 값을 포함해서 수렴할 때까지 반복하라.

이 방법은 비교적 안정된 반복법이며 Excel의 해 찾기 기능을 이용하면 위에서 설명한 연속치환법을 피해 조성을 변화시키면서 활동도에 대해 반복 계산할 수 있다.

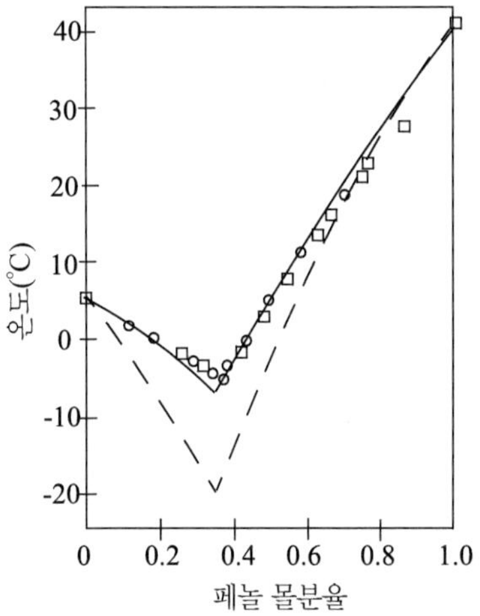

그림 14.12 • 벤젠(1) + 페놀(2) 계에 대한 어는점 곡선. 실선은 UNIFAC 예측값, 점선은 이상용액을 가정한 값, 사각형은 Tsakalotos, D., Guye, P. 1910. J. Chim. Phys. 8:340; 원은 Hatcher, W., Skirrow, F. J. Am. Chem. Soc., 1917. 39:1939. Gmehling, J., Anderson, T., Prausnitz,1978. J. Ind. Eng. Chem Fundam. 17:269.에서 인용

예제 14.11 반용매 첨가에 의한 침전

에페드린은 일반적으로 슈도에페드린과 관련된 흥분제, 식용억제제, 충혈완화제로 사용된다. 그것은 중국 약초인 황에서 추출한다. 에페드린은 278 K의 에탄올로부터 물을 반용매로 첨가하여 결정화시킨다.

(a) SSCED 모델을 이용하여 용액 속의 에페드린 농도를 0.1 mol%까지 낮추기 위해 필요한 물의 몰분율을 추산하라.

(b) Yalkowsky와 Valvani(1980)은 경직된 분자에 대하여 ΔS^{fus} = 56.5 J/mol-K임을 제시하였다.[a] 이 관계를 추산한 값 ΔH^{fus} = 25 kJ/mol과 비교하여 평가하라.

에페드린에 대한 추가적인 데이터는 M_w = 165.2, T_m = 313 K, ΔH^{fus} = 25 kJ/mol이다.

성분	α(J/cm^3)$^{0.5}$	β(J/cm^3)$^{0.5}$	δ(J/cm^3)$^{0.5}$	V^L(cm^3/mol)
에탄올(1)	12.58	13.29	18.68	58.3
물(2)	50.13	15.06	27.94	18.0
에페드린(3)	7.70	12.60	16.36	172.3

풀이

(a) 식 14.25로부터 $T_{m,\,i} = 313$ K이고 $\Delta H^{fus} = 25{,}000$ J/mol이다. 약의 농도는 실질적으로 매우 희박하다는 사실에 주목하여 활동도 계수의 목푯값에 대하여 푸는 것으로 풀이를 시작한다. 무한 희석을 $x_i = 1\text{E-}3$으로 가정하면

$\gamma_i^\infty = \exp[(-25000/8.314)\cdot(1/278 - 1/313)]/0.001 = 245$의 값이 우리가 구하는 값이다.

해를 구하기 위해서는 식 12.55를 이용하여 반복 계산해야 한다. 물이 반용매이므로 물의 몰분율이 증가함에 따라 에페드린의 활동도 계수도 커진다.

이전에 문제를 풀었으므로, $x_1 = 0.2102$ 값을 '추정'하여

$$\Phi_1 = 0.2102(58.3)/(0.2102\cdot 58.3 + 0.7898\cdot 18.0) = 0.4627$$
$$\langle\delta'\rangle = 0.4627(18.68) + 0.5373(27.94) = 23.66$$

식 12.51로부터

$$k_{12} = 0.0318,\ k_{13} = 0.0028,\ k_{23} = 0.0571$$
$$\Rightarrow \langle k_{3m}\rangle = 0.4627(18.68)0.0028 + 0.5373(27.94)0.0571 = 0.8808$$

유사한 방식으로, $\langle k_{1m}\rangle = 0.4779$, $\langle k_{2m}\rangle = 0.2752$

$$\langle\langle k_{mm}\rangle\rangle = 0.4627(18.68)0.4779 + 0.5373(27.94)0.2752 = 8.262$$

식 12.55를 이용하면 $RT\ln\gamma_3 = 172.3(\,(16.36 - 23.66)^2 + 2(16.36)0.8808 - 8.262\,)$

$\Rightarrow \gamma_3 = 245$. 그러므로 용액은 물이 79 mol%이어야 한다. 적절한 '추정값'이다.

(b) $\Delta S^{fus} = 56.5$와 $T_m = 313$ K이므로 25,000보다 29% 낮은 $\Delta H^{fus} = 56.5(313) = 17{,}700$ J/mol이다. 규칙이 이 화합물에는 적용되지 않는 것 같다.

a. Connors, K.A. 2002. *Thermodynamics of Pharmaceutical Systems: An Introduction for Students of Pharmacy*, Hoboken, NJ: Wiley, p. 129.

제약공정에서 일반적으로 생성물을 결정화하는 과정은 반용매를 첨가하는 것이다. 이러한 종류의 응용에서는 (1) 일반적으로 용액 속에 잔류하는 결정물의 농도가 작고, (2) 침전물의 무한 희석 활동도 계수에는 단순히 용매와 반용매의 평균적인 성질의 영향을 미치므로 SSCED 모델이 편리하다. 이러한 개념을 염두에 두면, 주어진 온도에서 목적 조성이 이루어지도록 용매를 조작하는 것은 간단하다.

예제 14.11의 특징은 목표 용질에 대하여 특정된 환경을 만들기 위해 용매를 조작하는 방법을 제시한다는 것이다. LLE를 피하기 위한 액체 용매의 상용화에도 유사한 방법을 적용할 수 있다. 예를 들어, 물의 활동도 계수를 7.4 이하로 낮추기 위해서 이소옥탄에 첨가해야 할 메탄올은 얼마나 되나? 이러한 문제는 기체 탱크로부터 물을 용해시키기 위해서 사용되는 '건조 기

체'와 관련된 계산이다.

고체 혼합물에 대한 고-액 평형

지금까지 우리는 고체들이 서로 전혀 섞이지 않는 계의 상거동만을 다루었다. 그림 14.13에서는 고체용액으로부터 고체가 형성되는 경우를 나타내며 그림 14.14는 고체 복합체를 구성하는 경우를 보여 준다. 또한 석유로부터 유래된 왁스가 침전되면 n-C_{20}에서 n-C_{35} 사이의 직선형 알칸들이 혼합된 고체상이 얻어진다. 식품점에서 살 수 있는 파라핀 왁스는 주로 n-C_{20}에서 n-C_{35}의 직선형 알칸들로 구성되어 있다. 평형에 있는 액체와 고체 혼합물의 경우에는 그림 14.9의 개략도에 고체 용액의 '상분리' 과정을 추가하여 평형 관계식의 유도과정을 수정할 수 있다. 이 단계는 액체 용액과 순수 용액 대신에 고체 용액과 순수 고체가 포함된다는 것을 제외하고는 도표에서 단계 2의 역과정과 유사하다.

$$-RT\ln(x_i^S\gamma_i^S) + \Delta G_i^{fus} + RT\ln(x_i^L\gamma_i^L) = 0 \qquad \langle 식\ 14.25\rangle$$

그러므로 왼편의 SLE K비가 $K_{SLE} = (x_i^L\gamma_i^L)/(x_i^S\gamma_i^S)$임을 알 수 있다.

$$RT\ln\frac{(x_i^L\gamma_i^L)}{(x_i^S\gamma_i^S)} = -\Delta G_i^{fus} \text{ 혹은 } \boxed{RT\ln K_{SLE} = -\frac{\Delta H_i^{fus}}{R}\left(\frac{1}{T} - \frac{1}{T_{m,i}}\right)} \qquad \langle 식\ 14.26\rangle$$

이므로 식 14.24는 순수한 고체의 경우 $x_i^S\gamma_i^S = 1$일 때 간략화된 식이라는 것을 알 수 있다.

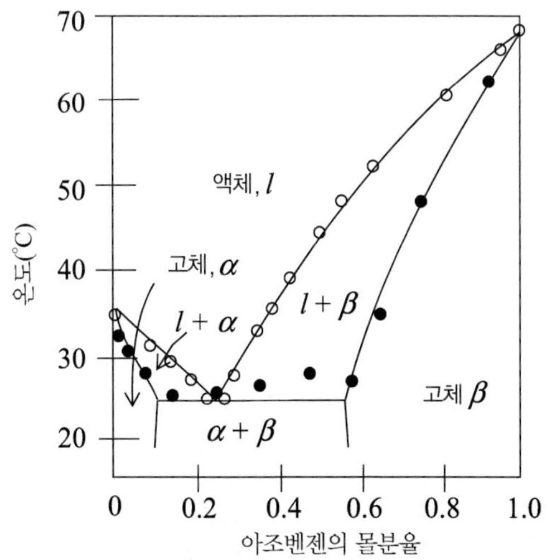

그림 14.13 • 고체-고체 용해도를 갖는 아족시 벤젠 (1) + 아조벤젠 (2) 계의 어는점 곡선. Hildebrand, J.H., Scott, R.L., Solubility of Nonelectrolytes, New York, NY: Dover, 1964에서 인용

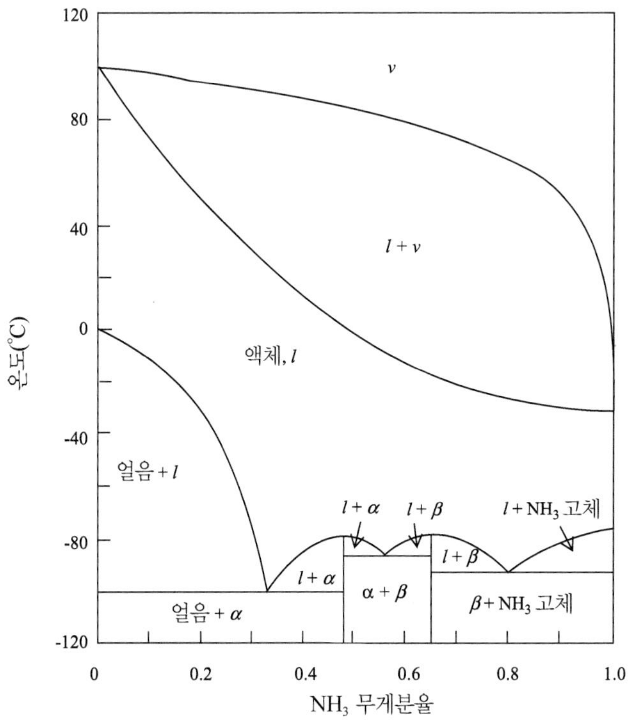

그림 14.14 • 1.013 bar에서 암모니아(1) + 물(2) 계의 고-액과 기-액 상거동. 암모니아와 물은 양론비로 두 가지 결정을 생성함. (α) $NH_3 \cdot H_2O$, (β) $2NH_3 \cdot H_2O$ Landolt-Börnstein, 1960. II/2a:377에서 인용)

석유 유래 왁스 침전

천연가스를 회수하는 데 있어서 특히 어려운 문제는 긴 시간 동안 축적된 적은 양의 왁스가 파이프를 막히게 하는 것이다. 멕시코만에서 유정 바닥의 천연가스는 압력이 250 bar이고 온도가 100°C이지만 파이프라인으로 유입시키기 위해서 100 bar로 낮추어 주어야 하며 압력강하에 따라 바다 저변에서 온도가 5°C까지 떨어질 수 있다. 압력과 온도의 강하로 수송 능력이 감소되고, 적은 양의 중질 액체 탄화수소가 응축되어 종국에는 높은 점도의 액체로 벽면이 덧칠해지게 된다. 액체가 형성된 후 더욱 냉각되면 고체 왁스가 파이프 벽면에 퇴적된다. 이러한 퇴적물에 의해 막힘이 일어나고 압력강하가 더욱 커지면 더 많은 퇴적물이 생기는 과정이 반복된다.

천연가스와 함께 생산되는 자연발생적인 석유는 수백 가지 성분의 복잡한 혼합물이라는 것을 알아야 한다. 모든 성분의 실체와 조성을 파악하기보다는 원유를 분자량의 범위에 의거하여 몇 개의 유분으로 나누는 것이 편리하다. Hansen 등[2]은 일반적인 원유의 몇몇 유분에 대한 조성, 질량 밀도, 분자량에 대한 데이터를 표 14.1의 처음 네 칸에 수록하였다. 이러한 종류의 정보는 일반적으로 초기 시료를 증류하여 시간에 따른 유분을 수거해 얻는다. 분자량이 낮

2 Hansen, J.H., Fredenslund, Aa., Pedersen, K.S., Ronningsen, H.P. 1988. *AIChE J.* 34:1937.

은 성분을 제거하면 끓는점이 상승하고 특정한 온도범위에서 수집하여 별개의 용기에 저장한다. 초기 시료에 대한 각 유분의 무게가 그 유분의 조성이 된다. 각 유분의 무게를 그 부피로 나누면 밀도를 알게 된다. 평균 분자량은 기체 크로마토그래피나 점도와의 상관관계로부터 알 수 있다. 어떠한 성분의 분자량이 대응되는 포화 탄화수소의 분자량과 꼭 같지 않다는 것을 주지할 필요가 있다. 이는, 즉 올레핀 계열, 나프텐 계열과 방향족 계열의 탄화수소가 상당량 존재한다는 것을 의미한다. 이 예제 문제의 목적은 Hansen 등의 데이터를 가스 응축물의 특성으로 간주하여 각 온도에서 고체를 형성하는 분율을 계산하는 것이다.

노말 파라핀에 대해서 용융(녹음) 온도와 용융열은 다음의 Won[3]의 상관 관계식으로부터 계산할 수 있다.

$$T_i^{fus}(K) = 374.5 + 0.02617 M_i - 20172/M_i \qquad \langle \text{식 } 14.27 \rangle$$

$$\Delta H_i^{fus}(\text{cal/mol}) = 0.1426 M_i T_i^{fus} \qquad \langle \text{식 } 14.28 \rangle$$

각 유분이 노말 파라핀 이외에도 실제적으로 모든 왁스의 형성에 참여하는 많은 종류의 물질을 포함하고 있으므로 왁스를 구성하는 유분의 분율을 추산할 필요가 있다. 노말 파라핀의 밀도는 잘 알려져 있으므로, 측정한 밀도와 같은 분자량의 노말 파라핀의 밀도 간의 차이를 노말 파라핀양의 척도로 사용하면 편리하다. 공급물(z_i^W) 중의 왁스를 구성하는 성분에 대한 백분율을 추산하는 관계식으로는 Pedersen의 식[4]을 사용한다.

$$z_i^W = z_i^{tot}\left[1 - \left(0.8824 + \frac{0.5353 M_i}{1000}\right)\left(\frac{\rho_i - \rho_i^P}{\rho_i^P}\right)^{0.1144}\right] \qquad \langle \text{식 } 14.29 \rangle$$

$$\rho_i^P(\text{g/cm}^3) = 0.3915 + 0.0675 \ln(M_i) \qquad \langle \text{식 } 14.30 \rangle$$

여기서 z_i^{tot}는 초기 시료의 성분 전체 몰분율이고 z_i^W는 왁스를 형성하는 부분(예: 노말 파라핀)의 양이다.

예제 14.12 왁스 침전

표 14.1의 처음 네 칸의 데이터와 왁스에 대한 관계식을 이용하여 고체 왁스상의 양과 조성을 온도의 함수로 추산하라. 아울러 추산값을 이용하여 왁스가 침전되기 시작하는 온도를 예측하라. Hansen 등은 304 K인 실험값을 제시하였다.

---

3 Won, K.W, 1986. Fluid Phase Equil. 30:265. Won, K.W. 1989. *Fluid Phase Equil*. 53:377 참조

4 Pedersen, K.S. 1995. *SPE Prod. and Fac*. Feb:46.

풀이

이 문제는 기본적으로 위에서 다룬 2성분계 고-액 평형 문제를 다성분계로 확장한 것이다. 가장 큰 차이는 고체상이 순수하지 않다는 것이다. 다음과 같이 앞의 계산 논리를 따르기로 한다. 고체와 액상 모두에 대하여 이상용액 거동을 가정하여 이전과 같이 $K_i = x_i^L/x_i^S$을 정의하고 액체와 고체의 열용량의 차이는 용융열에 비해서 거의 무시할 수 있다면

$$K_i = \exp\left[\frac{-\Delta H_i^{fus}}{RT}\left(1 - \frac{T}{T_i^{fus}}\right)\right] \qquad \langle \text{식 } 14.31 \rangle$$

이 식은 이상용액을 가정하므로 액상과 고체상의 조성에 무관하다. 고체 용액의 몰분율은 $x_i^S = x_i^L/K_i$ 로 주어진다. 이 방법을 9장의 지름길 K-비를 사용한 기-액 평형 계산과 비교해 보라. 이것은 기-액 응결온도 과정과 유사한 고-액 응고온도이다. 다음 표에서 액체 몰분율은 z_i^W값으로 주어진다. 나머지 과정은 T를 가정하고 그에 따른 K_i값을 계산하여 $\sum_i x_i^s = 1.0$ 이 될 때까지 계속하는 것이다. 2성분계에 대해서는 직접 계산이 쉽지만 다성분계를 계산할 때는 스프레드시트를 권장한다. 이 책과 함께 공급된 스프레드시트 Wax.xlsx에서는 Excel의 해 찾기 기능을 이용하여 $T = 320.7$ K를 얻었다. 중간 결과는 표 14.1에 정리되어 있다. T값은 실험값보다 약간 높지만, 석유 유분의 복잡한 성질과 지역에 따른 차이를 감안한다면 상당히 정확한 값이다.

고-액 평형 요약

고체가 포함된 상평형은 이전의 모델링 개념의 확장이다. 액-액 평형과 마찬가지로 응축상의 퓨가시티는 압력에 대해 상당히 둔감하므로 분배계수는 단지 온도만의 함수로 볼 수 있다. 주된 차이는 각 성분에 대하여 용융열을 이용하여 여러 상의 퓨가시티를 서로 연관시켰다는 것이다. 다성분계 혼합물에서는 고-액 평형 계산과정이 기-액 평형 계산과정과 유사하지만, 서로 다른 방법을 이용하여 분배계수를 계산한다.

14.11 요약

이 장에 LLE와 SLE를 간략하게 소개하였지만, 다상 평형이라는 상거동 분석의 넓고 새로운 지평을 열었다. '기름'과 '물'과 특별한 제3의 성분인 계면활성제(비누가 계면활성제의 예이다)의 혼합물에서 관찰되는 여러 특이한 상거동은 참으로 믿기 어려울 만큼 다양하고 신기하다. 여기에 대한 이 절의 간략한 설명은 유상(oleic)과 수용액상으로 이루어진 계의 겉만을 살짝 건드리는 정도일 뿐이다.[5] 그러한 분자들은 막과 미셀을 형성하기 위해서 취하는 배열 방법의 수

5 Hiemenz, P.C. 1986. *Principles of Colloid and Surface Chemistry*, 2nd ed. New York, NY: Marcel Dekker, NY.

표 14.1 • 왁스의 분율과 예제 14.12에서 계산한 침전조성에 대한 데이터 요약

Species	Wt%	M_i	ρ (g/cm³)	ρ^P (g/cm³)	z_i^{tot}	z_i^W	T^{fus}	ΔH^{fus} (J/mol)	$\mathbf{K}_i^{320}$	x_i^S
< c4	0.031	29	0.416	0.619	0.003	0.000	-----	-----		
c5	0.855	71	0.632	0.679	0.031	0.000	92	3904		
c6	0.377	82	0.695	0.689	0.012	0.000	131	6386		
c7	2.371	91	0.751	0.696	0.068	0.021	155	8419	28.98	0.0007
c8	2.285	103	0.778	0.704	0.058	0.016	181	11134	24.75	0.0006
c9	2.539	116	0.793	0.712	0.057	0.015	204	14080	20.81	0.0007
c10	2.479	132	0.798	0.721	0.049	0.013	225	17714	16.78	0.0008
c11	1.916	147	0.803	0.728	0.034	0.009	241	21128	13.67	0.0006
c12	2.352	163	0.817	0.735	0.038	0.009	255	24777	10.95	0.0008
c13	2.091	175	0.836	0.740	0.031	0.007	264	27519	9.26	0.0008
c14	3.677	190	0.843	0.746	0.051	0.011	273	30952	7.49	0.0015
c15	3.722	205	0.849	0.751	0.047	0.010	281	34393	6.04	0.0017
c16	2.034	215	0.853	0.754	0.025	0.005	286	36691	5.22	0.0010
c17	4.135	237	0.844	0.761	0.046	0.010	296	41757	3.78	0.0026
c18	3.772	251	0.846	0.764	0.039	0.008	301	44989	3.07	0.0027
c19	3.407	262	0.857	0.767	0.034	0.007	304	47532	2.60	0.0026
c20	2.781	268	0.868	0.769	0.027	0.005	306	48921	2.38	0.0021
c21	3.292	284	0.862	0.773	0.030	0.006	311	52631	1.86	0.0031
c22	3.14	299	0.863	0.776	0.027	0.005	315	56116	1.48	0.0035
c23	3.445	315	0.963	0.780	0.029	0.003	319	59841	1.15	0.0027
c24	3.254	330	0.865	0.783	0.026	0.005	322	63340	0.91	0.0052
c25	2.975	342	0.867	0.785	0.023	0.004	324	66144	0.75	0.0054
c26	3.038	352	0.869	0.787	0.023	0.004	326	68485	0.64	0.0061
c27	2.085	371	0.873	0.791	0.015	0.002	330	72941	0.47	0.0052
c28	2.74	385	0.877	0.793	0.019	0.003	332	76231	0.37	0.0079
c29	3.178	399	0.881	0.796	0.021	0.003	334	79527	0.29	0.0107
> c30	31.12	578	0.905	0.821	0.141	0.011	355	122213	0.01	0.9308

로 인하여 여기서 다룬 간단한 모델을 이용하여 나타내기에는 너무 복잡하다. 이 분야를 한참 들어가면 세포막과 살아 있는 유기체가 함께 결합하는 힘을 이해하게 될 것이다. 좀 더 실질적인 공학 수준에서 여기에 제시된 것보다 약간 더 많은 열역학적 배경을 갖추게 되면 용매추출과 결정화 장치의 예비설계 정도는 수행할 수 있을 것이다.

이렇게 간략한 소개로 이 정도로 넓게 다룰 수 있었던 것은 기본적인 사항이 이미 설명되었기 때문이다. LLE와 SLE에 대한 중요한 식은 VLE(식 11.13)에 대한 식과 유사하다.

$$\boxed{\hat{f}_i = \gamma_i x_i f_i^{\circ}} \qquad \langle 식\ 11.13 \rangle$$

액상이 분리되는 것은 Gibbs 과잉에너지가 매우 커져서 안정도 한계를 넘어섰기 때문이다. 달리 말하면, VLE의 경우에 휘발도가 매우 낮은 성분들도 퓨가시티가 커져서 서로에게서 벗어나게 된다. 엔트로피의 감소도 감수해야 하지만, 상호관계는 이를 보상하기에 충분할 만큼 매우 비우호적이다. 편리한 지침으로는

$\gamma_i^\infty > 7.4$이면 LLE를 의심하라. 이 경우 적절한 추정값은 $x_i \approx 1/\gamma_i^\infty$이다.[6]

이 지침을 이용하면 LLE 계산은 VLE 계산과정에서 이따금 나타날 수 있는 우연한 경우에 지나지 않는다. Pasteur에 따르면, 관찰되는 것에 대한 인식의 방법을 알면 아무런 문제가 되지 않는다. Gibbs 에너지 계산과정은 VLE에서와 마찬가지이다. 상분배를 계산하기 위해서는 액-액의 *K*-비를 이용한 플래시 계산이 필요하다. 그러나 플래시 계산 알고리즘은 이미 설명하였고, 액-액 플래시 계산은 기-액 플래시 계산과 다르지 않다. 그러나 LLE의 가능성을 소개함에 있어서는 안정성의 확인에 대한 필요성을 상기시켰다. 순수성분에 대한 임계점을 고려할 때 처음으로 안정성 개념을 접하게 되었다. 다상계를 생각할 때, 처음으로 임계 상을 체계적인 방식으로 탐색할 필요를 느꼈다. 2성분계와 3성분계에서는 이 문제를 다뤘지만 다성분계까지는 일반화하지 않았다. 임계용액 거동을 일반화하기 위해서는 상당한 양의 미적분과 선형대수학에 의한 수학적 조작이 필요하며 이들을 사용하면 임계 거동을 훨씬 더 깊이 있게 이해할 수 있다.[7] 실제에서는 활동도 계수 모델은 정확도가 같은 계의 VLE에 대한 것보다도 낮으므로 주의하여 사용하여야 한다. 특히 일반적으로 LLE의 온도 의존성은 제대로 예측되지 않는다. 흔히 혼화성은 UNIQUAC이나 UNIFAC같이 정교한 모델을 사용하여 예측한 것보다 급격하게 온도에 따라 증가한다. 온도에 의존하는 매개변수를 이용하면 개선할 수 있지만, 이론적인 근거가 없으므로 바깥짐작의 정확성은 VLE의 경우보다 더 빈약하다.

주요 식

LLE에 대한 주요 식은 f_i^L을 등식으로 두고 f_i^o를 소거하여 얻는다.

$$\gamma_i^\alpha x_i^\alpha = \gamma_i^\beta x_i^\beta \qquad \text{〈식 14.1〉}$$

LLE 반복 계산이 약간 까다로운 이유는 큰 값을 갖는 γ들 때문에 반복 계산이 가능하지만 반복이 거듭됨에 따라 점차 작아지기 때문이다. 등 몰에 가까운 조성을 추정하면 LLE 계산이 제대로 이루어지지 않을 수도 있다.

SLE에 대한 주요 식은(식 14.23)

$$\ln(x_i\gamma_i) = (-\Delta H^{fus}/R)(1/T - 1/T_m) \qquad \text{〈식 14.24〉}$$

6 그리고 $\gamma_i^\infty > 100$이면 적절한 추산값이다.

7 Tester, J.W., Modell, M. 1997. *Thermodynamics and Its Applications*, 3rd ed. Upper Saddle River, NJ: Prentice-Hall.

만약 $\gamma_i >> 1$이면 $T \rightarrow T_m$이 된다(계산 결과가 $T > T_m$이면 의미가 없다). 그렇지 않으면 $T < T_m$에서 용해도가 상당한 값을 가진다. 이러한 결과는 단순히 가열하는 것 이외에 용매의 교체(γ_i을 증가시키기 위해 반용매를 첨가)를 제시해 준다. 이것이 응용분야 중의 제약공정의 결정화에 응용되는 일반적인 기술이다. $\gamma_i \neq 1$이면 γ_i값을 추산하기 위해 액체조성을 추정해야 하므로 SLE 계산에서는 반복 계산이 필요하다. 그러나 이와 같은 반복 계산의 문제는 VLE의 경험으로부터 익숙해져 왔으므로 문제가 되지 않는다.

14.12 익힘문제

P14.1 헥산 + 푸르푸랄 계의 상도표는 1-매개변수 Margules 식을 이용하여 적절하게 표현할 수 있다고 알려졌으며 1-매개변수 Margules 식에서는 $\ln \gamma_i = x_j^2 \cdot 800/T(\mathrm{K})$이다. 298 K에서 각 액상의 각 성분에 대한 액-액 상호 용해도를 추산하라.

답: 대칭성에 의해 각각 약 10%

P14.2 Karl-Fisher 분석을 이용하여 측정한 에틸벤젠에 대한 물의 용해도는 1 mol%이다. UNIFAC을 이용하여 물에 대한 에틸벤젠의 용해도를 추산하라.

답: 0.003 wt% 혹은 30 ppmw

P14.3 Perry의 핸드북에 의하면, 물 + 이소부탄올 계는 대기압에서 물이 67.14 mol%이고 89.92°C인 공비 혼합물을 형성한다. 이 자료를 이용하면 273 K에서 van Laar 계수는 $A_{12} = 1.566$과 $A_{21} = 3.833$가 얻어진다. 273 K에서 각 액상의 각 성분에 대한 액-액 상호 용해도를 추산하라.

답: 0.33, 0.97

P14.4 SSCED 모델을 이용하여 298 K에서 4염화탄소에 대한 요오드의 용해도를 추산하라. 요오드의 용융점은 387 K이고 $H^{fus} = 15.5$ kJ/mol이다.

14.13 연습문제

14.1 두 성분 1과 2의 혼합계가 액-액 비혼화성을 나타낸다고 가정하자. 또한 $G_1/RT = 0.1$과 $G_2/RT = 0.3$인 상태에 있다고 가정하자. Gibbs 혼합 에너지는 순수한 성분의 Gibbs 에너지에 대한 혼합물의 Gibbs 에너지를 정량적으로 나타낸 것이다. 혼합물에 대한 과잉 Gibbs 에너지가 다음의 식으로 주어진다고 가정하자.

$$G^E/RT = 2.5\, x_1 x_2$$

(a) 위 식을 이상 혼합에 대한 Gibbs 에너지와 결합하여 전 농도 영역에 걸친 혼합 Gibbs 에너지를 계산하고 결과를 x_1에 대하여 도시하여 이 계가 비혼화성을 나타

낸다는 것을 보여라.

(b) 볼록한 부분의 접선을 그어 $z_1 = 0.854$보다 크고 $z_2 = 0.145$보다 작은 농도에서는 계가 단일상을 이루지만, 그 중간 농도에서는 두 상으로 분리되는 것을 보여라. 액-액 비혼화성을 나타내는 대부분의 계에 대한 과잉 Gibbs 에너지는 보다 복잡한 식을 사용하여 모델링한다. 도표에서 볼록한 부분은 이 책의 그림 14.3에서와 같이 중간에서 벗어나 있다. 여기서 계산에 사용한 간단한 모델로는 대칭적인 도표를 얻게 한다.

(c) 혼합물이 두 상으로 분리될 때, 두 상의 (전체 몰수에 대한) 전체적인 분율은 농도 좌표축에서 지렛대 법칙을 이용하여 결정한다. 0.6 mol의 성분 1과 0.4 mol의 성분 2를 혼합했다고 가정하자. 지렛대 법칙을 이용하여 실제계에서 각 상에 존재할 것 같은 몰수를 구하라. 성분 1이 농축된 상을 β상으로 표시하라.

(d) 0.6 mol의 성분 1과 0.4 mol의 성분 2가 혼합된 혼합물이 가상적으로 단일상을 이룬다면 Gibbs 에너지(G/RT로 나타낸)는 얼마인가? 두 상으로 상분리되는 것을 감안하여 Gibbs 에너지를 계산하고 그 경우의 Gibbs 에너지는 단일상을 형성하는 경우의 Gibbs 에너지보다 낮음을 보여라.

14.2 새로운 의약품의 화학구조는 p-CH_3CH_2-(C_6H_4)-CH_2CH_2COOH이며, 여기에서 (C_6H_4)은 페닐 고리를 의미한다. 이 의약품의 혈류와 체지방에 분배되는 정도를 평가하기 위한 유용한 방법은 이 의약품의 물과 n-옥탄올에 대한 무한 희석 분배계수를 결정하는 것이다. UNIFAC을 사용하여 이를 결정하라. 새 의약품이 혈류에 남아 있겠는가 혹은 지방질인 몸의 부분으로 이동할 것인가?

14.3 부탄올 4 mol%를 함유하는 n-부탄올과 물의 액상 혼합물의 끓는점은 1 bar에서 92.7°C 이다. 92.7°C에서 물과 n-부탄올의 증기압은 각각 0.784 bar와 0.427 bar이다. 4% 부탄올 용액에서 물의 활동도 계수는 거의 1이라고 가정하여 적절한 기포 압력을 나타내는 증기의 조성과 부탄올의 활동도 계수를 구하고 UNIFAC으로 계산한 결과와 비교하라.

14.4 벤젠과 물은 본질적으로 섞이지 않는다. 온도 75°C에서 이들을 50 mol%씩 섞을 때 혼합물의 끓는점은 얼마인가?

14.5 물 + 헥산 그리고 물 + 벤젠은 서로 섞이지 않는 쌍이다.

(a) 2성분계 물 + 벤젠은 760 mmHg, 69.4°C에서 끓는다. 이때 용해도가 $x_B = 1.6\text{E} - 4$라면 수상에서의 벤젠의 활동도 계수는 얼마인가? 주어진 자료와 Antoine 계수만 사용하라.

(b) 각 성분이 1 mol씩 혼합된 3성분계에서 유기상이 이상용액이라면, 실온(292 K)과 기포 압력의 조건에서 기상의 조성은 무엇인가?

(c) 각 성분이 1 mol씩 혼합된 3성분계에서 유기상의 활동도 계수를 UNIFAC을 사용

하여 구하면 실온(292 K)과 끓는 압력의 조건에서 기상의 조성은 얼마인가?

14.6 본질적으로 용매 A와 B는 서로 용해되지 않으나, 성분 C는 두 용매에 잘 녹는다.

(a) Scatchard-Hildebrand 이론을 사용하여 성분 C의 농도가 낮은 경우에 (A에서의 C의 몰분율)/(B에서의 C의 몰분율)로 주어지는 분배계수를 추정하라.

(b) A가 포함된 상에서 C의 농도가 0.1 mol %라면, B가 포함된 상의 조성은 무엇인가?

(c) 추출기를 설계하여 제작한다면 성분 C를 B로부터 A로 추출할 때 분배계수가 유리하게 작용하는가?

	부피 (cm^3/mole)	δ (cal/cm^3)$^{1/2}$
A	50	5.8
B	250	10.4
C	100	9.8

14.7 Scatchard-Hildebrand 이론을 사용하여 0°C에서 조성의 함수로 나타낸 활동도와 네오펜탄과 디클로로메탄의 농도의 함수로 나타낸 ΔG_{mix}를 도시하라. 두 평형상의 농도를 구하라.

	V (cm^3/mole)	δ (cal/cm^3)$^{1/2}$
네오펜탄	122	6.2
디클로로메탄	64	9.7

14.8 285.15 K와 310.15 K에서 메탄올(1) + 사이클로헥세인(2) 계에 대한 평형 액상들의 조성을 구하라. 메탄올이 농축된 상을 α로 한다. 그림 19.12의 자료와 비교하고 결과의 정확도에 대해 언급하라(한 온도에서 두 액상에 대한 수렴된 조성과 활동도 계수가 포함된 결과의 출력물을 포함하라).

(a) MAB 모델을 사용하라.

(b) SSCED 모델을 사용하라.

(c) UNIFAC 모델을 사용하라.

14.9 Schulte 등[8]은 환경적으로 중요한 41가지의 화합물이 25°C에서 각각 헥산과 물 상에 걸쳐 분배되는 선형 용매화 에너지 관계(Linear Solvation Energy Relationship, LSER) 방법을 설명하고 있다. LSER 방법은 van der Waals 힘과 수소결합과 같이 과잉 Gibbs 에너지(분배계수의 로그)에 기여하는 것들은 서로 독립적이라는 생각에 기초하고 있다. 그러므로 이런 기여들을 선형으로 합산할 수 있다. 몇 개의 화합물에 대한 실험 데이터와 LSER 법에 의거한 분배를 도시하여 이 가정을 확인할 수 있다. 또한 다른 이론들도 다른 곡선으로 결과를 도시하여 그 예측능력을 확인할 수 있다.

8 1998. *J. Chem. Eng. Data* 43:72.

표 14.2는 몇몇 화합물들에 대한 LSER 법에 필요한 매개변수를 수록하고 있다. 이 매개변수는 다음 식에 대입하여 사용하기 위한 것이다.

$$\log K_{H/W} = 0.404 + 5.382\,v_i - 1.786\,\pi_i + 0.856\,\delta_i^S - 4.644\,\beta_i^S - 3.078\,\alpha_i^S$$

여기에서 v = 부피 매개변수, π = 극성 매개변수, δ^s = 분극성 매개변수, β^S = 수소결합 수용체 매개변수, α^s = 수소결합 공여체 매개변수를 나타낸다. LSER 법을 이용하여 다음의 화합물에 대한 분배계수의 대수값을 계산하고 표 14.2에 수록된 실험값에 대한 그래프를 그려라. 다음 방법들에 의한 예측값도 포함시켜라(힌트: 대개 환경 화합물은 ppm 농도로 존재한다).

(a) MAB 모델

(b) SSCED 모델

(C) UNIFAC 모델

표 14.2 • LSER 매개변수와 헥산 + 물에 대한 여러 화합물의 분배계수의 실험값 화합물

성분	$\log K$	v	π	δ^S	β^S	α^S	δ	β	α
페놀	−0.96	0.536	0.72	0.52	0.33	0.61	24.63	25.14	5.35
o-크레솔	−0.12	0.637	0.68	1.0	0.41	0.54	22.87	27.15	2.17
2,4-디메틸페놀	0.36	0.738	0.64	1.0	0.42	0.54	22.46	21.6	4.6
벤즈알데하이드	0.36	0.606	0.92	1.39	0.44	0	21.60	0	8.80
p-클로로벤즈알데하이드	1.60	0.698	0.92	1.39	0.40	0	20.34	0	7.65
벤젠	2.06	0.491	0.59	0.68	0.10	0	18.74	0.63	2.24
톨루엔	2.75	0.592	0.55	1.0	0.11	0	18.33	0.57	2.23

다음의 문제는 3성분계의 LLE에 관한 내용이다. 계들에 대한 실험 데이터를 표 14.3과 표 14.4에 수록하였다.

표 14.3 • T=299.85 K에서의 물(1) + 메틸에틸케톤(MEK)(2) + 아세트산(3) 계[a]

α 상 mol%			β 상 mol%		
1	2	3	1	2	3
92.689	7.311	0.	36.383	63.617	0.
91.644	8.049	0.307	38.601	60.547	0.851
90.839	8.623	0.538	40.531	57.986	1.482
90.681	8.733	0.586	41.835	56.287	1.878
89.325	9.717	0.958	44.866	52.640	2.494
88.631	10.228	1.140	49.069	47.994	2.937
88.084	10.669	1.247	52.180	44.769	3.051

a. Skrzec, A.E., Murphy, N.F. 1954. *Ind. Eng. Chem.* 46:2245.

표 14.4 • Mueller가 보고한 288.15 K에서 1-부탄올(1) + 물(2) + 메탄올(3) 계[a]

α 상 mol%			β 상 mol%		
1	2	3	1	2	3
2.115	95.071	2.813	45.254	51.598	3.148
2.319	92.876	4.804	41.183	53.459	5.358
2.548	91.304	6.148	35.997	56.276	7.727
2.966	89.460	7.574	30.372	59.851	9.777
4.043	86.874	9.083	23.296	65.170	11.534
5.171	85.094	9.736	18.482	69.704	11.814

a. Mueller, A.J., Pugsley, L.I., Ferguson, J.B. 1931. *J. Phys. Chem.* 35:1314.

14.10 299.85 K에서 물(1) + MEK(2) 계를 생각하자. Skrzec, A.E.와 Murphy, N.F. (1954. *Ind. Eng. Chem.*, 46:2245)가 측정한 용해도는 $x_1^\alpha = 0.927$, $x_1^\beta = 0.364$이다. 2-성분계의 LLE에 대한 반복 계산 절차는 예제 14.4에 설명되어 있다. 이 절차를 따라 UNIQUAC을 이용하여 예측되는 상호 용해도를 결정하라. 혼합물에 대한 매개변수의 값은 $r = [0.92,\ 3.2479]$, $q = [1.40,\ 2.876]$, $a_{12} = -2.0882$ K, $a_{21} = 345.53$ K이다. 물로 농축된 상을 α상으로 한다.

14.11 2성분계에서는 반복 계산을 식 14.5에 나타낸 바와 같이 오직 K-비만 이용하여 $x_{1,new}^\alpha$를 구하여 수행할 수 있다. 3성분계에서는 적어도 하나의 조성은 알아야 한다. 주어진 조성 $x_{3,old}^\alpha$에 대한 다음의 반복 계산을 위한 공식을 유도하라.

$$x_{1,new}^\alpha = \frac{1 - x_{3,old}^\alpha(K_{3,old} - K_{2,old}) - K_{2,old}}{K_{1,old} - K_{2,old}}$$

14.12 온도 299.85 K에서의 물(1) + 메틸에틸케톤(MEK)(2) + 아세트산(AA)(3) 계를 생각하자. 3성분계 LLE에서 $x_3^\alpha = 0.005,\ 0.01,\ 0.02$일 때 UNIQUAC을 사용하여 대응선을 추산하라. 이 계에 대한 매개변수의 값은 $r = [0.92,\ 3.2479,\ 2.2024]$, $q = [1.40,\ 2.876,\ 2.072]$이며 a값(K의 단위로)은 $a_{12} = -2.0882$, $a_{21} = 345.53$, $a_{13} = 254.15$, $a_{31} = -301.02$, $a_{23} = -254.13$, $a_{32} = -4.5537$이다. 물로 농축된 상을 α상으로 한다. x_1을 x-좌표로, x_3를 y-좌표로 한 그래프에 결과를 도시하고 대응선을 연결하라. 다른 기호를 이용하여 실험 대응선(표 14.3)을 나타내라.

14.13 다음 모델을 이용하여 문제 14.12를 풀어라.

(a) MAB 모델

(b) SSCED 모델

(C) UNIFAC 모델

14.14 온도 25°C에서 펜탄, 아세톤, 메탄올, 물이 각각 $z = 0.75,\ 0.13,\ 0.11,\ 0.01$의 비율로 포함된 혼합물 1 mol을 순수한 물 1 mol과 혼합한 뒤 방치하여 평형을 이루게

한다. 다음의 모델을 이용하여 각 성분의 분배계수와 아래상/공급량의 비를 결정하라. 여기에서 '공급량'에는 펜탄으로 농축된 상과 순수한 물의 흐름을 모두 포함한다.

(a) MAB 모델
(b) SSCED 모델
(C) UNIFAC 모델

14.15 물(1) + 메틸에틸케톤(MEK)(2) + 프로피온산(PA)(3) 계를 생각하자. UNIFAC을 이용하여 298.15 K, $x_3^\alpha = 0.01$, 0.05, 0.10에서의 공존하는 평형상의 조성을 구하라. 물로 농축된 상을 α상으로 한다. 농도 x_1을 x-좌표로, x_3를 y-좌표로 하는 직교좌표에 결과를 도시하고 대응을 나타내라.

14.16 Flory-Huggins 모델에 의한 스피노달 곡선에 대한 식을 유도하고 사이클로헥세인에 혼합되어 있는 여러 폴리스티렌에 대한 스피노달 곡선(x^α, x^β에 대한 T)을 도시하라. 이때 UNIFAC 매개변수를 이용하여 에틸벤젠에 대한 폴리스티렌의 부피를 계산하고, 각 성분의 용해도 매개변수와 몰부피는 $N_d = 1$일 때의 실험값으로 한다. 폴리스티렌의 중합도는 100, 200, 500, 1000이다. 구한 임계온도의 역수를 $N_d^{-1/2}$에 대하여 도시하고 무한 분자량 임계온도를 큰 **X**로 표시하라.

고-액 거동

14.17 고-액 평형을 다룰 때 녹는점에서 압력효과는 무시된다.

(a) 고체의 몰부피가 액체의 몰부피보다 작은 물질의 액체와 고체상에 대한 Gibbs 에너지를 일정한 온도에서 압력에 대하여 그려라. 2개의 곡선을 같은 그림에 그리고 녹는 압력을 나타내라. 거의 모든 화학물질이 이 형태를 따른다.
(b) 물에 대해서는 고체의 몰부피가 액체일 때보다 크다. Gibbs 에너지를 액체와 고체상에 대해 일정 온도에서 압력의 함수로 그려라. 같은 그림에 양 곡선을 그리고 녹는 압력을 나타내라.
(c) 보통 녹는점 80.2°C와 압력이 5 bar일 때 가상적 용융 Gibbs 에너지를 고체 나프탈렌에 대해서 계산하라. 액체와 고체는 비압축성이라고 가정할 수 있다. 계산할 때 어떤 경로를 고려한 것인지 명확하게 나타내라. $V^L = 124.8$ cm³/gmol, $V^S = 133$ cm³/gmol이다.
(d) 1기압, 78°C에서 나프탈렌의 가상적 용융 Gibbs 에너지를 계산하라. 위의 (c)에서 얻은 답과 비교하여 압력효과가 온도효과에 비해 미약하다는 것을 확인하라.

14.18 25°C에서 n-헥산에 대한 나프탈렌의 용해도는 11.9 mol%이며, 액체상은 비이상적이다. 간단한 용액 모델 $G^E/RT = Ax_1x_2$를 써서 10°C에서의 용해도를 계산하라(실험적으로 10°C에서 측정한 결과는 6.5 mol%이다, Sunier, A. *J. Phys. Chem.*, 34:2582, 1930).

14.19 나프탈렌(1) + 비페닐(2) 계에 대해서 이상용액을 가정하여 고－액 평형 *T-x* 그래프를 도시하라. 예측된 공융점과 조성은? 실험적으로 공융점은 39.4°C이고 x비페닐 = 0.555이다(Lee, H.H., Warner, J.C., 1935. *J. Amer: Chem. Soc.* 57:318.).

14.20 주어진 조건에서 다음 모델을 이용하여 페놀의 용해도(몰분율 단위로)를 결정하라. (i) MAB 모델을 이용하라. (ii) SSCED 모델을 이용하라. (iii) UNIFAC 모델을 이용하라.

(a) 25°C 노말 헵탄에서의 용해도
(b) 25°C 에탄올에서의 용해도
(c) 25°C에서 50/50의 몰비인 헵탄과 에탄올의 혼합물에 대한 용해도

14.21 50 wt%(22.5 mol%)의 에틸렌글리콜 + 물이 약 240 K에서 언다.

(a) 에틸렌글리콜과 물이 이상용액을 형성할 때 어떤 어는점이 예측되는가? 어는 것은 물 결정의 형성으로 생긴다.
(b) 계산에 의하면 이 계는 Raoult의 법칙에서 양의 편차를 보이는가, 음의 편차를 보이는가? 그 이유는?

14.22 페난트렌과 안트라센은 구조적으로 매우 유사하다. 25°C에서 이들이 비슷한 용해도를 가질 것으로 생각하는가? 정량적인 답을 제시하고 설명하라.

14.23 어떤 용매에 대해 40°C에서의 나프탈렌의 이상용해도를 결정하라. 그리고 주어진 용매와 모델을 이용하여 예측되는 용해도를 계산하여 괄호 안에 나온 실험으로 얻은 몰백분율 용해도와 비교하라. (i) MAB 모델을 이용하라. (ii) SSCED 모델을 이용하라. (iii) UNIFAC 모델을 이용하라.

(a) 메탄올(4.4)
(b) 에탄올(7.3)
(c) 1-프로판올(9.4)
(d) 2-프로판올(7.6)
(e) 1-부탄올(11.6)
(f) 노말 헥산(22.2)
(g) 사이클로헥사놀(22.5)
(h) 아세트산(11.7)
(i) 아세톤(37.8)
(j) 클로로포름(47.3)

14.24 주어진 용매에 대해서 나프탈렌의 용해도를 결정하고 문헌값과 비교하라.

(a) 아세트산[9]
(b) 노말 헥산[10]
(c) 사이클로헥사놀[10]
(d) 아세톤
(e) 클로로포름[11]
(f) 메탄올

---

9 Ward, H. 1926. *J. Phys. Chem.* 30:1316.

10 Weissenberger, G. 1927. *Z. Agnew. Chem.* 40:776.

11 Hildebrand, J. 1920. *J. Am. Chem.* Soc. 42:2180.

(g) 노말 부탄올[9]　　(h) 에탄올

(i) n-프로판올[10]

14.25 다음 용매에 대해 20°C 페난트렌의 이상용해도를 결정하라. 주어진 용매와 모델에 의해 예측되는 용해도를 계산하여 괄호 안의 실험적인 몰 백분율 용해도와 비교하라. (i) MAB 모델을 이용하라. (ii) SSCED 모델을 이용하라. (iii) UNIFAC 모델을 이용하라.

(a) 아세톤(14.5)　　(b) 클로로포름(23.8)

(c) 에탄올(1.23)　　(d) 아세트산(1.92)

(e) 메탄올(0.64)

14.26 다음 용매에 대해 20°C에서 안트라센의 이상용해도를 결정하라. 주어진 용매와 모델을 이용해 예측되는 용해도를 계산하여 괄호 안의 실험적인 몰 백분율 용해도와 비교하라. (i) MAB 모델을 이용하라. (ii) SSCED 모델을 이용하라. (iii) UNIFAC 모델을 이용하라.

(a) 아세톤(0.31)　　(b) 클로로포름(0.94)

(c) 에탄올(0.05)　　(d) 메탄올(0.02)

14.27 살리실산은 구조적으로 아스피린과 유사하다. 표 14.5는 Shalmashi 등[12]이 측정한 데이터이다.

(a) $\beta = 0$을 가정하여 데이터를 가장 잘 상관관계시키는 물에 대한 살리실산의 α값을 구하라.

(b) 에탄올에 대한 산의 용해도를 예측하라.

(c) 상관관계시킨 데이터와 측정값이 나타난 $\log(x_{\text{acid}})$ 대 $1000/T$ 도표를 작성하라.

(d) 모든 계산값과 실험값을 도시하라. 이것이 동등성 도표이다.

표 14.5 • 여러 가지 용매에 대한 살리실산의 용해도. 조성은 wt%

용매\T(°C)	25	35	45	55	65	75
물	0.22	0.35	0.54	0.74	1.16	1.71
에탄올	32.54	38.51	42.74	47.79	52.52	56.98
에틸아세테이트	0.30	0.49	0.77	1.26	1.80	2.50
사염화탄소	20.08	23.58	26.92	30.10	33.47	36.92
p-자일렌	0.62	1.10	1.75	2.70	4.01	5.78

14.28 페놀(1) + 사이클로헥세인(2)에 대한 SLE(고체 – 액체 평형) 그래프를 작성하라.

(a) 이상용액을 가정한다.

(b) MAB을 이용하여 액상의 비이상성을 모사하라.

(c) SSCED을 이용하여 액상의 비이상성을 모사하라.

12 Shalmashi A., Eliassi, A. 2008. *J. Chem. Eng.* Data 53:199-200.

(d) UNIFAC을 이용하여 액상의 비이상성을 모사하라.

(e) 동일한 온도조건에서 사이클로헥세인에 대한 페놀의 용해도와 벤젠에 대한 용해도의 차이에 대해 설명하라(그림 14.12 참조).

14.29 알래스카 Prudhoe Bay의 새로운 가스정에서 나온 가스 응축물은 C5, C10, C15, C20, C25, C30, C35, C40, C45, C50 그리고 > C50에 대해서 각각 1, 4, 7, 10, 12, 12, 12, 12, 8, 8, 14의 무게 백분율을 갖는다. 이 액체로부터 왁스가 생기기 시작하는 온도를 추정하라.

14.30 주어진 고체의 조성에 대한 액상의 조성과 녹는점을 VLE나 LLE 계산과 유사한 흐름도를 작성하라.

(a) 고체와 액체의 이상용액에 대하여

(b) 고체와 액체의 비이상용액에 대하여

14.31 액체와 고체가 비이상용액을 형성할 때 주어진 액상조성에 대하여 어는점과 고체의 조성을 VLE나 LLE 계산과 유사한 흐름도를 작성하라.

14.32 처음 어는점과 처음 녹는점 사이의 명시된 액체–고체 혼합물의 전체 조성조건에 대하여 액체와 고체가 공존하는 조성 조건을 VLE나 LLE 플래시 계산과 유사한 흐름도를 작성하라.

14.33 흔히 반용매를 첨가하여 침전시키는 대신에 조용매를 첨가하여 용해도를 증진시키고자 하기도 한다. 이전 문제에 주어진 데이터를 최대한 이용하여 25°C에서 10무게%의 살리실산 수용액을 만들기 위해 물에 첨가해야 하는 에탄올의 양을 추산하라.

14.34 Yalkowsky와 Rubino (1985)[13]는 용매/조용매의 부피 분율로 도시할 경우 혼합용매에 대한 대수적인 용해도가 대략적으로 선형 관계를 보인다는 것을 발견하였다. 즉 $\log(x_i) = \Phi_1'\log(x_{i,1}) + \Phi_2'\log(x_{i,2})$이며 $x_{i,j}$는 순수한 j번째 용매에 대한 용해도이고 Φ_i'은 용질을 제외한 기준에 의한 부피 분율이다. 예를 들어, $\Phi_E' = \Phi_E/(\Phi_E + \Phi_W)$이다. SSCED 모델을 이용하여 318 K에서 에탄올과 물의 몰분율 비가 3/1, 1/1, 1/3인 혼합물에 대한 살리실산의 용해도에 대한 최선의 추산값을 구하라. 결과를 $\log_{10}(x_{acid})$ 대 Φ_E'의 도표에 도시하라. 실험 데이터와 Yalkowsky와 Rubino의 제시선을 포함시켜라. SSCED 모델이 Yalkowsky와 Rubino의 관찰결과와 일치하는지 여부에 대하여 설명하라.

13 Connors, K.A, 2002. *Thermodynamics of Pharmaceutical Systems: An Introduction for Students of Pharmacy*, Hoboken, NJ: Wiley.p. 131.

15 CHAPTER

상태방정식에 의한 혼합물의 상평형

전체는 그것을 이루는 부분들의 합보다 간단하다.

J. W. Gibbs

실온에서 혼합물 중 메탄의 기-액 K-비를 추산하도록 요구되었다고 가정하자. 초기 추정으로 메탄이 이상용액 거동을 따른다고 가정할 수 있다. 메탄은 비교적 간단한 분자이다(예: 극성 모멘트와 수소결합이 없음). 그러나 요구되는 온도가 임계온도보다 충분히 높아서 Raoult의 법칙은 사용할 수 없다. Henry의 법칙이나 SCVP+ 모델(11.12절)을 사용할 수 있지만, 낮은 농도라는 가정은 매우 높은 고압에서는 적합하지 않을 수 있다. 이 장에서 논의되는 상태방정식 기법이 적절한 대안이 된다.

우리는 이 장을 12.1절에서 소개된 혼합법칙의 회고로부터 시작한다. 그리고 VLE 계산에 필요한 퓨가시티와 K-비가 어떻게 혼합법칙으로부터 얻어지는지를 보인다. 그다음 알고리즘을 준비하여 상태방정식(EOS)을 이용하여 어떻게 VLE 계산이 프로그램되는지를 설명하고자 한다. 마지막으로 순수물에서의 임계 거동과 혼합물에서의 임계 거동이 어떻게 다른가를 통찰하고, 그리고 압력이 증가함에 따라 통찰의 질이 떨어짐과 같은 직관에 반한 거동이 존재할 수 있음도 보여 준다.

학습목표

1. EOS를 이용한 VLE상 선도 계산
2. 실험 데이터를 이용한 EOS 모델 매개변수의 규정
3. 주어진 임의의 EOS와 혼합법칙에 의한 퓨가시티의 계수식 유도
4. PREOS를 체계적으로 개선시킬 수 있는 방법의 제시를 포함한 11~13장의 활동도 모델에 대한 PREOS의 장점과 한계에 대한 논평

15.1 상태방정식을 위한 혼합법칙

비리얼 상태방정식

비리얼 상태방정식은 7.4절의 순수유체 부분에서 소개되었다. 우선 12.1절에서와 같이 매개변수를 조성에 연관시키는 전략을 생각하자. 만약 이 혼합법칙을 비리얼 상태방정식에 확대 적용시키면

$$B = \sum_i \sum_j x_i x_j B_{ij} \qquad \text{〈식 15.1〉}$$

2성분 혼합물에 대해서는

$$B = y_1^2 B_{11} + 2y_1 y_2 B_{12} + y_2^2 B_{22} \qquad \text{〈식 15.2〉}$$

이전에 논했던 것과 같이, B_{12}는 B_{21}과 같은 것으로 한다. **교차계수 B_{12}는 혼합물의 비리얼 계수가 아니다.**

결합 규칙은 상이한 분자 간 상호작용을 나타내는 매개변수를 정량화하는 데 사용된다.

교차계수 B_{12}를 얻기 위해서는 교차계수가 순수성분 1, 2의 성질에 얼마나 의존하는지를 제시할 수 있는 **결합 규칙**을 구성하여야 한다. 비리얼 계수에 대해서 짝 퍼텐셜(pair potential)과 비리얼 계수 사이의 상관관계는 7.11절에 주어졌다. 그러나 공학적 응용에서는 엄격하지 않은 방법이 자주 사용되었으며 오히려 결합 규칙은 T_{C12}와 P_{C12} 항을 이용하여 순수물질에 대해 개발된 **대응상태** 관계를 이용하기 위해 고안되었다.

교차계수 임계특성값을 결정하는 데 사용되는 결합 규칙은

$$T_{c12} = (T_{c1}T_{c2})^{1/2}(1-k'_{12}) \qquad \text{〈식 15.3〉}$$

2성분 상호작용 계수는 가능하다면 실험 데이터를 보다 잘 합치시키기 위해 결합 규칙을 조절하는데 사용된다.

매개변수 k'_{12}는 조정 가능한 매개변수(**2성분 상호작용 계수라 함**)로 결합 규칙이 실험[1]에 의해 발견된 교차계수를 보다 더 정확하게 나타낼 수 있게 한다. 그러나 실험 데이터가 없는 경우에는 $k'_{12} = 0$으로 하는 것이 일반적이다.

$$V_{c12} = \left(\frac{V_{c1}^{1/3} + V_{c2}^{1/3}}{2}\right)^3 \qquad \text{〈식 15.4〉}$$

$$Z_{c12} = \frac{1}{2}(Z_{c1} + Z_{c2}) \qquad \text{〈식 15.5〉}$$

그리고

$$\omega_{12} = \frac{1}{2}(\omega_1 + \omega_2) \qquad \text{〈식 15.6〉}$$

1 Reid, R., Prausnitz, J.M., Poling, B. 1987. *The Properties of Gases and Liquids*. 4th ed. New York, NY: McGraw-Hill, p 133.

이들 결합 규칙의 처음 세 가지 식으로부터 다음 관계를 얻는다.

$$P_{c12} = Z_{c12}RT/V_{c12} \qquad \langle 식\ 15.7 \rangle$$

다음으로 T_{c12}, P_{c12}, ω_{12}는 B_{12}(식 7.6~7.10)를 얻기 위해 7장에서 제시된 비리얼 계수 상관에 이용되며 이는 다시 혼합물에 대한 식으로 통합된다. 만일 Z_c(또는 V_c)를 이용할 수 없다면 $Z_c = 0.291 - 0.08\omega$를 이용하여 추산할 수 있다. 2성분 혼합물에 대한 비리얼 상태방정식은 이 책과 함께 제공되는 스프레드시트 Virialmx.xlsx에 수록되어 있다.

예제 15.1 증기혼합물에 대한 비리얼 상태방정식

310 K, 0.2 Mpa 조건에서 이산화탄소(2) 중 네오펜탄(neopentane)(1) 60 mole% 혼합물의 몰부피를 계산하라.

Virialmx. xlsx.

풀이

조건을 스프레드시트 Virialmx.xlsx에 입력시켜 다음의 결과를 얻는다.

Microsoft Excel - Virialmx.xls

File Edit View Insert Format Tools Data Window Help

Virial Equation for a Mixture

T (K)	310
P (MPa)	0.2
kij	0

Compound	T_C (K)	P_C (MPa)	ω	V_C (cm³/mol)	Z_C	Tr	Pr	criteria
Neopentane	433.8	3.199	0.196	303.28	0.269	0.7146	0.0625	0.00117
CO2(2)	304.2	7.382	0.228	93.87	0.274	1.0191	0.0271	0.32117
(1)-(2)	363.27	4.59	0.212	178.62	0.2715	0.8534	0.0436	

Compound	B^0	B^1	BP_C/RT_C	B_{ij}(cm³/mol)
Neopentane	-0.6394321	-0.5663837	-0.7504433	-846.06
CO2(2)	-0.3264383	-0.0198832	-0.3309717	-113.39
(1)-(2)	-0.460867	-0.195774	-0.5023711	-330.50

B_{ij} matrix	
-846.06	-330.50
-330.50	-113.39

Introduction / Virial Mix

원래의 스프레드시트는 이 풀이를 위해 약간 수정되었다. 셀(cell) J9와 J10은 식 7.10, $T_r - 0.686 - 0.439P_r$의 재배열된 형태로 프로그램되었는데, 이들 셀이 양수이면 비리얼 상태방정식이 적합하다. 임계 부피는 T_c, P_c, Z_c로부터 계산된다. 셀 F15~F17에는 각각 네오펜탄과 이산화탄소의 비리얼 계수와 교차계수가 기록되어 있다.

혼합물의 비리얼 계수는 식 15.1에 주어져 있는데,

$B = 0.6^2 \cdot (-846.06) + 2(0.6)(0.4)(-330.5) + 0.4^2 \cdot (-113.39) = -481.36\ \text{cm}^3/\text{mol}$

$V = RT/P + B = 8.314 \cdot 310/0.2 - 481.36 = 12{,}405\ \text{cm}^3/\text{mol}$

혼합물의 부피 거동은 조성에 의존된다. 혼합물 부피는 이상용액의 $V^{is} = \sum_i x_i V_i$와는 다르다. 그 차이 $V - V^{is}$를 과잉 부피 V^E라 한다.

순수 네오펜탄의 몰부피는

$V = RT/P + B = 8.314 \cdot 310/0.2 - 846.1 = 12,041\ \text{cm}^3/\text{mol}$
순수 이산화탄소의 몰부피는
$V = RT/P + B = 8.314 \cdot 310/0.2 - 113.4 = 12,773\ \text{cm}^3/\text{mol}$
60 mol% 네오펜탄 혼합물 이상용액의 몰부피는
$V^{is} = 0.6(12,041) + 0.4(12,773) = 12,334\ \text{cm}^3/\text{mol}$
그리고 과잉 부피는
$V^E = 12,405 - 12,334 = 71.2\ \text{cm}^3/\text{mol}$
식에서 y값을 바꿈으로써 모든 조성에 대해 몰부피와 과잉 부피를 결정할 수 있다.

3차 상태방정식

3차 상태방정식의 통상적 혼합법칙은 12.1 절에 소개된 바 있다.

$$a = \sum_i \sum_j x_i x_j a_{ij} \quad \text{그리고} \quad b = \sum_i x_i b_i \qquad \langle\text{식 } 15.8\rangle$$

위 식의 a에 대한 혼합법칙과 비리얼 계수를 위한 혼합법칙 간의 수학적 유사성에 주목하자. 상태방정식의 모든 조성 의존성은 두 가지 관계로 통합된다. b항에 대해서는 결합 규칙이 필요치 않으나 a항에는 결합 규칙이 필요하다. 통상적인 결합 규칙은

$$a_{ij} = (1 - k_{ij})(a_{ii}a_{jj})^{1/2} \qquad \langle\text{식 } 15.9\rangle$$

여기서 k_{ij}는 **2성분 상호작용 계수**라 한다. 이것은 비리얼 계수에 사용된 임계온도에 대한 기하평균형태와 유사하다. 조정 가능한 매개변수인 k_{ij}는 실험 데이터를 보다 잘 합치시키기 위해 결합 규칙을 조정하는 데 사용한다. 기술적으로 이것은 우리가 모르는 부분을 조정 가능한 매개변수 k_{ij}로 나타내는 셈이다. 여러 가지 2성분 조합에 대한 k_{ij}값이 문헌에 표로 나와 있다.[2]

k_{ij} 에 대한 실험값이나 문헌값이 없을 경우, 우리는 $k_{ij} = 0$으로 놓음으로써 1차 근사(first order approximation)로 만들 수 있다. 이 근사법은 우리의 목적에 잘 맞는다. 왜냐하면 상태방정식 접근은 이상용액 접근법 (T_c P_c, ω, T, P, x, y)보다 더 많은 정보를 필요치는 않으나, 근본적인 분자적 관점에 의존하기 때문에 상도표를 더욱 사실적으로 나타낼 수 있는 가능성을 제공하기 때문이다. 우리는 몇 가지 예제를 통해서 이와 같이 향상된 정확도를 입증할 수 있다.

---

2 Reid, R., Prausnitz, J.M., Poling, B. 1987. *The Properties of Gases and Liquids*. 4th ed. New York, NY: McGraw-Hill, p. 83.

15.2 상태방정식으로부터의 퓨가시티와 화학 퍼텐셜

각 성분의 퓨가시티가 필요한 상평형 계산의 회고로부터 시작해 보자. 기－액 평형 계산에 필요한 도구는 K-비와 각 성분의 퓨가시티를 나타내는 식이다. 10.9절에서 이상기체에 대한 성분의 퓨가시티가 분압과 같다는 것을 증명하였다. 이 장에서 퓨가시티를 제공하기 위한 분압의 '보정' 방법을 개발하고자 한다. 그림 11.8에 제시한 벤 다이어그램(Venn diagram)의 변형으로 우리는 그림 15.1과 같은 개략도를 나타내었다.

10.9절의 개념을 재검토하면 전후관계를 파악하는 데 도움을 받을 수 있다. 주목적은 이상용액이라는 가정을 완화시킨 후 기포점, 이슬점과 플래시 계산을 실행하는 것이라는 것을 명심하자.

상태방정식이 작은 근을 이용해서 액상을 설명할 수 있기 때문에, 우리는 기상과 액상의 양상을 나타낼 수 있다.

퓨가시티를 유도하는 방법은 식 10.39의 연장이다. 만약 실제 혼합물에서 화학 퍼텐셜을 이상기체의 화학 퍼텐셜과 비교하면, 우리는 이 편차가 Gibbs 에너지 편차의 성분 도함수에 의해 주어지는 것을 알 수 있다.

$$\frac{\mu_i(T,P)-\mu_i^{ig}(T,P)}{RT} = \left(\frac{\partial G/RT}{\partial n_i}\right)_{T,P,n_{j\neq i}} - \left(\frac{\partial G^{ig}/RT}{\partial n_i}\right)_{T,P,n_{j\neq i}} = \left(\frac{\partial (G-G^{ig})/RT}{\partial n_i}\right)_{T,P,n_{j\neq i}} \quad \text{〈식 15.10〉}$$

우리는 Gibbs 에너지 편차를 식 9.23과 9.31에서 보았다. 비리얼 상태방정식에 대해서는

$$\frac{G-G^{ig}}{RT} = \frac{BP}{RT} \quad \text{〈식 15.11〉}$$

여기서 비리얼 계수는 식 15.2를 통해 조성에 의존된다는 것을 인식하였다. 이 식의 미분으로부터 우리는 화학 퍼텐셜을 얻는다. 만약 식 11.22를 사용한다면, 우리는 성분의 퓨가시티를

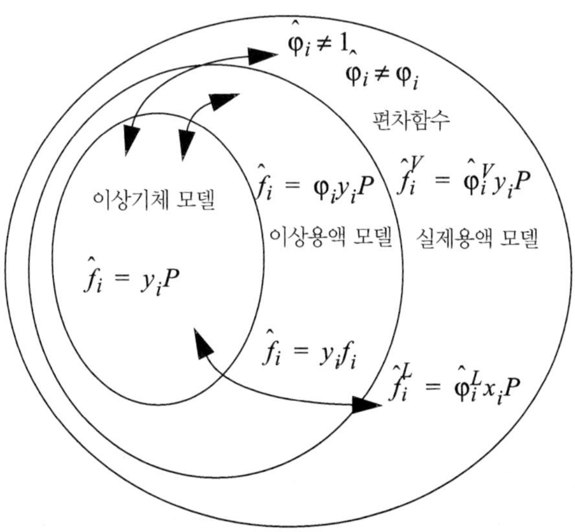

그림 15.1 • 상태방정식을 이용한 성분들의 퓨가시티 모델링의 개략도. 편차함수(퓨가시티 계수)법은 기, 액상 모두에 대해 사용된다. 상첨자는 각 상의 퓨가시티 계수를 구분하기 위해 사용되었다. 액상의 조성은 관습적으로 x_i로, 기상의 조성은 y_i로 나타낸다.

계산할 수 있고 이상기체 혼합물 상태로 표준상태를 대체할 수 있다. 이상기체 상태에서 성분의 퓨가시티는 분압이기 때문에 퓨가시티 계수는 다음과 같이 된다.

❗ $Z(T, P)$ 형태의 상태방정식에 유용한, 혼합물에 대한 퓨가시티 계수의 일반적 형태

$$\ln\left(\frac{\hat{f}_i}{y_i P}\right) = \frac{(\mu_i - \mu_i^{ig})}{RT} = \left(\frac{\partial(\underline{G} - \underline{G}^{ig})/(RT)}{\partial n_i}\right)_{T, P, n_{j \neq i}} \quad \langle 식\ 15.12\rangle$$

우리는 분압(이상기체 성분 퓨가시티)에 대한 성분 퓨가시티의 비를 그 성분의 퓨가시티 계수로 정의한다.

❗ 성분 퓨가시티 계수

$$\hat{\varphi}_i \equiv \frac{\hat{f}_i}{y_i P} \quad 또는 \quad \hat{f}_i = y_i \hat{\varphi}_i P \quad \langle 식\ 15.13\rangle$$

Gibbs 에너지 편차의 미분으로 2성분계에서 그 성분의 퓨가시티 계수를 얻는다.

❗ 비리얼 상태방정식에 대한 퓨가시티 계수

$$\ln\hat{\varphi}_1 = [2y_1 B_{11} + 2y_2 B_{12} - B]P/RT \quad \ln\hat{\varphi}_2 = [2y_1 B_{12} + 2y_2 B_{22} - B]P/RT \quad \langle 식\ 15.14\rangle$$

이 식은 뒤에서 더 자세하게 다루기로 한다. 혼합물에서 한 성분의 퓨가시티 계수는 그 온도에서 비리얼 계수의 값을 도출한 후, 이 식을 이용해 퓨가시티 계수를 계산함으로써 주어진 T, P에서 곧바로 결정될 수 있다.

Gibbs 편차함수의 미분은 Peng-Robinson식과 같은 압력 의존 상태방정식에 대해서는 다소 어렵다. 이러한 어려움은 Gibbs 편차함수가 압력보다는 부피와 온도의 항으로 나타내졌으며(식 8.36, 9.33), 식 15.12에 의해 요구되는 바와 같이 일정 압력에서의 미분이 어렵다는 데에 기인한다. 순수유체의 경우에서와 같이, 고전 열역학은 이 문제를 해결하는 방법을 제시하고 있다. Gibbs 편차함수의 미분 대신 Hermholz 편차함수를 미분하면

$$d\underline{G} = \underline{V}dP - \underline{S}dT + \sum_i (\partial\underline{G}/\partial n_i)_{T, P, n_{j \neq i}} dn_i \text{임을 상기하고}$$

$$d\underline{A} = -Pd\underline{V} - \underline{S}dT + \sum_i (\partial\underline{A}/\partial n_i)_{T, \underline{V}, n_{j \neq i}} dn_i \text{임을 주목하자.}$$

$A = G - PV$, 또는 $dA = dG - d(PV)$를 사용하면

$$d\underline{A} = d\underline{G} - Pd\underline{V} - \underline{V}dP = \underline{V}dP - \underline{S}dT + \sum_i (\partial\underline{G}/\partial n_i)_{T, P, n_{j \neq i}} dn_i - Pd\underline{V} - \underline{V}dP$$

$$\Rightarrow -Pd\underline{V} - \underline{S}dT + \sum_i (\partial\underline{A}/\partial n_i)_{T, \underline{V}, n_{j \neq i}} dn_i = -Pd\underline{V} - \underline{S}dT + \sum_i (\partial\underline{G}/\partial n_i)_{T, P, n_{j \neq i}} dn_i$$

dn_i의 계수를 같게 함으로 화학 퍼텐셜을 구하는 다른 방법을 알 수 있다.

$$\sum_i (\partial \underline{A}/\partial n_i)_{T,\underline{V},n_{j\neq i}} = \sum_i (\partial \underline{G}/\partial n_i)_{T,P,n_{j\neq i}} = \mu_i(T,P) \qquad \langle 식\ 15.15\rangle$$

T, P, $\underline{V}$는 실제유체에 대해서 동일한 조건임을 주목하자. 따라서 편차를 계산할 때, 이상기체는 V^{ig}에서 V로 수정되어야 한다.

$$\frac{\mu_i(T,P)-\mu_i^{ig}(T,P)}{RT} = \left(\frac{\partial \underline{A}/RT}{\partial n_i}\right)_{T,\underline{V},n_{j\neq i}} - \left(\frac{\partial \underline{A}^{ig}/RT}{\partial n_i}\right)_{T,\underline{V}^{ig},n_{j\neq i}}$$
$$= \left(\frac{\partial(\underline{A}-\underline{A}^{ig})_{TV}/RT}{\partial n_i}\right)_{T,\underline{V},n_{j\neq i}} - \ln Z \qquad \langle 식\ 15.16\rangle$$

여기서 $(A-A^{ig})_{TV}$는 동일한 T, V에서 식 8.27의 적분인 편차함수를 나타낸다. 마지막 항, ln Z는 V에서 V^{ig}로의 이상기체 Hermholtz 에너지의 보정을 나타낸다. ln Z에 이르는 적분의 원래 형태를 면밀히 살펴보면 미분이 이항을 변화시키지 않으며 단지 식 15.16의 편차에 대한 적분항이 미분되어야 한다는 것을 알 수 있다.

따라서 퓨가시티 계수는 다음 식으로 계산된다.

$$\ln(\hat{\varphi}_i) = \frac{(\mu_i-\mu_i^{ig})}{RT} = \left(\frac{\partial(\underline{A}-\underline{A}^{ig})_{TV}/(RT)}{\partial n_i}\right)_{T,\underline{V},n_{j\neq i}} - \ln Z \qquad \langle 식\ 15.17\rangle$$

❗ Peng-Robinson식, 즉 $Z(T, \rho)$와 같은 압력 의존 상태방정식에 대한 퓨가시티 계수의 일반적 형태

이 식을 적용하기 위해 Peng-Robinson식을 예로 들어 보자.

$$\frac{(\underline{A}-\underline{A}^{ig})_{TV}}{(RT)} = -\ln(1-B/Z) - \frac{A}{B\sqrt{8}}\ln\left(\frac{Z+(1+\sqrt{2})B}{Z+(1-\sqrt{2})B}\right)$$
$$= -\ln(1-b\rho) - \frac{a}{bRT\sqrt{8}}\ln\left(\frac{1+(1+\sqrt{2})b\rho}{1+(1-\sqrt{2})b\rho}\right)$$

식 7.21, 7.22에서 유도된 상태방정식 매개변수들을 줄이는 방법을 확대 적용하면 $A^V = \sum_i \sum_j y_i y_j A_{ij}$와 $B^V = \sum_i y_i B_i$이 되는데 여기서 $A_{ij} = \sqrt{A_{ii}A_{jj}}(1-k_{ij})$이다. 다음에 예제 15.5에서 다룰 미분에 의해 2성분계에 대해서 다음과 같은 결과를 얻는다.

$$\ln\left(\frac{\hat{f}_i^V}{y_iP}\right) = \frac{B_i}{B^V}(Z^V-1) - \ln(Z^V-B^V) - \frac{A^V}{B^V\sqrt{8}}\ln\left(\frac{Z^V+(1+\sqrt{2})B^V}{Z^V+(1-\sqrt{2})B^V}\right)\left(\frac{2(y_1A_{i1}+y_2A_{i2})}{A^V} - \frac{B_i}{B^V}\right) \qquad \langle 식\ 15.18\rangle$$

❗ Peng-Robinson 상태방정식에 대한 무차원 형태의 퓨가시티 계수

순수유체에 대한 상태방정식의 경우에서 본 것과 같이 기상과 액상을 구분 짓는 근본적인 기준

은 Z의 크기 외에는 없다. 상태방정식 접근법은 액체와 기체 모두를 아주 간단히 포함한다. 우리는 A, B를 포함해서 모든 식에서 기상 몰분율을 액상 몰분율로 바꾸면 다음을 얻는다.

$$\ln\left(\frac{\hat{f}_i^L}{x_i P}\right) = \frac{B_i}{B^L}(Z^L - 1) - \ln(Z^L - B^L) - \frac{A^L}{B^L\sqrt{8}}\ln\left(\frac{Z^L + (1+\sqrt{2})B^L}{Z^L + (1-\sqrt{2})B^L}\right)\left(\frac{2(x_1 A_{i1} + x_2 A_{i2})}{A^L} - \frac{B_i}{B^L}\right) \quad \langle 식\ 15.19\rangle$$

평형에서 $\hat{f}_i^V = \hat{f}_i^L$임을 상기하면, 다음과 같이 등항식으로 쓸 수 있고, VLE 문제를 풀기 위해 사용되는 K-비를 얻는 식으로 재정리할 수 있다.

식 15.20은 상태방정식을 통해 VLE에 대한 일차적 식을 제공하며 다른 형태의 상태방정식은 $\hat{\varphi}_i$를 위한 다른 식을 제공한다.

$$y_i \hat{\varphi}_i^V P = x_i \hat{\varphi}_i^L P \quad 또는 \quad K_i = \hat{\varphi}_i^L / \hat{\varphi}_i^V \quad \langle 식\ 15.20\rangle$$

모든 i 성분에 대하여 이상용액에서와 똑같은 과정을 통해 VLE 문제를 간단히 풀 수 있다.

주의: 식 15.20은 상태방정식을 통해 VLE에 대한 주요 식을 제공한다. 이 식은 부록 C에 요약된 반복 계산과정에 의해 실행된다. 이 장에서는 오직 기포법만을 상세히 소개할 것이다. 3차 상태방정식은 기, 액상 모두를 표현할 수 있지만, 비리얼 상태방정식은 액상에 대해서는 사용할 수 없음을 주목하라.

기포 압력법

기포 압력 계산에는 T와 모든 x_i는 표 10.1에 보인 바와 같이 주어져 전 장에서 수행했던 간단한 계산처럼 수렴의 판단기준은 $\sum_i y_i = 1$인데, 현재의 방법을 위해서 변수의 항으로 다시 표현할 필요가 있다. 식 15.20을 재정리하면 그 합은 $\sum_i \frac{x_i \hat{\varphi}_i^L P}{\hat{\varphi}_i^V P} = \sum_i x_i K_i = 1$이 된다. 활동도 모델 계산과 달리 $\hat{\varphi}_i^L$과 $\hat{\varphi}_i^V$가 압력에 의존하므로 압력에 대해 명확하게 풀 수 없다. 더욱이 모든 $\hat{\varphi}_i^V$는 문제가 풀릴 때까지 정확히 알 수 없는 기상의 조성에 의존한다. 전형적으로, 우리는 y_i와 P의 첫 번째 추측값을 정하기 위해서 지름길 증기압식과 함께 Raoult의 법칙을 사용한다. 이 값들로부터 모든 K_i를 구하고, y값들의 합을 체크한다. 그 합이 만약 1보다 크면 압력 추측값은 증가되고, 1보다 작으면 압력 추측값은 감소된다. 완전한 흐름도와 예제는 15.4절에서 논하기로 하고 여기서는 퓨가시티 계수를 계산하는 방법에 대해 알아보자.

순수유체에서 주시했던 바와 같이, 상태방정식을 적용할 때 적절한 근을 선택하는 것은 매우 중요하다. Prfug.xlsx 워크북을 고려하면 하나의 근 영역에서는 퓨가시티 계수를 위해 열을 선택해야 한다. 3개의 근을 갖는 영역에서는 가장 작은 혼합물 퓨가시티를 갖는 근을 선택해야만 한다. 낮은 압력과 실온 부근에서 계는 통상 액상과 기상조성에 대해 3개의 근을 갖는 영역에 속하나, 임계 영역에 근접하면 달라질 수 있다. 근의 수는 T, P 및 조성에 의존한다.

예로서 한 성분이 초임계에서 액상과 평형에 있을 때 기상조성을 사용할 때는 하나의 근이 생기는 경우가 종종 있다.

이것은 K값을 계산할 때 각 상에 대해 최소한 4개의 가능성 중에서 선택할 필요가 있다는 것을 의미한다. 즉 기상조성에 대한 가장 큰 Z근, 액상조성에 대한 가장 작은 Z근, 하나의 기상조성 근, 하나의 액상조성 근이다. 만약 4개 모든 비에 대해서 K값을 계산한다면 단 하나의 가능성만이 의미 있는 결과를 주며, 이것이 다음 반복법을 위해 사용된다.

예제 15.2 Peng-Robinson식에 의한 K값

Prfug.xlsx가 이 예제에서 도움이 될 것이다.

등몰(equimolar)의 질소(1) + 메탄(2) 계의 기포점 압력을 Peng-Robinson식에 의해 계산하고 100 K에서 지름길 K-비 추정값과 비교하고자 한다. 지름길 K-비 추정의 초기 추측값은 P = 0.4119 Mpa, y_{N_2} = 0.958을 이용한다. 퓨가시티 계수들에 대한 식을 이용하여 질소와 메탄의 K값을 구하고 위 초기 추정에 기초해서 증기의 몰분율의 합을 구하라.

풀이

	T_c(K)	P_c(MPa)	ω
N_2	126.1	3.394	0.040
CH_4	190.6	4.604	0.011

스프레드시트 Prfug.xlsx가 다음 계산을 위해 사용될 수 있다. 기상조성의 증기 근(vapor root), 액상조성의 액체 근(liquid root)을 이용한 K값이 이 예제의 반복 계산 전반에 걸쳐 유효하다. 지름길 계산에 따르면, 100 K에서 P = 0.4119 Mpa이다. 순수성분 매개변수에 대한 식 7.21과 7.22를 적용하면

질소에 대해: $A_{11} = 0.09686$, $B_1 = 0.011906$

메탄에 대해: $A_{22} = 0.18242$, $B_2 = 0.013266$

식 15.9의 제곱근 결합 규칙에 의해 $A_{12} = 0.13293$

$y_1 = 0.958$에서 지름길 추정의 증기조성을 기초로 혼합법칙으로부터 $A^V = 0.099913$, $B^V = 0.01196$을 얻고, 이 조성에서 증기 근에 대한 3차 식을 풀면 $Z^V = 0.9059$이다.

$$\ln\frac{\hat{f}_i^V}{y_iP} = \frac{B_i}{B^V}(Z^V-1) - \ln(Z^V-B^V) - \frac{A^V}{B^V\sqrt{8}}\ln\left(\frac{Z^V+(1+\sqrt{2})B^V}{Z^V+(1-\sqrt{2})B^V}\right)\left(\frac{2(y_1A_{i1}+y_2A_{i2})}{A^V} - \frac{B_i}{B^V}\right)$$

그리고

$$\ln\hat{\varphi}_1^V = \frac{0.011906}{0.01196}(0.9059-1) - \ln(0.9059-0.01196) - \frac{0.099913}{0.01196\cdot 2.8284}\ln\left(\frac{0.9059+2.414\cdot 0.01196}{0.9059-0.4142\cdot 0.01196}\right)$$

$$\left(\frac{2(0.958\cdot 0.09686+0.042\cdot 0.13293)}{0.099913}-\frac{0.011906}{0.01196}\right)$$

$$=-0.08756,\quad \hat{\varphi}_1^V=0.9162$$

많은 항이 혼합물 중의 메탄에 대해서도 동일하게 적용된다.

$$\ln\hat{\varphi}_2^V=\frac{0.013266}{0.01196}(0.9059-1)-\ln(0.9059-0.01196)-$$
$$\frac{0.099913}{0.01196\cdot 2.8284}\ln\left(\left(\frac{0.9059+2.414\cdot 0.01196}{0.9059-0.4142\cdot 0.01196}\right)\cdot\right.$$
$$\left.\left(\frac{2(0.958\cdot 0.13293+0.042\cdot 0.18242)}{0.099913}-\frac{0.013266}{0.01196}\right)\right)$$

$$=-0.16571,\quad \hat{\varphi}_2^V=0.8473$$

지루한 계산을 줄이기 위해 액체에 대한 식을 미리 적용하여 $\hat{\varphi}_1^L=1.791$, $\hat{\varphi}_2^L=0.0937$의 결과를 얻었다. K값은

$$K_1=\frac{\hat{\varphi}_1^L}{\hat{\varphi}_1^V}=\frac{1.791}{0.9162}=1.955,\quad K_2=\frac{\hat{\varphi}_2^L}{\hat{\varphi}_2^V}=\frac{0.0937}{0.8473}=0.1106$$

$$y_1=0.5\cdot 1.955=0.978,\ y_2=0.5\cdot 0.1106=0.055,\ \sum_i y_i=1.033$$

K값을 더 작게 만들기 위해서 다음 반복 계산에서는 더 큰 P값으로 추정하는 것이 적절하다. 새로운 압력에서 $\hat{\varphi}_1^L$과 $\hat{\varphi}_2^L$이 계산될 필요가 있다. 이러한 계산은 명백히 지루한 작업이다. Prfug.xlsx의 퓨가시티 시트(sheet)를 먼저 복사하여 하나의 시트는 액체에, 다른 시트는 증기에 사용하고 K_1을 계산하기 위해 시트의 셀을 인용함으로써 Excel에서도 가능하다. 우리는 Prmix.xlsx에서 이러한 정렬에 대한 예를 마련하였다. 전 과정에 대한 보다 상세한 언급은 다음 15.4절에서 계속된다.

15.3 혼합법칙의 미분

❗ 조성 의존성이 혼합법칙 내에 있으므로 우리가 일반적인 혼합법칙을 어떻게 미분하는지 이해한다면 그들을 사용하는 모델에 쉽게 적용할 수 있다.

부분 몰양을 얻기 위해 조성에 대한 미분이 필요하고, 또 조성은 합산 항에 들어 있으므로 우리는 합의 미분에 대한 과정을 이해해야 한다. 모든 조성 의존성이 이 항에 내재되어 있으므로 만약 이 항을 어떻게 다루는지 이해한다면 어떤 상태방정식에도 그 결과를 적용할 수 있다. 단지 세 가지 유형의 합이 위에서 소개한 대부분의 상태방정식의 형태에서 나타난다. 앞으로 접하게 될 도함수의 첫 번째 유형은 다음의 형태이다.

$$\left(\frac{\partial nb}{\partial n_k}\right)_{T,\underline{V},n_{j\neq k}} \qquad \text{〈식 15.21〉}$$

여기서 $b=\sum_i y_i b_i$이다. 2성분에 대해 $nb=n_1b_1+n_2b_2$이고, k는 합산에서 단 한 번 접하게

되는데 $k = 1$ 또는 $k = 2$이다. 따라서

$$\left(\frac{\partial nb}{\partial n_1}\right)_{T,\underline{V},n_2} = b_1 \qquad \left(\frac{\partial nb}{\partial n_2}\right)_{T,\underline{V},n_1} = b_2$$ 〈식 15.22〉

그리고 일반적인 결과는

$$\left(\frac{\partial nb}{\partial n_k}\right)_{T,\underline{V},n_{j\neq k}} = b_k$$ 〈식 15.23〉

우리가 접하게 될 두 번째 도함수의 형태는 다음과 같다.

$$\left(\frac{\partial n^2 a}{\partial n_k}\right)_{T,\underline{V},n_{j\neq k}}$$ 〈식 15.24〉

n^2a는 $n^2\sum_i\sum_j x_i x_j a_{ij}$로 쓸 수 있다. 2성분 혼합물에 대해서는 $n_1^2a_{11} + 2n_1n_2a_{12} + n_2^2a_{22}$가 되며 적절한 미분을 취하면

$$\left(\frac{\partial n^2 a}{\partial n_1}\right)_{T,\underline{V},n_2} = 2n_1a_{11} + 2n_2a_{12} \text{ 그리고 } \left(\frac{\partial n^2 a}{\partial n_2}\right)_{T,\underline{V},n_1} = 2n_1a_{12} + 2n_2a_{22}$$ 〈식 15.25〉

가 된다. 일반적인 결과는

$$\left(\frac{\partial n^2 a}{\partial n_k}\right)_{T,\underline{V},n_{j\neq k}} = 2\sum_j n_j a_{jk}$$ 〈식 15.26〉

비리얼 상태방정식에 대해서는 다음과 같은 함수를 미분해야 한다.

$$\left(\frac{\partial nB}{\partial n_k}\right)_{T,n_{j\neq k}} = \left(\frac{\partial\left(\frac{1}{n}\right)\left(\sum_i\sum_j n_i n_j B_{ij}\right)}{\partial n_k}\right)_{T,P,n_{j\neq k}}$$ 〈식 15.27〉

곱의 미분법에 의한 미분으로

$$\frac{1}{n}\left(\frac{\partial\left(\sum_i\sum_j n_i n_j B_{ij}\right)}{\partial n_k}\right)_{T,P,n_{j\neq k}} - \frac{\sum_i\sum_j n_i n_j B_{ij}}{n^2}$$ 〈식 15.28〉

도함수에서 이중 합은 식 15.25에서와 대등한 값으로 구한 n^2B이다. 두 번째 항은 식 15.1에서 주어진 그냥 B이다. 그러므로 2성분 혼합물에 대해서

$$\left(\frac{\partial nB}{\partial n_1}\right)_{T,P,n_2} = \left(\frac{\partial\left(\frac{1}{n}\right)\left(\sum_i\sum_j n_i n_j B_{ij}\right)}{\partial n_1}\right)_{T,P,n_2} = 2y_1B_{11} + 2y_2B_{12} - B$$ 와

$$\left(\frac{\partial nB}{\partial n_2}\right)_{T,P,n_1} = \left(\frac{\partial\left(\frac{1}{n}\right)\left(\sum_i\sum_j n_i n_j B_{ij}\right)}{\partial n_2}\right)_{T,P,n_1} = 2y_1B_{12} + 2y_2B_{22} - B \qquad \text{〈식 15.29〉}$$

를 얻는다.
일반적인 결과는 다음과 같다.

$$\left(\frac{\partial\left(\frac{1}{n}\right)\left(\sum_i\sum_j n_i n_j B_{ij}\right)}{\partial n_k}\right)_{T,P,n_{j\neq k}} = 2\sum_j y_j B_{jk} - B \qquad \text{〈식 15.30〉}$$

예제 15.3 비리얼 상태방정식으로부터의 퓨가시티 계수

이상기체 법칙으로부터 다소 벗어난 경우에 대해서 일반적 방법은 다음과 같은 비리얼 상태방정식을 사용하는 것이다.

$$Z = 1 + BP/RT$$

여기서 $B = \sum_i\sum_j y_i y_j B_{ij}$이다. 퓨가시티 계수에 대한 식을 유도하라.

풀이

비리얼 상태방정식에 대해 우리는 식 9.30, $\frac{G - G^{ig}}{RT} = \ln\varphi = \frac{BP}{RT}$를 얻는다. 식 15.12를 적용하여

$$\left(\frac{\partial(G - G^{ig})/RT}{\partial n_k}\right)_{T,P,n_{j\neq k}} = \frac{P}{RT}\left(\frac{\partial\left[n\sum_i\sum_j y_i y_j B_{ij}\right]}{\partial n_k}\right)_{T,P,n_{j\neq k}}$$

미분할 필요가 있는 변수는 $n\sum_i\sum_j y_i y_j B_{ij} = \frac{1}{n}\sum_i\sum_j n_i n_j B_{ij}$ 이다.

미분은 식 15.29에서 수행되었는데, 다음과 같이 일반화할 수 있다.

$$\ln\frac{\hat{f}_k}{y_k P} = \left(2\left(\sum_j y_j B_{jk}\right) - B\right)\frac{P}{RT} \qquad \langle 식\ 15.31\rangle$$

이 식은 2성분계에 대한 식 15.14에서 이미 다룬 바 있다.

예제 15.4 van der Waals식에 대한 퓨가시티 계수

van der Waals 상태방정식은 혼합물에 대하여 핵심적인 상태방정식 개념에 대한 간단하지만 매우 정확한 표현을 제공한다. 이 방정식에 대해 적용되는 조작들은 다른 상태방정식과 동일하지만 수식은 좀 더 간단하다. 6장에서 다룬 van der Waals식을 상기하면

$$Z = \frac{1}{1-b\rho} - \frac{a\rho}{RT} = 1 + \frac{b\rho}{1-b\rho} - \frac{a\rho}{RT}$$

여기서

$$a = \sum_i\sum_j y_i y_j a_{ij}$$

$$b = \sum_i y_i b_i$$

퓨가시티 계수에 대한 식을 유도하라.

풀이

우리는 식 15.17을 적용할 필요가 있다. 그러나 앞에서 나타낸 미분은 일정 압력이 아닌 일정 부피에서 이루어진 것이기 때문에 우선 식 8.27을 적용한다.

$$\frac{(\underline{A}-\underline{A}^{ig})_{TV}}{RT} = \int_0^{b\rho}(Z-1)\frac{d(b\rho)}{b\rho} = \int_0^{b\rho}\left(\frac{b\rho}{1-b\rho} - \frac{a}{bRT}b\rho\right)\frac{d(b\rho)}{b\rho} = -\ln(1-b\rho) - \frac{a}{bRT}b\rho$$

$$\frac{(\underline{A}-\underline{A}^{ig})_{TV}}{RT} = -n\ln(1-b\rho) - \frac{an^2}{\underline{V}RT}$$

식 15.17을 적용하되 바로 미분하는 대신 식 6.16의 연쇄법칙을 이용한다.

$$\left(\frac{\partial(term)}{\partial n_k}\right)_{T,\underline{V},n_{k\neq i}} = \left(\frac{\partial(term)}{\partial(b\rho)}\right)_{T,\underline{V},n_{k\neq i}}\left(\frac{\partial(b\rho)}{\partial n_k}\right)_{T,\underline{V},n_{k\neq i}} \text{ 또는}$$

$$\left(\frac{\partial(term)}{\partial n_k}\right)_{T,\,\underline{V},\,n_{k\neq i}} = \left(\frac{\partial(term)}{\partial(n^2 a)}\right)_{T,\,\underline{V},\,n_{k\neq i}}\left(\frac{\partial(n^2 a)}{\partial n_k}\right)_{T,\,\underline{V},\,n_{k\neq i}}$$

$$\left(\frac{\partial(\underline{A}-\underline{A}^{ig})_{TV}/RT}{\partial n_k}\right)_{T,\,\underline{V},\,n_{k\neq i}} = -\ln(1-b\rho)+\frac{n}{1-b\rho}\left(\frac{\partial b\rho}{\partial n_k}\right)_{T,\,\underline{V},\,n_{k\neq i}}-\frac{1}{\underline{V}RT}\left(\frac{\partial n^2 a}{\partial n_k}\right)_{T,\,\underline{V},\,n_{k\neq i}}$$

$$b\rho = \frac{nb}{\underline{V}} \Rightarrow \left(\frac{\partial nb/\underline{V}}{\partial n_k}\right)_{T,\,\underline{V},\,n_{i\neq k}} = \frac{b_k}{\underline{V}}$$

$$\ln(\hat{\varphi}_k) = -\ln(1-b\rho)+\frac{b_k\rho}{1-b\rho}-\frac{2\sum_j n_j a_{kj}}{\underline{V}RT}-\ln Z \qquad \text{〈식 15.32〉}$$

$$= -\ln(1-b\rho)+\frac{b_k\rho}{1-b\rho}-\frac{2\rho\sum_j x_j a_{kj}}{RT}-\ln Z$$

$$b\rho \equiv \frac{B}{Z}, \qquad \frac{a}{bRT}\equiv\frac{A}{B}, \qquad \frac{a_{jk}}{a}\equiv\frac{A_{jk}}{A}, \qquad \frac{b_k}{b}\equiv\frac{B_k}{B}$$

$$\boxed{\ln(\hat{\varphi}_k) = -\ln(Z-B)+\frac{B_k}{Z-B}-\frac{2\sum_j x_j A_{kj}}{Z}} \qquad \text{〈식 15.33〉}$$

예제 15.5 Peng-Robinson식으로부터의 퓨가시티 계수

Peng-Robinson식은 다음과 같이 주어진다.

$$Z = \frac{1}{1-b\rho}-\frac{a\rho}{RT}\frac{1}{(1+2b\rho-b^2\rho^2)}$$

여기서

$$a = \sum_i\sum_j y_i y_j a_{ij}$$

$$b = \sum_i y_i b_i$$

퓨가시티 계수에 대한 식을 유도하라.

풀이

우리는 식 15.17을 적용할 필요가 있다. 순수유체에 대한 적분으로부터

$$\frac{(A-A^{ig})_{TV}}{RT} = -\ln(1-b\rho) - \frac{a}{bRT\sqrt{8}}\ln\left(\frac{1+(1+\sqrt{2})b\rho}{1+(1-\sqrt{2})b\rho}\right)$$

$$\frac{(\underline{A}-\underline{A}^{ig})_{TV}}{RT} = -n\ln(1-b\rho) - \frac{an^2}{nbRT\sqrt{8}}\{\ln[1+(1+\sqrt{2})b\rho] - \ln[1+(1-\sqrt{2})b\rho]\}$$

다음 단계는 위협적으로 보인다. 기본적으로 바로 전 예제에서와 같은 미분과정을 적용한다.

$$\left(\frac{\partial(\underline{A}-\underline{A}^{ig})_{TV}/RT}{\partial n_k}\right)_{T,V,n_{k\neq i}} = -\ln(1-b\rho) + \frac{n}{1-b\rho}\left(\frac{\partial b\rho}{\partial n_k}\right)$$

$$-\frac{an^2}{nbRT\sqrt{8}}\left\{\frac{(1+\sqrt{2})\left(\frac{\partial b\rho}{\partial n_k}\right)}{1+(1+\sqrt{2})b\rho} - \frac{(1-\sqrt{2})\left(\frac{\partial b\rho}{\partial n_k}\right)}{1+(1-\sqrt{2})b\rho}\right\}$$

$$-\ln\left[\frac{1+(1+\sqrt{2})b\rho}{1+(1-\sqrt{2})b\rho}\right]\left(\frac{\left(\frac{\partial an^2}{\partial n_k}\right)}{nbRT\sqrt{8}} - \frac{an^2}{RT\sqrt{8}}\frac{\left(\frac{\partial nb}{\partial n_k}\right)}{(nb)^2}\right)$$

$$\ln(\hat{\varphi}_k) = -\ln(1-b\rho) - \ln Z + \frac{b_k\rho}{1-b\rho} - \frac{ab_k\rho}{bRT\sqrt{8}}\left\{\frac{(1+\sqrt{2})}{1+(1+\sqrt{2})b\rho} - \frac{(1-\sqrt{2})}{1+(1-\sqrt{2})b\rho}\right\}$$

$$-\frac{a}{bRT\sqrt{8}}\ln\left[\frac{1+(1+\sqrt{2})b\rho}{1+(1-\sqrt{2})b\rho}\right]\left[\frac{2\sum_j x_j a_{jk}}{a} - \frac{b_k}{b}\right]$$

생략된 명료하지 못한 단순화 과정에 유의하자.

$$\frac{b_k\rho}{1-b\rho} - \frac{ab_k\rho}{bRT\sqrt{8}}\left\{\frac{(1+\sqrt{2})}{1+(1+\sqrt{2})b\rho} - \frac{(1-\sqrt{2})}{1+(1-\sqrt{2})b\rho}\right\} =$$

$$\frac{b_k}{b}\left[\frac{b\rho}{1-b\rho} - \frac{ab\rho}{bRT\sqrt{8}}\left\{\frac{(1+\sqrt{2})}{1+(1+\sqrt{2})b\rho} - \frac{(1-\sqrt{2})}{1+(1-\sqrt{2})b\rho}\right\}\right] = \frac{b_k}{b}[Z-1]$$

$$\left(\ln(\hat{\varphi}_k) = -\ln(1-b\rho) - \ln Z + \frac{b_k}{b}[Z-1]\right) - \frac{a}{bRT\sqrt{8}}\ln\left(\left[\frac{1+(1+\sqrt{2})b\rho}{1+(1-\sqrt{2})b\rho}\right]\left[\frac{2\sum_j x_j a_{jk}}{a} - \frac{b_k}{b}\right]\right)$$

다음 정의를 치환시키면

$$b\rho \equiv \frac{B}{Z}, \qquad \frac{a}{bRT} \equiv \frac{A}{B}, \qquad \frac{a_{jk}}{a} \equiv \frac{A_{jk}}{A}, \qquad \frac{b_k}{b} \equiv \frac{B_k}{B}$$

$$\ln(\hat{\varphi}_k) = -\ln(Z-B) + \frac{B_k}{B}\{Z-1\} - \frac{A}{B\sqrt{8}}\ln\left[\frac{Z+(1+\sqrt{2})B}{Z+(1-\sqrt{2})B}\right]\left[\frac{2\sum_j x_j A_{jk}}{A} - \frac{B_k}{B}\right] \quad \langle 식\ 15.34 \rangle$$

이 결과는 2성분계에 대하여 식 15.18~15.19에 나타나 있다.

15.4 상태방정식에 의한 VLE 계산

❗ 공학 목적은 기포점, 이슬점과 플래시 계산에 상태방정식을 이용하는 것이다.

❗ 기포온도, 이슬과 플래시에 대한 루틴은 부록 C에 있다.

15.2절 끝 부분에서 반복 계산의 세부적인 면에 치중하지 않고 어떻게 퓨가시티 계수가 기-액 평형 계산에 반영되었는지 보여 주기 위해 기포 압력법을 간략하게 소개하였다. 15.3절에서는 이 장 도입부에서 증명 없이 제시되었던 퓨가시티 계수에 대한 공식들이 유도되었다. 이제부터는 응용공학 목적, 즉 상평형의 계산으로 눈을 돌려 보자. 표 10.1을 다시 보자. 이 표는 필요한 루틴(routine)들의 유형과 수렴의 판단기준을 정리한 것이다. 표 10.1은 VLE 계산에 사용된 모델과 무관함을 주목하라. 3차 상태방정식의 반복과정의 예로서, 기포 압력 흐름도가 그림 15.2에 나타나 있다. 이 흐름도는 예제 15.2에 피상적으로 논의되었던 과정을 상세히 묘

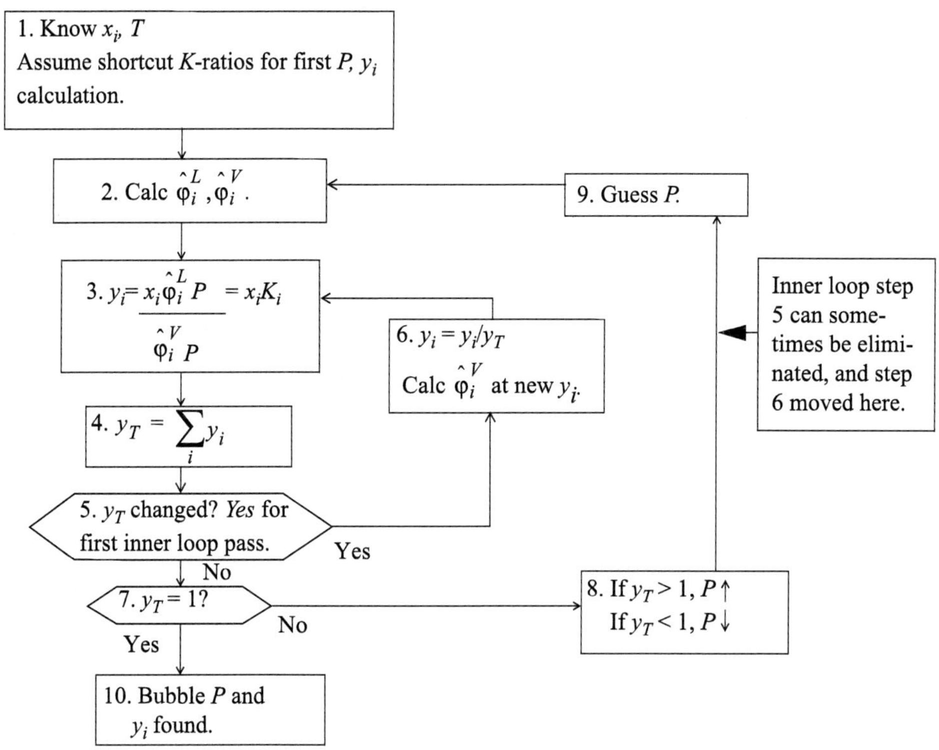

그림 15.2 • VLE를 나타내는 상태방정식법에 대한 기포-압력 흐름도. 다른 루틴들은 부록 C에 주어져 있다.

사하고 있으며, 바로 전술한 예제이다. 기포온도, 이슬, 플래시 루틴에 대한 흐름도는 부록 C에 있다. 이상용액에서와 같이 기포-압력 루틴은 적용하기가 가장 쉬우므로 다음 예제들에서 그것을 상세히 다루고자 한다. 반복적 상평형 계산은 지루하며 자동화하기가 어렵다. PrFug 스프레드시트의 두 사본을 Prmix.xlsx라는 1개의 워크북에 결합함으로써 이 계산을 어느 정도 쉽게 할 수 있다. 예제 15.2에서와 같이, 4개의 가능한 *K*값의 표현이 편리한 선택을 위해 묘사되었다. 이 워크북은 단지 근본적 단계를 확실히 보여 주기 위한 출발기준을 형성한다.

기포 압력 계산은 Prmix.xlsx 흐름도와 함께 가능케 된다.

예제 15.6 Peng-Robinson식으로 부터의 기포점 압력

Peng-Robinson식(k_{ij} = 0)을 사용하여 100 K에서 질소(1) + 메탄(2)의 등몰 용액의 기포점 압력을 결정하라.

풀이

계산과정은 예제 15.2에서와 같이 지름길 *K*-비를 먼저 구하는 것으로 진행된다. 이상용액$^{(is)}$ 기포 압력은 $P \approx \sum_i x_i P_i^{sat} \approx 0.4119$ bar, $y_{N2}^{is} = 0.958$이다. 사실 첫 번째 반복에 대한 *K* 값은 앞의 예제에서 아주 상세히 결정되었다. 그 예제에서 $K_1 = 1.955$, $K_2 = 0.1106$이었다. 증기 몰분율에 대한 새로운 예측은 x_iK_i곱에 의해 얻어진다. 예제 15.2에서의 합은 $\sum_i yi = 1.033$인 것으로 밝혀졌다. 이 계산은 표 10.1의 첫 번째 열에 요약되어 있다.

몰함수의 표준화

이들 합이 1보다 더 큰 수라는 것을 알았으므로, 다음 반복 계산에서 더 큰 압력값을 선택해야 한다. 반복 계산을 시작하기 전에 우리는 증기 몰분율에 대한 새로운 추정을 해야 한다. 현재의 값은 그 합이 1보다 크기 때문에 적합하지 않다. 이 새로운 추정은 주어진 증기 몰분율을 그들을 합한 수로 나누어서 간단히 얻을 수 있다. 이 방법은 몰분율의 **표준화**(nomalization)라고 한다. 예를 들면, 두 번째 반복 계산에 있어서 $y_1 = 0.978/1.033 = 0.947$이 된다. 다른 성분에 대해서도 이 과정을 반복하면 몰분율의 합은 1이 될 것이다. 두 번째 반복 계산의 결과가 1보다 작다면 압력 추정값은 너무 높은 셈이 된다.

세 번째 반복 계산은 압력의 추정값을 얻기 위한 안짐작법과 증기 몰분율의 추정값을 얻기 위한 표준화 절차로 되어 있다.

$$P = 0.4119 + (1 - 1.033)/(0.956 - 1.033) \cdot (0.45 - 0.4119) = 0.428 \text{ Mpa}.$$

세 번째 반복 계산 후에 증기 몰분율의 추정값이 거의 1에 가까워지므로 우리는 여기서 계산을 마칠 수 있다. 이 압력이 기포 압력이다. y_1의 추정값이 얼마나 빨리 최종 추정값 0.945에 수렴하는지 주목하라.

		$P = 0.4119,\ y_1 = 0.958$		$P = 0.45,\ y_1 = 0.947$		$P = 0.428,\ y_1 = 0.946$	
성분	x_i	K_i	y_i	K_i	y_i	K_i	y_i
N_2	0.5	1.957	0.978	1.808	0.904	1.890	0.945
CH_4	0.5	0.1106	0.055	0.1031	0.052	0.1073	0.054
		$\Sigma y_i = 1.033$		$\Sigma y_i = 0.956$		$\Sigma y_i = 0.999$	

예제 15.7 Peng-Robinson식을 이용한 등온 플래시

증류탑에서 다음과 같은 조성을 갖는 탑정 생성물(over head product)을 생산하고자 한다.

성분	z_i
프로판	0.23
이소부탄	0.67
n-부탄	0.10

부분 응축기가 320 K, 8 bar에서 운전되고 있다고 가정하자. 2성분 상호작용 매개변수가 0(k_{ij} = 0)이라고 가정할 때, Peng-Robinson식에 따라 응축된 액체의 분율은 얼마인가?

풀이

이것은 등온 플래시 계산이다. 지름길 K-비 식을 근거로 한 초기 추정에 대하여 동일한 문제(예제 10.1)를 다시 보자. $V/F = 0.25 \Rightarrow \{x_i\} = \{0.1829, 0.7053, 0.1117\}$과 $\{y_i\} = \{0.3713, 0.5642, 0.0648\}$이다. 이 조성값을 증기와 액체에 대한 조성값으로 K-값을 추정하는 루틴에 대입하면(예제 15.2 참조), 다음과 같은 K-값의 추정값을 얻을 수 있다.

	$T_c(K)$	P_c(bar)	ω	z_i	K_i
C_3	369.8	42.49	0.152	0.23	1.729
i-C_4	408.1	36.48	0.177	0.67	0.832
n-C_4	425.2	37.97	0.193	0.10	0.640

플래시 계산을 위한 방법은 식 15.20으로부터 K_i값이 계산된다는 것 이외에는 예제 10.1과 기본적으로 유사하다. 상세한 흐름도는 부록 C에 나타내었다. 이 예제에서 K-값은 V/F에 대한 반복 계산이 수렴할 때까지 수정되지 않는다. V/F가 수렴된 후, 증기와 액체 몰분율은 식 10.15와 10.16에 의해 재계산되고 이어서 k-값에 대한 추정값이 다시 계산된다. K-값에 대한 새로운 추정값이 이전 추정값과 같다면 전체적인 반복 계산은 수렴된 것이다. 그렇지 않다면 새로운 K-값 추정값을 이전 값에 대입하고 다음 반복 계산을 전과 같이 진행한다. K-값의 벡터에 대하여 반복 계산으로 푸는 이 방법은 수치해석에서 '순차 치환(sucessive substituion)'법으로 알려져 있다.

		V/F = 0.25	V/F = 0.10	V/F = 0.132		
z_i	K_i	D_i	D_i	D_i	x_i	y_i
0.23	1.729	−0.142	−0.1563	−0.1529	0.2098	0.3627
0.67	0.832	0.118	0.1145	0.1151	0.6852	0.5701
0.10	0.640	0.040	0.0373	0.0378	0.1050	0.0672
		$\Sigma D_i = 0.016$	$\Sigma D_i = -0.004$	$\Sigma D_i = 0.0000$	1.000	1.000

추측값들로 이러한 x, y를 사용하면 각각 K = 1.7276, 0.8318과 0.6407을 얻는다. 이러한 K값들은 이상용액 근사법으로부터 유도한 조성에서 추정된 값과 유사하며, 유사한 V/F값을 만들 것이다. 따라서 우리는 이 반복 계산이 수렴되었다고 결론짓는다(일반적 판별기준은 하나의 반복 계산으로부터 다음 반복 계산까지 K값의 평균 % 변화가 10^{-4}보

다 작다는 것이다). 간단한 K-비 근사법과 비교하면 작지만 중요한 편차를 알 수 있다 — Peng-Robinson에서는 $V/F = 0.13$인데 비해 지름길 K-비 방법에서는 0.25이다.

이 예제를 근거로, 우리는 지름길 K-비 근사법이 이러한 조건들에서 합리적인 첫 번째 근삿값을 제공한다고 결론지을 수 있다. 그러나 성분들 중 어떤 것도 초임계가 아니며 모든 성분은 포화된 탄화수소라는 점을 주목하라.

$K_i^{Peng\text{-}Rob}$	$K_i^{shortcut}$
1.727	2.03
0.832	0.80
0.641	0.58

보다 나은 자동화와 단순한 응용으로 손쉽게 하기 위해 Prmix.xlsx의 확대적용은 바람직하다. 온라인 보충자료는 macro's의 사용을 통한 이러한 방향의 초보적 단계를 제공한다. 그러나 궁극적으로 이러한 문헌이 포함하는 특별한 연구는 우리의 기초적인 영역과는 많이 동떨어져 있다. 일반적으로 이 분석은 상 안정성과 임계에 대한 자세한 고려를 필요로 한다. 16장에 인용된 문헌은 보다 신뢰성 있는 알고리즘을 만드는 데 도움을 줄 수 있는 Michelsen, Mollerup, Eubank와 Tang의 연구를 나타내고 있다. 이것은 믿을 만한 답을 얻기 위한 신뢰성 확보를 위해 당신의 워크북을 전형화하는 데 도움이 되는 과제이나, 모든 가능성을 프로그램하려고 과도한 시간을 낭비하지 마라. 16장과 그 장에서 인용된 문헌들을 진보된 프로그램을 만드는 데 추천한다.

예제 15.8 메탄올 + 벤젠 공비물의 상도표

메탄올과 벤젠은 공비점을 형성한다. 메탄올+벤젠에 대하여 공비점은 대기압(1.02325 bar)하에서 58°C, 메탄올 61.4 mol%에서 이루어진다. 이 계에 대한 부가적인 데이터들을 *Chemical Engineer's Handbook*에서 얻을 수 있다. 이 계에 대한 상도표를 추정하기 위해 $k_{ij} = 0$(식 15.9 참조)과 함께 Peng-Robinson식을 사용하고 그것을 T-x-y 선도상에 있는 실험값과 비교하라. 공비조성과 온도에서 기포점 압력이 실험값(1.013 bar)과 일치할 때까지 반복 계산하여 k_{ij}에 대한 더 나은 추정값을 결정하라. 이 결과들을 T-x-y 도표에 그려라. 단일 매개변수 k_{ij}의 한계성 때문에 Peng-Robinson식으로 공비조성과 압력을 모두 일치시키는 것은 불가능하다는 것에 주목하라.

Prmix.xlxx가 k_{ij}를 결정하는 데 사용된다.

이 계에 대한 실험값은 다음과 같다.

x_m	0.000	0.026	0.050	0.088	0.164	0.333	0.549	0.699	0.782	0.898	0.973	1.000
y_m	0.000	0.267	0.371	0.457	0.526	0.559	0.595	0.633	0.665	0.760	0.907	1.000
$T(K)$	353.25	343.82	339.59	336.02	333.35	331.79	331.17	331.25	331.62	333.05	335.85	337.85

풀이

이 문제의 풀이는 계산 집약적이나, Prmix.xlsx로 역시 계산 가능하다. 전략은 k_{ij} 추정값을 정하고, 기포 압력 계산을 공비온도(331 K)와 조성(x_m = 0.614)에서 계산한다. 프로그램이 계산된 압력과 증기상 조성값을 줄 것이다. 공비 혼합물은 완전하게 예측되지 않기 때문에 증기상 조성은 액체상 조성과 조화되지 않을 것이다. 그러나 k_{ij}를 수동적으로 계속 변화시키며, 1.013 bar의 실험값과 일치될 때까지 기포 압력 계산을 반복한다. 다음의 값들은 여러 가지 k_{ij}값에 대하여 실험적 공비조성과 온도에서 얻은 기포 압력들이다.

k_{ij}	0.0	0.1	0.076	0.084
P(bar)	0.75	1.06	0.9869	1.011

결과로 얻은 k_{ij}는 조성 영역에 걸쳐서 그림 15.3으로 귀결되는 기포온도 계산을 수행하는 데 사용된다. 여기에 주어진 방법보다 더욱 정확하게 자료를 맞출 수 있는 방법을 찾을 수 있으나, k_{ij} = 0으로 추정하는 것보다는 향상효과가 작음을 주목하라. 우리는 그 (자료)맞춤이 공정 설계 계산을 위해서 필요로 하는 것만큼은 좋지 않음을 안다. 이 용액은 너무나 비이상적이어서 더욱더 유연한 열역학적 모델이 필요하다. 2성분 상호작용 매개변수는 매우 효과적으로 기포 압력 곡선의 크기를 바꾸지만 비대칭도에는 전혀 영향을 주지 못한다. 이 혼합물은 임계 영역에서 많이 떨어져 있기 때문에, 그림 12.1에 보인 바와 같이 van Laar나 UNIQUAC 같은 2 매개변수 활동도 계수 모델이 추천될 수 있다. van der Waals 혼합법칙과 함께한 Peng-Robinson 모델은 Scatchard-Hildebrand 모델과 거의 일치한다. Scatchard-Hildebrand 모델은 수소결합을 하는 혼합물에는 좋지 않은 결과를 준다. 수소결합을 하는 혼합물에 대해 임계 영역에서 정밀함이 요구될 때 일반적인 두 가지 접근 방법이 있다. 바로 진보된 혼합법칙을 위해 기본적으로 여러 개의 매개변수를 갖는 활동도 모델을 택하거나, 수소결합을 확실하게 다루는 것이다. 이러한 접근을 다룬 문헌이 이 장의 요약에 나타나 있다.

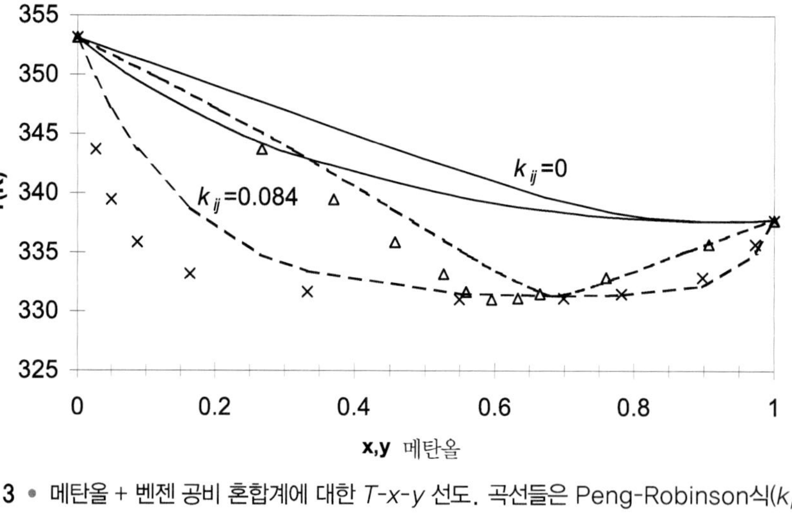

그림 15.3 • 메탄올 + 벤젠 공비 혼합계에 대한 T-x-y 선도. 곡선들은 Peng-Robinson식(k_{ij} = 0)의 예측과 공비점에서 하나의 자료로 합치한 것을 기초로 한 상관(k_{ij} = 0.084)을 보여 준다. x와 **Δ**는 각각 액상과 기상을 나타낸다.

예제 15.9 질소 + 메탄에 대한 상도표

Peng-Robinson식 ($k_{ij} = 0$)을 사용하여 150 K에서 질소 + 메탄의 상도표를 결정하라. P를 x, y에 대해 그리고 그 결과를 지름길 K-비 식으로부터의 결과와 비교하라.

Prmix.xlsx.

풀이

우선 지름길 K-비 방법으로부터 그림 15.4의 점선으로 표시된 상도표를 얻는다. Prmix.xlsx 프로그램의 기포 압력과정을 적용하여 그림 15.4에 있는 직선을 계산한다. Peng-Robinson 방법에 대하여, $x_{N_2} = 0.685$에 근접하는 해를 얻기 위한 초기 추측으로서 이전의 풀이로부터 K-값을 가정한다. 프로그램 Prmix.xlsx는 이것을 자동적으로 가정하지만, 우리는 임계 영역에 가까워짐에 따라 액체조성에서 작은 변화를 만드는 데 주의를 기울여야 한다.

그림 15.4는 액체질소의 조성을 0.10, 0.20, 0.40, 0.60, 0.61, 0.62…, 0.68, 0.685로 삽입해서 만들어진 것이다. 단순한 근사가 믿을 만한 영역에서 시작하여 점차로 이전의 결과를 사용하는 좀 더 어려운 영역으로 체계적으로 이동하는 과정이 종종 필요하며, 또한 혼합물의 상평형에 관한 축적된 전문지식에서 활용되는 친근한 기법이 되어야만 한다. 우리는 액-액 평형을 예측하는 데 유사한 접근법을 적용한다.

두 접근법을 수치적으로 그리고 도식적으로 비교하면, 지름길 접근법이 고농도의 초임계 성분에 대하여 Peng-Robinson식보다 훨씬 덜 정확한 것은 분명하다. 이것은 혼합물이 순수유체의 상황과 유사한 임계점을 가지기 때문에 일어나며, 이 점 이상에서는 분리된 액체와 기체의 근이 존재하지 않는다. 혼합법칙이 T_c와 P_c 대신에 a와 b로 나타내지므로, 상태방정식은 혼합물의 A_c와 B_c에 대해 유효한 값을 제공해 준다.

그러나 A_c와 B_c는 순수유체에서처럼 단순히 T와 P에만 의존하지 않고 조성에도 의존한다. 혼합물의 임계점은 조성이 변함에 따라 한 성분의 임계점으로부터 다른 성분의 임계점까지 변한다. 지름길 근사법 (그리고 SCVP+)은 초임계 성분의 유효 증기압을 얻기 위해 증기압 곡선을 바깥짐작하기 때문에 혼합물 임계점의 존재를 반영하지 않는데, 이것은 혼합물에 초임계 성분이 많아짐에 따라 상당한 오차를 야기한다.

혼합물 임계점 역시 계산하기가 어렵다. 만일 초임계 성분의 조성이 지나치게 크다면 상태방정식 계산에서 액체 근과 증기 근에 대해서 같은 해를 얻게 될 것이며 퓨가시티가 같으므로 프로그램은 종료될 것이다. 이 경우 프로그램은 임계 영역에서 피할 수 없는 몇 가지 미세한 부정확성 때문에 정확히 수렴될 수도 있고, 프로그램이 발산될 수도 있다. 정확한 수렴과 오답 사이의 차이를 인식하는 것은 종종 유능한 기술자에게 달려 있다. 상분리선을 그리는 것은 고생을 피할 수 있는 좋은 방법이다.

❗ 지름길 *K*-비 방법은 초임계 성분이 낮은 액상 조성으로 있을 때 초기 추측값을 제공하지만, 초임계 성분이 높은 액상 농도로 있을 때는 VLE를 부정확하게 예측한다.

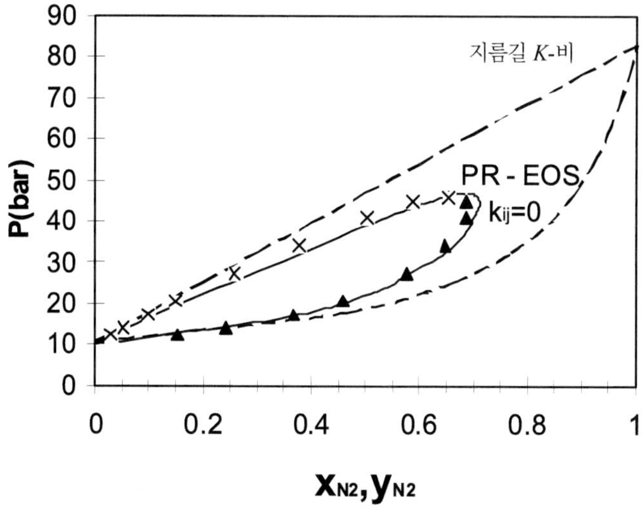

그림 15.4 • 150 K에서 지름길 *K*-비 근사법과 Peng-Robinson식을 비교하는 질소 + 메탄 계에 대한 고압 *P-x-y* 선도. 자료점들은 실험 결과를 나타낸다. Peng-Robinson식이 k_{ij} = 0으로 가정하므로 이론은 둘 다 전적으로 예측적이다.

예제 15.10 에탄 + 헵탄의 상분리선

💻 Prmix.xlsx는 기포, 이슬 그리고 플래시 계산을 돕는다.

❗ 혼합물 임계점

Peng-Robinson식(k_{ij} = 0)을 사용하여 x_{C7} = [0, 0.1, 0.2, 0.3, 0.5, 0.7, 0.9, 1.0]의 조성에서 에탄 + *n*-헵탄의 상분리선을 결정하라. 그들의 종점까지 기포 압력 계산을 수행하고, 아울러 온도가 크게 감소하기 시작하고 압력이 최고점에 도달할 때까지 이슬온도 계산을 수행하여 각각의 조성에 대한 *P* 대 *T* 도표를 그려라. 만약 필요하다면 마지막 이슬점 온도상태에서 시작하여 온도와 압력이 기포점 곡선의 말단에 접근할 때까지 이슬점 압력 계산을 수행함으로써 상분리선을 마감한다. 각각의 조성에 대하여 기포와 이슬곡선이 만나는 점에 X 표시를 하라. 이 X는 '혼합물 임계점'을 나타낸다. X를 띠 곡선(dashed curve)으로 연결하라. 이 띠 곡선은 혼합물의 '**임계궤적**(critical locus)'으로 알려져 있다.

풀이

❗ 등조성선(isopleth)

이런 상분리선들은 각각의 곡선을 따라 조성 대신에 온도를 변화시킨다는 것을 제외하면 앞의 문제에 있는 상분리선과 유사함에 주목하자. 이슬과 기포 계산 모두가 각각의 곡선을 만들기 위해 수행되어야 하는 점에서 계산은 좀 더 지루하다. 일정한 조성을 가진 선들은 간혹 **등조성선**(isopleth)이라 불린다. 계산 결과는 그림 15.5에 나타나 있다. 몰분율 0과 1.0에 있는 결과는 증기압 곡선으로부터 그들을 구별하기 위해서 띠-점 곡선으로 나타냈다. *P-T* 도표상의 상평형은 한 조성의 기포선이 다른 조성의 이슬선과 교차하는 조건에서 일어난다.

고압공정에 대한 몇 가지 실용적 고려사항은 선도로부터 추론할 수 있다. 90 bar, ~445 K에서 시작하여 일정 온도에서 30 mol%의 C7 혼합물의 압력을 낮추어 갈 때 어떤 현상이 일어나는지 생각해 보라. 비슷한 상황이 천연가스를 회수하는 동안 작은 관을 통해 흐르는 천연가스의 흐름에서 일어날 수 있다. 압력이 떨어지면서 이슬점 곡선을 통과하고 액체가 응결되기 시작한다. 저압에서의 경험으로부터 발전된 직관에 근거한다면 우리는 압력강하가 응축이 아닌 좀 더 증기에 유사한 거동을 초래할 것으로 예상할 수 있다. 반면에 압력강하는 에탄이 풍부한 혼합물의 밀도와 용해력을 감소시킨다. 이 현상은 **역행응축**으로 알려져 있다. 이것은 조작온도가 상분리선의 최고온도보다 더 낮을 때 임계궤적 부근에서 일어난다. 이 최고온도가 혼합물의 임계온도와 다르므로 이를 구별하는 이름이 필요하다. 여기에 붙여진 이름을 '임계응축 온도', 또는 cricondentherm이라 한다. 마찬가지로 상분리선에서의 최대 압력은 cricondenbar로 알려져 있다. 압력이 임계궤적 바로 위에 있고 온도가 변할 때 상전이와 유사한 유형이 임계궤적 부근에서 일어난다는 점을 주목하라.

역행응축

분석을 확대 해석하기 위해, 주로 메탄으로 구성되었으나 C80만큼 무거운 성분도 소량 포함하는 천연가스의 흐름에서 무엇이 일어날지 상상해 보라. 여러분이 방금 이해한 것처럼 역행응축 영역은 예제 14.12에서 논의된 것과 같이, 무거운 성분이 응결되기 시작하는 곳에 존재할 것이다. 그러나 무거운 성분들의 융점이 종종 조작온도를 넘어서고 생성되는 응결물이 관벽에 들러붙을 수 있는 고체가 될 수 있기 때문에 다른 가능성 또한 존재한다. 이것은 이번에는 부착물의 바로 옆을 흐르는 동안 더 큰 압력강하를 야기하는 큰 수축을 일으킬 것이다. 즉 이 부착공정은 흐름이 실질적으로 멈출 때까지 스스로 증대되는 경향이 있다. 왁스의 퇴적은 오일과 천연가스 산업에서 심각한 문제이며 이의 해결은 공학적인 전문성을 요구한다. 왜냐하면 이것은 여기서 논의하고 있는 임계 영역 근처뿐만 아니라 종종 임계점에서 멀리 떨어진 곳에서도 일어나기 때문이다. 여기에는 폭넓은 용해 거동이 일어날 수도 있으며, 그에 관한 것은 16장에서 보일 것이다.

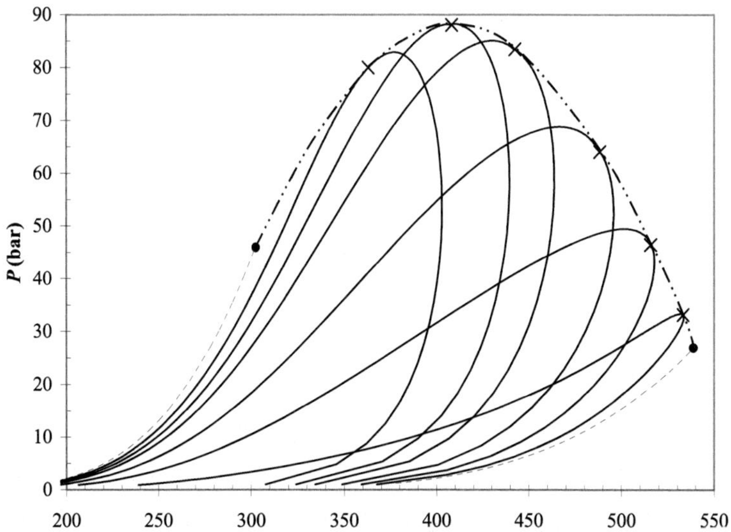

그림 15.5 • Peng-Robinson식에 따른 조성의 영향을 비교한 에탄 + 헵탄 계의 고압 상분리선. Peng-Robinson식에 k_{ij} = 0을 적용했기 때문에, 완전히 예측적인 이론이다. X는 혼합물의 임계점을 표시하며, 띠 줄은 임계궤적을 나타낸다. 처음과 마지막 곡선은 순수성분들의 증기압을 나타낸다.

15.5 VLE 루틴의 적용을 위한 전략

상도표의 작성과 같은 몇 가지 문제에 대하여는 이 장의 예제를 그대로 따라할 수 있다. 그러나 종종 VLE 루틴의 어떤 유형이 주어진 상황에 적용하기에 적합한지를 결정하기 위해서는 몇 가지를 고려해야 한다. 문제해결 전략에서 이 단계를 간과하지 마라. 연습문제를 푸는 목적의 일부는 어떤 루틴을 사용할 것인가에 관한 생각을 조장함으로써 상거동에 관한 이해를 증대시키는 것이다. 상태방정식의 루틴은 컴퓨터를 필요로 할 정도로 매우 복잡하지만, VLE 루틴이 정해지면, 그들 역시 비교적 빠르게 풀린다. 컴퓨터 계산 기법으로 전환하기 전에 적용할 올바른 과정을 확인하기 위해 표 10.1과 10.1절에 있는 정보를 사용한다. 문제의 설명을 보고 액체, 증기, 또는 총괄 몰분율이 알려져 있는지를 확인하라. 또한 P와 T가 알려져 있는지를 알기 위해 문제의 설명을 자세히 보라. 종종 표 10.1과 함께 이 정보로 적용할 루틴을 결정하게 된다. 때로는 접근 방법이 1개 이상이어야 만족스러우며 때로는 이상용액 근사법이 적용될 수 있고, 10.8절을 복습하는 것이 유용할 수도 있다. 이 책에 소개된 소프트웨어를 사용하기 전에 부록 A의 해당 부분과 프로그램에 동반된 안내서나 readme.txt 파일을 꼭 읽도록 하라.

15.6 요약

혼합물에 대한 상태방정식 접근법의 진수는 혼합물의 상태방정식이 순수유체의 상태방정식과 똑같다는 것이다. 특히 Z, A와 U에 대한 표현식은 정확히 같다. 유일한 차이점은 매개변수들(즉, Peng-Robinson식의 a와 b)이 조성에 의존한다는 것이다. 이런 매개변수들은 조성의 변화에 따라 모종의 연속적인 방식으로 순수성분에서 다른 순수성분으로 변형되어야 함을 생각한다면 결코 놀랄 일이 아니다. 놀라운 것은 이러한 변형을 모델링하기 위한 어떤 단순한 규칙으로부터 추론될 수 있는 풍부한 거동이다. 공비 혼합물로부터 역행응축의 모든 것과 액–액 분리조차도 상태방정식의 단순한 확장에 기초하여 질적으로 정확하게 표현될 수 있다.

이제 우리는 상거동 모델링을 다 이루었는가? 불행하게도 앞 문단에서의 핵심 용어는 '질적인(qualitative)'이다. 상태방정식은 탄화수소, 기체, 그리고 어느 정도까지는 에테르, 에스테르와 케톤을 포함하는 대부분의 응용에 대해 충분히 정확하다. 많은 오일이나 유전에 대해서는 이 방법으로 탄화수소가 많은 상과 물상을 분리해서 취급함으로써 만족시킬 수 있다. 그러나 강한 수소결합 종을 포함하는 일부 응용분야에서는 Peng-Robinson식과 같은 식으로부터 현재 얻을 수 있는 것보다 더 큰 정확성을 요구하는 경향이 있다. 예를 들어 만약 메탄올이 천연가스정에서 하이드레이트 억제제로 사용된다면 그 분배는 더 복잡한 처리를 요구할 수 있다. 하나의 생각은 혼합법칙을 위한 기반으로 UNIQUAC 모델과 같은 다매개변수 활동도 모델을 채택하는 것이다. 이것이 Wong-Sandler 모델[3]의 접근 방법이다. 또 다른 접근법은 19장에서 논의될, 동시반응으로의 수소결합과 상평형을 분석하는 것이다.

---

3 Wong, D.S.H.; Sandler, S.I. 1992. *AIChE J.* 38:671.

주요 식

다시 한 번 혼합법칙은 열역학을 정의하는 데 매우 중요한 역할을 한다는 것을 강조한다. Peng-Robinson 혼합법칙은 2성분 상호작용 매개변수 k_{ij}를 포함해서 van der Waals 혼합법칙과 같은 형태를 갖기 때문에 Peng-Robinson 모델은 크기가 아닌 Gibbs 과잉곡선의 비대칭도를 맞추지는 못한다. 임계 영역 밖에서도 또한 활동도 모델을 사용할 수 있다. Peng-Robinson 모델의 장점은 증기와 액체 그리고 임계 영역까지 끊임없이 적용할 수 있는 체제를 제공한다는 것이다.

활동도 모델만큼 다른 상에 대해 다른 방법으로 인위적으로 나타내 주는 것은 없다. 이러한 개념적 단순함이 실행 가능함을 보는 것은 매우 유쾌한 일이다. 이러한 가능성을 확립하기 위한 주된 식은 압력으로 명시된 상태방정식을 위해 퓨가시티 계수를 유도하는 것이다.

$$\boxed{\ln(\hat{\varphi}_i) = \frac{(\mu_i - \mu_i^{ig})}{RT} = \left(\frac{\partial(\underline{A} - \underline{A}^{ig})_{TV}/(RT)}{\partial n_i}\right)_{T,\underline{V},n_{j\neq i}} - \ln Z} \qquad \text{〈식 15.17〉}$$

주어진 이 식으로, 간단히 어떠한 상태방정식이나 혼합법칙에 대해 퓨가시티 계수, K-비를 도출할 수 있다. 자주 나오는 연관된 2개의 식은 식 15.23과 15.26 이다.

$$\boxed{\left(\frac{\partial nb}{\partial n_k}\right)_{T,\underline{V},n_{j\neq k}} = b_k} \qquad \text{〈식 15.23〉}$$

$$\boxed{\left(\frac{\partial n^2 a}{\partial n_k}\right)_{T,\underline{V},n_{j\neq k}} = 2\sum_j n_j a_{jk}} \qquad \text{〈식 15.26〉}$$

이러한 항들이 나오는 식을 미분하기 전에, 식을 재정리하는 방법을 주시하면 미분이 매우 간단해지며 간단한 대체로 종종 축소된다. 마지막으로 상태방정식 법은 식 15.20의 약간 변형된 형태로 주어지는 분배계수에 대해 식이 유도될 때 모든 다른 상평형 계산과정을 융합한다.

$$\boxed{y_i\hat{\varphi}_i^U P = x_i\hat{\varphi}_i^L P} \text{ or } \boxed{K_i = \hat{\varphi}_i^L / \hat{\varphi}_i^U} \qquad \text{〈식 15.20〉}$$

여기서 우리는 상층부 상이 증기이거나, 또는 LLE에서의 상층부 상일 수 있음을 인식함으로써 식 15.20을 일반화할 수 있다. 상태방정식 상관의 좋은 점은 유체상 모델이 액체와 증기에 대해 같다는 것이다. 적절한 근이 선택되기만 하면 된다.

15.7 익힘문제

P15.1 이번에는 Peng-Robinson식을 적용하여 제10장의 모든 연습문제를 다시 풀이하라.

P15.2 아크롤레인(C_3H_4O) + 물은 52.4°C, 대기압(1bar)에서 97.4 wt% 아크롤레인의 공비점을 보인다. 아크롤레인은 T_c = 506 K, P_c = 51.6 bar, ω = 0.330, MW = 56이다.

(a) 같은 액상조성과 온도에서 이 기포 압력에 해당되는 Peng-Robinson식에 대한 k_{ij} 값을 결정하라.

답: 0.015

(b) 위에서 정한 k_{ij}를 사용하여 Peng-Robinson식으로 326.55 K와 x = {0.57,0.9, 0.95, 0.974}에서의 P, y를 표로 정리하라.

답: (1.33,0.575), (1.16, 0.736), (1.06,0.841), (1.0,0.860)

P15.3 Laugier와 Richon(*J. Chem. Eng. Data*, 40:153, 1995)은 323 K, 2.010 MPa에 있는 황화수소(H_2S) + 벤젠계에 대하여 다음과 같은 기－액 평형 자료를 발표하였다. x_1 = 0.626, y_1 = 0.986

(a) 298 K, 100 bar에서 황화수소의 기－액 K값을 신속히 추정하라.

답: 0.21

(b) 데이터를 사용해서 k_{ij}값을 추정하고 황화수소의 증기상 몰분율에서의 오차를 추정하라.

답: 0.011, 0.1%

P15.4 에틸아세테이트(ethyl acetate) + 메탄올계는 62.1°C에서 27.8 mol%의 에틸아세테이트 공비 혼합물을 형성한다. 에틸아세테이트는 T_c = 523.2 K, P_c = 38.3 bar, ω = 0.362이다.

(a) k_{ij} = 0으로 가정할 때 이 조성과 온도에서 Peng-Robinson식으로부터 구한 기포점 압력 추정값은 얼마인가?

답: 0.98 bar

(b) 이 온도와 조성에서 어떤 k_{ij}값이 1bar의 기포점 압력을 주는가?

답: 0.0054

(c) 위 (b)에서의 k_{ij}값이 이 혼합물을 묘사하는 데 사용되면 Peng-Robinson식에 의해 추정되는 공비점의 조성과 기포점 압력값은 얼마인가?

답: x_{EA} = 0.226

P15.5 (a) Peng-Robinson식의 2성분 상호작용 매개변수값을 0으로 가정하고(k_{ij} = 0), 222

K에서 이산화탄소 + 에틸렌계가 공비 혼합물이 될 것인지를 예측하라. 2성분들의 등몰 혼합물에서 기포점 압력을 계산하라.

답: 아니다. 8.7 bar

(b) Peng-Robinson식의 2성분 상호작용 매개변수값을 (k_{ij} = 0.11)로 가정하고 222 K에서 이산화탄소 + 에틸렌계가 공비 혼합물이 될 것인지를 예측하라. 이들 2성분의 등몰 혼합물에서 기포점 압력을 계산하라.

답: 그렇다. 11.3 bar

P15.6 (a) Peng-Robinson식의 2성분 상호작용 매개변수값을 0이라 가정하고(k_{ij} = 0), x_P = 0.728, 31.9°C에서 펜탄 + 아세톤계의 기포 압력과 증기조성을 추정하라.

답: 0.78 bar, y_1 = 0.83

(b) x_P = 0.728, T = 31.9°C, P = 1 bar에 있는 펜탄 + 아세톤계의 실험적 액상조성과 기포점 조건을 이용하여 Peng-Robinson식의 2성분 상호작용 매개변수(k_{ij})를 추정하라. 그리고 39.6°C에 있는 13.4 mol% 펜탄 액체 용액의 기포 압력을 계산하라.

답: 0.117, 1.12 bar

P15.7 298 K에 있는 30 mol% 이산화탄소, 30% 메탄, 20% 프로판과 20% 에탄으로 이루어진 혼합물의 이슬점 압력과 대응하는 액체조성을 다음 식을 이용하여 계산하라.

(a) 지름길 K-비

답: 32 bar

(b) k_{ij} = 0을 갖는 Peng-Robinson식

답: 44 bar

P15.8 다음의 상태방정식이 새로운 상태방정식으로 제안되었다. 한 성분의 퓨가시티 계수에 대한 식을 유도하라.

$$Z = 1 + 4cb\rho/(1 - b\rho)$$

여기서 $b = \sum_i x_i b_i$

$$c = \sum_i x_i x_j c_{ij}$$

$$c_{ij} = \sqrt{c_{ii}c_{jj}}$$

답: $\ln\hat{\varphi}_k = 4\left(c - 2\sum_i x_i c_{ik}\right)\ln(1 - b\rho) + \frac{b_k}{b}(Z - 1) - \ln Z)$

15.8 연습문제

15.1 그림 15.5를 이용하여 추가적인 계산 없이, 400 K에서 P-x-y 선도를 그리고 두 상 영역을 나타내라. 그림은 상분리선이 P-x-y 선도의 축과 만나는 값을 보여 주기 위해 반정량적(semi-quantitative)으로 그린다. 기포와 이슬선을 명시하고 최대 압력의 근삿값을 보여라.

15.2 188°C, 6.9MPa에서 30 mol% 질소(1)와 70 mol% n-부탄(2)의 2성분 혼합물에 대해 몰부피를 다음의 방법으로 계산하라.

(a) 혼합물이 이상기체라고 가정하라.

(b) 혼합물을 이상용액으로 가정하라. 이때, 다음에 주어진 비리얼 계수를 이용하고 순수 기체들의 부피는 다음 식으로 주어진다.

$$Z = 1 + \frac{BP}{RT}$$

(c) B에 대해 일반화된 상관관계에 의해 예측되는 제2 비리얼 계수를 사용하라.

(d) 제2 비리얼 계수에 대해 다음의 값을 사용하라.

$B_{11} = 14$ $B_{22} = -265$ $B_{12} = -9.5$ (단위: cm^3/gmole)

(e) Peng-Robinson식을 사용하라.

15.3 문제 15.2에서와 동일한 혼합물과 실험 조건에서 혼합물 각 구성성분의 퓨가시티 $\hat{f}_i$를 계산하라. 방법 (a)~(e)를 사용한다.

15.4 $y_i\hat{\varphi}_i^V P = x_i\hat{\varphi}_i^L P$로 모델화된 상평형을 고려해 보자. 언제 φ_i가 각 상에 대한 φ_i로 대체될 수 있는가? 각 상에 대해 언제 $\varphi_i = 1$이 사용될 수 있는가? 식 $y_i\hat{\varphi}_i^V P = x_i\hat{\varphi}_i^L P$를 사용해서 상거동을 풀기 위해, 혼합물에 대한 비리얼 상태방정식을 사용하는 적합성에 대해 논하라.

15.5 비리얼 상태방정식을 사용하여 0.1과 4.5 MPa 사이의 압력과 515 K에 있는 프로판과 n-부탄의 혼합물을 고찰해 보자. 식 7.10을 사용하여 비리얼 계수 방법이 타당함을 증명하라.

(a) 0.1 MPa, 2 MPa, 4.5 MPa의 압력하에서 각 성분의 퓨가시티 계수 도표를 조성의 함수로 나타낸다.

(b) 혼합물이 이상용액이라고 가정하면 각 성분의 퓨가시티 계수는 조성에 어떻게 의존하는가? 그리고 위 (a)의 각 압력에서 어떤 값을 갖는가? 이상용액 모델이 이들 각각의 조건에 대해 얼마나 타당한가?

(c) 과잉 부피는 $V^E = V - \sum_i x_i V_i$로 정의된다. 여기서 V는 혼합물의 몰부피이며 V_i

는 동일한 T와 P에서 순수성분의 몰부피이다. 위 (a)의 각각의 압력에서 혼합물의 과잉 부피 예상값을 그려라. 과잉 부피는 압력에 어떻게 의존하는가?

(d) 위 (a)의 어떤 압력하에서 이상기체 법칙이 성립되는가?

15.6 120°C, 2.5 MPa에서 이산화탄소(1)와 i-부탄(2)의 증기 혼합물이 존재한다. 조성범위에 걸쳐 혼합물 중에 있는 이산화탄소의 퓨가시티를 다음 식으로 계산하라.

(a) 혼합물에 대한 비리얼 상태방정식

(b) Peng-Robinson식

(c) 순수성분에 대한 비리얼 상태방정식과 이상용액 모델식

15.7 Lewis/Randall 법칙은 대체로 기체 혼합물에서 고농도를 갖는 성분들에 대하여 유효하다. 125°C, 170 bar에서 90% 에탄과 10% 프로판의 혼합물에 대한 에탄의 $\hat{f}_i$를 계산하라.

15.8 비리얼 상태방정식을 따르는 두 가지 기체를 고려해 보자. 이 두 기체의 이상혼합물이 $B = y_1B_{11} + y_2 + B_{22}$ 관계를 따름을 보여라.

15.9 비리얼 상태방정식 $Z = 1 + BP/RT$가 혼합물 구성성분들의 퓨가시티를 계산하는 데 사용될 수 있다. $B = y_1B_{11} + y_2B_{22}$라 가정한다(이런 단순한 형태는 계산을 쉽게 만든다. 식 15.1은 정확한 식의 형태를 제공한다). 2성분 혼합물에서 성분 1에 대한 각각의 퓨가시티 계수를 계산하는데 이 단순화된 식과 정확한 형태의 식을 사용한다.

15.10 비이상용액에서 퓨가시티를 찾기 위한 가장 쉬운 방법 중의 하나는 고압 기체에 녹아 있는 결정성 고체의 용해도를 모델링하는 것이다. 이 경우에 결정성 고체는 증기 혼합물과의 평형에서 순수한 상으로 남아 있으며, 결정상에서의 '고체'성분의 퓨가시티는 증기상에서와 같아야 한다. $k_{ij} = 0.100$을 사용하여 이산화탄소에 녹아 있는 바이페닐(biphenyl)을 고려해 보자. 결정성 바이페닐의 몰부피는 156 cm^3/mol이다.

(a) 310 K와 330 K 및 0.1, 1, 10, 15와 20 MPa에서의 순수 결정성 바이페닐의 퓨가시티(단위: MPa)를 계산하라.

(b) 위 압력범위에 걸쳐 있는 등온선에 대하여 바이페닐의 용해도를 계산하고 도시하라. 포인팅 보정(Poynting correction)이 포함되는 곳에서의 바이페닐의 용해도를 이상기체 용해도와 비교하라. 기상의 비이상성은 무시된다.

15.11 초기에 30°C에서 프로판을 담고 있는 용기가 질소 실린더에 연결되어 있다. 압력은 등온에서 2.07 MPa까지 증가한다. 증기상에서 프로판의 몰분율은 얼마인가? 프로판에서 질소의 용해도는 액상이 순수 프로판으로 간주될 수 있을 정도로 충분히 작다고 가정할 수 있다. 30°C에서의 다음 데이터를 사용하여 계산하라.

	C_3	N_2
V^L (cm^3/gmole)	75.6	
P^{sat} (MPa)	1.065	
B (cm^3/mole)	−380	−4.0
B_{12} (cm^3/mole)		−70

15.12 프로판(1)과 *n*-부탄(2)의 50 mol% 혼합물이 37°C의 플래시 드럼(flash drum)에 들어간다. 플래시 드럼이 0.6 MPa로 유지된다면 액체로 존재하는 공급물의 분율은 얼마인가? 플래시 드럼을 나가는 상들의 조성은 얼마인가? 다음 두 가지 방법으로 문제를 해결하라.

(a) Raoult의 법칙을 사용하라.
(b) 증기와 액체의 이상혼합물로 가정하라(K_i는 조성에 무관하다).

자료: $B_{11} = -369.5$ cm^3/mol $B_{22} = -665.1$ cm^3/mol $B_{12} = -486.9$ cm^3/mol
$P_1^{sat} = 1.269$ MPa $P_2^{sat} = 0.343$ MPa

15.13 5 mol% 에탄, 57 mol% 프로판, 38 mol% *n*-부탄을 포함하는 혼합물이 천연가스 공장에서 처리된다. 두 상이 존재하는 1 bar 이상의 모든 압력에서 기포점 압력, 액체조성 및 이 혼합물과 공존하는 증기의 *K*-비를 추정하라. $k_{ij} = 0$으로 고정하고 지름길 *K*-비 방법을 사용하라. 결과에 대해 ln *P*와 1/*T*의 도표를 도시하라. 이 도표가 무엇처럼 보이는가? logK_i를 1/*T*에 대해 그려라. K_i가 어떤 값들에 접근하는가?

15.14 벤젠과 에탄올은 공비 혼합물을 형성한다. 45°C에 있는 벤젠 + 에탄올 계에 대해 *P-x-y*와 *y-x* 선도를 그려라. 이때 Peng-Robinson 모델을 가정하고 $x_E = 0.415$에서의 실험 압력을 사용하여 k_{12}를 계산하라. 그 결과를 문제 10.1에서 인용된 Brown과 Smith의 실험 데이터와 비교하라.

15.15 기–액 평형은 석유기술 분야에서 보통 *K* 인자에 의해 나타내진다. Peng-Robinson식을 사용하여 300 K와 전압 30 bar에서 벤젠+메탄계의 등몰 공급액 중의 메탄과 벤젠 값을 추정하고, 지름길 *K*-비 방법의 추정값과 비교하라.

15.16 어떤 저장탱크가 45°C, 15 bar에서 혼합물(몰 기준으로 31% 에탄, 34% 프로판, 21% *n*-부탄, 14% *i*-부탄)을 포함하고 있는 것으로 알려져 있다. 공존하는 증기상과 액상의 조성은 얼마이며 탱크 내 전체 몰의 얼마가 액체인가?

15.17 CRC 핸드북에는 63.7°C와 72 wt% 메탄올에서의 메탄올 + 톨루엔의 상압 공비 혼합물에 관해 기록되어 있다. 이 계에 대해 Peng-Robinson k_{12}값을 추정하라.

15.18 CRC 핸드북에는 에탄올 + 메틸에틸케톤계에 대하여 74.8°C, 34 wt% 에탄올의 상압 공비 혼합물이 보고되어 있다. 이 계에 대해 Peng- Robinson의 k_{12}값을 추정하라.

15.19 에탄/헵탄계에 대하여 Peng-Robinson식을 사용하여 다음을 수행하라.

(a) $k_{12} = 0$을 사용하여 283 K와 373 K에서의 P-x-y 선도를 계산하고 그 결과를 도시하라.

(b) 이 선도들과 283 K에서 Raoult의 법칙에 의해 예측된 값을 비교하여 보자. 이 계는 Raoult의 법칙으로부터 양의 편차를 갖는가? 또는 음의 편차를 갖는가?

15.20 펜탄 + 아세톤계에 대한 k_{ij}가 익힘문제 P15.6에서 한 점에 대하여 합치되었다. 312.75 K에서 P-x-y 선도를 만들라.

15.21 1 mol의 n-부탄과 1 mol의 n-펜탄이 용기 속에 채워진다. 이 용기는 90°C까지 가열되며 이때 압력은 7 bar이다. 용기 내에 있는 상들의 양과 조성을 결정하라.

15.22 15 bar에 있는 50 mol% n-펜탄과 50 mol% n-부탄의 혼합물을 생각하라.

(a) 이슬점 온도는 얼마인가? 첫 번째 액적의 조성은 얼마인가?

(b) 압력이 15 bar로 유지된다면 어떤 온도에서 증기가 완전히 응축되는가? 증기의 마지막 방울의 조성은 얼마인가?

15.23 천연가스관이 없는 곳에서는 LPG 가스가 연료로 사용된다. LPG가 프로판과 n-부탄의 혼합물로 모델링될 수 있다고 가정하라. LPG 탱크의 압력이 온도에 따라 변하기 때문에 안전과 실제 조작에 관한 조건이 반드시 지켜져야 한다. 바람직한 최고 압력이 0.7 MPa이고, 바람직한 조작에서의 최저 한계는 0.2 MPa이라고 가정하라. 여름철 탱크온도의 최댓값이 50°C이고, 겨울철 최저온도는 −10°C라고 가정하라. (힌트: 질량기준으로 볼 때, 탱크 내에 있는 증기의 질량은 탱크가 가득 찬 후의 액체의 질량에 비해 무시할 수 있다.)

(a) 하절기 프로판 함량에 대한 프로판의 상한값(몰분율)은 얼마인가?

(b) 위 (a)의 조성에 대하여 동절기 최저 압력은 얼마인가?

(c) 동절기 프로판 함량에 대한 프로판의 하한값(몰분율)은 얼마인가?

(d) 위 (c)의 조성에 대하여 하절기 최고 압력은 얼마인가?

15.24 메탄올과 암모니아로부터의 메틸아민, 디메틸아민, 트리메틸아민의 합성은 과잉 암모니아와 전환된 아민을 포함하는 일련의 분리단계로 귀결된다. $k_{ij} = 0$과 함께 Peng-Robinson식을 사용하여 메틸아민 + 디메틸아민, 메틸아민 + 트리메틸아민, 또는 디메틸아민+트리메틸아민이 2 bar의 압력에서 공비 혼합물을 형성하는지를 예측하라. 압력을 20 bar까지 올리면 위에서 확인된 공비거동이 변화될 것인가? 도서관에서 이러한 계에 관련되는 실험 데이터를 찾아라. 실험 데이터와 비교하여 여러분의 예측이 어떠한가?

성분	T_c(K)	P_c(MPa)	ω
메틸아민	430.0	7.43	0.292
디메틸아민	437.7	5.31	0.302
트리메틸아민	433.3	4.09	0.205

15.25 다음의 기체/용매계에 대해 우리는 낮은 분자량을 가진 성분을 '기체'라 칭한다. 액체 탄화수소에서 가벼운 기체의 실험적 용해도는 다음에 표로 만들어 놓았다. 가벼운 기체의 분압은 1.013 bar이다. 각 계에 대하여 다음을 행하라.

(a) Peng-Robinson식에 의해 순수성분의 증기압을 계산한 다음, 그 성분에 대해 Raoult의 법칙을 적용함으로써 액체 탄화수소의 분압을 계산하라.

(b) 단계 (a)의 결과를 사용하여 전압과 증기조성을 계산하라.

(c) Peng-Robinson식에 $k_{ij} = 0$을 적용하여 가벼운 기체의 분압이 1.013 bar로 되는 증기와 액체의 조성을 계산하고, 압력과 기상조성을 단계 (a), (b)의 것과 비교하라.

(d) Henry의 법칙에 따르면 x_i가 0에 가까우며 h_i가 Henry 상수일 때 $\hat{f}_i = h_i x_i$가 된다. 위 (c)의 계산으로부터 Henry 상수를 계산하라.

(e) Peng-Robinson식 및 Henry의 법칙을 사용하여 가벼운 기체의 분압 2 bar에서 예상되는 용해도를 계산하고 결과에 대해 논평하라.

	기체	액체	T(°C)	x_{gas}	출처
(*i*)	메탄	사이클로헥세인	25	2.83 E-3	*a*
(*ii*)	메탄	사염화탄소	25	2.86 E-3	*a*
(*iii*)	메탄	벤젠	25	2.07 E-3	*a*
(*iv*)	메탄	*n*-헥산	25	3.15 E-3	*b*
(*v*)	메탄	*n*-헥산	25	4.24 E-3	c

a. Hildebrand J. H, Scott, R.L. 1950. *The Solubility of Nonelectrolytes*, 3rd ed., New York, Reinhold, Table 4, p.243

b. McDaniel, A. S. 1911. *J. Phys. Chem*, 15:587

c. Guerry, Jr., D. 1944 Thesis Vanderbilt Univ.

15.26 25°C와 1 bar의 이산화탄소의 분압에서 톨루엔에 대한 이산화탄소의 용해도를 2성분 상호작용 매개변수를 0으로 하는 Peng-Robinson식을 사용하여 계산하라. 문제 15.25의 방법이 도움이 될 것이다.

15.27 Henry의 법칙에 따르면 x_i가 0에 가까우며 h_i가 Henry 상수일 때 $\hat{f}_i = h_i x_i$가 된다. 높은 환산온도에서 기체는 그들의 Henry 상수에서 특별한 성향을 보일 수 있다. Peng-Robinson식을 사용하여 T = [300 K, 600 K]의 데칼린(decalin)에 있는 수소에 대한 Henry 상수를 예측하라. 결과를 온도의 함수로 도시하고 지름길 예측으로부터의 예측값과 비교하라. 관찰한 거동을 말로 표현하라.

15.28 어떤 기체 혼합물이 다음의 상태방정식을 따른다.

$$\frac{PV}{RT} = 1 + \left(b - \frac{a}{T}\right)\frac{P}{RT}$$

여기서 b는 크기 매개변수로 $b = \sum_i x_i b_i$이고, a는 에너지 매개변수로 $a = \sum_i$

$\sum_j x_i x_j a_{ij}$이다. 2성분 혼합물에서 성분 1에 대한 부분 몰 엔탈피에 관한 식을 유도하라. 여기서 두 성분에 대한 기준상태는 T_R, P_R의 이상기체 상태이고 순수성분 매개변수는 온도에 무관하다.

15.29 순수기체에 대한 잔류 엔탈피(residual enthalpy)의 계산과정은 예제 8.5에 소개하였다. 이제 2성분 기체 혼합물에 대한 잔류 엔탈피를 고려해 보자. 이 계산을 위해서는 혼합물에 대한 da/dT를 결정하는 것이 필요하다.

(a) 2성분 혼합물에 대한 이 도함수의 형태를 전통적인 2차 혼합법칙과 k_{ij}가 0이 아닌 기하평균 결합 규칙에 근거하여 da_1/dT와 da_2/dT의 항으로 나타내라.

(b) Peng-Robinson식을 따르는 2성분 혼합물에 대하여 잔류 엔탈피에 대한 식을 구하라.

(c) 50 mol% 이산화탄소와 50 mol% 질소의 혼합물이 7 MPa, 40°C에서 밸브로 들어가서 0.1013 MPa에서 밸브를 나간다. 이산화탄소가 응결되는지, 만약 그렇다면 그것이 액체인지, 고체인지를 어떻게 결정할 것인지 설명하라.

15.30 30 mol% 이산화탄소와 70 mol% 메탄의 기체 혼합물이 70 bar, 40°C에서 밸브로 들어가고 5.3 bar로 나온다. 이산화탄소가 일부라도 응결될 것인가? 혼합물이 비리얼 상태방정식을 따른다고 가정하라. 일부라도 액체가 생긴다면 그것은 순수 이산화탄소라고 가정하라. 이산화탄소의 증기압은 지름길 증기압 식에 의해 추산될 수 있다. 비록 동결될 가능성은 적지만 이산화탄소는 0.1013 MPa과 −78.8°C에서 승화된다.

15.31 무수초산 생산공정을 모사하기 위해 초산(1) + 아세톤(2) 계의 기-액 평형 특성이 기술되어야 한다. 760 mmHg에서 이 계에 대한 실험 데이터가 다음에 요약된 것과 같이 Othmer(1943)[4]에 의해 보고되었다. 등몰 조성에서의 데이터를 이용해서 Peng-Robinson식의 2성분 상호작용 매개변수값을 결정하라. 결정된 2성분 상호작용 매개변수에 기반해서 몰분율 $x_{(1)} = 0.3$에서 이 계에 대한 Peng-Robinson 예측의 %오차를 결정하라.

T(C)	103.8	93.1	85.8	79.7	74.6	70.2	66.1	62.6	59.2
$x_{(1)}$	0.9	0.8	0.7	0.6	0.5	0.4	0.3	0.2	0.1

15.32 정유공장의 부지에 있는 구형 탱크(10 m^3) 내에 메탄과 에틸렌의 혼합물이 단일 기상으로 존재한다. 혼합물은 298 K와 1 MPa하에 있다. 때는 봄이고 대기온도는 298 K이다. 에틸렌의 몰분율은 20 mol%이다. 감독관은 압력이 0.5 MPa이 될 때까지 탱크 밑바닥으로부터 신속히 기체를 빼내려고 한다. 그러나 당신은 감압이 온도의 강하를 유발할 것이고 응축을 일으킬지도 모른다고 넌지시 말한다.

4 Gmehling, J., Onken, U., Arlt, W. 1977– *Vapor-Liquid Equilibrium Data Collection*, Frankfurt: DECHEMA

(a) 응축이 시작될 때까지 제거되는 몰수, 또는 타당한 탱크 압력의 관점에서 온도의 변화를 계산하기 위한 방법을 제공하라. 감압은 단열적이고 가역적이라고 가정하라. 답을 얻기 위한 관계식을 제공하고, 모든 변수에 대해 수칫값이 계산되도록 충분한 식이 제공됨을 확인하라. 그러나 최종적인 값을 계산할 필요는 없다.

(b) (a)에서의 답은 예상되는 온도에 대한 상한, 또는 하한을 제시하는가?

(c) 응축이 시작될 때의 탱크의 P, T, n을 어떻게 구할 것인지 요약하라. 해답을 구하기 위한 관계식을 나타내고, 모든 변수에 대해 수칫값이 계산되도록 충분한 식들이 제공됨을 확인하라. 그러나 최종값을 계산할 필요는 없다.

15.33 (a) 298 K에서 부탄은 적당한 압력하에서 상태방정식 $P(V-b) = RT$를 따른다. 여기서 b는 온도의 함수이다. 298 K의 온도와 1 MPa의 압력에서 부탄에 대한 퓨가시티를 계산하라. 이 온도에서 $b = -732$ cm^3/mol이다.

(b) 펜탄은 298 K에서 $b = -1195$ cm^3/mol로서 동일한 상태방정식이 적용된다. 혼합물에서 b는 혼합법칙 $b = x_1^2 b_1 + 2x_1x_2b_{12} + x_2^2 b_2$를 따르며 여기서 $b_{12} = -928$ cm^3/mol이다. 혼합물을 이상용액으로 간주하고 298 K와 1 MPa에서 펜탄의 농도가 20 mol%인 부탄의 퓨가시티를 계산하라.

15.34 Soave 상태방정식은

$$Z = \frac{1}{1-b\rho} - \frac{a\rho}{RT}\frac{1}{(1+b\rho)}$$

이다. 여기서 혼합법칙과 결합 규칙은 식 15.8과 식 15.9로 주어졌다. 퓨가시티 계수에 대한 식을 전개하고 이를 Soave에 의해 제시된 식과 비교하라(1972. *Chem. Eng. Sci*, 27:1197).

15.35 다음과 같은 상태방정식이 제안되었다. 퓨가시티 계수에 대한 식을 유도하라.

$$Z = 1 + 4c\rho\,/(1 - b\rho)$$

여기서 $b = \sum_i x_i b_i;$, $c = \sum_i \sum_j x_i x_j c_{ij}$, c_{ij} = 상수

15.36 어떤 강체구(hard sphere) 혼합물에 대해 다음의 상태방정식이 제안되었다.

$$\frac{A - A^{ig}}{RT} = \frac{2}{(1-\eta_P)^2}$$

여기서 $\eta_P = \sum_i x_i b_i / V$이다. 퓨가시티 계수에 대한 식을 유도하라.

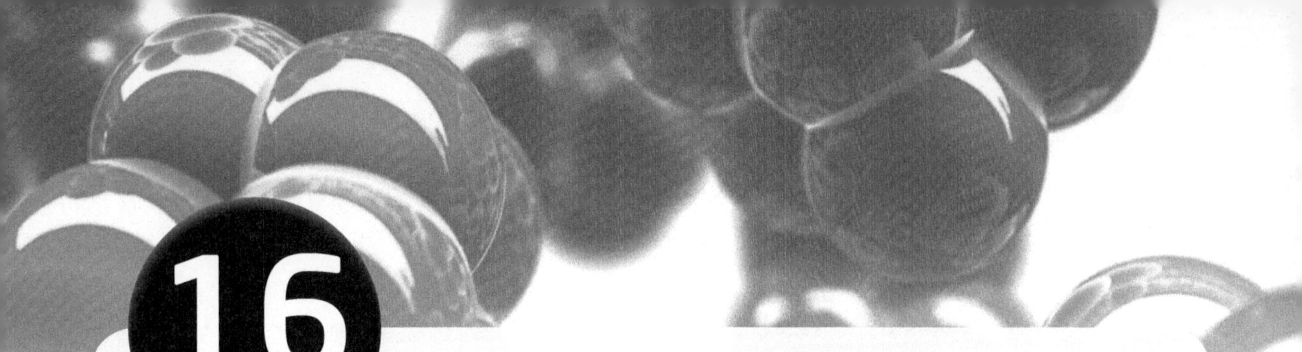

16 CHAPTER

고급 상평형도

새로운 분야의 기술이 개발될 때마다 원자와 분자가 관련된다. 원자와 분자들은 대규모로 조작되어야 하는데 이는 곧 화학공학이 필연적으로 개입되어야 한다는 것을 의미한다.

Isaac Asimov(1988)

이 장에서는 보다 상위개념의 상거동과 관련된 주제를 논의한다. 앞서 특정 조건의 다양한 고립계에서 발생되는 VLE, LLE 그리고 SLE를 살펴보았다. 또한 한 가지 형태의 상거동이 지배적인 경우의 조건들도 예상할 수 있다. 예를 들면 아주 큰 k_{12} 값은 LLE를 야기하기 쉽다. 그러나 온도가 액-액 임계온도보다 높으면 LLE는 사라진다. 나아가 기-액 임계온도보다 높은 온도에서는 VLE도 깨진다. 기-액 임계온도는 항상 액-액 임계온도보다 높을까? 개개 분자의 성질(크기, 에너지 밀도, 복합화)이 상관있을까? 또는 모든 분자들이 어떤 종류의 단 하나의 '총괄곡선'으로 통합될까? 상거동이 다양한 변수의 함수라고 보면, 어떻게 직관적 추론을 써서 상거동을 이해할 수 있을까? 어떻게 실제적인 목표를 이루게 하는지를 상상케 해주거나, 또는 어떤 목표에 도달할 수 없음을 증명하는 상평형도가 있을까?

이것들은 모두 고급 상평형도의 연구 동기가 되는 질문들이다. 이러한 연구를 통해 우리는 분자의 성질이 문제가 되는 것을 알았다. 그러나 여섯 가지 종류의 독특한 도표의 형태가 현재까지 관찰된 상거동의 형태를 구분하기에는 충분하다. 앞으로 도표가 어떻게 적용되는지에 대한 예로 잔여분 곡선 분석의 과정을 설명하고, 공비증류와 추출증류와 같은 공정이 어떻게 기획되고 설계되는지를 설명할 것이다.

16.1 3차원 상거동 단면

2성분계에서는 여러 가지 형태의 상거동이 일어날 수 있다.[1] 이전 장들에서 *P-x-y* 또는 *T-x-y*

1 이 절의 대부분이 1996년 Lira, C. T.에 의해 "Thermodynamics of Supercritical Fluids with Respect to Liq-

도표를 고찰함으로써 상거동을 알아보았다. 이 절에서는 이러한 상평형도가 3차원상의 *P-T-x-y* 도표와 어떻게 연관되는지를 소개한다.

> ❗ 특수기호의 요약은 이 장의 끝에 나타내었다.

*P-x-y*와 *T-x-y* 도표는 3차원 상분리선(phase envelope)의 2차원 단면이며, 상분리선을 연구함으로써 2차원 단면들의 점진적 형태 변화를 좀 더 쉽게 이해할 수 있다. 모두 제 I형(Type I)으로 분리되는 세 가지 다른 계에 대한 3차원 상분리선과 그 단면의 관계를 그림 16.1A~16.1C에 나타내었다. 제 I형은 액-액 거동이 없기 때문에 가장 간단한 종류의 상거동이라 할 수 있다. 최소비등이나 최대비등 균일 공비물뿐만 아니라 공비물이 아닌 것도 이 경우에 해당한다는 것에 주목하자. 각 3차원 도표에서 짧은 띠선은 순수성분의 증기압을 나타내며 이 선은 점 *A*와 점 *B*로 나타낸 각 성분의 임계점에서 끝난다. 3차원 상분리선상의 수평 단면은 긴 띠선으로 나타낸 *T-x-y* 도표이고, 수직 단면은 실선으로 나타낸 것으로서 *P-x-y* 도표이다. (이 절에서 사용한 특수 기호들은 이 절의 끝에 요약해서 나타내었다.) 3차원 도해에서의 단면과 *P-x-y* 및 *T-x-y* 단면 위에 도시된 상분리선 사이에는 일대일 대응관계가 성립한다. 임계점 *A*에서 임계점 *B*까지의 실선은 증기상과 액상이 서로 같아지는 혼합물 임계점의 궤적이다. 2차원 단면의 부분이 임계점의 궤적이 단절되는 조성범위까지는 확대되지 않는 것에 주목하라. 각 단면의 돌출부는 임계점을 갖게 된다. 예제 15.10에서 논의한 바와 같이 임계점은 상분리선 위의 최대온도나 최대 압력점 상에 위치하지 않는 경우가 종종 있다. 여기에 나타난 상도표와 10~15장에 있는 상도표와의 관계를 보기 위해 이들 장에 있는 상도표들을 참조하라.

> ❗ *P-x-y*와 *T-x-y* 도표는 3차원 상분리선의 단면이다.

액-액 상평형계의 *P-x-y* 및 *T-x-y* 도표를 그림 16.2A와 16.2B에 나타내었다. 액-액 거동은 기-액 상분리선 위쪽의 *U*자 형 영역에서, **임계종말점** *U*의 왼쪽 영역에서 나타난다. 3상 *llv* (기-액-액)는 수평의 대응선(tie line)으로 표시한 표면 위에서 일어난다. 이 표면과 *P-x-y*와 *T-x-y* 도표의 교차점이 단면 도표에서 *llv*의 맺음선이 된다. 상부 임계종말점 *U*에서는 기상과 액상이 동일해지며, 이를 표기법으로는 $l - l = v$로 나타낸다. 성분들의 증기압 차이가 매우 큰 경우에는 그림 16.2A(a~c)에 나타낸 것처럼 공비점을 형성하지 않을 수 있다. 증기압이 서로 비슷할 경우는 (균일)공비물이나 불균일 공비물을 형성할 것이다. 그림 16.2B(d~f)는 상부 임계종말점 T_U 보다 낮은 온도에서의 불균일 공비 거동과 T_U보다 높은 온도에서의 (균일)공비 거동을 보여 준다.

전망

상거동의 분류에 더 깊이 들어가기에 앞서, 이러한 연구의 당위성에 대해 소개한다. 공정에 유용한 고밀도 유체를 만들기 위해서 높은 압력을 이용할 수 있다. 예를 들면 석유산업에서 원유를 분별증류하기 위해, 식품공업에서 홉과 향신료를 추출하고 커피의 카페인을 제거하기 위해 고압기체가 공업적으로 이용된다. 또한 고밀도 기체는 특별한 야채나 생선 기름 성분의 분

---

uid-Containing Systems," in *Supercritical Fluid Technology in Oil and Lipid Chemistry*, King, J.W., List, G.R., eds., Champaign, IL:AOCS Press에 발표되었으며, 허락하에 복사하였음.

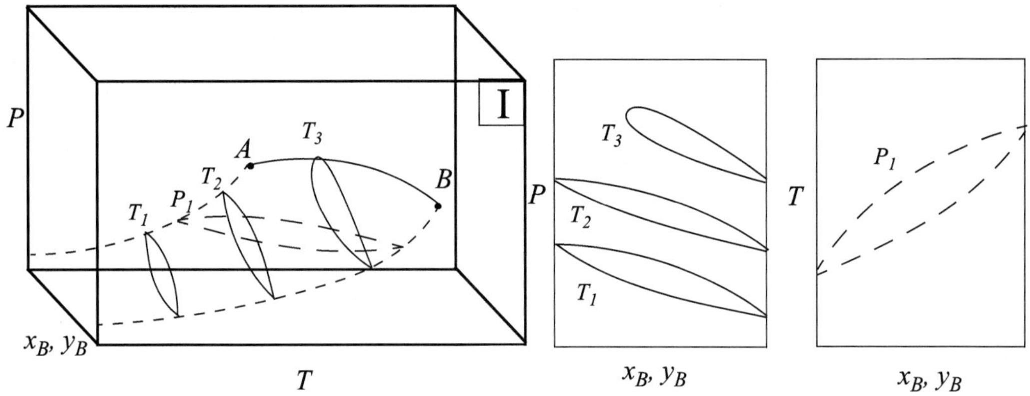

그림 16.1A • 공비점을 형성하지 않는 계의 도해. 2차원 상분리선은 3차원 도표상에 나타나 있는 단면에 대응된다. *P-x-y* 도표는 수직 단면이고, *T-x-y*의 경우는 수평 단면이다.

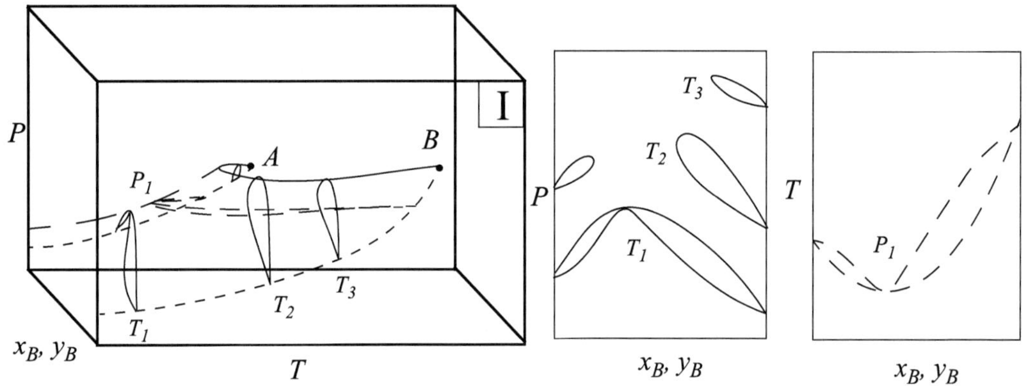

그림 16.1B • Raoult의 법칙으로부터 양의 편차를 갖는 최소비등 공비물 형성계의 도해. 2차원 상분리선은 3차원 도표상의 단면에 대응된다.

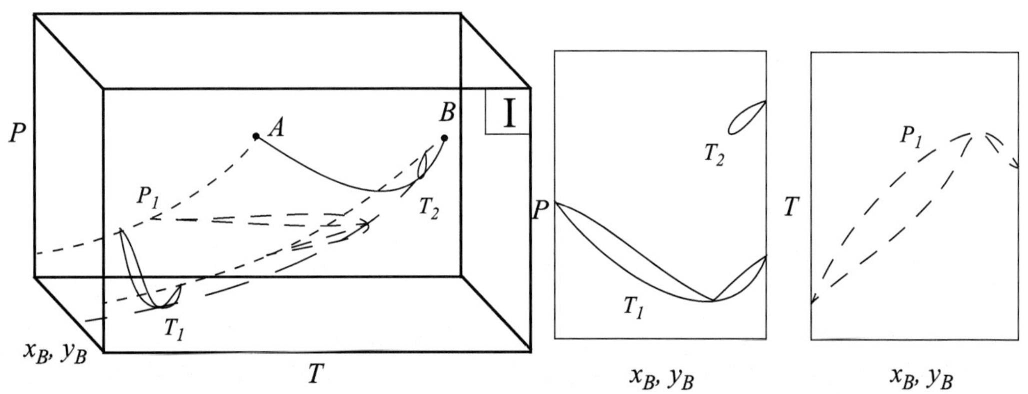

그림 16.1C • Raoult의 법칙으로부터 음의 편차를 갖는 최대비등 공비물 형성계의 도해. 2차원 상분리선은 3차원 도표상의 단면에 대응된다.

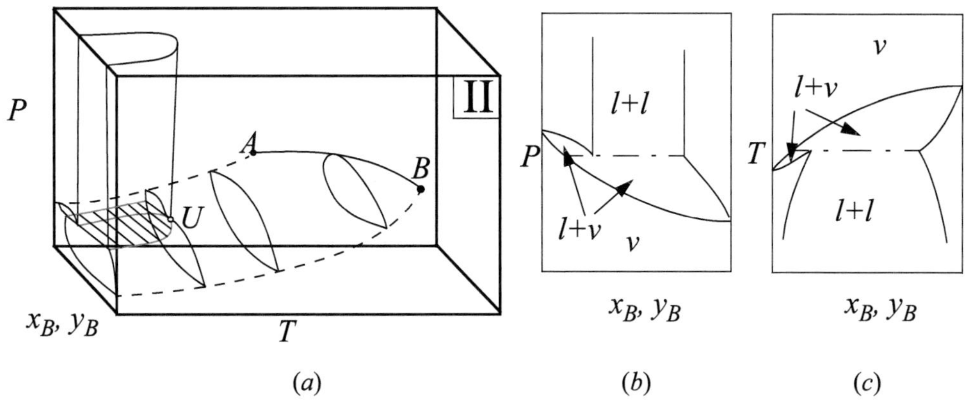

그림 16.2A • (a) 상호 증기압 차이가 큰 제 II형(Type II)계, (b) 온도 T_U 이하에서의 P-x-y, (c) 압력 P_U 이하에서의 T-x-y

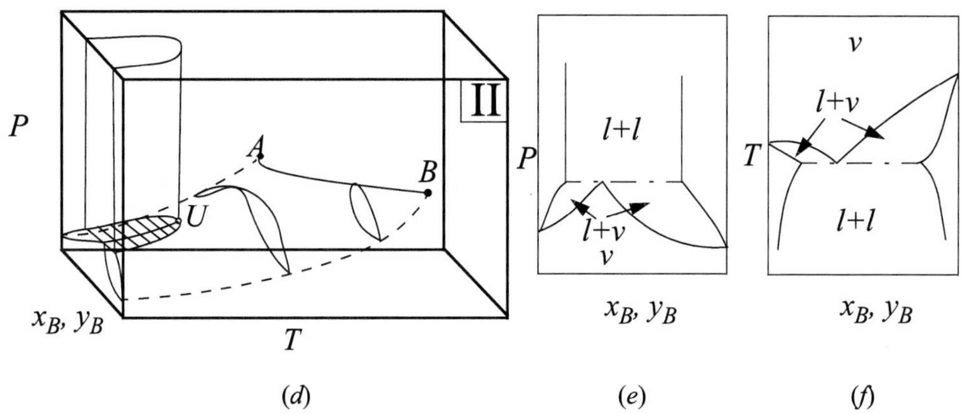

그림 16.2B • (d) 증기압이 서로 비슷한 제 II형계, (e) 온도 T_U 이하에서의 P-x-y, (f) 압력 P_U 이하에서의 T-x-y. 불균일 공비물 거동을 보이는 액-액 평형의 왼쪽 또는 오른쪽 위에 놓여 있는 공비물도 가능하다.

별증류나 고분자 중합반응에서 반응매체로, 또는 다른 화합물의 합성 및 분리연구에 사용되고 있다. 고압공정과 초임계 유체 추출은 온도와 압력의 조작을 통한 용해도 제어에 근거한다. 용해도 거동은 용질과 용매의 열역학 및 구조적 성질 간의 유사성/상반성에 따라서 확연히 차이가 나는 경향을 따른다. 이 절에서는 상거동을 총괄적으로 조명하고 그 체계적 경향을 다룬다.

음식물이나 기름성분과 같은 천연물질은 다성분계 혼합물이다. 고분자는 통상적으로 분자량 분포를 가진다. 종종 이러한 종류의 혼합물은 제대로 구분하거나 특성화하기가 어렵다. 또한 이런 혼합물들은 용해도나 추출도도 현재로서는 정량적으로 추산하기가 어렵다. 그러나 간단한 2성분계와 3성분계의 연구를 통해 용해도 경향을 보여 주는 중요한 지식을 얻을 수 있다. 용해도란 포화 조건을 나타내므로 상도표의 경계로 나타낸다. 2성분계와 3성분계를 체계적으로 연구해 보면, 3성분계의 상 경계가 이를 구성하는 각 2성분계 사이에 있고, 다성분계에서도 여러 가지 동일한 경향이 계속됨을 알 수 있다.[2] 하지만 이러한 경향의 근본적인 탐구는 현재 진행 중인 주제이다. 공정 모사기와 컴퓨터의 사용은 상평형의 계산을 계속적으로 손쉽게 하고 있지만, 계산 결과로 얻는 상거동의 해석을 위해서는 이 절에서 다루는 여러 가지 상거동의 분류에 대한 일반적인 이해가 도움이 된다.

16.2 2성분계 상거동의 분류

1970년대부터 상거동에 대한 여러 관찰과 분류가 이루어졌다.[2,3,4,5,6,7,8,9,10,11] 상거동의 유형은 일반적으로 상의 경계를 2차원 온도-압력 도표상에 투영함으로써 요약할 수 있다. 제 I형과 II형의 상거동은 이미 논의되었으며 그림 16.3의 위쪽 2개의 그림으로 나타내었다. 공비 거동이 상거동 분류의 주된 요인임을 주목하라. 이는 그림 16.3의 투영도에는 명확히 나타나지 않았다.

❗ 상거동은 크게 여섯 가지 유형이 있다.

이 논의를 위해 van Konynenberg와 Scott[10]의 규약에 따라 상거동을 분류할 것이다. 지금까지와 유사한 경향을 따라 van Konynenberg와 Scott는 서론에서 제기된 문제들의 답을 찾아서 van der Waals식과의 연관성을 탐구하였다. 그림에 나타낸 여섯 가지의 주된 상거동의 형태에 특수기호를 사용하였고 이는 그림과 이 절의 끝에 나타내었다. 상거동의 유형은 각 그림의 오른쪽 상단에 로마 숫자로 나타내었으며, 유형 간의 구분은 각 임계점의 위치와 임계점의 궤적에 따른다. 제 I~V형은 크기와 에너지 밀도의 다양한 비에서의 van der Waals식에 의해 표시된다. 제 VI형 상거동은 수용액계에 국한하여 나타난다.[11]

Gibbs의 상규칙은 *P-T* 투영을 해석하는 데 유용하다. 단일성분계에서 2개의 상이 공존한다면 자유도는 1이다. 따라서 두 상의 공존은 *P-T* 투영면에서 하나의 선으로 나타난다. 삼중점

---

2 Luks, K. D. 1986. *Fluid Phase Equil*. 29: 209-24

3 Jangkamolkulchai, A., Lam, D.H., Luks K.D. 1989. *Fluid Phase Equil*. 50:175-187.

4 Estrera, S.S., Arbuckle, M.M., Luks, K.D. 1987. *Fluid Phase Equil.* 35:291-307.

5 McHugh, M.A., Krukonis, V.J. 1986. *Supercritical Fluid Extraction: principles and practice*, Stoneham, MA: Butterworths.

6 Miller, M.M., Luks, K.D. 1989. *Fluid Phase Equil*. 44:295-304.

7 Schneider, G.M. 1991. Pure and Applied Chem. 63:1313-1326. Also published as Schneider, G.M. 1991. *J. Chem. Therm*. 23:301-26; Schneider, G.M. 1970. Adv. Chem. Phys. 1:1-42.

8 White, G.L., Lira, C.T. 1992. *Fluid Phase Equil*. 78:269; White, G.L., Lira C.T. 1989. in *Supercritical Fluid Science and Technology*. Johnston, K.P., Penninger, J.M.L. eds., Washington, DC: American Chemical Society, pp. 111-120.

9 Schneider, G.M. 1978. *Angew. Chem. Int. Ed. Engl*. 17:716-27.

10 van Konynenburg, P.H., Scott, R.L. 1980. *Phil. Trans. Roy. Soc. London, Ser*. A 298(1442):495-540.

11 Streett, W.B. 1983. *in Chemical Engineering at Supercritical Fluid Conditions*. Paulaitis, M.E., Penninger, J.M.L., Gray, R.D., Davidson, P. eds., Ann Arbor, MI: Ann Arbor Science, pp. 3-30.

에서는 고체, 액체, 기체가 공존하며 자유도는 0이므로, 투영면에서 하나의 점으로 나타난다. 임계점에서는 두 상의 모든 세기 성질이 같아지므로 자유도가 감소하고 단일성분계에서 하나의 점으로 나타난다. 상규칙의 오용을 막기 위해서 세기 성질만을 자유도 계산에 사용한다. 또한 세기 성질은 유한한 범위에서만 변화되어야 한다. 예로서 순수성분의 임계온도보다 높은 온도에서는 2개의 유체상은 존재할 수 없다. 자유도의 정확한 사용에 관한 더 자세한 논의는 문헌에서 찾아볼 수 있다.[12]

❗ Gibbs의 상규칙은 *P-T* 투영도를 해석하는 데 유용하다.

2성분계에서 자유도가 2인 기-액 상거동이 일어날 수 있다. 기-액 임계 거동은 자유도 1에서 발생한다. 그러므로 기-액 거동은 *P-T* 투영면의 어느 한 영역에서 나타나고, 임계 거동은 임계 궤적이라고 일컫는 선상을 따라 발생한다. 그림 16.3에서 순수성분에 대한 *l-v* 선은 띠선으로 나타내었고, 순수성분의 임계점은 검은색 원으로 나타내었다. 2성분계에서 불변 임계점은 속이 빈 원으로, 임계선은 실선으로 나타내었다. 임계선은 눈금으로 잘게 잘라진 선으로 나타내었으며, 잘라진 쪽이 2개의 상이 공존하는 쪽을 의미한다.

임계 궤적은 *P-T* 도표 위에서의 투영이므로 도표와 상규칙은 유한한 조성범위에서 이 곡선의 한쪽 면에서 2개의 상이 공존하는 것을 나타낸다. 이 도표가 임계 궤적 아랫부분에서 모든 조성에 대해서 2개의 상이 공존하는 것을 의미하지는 않는다. 또한 어떤 영역에서는 두 임계곡선이 같은 온도-압력 범위에서 중첩된다(예: 유형 IV와 V). 그러나 중첩되는 이유는 2차원 도표상에서 투영되기 때문에 그렇게 보이는 것이며 — 임계 거동에 대한 2개의 중첩되는 영역은 서로 다른 조성범위에서 일어난다. 임계 궤적은 2개의 상이 동일해지는 조건을 나타내지만, 임계 궤적 위에서 반드시 1개의 상이 존재한다는 것을 뜻하는 것은 아니다. 그 이유는 (1) 임계 궤적 상에서 동일해지는 2개의 상은 임계 궤적보다 약간 높은 온도나 압력 조건에서는 서로 다른 별개의 상으로 공존할 수 있다.(예제 15.10 참조), (2) 임계선 아래쪽에 3개의 상이 존재한다면, 2개의 상은 임계선 위쪽에 공존할 것이다. 또한 *P-T* 좌표의 한 부분에서 임계선의 부재가 오직 1개의 상만이 존재한다는 것을 뜻하지는 않는다. 이는 단지 그 좌표 영역에서 어떠한 상도 동일해지지 않는다는 것을 의미할 뿐이다.

고체가 존재할 때의 상거동

그림 16.1A~16.5는 유체의 상거동만을 나타낸 것이다. 고체-액체-증기의 공존은 고분자량(무거운) 성분의 삼중점이 실험범위에 접근할 때 유체의 상거동을 간섭할 수 있다(일반적인 경향은 분자량이 증가함에 따른 융점의 상승이다). 이들 도표에서 고상선의 중첩은 뒤에서 논의될 것이다. 여기에 간략히 소개된 모든 상평형도에 대해서, 가벼운 성분 *A*는 낮은 임계온도를 가지며 그림 16.3의 왼쪽과 그림 16.4의 뒤쪽에서 나타난다.

---

12 Modell, M., Reid R. 1983. *Thermodynamics and Its Applications*, 2ed. Upper Saddle River, NJ: Prentice-Hall, pp. 259–264; Denbigh, K. 1981. *The Principles of Chemical Equilibria*, 4ed. Cambridge, UK: Cambridge University Press, pp. 188–190.

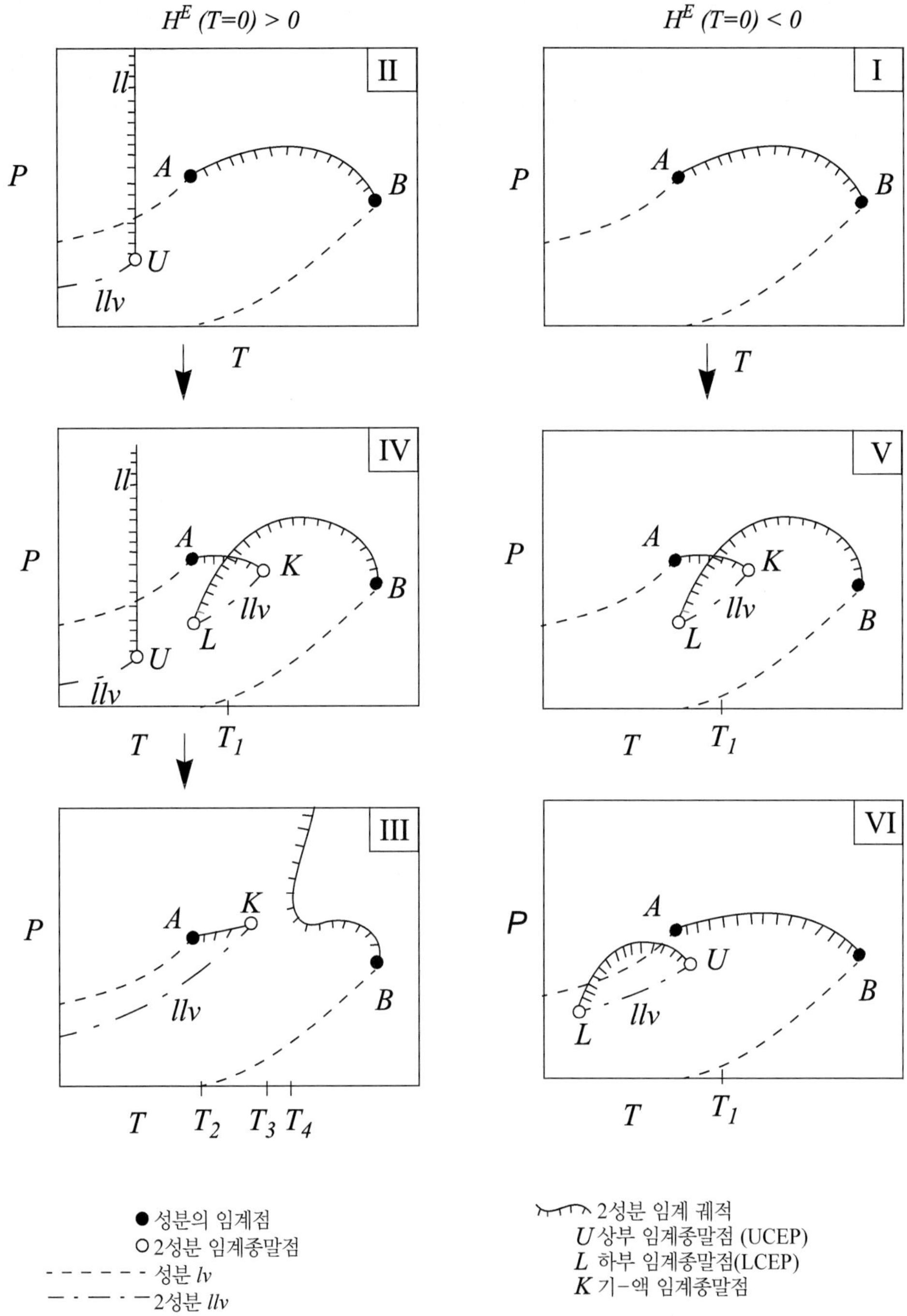

그림 16.3 • van Konynenburg와 Scott[10]에 의한 분자의 비대칭성 증가에 따른 2성분계 상거동의 진행. 화살표는 이론적으로 기대되는 상거동의 진행을 나타낸 것. 실험적인 진행은 종종 다르게 나타난다.

분자 비대칭

상거동의 형태는 혼합물에서 분자 비대칭성에 따른다.

상거동의 형태는 혼합물에서 분자 비대칭성에 따른다. **분자 비대칭**은 기능적으로 유사한 분자들의 크기(분자량)의 차이 또는 극성 및 분자량이 비슷한 분자 간의 기능의 차이를 설명하는 데 사용되는 개념이다. 혼합물계에서 분자 비대칭성이 커짐에 따라 각 성분의 임계점은 일반적으로 *P-T* 선도에서 서로 간 멀리 떨어져 위치하게 되며, 임계점 사이의 거리가 멀어짐에 따라 상거동 영역의 너비도 *P-T* 선도에서 더 넓어진다.

제 I형과 II형의 상거동은 분자 비대칭성이 비교적 작은 계에서 일어난다. 분자 비대칭성이 커지면, 그림 16.4의 제 III형과 IV형에 대해 3차원 도표로 나타낸 것처럼, 불용 영역이 증가한다. 제 IV형의 점 *U* 아래 영역에서는 제 II형의 점 *U* 아래 영역과 같아 보일 수 있음을 유의하라. 그림 16.5는 그림16.3과 16.4에 나타낸 도면에서 사용된 온도에 대한 등온 단면을 보

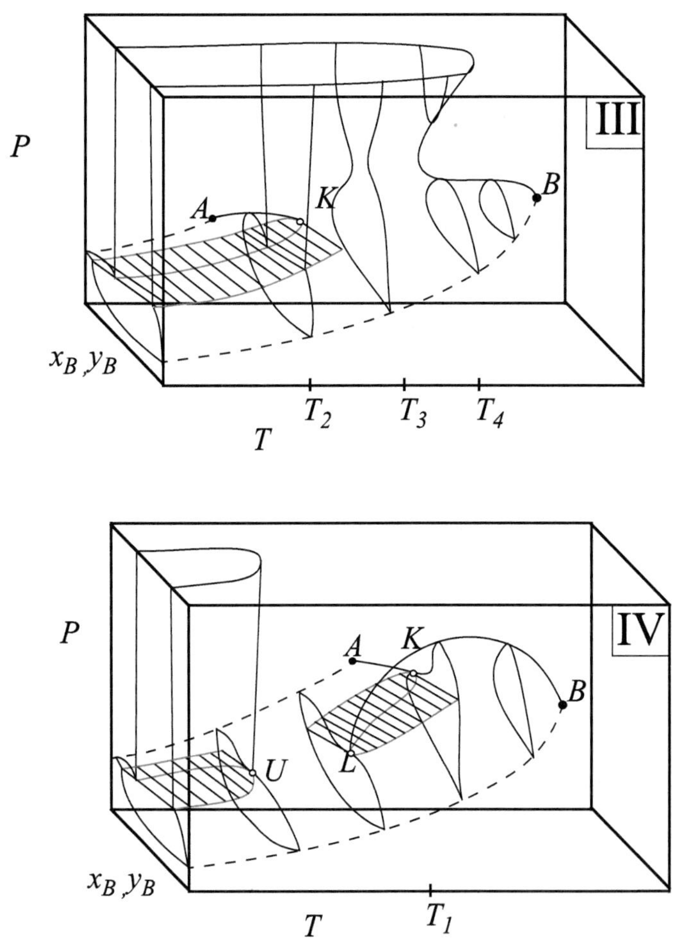

그림 16.4 • 3차원 공간에 나타난 제 III형과 제 IV형의 상거동. 기호는 그림 16.3과 동일. 표시된 온도부호는 그림 16.3과 동일하고 다른 그림에서 단면도를 도시하는 데 사용된다.

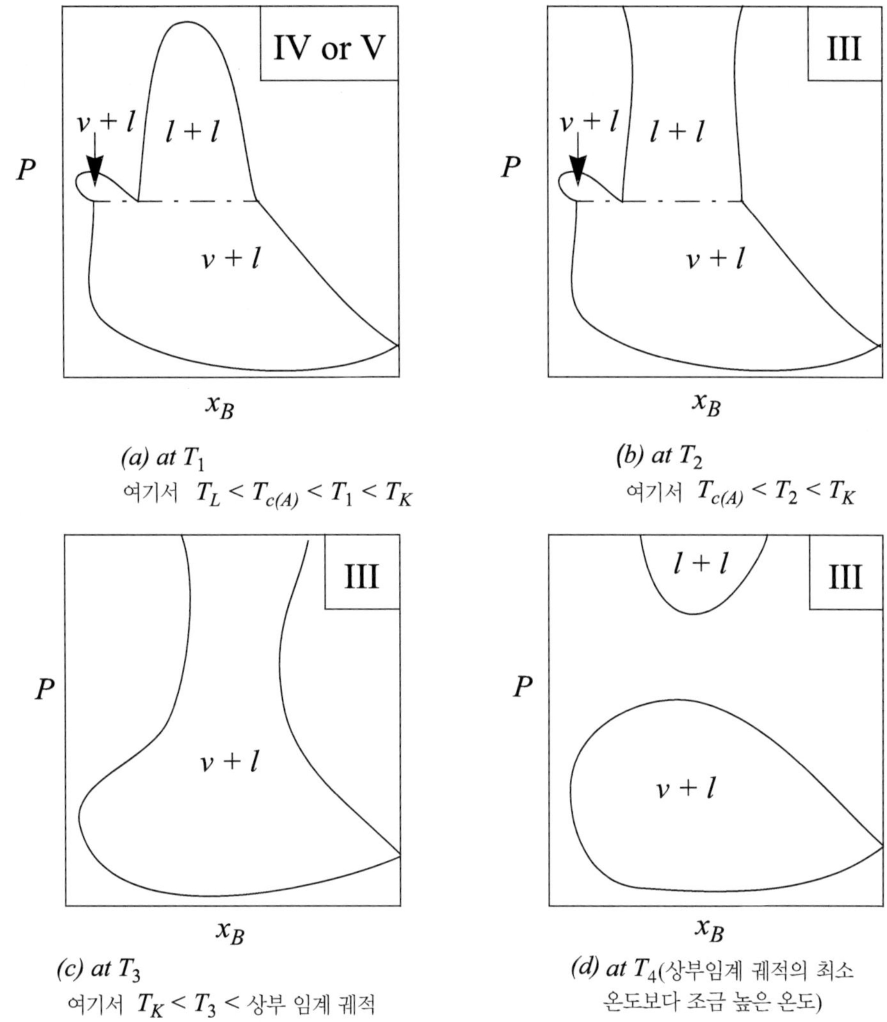

(a) at T_1
여기서 $T_L < T_{c(A)} < T_1 < T_K$

(b) at T_2
여기서 $T_{c(A)} < T_2 < T_K$

(c) at T_3
여기서 $T_K < T_3 <$ 상부 임계 궤적

(d) at T_4(상부임계 궤적의 최소 온도보다 조금 높은 온도)

그림 16.5 • 제 IV, V, III 유형에 대한 등온 P-x 단면 예시도. 기호와 표시된 온도부호는 그림 16.3 및 16.4와 동일하다.

여 준다. 그림 16.5(a)와 16.5(b)에서 상거동의 차이는 첫 번째 도표에서 액-액 임계점이 존재한다는 것뿐이다. 제 III형계의 상거동에서 온도의 영향이 흥미로운 이유는 좁은 목과 같은 영역이 온도가 올라갈수록 조여지기 때문이며, 그림 16.5(c)와 16.5(d)의 단면과 같은 결과를 보인다.

분자 비대칭은 van Konynenberg와 Scott에 의해 그림 16.6(a)의 축을 따라 변수에 의해 특징지어졌다. 그림 16.6(a)는 어디에서 어느 상거동 형태를 찾을지를 보여 주기 때문에 상평형도(상지도)의 모본으로 사용할 수 있지만, 특정한 계의 평형도를 제공하지는 않는다. 이것은 분명 1970년대로서는 매우 어렵고 힘든 계산 작업이었음에 틀림없다. 다행히도 최근의 프로그램은 비교적 쉽게 상평형도의 계산을 가능하게 한다. 한 특별한 예가 Cismondi와 동료들이

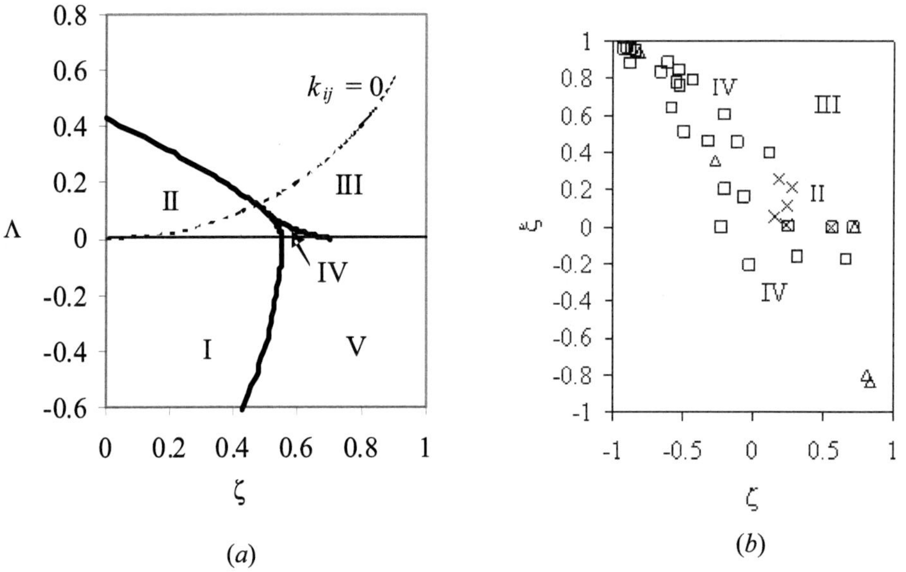

그림 16.6 • 통합 상 지도 (a) van Konynenberg와 Scott이 수정한 van der Waals식의 같은 크기 분자에 대해서 파선은 k_{12} = 0을 나타낸다. (b) k_{12} = 0일 때 Peng-Robinson 상태방정식을 적용한 다양한 크기의 분자이다.

개발한 GPEC 프로젝트이다.[13] *n*-알칸과 질소, 메탄, 에탄, 이산화탄소, 메탄올, 물의 혼합물에 대해 Peng-Robinson 상태방정식을 이용하여, 무상의 GPEC 프로그램을 실행함으로써, 상평형도를 개발하는 데 필요한 과정에 대한 식견을 쌓을 수 있다.

상평형도를 만들기 위해서 그림 16.6(b)의 각 점이 서로 다른 혼합물에 대한 계산값을 나타낸다. X는 제 II형을 나타내고, Δ는 제 III형, 그리고 ㅁ는 제 IV형을 각각 나타낸다. 질소 + 메탄의 상평형도는 제 I형, 질소 + 에탄은 제 IV형이고, 질소 + 프로판 및 고분자량의 *n*-알칸은 제 III 형임을 계산을 통해 알 수 있다. 이것은 그림 16.3의 연장선상에서 예측한 것으로('동족 계열의 실험 데이터의 유사성' 참조) 제 III형의 거동은 조금 의외일 수 있다. 이는 기-액 임계 궤적이 하나의 순수성분으로부터 다른 성분으로 완전히 합쳐지지 않는다는 것을 의미한다. 질소 + 프로판 2성분계에서 프로판 쪽의 임계온도 궤적은 질소의 임계온도 궤적 아래로 연장되지만, 압력은 더 높고, 임계 궤적들이 연결될 만큼 충분한 질소가 프로판으로 유입되는 것은 불가능하다. 대신에, 압력이 증가함에 따라 질소-프로판의 상 분할이 확대되어 *l* + *l*과 유사하게 된다(그림 16.5(c)). 이러한 경우의 구동력은 임계 영역 근처에서의 높은 압축인자와 질소와 프로판 사이의 에너지 밀도 편차이다. 질소 + 에탄 2성분계의 제 IV형도 독특하다. 이 경우 두 성분 모두 극성이 아님에도 액-액 상 분할이 나타난다.

그림 16.6에서의 축들은 크기와 용매화의 차이로 정의되며, 에너지 밀도가 묘사된다.

13 Cismondi, M., Michelsen, M. 2007. J. *Supercrit. Fluids* 39:287. gpec.efn.uncor.edu. accessed 11/2011.

$$\zeta \equiv (a_{11}/b_{11}^2 - a_{22}/b_{22}^2)/(a_{11}/b_{11}^2 + a_{22}/b_{22}^2) \quad \langle 식\ 16.1\rangle$$

$$\Lambda \equiv (a_{11}/b_{11}^2 - 2(a_{12}/b_1 b_2) + a_{22}/b_{22}^2)/(a_{11}/b_{11}^2 + a_{22}/b_{22}^2) \quad \langle 식\ 16.2\rangle$$

$$\xi \equiv (b_2 - b_1)/(b_2 + b_1) \quad \langle 식\ 16.3\rangle$$

여기서 a와 b는 van der Waals 매개변수이다. 식 12.21의 $a/b^2 \sim \delta^2$을 참고한다.

그림 16.6(b)의 배경설명을 위해서는 몇 가지 주석이 필요하다. 아마도 가장 주목해야 할 관찰은 상거동 형태 사이의 경계가 명확하지 않다는 것이다. 제 IV형과 III형은 혼합물의 특정성분에 따라서 간혹 겹친다. 그럼에도 불구하고 어떤 일반적 경향이 있음을 알 수 있다. 예를 들어 제 IV형 거동의 범위는 분자의 크기가 다를 때 그림 16.6(a)에서 예측되는 것보다 훨씬 더 넓게 나타난다. 또한 Peng-Robinson식에 의하면 ξ-ζ 관계는 동족 계열을 따라 위쪽과 왼쪽 방향으로 증가하게 된다. 따라서 제 IV형 영역에서 겹쳐지는 계열 내의 성분 수는 처음 생각보다 많아지게 된다. 이와 관련하여 분자량이 500을 초과하는 경우에는 그림 왼쪽 상층부 코너의 좁은 부분에 놓이게 된다. 그러므로 대부분의 고분자 용액에 대하여 제 II, III, IV형 영역에 놓이는 것은 현재까지의 분석에 기초할 때 거의 구별하기가 쉽지 않고, k_{12}값의 작은 변화는 상거동의 극심한 변화를 가져올 것이다(예: 알코올의 존재 시에 기대되는 것과 같이). 첫째로 실험적으로는 많은 상도표가 제 I형과 V형으로 분류됨에도 불구하고 실제로는 나타나지 않는다는 것이다. van Konynenburg 및 Scott와 비슷하게, 기하 평균을 적용할 때 $T \to 0$에서 ll 영역이 반드시 존재한다고 가정하면, 우리는 이것을 실험계에서 고체상 경계로부터의 간섭에 의한 것으로 볼 수 있다(아래의 연구에 의해 보다 명백해지는 것처럼). 그러므로 만약 ll 영역이 고체상 경계의 아래에 놓인다면, 제 II형계는 아마도 실험적으로는 제 I형으로 분류될 것이며, 제 IV형과 V형의 계들도 유사한 경우가 될 것이다.

상의 안정성과 임계 상거동의 계산

앞서 상 안정성의 주제를 다룬 바 있으나, 자세히 다루기엔 매우 복잡한 주제이므로 깊이 살펴보진 않았다. 순수유체의 임계점과 관련하여, 등온선의 변곡 거동의 단순 분석에 근거한 식 7.27을 알아보았다. 비슷한 분석으로 식 9.49와 같은 형태의 증기압 계산법으로 스피노달 조건의 증명과 등면적 법칙(EAR)의 식을 이끌어 내게 된다. 개념적으로 안정성 분석은 항상 순수유체에 대한 개발관점과 유사하지만, 문제의 차원이 다성분을 포함하도록 확장된 경우에는 유도과정은 더욱 복잡하게 된다.

혼합물을 위한 개발의 실마리는 식 14.7로 이어지는 LLE($l + l$) 분석에 주어져 있다. 또다시 LLE의 필요 조건을 추정하는 단일 변수(x_1)에 관한 변곡 거동과, 동시에 임계점을 고려하였다. 압력이 Helmholtz 에너지의 1차 도함수라는 점을 고려하면 식 7.27과 14.7의 유사성에 끌리게 된다. 일정한 부피에서 두 식 모두 '자유에너지'의 몰수에 관한 2차, 3차 도함수를 포함한다.

다성분계 분석은 많은 연구자가 깊게 논의해 왔다. 이와 같은 내용과 방법은 Michelsen과 Mollerup의 연구에 잘 나타나 있다.[14] 간단히, 이 전개는 LLE($l + l$) 형성에서 뚜렷이 접평면으로 발달하는 접선의 일반화가 필요하다. 이것은 검출되는 상들의 안정성 시험과 함께 밀도, 몰수, 온도에 대한 많은 도함수를 필요로 한다. 이러한 접근이 Cismondi 등에 의한 GPEC 프로그램의 기초가 된다.

순수유체에 대한 등면적 법칙의 확장으로서, 다른 식이 Eubank 등에 의해 제시되었다.[15] 순수유체의 경우처럼 안정성 검사는 등면적 법칙의 고유한 부분이다. 왜냐하면 피적분함수는 추가 해석의 실행 전에 극한값으로 쉽게 검사할 수 있기 때문이다. 2성분계에 대한 등면적 법칙의 식은 단일 변수 x_1만을 포함하므로 특히 간단하다.

$$\underline{G} = (n_1 + n_2)G(x_1) \quad \text{〈식 16.4〉}$$

$$\mu_1 = \partial\underline{G}/\partial n_1 = G(x_1) + (dG/dx_1)(ndx_1/dn_1) = G(x_1) + (dG/dx_1)(x_2) \quad \text{〈식 16.5〉}$$

우변의 단계는 2성분계에만 해당함에 주의하라. 식 10.42로부터, $G = x_1\mu_1 + x_2\mu_2$이므로

$$\mu_1 = x_1\,\mu_1 + x_2\,\mu_2 + x_2(dG/dx_1) \Rightarrow \mu_1(1 - x_1) = x_2\,\mu_2 + x_2(dG/dx_1) \quad \text{〈식 16.6〉}$$

$(1 - x_1) = x_2$로 놓고 다시 정리하면

$$(dG/dx_1) = \mu_1 - \mu_2 \quad \text{〈식 16.7〉}$$

이 식은 화학 퍼텐셜에 대한 전형적인 프로그램을 사용한 (dG/dx_1)의 계산을 손쉽게 해 준다. $\mu_i^\alpha = \mu_i^\beta$ 이므로,

$$(dG/dx_1)^\alpha = (dG/dx_1)^\beta \quad \text{〈식 16.8〉}$$

등면적 법칙의 형태를 알아보기 위하여, $(x_1^\alpha - x_1^\beta)$를 곱하고 전개하면 다음 식을 얻는다.

$$(x_1{}^\alpha - x_1{}^\beta)\,(dG/dx_1)^\alpha = (x_1{}^\alpha - x_1{}^\beta)\,(\mu_1{}^\alpha - \mu_2{}^\alpha) = x_1{}^\alpha(\mu_1{}^\alpha - \mu_2{}^\alpha) - x_1{}^\beta(\mu_1{}^\beta - \mu_2{}^\beta) \quad \text{〈식 16.9〉}$$

$$x_1{}^\alpha(\mu_1 - \mu_2) - x_1{}^\beta(\mu_1 - \mu_2) = x_1{}^\alpha\mu_1 - x_1{}^\alpha\mu_2 - x_1{}^\beta\mu_1 + x_1{}^\beta\mu_2 + \mu_2 - \mu_2 \quad \text{〈식 16.10〉}$$

$\mu_2 - x_1{}^\alpha\mu_2 = x_2{}^\alpha\mu_2$로 결합하고, 유사하게 $x_2{}^\beta\mu_2$ 를 얻는다. 따라서

$$x_1{}^\alpha\mu_1 + x_2{}^\alpha\mu_2 - x_1{}^\beta\mu_1 - x_2{}^\beta\mu_2 = G^\alpha - G^\beta \quad \text{〈식 16.11〉}$$

식 16.9로 돌아가, 대입하고 전개하면

$$\left(\frac{dG}{dx_1}\right)^\alpha = \left(\frac{dG}{dx_1}\right)^\beta = \frac{G^\alpha - G^\beta}{x_1^\alpha - x_1^\beta} = \frac{1}{x_1^\alpha - x_1^\beta}\int_\beta^\alpha \left(\frac{dG}{dx_1}\right)dx_1 \quad \text{〈식 16.12〉}$$

---

14 Michelsen, M., Mollerup, J.M. 2004. *Thermodynamic Models: Fundamentals and Computational Aspects*, Denmark: Tie-Line Publications, www.tie-tech.net, (accessed 11/2011).

15 Eubank, P.T., Elhassan, A.E., Barrufet, M.A., Whiting, W.B. 1992. *Ind. Eng. Chem. Res*. 31:942.

식 16.12는 식 9.49와 유사하고, 계산의 수행도 유사한 과정을 따른다. 스피노달 곡선을 찾기 위해서는 $(dG/dx_1)^\alpha$ 값을 추정하여 x_2^α와 x_1^β를 계산하고, 다음 $(dG/dx_1)^\alpha$ 값을 추정하는 과정을 수렴할 때까지 반복한다. 고분자계에 대한 실용적인 정보는 $dG/dx_1 = 0$일 때 $dG/d\Phi_1 = 0$이므로, 부피분율을 바탕으로 스피노달 곡선을 구하는 것이며, 부피분율을 사용하는 것이 고분자계에 대해 보다 넓은 농도범위에서 타당한 값을 준다. 등면적 법칙을 사용하는 것의 장점은 다음과 같다. (1) 비교적 적은 도함수를 필요로 하고, (2) 안정성 검사가 과정상의 일부분이며, (3) 임계점 근처에서도 안정적으로 수렴한다.

동족 계열에 관한 실험적 연구

상거동 해석의 발달을 이해하는 한 가지 방법은 상거동을 분류하는 실험적 논문을 섭렵하는 것이다. 상거동의 분류는 실험적 연구에 기초하고 추가적인 상전이가 일어나는 것이 밝혀지면 보완할 필요가 있다.[16,17] 제 I형과 제 II형의 상거동은 분자의 구조나 임계특성이 서로 유사할 때 일어난다. van Konynenburg와 Scott은 van der Waals 상태방정식으로 저온에서 흡열 혼합열을 갖는 계에 대하여 분자 간의 비대칭성이 증가함에 따라서 II ⇒ V ⇒ III 순으로 전개되는 것을 예측하였고, 저온에서 발열 혼합열을 갖는 계에 대해서는 I ⇒ V 순으로 전개됨을 발견하였다. 대부분의 비극성 계는 흡열 혼합열을 가진다고 예상되며(예: 에탄-부탄, 벤젠-헥산계) 이론적으로 제 II형의 거동에 따를 것으로 예측할 수 있다. 그러나 이들은 실험적인 측정에 의거해서 대부분이 제 I형으로 분류된다. 제 II형의 상거동을 갖는 계는 두 성분의 임계온도보다 낮은 온도에서의 액-액 상분리 영역을 포함한다. 액-액 상거동은 임계온도보다 훨씬 낮은 조건에서 액체가 비압축성일 때 압력의 변화에는 상대적으로 덜 민감하다. 액-액 상분리(불용) 영역에서 온도가 올라감에 따라서 두 액상은 점점 더 섞이게 되고 상부 임계종말점(UCEP)에서 두 액상은 하나의 상으로 된다. UCEP는 극단적으로 낮은 온도에서는 혼합열이 작고 흡열과정으로 나타나며 실험적으로는 잘 발견되지 않는데, 이는 낮은 온도에서의 실험 결과의 부족에 기인되거나 또는 액-액 상분리가 일어나기 전에 액상이 얼기 때문이다. 많은 수의 액-액 상평형 실험이 대기압하에서 액-액 상분리계의 UCEP를 찾기 위해 수행되었지만,[18] 가벼운 성분의 임계점 근처에서의 상거동 특성은 제 II형이나 또는 제 IV형으로의 구분을 위해 필요하다. 여러 동족 계열에 대한 요약이 상거동의 전개를 탐구하기 위해 다음에 소개되었다. 이러한 동족 계열 혼합물을 연구하기 위해, 좀 더 무거운 성분의 분자량을 한 번에 1개의 작용기에 의해 변화시키면서, 계의 비대칭성을 체계적으로 증가시키고, 임계점 위치 변화의 경향과 상거동의 종류를 살펴본다.

---

16 Peters, C.J., Lichtenthaler, R.N. de Swaan Arons, J. 1986. *Fluid Phase Equil.* 29:495–504.

17 Enick, R., Holder, G.D., Morsi, B.I. 1985. *Fluid Phase Equil*. 22:209–24.

18 Hildebrand, J.H., Prausnitz, J.M., Scott, R.L. 1970. *Regular and Related Solutions*. Van Nostrand.

에탄/n-알칸 계열의 경향

Peter와 동료들[16] 및 Miller와 Luks[6]는 에탄 계열에 대한 연구를 요약하였다. 제 I형의 상거동은 *n*-헵타데칸까지만 존재하는데, 그 이유는 UCEP가 발견된 적이 없기 때문이며, 그것은 아마도 성분들 간에 액-액 상분리가 일어나기 전에 얼기 때문일 것이다. *n*-옥타데칸에서 시작해서 기-액-액 상분리 영역이 에탄의 임계점 근처까지 형성되는데 이는 제 V 형의 특성을 지닌다. 다시 한 번 부언하면 UCEP는 실험적으로 발견된 적이 없다. 이러한 상거동은 *n*-트라이코산(*n*-tricosane)까지 계속된다. *n*-테트라코산과 *n*-펜타코산에서는 그림 16.7(a)와 같이 $s_B l_2 v$ 선이 유체의 거동을 방해하는 곳에서 제 V형 또는 제 III형의 변형된 상거동이 일어난다.

3상인 $s_B l_2 v$선은 무거운 성분의 삼중점에서 시작해서 4개의 상이 공존하는 4중점 Q에서 $s_B l_2 v$ 선과 교차한다. *n*-헥사코산의 경우, $s_B l_2 v$선은 점 K 위의 온도로 이동하며 그림 16.7(d)의 상거동이 시작된다.[16] 그림 16.7에서 $s_B l_2 v$선은 고체가 어떤 조성 영역에서 용해되는 조건을 나타낸다.[8] Schneider는 가지가 있는 C_{30}인 스콸렌(squalane)이 제 III형의 상거동을 보이는데,[9] 이는 같은 탄소 수 *n*-알칸들의 일반적인 상거동 형태와는 다름을 보고하였다.

이산화탄소/n-알칸 계열의 경향

이산화탄소 계열의 연구는 Schneider,[7,9] Miller 와 Luks,[6] 그리고 Enick과 동료들[17]에 의해 요약되었다. 순수한 이산화탄소는 상대적으로 높은 환산온도(T_r = 0.712)에서 얼고 에탄은 비교적 낮은 환산온도(T_r = 0.295)에서 언다. 그러므로 처음에는 액-액 상분리가 이산화탄소계에서는 일어나지 않을 것 같은데 그 이유는 계가 액-액 임계점, U에 도달하기 전에 얼어 버릴 수 있기 때문이다. 하지만 실험을 해 보면 반대의 현상이 일어난다. 액-액 상분리 영역이 제일 가벼운 알칸 계열에서는 나타나지 않지만, *n*-헵탄은 분명히 제 II형의 상거동을 보인다.[6] 이러한 제II형의 상거동은 *n*-도데칸까지 계속된다. Enick과 동료들[17]은 *n*-트리데칸이 제 IV형의 상거동을 보이고, *n*-테트라데칸부터는 그림 16.7(a)에 보인 종류의 거동이 나타남을 보였다. Schneider[9]는 *n*-헥사데칸이 그림 16.7(a) 형의 상거동을 보인다고 보고하였다. 그림 16.7(a) 형의 상거동은 *n*-heneicosane[19]에서 볼 수 있고, 그림 16.7(d)의 것은 *n*-docosane[6,20] 에서 볼 수 있다. Schneider[9] 는 가지가 있는 C_{30}인 스콸렌이 제 III형의 상거동을 보이며, 에탄과 함께 *n*-알칸의 상거동 형태와는 다른 양상을 보임을 보고하였다.

n-알칸의 동족 계열과 이산화탄소의 혼합물은 에탄과 비교했을 때보다 훨씬 높은 환산온도에서 액-액 상거동이 나타난다.[21] 이는 프로판계를 예를 들어서 혼합열을 고려함으로써 이해할 수 있다. 저온 혼합열은 다음의 van der Waals식으로 추정한다.

---

19 Fall, D.J., Fall, J.L., Luks, K.D. 1985. *J. Chem. Eng. Data* 30:82–88.

20 Fall D.J., Luks, K.D. 1984. *J. Chem. Eng. Data* 29:413–417.

21 비교목적으로, 환산온도가 각각의 계에 대하여 에탄 또는 이산화탄소의 임계점을 기준으로 계산된다.

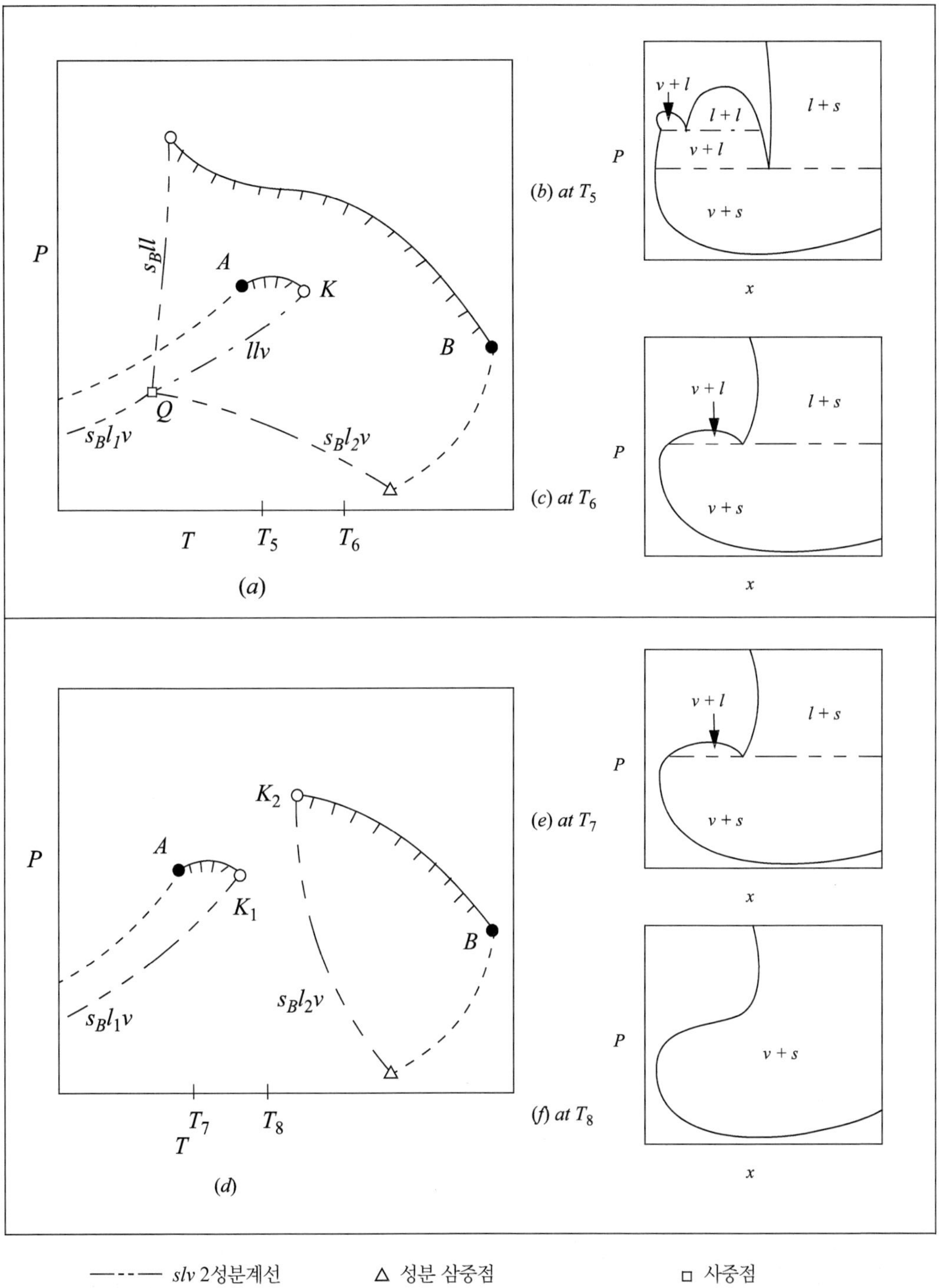

그림 16.7 • 삼중점 *B*가 임계점 *A* 근처에 있을 때 압력-온도 축에 투영된 상거동. 사용된 기호는 그림 16.3과 동일함(표기된 것은 제외).

$$\lim_{T\to 0} H^E = \left(\frac{a_1}{b_1^2} - \frac{2a_{12}}{b_1 b_2} + \frac{a_2}{b_2^2}\right)\frac{x_1 x_2 b_1 b_2}{x_1 b_1 + x_2 b_2} \quad \langle 식\ 16.13\rangle$$

여기서 a와 b는 van der Waals 매개변수들이다. 식 16.13을 이용하여 저온 혼합열을 추산하고 교차계수인 a_{12}를 결정하기 위해서 van der Waals 기하평균 결합 규칙을 쓰면 에탄/프로판과 이산화탄소/프로판계는 모두 흡열과정이다. 그러나 이산화탄소/프로판계의 혼합열은 에탄/프로판계의 혼합열보다 약 100배가 크다. 그러므로 혼합에 따른 과잉 Gibbs 에너지 또한 매우 크며 액 - 액 상거동은 고온에서 일어날 것으로 기대된다. 일반적으로 n-알칸 계열과 이산화탄소의 혼합계는 예상대로 에탄 계열과의 혼합계보다 큰 비대칭성을 보인다. 그러므로 에탄과 이산화탄소의 임계온도는 거의 같지만, 임의의 주어진 온도와 압력에서 용해도는 비교적 낮고 제 II형으로부터 그림 16.7(d) 형의 상거동으로의 점진적인 진행이 적은 수의 탄소 수에서 일어난다.

이산화탄소와 아산화질소 계열의 경향

이산화탄소/알코올: Schneider[9]는 2-헥산올과 2-옥탄올은 제 II형의 상거동을 보이며 2,5-헥산디올과 1-도데칸올[7]은 제 III형의 상거동을 보인다고 보고했다. 기대한 바와 같이 성분 B에 하이드록실 성분을 추가하는 것과 동일한 탄소 수 조건에서 B의 임계점을 올림으로써 계의 비대칭성을 증가시키고, 다른 형태의 상거동으로 전이하기 위해 탄소 수를 줄여 준다.

이산화탄소/방향족과 에탄/방향족: 이산화탄소 및 에탄과 n-알킬벤젠 혼합물의 상거동이 연구되었으며, 각각 C_{21}방향족(이산화탄소 혼합계)과 C_{20} 방향족(에탄 혼합계)까지 연구되었다.[6] 상거동의 전반적인 경향은 n-알칸 계열에서 비교했던 바와 매우 유사하다. 여러 개의 고리를 갖는 방향족들에 대해서도 연구되었는데 통상적으로 그림 16.7(d)와 같은 형태를 보였다.[8]

아산화질소/n-알칸: 아산화질소와 n-알칸 혼합물들과의 상거동이 연구되었다. 이들의 상거동은 상거동의 변화가 일어나는 탄소수와 임계종말 온도값의 측면에서 에탄 계열과 매우 유사하다.

이산화탄소/트리글리세리드/지방산: 보통의 많은 트리글리세리드(triglyceride)와 지방산이 30°C에서 고체이기 때문에 이산화탄소와의 2성분계는 그림 16.7(a) 또는 그림 16.7(d)와 같은 상거동을 보인다. 액체인 화합물은 아마도 제 III, IV 혹은 V형의 상거동을 보일 것이다. 이러한 계에 대해서는 비교적 연구가 이루어지지 않았으며 그나마 이루어진 연구들은 거의 전부가 용해도에 관한 것이다.[22,23,24,25] Bamberger와 동료들[25]은 라우르산(lauric acid)과 미리스

22 King, M.B., Bott, T.R., Barr, M.J., Mahmud, R.S. 1987. *Sep. Sci. Techn.* 22:1103 - 20; Brunetti, L., Daghetta, A. Fedeli, E., Kikic, I., Zanderighi, L. 1989. J. Am. Oil Chem. *Soc.* 66:209 - 17; Chrastil, J. 1982. *J. Phys. Chem.* 86:3016 - 21.

23 Goncalves, M, Vasconcelos, A.M.P., Gomes de Azevedo, E.J.S., Chaves das Neves, H.J., Nunes da Ponte, M. 1991. *J. Am. Oil Chem. Soc.* 68:474 - 80.

24 Nilsson, W.B., Gauglitz, E.J., Hudson, J.K. 1991. *J. Am. Oil Chem. Soc.* 68:87 - 91.

25 Bamberger, T., Erickson, J.C., Cooney, C.L., Kumar, S.K. 1988. *J. Chem. Eng. Data* 33:23.

트산(myristic acid)인 트리라우린과 트리미리스틴이 그들이 실험한 조건의 평균 압력에서 용해된다는 것을 알았으나, 그 실험들은 이러한 계가 그림 16.7(a)나 (d)의 상거동을 보인다고 규정할 만큼 충분하게 이루어진 것은 아니다. 트리팔미틴은 삼중점이 트리미리스틴의 경우보다 겨우 5°C 크지만 고체로 남아 있다는 것이 보고되었다. 아울러 트리팔미틴을 포함한 혼합물의 대부분이 고체로 남아 있다는 것이 보고되었는데, 만일 이 고체들이 공융 혼합물을 형성한다면 고체상으로 남아 있지 않을 것이다.[8] 다른 논문들은 고체 용융 거동의 특성에 대해서는 어떠한 언급도 하지 않았다. 불행하게도 몇 개 되지 않는 용해도를 측정한 논문에서도 열 배까지 차이가 나고 있다. 이러한 불일치는 한편으로는 물질의 순도에 기인한다고 생각된다.[23,24] Nilsson과 동료[24]는 모노- 및 디-글리세리드에 관한 용해도 자료를 보고하였다. Czubryt와 동료들[26]에 의한 한 가지 흥미로운 해석은 스테아르산(stearic acid)이 이산화탄소상에서 이량체를 형성하는 것으로 보인다는 것이다. 기름 혼합물의 상거동에 관해서는 용해도 거동과 관련된 절에서 논의하기로 한다.

프로판/트리글리세리드/지방산 계열의 경향

Hixon과 동료들은 1940년대[27,28,29]에 이 계의 대한 대부분의 사용 가능한 자료들을 발표했으며, 최근에는 프로판/트리팔미틴계의 보다 완전한 정보를 발표하였다.[30] 기름성분으로부터 프로판의 정제는 공업적으로 Solexol 공정으로 운영되었으며, 이에 대한 묘사가 되어있다.[31] 앞서 언급한 이산화탄소 속의 스테아르산과 유사하게 산은 유체상에서 이량체를 형성하는 것으로 보인다. 이러한 가설은 유효 분자량과 상거동의 연관성에 의해 입증되는데 여기서 유효 분자량이란 산의 분자량의 2배이고 에스테르나 트리글리세리드의 분자량과 같다(그림 16.8의 LCEP 경향 참조). 프로판과 분자량이 작은 산이나 에스테르와의 2성분계는 제 I형(UCEP가 존재하지 않는)의 상거동을 보이는 반면에 트리글리세리드와 분자량이 큰 산이나 에스테르와의 2성분계는 제 IV형의 상거동을 보인다.

❗ 임계점은 분자 비대칭성이 변화함에 따라서 규칙적으로 변화한다.

프로판과 라우르산(유효 분자량 = 400.6) 및 미리스트산(유효 분자량 = 456.7) 혼합계에 대해서는 프로판 농도범위 25~95 wt%에서 하부 임계종말점(LCEP)이 존재하지 않았다.[29] 트리카프릴린(분자량 = 470.7)과 분자량이 큰 화합물과의 혼합물은 제 IV형의 상거동을 보인다.

---

26 Czubryt, J.J., Myers, M.N., Giddings J.C. 1970. *J. Phys. Chem*. 74:4260–66.

27 Hixson, A.W., Bockelmann, J.B. 1942. *Trans. Am. Inst. Chem. Eng*. 38:891–930; Drew, D.A., Hixson, A.N. 1944. *Trans. Am. Inst. Chem. Eng*. 40:675–694; Hixson, A.N., Miller, R. 1940. U.S. Pat. 2,219,652; 1944. U.S. Pat. 2,344,089; 1945. U.S. Pat. 2,388,412.

28 Hixson, A.W., Hixson, A.N. 1941. *Trans. Am. Inst. Chem. Eng*. 37:927–957.

29 Bogash, R., Hixson, A.N. 1949. *Chem. Eng. Progress* 45:597–601.

30 Coorens, H.G.A., Peters, C.J., de Swaan Arons, J. 1988. *Fluid Phase Equil*. 40:135–151.

31 Passino, H.J. 1949. *Ind. Eng. Chem*. 41:280–287, Dickinson, N.L., Meyers, J.M. 1952. *J. Am. Oil Chem*. Soc. 29:235–39.

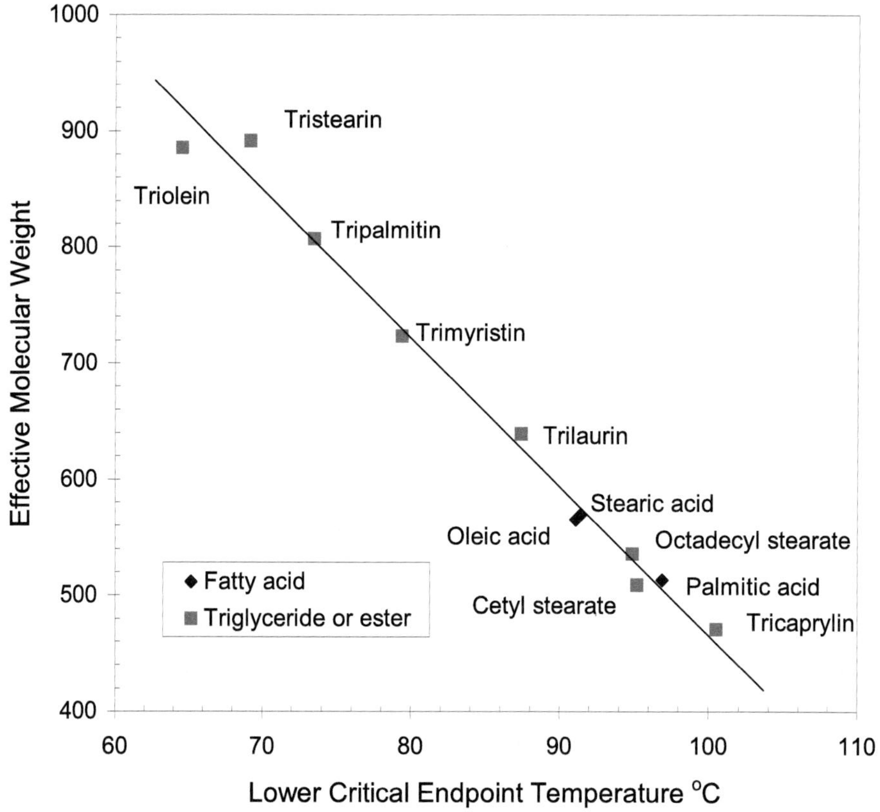

그림 16.8 • 프로판과 2성분계를 이루는 성분에 대한 하부 임계종말점(LCEP)의 경향(제 IV형 계).

그림 16.8의 상관은 포화되었거나 또는 하나의 이중결합을 갖는 불포화 성분에 기초한 것이다. 불포화 화합물의 콘주게이션(conjugation)은 30℃ 이상에서 LCEP를 나타내지 않는 아비에트(abietic)산에서 보인 바와 같이 극적인 효과를 나타내기도 한다.[28]

Solexol 공정은 제 IV형 또는 제 V형 계에서 LCEP와 기-액의 임계종말점, *K* 사이의 *llv* 영역을 이용하는 원유정제공정에 기초를 둔다. 관심 있는 상은 2개의 액상인데 Hixson과 동료들은 기상의 용해도를 측정하지 않았다. 예상대로 가장 낮은 유효 분자량의 화합물들은 프로판이 지배적인 액상에서 최대의 용해도를 갖고, 또한 주어진 사슬 길이의 성분 용해도는 유효 분자량이 줄어 듦에 따라 증가한다. 그 순서는 트리글리세리드-지방산-에스테르이다. Hixson의 연구는 2성분계에서 삼상 기-액-액 선상에서 액-액 상호 용해도를 측정하고 이들 실험을 3성분 모델계까지 확장하였다. Hixson은 논문에서 단이 있는 향류 흐름에서 밀도차의 중요성과 최근에 이산화탄소 추출[32,33]에의 응용에서 거론된 바 있는 온도구배를 이용한 탑 내부 순환

32 Stahl, E., Quirin, K.-W., Gerard, D. 1988. *Dense Gases for Extraction and Refining*, New York, NY: Springer-Verlag.

33 Eisenbach, W. 1984. *Ber. Bunsenges. Phys.* Chem. 88:882; Nilsson, W.B., E.J. Gauglitz, Jr., J.K. Hudson, V.F. Stout, J. Spinelli 1988. *J. Am. Oil Chem*. Soc. 65:109-117; Nilsson, W.B., Gauglitz, E.J.,

을 언급하였다. 이러한 엔지니어링 개념은 고압 기술을 공업적으로 응용하는 데 있어서 중요하다. Solexol 공정에서는, 사실상 유입되는 오일의 거의 대부분이 첫 번째 탑의 상부를 떠날 때 프로판에 녹아 나가며, 그다음 이 흐름은 분자량과 포화도에 따라 분류된다.

유색체의 대부분은 첫 번째 탑의 하부로 빠져나간다. 콘주게이트된 불포화 성분은 일반적으로 포화, 또는 하나의 이중결합을 갖는 불포화 성분보다 덜 녹는다. Solexol 공정의 특별한 능력 중 하나는 비타민 *A*의 농축인데, 비타민 *A*를 얻는 다른 방법이 대두되어서 이제는 이 공정을 더 이상 쓰지 않게 되었다.

동족 계열에 대한 실험 데이터의 유사성

Schneider[7]는 제 II형, IV형 및 III형의 상거동은 만약 상거동이 서로 중첩되는 효과의 결과로 생각될 때, 이해될 수 있는 경향을 따른다고 제안했으며, 이는 그림 16.3으로 가장 적절하게 가시화된다. 동족 계열의 계를 연구할 때 보다 무거운 성분만을 다른 성분으로 변화시키면, 제 III형의 상거동을 보일 첫 번째 계는 무거운 성분의 임계점으로부터 확장되는 임계선에 강한 최대 및 최소점을 가진다. 만약 이 강한 최소점이 성분들 간에 덜 상이한 계에서 존재한다면 두 곳에서 *llv* 선이 교차할 것으로 기대되며, 제 IV형의 상거동을 보일 것이다. 이러한 경향은 Chai[34]의 Peng-Robinson식을 이용한 계산 결과와 일치하며 또 다른 경향도 분명하게 이 이론을 뒷받침해 준다. 성분 간의 상이성이 증가함에 따라서 점 *U*에서 UCEP 온도는 증가하는데, 이것은 제 IV형 계에서 점 *U*와 점 *L*의 온도가 서로 같아질 때까지 온도차를 줄어들게 하는 경향이 있어 결국 제 III형의 상거동이 된다(그림 16.9 참조). 제 II형에서 제 III형 상거동으로의 직접적인 전이도 가능하다.[10]

❗ 제 II → IV → III형 상거동으로의 규칙적인 진행이 있다.

임계 상거동의 요약

상거동은 분자의 비대칭성에 의해 결정된다. 상거동의 종류가 존재하고, 계의 비대칭이 증가함에 따라 상거동의 자연스런 전이가 진행된다. 이러한 진행은 크기와 용매화 및 에너지 밀도에 의해 특징지어지는 3차원 공간을 통해 단면이 나타내지는 2차원 마스터상 지도(master phase map)에 의해 보인다. 비대칭은 그 특성이 관찰된 6개 유형의 상도표 중 5개로 설명할 수 있다. 여섯 번째 유형의 도표는 수용액계에 고유한 것으로 보이며, 짐작컨대 수소결합에 대한 구체적인 설명이 요구될 수 있다. 임계 상거동의 경향을 보면 유기산이 비극성 용매에서 이량체를 형성한다는 것을 알 수 있다.

P-T 투영은 상거동 유형에 따라 독특한 것이며, 다양한 공정이 실현 가능한지 아닌지에 대한 조건을 요약해 준다.

Hudson, J.K. 1989. *J. Am. Oil Chem. Soc*. 66:1596–1600.

34 Chai, C.-P., 1981. "Phase Equilibrium Behavior for Carbon-Dioxide and Heavy Hydrocarbons," Ph.D. dissertation, University of Delaware.

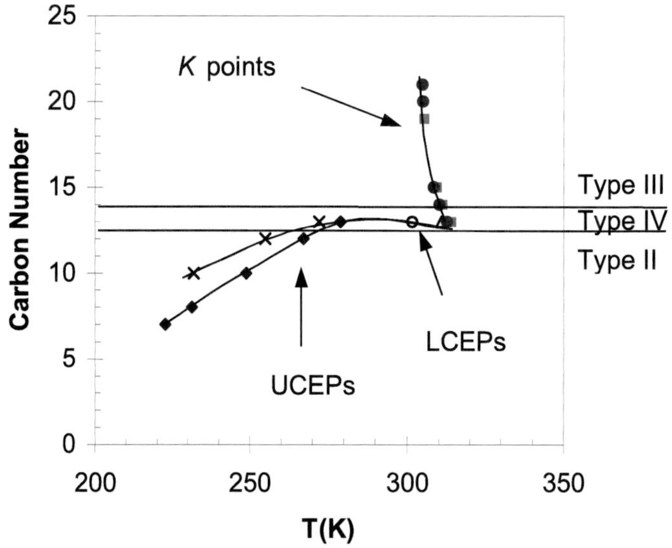

그림 16.9 • Miller와 Luks[11]가 편집한 이산화탄소 + *n*-알킬벤젠(◆, △ , ●)과 이산화탄소 + *n*-파라핀(x, o, ■)계의 분자 비대칭성에 대한 임계종말점 온도의 경향 예. 두 계열에서 C13 밑으로는 제 II형의 상거동, C13은 제 IV형, C13 위로는 제 III형의 상거동을 보인다.

이 절에서 쓰인 기호

1 − 2 = 3	상 1,2,3이 공존하고 상 2와 3은 임계상태에서 동일하다.
1 = 2 − 3	상 1,2,3이 공존하고 상 1과 2는 임계상태에서 동일하다.
A	하부 임계온도를 갖는 성분.
B	상부 임계온도를 갖는 성분.
K	K점 − 상이 $l - l = v$인 곳에서의 임계종말점.
l	액체상.
LCEP	상이 $l = l - v$ 인 곳에서의 하부 임계종말점.
Q	Q점, 또는 사중점, 평형에서 4개의 상이 존재하며 4개의 상은 $sllv$.
s	고체상.
UCEP	상이 $l - l = v$인 곳에서의 상부 임계종말점.
v	증기상.

16.3 잔여분 곡선

증류는 화학공업에서 가장 발전되고 신뢰할 만한 분리기술 중의 하나이므로 공정설계에서 제일 먼저 고려되는 분리기술이다. 다성분계 증류탑의 설계는 공비, 또는 불균일 공비계 때문에 복잡해질 수 있다. 지름길 증류기술(shortcut distillation techniques)은 증류탑 선별에는 유용하지만 공비계를 위해서는 수정된 지름길 식(shortcut equation)과 상대 휘발도를 요구한다.[35] 다성분계 정상상태 증류탑의 설계는 주로 공정 모사기를 사용해서 수행한다. 그럼에도 상세한 증류탑 계산을 하기 전에 잔여분 곡선으로 상거동을 탐구하면 설계에 필요한 시간의 상당 부분을 줄일 수 있다. 이 절에서는 하나의 유입 원료와 하나의 탑상 제품 및 하나의 탑저 제품들로 구성된 3성분계를 고려한다.[36] 이러한 조건에서 3성분계의 잔여분 곡선을 해석할 때 다음과 같은 개념이 쓰인다.

❗ 잔여분 곡선을 사용하면 설계에 필요한 시간을 많이 절약할 수 있다.

1. 정상상태에서 증류탑으로 유입되는 원료, 증류액과 탑저액의 조성은 3성분계 도표에서 지렛대 법칙에 따라 동일 선상에 있다.
2. 2개의 합쳐진 흐름은 지렛대 법칙에 의해 주어진 흐름들 사이에서 한 점에서의 유입 원료 흐름과 동일 선상의 혼합점으로 나타낸다.
3. 2성분 및 3성분 공비점은 3성분계 도표상에서 분할선(separatrices)이라는 경계선으로 연결된다(단일 경계는 separatrix라 함).
4. 분할선은 3성분 잔여분 곡선 지도도표를 각 영역(region)으로 나눈다.
5. 믿을 만한 규칙으로서, 증류액, 원료액, 그리고 탑저액의 조성은 모두 같은 잔여분 곡선 지도 영역에 있다.[37]
6. 잔여분 곡선은 한 영역에서 시작하고 끝난다 — 그들은 분할선을 넘어가지 않는다.

❗ 잔여분 곡선은 얻을 수 있는 조성에 대한 안내를 해 준다.

그러므로 3성분계에서 어떤 조성 영역만이 주어진 원료에 대해 가능한 순도의 제품을 나타내며, 잔여분 곡선은 실현 가능한 조성에 대한 안내를 해 준다.

잔여분 곡선은 1단 회분식 정압 증류에서 액상(잔여분)의 조성 변화를 나타낸다. 1단의 회분 증류 계산은 복잡하지 않으며, 이전 장들에서 배웠던 VLE K-비를 사용하여 다음에 소개될 것이다. 회분식 증류탑이 가동됨에 따라 잔여액의 비점은 구성분이 최대 비점 공비물이 되거나 최고 비점성분의 순수물로 될 때까지 온도가 올라간다. 이러한 조성에서 잔여분 곡선이 **끝난다**. 잔여액의 조성은 모든 최소 비점 공비계로부터 멀어지고 최저 비점의 순수성분으로부터도 멀어지는데 잔여분 곡선은 바로 이러한 조성에서 **출발**한다. 이 절에서의 도표에서 글자 '*o*'는 낮은 비점 잔여분 곡선의 시작점을 나타내고, 글자 '*t*'는 높은 비점 잔여분 곡선의 종점을 나타낸다.

나비넥타이 근사

공비점을 형성하지 않는 프로판 + 부탄 + 펜탄 3성분계에 대한 잔여분 곡선을 통해 해석해 보

35 Frank, T.C. 1997. *Chem. Eng. Prog.*, 93(4):52–63.

36 관심 있는 독자는 관련 논문을 보는 것이 도움이 될 것이다. 다음 문헌을 보라, G.-J.A.F., Liu, Y.A. 1994. *Ind. Eng. Chem. Res*. 33:2505. 이 주제는 분리공정에 특화된 화학공학 참고서에서도 찾아볼 수 있다.

37 이 지침은 구역의 경계가 매우 굴곡지고 급액 조성이 오목한 부분의 경계 근처에 있을 때 벗어날 수 있다. 그러나 이러한 응용은 거의 경제적이지 못하다.

자. 이 3성분계가 끓음에 따라서 기포점 계산을 해 보면 증기상에는 프로판과 부탄이 많다는 것을 알 수 있다. 증기가 제거됨에 따라서 잔여액에는 펜탄이 점점 많아진다. Peng-Robinson 식을 사용하여 계산한 잔여분 곡선을 그림 16.10(a)에 나타내었다. 임의의 초기 조성에서 시작하여 도표 위의 곡선은 잔여액의 조성을 따라간다. 이 계에서는 어떠한 3성분계 조성에 대한 잔여액에 대해서도 점점 펜탄이 많아질 것이다. 잔여분 곡선 지도는 하나의 구역밖에는 없으며 그 곡선은 순수한 프로판(구역 내에서 최소 비점성분)에서 시작하여 펜탄(구역 내에서 최고 비점성분)에서 끝난다. 잔여분 곡선은 정상상태 연속증류탑을 설계하는 데 유용한데 그 이유는 정상상태의 증류탑에서 얻을 수 있는 증류액과 탑저액의 조성을 급액을 포함하는 잔여분 곡선 지도 영역에서 찾을 수 있기 때문이다. **급액원료가 하나인 정상상태 증류탑의 증류액은 잔여분 곡선의 시작점에 접근하려고 하고 탑저액은 잔여분 곡선의 종점에 접근하려 하는데 여기서 제한 조건은 앞에서 (1)에서 (6)요소까지 요약해서 나열한 바 있다.**

요소 1에서 3성분계의 급액, 증류액, 탑저액의 조성은 서로 일직선상에 위치함을 인식하자. 그림 16.10(a)에 보인 프로판 + 부탄 + 펜탄계가 나타내는 의미를 생각해 볼 필요가 있다. 특정한 급액조성 F에 대해서 증류탑을 설계할 때, 증류액이나 또는 탑저액 조성이 명시될 수 있지만 둘 다는 아니다. 급액조성 F에 대하여 증류탑의 탑저액의 조성이 B_1이고 증류액(탑상 제품)의 조성을 D_1이라고 할 때, 그림에서 이들은 서로 동일 선상에 놓여 있어야 하고, F는 B_1과 D_1 사이에 위치하며 지렛대 법칙의 물질수지식인 $D_1/F + B_1/F = 1$과 $D_1/B_1 = (\overline{FB_1})/(\overline{FD_1})$을 만족한다. 탑을 조작하는 데 있어서의 다른 선택은 순수한 프로판 증류액 D_2를 얻는 것이다. 이때 급액은 반드시 D_2와 B_2 선 사이에 있어야 한다. 가능한 조성의 첫 번째 근사치는 나비넥타이 모양의 영역인 D_1-D_2-B_2-B_1에 의해 주어진다.[38] 증류액과 탑저액의 조성은 그림에서 보인 바와 같이 우리가 선택한 구역의 경계선상에 있을 필요는 없으나 동일선 위에 있어야 하고 지렛대 법칙에 따라야 한다. 단일 급액이고, F로부터 두 생성물(증류액과 탑저액)을 내는 증류탑에서 동시에 순수한 프로판과 순수한 펜탄을 얻을 수 없다는 것을 주의하자. 또한 거의 순수한 부탄을 얻기는 어렵다는 것을 알고, 설계는 다른 대안에 초점을 맞추어야 함을 상기하자. 나비넥타이 모양의 구역은 여기서 추구하는 선별(screening) 소개에 적절한 근사치이다.

❗ 나비넥타이 방법은 얻을 수 있는 조성에 대한 일차적 근사치를 제공해 준다.

공비 혼합물

3성분계에서 하나의 공비 혼합계가 존재하면, 잔여분 곡선 지도는 1개의 구역으로 구성될 것이다. 그러나 공비물은 잔여분 곡선의 시작점 또는 종점이 될 것이다.

최대 비등 공비물은 어떤 잔여분 곡선의 종점이 될 것이고, 최소 비등 공비물은 어떤 잔여분 곡선의 시작점이 될 것이다. 예를 들면 그림 16.10(b)에서 보인 바와 같이 메탄올 + 아세톤 + 물계에서 메탄올 + 아세톤계는 최소 비등 공비물을 형성하며 구역 내에서 최소 비등점을 갖기

38 2개의 급액을 갖는 탑의 생성물은 총괄 급액에 따라 그려진 나비넥타이 모양의 구역 밖에 있을 수 있는데, 이는 추출증류에서 이용된다. 다음 문헌을 보라. Wahnschafft, O.M., Westerberg, A.W. 1993. *Ind. Eng. Chem. Res.*, 32:1108.

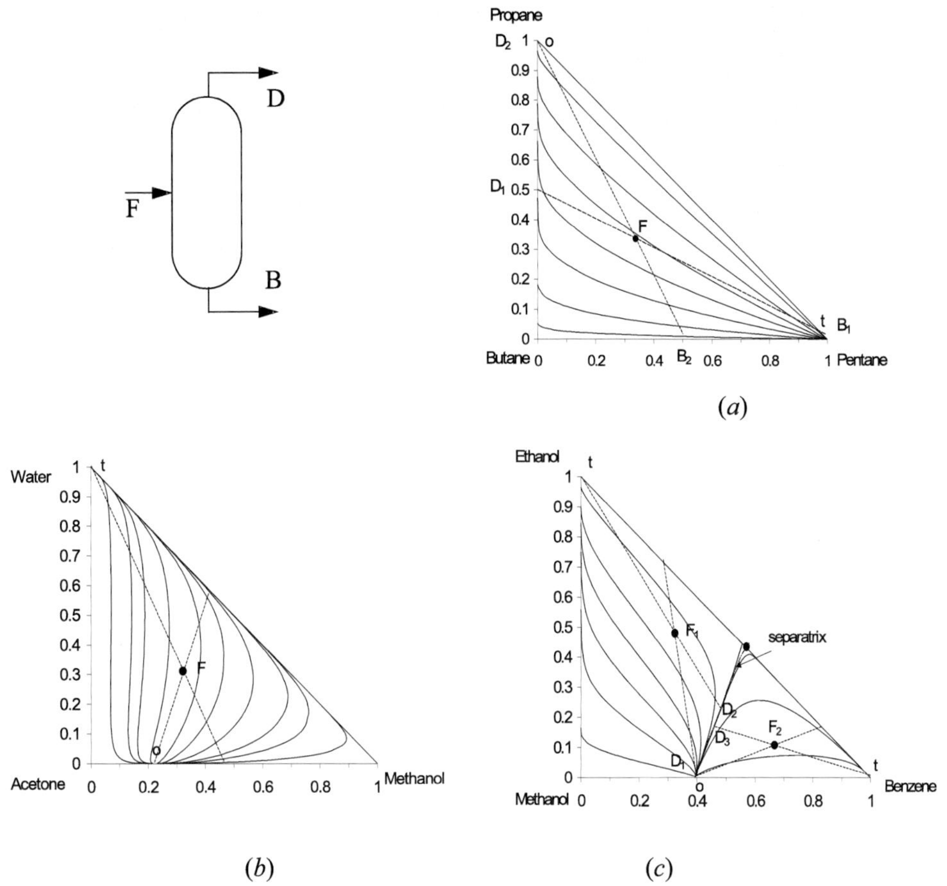

그림 16.10 • (a) 1 bar에서 Peng-Robinson식을 사용하여 계산한 프로판 + n-부탄 + n-펜탄계에 대한 잔여분 곡선, (b) 1 bar에서 UNIQUAC식을 이용하여 모델링한 메탄올 + 아세톤 + 물계의 잔여분 곡선, (c) 1 bar에서 UNIQUAC식을 이용하여 모델링한 메탄올 + 에탄올 + 벤젠계의 잔여분 곡선, Aspen plus 버전 9.2를 사용하여 계산을 수행함.

때문에 잔여분 곡선의 시작점이 된다. 이 구역 안에서 급액이 되는 모든 정상상태 증류탑에서는 증류액이 이 조성으로 접근하게 된다. 구역 내에서 가장 높은 비등점은 잔여분 곡선의 종점으로 순수한 물에 해당하고, 정상상태의 탑저물은 이 조성에 접근하게 된다. 실제 얻을 수 있는 조성을 구하기 위한 나비넥타이 모양 근사법이 급액물 F에 대해서 보이고 있는데 증류액의 조성으로 순수한 메탄올이나 순수한 아세톤은 얻을 수 없다. 그 이유는 잔여분 곡선의 시작점이 공비점이기 때문이다. 지렛대 법칙은 공비점을 형성하지 않는 계와 같이 적용된다.

둘 또는 그 이상의 공비 혼합물계가 존재할 때, 잔여분 곡선 지도는 종종 둘 또는 그 이상 잔여분 곡선의 구역으로 나뉜다. 잔여분 곡선 지도는 실현 가능한 조성의 증류 구역과 분할선의 위치도 보여 준다. 예로서, 메탄올 + 에탄올 + 벤젠계의 잔여분 곡선들이 그림 16.10(c)에 나타나 있다. 왼쪽 구역에는 에탄올이 고비점이고(잔여분 곡선의 종점임), 메탄올 + 벤젠 공비계는 낮은 비등점을 가진다(잔여분 곡선의 시작점). 오른쪽 구역에는 메탄올 + 벤젠 공비계가 또한 잔여분 곡선의 시작점(저비점)을 제공하고 벤젠은 잔여분 곡선의 종점(고비점)을 나타낸다. 에탄올 + 벤젠 공비계는 각 구역에서 시작점과 종점의 중간온도에서 존재한다. 그러므로 시작점도 종말점도 아니기 때문에 이를 안장점(saddle point)이라고 부른다. 두 가지의 임의의 급액조성이 도표에 표시되어 있으며, 분리 가능한 조성의 근삿값으로 대응되는 나비넥타이 모양의 구역이 나타나 있다. 설계 규칙은 단일 탑은 분할선을 교차할 수 없으며, 급액조성 F_1으로부터 얻는 증류액의 조성에 대한 실제적 경계는 구역 F_1-D_1-D_2로 근사된다. 또한 급액조성 F_2에 대해서는 실제 얻을 수 있는 증류액의 조성은 구역 F_1-D_1-D_3로 근사된다. 최대 비등 공비물에 대한 예를 들지는 않았지만, 그러한 공비 혼합계도 같은 지렛대 법칙을 이용하여 선별할 수 있다. 그러나 탑저액은 공비 혼합물에 의해 영향을 받는다.

불균일 공비 혼합물: 액-액 상분리를 일으키는 계

액 – 액 상분리를 일으키는 3성분계는 최소 비등 불균일 공비물을 형성하며 종종 그림 16.11과 같이 2개의 증류탑으로 구성된 계를 이용하여 분리된다. LLE 거동은 종종 잔여분 곡선 지도상의 분할선을 가로지른다. 이는 탑상 흐름 D_M이 경사분리기에서 응축된 후 두 액상 중의 하나는 D_1으로 분할선의 같은 편에 놓일 것이며 그림 왼쪽처럼 탑으로 되돌아올 수 있다. 분리된 또 다른 액상은 분할선의 다른 쪽 편에 놓이게 되고 오른쪽 그림처럼 다른 탑의 급액물로 쓰일 수 있다. 이러한 과정의 한 가지 예가 벤젠을 이용한 에탄올 + 물계의 분리이다. 이 경우 의도적으로 공비점을 깨기 위해 벤젠을 넣어 주고 물을 한쪽 탑에서 회수하고 에탄올을 다른 쪽 탑에서 회수하도록 한다. 이 계는 에탄올 + 벤젠의 최소 비등 공비물과 에탄올 + 물계의 최소 비등 공비물, 그리고 벤젠 + 물계의 최소 비등 불균일 공비물을 포함하며, 3개의 분할선을 가진다. 3성분 공비 혼합물, O는 이 계에서 최소 비등점을 나타내며 모든 3구역에서 잔여분 곡선의 시작점이다. 왼쪽 탑은 잔여분 곡선 지도의 오른쪽 구역에서 조작되고, 오른쪽 탑은 왼쪽 상부구역에서 조작된다. 잔여분 곡선 지도에서 F_2가 왼쪽 아래 영역에 떨어지지 않도록 주의를 요한다. 그러한 급액조성물로부터는 탑저 제품으로 에탄올 대신 벤젠을 얻을 수 있다. 물질수지를 설명해 주는 선이 도표상에 나타나 있고, LLE 곡선은 잔여분 곡선 지도에 중첩되어 있어서 대응선이 어떻게 분할선을 가로지르는지 명확하게 보여 준다. 이 예에서 계의 압력을 증가시킴으로써 잔여분 곡선들의 시작점을 LLE 영역의 안쪽 깊숙이 이동시킬 수 있다.

잔여분 곡선의 생성

MATLAB–residue.m과 residue.xlxm을 계산에 사용할 수 있다.

잔여분 곡선은 환류가 없는 간단한 1단의 회분식 증류기에 대해 기포점 온도를 구하는 알고리즘으로 구할 수 있다. 만일 다성분 혼합물에서 증발된 총몰수가 dn^L이면, 빠져나간 성분 i의 몰수가 기상조성으로부터 계산되며, $dn_i = y_i dn^L$이다. 액상의 성분 i에 대해서는 $dn_i = d(x_i n^L) = n^L dx_i + x_i dn^L$이므로 기상과 액상의 식을 dn_i에 대해 같게 놓으면

$$y_i\, dn^L = x_i\, dn^L + n^L dx_i \qquad \langle식\ 16.14\rangle$$

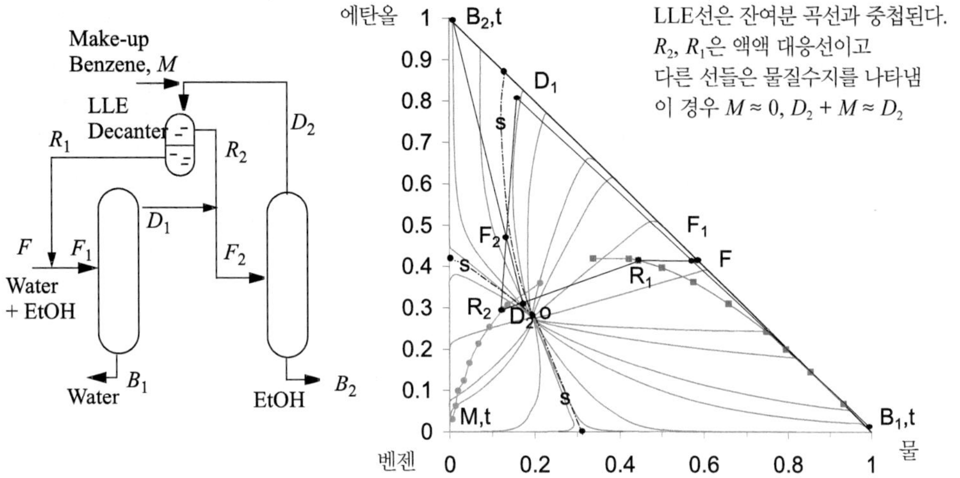

그림 16.11 • 벤젠을 사용한 에탄올-물의 분리를 위한 증류탑의 배열, 잔여분 곡선과 액-액 상거동을 나타내는 그림. 잔여분 곡선은 760 mmHg에서 Aspen plus ver.9.2를 이용하여 UNIQUAC식으로 계산했으며, 25°C에서 LLE 데이터는 Chang,Y-I, Moultron, R.W.가 1953년 Ind. Eng. Chem., 45:2350에 발표한 것이다. 액-액 상평형 대응선은 혼란을 피하기 위해 도시하지 않았지만, 데이터는 용해도선 상에 점으로 표시되어 있다.

다시 정리하면

$$(y_i - x_i)dn^L/n^L = dx_i \quad \text{〈식 16.15〉}$$

이는 다음과 같이 쓸 수 있다.

$$(K_i - 1)x_i d(\ln[n^L]) = dx_i \quad \text{〈식 16.16〉}$$

여기서 K_i값은 조성 x_i에서 10~14장까지에서 다룬 적절한 기포점 온도 계산 방법을 써서 구할 수 있다. N개의 성분으로 구성된 혼합물의 잔여분 곡선을 만들기 위해서 미분값인 $d(\ln[n^L])$가 dx_i의 미분값을 구하기 위해 임의로 선택될 수 있다. $N-1$개의 dx_i값만이 필요하며 그 이유는 다음 식으로부터 알 수 있다.

$$\sum_{i=1}^{N-1} dx_i + dx_N = 0 \quad \text{〈식 16.17〉}$$

임의로 택한 초기조성에 대하여 x_i의 추적값들로 잔여분 곡선을 만든다. 액-액 상거동을 포함하기 위해서는 특별한 주의가 요망되는데, 계에서 액-액 상분리가 일어난다면 14장에서 다룬 3상 기포점 온도 계산도 필요하게 된다. 표 16.1은 압력 0.1013 Mpa의 조건에서 n-펜탄(1) + n-헥산(2) + n-헵탄(3) 계에 대하여 식 16.16을 통해 계산한 처음 몇 가지 잔여분 곡선의 계산을 보여 주는데, K_i값은 지름길 K-비 방법으로 구한다. 잔여분 곡선을 위한 초기조성은 임의로 $x_1 = 0.1$, $x_2 = 0.6$, $x_3 = 0.3$으로 했는데, 표 16.1의 아래위 겹줄 사이에 나타나 있다. 식 16.16에서 간격의 크기는 임의로 $d(\ln[n^L]) = -0.15$로 하여 dx_i값을 생성하여 표에 실었다.

표 16.1 • 지름길 K-비 방법에 의해 추산된 n-펜탄(1) + n-헥산(2) + n-헵탄(3) 계의 잔여분 곡선 계산 예.

x_1	x_2	x_3	$T(°C)$	p_1^{sat} (Mpa)	p_2^{sat} (Mpa)	p_3^{sat} (Mpa)	K_1	K_2	dx_1	dx_2
0.156	0.596	0.248	65.02	0.2477	0.0902	0.0360	2.446	0.890	−0.034	9.8E-3
0.126	0.601	0.273	67.09	0.2622	0.0961	0.0386	2.588	0.949	−0.030	4.6E-3
0.1	0.6	0.3	69.07	0.2766	0.1021	0.0412	2.731	1.008	−0.026	−7.3E-4
0.074	0.600	0.327	71.17	0.2926	0.1088	0.0442	2.888	1.074	−0.021	−6.7E-3
0.053	0.593	0.354	73.09	0.3078	0.1152	0.0471	3.039	1.137	−0.016	−0.012

식 16.16은 빠른 추정을 위해 유한 차분식을 써서 직접 사용하였는데, 이는 $x_i^{new} = x_i^{old} + dx_i^{old}$의 식을 이용하여 초기 시작점에서 표의 아래로 내려가는 방법이다. 잔여분 곡선은 $x_i^{new} = x_i^{old} - dx_i^{old}$의 식을 사용하여 초기점으로부터 표의 위로 올라감으로써, n-펜탄의 액상조성이 증가하는 방향으로 생성된다.

중요한 응용에서는 좀 더 정확한 유한차분법이 쓰일 수 있다. 잔여분 곡선은 다른 초기조성을 사용하여 다른 조성범위에서 계산된다. 분할선의 위치는 잔여분 곡선이 충분히 생성되고 나면 분명해진다. 잔여분 곡선 계산은 몇몇 공정모사 소프트웨어에서 제공되는데 이는 화학공업에서 분리공정의 선별이 매우 중요하기 때문이다. 좀 더 자세한 논의는 다른 문헌을 참조할 수 있다.[39]

잔여분 곡선 요약

잔여분 곡선은 분리방식의 설계에 유용한 도구를 제공한다. 단일 공급액과 단일 탑상 및 탑저액을 가진 증류탑은 분할선을 교차할 수는 없지만, 여러 개의 탑을 이용해 거의 모든 분리를 가능하게 하는 분리 방법은 만들 수 있다. 잔여분 곡선 지도는 분리를 위해 가장 확실한 계의 선택을 위한 첨가제의 선별에 유용하다. 단일 액상에 대한 잔여분 곡선의 계산은 간단하며 이를 위한 알고리즘이 소개되었다.

16.4 익힘문제

P16.1 그림 16.10(a)의 원료를 갖는 메탄올(1) + 물(2) + 아세톤(3)계를 고려해 보자. 다음 각각의 제품이 가능한지 또는 불가능한지 평가하고 설명하라.

39 Barnicki, S.D., Siirola, J.J. 1997. "Separations Process Synthesis," and Doherty, M.F., Knapp, J.P. 1997. "Distillation, Azeotropic and Extractive," in *Kirk-Othmer Encyclopedia of Chemical Technology*, 4th ed., New York, NY: Wiley.; also Van Dongen, D.B., Doherty, M.F. 1985. *Ind. Eng. Chem. Fundam.* 24:454.

	$D(x_1, x_2)$	$B(x_1, x_2)$
(a)	(1,0)	(0,0.45)
(b)	(0.4,0)	(0,1)
(c)	(0.4, 0)	(0.1, 0.9)
(d)	(0.3, 0.7)	(0.35,0)

답: 불가능, 불가능, 가능, 불가능

16.5 연습문제

상거동

16.1 2성분계 혼합물의 과잉 Gibbs 에너지가 다음과 같이 단일 매개변수를 갖는 식으로 표현된다. $G^E = Ax_1x_2$. 여기서 A는 온도의 함수로서 $A = 2930 + 5.02E5/T(K)$ J/mol.

(a) 이 계는 부분 혼합계의 상거동을 보이겠는가? 만일 그렇다면 어떤 온도범위에서 그러하겠는가?

(b) 제1성분의 표준 비점이 310 K이고 제2성분의 표준 비점은 345 K라고 하자. 증발 엔탈피는 4475 cal/mol로 두 성분 모두 같다. 1 bar하에서 모든 LLE 및 VLE 거동을 포함하여, 정성적으로 정확한 T-x-y 도표를 간략히 그려라.

16.2 당신이 상평형을 연구 중인 회사의 어느 연구자라고 하고, 실험실 기사가 당신에게 가장 최근의 (불완전한) 고압 상평형 결과를 가지고 왔다고 하자. 이 기사는 데이터가 제대로 된 것인지, 또는 어느 실험의 경우 어떤 시료에 잘못된 레이블을 붙이고 실험을 했는지, 혹은 자동화된 실험장치에 문제가 있는지를 걱정했다. 그 이유인즉 이번 데이터는 전에 본 것과는 달랐기 때문이었다. 가장 최근의 결과는 같은 압력범위에 대해서 2개의 P-x-y 도표로 온도 T_1과 $T_2(T_1 < T_2)$에 대해 다음과 같이 나타나 있다. 동그라미와 삼각형은 각 압력에서 공존하는 상의 조성을 나타낸다. 당신은 기술자에게 어떤 답을 주겠는가?

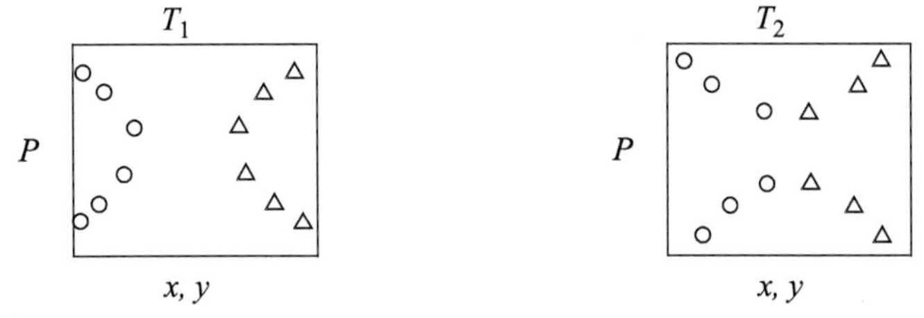

16.3 $k_{ij} = 0.084$라는 값이 메탄올(1) + 벤젠(2) 계에 대해 합치되었다. 이 값을 가지고 Peng-Robinson식을 이용하여 계의 P-x-y 거동을 다음의 온도에 대하여 그려라. 350 K, 500 K, 520 K. 다음의 압력에 대하여 T-x-y 거동을 도표를 그려라. 0.15 Mpa, 2 Mpa, 5.5 Mpa. 또한 계의 P-T 투영도를 간략하게 그려라.

16.4 에탄올(1) + 브로모에탄(2)계는 브로모에탄의 조성 93.2 mol%에서 공비 혼합물을 형성하는 데 최소 비등점이 760 mmHg에서 37.0C°이다. 다음의 증기압 데이터가 이용 가능하다.

	T^{sat}(°C)	
P(mmHg)	에탄올	브로모에탄
100	34.9	...
400	63.5	21.0
760	78.4	38.4
1520	97.5	60.2
3800	...	95.0

(a) 모든 가능한 데이터를 사용하여 식 $\log_{10}p^{sat} = A + B/T$의 계수 A와 B를 선형회귀법으로 찾아라. 온도는 Kelvin 단위를 사용한다.

(b) 공비점을 이용하여 van Laar식의 매개변수를 구하라.

(c) P-x-y 도표를 100°C에서 그려라. 이 도표를 그리는 데 사용한 데이터를 표로 만들라.

(d) T-x-y 도표를 760 mmHg에서 그려라. 활동도 계수는 고려되는 온도범위에서 온도에 무관하다고 가정한다(이것이 압력 760 mmHg하의 증류에 대한 x-y 도표를 만드는 데 필요한 계산법이다).

(e) 실험적으로, 이 계는 균일 최대 압력 공비물로 알려져 있다(Smyth, C.P., Engel, E.W. 1929. *J. Am. Chem. Soc.*, 51:2660). 여러분이 알아낸 결과와 어떻게 비교가 되는가?

16.5 이산화탄소(1) + 테트랄린(2) 계를 k_{ij} = 0.10로 하여 모델링하라. P-x-y 도표를 20°C, 45°C일 때 만들고, 압력이 12 MPa일 때와 22 Mpa일 때의 T-x-y 도표를 그려라. 어떤 종류의 상거동을 보이는가?[40]

16.6 UNIFAC식을 써서 메탄올(1) + 메틸사이클로헥세인(2) 계를 모델링하라. P-x-y 도표를 온도 60°C와 90°C에 대해서 그리고, 압력이 0.1013 Mpa일 때 T-x-y 도표를 그려라.

16.7 UNIFAC식을 써서 메탄올(1) + 헥산(2) 계를 모델링하라. P-x-y 도표를 온도 50°C와 25°C에서 그리고, 압력이 0.1013 Mpa일 때 T-x-y 도표를 그려라.

16.8 벤즈알데히드(benzaldehyde)는 향료 산업계에서 쓴맛나는 아몬드 기름으로 알려졌으며 체리나 아몬드 향을 가지고 있다. 이것은 공정의 한 부분에서 이산화탄소를 사용하여 회수할 수 있다. 이산화탄소(1) + 벤즈알데히드(2) 계의 상거동을 탐구해서 Peng-Robinson식을 써서 이 장에서 배운 여러 가지 상거동 유형의 하나로 분류하

40 다음 논문에 실험 데이터가 있다. Leder, F., Irani, C.A. 1975. *J. Chem. Eng. Data*. 20:323.

여라. 실험 데이터는 없기 때문에 상호작용 계수는 이산화탄소-벤젠계와 같이 k_{ij} = 0.1로 한다. 295 K와 323 K에서 *P-x-y* 도표를 그리고, 34.5 bar 및 206.9 bar에서 *T-x-y* 도표를 구하라. 34.5 bar는 두 성분의 임계 압력 이하이다. 만약 기포점 계산에 실패하면, 역으로 이슬점을 계산하라.

잔여분 곡선

16.9 메탄올(1) + 물(2) + 아세톤(3)의 등몰 혼합물을 고려하자. 잔여분 곡선 지도를 만들고 나비넥타이 근사법을 사용하여 단일 급액 증류탑으로는 증류액으로 순수한 아세톤을 얻을 수 없음을 증명하라.[41] 이 급액 원료로부터는 어떤 조성을 얻을 수 있나?

자료: r = [1.4311, 0.92, 2.5735], q = [1.432, 1.4, 2.3360], a 매개변수(K): a_{12} = −112.697, a_{13} = −50.9396, a_{21} = 176.077, a_{23} = 29.1681, a_{31} = 218.872, a_{32} = 228.990

16.10 다음에 명시한 계에 대하여, 잔여분 곡선 지도를 얻고 주어진 원료에 대해 가능한 증류액과 탑저액의 조성범위를 그려라. UNIQUAC 매개변수들은 제공된 값과 같다.

(a) 메탄올(1) + 에탄올(2) + 에틸아세테이트(3), z_1 = 0.25, z_2 = 0.25, z_3 = 0.5, r = [1.4311, 2.1055, 3.4786], q = [1.432, 1.972, 3.116], a 매개변수(K); a_{12} = −91.226, a_{21} = 124.485, a_{13} = −74.2746, a_{31} = 389.285, a_{23} = −31.5531, a_{32} = 183.154.

주의: 이 계에 대해 LLE 매개변수를 사용하면 Aspen 2006은 좋지 않은 VLE값을 준다. 제공된 매개변수값을 사용하라.

(b) 위 (a)를 풀되 z_1 = 0.4, z_2 = 0.4, z_3 = 0.2를 사용한다.

(c) 메탄올(1) + 프로판올(2) + 물(3), z_1 = 0.2, z_2 = 0.6, z_3 = 0.2, r = [1.4311, 2.7791, 0.92], q = [1.432, 2.508, 1.4], a 매개변수(K); a_{12} = 39.717, a_{21} = −26.6935, a_{13} = −112.697, a_{31} = 176.077, a_{23} = 151.061, a_{32} = 55.1272.

(d) 위 (c)를 풀되 z_1 = 0.6, z_2 = 0.2, z_3 = 0.2를 사용한다.

(e) 메탄올(1) + 에탄올(2) + 벤젠(3), z_1 = 0.25, z_2 = 0.25, z_3 = 0.5, r = [1.4311, 2.1055, 3.1878], q = [1.432, 1.972, 2.4], a 매개변수(K); a_{12} = −91.2264, a_{21} = 124.485, a_{13} = −27.2253, a_{31} = 559.486, a_{23} = −42.6567, a_{32} = 337.739.

(f) 위 (e)를 풀되 z_1 = 0.4, z_2 = 0.4, z_3 = 0.2를 사용한다.

---

41 등몰의 아세톤(1) + 메탄올(2) 혼합물이 증류탑 중심부 가까이로 급액되거나, 물이 탑의 탑상부 근처로 급액된다면 2개의 급액 탑으로부터 아세톤 증류액을 얻는 것이 가능하다. 그러나 이런 분리 방법은 나비넥타이 근사법으로는 예측 불가능하다. 이런 유형의 분리를 추출증류라 한다.

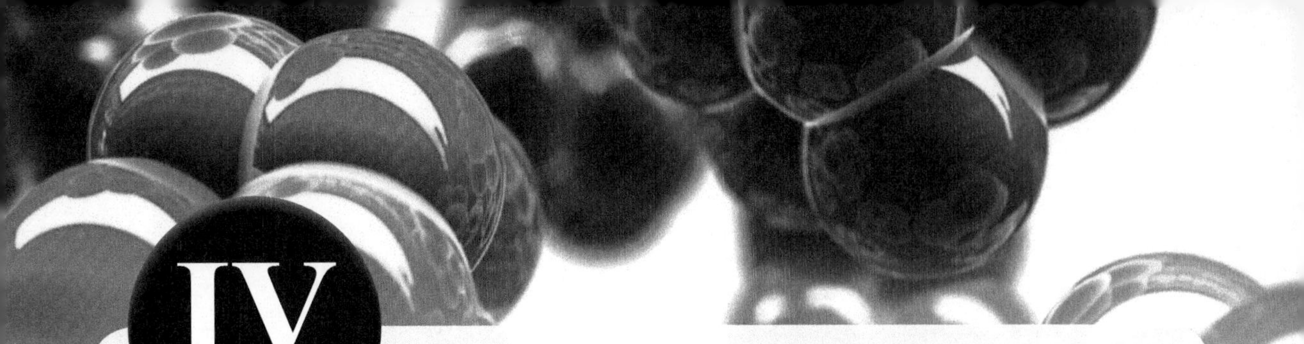

PART

IV

반응계

반응을 수반하는 문제는 반응 특성뿐만 아니라 평형한계에 의해서도 영향을 받는다. 간단히 말하면, 성분 간의 원자 분배에 관련되는 Gibbs 에너지가 상분배에서 최소가 되었던 것과 마찬가지로 최소가 되어야 한다. 예를 들어 일산화탄소와 수소로부터의 메탄 생성은 결합 생성 에너지에 근거한다면 가능하지만 일산화탄소와 수소가 하나의 분자로 뭉쳐질 때의 엔트로피 감소에 의해 제약을 받는다. 따라서 반응열이 생성반응에 유리하게 작용한다고 하더라도 메탄올의 생성에 따른 엔트로피 감소와 유리한 반응 에너지 간의 균형이 이루어지게 된다. 510 K, 100 bar에서 $CO + H_2$의 CH_3OH로의 전환율은 약 60%에서 균형이 이루어진다. 이 단원에서는 평형 전환율에 대한 온도와 압력의 영향을 결정하는 원리를 소개한다. 과거 지나치게 열성적이었던 일부 시험자들은 반응물의 전환이 단지 반응속도에 의해서만 결정된다고 잘못 가정하여, 반응기 크기를 증가시켜 평형한계 이상으로 전환율을 높이려고 시도하였다. Le Châtelier(1888)는 다음과 같이 쓰고 있다.

> 용광로 내에서 산화철의 환원은 반응 $Fe_2O_3 + 3CO = 2Fe + 3CO_2$에 따라 일산화탄소에 의해 이루어지는 것으로 알려져 있다. 그러나 굴뚝으로부터 유출되는 가스에는 상당한 양의 일산화탄소가 포함되어 있으며, 이용되지 않는 상당한 양의 열이 외부로 빠져나간다. 이러한 불완전한 반응은 일산화탄소와 철광석 간의 불충분한 접촉시간 때문인 것으로 생각하여 용광로의 크기를 증가시키게 되었다. 영국에서는 30 m 높이의 용광로를 만들기도 하였다. 그러나 유출되는 일산화탄소의 양은 줄어들지 않았으며 이는 곧 수십만 프랑의 비용을 들인 실험을 통해 일산화탄소에 의한 산화철의 환원반응이 제한적인 반응이라는 사실이 밝혀졌다. 화학평형의 법칙을 알고 있었다면 좀 더 신속하고 훨씬 경제적으로 같은 결론에 도달했을 것이다.

이러한 역사의 한 편린을 여러분들은 되풀이하지 않기를 기대해 본다.

17
CHAPTER

반응계

우리는 먼저 접촉이나 상호 간의 접근, 움직임, 작용성, 그리고 반응에 관해 조금은 언급해 두어야 한다.

Daniel Senner(1660)

다성분계 열역학의 또 다른 중요한 부분은 화학반응이라고 알려져 있는, 분자 사이나 분자 내에서의 원자의 재정렬에 관련된 문제이다. 평형 열역학을 이용하면 반응의 진행 방향과 반응정도를 알 수 있다. 상평형과 마찬가지로 주어진 온도와 압력에서 최소 Gibbs 에너지 조건에 따라 평형이 결정된다.

이 장을 공부함에 있어서 3.6절의 자료가 중요하며 다시 읽어 볼 필요가 있다는 것을 강조하면서 이 장을 시작하고자 한다. 평형전환율을 계산하기 전에 이해해야 할 단계들이 있으며, 몇몇 단계는 매우 이론적인 것처럼 보인다. 17.1절에서는 평형 반응 좌표를 평형에서의 최소 Gibbs 에너지와 연관시키는 것부터 시작한다. 17.3절에서는 표준생성 Gibbs 에너지를 이용한 표준반응 Gibbs 에너지를 소개한다. 다음으로, 반응계의 성분에 대한 Gibbs 에너지를 화학 퍼텐셜과 연관시키고 최종적으로 이상기체 법칙을 이용한 평형상수를 유도하여 평형전환율의 계산을 시작할 것이다. 그러나 평형상수를 계산하기 위한 표준상태 Gibbs 에너지는 온도에 의존하므로 평형 '상수' 역시 17.7절에서 설명하는 바와 같이 온도에 따라 변한다. 그런 다음 에너지 수지식, Gibbs 최소화 방법, 다상 반응평형계 등과 같은 고급 주제를 다루게 된다.

학습목표

1. 주어진 K_{aT} 와 압력에서 단일 및 다중반응계에 대한 평형 반응 좌표값과 평형 몰분율을 구할 수 있다.
2. 압력, 비양론적 공급물, 비활성 물질이 반응평형에 미치는 영향을 이해할 수 있다.
3. 주어진 반응에 대하여 $\Delta G^{o}_{298.15}$와 $\Delta H^{o}_{298.15}$를 계산할 수 있다.
4. van't Hoff 식을 이용하여 ΔG^{o}_{T} 와 K_{aT}를 계산할 수 있다.

5. 계의 설정을 확인하거나 열전달 문제를 해결하여 주어진 공급물과 평형전환율에 대한 에너지 수지식을 세울 수 있다.
6. 고체성분과 액체성분을 감안하여 평형 계산을 할 수 있다.
7. 반응평형을 위한 Gibbs 최소화 방법을 이해할 수 있다.

17.1 서론

일반적으로 고등학교나 대학 일학년에서 반응평형 계산을 해 보았을 것이다. 이 장에서는 반응물의 활동도로 나눈 생성물의 '활동도(이상기체에서는 분압)'가 양 K_a와 어떻게 연관되는지 설명할 것이다. K_a는 온도 의존성에도 불구하고 압력이나 조성에 의존하지 않으며, **평형상수**라 불린다. 활동도 간의 관계를 유도함에 있어서는 Gibbs 에너지 최소화의 개념과 기본 관계식의 재정렬이 활용된다. 유도과정을 공부함으로써 다중반응계와 화학반응과 상평형이 동시에 일어나는 계까지 반응평형 분석 방법을 확장할 수 있게 된다.

이 장에서 전개하는 방법에 대한 개요를 보여 줄 수 있는 예제를 이용하여 설명을 시작한다. 모든 성분을 대략적으로 이상기체로 간주할 수 있는 초보적인 반응을 선택하였다. 이상기체에 대하여 평형 조건과 분압 간의 관계는 다음 식으로 나타난다는 것을 다음 장에서 보일 것이다.

$$K_a = \prod (y_i P)^{v_i} \quad \text{〈식 ig 17.1〉}$$

여기서 기호 Π는 곱(합을 나타내는 Σ와 유사하다)을 나타내며, y_iP는 i^{th} 성분의 분압(항상 bar의 단위로)이며 v_i는 3.6절에서 설명한 양론계수이다. 양론계수는 반응물의 경우에 음이므로 곱은 반응물에 대한 생성물의 비로 얻어진다. 해를 구하기 위한 주된 일은 분압을 반응 좌표(역시 3.6절에서 설명하였음)와 연관시켜 물질수지식을 푸는 것이다. 평형문제의 해를 구하는 주요 단계는 다음과 같다.

1. 존재하는 상의 수와 평형 계산을 위한 방법을 확인한다. 초기 예제에서는 기상만 취급하고 평형상수 방법을 이용하여 평형조성을 결정한다. 나중에 액상과 고체상을 감안하는 방법과 Gibbs 에너지를 직접 이용하는 방법을 설명할 것이다.
2. 표준상태 성질을 이용하여 반응온도에서 평형상숫값을 구하거나 Gibbs 최소화 방법을 위한 각 성분의 Gibbs 에너지를 구한다. 이 과정은 다음의 두 가지 세부단계로 구성된다.
   (a) 기준온도와 압력에서 표준상태 Gibbs 에너지를 이용하여 계산을 수행한다.
   (b) 반응 조건에 온도(Gibbs 방법에서는 압력)를 수정한다.
3. 반응물과 생성물에 대한 물질수지식을 세우고 조성을 단계 (1)과 (2)의 평형상수 혹은 표준상태 성질과 연관시킨다.
4. 평형조성에 대하여 푼다.

각 단계는 일련의 예제에서 분명해질 것이다. 단계 (1)과 (2)는 길기 때문에 다음의 예제와 같이 단계 (3)과 (4)를 먼저 공부하면 더욱 쉽게 적용할 수 있다. 이 예제는 단계 (1)과 (2)에서 표준상태 Gibbs 에너지의 사용법에 대한 동기를 제공해 줄 것이다.

예제 17.1 반응 좌표 계산

500 K와 20 bar에서 반응기에 CO와 H_2가 양론비로 공급되며, 반응기에서는 평형상수가 K_a = 0.00581이다(17.7절에서 K_a 계산 방법을 설명한다).

$$CO_{(g)} + 2H_{2(g)} \rightleftarrows CH_3OH_{(g)}$$

CO의 평형전환율을 구하라.

풀이

K_a에 대한 식에 적절한 승수를 갖는 각각의 y_iP를 대입한 다음, 압력의 수치를 대입한다.

$$K_a = (y_{CH_3OH}P)^1(y_{CO}P)^{-1}(y_{H_2}P)^{-2} \qquad \langle 식\ 17.2\rangle$$

$$0.00581 = \frac{y_{CH_3OH}P}{y_{CO}P(y_{H_2}P)^2} \text{ 그러나 } P = 20 \text{ bar} \Rightarrow \frac{y_{CH_3OH}}{y_{CO}y_{H_2}^2} = 0.00581P^2 = 2.32$$

조성을 물질수지식과 연관시키기 위해 계산기준을 설정하고 반응 좌표를 이용한다.

계산기준: 2 mol의 CO가 주입된다. 수소는 과잉으로 공급됨을 유의하라. **반응 좌표**와 계산기준의 설정은 3.6절에서 이미 소개하였다. 양론 표는 다음과 같다.

$$\begin{aligned} n_{CO} &= 2-\xi \\ n_{H_2} &= 1-2\xi \\ n_{CH_3OH} &= \xi \\ \hline n_T &= 3-2\xi \end{aligned}$$

모든 n 값은 항상 양의 값이어야 하므로 물리적으로 허용되는 범위는 $0 < \xi < 0.5$로 제한된다. 양론 표를 이용하여 몰분율을 ξ로 나타낼 수 있다.

$$y_{CO} = \frac{2-\xi}{3-2\xi} \quad y_{H_2} = \frac{1-2\xi}{3-2\xi}\ ; \ y_{CH_3OH} = \frac{\xi}{3-2\xi} \qquad \langle 식\ 17.3\rangle$$

평형상수식에 몰분율을 대입하면

$$\frac{\dfrac{\xi}{(3-2\xi)}}{\dfrac{(2-\xi)(1-2\xi)^2}{(3-2\xi)^3}} = 2.32 \Rightarrow \frac{\xi(3-2\xi)^2}{(2-\xi)(1-2\xi)^2} = 2.32 \qquad \langle 식\ 17.4\rangle$$

$$\text{재정렬하면} \Rightarrow F(\xi) \equiv 2.32\cdot(2-\xi)(1-2\xi)^2 - \xi(3-2\xi)^2 = 0 \qquad \langle 식\ 17.5\rangle$$

시행착오법에서는 식 17.4의 비율보다 식 17.5의 차이를 이용하는 것이 더욱 안정적이다. 시행착오법으로 풀고 대입하여 $0 \le \xi \le 0.5$임을 감안하여 ξ를 구한다. 추정값을 요약하면 다음과 같다.

ξ	$F(\xi)$
0.10	2.04
0.25	−0.548
0.20	0.151
0.2099	0.0006

주어진 공급조건에 대한 반응평형에서 $\xi = 0.21$이다. 이제 식 17.3을 이용하여 y 값을 구한다. CO의 전환율은 $0.21/2 \cdot 100\% = 10.5\%$이다. H_2의 전환율은 $2(0.21)/1\ 100\% = 42\%$이다. 비양론적 공급물의 전환율은 화학종에 따라 다르다는 것을 유의하라. 촉매가 존재하고 반응속도가 그 T에서 적절하게 작용한다면, 압력을 더욱 증가시키거나 K_a가 커지도록 온도를 증가시켜서 전환율을 증가시킬 수 있다.

이 예제에서는 K_a를 이용하여 반응 좌표를 계산하는 방법을 보여주었다. 주어진 온도에서 K_a값은 고정되지만 평형 ξ 값은 공급물의 조성 혹은 다른 예제에서와 같이 때로는 기상반응에서와 같이 압력에 따라 변한다. 평형 조건을 반응공학 교과서와 관련시키면, 대부분의 반응공학 교과서에서는 반응 좌표보다는 전환율을 이용하여 반응진행 정도를 추적한다. 관례적으로, **전환율**은 **제한 화학종**(반응 방향에서 0에 가장 가까운 ξ에서 가장 먼저 소모되는 화학종)의 추적에 사용된다. 관계식은 3.6절의 각주에 나타나 있다.

몇 가지 다른 개념이 반응평형 계산에 대한 일반적인 이해에 중요하다. 먼저 이해해야 할 것은 다음과 같다. Gibbs 에너지, 활동도 그리고 평형상수 간의 기본적인 관계(17.2~17.4절), 이상기체에 적용되는 간략화와 압력과 비활성 물질의 영향(17.5절), 평형상수에 대한 온도 의존성 계산(17.7~17.9절), 이후 절에서는 상평형을 수반하는 다중반응과 같은 좀 더 넓은 범위의 응용에 기본적인 식을 적용하는 것을 보일 것이다.

17.2 반응평형의 조건

17.1절에서 소개한 반응상수를 구하기 위한 과정인 단계 (1)과 (2)에는 몇 개의 세부단계가 포함된다. 이 절에서는 평형 조건을 유도한 다음, 열역학적 성질을 이용하여 식 17.1을 간략화하는 방법을 소개한다. 반응평형에서는 총 Gibbs 에너지가 최소화된다. 어떤 계의 조성이 변하면 Gibbs 에너지 변화는 다음과 같이 주어진다.

$$d\underline{G} = -\underline{S}dT + \underline{V}dP + \sum_i \mu_i dn_i \quad (\mu_i \equiv (\partial \underline{G}/\partial n_i)_{T,P,n_{i \neq j}} \text{ 임을 기억하라}) \qquad \langle 식\ 17.6\rangle$$

반응에 의해 성분이 생성되거나 소모된다는 사실에도 불구하고 이 식은 변하지 않는다. 일정

한 온도와 압력에서 우변의 처음 두 항은 떨어져 나간다.[1]

$$d\underline{G} = \sum_i \mu_i dn_i \qquad \langle 식\ 17.7\rangle$$

반응 좌표의 정의식인 식 3.39를 대입하면

$$d\underline{G} = \sum_i \mu_i \nu_i d\xi \qquad \langle 식\ 17.8\rangle$$

주어진 T와 P에서 평형일 때 $\underline{G}$는 최솟값을 가지므로 반응 좌표에 대한 도함수가 0이 된다.

$$d\underline{G}/d\xi = \sum_i \mu_i \nu_i = 0 \qquad \langle 식\ 17.9\rangle$$

이제는 이 식에서 모든 성분의 몰수를 결정할 수 있는 ξ만이 미지수이다. 평형의 조건을 적용하기 전에 수식을 좀 더 정리한다. 상평형에서 이상기체 혼합물의 성분에 대한 퓨가시티는 분압과 같아지므로 사용하기 편리한 성질이라는 것을 알았다. 퓨가시티를 이용하여 식 17.9를 다시 쓸 수 있다. 퓨가시티의 정의는 $dG = RTd\ln f$ 임을 상기하자. 이 식을 표준상태에서 임의의 혼합물 상태까지 적분하면(식 10.48을 일반화하는 것을 비교하라)

$$\int_{G^o}^{\mu} dG_i = RT\int_{f^o}^{\hat{f}} d\ln f_i \Rightarrow \mu_i - G_i^o = RT\ln\left[\frac{\hat{f}_i}{f_i^o}\right] \Rightarrow \mu_i = G^o + RT\ln\left[\frac{\hat{f}_i}{f_i^o}\right] \qquad \langle 식\ 17.10\rangle$$

여기서 G_i^o는 성분 i의 표준상태 Gibbs 에너지이고 f_i^o는 성분 i의 표준상태 퓨가시티이다. 액체에 대한 표준상태는 11.3절에서 소개하였으며, 이제 그 접근 방법을 일반화한다. 식 17.10을 식 17.9에 대입하면

$$0 = \sum_i \nu_i\left(G_i^o + RT\ln\left[\frac{\hat{f}_i}{f_i^\circ}\right]\right) \text{ 혹은 } 0 = \left(\sum_i \nu_i G_i^\circ\right)/(RT) + \sum_i \nu_i \ln\left[\frac{\hat{f}_i}{f_i^\circ}\right] \qquad \langle 식\ 17.11\rangle$$

혹은

$$0 = \left(\sum_i \nu_i G_i^\circ\right)/(RT) + \sum_i \ln\left[\frac{\hat{f}_i}{f_i^\circ}\right]^{\nu_i} \text{ (평형의 조건)} \qquad \langle 식\ 17.12\rangle$$

식 17.12에 나타난 두 합을 계산해서 결과를 결합할 필요가 있다. 정성적으로, 이 식은

---

1 같은 결론에 도달할 수 있는 다른 방법으로는 주어진 T와 P에서 $\underline{G} = \sum_i \mu_i n_i$로 나타내는 것이다. 곱의 법칙을 이용하여 수학적으로 미분의 결과를 구하면 $d\underline{G} = \sum_i \mu_i dn_i + \sum_i n_i d\mu_i$가 되고 마지막 합은 Gibbs-Duhem식에 의해 0이 된다.

Gibbs 에너지를 최소화하기 위하여 어떻게 원자들이 배열되어야 하는지 나타내고 있다. 다음 절에서는 식 17.12와 식 17.1의 연관성이 분명해질 것이다. 두 합을 별개로 실행해 보자. 두 번째 합은 평형상수에서 정의하는 기상 화학종에 대한 분압의 곱과 관련되어 있다. 식 17.12의 두 항의 크기는 같으나 부호가 다르므로 첫 번째 합은 수치적으로 평형상수의 음의 값과 연관된다.

17.3 반응상수

이제 식 17.12의 두 번째 합에 주목한다. 대수항에 나타나는 비는 활동도로 알려져 있다(이제는 상식적으로 액체에 대한 식 11.23과 비교하라).

활동도

$$a_i \equiv \frac{\hat{f}_i}{f_i^\circ} \quad \langle 식\ 17.13\rangle$$

분자 $\hat{f}_i$는 조성에 따라 변하는 혼합물의 성질을 나타낸다. $\hat{f}_i$를 계산하는 방법은 식 10.61(이상기체), 식 10.68(이상용액), 식 11.14(γ_i를 이용하여 실제용액), 그리고 식 15.13($\hat{\varphi}_i$를 이용하여 실제기체)에서 전개한 바 있다. 분모는 특정된 표준상태의 성분을 나타내며, 여기에는 주어진 조성을 규정하는 내용이 포함된다(순수할 수도 있고 혼합물 상태일 수도 있다).

식 17.12의 두 번째 합은 활동도로 표기하여 정리할 수 있다.

$$\sum_i \ln\left[\frac{\hat{f}_i}{f_i^\circ}\right]^{\nu_i} = \sum_i \ln(a_i)^{\nu_i} = \ln\prod_i a_i^{\nu_i} \quad \langle 식\ 17.14\rangle$$

반응 혼합물에서 $\hat{f}_i$ 혹은 a_i는 반응조성이 평형 쪽으로 진행됨에 따라 변화할 것이다. 그러나 평형에서는 생성물에 대한 곱의 항이 매우 중요해진다. 평형에서의 곱의 항을 **평형상수** K_a로 정의하고 여기서 하첨자 a는 활동도를 이용하여 나타낸 평형상수임을 나타낸다.

일반적인 평형의 조건

$$\boxed{K_a = \prod_i a_i^{\nu_i} = \prod_i \left[\frac{\hat{f}_i}{f_i^\circ}\right]^{\nu_i}} \quad \langle 식\ 17.15\rangle$$

평형상수에 대한 정의식과 식 17.12를 결합하면, 첫 번째 합을 이용하여 상숫값을 구할 수 있다.

$$0 = \left(\sum_i \nu_i G_i^\circ\right)/(RT) + \ln K_a \text{ 또는 } \exp\left(-\left(\sum_i \nu_i G_i^\circ\right)/(RT)\right) = K_a \quad \langle 식\ 17.16\rangle$$

평형상수는 온도에 의존하므로 **상수**라는 용어의 사용이 오해를 부를 수도 있다. 다음에서 알겠지만, 평형상수는 공급물의 조성과 반응 화학종의 몰수 변화에 대해 일정하다. 평형상수에 하첨자 a를 사용한 것은 평형상수가 활동도에 의존한다는 것을 강조하기 위한 것이다. 나중에 보여 주겠지만, 평형상수에 대한 다른 어림법들도 있으며 하첨자는 각각의 어림법에서 평형상수를 정의하는 방법을 구분하기 위해 사용된다.

이상기체에 대한 평형상수

활동도는 식 17.13에서 정의된 일반적인 성질이다. 이 내용을 11.5절에서는 액체에 적용한 바 있다. 이상기체에 대해서 활동도의 분자는 $\hat{f}_i^{ig} = y_i P$이다. 표준상태를 정의하면 활동도에 대한 공식을 완성하게 된다. 기상의 반응물에 대한 관례에서는 $P^o = 1$ bar에서 순수한 기체를 표준상태로 한다. 이상기체에 대해서는 $f_i^o = P^o$ (식 9.29)이다. 그러므로 $f_i^o = 1$ bar이다. 퓨가시티의 비(활동도)는 단위가 bar인 분압을 사용하면 무차원이 된다. 이상기체에 대한 식 17.12의 두 번째 합은 다음과 같이 간략해진다.

$$K_a = \prod_i a_i^{\nu_i} = \prod_i \left[\frac{\hat{f}_i}{f_i^o}\right]^{\nu_i} = \prod_i (y_i P)^{\nu_i} \quad \text{〈식 ig 17.17〉}$$

여기서 처음 두 등식은 일반적이지만, 마지막 등식은 이상기체에 국한된다. 나중에 비이상기체, 액체, 고체에 대한 퓨가시티 비를 다시 살펴볼 것이다. 이제는 K_a 값을 나타내는 식 17.12의 첫 번째 항을 살펴보자.

17.4 표준상태 반응 Gibbs 에너지

식 17.12와 17.16의 우변에 있는 첫 번째 항 $\sum_i \nu_i G_i^o$를 반응온도에서의 **표준상태 반응 Gibbs 에너지**라 부르며, ΔG_T^0로 나타낸다. 표준상태 반응 Gibbs 에너지는 3.6절에서 소개한 표준상태 반응열과 유사하다. 표준상태 반응 Gibbs 에너지는 **생성 Gibbs 에너지**를 이용하여 계산할 수 있다.

$$\Delta G_T^o \equiv \sum_i \nu_i G_i^o = \sum_{\text{products}} |\nu_i| \Delta G_{f,i}^o - \sum_{\text{reactants}} |\nu_i| \Delta G_{f,i}^o \quad \text{〈식 17.18〉}$$

예를 들어 반응 $CH_{4(g)} + H_2O_{(g)} \rightarrow CO_{(g)} + 3H_{2(g)}$에 대하여

$$\Delta G_T = \sum_i \nu_i G_i^o = \Delta G_{f(CO_{(g)})}^o + 3\Delta G_{f(H_{2(g)})}^o - \Delta G_{f(CH_{4(g)})}^o - \Delta G_{f(H_2O_{(g)})}^o$$

합의 항은 반응물이 '해체'된 뒤 다시 생성물로 '조립'되는 **Hess 법칙**에 따른 경로를 나타낸다고 생각하면 도움이 될 것이다. 생성물에 대한 생성 Gibbs 에너지의 부호는 양이고 반응물에

대한 부호는 음이다. 그러므로

❗ 표준상태 반응 Gibbs 에너지

$$\Delta G_T^o = \sum_i \nu_i \Delta G_{f,i}^o \quad \text{〈식 17.19〉}$$

일반적으로 Gibbs 에너지는 298.15 K와 1 bar에서의 값이 표에 주어져 있고, 다른 온도에서의 ΔG_T^o 를 계산하려면 특별한 계산을 수행하여야 하며 그 과정은 17.7절에서 다룬다. 생성엔탈피와 같이, 298.15 K와 1 bar에서 자연스럽게 존재하는 원소에 대한 생성 Gibbs 에너지는 0으로 간주하며 집합체에 대해서도 동일한 관례가 적용된다. 여러 화합물에 대한 298.15 K와 1 bar에서의 생성 Gibbs 에너지가 부록 E에 수록되어 있다. 물에 대한 $\Delta G_f^o{}_{298.15(g)}$와 $\Delta G_f^o{}_{298.15(l)}$의 차이는 298 K에서의 증발 Gibbs 에너지이다. 액체가 더 안정하기 때문에 이와 같은 차이가 0이 되지 않는다(어느 상이 더 낮은 298.15 K와 1 bar에서의 생성 Gibbs 에너지를 가질까?).

표준상태 반응 Gibbs 에너지는 식 17.16에 의해 평형상수와 연관된다.

❗ 반응 Gibbs 에너지와 평형상수 간의 관계

$$\exp(-\Delta G_T^o/(RT)) = K_a \quad \text{〈식 17.20〉}$$

예제 17.1에서와 같이 평형상숫값을 알면, 평형조성을 결정할 수 있다. 다음 예제에서는 반응 Gibbs 에너지와 평형상수의 계산을 보여 준다.

예제 17.2 표준상태 반응 Gibbs 에너지의 계산

부타디엔은 1-부텐의 기상 촉매 탈수소화에 의해 얻어진다.

$$C_4H_{8(g)} \rightleftarrows C_4H_{6(g)} + H_{2(g)}$$

298.15 K에서 표준상태 반응 Gibbs 에너지를 계산하라.

풀이

표로부터 298.15 K에서의 표준상태 생성엔탈피와 표준상태 생성 Gibbs 에너지를 찾는다.

화합물	$\Delta H_{f,298.15}^o$ (J/mole)	$\Delta G_{f,298.15}^o$ (J/mole)
1부텐(*g*)	−540	70,240
1,3-부타디엔(*g*)	109,240	149,730
수소(*g*)	0	0

$$\Delta G_{298.15}^o = 149{,}730 + 0 - 70{,}240 = 79{,}490 \text{ J/mole}$$

평형상수는 식 17.16으로부터 결정된다.

$$\exp\left(\frac{-\Delta G_{298.15}^o}{RT}\right) = \exp\left(\frac{-79,490}{8.314(298.15)}\right) = 1.18\times10^{-14} = K_{a,298.15}$$

반응상수의 값이 작기 때문에 실온에서 이 반응은 유리하지 않다.

K_a에 대한 조성과 압력의 영향

표준상태를 활용해서 ΔG_T^o를 계산하는 것은 K_a가 조성과 압력에 무관한 사실과 중요한 연관이 있다. 표준상태의 압력은 P^o로 주어진다. 그러므로 ΔG_T^o는 압력에 무관하다. 표준상태의 조성도 고정되어 있으므로(많은 경우 순수한 상태) ΔG_T^o는 평형조성과 무관하다. 식 17.20을 살펴보면, ΔG_T^o가 평형조성과 압력에 무관하므로 K_a 또한 평형조성과 압력에 무관하다. 중요한 것은 표준상태의 집합체 상태가 중요하며 집합체가 표준상태에 있는 경우에 ΔG_T^o와 K_a 값이 상태에 따라 다르다는 점이다. 이후의 절에서 이 점이 분명해질 것이다.

❗ 평형상수 K_a는 조성과 압력에 무관하다.

지금까지 17.1절에 주어진 과정 중 단계 2(a), (3) 그리고 (4)에 대하여 설명하였다. 개념은 설명하였으나, 298.15 K가 아닌 다른 온도에서 계산을 수행하기 위해서는 온도에 대한 보정이 필요하다. 예제 17.2의 부타디엔 반응은 높은 온도에서 K_a 값이 커지므로 유리하다. 압력과 비활성 물질의 효과에 대한 중요한 면을 설명하고 온도보정 계산을 설명하기 전에 반응의 자발성에 대해서도 설명한다.

17.5 압력, 비활성 물질, 공급물의 비율에 대한 영향

주어진 온도에서 평형반응 좌표값은 압력, 비활성 물질, 공급물의 비율에 영향을 받는다. 양의 변화가 평형전환율에 영향을 미치는 원리는 이 현상을 처음으로 규명한 Henry Louise Le Châtelier를 기려서 **Le Châtelier의 원리**라 부른다. 산업적인 화학반응을 실행하기 위해서는 Le Châtelier의 원리를 이해하는 것이 중요하다. 예제 17.1에서는 압력과 비양론적 공급물 등의 두 가지 중요한 개선을 통해 수소의 전환율을 획기적으로 증가시켰다.

Henry Louise Le Châtelier (1850~1936)은 프랑스 화학자이다. 1907년에 French Académie des Sciences와 Royal Swedish Academy of Science에 선출되었다.

압력의 영향

압력은 응축된 화학종의 활동도에 거의 영향이 없으므로(예: Poynting 교정항은 일반적으로 작은 값을 가진다) 오직 기상성분이 존재하는 반응에만 현저한 효과를 나타낸다. 압력은 (1) 반응에 기체상태의 화학종이 관련되어 있고, (2) 반응물과 생성물 중 기체상태 화학종의 양론수가 서로 다른 경우에 중요한 영향을 나타낸다. 반응물과 생성물 중 기체상태 화학종의 양론적인 몰수가 같으면 이상기체 법칙에 의해 P는 영향이 없으나, 비이상기체의 경우에는 퓨가시티 계수를 통해 간접적인 영향만 있을 뿐이다.

이상기체에 대한 평형상수는 다음과 같이 쓸 수 있다.

$$\left(\prod y_i^{\nu_i}\right)P^{\Sigma \nu_i} = K_a \quad \text{〈식 ig 17.21〉}$$

이러한 형태는 압력의 영향을 분명하게 보여 준다. 앞에서 언급한 바와 같이, 반응물과 생성물의 기체 몰수가 동일한 경우에는 $\Sigma\nu_i = 0$이므로 압력의 영향은 없어진다. 증기상 반응물의 양론적 몰수가 증기상 생성물의 양론적 몰수보다 큰 경우에, 즉 $\Sigma\nu_i < 0$이면 압력이 증가함에 따라 반응전환율도 증가한다. 기체 몰 비율이 반대이면, 즉 $\Sigma\nu_i > 0$ 이면 압력이 감소함에 따라 반응의 전환율은 증가한다. 예제 17.1에서 상당한 전환율을 얻기 위해서 20 bar의 압력이 중요하게 작용했다. 정성적으로 압력은 반응을 기체 몰수가 작은 쪽으로 '밀어붙인다'고 생각하면 도움이 된다. 연습으로 압력이 1 bar인 경우 동일한 공급물에 대한 반응 좌표를 결정해 보라.

비활성 물질

반응에 참여하지 않는 성분을 **비활성 물질**이라 부른다. 기상 화학종이 존재하는 경우에 비활성 기체성분은 이따금 평형반응 좌표에 간접적이지만 중요한 영향을 나타낸다. 비활성 물질이 존재하면 전체 조성이 달라져 압력영향이 완화된다. $\Sigma\nu_i > 0$인 경우, 비활성 물질을 첨가하면 주어진 전압에서 전환율이 증가한다. 그러나 $\Sigma\nu_i < 0$인 경우에는 압력효과가 감소되는 것이 바람직하지 않으므로 비활성 물질을 피해야 한다. 정량적으로 비활성 물질의 존재는 위에서 언급한 '밀어붙이는' 효과를 감소시킨다.

비양론적 공급물

비양론적 공급물을 사용하는 경우에는 특정된 반응물의 전환율이 영향을 받는다. 예제 17.1에서는 과잉 CO가 반응기에 공급되었다. CO의 전환율은 겨우 약 10%인 반면, H_2의 전환율은 42%였다. 하나의 반응물이 과잉이면 다른 반응물의 전환율을 증가시킨다. 이 효과를 식 17.2를 이용하여 정성적으로 살펴볼 수 있다. 주어진 K_a에 대하여 특정된 y_{CH_3OH} 값에서는 y_{CO} 값이 증가하면 y_{H_2}는 감소한다. 이러한 효과는 고체와 액체 반응물까지 일반화할 수 있다. 연습 삼아서 양론적인 공급물(CO_2 1 mol과 H_2 2 mol)에 대하여 예제 17.1을 다시 풀어 보라. 과잉으로 공급되지 않으므로 CO_2의 평형전환율은 높아지지만(36.4%), H_2의 전환율은 낮아진다(36.4%). 공급물이 양론적으로 공급되면 모든 반응물에 대한 전환율은 동일하다는 것을 유의하라. 평형에 미치는 영향뿐만 아니라 어떤 경우에는 부반응을 피하는 데 도움이 되므로 산업적 반응에서는 일반적으로 비양론적인 공급물을 사용한다.

예제 17.3 비활성 물질의 존재하에서 부타디엔 생산

예제 17.2의 부타디엔 반응을 다시 생각해 보자. 부타디엔은 900 K와 1 bar에서 1-부텐의 기상 촉매 탈수소화 반응에 의해 제조된다.

$$C_4H_{8(g)} \rightleftarrows C_4H_{6(g)} + H_{2(g)}$$

(a) 부반응을 억제하기 위해 부텐을 수증기로 희석하여 반응기에 주입한다. 부텐 1 mol당 10 mol의 수증기가 포함된 공급물에 대하여 평형조성을 추산하라.

(b) 비활성 물질이 없고 부반응이 무시되는 경우 전환율을 추산하라.

(c) 비활성 물질이 없을 경우 (a)에서와 같은 전환율을 얻기 위해 필요한 압력을 구하라.

앞의 예제에서 298.15 K에서의 ΔG_f^o 값을 구하였다. 여기서는 900 K에서의 값이 필요하다. 다음 절에서 어떻게 900 K에서의 값을 계산하는지 설명할 것이다. 여기서는 900 K와

1 bar에서의 ΔG_f^o 값에 대한 다음 자료를 사용한다.

성분	$\Delta G_{f,900}^{\circ}$ (kJ/mole)
1,3부타디엔	243.474
1부텐	232.854
수소	0

풀이

$$\Delta G_{900}^o = 243.474 - 232.854 = 10.62 \text{ kJ/mole}$$

$$K_a = \exp(-\Delta G_{900}^o / RT) = 0.242$$

(a) 1-부텐 공급물 1 mol을 계산기준으로 한다. 반응 좌표식을 세운다. I는 비활성 물질을 나타낸다.

$n_{C_4H_8}$	$1 - \xi$
$n_{C_4H_6}$	ξ
n_{H_2}	ξ
n_I	10
n_T	$11 + \xi$

$$0.242 = \left(\frac{\xi}{11+\xi}\right)^2 P \Big/ \left(\frac{1-\xi}{11+\xi}\right)$$

해가 물리적으로 의미가 있는 범위는 $0 \le \xi \le 1$이다. $P = 1$ bar $\Rightarrow 1.242\xi^2 + 2.42\xi - 2.662 = 0 \Rightarrow \xi = 0.784$이다. 1-부텐 공급물 1 mol을 계산기준으로 전환율은 78.4%이다.

(b) $n_I = 0$이고 공급물의 계산기준은 동일하므로 $0 \le \xi \le 1$이다. 총몰수는 $n_T = 1 + \xi$ 이고 $1.242\xi^2 - 0.242 = 0$이므로 $\xi = 0.44$이다. 그러므로 비활성 물질이 존재하지 않는 경우에는 전환율이 44%로 감소한다.

(c) 평형관계식을 압력에 대하여 재정렬하면 $P^{-1} = \xi^2 / [0.242 \cdot (1-\xi) \cdot (1+\xi)]$, $0 \le \xi \le 1$이고 $0 \le \xi \le 1$이다. 반응 좌표 $\xi = 0.784$를 대입하면 $P = 0.152$가 된다. 그러므로 비활성 물질을 사용하지 않고 (a)와 같은 전환율을 얻기 위해서는 훨씬 낮은 압력에서 조업하여야 한다. 다시 말해서 반응물보다 생성물의 몰수가 크므로, 비활성 물질은 생성물의 퓨가시티를 희석시켜 역반응을 억제하는 역할을 한다.

17.6 반응의 자발성에 대한 판단

처음의 예제에서 입구에는 생성물이 전혀 존재하지 않는 이상적인 경우를 가정하였다. 그러나 경우에 따라 생성물이 입구에 존재하여 반응이 예측한 방향으로 진행되지 않을 수도 있다. 반응 열역학을 약간 다른 각도로 생각하여 주어진 조성과 T 그리고 P에서 반응의 방향을 결정할 수 있다. 식 17.10에서 출발하여 양론 수를 가중치로 하여 합하면 다음을 얻는다.

$$\sum_i \nu_i \mu_i = \sum_i \nu_i G_i^\circ + RT\sum_i \nu_i \ln\left[\frac{\hat{f}_i}{f_i^\circ}\right] \qquad \text{〈식 17.22〉}$$

좌변의 $\sum_i \nu_i \mu_i$ 는 **반응 Gibbs 에너지**라 하고 기호 ΔG_T로 나타낸다. 이것은 상첨자 o를 사용한 **표준상태 반응 Gibbs 에너지**(두 번째 항)와는 다르다는 것을 유의하라. 그러므로 다음과 같이 쓸 수 있다.

$$\Delta G_T = \Delta G_T^\circ + RT\sum_i \nu_i \ln\left[\frac{\hat{f}_i}{f_i^\circ}\right] = \Delta G_T^\circ + RT\ln\prod_i \left[\frac{\hat{f}_i}{f_i^\circ}\right]^{\nu_i} \quad \text{(일반적인 관계)} \qquad \text{〈식 17.23〉}$$

> 반응이 정방향 혹은 역방향으로 진행하려는 경향은 실제 조건에서 ΔG_T^o가 아니라 ΔG_T에 의해 결정된다.

$\Delta G_T^o < 0$인 반응은 **자유에너지 감소반응**이라 하며, $K_a > 1$이 되고 $\Delta G_T^o > 0$인 반응은 **자유에너지 증가반응**이라 하며 $K_a < 1$이 된다. 이것은 평형이 생성물에 유리한지 혹은 반응물에 유리한지에 대한 지표가 될 수 있으나 K_a가 작은 반응은 산업적으로 실행될 수 없다는 것을 의미하지는 않는다. 예를 들어 예제 17.1에서 K_a은 작지만(그래서 $\Delta G_T^o > 0$인 자유에너지 증가반응) H_2의 전환율은 42%가 된다. 정방향 혹은 역방향으로 진행하려는 반응의 경향은 대신에 퓨가시티의 비로 주어지는 농도에서의 반응 Gibbs 에너지 ΔG_T에 의존한다. $\Delta G_T^o < 0$ 인 조건에서는 반응이 정방향으로 진행되면 Gibbs 에너지가 낮아진다. 조건을 평가하여 $\Delta G_T > 0$이면 쓰여 있는 방향이 아닌 역방향으로 반응이 진행된다. 어느 경우든지 계는 평형의 조건인 $\Delta G_T = 0$가 될 때까지 농도가 조정되어 식 17.12가 적용된다. 요약하면, 반응의 진행 방향은 ΔG_T^o가 아니라 ΔG_T에 의해 결정된다. 자발성을 결정하기 위해서 퓨가시티 항을 계산할 때는 평형 조건이 아니라 실제 조건을 사용해야 한다는 것을 유의하라. 예제 17.1의 공급물 조건에서 $y_{CH_3OH} = 0$이며, 이것은 공급물 조건에서 $\Delta G_T^o > 0$이지만 $\Delta G_T < 0$이라는 것을 확인해 주는 것이다.

17.7 K_a의 온도 의존성

ΔG_T^o는 표준상태에 의존하며, 표준상태는 온도에 따라 변한다는 것을 항상 기억하라. 예제 17.2와 17.3을 비교하면 298 K(K_a = 1E-14)에서 ΔG_T^o = 79,490 kJ/mol이지만 900 K(K_a = 0.242)에서는 ΔG_T^o = 10,620 kJ/mol로 감소하였다. ΔG_T^o를 계산하기 위해서 모든 온도에서 각 성분에 대한 ΔG_f^o를 알아야 할 것같이 보인다. 다행히도 어떤 **기준상태**(일반적으로 298.15

K)에서의 반응 Gibbs 에너지와 반응열, 그리고 각 화학종에 대한 열용량을 이용하여 ΔG_T^o를 결정할 수 있으므로 그럴 필요는 없다.

온도 298.15 K에서의 표준생성 에너지 자료는 있으나 다른 온도에서의 ΔG_T^o가 필요하다고 가정하자. 온도에 따른 Gibbs 에너지 변화에 **Gibbs-Helmholtz 관계식**을 이용하여 고전 열역학을 적용하면 온도의 효과를 설명할 수 있다.

$$\frac{\partial(\Delta G/RT)}{\partial T} = \frac{1}{RT}\left(\frac{\partial \Delta G}{\partial T}\right)_P - \frac{\Delta G}{RT^2} = -\frac{\Delta S}{RT} - \left(\frac{\Delta H}{RT^2} - \frac{\Delta S}{RT}\right) = \frac{-\Delta H}{RT^2} \quad \text{〈식 17.24〉}$$

Jacobus Henricus van't Hoff (1952~1911)은 1901년에 노벨상을 수상하였다

이 식으로부터 **van't Hoff 식**을 얻게 된다.

$$\boxed{\frac{\partial(\Delta G_T{}^\circ/RT)}{\partial T} = \frac{\partial(-\ln K_a)}{\partial T} = \frac{-\Delta H_T{}^\circ}{RT^2}} \quad \text{〈식 17.25〉}$$

van't Hoff 식

$$\boxed{\frac{\Delta G_T{}^\circ}{RT} = -\int_{T_R}^{T} \frac{\Delta H_T{}^\circ}{RT^2}dT + \frac{\Delta G_R{}^\circ}{RT_R} = -\ln K_a = -\int_{T_R}^{T} \frac{\Delta H_T{}^\circ}{RT^2}dT - \ln K_{aR}} \quad \text{〈식 17.26〉}$$

엄밀한 계산을 위해서 반응열은 온도에 의존한다는 것을 알아야 한다. 3.6절에서 표준반응열을 전개하고 온도 의존성도 설명하였다. 온도에 무관한 반응열을 가정하면 실제 계산에 근접한 지름길 어림법이 얻어진다는 것을 나중에 알게 될 것이다. 먼저 실제 계산을 설명한다. van't Hoff 식(식 17.26)에 대입하고 다시 적분하면

$$\frac{\Delta G^\circ}{RT} = \frac{J}{R}\left(\frac{1}{T} - \frac{1}{T_R}\right) - \frac{\Delta a}{R}\ln\frac{T}{T_R} - \frac{\Delta b}{2R}(T - T_R) - \frac{\Delta c}{6R}(T^2 - T_R^2) - \frac{\Delta d}{12R}(T^3 - T_R^3) + \frac{\Delta G_R^\circ}{RT_R} \quad \text{〈식 17.27〉}$$

여기서 J를 구하는 것은 이전에 식 3.46에서 설명하였다. 원한다면, T_R에서의 모든 값을 I에 묶을 수도 있다.

$$\boxed{\frac{\Delta G^\circ}{RT} = -\ln K_a = \frac{J}{RT} - \frac{\Delta a}{R}\ln T - \frac{\Delta bT}{2R} - \frac{\Delta cT^2}{6R} - \frac{\Delta dT^3}{12R} + I} \quad \text{〈식 17.28〉}$$

상수 I는 다음에서 설명하는 바와 같이 알고 있는 ΔG_{298}^o 값과 우변의 온도에 298.15 K를 대입하여 얻을 수 있다.

예제 17.4 온도의 함수로 나타낸 평형상수

에탄올, 에틸렌, 물의 열용량을 $C_P = a + bT + cT^2 + dT^3$으로 나타낼 수 있으며, 여기서 a, b, c, d 값은 표준생성 에너지와 함께 다음에 주어져 있다. 145°C와 320°C에서 에틸렌의 증기상 수소화 반응에 대한 평형상수 [exp $(-\Delta G_T^\circ/RT)$]를 계산하라.

$C_2H_{4(g)} + H_2O_{(g)} \rightleftarrows C_2H_5OH_{(g)}$

	$\Delta G^o_{f,298}$ kJ/mol	$\Delta H^o_{f,298}$ kJ/mol	a	b	c	d
에틸렌	52.51	68.43	3.806	1.566E-01	−8.348E-05	1.755E-08
물	−241.835	−228.614	32.24	1.924E-03	1.055E-05	−3.596E-09
에탄올	−234.95	−167.73	9.014	2.141E-01	−8.390E-05	1.373E-09

이 계산을 수행함에 있어 워크북 Kcalc.xlsx나 MATLAB Kcal.m이 도움이 된다.

풀이

$$C_2H_4 \quad + H_2O \quad \rightleftarrows \quad C_2H_5OH$$

$$\nu_i \qquad -1 \qquad -1 \qquad\qquad +1$$

298.15 K를 기준온도로 삼으면

$$\Delta H^\circ_{R_0} = \Delta H^\circ_{298.15} = -234.95 - [52.51 + (-241.835)] = -45{,}625 \text{ J/mole}$$

$$\Delta G_R = \Delta G_{298.15} = -167.73 - [68.43 + (-228.614)] = -7546 \text{ J/mole}$$

변수 J는 298.15 K에서 식 3.46을 이용하여 얻을 수 있다.

$$\Delta H_{298.15}{}^o = -45{,}625 = J + \Delta aT + (\Delta b/2)\cdot T^2 + (\Delta c/3)\cdot T^3 + (\Delta d/4)T^4 = J + (9.014 - 3.806 - 32.24)\, T + [(0.2141 - 0.1566 - 0.0019)/2]\, T^2 + [(-8.39 + 8.348 - 1.055)(1E\text{-}5)/3]\, T^3 + [(1.373 - 17.55 + 3.596)(1E\text{-}9)/4]\, T^4$$

$$= J - 27.032\, T + 0.02779\, T^2 - (3.657E\text{-}6)T^3 - (3.145E\text{-}9)T^4$$

T = 298.15 K를 대입하고, J에 관하여 풀면 J = −39.914 kJ/mol이다. 이 결과를 298 K에서 식 17.28에 사용하면 변수 I를 구하게 된다.

$$\Delta G_T^o/RT = -39{,}914/(8.314\cdot T) + 27.032/8.314 \ln T - [(5.558E\text{-}2)/(2\cdot 8.314)]\, T + [(1.097E\text{-}5)/(6\cdot 8.314)]\, T^2 + [(1.258E\text{-}8)/(12\cdot 8.314)]\, T^3 + I$$

298.15 K에서의 ΔG_R^0 값을 대입하면 $\Delta G_T{}^o/RT = -7546/8.314/298.15 = 3.0442$가 된다. 우변의 T 값을 대입하면 I = −4.492를 얻게 된다.

임의의 온도에서 ΔG_T^0를 계산하는 공식은

$$\Delta G^\circ_T = -39{,}914 + 27.032\, T \ln T - 0.0278\, T^2 + (1.828E\text{-}6)T^3 + (1.048E\text{-}9)T^4 - 37.363\, T$$

$$145°\text{C에서} \quad \Delta G^\circ_T = 7997 \text{ J/mol} \Rightarrow K_a = 0.1002$$

$$320°\text{C에서} \quad \Delta G^\circ_T = 31{,}045 \text{ J/mol} \Rightarrow K_a = 0.00185$$

17.8 온도영향에 대한 지름길 추산법

일반적인 van't Hoff 식이라고 알려진 식 17.25를 다시 살펴보자.

$$\frac{\partial(\Delta G_T^\circ/RT)}{\partial T} = -\frac{\Delta H_T^\circ}{RT^2} = -\frac{\partial \ln(K_a)}{\partial T}$$

ΔH_T^o 가 온도에 무관하다고 가정하면 평형상수는 쉽게 추산할 수 있다. 즉 $\Delta C_P = \Delta a = \Delta b = \Delta c = \Delta d = 0$이라고 가정하자. 이것은 반응물과 생성물에 대한 현열효과가 같다는 것을 의미한다. 모든 화학종의 크기가 비슷하고 집합체의 상태가 같을 경우에 가장 근접하게 적용된다. 이 가정을 이용하면 식 17.25에서 $J = \Delta H_R^\circ$이 되며, 또는 식 17.25를 직접 적분하여 **지름길 van't Hoff식**이라고 일컫는 다음 식을 얻는다.

$$\ln\left(\frac{K_a}{K_{aR}}\right) = \frac{\Delta G_R{}^\circ}{RT_R} - \frac{\Delta G_T{}^\circ}{RT} = \frac{-\Delta H_R{}^\circ}{R}\left(\frac{1}{T} - \frac{1}{T_R}\right) \qquad \text{〈식 17.29〉}$$

❗ 지름길 van't Hoff식

이 식은 온도효과에 대한 신속한 파악이 가능하게 하며 자세한 van Hoff 식은 추후 계산으로 이용할 수 있다. 위의 식에서 특히 눈에 띄는 점은 발열반응($\Delta H_T < 0$)인 경우에는 온도의 증가에 따라 K_a가 감소하고, 흡열반응($\Delta H_T > 0$)인 경우에는 온도의 증가에 따라 K_a가 증가한다는 것이다. 이것은 발열반응의 경우에는 온도가 증가함에 따라 **평형전환율**(특정된 공급물에 대하여)이 감소하고, 흡열반응의 경우에는 증가한다는 것을 의미한다. 이 효과를 그림 17.1에 나타내었다. 반응속도는 온도에 따라 증가하므로 평형을 강조하였다. 산업적으로 응용되는 발열반응은 높은 온도에서 평형상수는 작아지지만 거의 항상 높은 온도에서 운전된다. 모든 반응에서 평형에 가까워질수록 반응속도는 0에 접근한다. 발열반응에 대하여 경제성을 고려할 때 일반적으로 반응속도가 빠른 이점이 평형상수가 작은 단점을 능가한다. 평형상수와 0에 접근하는 반응속도 간의 연관성은 17.15절에서 설명한다.

엄밀한 응용을 위하여 지름길 van't Hoff식의 대략적인 결과를 자세한 van't Hoff식을 이용하는 계산을 이용하여 확인해야 한다. 지름길 추산값을 향상시키기 위해서 자세한 van't Hoff

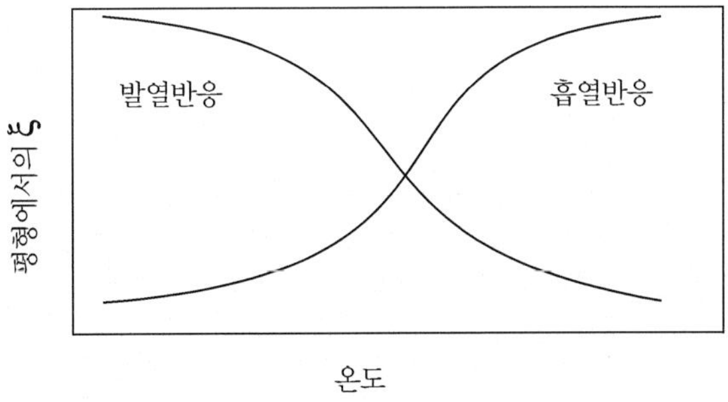

그림 17.1 • 발열반응과 흡열반응에서 평형전환율의 정성적인 거동

법을 관심온도의 100 K 범위 내에 있는 T_{near}에서 $\Delta G_{T_{near}}°$와 $\Delta H_{T_{near}}°$를 계산한다. 그런 다음 T_{near}의 값을 식 17.29의 기준값으로 이용한다.

예제 17.5 지름길 van't Hoff식의 응용

에틸렌의 증기상 수소화 반응에 지름길 식을 적용하라. 이 반응은 이미 앞의 예제에서 다루었으며, 그 예제로부터 반응 Gibbs 에너지와 반응열을 얻을 수 있다.

풀이

$$K_{a,298.15} = \exp(7546/8.314/298) = 21.03$$

$$\ln\left(\frac{K_a}{21.03}\right) = \frac{45,625}{8.314}\left(\frac{1}{T} - \frac{1}{298.15}\right)$$

145℃에서 $K_a = 0.106$, 320℃에서 $K_a = 0.0022$

이 결과는 예제 17.4에서 자세한 van't Hoff 식을 이용하여 구한 값에 매우 가깝다.

17.9 다중 평형상수의 시각화

평형상수를 도시하면 전체적인 경향과 크기를 쉽게 시각화할 수 있다. 그림 17.2에서는 한 그래프에 여러 반응을 어떻게 나타내는지 보여 주고 있다. 평형상수는 모든 온도 의존성을 감안하여 계산하였다. 도표는 지름길 van't Hoff식에 의해 예측된 바와 같이 거의 선형임을 유의하라. 발열반응은 음의 기울기를, 흡열반응은 양의 기울기를 가진다. 다중반응을 다루는 흔한 경우, 그러한 그래프는 원하는 생성물은 극대화하고 부산물과 반응이 서로 연계될 가능성을 최소화하는 최적 조업 온도범위를 나타내는 지침으로 역할을 할 수 있다.

그림 17.2의 반응은 일반적으로 연소, 화학증기 침윤, 개질, 개질과정 중 코킹, 우주 정거장 기체 관리, 전기분해, 수소경제 등과 같은 다양한 응용분야와 관련된 반응이다. 몇몇 반응은 다음에 수록된 일반 명칭으로 불린다.

반응	이름	
$H_2O_{(g)} + C_{(s)} \rightleftarrows CO_{(g)} + H_{2(g)}$	합성가스 반응	〈식 17.30〉
$CO_{2(g)} + 4H_{2(g)} \rightleftarrows CH_{4(g)} + 2H_2O_{(g)}$	Sabatier	〈식 17.31〉
$CO_{(g)} + H_2O_{(g)} \rightleftarrows CO_{2(g)} + H_{2(g)}$	수성가스 반응	〈식 17.32〉
$CO_{2(g)} + C_{(s)} \rightleftarrows 2CO_{(g)}$	Boudouard	〈식 17.33〉
$0.5O_{2(g)} + C_{(s)} \rightleftarrows CO_{(g)}$	부분 산화반응	〈식 17.34〉

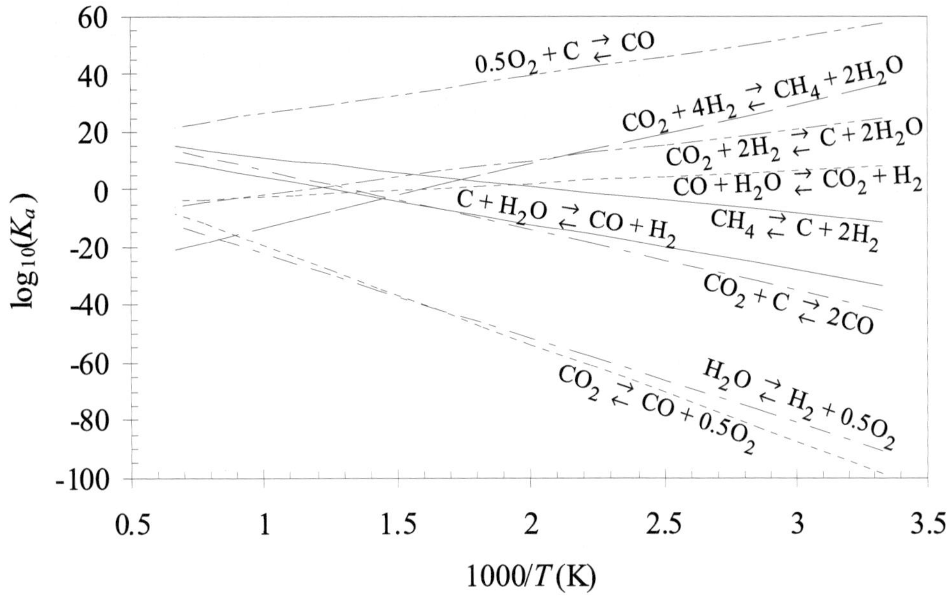

그림 17.2 • 경쟁반응들의 도식적 해석

반응	이름	
$CH_{4(g)} \rightleftarrows C_{(s)} + 2H_{2(g)}$	메탄 열분해 반응	〈식 17.35〉
$CO_{2(g)} + 2H_{2(g)} \rightleftarrows C_{(s)} + 2H_2O_{(g)}$	Bosch	〈식 17.36〉
$H_2O_{(g)} \rightleftarrows H_{2(g)} + 0.5O_{2(g)}$	물분해 반응	〈식 17.37〉
$CO_{2(g)} \rightleftarrows CO_{(g)} + 0.5O_{2(g)}$	CO 산화반응	〈식 17.38〉

그래프의 해석을 위하여 위의 반응을 우주 정거장 기체 관리의 재료 관리에 응용한다고 생각해 보자. 그곳의 목적은 CO_2를 제거하고 O_2를 제공하는 것이다. 반응을 결합하는 방법은 많다. 우주 정거장에서는 태양빛이 상대적으로 풍부하다. 그러므로 고온과 태양전지가 사용 가능하지만 음식물은 조달되어야 한다. Sabatier 반응은 폐기된 CO_2를 연료로 전환할 수 있으나 H_2가 필요하다. 그림 17.2에서는 900 K 이하에서는 평형상수가 반응에 유리하다는 것을 보여주고 있다. Bosch 반응도 900 K 이하에서는 생성물 쪽에 유리하다. Bosch 반응으로 흑연 탄소가 생성되며, 이것은 밀집된 상태로 수거하여 손쉽게 폐기할 수 있다. Bosch 반응에서 요구되는 수소는 물을 분해하여 생성할 수 있으며, 물분해는 전기분해나 열분해를 이용하여 수행할 수 있고 호흡을 위한 산소를 동시에 생산하는 이점이 있다. 그림 17.2를 약간 바깥짐작하면 물의 열분해 반응은 2,300 K 이상에서 유리하다는 것을 알 수 있다.[2] 비교하면, CO의 열분해는 700 K 이상에서는 반응열이 작기 때문에 덜 유리하다. Sabatier 반응과 메탄의 열분해

2 비교하면 CO의 열분해는 700 K 이상에서는 반응열이 작기 때문에 덜 유리하다.

반응을 연계시키는 것이 제안되었다. 메탄의 열분해는 700 K 이상에서 유리하다. 이 반응을 통해서 다른 용도를 위한 수소를 생산할 수 있을 것이다. 흑연 탄소를 사용할 수 있으면 합성가스 반응을 통하여 수소 생산이 가능해진다. 수성가스 전환반응에 의해 H_2는 증진되고 CO는 제거될 수 있을 것이다. 촉매는 비록 평형상수는 변화시키지 못하지만 선택적으로 반응속도를 변경하여 원하지 않는 생성물을 최소화한다. 더군다나 모든 조합은 물질수지식에 의해 제한을 받으며, 물질수지식은 전체 반응을 관장한다.

많은 응용분야에서 이런 종류의 반응망 분석이 일반적으로 이루어진다. 예를 들어 간단한 경제성 검토를 통하면 메탄(천연가스)의 수증기 개질을 통해서 수소를 생산하는 것이 전기분해보다 더 선호되는 방법이 되는 이유를 알 수 있다. 물의 전기분해에 대한 에너지 비용 때문에 지구상에서 전기분해가 존재해야 할 정당성이 있는지 의문이 든다. 풍부한 전기적 에너지를 이용하여 전기 자동차를 운행하는 것이 더욱 타당할 것이다. 이런 종류의 분석을 현대의 문제에 적용하는 모든 방법을 설명하는 것이 가능하지는 않지만 이러한 설명을 통해서 그러한 많은 분석의 진행방식을 제안하는 것이다. 반응에너지는 분석에 내재되어 있으며 그림 17.2와 같은 단일 그래프가 엄청난 양의 정보를 시사하고 있다. 이후 17.11절에서는 불리한 반응과 매우 유리한 반응을 결합하여 어떻게 불리한 반응을 진행시키는지 설명한다.

17.10 다중반응평형에 대한 풀이

반응계에서 둘 혹은 그 이상의 동시 반응이 평형상태로 존재하는 경우에는 단일반응에서 사용한 방법을 직접 적용하여 평형조성을 구할 수 있다. 각 반응에는 조성을 표시할 수 있는 각각의 반응 좌표가 있다. 한 반응의 생성물이 다른 반응에서는 반응물로 작용할 수도 있지만, 그래도 그 물질의 양은 반응 진척도를 이용하여 표시할 수 있다. 결국에는 물질수지식을 이용하면 N개의 미지수로 이루어진 N개의 비선형방정식이 얻어진다. 직접 푸는 방식을 보인 후 수치 풀이기를 이용하는 방법을 설명한다.

예제 17.6 직접 풀 수 있는 다중반응 문제

가끔 컴퓨터를 사용하지 않고도 해결할 수 있는 다중반응을 접할 수 있다. 이러한 것들은 일반적으로 교과서 문제에 국한되지만, 일반적인 방법을 적용하기 위한 출발점과 그의 예가 될 수 있다. 다음과 같은 두 직렬/병렬 기상반응을 고려해 보자.

$$\mathrm{A+B \rightleftarrows C+D} \qquad K_{a1} = 2.667$$
$$\mathrm{A+C \rightleftarrows 2E} \qquad K_{a2} = 3.200$$

물질 C가 첫 번째 반응의 생성물이지만, 두 번째 반응에서는 반응물이 되므로 직렬반응으로 간주한다. 또한 A는 두 반응에서 반응물이 되므로 병렬반응이다. 반응기 내의 압력은 10 bar 이고, 공급물은 2 mol의 A와 2 mol의 B로 구성되어 있다. 두 반응이 모두 평형에 도달했을 때 혼합물의 조성을 계산하라.

풀이

물질수지식은 다음과 같다.

$$\begin{aligned} n_A &= 2 - \xi_1 - \xi_2 \\ n_B &= 1 - \xi_1 \\ n_C &= \xi_1 - \xi_2 \\ n_D &= \xi_1 \\ n_E &= 2\xi_2 \\ \hline n_T &= 3 \end{aligned}$$

모든 몰수는 양의 값을 가지므로 물리적으로 의미 있는 해는 $0 \le \xi_1 \le 1$, $0 \le \xi_2 \le \xi_1$이다. $\Sigma v_i = 0$이므로 반응망은 압력에 무관하다. 평형상수는 다음과 같다.

$\dfrac{y_C y_D P^2}{y_A y_B P^2} = 2.667$이고 $\dfrac{y_E^2 P^2}{y_A y_C P^2} = 3.200$, 반응 좌표를 이용하여 나타내면

$$\frac{(\xi_1 - \xi_2)\xi_1}{(2-\xi_1-\xi_2)(1-\xi_1)} = 2.667\,; \quad \frac{4\xi_2^2}{(2-\xi_1-\xi_2)(\xi_1-\xi_2)} = 3.2$$

2차 방정식의 근의 공식을 이용하여 첫 번째 방정식을 ξ_1에 관하여 풀면

$$\xi_1 = 2.4 - 1.1\xi_2 - \sqrt{(2.4-1.1\xi_2)^2 - 1.6(2-\xi_2)} \qquad \text{〈식 17.39〉}$$

같은 방식으로 두 번째 방정식을 ξ_2에 관하여 풀면

$$\xi_2 = -4 + \sqrt{16 + 4\xi_1(2-\xi_1)} \qquad \text{〈식 17.40〉}$$

이제는 시행착오법을 이용하여 풀 수 있다. 계산과정은 다음과 같다. (1) ξ_1을 추정한다. (2) 방정식 17.40을 ξ_2에 관하여 푼다. (3) 방정식 17.39을 ξ_1^{new}에 관하여 푼다. (4) 만일 $\xi_1^{new} \ne \xi_1$이면 단계 (1)로 돌아간다. 반복 계산 결과를 다음에 요약하였다.

ξ_1	ξ_2	ξ_1^{new}
1.0000	0.4721	0.8355
0.8355	0.4600	0.8342
0.8342	0.4598	0.83415

반복 계산을 거듭해도 더 이상 뚜렷한 변화는 없다.

이러한 연립방정식은 근의 공식을 이용하여 풀 수 있으나, 일반적으로 평형에 대한 정의가 더욱 복잡할 수도 있다. 다행스러운 것은 연립 비선형 연립방정식을 수치적으로 풀 수 있는 표준 프로그램이 제공되어 있으므로, 우리는 수치적인 해석 방법을 개발하는 대신에 제공된 프로그램을 열역학에 응용하는 데 집중할 수 있다. Mathematica와 Mathcad, MATLAB 그리고 심지어 Excel까지도 연립 비선형 연립방정식을 푸는 기능을 제공한다. 특히 Excel은 여기에서 제시된 방법을 설명하기 위해 편리한 도구이다.

예제 17.7 Excel을 이용한 다중반응평형 풀이

메탄올의 증기압은 휘발유보다 낮다. 그러므로 순수한 메탄올을 연료로 사용하는 자동차의 시동을 어렵게 할 수 있다. 하나의 해결 방법은 공정(예: 자동차)을 시동할 때 장치 내에서 약간의 메탄올을 메틸에테르로 전환하는 것이다. 주어진 온도에서 1 mol의 MeOH가 대기압 상태의 반응기로 주입된다. 다음에 주어진 2개의 반응만 일어난다고 가정한다. 200°C와 300°C 사이의 온도범위에서 두 반응에 대한 진척도를 계산하라. 여러 가지 화학종의 평형 몰분율도 포함하라.

$$CH_3OH_{(g)} \rightleftarrows CO_{(g)} + 2H_{2(g)} \qquad (1)$$

$$2CH_3OH_{(g)} \rightleftarrows CH_3OCH_{3(g)} + H_2O_{(g)} \qquad (2)$$

풀이

이 문제에 대한 워크시트는 워크북 Rxns.xlsx에 있다. 반응 (1)에 관한 자료는 Reaction Ltd[a]에 의하여 정리되었다. 즉, 473.15 K에서 $\Delta H_T = 96,865$ J/mol이고 $K_{a1,473} = 3.8205$이다. 관심의 온도범위에서 열용량이 일정하다고 가정하고 200°C에서의 데이터를 기준으로 사용하여 지름길 van't Hoff식을 적용할 수 있다.

$$\ln K_{a1} = -\frac{96865}{8.314}\left(\frac{1}{T} - \frac{1}{473.15}\right) + 3.8205$$

반응 (2)에서 MeOH와 물에 관한 자료는 부록 E에서 얻을 수 있다. DME는 Reid 등(1987)[b]의 데이터를 사용한다.

성분		ΔH_f° kJ/mole	ΔG_f° kJ/mole
MeOH	–2	–200.94	–162.24
H_2O	1	–241.835	–228.614
MeOMe	1	–184.2	–113.0
		–24.155	–17.134

이 반응에 대한 지름길 van't Hoff 식을 적용하면

$$298\text{ K에서, } \ln K_{a2,\,298.15} = \frac{17134}{8.314(298)} = 6.9156$$

$$\ln K_{a2} = \frac{24,155}{8.314}\left(\frac{1}{T} - \frac{1}{298.15}\right) + 6.9156$$

물질수지:

화학종	초기	최종
1 MeOH	1	$1 - \xi_1 - 2\xi_2$
2 CO	0	ξ_1
3 H_2	0	$2\xi_1$
4 MeOMe	0	ξ_2
5 H_2O	0	ξ_2
계	1	$1 + 2\xi_1$

반응 1에 대한 반응 좌표에 관한 식을 쓰면

$$\frac{4\xi_1^3}{(1-\xi_1-2\xi_2)(1+2\xi_1)^2} = K_{a1} \Rightarrow 4\xi_1^3 - K_{a1}\cdot(1-\xi_1-2\xi_2)\cdot(1+2\xi_1)^2 = 0 = \text{“}err1\text{”}$$

반응 2에 대하여

$$\frac{\xi_2^2}{(1-\xi_1-2\xi_2)^2} = K_{a2} \Rightarrow \xi_2^2 - K_{a2}\cdot(1-\xi_1-2\xi_2)^2 = 0 = \text{“}err2\text{”}$$

이들 두 식을 풀면 ξ_1과 ξ_2 값을 얻게 된다. Excel의 해 풀이 기능에서 더욱 강건한 목적함수의 수학적 형태로 만들기 위해서 ξ의 비로 나타내는 항을 소거하고 대신에 그의 차이를 이용하여 나타내었다. 풀이는 스프레드시트 DUALRXN에서 구현되었다. 여기서의 예제(그림 17.3 참조)에서는 두 반응 모두에 대하여 ΔC_P는 무시되었다. 위에서 유도한 두 방정식을 셀에 직접 입력하고 해 풀이 도구를 호출한다.[c] 2개의 반응 중 하나를 목표셀로 지정해야 하며, 이 셀의 값이 0이 되도록 할 것이다. 다른 반응은 제약 조건으로 지정한다(역시 0으로 지정한다). 반응 좌표를 입력한 셀들은 해를 얻기 위해 변화시키는 변수가 된다. '옵션'에서 'conjugate' 방법을 지정할 수도 있다. 왜냐하면 그것은 일반적으로 접하는 반응에 대하여 수렴성이 더 양호하기 때문이다. 일반적으로 해 풀이 도구가 불합리한 결과(예: $y_i < 0$)에 수렴하는 것을 피하기 위해서 적절하고 정확한 초기 추정값이 필요하다. 초기 추정값은 목표셀이 올바른 방향으로 변화할 때까지 반응 진척도 셀의 값을 변화시켜서 쉽게 얻을 수 있다. 이러한 과정이 어렵게 들릴지 모르지만, 주어진 스프레드시트를 사용하여 여러 초기 추정값을 시험해 보면 적절한 초기 추정값이 얼마나 중요한지 알 수 있다.

Rxns.xlsx, 워크시트 DUALRXN

a. 이 데이터는 부록 E에 수록된 성질을 이용하여 계산한 값과 약간 차이가 있으나, 그러한 차이는 열화학적 데이터에서는 일반적이다. 부록 E의 데이터를 이용하여 예제를 다시 계산하면 평형조성은 거의 같다.

b. Reid, R., Prausnitz, J.M., Poling, B. 1987. *The Properties of Gases and Liquids*, 4th ed. New York: McGraw-Hill.

c. 해 풀이 기능의 설명은 온라인 추가자료를 참조하라.

17.11 화학적 연계에 의한 반응의 구동

이따금 K_a은 반응에 유리하지 않지만, 온도나 압력 혹은 공급물의 조성을 조작하여 원하는 전환율에 제한적으로 유리하게 진행시킬 수 있는 반응을 접하는 경우가 있다. 이러한 경우에는 더욱 유리한 다른 반응과 연계시켜 전체 생성반응이 정반응 쪽으로 진행하도록 할 수도 있다. 생물학적 계에서는 이러한 연계가 광범위하게 이루어지고 있다. CO_2와 물로부터 당과 생물학적 조직을 생성하는 것은 열역학적으로 불리하다. 탄소는 완전히 산화되어 있어서 탄소화물을 만들려면 환원되어야 하므로 이 반응은 실온에서 자유에너지 증가반응이다. 이러한 반응은 불리한 탄소 환원반응과 강한 자유에너지 감소반응이 연계되면 가능하다.

한 세트의 반응을 이용하여 화학 연계의 원리를 설명하기 위하여, 900 K에서 부텐의 탈수소반응에 의한 부타디엔의 생산을 생각해 보자. 예제 17.3에서 이 반응이 자유에너지 증가반응

Sample solution of two simultaneous reactions:

$CH_3OH = CO+2H_2$

$2CH_3OH = CH_3OCH_3+H_2O$

(Details of input equations described in text by Elliott and Lira)

T(K)	473	493	513	533	553	573
K_{a1}	45.272	122.971	308.986	724.512	1597.281	3332.341
K_{a2}	27.4786	21.4179	17.0214	13.7627	11.3002	9.4069
ξ_1	0.9048	0.9651	0.9870	0.9951	0.9979	0.9991
ξ_2	0.0435	0.0158	0.0058	0.0022	0.0009	0.0004
y_1	0.0030	0.0012	0.0005	0.0002	0.0001	0.0000
y_2	0.3220	0.3294	0.3319	0.3328	0.3331	0.3332
y_3	0.6441	0.6587	0.6637	0.6656	0.6662	0.6665
y_4	0.0155	0.0054	0.0020	0.0007	0.0003	0.0001
y_5	0.0155	0.0054	0.0020	0.0007	0.0003	0.0001

Objective Functions

err1	0.0000	0.0000	0.0000	0.0000	0.0000	0.0000
err2	0.0000	0.0000	0.0000	0.0000	0.0000	0.0000

그림 17.3 • 여러 온도에서 수렴된 답을 보여 주고 있는 예제 17.7에 대한 스프레드시트 DUALRXN

이라는 것을 알았다. 즉 $K_a = 0.242$로 작은 값이다. 그 예제에서 수증기로 희석하면 전환율이 증가한다는 것을 알았다. 그 대신에 CO_2를 반응기에 공급하고 수성가스 전환반응에 대한 촉매를 제공할 경우(식 17.2와 비교하라)를 생각해 보자. 이 경우에는 CO_2가 탈수소반응의 생성물인 H_2와 반응하여 더 높은 탈수소반응의 전환율을 유도하게 된다. Le Châtelier의 원리에 의해 수소생성은 억제되고 탈수소반응은 정반응 쪽으로 유도된다.

예제 17.8 화학적 연계에 의한 전환 유도

예제 17.3(a)에서 희석제가 없는 경우에는 44% 밖에 되지 않는 전환율이 10 mol의 수증기를 희석제로 사용하는 경우에는 78%가 되는 경우를 생각해 보았다. 10 mol의 수증기를 수성가스 전환반응을 유발하는 10 mol의 CO_2로 대체하여 더욱 높은 전환율을 유도하는 전환반응을 생각하자. $CO_{2(g)} + H_{2(g)} \rightleftarrows CO_{(g)} + H_2O_{(g)}$로 표시되는 수성가스 전환반응에 대하여 900 K에서 $K_{a2} = 0.441$이다. 900 K, 1 bar에서 1-부텐의 전환율은 얼마인가?

풀이

부타디엔 반응은 예제 17.3(a)에 나타나 있으며 ξ_1과 ξ_2는 각각 1-부텐과 수성가스 전환반응에 대하여 사용한다. 양론 표는 다음과 같다.

$n_{C_4H_8}$	$1-\xi_1$
$n_{C_4H_6}$	ξ_1
n_{H_2}	$\xi_1-\xi_2$
n_{CO_2}	$10-\xi_2$
n_{CO}	ξ_2
n_{H_2O}	ξ_2
n_T	$11+\xi_1$

$$K_{a1} = 0.242 = \left(\frac{\xi_1}{11+\xi_1}\right)\left(\frac{\xi_1-\xi_2}{11+\xi_1}\right)P\Big/\left(\frac{1-\xi_1}{11+\xi_1}\right) \text{ or}$$

$$0.242(1-\xi_1)(11+\xi_1)-(\xi_1)(\xi_1-\xi_2) = 0 \qquad \langle 식\ 17.41\rangle$$

$$K_{a2} = 0.441 = \frac{\xi_2^2}{(10-\xi_1)(\xi_1-\xi_2)} \text{ or } 0.441(10-\xi_1)(\xi_1-\xi_2)-\xi_2^2 = 0 \qquad \langle 식\ 17.42\rangle$$

반응 좌표에 대한 물리적 제한 조건은 $0 \le \xi_1 \le 1$과 $0 \le \xi_2 \le \xi_1$이다. 식 17.41과 17.42를 연립하여 풀면, $\xi_1 = 0.949$와 $\xi_2 = 0.792$를 얻는다. 이전의 예제들을 검토해 보면, 1 bar에서 희석제를 사용하지 않는 경우에는 전환율이 44%에 지나지 않지만 희석제를 사용하면 78%로 증가하고 CO_2를 사용한 연계반응을 유도하면 전환율이 95%까지 증가한다. 수성가스 전환반응의 평형상수는 아주 크지 않지만, 현저한 1-부텐의 전환율의 차이를 가져온다. 반응연계를 사용할지 여부는 생성물 분리에 대한 경제적 타당성에 달려 있다.

화학적 연계는 세 가지로 분류한다. 즉, (1) 예제 17.8에서와 같이 두 번째 반응에서 원하는 반응의 생성물을 제거하여 견인하는 유도, (2) 두 번째 반응에서 원하는 반응의 반응물을 생성하여 '펌핑'하는 펌핑, (3) 여기서는 유도와 펌핑이 모두 작동하는 복잡한 연계로 구분한다.[3] 화학적 펌핑의 예에서는 염화메탄과 물이 반응하여 메탄올과 염산을 생성하는 것으로 시작한다.

$$CH_3Cl_{(g)} + H_2O_{(g)} \rightleftarrows CH_3OH_{(g)} + HCl_{(g)} \qquad K_{a,400} \sim 10^{-3} \qquad \langle 식\ 17.43\rangle$$

염화메탄 합성반응을 추가하면

$$CH_{4(g)} + Cl_{2(g)} \rightleftarrows CH_3Cl_{(g)} + HCl_{(g)} \qquad K_a(400) \sim 10^{9} \qquad \langle 식\ 17.44\rangle$$

3 O'Connell, J.M., Fernandez, E., Komives, C. July, 2010. NSF BioEMB Workshop on Thermodynamics, San Jose, CA.

이 전체 반응은 다음과 같이 된다(두 반응을 더하고 K_a값들을 곱해서).

$$CH_{4(g)} + Cl_{2(g)} + H_2O_{(g)} \rightleftarrows CH_3OH_{(g)} + 2HCl \qquad K_a(400) \sim 10^6 \qquad \langle 식\ 17.45 \rangle$$

식 17.44에 대한 K_a값이 크므로 $CH_3Cl_{(g)}$는 쉽게 생성되고 Le Châtelier 원리에 의해 반응하여, 식 17.43을 펌핑한다. 화학적 연계를 통해 가능한 반응망의 지평은 본질적으로 끝이 없다.

17.12 반응에 대한 에너지 수지식

이전의 3.6절에서 에너지 수지식을 소개하였으며 단열 반응기도 설명하였다. 이 절에서는 화학반응로 인하여 ξ(출구 전환율)가 최대로 가능한 값을 갖는 경우를 생각한다. 평형은 단열 반응기나 비단열 반응기 모두 영향을 받으나, 여기서는 단열 반응기를 다루며 열전달 항을 추가하면 비단열 반응기로 확장하는 것은 쉽다.

단열 반응기

정상상태 단열 흐름 반응기에 대한 에너지 수지식은 식 3.53에 주어져 있다. 에너지 수지식의 변수 T^{out}와 ξ는 최대 전환율을 결정하는 평형 조건에도 나타난다. 3장에서 이미 반응 좌표는 고정되었다고 생각하였다. 그러나 반응이 율속단계인 단열반응에서는 에너지 수지식을 평형 조건과 연립하여 풀어서 최대 전환율과 단열 출구온도를 결정해야 한다. 식 3.53의 에너지 수지식을 이용하여 다음을 실행한다. 즉,

1. 식 3.53의 에너지 수지식을 작성한다. 온도 T^{in}에서 유입물의 엔탈피를 계산한다.
2. 출구의 온도 T^{out}를 가정한다. 온도 T^{out}에서 유출물의 엔탈피를 계산한다.
3. 화학반응의 평형관계식을 이용하여 T^{out}에서의 ξ를 결정한다.
4. 이 전환율에 대한 $\xi\Delta H_R^o$을 계산한다.
5. 에너지 수지식을 검산한다.
6. 에너지 수지식이 성립되지 않으면, 단계 2로 간다.

예상할 수 있듯이 이러한 형태의 계산은 Excel의 해 찾기와 같은 수치해석적 방법으로 해결할 수 있다.

예제 17.9 암모니아 반응기 내의 단열반응

온도 400 K의 N_2와 H_2가 양론비로 단열 반응기에 주입되어 100 bar에서 합성되는 암모니아의 출구온도와 평형 몰분율을 추산하라. 압력이 200 bar이라면 어떻게 되는가?

$$1/2\ N_{2(g)} + 3/2\ H_{2(g)} \rightleftarrows NH_{3(g)}$$

풀이

대략적인 계산을 위하여 온도효과에 관한 지름길 식을 사용한다. 또한 $K_{\varphi} \approx 1$로 가정한다(이 가정이 적절한가, 아닌가?[a]). 그러면 다음 식을 얻는다.

$$P\,K_a = y_{NH3} / [(y_{N2})\,(y_{H2})^3]^{1/2}$$

계산기준: 원료물질의 양론비는 다음과 같다.

$$\dot{n}_{N_2}^{out} = \frac{1}{2} - \frac{1}{2}\dot{\xi} = \frac{1}{2}(1-\dot{\xi}),\ \dot{n}_{H_2}^{out} = \frac{3}{2} - \frac{3}{2}\dot{\xi} = \frac{3}{2}(1-\dot{\xi}),\ \dot{n}_{NH_3}^{out} = \dot{\xi},\ \dot{n}_T^{out} = 2-\dot{\xi} \quad \langle 식\ 17.46\rangle$$

이 예제에서는 목적상, van't Hoff의 지름길 식을 이용하여 단열 반응기 온도에 대한 반복 계산을 실행한다. 그러나 17.8절에서 제시한 바와 같이 추산된 온도가 가까워지면 완전한 van't Hoff 방법을 이용하여 $\Delta G^o_{T_{near}}$과 $\Delta H^o_{T_{near}}$를 계산한다. 작은 오차를 갖는 지름길 van't Hoff식은 제한된 온도범위 내에서 사용할 것이다. 이 예제의 말미에서는 어림법에 의한 답과 완전한 van't Hoff에 의한 답을 비교할 것이다.

암모니아 대하여 $\Delta G^{\circ}_{f,\,298.15} = -16{,}401.3$ J/mol, $\Delta H^{\circ}_{f,\,298.15} = -45{,}940$ J/mol이다. 반응물은 순수한 상태이므로, 반응물 각각의 생성에너지는 0이 되어 암모니아의 생성에너지는 반응에 대한 표준상태값을 나타내게 된다. 가정한 온도 600 K에서 완전한 van't Hoff 식—예제 17.4의 여백 노트에 K_a 계산기 중 하나가 나타나 있다—에 열용량값과 함께 생성에너지값을 대입하면 $\Delta H^o_{600} = -51{,}413$ J/mol과 $K_{a,600} = 0.0417659$를 얻는다. 그런 다음 근처에서 지름길 van't Hoff 식을 사용하면

$$\ln\left(\frac{K_{a,\,T}}{0.0417659}\right) = \frac{51,413}{8.314}\left(\frac{1}{T} - \frac{1}{600}\right) \quad \langle 식\ 17.47\rangle$$

가정한 T 값으로부터 식을 이용하여 평형상수를 구할 수 있다. $K_{a,T}$로부터 물질수지식을 구하기 위해서는 약간의 조작이 필요하다. 몰분율 표현식을 식 17.17에 대입하고 분수 1/2과 3/2를 모으면

$$PK_{a,\,T}\left(\frac{3^3}{2^4}\right)^{1/2} = \frac{\dot{\xi}(2-\dot{\xi})}{(1-\dot{\xi})^2} \Rightarrow 2\dot{\xi} - \dot{\xi}^2 = \frac{\sqrt{27}}{4}PK_{a,\,T}(1-\dot{\xi})^2$$

$M = \dfrac{\sqrt{27}}{4}PK_{a,\,T}$를 정의하면

$$\Rightarrow (M+1)\dot{\xi}^2 - 2(M+1)\dot{\xi} + M = 0 \Rightarrow \dot{\xi}^2 - 2\dot{\xi} + \left(\frac{M}{M+1}\right) = 0$$

이차방정식의 근의 공식을 적용하면

$$\dot{\xi} = \frac{2 \pm \sqrt{4 - 4M/(1+M)}}{2} = 1 - \sqrt{1 - M/(1+M)} \quad \langle 식\ 17.48\rangle$$

전략은 T를 가정하여 $K_{a,T}$, M 그리고 $\dot{\xi}$를 계산하고, $\dot{\xi}$를 식 17.46에 대입하여 물질수지식을 세우는 것이다. 반응열 방법을 이용하여(예제 3.6과 비교하라) 다음 식과 비슷해지도록 에너지 물질수지식을 에너지 수지식과 결합한다.

$$F(T) = \sum_{components} \dot{n}_i^{in} \int_{T_R}^{T^{in}} C_{P,i} dT - \sum_{components} \dot{n}_i^{out} \int_{T_R}^{T^{out}} C_{P,i} dT - \dot{\xi} \Delta H_R^o = 0 \quad \langle 식\ 17.49 \rangle$$

열용량 적분값과 에너지 수지식은 워크북 Rxns.xlsx에 입력되어 있다. 초기 추정값 600 K에서 식 17.49의 값은 22 kJ이다. 그림 17.4에서와 같이 709 K에서 결과가 수렴하였으며 $\dot{\xi}$ = 0.31이고 공급물의 전환율은 31%이다. 200 bar에 대한 답은 750 K이고 전환율은 35%이다.

완전한 van't Hoff 법에 의한 계산도 같은 워크북에 주어져 있으며 결과는 698 K이고 100 bar, 737 K에서는 33%이고 200 bar에서는 37%이다.

Workbook Rxns.xlsx, worksheet RxnA-dia-shortcut or MATLAB Ex17_09.m.

Feed Temperature (K)	400	
Outlet Temperature(K)	708.757	
P(bar)	100	
T_R(K)	600	K
Standard State Hrxn(T_R)	-51413	J/mol
Ka (T_R)	0.04177	
ln[K_a (T)]	-4.75713	
K_a at reaction T	0.00859	

	$\Delta H^o_{f,298}$ (kJ/mol)	$\Delta G^o_{f,298}$ (kJ/mol)	Heat Capacity Constants a	b	c	d
H2	0	0	2.71E+01	9.27E-03	-1.38E-05	7.65E-09
N2	0	0	3.12E+01	-1.36E-02	2.68E-05	-1.17E-08
NH3	-45.94	-16.4013	2.73E+01	2.38E-02	1.71E-05	-1.19E-08
Δ	-45.94	-16.4013				
M			1.115904	ξ	0.312533	

	Inlet moles	Inlet H(J/mol)	Inlet totals	Outlet moles	Outlet H(J/mol)	Outlet totals
H2	1.5	2959.48	4439.22	1.0312	12015.59	12390.5
N2	0.5	2977.84	1488.92	0.34373	12219.63	4200.3
NH3	0	3795.03	0	0.31253	17296.08	5405.59
Total			5928.14			21996.4

Balance($\Sigma H^{in}n^{in} - \Sigma H^{out}n^{out} - \xi\Delta H$)=	4.966E-05 J

그림 17.4 • 수렴된 답을 보여 주는 Rxns.xlsx의 출력

a. 계산 말미에서 환산온도를 계산하고 비리얼 계수를 추정하여 퓨가시티 계수를 구해 이 가정을 확인해 볼 수 있다.

에너지 수지의 도표화

그림 3.6에 에너지 수지식이 나타나 있다. 여기서와의 차이는 그림 3.6의 해당되는 곡선이 도표에 겹쳐서 도시되어 에너지 수지식과 평형에 대한 곡선의 교점으로 출구 전환율과 온도가 결정된다는 것이다. 그림 17.5는 발열반응을 나타낸다. 속도론적 제한 조건에 의해 반응이 평형에 도달하지 못하는 경우에는 반응 좌표가 평형값 이하에서 에너지 수지식을 따라 위치하게 된다. 암모니아 반응의 경우, 식 17.47에 여러 온도를 대입하여 평형 조건의 곡선을 생성하고 식 17.48로부터 반응 좌표를 결정한다. 에너지 수지식은 식 3.55를 이용하여 도시한다. 그림에 표시된 교차점은 에너지 수지와 평형 조건을 동시에 만족하는 상태를 나타낸다. 흡열반응의 경우에는 에너지 수지식이 음의 기울기를 갖고 평형곡선이 그림 3.6과 같이 바뀌게 되어 흡열반응에 대한 그림은 그림 17.5가 수직축 T^{in}에 투영된 거울상이 된다.

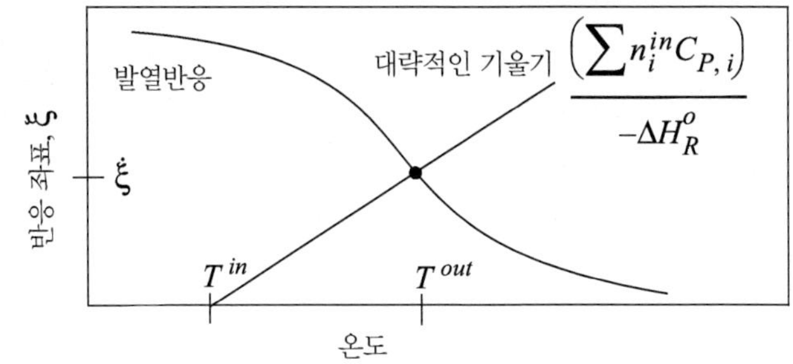

그림 17.5 • 발열반응에 대한 평형곡선과 대략적인 에너지 수지. 교차점은 단열 출구온도에서 평형 출구 전환율과 반응 좌표값을 동시에 나타낸다. 본문에서 설명한 바와 같이, 흡열반응에 대한 곡선은 이 그림의 거울상이 될 것이다.

17.13 반응에서 액체성분

반응에 액체성분이 관여되는 경우에 일반적으로 식 17.15의 활동도에 대한 퓨가시티 비는 활동도 계수를 이용하여 나타낸다. 즉

$$\frac{\hat{f}_i}{f_i^\circ} = a_i = \frac{x_i \gamma_i \varphi_i^{sat} P_i^{sat} \exp\left(\dfrac{V^L(P - P^{sat})}{RT}\right)}{\varphi_i^{sat} P_i^{sat} \exp\left(\dfrac{V^L(1 - P^{sat})}{RT}\right)} = x_i \gamma_i \exp\left(\frac{V^L(P-1)}{RT}\right) \approx x_i \gamma_i \quad \langle 식\ 17.50 \rangle$$

여기서 P의 단위는 bar이고 위 식에서와 같이 흔히 Poynting 교정항은 무시된다. 액체성분을 다룰 때 또 다른 중요한 변화는 K_a를 구하기 위해 사용하는 $\Delta G_{f,i}^o$는 이상기체에 대한 값이 아니고 액상에 대한 값이라는 것이다. 흔히 그런 값들이 문헌에 주어져 있지 않아서 17.18절에서 설명한 바와 같이 온도에 무관한 K_a에 대한 상관관계식을 이용하여 평형을 나타내는 것이 일반적이다.

액상 화학종을 이용하여 계산된 평형상수는 기상의 동일한 반응물과 생성물에 대한 평형상수와는 다르다. 기상에 대한 $\hat{f}_i/f_i^\circ \approx y_i P$를 생각하자. 증기상 반응이 동시에 동일 성분으로 구성된 액상과 평형을 이룬다면 수정된 Raoult의 법칙에 의해 $y_i P = x_i \gamma_i P_i^{sat}$로 대체할 수 있다. 그러나 액체 평형상수는 증기압을 사용하지 않고 활동도만을 이용하여 나타내야 한다(식 17.50). 그러므로 액상반응의 평형상수는 동일한 기상반응의 평형상수와는 다르며 동일한 반응에 대한 표준 Gibbs 에너지 변화도 달라야 한다고 결론지을 수 있다.

예제 17.10 젖산의 올리고머화 반응

젖산은 발효에 의해 희석된 용액으로 얻어지는 생물학적으로 유도된 화학적 중산물질이다. 젖산은 알파-하이드록시 카복실산이다. 물을 증발시켜 젖산의 수용액을 농축하므로 한 분자의 카복실산이 다른 분자의 수산기와 반응하여 이량체를 만들고 물을 배출한다. '단량체'를 L_1으로, 이량체를 L_2로 나타내면

$$2L_1 \rightleftarrows L_2 + H_2O \quad \langle 식\ 17.51\rangle$$

이량체는 더욱 반응하여 삼량체를 만들 수 있는 수산기와 카복실산을 가지고 있다.

$$L_2 + L_1 \rightleftarrows L_3 + H_2O \quad \langle 식\ 17.52\rangle$$

더 많은 물이 제거되면, 사슬이 길어져서 올리고머가 생성된다. 올리고머 생성반응은 사슬형성 반응의 반복으로 나타낼 수 있다. 젖산분자가 첨가되는 각 액상반응은 보편적으로 온도와 무관한 값 $K_a = 0.2023$으로 모사할 수 있으며 용액은 이상적으로 가정할 수 있다.[a] 상업적인 젖산은 젖산 단량체의 당량 wt%를 기준으로 판매한다. 그러므로 반응하여 올리고머 단량체가 분배평형을 이루고 있는 50 wt%의 젖산 100 g은 50 g의 젖산 단량체와 50 g의 물로 구성되어 있다. 젖산의 농도가 증가함에 따라 더 큰 올리고머를 감안해야 하는 중요성은 증대된다.

(a) 분배가 반응 17.51로만 이루어지는 경우에 50 wt% 젖산 수용액에 대한 각 성분의 몰분율과 wt%를 결정하라.

(b) 분배에 두 반응 모두 감안해야 하는 경우에 80 wt% 젖산 수용액에 대하여 계산을 반복하라.

풀이

이 문제 계산에는 MATLAB Ex17_10.m이 도움이 될 수 있다.

(a) 계산기준: 전체 100 g이고 초기에 50 g의 L_1은 L_1 = (50 g)/(90.08 g/mol) = 0.555 mol이며, 초기 물은 50 g = (50 g)/(18.02 g/mol) = 2.775 mol이므로 총 3.330 mol이다. 평형관계식은 $K_a = 0.2023 = x_{L_2}x_{H_2O}/(x_{L_1})^2$이다. 반응에 따라 총몰수는 변하지 않으므로 비는 상쇄되어 $0.2023 = n_{L_2}n_{H_2O}/(n_{L_1})^2$이 된다. 반응 좌표를 도입하면,

$$0.2023 = \xi(2.775 + \xi)/(0.555 - 2\xi)^2 \quad \langle 식\ 17.53\rangle$$

위 식을 풀면 $\xi = 0.0193$, $x_{L_1} = (0.555 - 2(0.0193))/3.33 = 0.155$, $x_{L_2} = 0.0193/3.33 = 0.006$, $x_{H_2O} = (2.775 + 0.0193)/3.33 = 0.839$을 얻는다. L_2의 몰분율이 작지만, wt%로 변환하면 물의 양은 (2.775 + 0.0193)(18.02 g/mol)/(100 g)·100% = 50.4 wt%, L_1은 (0.555 − 2(0.0193))(90.08 g/mol)/(100 g)·100% = 46.5 wt%, L_2는 0.0193(162.14 g/mol)/(100 g) · 100% = 3.1 wt%이 된다.

(b) 계산기준: 전체 100 g이고 초기에 80 g의 L_1은 L_1 = (80 g)/(90.08 g/mol) = 0.888 mol이며 물은 초기에 20 g = (20 g)/(18.02 g/mol) = 1.110 mol이고 전체로는 1.998 mol이다. 두 반응에서 몰수는 보존된다. 반응관계식은 $K_{a1} = 0.2023 = x_{L_2}x_{H_2O}/(x_{L_1})^2$과 $K_{a2} = 0.2023 = x_{L_3}x_{H_2O}/(x_{L_2}x_{L_1})$이다.

$$0.2023 = (\xi_1 - \xi_2)(1.110 + \xi_1 + \xi_2)/(0.888 - 2(\xi_1) - \xi_2)^2 \quad \langle 식\ 17.54\rangle$$

$$0.2023 = \xi_2(1.110 + \xi_1 + \xi_2)/((\xi_1 - \xi_2)(0.888 - 2(\xi_1) - \xi_2)) \quad \langle 식\ 17.55\rangle$$

연립하여 풀기 위해 총몰수와 반응 좌표를 도입하면 $\xi_1 = 0.0907$, $\xi_2 = 0.009$, $x_{L_1} = (0.888 - 2(0.0907) - 0.009)/1.998 = 0.349$, $x_{L_2} = (0.0907 - 0.009)/1.998 = 0.041$, $x_{L_3} = 0.009/1.998 = 0.0045$, $x_{H_2O} = (1.110 + 0.0907 + 0.009)/1.998 = 0.6055$이 된다.

무게 분율은 물이 (1.110 + 0.0907 + 0.009)(18.02 g/mol)/(100 g) · 100% = 21.8 wt%, L_1은 (0.888 − 2(0.0907) − 0.009) (90.08 g/mol)/(100 g) · 100% = 62.8 wt%이며, L_2는(0.0907 − 0.009)(162.14 g/mol)/(100 g) · 100% = 13.2 wt%, L_3는 0.009(234.2 g/mol)/(100 g) · 100% = 2.1 wt%이다.

a. Vu, D. T., Kolah, A.K., Asthana, N.S., Peereboom, L., Lira, C.T., Miller, D.J. 2005. "ligomer distributionin concentrated lactic acid solutions." *Fluid Phase Equil*. 236:125 35.

반응에서 증기상이 액상과 공존하면 상평형과 반응평형이 연계된다. 한 상의 반응만 고려되어야 하고 평형조성은 다른 상에서 동일한 반응이 일어난다고 가정하는 경우와 일치하는 값을 갖게 될 것이다. 같은 방식으로, 두 상에 대한 반응평형 상수를 알면 가장 편리한 상에 대한 반응평형을 사용하여 평형문제를 해결할 수 있다. 반응평형과 상평형이 동시에 이루어지면 예제 17.15에서 설명한 바와 같이 선호되는 방향으로 반응을 진행시키는 데 아주 큰 도움이 된다.

17.14 반응에서 고체성분

고체성분이 반응에 참여하는 경우에는 식 17.15의 활동도에 대한 퓨가시티 비는 일반적으로 활동도 계수를 이용하여 나타낸다. 고체 용액에 대하여

$$\frac{\hat{f}_i}{f_i^\circ} = a_i = \frac{x_i\gamma_i\varphi_i^{sat}P_i^{sat}\exp\left(\frac{V^S(P-P^{sat})}{RT}\right)}{\varphi_i^{sat}P_i^{sat}\exp\left(\frac{V^S(1-P^{sat})}{RT}\right)} = x_i\gamma_i\exp\left(\frac{V^L(P-1)}{RT}\right) \approx x_i\gamma_i \text{ 고체 용액} \quad \text{〈식 17.56〉}$$

여기서 P의 단위는 bar이고 P^{sat}는 승화 압력을 나타내며 Poynting 교정항은 흔히 무시된다. 14.10절에서 설명한 바와 같이 일반적으로 여러 고체가 순수한 결정의 혼합물로 존재한다. 고체가 섞이지 않으면, 식 17.56은 다음과 같이 간단히 된다.

$$\frac{f_i}{f_i^\circ} = a_i = \frac{\varphi_i^{sat}P_i^{sat}\exp\left(\frac{V^S(P-P^{sat})}{RT}\right)}{\varphi_i^{sat}P_i^{sat}\exp\left(\frac{V^S(1-P^{sat})}{RT}\right)} = \exp\left(\frac{V^L(P-1)}{RT}\right) \approx 1 \text{ 순수한 고체} \quad \text{〈식 17.57〉}$$

액체를 다룰 때와 마찬가지로, 이상기체에 대한 값이 아닌 고체상 데이터를 이용하여 $\Delta G^o_{f,i}$를 계산한다. 이 값들이 문헌에서 제공되지 않으면 17.18절에서 설명한 바와 같이 온도에 무관한 K_a에 대한 상관관계식을 이용하여 평형을 나타내는 것이 일반적이다.

다음 반응을 생각하자.

$$CO_{(g)} + H_{2(g)} \rightleftarrows C_{(s)} + H_2O_{(g)} \quad \text{〈식 17.58〉}$$

이 반응에서 형성된 탄소는 코크스가 되어 나온다. 코크스는 본질적으로 순수한 탄소이며 기상으로부터 분리되는 고체이다. 탄소의 활동도는 어떻게 될까? 순수한 경우에는 $a_C = 1$이다.

과잉의 탄소는 반응을 역방향으로 진행시킬까? 고체 탄소의 활동도는 항상 1이므로 반응진척도에 영향을 미치지 못한다. 이러한 내용을 어떻게 정량적으로 나타낼 수 있을까? 식 17.15는 다음과 같다.

$$K_a = \exp\left[\frac{-\Delta G_T^\circ}{RT}\right] = \frac{\left(\hat{f}_{H2O}/f_{H2O}^\circ\right)\cdot 1.0}{\left(\hat{f}_{H2}/f_{H2}^\circ\right)\left(\hat{f}_{CO}/f_{CO}^\circ\right)} = \frac{y_{H2O}}{y_{H2}y_{CO}}\frac{1}{P} \quad \text{〈식 17.59〉}$$

ΔG_T^0를 온도의 함수로 계산하기 위하여 일반적인 van't Hoff 방법을 적용한다. 이것은 $C_{P,c}$를 기체의 C_P와 같은 방식으로 취급할 수 있다는 것을 의미한다.

예제 17.11 메탄의 열분해

2리터 용량의 일정 부피를 갖는 용기를 비운 후에 0.10 mol의 메탄으로 채우고 용기와 내용물의 온도를 1,273 K까지 올린다. 이 온도에서 측정된 평형 압력은 7.02 bar이었다. 메탄이 반응 $CH_{4(g)} \rightleftarrows C_{(s)} + 2H_{2(g)}$에 따라 분해된다고 가정하여 실험 데이터로부터 1,273 K에서 이 반응의 K_a를 계산하라.

풀이

$$K_a = \frac{\left(\hat{f}_{H_2}/f_{H_2}^\circ\right)^2\cdot 1.0}{\left(\hat{f}_{CH_4}/f_{CH_4}^\circ\right)} = \frac{y_{H_2}^2}{y_{CH_4}}P$$

H_2와 CH_4의 몰분율은 다음과 같이 계산할 수 있다. 온도가 높기 때문에 최종적인 용기 내 기상의 몰수를 이상기체 법칙으로부터 결정할 수 있다(고체상의 탄소의 부피를 무시할 수 있다고 가정하고). 즉, $n = PV/RT = 0.702\cdot 2000/(8.314)(1273) = 0.1327$이다. ξ몰의 CH_4가 반응하였다고 가정한다. 그러면 다음과 같은 총괄 물질수지식은 $n_T = 0.10 + \xi$이다. 그러므로 $\xi = 0.0327$이 되고

$$K_a = \frac{\left(\frac{2\xi}{0.1327}\right)^2 P}{\left(\frac{(0.1-\xi)}{0.1327}\right)} = \frac{0.493^2}{0.507}7.02 = 3.37$$

평형상수는 현저한 분해반응이 일어나서(반응은 자유에너지 감소반응이며 $K_a > 1$) 흑연이 생성되는 것을 보여 주고 있다. 이러한 거동은 '탄소침적'으로 알려져 있으며 산업적 촉매반응에서 일반적이다. 촉매를 산업적으로 응용할 때는 공장의 다른 장소로부터 연소열을 취하여 코크를 태워 촉매를 '재생'하는 것을 감안하게 된다.

17.15 반응평형에서 속도론적 관점

반응기 설계에 초점을 맞춘 과목에서 반응속도에 대한 대부분의 내용을 다루게 될 것이라는 논리로 이제까지 반응속도에 대한 설명을 피해 왔다. 더욱이 두 주제를 연결하는 다리역할을 하는 반응평형과 반응속도의 주제가 서로 중복된다. 모든 평형 현상에서 이루어지는 균형은 동적이며 정적이지 않다는 것을 인식하는 것이 중요하다. 예를 들어 증기와 액체의 계면에 있는 분자는 정지되어 있지 않고 끊임없이 증기와 액체 간에 교환된다. 열역학을 적용하면 언제 균형을 이루는지에 대한 이해에 도움이 된다. 유사한 방식으로, 화학평형 조건에서 화학종들은 끊임없이 같은 속도로 정방향과 역방향으로 상호변환된다.

열역학적 시각에서 보면 실제적인 화학반응의 구동력은 활동도이다. 식 17.15에서 주어진 바와 같이 활동도가 균형을 이루면 반응은 평형에 도달하여 정방향과 역방향의 속도가 같아진다. 활동도는 액체와 증기의 농도에 직접 비례한다. 그러므로 단순한 속도 모델에서는 활동도 대신에 농도를 사용하는 것이 일반적이다. 다음의 증기상 반응을 생각하자.

$$2A_{(g)} + B_{(g)} \rightleftarrows C_{(g)} + D_{(g)} \qquad \langle 식\ 17.60\rangle$$

예를 들어 성분 A와 B가 반응하여 C와 D를 생성하면, 그때 반응이 완결되는 속도는 두 성분이 서로 충돌할 수 있는 가능성에 의존한다. 한 성분의 농도가 낮아짐에 따라 가능성도 줄어든다. 일반적으로 속도를 양론적으로 제한적인 성분에 대하여 나타내는 것이 관례이다. 또한 반응하는 성분의 부피당 **생성**속도로 표시한다[4]. 만약 A가 제한성분이면 A와 B의 반응에 의한 A의 생성속도는 다음과 같이 쓸 수 있다.

$$-r_{A,f} = k_f[A]^2[B] \qquad \langle 식\ 17.61\rangle$$

여기서 음의 부호는 A가 생성되지 않고 소모된다는 것을 의미하고 하첨자 f는 정반응을 나타내며 k_f는 정반응 속도상수로 알려졌다. 반응속도식의 승수가 양론계수와 일치하면 그 반응을 **요소반응**이라 부른다. 반응이 평형제한적이면, 속도론적으로 가역적이라고 간주한다. A가 C와 D의 반응에 의해 생성되는 것을 감안하면 A의 생성에 대한 역반응 속도는 다음과 같다.

$$r_{A,r} = k_r[C][D] \qquad \langle 식\ 17.62\rangle$$

반응평형에서 A에 대한 순 생성속도는 0이 되어야 한다.

$$r_{A,f} + r_{A,r} = -k_f[A]^2[B] + k_r[C][D] = 0 \qquad \langle 식\ 17.63\rangle$$

기상성분의 농도가 분압과 연관된다는 것을 생각하면 $[A] = y_A P/RT$이며, 각 성분에 대하여 같은 방식이 적용된다. 식 17.63을 재정렬하고 분압을 대입하면

4 Fogler, H.S. 1999. *Elements of Chemical Reaction Engineering*, 3rd ed. Upper Saddle River, NJ: Prentice-Hall, pp. 340ff.

$$\frac{[\mathrm{C}][\mathrm{D}]}{[\mathrm{A}]^2[\mathrm{B}]} = \frac{k_f}{k_r} = \frac{(y_\mathrm{C}P)(y_\mathrm{D}P)}{(y_\mathrm{A}P)^2(y_\mathrm{B}P)} = K_a(RT)^{\Sigma\nu_i} \qquad \text{〈식 17.64〉}$$

이 경우에 $\Sigma\nu_i = -1$ 이지만, 일반적인 표현식으로 나타내면 기상반응에 대한 일반적인 관계식을 기억하는 데 도움이 될 것이다. 정반응과 역반응의 반응속도 상수가 평형상수와 연관되는 방식을 주목하라. 생성물의 농도가 낮을 때 정반응 속도상수를 실험에서 측정하면 역반응 속도상수를 평형상수로부터 결정할 수 있다는 것을 의미한다. 액상 요소반응에 대해서도 유사한 관계가 성립한다는 것을 유의하라.

많은 반응에 대한 속도식이 요소반응보다는 더 복잡하다는 것은 분명하다. 예를 들어 효소반응에서는 흔히 요소반응에 대한 단순한 통계적 개념으로는 표현되지 않는 결합단계가 포함되어 있다. 많은 반응에서 반응기구와 반응속도식에 포함되어야 하는 반응중간체가 존재하기도 한다. 더욱 복잡한 속도식을 이해하는 것은 반응공학에서 다루는 중요한 기술이다. 여기에서 의도하는 것은 요소반응에 대한 관계를 보여 주고 반응평형에서 정반응과 역반응의 속도가 서로 접근한다는 개념을 설명하고자 하는 것이다. 정방향으로 반응이 평형에 접근하면 *A*가 소모되는 속도가 느려져 0이 됨을 의미한다는 것에 유의하라. 반응속도가 느리면 의미 있는 반응좌표의 변화를 위해서는 반응기의 부피가 커야 하므로 상업적 반응을 평형에 이를 때까지 진행시키는 것은 경제적이지 못하다. 그러나 평형 조건의 계산은 반응기 설계에서 제한 전환율을 알고 그 조건을 회피하기 위해 필요하기 때문에 중요하다. 앞서 설명한 바와 같이 흔히 평형상수를 이용하여 정반응 속도상수로부터 역반응 속도상수를 계산한다.

17.16 반응에 의한 엔트로피 생성

4.11절에서 엔트로피와 가역성을 소개할 때 자발적인 반응에서는 엔트로피가 생성된다는 일반적인 설명을 한 바 있다. 4.12절에서는 가용성과 엔트로피 생성의 관계를 유도하였고 단일 비반응 흐름을 다루었다. 정상상태 개방계 내의 반응에 대해서는 식 4.54가 다음과 같다.

$$\sum_{\text{outlets}} (B^{out})dn^{out} - \sum_{\text{inlets}} (B^{in})dn^{in} = d\underline{W}_S - T_o dS_{gen} \qquad \text{〈식 17.65〉}$$

$B^{out} = H^{out} - T_o S^{out}$ 그리고 $B^{in} = H^{in} - T_o S^{in}$에는 각각 T^{out}과 T^{in}에서 계산된 *H*와 *S*가 포함되어 있다. 혼합된 흐름의 엔탈피와 엔트로피는 각각 3장과 4장에서 소개되었다.[5] 생성 엔트로피는 생성에 대한 값을 $S = (H - G)/T$에 대입하여 얻는다. 11~15장의 이탈함수와 과잉성질에 대한 모델을 이용하여 혼합물 성질값을 향상시킬 수 있다. 3장의 반응에 대한 에너지 수지식을 다룬 절에서 설명한 바와 같이 성질에 대한 적절한 기준상태의 개념이 중요하다. 식 17.65의 흐름에 대한 항은 Gibbs 에너지와는 같지 않으나, 자발적인 반응에서는 가용성이 감소한다. 그러므로 식의 양변은 음의 값을 가지며 축일이 얻어지지 않고(상업적 반응기에서는

5 생성 엔트로피는 생성에 대한 값을 $S = (H - G)/T$에 대입하여 얻는다.

정상적인 상황), 대신에 엔트로피가 생성된다. 일이 생성되면 자발적인 반응에서의 엔트로피 생성은 감소한다는 것을 유의하라. 전기화학적인 산화환원 반응(18장)에서는 약간의 전기적 일이 생성되며, 이것이 오늘날 연료전지에 많은 관심을 갖는 이유이다. 닫힌계 공정에 대한 분석은 열린계와 유사하다. 만약 $T_o = T$(T와 T_o 사이에 놓인 열기관을 이용하여 추가적인 일을 얻을 수 있다)이면, 관계를 가장 쉽게 이해할 수 있으며, 일정한 압력에서 닫힌계 수지식(식 4.57)은 다음과 같이 된다.

$$d\underline{G} = d\underline{W}_S - Td\underline{S}_{gen}, \text{ 일정 } P \text{ 닫힌계, } T_o = T \qquad \langle \text{식 } 17.66 \rangle$$

엔트로피 생성을 억제하기 위해서는 Gibbs 에너지 변화에 해당되는 비팽창/확장 일의 생산이 필요하다고 결론지을 수 있다. 식 4.58을 이용하여 반응에 따른 총일을 Helmholtz 에너지와 연관시킬 수 있다는 것을 유의하라.

17.17 Gibbs 에너지 최소화

괄목할 만한 간단한 기법을 이용하여 화학종의 평형조성을 구할 수 있다. 이 방법은 기상만 존재하는 경우에 가장 효과적이다. 이 방법에서는 평형에서 Gibbs 에너지가 최소화된다는 기본적인 문제의 단순성에서 출발한다. 혼합물의 총 Gibbs 에너지를 이상용액 성분을 이용하여 나타내고, 단지 Gibbs 에너지의 값을 최소화하면 된다. 혼합물에 대한 Gibbs 에너지는 식 10.42로 주어지고 필요한 화학 퍼텐셜(부분 몰 Gibbs 에너지)은 식 10.59에서 얻어진다.

$$\underline{G} = \sum n_i \bar{G}_i \text{ 이고 } \frac{\bar{G}_i}{RT} = \frac{G_i}{RT} + \left(\frac{\bar{G}_i - G_i}{RT}\right) = \frac{G_i}{RT} + \ln y_i \qquad \langle \text{식 ig } 17.67 \rangle$$

여기서 마지막 등식에서는 모든 성분을 이상기체로 가정한다. 표준상태에서 자연스러운 형태의 원소를 기준상태로 삼으면, 표준상태 압력에서 $G_i/(RT) = (\Delta G_f^o)/(RT)$가 된다. 그러나 흔히 반응은 표준상태 압력에서 일어나지 않는다. Gibbs 에너지에 대한 압력의 영향은 식 9.17로 주어진다. 압력의 영향을 추가하면

$$\frac{G_i}{RT} = \frac{\Delta G_{f,i}^o}{RT} + \ln\frac{P}{P^o} \qquad \langle \text{식 ig } 17.68 \rangle$$

식 17.67과 17.68을 결합하면 다음을 얻는다.

$$\boxed{\frac{\underline{G}}{RT} = \sum_i n_i\left(\frac{\Delta G_{f,i}^o}{RT}\right) + \sum_i n_i \ln y_i P} \qquad \langle \text{식 ig } 17.69 \rangle$$

평형조성을 구하기 위해서는 원자에 대한 수지식을 만족하면서 각 성분의 몰수 n_i를 변화시켜 식 17.69를 최소화할 필요가 있다. 몰수가 변함에 따라 방정식의 몰분율도 변한다는 것을 유

의하라. 이 방법에서는 어떤 방식으로라도 반응계가 평형에 도달된다는 것을 가정한다. 대부분의 공정 모사기에서는 단위공정으로 Gibbs 에너지 최소화 기능을 제공한다.

예제 17.12 Gibbs 에너지 최소화에 의한 부타디엔

수증기를 이용하여 1-부텐의 탈수소반응의 전환율을 증진시킨 예제 17.3(a)를 생각해 보라. 그 예제에는 탄화수소에 대한 900 K에서의 생성 Gibbs 에너지가 요약되어 있다.

900 K에서 물의 생성 Gibbs 에너지는 −198.204 kJ/mol이다. 반응 좌표의 값에 따른 전환율을 변화시켜 식 17.79의 Gibbs 에너지를 계산하고 전체 Gibbs 에너지를 반응 좌표에 대하여 도시하라. Gibbs 에너지가 최소화됨을 보여라. 평형조성을 예제 17.3(a)의 결과와 비교하라.

풀이

초기 공급물은 1 mol의 1-부텐과 10 mol의 수증기이다. 계산 예로서, $\xi = 0.1$을 선택한다. 물질수지식으로부터 $n_{C_4H_8} = 0.9$, $n_{C_4H_6} = n_{H_2} = 0.1$, $n_{H_2O} = 10$이다. 몰분율은 $y_{C_4H_8} = 0.9/(0.9 + 2(0.1) + 10) = 0.08108$, $y_{C_4H_6} = y_{H_2} = 0.0090$이며 이 값들을 식 17.69에 대입하면(위에서 주어진 순서대로 성분을 대입하면)

$$\frac{\underline{G}}{RT} = \sum_i n_i\left(\frac{\Delta G^o_{f,i}}{RT}\right) + \sum_i n_i \ln y_i P$$

$$= 0.9\frac{(232854)}{8.3145(900)} + 0.1\frac{(243474)}{8.3145(900)} + 0.1(0) + 10\frac{(-198204)}{8.3145(900)} +$$
$$0.9\ln(0.08108\cdot 1) + 0.1\ln(0.009\cdot 1) + 0.1\ln(0.009\cdot 1) = -237.858$$

여러 반응 진척도에 대한 계산을 반복하면 다음 그림이 얻어진다.

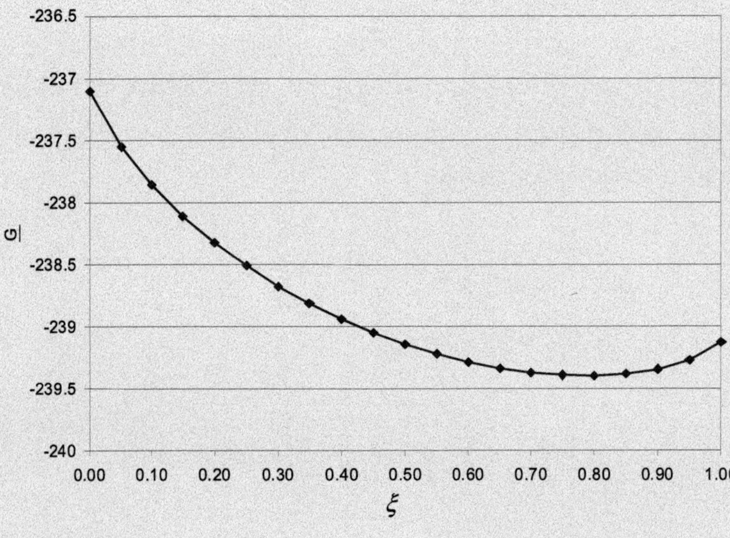

조심스럽게 분석해 보면 이전의 예제에서와 마찬가지로 $\xi = 0.784$에서 최소가 된다. 전체 Gibbs 에너지에 대한 절댓값의 백분율 변화는 작으나, Excel에서 수렴성을 판단하기 위해서는 중요한 수치적인 결과이다.

이전의 예제에서는 반응이 규정되고 반응 좌표가 변화되었으므로 약간은 부자연스럽다. 몰수를 선택할 때 원자에 대한 물질수지식만 만족되면 반응을 규정하지 않고도 이 방법을 적용할 수 있다.

예제 17.13 Excel을 이용한 직접적인 Gibbs 에너지의 최소화

워크북 Rxns.xlsx, 워크시트 GIBBSMIN, 혹은 MATLAB Gibbsmin.m

온도 1,000 K에서 수증기와 에탄 비가 4:1인 에탄의 수증기 크래킹 문제에 이 Gibbs 최소화 방법을 적용하라. 알데히드, 카복실산, 그리고 더 높은 탄소수를 가진 탄화수소물의 생성을 무시하고 C_1과 C_2 생성물의 분포를 구하라.

풀이

풀이는 워크북 Rxns.xlsx에 포함된 워크시트 GIBBMIN을 이용하여 구한다(그림 17.6).

하나의 기본적인 문제와 함께 또 다른 실제적인 문제가 있다. 기본적인 문제는 최소화 과정에서 지켜져야 할 몇 가지 제약 조건이 있는데 그것은 원자의 물질수지식이다. 반응은 물질을 제거하는 것이 아니고 재배열하는 것이므로 탄소원자의 숫자는 공정의 처음과 끝에서 같아야 한다. 원자의 수지식은 모든 원자에 대하여 적용되어야 한다. 원자의 물질수지식은 각 화학종의 양론에 의해 간단히 주어진다. 이 예제에 대한 수지식은 다음과 같다.

$$\text{O-수지식:}\quad n_O^{feed} - 2n_{CO_2} - n_{CO} - 2n_{O_2} - n_{H_2O} = 0$$

$$\text{H-수지식:}\quad n_H^{feed} - 4n_{CH_4} - 4n_{C_2H_4} - 2n_{C_2H_2} - 6n_{C_2H_6} - 2n_{H_2} - 2n_{H_2O} = 0$$

$$\text{C-수지식:}\quad n_C^{feed} - n_{CH_4} - 2n_{C_2H_4} - 2n_{C_2H_2} - n_{CO_2} - n_{CO} - 2n_{C_2H_6} = 0$$

나머지 실제적인 문제는 수치해석 프로그램에서 각 성분들에 대하여 음수를 대입할 경우가 있다는 것이다. 이러한 문제는 반복 계산에서 $\log(n_i)$에 대하여 풀고 답을 구한 후에 n_i의 값을 결정하여 쉽게 해결한다. $\log(n_i)$가 큰 음숫값을 가지는 경우는 어려움이 없으며 단순히 그 물질의 농도가 작다는 것을 의미한다.

Gibbs 최소화 방법을 적용하기 위해서는 반응온도에서의 각 성분의 생성 Gibbs 에너지가 필요하다. 이러한 예비적인 계산은 예제 17.4에서 행한 계산과 같은 형태이지만 여기서는 보이지 않는다. 예를 들면 메탄의 Gibbs 에너지는 단순히 1,000 K에서의 생성반응 $C_{(s)} + 2H_{2(g)} \rightleftarrows CH_{4(g)}$에 대한 Gibbs 에너지이다. 이 값들은 그림 17.6의 워크시트에 나타난 G_i의 계산에 포함되어 있다.

이 공정의 주요 생성물은 수소이다. 탄화수소를 분해하는 것은 석유화학 산업의 일반적인 일이다. 이러한 종류의 공정에서 많은 하류공정의 원료가 생산된다. 이 방법을 다른 반응에 쉽게 적용할 수 있다. 흥미 있는 예로는 환경에 관련된 반응계로서 촉매 변환기로부터의 일산화탄소와 NO_x 또는 염소화 탄화수소의 촉매분해 부산물 반응을 들 수 있다. 이 방법을 이용하여 평형 도달 가능성을 평가하는 것은 매우 용이하여 어느 기상 공정반응 연구에서도 사전에 필수적으로 계산해 보아야 한다.

이 스프레드시트를 사용하기 전에 Kcalc.xls를 이용하여 1000 K에서의 $\Delta G_i^\circ/RT$의 값을 결정한다.

	$\Delta G_i/RT$ 1000 K	Moles Fed	$\log(n_i)$	n_i	y_i	$n_i(G_i/RT+\ln y_i)$
CH_4	2.456		-1.207132929	0.062067903	0.007	-0.15560
C_2H_4	14.27		-6.988574695	1.02666E-07	0.000	0.00000
C_2H_2	20.427		-9.430100874	3.71449E-10	0.000	0.00000
CO_2	-47.612		-0.258598372	0.55131731	0.062	-27.78131
CO	-24.089		0.141955136	1.386612582	0.156	-35.97632
O_2	0		-20.11203877	7.72612E-21	0.000	0.00000
H_2	0		0.729578484	5.36510819	0.604	-2.70090
H_2O	-23.178	4	0.179193408	1.510752799	0.170	-37.69136
C_2H_6	13.33	1	-6.000000002	1E-06	0.000	0.00000
계				8.875859886		-104.30549
수지	O-수지식	4	4			
	H-수지식	14	14			
	C-수지식	2	2			

그림 17.6 • 예제 17.13에 대한 워크북 Rxns.xlsx로부터의 워크시트 GIBBSMIN

예제 17.14 Gibbs 에너지 최소화에 대한 압력의 영향

압력 50 bar와 500 K에서 양론비로 구성된 원료를 이용한 메탄올 합성반응에 Gibbs 에너지 최소화 방법을 적용하라. 이 반응은 예제 17.1과 17.5절에서 검토되었다.

풀이

먼저 각 성분에 대한 $\Delta G^o_{f,1\,bar}$를 구하여 G_i/RT를 계산하고, 그다음 이 값을 Gibbs 최소화에 적용한다.

화합물	$\Delta G_{f,1\text{bar}}$(kJ/mole)	G_i/RT	
메탄올	−134.04	−134.04/8.314E-3/500 + ln(50)	= −28.332
CO	−155.38	−155.38/8.314E-3/500 + ln(50)	= −33.466
H_2	0	ln(50)	= 3.9120

CO 1 mol 기준으로 $n_{C,feed} = 1 = n_{CO} + n_{\text{MeOH}}$, $n_{\text{H},feed} = 4 = 2n_{\text{H2}} + 4n_{MeOH}$, $n_{\text{O},feed} = n_{\text{CO}} + n_{\text{MeOH}}$이다. C-수지식은 O-수지식과 마찬가지로 불필요하며 따라서 수렴성을 향상시키기 위하여 둘 중 하나의 수지식만 제약 조건으로 삼아야 한다. Gibbs 에너지 최소화 결과로부터 $y_{MeOH} = 0.42$이며 이것은 17.5절에서 다른 방법으로 구한 결과와 일치한다.

주의: 목적함수는 최솟값 부근에서 몰수에 따른 변화가 미미하므로 수렴 조건을 엄격하게 하거나 또는 첫 번째 수렴 후에 해 찾기를 반복하여 수행해야 한다. 수렴은 초기 추정값에 민감하다. 작동되는 초기 추정값은 모든 i에 대하여 $\log(n_i) = -0.1$이다.

17.18 제한된 데이터를 이용한 반응 모델링

화학공학 기술자들은 흔히 생성 Gibbs 에너지에 대한 정보 없이 화학반응을 모사해야 하는 경우가 있다. 추산할 수는 있으나, 좀 더 나은 방법은 실험을 통해 결정한 평형 조건에 대한 조성을 이용하여 K_a를 직접 결정하는 것이다. 일정 범위의 온도에 대한 실험을 통해 식 17.28의 실험식을 구할 수 있다. 실제로 이와 같은 방법을 이용하여 실험적으로 생성 Gibbs 에너지를 결정한다. 데이터를 적합하여 상수 I와 J를 결정할 수 있다. 데이터가 산포되어 있으면 $\ln K_a = a + b/T$ 형태의 단순화된 van't Hoff식을 이용하는 것이 유리하다. 여기서 a와 b는 실험 데이터에 적합하여 결정하며 b는 $-\Delta H_R°/R$의 간접적인 측정값이다. 그러므로 흔히 새로운 화합물이나 문헌상의 액체 혹은 고체 반응(다음에 설명한다)에 대한 평형 데이터는 생성 Gibbs 에너지보다는 K_a에 대한 식으로 주어진다.

17.19 동시 반응과 VLE

여러 개의 상이 존재하면서 반응이 일어나는 경우를 상상하는 것은 어렵지 않다. NaOH 용액에 CO_2가 흡수되는 경우, CO_2가 용해되어 이탄산나트륨염과 탄산염나트륨염을 생성하는 반응이 일어난다. '순수한' 유체에서 수소결합은 포화 조건에서의 반응평형과 상평형을 의미한다. 산화 연료 첨가제로 쓰이는 메틸 *t*-부틸 에테르(MTBE)의 생산은 촉매를 증류탑의 각 단에 위치시킨 흥미로운 공정이다. 점차 낮은 온도에서 활성을 갖는 촉매의 개발이 계속되면서 다상 반응이 더욱 일반화되고 있다. 다음의 예에서 설명하는 바와 같이 저온 메탄올 합성(약 240°C)에서 반응열을 흡수시키기 위하여 액상을 도입하는 것이 유리하다. 다양한 제품생산을 위하여 흔히 여러 개의 상이 포함되는 생물학적 반응경로가 개발되고 있다.

이와 같이 복잡하게 보이는 공정의 열역학적 해석은 실제로는 다중반응평형의 해석과 매우 유사하다. 두 번째 상의 형성 진척도는 반응 좌표와 유사하다. 문제를 체계적으로 설명하는 가장 쉬운 방법은 예를 들어 생각해 보는 것이다. 메탄올 합성반응이 75 bar와 약 240°C에서 수행되어 기상의 몰분율이 CO 0.25, MeOH 0.25, H_2 0.50이 되었다고 가정하자. 양론적인 공급물 조성을 기준으로 하면 전환율은 50%가 될 것이다. 이 기상을 비휘발성 용매의 액상과 접촉시킨다고 가정하자. 이 조건에서 K-비는 CO와 H_2 모두 10이고 MeOH는 약 1.0이다. 만일 액체만을 제거하면 액체의 조성과 전환 진척도는 얼마인가? 액체의 조성은 CO가 0.025이고 MeOH가 0.25가 된다. 따라서 액상을 추가하면 이 공정의 전환율을 현저하게 향상시킬 수 있게 된다. 다음의 예제는 이러한 결과를 훨씬 체계적인 방법으로 면밀하게 검토한다.

예제 17.15 용매 메탄올 공정

메탄올 합성을 위해 제시된 공정에서, 반응열을 흡수하기 위해 무거운 액상을 반응기에 직접 첨가한다. 이 액체는 외부의 열교환기에 의해 순환된다. 일반적으로 촉매는 액상에 슬러리 형태로 존재한다. 다른 방법으로는 촉매를 고정탑에 충진시키고 충분한 액체를 첨가하여 반응 후에 소량의 증기가 남도록 하는 것이다. 나프탈렌을 무거운 액상으로 사용한다고 가정하고, 온도 200~250°C와 압력 50~100 bar에서 각 성분에 대한 다음과 같은 형태의 기-액 *K*-값을 표현하는 근사식을 얻기 위해 Peng-Robinson식을 사용하라.[a]

$$K_i = \frac{a_i 10^{[b_1(1-1/Tr)]}}{P}$$

워크시트 계산에서는 나프탈렌의 *K* 값은 무시할 만하다고 가정하라.

풀이

이 풀이에 대한 워크시트는 워크북 Rxns.xlsx에 주어져 있다.

K 값을 계산하기 위해서는 일반적으로 플래시와 반응의 반복 계산에서 매번 Peng-Robinson 식을 호출해야 한다. 이 근사적인 상관관계식은 어떤 외부 프로그램도 필요로 하지 않으므로 Excel을 사용하여 계산할 수 있다. 상관관계를 전개함에 있어서 조성에 대한 초기 추정값이 반응기 출구에서의 조성과 상당히 근접하도록 선택되었으면 그 상관관계는 상당히 정확하다. 원료의 조성에 대한 추정값을 {CO, H_2, CO_2, 메탄올, 물, 나프탈렌} = {0.02, 0.10, 0.02, 0.035, 0.005, 0.82}라고 가정하자.

종합적인 데이터베이스를 만드는 방법의 한 예로서 75 bar와 온도 {200, 210, 220, 230, 240, 250}에서 플래시 계산을 수행하라. 각 성분에 대한 *K* 값을 표로 정리하고 횡좌표축의 온도의 역수에 대하여 로그값으로 도시하라. 일군의 점들을 선택하고 표 메뉴에서 'add trend-line'을 선택한다. 'logarithmic fit'를 선택하고 표에 식을 표시한다. 이 식의 계수로부터 국부적인 '지름길' 추정에 대한 *a*와 *b*를 얻는다(이 단계는 Excel의 구현을 단순화하지만 Peng-Robinson 서브루틴에 대한 접근이 가능한 정교한 프로그램을 작성한다면 필요하지 않을 것이다).

용매를 성분 6으로 나타내면, 기-액 *K*-값은 다음과 같이 추산할 수 있다.

$K_1 = (9.9/P) \cdot 10 \wedge (2.49(1-133/T))$
$K_2 = (970/P)$
$K_3 = (23/P) \cdot 10 \wedge (2.87(1-304/T))$
$K_4 = (61/P) \cdot 10 \wedge (3.64(1-513/T))$
$K_5 = (410/P) \cdot 10 \wedge (3.14(1-647/T))$
$K_6 \approx 0$

다음의 두 반응을 고려하여 240°C와 P = 100 bar에서 동시에 이루어지는 반응평형과 상평형을 계산하라.

$$CO + 2H_2 \rightleftarrows CH_3OH \quad (1)$$

$$CO_2 + 3H_2 \rightleftarrows CH_3OH + H_2O \quad (2)$$

배출되는 증기 1 mol에 대하여 9 mol의 액체를 얻을 수 있을 때까지 무거운 액체를 첨가하라. 기체는 CO, H_2, CO_2가 2:7:1의 비율로 공급된다. 지름길 van't Hoff 식을 적용하면($\ln K_a$와 ΔH_R^0를 사용하여 500 K에서 계산하고 모든 반응물은 기체이다).

$$\ln K_{a1} = 11746/T - 28.951$$

$$\ln K_{a2} = 6940/T - 24.206$$

양론

Comp #		n_i^i	ν_{1i}	ν_{2i}	n_i^f
1	CO	2	−1	0	$2-\xi_1$
2	H_2	7	−2	−3	$7-2\xi_1-3\xi_2$
3	CO_2	1	0	−1	$1-\xi_2$
4	MeOH	0	1	1	$\xi_1+\xi_2$
5	H_2O	0	0	1	ξ_2
					$10-2\xi_1-2\xi_2$

새롭게 계산되는 반응 진척도마다 플래시를 수행한다면

$$n_T = n_{T0} - 2\xi_1 - 2\xi_2$$

$$z_i = (n_{0i} + \nu_{1i}\xi_1 + \nu_{2i}\xi_2)/n_T$$

$$y_i = \frac{z_i K_i}{K_i + \frac{L}{F}(1-K_i)}$$

목적함수를 표현하면

$$F(1) = err1 = (P^2 K_{a1} y_1 y_2^2 - y_4)$$

$$F(2) = err2 = (P^2 K_{a2} y_3 y_2^3 - y_4 y_5)$$

$$F(3) = 1 - \sum_i y_i$$

이 스프레드시트는 SMPRXN이라 불린다. 그림 17.7은 CO, H_2, CO_2, CH_3OH, H_2O가 각각 2, 7, 1, 0, 0 mol인 공급물에 대한 출력자료이다.

Rxns.xlsx, 워크시트 SMPRXN

이 문제를 푸는 방법은 DUALRXN 문제와 매우 유사하다. 유일하게 추가된 중요한 사항은 증기의 몰분율의 합이 1이 되어야 한다는 추가적인 제약 조건이다. ξ_1이 1보다 크다는 것에 주목하라. 이것은 공급물의 CO가 2 mol이므로 전환된 1.3 mol은 65%에 해당되기 때문이다.

P(bar)	50					
T(K)	513	533	553	573	593	613
Ka_1	0.002347712	0.000994295	0.0004481	0.0002135	0.00010694	5.6037E-05
Ka_2	2.30525E-05	1.38758E-05	8.66454E-06	5.59125E-06	3.71625E-06	2.53674E-06
K_1	13.839	14.633	15.410	16.170	16.912	17.637
K_2	19.400	19.400	19.400	19.400	19.400	19.400
K_3	6.792	7.867	9.016	10.235	11.520	12.867
K_4	1.220	1.671	2.237	2.934	3.779	4.788
K_5	1.241	1.747	2.399	3.223	4.245	5.491
K_6	0.000	0.000	0.000	0.000	0.000	0.000
ξ_1	1.845	1.604	1.185	0.694	0.302	0.058
ξ_2	0.361	0.253	0.198	0.179	0.180	0.191
L/F	0.900	0.900	0.900	0.900	0.900	0.900
moles solv	16.368	23.680	32.671	41.780	48.658	52.826
y_1	0.043	0.082	0.129	0.168	0.192	0.206
y_2	0.692	0.691	0.691	0.693	0.693	0.692
y_3	0.125	0.116	0.101	0.087	0.080	0.076
y_4	0.120	0.097	0.069	0.043	0.025	0.014
y_5	0.020	0.014	0.010	0.009	0.010	0.012
err1	0.000	0.000	0.000	0.000	0.000	0.000
err2	0.000	0.000	0.000	0.000	0.000	0.000
$\Sigma(y_i)$	1.000	1.000	1.000	1.000	1.000	1.000
z_1	0.007	0.013	0.020	0.026	0.029	0.031
z_2	0.101	0.101	0.101	0.101	0.102	0.101
z_3	0.029	0.025	0.020	0.016	0.014	0.013
z_4	0.101	0.062	0.035	0.017	0.008	0.004
z_5	0.016	0.008	0.005	0.004	0.003	0.003

그림 17.7 • 예제 17.15의 여러 온도에 대한 워크북 Rxns.xlsx로부터의 워크시트

a. 기호 *a*와 *b*는 단순히 회귀분석 계수이다. 상태방정식의 매개변수 *a*와 *b*가 아니다.

예제 17.16 NO_2 흡수[a]

생산할 수 있는 진한 산의 농도는 흡수탑에서 유출되어 산에 미치는 NO_2의 후압력(back pressure)에 의해 제한을 받는다. 반응(*a*)와 반응(*b*)를 합하여 얻어지는 전체 반응은 (*c*)와 같다. 여기서 N_2O_4는 $2NO_2$에 해당된다고 가정한다.

$$2NO_2 + H_2O \rightleftarrows HNO_3 + HNO_2 \quad (a)$$

$$3HNO_2 \rightleftarrows HNO_3 + 2NO + H_2O \quad (b)$$

$$3NO_{2(g)} + H_2O_{(l)} \rightleftarrows 2HNO_{3(l)} + NO_{(g)} \quad (c)$$

질산 흡수탑의 하단부로 들어가는 기체는 혼합물 1 mol당 0.1 mol의 NO와 0.25 mol의 NO_2를 포함하고 있다. 또한 이 유입기체는 비활성 기체와 함께 분압이 0.3 bar인 산소를 포함하고 있으며 전체 압력은 1 bar이다. 흡수조작에 의하여 제조된 산은 50질량%의 HNO_3를 포함하며 86°C에서 등온으로 조작된다. 두 번째 단으로 유입되는 기체의 조성과 두 번째 단에서 나가는 기체의 농도를 예측하라.

풀이

(계산기준: 기체 공급물 1 mol)

$y_w = y_{HNO3} = 0$ 그리고 $x_{NO2} = x_{NO} = 0$으로 가정한다.

액체에 대하여:

	In	Δ	Out
H_2O	W	$-\xi$	$W-\xi$
HNO_3	0	2ξ	2ξ
총			$W+\xi$

증기에 대하여:

	In	Δ	Out
NO_2	0.25	-3ξ	$0.25-3\xi$
NO	0.10	ξ	$0.10+\xi$
O_2	0.30	0	0.30
I	0.35	0	0.35
총			$1-2\xi$

$$K_a = \frac{\left(\hat{f}_{NO}/f^{\circ}_{NO}\right)\left(\hat{f}_{HNO_3}/f^{\circ}_{HNO_3}\right)^2}{\left(\hat{f}_{H_2O}/f^{\circ}_{H_2O}\right)\left(\hat{f}_{NO_2}/f^{\circ}_{NO_2}\right)^3} = \frac{y_{NO}(x_{HNO_3}\gamma_{HNO_3})^2}{y^3_{NO_2}(x_{H_2O}\gamma_{H_2O})}\frac{1}{P^2}$$

질량 분율로부터 몰분율을 결정할 수 있다.

$$x_{HNO_3} = (0.5/63)/[(0.5/63) + (0.5/18)] = 0.222$$

CRC 편람[b]으로부터 취한 HNO_3의 증기압은 64.6 mmHg이며, 화학공학 편람[c]의 *x-y* 데이터로부터 HNO_3와 물의 활동도 계수를 추산할 수 있다.

$$\gamma_{HNO_3} = \frac{y_{HNO_3}P}{x_{HNO_3}P^{sat}_{HNO_3}} = \frac{0.39\ \text{mmHg}}{0.222 \cdot 64.6\ \text{mmHg}} = 0.027$$

$$\gamma_{H_2O} = \frac{10.7\ \text{mmHg}}{0.778 \cdot 23.8\ \text{mmHg}} = 0.5785$$

이산화질소를 제외한 모든 성분에 대한 생성 Gibbs 에너지는 부록 E에 수록되어 있으며, Reid 등[d]에는 표준생성 Gibbs 에너지가 52 kJ/mol이고 표준생성열이 33.87 kJ/mol로 제시되어 있다. Kcalc.xlsx를 이용하여 지름길 계산을 수행하면 303.15 K에서 평형상수는 $K_a = 0.0054$이다.

$P = 1$ bar에서

$$K_a = \frac{y_{NO}(0.222 \cdot 0.027)^2}{y^3_{NO_2}(0.778 \cdot 0.5785)} = 0.0054 = \frac{y_{NO}}{y^3_{NO_2}} \cdot 0.00007983$$

반응 좌표를 대입하면

$$\frac{y_{NO}}{y_{NO_2}^3} = \frac{0.054}{0.00007983} = 67.65 = \left(\frac{0.1+\xi}{1-2\xi}\right) / \left(\frac{0.25-3\xi}{1-2\xi}\right)^3$$

위의 3차 방정식을 풀면, $\xi = 0.0431$이다.

$x_{HNO_3} = (2\xi/(W+\xi) = 2 \cdot 0.0431/(W+0.0431) = 0.222$

$W = -0.0431 + 2 \cdot 0.0431/0.222 = 0.345$ mol

그러므로 두 번째 단으로 들어가는 기체의 조성은 $y_{NO} = 0.157$, $y_{NO_2} = 0.132$, $y_{O_2} = 0.328$, $y_I = 0.383$이다. 둘째 단 이상에서의 계산도 유사하다.

a. S. Lee, Personal Communication, 1993.

b. Weast, R.C. 1979. *CRC Handbook of Chemistry and Physics*, 60th ed, Boca Raton, FL: CRC Press, p. D-224.

c. Perry, R.H., Chilton, C.H. 1986. *The Chemical Engineers' Handbook*, 6th ed. New York, NY: McGraw-Hill, p. 3-70.

d. Reid, R.C., Prausnitz, J.M., Poling, B. 1987. *The Properties of Gases & Liquids*, 4th ed, New York, NY:McGraw-Hill.

17.20 요약

개념적인 구도를 아주 약간 확장하여 공학 열역학의 적용범위를 대폭 넓혔다. 실제 개념적으로 실행한 모든 것은 Gibbs 에너지가 최소화되어야 한다는 것을 상기한 것뿐이다. 원자가 하나의 화학종에서 다른 화학종으로, 상응하는 엔트로피와 에너지의 변화를 수반하면서 이동할 수 있다는 원칙은 단순히 모든 성분의 자유에너지가 비교될 수 있도록 순수한 성분에 근거한 표준상태 대신에 단일원소 물질에 근거한 표준상태를 기준상태로 삼아야 한다는 것을 의미한다. 이러한 의미로, 우리는 1장 마지막 부분의 Einstein의 인용문에서 언급된 광범위한 응용 분야를 새롭게 이해하기 시작하였다. 반응평형을 개념적인 문제로 인식하기보다는 문제의 설정과 풀이의 계산적인 측면에 주로 초점을 맞춘다. 특히 방정식 풀이기는 다차원적인 능력을 가지고 있다. 많은 열역학 문제뿐 아니라 열역학 이외의 문제에도 이 도구들을 적용할 수 있다. 그와 같은 도구에 익숙해져 생산성 향상을 가능하게 하는 전문성을 쌓아야 한다.

주요 식

지름길 van't Hoff 식을 이용하면 평형상수에 대한 온도영향을 신속하게 점검할 수 있다. 최선의 결과를 위해서는 17.8절에서 제안한 바와 같이 온도범위를 제한해야 한다.

$$\ln\left(\frac{K_a}{K_{aR}}\right) = \frac{\Delta G_R°}{RT_R} - \frac{\Delta G_T°}{RT} = \frac{-\Delta H_R°}{R}\left(\frac{1}{T} - \frac{1}{T_R}\right) \quad \text{〈식 17.29〉}$$

평형 조건인 식 17.15와 결합하면, 여러 경우에 대한 반응 전환율을 추산할 수 있다.

$$K_a = \prod_i a_i^{\nu_i} = \prod_i \left[\frac{\hat{f}_i}{f_i^\circ} \right]^{\nu_i} \qquad \langle 식\ 17.15 \rangle$$

대부분의 산업적인 반응은 높은 온도(반응속도를 촉진)와 낮은 압력(비용을 최소화)에서 진행되므로 가장 일반적인 상황은 이상기체인 경우이다.

$$K_a = \prod_i (y_i P)^{\nu_i} \qquad \langle 식\ ig\ 17.17 \rangle$$

액상성분에 대해서는 활동도를 $a_i = x_i\gamma_i$로 나타내야 한다는 것을 보인 바 있다. 고체 화학종에 대해서는 순수한 경우에 활동도가 1임을 보였다. 평형상수 표현식에 액체 또는 고체가 나타나는 경우에는 해당되는 생성 Gibbs 에너지를 사용해야 한다.

반응과 상평형이 동시에 일어나는 경우에는 반응은 어떤 상이든지 한 상에서 일어나는 것으로 취급할 수 있다는 것을 보였다. 상평형 조건으로부터 상 간의 퓨가시티가 같아야 하므로 특정 상에서 반응이 일어난다고 가정해도 무관하며 활동도와 생성 Gibbs 에너지는 동일한 표준상태를 사용하게 된다.

학습점검

1. 예제 17.3의 성분에 대한 900 K에서의 생성 Gibbs 에너지로 주어진 값을 다시 계산하라.
2. ln$K$ 대 1/T의 도시가 직선이 되는 이유를 설명하라.
3. T를 증가시키면 평형상수도 증가하는 것으로 밝혀졌다. 반응은 흡열반응인가 아니면 발열반응인가?
4. 순수한 고체 생성물이 기–고 반응의 정반응을 방해하지 않는 이유는 무엇인가?
5. 액상과 기상에 존재하는 모든 성분들이 참여하는 반응이 일어난다. 두 상의 조성을 측정하여 활성도를 계산한다. 기상의 활동도를 이용하여 계산한 평형상수는 액상의 활동도를 이용하여 계산한 평형상수와 다르다. 무엇이 잘못되었는가?
6. 평형에 접근하는 반응속도의 거동을 설명하라. 대부분의 산업적 반응이 평형 근처에서 운전되지 않는 이유를 설명하라. 반응기를 설계할 때는 언제나 평형상수를 계산해 보는 것이 좋은 이유를 설명하라.

17.21 익힘문제

P17.1 석탄과 수증기와의 반응으로부터 등몰의 H_2와 CO의 혼합물을 얻는다. 생산된 혼합

물을 '수성가스'라 한다. H_2 함량을 증대시키기 위하여 수증기와 수성가스를 혼합하여 550°C와 1 bar에서 촉매 위로 통과시켜 다음과 같은 반응에 의해 CO를 CO_2로 전환시킨다.

$$H_2O + CO \rightleftarrows H_2 + CO_2$$

미반응된 H_2O는 응축되고 CO_2는 흡수되어 결과적으로 최종 생산물은 대부분 H_2가 된다. 이러한 조작을 수성가스 전환반응이라 부른다. 등몰의 H_2, CO, H_2O로 구성된 공급물을 기준으로 하여 550°C에서 평형조성을 구하라. 550°C에서의 데이터는

	ΔG_f° (kJ/gmol)	ΔH_f° (kJ/gmol)
H_2O	−202.25	−246.60
CO	−184.47	−110.83
CO_2	−395.56	−294.26

P17.2 시안화수소를 생산하는 한 가지 방법은 반응 $N_2 + C_2H_2 \rightleftarrows 2HCN$에 따라 아세틸렌의 기상 질소화 반응을 이용하는 것이다. 이와 같은 반응이 일어나는 반응기로 주입되는 공급물은 기상의 N_2와 C_2H_2가 양론비로 포함하고 있다. 반응온도는 300°C로 조절되고 있다. 반응 압력이 (a) 1 bar, (2) 200 bar인 경우에 대하여 각각 생성물의 조성을 예측하라. 300°C에서 $\Delta G_T^O = 30.08$ kJ/mole이다.

P17.3 부타디엔은 1-부텐의 기상 촉매 탈수소화 반응에 의하여 제조될 수 있다. $C_4H_8 \rightleftarrows C_4H_6 + H_2$ 부반응을 억제하기 위하여 부텐을 수증기로 희석시켜 반응기에 주입한다.

(a) 1-부텐 1 mol당 수증기 12 mol이 혼합된 공급물로부터, 2 bar의 반응기 압력에서 1-부텐이 1,3-부타디엔으로 30%가 전환되도록 하기 위한 반응온도를 예측하라.

(b) 초기 혼합물이 50 mol%의 수증기와 50 mol%의 1-부텐으로 구성된다면 필요한 반응온도는 어떤 영향을 받는가?

ΔG_f° (kJ/gmol)	600 K	700 K	800 K	900 K
1,3-부타디엔	195.73	211.71	227.94	244.35
1-부텐	150.92	178.78	206.89	235.35
ΔG°_T	44.81	32.93	21.05	9.00

P17.4 산화에틸렌은 화학산업에서 중요한 중간체이다. 298 K에서 반응 $C_2H_4 + ½O_2 \rightleftarrows C_2H_4O$에 대한 표준상태 Gibbs 에너지 변화량은 −79.79 kJ/mol이다. 큰 값을 갖는 음수인 ΔG_T^o는 평형이 298 K에서 오른쪽으로 극단적으로 치우친다는 것을 나타낸다. 그러나 에틸렌이 이산화탄소와 물로 완전연소되는 것을 방지하기 위하여 에틸렌의 직접산화반응은 선택적인 촉매를 이용하여 촉진되어야 한다. 이와 같은 촉매를 사용하여도 합리적인 반응속도를 얻기 위해서는 약 550 K의 온도에서 반응을 진행시켜야 한다. 이 반응이 발열반응이므로 온도 증가는 평형에 불리한 영향을 미치게 된다. 이

반응에 적절한 촉매가 있다고 가정하면 550 K에서 이 반응이 가능한가(평형의 관점에서)? 산화에틸렌에 대하여 $\Delta H^{f}_{298} = -52.63$ kJ/mol이다. 관련된 온도범위에서 열용량(J/mol-K)은 다음 식으로 계산된다.

$$C_{P,C_2H_4O} = 6.57 + 0.1389\,T(\text{K});\ C_{P,C_2H_4} = 15.40 + 0.0937\,T(\text{K})$$

$$C_{P,O_2} = 26.65 + 0.0084\,T(\text{K})$$

P17.5 '수성가스' 전환반응이 일산화탄소와 수증기만을 포함하고 있는 공급물을 사용하여 특정한 온도와 압력에서 진행된다. 공급물에 일산화탄소와 수증기가 양론비로 포함되어 있을 때 수소에 대한 평형 몰분율이 최대가 됨을 보여라. 이상기체 거동을 가정한다.

P17.6 이상기체 거동을 가정하여, 세 종류의 펜탄의 이성질체를 포함하고 있는 반응성 기체 혼합물에 대한 400 K와 1 bar에서의 평형조성을 구하라. 400 K에서 표준생성 데이터는 다음과 같다.

	ΔG°_{f} (kJ/mol) (400 K)
n-펜탄	40.17
이소펜탄	34.31
네오펜탄	37.61

P17.7 합성가스를 제조하는 한 가지 방법은 반응식 $CH_4 + H_2O \rightleftarrows CO + H_2$에 따라 수증기와 메탄의 증기상 촉매반응을 이용하는 것이다. 이외에 상당한 정도로 일어나는 반응은 수성가스 전이반응이 유일하다. Gibbs 에너지와 엔탈피는 kJ/mol 단위로 다음과 같이 주어진다.

	ΔH°_{f} (600 K)	ΔH°_{f} (1300 K)	ΔG°_{f} (600 K)	ΔG°_{f} (1300 K)
CH_4	−83.22	−91.71	−22.97	52.30
H_2O	−244.72	−249.45	−214.01	−175.81
CO	−110.16	−113.85	−164.68	−226.94
CO_2	−393.80	−395.22	−395.14	−396.14

1:1 공급물 비를 기준으로 600 K와 1,300 K 그리고 1 bar와 100 bar에서의 평형조성을 계산하라.

P17.8 반응 $2CO = C_s + CO_2$에 의하여 550°C와 1 bar에서 고체 탄소가 형성될 위험이 있는가?

답: 그렇다

P17.9 반응 초기에 물에 대한 산화에틸렌의 몰비가 3:1인 경우, 298 K에서 산화에틸렌이 에틸렌글리콜으로 전환되는 평형 전환율(%)을 계산하라.

$$C_2H_4O_{(g)} + H_2O_{(l)} = (CH_2OH)_2\ (1\text{ M 수용액})\quad \Delta G^{\circ}_{T} = -7824\text{ J/mole}$$

계산을 간단히 하기 위하여 기상을 이상기체 $\gamma_w = 1.0$으로, 그리고 산화에틸렌과 에틸렌글리콜에는 지름길 K-값이 적용된다고 가정하라.

P17.10 초산증기는 $2A_1 \rightleftarrows A_2$에 따라 이량체화된다. 더 높은 차수의 결합은 일어나지 않는다고 가정한다. K_a값이 알려져 있고, 단량체와 이량체가 이상기체로 거동한다고 가정하여 P와 K_a을 이용하여 y_{A1}를 나타내는 식을 유도하라. 그런 다음 y_{A1}를 이용하여 $P\underline{V}/n_o RT$에 대한 표현을 나타내라. 여기서 n_o는 이량체화를 무시한 겉보기 몰수이다. (힌트: n_o/n_T를 y_{A1}의 항으로 나타내라. $n_T = n_1 + n_2$이다.)

17.22 연습문제

17.1 엄지, 현태, 은비 등 세 학생은 암모니아의 생성에 관한 숙제를 하게 되었다. 공급물은 특정한 T와 P에서 질소와 수소가 양론비로 구성되어 있다.

생성물을 기준으로 생각한 엄지는 다음과 같이 반응식을 나타내었다.

$$\frac{1}{2}N_2 + \frac{3}{2}H_2 \rightleftarrows NH_3$$

질소를 기준으로 생각한 현태는 다음과 같이 반응식을 나타내었다.

$$N_2 + 3H_2 \rightleftarrows 2NH_3$$

수소를 기준으로 생각한 은비는 다음과 같이 반응식을 나타내었다.

$$\frac{1}{3}N_2 + H_2 \rightleftarrows \frac{2}{3}NH_3$$

(a) 현태와 은비의 표준상태 반응 Gibbs 에너지는 엄지의 값과 비교하면 어떻게 되는가?
(b) 현태와 은비의 평형상수는 엄지의 값과 어떻게 연관되는가?
(c) 현태와 은비의 평형조성은 엄지의 값과 어떻게 연관되는가?
(d) 현태와 은비의 반응 좌표값은 엄지의 값과 어떻게 연관되는가?

17.2 질소의 직접 산화에 의한 NO 생성은 내연기관에서 자연적으로 일어난다. 또한 Berkeland-Eyde 공정에서 전기방전 중에 이 반응을 일으켜 상업적으로 산화질소를 생산한다. 공기를 공급물로 사용하는 경우, 온도범위 1300~1500°C와 1 bar에서 산소의 평형 전환율을 계산하라. 공기는 21 mol%의 산소와 79 mol%의 질소를 포함하고 있다.

17.3 Le Châtelier 법칙을 간단히 말하면, 만일 반응물의 농도가 증가하면 반응은 증가된 반응물을 소모하는 방향으로 진행될 것이라는 것이다. 그럼에도 불구하고, 과잉의 N_2와 평형을 이루고 있는 기상반응 $N_2 + 3H_2 = 2NH_3$에서 N_2의 평형 몰분율이 0.55이라고 생각하자. 평형 혼합물에 더많은 N_2를 첨가하면 NH_3의 양이 증가하게 되는가? 그 이유는 무엇인가?

17.4 에틸렌은 많은 화학공정에서 소중한 원료물질이다. 석유자원을 확보하기 어려워지는 장래에는 에틸렌을 에탄올의 탈수반응에 의하여 제조할 수도 있다. 에탄올은 생물자원으로부터 발효에 의하여 쉽게 얻어진다.

(a) 150°C와 1 bar에서 평형전환이 이루어진다면 순수한 에탄올 공급물이 몇 % 반응하게 되는가?

(b) 만일 공급물이 50 mol%의 에탄올과 50 mol%의 질소로 구성된다면 150°C와 1 bar에서 에탄올의 최대 전환율은?

17.5 메탄올의 촉매합성반응 $CO_{(g)} + 2H_{2(g)} \rightleftarrows CH_3OH_{(g)}$이 200°C에서 등몰의 공급물을 주입하여 수행된다. 반응계가 10 bar에서 단열되었고 촉매에 의하여 경쟁반응 없이 평형에 도달한다면 유출구의 온도와 몰분율은?

17.6 다음 반응이 특정한 조건에서 평형에 도달한다.

$$C_6H_5CH = CH_{2(g)} + H_{2(g)} \rightleftarrows C_6H_5C_2H_{5(g)}$$

이 반응계는 초기에 스티렌 1 mol당 3 mol의 수소를 포함하고 있으며 이상기체로 가정한다. 스티렌의 $\Delta G^o_{f,298} = 213.18$ kJ/mol, $\Delta H^o_{f,298} = 147.36$ kJ/mol이다.

(a) 600°C에서 K_a는?

(b) 600°C와 1 bar에서 평형 몰분율은?

(c) 600°C와 2 bar에서 평형 몰분율은?

17.7 다음의 분해반응에서

$$C_3H_{8(g)} \rightleftarrows C_2H_{4(g)} + CH_{4(g)}$$

상온에서는 평형 전환율이 무시되지만 500 K 이상의 온도에서는 상한값을 가진다. 1 bar의 압력에서 부반응을 무시하고 다음을 결정하라.

(a) 전환율이 75%가 되는 온도(힌트: 전환율 = 반응된 양/주입된 양. ξ와 전환율을 연관시켜라.)

(b) 반응기에 주입되는 공급물이 50 mol%의 프로판과 50 mol%의 질소(비활성 물질)인 경우 600 K에서 얻어지는 전환율(반응이 평형에 도달한다고 생각하라)

17.8 15 mol%의 SO_2, 20 mol%의 O_2, 65 mol%의 N_2로 구성된 기체 혼합물이 480°C와 2 bar에서 조업되고 있는 촉매반응기로 주입된다.

(a) SO_2의 평형 전환율을 결정하라.

(b) 295 K와 1 bar에서 유입되는 공급물 1 mol당 필요한 열 교환량을 결정하라.

17.9 스티렌은 적절한 조건하에서는 액상과 기상이 공존하는 상태에서 에틸벤젠으로 수소화 될 수 있다. 다음의 각 조건에서 기상과 액상의 평형조성(수소, 스티렌, 에틸벤젠)을 계산하라.

(a) 3 bar와 298 K, 반응초기 수소와 스티렌의 몰비 2:1

(b) 3 bar와 423 K, 반응초기 수소와 스티렌의 몰비 2:1

(c) 3 bar와 600 K, 반응초기 수소와 스티렌의 몰비 2:1

17.10 메탄올 합성반응기의 원료기체가 75 mol%의 H_2, 12 mol%의 CO, 8 mol%의 CO_2, 5 mol%의 N_2로 구성된다. 이 계는 다음과 같은 반응에 대하여 550 K와 100 bar에서 평형에 도달한다.

$$2H_{2(g)} + CO_{(g)} \rightleftarrows CH_3OH_{(g)}$$

$$H_{2(g)} + CO_{2(g)} \rightleftarrows CO_{(g)} + H_2O_{(g)}$$

이상기체로 가정하여 ξ_1와 ξ_2를 연립하여 풀 수 있는 식을 유도하라. ξ_1와 ξ_2는 각각 첫 번째와 두 번째 반응의 반응 좌표이다. 평형상수의 값을 제시하라. 다른 반응들은 무시하고 ξ_1와 ξ_2를 결정하라.

17.11 1993년 10월 25일 발간된 *Chemical Engineering News*에서 *n*-부텐($CH_3CH{=}CHCH_3$, cis와 trans 이성체의 혼합물)의 이성화 반응이 제올라이트 촉매를 사용하여 350°C의 온도에서 열역학적 평형에 도달한다고 제시되었다. 생성물은 이소부텐과 1-부텐($CH_2{=}CHCH_2CH_3$)이다. 원하는 생성물은 이소부텐이며 이것을 더욱 반응시켜 MTBE를 얻게 된다. 1 bar에서 생성물의 평형조성을 결정하라.

17.12 아크릴산은 다음의 기상반응에 의하여 프로필렌으로부터 제조된다.

$$C_3H_6 + \frac{3}{2}O_2 \rightleftarrows CH_2CHCOOH + H_2O$$

중요한 부반응은 초산의 생성이다.

$$C_3H_6 + \frac{5}{3}O_2 \rightleftarrows CH_3COOH + CO_2 + H_2O$$

310°C와 4 bar에서 촉매와 산화제로 공기를 사용하여 반응이 수행된다. 반응열을 안정화시키기 위해 수증기 대 프로필렌의 비가 8:1이 되도록 수증기를 첨가한다. 50%의 과잉 공기(첫 번째 반응식에 의하여 반응될 때 필요한 산소량보다 50%가 더 많은 양)를 이용하는 경우에 반응기 유출물의 평형조성을 계산하라.

17.13 (a) 문제 17.10과 같은 메탄올 합성공정의 한 부분으로, 촉매에 특히 나쁜 영향을 미치는 부반응은 코크 생성이다. 코크(탄소) 생성이 중요한지에 대한 첫 번째 개략적인 계산으로, 반응 $CO + H_2 \rightleftarrows C_{(s)} + H_2O$에만 근거한 코크 생성의 평형반응 진척도를 예측하라. 반응 조건은 600 K와 100 bar이다.

(b) (a)의 반응에 의한 코크 생성이 문제 17.10에서 언급된 조건에서도 예상되는가?

17.14 니켈 촉매하에서 프로판과 수증기로부터 다음과 같은 반응에 의하여 수소가스가 제조된다.

$$C_3H_8 + 3H_2O \rightleftarrows 3CO + 7H_2$$
$$CO + H_2O \rightleftarrows CO_2 + H_2$$

다른 경쟁반응은 무시하고

(a) 700 K와 750 K에서의 평형상수를 구하라.
(b) 반응기로 주입되는 원료가 프로판과 수증기를 1:5의 비율로 구성되어 있다면 각 온도에서 생성기체 혼합물의 조성은?

17.15 고체 탄소와 이산화탄소 증기를 생성하는 일산화탄소의 화학반응식을 완성하고 700 K와 750 K에서의 평형상수를 구하라. 문제 17.14의 조건에서 고체탄소가 형성될까?

17.16 Habenicht 등(*Ind. Eng. Chem. Res.*, 34:3784, 1995)은 에틸 3차 부틸에테르(ETBE)를 생성하는 t-부틸알코올(TBA)과 에탄올(EtOH)의 반응에 관하여 보고하였다. 반응은 170°C에서 진행된다. 대표적인 공급물의 조성(몰분율)은 다음과 같다.

TBA	EtOH	H_2O
0.027	0.832	0.141

이소부텐이 유일하게 중요한 부산물이다. 유출물이 평형상태라고 가정하고 모든 성분이 액상으로 존재하도록 하기 위한 최소의 압력을 예측하라. 이소부텐 또는 ETBE가 출구 조건에서 각각의 용해도의 한계를 초과하는가?

17.17 석회석($CaCO_3$)은 가열하면 생석회(CaO)와 이산화탄소로 분해된다. 몇 °C에서 분해압력이 1 bar가 되는가?

17.18 0.2 g의 $CaCO_{3(s)}$가 100 cm^{3}의 압력용기에 들어 있다. 298 K에서 용기 내의 모든 증기를 제거한 후 밀폐시키고 온도를 높이면 반응 $CaCO_{3(s)} = CaO_{(s)} + CO_{2(g)}$가 일어난다. 몇 °C에서 $CaCO_3$의 전환율이 50%가 되는가? 이때 압력은 얼마인가?

17.19 CO_2의 고정화를 위해서 카보네이트 고분자 합성이 제안되었다. 폴리카보네이트는 강도와 투명성이 잘 알려져 있다. 이러한 접근 방법의 가능성을 가늠하기 위해, 350 K에서 메탄올과 CO_2로부터 디메틸 카보네이트(DMC)의 합성반응을 생각하자.

(a) 이 반응에 대한 수지가 이루어진 양론적인 식을 쓰라. 부생성물을 표시하라.
(b) 반응에 대한 K_a를 추산하라. $P \cdot K_a = 0.1$이 되는 압력은 얼마인가?
(c) 이 온도에서 메탄올과 DMC는 모두 액체이다. 주어진 전환율에서 분압을 추산하는 방법을 설명하라. 이 질문에서 액체 내 CO_2는 무시할 수 있다.

17.20 에틸 아세테이트는 액상반응에 의해 생성된다.

EtOH	HOAc	EtOAc	H_2O	
$\Delta H^o_{f(l)}$ (kJ/mol) (kJ/mol)	−277.69	−484.5	−480.	−285.83
$\Delta G^o_{f(l)}$ (kJ/mol) (kJ/mol)	−174.78	−389.9	−332.2	−237.129

(a) 지름길 van't Hoff 식을 이용하여 등 몰의 EtOH와 HOAc가 들어 있는 80°C로 운전되는 회분 반응기에서 기대되는 HOAc의 전환율을 계산하라.

(b) 80°C에서 EtOH와 HOAc의 비율이 3:1인 경우에 대하여 (a)를 반복하라.

17.21 Hamilton 등[6]은 단백질 WT1과 EGR1에 대한 DNA 염색체의 결합을 연구하였다. WT1은 아연 부착점을 이용하여 특정된 유형의 신장 종양을 억제한다. EGR1은 세포의 증식을 조절한다. 두 단백질 간에는 중요한 조절관계가 존재할 수도 있다.[7]

	WT1	EGR1
ln*K* at 4°C	19.6	20.4
ln*K* at 11°C	20	20
ln*K* at 37°C	20.9	19

(a) 위의 결합 데이터를 이용하여 각 온도에서 표준상태 반응 Gibbs 에너지, 온도 범위에 걸친 반응열과 반응 엔트로피를 결정하라.

(b) 결합상수는 거의 같은 값을 가진다. 각 결합형식에 대한 생성 엔탈피와 생성 엔트로피의 상대적인 크기를 평가하라. 열역학적 분석의 결과는 결합형식이 유사하다는 것을 의미하는가 혹은 다르다는 것을 의미하는가?

17.22 많은 생물학적 반응과 계면활성제에 대한 반응엔탈피는 온도 의존성이 심하지만, 완전한 열용량 식을 사용하지 않고 온도에 무관한 것으로 가정할 수 있는 열용량의 차이 $\Delta C_p = C_{P,prod} - C_{P,react}$를 이용하여 온도 의존성을 나타내는 것이 일반적이다.[8]

(a) 반응 엔탈피는 $\Delta H = \Delta H_R + \Delta C_P(T - T_R)$로 나타난다. 다음 식을 증명하라.

$$\Delta G_T = \Delta G_R\left(\frac{T}{T_R}\right) + \Delta C_P\left[(T - T_R) - T\ln\left(\frac{T}{T_R}\right)\right] - [T - T_R]\frac{\Delta H_R}{T_R}$$

(b) 반응 엔트로피의 온도 의존성에 대하여 (a)에 해당되는 식을 제시하라.

---

6 Hamilton, T.B., Borel, F., Romaniuk, P.J. 1998. *Biochemistry,* 37:2051 – 2058.

7 O'Connell이 제시, J.P. July 2010. BioEMB Workshop, San Jose, CA.

8 Cooper, A.; Eyles, S.J.; Radford, S.E.; Dobson, C.M. 1992. *J. Mol. Biol.*, 225:939 – 943.

17.23 리소자임(MW = 14.313 kDa)이 원래의 접힘상태(N)에서 펼쳐진 상태(U)로 상전이가 일어난다. 이 상전이는 가역반응 $N_{(aq)} \rightleftarrows U_{(aq)}$로 생각할 수 있으며, 여기서 하첨자($aq$)는 단백질이 수용액 속에 존재함을 나타낸다. 고온에서 단백질은 U 상태이고 저온에서는 N 상태이다. 용융온도(T_m)는 농도가 같아지는 점이다. 용융점은 pH, 이온강도(첨가된 염), 변성제(용매) 혹은 압력에 영향을 받는다. 문제 17.22의 결과가 적용된다. 단백질의 펼침은 Cooper 등[8]이 연구하였다. T_m = 78°C에서 pH = 4인 용액 2 mL 내의 단백질 1 mg/1 mL를 펼치는 데 필요한 열은 0.0755 J이고 ΔC_P = 6.3 kJ/mol-K이다. 또, ΔV = −40 mL/mol이다.[7]

(a) 용융온도에서 펼침에 대한 Gibbs 에너지 변화는 얼마인가?(힌트: 답을 위해서는 개념적인 사고가 필요하며 많은 계산이 필요치 않다)

(b) pH = 4일 때 용융온도에서 ΔH = 540 kJ/mol, ΔS = 1.54 kJ/mol임을 보여라.

(c) 23°C이고 pH = 4일 때 ΔG에 대한 기여요인들을 평가하라. 공정은 이 조건에서 엔탈피에 의해서 구동되는가 아니면 엔트로피에 의해서 구동되는가?

(d) $[N]/[U]$에 대한 다음의 관계식을 증명하라.

$$\frac{[U]}{[N]} = \frac{-\Delta C_P}{R}\left[\left(1-\frac{T_R}{T}\right)-\ln\left(\frac{T}{T_R}\right)\right]-\left[1-\frac{T_R}{T}\right]\frac{\Delta S_R}{R}$$

전체 농도가 1 mg/mL인 용액에 대하여 $20 \le T \le 110$°C 범위에서 $[U]$를 온도의 함수로 도시하고 60°C와 90°C에서의 $[U]$ 값을 정리한 표를 제시하라.

(e) pH를 변화시키면 단백질의 순전하가 변하여(18장에서 설명하는 바와 같이), T_m과 ΔH의 값이 달라진다. $20 \le T_m \le 78$°C의 범위에서 그 관계는 ΔH(kJ/mol) = 48.6 + 6.3T_m(°C)이다. ΔS와 T_m의 관계식을 유도하라.

(f) pH = 1일 때 T_m = 43°C이다. $20 \le T \le 110$°C의 범위에서 $[U]$를 온도의 함수로 도시하고 25°C와 55°C에서의 $[U]$ 값을 정리한 표를 제시하라.

(g) (고급) 리소자임은 접힘거동에서 중요한 역할을 하는 4개의 이황화 결합을 가지고 있다. 저자들은 3개의 이황화 결합을 갖는 변종 단백질을 만들었다. (e)의 관계식이 아직도 적용된다. 변종에 대하여 pH = 2.5에서 T_m = 23°C이다. 접힘에 대한 엔탈피와 엔트로피 효과를 평가하라.

(h) (고급) ΔV의 부호에 대한 해석을 제시하라. pH = 4에서 용융온도를 5°C 낮춰서 73°C가 되도록 하려면 얼마만 한 압력이 필요한가?[9]

---

9 Different values of ΔV are given by Li, T.M., Hook. J.W., Drickamer, H.G., Weber, G. 1976. *Biochem*, 15:5571–5580. Samarasinghe, S.D., Campbell, D.M., Jonas, A., Jonas, J. 1992. *Biochem* 31:7773–7778.

17.24 계면활성제들은 구형 혹은 막대 등의 모양으로 서로 뭉쳐 소위 미셀이라 부르는 조직화된 구조를 형성한다. 이 과정에서 화학 결합이 생성되거나 파괴되지 않지만, 덩어리의 형성을 '화학'반응으로 모사할 수 있다. 용액 속의 계면활성제가 임계 미셀 농도 CMC 이하로 존재하면 용액 속에서 계면활성제 분자들은 거의 '자유'롭다. CMC에서는 미셀이 형성되기 시작한다. CMC 이상에서는 용액 속의 자유로운 계면활성제의 양은 거의 일정하며 계면활성제를 더욱 첨가하면 더 많은 미셀이 형성된다. 계면활성제 성질의 변화량은 미셀의 몰당이 아니라 계면활성제 분자당으로 나타내는 것이 편리하다.

(a) 물에서 노닐글루코시드(NG)의 미셀 해체에 대한 다음의 데이터를 이용하여 미셀화 값 ΔC_{pmic}를 온도의 함수로 계산하라. 미셀의 열용량은 미셀을 형성하는 분자들의 열용량보다 큰가, 작은가?

(b) 계면활성제에 대한 ΔS_{mic}를 온도의 함수로 계산하라. 전체용액이 미셀화 이전과 비교하여 더 규칙적인가, 덜 규칙적인가?

NG 데이터

T (K)	ΔH°_{demic} (kJ/mol)	ΔG°_{demic} (kJ/mol)	ΔC_{Pmic} (kJ/mol-K)
285	-13.53	20.03	
293	-9.00	20.78	
303	-3.50	21.60	
313	0.07	22.37	
323	4.30	23.05	
333	8.25	23.62	

17.25 물에서 노닐글루코시드(NG)의 미셀 해체에 대한 열역학 데이터가 문제 17.24에 제시되어 있다. 미셀 반응을 $nS \rightleftarrows M_n$으로 모사하라. 여기서 S는 자유계면활성제이고 M_n은 미셀이다. 용액은 이상용액으로 취급하라. NG의 농도를 0에서 20 mmol/L까지 변화시켜라. T = 285 K이고 n = 58일 때 자유계면활성제(mM의 단위로)와 NG 미셀(μM의 단위로)의 몰분율과 농도(mmol/L)를 계산하라. 대략적인 CMC를 mmol/L의 단위로 나타내라.

(계산의 단순화를 위한 힌트: 물의 몰농도(55.5 mol/L)에 비해 첨가한 mol/L는 아주 작다. 밀도는 일정하다고 가정할 수 있다.)

18

CHAPTER

전해질 용액

물, 물은 어디에나 있거나, 한 방울도 마실 물이 없거나.

S.T. Coleridge, "The Rime of the Ancient Mariner"

전해질 용액은 바닷물이나 지하수, 생명체 등과 같이 주변에서 흔히 찾아볼 수 있으며, 수많은 산업공정에서 이용된다. 전해질의 열역학 모델은 아주 단순한 모델부터 매우 복잡한 모델까지 다양하게 존재한다. 가장 단순한 경우로는 일반화학 과목에서 다루어지는 용해도곱 상수(solubility product constant)를 이용하는 방법이 있다. 매우 복잡한 극한에는 농도가 강한 전해질 용액의 경우로서 이온-이온 간의 상호작용이 활동도 계수에 영향을 미쳐서 반응평형과 상평형의 동시해(simultaneous solution)를 구하는 경우이다. 이 장에서 우리의 학습목표는 전해질이 포함된 전형적인 문제에서 사용되는 용어와 문제를 구성하고 푸는 방식을 배우는 것이다.

학습목표

1. '이상적인' 전해질 용액의 이온성분들의 평형 농도를 계산할 수 있다.
2. 용액의 끓는점, 녹는점, 삼투압, 산/염기 해리에 미치는 염(salt)의 영향을 계산할 수 있다.
3. 생화학물질이 전하를 띠는 이유와 등전점(isoelectric point)을 이해하고 설명할 수 있다.
4. '염해(salting in)'와 '염석(salting out)' 효과를 이해하고 용해도의 공통이온효과를 정성적으로 설명할 수 있다.
5. 전해질 용액에 녹아 있는 가스 용질의 실제 몰분율(true mole fraction)과 겉보기 몰분율(apparent mole fraction)을 예측할 수 있다.
6. 희박한 용액에서 활동도 계수 계산을 위한 확장된 Debye-Hückel 모델을 적용할 수 있다.

18.1 전해질 용액 개론

간단하게 표현한다면, 전해질은 액상에서 전하를 띤 성분으로 해리하는 물질을 말한다. 이런 현상은 보통 용액 내에서 일어나지만 이온성 액체(ionic liquid)라고 불리는 비휘발성 물질에서는 순수성분 상태에서도 일어난다. 전해질은 생명체와 산업공정에서 존재하기 때문에 우리의 일상생활에서 매우 중요하다.

염화칼슘(NaCl)은 상온 근방에서 희석용액 상태인 경우 거의 완전히 나트륨이온과 칼슘이온으로 해리된다. 이러한 강한 해리작용으로 인하여 염화칼슘은 **'강전해질 모델**(strong electrolyte model)'로 설명된다. 강전해질 모델은 이온의 해리가 완전하다고 간주하는 모델이다. 한편 가정용 식초의 주성분인 아세트산(acetic acid)은 희박한 용액에서 수소이온과 아세테이트(acetate) 이온으로 일부만 해리하며, **'약전해질 모델**(weak electrolyte model)'을 이용한다. 주의할 점은 많은 문헌에서 한 가지 성분을 강전해질 또는 약전해질로 분류한다는 점이다. 해리되는 정도는 주변 환경에 영향을 받는다. 예를 들어 그림 18.1에는 실험으로 측정된[1] 값과 이론으로 계산된[2] 이온의 농도를 황산 농도의 함수로 나타내었다. 그림에서 구별하기는 어렵지만 황산의 농도가 아주 낮은 경우에만 2개의 수소이온이 해리된다. 두 번째 수소가 해리되

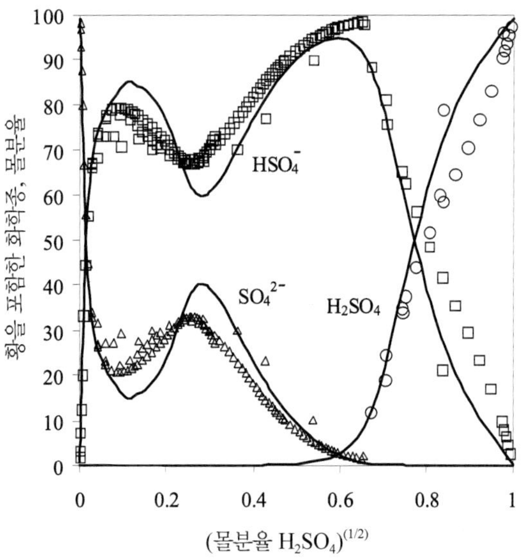

그림 18.1 • 황산 수용액의 해리 실험 데이터와 OLI 계에 의해 계산된 결과. 낮은 농도를 강조하기 위해 제곱근 스케일로 표시되었음.

---

1 다음 문헌으로부터의 실험자료임, T.F., Maranville, L.F., Smith, H.M. 1959. *The Structure of Electrolyte Solutions*, p. 35; Clegg, S.L., Rard, J.A., Pitzer, K.S. 1994. *J. Chem. Soc., Faraday Trans.* 90:1875; Clegg, S.L., Brimblecombe, P. 1995. *J. Chem. Eng. Data* 40:43; Walrafen, G.E., Yang, W.-H., Chu, Y.C., Hokmabadi, M.S. 2000. *J. Solution Chem.* 29:905.

2 Wang, P.; Anderko, A.; Springer, R.D.; Young, R.D. 2006. *J. Mol. Liq*, 125:37–44. Another model using a symmetrical convention is available, Que, H; Song, Y.; Chen, C.-C. J. 2011. *Chem Eng. Data* 56:963–977.

는 중간 농도와 높은 농도에서 억제된다. 첫 번째 수소이온의 해리도 아주 높은 농도에서 사라지고 순수 황산에서는 거의 해리가 일어나지 않는다. 관심의 조건에서 강한 해리 또는 약한 해리를 잘 설명하는 실험정보와 열역학 모델은 매우 중요하다.

극성이 매우 강한 물의 특성과 H-O 결합 거리를 조정하여 부분 전하를 조정할 수 있는 기능은 이온을 **수화**(hydration) 또는 **용매화**(solvation)할 수 있는 능력을 부여한다. 이온을 둘러싸고 있는 **물 분자는 수화수**(water of hydration) 또는 **용매화수**(water of solvation)라고 부르며, 이온은 용매화(solvated)되었다고 부른다. 기초 연구에 의하면 희박하거나 중간 정도의 농도에서 약 3~5개의 물 분자가 이온을 수화한다고 알려졌다. 숫자가 정확하지 않은 이유는 실험이 어렵고, 수화 껍질(hydration shell)이 양론적인 결합을 만들지 않기 때문에 전체 수화된 이온이 끊임없이 교환되고, 이에 따라서 다양한 패킹 효과(packing effect)와 크기를 나타내기 때문이다. 중요한 점은 이온은 용액 속에서 용매화된다는 점을 이해하는 것이며, 전해질이 해리되는 정도는 용매가 이온을 녹이는 능력과 전해질이 해리되지 않은 상태로 용액 속에 남아 있으려는 경쟁적인 추진력에 의존한다는 것이다. 용매는 이온을 용매화하기 위하여 높은 유전상수를 가져야 한다. 염화칼슘은 헥산(hexane)에 거의 녹지 않는데, 이는 이온이 효과적으로 용매화되지 않기 때문이다.

전해질은 표면 또는 콜로이드와 같이 불균일한 유체에서 중요한 효과를 나타낸다. 예를 들어 이온은 표면 근방에서 반대의 전하로 정렬하여 전기 이중층(electric double layer)이라고 알려진 현상을 나타낸다. 이온은 마이셀(micelles), 에멀션(emulsion), 마이크로에멀션(microemulsion)에서 계면활성제에 큰 영향을 미친다. 우리들은 관심을 반응과 희석에 의하여 상대적으로 직관적인 영향을 미치는 큰 균일한 시스템으로 제한할 것이다.

18.2 총괄 성질

끓는점, 어는점과 삼투압은 종종 총괄 성질(colligative properties)이라고 불린다. '총괄(colligative)'이라고 일컫는 단어는 용액의 비이상성을 무시하고 몰농도에만 의존하는 현상을 설명한다. 이러한 계산은 물론 근사 계산이다. 우리는 비전해질을 다루는 이전 장들에서 용액의 비이상성은 중요할 수 있다는 점을 이해하고 있다. 그러나 염화칼슘 같은 고체가 용액에 녹아 있을 때 일반적인 조건에서 무시할 만한 증기압을 나타내며, 염들은 증기조성에 거의 기여하지 않기 때문에 물 또는 용매의 부분압이 끓는점을 결정한다. 마찬가지로, 삼투압과 어는점도 농도에 효과에 의하여 압도적인 영향을 받는다. 우리는 추운 겨울에 도로의 눈과 얼음을 녹이기 위하여 염화칼슘을 사용한다는 사실을 알고 있다. 이 염은 순수한 물의 어는점보다 용액의 어는점을 낮추기 때문에 효과가 있는 것이다. 염은 해리하지 않는 성분보다 몰 기준으로 물의 몰분율과 화학 퍼텐셜을 더 낮추기 때문에 더 효과적이다. Raoult은 분자 용질과 비교하여 전해질의 어는점을 낮추는 현상에 대하여 다음과 같이 표현하였다. "이 현상은 지금까지 생각한 바와 반대로, 어는점에 대한 일반적인 법칙이 염이 녹아 있는 물에 적용되지 않는다는 것을 보여 준다. 이들은 염을 구성하고 있는 라디칼(이온)에 적용되는 것으로 보이며, 해리된 용액이 라디칼(이온)의

Raoult의 전해질의 해리에 대한 연구는 Jacobious van't Hoff와 Wilhelm Ostwald의 연구로 더욱 발전된다.

혼합물 인 것처럼 보인다는 점이다."[3] 공정하게 말하면, 어는점을 낮추거나 끓는점을 높이고자 할 때, 어는점을 낮추는 정도가 시스템 선택의 결정적인 요인이 되는 것은 아니다. 자동차의 라디에이터에는 보통 부동액으로서 에틸렌글리콜(ethylene glycol)이 사용된다. 몰 기준으로 에틸렌글리콜은 어는점을 낮추는 데 있어서 염보다 훨씬 덜 효과적이다. 하지만 고체의 석출이나 부식(특히 염화칼슘)을 피하기 위해 실제적인 용도로는 액체 첨가제가 사용된다.

예제 18.1 어는점 내림

염화칼슘(도로의 얼음 제거에 활용), 에틸렌글리콜(자동차의 라디에이터에 사용), 글루코오스(동면하는 개구리가 사용)를 물의 어는점을 내리기 위한 효과를 비교하라. 물 0.1 L(5.55 mol)에 대하여 각각 5 g을 사용하는 경우와 0.1 L 물에 대하여 각각 0.1 mol을 사용하는 경우를 비교하라. 몰 기준의 경우에는 무게를 비교하고 효과를 비교하라. NaCl은 완전히 해리한다고 간주하고 이상용액 가정을 이용하라.

풀이

어는점은 식 14.24에 의하여 계산된다. 몰분율을 계산하기 위하여 NaCl의 분자량은 58.44이며, 에틸렌글리콜(EG)의 분자량은 62.07, 글루코오스는 180.16의 값을 사용한다. 5 g의 용질은 각각 0.0855 mol, 0.0805 mol, 0.027 mol에 해당한다. 용액 속에서 물의 몰분율은 (NaCl은 한 분자당 2개의 이온을 생성함을 상기하라.) 다음과 같다.

$$x_{H_2O} = 5.55/(5.55 + 2 \cdot 0.0855) = 0.970$$

$$x_{H_2O} = 5.55/(5.55 + 0.0805) = 0.986$$

$$x_{H_2O} = 5.55/(5.55 + 0.027) = 0.995$$

$$\ln(x_{H_2O}) = -\frac{6009.5}{(8.314)(273.15)}\left(\frac{273.15}{T} - 1\right)$$

$$\Rightarrow T = \frac{273.15}{1 - (8.314)(273.15)\ln(x_{H_2O})/6009.5} \qquad \langle 식\ 18.1 \rangle$$

각각 5 g의 용질을 사용한 경우, 어는점은 각각 270.0 K, 271.7 K, 272.7 K이고 낮춤의 정도는 각각 3.2℃, 1.5℃, 0.5℃이다. 동일한 질량을 사용했을 때 NaCl이 에틸렌글리콜보다 더 효과적이다. 개구리들은 동면할 때 얼지 않기 위하여 매우 농도가 높은 글루코오스 용액이 필요하다. (농도가 높은 글루코오스는 준안정적(metastable)인 과냉각된 액체를 쉽게 만들 수 있다.) 0.1 mol의 용질을 사용한 경우, 몰분율은 각각 0.965, 0.982. 0.982이며, 어는점은 269.6 K, 271.3 K, 271.3 K 이다. 뒤쪽의 2개 용질은 차이가 없는데, 이들은 해리하지 않기 때문이다. 0.1 mol을 만들기 위한 질량은 각각 5.8 g, 6.2 g, 18.0 g이다. 질량을 기준으로 할 때 NaCl은 글루코오스보다 1/3만 사용하여도 보다 효과적이다. EG와 글루코오스의 경우 0.1 mol은 동일한 어는점 내림 효과가 있지만 분자량이 작기 때문에 EG의 질량은 1/3에 해당한다.

---

3 van't Hoff, J.H., 1902. "Raoult Memorial Lecture." *J. Chem. Soc., Trans.* 81: 969–981. doi:10.1039/CT9028100969

삼투압은 11.13절에서 논의된 바 있다. 전해질 계의 경우, 가장 큰 차이점은 동일한 몰농도에서 강전해질은 삼투압에 큰 영향을 미친다는 점이다. 식 11.71을 다시 한 번 살펴보자. 삼투압은 물의 활동도의 로그항과 관련이 있다. 일가(monovalent)의 전해질이 해리하면 해리하지 않는 분자종과 비교할 때 (이상용액을 가정함) 활동도에 2배의 효과가 있다. 분자량이 유사한 염화칼슘(MW = 58.4 g/mol)과 프로판올(MW = 60.1 g/mol)을 비교해 볼 때 주어진 삼투압을 만들기 위해 낮은 농도에서 염의 경우에는 약 반 정도의 질량만이 필요하다.

예제 18.2 삼투압의 예

예제 18.1의 용질에 대하여 NaCl은 완전히 해리하며, 이상용액을 가정하고 다음을 계산하라.

(a) 0.1 L의 물에 0.1 mol의 용질을 녹였을 때 298.15 K에서 삼투압을 비교하라.

(b) 사람의 피와 같은 농도의 NaCl(wt %)는 얼마인가?

풀이

(a) 예제 18.1에서 계산된 몰분율은 0.965, 0.982와 0.982이다. 식 11.71에 의하여 삼투압을 계산할 수 있다. 이상용액의 삼투압은 다음과 같다.

$$\Pi = \frac{-RT}{V_W}\ln(x_W) = -\frac{(8.314)(298.15)}{18.07}\ln(x_W) \qquad \langle 식\ 18.2\rangle$$

계산된 몰분율을 대입하면 삼투압은 각각 4.89 MPa, 2.5 MPa, 2.5 MPa이다. 역삼투 공정 (reverse osmosis)에서 동일한 농도 조건에서 NaCl 용액은 다른 비전해질 용액에 비해 분리 정제를 위하여 훨씬 더 높은 압력을 필요로 한다.

(b) 인간의 혈액과 동일한 농도는 11.13절에 정의되어 있고, 값은 0.308 mol/L이다. NaCl이 해리할 때 2개의 이온이 얻어지기 때문에 NaCl 기준으로는 0.154 mol/L 또는 8.99 g/L이다. 농도가 충분히 낮다고 가정할 때, 매우 희박한 수용액의 밀도는 1000 g/L이다. 따라서 질량 분율은 9/1000 = 0.009 또는 0.9 wt%에 해당한다. 이 값은 보통 생리 염수(physiological saline) 또는 염수(saline)라고 불린다.

기-액 상평형도 전해질의 영향을 받는다. 염화칼슘의 경우에서와 같이 많은 경우에서 전해질은 비휘발성으로 여긴다. 다음 예제에서 우리는 염이 액체상에만 존재할 경우 평형 조건을 고려해 본다. 해양 분야의 실제 응용사례에서 염은 에어로졸의 작은 물방울에 갇혀서 소금기 있는 에어로졸에 의한 부식이 흔하게 일어나지만 이는 평형 현상에 해당하지는 않는다. 한편 염산과 아세트산과 같은 전해질은 휘발성이며, 다음의 예와 같은 해석 방법은 정확하게 적용되지 못한다.

예제 18.3 끓는점 오름의 예

예제 18.1의 용질을 고려해 보자. 각각 0.1 mol의 용질이 0.1 L의 물에 녹아 있을 때 1.013 bar에서 끓는점을 비교하라. NaCl의 완전해리와 이상용액을 가정하라. EG의 휘발성은 무시한다.

풀이

이 문제는 기포점 온도(bubble point temperature) 계산에 해당된다. 용질은 비휘발성이므로 (EG의 휘발도는 무시한다.) $y_{H2O} = 1$이다. 기포점 압력 조건은 다음과 같다.

$$y_{H_2O}P = 760\text{ mmHg} = x_{H_2O}P^s{}_{H2O}$$
$$= x_{H_2O}\,10\text{^}(8.07131 - 1730.63/(T + 233.426)) \quad \langle\text{식 } 18.3\rangle$$

물에 대한 Antoine식을 이용하고 예제 18.1의 몰분율을 이용하면 반복 계산을 통해 기포점을 각각 101℃, 100.5℃, 100.5℃로 얻을 수 있다. 이전 예제와 마찬가지로 염이 해리에 의하여 가장 큰 효과를 가진다.

전형적으로 전해질의 해리는 반응평형의 프레임워크에서 **분화**라는 명칭으로서 이온으로의 해리를 화학반응으로 모델링한다. 여러 개의 상이 존재할 때, 반응평형과 상평형의 동시 해를 구해야 한다. 전해질이라는 일반적인 용어는 용액에서 이온으로 해리되는 화학종을 일컫는다.

18.3 분화와 해리상수

분화(speciation)라는 단어는 용액 내에 존재하는 화학종의 목록을 만드는 것을 의미한다. 이 화학종들은 용액 내에 존재하는 해리반응을 표시하고 물질수지식을 수립함으로써 특성이 구별된다. 분화의 개념을 소개하기 위하여 물의 해리를 고려해 보자.

$$H_2O_{(l)} \rightleftarrows H^+{}_{(aq)} + OH^-{}_{(aq)} \quad \langle\text{식 } 18.4\rangle$$

따라서 순수한 물에서 용액에 존재하는 화학종은 H_2O, H^+ 와 OH^-이다. 일반화학 과정에서 25°C에서의 반응평형상수는 잘 알려져 있다.

$$K_{a,\,298} = [H^+][OH^-] = 10^{-14} \quad \langle\text{식 } 18.5\rangle$$

분화에서 또 한 가지 중요한 개념은 전하의 균형이며, 용액의 전하의 합은 0이 되어야 한다는 점이다. 이 예제에서 전하의 균형은 간단하지만 물질수지의 수학적인 해를 구하려고 할 때 매우 중요하다.

식 18.5에는 일반화학 교과서에는 잘 소개되지 않은 의미가 함축되어 있다. 17장의 논의로부터 우리는 화학반응의 정확한 계산을 위해서는 활동도 계수를 사용한다는 것을 알고 있다.

$$K_{a,\,298} = \exp(-\Delta G^{o}_{298}/RT) = \frac{a_{H^+}a_{OH^-}}{a_{H_2O}} \qquad \text{〈식 18.6〉}$$

마지막 2개의 식을 비교해 보면 물의 활동도가 1이므로 만일 활동도를 농도로 치환하면 식 18.6은 식 18.5로 간단히 표시됨을 알 수 있다. 확실히 식 18.5가 보통 조건에서 유효하지 않다면 일반화학 교과서들은 오류가 있다고 해야 할 것이다. 그러면 이온의 활동도가 의미하는 것은 무엇이고, 왜 식 18.5에는 활동도가 나타나지 않는 것일까? 단순화를 이해하기 위하여 우리는 여러 가지 농도의 표현 방식을 이해해야 한다. 반응을 표현하는 평형상수가 농도와 활동도 스케일로 복합되어 있기 때문에 세밀한 구별이 중요하다.

식 18.5와 18.6의 관계를 부분적으로 명확히 하기 위하여 활동도 계수는 단위가 없고, 몰농도는 mol/L의 단위를 가진다는 사실을 상기해 보자. 이 문제는 몰랄농도(molal concentration)를 이용하고 전해질의 이상용액의 표준상태(standard state)를 $m^o = 1$ molal이라고 정의함으로써 처리할 수 있다. 따라서 식 18.6은 다음과 같이 환산될 수 있다.

$$K_{a,\,298} = (m_{H^+}\gamma^{\square}_{H^+}m_{OH^-}\gamma^{\square}_{OH^-})/(m^{o}_{H^+}m^{o}_{OH^-}a_{H_2O}) \approx m_{H^+}m_{OH^-} \approx [H^+][OH^-]$$

여기에서 m^o는 1 molal이며, 몰랄 활동도 계수는 무시하였다. 물의 표준상태는 순수상태로 정해졌고, 중립용액(neutral solution)은 거의 순수한 물이기 때문에 수식에서 물이 사라졌다.[4] 보다 상세한 논의는 18.13~18.15절에 주어져 있고, 18.24절에 요약되어 있다.

분화의 측정

정량적인 분화는 적절한 열역학 모델의 개발에서 중요하다. 흡수, NMR, Raman 분광학, 전도도, emf, 용해도, 반응속도 등 다양한 방법이 사용된다. 대부분의 기법은 K_a가 이상용액 가정으로 계산되는 무한 희석상태로 외삽되어야 하기 때문에 활동도 계수의 예측이 필요하다. 모델링 외삽은 항상 상수를 측정하는 것이 필요하기 때문에 문헌값이 상당히 일치하지 않는 경우가 많다.

18.4 농도 스케일과 표준상태

전해질의 농도를 논할 때, 명확성을 위해서 용어의 규약이 매우 중요하다. 예를 들어서 0.01 mol의 염화칼슘이 물에 더해져서 25°C에서 1 L로 희석된다고 하자. 강전해질이기 때문에 이 용액은 0.02 mol/L의 이온농도를 가진다. 그러나 우리는 전해질의 용해도를 소통하는데 **전체**(entity), **외견상 기준**(superficial basis), **겉보기 기준**(apparent basis), **명목상 기준**(nominal basis) 등으로 불리는 기준을 필요로 한다. 이 단어들은 많은 문헌에서 서로 교체 가능한 단어

❗ 겉보기 기준은 분자 화학종으로 간주하는 가상적인 상황을 나타낸다.

4 식 17.17로 주어진 표준상태의 퓨개시티를 나열할 때 비슷한 '트릭'을 사용하였다.

로 사용된다. 이 항들은 전해질이 용액 속에서 해리 없이 마치 분자 화학종처럼 존재한다고 가정한 전체 농도이다. 화학 분야에서는 **공식적 농도**(formal concentration, mol/L)라는 용어가 상용되며, 화학종의 화학식(chemical formula)에 기준을 둔 농도를 의미한다. '해리되지 않은(undissociated)' 또는 '이온화되지 않은(un-ionized)'이라는 단어는 '겉보기(apparent)'라는 단어와 다른 의미이다. 예를 들어서 아세트산은 수용액에서 완전히 해리되지 않기 때문에 용액 내에 있는 전체의 양을 명확하게 지칭하기 위해서는 명목상, 외견상, 전체 또는 겉보기 등의 단어를 사용하여야 한다.[5] 아세트산과 같은 약전해질의 기-액 상평형은 증기상의 해리되지 않은 아세트산과 액체상의 해리되지 않은 아세트산 사이에서 일어나는데(나중에 좀 더 설명할 것이다), 겉보기 기준의 해석은 단순히 기체와 액체상에 아세트산이 존재하는 것으로 간주하지만 실제 아세트산의 활동도는 해리가 없는 경우와 상당히 차이가 있다. NH_4^+와 OH^-의 분화가 일어나는 NH_4OH 수용액의 실제 화학종의 분포는 반응평형과 Le Châtelier에 법칙에 의해 결정되어야 한다. 겉보기 기준은 지나치게 단순화된 것처럼 보이지만 다양한 화학종이 존재하는 경우에 가장 접근하기 쉽기 때문에 엔지니어링 계산에서 매우 중요하다. 이 책에서는 겉보기 농도(apparent concentration)라는 단어를 사용하려고 노력할 것이며, 종종 외견상 농도(superficial concentration)를 사용할 수도 있다.

앞 문단에서 소개되었던 염화칼슘 용액은 겉보기 농도가 0.01 M이라고 표현할 수 있다. 한편 겉보기 농도가 0.01 M인 염화칼슘 용액은 **실제** 농도가 0.01 M Na^+와 0.01 M Cl^-로 구성되어 있다. 이런 용어의 표현방식은 '실제 농도(true concentration)'가 모델을 통해 계산된 농도를 의미하도록 되어 있고, 약전해질의 경우 모델에 따라 실제 농도값은 차이가 클 수도 있다. 좋은 모델을 사용할 때 실험으로부터 계산된 실제 농도는 정확하게 계산된다. 겉보기 농도만이 모든 사람들이 동의할 수 있는 유일한 값임을 유의하라.

전해질의 농도 스케일

일반화학 교과서에서 식 18.5에서처럼 몰농도(molarity)를 사용한다. 입문과정에서 모든 계산은 상온(25°C)에서 이루어지기 때문에 온도의 영향은 무시된다. 생물학적 시스템에서도 온도 조건은 거의 상온이고, 용액의 밀도도 거의 상수이므로 표현방식은 몰농도이다. 그러나 이러한 농도의 선택은 온도에 따라 밀도가 변하며, 몰농도에 영향을 미치므로 온도 변화가 큰 산업공정에서는 단점이 될 수 있다. 용액의 농도 변화가 없더라도 온도가 올라가면 모든 화학종의 몰농도가 감소하게 된다. 따라서 온도의 함수로서 기본적인 계산을 위해 농도 스케일의 대안이 필요하다.

산업적인 반응의 전해질을 다루기 위해서는 가장 간단한 방법은 용질(전해질) 분자의 개수와 용매(예: 물) 분자의 개수의 상대적인 양을 기준으로 하는 것이다. 이는 몰분율 또는 몰랄

---

5 예를 들어, 겉보기 몰수는 아세트산의 무게를 해리되지 않은 단량체 아세트산의 분자량으로 나눈 값으로 계산될 수 있다. 우리는 아세트산의 이량체화에 대하여 19장에서 논의할 것이다.

농도를 통해 가능하다. 몰랄농도는 높은 농도에서 무한대의 값으로 발산하는 단점을 가지고 있다. 그럼에도 불구하고 비이상적인 용액의 거동과 해리상수를 표현하는 오래된 전해질 관련 문헌에서 압도적으로 많이 사용된다. 몰랄농도는 상온과 낮은 농도에서 몰농도에 근접하므로 몰농도의 자연스런 확장이라고 할 수 있다. 또한 몰랄농도는 일반적인 농도 조건에서 편리한 값을 가진다. **몰랄농도**(molality)는 1 kg의 용매(예: 물)에 존재하는 화학종(용질)의 몰수를 의미한다. 만일 물이 용매인 경우, 용매 kg당 물 분자의 개수는 55.509 mol이다. 우리는 몰랄농도를 'm'으로 표시하고, 몰농도를 'M'으로 표시하기로 한다. 예를 들어 1 **몰랄농도**의 염화칼슘 수용액은 1 kg의 물에 1 mol의 염화칼슘(58.44 g)을 더하여 준비할 수 있다. 동일한 용액의 몰농도는 1 M보다 약간 작은데, 용질을 더한 후 부피가 1 L보다 약간 커지기 때문이다. **몰랄농도**와 몰농도는 섬세하지만 분명히 다른 차이가 있다. 1 몰랄농도의 용액의 용질 대 용매 분자 수의 비는 주어진 용매에 대하여 모두 동일하다. 몰농도와 몰랄농도의 비교를 명확히 하기 위하여 표 18.1에는 NaCl 용액의 몰랄농도, 몰농도, 몰분율이 표시되어 있다. 몰농도와 몰랄농도는 상온의 낮은 농도에서 근접한다. 희박한 용액에서 몰농도와 몰랄농도는 근사적으로 바꾸어 사용해도 무방하다. 농도가 높은 용액을 다룰 때는 Henry의 법칙의 표준 조건과 함께 몰분율을 사용하는 것이 선호된다.[6] 몰랄농도는 물의 농도가 0으로 접근함에 따라 무한대가 된다는 단점이 있다. 농도 스케일의 단위환산을 위한 수식은 18.24절에 요약되어 있다.

❗ 우리는 몰랄농도를 'm'으로 몰농도를 'M'으로 표시하는 방식을 사용한다.

표 18.1 • 염화칼슘 수용액의 겉보기 몰농도, 몰랄농도, 밀도와 몰농도[a]

	몰분율	몰랄농도	밀도(kg/L)			몰농도(M)		
wt%	x_{NaCl}	m	0°C	25°C	100°C	0°C	25°C	100°C
1	0.003104	0.1728	1.00747	1.00409	0.9651	0.1724	0.1718	0.1651
2	0.006252	0.3492	1.01509	1.01112	0.9719	0.3474	0.3460	0.3326
8	0.026105	1.4879	1.06121	1.05412	1.0134	1.4526	1.4429	1.3872
16	0.055459	3.2592	1.12419	1.11401	1.0713	3.0777	3.0498	2.9329
26	0.097722	6.0119	1.20709	1.19443	1.1492	5.3701	5.3138	5.1125

a. 밀도자료는 다음의 문헌에서 가져온 것이다. E.W., ed., 1926-1930. *International Critical Tables*, National Research Council, vol. 3, p. 79.

전해질 용액의 표준상태

몰랄농도 또는 몰농도가 농도의 단위로 사용될 때 표준상태는 전해질과 해리되지 않은 용질이 무한 희석상태로 갈 때 활동도 계수가 1로 수렴하도록 선택된다. 이는 11.12절에서 논의된

6 몰분율 스케일이 가장 모호하지 않고 이전 장들과 일관성이 있다. 희박한 전해질 용액에 대한 문헌들은 전통적으로 몰랄농도 또는 몰농도를 사용했으며, 우리는 그 관습을 따르기로 한다. 몰농도는 모델로부터 계산되어야 하는 밀도 계산을 필요로 한다는 단점이 있다. 공정 모사기는 전형적으로 몰분율 스케일을 사용한다.

Henry의 법칙과 유사하다.[7] 용액이 순수성분일 때 용매(물)의 활동도 계수가 1로 수렴한다는 점에서 Lewis-Randall 표준조건에서 비대칭적 기준(unsymmetric convention)(11.12절 참조)이 사용된다고 할 수 있다.

이러한 방식이 유용함을 이해하기 위하여 표 18.1을 다시 한 번 살펴보자. 3 m NaCl 용액의 물의 몰분율은 약 0.9이다(NaCl이 해리함을 기억하라). 따라서 물의 활동도를 1로 간주하는 것이 합리적인 근사 계산이다. 활동도 계수를 1로 보는 것은 무한 희석 조건에서만 정확한 것이지만 예비적인 계산에서는 개략적인 근사 계산으로 사용될 수 있다. 우리는 처음에는 전해질에 대해서는 무한 희석 표준상태를 적용하고 용매에 대해서는 용액의 Lewis-Randall 표준상태를 적용하는 접근 방법을 이용하고, 나중에 좀 더 상세한 활동도 계산을 도입할 것이다.

주의할 점은 여러 가지 문헌에서 몰랄농도, 몰농도 몰분율등 다양한 표현방식이 존재한다는 점이다.[8] 따라서 평형상수를 사용할 때 독자들은 나열된 값에 사용된 기준을 주의 깊게 이해하고 있어야 한다는 것이다. 만일 계산에 다른 스케일이나 기준이 사용되었을 때 조심스럽게 환산을 수행하여야 한다. 종종 평형상수가 단위와 함께 주어질 때 표준상태의 기준을 추론해야 하는 경우도 있다. 평형상수를 환산하는 방법은 18.25절에 논의되어 있다.

용해도와 해리의 정도는 용매에 의존한다. 대부분의 문헌에 발표된 평형상수는 수용액에 대한 것이다. 그러나 아민, 피리딘, 암모니아, 알코올, 에스테르, 카복실산 등 다양한 용매가 다양한 수준으로 이온을 용매화할 수 있다. 이온의 주변 환경이 용매화의 정도를 결정하기 때문에 물이 아닌 용매를 모델링할 때는 많은 주의를 기울여야 한다.

18.5 pH의 정의

용액의 pH는 다음과 같이 정의된다.

$$\boxed{pH \equiv -\log_{10}(a_{H^+})} \qquad \langle 식\ 18.7 \rangle$$

여기에서 활동도는 몰랄농도 기준이다. 활동도를 계산하는 방법은 이후에 다룰 것이다. 흔히 몰농도(mol/L)를 이용한 근사 계산이 사용되며, 'p'는 로그의 음의 값을 의미한다.

$$pH \approx -\log_{10}[H^+] \qquad \langle 식\ 18.8 \rangle$$

위와 같은 근사식이 개론적인 예제에서 많이 사용된다. pH의 주된 사용 용도는 용액이 산성인지 염기성인지 특성을 결정하는 데 쓰인다.

7 18.13과 18.24절에 상세 논의된 바와 같이 이 기준은 Henry의 법칙에 의한 표준상태와 미묘한 차이가 있다.

8 오래된 문헌에서 흔히 사용되는 표기 방법은 활동도 계수의 비(Henry의 법칙)를 f로 나타내는 것이다. 이는 퓨가시티를 f로 표시하는 것과 혼동되기 쉽다.

물에서 H와 OH의 관계

상온에서 다음과 같은 식을 다시 한 번 검토해 보자.[9]

$$K_{a,w} = \frac{a_{H^+} a_{OH^-}}{a_{H_2O}} = 10^{-14} \qquad \langle \text{식 } 18.9 \rangle$$

'p'를 이용하는 명명 방법은 다른 이온과 평형상수에도 적용이 가능하다. 희박한 용액을 다룰 때 이는 다음과 같은 관계식이 성립함을 의미한다.

$$-\log(a_{H^+} a_{OH^-}) = -\log(a_{H^+}) - \log(a_{OH^-}) = -\log K_{a,w}$$

$$\boxed{pH + pOH = pK_{a,w}} \qquad \langle \text{식 } 18.10 \rangle$$

상온에서 $pK_{a,w} = 14$이다. 따라서 용액이 산성일 때 농도는 $[OH^-] < 10^{-7}$ mol/L이며, 용액이 염기성일 때 농도는 $[H^+] < 10^{-7}$ mol/L이다. 종종 합산을 하거나 차감을 할 때 다른 항에 비해 매우 작기 때문에 2개의 농도 중에서 1개의 농도가 무시된다.

용매의 중요성

물에서 pH는 0~14의 범위에서 변한다. 그렇지만 정의에 의하여 매우 높은 농도의 강산은 음의 값의 pH를 가질 수 있다. 암모니아는 0~32까지의 pH값을 가진다. 따라서 pH의 범위를 결정하는 데 주변 환경이 매우 중요하다.

18.6 전해질 평형의 열역학적 네트워크

평형상수

어떤 화학종이 C_2A의 화학식을 가지고 있으며, C^+는 1가의 양이온이고 A^{2-}는 2가의 음이온이라고 생각해 보자. 석신산(succinic acid, H_2Succ)이 이런 화학식을 가진 물질이다. 그림 18.2에 나타낸 것과 같은 열역학적 네트워크가 만들어질 수 있다. 독자들이 주어진 전해질에 대하여 네트워크를 작성할 수 있도록 C_2A로 표시된 일반적인 화합물을 나타내었다. 만일 완전히 일반적인 표현 방법을 사용하면 그림의 기호표시는 다루기 어려울 정도로 복잡해진다. 그러나 고체, 액체, 기체의 동시 평형이 필요한 경우는 거의 없으며, 일반적인 네트워크의 일부분만이 필요한 경우가 대부분이다. 예를 들어서 수용액상의 석신산이 고체상의 H_2Succ와 포화상태에 있다면, 용액상에는 H_2Succ, $HSucc^{2-}$, H^+ 등이 pH에 따라 가장 많이 존재할 것이며, 기체상의 H_2Succ는 거의 무시하여도 좋을 것이다.

그림 18.2는 해리되지 않은 전해질 화학종이 기-액 상평형의 중요한 연결 역할을 함을 보여

9 좀 더 상세한 값은 $10^{-13.995}$이지만 일반적인 계산에서 10^{-14}를 사용할 것이다.

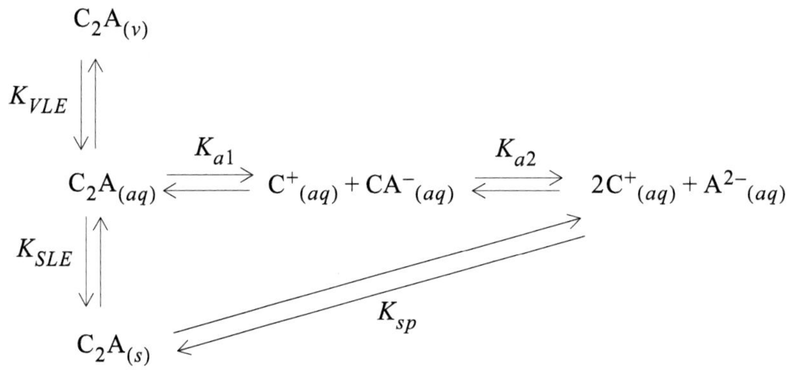

그림 18.2 • C가 1가의 양이온이고, A가 2가의 음이온인 경우의 반응 네트워크. 평형상수는 본문에 설명된 것과 같이 연계되어 있다.

주고 있으며, 고-액 상평형에도 사용되고 있다. 18.23절에서 증명되어 있는 바와 같이 C_2A 성분의 겉보기 화학 퍼텐셜(apparent chemical potential) μ_i^L은 용액상에서 해리되지 않은 성분의 화학 퍼텐셜 $\mu_{i(aq)}$과 같다.

$$\mu_i^L = \mu_{i(aq)} \quad \text{〈식 18.11〉}$$

위 식은 강전해질의 경우, 해리되지 않은 성분의 양이 거의 없기 때문에 이상하게 보일 수도 있지만 실제로 상세한 계산에 해당한다. 공학적인 견지에서 겉보기 화학 퍼텐셜은 중요한데, 전해질이 해리하지 않는 상(phase)의 화학 퍼텐셜과 겉보기 화학 퍼텐셜이 연관되기 때문이다.

용해도곱(solubility product) 상수를 위한 반응을 고려해 보자.

$$C_2A_{(s)} \overset{K_{sp}}{\rightleftarrows} 2C^+{}_{(aq)} + A^{2-}{}_{(aq)} \quad \text{〈식 18.12〉}$$

이 반응은 용해와 2개의 해리반응을 합한 것과 같다고 볼 수 있다. Gibbs 에너지는 반응상수의 로그항과 연관이 있으므로 다음과 같이 식을 쓸 수 있다.

$$K_{sp} = K_{SLE}K_{a1}K_{a2} \quad \text{〈식 18.13〉}$$

따라서 전해질의 용해도를 표현하는 데 있어서 모든 중간 해리반응을 표현하지 않고 용해도 곱상수 K_{sp}만으로 표현하는 경우가 종종 있다. 물론 활동도를 사용하는 것이 열역학적으로 좀 더 상세한 계산이 되지만 농도와 함께 근사적인 해를 구하는 방법이 종종 이용된다.

공정 설계에 모델이 필요한 시점에서 주어진 전해질이 강전해질인지 약전해질인지 알려지지 않은 경우가 있다. 이런 경우 전해질은 편의상 강전해질로 간주한다. 문헌에서 혼란스러운 점은 종종 독자들이 해리상수가 사용되느냐 아니냐에 따라서 강전해질 모델이 사용되었는지를 추론해야 한다는 점이다. 약전해질이 강전해질로 모델링된 경우에 조정 가능한 활동도 계수는 강제로 실험 데이터를 표현하도록 맞춰지는데, 종종 매개변수들은 유별난 값을 가지게 된다.

예를 들어 약전해질이 강전해질로 가정되어 활동도 계수를 구하면 그 값은 매우 작다. 이는 가정된 이온의 농도가 실제 농도보다 매우 크기 때문에 실험적인 활동도를 맞추기 위해서 활동도 계수가 매우 작아야 하기 때문이다.

18.7 분화에 대한 견해

분화(speciation)에 대한 중요한 고려사항은 H^+를 생성하는 해리반응의 양론식이다. 수화에 대한 개념은 18.1절에서 다루었다. 양이온은 보통 용매화수를 필요로 하며, 식 18.4에 함축되어 있는 바와 같이 자유롭게 용액상에서 떠다니지는 않는다. 예를 들어 $H_9O_4^+$ 화학종은 물의 끓는점 근방에서도 분광학적으로 확인할 수 있다.[10] 그러나 가장 널리 받아들여지는 이 반응을 표현하는 방법은 실제로는 수화되었다는 이해를 바탕으로 식 18.4를 이용하는 것이다. 그럼에도 불구하고 반응에서 용매화수를 제외하는 것은 혼합 용매계에서 기대하지 않은 결과를 낳을 수도 있다. 물이 가장 압도적인 용매라면 이온을 수화할 수 있는 물 분자가 충분히 존재한다. 그러나 물의 농도가 낮은 경우, 식 18.4는 수화를 위한 물의 필요성을 제공하지 않는다. H^+을 생성하는 반응을 표현하는 좀 더 실제적인 방법은 최소한 1개의 물을 포함하는 것이다. 예를 들어,

$$2H_2O_{(l)} \rightleftarrows H_3O^+{}_{(aq)} + OH^-{}_{(aq)} \qquad \text{〈식 18.14〉}$$

여기에서 $H_3O^+{}_{(aq)}$는 **히드로늄** 이온으로 알려져 있다. 아세트산의 경우, 히드로늄을 생성하는 이온화 반응은 다음과 같이 쓸 수 있다.

$$AcOH_{(aq)} + H_2O_{(l)} \rightleftarrows H_3O^+{}_{(aq)} + AcO^-{}_{(aq)} \qquad \text{〈식 18.15〉}$$

이런 방식으로 최소한 일부의 용매화수가 이온화 반응에 존재하도록 할 수 있다. 해리반응을 이런 방식으로 표현할 때, 물의 활동도 계수가 1이기 때문에 평형상수에 아무런 영향이 없다. 한편 Gibbs 에너지를 사용하는 경우를 살펴보면 히드로늄 이온의 생성 Gibbs 에너지와 생성 엔탈피는 물의 생성 Gibbs 에너지와 생성 엔탈피를 포함하기 때문에 식 18.4와 식 18.14는 동일한 Gibbs 에너지를 나타내며, 물이 주도적인 성분인 경우 동일한 평형 거동을 나타낸다. 물의 농도가 낮고, 물의 활동도가 1에서 벗어날 때 식 18.4와 식 18.14는 다른 결과를 나타낸다. 예를 들어 황산(H_2SO_4)의 해리는 그림 18.1에서 볼 수 있는 바와 같이 물을 필요로 하지만, H^+의 해리에 대한 견지에서 보면 순수한 황산도 해리할 수 있다는 잘못된 결과를 초래한다. 해리에 용매를 필요로 하는 것은 수용액 계에서 더 실제적이다.[11] 계산에 있어서 용매화수의 중요성에도 불과하고 문헌에서 반응을 표현하는 방식은 H^+만을 사용하는 경우가 많으며, 이 책에서도 희박한 수용액을 다루는 경우 이러한 방식을 따르기로 한다.

---

10 Butler, J.N. 1998. *Ionic Equilibria*. New York: Wiley, p. 8.

11 실제적인 활용을 위한 주의로서, 수용액 계에서는 물을 포함하는 것이 매우 중요하지만 이온성 액체나 다른 화학종(HF)들은 순수성분에서도 완전해리 또는 부분해리 상태로 존재하는 것이 가능하다.

수화의 특성은 농도에 따라 변한다. 이온의 농도가 증가함에 따라 이온은 종종 카운터 이온과 쌍(pair)을 만들며 이들을 **이온쌍**(ion pair)이라고 부른다. 이온쌍들은 종종 가운데에 물을 포함하기도 한다. 또 다른 조건에서 물이 제외되기도 하는데, 이런 경우에는 이온쌍이 수화된다. 이온쌍 현상은 이온쌍 크로마토그래피(ion pair chromatography, IPC)에서 크기가 크거나 고체 정지상(solid stationary phase)과 강하게 작용하는 이온의 체류시간(retention time)에 영향을 주는 현상이 이용된다.

전하수지

이온이 용액에 녹아 있을 때 전하수지(charge balance)에 대한 추가적인 제한 조건이 필요하며, 이는 종종 **전기중성도**(electroneutrality) 조건이라고 불린다. 용액의 전체 전하의 합은 0이 되어야 한다. 전기중성도는 몰, 몰농도, 몰랄농도 등으로 나타낼 수 있다. 이 조건은 화학종의 물질수지, 평형조건과 함께 모든 계산에서 사용되는 중요한 제한 조건이다. 전하수지에서는 활동도가 아니라 농도를 사용함에 유의하라.

개략적인 계산

우리는 활동도가 아니라 농도를 가지고 정량적인 계산에 대한 논의를 시작할 것이다. 우리는 학생들이 계산 기술의 수준이 발달됨에 따라 활동도로의 전환이 될 것으로 기대하고 있다. 더욱이 농도를 이용한 계산은 좀 더 상세한 활동도 계산을 위한 첫 번째 단계임을 보여 줄 것이다. 복잡한 표시법을 피하기 위하여 우리는 많은 평형 조건 관계식을 활동도를 사용하는 대신 농도로 표시할 것이다. 또한 용액이 희박한 경우에는 몰랄농도 대신에 농도를 사용할 것이다. 이 장의 거의 맨 끝 부분에 활동도를 사용한 완전한 예제를 제공할 것이다.

18.8 산과 염기

염의 경우와 유사하게 산과 염기를 지칭할 때 **강**(strong), **약**(weak)의 단어를 사용한다. 이 단어들은 pH와 관련된 어떤 것도 의미하지는 않는다. 다른 전해질과 마찬가지로 이 단어들은 어떤 화합물의 해리 정도를 나타낸다. 해리상수가 매우 큰 경우에 산과 염기는 강하다고 분류되고, 해리가 불완전한 경우에는 약한 것으로 분류한다.

강산/강염기와 레벨링 효과

해리상수의 크기(또는 해리의 Gibbs 에너지)가 산/염기가 강하거나 약함을 결정한다. **산은 양성자**(proton)**의 공급자 역할을 하며**, 용매(보통 물)와 반응하여 $[H^+]$ 또는 $[H_3O^+]$의 활동도를 증가시킨다. 예를 들어 식 18.15에 나타낸 AcOH는 양성자 공급자(proton donor)이며, 산이다. HCl은 강산이며, 일반적인 농도 조건에서 완전히 해리하여 H_3O^+ (H^+로 표기함)를 형성한다. 염기는 물과 반응하여 양성자를 빼내고 수산화 이온(OH^-)의 활동도를 높이며 **양성자의 소비자**(proton sink) **역할**을 한다. 다음에는 약한 염기인 암모니아와 물의 반응을 나타내었다.

$$NH_3 + H_2O \rightleftarrows NH_4^+ + OH^- \qquad \langle 식\ 18.16\rangle$$

NaOH 또는 $Ca(OH)_2$와 같은 수산화물(hydroxide)은 역시 강한 염기이다. 이러한 강한 염기들은 용액에서 양이온의 전하와 균형을 이루기 위하여 $[OH^-]$로 해리하기 때문에 수산화기의 직접적인 공급원이다.

산과 염기의 강한 정도는 해리/반응의 정도를 좌우하는 용매에 따라서 결정된다. 표 18.2는 산과 염기의 강한 정도를 보여 준다. 강한 산은 왼쪽 상단에 위치하며, 강한 염기는 오른쪽 하단에 위치한다. 약한 산은 H_3O^+ 아래쪽 왼쪽의 열에 위치한다. 약한 염기는 OH^-의 위쪽 왼쪽의 열에 위치한다. H_3O^+와 물의 반응은 처음에 거의 아무 일도 일어나지 않은 것처럼 보인다. $H_3O^+ + H_2O \rightleftarrows H_2O + H_3O^+$. H_3O^+ 위쪽 왼쪽 열에 위치한 모든 산은 물에 희석될 때, 산으로부터 방출된 양성자가 즉시 H_2O와 반응하여 히드로늄 이온을 생성하기 때문에 모두 강하다. 따라서 물에서 가장 강한 산은 H_3O^+ 이며, 다른 강한 산은 모두 동일한 강도를 가지는 것으로 **수준**을 정한다. 비슷한 방법으로 OH^-가 물에서 존재할 수 있는 가장 강한 염기이다. 좀 더 강한 염기의 어떤 다른 양성자 소비자가 용액에 더해지더라도 물과 즉시 반응하여 OH^-를

표 18.2 • $pK_{a,water} = -13.995$, $pK_b = 13.995 - pK_a$를 기준으로 한 상대적인 산과 염기의 강도에 대한 표준 테이블

강한 산 ↑ 산의 강도가 증가 / 염기의 강도가 증가 ↓ 강한 염기

Species	Acid	$pK_{a,A}$	Base	$pK_{a,B}$
Perchloric acid	$HClO_4$	~ −7	ClO_4^-	~21
Hydrogen chloride	HCl	~ −3	Cl^-	~17
Sulfuric acid	H_2SO_4	~ −3	HSO_4^-	~17
Nitric acid	HNO_3	−1	NO_3^-	~15
Hydronium ion	H_3O^+	0	H_2O	13.995
Sulfurous acid	H_2SO_3	1.857	HSO_3^-	12.138
Bisulfate	HSO_4^-	1.987	SO_4^{-2}	12.008
Phosphoric acid	H_3PO_4	2.148	$H_2PO_4^-$	11.847
Hydrofluoric acid	HF	3.17	F^-	10.825
Acetic acid	CH_3COOH	4.756	CH_3COO^-	9.239
Total dissolved CO_2[a]	$CO_{2(aq)} + H_2CO_3$	6.351	HCO_3^-	7.644
Hydrogen sulfide	H_2S	7.02	HS^-	6.98
Dihydrogen phosphate	$H_2PO_4^-$	7.198	HPO_4^{-2}	6.797
Bisulfite ion	HSO_3^-	7.172	SO_3^{-2}	6.823
Hypochlorous acid	HOCl	7.53	OCl^-	6.47
Hydrogen cyanide	HCN	9.21	CN^-	4.79
Boric acid	H_3BO_4	9.237	$B(OH)_4^-$	4.758
Ammonium ion	NH_4^+	9.245	NH_3	4.750
Bicarbonate	HCO_3^-	10.329	CO_3^{-2}	3.666
Hydrogen phosphate	HPO_4^{-2}	12.375	$PO4^{-3}$	1.620
Water [b]	H_2O	13.995	OH^-	0
Bisulfide	HS^-	~14	S^{-2}	~ 0
Ammonia	NH_3	~23	$NH2^-$	~ −9
Hydroxide ion	OH^-	~24	O^{-2}	~ −10

a. 일반적인 용도에 의거함. 298.15 K에서 $([CO_{2(aq)}] + [H_2CO_3]]\ K_a = [HCO_3^-][H_2CO_3] \approx 0.002[CO_{2(aq)}]$이다. 따라서 298.15 K에서 $(1.002[CO_{2(aq)}])K_a = [HCO_3^-]$이다.

b. 만일 물이 용매가 아니라 용질로 작용하는 경우에는 물의 산으로서의 강도가 매우 약한산과 비교되어야 하기 때문에 $pK_{a,A} \sim 16$을 사용하여야 한다. *J. Chem. Ed.* 67(5):386-388 참조.

방출한다. (종종 이런 반응은 매우 격렬하며, 초강력 염기는 물 주변에서 조심스럽게 취급되어야 한다.) 강한 염기는 물로서 수준이 정해지며, NaOH의 해당 농도와 비교하여 더 강한 염기 용액은 만들어지지 않는다. 이러한 수준 효과 때문에 유기화학자들은 물이 아닌 용매에서 강한 산이나 염기를 이용한다.

테이블의 왼쪽 열의 각 산은 오른쪽 열에 **짝염기**(conjugate base)를 가진다. 유사하게, 오른쪽 열의 각 염기는 왼쪽 열에 **짝산**(conjugate acid)을 가진다. 강한 산은 약한 짝염기를 가지며, 강한 염기는 약한 짝산을 가진다.

강산(strong acids)

겉보기 몰농도가 C_A인 HCl 용액의 거동을 고려해 보자. 이 거동은 HCl의 해리(본질적으로 완전 해리함)와 물의 해리로 묘사할 수 있다. 더욱이, 전하의 균형이 이루어져서 다음과 같은 조건을 나타낸다.

$$[Cl^-] = C_A \text{ 완전한 해리를 위한 물질수지} \tag{식 18.17}$$

$$K_{a,w} = [H^+][OH^-] = 10^{-14} \text{ 평형} \tag{식 18.18}$$

$$[H^+] = [Cl^-] + [OH^-] \text{ 전하수지} \tag{식 18.19}$$

다음 단계는 매우 중요하며, 여기에서는 앞으로 계산을 위하여 계속 사용할 것이다. 여기에서는 간단히 다루어지지만 뒤에서 **양성자 조건**(proton condition)이라고 알려진 수지식에 도달하기 위하여 물질수지와 전하수지를 결합하는 것이 매우 중요함을 알 수 있을 것이다. 그 원칙은 문제의 서술로부터 알려진 상수를 삽입하는 것인데, 종종 중간값이나 작은 농도의 값이 상쇄되어 없어진다. 이번 사례에는 어떤 항도 없어지지 않지만 양성자 조건은 다음과 같게 된다.

$$[H^+] = C_A + [OH^-] \quad \text{양성자 조건} \tag{식 18.20}$$

$[H^+]$와 $[OH^-]$의 크기를 생각해 보고, 이들이 $K_{a,w}$와 어떻게 연계되어 있는지 생각해 보자. $C_A = 10^{-2}$ mol/L하자. HCl은 산이므로 평형과 전하수지를 연계할 때, 우리는 식 18.10에 따라 $[OH^-] < 10^{-7}$ mol/L임을 기대할 수 있다. 따라서 $[OH^-] << [Cl^-] = 10^{-2}$ mol/L이다. 전하수지는 값의 차이가 매우 큰 항들을 포함하고 있다. 따라서 $C_A > 10^{-6.5}$이면 $[OH^-]$를 무시하는 것이 좋은 근사식이 되며, 우리는 $pH = pC_A$의 계산을 할 수 있다. $10^{-6.5}$ 이하의 매우 낮은 농도에서는 전하수지식에 물의 해리상수를 삽입하여야 한다. $[H^+] = C_A + K_{a,w}/[H^+]$를 얻기 위하여 $[H^+]$에 대한 2차 방정식을 풀어야 한다. 강산의 거동은 그림 18.3에 도시되어 있다. 로그-로그 선도에서 강산의 훌륭한 근사식은 (0,0)에 (7,−7)을 통과하는 기울기가 −1인 대각선임에 주목하라. 이는 (0,0)에서 (6.5,−6.5) 좌표의 근사식에 해당된다.

강염기(strong bases)

1가의 전하를 가지는 $[OH^-]$와 같은 강한 염기를 고려해 보자. C_B의 겉보기 몰농도를 가지는 NaOH 용액에서 제한 조건은 다음과 같다.

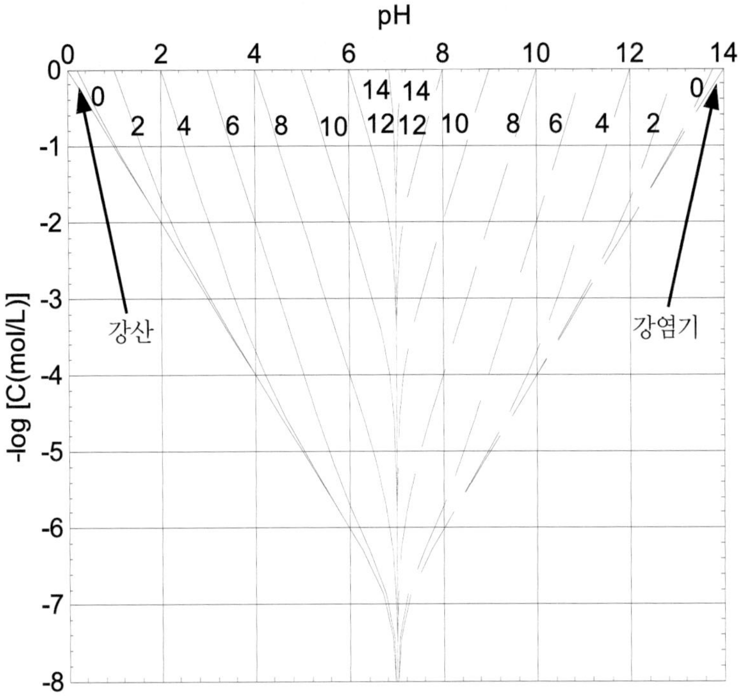

그림 18.3 • 단일 양성자 제공/소비 강산, 약산, 강염기, 약염기의 Flood Diagram.

$$[Na^+] = C_B \quad \text{완전한 해리를 위한 물질수지} \qquad \langle \text{식 } 18.21\rangle$$

$$K_{a,w} = [H^+][OH^-] = 10^{-14} \quad \text{평형} \qquad \langle \text{식 } 18.22\rangle$$

$$[H^+] + [Na^+] = [OH^-] \quad \text{전하수지} \qquad \langle \text{식 } 18.23\rangle$$

물질수지와 전하수지를 결합하여 다음과 같은 양성자 조건을 얻을 수 있다.

$$[H^+] + C_B = [OH^-] \quad \text{양성자 조건} \qquad \langle \text{식 } 18.24\rangle$$

$C_B > 10^{-6.5}$ 이면 $[H^+]$를 무시하는 것이 좋은 근사식이 되며, $pH = 14 - pC_B$로 계산할 수 있다. 낮은 농도에서 2차식은 $[H^+] + C_B = K_{a,w}/[H^+]$ 가 된다. 그림 18.3에서 분명히 알 수 있는 것과 같이 로그-로그 선도에서 강염기에 대한 곡선의 훌륭한 근사식은 (7,−1)에서 (14,0)을 지나는 기울기 1의 대각선이다.

1개의 양성자를 제공하는 약산

$pK_{a,A} = 4.7$인 아세트산과 같이 1개의 양성자를 제공하는 약산(weak monoprotic acid)을 고려해 보자. 해리되지 않은 산을 HA로 표시한다. 약산은 완전 해리를 하지 않기 때문에 부가적인 해리반응이 필요하다. 산이 부분적으로 해리하기 때문에 물질수지는 산 HA와 **짝염기** $[A^-]$를 포함하여 표시된다. 해리를 정량화하기 위하여 산의 평형상수가 필요하다.

$$[A^-] + [HA] = C_A \text{ 물질수지} \quad \langle \text{식 } 18.25 \rangle$$

$$K_{a,A} = [H^+][A^-]/[HA] \text{ 평형} \quad \langle \text{식 } 18.26 \rangle$$

$$K_{a,w} = [H^+][OH^-] = 10^{-14} \text{ 평형} \quad \langle \text{식 } 18.27 \rangle$$

$$[H^+] = [A^-] + [OH^-] \text{ 전하수지} \quad \langle \text{식 } 18.28 \rangle$$

주어진 농도에서 pH에 대한 해는 식 18.26에서 [HA]와 $[A^-]$ 항을 $[H^+]$와 $[OH^-]$ 항으로 제거하고 $[OH^-]$ 항을 $[OH^-] = K_w/[H^+]$로 바꿈으로써 다음과 같은 3차식으로 구할 수 있다.

$$[H^+]^3 + K_{a,A}[H^+]^2 - (C_A K_{a,A} + K_{a,w})[H^+] - K_{a,A}K_{a,w} = 0 \text{ (힌트: 제한된 활용도)} \quad \langle \text{식 } 18.29 \rangle$$

다양한 pK_a값과 농도에 대한 3차식의 해는 그림 18.3의 왼편에 실선으로 표시되어 있다. 이 그림은 다른 이온이 존재하지 않을 때, 단일 양성자 제공 약산에 대한 유용한 가이드 역할을 할 것이다. 실제 문제는 다른 이온을 포함하고 있기 때문에 3차 수식을 풀거나 그래프에 의존하는 것은 제한적인 용도밖에는 되지 못한다. 다른 이온이 존재하는 경우에도 적용이 가능한 $[A^-]$와 [HA]를 C_A와 $[H^+]$로 연관하는 2개의 방정식을 이용하는 것이 편리하다. 물지수지식과 식 18.26을 연계하여 $[A^-]$를 제거하면 $K_{a,A} = [H^+](C_A - [HA])/[HA]$의 식을 얻을 수 있고, 다음과 같은 식이 된다.

$$\boxed{[HA] = C_A[H^+]/([H^+] + K_{a,A})} \text{ 해리되지 않은 산에 유용한 식} \quad \langle \text{식 } 18.30 \rangle$$

물질수지와 식 18.26을 결합하여 [HA]를 제거하면 $K_{a,A} = [H^+][A^-]/(C_A - [A^-])$을 얻을 수 있고 다음 식이 얻어진다.

$$\boxed{[A^-] = K_{a,A}C_A/([H^+] + K_{a,A})} \text{ 짝염기에 유용한 식} \quad \langle \text{식 } 18.31 \rangle$$

2개의 식의 분모는 동일하며, 이 식을 풀어서 농도를 구하기 위해서는 pH를 알아야 한다는 점에 주목하라. 예제 18.4는 이 식이 문제를 푸는 데 얼마나 유용한지를 보여 준다.

1개의 양성자를 수용하는 약염기(Weak monoprotic base)

아세테이트 이온(A^-로 표시한다)을 제공하는 나트륨 아세테이트가 용액에 더해지는 경우와 같이 $pK_{a,B} = 9.3$으로서 1개의 양성자를 제공하는 약염기를 고려해 보자. 나트륨 아세테이트는 완전히 해리하는 강한 전해질이지만 아세테이트는 물과 평형을 이루어 해리되지 않은 산(HA)과 수산화기를 형성하므로 약염기로 불리며 $A^- + H_2O \rightleftarrows HA + OH^-$이다. 이 경우에는 양이온과 두 가지 형태의 A에 대하여 물질수지를 세울 수 있고, 전체 수식은 다음과 같다.

$$[Na^+] = [HA] + [A^-] = C_B \text{ 물질수지} \quad \langle \text{식 } 18.32 \rangle$$

$$K_{a,B} = [HA][OH^-]/[A^-] \text{ 평형} \quad \langle \text{식 } 18.33 \rangle$$

$$K_{a,w} = [H^+][OH^-] = 10^{-14} \quad \text{평형} \qquad \langle 식\ 18.34\rangle$$

$$[H^+] + [Na^+] = [A^-] + [OH^-] \quad \text{전하수지식} \qquad \langle 식\ 18.35\rangle$$

약산을 다루는 경우와 마찬가지로 물질수지와 전하수지식을 결합하여 [HA]와 $[A^-]$를 제거하고 $[H^+]$와 $[OH^-]$로 표시한다. 물의 해리상수를 이용하여 $[OH^-]$를 제거하면 다음과 같은 식을 얻는다.

$$K_{a,B}[H^+]^3 + (C_B K_{a,B} + K_{a,w})[H^+]^2 - K_{a,B}K_{a,w}[H^+] - K_{a,w}{}^2 = 0 \quad \text{제한된 용도} \qquad \langle 식\ 18.36\rangle$$

동일한 식이 암모니아와 같이 1개의 이온을 수용할 수 있는 약한 중성 염기에 대하여 얻을 수 있다. 그러나 암모니아는 염기 NH_3가 **중성이고 짝산** NH_4^+는 극성을 띠고 있음에 유의하라. 하지만 전하수지식을 수정하고 동일한 방법을 이용하면 식 18.36을 얻는다. 약산과 마찬가지로 다양한 농도에서 pH값을 그림 18.3에 표시하였고, 다른 이온이 존재하는 경우에는 3차 방정식이 성립하지 않는다. 그러나 식 18.30과 18.31을 이용하여 문제를 해결할 수 있다. 따라서 우리는 산이나 염기에 상관없이 물에 전해질이 더해진 경우 한 가지 해결 방법을 개발할 수 있다.

$$\boxed{pK_{a,A} + pK_{a,B} = pK_{a,w} \quad \text{or} \quad K_{a,A}K_{a,B} = K_{a,w}} \qquad \langle 식\ 18.37\rangle$$

하나의 예로서 그림 18.4에 도시한 Fluconazole을 고려해 보자. Fluconazole은 곰팡이 감염 치료제로 사용되는 약제이다. Fuconnazole은 pH에 따라서 물에 의해 양성자화된 염기이다.

$$\text{Fluconazole} + H_2O \rightleftarrows \text{Fluconazole}^+ + OH^- \qquad \langle 식\ 18.38\rangle$$

pH를 내림으로서 $[OH^-]$가 낮아지고, 반응은 우측으로 진행된다. 예제 18.4에서 보여 주는 바와 같이 높은 pH값에서 반응은 좌측으로 진행된다. 예제 18.8에서 고려된 것과 같이 평형의 이동은 용해도에 영향을 미친다.

예제 18.4 Fluconazole의 해리

Fluconazole은 곰팡이류의 감염의 치료에 사용되는 약제이다. 다양한 pH 조건에서 약제의 거동은 매우 중요한데, 위장에서는 pH가 낮은 반면에 창자에서는 높은 pH 조건이 되기 때문이다. 따라서 해리와 용해도에 대한 모델이 요구된다. Fluconazole의 평형은 식 18.38로 표현할 수 있고, 다음과 같은 식으로 모델링될 수 있다.

$$\ln(K_a) = -1.28 - 8000/T \qquad \langle 식\ 18.39\rangle$$

여기에서 fluconazole과 그 이온, 수산화기는 몰랄농도 기준으로 표시되고, 물은 Lewis-Randall 기준을 따른다. 수용액상에서 fluconazole의 겉보기 농도가 1.5E-3m일 때 pH가 7일 때

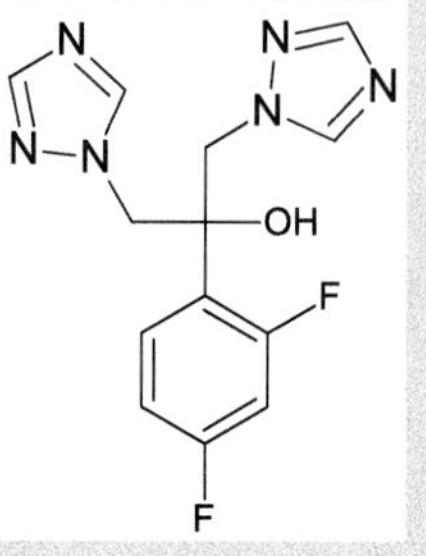

그림 18.4 • Fluconazole의 구조

와 pH가 1.5일 때 해리되는 fluconazole의 백분율을 구하라. Fluconazole의 분자량은 306.27이다. 이상용액을 가정하라.

풀이

산과 염기를 구분하기 위하여 먼저 화학반응을 고려해 보자. 이 경우에 fluconazole은 염기이고 fluconazole⁺는 산이다. 따라서 식 18.39는 $K_{a,B}$를 표현한 것이다. 이 경우와 유사하게 문헌상에서 산과 염기를 명확하게 표시하지 않기 때문에 이를 인식하는 것은 해답을 얻기 위한 중요한 단계이다. 반응을 다음과 같이 산에서의 반응으로 표현할 수 있다.

$$\text{Fluconazole}^+ + H_2O \rightleftarrows \text{Fluconazole} + H_3O^+$$

(우리는 반응을 산의 형태로 표현하는 접근 방법을 표준 방법으로 적용하며, 18.9절 이후에 좀 더 상세하게 적용한다.) 식 18.39를 이용하면 298.15K에서 $K_{a,B}$ = 6.181E-13 또는 $K_{a,A}$ = 10^{-14}/6.181E-13 = 0.01617 또는 $pK_{a,A}$ = 1.79를 얻을 수 있다. 따라서 fluconazole은 pH = 1.8이하에서 압도적으로 양성자화하며, 그 이상에서는 거의 중성이다. 계산은 이러한 어림셈임을 명심하고 수행하여야 한다.

pH = 7에서 식 18.30을 적용하면 다음과 같다.

$$[\text{Fluc}^+] = C_{\text{fluc}}[H^+] / ([H^+] + K_{a,A}) = 1.5\text{E-3m}(10^{-7})/(10^{-7} + 0.01617) = 9.27\text{E-9m}.$$

따라서

$$[\text{Fluc}] = 1.5\text{E-3m}$$

양성자화된 백분율은 다음과 같다.

$$9.27\text{E-9}/(1.5\text{E-3})\cdot 100\% = 0\% \text{ (거의 없음)}$$

pH = 1.5에서 시스템은 $pK_{a,A}$ 근방이며, 분수에서 양쪽 항은 모두 중요하다.

$$[\text{Fluc}^+] = C_{\text{fluc}}[H^+] / ([H^+] + K_{a,A}) = 1.5\text{E-3m}(10^{-1.5})/(10^{-1.5} + 0.01617) = 9.9\text{E-4m}.$$

따라서

$$[\text{Fluc}] = 1.5\text{E-3m} - 9.9\text{E-4m} = 5.1\text{E-4m}$$

예상한 바와 같이 양성자화된 화학종의 농도는 높다. 양성자화된 백분율은 다음과 같다.

$$9.9\text{E-4}/(1.5\text{E-3})\cdot 100\% = 66\%$$

계산의 관점

전해질계의 계산은 농도들의 자릿수 차이가 크기 때문에 수렴에 어려움을 겪을 수도 있다. 각 pH는 자릿수를 나타내는 단위이다. 따라서 pH 2는 pH 7에 비하여 5개의 자릿수에 해당하는 양만큼 크다. Excel Solver를 이용하여 계산할 때 만일 계산 수렴 허용치를 1E-3을 준다면 뒤쪽 조건에 무관한 해가 구해질 수 있다. 또한 이러한 문제는 0 근방에서 반복 계산할 때 발생할 수 있는데, 1E-3의 농도는 반복 계산에서 제한 조건이 주어지지 않는 경우 음의 값으로 점프할 수 있기 때문이다. 어떤 조건에서는 수렴이 매우 느릴 수 있다.[12] 전하가 계산에 포함되어 있기 때문에 용액 안에서 전체 전하의 합은 0이 되어야 한다. 농도의 반복 계산을 수행할 때 전하수지식이 필요하다. 그러나 전하수지식은 자릿수가 다른 숫자를 더하는 것을 포함한다. 몇 가지 일반적인 권고사항을 정리하면 다음과 같다.

❗ The $pK_{a,A}$는 산과 짝염기의 반응좌표가 50%인 pH 조건을 나타내므로 농도는 동일하다.

1. 다음에 논의된 바와 같이 좋은 초기 추정치(initial guess)를 사용한다. $pK_{a,A}$는 반응 좌표에서 산과 짝염기 사이의 50%인 pH 조건을 나타내므로 농도는 동일하다.
2. 자동화된 방정식 solver를 이용할 때에는 반복 계산에서 농도가 양의 값이 되도록 제한 조건을 부여하거나 농도의 로그 항을 이용한다.
3. Solver 또는 최적화 루틴의 수렴 조건을 매우 작은 값(1E-30)을 부여하고 반복 계산의 최대 횟수를 매우 큰 수로 한다.
4. 수렴을 확인하기 위하여 결과를 확인한다. 특히 주어진 횟수의 반복 계산이 수행된 후 체크한다.

농도의 자릿수 차이가 큰 경우에 어떻게 좋은 초기 추정치를 생성할 수 있을까? 초기 추정치를 생성하는 가장 좋은 방법은 Sillèn 선도를 이용하는 방법이다. Sillèn 선도는 최초에 스웨덴의 화학자 Lars Gunnar Sillèn에 의하여 1950년대에 개발되었으며, 간단히 스케치할 수 있다. 다음 절에서 Sillèn 선도를 작도하고 사용하는 법을 배울 것이다. 많은 경우에 있어서 Sillèn 선도에 의한 결과는 실제 적용에 충분할 정도로 정확하거나 또는 활동도 계산을 이용하는 상세한 계산에서 초기 추정치로 사용되기에 충분하다.

이전 예제에서 또 다른 중요한 측면은 표준상태(standard state), 농도의 단위와 K값의 농도 독립성이다. 전하를 가지고 있는 화학종에 사용하는 전형적인 표준상태는 Henry의 법칙과 유사하지만 약간의 차이가 있다. 이 장의 뒤쪽에 소개되어 있는 상세한 부분을 생략하고 간단히 설명하면 전하를 띤 화학종의 활동도 계수는 무한 희석(infinite dilution)상태에서 1이며, 서론에 해당하는 예제에서 우리는 활동도 계수를 무시할 것이다. 이러한 보정 항은 이온의 농도[**이온강도**(ionic strength)로 측정한다]가 대략 10^{-2} m보다 낮을 때 그 값이 작다. 문제의 해를 구하는 전략을 전개하기 위하여 이러한 근사식을 이용할 것이다. 이 책의 독자들은 전하를 띤 화학종의 활동도 계수가 전형적으로 5 m의 농도에 도달할 때 매우 빠르게 커질 수 있으며, 그 값도 매우 크다는 점에 유의하여야 할 것이다. 물과 전하를 띠지 않는 화학종의 표준상태에 대한

---

12 Butler, James N. 1998. *Ionic Equilibria*. New York: Wiley. pp. 20–35.

이온은 몰랄 표준상태로 다루고, 수용액상의 분자 용질은 Henry의 법칙으로 다룬다. 물은 Lewis-Randal 법칙으로 다루어진다.

이해도 매우 중요하다. 물과 전하를 띠지 않는 화학종의 표준상태는 전하를 띤 화학종과 다르다. 아세트산과 암모니아와 같이 분자상태의 산과 염기인 전하를 띠지 않는 용질은 Henry의 법칙으로 다룬다. 이들은 전하를 띤 화학종과 동일하게 활동도 계수를 1로 본다. 반면에 물은 Lewis-Randall 표준상태의 순수한 물을 기준으로 한다. 몰분율 기준으로 물의 농도는 거의 1에 가깝기 때문에 물의 활동도 계수를 1로 근사하기에 충분하다. 정리하면, 우리는 11장에 도입된 비대칭 표준상태(unsymmetric standard state)를 확장한 것이다.

또 다른 중요한 근사식은 이 장의 초반부 예제를 풀기 위해 몰랄농도 대신 몰농도를 이용한 점이다. 이는 표 18.1에 나타낸 바와 같이 개론적인 화학에서 사용되는 규약을 사용한 것이며, 낮은 농도에서 좋은 근사식이 될 수 있다. 기술적으로 전해질 화학종을 다루기 위해서는 몰랄농도가 사용되어야 하며, 예제는 이 단위로 다시 계산되어야 하지만 몰랄농도로 변환하는 것은 교육적으로 별 이득이 없는 단순한 단위환산이다. 이 장에서 뒤쪽의 예제에서는 좀 더 상세한 접근을 위하여 몰랄농도를 사용한다.

K에 대한 온도, 압력 및 농도의 영향

앞선 예제와 논의에서 평형상수를 제공하였다. 개론적인 화학교과서에서 명확하게 지정되지 않은 경우도 있지만 대체로 298.15 K에서의 값이 제공되었다. 모든 반응계에서 K_a값은 온도에 따라 변화한다.

17장에서 평형상수는 압력에 의존하지 않았다. 비록 압력의 영향을 무시하는 것을 첫 번째 근사식으로 사용하는 것이 일반적이기는 하지만 전형적인 전해질의 표준상태가 이온에 적용될 때 이것은 적절하지 않다. 무한 희석상태에서 어떤 이온이 물에 해리되어 있을 때 수소결합이 깨지며, 무한 희석 표준상태에서 압력 의존성을 유발한다. 우리는 이 책에서 더 이상 상세하게 다루지 않을 것이며, 고압에서 계산할 경우 좀 더 발전된 교과서 또는 핸드북을 참고하여야 할 것이다.[13]

용액의 비이상성을 보정하기 위하여 두 가지 방식을 사용한다. 17장의 개념을 확장하여 용액의 비이상성을 포함시키는 가장 상세한 방법은 뒤에서 설명할 예정인 활동도 계수를 사용하는 것이다. 그러나 문헌에서 용액의 이온강도에 의존하는 $K = K_a / K_\gamma$를 결정하고 K_a 대신에 K를 사용하여 계산을 진행하는 또 다른 방법을 이용하고 있다. 이 방법이 가능한 이유는 활동도 계수의 1차 근사식은 전하와 이온강도에 의존하지만 화학종에 무관하기 때문이다. (18.15

13 무한 희석 성질을 계산하는 널리 알려진 방법은 Helgeson-Kirkham-Flowers(HKF) EOS이다. 이 상태방정식은 무한 희석 성질을 온도와 압력의 함수로서 계산하도록 특별히 개발되었다. 이 상태방정식은 매우 상세하며, 다음의 4개의 논문에 설명되어 있다. (1) Helgeson, H.C., Kirkham, D.H. 1974. Am. J. Sci. 274:1089 - 1198; (2) Helgeson, H.C., Kirkham, D.H. 1974. Am. J. Sci. 274:1199 - 1261; (3) Helgeson, H.C., Kirkham, D.H. 1976. *Am. J. Sci*. 276:97 - 240; (4) Helgeson, H.C., Kirkham, D.H., Flowers, G.C. 1981. Am. J. Sci. 281:1249 - 1516. 매개변수의 데이터베이스는 www.predent.org의 SUPCRT와 OBIGT(일부 확장도 포함)에서 얻을 수 있다. 윈도우즈 인터페이스가 데이터를 이용하여 제공되고 있지만, 298.15K, 1 bar의 표준상태에서 표를 이용하여 직접 계산할 수도 있다. 이 EOS의 응용은 다음 논문과 참고문헌 26~39에 매개변수를 포함하여 기술되어 있다. Anderko, A., Young, R.D. 2002. Fluid Phase. Equil. 203:141-176

절에서 설명할 것이다.) 따라서 문헌상의 값을 이용하여 계산할 때 K값이 표준상태의 값인지 이온강도가 보정된 값인지 저자의 의도를 파악하여야 한다. 이온강도의 의존성이 K에 포함되어 있고, K가 K_a로 치환되어 있을 때 다음에 설명된 방법에서 K_a 대신에 K를 사용하여 직접 이용할 수 있다.

18.9 Sillén 선도를 이용하여 해를 구하는 방법

단일 양성자(monoprotic) 산 또는 염기

Flood 선도와 유사한 Sillén 선도(그림 18.5 참조)를 이용하여 전해질 문제를 푸는 데에는 일곱 가지의 단계가 필요하다. 우리는 먼저 이 단계를 정리하고 아세테이트 나트륨에 대한 예제를 풀어 볼 것이다. 과정들을 간단히 훑어보고 예제 18.5를 통해 상세히 따라가 보도록 한다.

1. Flood 선도와 유사하게 좌표를 만든다. (이 교과서의 웹사이트에는 서식이 준비되어 있다.) 강산과 강염기를 위한 직선을 그린다. pH = 7 근방에서 폭이 좁아지는 상세한 현상은 무시하고 선을 긋는다. 두 선의 합은 로그 스케일에서 –14이며, 이는 물의 이온곱을 나타낸다. 이 선에 $[H^+]$ (왼쪽)와 $[OH^-]$(오른쪽)의 라벨을 붙인다.

   로그 좌표계에서 선도를 작성할 때 몇 가지 경험법칙이 매우 유용하다. [B] = 2[A]인 경우 [B]의 세로 좌표는 $\log_{10}$ 스케일에서 [A]보다 0.3 단위만큼 크다. 마찬가지로 [B] = 0.5[A]인 경우, [B]의 세로 좌표는 [A]보다 0.3 단위만큼 작다. 5에 대한 계수는 0.7 단위이다. 물론 10에 대한 계수는 1 단위이다. 편의성을 위하여 (선형계수, log 10의 변환)의 쌍을 나열하면 다음과 같다. (2,0.3), (3,0.47), (4, 0.6), (5, 0.7), (6, 0.78), (7, 0.85), (8, 0.9), (9,0.95), (10, 0.1).
2. 예제 18.32와 같이 해리하는 화학종과 용액 내 겉보기 화학종을 연관시키는 물질수지를 기록한다.
3. 약산이나 약염기에 대한 해리상수를 이용하여 평형 관계식을 기록한다. 산 또는 염기가 강산/강염기인 경우에는 완전히 해리하므로 이 관계식은 필요 없다. **항상 반응식은 산의 형태(acid form)로 작성한다**(염기가 관련된 경우에도). 예를 들어 식 18.26은 아세테이트 또는 아세트산에 대한 식이다. 물에 대한 해리반응을 작성한다. 산 형태로 작성하면 일관성 있는 해를 구하는 방법이 될 수 있지만 이론적으로 필요한 것은 아니다.
4. 전하 중성도 제한 조건을 기록한다.
5. 다음과 같은 세 가지 단계를 이용하여 계산 없이 식 18.30과 18.31을 선도에 그린다(예제 참조). 세 가지 단계는 다음과 같다. **(a)** C_A (또는 C_B)와 $pK_{a,A}$의 **시스템 포인트를 만든다**. 염기인 경우에도 항상 $pK_{a,A}$를 사용한다. **(b)** ($pK_{a,A}$, $\log C_A$ – 0.3)에서 **산/염기를 가로지르는 점을 만든다**. (0.3이라는 값은 산과 염기의 농도가 일치하며, 농도가 50% 감소하는 점을 나타낸다.) **(c)** $\log C_A$ – 1에서 시작하여 **시스템 포인트**를 투영하는 +1과 –1의 기울기를 가지는 (H+ 선과 OH–과 평행) 대각선을 C_A 아래쪽에 그린다. **(d)** 시스템 포

인트를 기준으로 양측에 약 1 pH에 해당하는 간격을 남겨 두고 **수평선을 그린다**. 왼쪽 선분(낮은 pH)은 산으로 라벨을 붙이고, 오른쪽 선분(높은 pH)은 염기로 라벨을 붙인다. **(e) 기울기를 가진 선과 수평선을 연결**하고 산/염기 교차점을 통과하는 매끈한 곡선을 그린다.

6. 어떤 농도가 가장 크고 어떤 농도가 가장 작은지 결정한다. C_i를 겉보기 농도라고 하자. 목적은 수지식을 단순화하고 실제 농도의 좋은 근삿값을 얻는 것이다. 이는 항상 전하수지식에 물질수지를 삽입하면서 가장 큰 항을 제거하고 크기가 비슷한 작은 항을 남겨서 양성자 조건으로 변환함으로써 얻을 수 있다. 기대되는 pH 조건에서 어떤 농도들이 무시할 수 없는지 선도를 이용하여 결정한다. 목적은 양전하와 음전하의 교차점을 판별하기 위하여 양성자 조건을 이용하는 것이다. 대각선이 매우 가깝지 않은 경우 이는 매우 간단하다. 많은 다른 이온들이 소량으로 존재할 경우, 여러 가지 양성자 조건이 있을 수 있다. 힌트: 로그 스케일의 각 단위는 자릿수이다. 산은 자체적으로 pH < 7이 되며, 염기만 있는 경우 pH > 7이 된다. 강산과 약염기의 염(예: $NH_4^+Cl^-$)은 산성이며, 약산과 강염기의 염(예: NaOAc)은 염기성이다.
7. 결과를 확인한다. 결과는 식 18.30과 18.31에 전하수지 pH를 반복 계산하거나 비슷한 계산을 통해 확인할 수 있다.

예제 18.5 HOAc와 NaOAc의 Sillén 선도

아세테이트 나트륨(NaOAc)이 물속에 $C_B = 10^{-2}$ mol/L의 겉보기 농도로 녹아 있다. Sillén 선도를 구성하고 pH를 예측하라. 상온에서 무한 희석상태의 아세트산의 $pK_{a,A} = 4.76$이다.

풀이

일반적인 표현법인 A^-를 아세테이트를 표현하기 위해 OAc^-로 표시하기로 한다. Sillén 선도는 그림 18.5에 표시되어 있다. 개략적인 해(두꺼운 선)는 정확한 방정식(가는 선)과 중첩되어 표시되어 있다.

단계 1: $[H^+]$와 $[OH^-]$에 대한 선들을 그리고 그림에 라벨이 표시되어 있다.

단계 2: $[Na^+] = [HOAc] + [OAc^-] = C_B$ 물질수지 〈식 18.40〉

단계 3: $K_{a,A} = [OAc^-][H^+]/[HOAc]$ 평형 〈식 18.41〉

$K_{a,w} = [H^+][OH^-] = 10^{-14}$ 평형 〈식 18.42〉

단계 4: $[H^+] + [Na^+] = [OAc^-] + [OH^-]$ 전하수지 〈식 18.43〉

단계 5: 단계 5(a)와 5(b)로 표시된 부분을 보라. 이전에 설명된 과정을 참고해 보면 다음 그림에서 시스템 포인트(x)는 C_B와 $pK_{a,A}$에 위치해야 한다. 선도의 아래쪽에 단계 5(c)의 선들의 직선 끝 부분이 단계 5(a)의 점 x를 통과하는지 확인하라. 단계 5(c)에서 그려진 선들은 명확성을 위하여 가는 선으로 표시되어 있는데, 분명히 이 선들은 o를 지나도록 작도할 수 있다. 단계 5에서는 식 18.30과 18.31을 계산과정 없이 작도한 것임을 기억하자.

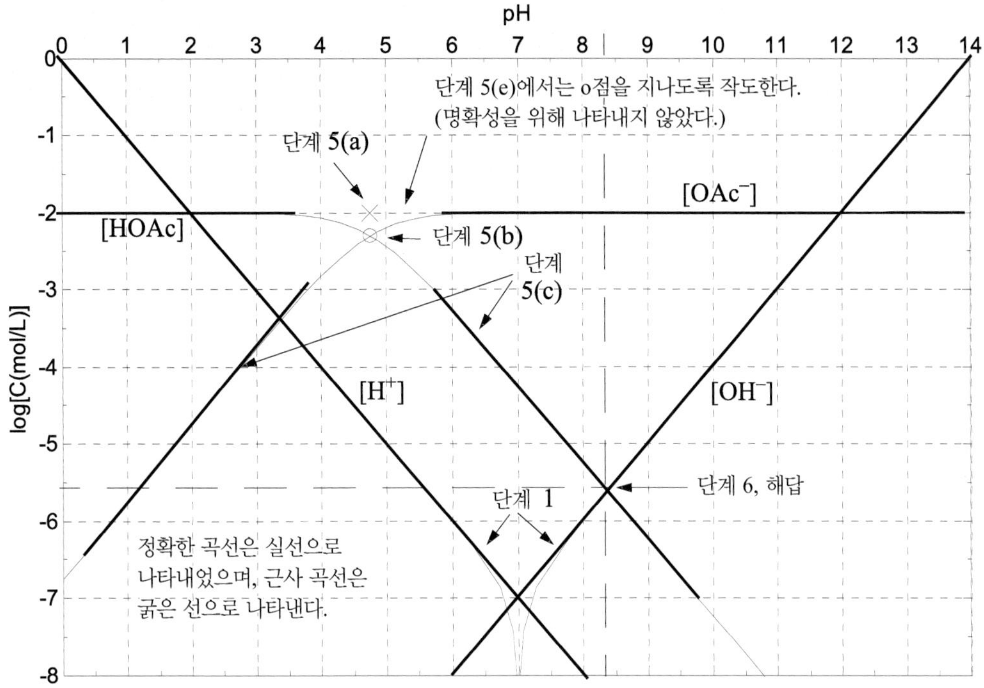

그림 18.5 • 아세테이트의 전체 농도가 0.01 M인 예제 18.5의 Sillén 선도

단계 6: 양성자 조건을 수립한다. 이 단계는 가장 중요하고 가장 혼란스러울 수 있다. 방정식과 선도를 함께 사용함으로써 가장 잘 이해할 수 있다. 우리는 약산과 강염기로 구성된 염을 용해하였기 때문에 pH가 7 이상이 될 것으로 기대하고 있다. 선도 위에서 $[OAc^-] >> [HOAc]$인 범위를 살펴보면 우리는 $[HOAc] = C_B - [OAc^-]$를 물질수지를 이용하여 간단히 계산하기 어렵다. 왜냐하면 수식의 마지막 2개의 항이 거의 값이 같기 때문이다. 물질수지를 이용하여 값이 큰 항인 $[Na^+]$와 $[OAc^-]$를 제거해 보자. $[Na^+]$를 C_B로 교환할 수 있고, $[OAc^-] = C_B - [HOAc]$ 임을 주목하자. 이를 이용하면 전하수지식에서 가장 큰 항을 제거하고 다음과 같은 식을 얻을 수 있다.

$$[H^+] + [HOAc] = [OH^-] \quad \text{양성자 조건} \qquad \langle 식\ 18.44\rangle$$

식 18.40~18.43은 그래프에 의하여 양성자 조건이 만족되는 식 18.44로 압축되었다. 선도에서 pH > 7인 선을 살펴보면 [HOAc]는 pH = 5 이상에서 세 자릿수 이상 $[H^+]$보다 크다는 점이 분명하다. 따라서 왼쪽 부분의 양성자 조건은 $[HOAc] + [H^+] = [HOAc] + \cdots$ 이 되는데, 여기서 ⋯ 은 매우 작은 수를 나타낸다. 양성자 조건은 $[HOAc] + \cdots = [OH^-]$가 되며 실용적인 목적을 위한 해는 선도에 나타낸 바와 같이 [HOAc]와 $[OH^-]$가 만나는 점에서 찾을 수 있다. 개략적인 농도는 다음과 같다.

$$pH = 8.4,\ pOH = 14 - 8.4 = 5.6,\ [HOAc] = 10^{-5.6},\ [Na^+] = [OAc^-] = 10^{-2}$$

단계 7: 양성자 조건은 식 18.27과 18.30으로 주어져 있고, 항들의 차이를 구하는 식을 피하면 다음과 같은 식이 얻어진다.

$$[OH^-] = 10^{-14}/[H^+] = [H^+] + [HOAc] = [H^+] + C_A[H^+] / ([H^+] + K_{a,A})$$

연속 치환법을 위하여 $[H^+]$로 식을 다시 재배치하고 pH = 8.4의 초기 추정값을 제공하고 $[H^+]$의 가장 높은 차수에 대하여 반복 계산을 수행한다.

$$[H^+]^2 = 10^{-14}/ (1 + C_A / ([H^+] + K_{a,A})) = 10^{-8.4} + (10^{-2})(10^{-8.4})/(10^{-8.4} + 10^{-4.76})$$

$$[H^+] = \sqrt{10^{-14}/(1 + C_A/([H^+] + K_{a,A}))} = \sqrt{10^{-14}/(1 + 10^{-2}/(10^{-8.4} + 10^{-4.76}))}$$

$$= 4.165E\text{-}9$$

pH = 8.38이다. 이 결과를 다시 반복 계산을 수행하여도 큰 변화는 없다. 만일 연속 치환법이 수렴하지 않고 발산한다면 방정식을 재배열하여야 한다. 부록 A의 A.4절을 참조하라.

이 예제는 상대적으로 복잡한 문제가 간단한 스케치로 해결될 수 있다는 것을 보여 준다. 서론적인 이 예제에서 사용된 단순화는 $[H^+] << [HOAc]$라는 점이다. 이 근사식을 일반화해서는 안 된다. 만일 동일한 문제를 $C_B = 10^{-4}$ mol/L인 경우에 적용하면, [HOAc]와 $[OAc^-]$ 선들이 아래쪽으로 두 자릿수 이동하여 $[H^+]$와 [HOAc] 선이 매우 가까워진다. 이 경우에는 근사식 $[H^+] << [HOAc]$ 이 더 이상 유효하지 않다. 대신에 양성자 조건의 왼쪽 항들, $[H^+]$ + [HOAc]를 선택된 점에서 2개의 선을 이용하여 계산할 수 있다. $[H^+]$ + [HOAc]의 합은 이 점을 통과하면서 각 선과 같은 기울기를 갖는 선이 된다. 해답은 $[OH^-]$의 선과 합산된 선이 만나는 지점이 된다.

해를 구하는 이 방법의 주목할 만한 특징은 4개의 연립방정식의 해를 구하는 데 있어서 복잡한 선형대수 또는 3차 상태방정식을 동원하지 않아도 된다는 점이다. 하나의 연습으로서 $C_A = 10^{-2}$ mol/L인 아세트산을 고려해 보자. 선도는 위에서 사용된 것과 동일하다. 그러나 물질수지와 양성자 조건이 다르다. 근사적으로 pH = 3.35임을 보이기 위해 선도를 활용해 보자.

여러 개의 양성자를 가지는 산과 염기

인산계(H_3PO_4, $H_2PO_4^-$, HPO_4^{2-}, PO_4^{3-})와 CO_2계(CO_2, HCO_3^-, CO_3^{2-})는 생물과 환경 분야의 응용에서 매우 중요하다. 발효에 의한 석신산(succinic acid)과 다이카복실산(dicarboxylic acid)은 전형적으로 염의 형태로 미래에 더 널리 생산될 것으로 기대되고 있다. 단백질의 구성 요소인 아미노산은 동일한 분자에 기본 아민과 카복실산을 결합하고 있다. 비휘발성인 인산염계를 고려함으로써 시작해 보자.

인산염계(phosphate system)

평형은 다음과 같이 쓸 수 있다. (편의상 하첨자 A를 사용하지만 모두 산에 대한 평형상수를 사용함.)

$$\frac{[H_2PO_4^-]}{[H_3PO_4]} = \frac{K_{a1}}{[H^+]} \qquad \langle 식\ 18.45\rangle$$

$$\frac{[HPO_4^{2-}]}{[H_2PO_4^-]} = \frac{K_{a2}}{[H^+]} \text{ or } \frac{[HPO_4^{2-}]}{[H_3PO_4]} = \frac{K_{a1}K_{a2}}{[H^+]^2} \quad \langle 식\ 18.46\rangle$$

$$\frac{[PO_4^{3-}]}{[HPO_4^{2-}]} = \frac{K_{a3}}{[H^+]} \text{ or } \frac{[PO_4^{3-}]}{[H_3PO_4]} = \frac{K_{a1}K_{a2}K_{a3}}{[H^+]^3} \quad \langle 식\ 18.47\rangle$$

인에 대한 물질수지는 다음과 같다.

$$C = [H_3PO_4] + [H_2PO_4^-] + [HPO_4^{2-}] + [PO_4^{3-}] \quad \langle 식\ 18.48\rangle$$

변수 α_i를 전체 인의 농도에 대한 각 화학종의 분율을 나타내기 위하여 정의하자. 하첨자는 양성자의 개수를 나타낸다.

$$\alpha_3 = \frac{[H_3PO_4]}{C},\ \alpha_2 = \frac{[H_2PO_4^-]}{C},\ \alpha_1 = \frac{[HPO_4^{2-}]}{C},\ \alpha_0 = \frac{[PO_4^{3-}]}{C} \quad \langle 식\ 18.49\rangle$$

물질수지를 $[H_3PO_4]$로 나누면 α_3의 역수를 얻을 수 있다.

$$\frac{1}{\alpha_3} = \frac{C}{[H_3PO_4]} = 1 + \frac{[H_2PO_4^-]}{[H_3PO_4]} + \frac{[HPO_4^{2-}]}{[H_3PO_4]} + \frac{[PO_4^{3-}]}{[H_3PO_4]} = 1 + \frac{K_{a1}}{[H^+]} + \frac{K_{a1}K_{a2}}{[H^+]^2} + \frac{K_{a1}K_{a2}K_{a3}}{[H^+]^3} \quad \langle 식\ 18.50\rangle$$

역수를 취하고 수식을 단순화하면 다음과 같다.

$$\alpha_3 = \frac{[H_3PO_4]}{C} = \frac{[H^+]^3}{[H^+]^3 + K_{a1}[H^+]^2 + K_{a1}K_{a2}[H^+] + K_{a1}K_{a2}K_{a3}} \quad \langle 식\ 18.51\rangle$$

3개의 양성자를 가진 산의 분율로 α_2를 나타내면 다음과 같다.

$$\alpha_2 = \frac{[H_2PO_4^-]}{C} = \frac{[H_3PO_4]}{C}\frac{[H_2PO_4^-]}{[H_3PO_4]} = \alpha_3\frac{K_{a1}}{[H^+]}$$

$$\alpha_2 = \frac{[H_2PO_4^-]}{C} = \frac{K_{a1}[H^+]^2}{[H^+]^3 + K_{a1}[H^+]^2 + K_{a1}K_{a2}[H^+] + K_{a1}K_{a2}K_{a3}} \quad \langle 식\ 18.52\rangle$$

서로 연관된 분율 간의 관계를 통해 1개의 양성자를 가지거나 양성자가 없는 분율은 다음과 같다.

$$\alpha_1 = \frac{[HPO_4^{2-}]}{C} = \frac{K_{a1}K_{a2}[H^+]}{[H^+]^3 + K_{a1}[H^+]^2 + K_{a1}K_{a2}[H^+] + K_{a1}K_{a2}K_{a3}} \quad \langle 식\ 18.53\rangle$$

$$\alpha_0 = \frac{[PO_4^{3-}]}{C} = \frac{K_{a1}K_{a2}K_{a3}}{[H^+]^3 + K_{a1}[H^+]^2 + K_{a1}K_{a2}[H^+] + K_{a1}K_{a2}K_{a3}} \quad \langle 식\ 18.54\rangle$$

인산염계의 Sillén 선도는 단일 양성자 시스템보다 약간 더 복잡하지만 여전히 손으로 빠르게 그릴 수 있다. 각 pH에서 각 성분 i의 농도는 $\alpha_i C$를 이용하여 구할 수 있으며, 여기에서 α_i는 식 18.51~18.54를 이용하여 계산할 수 있다. $C = 10^{-2}$ mol/L인 경우의 정확한 농도는 그림

18.6에 나타내었다. Sillén 선도의 위쪽 부분은 단일 양성자 선도와 동일하다. 차이점은 농도가 인접한 해리상태의 $pK_{a,A}$를 교차할 때 +2 또는 –2로 변화한 점이다. 곡선은 위쪽에서 외삽된 선이 인접한 $pK_{a,A}$를 교차할 때 y 축 상에서 약 0.3 '$\log_{10}$ 단위'만큼 아래쪽을 지난다. 이 선도에서 명확하지는 않지만 화학종의 농도가 추가적인 $pK_{a,A}$ 값을 교차하는 아주 낮은 농도에서 기울기가 1만큼 증가(또는 감소)한다.

예제 18.6 인산염과 강산

NaH_2PO_4와 HCl의 용액이 전체 인의 농도가 1E-2 M이고, 전체 Cl 농도가 5E-3M이 되도록 준비되어 있다. pH와 존재하는 화학종의 농도를 계산하라.

풀이

문제를 다수의 이온과 물질수지로서 시작하자. 나트륨, 염소, 인에 대한 물질수지는 다음과 같다.

$$1\times10^{-2}\text{M} = [H_3PO_4]+[H_2PO_4^-]+[HPO_4^{2-}]+[PO_4^{3-}] = [Na^+] \quad \langle 식\ 18.55\rangle$$

$$[Cl^-] = 5\times10^{-3}\text{M} \quad \langle 식\ 18.56\rangle$$

$$[H^+]+[Na^+] = [H_2PO_4^-]+2[HPO_4^{2-}]+3[PO_4^{3-}]+[OH^-]+[Cl^-] \text{ 전하수지} \quad \langle 식\ 18.57\rangle$$

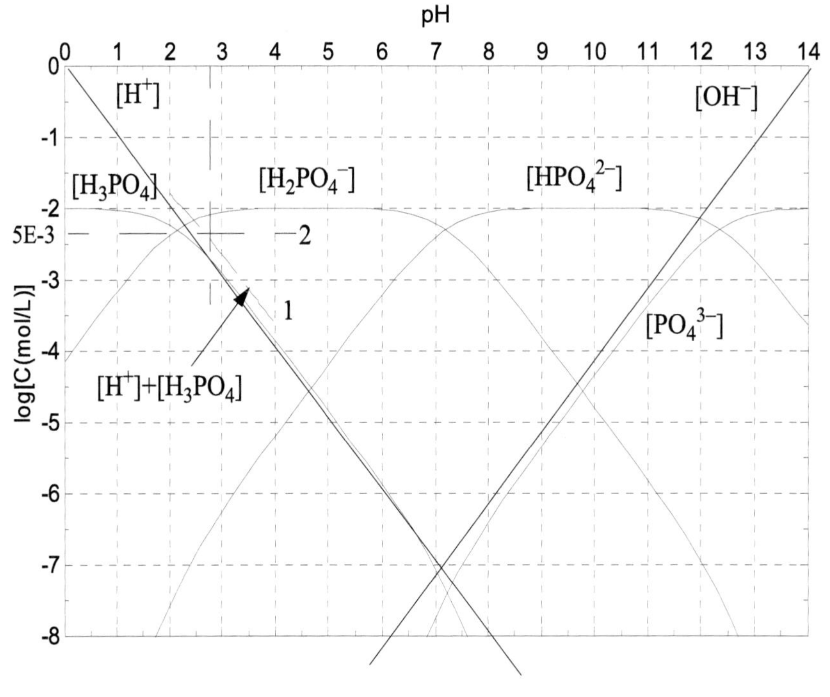

그림 18.6 • 예제 18.6에서 다루고 있는 $C = 10^{-2}$ mol/L의 인산계

전하수지식에서 계수를 주목할 필요가 있다. 인산염에 대한 Sillén 선도가 이전 페이지에 주어졌다. 매우 많은 화학종이 존재하기 때문에 매우 어렵게 느껴질 수 도 있지만 Sillén 선도를 살펴보면 어떤 pH 범위에서도 2개의 인산 포함 화학종만이 중요하다는 점을 알아챌 수 있을 것이다. 이는 $pK_{a,A}$값이 잘 분리되어 있기 때문이다. 곡선은 정확한 관계식을 통해 그려져 있지만 간단히 스케치할 수도 있다. 위에서 주어진 방법을 이용하여 스케치를 연습해 보고 그림 18.6과 비교해 보자.

단계 1~5. 이 과정들은 이미 수행되었다.

단계 6. 양성자 조건은 물질수지를 이용하여 이미 알고 있는 상수인 $[Na^+]$와 $[Cl^-]$를 제거함으로써 전개할 수 있다. 인산염의 물질수지를 삽입하여 다음의 식을 얻는다.

$$[H^+] + 10^{-2} = 10^{-2} - [H_3PO_4] + [HPO_4^{2-}] + 2[PO_4^{3-}] + [OH^-] + 5 \cdot 10^{-3} \quad \text{〈식 18.58〉}$$

이는 다음과 같이 표현할 수 있다.

$$[H^+] + [H_3PO_4] = [HPO_4^{2-}] + 2[PO_4^{3-}] + [OH^-] + 5 \cdot 10^{-3} \quad \text{양성자 조건 〈식 18.59〉}$$

해를 찾기 위한 이해는 직접적인 숫자를 조작하는 것보다 약간의 생각과 추론이 필요하다. 수식 왼쪽의 항들은 $2.5 < pH < 7$인 조건에서 거의 유사하다. 이 값들은 합산되어 '1'로 표시된 짧은 파선으로 표시되어 있다. (이들은 거의 모든 영역에서 값이 유사하기 때문에 합은 두 배가 되며, $\log_{10}$ 스케일에서 0.3 단위만큼 크다.) $[H_2PO_4^-]$가 양성자 조건에서 나타나지 않음을 주목하자. 식의 오른쪽 항들에 있어서 $pH < 6$인 모든 범위에서 5E-3 항이 압도적으로 크다. 수지식 상에서 오른쪽 항들에 포함되어 있는 5E-3과 증가하는 인산염 음이온의 합과 균형을 이룰 경우 값이 매우 작기 때문에 높은 pH의 용액은 불가능하다. 따라서 용액은 수지식 상의 인산염 음이온의 값이 작게 유지되며 낮은 pH 영역에 있어야 한다. 해답은 $[H^+] + [H_3PO_4] =$ 5E-3 ('2'로 표시된 선)에서 찾을 수 있으며, pH = 2.6에 해당한다. 선도로부터 개략적인 농도는 $[H^+] = [H_3PO_4] = 2.5\text{E-}3$이다. 식 18.45를 단순화하여 $[H_2PO_4^-] = K_{a1} = 10^{-2.15}$, $[HPO_4^{2-}] = 10^{-6.5}$, $[Na^+] = 1\text{E-}2$, $[Cl^-] = 5\text{E-}3$을 얻을 수 있다.

단계 7. 많은 경우에서 상세한 계산은 매우 복잡할 수 있다. 양성자 조건에 식 18.51을 삽입하면 우측의 3개의 항은 무시할 만큼 작다.

$$[H^+] + \frac{C[H^+]^3}{[H^+]^3 + K_{a1}[H^+]^2 + K_{a1}K_{a2}[H^+] + K_{a1}K_{a2}K_{a3}} = 5\text{E-}3 + \cdots \quad \text{〈식 18.60〉}$$

$$[H^+]\left(1 + \frac{C[H^+]^2}{[H^+]^3 + K_{a1}[H^+]^2 + K_{a1}K_{a2}[H^+] + K_{a1}K_{a2}K_{a3}}\right) =$$

$$[H^+]\left(1 + \frac{C/[H^+]}{1 + K_{a1}/[H^+] + (K_{a1}K_{a2})/[H^+]^2 + (K_{a1}K_{a2}K_{a3})/[H^+]^3}\right) = 5\text{E-}3 \quad \text{〈식 18.61〉}$$

초기 추정값을 삽입하면 다음과 같다.

$$[H^+] = (5E\text{-}3)/\left[1 + \frac{C/[H^+]}{1 + K_{a1}/[H^+] + (K_{a1}K_{a2})/[H^+]^2 + (K_{a1}K_{a2}K_{a3})/[H^+]^3}\right]$$

〈식 18.62〉

$$[H^+] = (5E\text{-}3)/\left[1 + \frac{10^{-2}/[H^+]}{1 + 10^{-2.148}/[H^+] + \cdots}\right]$$

$$= (5E\text{-}3)/\left[1 + \frac{10^{-2}/10^{-2.6}}{1 + 10^{-2.148}/10^{-2.6} + \cdots}\right] = (5E\text{-}3)/\left[1 + \frac{3.981}{1 + 2.8314 + \cdots}\right]$$

$$(5E\text{-}3)/[2.039] = 2.45E\text{-}3 = 10^{-2.611}$$

〈식 18.63〉

반복 계산을 수행하면 $[H^+] = 2.44E\text{-}3$, pH = 2.613의 결과를 얻는다. 선도를 이용한 결과 (pH = 2.6)와 상당히 유사함에 주목할 필요가 있다.

아미노산

아미노산은 모든 **단백질**을 구성하고 있는 단위 블록이다. DNA는 22개의 표준 아미노산으로서 여러 가지 종류의 단백질을 결합하는 암호를 보유하고 있다. 특정한 촉매 작용을 가지는 단백질을 **효소**라고 부른다. 아미노산은 최소한 1개 이상의 카복실산 그룹과 아민 그룹을 가지고 있다. 20개의 아미노산은 그림 18.7에 요약되어 있다. 특별히 암호화되어 있는 셀레노시스테인(selenocysteine)과 피롤리신(pyrrolysin)과 더불어 22개의 아미노산은 서로 연결되어 다양한 측면사슬(side chain)을 이용하여 생물학적인 생활에 필요한 여러 가지 기능을 제공한다. 생물학적인 장치가 아미노산을 단백질로 결합할 때 한쪽 아미노산의 카복실산이 인접한 아미노산의 아민과 공유결합된다. 단백질 주사슬(backbone)의 한쪽 끝은 아민이고 다른 끝은 카복실산이다. 그림 18.7에 나타낸 측면사슬은 산과 염기의 측면사슬을 포함하고 있다. 이러한 산과 염기의 측면사슬은 단백질에 전하를 부여하고 pH에 따라서 기능의 변화를 유도한다. 생물학적 시스템은 카복실산의 $pK_{a,A}$ 위쪽인 pH 7 근방에서 완충(buffer)되어 있기 때문에 이 그룹들은 짝염기의 형태를 가지며, 측면사슬이 음의 전하를 가지게 된다. 유사하게 $pK_{a,A}$ 이하의 염기 그룹들은 양성자화된다. 예를 들어 피를 구성하는 구형 단백질인 혈청 알부민(serum albumin)은 생리학적인 pH에서 표면이 음의 전하를 가진다. 생리학적인 pH에서 –17의 고유 전하를 가지며, 6개의 단일가 음이온과 결합하여 –23의 전체 전하를 가지게 된다. pH가 낮을 때 고유 전하는 좀 더 양의 값을 가지게 되며, 더 많은 음이온과 결합한다. 따라서 전하와 결합 전하는 pH에 따라서 변한다.[14] 혈청 알부민은 삼투압을 조절함으로써 혈압을 조절하는 데 결정적인 역할을 한다. 삼투압의 반 정도가 758쪽에서 설명된 Donnan 평형에 의해 제어된다.

14 Fogh-Andersen, N., Bjerrum, P.J., Siggaard-Andersen O. 1993. "Ionic Binding, Net Charge, and Donnan Effect of Human Serum Albumin as a Function of pH." *Clin. Chem*. 39:48–52.

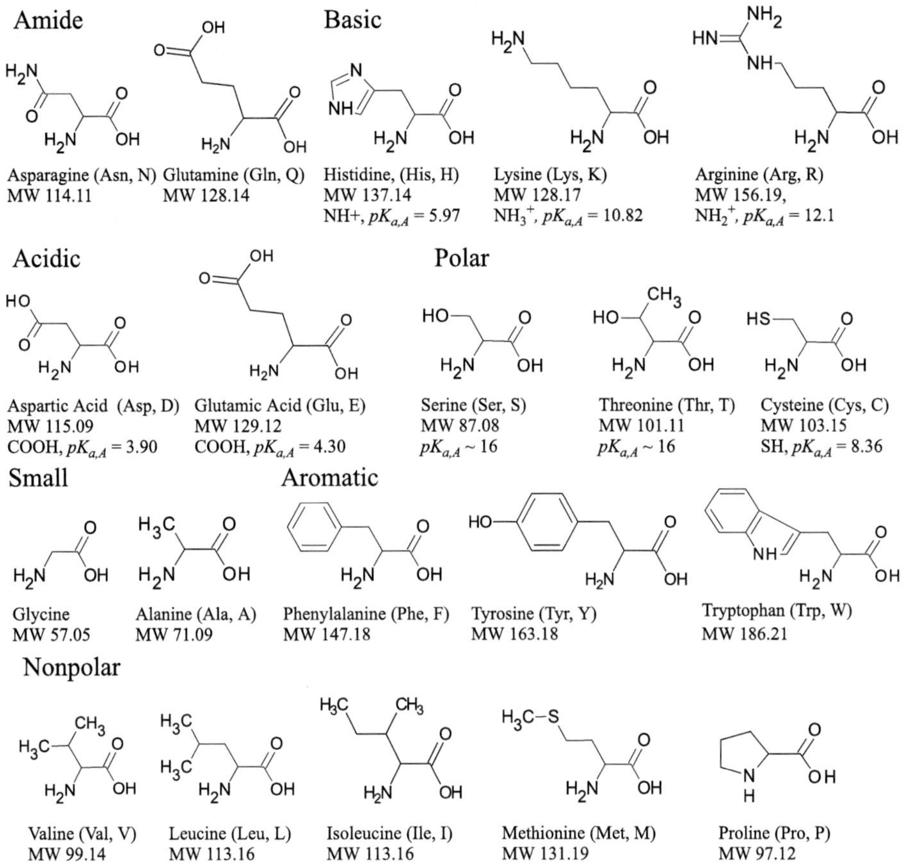

그림 18.7 • 보편적인 유전 정보에 의해 조합된 20개의 아미노산 요약. 각 분자의 아래쪽의 아민과 카복실산 그룹은 아미노산이 생명분자와 연결된 부분임. 산성 및 염기성 측면사슬은 전하가 없는 것으로 표시되어 있음.

다른 단백질들은 산성 그룹보다 염기성 그룹을 더 많이 가지고 있다. 염기성 측면사슬은 중성 pH에서 양성자화되어 양의 전하로 기여한다.

글리신

글리신(glycine)은 가장 간단한 아미노산이다. 측면사슬은 간단히 수소이며, 이는 측면사슬이 없다는 의미가 된다. 글리신에 대하여 카복실산의 $pK_{a,A1} = 2.35$이며, 아민의 $pK_{a,A2} = 9.78$이다. 따라서 아미노산은 산과 염기를 결합한 개념이며, 다중 양성자 시스템을 이룬다. 다양한 pH에서의 화학종과 명명법은 그림 18.8에 나타내었다. 중성 pH에서 화학종들은 0의 전체 전하를 가지지만 양과 음의 전하를 모두 가지고 있다. 음과 양의 전하를 모두 가지고 있는 이러한 분자는 **양쪽성 이온**(zwitterion-독일어로 하이브리드 이온이란 뜻임)이라고 불린다. 양이온과 음이온의 결합은 중성 pH에서 강한 쌍극자 모멘트를 발생시킨다. 관련된 평형식(A 첨자를 생략하고 산의 해리상수를 표시한 것임)은 다음과 같다.

$$\begin{array}{ccccc} \text{glycinium} & & \text{glycine} & & \text{glycinate} \\ H_2Gly^+ & & HGly & & Gly^- \\ pH < 2.35 & & 2.35 < pH < 9.78 & & pH > 9.78 \\ {}^+H_3NCH_2COOH & \rightleftarrows & {}^+H_3NCH_2COO^- & \rightleftarrows & H_2NCH_2COO^- \\ & pK_{a,A} = 2.35 & & pK_{a,A} = 9.78 & \end{array}$$

그림 18.8 • 다양한 pH 레벨에서 지배적인 글리신의 화학종들. 카복실산의 $pK_{a,A1}$ = 2.35이며, 아민의 $pK_{a,A2}$ = 9.78임. 맨 윗줄은 명명법을 나타내며, 두 번째 줄은 약자를 나타냄.

$$K_{a1} = \frac{[H^+][HGly]}{[H_2Gly^+]} \text{ or } \frac{[HGly]}{[H_2Gly^+]} = \frac{K_{a1}}{[H^+]} \quad \langle 식\ 18.64\rangle$$

$$K_{a2} = \frac{[H^+][Gly^-]}{[HGly]} \text{ or } \frac{[Gly^-]}{[HGly]} = \frac{K_{a2}}{[H^+]} \text{ or } \frac{[Gly^-]}{[H_2Gly^+]} = \frac{K_{a1}K_{a2}}{[H^+]^2} \quad \langle 식\ 18.65\rangle$$

예제 18.7 글리신 용액에서 화학종의 분포

(a) 0.1 M 글리신 용액의 pH를 계산하라.

(b) 생리학적인 pH 7.4에서 글리신의 화학종 분포는 어떻게 되는가?

풀이

표준 방법을 이용하여 글리신의 Sillén 선도(그림 18.9)를 스케치할 수 있다.

(a) 관련된 평형식은 식 18.64와 18.65로 주어져 있다. 물질수지는 다음과 같다.

$$C = [H_2Gly^+] + [HGly] + [Gly^-] = 0.1M \quad \langle 식\ 18.66\rangle$$

전하수지식은 다음과 같다.

$$[H^+] + [H_2Gly^+] = [Gly^-] + [OH^-] \quad \langle 식\ 18.67\rangle$$

pH는 중성 근방으로 기대되는데 글리신은 산과 염기의 양쪽 기능을 다 가지고 있지만 산도 염기도 아니기 때문이다. 중성 pH 근방의 전하수지식과 Sillén 선도의 농도를 살펴보자. 전하수지식의 왼쪽에서 $[H^+]$의 농도는 한 자릿수 정도 $[H_2Gly^+]$보다 작아서 전체적으로 약 $1.1[H_2Gly^+]$ 정도의 전체 양전하 농도를 만든다. 식의 오른쪽은 $[Gly^-]$가 $[OH^-]$보다 약 3자리 정도 크기가 크다. 따라서 전하수지는 다음과 같이 효율적으로 표현할 수 있다.

$$1.1[H_2Gly^+] = [Gly^-] + \cdots \quad \langle 식\ 18.68\rangle$$

해답은 pH = 6.1에서 찾을 수 있다. $[OH^-] = 10^{-(14-6.1)} = 10^{-7.9}$ M이다. 글리신 화학종의 농도는 선도로부터 간단히 읽을 수 있다. $[HGly] = 10^{-2}$ M, $[Gly^-] = 10^{-4.65}$ M, $[H_2Gly^+] = 10^{-4.75}$ M. 글리신은 거의 대부분 양쪽성 이온의 형태로 존재하며, 전하를 띤 형태는 약 3.5 자릿수 정도 작다. 농도의 최종적인 확인은 숙제로 남겨 둔다. 만일 글리신의 농도가 낮으면, $[H^+]$는 전하수지식에서 더 중요해지는 점을 주의하라.

(b) 먼저 $[OH^-] = 10^{-(14-7.4)} = 10^{-6.6}$ M 이다. 글리신 화학종의 농도는 그래프로부터 읽을 수 있다. $[HGly] = 10^{-2}$ M, $[Gly^-] = 10^{-3.4}$ M, $[H_2Gly^+] = 10^{-6.05}$ M.

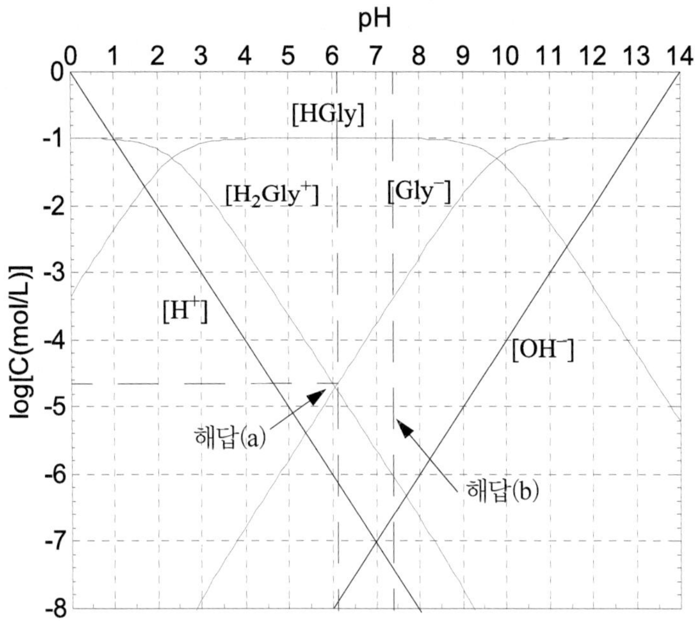

그림 18.9 • 예제 18.7의 0.1 M 글리신 용액의 Sillén 선도

Sillén 선도 이용을 위한 요약

이 절을 통하여 약산, 약염기와 아미노산을 포함한 여러 개의 양성자를 포함한 시스템에 대하여 Sillén 선도를 이용하는 것을 보여 주었다. 선도에 표시된 평형 관계식은 다른 이온이 존재하더라도 직접적으로 의존하지 않음을 증명하였다. 물질수지는 많은 경우에서 전하수지식과 결합하여 양성자 조건을 만들어 낸다. 양성자 조건은 압도적으로 큰 농도를 상쇄하여 정확성을 향상 시키면서 중간 농도에 중점을 둔다. 양성자 조건은 선도와 함께 근사적인 해를 구하는 데 이용된다. 양성자 조건에서 전하의 부호가 같으면서 가까이 있는 압도적인 화학종의 선이 있는 경우, 곡선을 더하여 새로이 작도하고 선도를 이용하여 해를 구할 수 있다(예제 18.6 참조).

여러 개의 양성자가 있는 경우, 그 분포는 Sillén의 방법으로 손쉽게 구할 수 있다는 점을 보여 주었다(예제 18.6 참조). 예제의 여러 개 양성자 시스템에서 pK_a 값이 멀리 떨어져 있어서 각 화학종들은 특정 pH 범위에서 압도적으로 많은 화학종이기 때문에 그 농도가 전체 농도 C와 거의 같게 되었다. 글리신의 예를 들면 $4 < pH < 8$ 의 범위에서 (그림 18.9 참조) 중간 화학종 HGly의 농도는 실제적으로 C와 거의 동일하다. 일부 여러 개의 양성자가 있는 시스템에서 $pK_{a,A}$ 값은 매우 가깝다 예를 들면 석신산이 있으며, 화학종은 H_2Succ, $HSucc^-$와 $Succ^{2-}$이다. 이 경우, 최대점을 가진 곡선과 중간 화학종(석신산의 경우 $HSucc^-$)의 농도는 C 까지 도달하지 못할 것이다. 선도가 준비되면 기울기를 가진 선을 가장 먼저 그려야 한다. 그리고 최대점이 분명하지 않을 때에는 예제 18.6에 설명된 바와 같이 화학종의 분포에 대한 전체 방정식을 전개하고 중간 화학종에 대한 선들을 그려야 한다.

18.10 응용

전해질의 개념을 도입하기 위하여 18.2절에서 우리는 어는점 내림, 삼투압, 끓는점 오름 등의 예제로부터 시작하였다. 여기서 우리는 전하의 미세한 효과가 중요한 응용 분야를 살펴볼 것이다.

완충액(Buffers)

염들과 산이 용액에 존재하는 공통이온을 공유하면 이 용액은 완충되었다고 부른다. 완충용액은 pH의 변화에 저항성이 있으며, 이러한 거동은 생물 분야에서 결정적이 역할을 한다. 예를 들어 혈액은 탄산염(carbonate)에 의해 pH 7.4에서 완충되어 있으며, 약간의 벗어남은 심각한 질병을 유발한다. 완충 용량(buffer capacity)은 산과 염의 농도에 의존한다. 주어진 농도에서 완충 용량은 적정 곡선에 관계하여 가장 잘 이해할 수 있다. 완충 용량(pH의 양쪽 방향의 변화에 대하여)은 산이 '절반' 적정되었을 때 가장 크다. 완충 현상의 근본적인 해석은 산이 절반 적정되었을 때 적정 곡선의 기울기가 가장 크기 때문이다. 단일 양성자 제공 산의 경우, 산과 염의 농도가 같을 때 일어나며, 농도가 매우 낮아서 산/염기 곡선이 Sillén 선도의 $[H^+]$와 $[OH^-]$와 거의 같은 경우를 제외하고는 pH = $pK_{a,A}$에서 완충된다. 약한 단일 양성자 산 HA(화학종 A)와 나트륨염 NaA(화학종 B)를 고려해 보자. 특정한 예를 들면 아세트산과 아세트산나트륨이 물에 녹아 있는 경우일 것이다. 방정식은 식 18.25~18.28의 연장선상에 있다.

$$[HA] + [A^-] = C_A + C_B \text{ and } [Na^+] = C_B \quad \text{물질수지} \qquad \langle 식\ 18.69\rangle$$

$$K_{a,A} = [H^+][A^-]/[HA] \quad \text{평형} \qquad \langle 식\ 18.70\rangle$$

$$K_w = [H^+][OH^-] = 10^{-14} \quad \text{평형} \qquad \langle 식\ 18.71\rangle$$

$$[Na^+] + [H^+] = [A^-] + [OH^-] \quad \text{전하수지} \qquad \langle 식\ 18.72\rangle$$

나트륨의 수지식을 전하수지식에 삽입하고 $[A^-]$에 대하여 풀면 다음과 같다.

$$[A^-] = C_B + [H^+] - [OH^-] \qquad \langle 식\ 18.73\rangle$$

만일 이 항을 산 수지식의 $[A^-]$에 치환한다면,

$$[HA] = C_A - [H^+] + [OH^-] \qquad \langle 식\ 18.74\rangle$$

식 18.70의 평형식에 대입하면,

$$[H^+] = K_{a,A}\frac{C_A - [H^+] + [OH^-]}{C_B + [H^+] - [OH^-]} \qquad \langle 식\ 18.75\rangle$$

$[H^+]$와 $[OH^-]$가 C_A와 C_B보다 훨씬 작다면 우측 항들은 단순화될 수 있고 결과적으로 **Henderson-Hasselbalch**식이 얻어진다.

$$[H^+] \approx K_{a,A}\frac{C_A}{C_B}, \quad pH \approx pK_{a,A} - \log\frac{C_A}{C_B} = pK_{a,A} + \log\frac{C_B}{C_A} \qquad \langle 식\ 18.76\rangle$$

Sillén 선도 방법도 확실히 사용될 수 있으나 적절한 조건에서 **Henderson-Hasselbalch**식이 편리하다. C_A와 C_B가 $[H^+]$ 또는 $[OH^-]$와 가까운 경우, 엉뚱한 결과를 나타낼 수 있다. 더 나은 근사식은 다음과 같다.

$$pH \approx pK_{a,A} - \log\frac{C_A - [H^+]}{C_B + [H^+]}\ (\text{산성}\ \ pK_{a,A}) \qquad pH \approx pK_{a,A} - \log\frac{C_A + [OH^-]}{C_B - [OH^-]}\ (\text{염기성}\ \ pK_{a,A}) \qquad \langle 식\ 18.77\rangle$$

방정식은 초기에 가정된 $[H^+]$ 또는 $[OH^-]$값으로부터 반복 계산을 수행하는 데 사용할 수 있다.

등전점과 이온강도

단백질과 바이오 분자는 카복실산과 아민 측면사슬 때문에 중성 pH에서 전하를 띤 표면을 가지는 경우가 많다. 중성 pH에서 기본 아민은 양성자화되며, 산성 카복실산은 양성자를 빼앗긴다. 만일 바이오 분자가 전체 전하를 가지면 서로 반발하며, 더 잘 용해되며, 중요한 생물학적 기능을 용해해서 제공하게 된다. 전하를 띤 분자가 나타내는 두 가지 중요한 현상은 pH의 변화에 따라 용해도가 변하며, 이온강도(염의 농도)에 따라 용해도가 의존하는 것이다.

먼저, pH가 변화하면, 측면사슬의 전하가 변화한다. 바이오 분자가 전체 전하를 가지지 않는 pH값을 **등전점**(isolelectric point)이라고 부른다. 등전점에서는 용해도가 가장 낮은데, 그 이유는 전체 전하가 없기 때문에 큰 거대 분자들이 서로 접근하며, 서로 협력하는 큰 물리적 힘이 분자들을 침전하게 만든다. 따라서 용해도는 등전점의 양 측면에서 빠르게 증가한다. 등전점은 종종 **pI**로 특성화되는데, 이는 등전점의 pH이다. 우유 단백질인 β-락토글로부린(lactoglobulin)의 용해도를 그림 18.10에 나타내었다.

바이오 분자의 용해도는 낮은 이온강도에서 이온강도(이온의 농도)가 증가하면 증가한다. 이 효과를 **염용**(鹽溶, salting in)효과라고 부르는데 용액의 이온이 표면의 전하를 차단하기 때문이다. 이는 양전하와 음전하 간의 인력(attraction)을 등전점 가까이에서조차 줄여 준다.

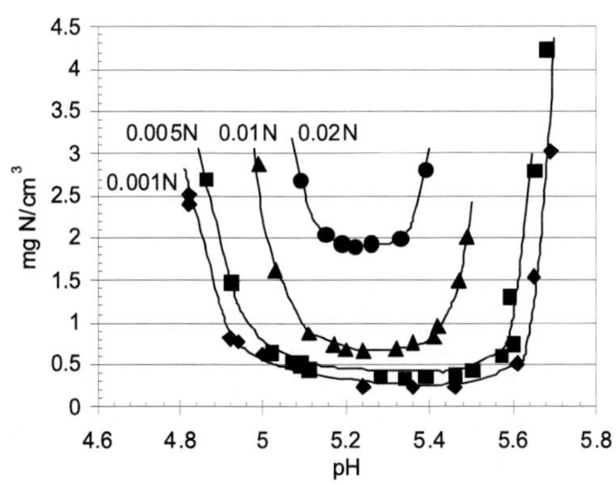

그림 18.10 • 우유 단백질인 β-락토글로불린의 염용(鹽溶)효과와 등전점에서의 최소 용해도를 pH와 이온강도의 함수로 예시. Gronwall, A., 1942. C. R. Trav. Lab. Carlsberg, Ser. Chim. 24: 185-200.

전체 전하가 0이면 보통 양과 음의 전하가 있으며 (아미노산과 양쪽성 이온 절을 참고) 전체적인 인력을 유발한다. 그러나 높은 이온강도(높은 농도)에서는 반대 현상이 나타나는데, 염의 농도를 높이면 바이오 분자의 용해도를 낮추는 **염석**(鹽析, salting out)이라고 알려진 현상이 관찰된다. 염석은 이온 농도가 매우 높기 때문에 보통 상태에서 침전을 막는 척력(repulsive force)이 차단되기 때문이다. 따라서 용해도는 염의 용량이 적을 때는 염의 농도 가 증가함에 따라 증가하지만, 염의 용량이 많을 때는 농도가 증가함에 따라 감소한다. 그림 18.10을 통하여 염용효과와 등전점 근방에서 최소 용해도 현상을 모든 이온강도에서 보이는 것을 볼 수 있다.

Donnan 평형

분리막(membrane)은 특정 이온이나 전하를 띤 이온을 투과시키지 못할 때 재미있는 효과를 가질 수 있다. DNA는 고분자 음이온이며 음의 전하의 균형을 맞추기 위해서 양이온이 필요하다. 예를 들어 어떤 분리막이 그림 18.11에 나타낸 것과 같이 DNA를 투과시키지 못하는 경우를 생각해 보자. $-z$의 전하를 가지는 DNA가 KCl 존재하에 있다. 존재하는 KCl의 화학 퍼텐셜은 분리막의 양측에서 동일해야 하며, 결과적으로 다음의 식이 얻어진다.

$$(a_{K^+}a_{Cl^-})_\alpha = (a_{K^+}a_{Cl^-})_\beta \qquad \text{〈식 18.78〉}$$

전기 중성도는 다음을 요구한다.

$$[K^+]_\alpha = [Cl^-]_\alpha \quad \text{and} \quad [K^+]_\beta = z[DNA^{z-}]_\beta + [Cl^-]_\beta \qquad \text{〈식 18.79〉}$$

활동도의 근사식으로 농도를 이용하고 전하와 평형 관계식을 결합하면 다음의 식이 얻어진다.

$$[K^+]_\alpha = [K^+]_\beta\left(1 - \frac{z[DNA^{z-}]}{[K^+]_\beta}\right)^{1/2} \qquad \text{〈식 18.80〉}$$

괄호 안의 음의 부호 때문에 β 쪽의 칼륨이온의 농도가 높다. 유사하게, 염소에 관한 식을 유도하면 괄호 안의 양의 부호 때문에 α 쪽의 염소 농도가 높다.

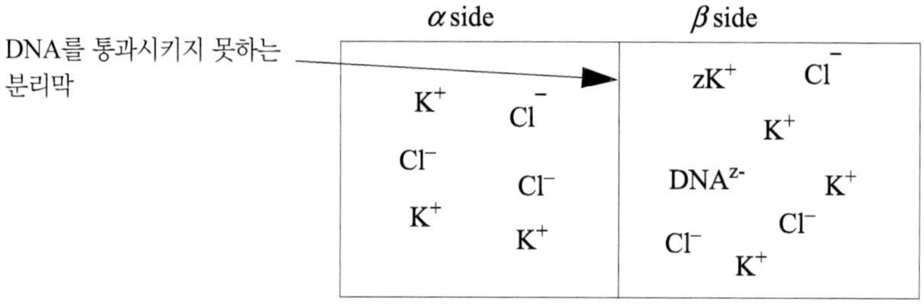

그림 18.11 • DNA의 Donnan 평형의 예시. DNA는 분리막을 통과하지 못함. β 쪽에 이온 농도가 높기 때문에 삼투압에 의하여 β 쪽에 큰 압력이 유발됨.

$$[Cl^-]_\alpha = [Cl^-]_\beta\left(1+\frac{z[DNA^{z-}]}{[Cl^-]_\beta}\right)^{1/2}$$ 〈식 18.81〉

식 18.80과 18.81의 괄호 안의 항의 상대적인 크기는 어떨까? 식 18.80과 18.81을 식 18.78의 왼쪽 항에 치환하면 괄호 안의 두 항의 곱은 1이 되어야 함이 자명하다. β 쪽에 녹아 있는 화학종들이 더 **많아서 β 쪽에 더 높은** 삼투압을 만든다는 사실은 수학적으로 완전히 명확하지는 않다. 혈액세포에 있는 헤모글로빈은 세포 안에 갇혀 있기 때문에 Donnan 평형에 기여한다. 또 다른 재미있는 효과는 염소, 중탄산(bicarbonate), 수산화기 등의 짝 음이온이 분리막을 통과하여 염기이기 때문에 혈액의 pH에 영향을 미친다는 점이다.

용해도와 K_{sp}

물에 해리되는 것은 물에 대한 용해도에 극적인 효과가 있을 수 있다. 예제 18.4의 fluconazole을 고려해 보자. 해리가 용해도에 어떻게 영향을 미칠까? 용해도는 이온화되지 않은 화학종의 활동도에 의존하기 때문에 용해도는 $pK_{a,A}$ 아래에서 평형이 양성자화된 쪽으로 이동함에 따라 증가한다.

예제 18.8 해리와 flucconzole의 용해도

예제 18.4에서 flucconazole(fluc)의 해리를 다루었다. 용해도는 몰랄농도 스케일로 다음과 같이 모델링할 수 있다.

$$K_{SLE} = a_{\text{fluc}(aq)} \text{와} \quad \ln(K_{SLE}) = 8.474 - 3721.9/T$$ 〈식 18.82〉

298.15 K에서 pH 7과 pH 1.5에서 fluconazole의 용해도를 계산하고 화학종의 분포를 정하라. 이상용액을 간주하라.

풀이

이 문제는 2개의 평형, 해리와 용해를 포함하고 있다. 산 형태의 반응평형상수는 다음과 같다.

$$K_{a,A} = [\text{fluc}][\text{H}^+]/([\text{fluc}^+]a_{\text{H}_2\text{O}})$$

pH가 주어져 있고, 용액이 매우 희박하고(따라서 $a_{\text{H}_2\text{O}} = 1$), $K_{a,A}$는 상수이므로 주어진 pH에서 [fluc]/[fluc$^+$]의 비는 상수이다. 이전 예제의 결과에서 pH 7에서 역수 [fluc$^+$]/[fluc] = 0 이며, pH 1.5에서 [fluc$^+$]/[fluc] = 9.9/5.1 = 1.94이다.

298.15 K에서 K_{SLE} = 0.018이다. 이상용액 근사식을 이용하면 [fluc] = 0.018 m이 된다. 이는 pH에 독립적이다. pH 7에서 사실상 [fluc$^+$]는 거의 없으며 용해도는 0.018 mol/L 또는 분자량을 이용하여, 0.018 mol/L(306.27 g/mol) = 5.5 g/L의 결과를 얻을 수 있다.

pH 1.5에서 [fluc] = 0.018 m이고 [fluc$^+$] = 1.94 [fluc]이다. 따라서 전체 용해도는 3.94(0.018) = 0.0709 mol/L 또는 0.0709(306.27) = 21.7 g/L이다. pH가 용해도의 아주 큰 변화를 만들었다.

공통이온 효과

만일 용액 내의 성분들이 한 가지 공통이온을 공유하고 있고 그중 한 성분이 거의 용해도 한계에 가깝다면 다른 화학종을 더하면 첫 번째 화학종의 침전을 유도한다. 예를 들어 KCl로 포화된 수용액을 생각해 보자. 만일 작은 양의 NaCl을 용액에 더하면 평형이 교란되어 KCl이 석출될 것이다.

$$KCl_{(s)} \rightleftarrows K^+{}_{(aq)} + Cl^-{}_{(aq)} \quad K_{sp} = a_{K^+}a_{Cl^-}$$ 〈식 6.26〉

NaCl을 더하면 Cl의 활동도가 증가하며, K_{sp}의 값을 맞추기 위하여 K의 활동도는 줄어들어야 한며 따라서 KCl이 석출된다. 마찬가지로 KCl도 용해도 한계에 있는 NaCl 용액의 용해도에 영향을 미친다.

18.11 Redox 반응

전자의 전달을 포함하는 화학반응은 생물학적 시스템으로부터 부식, 전지, 연료전지 등 다양한 응용에 있어서 근본적인 단계이다. 전자를 잃는 반응은 산화(oxidation)라고 부르며, 전자를 얻는 반응은 환원(reduction)이라고 부른다. 간단한 머리글자로 이 규약을 기억하는 방법은 OILRIG이다(oxidation is loss, reduction is gain). 전자의 균형을 맞추기 위하여 산화 반응은 항상 환원 반응과 쌍을 이루어야 하고, 결합된 반응들을 **redox 반응**이라고 부른다.

Redox 반응은 어떤 상에서도 수행될 수 있다. 메탄의 연소조차도 redox 반응인데, 탄소는 CO_2로 산화되고 O_2는 물로 환원된다. '산화'라는 단어가 산소와의 반응에 한정된 것처럼 들리지만 전자를 잃는 과정과 관련된 보다 광범위하고 일반적인 과정을 의미한다. 가스 상의 메탄 연소는 유용한 전자를 생산하지는 못한다. 그러나 생물학적인 산화에서는 글루코오스의 산화가 작은 단계의 연속으로 진행되는데 전자를 획득하면서 선호되는 산화와 비선호되는 반응을 결합하면서 진행된다. 전지에서 redox 반응은 전자의 흐름으로 가능해지는데 외부 회로를 통하여 **전압**이 생성된다. 자발적인 redox 반응을 외부 회로에 일어나도록 허용함으로써 전력을 얻는다.

리튬이온 전지는 대부분의 휴대 기기의 전력을 제공한다. 이들은 CoO_2와 흑연(graphite, 여기에서는 방향족 고리구조와 고리가 1개의 양이온을 내포할 수 있는 점을 강조하기 위하여 C_6로 표시한다.) 전극으로 구성된다. Li^+와 e^-는 충전과 방전과정에서 앞뒤로 왕복한다. 전지의 방전과정 동안, 흑연의 산화가 **음극**(anode)에서 일어난다. $LiC_6 \rightleftarrows C_6 + Li^+ + e^-$(산화는 잃는 것임을 기억하라. 따라서 음극에서 전자들이 생성된다.) Co 이온의 환원이 Co^{4+}에서 Co^{3+}로 **양극**(cathode)에서 일어난다. $CoO_2 + Li^+ + e^- \rightleftarrows LiCoO_2$ 전체 방전반응은 다음과 같다. $LiC_6 + CoO_2 \rightleftarrows C_6 + LiCoO_2$. 전자는 외부 회로로 전달되지만 Li^+는 회로를 통해 흐르지 못한다. Li^+는 전극 사이의 전해질 용액 사이를 전자와 반대방향으로 흐른다. 전극과 전해질의 결합체를 전기화학 **셀**(electrochemical cell) 또는 **전지**(battery)라고 부른다. 리튬이온 셀은 약 3.9 V를 생산한다. 충전을 위해서는 반대 전압 > 3.9 V가 가해져야 한다. 셀의 수명은 화학적인 비가역성과 부반응(side reaction), 흑연판 또는 CoO_2에 의해 내포되는 Li^+의 전달 또는 능력에 영향을 미칠 수 있는 물리적 변화 등에 달려 있다.

반쪽 반응

Redox 반응은 위의 전지의 예에서 나타낸 것과 같이 상응하는 환원과 산화반응으로 분리할 수 있다. 예를 들어 전지에 대한 전체 반응을 살펴보면 반응에서 전자가 나타나 있지 않다. 전지의 전체 반응으로부터 어떻게 반쪽 반응을 결정하고, 얼마나 많은 전자가 전달되며, 얼마나 큰 전압이 생산되며, 전자의 흐름의 방향을 결정할 수 있을까?

다른 열역학 테이블과 마찬가지로 상대적인 스케일을 확립하기 위하여 기준상태가 사용된다. 환원반응은 항상 산화반응과 결합되기 때문에 절대적인 전위의 측정은 불가능하다. 환원반응의 redox 반응을 측정하고 테이블화하기 위한 기준상태는 표준 H_2 전극과 비교하는 것이다. **표준 H_2 전극에서**는 298.15 K에서 $a_{H+} = 1$(pH = 0)을 구성하기 위한 산 용액이 사용되며, $H_{2(g)}$가 1 bar의 분압에서 용액을 통해 방울로 방출되며,[15] 반응 $2H^+ + 2e^- \rightleftarrows H_{2(g)}$가 용액에 잠긴 백금 전극에서 일어난다. 이 반응은 H+의 환원반응이다. 반응의 방향은 다른 전극의 환원 전위가 수소의 전위보다 큰지 작은지에 달려 있다. 수소이온의 환원 전위는 위에서 언급한 표준상태에서 독립적으로 0으로 지정하여 다른 환원 전위를 결정할 수 있도록 한다. 이 방식은 국제 순수 응용 화학 연합(International Union of Pure and Applied Chemistry, IUPAC)에 의하여 제정되었고 환원 전위를 나열하는 데 항상 사용된다.[16] 산화 전위는 환원 전위의 음의 부호이다. 298.15 K, 몰 활동도 1(보통 1 m 근방)을 기준으로 한 여러 가지 반응의 표준 환원 전위가 부록 E에 나열되어 있다.[17] 더 높은 환원 전위의 반쪽 반응이 표준 조건에서 전자의 개수에 상관없이 환원 쪽으로 진행되고, 다른 쪽 반응이 산화의 방향으로 표준 조건에서 진행된다. 셀 전압과 평형상태의 반응의 Gibbs 에너지와의 관계는 다음과 같다.

$$\Delta G^\circ = -n_e F E^\circ = -RT\ln K_a \qquad \text{〈식 18.84〉}$$

여기에서 n_e는 redox 반응의 균형 잡힌 쌍에서 전달된 전자의 개수이다. F는 **Faraday의 상수** 96,485 J/V이며, $E^\circ = E^\circ_{red} - E^\circ_{ox}$는 양쪽의 반쪽 반응의 환원 전위의 차이이다(환원 전위와 산화 전위를 더하는 것으로 생각할 수도 있다). 전위는 전자당 측정된 것이므로 전위는 균형을 맞추지 않고 결합될 수 있다는 점에 유의하라. 그러나 전위를 평형상수, Gibbs 에너지 또는 비 표

Michael Faraday (1791~1867)는 전자기장의 개념을 확립하였고 또한 '양극', '음극', '전극', '이온'과 같은 단어가 널리 사용되는 데 기여하였다.

15 전통적으로 생물학적 반응에서 기준상태는 pH = 7로 이동되는데, 이는 18.12절에서 논의된다.

16 독자들은 다른 참고문헌을 사용할 때 IUPAC 방식이 사용되고 있는지 주의를 기울여야 할 것이다.

17 표준 전위는 'redox' 전위로 종종 불리는데, 환원 또는 산화를 지칭하기 때문에 혼동되기 쉽다. 여기서 우리는 IUPAC 방식을 따르고 항상 '환원' 전위로 테이블을 나열한다.

준상태와 연계하기 위하여 수지가 일치된 전자의 개수가 필요하다. 18.6절에 논의된 것과 같이 Gibbs 에너지는 전체 반응을 위하여 단계별로 더할 수 있다. $\Delta G° = -n_eFE°_{red} + n_eFE°_{ox}$ 여기에서 $E°_{red}$와 $E°_{ox}$는 모두 **환원** 전위를 나타낸다. 평형상태에 있는 redox 반응은 추진력이 없으므로 유용성이 없다. 대신에 비표준상태에 있는 반응의 방향이 ΔG에 의존한다. 17장의 원칙이 비표준상태이더라도 적용된다. 자유에너지 감소반응(exergonic reaction) $\Delta G < 0$인 경우에는 반응이 정방향으로 진행되며, 자유에너지 증가반응(endergonic reaction) $\Delta G > 0$인 경우에는 역방향으로 진행된다. 다음 식을 쓸 수 있다.

$$\Delta G = \Delta G° + RT\ln\prod a_i^{v_i} \quad \text{or} \quad n_eFE = n_eFE° - RT\ln\prod a_i^{v_i} \qquad \langle \text{식 } 18.85 \rangle$$

위 식은 종종 **Nernst식으로** 표현된다. 반응은 298.15 K 근방에서 일어나는 경우가 많기 때문에 log를 취하는 것이 빠른 계산을 위하여 편리하며, 값을 삽입하여 종종 다음과 같이 표현된다.

Walther Nernst (1864~1941)는 열역학 제3법칙을 발견하여 1920년 노벨 화학상을 수상하였다.

$$E = E° - \frac{RT}{n_eF}\ln\prod a_i^{v_i} = E° - \frac{0.05916}{n_e}\log\prod a_i^{v_i} \quad \text{Nernst 식} \qquad \langle \text{식 } 18.86 \rangle$$

마지막 식은 298.15 K로 제한된다. 셀의 전압은 $E°$에 의해 직접 결정되지 않고 E에 의하여 결정된다.

Redox 반응의 수지

전지를 설계하여 얼마만큼의 전압이 생산될지 평가한다고 생각해 보자. 전통적인 방식의 열화학 정보는 반쪽 반응의 테이블로 구성되어 있다. 2개의 반쪽 셀 반응을 결정하고, 2개의 반쪽 반응의 수지를 맞추고 그리고 결합하여 전체 셀 전압을 구한다. 반쪽 반응을 구별하고 반응의 방향을 결정하는 단계는 다음과 같다. (1) **산화상태**(oxidation state)를 이용하여 산화와 환원되는 화학종을 판별한다(산화상태를 결정하는 과정은 표 18.3에 요약되어 있다).[18] (2) 반응을 2개의 반쪽 반응으로 분리한다. (3) 각 반쪽 반응에 대하여 산화되거나 환원되는 원자 개수의 수지를 맞춘다. (4) 각 반쪽 반응에 대하여 정확한 수의 전자를 반응식 한쪽에 더하여 산화상태의 변화의 수지를 맞춘다. (5) 각 반쪽 반응에 대하여 H_2O를 더하여 O_2의 수지를 맞춘다. (6) 적절한 쪽에 H^+를 추가하여 수소의 수지를 맞춘다(이제 2개의 반쪽 반응 모두 전체 전하가 같아야 한다). (7) 각 반응의 환원 전위를 찾고 환원 전위가 작은 쪽의 반응을 산화반응으로 본다. (8) 더해진 전자가 서로 상쇄되도록 각 반응에 가장 작은 정수를 곱한다. (9) 비표준상태의 Gibbs 에너지와 평형 조건을 식 18.85와 18.86을 이용하여 구한다. 기본 조건에서는 기본 형태로 문제를 푸는 것이 더 적합할 수도 있음에 유의하라. OH^-와 H_2O는 모두 H와 O를 가지고

❗ 표준셀 전위와 반응의 방향을 결정하는 단계들

18 산화상태는 산화수(oxidation number)와 구별된다. 이들은 항상 그렇지는 않지만 보통은 복잡한 분자들에서 동일하다.

있기 때문에 H^+로 수지를 맞추는 것이 가장 간단하며, 예제 18.9에서 보인 바와 같이 물의 해리반응을 이용하여 반응을 전환하라.

표 18.3 • 산화상태를 결정하는 과정

1. 원소의 산화상태는 영이다(예: H_2, $Zn_{(s)}$). 2. 산화상태가 –1인 수소화 메탈(예: NaH)을 제외하고 H의 산화상태는 +1이다. 3. 산소가 분자 내에 존재할 때 산화상태는 –2이다. 하지만 과산화수소 H_2O_2와 같이 또 다른 산소와 결합하고 있으면 산화상태는 –1이다. 4. 알칼리 금속(alkali metal)은 거의 모두 +1의 산화상태를 가진다. 알칼리 토금속(alkali earth metal)은 거의 모두 +2의 산화상태를 가진다.	5. 또 다른 할로겐과 결합을 한 경우를 제외하고 할로겐은 보통 –1을 가진다. 또 다른 할로겐과 결합한 경우에는 가장 전기 음성도가 큰 것에 –1이 주어지고, 다른 것은 전체 전하에 의하여 결정된다. 6. 분자의 전체 전하는 산화상태의 합과 같아야 하며, 이는 다른 원자의 산화상태를 구하는 데 사용된다.

Redox 반응이 아닌 반응을 포함하기

종종, redox 반응과 산화나 환원이 아닌 반응(해리, 용해, 산 형태 또는 염기형태로 변환하기 위하여 물의 해리반응을 사용하는 경우 등)을 결합할 필요가 있을 경우도 있다. 이는 상세하게 생성 Gibbs 에너지를 이용하여 수행할 수 있다. 반응들을 결합하기 위하여 (1) 모든 개별 반응이 위에 설명한 바와 같이 수지를 맞추고 전체 반응도 수지가 맞도록 기입하고 원하는 Redox 반응이 아닌 반응을 포함한다. (2) 구성하고 있는 수지가 일치하는 반응의 Gibbs 에너지를 결정하라. (3) 반응을 더하고 Gibbs 에너지를 더하여 전체 Gibbs 에너지를 Nernst 방정식을 이용하여 F와 n_e로 나누어 $E°$를 찾는다. 반응을 결합하는 개념은 산의 반쪽 반응이 염기반응으로 변환하는 예제 18.9에 나타내었다.

예제 18.9 알칼린 건전지

이동식 전자기기들은 흔히 '알칼린' 건전지로 작동된다. 이 셀들은 수용액 대신 알칼린 페이스트를 사용한다. 누출을 최소화하기 위하여 수분 함량은 매우 작고 산에 비해 전극의 변질이 적은 알칼린 용액이 산 대신에 사용된다. 관련된 화학종은 $Zn_{(s)}$, $ZnO_{(s)}$, γ-$MnO_{2(s)}$와 α-$MnOOH_{(s)}$이다. 새로운 전지는 $Zn_{(s)}$와 γ-$MnO_{2(s)}$ 전극을 가지고 있다.

(a) H^+에 대한 수지가 일치하는 반응을 결정하고 OH^-를 사용하도록 변환하라. 그리고 전체 수지가 일치하는 반응을 완성하라. (b) $[OH^-] = 1$ m, $[OH^-] = 1.1$ m일 때 셀에서 생산되는 전압을 계산하고 반응의 Gibbs 에너지를 결정하라.

풀이

Zn의 산화상태는 $Zn_{(s)}$에 대하여 0이며, $ZnO_{(s)}$에 대하여 +2이다. Mn의 경우에는 $MnO_{2(s)}$의 경우 +4이고, α-$MnOOH_{(s)}$는 +3이다. 최초에 전극은 $Zn_{(s)}$와 γ-$MnO_{2(s)}$이므로 전지가 사용되는 동안 Zn은 산화되고(전자를 잃음) Mn은 환원된다.

(a) Mn에 대하여 반쪽 환원반응은 다음과 같은 과정을 통해 구한다.

$$\gamma\text{-}MnO_{2(s)} + H^+ + e^- \rightleftarrows \alpha\text{-}MnOOH_{(s)}$$

Mn을 포함하는 화학종(MnO_2와 MnOOH)으로서 반응식의 양측에 두면서 시작한다(우측에 좀 더 환원된 것을 위치시킨다). +4에서 +3으로 환원하기 위하여 1개의 전자가 필요하며, 따라서 왼쪽에 1개의 전자를 더한다. 이때 O는 벌써 수지가 일치하며 수소의 수지를 일치시키기 위하여 왼쪽에 1개의 H^+를 더하여야 한다. 반응의 양측의 전체 전하는 0이다. 염기형태로 변환하기 위하여 $H_2O \rightleftarrows H^+ + OH^-$를 더하여 $\gamma\text{-}MnO_{2(s)} + H_2O + e^- \rightleftarrows \alpha\text{-}MnOOH_{(s)} + OH^-$를 얻을 수 있으며, 반응 양측의 전체 전하는 −1이다.

다른 쪽 전극에 대하여 반쪽 환원 반응은 다음과 같은 과정을 통해 얻는다.

$$ZnO_{(s)} + 2H^+ + 2e^- \rightleftarrows Zn_{(s)} + H_2O$$

Zn을 포함하는 화학종을 반응식의 양측에 위치시키면 (좀 더 환원된 것을 우측에 위치시킨다) 이 반응에서 2개의 전자가 필요한 것을 알 수 있고, 따라서 왼쪽에 2개의 전자를 더한다. 산소의 수지를 맞추기 위하여 우측에 물을 더하고, 수소의 수지를 맞추기 위하여 좌측에 $2H^+$를 더한다. 양측의 전체 전하는 0이다. 염기형태로 변환하기 위하여 $2H_2O \rightleftarrows 2H^+ + 2OH^-$를 더하여 $ZnO_{(s)} + H_2O + 2e^- \rightleftarrows Zn_{(s)} + 2OH^-$를 얻을 수 있다.

전체 반응에서 전자수지를 만족시키기 위하여 1개의 Zn이 산화되면서 2개의 Mn이 환원되어야 한다.

결합하면 다음의 식이 얻어진다.

$$Zn_{(s)} + 2\gamma\text{-}MnO_{2(s)} + H_2O \rightleftarrows ZnO_{(s)} + 2\alpha\text{-}MnOOH_{(s)}$$

(b) 전압은 부록 E의 환원 전위의 차이를 취함으로써 얻을 수 있다. 표준 전위는 환원 전위의 차이로 구할 수 있다. $E° = 0.3 - (-1.26) = 1.56$ V이다. 운전 조건에서 전위는 다음 식으로 주어진다.

$$E = E° - \frac{0.05916}{2}\log\frac{a_{ZnO}a_{MnOOH}}{a_{Zn}a_{MnO_2}a_{H_2O}}$$

물을 제외한 모든 화학종이 고체이므로 1차 근사식으로 순수상태에 있다고 간주할 수 있다. (실제적으로 MnOOH는 MnO_2와 고체 용액을 형성하지만 여기에서는 효과를 무시한다.) 페이스트의 물의 활동도는 거의 1에 가깝고 $[OH^-]$는 나타나지 않으므로 평형 전위에 영향을 미치지 않는다. 따라서 전지는 1.56 V의 일정한 전압의 수명이 다할 때까지 공급할 것이다.

우리는 전달현상 효과와 고체 용액의 거동을 무시했음을 주목하라. 따라서 실제 전압은 일부 이러한 효과 때문에 전지가 수명을 다하면서 낮아진다. 반응의 Gibbs 에너지는

$$\Delta G = -n_e FE = -2(96485)1.56 = -301 \text{ kJ/mol}$$

이며, 회로가 연결된 경우 자발적인 반응이 일어난다.

연료전지

연료전지는 에너지의 활용을 위하여 많은 잠재적인 이점을 제공한다. 이들은 음극에서 산화가 일어나고 양극에서 환원이 일어난다는 점에서 일반 전지와 유사하다. 위에서 논의된 전지와 마찬가지로 이들은 전극 간에 분자 양이온의 전달을 포함하고 있다. 주된 차이점은 산화와 환원되는 화학종이 전극 간을 통해 지나가고 보충될 수 있는 '연료'로 여긴다는 점이다.

연료전지 기술은 빠른 변화의 상태에 있다. 전형적인 문제점은 연료의 경제적인 선택의 문제와 연료전지 장치의 수명에 있다. 그럼에도 불구하고 카르노 사이클의 제한 없이 화학에너지를 전기에너지로 변화할 수 있다는 희망은 상당한 추진 동기가 되고 있다. 생물학적 연료전지는 예제 18.11에 고려되어 있다. 이 과제에 대한 현황은 온라인 보충자료에서 이 기술에 대한 열역학적인 측면에 중점을 두어 제공하고 있다.

18.12 생물학적 반응

산화상태와 환원 정도

18.11절에 소개된 산화상태는 모든 화학공정 — 특별히 생화학 반응과 발효 — 에서 매우 중요한 수지 조건을 제공한다. 글루코오스가 CO_2와 H_2O로 산화하는 반응은 진핵 세포에서 합성반응을 가능하게 하는 가장 중요한 에너지 생산반응이다. 글루코오스 또는 다른 음식물의 산화는 다른 화학종들을 환원하게 하는 전자를 제공한다. 생물학적인 반응의 네트워크에서 전자의 수지는 가능한 생성물의 결정적인 해석을 제공한다. 어떤 혼합물에서도 CO_2, H_2O, N_2와 O_2는 에너지의 추가 없이 생물학적인 삶을 유지할 수 없다. 따라서 이러한 혼합물은 **환원도**(degree of reduction)라고 알려진 척도의 유용한 기준점을 구성한다.[19] 환원도는 어떤 물질에서 전체 전자와 신진대사를 통해 CO_2와 H_2O의 혼합물로 변환시키면서 얻을 수 있는 에너지를 비교할 수 있는 수단을 제공한다. 탄소를 포함하는 포괄적인 $C_fH_aO_b$의 화학식을 가진 물질의 연소는 다음의 수지식을 따른다.

$$C_fH_aO_b + rO_2 \rightleftarrows fCO_2 + \frac{a}{2}H_2O \tag{식 18.87}$$

화학량론식을 사용하여 $r = f + a/4 - b/2$임을 쉽게 증명할 수 있다. O_2의 산화상태는 0이며, 생성물은 -2이다. 따라서 한 분자의 O_2에 대하여 4개의 전자가 전달되어야 한다. 탄소 화합물로부터 산소로 전달되는 전자의 개수는 $4r = 4f + a - 2b$가 되는데, 여기에서 C에 대한 환원계수는 +4, H에 대하여 +1, O에 대하여 −2이다. 질소, 황, 인 등도 종종 발효과정에서 공급

19 Roels, J.A. 1987. "Thermodynamics of Growth." in *Basic Biotechnology*, Bu'lock, J., Kristiansen, B., eds., Academic Press, pp. 57–74.

되는데, 환원계수는 공급상태에서 0이 되도록 선택된다.[20] N이 암모니아로부터 공급될 때 N의 계수는 –3의 값을 가진다. H_2SO_4가 공급될 경우 S에 대한 계수는 +6이다. 인산이 공급원인 경우 P의 계수는 +5이다. 전자수지를 적용하기 위하여 산화계수가 아니라 환원계수가 사용된다. 아세트알데히드의 반응을 고려해 보자. 아세트알데히드(C_2H_4O)에 대한 환원 계산은 2(+4) + 4(+1) + 1(–2) = 10이고, O_2에 대한 계산은 $r{\cdot}2\ (-2) = (5/2){\cdot}2{\cdot}(-2) = -10$이므로 왼쪽 항의 합은 0이 된다. CO_2에 대하여 1(+4) + 2(–2) = 0, H_2O에 대하여 2(+2) + 1(–1) = 0이며, 오른쪽 항도 역시 0이다. 비록 양쪽 항은 항상 0은 아니지만 양쪽 항은 수지가 일치하여야 한다.

탄소를 포함하는 화합물에 대하여 환원도 γ_{red}는 종종 탄소 단위 몰당 (*C*-moles 기준으로 알려져 있다) 표현된다. $C_fH_aO_bN_cS_dP_e$의 화학식을 가지는 화합물에 대하여,

$$\gamma_{red} = (4f + a - 2b - 3c + 6d + 5e)/f \quad \text{탄소를 포함하는 화합물} \qquad \langle\text{식 18.88}\rangle$$

따라서 위에서 설명한 아세트알데히드에 대하여 γ_{red} = 10/2 = 5 per *C*-mole 이 된다. 글루코오스($C_6H_{12}O_6$)는 환원도가 (4(6) + 12 – 2(6))/6 = 4 per *C*-moles이다. 핵산(C_6H_{14})은 환원도가 (4(6) + 14)/6 = 6.33으로서 아주 높은 정도로 환원된 화학종이다. 다수의 탄소 원자를 포함하고 있는 분자들에 대하여 환원 정도는 몰당 또는 *C*-moles 기준으로 표현될 수 있다. 예를 들어 180 g의 글루코오스(M_w = 180)는 1 mol의 $C_6H_{12}O_6$로 표현될 수 있고 또 6개의 CH_2O (M_w = 30)의 *C*-moles로도 표현될 수 있다. 세포 물질의 평균적인 기본 화학식은 환원도가 4.2 per *C*-moles에 해당하는 $CH_{1.8}O_{0.5}N_{0.2}$이다. 세포 물질의 환원도는 글루코오스보다 약간 높다. 탄소를 포함하지 않는 화합물에 대하여 환원도는 그 물질의 몰당 환원도로 표현한다. $H_aO_bN_cS_dP_e$의 화학식을 가진 화합물에 대하여

$$\gamma_{red} = (a - 2b - 3c + 6d + 5e) \quad \text{탄소를 포함하지 않는 화합물} \qquad \langle\text{식 18.89}\rangle$$

발효는 입력과 출력의 수지를 맞춰 가상반응(pseudo-reaction)으로 표현할 수 있다. 예를 들어 $CH_aO_bN_cS_d$ 물질의 1 *C*-mole을 기준으로

$$\mathrm{CH}_a\mathrm{O}_b\mathrm{N}_c\mathrm{S}_d + Y_o(\mathrm{O}_2) + Y_n(\mathrm{NH}_3) + Y_{aux}(\mathrm{CH}_e\mathrm{O}_f\mathrm{N}_g\mathrm{S}_h) \rightarrow$$
$$Y_{biomass}(\mathrm{CH}_i\mathrm{O}_j\mathrm{N}_k\mathrm{S}_l) + Y_{product}(\mathrm{CH}_m\mathrm{O}_n\mathrm{N}_p\mathrm{S}_q) + Y_{\mathrm{CO}_2}(\mathrm{CO}_2) + Y_w(\mathrm{H}_2\mathrm{O}) + Y_S(\mathrm{H}_2\mathrm{SO}_4)$$

여기에서 왼쪽 항의 *Y*값은 영양소에 대한 값이고, 오른쪽 항의 *Y*값은 생성물과 부생성물에 대한 값이다. 각 화학종의 몰수는 상응하는 계수 *Y*의 값이다.

환원도의 상대적인 척도를 사용하여 반응물과 생성물의 전자의 개수는 수지가 일치하여야 한다. 전자수지를 이용하는 방법은 발효공정의 물질수지를 수행하는 데 매우 유용한 방법이다. 반응물과 생성물의 전자 수는 단순히 $\sum (C\text{-moles 또는 } Y)_i\gamma_i$이다. 따라서 어떤 생물학적

20 특별히 질소원에 대해서는 다음의 문헌을 참고하라. Roels, J.A. 1983. *Energetics and Kinetics in Biotechnology*, New York: Elsevier Biomedical Press, p. 40.

공정에서 1 mol의 글루코오스가 1 mol의 헥산으로 변환하는 공정을 설계할 때, 발효공정이 환원을 수행하기 위하여 부가적인 전자의 공급원이 필요한지, 전자를 공급할 물질의 *C*-mols이 얼마만큼인지 판별할 수 있다. 어떤 발효공정은 이산화탄소를 '고정(fix)'하여 석신산(Succinic acid, $C_4H_6O_4$) 같은 물질을 생산한다. 물과 이산화탄소는 환원도가 0이며, 석신산은 환원도가 3.5이므로 각 *C*-mole 석신산당 3.5개의 전자가 다른 공급원에서 제공되어야 한다(1 mol 석신산당 14개의 전자에 해당함). Roels[19]는 환원도와 유용도(Availability), 연소열(heat of combustion) 간의 간단한 관계식을 발표하였다. 4.12절의 유용도 개념(다른 표시법을 사용하였다.)을 이용하여, Roels는 호기성(aerobic) 및 혐기성(anaerobic) 발효에 대하여 생산된 열과 비가역성을 해석하였다. Grethlein은 전자수지를 이용하여 합성가스(H_2, CO, CO_2의 혼합물)를 발효하여 메탄올을 생산하는 공정에서 CO와 CO_2의 활용을 결정하였다.[21] Shuler와 Kargi는 전자수지와 원자수지를 결합하여 생성물의 분율, 바이오매스 부산물과 CO_2로의 손실을 계산하였다.[22]

결합 다항식

전자의 전달과 화학평형 같은 반응의 추진력을 다루기 위하여 변환된 생성 Gibbs 에너지는 연관된 겉보기 평형상수와 함께 사용된다. 변환을 수행하기 위하여 화학종이 몇 가지 결합된 형태로 존재할 때 결합 다항식(binding polynomial)을 사용한다. 여기서 우리는 결합 다항식이 겉보기 농도와 각 화학종의 농도를 연관시키는 데 유용하다는 점을 논의할 것이다.

18.9절에서 H_3PO_4에 대하여 논의했을 때, 우리는 식 18.50의 해리에 대한 회귀 관계식을 전개하였다. 그 절에서 우리는 H_3PO_4가 각 해리과정에서 연속적으로 수소를 상실하는 '부모' 분자역할을 수행한다는 것을 고려하였다. 그러나 또 다른 해석 방법은 PO_4^{3-}를 H^+ 리간드를 받아들이는 결합 수용체로 고려하는 것이다. 만일 H^+를 추가하는 과정을 연속적인 결합반응이라고 생각한다면 첫 번째 결합상수는 마지막 해리상수의 역수이며 $K_{a1}^{\text{bind}} = 1/K_{a3}$, 다른 결합/해리 반응도 유사하게 연관될 것이다. 이러한 관점에서 결합 수용체 PO_4^{3-}는 관심의 화학종이 된다. 이런 관점에서 전체 수지식은 식 18.50을 대치하여 상응하는 관계식을 얻을 수 있다(이 과정은 과제로 남겨 둔다).

$$\begin{aligned} C &= [PO_4^{3-}]\left(1 + \frac{[H^+]}{K_{a3}} + \frac{[H^+]^2}{K_{a3}K_{a2}} + \frac{[H^+]^3}{K_{a3}K_{a2}K_{a1}}\right) \\ &= [PO_4^{3-}](1 + K_{a1}^{\text{bind}}[H^+] + K_{a1}^{\text{bind}}K_{a2}^{\text{bind}}[H^+]^2 + K_{a1}^{\text{bind}}K_{a2}^{\text{bind}}K_{a3}^{\text{bind}}[H^+]^3) \end{aligned} \quad \text{〈식 18.90〉}$$

괄호 내부의 항들은 **결합 다항식** P_{bind}이라고 부른다. 많은 연속적인 결합과정이 해리상수 또는 결합상수를 이용하여 이러한 회귀적인 형태로 표현될 수 있다. 3개의 양성자가 리간드로 사

---

21 Grethlein, A.J., Worden, R.M., Jain, M.K., Datta, R. 1990. *Appl. Biochem. Biotechnol*. 24/25:875.

22 Shuler, M.L.; Kargi, F. 2006. *Bioprocess Engineering: Basic Concepts*, 2nd ed. Upper Saddle River, NJ: Prentice-Hall, pp. 209–216.

용된 이 예제의 개념은 다른 결합 수용체와 리간드의 경우로 일반화될 수 있다. 결합 다항식의 각 항은 결합하는 화학종의 농도에 비례하며, 그 합은 모든 가능성을 표현한다. 주어진 조건에서 결합 수용체의 분율(결합반응 상수의 항으로)은 다음과 같다.

$$\frac{K_i[x]^i}{P_{\text{bind}}} \quad 0 \le i \le t \qquad \langle 식\ 18.91\rangle$$

여기에서 우리는 독립적인 리간드 농도 $[x]$로 일반화하였다. t는 리간드의 최대 개수이며, 결합상수를 일반화하였다($K_0 = 1$). 인산의 예제에 대하여 고려해 보면 다음과 같다. $K_2 = K_{a1}^{\text{bind}}K_{a2}^{\text{bind}} = 1/(K_{a3}K_{a2})$ (우리의 예제에서 첫 번째 결합은 세 번째 해리와 연관되어 있음을 상기하라.) 비슷한 방법으로 H^+는 리간드의 역할을 한다. 결합 모델을 실험과 비교하는 가장 중요한 양은 리간드 농도의 함수로 나타낸 결합체당 평균 결합된 리간드 수이다. 결합체당 평균 결합된 리간드 수는 결합상수를 사용하여 리간드의 수에 식 18.91로 주어진 분율을 곱하고 합산하여 계산할 수 있다.

$$\begin{aligned}\langle i\rangle &= \frac{(0(1) + 1K_1[\text{H}^+] + 2K_2[\text{H}^+]^2 + 3K_3[\text{H}^+]^3)}{P_{\text{bind}}} \\ &= P_{\text{bind}}^{-1}\sum_{i=0}^{t} iK_i[x]^i = \frac{[x]}{P_{\text{bind}}}\frac{dP_{\text{bind}}}{d[x]} = \frac{d\ln P_{\text{bind}}}{d\ln[x]}\end{aligned} \qquad \langle 식\ 18.92\rangle$$

동등한 표현식이 식 18.90으로 주어진 해리상수의 항으로 구성된 P_{bind}를 이용하여 얻을 수 있다.[23] 만일 결합상수(또는 해리상수, 서로 역수 관계에 있다)가 알려졌다면, 평균 결합수는 리간드의 농도로 구할 수 있다. 평균 결합수는 결합체 농도에 무관하다는 점을 주목하라. 뒤에서 설명하겠지만, 결합 다항식은 개별 Gibbs 에너지를 일련의 수용체에 대하여 겉보기 생성 Gibbs 에너지로 변환하는 데 사용된다.

생물 시스템에서 에너지 운반체

3.7절에서 생물학적 반응을 도입하였을 때 우리는 탄수화물, 지방과 단백질을 음식원으로 언급하였다. 우리는 인체에서 설탕이 단일 단계로서 '연소'되지 못한다는 것을 알고 있다. 인체는 단일 단계의 산화과정의 단열온도로서 생존할 수 없다. 그러나 생물학적 시스템들은 설탕을 CO_2와 물로 산화한다. 이러한 음식물과 다른 에너지를 저장한 분자를 분해하는 반응을 **이화반응**(異化反應, catabolic reaction)이라 부르고, 다른 화학적 구조를 생산하는 반응을 **동화반응**(代謝反應, anabolic reaction)이라 부른다. 생물 시스템은 에너지 변환을 수행하는 매우 영리한 방법을 가지고 있다. 인체는 효소를 이용하여 Gibbs 에너지 감소(endergonic) 단계와 매우 큰 Gibbs 에너지 증가(exergonic) 단계를 결합하여 산화를 작은 단계들로 수행한다.

---

23 결합 다항식은 통계 역학에서의 분배함수(partition function)에 상응한다. 이는 각 결합과정에 대한 확률에 대한 비례함수의 합으로 주어진 정규화된 상수를 나타낸다. 평균 결합수는 기댓값과 동일하다.

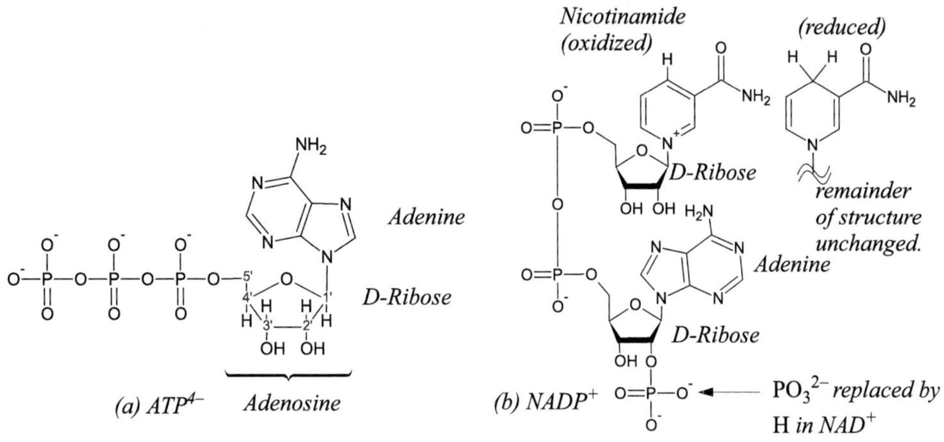

그림 18.12 • (a) 높은 pH에서 안정된 구조인 ATP^{4-} 형태의 Adenosine triphosphate의 구조. Adenosine diphosphate (ADT)는 2개의 인산을 가지고 있으며 adenosine monophosphate (AMP)는 1개, adenosine은 가지고 있지 않음. (b) Nicotinamide adenine dinucleotide phosphate, $NADP^+$. Nicotinamide도 NADPH 또는 NADH에서의 경우와 같이 환원됨.

생물학적 시스템은 다음의 과정 — (1) 결합을 형성하거나 해체함, (2) 전자 전달자를 이용한 redox 반응을 이용함 — 중의 하나를 이용하여 에너지를 전달하고 저장한다. 결합을 형성하여 획득된 에너지를 운반하는 주요한 분자는 그림 18.12에 나타낸 **adenosine triphosphate** 또는 **ATP**라고 알려진 물질이다. 해당(解糖, glycolysis) 과정에서 2개의 ATP 분자가 2개의 인산을 글루코오스(6개의 탄소를 가진 당)에 전달하는 데 이용된다. 이 과정에서 글루코오스를 변화시키는 후속적인 이성질화를 통해 2개 분자의 glyceraldehyde 3-phosphate를 생산한다. 그다음에 2개의 알데히드가 결합된 반응에서 인산화된 카복실산(phosphorylated carboxylic acid)으로 산화된다. 이때 다른 반응을 위하여 전자를 저장하면서 **nicotinamide dinucleotide**,[24] $\mathbf{NAD^+}$**가 NADH**로 환원된다(그림 18.12를 참조). 이전에 ADP가 되었던 2개의 ATP 분자는 재생된다. 마지막 단계의 해당과정에서 pyruvate가 생성되며, 부가적인 에너지를 저장하면서 2개의 ADP가 ATP로 전환된다. pyruvate가 탈카복실화되는 후속반응에서 이산화탄소가 생성된다. 또 다른 생물학적인 전자 전달체는 **FAD(flavin adenine dinucleotide, 산화된 형태)**이다. 환원된 형태는 $\mathbf{FADH_2}$이다. Nicotineamide에서 일어나는 NAD 환원반응과 유사하게 rivoflavin moiety가 2개의 수소로서 환원된다. 생물학적인 네트워크는 꽤 복잡하며, 이 교과서는 생물학적인 네트워크의 서론을 목표로 하고 있지는 않다. 이후의 몇 절의 목표는 생화학 반응에서 열역학 추진력과 평형상수를 계산하는 방법을 설명하는 것이다.

그림 18.12에 나타낸 ATP, ADP, AMP는 진핵 생물계에서 주요한 에너지의 운반체이고,

---

24 NAD의 실제 전하는 NH_2와 인산의 양성자화에 따라 변화함을 주목하라. 통상적인 방식은 산화된 형태를 나타내기 위하여 NAD^+로 표시하는데, 이는 질소의 전하를 나타내며, 전체 전하를 나타내는 것은 아니다. 환원된 형태는 NADH로 전통적으로 표시하는데, 다시 한 번 이는 분자 전체의 전하를 나타내는 것은 아니다.

인산 화학종의 분포는 매우 중요하다. ATP는 낮은 pH에서 5개의 양성자와 결합할 수 있다(인산에 4개, NH_2에 1개). 낮은 pH에서 pH를 줄이면 평균 결합수는 '수용체'가 모두 찰 때까지 지속적으로 증가할 것이다. 연관된 화학종은 ATP^{4-}, $HATP^{3-}$, H_2ATP^{2-}, H_3ATP^-, H_4ATP와 H_5ATP^+이다. ATP는 다른 양이온과 결합할 수 있는데, 가장 주요한 양이온은 Mg^{2+}이며, 이와 연관된 화학종은 $MgATP^{2-}$, $MgHATP^-$와 Mg_2ATP이다. 비슷한 상황이 인산에도 적용된다. 각 ATP 해리는 알려진 해리상수가 있다. [ATP]라는 표시법이 모든 형태의 ATP의 겉보기 농도를 나타내기 위하여 사용될 것이다. 인산 화학종의 분포도 매우 중요한데 많은 생물학적인 사이클에서 인산이 분자로 전달되거나 분자에서 제거되기 때문이다. pH와 pMg는 P_{bind}와 식 18.91을 이용하여 화학종의 분포를 구하는 자연스러운 변수이다.

생물학적인 표준상태와 겉보기 평형상수

몰랄농도의 경우와 마찬가지로 Lewis-Randall 스케일을 사용하는 물을 제외하고 생물학자는 298.15 K, 1 bar와 표준 농도 1 M의 표준상태를 기준으로 몰농도 스케일을 사용한다. 1 M 표준용액은 생물학적 시스템에서 어울리지 않는데, 왜냐하면 표준상태의 $[H^+]$는 pH 0 근방의 1 M 용액이기 때문이다. 이런 기준상태를 기준으로 Gibbs 에너지 변화를 계산하려면 생리학적인 pH까지 매우 큰 보정이 필요하다. 그러나 pH 또는 pMg를 일정하게 놓고 Gibbs 에너지를 변환하는 것은 편리하다. 이 책의 이 지점까지 우리는 화학평형 및 상평형을 해석하기 위해 Gibbs 에너지를 사용하였는데, 이는 일정한 온도, 압력에서 최소화하기 때문이다. 만일 시스템이 일정한 T와 V 상태에 있다면, Helmholtz 에너지가 최소화하여야 하는 올바른 물성이 될 것이고, S와 V가 일정하다면 내부에너지(U)를 최소화하여야 할 것이다(자연스런 변수의 관계식과 최소화하여야 하는 물성을 상기하라). 생물학적인 시스템은 pH가 완충되어 있으며, 생물학적인 반응이 일어날 때 온도, 압력, pH 그리고 종종 Mg 같은 다른 이온의 농도가 일정하게 유지된다. 생물학적 시스템에서 사용되는 방식은 관심의 pH(그리고 이온농도)로 Gibbs 에너지 계산을 변환하고 일정한 pH에서 추진력의 척도인 퍼텐셜을 이용하는 것이다. 변환의 과정은 H^+ 수용체인 ATP^{4-}, PO_4^{3-}와 ADP, AMP같이 화학종의 분포를 가져오는 화학종에게 특별히 적용된다. 주어진 수용체에서 다양한 수의 리간드를 포함하고 있는 화학종들을 **가상 이성질체**(pseudo-isomer)라고 부른다. 변환된 물성은 ′ 으로 표시된다. 유사하게 Mg^{2+}의 결합은 ATP, ADP, AMP에서 중요하다. **pMg** = $-\log[Mg^{2+}]$가 일정한 경우에 Gibbs 에너지로의 부가적인 변환을 수행할 수 있다. 이 경우에도 물성을 ′ 으로 표시한다.

> ❶ 특정한 pH와 pMg상태로 변환된 깁스 에너지와 Redox 전위는 ′을 사용하여 표기한다.

변환된 Gibbs 에너지는 반응을 표현하고 수지를 맞추는 데 몇 가지 재미있는 효과가 나타난다. 이 절에서 우리는 2개의 주요한 개념을 설명하기로 한다. (1) 변환된 체제에서 반응의 수지를 맞추는 방법, (2) 겉보기 평형상수와 평형 또는 비평형 농도의 관계를 살펴볼 것이다. 이 절에서는 겉보기 평형상수가 알려져 있거나 겉보기 농도로부터 결정된 경우의 응용사례에 집중할 것이다. 생성 Gibbs 에너지로부터 겉보기 평형상수를 계산하는 상세한 단계는 18.17절에 소개되어 있다.

Gibbs 에너지가 H에 대하여 변환될 때, 용액의 pH는 완충되었다고 간주하고 주변의 용액은 H^+ 이온의 싱크/저장소 역할을 한다고 생각한다. 이는 우리가 주변 용액이 싱크/저장소 역할을 하기 때문에 H에 대해서는 수지가 맞지 않는 고립된 반응식을 사용하는 것을 의미한다. 따라서 이런 환경에서는 1개의 반응이 pH가 올라가거나 내려가게 만들지 못한다. 반응식을 쓸 때 H 또는 H^+의 수지를 맞추지 않는다. 양이온 H^+를 무시하기 때문에 화학반응의 전하수지식도 무시한다. Mg^{2+}에 대하여 변환이 진행되면 유사한 논의가 진행될 수 있고, 이런 경우에 우리는 Mg의 수지를 무시한다.

❶ 변환된 Gibbs 에너지를 이용한 생물학적 반응에서 H, Mg 수지와 전하수지는 무시된다.

생물학적인 열역학에서 사용되는 또 다른 방식은 개별 화학종을 추적하지 않고 가상 이성질체군(family of pseudo-isomer)의 겉보기 농도/Gibbs 에너지를 사용하는 것이다. 이는 인산과 ATP 같은 화학종에 사용된다. 식 18.90을 살펴보면 인산 화학종의 분포는 완충된 pH에 의하여 결정된다. 비슷한 논의가 ATP, ADP 또는 다른 H^+의 수용체에 적용될 수 있다. Mg^{2+}도 동시에 고려한다. 이 접근 방법은 H^+와 Mg^{2+}의 수용체의 겉보기 농도에 대하여 평형상수를 쓰고, 분포와 전해질의 비이상성을 생성 Gibbs 에너지와 평형상수에 흡수하는 것이다. 수학적, 열역학적 상세사항은 18.17절에 소개되어 있으나 실제적 응용에는 상세사항이 중요하지는 않다. 응용을 위하여 중요한 원칙은 생성 Gibbs 에너지와 평형상수가 pH, pMg, 이온강도와 온도에 따라 변화한다는 점이다. 주어진 조건에서 평형 계산을 수행하기 전에 이 값들이 알려져 있어야 한다. 그러나 일단 그 값이 알려져 있으면, 이들을 이용하여 간단한 수계산 으로 추진력과 평형 조건을 계산할 수 있다. 생물학적인 몰기준 표준 조건과 변환은 다음의 수식을 도출한다.

❶ 가상 이성질체군은 겉보기 농도와 겉보기 Gibbs 에너지로 다루어진다.

$$\Delta G' = \Delta G'^{\circ} + RT\ln\prod_i [i]^{\nu_i} \qquad \Delta G'^{\circ} = -RT\ln K_c' \quad \text{〈식 18.93〉}$$

인산을 방출하여 인산과 ADT를 생산하는 ATP의 가수분해 반응을 고려해 보자.

$$\text{ATP} + \text{H}_2\text{O} \rightleftarrows \text{ADP} + \text{H}_3\text{PO}_4 \quad \text{또는} \quad \text{ATP} + \text{H}_2\text{O} \rightleftarrows \text{ADP} + \text{P}_i \quad \text{〈식 18.94〉}$$

❶ 생성 Gibbs 에너지와 평형상수는 표시방식으로 인하여 pH, pMg, 이온 강도, 온도에 의존한다.

왼쪽의 표시방식에서 인산염을 인산으로 표시하였고, 오른쪽 표시방식에서는 인산염을 일반적인 P_i로 표시하였다. ATP, ADP, 인산은 모두 수용체 가상 이성질체이므로 오른쪽의 표시방식이 생물분야의 논문에서 더 흔히 사용된다. 주어진 온도, pH, pMg에서 반응상수를 다음과 같이 쓸 수 있다.

$$K_c' = \frac{[\text{ADP}][\text{P}_i]}{[\text{ATP}]} = \exp\left(\frac{\Delta G'^{\circ}_{f,\text{ADP}} + \Delta G'^{\circ}_{f,\text{P}_i} - \Delta G'^{\circ}_{f,\text{ATP}} - \Delta G'^{\circ}_{f,\text{H}_2\text{O}}}{RT}\right) \quad \text{〈식 18.95〉}$$

생물학적 표준상태는 몰농도를 사용하기 때문에 변환된 평형상수도 몰농도를 사용한다. 물이 Gibbs 에너지 계산에 활용되었지만 변환되었다고 하더라도 물은 거의 순수상태에 있기 때문에 평형상수에 포함되지 않았다는 점을 주목하다.

❶ 생물분야에서 변환된 Gibbs 에너지는 농도와 깊은 관계를 가진다.

예제 18.10 ATP의 가수분해

(a) 다음의 자료가 적용 가능하다고 할 때, $pH_c = 7$, $pMg = 3$, 온도는 298.15 K, 이온강도 $I = 0.25$ m일 때 ATP의 가수분해에 대하여 변환된 표준반응 Gibbs 에너지와 평형상수 K_c'을 구하라.

(b) 겉보기 농도가 [ATP] = 0.0185 M, [ADP] = 0.0014 M, $[P_i]$ = 0.001 M일 때 반응이 자유에너지 증가 또는 감소반응인지 판별하라. 만일 반응이 자유에너지 감소반응이라면 인산염과 ATP의 농도가 일정할 때 평형상태에 도달하면 ADP의 농도는 얼마가 되는가?

$pH_c = 7$, $pMg = 3$, 298.15 K, $I = 0.25$ mol/kg 조건에서 생성 Gibbs 에너지

	ATP	H_2O	ADP	P_i
$\Delta G'^{\circ}_{f,i}$ (kJ/mol)	–2298	–156	–1426	–1060

풀이

(a) 먼저 물의 생성 Gibbs 에너지는 변환으로 인하여 부록 E에 나타낸 값과 다르다. 변환된 표준반응 Gibbs 에너지는 –1426 – 1060 + 2298 + 156 = –32 kJ/mol이다. 평형상수는 다음과 같다.

$$\exp\left(\frac{-\Delta G'^{\circ}_{f,i}}{RT}\right) = K_c' = \exp\left(\frac{32000}{8.314(298.15)}\right) = 4.04\times10^5 .$$

(b) 주어진 농도에서 반응의 경향은 다음과 같다.

$$\Delta G'_{f,i} = \Delta G'^{\circ}_{f,i} + RT\ln\frac{[\text{ADP}][\text{P}_i]}{[\text{ATP}]} = -32000 + 8.314(298.15)\ln\frac{[0.0014][0.001]}{0.00185}$$
$$= -49.8 \text{ kJ/mol}$$

이 반응은 표준상태에 비하여 강한 Gibbs 에너지 감소반응이다. 평형은 다음 조건에서 일어난다.

$$[\text{ADP}] = K_c'[\text{ATP}]/[\text{P}_i] = 5.3\times10^8(0.00185)/0.001 = 9.8\times10^8\text{M}$$

물론 이런 높은 농도는 절대로 얻어지지 않으며, 반응은 항상 합리적인 농도에서 진행된다. ATP가 가수분해되어 에너지를 잃는 대신에 글루코오스로 인산이 결합반응으로 전달되는데, 이 과정은 과제로 남겨 둔다.

예제 18.11 생물학적 연료전지

생물학적 연료전지는 다시 연료를 채울 수 있는 휴대용 전기 공급원이다. 전류는 생물학적인 Redox 반응쌍에서 얻어진다. 이상적인 연료전지에서 효소는 전극에 고정화되고, 고정화되지 않았을 때와 동일한 활성을 가지고 있다. 그림에 나타낸 개념적인 연료전지에서 글루코오

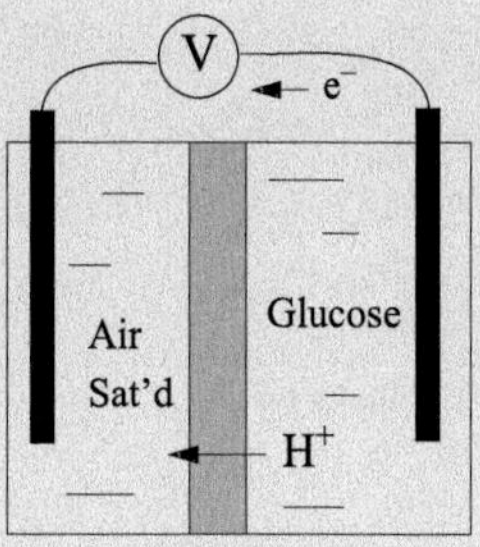

스는 셀의 우측에서 고정화된 glucose oxidase에 의하여 glucono-lactone으로 산화한다. 산소는 셀 오른쪽에서 제외되어 있는데, 대량의 산화로 인해 전자를 잃는 것을 방지하기 위함이다. 셀 왼쪽은 공기로 포화되어 있으며, 고정화된 laccase로서 O_2를 H_2O_2로 환원하는 장치가 구현되어 있다. 전자는 외부 회로를 통해 흐르며, H^+는 분리막을 통해 흐른다. 셀의 양측은 $pH_c = 7$, $I = 0.25$ M, $T = 298.15$ K에서 완충되어 있다. 셀 오른쪽의 농도들이 [glucose] = 0.1 M, [gluconolactone] = 0.05 M이며, 셀 왼쪽에서 $[H_2O_2] = 0.05$ M이라고 하자. 변환된 표준상태에서 반쪽 반응의 전위를 결정하고 주어진 농도 조건에서 구성된 셀에서 얻을 수 있는 전압을 계산하라. 기술된 조건에서 표준상태의 Gibbs 에너지는 다음과 같이 주어진다.

	$H_2O_{2(aq)}$	Glucose	Gluconolactone
$\Delta G'^{\circ}_{f,i}$ (kJ/mol)	–52	–427	–496

풀이

산화에 의하여 2개의 수소이온이 생성되며, O_2의 환원에 의하여 2개가 소비됨을 생각해 보자. 2개의 반쪽 반응은 다음과 같다.

$$\text{glucose} \rightleftarrows \text{gluconolactone} + 2H^+ + 2e^-$$

$$O_{2(g)} + 2H^+ + 2e^- \rightleftarrows H_2O_{2(aq)}$$

이 반응들에서 $O_{2(aq)}$를 사용할 수 있지만, 이는 Henry의 법칙을 이용한 추가적인 계산이 필요하다. 용액이 포화되었기 때문에 표준상태 Gibbs 에너지가 0인 가스 상의 분압을 사용할 수 있다. 글루코오스 반응의 표준상태 환원 전위는

$$\Delta G'^{\circ} = -427 + 496 = 69 \text{ kJ/mol}$$

따라서 $E'^{\circ} = -\Delta G'^{\circ}/n_e F = -69000/2/96485 = -0.357$ V

산소의 반응에 대하여 표준 환원 전위는

$$\Delta G'^{\circ} = -52 = -52 \text{ kJ/mol}$$

($O_{2(g)}$의 표준 생성 Gibbs 에너지는 0이다.)

따라서

$$E'^{\circ} = -\Delta G'^{\circ}/n_e F = 52{,}000/2/96485 = 0.269 \text{ V}$$

표준상태의 셀에서 기대되는 전위는

$$E'^{\circ} = 0.269 + 0.357 = 0.626 \text{ V}$$

E를 주어진 조건에서 평가해 보자. Nerst 방정식을 이용하여,

$$E = E^{\circ} - \frac{0.05916}{2}\log\frac{[\text{gluconolactone}][H_2O_2]}{[\text{glucose}](y_{O_2}P)} = 0.626 - \frac{0.0592}{2}\log\frac{(0.05)(0.05)}{(0.1)(0.21)}$$

$$= 0.653 \text{ V.}$$

따라서 셀은 잘 작동할 것이다. 셀이 구현되기 위하여 생성될 수 있는 전자의 흐름양과 이를 결정하는 효소의 활성도를 유지존하는 것(턴오버 수) 등 다른 요소들이 매우 중요하다는 점을 생각해 보자. 고정화된 효소는 자유로운 효소에 비해 매우 느린 반응속도를 가지고 있다. 앞으로 개발해야 할 과제들이 Calabres Barton의 문헌에 요약되어 있다.[a]

a. Calabrese Barton, S., Gallaway, J., Atanassov, P. 2004. *Chem. Rev*. 104:4867–4886.

18.13 비이상 전해질 용액: 배경

이 장 이전까지 우리는 용액이 이상적이라고 간주하거나 비이상성을 Gibbs 에너지 또는 평형상수에 흡수하는 방법을 사용해 왔다. 비이상성을 나타내는 것은 약 0.01 m 이상의 농도를 가진 응용 계산에서 중요하다. 1970년대의 연구들은 화학자들에 의해 크게 발전되었고 다양한 표기법과 모델이 문헌에서 사용되었다. 더 최근에는 화학공학자들에 의해 모델 개발과 그 응용에 대해 활발하게 연구되고 있다. 이 장의 나머지 부분에서는 더 복잡한 모델 사용을 위한 입문단계로 확장된 Debye-Hückel 모델의 사용에 대해 설명한다. 대부분의 문헌에는 일반적인 기초가 되는 주제들이 있다. 물에 대해서는 거의 항상 Lewis-Randall 스케일이 사용되지만, 전해질에 대해서는 희박한 용액의 활동도 계수가 1에 근접할 때를 표준상태로 정의하는 것이 일반적이며 종종 분자 화학종에 대해서도 적용된다. 문헌에서 몰랄농도가 널리 사용되기 때문에 몰랄농도 스케일의 화학 퍼텐셜과 활동도 계수의 표현이 필요하다.

비전해질의 경우에서와 마찬가지로 화학 퍼텐셜은 상평형을 결정하는 주요한 물성이며 그 값을 나타내는 데 사용되는 스케일에 독립적이다. 몰랄농도 스케일에서의 전해질의 화학 퍼텐셜은 몰분율 스케일에서의 Lewis-Randall 법칙과 비슷한 방법으로 표현될 수 있다.

$$\mu_i = \mu_i^{\square} + RT\ln(m_i\gamma_i^{\square}) \qquad \langle 식\ 18.96\rangle$$

여기에서 $\mu_i°$가 $\mu_i^{\square}$로 대체되었고 $m_i\gamma_i^{\square}$는 성분의 활동도이다.[25] $\mu_i^{\square}$에 대한 상세한 논의는 18.24절에서 소개된다. 여기에서 중요하게 고려해야 할 점은 몰랄농도의 단위가 mol/kg으로 (무차원의) 활동도와 활동도 계수와 불일치한다는 것이다. 표준상태를 1 몰랄농도로 정의함으로 우리는 암묵적으로 m_o = 1 mol/kg과 함께 $\mu_i = \mu_i^{\square} + RT\ln(m_i\gamma_i^{\square}/m_o)$로 쓰고 있다. 대부분의 문제가 $\mu_i^{\square}$를 일반적으로 표로 나타내어져 있는 생성 Gibbs 에너지와 통합함으로써 풀리기 때문에 상세한 논의는 다음으로 연기한다. 즉 무한 희석 화학 퍼텐셜은 생성 Gibbs 에너지에 포함되며 K_a를 생산하는 ΔG_{rxn}을 계산하는 데 반영된다. 그러면,

25 몰랄 표준상태와 몰랄 활동도 계수에 대하여 다양한 기호가 문헌에서 사용되며, 표준 방식은 존재하지 않는다. 우리는 네모(□)를 사용하여 1 몰랄 표준상태를 나타내며, 명확성을 위하여 이를 계속 사용할 것이다. 전해질 문헌에서 활동도 계수를 위해 이러한 특별한 기호를 사용하는 것이 빠져 있으며, 사용하고 있는 표준상태에 대하여 혼란스러운 경우가 많이 있다.

$$a_i = f_i/f_i^{\square} = \exp((\mu_i - \mu_i^{\square})/(RT)) = m_i\gamma_i^{\square}/m_o \qquad \langle 식\ 18.97\rangle$$

$\gamma_i^{\square} \approx \gamma_i^{\square\infty} = 1$이면 $a_i = m_i$이다. 이러한 관점은 앞 장에서 낮은 농도에서 K_a를 이용하여 문제를 풀 때 활동도의 개념이 필요하지 않았던 것을 강조한다. 물에 대해서는 Lewis-Randall 표준상태로 나타내는 것이 일반적이기 때문에 반응식 18.14는 다음과 같이 다시 표현된다.

$$(\mu_{H_3O^+}^{\square} + (\mu_{OH^-})^{\square} - \mu_{H_2O}^{o})/(RT) = -\ln K_a = -\ln(m_{H_3O^+}\gamma_{H_3O^+}^{\square} m_{OH^-}\gamma_{OH^-}^{\square}/(x_{H_2O}\gamma_{H_2O})) \qquad \langle 식\ 18.98\rangle$$

따라서 활동도 계수와 Gibbs 에너지는 앞에서 사용했던 평형상수와 관련된다. 순수한 H^+, H_3O^+ 또는 OH^- 용액이 존재할 수 없기 때문에, 가상적인 순수상태가 아니면 그들의 순수상태는 쉽게 사용될 수 없다. 그러나 우리는 분광기(spectroscopy)와 전기화학 셀(electrochemical cell)을 포함한 다양한 방법에 의해 매우 희박한 용액에서 이온의 거동을 측정할 수 있다. 비록 유한한 농도에서 측정될지라도, 거동은 무한 희석으로 외삽될 수 있다. 설명을 위해 H+의 활동도가 그림 18.13에 나타낸 것과 같이 측정될 수 있고 그래프로 나타낼 수 있다고 가정하자. 그다음에 무한 희석으로의 측정을 외삽하면 Henry의 법칙과 비슷한 이상용액을 얻게 된다. Henry의 법칙과 유사하게 무한 희석에서 활동도 계수는 1로 수렴한다. 위에서 논의했던 것과 같이 매우 희박한 농도에서 몰랄농도는 보통 몰농도로 접근한다.

처음 전해질을 다룰 때 이 표준상태에 대한 개념이 매우 혼동될 수 있다. 무한 희석에서 활동도 계수가 1로 수렴하기 때문에, 일반적으로 표준상태의 조성이 무한 희석일 것이라고 오해한다. 그러나 표준상태란 무한 희석 활동도 계수가 1일 때의 기울기를 가지는 조성이 1 몰랄농도일 때를 말한다. 표준상태를 기반으로 한 이상용액은 그림 18.13에서 점선으로 나타내고 높은 조성까지 외삽된다. 점선 위의 어떠한 조성이라도 표준상태가 될 수 있고 활동도 계수도 1이지만, 표준상태를 1 몰랄농도로 선택한 것은 많은 식에서 m_o를 (거짓이지만 편리하게) 생략할 수

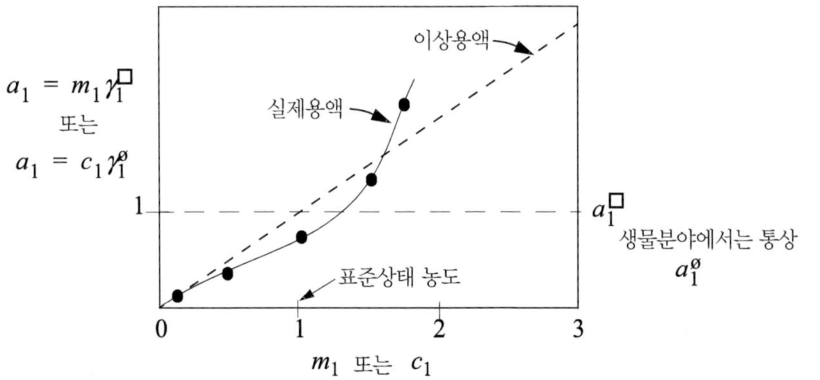

그림 18.13 • 2성분계의 낮은 농도에서 이온 활동도의 개략적인 설명. 산업용 계산을 위한 이온의 표준상태는 전형적으로 1 몰랄농도이다. 생물학적 시스템에서 표준상태는 보통 1 몰농도이다. 몰랄농도와 몰농도 스케일 중 하나를 택하여 사용되며 동시에 사용되지는 않는다. 몰랄농도를 사용할 때에는 몰랄 활동도 계수를 사용하고, 몰농도를 사용할 때에는 몰 활동도 스케일을 사용한다.

있게 해 주기 때문이다. 다시 비전해질 시스템을 고려했을 때, Henry의 법칙의 표준상태도 비슷한 개념이 적용되며 이상용액 선을 가상적인 순수 유체의 퓨가시티로 외삽한다. 여기에서 논의한 것처럼 Henry의 법칙의 이상용액의 기울기 역시 무한 희석값이 1로 수렴할 때로 선택된다. 다른 점은 전해질의 표준상태가 y 축을 활동도를 기반으로 한 것에 반해 Henry의 법칙 선은 y 축을 퓨가시티를 기반으로 한 것이다. Henry의 법칙과 Lewis-Randall 법칙처럼, 활동도 계수는 이상용액 선과의 오차를 양으로 나타낸 것이다. Henry의 법칙, Lewis-Randall, 몰랄 농도/몰농도의 관계에 관한 추가적인 설명을 원하는 독자들은 18.24절을 참고하면 된다.

18.14 모델 개발의 개요

이온의 화학 퍼텐셜과 몰랄 활동도 계수의 관계는 비전해질에 대한 것과 유사하다.

$$\mu_+ = \mu_+^\square + RT\ln \gamma_+^\square m_+ \quad \langle 식\ 18.99\rangle$$

$$\mu_- = \mu_-^\square + RT\ln \gamma_-^\square m_- \quad \langle 식\ 18.100\rangle$$

이온의 활동도 계수는 화학 퍼텐셜로부터 결정된다. 모델 개발에 대한 상세 논의는 이 절의 목적을 벗어난다. 간단히 설명하면, 용액의 Gibbs 에너지는 다른 이온용액에 하나의 이온을 넣을 때 수행되는 일의 양과 같다. 그 일은 전하의 밀도(charge density)에 대한 다양한 근사를 이용하여 정전기학적인 Poisson식을 풀어 계산된다.

$$\frac{1}{r^2}\frac{\partial}{\partial r}\left[r^2\frac{\partial \Phi}{\partial r}\right] = \frac{-\rho_\pm(r)}{\varepsilon} \quad \langle 식\ 18.101\rangle$$

여기서 r은 방사상의(radial) 위치, Φ는 전기적 퍼텐셜, $\rho_\pm(r)$은 방사상의 거리의 함수인 전하의 분포를 나타내고 $\varepsilon = \varepsilon_o D$이며 여기에서 ε_o는 진공의 유전율이고 D는 유전상수이다. 전하의 분포와 Screening에 다른 근사를 적용함으로써 다른 모델들이 생겨난다. 다음에 논의될 **확장된 Debye-Hückel** 모델이 그중 하나의 예이다.[26] 식을 풀기 위한 근사와 방법에 관한 개요가 문헌에 잘 나타나 있지만 여기에서 의도된 범위를 벗어난다.[27] 다시 한 번 간단히 설명하면 Debye-Hückel 근사는 전하의 분포가 낮은 밀도의 방사상의 분포함수 형태를 따른다는 가정으로부터 비롯된 것이다.

$$g(r) \sim \exp(-u_{\mathrm{Coul}}/kT)$$

유전상수로 나타내는 용매는 계산 수행 동안에 연속체(continuum)로 간주된다. 다양한 수학적 근사가 모델을 개발하기 위해 사용되고, 다른 근사는 문헌에서 사용되는 근사 표현식들

---

26 Zemaitis, J.F., Clark, D.M., Rafal, M., Scrivner, N.C. 1986. *Handbook of Aqueous Electrolytes*. New York: AIChE-DIPPR. p. 595.

27 Tester, J., Modell, M. 1999. *Thermodynamics and Its Applications*, Upper Saddle River, NJ: Prentice-Hall.

을 조금씩 다르게 만든다. 확장된 Debye-Hückel 모델의 사용은 일반적으로 이온강도(ionic strength)가 0.1 몰랄 이하인 희박한 농도로 제한되고, 이 범위 밖에서 사용하였을 경우 상당한 오차를 초래한다. 확장된 Debye-Hückel 이론의 과잉 Gibbs 에너지는 다음과 같다.[28]

$$\frac{G^E}{RT} = \frac{-4x_s M_{w,s} A_\gamma}{1000(Ba)^3}\left[\ln(1+Ba\sqrt{I}) - Ba\sqrt{I} + \frac{(Ba)^2 I}{2}\right] \quad \langle 식\ 18.102\rangle$$

$$여기서\ A_\gamma = \frac{N_A^2}{8\pi}\left(\frac{e^2}{\varepsilon_o \varepsilon_r RT}\right)^{3/2} \frac{(2000\rho_s)^{1/2}}{2.303} = \frac{1.8249\text{E}6(\rho_s)^{1/2}}{(\varepsilon_r T)^{3/2}} \quad \langle 식\ 18.103\rangle$$

$$A_\gamma = 0.510(\text{kg/mol})^{1/2} \text{ for water at } 25°\text{C} \quad \langle 식\ 18.104\rangle$$

$$이온강도\ I = 0.5\sum_{\text{ions}} m_i z_i^2 \quad \langle 식\ 18.105\rangle$$

여기에서 $e = 1.60218\text{E}{-19}$ C, $\varepsilon_0 = 8.85419\text{E}{-12}\ \text{C}^2\text{N}^{-1}\text{m}^{-2}$는 진공의 유전율, ε_r은 용매의 유전상수 또는 비유전율, R은 J/mol-K 단위를 갖는 기체상수, T는 K 단위를 갖는 온도, ρ_s는 g/cm^3 단위를 갖는 용매의 밀도, z_i는 각각의 이온 타입에 대한 Coulombic 전하의 전자가(valence)이고, I는 전하의 분포에서 총괄적인 전하를 나타내는 이온강도이다. 매개변수 A_γ는 Helmholtz 에너지가 아니다. 온도의 함수인 물의 유전상수는 부록 E에 나타내었다. 매개변수 a는 가장 가까운 근접거리의 평균을 나타내며, 항상 존재하는 물의 수화작용(hydration)에 의해 이온의 크기보다 더 크다. $1/(BI^{1/2})$ 항은 Screening, Shielding 또는 Debye의 길이로 알려진 근사적인 거리이다. 그것은 다른 이온들의 존재에 따른 Coulombic 퍼텐셜의 Screening을 나타낸다. 일반적인 가정은 $Ba = 1\ (\text{kg/mol})^{1/2}$이지만 생물학적 시스템에서는 $Ba = 1.6\ (\text{kg/mol})^{1/2}$이다.

18.15 확장된 Debye-Hückel 활동도 모델

이온의 활동도 계수

이온의 활동도 계수는 식 18.102[29]의 과잉 Gibbs 에너지를 미분함으로써 얻어진다. 그 결과로 얻은 식은 다음과 같다.

---

28 식 18.102에는 수학적인 근사식 이외에, 일반적인 가정이 포함되어 있다. 희석된 용액에서는 큰 의미가 없지만, 이온 강도는 기술적으로 몰랄농도가 아닌 이온농도로 표시되어야 한다. 따라서 식 18.103은 용매의 밀도가 아닌 용액의 밀도로 표시되어야 한다.

29 식 18.106의 활동도 계수는 엄밀하게 따지면 $\gamma^{□}$라기보다는 γ^*이다. 이들은 $x\text{H}_2\text{O}$(식 18.163을 참조)에 해당되는 인자만큼 다르다. 그러나 몰랄농도가 0.1 m일 때, $x_{\text{H}_2\text{O}} = 0.998$이다. 더 높은 농도에서 이 차이는 좀 더 중요해진다. 이온 몰랄농도가 6 m일 때 $x_{\text{H}_2\text{O}} = 0.9$이다. 좀 더 상세한 논의는 다음의 문헌을 참고하기 바란다. Lee, L. 2008. *Molecular Thermodynamics of Electrolyte Solutions*. Hackensack, NJ: World Scientific Publishing, and Robinson, R.A.; Stokes, R.H. 1959. *Electrolyte Solutions*, 2nd Ed., Butterworths. p. 229.

$$\log_{10}\gamma_i^{\square} = \frac{-z_i^2 A_\gamma \sqrt{I}}{1 + Ba\sqrt{I}} \text{ up to } I = 0.1 \text{ m} \quad \langle 식\ 18.106 \rangle$$

여기에서 사용된 상수는 식 18.103~18.105에서 정의된다. 이온강도는 실제 이온의 농도를 기반으로 계산되며, 이것은 약전해질의 경우 농도에 대한 반복 계산과정에서 이온의 농도가 변할 때 이온강도의 계산도 반복되어야 한다는 것을 의미한다. 모델은 활동도 계수를 예측하며 활동도 계수는 이온의 무한 희석에서 1이고 높은 농도에서 유한한 값으로 감소한다. 이 모델에 의해서는 파악되지 않지만, 실험적으로 활동도 계수는 보통 0.1 m 농도 이상에서 최소점을 나타낸다. 이 모델에서는 같은 전하를 갖는 모든 화학종이 주어진 이온강도에서 같은 활동도 계수를 가진다는 사실에 주목하자. 더 높은 농도에서 적용을 위한 더 복잡한 모델들이 존재하며 18.20절에서 논의된다.

물의 활동도와 삼투계수(osmotic coefficient)

확장된 Debye-Hückel 이론에서 용매의 활동도 계수는 모델의 과잉 Gibbs 에너지를 미분하여 얻게 된다. 그 결과는 다음과 같다.

$$\log_{10}\gamma_s = \frac{2A_\gamma M_{w,s}}{1000(Ba)^3}\left\{1 + Ba\sqrt{I} - \frac{1}{1 + Ba\sqrt{I}} - 2\ln(1 + Ba\sqrt{I})\right\} \quad \langle 식\ 18.107 \rangle$$

용매의 활동도가 Lewis-Randall 표준상태를 이용하여 표현된다는 것을 상기하자. 몰분율은 전형적으로 1에 가깝고 따라서 용매의 활동도 계수를 나타내기 위해서는 많은 유효숫자가 필요하다. 일반적으로 용매의 활동도는 '**실제적인**(practical)' 삼투계수 Φ라는 용어로 표현한다.

$$\Phi = \frac{-1000}{M_{w,s} \sum_{electrolytes} m_i} \ln a_s \quad \langle 식\ 18.108 \rangle$$

문헌에서 이온의 활동도는 종종 간접적으로 측정되는데 용액 위의 물의 부분 압력을 (등압법(isopiestic method)) 측정하거나 조절하고 그다음에 삼투계수를 보고한다. 그 결과는 활동도 계산과 분모의 합계 항에서 완전한 해리가 가정되었는지에 따라 매우 민감하다. 독자들은 실험의 해석에 적용된 가정들에 주의해야 한다. 18.19절에서 설명될 평균 이온 활동도 계수(mean ionic activity coefficient)를 얻기 위해 Gibbs-Duhem식을 **이용하여 삼투압**(osmotic pressure)을 이온의 활동도로 전환할 수 있다. 삼투계수는 이온의 무한 희석에서 1로 접근한다. 삼투계수는 다음과 같이 삼투압과 관련된다.

$$\Pi = \frac{RT}{V_s}\,\frac{M_{w,s} \sum_{electrolytes} m_i}{1000}\,\Phi \quad \langle 식\ 18.109 \rangle$$

비전해질 용질의 비이상성

아세트산과 같이 비전해질이 전해질과 함께 용액에 존재할 때, 해리되지 않은 아세트산은 일반적으로 무한 희석 활동도 계수가 1인 몰랄 표준상태로 나타낸다. 실험 데이터를 잘 맞추기 위해 활동도 계수는 $\ln\gamma_u^{\square} = bI$로 표현되며 여기에서 b는 실험적으로 결정된 상수이다. 이 식이 Gibbs-Duhem식을 만족시키지는 못하지만 일반적으로 사용되는 모델이다.

18.16 전해질의 Gibbs 에너지

17장에서 K_a는 생성 Gibbs 에너지로부터 결정되었다. 그러나 경우에 따라 온도에 의존하는 K_a로도 표현된다. K_a를 사용하는 모델의 취급은 더 적은 열역학적 정보를 요구하고, 그것은 전해질에 대해서 상당히 널리 사용된다. Gibbs 에너지에 관한 표를 만들기 위해서는 유지하기 힘든 거대한 데이터베이스와의 일관성이 요구된다. 그러한 데이터베이스는 오직 일반적인 이온에 대해서만 이용가능하다.

반응 Gibbs 에너지는 다음과 같이 표현된다.

$$\Delta G = \sum_i \nu_i \mu_i^\circ + RT\sum_i \nu_i \ln[a_i] = \Delta G_T^o + RT\sum_i \nu_i \ln[a_i] = -RT\ln K_a + RT\sum_i \nu_i \ln[a_i] \quad \langle 식\ 18.110\rangle$$

다른 성분에 대해서 다른 표준상태가 종종 사용되기 때문에 완전히 일반적인 표기법을 쓰기는 힘들다. 예를 들어 앞에서 이미 양이온(cation)에 대해서는 $\mu_+^{\square}$를 쓰고 음이온(anion)에 대해서도 비슷한 표기법을 쓰는 것을 논의했다. 다른 성분에 대해서 다른 표준상태가 사용되기 때문에 일반적인 합계를 쓰는 것은 명확하지 못하며, 따라서 여기에서는 총칭적인 상첨자 °를 쓰고 독자들이 적절한 표준상태를 적용하기를 기대한다.

Gibbs 에너지에 관한 표를 이해하는 데 필요한 두 가지 중요한 단계는 물의 해리상수(dissociation constant)를 고려하는 것과 H^+의 생성 Gibbs 에너지를 0으로 선택하는 것이다. 이 단계와 선택에 대해서는 다음의 설명에서 더 명확해진다. 17장에서 우리는 다음과 같은 반응 Gibbs 에너지의 사용을 도입했다.

$$\frac{\Delta G_T}{RT} = \frac{\Delta G_T^\circ}{RT} + \ln\left[\prod_{i=1}^{NC} [a_i]^{\nu_i}\right] \quad \langle 식\ 18.111\rangle$$

식 18.14에서 나타낸 물의 해리상수를 다시 고려해 보자. 298.15 K에서 이 반응에 대한 평형상수는 $K_a = 10^{-14}$으로 잘 알려져 있다. 따라서 반응 Gibbs 에너지는 다음과 같다.

$$\Delta G_{298}^o = -RT\ln K_a = -RT\ln(10^{-14}) = -8.314(298.15)\ln(10^{-14}) = 79.908\ \text{kJ/mol} \quad \langle 식\ 18.112\rangle$$

이제 식 18.112로부터 얻은 생성 Gibbs 에너지값을 이용하여 반응 Gibbs 에너지를 계산할 수 있다.

$$\begin{aligned}\Delta G^{o}_{298} &= \Delta G^{\square}_{f,\,298}(H^{+}) + \Delta G^{\square}_{f,\,298}(OH^{-}) - \Delta G^{o}_{f,\,298}(H_2O_{(l)}) \\ &= \Delta G^{\square}_{f,\,298}(H^{+}) + \Delta G^{\square}_{f,\,298}(OH^{-}) + 237.18 \;=\; 79.908 \;\; \text{kJ/mol}\end{aligned} \qquad \langle 식\ 18.113\rangle$$

화학퍼텐셜과 마찬가지로 ΔG^{o}_{298}에 대하여 일반적인 표기법을 쓰는 것은 조금 부정확하며 독자들은 이온에 대해서는 이온의 표준상태를 사용해야 하며 여기에서는 기본적으로 상첨자 °를 사용한다는 것에 주의하자. 298.15 K에서의 순수한 물의 표준상태 Gibbs 에너지가 비전해질에 관한 표로부터 얻을 수 있다는 것을 주목하자. 이것은 모든 다른 분자성분에 대한 표준 표와도 중요한 관계를 보여 준다. 따라서 이러한 방식이 계속 사용되는 한 전해질과의 반응에서 나타나는 물질에 대해서 일반적인 표로부터 얻은 값이 적용될 수 있다.

식 18.113을 보면 $\Delta G^{\square}_{f,298}(H^{+})$와 $\Delta G^{\square}_{f,298}(H^{-})$ 2개의 값이 알려지지 않았다. 그 딜레마는 298.15 K과 1 bar 조건에서 다음과 같은 임의의 선택에 의해 해결된다.

$$\boxed{\Delta G^{\square}_{f,\,298,\,1\text{bar}}(H^{+}) \;=\; 0} \qquad \langle 식\ 18.114\rangle$$

이 선택에 따라 다음과 같은 값이 계산된다.

$$\Delta G^{\square}_{298}(OH^{-}) \;=\; -157.3\ \text{kJ/mol} \qquad \langle 식\ 18.115\rangle$$

이 값을 이용하면 표의 나머지 부분을 채울 수 있다. H^{+}를 포함하는 다른 산 반응은 해리도(degree of dissociation)와 위의 $\Delta G^{\square}_{f,298}(H^{+})$의 표준 선택을 기반으로 하여 나타낼 수 있다. 예를 들어 $\Delta G^{\square}_{f,298}(Cl^{-})$의 값은 HCl의 해리거동에 의해 결정될 수 있다. Cl^{-}의 Gibbs 에너지가 결정되면 NaCl의 해리를 이용해 Na^{+}의 Gibbs 에너지가 계산될 것이다. 표의 나머지 부분은 비슷한 계산에 의해 채워지게 된다.

Gibbs 에너지를 이용하기 위한 전략

표준상태의 Gibbs 에너지의 표와 관련하여 중요한 상관관계가 있다. 과학자들이 어떻게 $\Delta G^{\square}_{f,i}$에 관한 표를 만드는지 생각해 보았는가? 과학자들은 a_i를 계산하기 위해 모델과 함께 실험적으로 평형 농도를 측정하였으며 그 값들을 평형 관계식에 대입하였다.

$$\frac{\Delta G_T}{RT} = 0 = \frac{\Delta G^{\circ}_T}{RT} + \ln\left[\prod_{i=1}^{NC}[a_i]^{\nu_i}\right] \quad 평형 \qquad \langle 식\ 18.116\rangle$$

하나의 화학종을 제외한 모든 화학종의 $\Delta G^{0}_{f,i}$(또는 $\Delta G^{\square}_{f,i}$)가 알려진 조건에서 실험이 수행되었다. 그다음에 그 화학종의 $\Delta G^{0}_{f,i}$ 값은 그 차를 이용해 실험으로부터 결정된다. 다수의 연구자들에 의해 수행된 다른 반응을 이용한 계산은 오늘날 사용되는 표의 값을 개선시켰다. 우리가 실제로 적용된 문제를 해결할 때는 그 반대 방향으로 식을 이용하면 된다. 농도를 결정하기 위해 $\Delta G^{0}_{f,i}$(또는 $\Delta G^{\square}_{f,i}$) 값을 찾고 a_i의 모델을 이용한다. a_i가 표준상태의 $\Delta G^{0}_{f,i}$와 $\Delta G^{\square}_{f,i}$와 일치하는 방법을 이용하여 계산된다면 그 계산 결과는 믿을 수 있다.

문제를 해결하는 과정은 일반적으로 표를 채우는 과정과 반대이다. 표준상태에서 $\Delta G_{298}{}^{0}$(또는 $\Delta G^{\square}_{f,i}$)는 표를 이용하여 계산된다. 온도와 압력의 보정항이 $\Delta G^{0}_{T,P} = -RT\ln K$를 결정하기 위해 적용되고 나면 표준상태와 일치하는 a_i를 계산하기 위한 방법을 선택한다. 따라서 종종 이상용액을 가정하여 활동도로부터 농도가 결정된다. 종종 개개의 화학종의 Gibbs 에너지가 계산되지 않거나 이용 가능하지 않다. 오히려 과학자들은 예제 18.4에서처럼 K_a의 값을 보고한다. 신뢰할 수 있는 Gibbs 에너지의 데이터베이스를 이 장의 각주 13에 나타내었다.

18.17 변환된 생물학적인 Gibbs 에너지와 겉보기 평형상수

18.12절에서 소개된 변환된 Gibbs 에너지는 생물학적인 반응을 다루기에 편리한 방법이며 앞에서 자세히 논의되지는 않았다. 완충된 pH에 대한 Gibbs 에너지의 변환은 이전에 사용된 다른 Legendre 변환과 유사하다. 내부에너지에 대한 $dU = TdS - PdV$를 이용하여 Gibbs 에너지를 유도하기 위해, $G = U - TS + PV$를 도입하여 T와 P를 자연 변수(natural variable)로 갖는 $dG = -SdT + VdP$의 결과를 얻게 되고, 자연 변수들이 제한될 때 G는 최소화된다. $G' = U - TS + PV - N_H\mu_{H^+}$를 도입하면 pH의 자연함수(natural function)인 퍼텐셜이 얻어진다. 변수 N_H는 분자 내의 수소의 수이다. 또한 $\mathrm{pMg} = -\log[\mathrm{Mg}^{2+}]$의 자연함수인 변환을 얻기 위해 $G' = U - TS + PV - N_{\mathrm{H}}\mu_{\mathrm{H^+}} - N_{\mathrm{Mg}}\mu_{\mathrm{Mg2+}}$ 식이 이용된다. 화학종들의 표준상태의 변환된 생성 Gibbs 에너지가 개발되었으며, 반응 Gibbs 에너지와 변환된 평형상수를 계산하기 위해 그것들은 변환되지 않은(untransformed) Gibbs 에너지와 유사하게 사용된다.

또한 용액의 비이상성을 보정하기 위해 확장된 Debye-Hückel 모델이 추가되었고 모델에서 $Ba = 1.6$이 사용되었다. 이전 모델과의 또 하나의 차이점은 평형상수에 대해 몰농도가 사용된다는 것이다. 그러나 생물학적인 분자들의 용액이 몰 기준에서 전형적으로 희박하기 때문에 그 차이는 수학적으로 크지 않다. 비이상성 효과는 전형적으로 몰랄 형태의 Debye-Hückel 모델을 이용하며, 그 모델이 전하를 가진 화학종에 따라 달라지지 않기 때문에 총괄용액의 몰랄 이온강도를 사용한다.

하나의 형태를 갖는 화학종의 Gibbs 에너지 변환

수소 또는 마그네슘을 포함하는 종들에 대해서,

$$\Delta G'^{\circ}_{f,T,i}(I, \mathrm{pH}, p\mathrm{Mg}) = \Delta G^{\circ}_{f,T,i}(I) - N_{\mathrm{H},i}\{\Delta G^{\circ}_{f,T,\mathrm{H^+}}(I) - RT\mathrm{pH_c}\ln(10)\} - N_{\mathrm{Mg},i}\{\Delta G^{\circ}_{f,T,\mathrm{Mg^{2+}}}(I) - RT\mathrm{pMg}\ln(10)\} \quad \langle 식\ 18.117\rangle$$

주어진 pH와 I에서 변환된 생성 Gibbs 에너지는 Excel 워크북 Calc.xlsx 또는 MATLAB GprimeCalc.m이 도움이 될 것이다.

오른쪽의 $j = i$, H^+, Mg^{2+}에 대한 생성 Gibbs 에너지는 다음과 같다.

$$\Delta G^{\circ}_{f,T,j}(I) = \Delta G^{\circ}_{f,T,j}(I{=}0) - RT\ln(10)z_j^2A_\gamma(\sqrt{I}/(1 + Ba\sqrt{I})) \quad \langle 식\ 18.118\rangle$$

여기에서 $Ba = 1.6\ (\mathrm{kg/mol})^{1/2}$, $\mathrm{pH_c} = -\log[\mathrm{H^+}]$, $\mathrm{pMg} = -\log[\mathrm{Mg^{2+}}]$이고 I는 몰랄농도로 측정된다. 생물학적인 반응이 발생하는 작은 온도범위에서는 생성열이 온도에 독립적이다는 가정을 함으로써, 생성 Gibbs 에너지를 대입하기 전에 간단한 van't Hoff식이 적용될 수 있다.

$$\Delta G^\circ_{f,j}(I{=}0) = \left(\frac{T}{298.15}\right)\Delta G^\circ_{f,298.15,j}(I{=}0) + \left(1 - \frac{T}{298.15}\right)\Delta H^\circ_{f,298.15,j}(I{=}0) \quad \text{〈식 18.119〉}$$

이 식들은 그것들이 사용되는 방법과 비교해서 역순으로 나타내었다. $j = i$, $\mathrm{H^+}$, $\mathrm{Mg^{2+}}$에 대한 표준상태값을 식 18.119에 대입한다. 그 각각의 결과들을 식 18.118에 대입하고 다시 그 각각의 결과들을 식 18.117에 대입한다. 생성 Gibbs 에너지는 Excel의 Workbook 중 GprimeCalc.xlsx 또는 매트랩의 m-file 중 GprimeCalc.m을 사용하면 쉽게 계산될 수 있다. 용액의 비이상성은 $\mathrm{H^+}$와 $\mathrm{Mg^{2+}}$로 인한 변환과 비교했을 때 크게 중요하지 않다. 몇몇 문헌에서는 변환이 pH 7로 제한되기도 하지만, 기호 ′ 은 어떤 특정한 pH에서의 변환된 Gibbs 에너지를 나타내는 데 꽤 넓게 사용된다. $\mathrm{Mg^{2+}}$가 포함되어 있는지를 구별하기 위해서는 응용 분야의 배경이 고려되어야 한다.

하나의 형태를 갖는 화학종의 엔탈피 변환

주어진 pH와 I에서 변환된 생성 엔탈피는 Excel 워크북 Calc.xlsx 또는 MATLAB GprimeCalc.m이 도움이 될 것이다.

첫 번째 근사로 생성열이 $I = 0$, $\mathrm{pH} = 0$, $\mathrm{pMg} = 0$ 조건에서 온도에 독립적일 때, 엔탈피는 Gibbs-Helmholtz 관계식을 이용하여 얻어진다. Debye-Huckel의 온도 의존성이 변환을 위해 도입되었다. 생성열은 다음과 같다.

$$\Delta H'^\circ_{f,T,i}(I, \mathrm{pH}, p\mathrm{Mg}) = \Delta H^\circ_{f,T,i}(I) - N_{\mathrm{H},i}\Delta H^\circ_{f,T,\mathrm{H^+}}(I) - N_{\mathrm{Mg},i}\Delta H^\circ_{f,T,\mathrm{Mg^{2+}}}(I) \quad \text{〈식 18.120〉}$$

그리고 오른쪽의 $j = i$, $\mathrm{H^+}$, $\mathrm{Mg^{2+}}$에 대한 각각의 생성 엔탈피는 다음과 같다.

$$\Delta H^\circ_{f,T,j}(I) = \Delta H^\circ_{f,T,j}(I{=}0) + RT^2\ln(10)z_j^2(dA_\gamma/(dT))(\sqrt{I}/(1 + Ba\sqrt{I})) \quad \text{〈식 18.121〉}$$

가상 이성질체(pseudoisomer)의 Gibbs 에너지 변환

다른 수의 리간드를 갖는 수용체(receptor)의 족(family)에 대한 변환된 생성 Gibbs 에너지는 T, $\mathrm{pH_c}$, pMg에 따라 변하는 화학종의 분포에 의존하며 그 의존도는 결합 다항식에 의해 쉽게 나타내었다. 겉보기 화학종에 대한 생성 Gibbs 에너지는 완전히 순수한 수용체의 Gibbs 에너지를 약간 수정하여 나타낸다.

$$\Delta G'^\circ_{f,T,i}(I, \mathrm{pH_c}, \mathrm{pMg}) = \Delta G'^\circ_{f,T,i(1)}(I, \mathrm{pH_c}, \mathrm{pMg}) - RT\ln P_{\mathrm{bind}} \quad \text{〈식 18.122〉}$$

여기에서 오른쪽의 $G'^\circ_{f,T,i(1)}(I, \mathrm{pH_c}, \mathrm{pMg})$은 식 18.117~18.119에 나타낸 완전히 순수한 수용체에 대한 것이다. 결합 다항식은 대부분 순수한 수용체와 관련된 가상 이성질체의 변환된

Gibbs 에너지를 이용하여 쉽게 표현될 수 있다.

$$P_{\text{bind}} = \left(1 + \exp\left(\frac{\Delta G'^{\circ}_{f,i(1)} - \Delta G'^{\circ}_{f,i(2)}}{RT}\right) + \exp\left(\frac{\Delta G'^{\circ}_{f,i(1)} - \Delta G'^{\circ}_{f,i(3)}}{RT}\right) + \ldots\right) \quad \langle \text{식 } 18.123 \rangle$$

여기에서 모든 Gibbs 에너지는 식 18.117~18.119에서 사용한 특정한 pH_c, pMg, 이온강도 조건의 수용액에 대한 것이며, 간결하게 나타내기 위해 그 표시가 생략되었다. 식 18.123의 대체식이 때때로 쓰이기도 하지만, 생성 Gibbs 에너지의 차가 그 값보다 훨씬 작기 때문에 매우 크거나 작은 수의 급격한 증가를 피하기 위해 위의 주어진 형태가 추천된다.[30,31] 식 18.123에서 지수항이 식 18.90에서 보인 평형상수의 곱과 같다는 것에 주목하라.

pH_c, pMg, 비이상용액의 효과는 이미 반응에 포함되었으며 따라서 인산염에 대한 보정된 평형상수 항으로 이루어진 결합 다항식은 다음과 같다.

$$\begin{aligned} P_{\text{bind}} &= \left(1 + \frac{1}{K'_{a3}} + \frac{1}{K'_{a3}K'_{a2}} + \frac{1}{K'_{a3}K'_{a2}K'_{a1}}\right) \\ &= (1 + K'^{\text{bind}}_{a1} + K'^{\text{bind}}_{a1}K'^{\text{bind}}_{a2} + K'^{\text{bind}}_{a1}K'^{\text{bind}}_{a2}K'^{\text{bind}}_{a3}) \end{aligned} \quad \langle \text{식 } 18.124 \rangle$$

i 족, j 형태의 가상 이성질체에서의 수용체의 분율은 2개의 다른 방법에 의해 계산될 수 있다. P_{bind}가 직접적으로 사용되거나 j 형태의 가상 이성질체의 변환된 Gibbs 에너지를 이용한 가상 이성질체의 생성 Gibbs 에너지가 사용될 수 있다.

$$r_j = \frac{1}{P_{\text{bind}}}\exp\left(\frac{\Delta G'^{\circ}_{f,i(1)} - \Delta G'^{\circ}_{f,i(j)}}{RT}\right) = \exp\left(\frac{\Delta G'^{\circ}_{f,T,i} - \Delta G'^{\circ}_{f,i(j)}}{(RT)}\right) \quad \langle \text{식 } 18.125 \rangle$$

여기에서 모든 Gibbs 에너지는 특정한 T, pH, pMg에서 정의된다. 첫 번째 exp( ) 항에 대한 논의는 식 18.123에서 나타낸 것과 같으며, 그 값은 식 18.124의 각 항의 값과 같다. 겉보기 화학종에 대한 변환된 엔탈피는 개개의 r_i 값을 이용하여 계산되며 여기에서 각 가상 이성질체의 값은 식 18.120을 이용해 변환된다.

$$\boxed{\Delta H'^{\circ}_{f,T,i}(I, \text{pH}, p\text{Mg}) = \sum_j r_j \Delta H'^{\circ}_{f,T,i(j)}(I, \text{pH}, p\text{Mg})} \quad \langle \text{식 } 18.126 \rangle$$

이 절의 목적은 생물학적 열역학을 입문과정으로 소개하는 것이다. 더 고급의 과정을 원하는 독자들은 Alberty 또는 Goldberg의 연구에서 더 상세한 논의를 다루고 있음을 참고하자.[32,33,34]

---

30 Alberty, R.A. 2001. *J. Phys. Chem*. B 105:7865 – 7870.

31 Alberty, R.A. 2003. *Thermodynamics of Biochemical Reactions*. Hoboken, NJ: Wiley, p. 69. Note that updated values for ATP, ADP, AMP, and transformations with Mg are explained in ref. 32.

32 Alberty, R.A. 2003. *J. Phys. Chem*. B 107:12324 – 12330.

33 Alberty, R.A. 2006. *Biochemical Thermodynamics: Applications of Mathematica*. Hoboken, NJ: Wiley.

34 Goldberg R.N., Tewari, Y.B., Bhat, T.N. 2004. *Bioinformatics* 20(16):2874-2877, http://xpdb.nist.gov/enzyme_thermodynamics/ accessed 11/7/2011.

표준상태의 퍼텐셜이 변환됨에 따라 어떤 반응에 대해서 $\Delta G'^{\circ}_{T,i}(I, \mathrm{pH_c}, \mathrm{pMg}) \neq \Delta G^{\circ}_{T,i}(I, \mathrm{pH_c}, \mathrm{pMg})$와 같이 표준상태의 Gibbs 에너지값을 변화시키지만,[35] 비평형(nonequilibrium) 조건에서 어떤 반응에 대한 실제 추진력(driving force)은 같으며 따라서 식 18.93과 변환되지 않은 반응과 유사하게 $\Delta G'_{T,i}(I, \mathrm{pH_c}, \mathrm{pMg}) = \Delta G_{T,i}(I, \mathrm{pH_c}, \mathrm{pMg})$이다. 또한 이것은 $K'_c \neq K_c$이며 변환과 관계없이 같은 실제 농도에서 반응이 평형에 있다는 것을 의미한다. 이 관계는 반응에 대한 실제 추진력이 표준상태의 값에 의해 나타내지지 않는다는 것을 다시 한 번 강조한다.

예제 18.12 ATP의 생성 Gibbs 에너지

ATP 화학종의 생성 Gibbs 에너지는 부록 E에 나타내었다. 이용 가능한 Gibbs 에너지로부터 $T = 298.15$ K, $\mathrm{pH_c} = 7$, $\mathrm{pMg_c} = 3$, $I = 0.25$ mol/kg 조건에서의 ATP의 생성 Gibbs 에너지, pK', 존재하는 각 화학종들의 백분율을 계산하라.

풀이

몰랄 표준상태의 Gibbs 에너지는 $ATP^{4-} = -2768.1$, $HATP^{3-} = -2811.48$, $H_2ATP^{2-} = -2838.18$, $MgATP^{2-} = -3258.68$, $MgHATP^{-} = -3287.5$, $Mg_2ATP = -3729.33$ kJ/mol이다. 전하는 각각 −4, −3, −2, −2, −1, 0이다. H의 수는 각각 12, 13, 14, 12, 13, 12이다. 이 값을 제시된 조건에서 GprimeCalc.xlsx에 대입하면, 화학종에 대한 변환된 Gibbs 에너지는 $ATP^{4-} = -2291.9$, $HATP^{3-} = -2288.8$, $H_2ATP^{2-} = -2270.7$, $MgATP^{2-} = -2297.1$, $MgHATP^{-} = -2282.7$, $Mg_2ATP = -2288.8$ kJ/mol이다. 문제의 나머지 계산은 수계산으로 푼다.

세 번째 해리반응은 $HATP^{3-} \rightleftarrows ATP^{4-}$ 이다.

$$\frac{1}{K'_{a3}} = \exp\left(\frac{\Delta G'^{\circ}}{RT}\right) = \exp\left(\frac{\Delta G'^{\circ}_{f(1)} - \Delta G'^{\circ}_{f(2)}}{RT}\right) = \exp\left(\frac{-2291.9 + 2288.8}{0.008314(298.15)}\right) = 0.2863$$

첫 번째와 두 번째의 보정된 평형상수의 곱은 $H_2ATP^{2-} \rightleftarrows ATP^{4-}$ 반응에 의해 주어진다.

$$\frac{1}{K'_{a3}K'_{a2}} = \exp\left(\frac{\Delta G'^{\circ}}{RT}\right) = \exp\left(\frac{\Delta G'^{\circ}_{f(1)} - \Delta G'^{\circ}_{f(3)}}{RT}\right) = \exp\left(\frac{-2291.9 + 2270.7}{0.008314(298.15)}\right) = 1.9\mathrm{E}-4$$

pH = 7 조건에서 pH가 $\mathrm{p}K_a$보다 훨씬 크기 때문에 결합 다항식에서 $H_nATP^{(-4+n)}$에 대한 나머지 항은 계산된 마지막 항보다 훨씬 작으며 중요하지 않다(예제 18.6의 인산과 유사함을 참고하라). Mg를 포함한 화학종에 대해서 $MgATP^{2-} \rightleftarrows ATP^{4-}$ 반응의 K'_{aMg}를 정의하면,

$$\frac{1}{K'_{aMg}} = \exp\left(\frac{\Delta G'^{\circ}_{f(1)} - \Delta G'^{\circ}_{f(\mathrm{MgATP})}}{RT}\right) = \exp\left(\frac{-2291.9 + 2297.1}{0.008314(298.15)}\right) = 8.1480$$

35 Iotti, S.; Sabatini, A.; Vacca, A. 2010. *J. Phys Chem B*. 114:1985–1993.

MgHATP$^-$ $\rightleftarrows$ ATP^{4-} 반응에 대한 K'_{aMgH}를 정의하면,

$$\frac{1}{K'_{aMgH}} = \exp\left(\frac{\Delta G'^\circ_{f(1)} - \Delta G'^\circ_{f(\mathrm{MgHATP})}}{RT}\right) = \exp\left(\frac{-2291.9 + 2282.7}{0.008314(298.15)}\right) = 0.0244$$

Mg_2ATP $\rightleftarrows$ ATP^{4-} 반응에 대한 K'_{aMg2}를 정의하면,

$$\frac{1}{K'_{aMg2}} = \exp\left(\frac{\Delta G'^\circ_{f(1)} - \Delta G'^\circ_{f(\mathrm{Mg2ATP})}}{RT}\right) = \exp\left(\frac{-2291.9 + 2288.8}{0.008314(298.15)}\right) = 0.2863$$

결합 다항식은 $P_{bind} = 1 + 0.2863 + 2E{-}4 + 8.148 + 0.0244 + 0.2863 = 9.7452$이다.
각 가상 이성질체의 분율은 식 18.91에 의해 주어진다.

$$\frac{[\mathrm{ATP}^{4-}]}{\mathrm{P}_i} = \frac{1}{P_{\mathrm{bind}}} = \frac{1}{9.7452} = 0.10 \qquad \frac{[\mathrm{HATP}^{3-}]}{\mathrm{P}_i} = \frac{[\mathrm{MgATP}]}{\mathrm{P}_i} = \frac{0.2863}{9.7452} = 0.03$$

$$\frac{[\mathrm{MgATP}^{2-}]}{\mathrm{P}_i} = \frac{8.148}{9.7452} = 0.84$$

pH = 7에서 다른 화학종이 나머지를 보충하지만 그 양은 많지 않다.
겉보기 화학종의 생성 Gibbs 에너지는 다음과 같다.

$$\Delta G'^\circ_{f,\mathrm{P}_i} = \Delta G'^\circ_{f,\mathrm{P}_i(1)} - RT\ln P_{\mathrm{bind}} = -2291.9 - 0.008314(298.15)\ln 9.7452$$
$$= -2297.5 \text{ kJ/mol}$$

이 값이 예제 18.10에서 사용되었음을 주목하자.

18.18 연결된 다중반응과 상평형

보다 고급 과정의 학문을 위한 많은 서적이 존재한다. 다음의 예제는 이 장의 각주 13에 보고되어 있는 OBIGT 데이터베이스로부터 얻은 열화학 데이터를 사용한다. 여기 예제에서는 확장된 Debye-Hückel 모델을 사용하였고 압력 보정은 무시하였다.

물의 염소화

염소화(chlorination)는 식수를 위한 수처리 방법 중 하나이다. Cl_2는 순수한 물에 녹으면서 물과 반응해 강산인 HCl과 약산인 하이포염소산(HClO)을 동시에 형성한다. 이 반응은 pH에 민감하며 낮은 pH에서 Cl_2의 방향으로 이동한다. 이 반응은 높은 pH에서는 약산이자 산화제인 하이포염소산 방향으로 이동한다. 염소계 표백제(chlorine bleach)는 높은 pH에서 Cl_2와 NaOH 용액을 반응시켜 하이포염소산을 안정화시킴으로써 만들어진다.

Cl_2와 순수한 물의 반응을 고려해 보자. 다음과 같은 3개의 반응으로 이루어진다.

$$\mathrm{Cl}_{2(aq)} + \mathrm{H_2O} \rightleftarrows \mathrm{H^+} + \mathrm{Cl^-} + \mathrm{HClO}_{(aq)} \qquad K_{a1} = \frac{a_{\mathrm{H^+}} a_{\mathrm{Cl^-}} a_{\mathrm{HClO}_{(aq)}}}{a_{\mathrm{Cl}_{2(aq)}} a_{\mathrm{H_2O}}} \qquad \text{〈식 18.127〉}$$

$$HClO_{(aq)} \rightleftarrows H^+ + ClO^-_{(aq)} \quad K_{a2} = \frac{a_{H^+} a_{ClO^-}}{a_{HClO_{(aq)}}}$$ 〈식 18.128〉

$$H_2O \rightleftarrows H^+ + OH^- \quad K_w = \frac{a_{H^+} a_{OH^-}}{a_{H_2O}}$$ 〈식 18.129〉

또한 기-액 상평형을 '반응'으로 쓸 수 있으며, 전해질 문헌에서는 액상이 항상 '생산물'이라는 것에 주의하자. 이 방법은 식 18.130과 18.131에 Henry의 법칙 상수를 사용하여 나타낸다 (11.12절 참조).

$$H_2O_{(v)} \rightleftarrows H_2O_{(l)} \quad K = \frac{a_{H_2O}}{y_{H_2O}P} = \frac{1}{P^{sat}_{H_2O}}$$ 〈식 18.130〉

$$Cl_{2(v)} \rightleftarrows Cl_{2(aq)} \quad K_{H(Cl_2)} = \frac{a_{Cl_2}}{y_{Cl_2}P}$$ 〈식 18.131〉

예제 18.13 염소 + 물 전해질 용액

염소가 298.15 K과 0.8 atm 조건에서 물과 평형에 있을 때, 존재하는 성분과 그 농도를 구하라. 근사적인 해답을 구한 후 $Ba = 1$ (kg/mol)$^{1/2}$를 갖는 확장된 Debye-Hückel 모델을 이용하여라. 이 장의 각주 13에서 보고된 OBIGT 데이터베이스로부터 얻은 열역학 물성을 표 18.4에 나타내었다.

표 18.4 • 각 성분들의 열역학 데이터

화학종	ΔG^o_f (kJ/mol)	ΔH^o_f (kJ/mol)
$H_2O_{(l)}$	−237.21	−285.83
$H_2O_{(v)}$	−228.61	−241.84
H^+	0	0
OH^-	−157.30	−230.02
$Cl_{2(aq)}$	6.95	−23.39
$Cl_{2(v)}$	0	0
$HClO_{(aq)}$	−79.91	−120.92
Cl^-	−131.29	−167.08
ClO^-	−36.82	−107.11

풀이

먼저 이상용액을 가정해 문제를 풀어 보자. 이것은 근사적인 답을 제공한다. 그다음에 활동도 계수를 이용하여 개선된 답을 다시 구한다. 생성 Gibbs 에너지를 이용하면, 평형상수는 $pK_{a1} = 3.339$, $pK_{a2} = 7.549$, $K_{H(Cl_2)} = 0.0606$이고 여기에서 K_H는 Cl_2의 Henry 상수이다.

염소가 순수한 물에 녹을 때 강산 HCl과 약산 하이포염소산을 형성하기 때문에 우리는 pH < 7을 예상할 수 있다. 약산인 하이포염소산은 pH = pK− 1 = 6.5이고 다음 조건에서 거의 총괄적으로 양성자화된다(protonated)는 것에 주목하자. 강산인 HCl이 형성되기 때문에 그러한 현

상이 설명될 수 있다. 이 가정과 함께 계속 문제를 풀자. 첫 번째 근사로서 그 가정에 의해 식 18.128의 해리는 무시될 수 있다.

3개의 반응평형은 식 18.127~18.129로 요약될 수 있다. 전하수지는 다음과 같다.

$$[H^+] = [Cl^-] + [ClO^-] + [OH^-] = [Cl^-] + \cdots \qquad \langle 식\ 18.132\rangle$$

여기에서 pH가 작을 때 하이포염소산(hypochlorous)의 해리가 작기 때문에 $[ClO^-]$는 무시될 수 있으며 pH가 작을 때 $[OH^-]$도 무시된다. 따라서 식 18.127의 평형은 다음과 같이 근사될 수 있다.

$$[HClO_{(aq)}] \approx \frac{K_{a1}[Cl_{2(aq)}]a_{H_2O}}{[H^+]([H^+] - \ldots)} \approx \frac{K_{a1}[Cl_{2(aq)}]}{[H^+]^2} \qquad \langle 식\ 18.133\rangle$$

근사적인 풀이

첫 번째 가정으로서 물이 거의 순수하다는 점을 이용해 물의 부분 압력이 추정될 수 있다. 이 근사는 추후에 염소 화학종의 농도가 높을 때 개선될 수 있다. 우리는 또한 몰랄농도를 근사하기 위해 몰농도를 사용한다. 물에 대한 Raoult의 법칙을 이용하면 $y_{H_2O}P = P^{sat}_{H_2O}$이 된다. 수증기표(steam table)를 이용하면 $y_{H_2O}P = P^{sat}_{H_2O} = 0.0317$ bar $= 0.0313$ atm이고 $y_{H_2O} = 0.0313/0.8 = 0.039$이다. 그러면 $y_{Cl_2}P = 0.8 - 0.0313 = 0.7687$ atm이고 $y_{Cl_2} = 1 - 0.039 = 0.961$이다. 298.15 K에서 Cl_2의 Henry의 상수(K_H)를 이용하면 $Cl_{2(aq)}$의 농도는 다음과 같다(pH에 독립적).

$$[Cl_{2(aq)}] = K_H(y_{Cl_2}P) = (0.0606)(0.7687) = 0.0484 \text{ mol/L} \qquad \langle 식\ 18.134\rangle$$

낮은 pH 영역에서 농도 $[HOCl_{(aq)}] = 10^{-3.339}(0.0484)/[H^+]^2$ (식 18.133)을 Sillén 선도에 나타

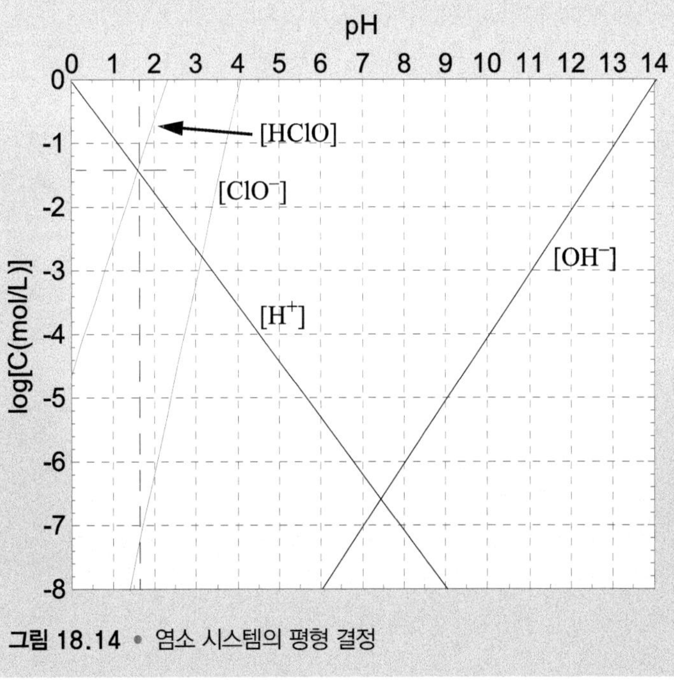

그림 18.14 • 염소 시스템의 평형 결정

내었다. 약산인 하이포염소산의 해리 농도 $[OCl^-]$는 pH의 함수인 [HOCl] 농도를 이용하여 식 18.31로부터 계산된다. 예상대로 pH가 낮을 때 그 해리 농도는 작았다.

여기에서는 약산의 총괄 농도가 pH에 따라 빠르게 변하기 때문에 그림 18.14에서 약산의 직선이 이전 예제들의 직선과는 크게 다르다. 이제 식 18.127과 18.128과 관련된 물질수지를 생각해 보자. 식 18.128이 많은 양을 발생시키지 않기 때문에, 근사적으로 식 18.127의 화학량론에 의해 $[H^+] = [Cl-] = [HOCl]$이다. 이 결과는 점선으로 표시된 교차점을 나타낸다. 근사적인 해답은 pH = 1.55, $[H^+] = [Cl^-] = [HOCl] = 10^{-1.55} = 0.0282$ mol/L이다. 그래프를 이용해 $[OCl^-] = 10^{-7.5} = 3.2E - 8$인 것을 알 수 있다. 이제 우리는 이 값을 더 정확한 답을 구하기 위한 초기 추정값으로 사용한다.

CL2H2O. xlsx.

활동도 계수를 이용한 계산

성분들의 열역학 물성을 다음 표와 Excel 스프레드시트(spreadsheet)인 CL_2H_2O.xlsx에 표로 나타내었다. 다음 표의 데이터는 Cl_2와 H_2O의 기상과 액상에서의 값들을 포함한다. Gibbs 에너지는 VLE의 분배 계수(distribution coefficient)를 계산하기 위해 '반응'으로 사용된다.

9개의 식을 (5개의 평형, 3개의 원자수지, 1개의 전하수지) 동시에 풀기 위해, 9개의 미지수가 결정되어야 한다. 여기에서 선택된 9개의 미지수는 표 18.4에 수록된 화학종들이다. H_2O, Cl_2, HClO, H^+, Cl^-, ClO^-, OH의 액체 몰수와 $H_2O_{(v)}$와 $Cl_{2(v)}$의 기체 몰수. 초기 기준값으로는 1 L의 액체 물과 ($n^i_{H_2O} = 55.51$ mol) $n^i_{Cl_2} = 0.9$ mol이 사용되었다.
상세한 계산과정은 반응 플래시를 이용해 다루어진다. 3개의 원자수지는 H, O, Cl에 대해 전하수지와 함께 만족되어야 한다. 원자수지와 전하수지는 1 L의 액체 물과 0.9 mol의 Cl_2의 기준에 따라 표 18.5에 나타내었다. 반복 계산에 따른 조성은 표 18.6에 요약되어 있다.

표 18.5 • 원자수지와 전하중성 제한 조건

	초깃값	최종값	최종값-초깃값
H-bal	111.02	111.02	0.00E+00
Cl-bal	1.8	1.8	0.00E+00
O-bal	55.51	55.51	0.00E+00
e-bal	0	0	0.00E+00

앞에서 계산된 근사적인 이상용액의 결과들은 초기 추정값으로 사용된다. Excel Solver를 이용하여 모든 식을 동시에 만족하는 각 화학종의 몰수를 결정하였다(표 18.6의 두 번째와 여섯 번째 열).

표 18.6을 보면 모든 이온 화학종의 $\gamma^{\square}$이 같다는 것에 주목하라. 이것은 Debye-Hückel 모델이 너무 단순해서 모든 화학종이 같은 원자가를 갖는 한 그것을 구별할 수 없기 때문이다. Cl_2와 HClO의 활동도 계수는 1로 가정되었다.

표 18.6에 요약된 계산 결과는 염소의 용해도가 용액에서 HClO와 Cl^-의 형성으로 인해 Henry의 법칙 상수로부터 예측된 값보다 더 증가한 것을 보여 준다. $P = 0.8$ atm에서 HClO의 Cl과 Cl^-는 $Cl_{2(aq)}$의 Cl 원자의 약 2/3이다. 스프레트시트 Solver를 살펴보면 제한

표 18.6 • 전해질 성분의 몰수와 수렴조성에서의 활동도

		액상의			증기	
화학종	몰수	몰랄농도	$\gamma^{\square}$	화학종	몰수	y
H_2O	55.44564	----	1.000060649	H_2O	0.03322	3.88E-02
$Cl_{2(aq)}$	4.65E-02	0.046591564	1	Cl_2	0.82233	9.61E-01
HClO	3.11E-02	0.031168318	1	sum	0.85555	1.00
H^+	3.11E-02	0.031168399	0.838440619			
OH^-	4.55E-13	4.55732E-13	0.838440619	$y_{Cl_2}P = 0.77$		
ClO^-	4.01E-08	4.01834E-08	0.838440619			
Cl^-	3.11E-02	0.031168359	0.838440619			
tot moles	55.5856					

Intermediate Calculations $I = 0.03117$

$x_{H2O} = 0.99748$ pH $= -\log_{10}((0.0312)(0.838))$

$a_{H2O} = 0.9975$ $= 1.58$

조건이 어떻게 충족되어 있는지 알 수 있다. 앞에서의 근사적인 답과 여기에서 구한 답을 비교하면 꽤 비슷하다는 것을 알 수 있다. 예를 들어 여기에서 계산된 [HClO]는 0.0312이며, 앞에서의 근사적인 값은 0.0282이다.

18.19 평균 이온 활동도 계수

평균 이온 활동도 계수는 문헌에서 종종 전해질 모델링을 위해 사용된다. 평균 이온 활동도 계수는 겉보기 전해질 화학종의 활동도를 표현하는 방법 중 하나이다. 이 절에서는 이온의 활동도 계수와 평균 이온 활동도 계수의 관계에 대한 배경을 설명한다. 18.23절의 부록에 나타내었듯이 겉보기 전해질 화학종들의 화학 퍼텐셜은 해리되지 않은 전해질 화학종들의 화학 퍼텐셜과 같으며, 여기에서는 식을 간단히 하기 위해 오직 해리되지 않은 화학 퍼텐셜만 사용된다.

$$\mu_u = \nu_+\mu_+ + \nu_-\mu_- \qquad \langle 식\ 18.135\rangle$$

식 18.99와 18.100을 대입하면,

$$\mu_u = \nu_+(\mu_+^{\square} + RT\ln\gamma_+ m_+) + \nu_-(\mu_-^{\square} + RT\ln\gamma_- m_-) = (\nu_+\mu_+^{\square} + \nu_-\mu_-^{\square}) + RT\ln[(m_+^{\nu_+}m_-^{\nu_-})(\gamma_+^{\nu_+}\gamma_-^{\nu_-})] \qquad \langle 식\ 18.136\rangle$$

괄호 안의 마지막 항을 보면 다음과 같이 정의할 수 있다.

$$\mu_{\pm}^{\square} \equiv (\nu_+\mu_+^{\square} + \nu_-\mu_-^{\square}) \qquad \langle 식\ 18.137\rangle$$

몰랄농도와 활동도 계수는 기하평균을 이용하여 나타낸다. 문헌에서는 이것을 보통 평균이라 부르고 기하평균을 이용한 설명은 일반적으로 생략한다. **평균 몰랄농도**는 다음과 같다.

$$\boxed{m_{\pm} \equiv (m_+^{\nu_+}m_-^{\nu_-})^{1/\nu}} \qquad \langle 식\ 18.138\rangle$$

여기에서 $v \equiv (v_+ + v_-)$이다. 평균 이온 활동도 계수는 이온의 활동도 계수들의 기하평균으로부터 얻는다.

$$\gamma_\pm \equiv (\gamma_+^{\nu_+}\gamma_-^{\nu_-})^{1/\nu} \qquad \text{〈식 18.139〉}$$

결과적으로 해리되지 않은 화학종에 대해 다음과 같은 관계를 나타낸다.

$$\mu_u = \mu_\pm^\square + \nu\ln(m_\pm\gamma_\pm) \text{ 그리고 } a_\pm = \gamma_\pm^\nu m_\pm^\nu \text{ 그리고 } a_u = a_\pm^\nu \qquad \text{〈식 18.140〉}$$

화학퍼텐셜 식에서 이온이나 비전해질 화학종들의 유사한 표현과는 다르게 항 앞에 변수 v가 있다는 것에 주의하라. **따라서 평균 이온 활동도는 해리되지 않은 활동도(또는 겉보기 활동도)와 같지 않다.** 이 식들에서 새로운 정보가 포함된 것은 없다. 그 식들은 활동도 계수, 몰랄농도, 화학 퍼텐셜을 표현하는 간단한 방법 중 하나이다. 평균 이온 활동도 계수는 다음과 같이 표현된다.

$$\log_{10}\gamma_\pm = \frac{-A_\gamma|z_+z_-|\sqrt{I}}{1 + Ba\sqrt{I}} \qquad \text{〈식 18.141〉}$$

위의 최종 식을 위해서는 $v_+z_+^2 + v_-z_-^2$이 $|z_+z_-|$와 같다는 것을 증명해야 한다. 이것을 위해 전하수지식 $v_+z_+ + v_-z_- = 0$을 이용해 보자. z_+를 곱하여 하나의 식을 얻고, z_-를 곱하여 또 다른 하나의 식을 얻을 수 있다. 그 식을 더하여 정리하면 다음과 같이 표현된다.

$$v_+z_+^2 + v_-z_-^2 = -(v_+ + v_-)z_+z_- = -\nu(z_+z_-) = \nu|z_+z_-| \qquad \text{〈식 18.142〉}$$

확장된 Debye-Hückel 모델의 사용은 1-1 전해질에 대해서는 약 0.1 몰랄농도까지 유효하

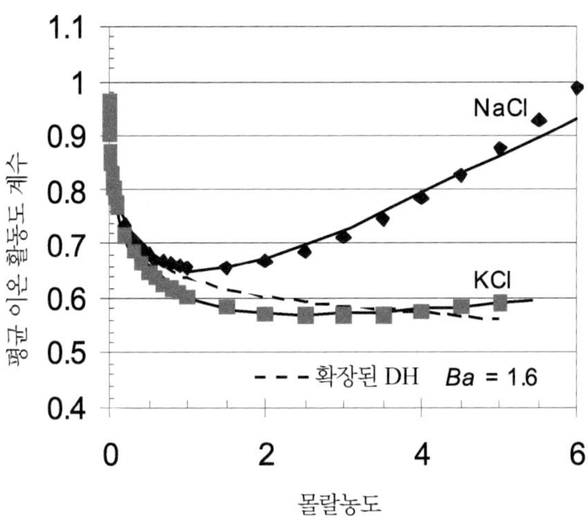

그림 18.15 • 298 K에서 NaCl, KCl의 평균 이온 활동도 계수와 확장된 Debye-Hückel(DH) 모델을 이용한 예측 결과. 점선은 확장된 Debye-Hückel 결과이고, 실선은 ASPEN Plus ver. 7.1에서 기본 매개변수를 이용한 비대칭 eNRTL 계산 결과이다. 활동도 계수 실험 데이터는 Hamer, W.J.; Wu, Y.-C., 1972. J. Phys. Chem. Ref. Data, 1:1047 문헌에서 얻었다.

며, 다수의 전하를 가지는 화학종에 대해서는 더 낮은 농도까지만 유효하다. 그림 18.15에는 NaCl의 평균 이온 활동도 계수 실험 데이터와 확장된 Debye-Huckel의 계산결과가 비교되었다. 6 m 근처에서 NaCl의 활동도 계수 실험 데이터는 거의 1인 것에 주목하라. 이 농도가 실온에서의 용해 한도인 것처럼 보이며, 더 낮은 농도에서의 용액은 꽤 비이상적이다.

평균 이온 활동도 계수는 Gibbs-Duhem식을 이용하여 삼투압으로 표현될 수 있다. 그 유도는 여기에서의 목적을 벗어나며 결과식은 다음과 같다.

$$\ln \gamma_{\pm} = \Phi - 1 + \int_0^m (\Phi - 1)\frac{dm^{1/2}}{m^{1/2}} \qquad \langle 식\ 18.143 \rangle$$

제곱근의 사용은 반드시 필요한 수학적인 처리이다. 적분은 수치적으로 계산된다. 실험 데이터가 낮은 농도로 확장되어야 한다는 것이 하나의 어려운 점이다.

18.20 높은 농도로의 활동도 계산의 확장

이 장은 전해질 모델을 입문과정으로 소개하였으며, 확장된 Debye-Hückel 모델은 0.1 m 이하의 농도로 제한한다는 점에서 많은 아쉬움을 남겼다. 그러나 그 모델은 입문과정으로써 사용된 것이고 전해질을 다루는 연구자들은 문헌에서 더 복잡한 모델을 찾을 수 있다. 오래된 문헌에서는 주로 Debye-Hückel의 근사 계산을 수정함으로써 모델을 개선하였다. 예를 들어 Bromley와 Davies는 활동도 계수에 CI 항을 더했으며, 여기에서 C는 하나의 매개변수이고 I는 이온강도이다. 그림 18.15는 매개변수 C가 데이터를 잘 나타내기 위해 시스템에 의존해야 한다는 것을 설명한다. 하나의 제안은 이온강도가 매질(medium)의 유전상수를 변경시키는 것이다. 다른 제안은 Debye-Hückel 모델에서는 포함하지 않았던 이온들 사이의 상호작용을 고려하는 것이다. 원거리(long-range)의 정전기학적인 상호작용이 있을 때 분자 시뮬레이션은 상대적으로 복잡하기 때문에 그 제안에 대해 확실한 결정을 하지 못한다. 1980년 중반 이후로 다양한 버전의 Debye-Hückel 모델과 NRTL이나 UNIQUAC[36] 같은 활동도 모델을 결합하여 상당한 결과를 이루어 왔다. Debye-Hückel 모델은 '원거리'의 정전기학적인 상호작용을 나타내며 기존의 활동도 모델은 '단거리(short-range)'의 물리적인 상호작용을 나타낸다. 종종 단거리 모델 매개변수는 조정해야 하는 매개변수의 수를 최소화시키기 위해서 합쳐진다. 그림 18.15에 ASPEN Plus를 이용한 비대칭 electrolyte-NRTL(eNRTL) 모델의 계산 결과를 나타내었다. ASPEN의 전해질 마법사(wizard)가 해리를 결정하고 데이터베이스로부터 매개변수를 가져오기 위해 사용된다. 산업공정과 부식 관리 분야에서의 전해질의 중요성과 올바른 모델링의 복잡성 때문에, OLI Systems, Inc.와 같은 기업에서 전해질 모델링을 전문적으로 다룬다.

36 ASPEN plus 공정 모사기에 이용 가능한 전해질 NRTL이 대표적인 예이다. 원래는 비대칭 모델로 개발되었지만, 대칭 모델도 사용할 수 있다. Song, Y.; Chen, C.-C. 2009. "Symmetric Electrolyte Nonrandom Two-Liquid Activity Coefficient Model." *Ind. Eng. Chem. Res*. 48:7788–7797.

18.21 요약

이 장은 평형에 대한 pH의 중요성을 강조하기 위해 산-염기 거동에 대한 설명으로 시작하였다. 성분들은 $pK_{a,A}$ 값 이하에서는 산 형태로 존재하고 이상에서는 염기로 존재한다. Sillén 선도를 포함한 기법이 다양한 농도에서 용액의 pH값과 화학종의 분포를 결정하기 위해 소개되었다. 양쪽성 이온(zwitterion)의 개념뿐만 아니라 생물학적인 분자에 대한 전하의 근원과 왜 전하들이 pH에 따라 변하는지가 설명되었다. 용해도, 삼투계수, 등전점과 같은 응용 분야도 설명되었다.

반응 Gibbs 에너지의 전압량(voltage)과 관련된 산화 환원반응의 개념이 설명되었다. 산화상태, 분자의 환원 정도(degree of reduction), 셀의 전압량을 결정하기 위한 절차들이 소개되었다. 생물학적인 시스템에서 산화와 환원의 개념은 생물학적인 연료전지와 관련해서 소개되었다.

가상 이성질체 족이 동시에 존재하는 평형을 나타내기 위한 방법으로 결합 다항식이 도입되었다. pH 또는 pMg로 버퍼링 된 생물학적인 시스템에 대해서는 변환된 Gibbs 에너지의 개념이 도입되었다.

그다음에 용액의 비이상성은 확장된 Debye-Hückel 모델을 이용하여 설명되었다. 비이상용액에서 ATP 분포를 계산하는 예제와 전해질 평형과 상평형을 연결하는 예제를 보여 줌으로써 이 장을 마쳤다. 뒤의 예제를 통해서는 희박한 용액에 대해 그래프 기법과 pH와 $pK_{a,A}$를 비교하는 간단한 논의를 이용해서 더 정확한 값을 계산하기 위한 빠른 추정값을 제공할 수 있다는 것을 설명하였다. pH와 화학종의 농도가 넓은 자릿수 범위에 걸쳐 다양하기 때문에, 근사적인 계산이 처음에 사용하기에 편리하며, 많은 경우에서 공학적인 목적으로 적합하다. 마지막으로 활동도 계수 모델링이 정확한 계산을 위해 중요하다. 이 장에서는 문헌에서 사용된 단위의 전환을 위한 보충절로서 결론을 맺고자 한다.

주요 식

이 장의 가장 중요한 식들은 물질수지식, 반응평형식, 전하중성 관계식이다. 불행하게도 이 식들은 모든 전해질 시스템에 따라 다르기 때문에 이 장의 요약에서 식들을 나타낼 수 있는 방법이 많지 않다. Sillén의 방법에서 중요한 단계는 전해질에 대한 산의 해리 형태를 사용하는 것이다.

$$[HA] = C_A[H^+]/([H^+] + K_{a,A})$$ 산의 해리에 유용한 식 〈식 18.30〉

$$[A^-] = K_{a,A}C_A/([H^+] + K_{a,A})$$ 짝염기에 유용한 식 〈식 18.31〉

새로운 식은 전하중성 제한조건이다. 그 식이 놀랄 만한 식은 아니지만 예를 들어 작은 양의 몇몇 화학종들이 pH의 큰 차이를 만들 수 있기 때문에 어려움을 겪을 수도 있다. 이 작은 양들을 계산하기 위해서는 큰 수에 작은 수를 더해서 발생하는 정확도 문제를 방지하기 위해 이 식들을 양성자 조건으로 재배열시키는 것이 요구된다.

18.11절의 Nernst식은 전압을 표준 퍼텐셜, 실제 농도, 이동된 전하의 수를 관련짓기 위해 중요하다.

$$E = E° - \frac{RT}{n_e F}\ln\prod a_i^{\nu_i} = E° - \frac{0.05916}{n_e}\log\prod a_i^{\nu_i} \quad \text{Nernst equation} \qquad \langle 식\ 18.86\rangle$$

18.12절에서는 Gibbs 에너지가 겉보기 농도를 사용하기 위해 변환되었다. 모든 pH, pMg, 용액 비이상성이 반응 Gibbs 에너지와 평형상수에 포함되었다.

$$\Delta G' = \Delta G'° + RT\ln\prod_i [i]^{\nu_i} \qquad \Delta G'° = -RT\ln K_c' \qquad \langle 식\ 18.93\rangle$$

주요한 식 외에도 이 장에서 이온 화학종의 비이상 거동을 설명하기 위해 확장된 Debye-Hückel식(식 18.107)이 도입되었다. 그 식의 사용이 0.1 몰랄농도 이하로 제한되지만 비전해질의 이상성을 벗어나는 전해질 용액의 개념을 잘 설명한다. 식 18.107을 벗어나는 범위는 입문과정을 벗어난 전문지식을 포함하는 것이다.

표기법과 표준상태가 분명하지 않지만, 함축된 의미는 인상적이다. 염해와 염석, pH와 양성자화(protonation), 삼투, 완충용액, 레벨링은, 특히 생물학적인 시스템과 부식 환경과 같은 화학 시스템에서 주로 중요한 역할을 하는 관계들의 몇몇 예이다. 모든 새로운 용어가 처음에는 낯설겠지만 단지 3개의 P: practice, practice, practice를 기억한다면 그것을 받아들일 수 있다.

18.22 보충 1: 농도 스케일의 상호전환

이 장 전체에 걸쳐 하첨자 s는 용매를 나타내며, $M_{w,i}$는 (g/mol) 단위를 갖는 분자량을 나타낸다.

$$\text{몰랄농도: } m_i = n_i/(0.001 n_s M_{w,s}) \text{ mol/(kg solvent)} \qquad \langle 식\ 18.144\rangle$$

$$\text{농도: } n_i/\underline{V} \text{ mol/(liter solution)} \qquad \langle 식\ 18.145\rangle$$

질량 밀도와 관계된 부피(ρ in g/L):

$$\underline{V} = \left(n_s M_{w,s} + \sum_{\text{electrolytes}} n_i M_{w,i}\right)/\rho \text{ (liter solution)} \qquad \langle 식\ 18.146\rangle$$

몰분율과 몰랄농도의 관계를 나타내면,

$$x_i = \frac{n_i}{\sum_i n_i} = \frac{n_i}{\sum_i n_i}\left(\frac{n_s M_{w,s}}{n_s M_{w,s}}\right) = \frac{n_i}{(n_s M_{w,s})}\frac{n_s}{\sum_i n_i} M_{w,s} = 0.001 m_i x_s M_{w,s} \qquad \langle 식\ 18.147\rangle$$

몰랄농도 관계식은 또 하나의 일반적으로 사용되는 x_s에 대한 대체식을 유도한다.

$$x_s = 1 - \sum_{\text{electrolytes}} x_i = 1 - \sum_{\text{electrolytes}} 0.001 m_i x_s M_{w,s} = \frac{1}{1 + 0.001 M_{w,s} \sum_{\text{electrolytes}} m_i} \quad \langle 식\ 18.148 \rangle$$

18.23 보충 2: 겉보기 화학 퍼텐셜과 화학종 퍼텐셜의 관계

평균 활동도 계수 모델의 기원을 이해하기 위해서는 화학 퍼텐셜에 대한 논의가 필요하다. 많은 개념들이 반응 공학에서 사용되는 방법들의 연장이다. 예를 들어 전해질이 용매에서 해리하는 일반적인 경우를 고려해 보자. 전해질이 해리할 때 물질수지는 용매에서 양전하와 음전하의 몰랄농도를 나타낸다.

$$n_{pos} = \nu_+(n_i - n_u) \quad \langle 식\ 18.149 \rangle$$

$$n_{neg} = \nu_-(n_i - n_u) \quad \langle 식\ 18.150 \rangle$$

여기에서 하첨자 u는 이온화되지 않은 전해질의 양을 나타낸다. 일정한 온도와 압력에서 Gibbs 에너지의 변화는 조성과 화학 퍼텐셜의 변화로부터 결정된다.

$$d\underline{G} = \mu_u dn_u + \nu_+\mu_+(dn_i - dn_u) + \nu_-\mu_-(dn_i - dn_u) + \mu_w dn_w \quad \langle 식\ 18.151 \rangle$$

정리하면,

$$d\underline{G} = (\mu_u - \nu_+\mu_+ - \nu_-\mu_-)dn_u + (\nu_+\mu_+ + \nu_-\mu_-)dn_i + \mu_w dn_w \quad \langle 식\ 18.152 \rangle$$

μ_+와 μ_-의 양은 다른 성분들의 분몰 Gibbs 에너지와 유사하며 하첨자 w는 물 또는 용매를 나타낸다. 물리적인 혼합물에서 양전하와 음전하가 독립적으로 변할 수 없기 때문에 분몰 성질의 미분 계산에서 하나의 화학종을 제외한 모든 화학종이 고정되어야 한다는 엄격한 정의를 따를 수는 없지만, 비물리적인 이론에 의하여 계산될 수 있다. dn_i 양이 겉보기 조성의 변화와 관련된다는 것을 상기해 보자. 일정한 겉보기 조성에서의 용액이 평형을 이룰 때(즉, $dn_i = 0$), 이온화되지 않은 농도는 Gibbs 에너지가 최소화되어 $d\underline{G} = 0$이 될 때까지 변화한다. 따라서 이온화가 평형을 이루었을 때 첫 번째 괄호 항은 0이 된다는 결론을 얻는다. 따라서,

$$\mu_u = \nu_+\mu_+ + \nu_-\mu_- \quad \langle 식\ 18.153 \rangle$$

이온화에서 '생산물'과 '반응물'의 이 관계는 분자들의 반응 시스템에서의 관계와 비슷하다. 이 상등관계를 두 번째 항에 대입하면 이온화가 평형을 이룰 때 다음과 같은 식을 얻게 된다.

$$d\underline{G} = \mu_u dn_i + \mu_w dn_w \quad \langle 식\ 18.154 \rangle$$

또한 겉보기 기준에서 다음을 만족해야 한다.

$$d\underline{G} = \mu_i dn_i + \mu_w dn_w \quad \langle 식\ 18.155 \rangle$$

여기에서 μ_i는 겉보기 화학 퍼텐셜을 나타낸다. 마지막 두 식을 비교하면 겉보기 화학 퍼텐셜이 이온화되지 않은 화학종의 화학 퍼텐셜과 같아야 한다는 결론을 얻을 수 있으며, 또한 가중된 이온의 화학 퍼텐셜의 합과도 같아야 한다.

$$\boxed{\mu_i = \mu_u = \nu_+\mu_+ + \nu_-\mu_-} \quad \text{〈식 18.156〉}$$

따라서 겉보기 화학 퍼텐셜과 겉보기 활동도 계수에 대한 모델 개발의 접근은 이온에 대한 모델 개발 후 그 가중된 합을 사용하는 것을 기반으로 한다.

18.24 보충 3: 표준상태

다음 논의의 중요한 원리는 화학 퍼텐셜이 시스템 상태의 물성이라는 것이다. 모든 모델은 같은 상태에서 같은 화학 퍼텐셜값을 나타내어야 한다. 표준상태가 편리한 기준 조건을 나타내지만 그것이 시스템과 같은 온도 조건이라는 점에서 기준상태와 조금 다르다.[37]

비전해질의 전형적인 기준은 몰분율과 **Lewis-Randall 표준상태** μ_i^o를 사용한다.

$$\boxed{\mu_i = \mu_i^o + RT\ln(x_i\gamma_i)} \quad \text{〈식 18.157〉}$$

또 하나의 기준은 **Henry의 법칙 표준상태** μ_i^*와 **Rational 활동도 계수로 알려진 활동도** 계수와 관련된다.[38]

$$\boxed{\mu_i = \mu_i^* + RT\ln(x_i\gamma_i^*)} \quad \text{〈식 18.158〉}$$

두 스케일에 대해서 활동도 계수는 다음과 같이 관련된다.

$$\gamma_i^* = \gamma_i/\gamma_i^\infty \quad \text{〈식 18.159〉}$$

이 관계식을 식 18.158에 대입하면 다음과 같은 결과를 얻는다.

$$\mu_i^* = \mu_i^o + RT\ln\gamma_i^\infty \quad \text{〈식 18.160〉}$$

식 18.158을 고려해 보자. 몰분율로 대체하기 위해 식 18.147을 대입하면,

$$\mu_i = \mu_i^* + RT\ln(0.001 m_i x_s M_{w,s}\gamma_i^*) \quad \text{〈식 18.161〉}$$

몰랄농도는 무차원이 아니지만 활동도는 무차원이기 때문에 몇 가지 조작이 도입되어야 한

37 이 장을 작성하는데 Technical University of Denmark의 Kaj Thomsen 교수와의 개인적인 정보교환이 큰 도움이 되었음을 밝혀둔다.

38 'Rational'은 몰분율 기준임을 의미한다.

다. 몰랄농도를 사용하기 위해 몰랄 활동도 계수 $\gamma_i^{\square}$를 도입하고자 한다. 이 기준에서 표준상태는 단위 몰랄농도 m_0 = 1 mol/(kg 용매)에서 가상의 이상용액으로 $\gamma_i^{\square}$ = 1일 때를 나타낸다. 표준상태 농도를 도입하면(두 번),

$$\mu_i = \mu_i^* + RT\ln(0.001M_{w,s}m_o) + RT\ln(m_i x_s \gamma_i^* / m_o) \qquad \langle 식\ 18.162\rangle$$

m_0의 단위값은 일반적으로 생략되며 따라서 없는 것과 차이가 없다. 몰랄 활동도 계수는 다음과 같이 정의된다.

$$\boxed{\gamma_i^{\square} \equiv x_s \gamma_i^* = x_s \gamma_i / \gamma_i^{\infty}} \qquad \langle 식\ 18.163\rangle$$

x_s를 제거하기를 원한다면 식 18.147을 식 18.163에 다시 대입할 수 있음을 주목하라. 식 18.163을 식 18.162에 대입하면,

$$\mu_i = \mu_i^* + RT\ln(0.001M_{w,s}m_o) + RT\ln(m_i \gamma_i^{\square} / m_o) \qquad \langle 식\ 18.164\rangle$$

표준상태의 기준 퍼텐셜은 식의 오른쪽의 첫 번째 두 항에 의해 나타낸다.

$$\mu_i^{\square} = \mu_i^* + RT\ln(0.001M_{w,s}m_o) = \mu_i^o + RT\ln(0.001\gamma_i^{\infty} M_w m_o) \qquad \langle 식\ 18.165\rangle$$

식 18.165를 18.164로 치환하면 **몰랄 표준상태와 몰랄 활동도 계수를 얻는다.**

$$\boxed{\mu_i = \mu_i^{\square} + RT\ln\left(\frac{m_i \gamma_i^{\square}}{m_o}\right)} \qquad \langle 식\ 18.166\rangle$$

따라서 표준상태에서의 활동도는 다음과 같다.

$$a_i = x_i \gamma_i \ \text{Lewis-Randall 활동도} \qquad \langle 식\ 18.167\rangle$$

$$a_i^* = x_i \gamma_i^* \ \text{Henry's 법칙(rational) 활동도} \qquad \langle 식\ 18.168\rangle$$

$$\boxed{a_i^{\square} = \gamma_i^{\square}(m_i/m_o) = \gamma_i^{\square} m_i} \ \text{몰랄 활동도}\ (m_o = 1\text{m}) \qquad \langle 식\ 18.169\rangle$$

여기에서 기준상태가 다르기 때문에 주어진 농도에서 **다른 스케일의 활동도는 같지 않다**. 식 18.162와 18.147을 결합하면,

$$m_i \gamma_i^{\square} = m_o x_i \gamma_i^* (1000/M_{w,s}) \quad (m_o = 1\ \text{m}) \qquad \langle 식\ 18.170\rangle$$

마지막으로 표준상태에서 m_0의 값이 1이라는 정의에 의해 모든 최종 표현에 적용할 때 m_0의 값은 생략된다. 18.4절과 18.13절에서 나타낸 식들은 이러한 기준에 의한 것이다.

18.25 보충 4: 평형상수의 전환

전해질과 관련된 문헌에서 평형상수는 종종 몰랄 스케일로 나타낸다. 이 절에서는 분명하게

하기 위해 몰랄농도 평형상수는 $K_{a,m}$을 사용하여 나타내고 몰분율을 사용하는 Rational (Henry의 법칙 스케일) 평형상수는 K_a를 사용하여 나타낸다. 용매(보통 물)가 Lewis-Randall 스케일로 표현된다는 것을 상기하라. 전해질에 대해 몰랄농도 스케일을 사용하면,

$$K_{a,m} = (x_s\gamma_s)^{\nu_s}\prod_{i\neq s}(m_i\gamma_i^{\square})^{\nu_i} \qquad \text{〈식 18.171〉}$$

Rational (Henry의 법칙) 몰분율 스케일을 사용하면 다음과 같이 나타낸다.

$$K_a = (x_s\gamma_s)^{\nu_s}\prod_{i\neq s}(x_i\gamma_i^{*})^{\nu_i} \qquad \text{〈식 18.172〉}$$

전환을 위해 각 식에 로그를 취하여 그 차를 구해 보자. 식 18.170을 대입하면,

$$\boxed{\ln K_{a,m} = \ln K_a + \sum_{i\neq s}\nu_i \ln\left(\frac{m_i\gamma_i^{\square}}{x_i\gamma_i^{*}}\right) = \ln K_a + \ln\left(\frac{1000}{M_{w,s}}\right)\sum_{i\neq s}\nu_i} \qquad \text{〈식 18.173〉}$$

NaCl과 같은 1-1 전해질의 경우, $\sum_{i\neq s}\nu_i = 1$이므로 $\ln K_{a,m} = \ln K_a + \ln\left(\frac{1000}{M_{w,s}}\right)$이다. K_a가 Lewis-Randall 스케일에서 사용된다면 무한 희석 활동도 계수를 이용해 비슷하게 전환될 수 있다.

18.26 익힘문제

P18.1 (a) 3 wt%의 NaCl 수용액의 어는점 내림을 계산하라.
(b) 3 wt%의 NaCl 수용액의 끓는점 오름을 계산하라.
(c) 3 wt%의 NaCl 수용액의 삼투압을 계산하라.

18.27 연습문제

18.1 염화칼슘은 때때로 인도의 결빙을 막기 위해 염화나트륨 대신에 사용된다. 하루 또는 그 이후에 염화나트륨의 흔적이 모두 사라진 후에도 웅덩이가 남아 있다는 소문이 있다.

(a) 5 wt%의 $CaCl_2$와 NaCl 수용액의 어는점 내림을 계산하라.
(b) 5 wt%의 $CaCl_2$와 NaCl 수용액의 끓는점 오름을 계산하라.
(c) 5 wt%의 $CaCl_2$와 NaCl 수용액의 삼투압을 계산하라.

18.2 불화나트륨 NaF는 겉보기 농도 $C_B = 10^{-3}$ mol/L에서 물에 녹는다. Sillén 선도를 그리고 pH를 추정하라. 표 18.2의 $pK_{a,A}$와 $pK_{a,B}$ 값을 참고하라.

18.3 암모니아는 표 18.2의 $pK_{a,A}$와 $pK_{a,B}$ 값에 나타내었듯이 약염기이다. 수용액에서 NH_3

의 겉보기 농도가 0.15 m일 때, pH 7과 pH 1.5에서 해리된 NH_3의 백분율을 구하라. 이상용액을 가정하라.

18.4 Cl_2의 '겉보기 몰랄농도'와 부분 압력 관계를 그래프로 나타내라. 겉보기 몰랄농도는 용액 내의 모든 Cl의 합을 (Cl_2는 두 번 계산한다) 2로 나눈 값이다(Cl_2 기준으로 나타내기 위해). Whitney와 Vivian(1941)의 실험 데이터와 그래프를 비교하라.[39]

18.5 $NaHCO_3$와 HCl의 용액이 준비되어 총탄소의 농도는 1E–3 M이고 총 Cl의 농도는 2E–3 M이다. 존재하는 화학종의 pH와 농도를 계산하라. 압력은 어떤 생성된 CO_2가 용액에 머무를 정도로 충분하다고 가정하라. MAB 모델을 가정하였을 때 CO_2의 부분 압력을 추정하라.

18.6 흔히 베이킹소다로 알려진 탄산수소나트륨 $NaHCO_3$는 298.15 K에서 물에 10^{-2} m 녹는다. 이상용액을 가정하라.

(a) pH와 지배적인 화학종의 농도를 구하라. 문제의 첫 번째 부분으로 용액에서 증기로 증발하는 잠재적 손실을 무시하라.

(b) 이제 전체 압력 1 bar의 (a)의 조건에서 CO_2가 용액에서 나오려고 하는 경향이 있는지 평가하라. $y_{CO_2} = 0.0003$는 표준 대기값이다.

18.7 298.15 K에서 CO_2가 녹아있는 물 용액으로 청량음료를 설계하라. 이 경우 당, 맛, 색은 무시된다. 298.15 K에서 CO_2의 Henry의 법칙 상수는 0.035 (mol/kg-bar)이다.

(a) O_2와 N_2를 무시하면 실온에서 기상의 절대 압력이 3.5 bar일 때 pH와 조성이 얼마인가? 이 조건은 열지 않은 용기 안의 조건과 비슷하다.

(b) 청량음료가 열려져서 액체가 대기와 평형을 이룬 후에 CO_2의 기상 몰분율이 $y_{CO_2} = 0.0003$ (표준 대기값)일 때 pH와 조성은 얼마인가?

18.8 탄산나트륨을 아세트산 용액과 혼합하고 그 용기는 성분이 반응하기 전에 빠르게 차단된다. 탄산나트륨의 양은 총나트륨의 농도가 1E-2 m이고 총아세트산염의 농도 또한 1E-2 m이다. 혼합물이 평형을 이룰 때, 용액에서 CO_2의 부분 압력이 0.5 bar로 측정되었다. 아세트산염의 pH와 농도를 구하라. 298.15 K에서 CO_2의 Henry의 법칙 상수는 0.035 (mol/kg-bar)이다.

18.9 생성 Gibbs 에너지에 대한 열역학 데이터를 다음에 나타내었다(몰랄 표준상태에서의 kJ/mol 단위). NaCl의 포화 용액은 근사적으로 이상용액이다.

KCl(s)	NaCl(s)	Cl^-(aq)	K^+(aq)	Na^+(aq)
–408.92	–384.12	–131.29	–282.46	–261.88

39 1941. *Ind. Eng. Chem*. 33:741.

(a) 생성 Gibbs 에너지를 이용하여 298.15 K에서 NaCl의 용해도를 몰랄농도로 구하라. 고체와 이온 사이의 평형을 K_{sp}로 간주하라.

(b) KCl의 농도 1 m일 때 NaCl의 용해도(몰랄농도)를 구하라.

(c) (b)에서 용액이 KCl로 포화되지 않았음을 증명하라. (이상용액은 KCl의 포화 용액에 대해 실제로 부정확한 근사이지만 이상용액을 기반으로 하여 계산을 확인할 수는 있다.)

18.10 루테늄(Ru)은 보통 $H_2RuO_{5(aq)}$로 대표되는 $RuO_{4(aq)}$의 형태로 존재하는 강한 산화 촉매이며, 그것이 유기물 화학종의 산화과정에서 감소되기 때문에 화학량론 촉매이다. Ru 화학종은 또한 물과 용해된 산소와 산화 환원반응을 한다. 이상용액을 가정하라.

(a) $RuO_{4(s)}$가 공기로 포화된 수용액과 접촉할 때 안정화되지 않고 pH와 독립적으로 $RuO_{2(s)}$로 환원될 거라는 것을 보여라.(힌트: 물은 최종 반응에서 명백히 나타나지 않는다.)

(b) $H_2RuO_{5(aq)}$의 용해도가 1 bar에서 공기로 포화된 수용액과 $RuO_{2(s)}$이 접촉할 때 pH에 독립적이라는 것을 보여라. 평형에서 존재하는 $H_2RuO_{5(aq)}$의 농도를 계산하라.

(c) $RuO_{2(s)}$가 존재할 때 $RuO_4{}^-{}_{(aq)}$와 $H_2RuO_{5(aq)}$의 평형을 고려해 보자. 식 $\log[H_2RuO_5]^a/[RuO_4^-] = b + c(\text{pH})$의 계수를 구하라.

(d) $RuO_{2(s)}$가 존재할 때 $RuO_4{}^-{}_{(aq)}$와 $RuO_4{}^{2-}{}_{(aq)}$의 평형을 고려해 보자. 식 $\log[RuO_4^{2-}]^a/[RuO_4^-] = b + c(\text{pH})$의 계수를 구하라.

18.11 (니켈 합금과 스테인리스강과 같은) 내식합금(corrosion resistant alloy)은 대량의 (bulk) 용액에서는 부식이 일어나지 않지만 용액 안의 균열 부식에는 민감할 수 있다. 예를 들어 니켈기 합금(nickel base alloy)은 바닷물에서 부식되지 않는다. 그러나 이 합금의 두 부분이 연결되는 구간에서 [일반적으로 플랜지(flange)와 오링(o-ring)에 의해] 균열 부식이 일어날 수 있다. 이 현상은 두 조건의 결과로 발생하는데, 균열 안의 용액을 더 공격적으로 만드는 제한된 물질 전달과 물의 가수분해가 그것들이다. 물의 가수분해는 금속의 양이온이 물과 반응하여 산(H^+)을 형성할 때 발생한다.

$$xM^{z+} + yH_2O \rightleftarrows (M_x(OH)_y^{(xy-y)+})_{(s)} + yH^+ \qquad \langle 식\ 18.174\rangle$$

대량의 용액 확산에서 대류(convection)와 이온의 이동(migration)은 산을 표면으로부터 멀리 이동시키며 부식 피해가 일어나지 않게 한다. 그러나 균열 형성자가 존재하고 산성화 조건에서 균열 안에서의 제한된 물질 전달은 결과적으로 금속 이온의 축적을 야기한다. 따라서 합금은 매우 공격적인 환경에 노출되게 된다. 균열 안의 pH는 실험적 경험에 의해 다음과 같은 농도 지수(quotient) (Q_{xy})로부터 계산될 수 있다.

$$Q_{xy} = \frac{[H^+]}{[M^{z+}]^x} \qquad \langle 식\ 18.175\rangle$$

Q_{xy}의 형태는 K_a와 비슷하다는 것에 주목하라. 그러나 여기에서는 농도를 사용하고 활동도를 사용하지 않는다. Q_{xy}는 18.8절의 마지막에 주어진 $K = K_\alpha/K_\gamma$를 표현하는 또 하나의 방법이다. 이 현상에 관한 연습 예제로 일반적으로 Fe, Ni, Cr으로 이루어진 오스테나이트(austenitic) 스테인리스강을 고려해 보자. 부식은 용액에서 금속 양이온, 특히 스테인리스강에 가장 공격적인 양이온 Cr^{+3}을 형성한다.

(a) 적용된 온도와 이온강도에서 Cr^{+3}의 $\log(Q_{13}) = -4.6$일 때 가수분해 반응(식 18.174)을 써라. 그다음에 pH와 $[Cr^{+3}]$의 농도 사이의 관계를 얻기 위한 대응하는 농도 지수(식 18.175)를 풀어라.

(b) pH = {6, 4, 2}에 대응하는 균열 농도표를 만들라.

(c) 식 18.175에 $M_x(OH)_y^{(xy-y)+}$의 농도가 왜 나타나지 않는지 설명하라.

(d) Fe^{2+}의 $\log Q_{12} = -9.5$이고 Ni^{2+}의 $\log Q_{12} = -10.5$이다. 각각의 이온들에 대해서 (a)를 반복하고 (b)의 균열 농도와 비교하라.

18.12 (a) 다음의 분자들을 탄소의 산화가 증가하는 순서로 정렬하고 각각에 대해서 C의 산화상태를 나타내라. CO_2, –COH(aldehyde), –COOH(carboxylic acid), $-CO^-$(ketone), –COH(alcohol), –CH2–, –CH3, CH4.

(b) 다음의 C5 분자를 환원도(degree of reduction)가 줄어드는 순서로 정렬하라. pentane, valeric acid, 2-pentane, propyl-ethyl ether, 1-pentanol, 2-methyl butanol, 1-pentanal.

18.13 사람의 몸은 에탄올을 NAD_{ox}/NAD_{red} 수소 이탈 효소(dehydrogenase) 산화 환원반응을 통해 아세트알데하이드로 산화시킨다. 이 반응은 다음과 같다.

$$NAD_{ox} + \text{ethanol} \rightleftarrows NAD_{red} + \text{아세트알데히드}$$

물성값을 위 반응에서 나타나는 화학종의 순서로 나타내면 다음과 같다.

$$\Delta G'^{\circ}_{f,\,310.15}(pH_c=7.4, I=0.25) = \{1163.9, 91.45, 1231.0, 43.2\}\text{kJ/mol}$$
$$\Delta H'^{\circ}_{f,\,310.15}(pH_c=7.4, I=0.25) = \{-11.9, -291.2, -42.9, -214.1\}\text{kJ/mol}$$

(a) 주어진 조건에서 반응열의 크기를 구하라.

(b) 평형상수를 계산하라. NAD의 두 형태의 비율이 거의 1에 가깝다고 가정하면, 아세트알데히드:에탄올의 비율은 대략 얼마인가? 다음에 이어지는 아세트산으로의 아세트알데히드의 산화에서 Gibbs 에너지의 부호의 중요성은 무엇인가?[40]

---

40 아세트산은 신진대사에서 이산화탄소와 물로 변환될 수 있다. 에틸렌글리콜은 산화 생성물이 글리코산과 옥살산이므로 독성이 있다. 이소프로판올은 아세톤을 생성하기 때문에 독성이 있고, 메탄올은 신진대사에 의하여 포름산을 형성하기 때문에 독성이 있다.

18.14 생물학적인 해당작용(glycolysis)의 첫 단계는 [글루코오스 소비를 위한 이화(catabolic) 반응] 글루코오스 6-phosphate^{2-}를 생성하기 위한 인산염 첨가를 포함한다. 수용액에서 반응이 '화학적으로' ('생화학적으로'와 비교하여) 일어난다면 다음과 같이 표현될 것이다.

$$\text{glucose}_{(aq)} + \text{P}_{i(aq)} \rightleftarrows \text{glucose 6-phosphate}^{2-}_{(aq)} + \text{H}_2\text{O}_{(l)} \qquad \langle\text{식 18.176}\rangle$$

그러나 생물학적인 용액에서 ATP와 ADP는 인산염의 운반자이다. 용액에서 또 하나의 반응은 ATP의 ADP로의 해당작용이다.

$$\text{ATP} + \text{H}_2\text{O}_{(l)} \rightleftarrows \text{ADP} + \text{P}_{i(aq)} \qquad \langle\text{식 18.177}\rangle$$

298.15 K, pH_c 7.0, I 0.25 m, pMg 3.0 조건에서의 보정된 생성 Gibbs 에너지와 생성 엔탈피(kJ/mol)값을 생리학적인 농도와 함께 다음 표에 나타내었다.

Species	Glucose	P_i	Gluc 6	H_2O	ATP	ADP
$\Delta G'^{\circ}f$	–427	–1060	–1319	–156	–2298	-1426
$\Delta H'^{\circ}f$	–1267	–1299	–2279	–286	–3605	–2622
C (M)	0.005	0.001	0.000083	56	0.00185	0.00014

(a) 식 18.176에 대한 표준상태의 Gibbs 에너지와 엔탈피를 구하고 실제 농도에서의 $\Delta G'$을 구하라.

(b) 식 18.177에 대해서 (a)를 반복하라.

(c) 생물학적인 해당작용은 2개의 반응을 연결하여 일어난다. 총괄반응을 쓰고 생리학적인 조건에서의 $\Delta G'$을 구하라.

18.15 18.9절에서 H_3PO_4에 대해 논의할 때, 식 18.50에서 해리에 관한 관계를 나타내었다. 뒤에서는 식 18.90에서 결합 다항식에 대해 구두로 논의하였다.

(a) PO_4^{3-}에 대한 결합반응을 연속적으로 나타내고 식 18.50을 유도하라.

(b) PO_4^{3-}에 대한 $\langle i \rangle$와 pH 관계를 그래프로 나타내라.

18.16 (a) $3 < pH_c < 14$의 조건에서 Mg가 존재하지 않을 때 결합상수를 이용하여 298.15 K에서의 ATP의 결합 다항식을 나타내라. 이상용액을 가정하라. (힌트: 생성 Gibbs 에너지로부터 계산된 변환되지 않은 평형상수를 이용하고 Gibbs 에너지가 부록에 표로 나와 있지 않은 화학종들은 무시하라.)

(b) 결합상수를 해리상수로 전환하고 각각의 해리상수에 대해 $pK_{a,A}$ 값을 나타내라.

(c) 결합상수를 이용하여 $3 < pH_c < 14$의 조건에서 ATP에 대한 $\langle i \rangle$와 pH의 관계를 그래프로 나타내라. (b)에서 구한 $pK_{a,A}$ 값에서의 $\langle i \rangle$ 값을 명시하라.

(d) $pH_c = 7.6$에서 각 화학종들의 분율을 나타내라.

18.17 변환되지 않은 Gibbs 에너지를 기점으로, 확장된 Debye-Hückel 활동도 계수 모델과 변환된 Gibbs 에너지를 이용하여 문제 18.10의 조건에서 ADP의 겉보기 Gibbs 에너지 값을 구하기 위한 중간 계산을 나타내라. 또한 각 화학종들의 분포를 계산하라.

18.18 H_3PO_4에 대해서 문제 18.17을 반복하라.

18.19 변환되지 않은 Gibbs 에너지를 기점으로, 확장된 Debye-Hückel 활동도 계수 모델과 변환된 Gibbs 에너지를 이용하여 $pH_c = 7$, $I = 0.25$에서 ADP의 겉보기 Gibbs 에너지 값을 구하기 위한 중간 계산을 나타내라. 또한 각 화학종들의 분포를 계산하라.

19

CHAPTER

분자 회합과 용매화

과학자의 만족과 행복은 지식을 소유하고 있는 평정심에 있지 않고 끊임없이 지식을 늘리기 위해 노력하는 데 있다.

Max Plank

분자들 간에 특정한 화학적 힘이 작용할 때, 복합체(complex)를 형성할 가능성이 있다. 17장에서는 새로운 분자를 형성할 정도로 상호작용이 큰 시스템을 다루었다. 이러한 상호작용은 상대적으로 약하지만 van der Waals 상호작용과는 상당히 다른 방식으로 용액의 열역학에 영향을 미친다. 복합체를 형성하는 용액의 열역학은 상평형과 반응평형의 동시 평형으로 가장 잘 표현할 수 있다. 이런 복합체 들은 보통 따로 분리할 수는 없지만 분광학 연구와 같은 측정으로부터 그 존재를 분명히 확인할 수 있다. Lewis의 산/염기 상호작용과 마찬가지로 수소결합은 이런 형태의 거동의 한 예이다. 동일한 분자 간에 복합체의 형성이 일어날 때, 이 현상을 **회합**(association)이라고 부른다. 예를 들어서 아세트산은 순수용액에서 이량체(dimer)를 형성한다. 서로 다른 분자 간에 복합체 형성이 일어날 때, 이 현상을 용매화(solvation)라고 부른다. 복합체의 형성은 수소결합과 같이 잘 알려진 형태로 일어날 수도 있지만 훨씬 덜 알려진 전하전달 복합체(charge transfer complex)와 같은 방식으로도 일어날 수 있다. 수학적으로 이러한 현상들은 동일한 방식으로 다룰 수 있는데, 우리는 이를 Helmholtz 자유에너지에 대한 화학적 기여(A^{chem}) 라고 부른다. Peng-Robinson 상태방정식에서 $\kappa(\omega)$ 항의 경우와 같이 지금까지 우리는 구형이 아닌 분자의 기여도를 경험적인 보정항으로 다루어 왔다. 화학이론(Chemical Theory)은 구형이 아닌 분자가 왜 이심인자(acentric factor)가 0이 아닌지에 대한 근본적인 설명을 제공한다. 이러한 기여 항으로 인하여 Helmholtz 에너지와 압축인자는 다음과 같이 표현된다.

$$A = A^{id} + A^{rep} + A^{att} + A^{chem} + A^{chain} \qquad \langle 식\ 19.1\rangle$$

$$Z = 1 + Z^{rep} + Z^{att} + Z^{chem} + Z^{chain} \quad \langle 식\ 19.2 \rangle$$

이 식들은 상태방적식이 어떻게 전개되어야 하는지에 대한 새로운 시각을 제공한다. 화학이론에서는 분자 간의 힘을 사각우물 모델(square-well model)로 제한하기보다는 방향성을 가진 특정 상호작용을 고려한다. 예를 들어서 물에 존재하는 양성자 수용체(proton acceptor)는 다른 종류의 양성자 수용체가 양성자 제공체(proton donor)와 상호작용하는 방식과는 다른 방식으로 상호작용한다. 분명하게 분자의 방향성이 문제가 되는 것이다. 화학이론은 이러한 인식을 상세하고 실제적으로 구현할 수 있는 수단을 제공한다.

잠시 복합체의 형성을 해석하는 것이 얼마나 복잡할지 생각해 보자. 예를 들어서 알코올은 양성자 수용체와 양성자 제공체를 모두 가지고 있기 때문에 사슬의 형태로 결합하여 이량체, 삼량체,… 등을 형성할 수 있다. 각각의 다량체는 특정한 활동도 계수를 가지며 각각 독립적인 반응 평형상수를 필요로 한다. 또한 모든 용매화 상호작용에 대해서도 유사한 설명이 필요하다. 다행히도, 평형상수는 예측 가능한 경향을 보이며, 우리는 이를 이해해야 할 것이다. 더욱이 다량체의 활동도는 평형상수를 통해 관계식을 구할 수 있다. 최종적으로, 모델 방정식은 Peng-Robinson 방정식보다 약간 더 복잡해질 것이다.

더 나아가 사슬을 형성하는 수학적인 형식은 복합체 에너지를 무한대로 간단히 외삽함으로써 확장할 수 있다. 이는 고분자 물질을 위한 일관성 있는 이론을 제공한다. 이전의 논의에서 ESD와 같은 모델에서 형상인자(shape factor)를 임의로 지정할 수 있다고 가정하였다. 이번 논의에서 형상인자는 사슬의 형성에 의한 자연스러운 결과로 유도된다. 이는 이전의 논의가 주로 분자 간 상호작용(intermolecular interaction)에 초점을 맞추었음에 반해 분자 내 상호작용(intramolecular interaction)을 논의할 수 있는 새로운 문을 열어 주게 된다. 이러한 문의 안쪽에 어떤 주제들이 놓여 있는지 알아본다면, 다음과 같은 문제를 주목해 보자. 단백질, DNA와 RNA는 분자 간 결합이 매우 특별한 고분자들이다. pH와 다중 전해질 상호작용에 의해 문제가 더 복잡해지는 점을 고려한다면 이 장이 왜 서론에 불과한지 이해할 수 있을 것이다.

학습목표

1. 반응과 상평형의 관계를 설명하고 PC-SAFT와 ESD의 모델식을 얻는다.
2. 모델식의 해를 구하여 단량체, 이량체, …의 몰분율을 구하고 K-값을 얻기 위한 퓨가시티의 표현식을 구한다.
3. PC-SAFT와 ESD 모델에 함축되어 있는 분자 내 특성화를 정밀하게 평가하고 미래의 연구에서 다루어야 할 단점을 제시한다.

19.1 화학적 기여의 소개

복합체 형성에 대한 증거는 종종 드물기 때문에 많은 경우에서 간과하거나 무시할 수 있지만 또 다른 경우에서는 반박할 수 없을 만큼 분명하기 때문에 불편함으로 인하여 사실을 무시할 수 있는지 의문이 제기된다. 예를 들어 카복실산의 이량체 형성은 작은 산에서 포화 증기의 압축인자로서 관측할 수 있는데, 탄소의 수가 10 또는 그 이상의 산에서는 그 영향이 작아진다. 한편, 16장에서 논의된 LCEP의 경향을 살펴보면 이량체 형성은 매우 긴 지방산에서도 존재한다고 할 수 있다. 회합에서 흔히 인용되는 예는 HF 증기의 경우인데, HF는 정유공정과 냉매생산에 매우 중요하며, 보통 $(HF)_n$으로 모델링되는데, 여기에서 n은 압도적으로 2 또는 6이다. 이런 화학량론적 결합의 증거는 증기 밀도 자료에서 찾을 수 있다. 알코올은 화학공정에서 흔히 사용되는 물질이며, 회합을 나타낸다. 분광학적인 자료는 복합체 형성을 특성화하는 데 가장 훌륭한 자료이고, 좀 더 상세한 정보가 포함되어 있다.[1] 반면에 적외선 스펙트럼(infrared spectra)의 수산화기의 신축자료(hydroxyl stretch)는 해석하기 매우 어려운데 사슬을 이루고 있는 다양한 다량체의 증거인 신축(stretch)의 넓은 띠(broad band)를 포함하고 있기 때문이다. 고-액 상평형 경계선도 강한 복합체 형성의 증거로 사용될 수 있는데, 복합체 형성의 화학량론식을 추정하는 데 사용할 수 있다. 예를 들어 그림 14.14에 나타낸 NH_3 + 물의 상평형은 고체상의 2개의 복합체를 보여 주는데, 이들은 유체 내에서 이온화학종과 더불어 존재할 수 있다. 아세톤과 클로로포름은 고체상에서 1:1 복합체를 나타낸다.[2] 화학적인 증거와 분자 모사(molecular simulation)의 결과를 종합해 보면 복합체 형성은 분자 상호작용의 체계적인 이론과 상평형 거동의 해석에 반드시 포함되어야 하는 효과라고 전망할 수 있다.

수소결합

수소결합은 회합과 용매화를 유발하는 가장 흔한 현상이다. 예를 들어 아세트산 포화 증기의 압축인자를 고려해 보자. 표 19.1은 포화 증기의의 압력이 매우 낮음에도 불구하고 아세트산의 압축인자가 1에서 많이 벗어나 있음을 보여 준다. 만일 이상기체라면 $Z = 1$의 관계식이 성립할 것이다. 비교를 위하여, 동일한 조건에서 이상기체에 가까운 벤젠의 경우를 나타내었다.

아세트산의 경우에 압축인자의 값이 작은 이유는 카복실산이 이량체화하기 때문이다. 낮은 압력하에서도 압축인자의 값은 0.5 정도의 값을 가지게 되는데, 이는 기상에서의 분자 수가 이량체화 현상 때문에 초기의 겉보기 분자 수의 반으로 줄기 때문이다.[3] 하지만 온도가 증가

표 19.1 • 포화 증기의 압축인자($P-V-T$)의 비교를 통한 회합의 증거

아세트산			벤젠		
T	P^{sat}(mmHg)	Z^V	T	P^{sat}(mmHg)	Z^V
293	11.8	0.507	290	65.78	0.994
323	56.20	0.540	320	241.52	0.989
373	416.50	0.586	370	1240.60	0.962

1 Prausnitz, J. M., Lichtenthaler, R. N., Azevedo, E. G. 1986. *Molecular Thermodynamics of Fluid-Phase Equilibria,* 2nd ed. Upper Saddle River, NJ: Prentice-Hall, Chapters 4 and 7.

2 Campbell, A. N., Kartzmark E. M. 1960. *Can. J. Chem.* 38:652.

3 겉보기 분자수는 화학종의 질량을 단량체의 분자량으로 나눈 것이다. 겉보기 기준에서 우리는 이량체, 삼량체 등의 회합 효과를 무시한다.

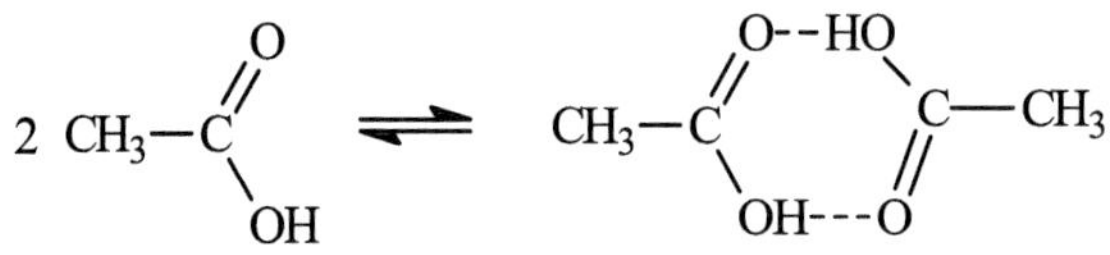

그림 19.1 • 아세트산의 회합

함에 따라 압축인자는 1에 가까워지는 현상에 주목하여 보자. 온도가 낮을 때 이량체로의 전환이 보다 잘 일어는 이유는 무엇일까? 회합반응은 발열반응이고 van't Hoff 관계식이 설명하는 대로 발열반응에서의 전화율은 온도가 증가함에 따라 오히려 감소하기 때문이다. 비 회합화합물에 비하여 회합화합물이 보여 주는 또 하나의 현상은 회합화합물의 네트워크를 해체하여 기체로 만들기 위하여 더 높은 온도를 필요로 하며, 이는 회합화합물의 임계온도(T_c)가 비슷한 구조를 가지는 비회합 화합물의 임계온도보다 더 높을 것이라는 것을 의미하기도 한다(예: H_2O와 CH_4의 경우가 있다). 이량체가 형성되는 과정에서 아세트산의 화학적 회합은 그림 19.1에 나타내었다. 이 때 이량체의 구조는 2개의 수소결합이 동시에 생성되어 매우 강한 이량체가 형성되는 것에 주목할 필요가 있다. 수소결합의 성질에 의해 O−H−O의 결합각도는 거의 일직선상에 존재하게 되고, 따라서 카복실산은 팔각 링이 아니라 육각 링 구조에 가깝게 되는 점에 유의하라.

수소결합은 서로 다른 화학종에서도 흔히 일어난다. 예를 들어 페놀의 수산화기는 산에 가까운 반면에 트리메틸아민(trimethyl amine)은 염기이다. 이 경우에 트리메틸아민은 회합을 할 수 없음에도 불구하고 용매화 복합체를 형성한다. 용매화 계의 수소결합은 혼화성(miscibility)을 증가시킨다. 예를 들어, 트리메틸아민과 물은 18°C 이하(물이 어는 0°C 이상)에서 모든 비율에서 서로 섞인다. 그러나 18~19°C 이상에서는 열에너지가 증가하여 수소결합을 해체하고 서로 섞이지 않는 영역을 만든다.[4] 이 영역은 온도를 더 올림에 따라서 수소결합이 상평형에 영향을 주기에 너무 약해지므로 더 넓어진다. 이러한 연장선상에서 트리에틸메탄(triethyl methane, 3-ethyl pentane)은 모든 조건에서 거의 물과 섞이지 않는다.

보통 수소결합은 O, N 또는 F가 양성자와 결합하는 것을 지칭한다. 드문 경우이지만, 양성자가 탄소와 결합하여 복합체를 형성하는 경우도 있고, 이러한 현상도 수소결합이라고 부른다.[1] 염소가 많이 포함된 분자의 수소도 카르보닐, 에테르 또는 아민기 같은 Lewis 염기와 복합체를 형성할 수 있다. 잘 알려진 예는 그림 19.2에 나타낸 바와 같이 클로로포름 + 아세톤, 클로로포름 + 디에틸에테르, 아세틸렌 + 아세톤 등이 있다. 연습문제 11.15에 나타낸 클로로포름 + 아세톤 혼합물은 복합체 형성과정으로 다시 고려해야 할 것이다.

전하전달 복합체

용매화 현상은 '수소결합'이 존재하지 않는 경우에도 일어난다. 비슷한 종류의 상호작용을 '전

4 Hales, B. J., Bertrand, G. L., Hepler, L.G. 1966. *J. Phys. Chem.* 70:3970.

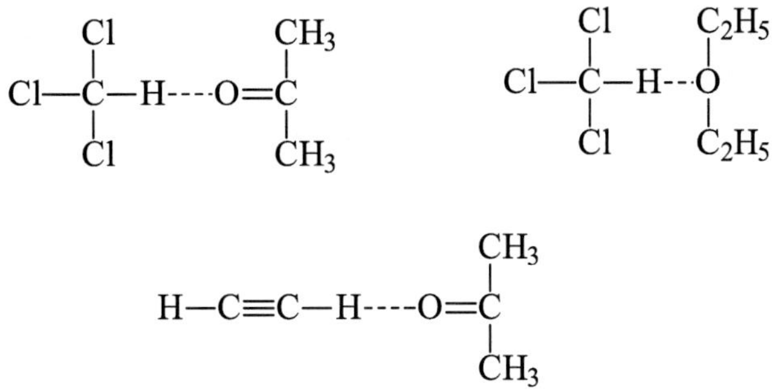

그림 19.2 • 순수성분에서 회합이 거의 없지만 용매화가 일어나는 몇 가지 쌍의 도시

하전달 복합체'라고 부르는데, 이 경우에 1개의 성분은 느슨하게 결합된 전자로 인하여 전자가 많고, 또 다른 성분은 낮은 에너지의 빈 오비탈로 인하여 전자를 강하게 끌어들인다. 예를 들어 전자 제공자는 $-OH$, $-OCH_3$, $-N(CH_3)_2$와 같이 전자를 주는 치환기가 있는 벤젠 링을 들 수 있다. 반면에 전자 수용체는 몇 개의 nitro 치환기를 가진 화합물(예: 1,3,5-trinitrobenzene), 퀴논류, 몇 개의 CN 치환기를 가진 화합물(tetracyanoethane, 2,3-dicyano-1,4- benzoquinone) 등을 들 수 있다. 예로서 니트로벤젠과 메시틸렌(mesitylene)은 두 화합물이 혼합될 때 그림 19.3과 같이 전하전달 복합체가 형성된다. 테트라하이드로퓨란(Tetrahydrofuran, THF)과 톨루엔도 혼합될 때 전하전달 복합체가 형성된다. 전하전달 복합체가 형성될 때, 상응하는 에너지는 약 5 kJ/mole 정도가 되며, 수소결합과 자리의 수가 유사하다. 수소결합과 비교할 때, 화학적으로는 상황이 약간 차이가 나지만 수학적으로는 거의 유사하다.

우리는 11장에서 MOSCED와 SSCED 모델과 연계하여 산성과 염기성에 대해 논의하였다. 상대적인 산기/염기의 지표로서 분광학적인 측정을 테이블로 나열한 Kamlet-Taft 산도/염기도 매개변수를 사용할 수 있었던 점을 다시 생각해 보자.[5] Kamlet-Taft 매개변수는 관심의 용매에서 검침 분자(probe molecule)의 분광학적인 성질을 비교함으로써 결정한다. 매개변수의 작은

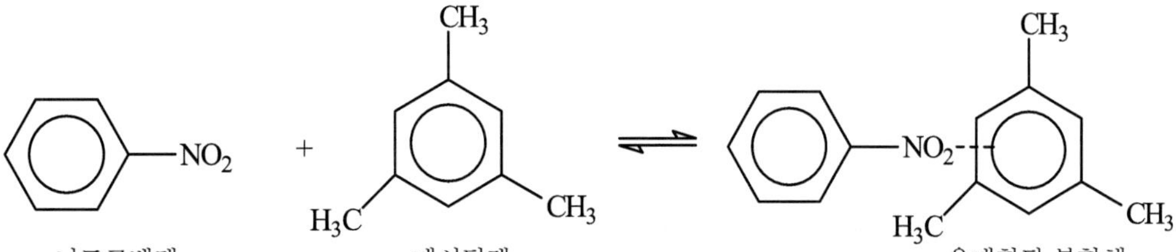

그림 19.3 • 전하전달 복합체의 예시

5 Kamlet, M. J., Abboud, J.-L. M., Abraham, M. H., Taft, R. W. 1983. *J. Org. Chem.* 48:2877. For solutes in liquids see Abraham, M. H., Andonian-Haftvan, J., Whiting, G. S., Leo, A., Taft, R. W., 1994. *J. Chem. Soc. Perkin Trans.* 2:1777.

테이블이 이 책의 마지막 부분에 있는 빠른 참조에 포함되어 있다.[6] 이 산도/염기도 매개변수들은 SCED의 견지에서 사용하도록 되어 있지만 수소결합과 복합체 형성의 에너지에 대한 가이드를 제공하기도 한다. 주요한 차이점은 SCED의 관점에서는 기초가 되는 용액 모델을 근본적으로 변경하지 않았다는 점이다. 명확히 하자면 SSCED 모델과 Scatchard-Hildebrand 모델의 유사한 점은 적절한 k_{ij}와 k_{ji}의 선택에 의해 동일한 용액 모델을 얻을 수 있으며, SSCED 모델이 좀 더 예측적이긴 하지만 Scatchard-Hildebrand 모델의 k_{ij}에 의하여 얻을 수 있는 과잉 Gibbs 에너지의 비대칭도(skewness) 이상을 바꾸지는 못한다는 것이다. 수소결합과 복합체 형성을 약한 반응으로 인식하는 것이 과잉 Gibbs 에너지의 비대칭성을 바꾸지는 않는다. 이러한 견지에서 복합체 이론은 국부조성 이론(local composition theory)의 대안을 제공한다. 국부 조성 이론은 분자 모사 결과를 정성적으로 연계하지만, 복합체 이론은 정량적으로 이용한다. 이는 분자 상호작용과 거시적인 거동을 연결하는 데 체계적인 단계를 따를 수 있다는 것을 의미한다.

화학량론과 표기 방법에 대한 기초적인 고려사항

일반적인 2성분 용액에서[7] i-번째 복합체는 일반적인 형태 $A_{a_i}B_{b_i}$로 나타낼 수 있으며, 여기에서 a_i와 b_i는 특정 시스템에 의존하는 정수이다(회합하는 화학종에서 a_i 또는 b_i가 0이 될 수 있으나 이는 증명에 영향을 미치지 않는다). 정수 a_i와 b_i는 다음 반응식의 양론계수이다.

$$a_iA + b_iB = A_{a_i}B_{b_i} \qquad \langle\text{식 } 19.3\rangle$$

예를 들어서 그림 19.4에 나타낸 가상적인 시스템을 생각해 보자. 용액에 성분 A와 B를 각각 n_A, n_B만큼 더했을 때 이 계는 회합과 용매화를 모두 나타낸다.

농도 $x_A = \dfrac{n_A}{n_A + n_B}$와 $x_B = \dfrac{n_B}{n_A + n_B}$은 몰분율이며, 거시적인 특성화를 위하여 실험적으로 중요하며, 전통적으로 사용되는 몰분율이다. 이 몰분율은 실제로 용액에 존재하는 화학종의 농도를 나타내지 않기 때문에 이들 역시 겉보기 몰분율(apparent mole fractions)이라고 부른다. 실제용액에 존재하는 성분들의 몰분율은 실제 몰분율(true mole fractions)이라고 부르며 x로 나타낸다. 예를 들면 다음과 같다.

$$x_{A_1} = \frac{n_{A_1}}{n_{A_1} + n_{A_2} + n_{B_1} + n_{AB_2}}, \quad x_{B_1} = \frac{n_{B_1}}{n_{A_1} + n_{A_2} + n_{B_1} + n_{AB_2}}$$

❗ 상첨자 M은 단량체에 사용한다.

x_A(겉보기 몰분율)가 x_{A_1}(단량체의 몰분율)과 같지 않음에 유의하라. 단량체의 몰분율은 뒤쪽의 증명에서 매우 중요하기 때문에 실제 혼합물에서 단량체임을 강조하기 위하여 특별한 하첨

6 Lazzaroni, M.J., Bush, D., Eckert, C.A., Frank, T.C., Gupta, S., Olson, J.D. 2005. *Ind. Eng. Chem. Res.* 44:4075.

7 우리는 논의를 2성분계로 제한하는데, 이는 표기방법이 다성분계에서는 다루기 힘들 정도로 복잡해지기 때문이다. 독자들은 여기에서 설명된 개념과 증명이 추가적인 성분으로 확장될 수 있다는 점을 인식하여야 할 것이다.

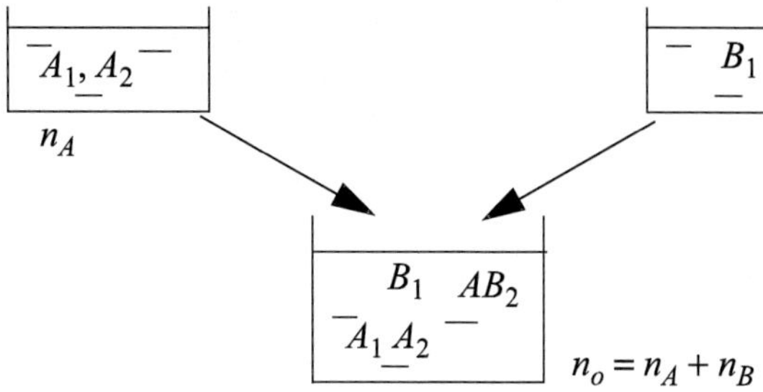

그림 19.4 • 회합과 용매화가 모두 있는 경우 화학종 A와 화학종 B를 혼합하는 과정의 도시. 용기 내의 라벨은 실제 존재하는 화학종을 의미하며, 상대적인 농도가 아님. 화학종은 단순한 예를 위해 선택되었다.

자 M을 사용한다. 따라서 $x_{A_1} \equiv x_{AM}$이며, $x_{B_1} \equiv x_{BM}$이다. 용액에 존재하는 실제 화학종은 실험 데이터를 잘 일치시키도록 추론할 수 있으며, 실제 몰분율은 사용되는 모델의 가정에 따라 변할 수 있기 때문에 실험을 통해 알 수 있는 양이라기보다는 모델링에 의해 결정되는 양이다. 그럼에도 불구하고 이 명명법은 문헌에서 사용되는 잘 확립된 관습적인 방식이다. 그리고 여기서 논의되는 혼합물은 액체 혼합물로 제한할 필요는 없음에 유의하라. 동일한 수지식과 표시 방법이 기체 혼합물에도 사용되는데, 그때는 몰분율 x 대신 y를 사용하면 된다.

19.2 평형 조건

몰수지

이 복합체의 형성에 대한 정량적 설명을 어떻게 일반화할 수 있는지 궁금하게 여길 수 있을 것이다. 그러나 Prigogine과 Defay(1954)는 이 방법에 대한 기준을 분명히 제시하였고, 우리는 약간 수정된 표시 방법으로 그 증명을 다시 유도하려 한다. n_A몰의 A 성분과 n_B몰의 B 성분으로 만들어진 용액에 대하여 식 19.3에 따라 형성된 화학종을 n_i라고 할 때,

$$n_A = \sum_i a_i n_i \quad n_B = \sum_i b_i n_i \qquad \langle \text{식 } 19.4 \rangle$$

여기에서 i에 대한 합산은 용액에서 발견될 수 있는 모든 실제 화학종에 대한 합산을 의미한다. 예를 들어서 그림 19.4 또는 식 19.4에 예시한 2성분계 혼합물은 다음의 식으로 표시된다.

$$n_A = 1n_{AM} + 0n_{BM} + 2n_{A_2} + 1n_{AB_2}$$

$$n_B = 0n_{AM} + 1n_{BM} + 0n_{A_2} + 2n_{AB_2}$$

화학 퍼텐셜 조건

실제 화학종의 화학 퍼텐셜은 $\mu_{AM}, \mu_{BM}, \mu_{A_{a_i}B_{b_i}}$ 등과 같이 나타내며, 겉보기 화학 퍼텐셜은

μ_A와 μ_B로 나타낸다. 식 19.3의 2성분계에 화학평형의 원리를 적용하면 다음과 같다.

$$\mu_{A_{a_i}B_{b_i}} = a_i\mu_{AM} + b_i\mu_{BM} \qquad \langle \text{식 } 19.5\rangle$$

G에 대한 전체 미분(식 17.7)을 일정한 T와 P에서 계산하여 각 성분이 평형에 도달하도록 하면 다음과 같다.

$$dG = 0 = \sum_i \mu_{A_{a_i}B_{b_i}} dn_{A_{a_i}B_{b_i}}$$

식 19.4와 식 19.5의 미분을 결합하여 얻을 수 있다.

$$0 = \mu_{AM}\sum_i a_i dn_{A_{a_i}B_{b_i}} + \mu_{BM}\sum_i b_i dn_{A_{a_i}B_{b_i}}$$
$$0 = \mu_{AM}dn_A + \mu_{BM}dn_B \qquad \langle \text{식 } 19.6\rangle$$

한편, 일정한 T, P에서 2성분계 혼합물의 겉보기 화학종에 대하여 다음 식이 성립한다.

$$d\underline{G} = 0 = -\underline{S}dT + \underline{V}dP + \sum \mu_i dn_i = \mu_A dn_A + \mu_B dn_B \qquad \langle \text{식 } 19.7\rangle$$

식 19.6과 19.7을 비교하여 다음의 결론을 얻을 수 있다.

$$\boxed{\mu_A = \mu_{AM} \qquad \mu_B = \mu_{BM}} \qquad \langle \text{식 } 19.8\rangle$$

그러므로 겉보기 화학 퍼텐셜(즉, 관습적으로 사용되는 화학 퍼텐셜)은 실제 단량체의 화학 퍼텐셜을 구하는 모델에 의하여 정량적으로 구해진다. 이 증명은 용액에 존재하는 실제 화학종의 수나 화학량론식에 무관하다는 점에 주목할 필요가 있다.

퓨가시티 조건

화학 퍼텐셜의 조건은 퓨가시티의 조건으로 확장할 수 있다. 겉보기 화학종에 대하여,

$$\mu_A = \mu_A^o + RT\ln\frac{\hat{f}_A}{f_A^o} \qquad \langle \text{식 } 19.9\rangle$$

단량체에 대하여,

$$\mu_{AM} = \mu_{AM}^o + RT\ln\frac{\hat{f}_{AM}}{\hat{f}_{AM}^o} \qquad \langle \text{식 } 19.10\rangle$$

회합하는 화학종에 대해서는 순수한 성분에 대해서도 A 단량체의 표준상태는 혼합물이기 때문에 실제로 회합하는 화학종의 혼합물이 존재한다는 점에 유의하자. 식 19.8을 도입하면,

$$\mu_A^o + RT\ln\frac{\hat{f}_A}{f_A^o} = \mu_{AM}^o + RT\ln\frac{\hat{f}_{AM}}{\hat{f}_{AM}^o} \qquad \langle 식\ 19.11\rangle$$

여기에서 표준상태는 순수성분의 A이다.

A가 회합하지 않는 경우에는 A가 순수한 경우, 실제용액은 완전히 단량체로만 구성되어 있으므로,

$$\mu_A^o = \mu_{AM}^o \quad f_A^o = \hat{f}_{AM}^o = f_{AM}^o \qquad \langle 식\ 19.12\rangle$$

이 식을 이용하면 다음의 관계식을 얻을 수 있다.

$$\boxed{\hat{f}_A = \hat{f}_{AM}} \qquad \langle 식\ 19.13\rangle$$

A가 회합하는 경우에는 좀 더 복잡하다. 겉보기 조건이 복합체 형성을 무시하는 점을 고려하면, 식 19.10의 단량체의 화학 퍼텐셜 μ_{AM}은 다음과 같이 계산될 수 있다.

$$\int_{\text{pure monomer}}^{\text{pure component }A} d\mu_{AM} = RT\int_{\text{pure monomer}}^{\text{pure component }A} d\ln\hat{f}_{AM}$$

여기에서 낮은 쪽의 극한은 순수 단량체만 존재하는 가상적인 상태이며, 높은 쪽의 극한은 순수한 A의 용액에서 실제로 존재하는 단량체의 상태이다. 양쪽 적분의 낮은 쪽 극한이 겉보기 표준상태라는 점을 인식하고 적분을 수행하면,

$$\mu_{AM}^o - \mu_A^o = RT\ln\frac{\hat{f}_{AM}^o}{f_A^o}$$

식 19.11을 다시 결합하면 식 19.13이 얻어진다. 동등한 증명을 통해 다음의 식이 얻어짐을 알 수 있다.

$$\boxed{\hat{f}_B = \hat{f}_{BM}} \qquad \langle 식\ 19.14\rangle$$

활동도 조건

식 19.9로 되돌아가서 이를 외견상 활동도와 활동도 계수로 표현하면 다음과 같다.

$$\mu_A = \mu^\circ{}_A + RT\ln\frac{x_A\gamma_A f^\circ{}_A}{f^\circ{}_A} = \mu^\circ{}_A + RT\ln x_A\gamma_A \qquad \langle 식\ 19.15\rangle$$

실제 단량체 화학종의 활동도 계수를 α_{AM}으로 정의하면 화학 퍼텐셜은 다음과 같다.

$$\mu_{AM} = \mu^\circ{}_{AM} + RT\ln\frac{x_{AM}\alpha_{AM}\hat{f}^\circ{}_{AM}}{\hat{f}^\circ{}_{AM}} = \mu^\circ{}_{AM} + RT\ln x_{AM}\alpha_{AM} \qquad \langle 식\ 19.16\rangle$$

식 19.8을 사용하여 식 19.15와 19.16을 같게 하면,

$$x_A\gamma_A = x_{AM}\alpha_{AM}\exp\left(\frac{\mu^\circ{}_{AM}-\mu^\circ{}_A}{RT}\right) \qquad \langle\text{식 } 19.17\rangle$$

여기에서 지수항은 온도가 일정할 때 상수이다. 겉보기 활동도 계수의 대칭 규칙에 의하여 $\lim_{x_A\to 1} x_A\gamma_A = 1$이다. 회합하지 않는 화학종에 대하여 식 19.12에 의하여 식 19.17의 지수항은 1이다. 따라서 $\lim_{x_A\to 1}\alpha_{AM} = 1$, $\lim_{x_A\to 1}x_{AM} = 1$이다. 회합하는 화학종에 대하여 $\lim_{x_A\to 1}x_{AM} = x^\circ{}_{AM}$ 인데 이는 순수한 A에서 단량체의 실제 몰분율이며, 1이 아니다. 따라서 지수항은 단량체 활동도 $\exp\left(-\frac{(\mu^\circ{}_{A1}-\mu^\circ{}_A)}{RT}\right) = \lim_{x_A\to 1}x_{AM}\alpha_{AM} = x^\circ{}_{AM}\alpha^\circ{}_{AM}$의 단순한 역수이다. 따라서 다음과 같이 쓸 수 있다.

$$\boxed{x_A\gamma_A = \frac{x_{AM}\alpha_{AM}}{(x^\circ{}_{AM}\alpha^\circ{}_{AM})}} \qquad \langle\text{식 } 19.18\rangle$$

여기에서 회합하지 않는 화학종에 대하여 $x^\circ{}_{AM}\alpha^\circ{}_{AM} = 1$이다. 동등한 증명을 통해 다음의 식을 얻을 수 있다.

$$\boxed{x_B\gamma_B = \frac{x_{BM}\alpha_{BM}}{(x^\circ{}_{BM}\alpha^\circ{}_{BM})}} \qquad \langle\text{식 } 19.19\rangle$$

이 식들은 '이상'용액에 대해서도 활동도 계수가 1보다 어떻게 작을 수 있는지 보여 준다. 예를 들어 아세톤과 클로로포름은 모든 농도 조건에서 $\alpha_{AM} = 1 = \alpha_{BM}$이라는 점에서 이상용액을 형성할 수도 있다. 복합체 형성에 의하여 B가 존재할 때 $x_{AM} < x^\circ{}_{AM}$을 유발하여 $\gamma_A < 1$이 될 수 있다. 우리는 19.4절에서 이러한 관점을 좀 더 상세히 알아볼 것이다.

19.3 2성분계의 수지 방정식

풀어야 할 수지 방정식은 기체나 액체 모두 동일한 형태를 가진다. 액체에 대한 식을 나타낼 것이지만 독자들은 동일한 방법으로 기체의 방정식을 얻을 수 있음을 알아야 할 것이다. 먼저 실제 몰분율의 합은 1이 되어야 한다.

$$\boxed{\sum_i x_i = 1} \qquad \langle\text{식 } 19.20\rangle$$

2성분계에서 수지 방정식은 외견상 몰분율을 일치시키기 위하여 다음과 같이 쓸 수 있다.

$$x_A = \frac{\text{moles of all A in compounds}}{\text{moles of all A and B in compounds}} = \frac{\sum_i a_i n_i}{\sum_i (a_i + b_i) n_i}$$

분자와 분모를 실제 몰수 n_T로 나눈다.

$$x_A = \frac{\sum_i a_i x_i}{\sum_i (a_i + b_i) x_i} \quad \text{〈식 19.21〉}$$

수지식을 활용하기 위하여 식 19.21에 분모를 곱하고 재배치하면 다음과 같다.

$$\sum_i x_A (a_i + b_i) x_i - \sum_i a_i x_i = 0$$

실제 몰분율에 대하여 항들을 모으면 이용하기에 편리한 식을 얻을 수 있다.

$$\boxed{\sum_i (b_i x_A - a_i x_B) x_i = 0} \quad \text{〈식 19.22〉}$$

식 19.20과 19.22는 실제 몰분율이 알려져 있지 않고 2개의 식만이 전개되었기 때문에 계산 가능한 상태가 아니다. 다음 절에서 실제 몰분율을 평형상수와 단량체의 몰분율로 표현할 수 있음을 보여 줄 것이다. 이는 평형상수가 알려진 경우 충분한 정보가 된다.

19.4 2성분계의 이상 화학이론

복잡한 거동을 모델링하는 가장 단순한 방법은 기상을 복합체를 포함한 이상기체의 혼합물로 간주하고(실제 퓨가시티 계수가 1임), 액체상을 복합체가 포함된 이상용액(실제 활동도 계수가 1임)으로 다루는 방법이다. 이러한 접근 방법은 이상 화학이론(Ideal Chemical Theory)이라고 부르며, 비이상적인 겉보기 퓨가시티 또는 활동도 계수를 구하는 데 사용될 수 있다. 두 가지 간단한 관찰이 화학적인 관점을 출발하는 데 도움이 된다. 첫 번째로 먼저, 회합하지 않고 용매화만 하는 시스템에서 B가 존재할 경우, $x_{AM} < x°_{AM}$이 되어야 하므로 관측된 활동도 계수는 1보다 작아야 한다. 두 번째로 1개의 성분이 회합하면서 다른 성분은 회합 또는 용매화하지 않으면 B가 존재할 때 B의 존재에 의해 A가 희석되는 것을 방해받기 때문에 $x_{AM} > x°_{AM}$이 되며, 관측된 활동도 계수는 1보다 커야 한다. 이러한 회합이나 용매화가 가능한 혼합물에 대하여 이러한 두 가지 관찰을 결합하면 얻을 수 있는 활동도의 범위를 알 수 있다.

이상 화학이론을 이용하여 복합체 형성을 모델링하면, 식 19.3은 화학 평형상수로 다음과 같이 표현될 수 있다.

$$x_i = K_{a,i} x_{AM}^{a_i} x_{BM}^{b_i} \qquad \text{〈식 19.23〉}$$

식 19.20과 19.22를 대입하면 식은 다음과 같이 표현된다.

$$\boxed{x_{AM} + x_{BM} + \sum_i K_{a,i} x_{AM}^{a_i} x_{BM}^{b_i} - 1 = 0} \qquad \text{〈식 19.24〉}$$

$$\boxed{b_i x_A x_{AM} - a_i x_B x_{BM} + \sum_i (b_i x_A - a_i x_B) K_{a,i} x_{AM}^{a_i} x_{BM}^{b_i} = 0} \qquad \text{〈식 19.25〉}$$

일단 K_i값이 알려지면, x_{AM}과 x_{BM}은 주어진 겉보기 농도를 이용하여 2개의 방정식의 해를 구하여 얻을 수 있다. 따라서 모든 실제 몰분율 x_i(식 19.23)와 겉보기 몰분율 γ_A, γ_B(식 19.18과 19.19)를 계산할 수 있다. 일단 γ_A, γ_B가 실험을 통하여 알려져 있고 복합체 형성의 양론식을 알 수 있으면, K_i 값들은 최적화 방법을 이용하여 자료를 잘 맞추도록 조정할 수 있다. 주어진 값의 K_i에 대하여 실제 화학종의 몰분율을 계산하는 스프레드시트가 Ichemt.xlsx와 Ichemt.m 프로그램에 주어져 있다.

이상 화학이론을 기체상에 적용하면, x_i를 y_i로 치환하여 식 19.3은 다음과 같이 표현된다.

$$y_i = K_{a,i} P^{(a_i + b_i - 1)} y_{AM}^{a_i} y_{BM}^{b_i} \qquad \text{〈식 19.26〉}$$

식 19.20과 19.22는 다음과 같이 표현된다.

$$\boxed{y_{AM} + y_{BM} + \sum_i K_{a,i} P^{(a_i + b_i - 1)} y_{AM}^{a_i} y_{BM}^{b_i} - 1 = 0} \qquad \text{〈식 19.27〉}$$

$$\boxed{b_i y_A y_{AM} - a_i y_B y_{BM} + \sum_i (b_i y_A - a_i y_B) K_{a,i} P^{(a_i + b_i - 1)} y_{AM}^{a_i} y_{BM}^{b_i} = 0} \qquad \text{〈식 19.28〉}$$

이 방정식들은 이상기체 방정식이라고 표현하는데 실제용액의 관점에서 이상기체 방정식이기 때문이다. 액체상의 계산과 마찬가지로 K_i가 알려지면 y_{AM}과 y_{BM}을 결정할 수 있다.

예제 19.1 회합/용매화 시스템의 압축인자

기체상의 실제 화학종이 이상기체 법칙을 따르는 경우 몰분율과 압축인자를 상관하는 수식을 유도하라.

풀이

$\underline{V}$의 부피를 가지는 용기가 n_o의 외견상 몰수의 기체를 가지고 있다. 그러나 실험적으로 관측되는 실제 몰수 n_T는 좀 더 작을 것이다. 이상기체 법칙을 적용하면 다음과 같다.

$$P\underline{V} = n_T RT \quad \frac{P\underline{V}}{n_T RT} = 1 \qquad \text{〈식 19.29〉}$$

실험적으로 우리는 외견상 몰수로 작업하기를 원한다.

$$Z = \frac{P\underline{V}}{n_o RT} = \frac{P\underline{V}}{n_T RT}\cdot\frac{n_T}{n_o} = \frac{n_T}{n_o} \qquad \text{〈식 ig〉}$$

이 식은 이상기체식으로 라벨이 붙었는데, 외견상 화학종의 견지에서는 이상기체 법칙을 따르지 않지만 실제 화학종은 이상기체 법칙을 따르기 때문이다. 전체 몰 수지에서 $n_T = \sum_i n_i$이며, $n_o = \sum_i (a_i + b_i)n_i$이다. 따라서 $Z = \dfrac{\sum_i n_i}{\sum_i (a_i + b_i)n_i}$

분자와 분모를 n_T로 나누면,

$$Z = \frac{\sum_i y_i}{\sum_i (a_i + b_i)y_i} = \frac{1}{\sum_i (a_i + b_i)y_i} \qquad \text{〈식 19.30〉}$$

따라서 실제 몰분율이 결정되면, 압축인자를 계산할 수 있다. 실제 몰분율을 계산하려면 다음 예제에 나타낸 바와 같이 화학평형을 계산하여야 한다.

예제 19.2 카복실산의 이량체 형성

아세트산과 프로피온산 증기의 *P-V-T* 측정 결과가 알려져 있다.[a] 아세트산과 프로피온산의 40°C에서의 평형상수는 각각 375 bar^{-1}과 600 bar^{-1}이다. 0.01 bar의 압력에서 실제 몰분율과 압축인자, 퓨가시티 계수를 구하라.

풀이

A를 관심의 산이라고 하고 식 19.27로 시작하면 다음과 같다.

$$y_{AM} + K_{A_2} P y_{AM}^2 - 1 = 0$$

이 시스템은 단일성분계이므로 식 19.28은 필요하지 않다. 2차식의 근의 공식을 이용하여 간단한 방정식의 해를 구할 수 있다.

$$y_{AM} = \frac{-1 + \sqrt{1 + 4K_{A_2}P}}{2K_{A_2}P}$$

$P = 0.01$ bar에서 아세트산에 대해서는 $y_{AM} = 0.4$, $y_{A_2} = 0.6$이며, 매우 낮은 압력임에도

불구하고 식 19.30에 의하여 $Z = 0.625$이다. 퓨가시티 계수를 구하기 위하여 식 19.13으로 시작하자.

$$y_A \hat{\varphi}_A P = y_{AM} \hat{\varphi}_{AM} P$$

시스템은 순수하기 때문에 $y_A = 1$이며, 왼쪽 항의 퓨가시티 계수는 순수성분에 대한 항이다. 모델은 이상 화학이론을 사용하기 때문에 $\hat{\varphi}_{AM} = 1$이며, 따라서

$$\hat{\varphi}_A = y_{AM} = 0.4$$

프로피온산에 대해서 동일한 과정을 반복할 수 있으며, 좀 더 비이상적인 결과를 얻을 수 있다. 답은 다음과 같다. $y_{AM} = 0.333$, $Z = 0.6$, $\hat{\varphi}_A = 0.333$.

a. McDougall, F. H., 1936. *J. Amer.Chem.Soc*. 58:2585; 1941. 63:3420.

예제 19.3 용매화계의 활동도 계수

1,4-다이옥세인(dioxane)은(성분 *B*) 1번, 4번 위치에 산소를 가진 $C_4H_8O_2$의 구조식으로 6각링 구조를 가진다. 클로로포름(성분 *A*)과 섞일 때 클로로포름의 수소에 대하여 산소는 용매화 자리를 제공한다. 1,4-다이옥세인에는 2개의 자리가 있기 때문에 AB와 A_2B의 2개의 복합체가 형성될 수 있다. McGlashan과 Rastogi[a]는 이 시스템에 대하여 연구를 진행하여 액체상에 이상 화학이론이 적용 가능하며, 50°C에서 $K_{AB} = 1.11$, $K_{A_2B} = 1.24$임을 보고하였다. 전체 조성 영역에서 실제 몰분율과 활동도 계수를 계산하라.

풀이

Ichemt. xlsxIchemt.m

우리는 식 15.21와 15.22를 풀기 위하여 Ichemt.xlsx를 이용할 것이다. A_2B 성분에 대하여 $a_i = 2$, $b_i = 1$, $K_i = 1.24$이다. 조성에 대하여 겉보기 조성의 0.05의 증분을 입력한다. 수치적인 오버플로(overflow)와 언더플로(underflow)를 막기 위하여 끝점 근방에서 우리는 $x_A = 0.001$과 $x_A = 0.999$값을 입력할 것이다. 두 성분 모두 회합을 보이지 않기 때문에 활동도 계수는 $\gamma_A = z_A/x_A$, $\gamma_B = z_B/x_B$ 식을 이용하여 구할 수 있다. 그 결과는 그림 19.5에 나타내었다. 용매화에 의하여 Raoult의 법칙에서 음의 부호로 벗어남에 주목하라. 또한 복합체 양론과 복합체의 농도 최대 점의 관계에 주목하라. 왜 1,4-다이옥세인의 무한 희석 활동도 계수가 클로로포름의 무한 희석 활동도 계수보다 작은지 그 이유를 설명할 수 있는가?

a. McGlashan, M. L., Rastogi, R. P. 1958. *Trans. Faraday Soc*. 54:496.

19.5 화학-물리 이론

이상 화학이론의 가정들은 많은 계들에서 지나친 단순화로 알려져 있으며, 물리적인 상호작용이 포함되어야 한다. 액체상에서 실제 화학종의 활동도 계수가 도입되어야 한다. 그러면,

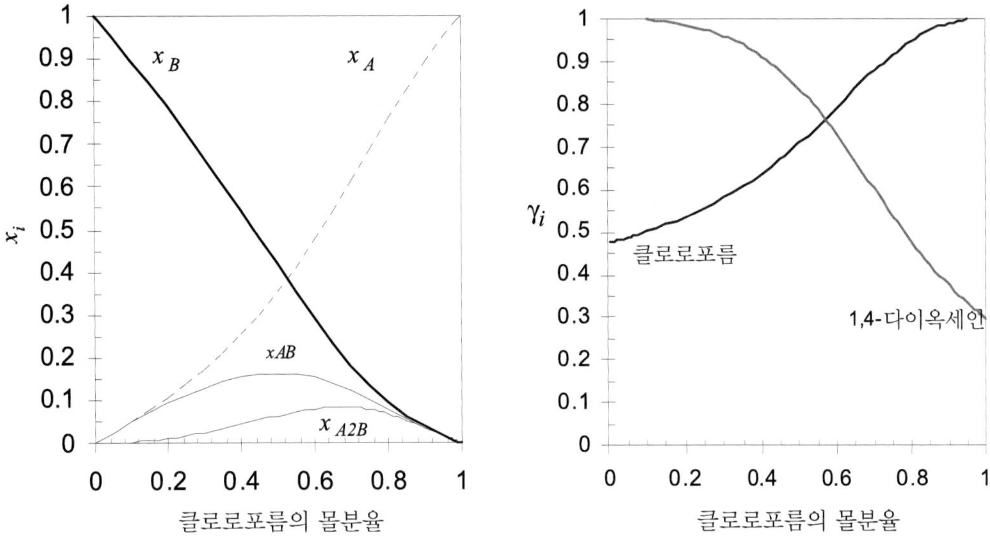

그림 19.5 • 예제 19.3에서 계산한 클로로포름 + 1,4-다이옥세인 계의 이상 화학이론 계산 결과

$$x_i = \frac{K_{a,i}(x_{AM}\alpha_{AM})^{a_i}(x_{BM}\alpha_{BM})^{b_i}}{\alpha_i} \qquad \langle 식\ 19.31\rangle$$

이 결과를 식 19.20과 19.22에 사용하면, 다음과 같은 식이 얻어진다.

$$x_{AM} + x_{BM} + \sum_i \frac{K_{a,i}(x_{AM}\alpha_{AM})^{a_i}(x_{BM}\alpha_{BM})^{b_i}}{\alpha_i} - 1 = 0 \qquad \langle 식\ 19.32\rangle$$

$$b_i x_A x_{AM} - a_i x_B x_{BM} + \sum_i (b_i x_A - a_i x_B)\frac{K_{a,i}(x_{AM}\alpha_{AM})^{a_i}(x_{BM}\alpha_{BM})^{b_i}}{\alpha_i} = 0 \qquad \langle 식\ 19.33\rangle$$

대부분의 활동도 계수 모델들은 한 쌍의 분자에 대하여 2개의 매개변수를 필요로 하기 때문에 매개변수의 개수가 지나치게 많아진다. 더욱이 복합체를 완전히 분리할 수 없기 때문에 복합체에 대한 어떤 매개변수도 실험 데이터로부터 맞추어야 한다. 이 방정식들의 해를 구하는 것도 매우 어려운데, 이는 각 x_{AM}과 x_{BM}에 대한 반복 계산 단계마다 실제 활동도 계수를 새롭게 갱신해야 하기 때문이다.

화학-물리 이론을 기체상에 적용하면,

$$y_i = \frac{K_{a,i}P^{(a_i+b_i-1)}(y_{AM}\hat{\varphi}_{AM})^{a_i}(y_{BM}\hat{\varphi}_{BM})^{b_i}}{\hat{\varphi}_i} \qquad \langle 식\ 19.34\rangle$$

식 19.20과 19.22는 다음과 같이 쓸 수 있다.

$$y_{AM}+y_{BM}+\sum_i \frac{K_{a,i}P^{(a_i+b_i-1)}(y_{AM}\hat{\varphi}_{AM})^{a_i}(y_{BM}\hat{\varphi}_{BM})^{b_i}}{\hat{\varphi}_i}-1 = 0 \quad \text{〈식 19.35〉}$$

$$b_i y_A y_{AM}-a_i y_B y_{BM}+\sum_i (b_i y_A - a_i y_B)\frac{K_{a,i}P^{(a_i+b_i-1)}(y_{AM}\hat{\varphi}_{AM})^{a_i}(y_{BM}\hat{\varphi}_{BM})^{b_i}}{\hat{\varphi}_i} = 0 \quad \text{〈식 19.36〉}$$

복합체의 물리적 성질은 이러한 접근 방법으로 모델링 되어야 하며, 이 방정식을 푸는 데 있어서 액상의 화학-물리 이론에서 논의되었던 동일한 어려움이 존재한다.

Harris[8]는 25°C에서 *n*-헥산(hexane), 부티로락톤(butyrolactone), *n*-메틸 피롤리돈(methyl pyrrolidone)에 아세틸렌이 있는 경우에 대하여 흥미로운 연구를 진행하였다. 이 연구에서 물리적인 비이상성을 모델링하기 위하여 단순화된 van Laar 모델을 사용하였으며, 1개의 물리적 매개변수를 사용하였다. 당연히 아세틸렌 + *n*-헥산은 용매화를 나타내지 않았지만 다른 2성분계 들은 용매화를 나타냈으며, 피롤리돈은 가장 강한 복합체를 형성하였다. 더욱이 *n*-헥산 시스템은 조성범위에서 Raoult의 법칙에 대하여 양의 벗어남을 나타내었지만 피롤리돈은 음의 벗어남을 나타내었고, 락톤은 음과 양의 벗어남을 모두 나타내었다. 3개의 시스템은 모두 2개의 매개변수(화학적 매개변수 1개와 물리적 매개변수 1개)로서 정확하게 모델링 될 수 있었다.

화학-물리 이론을 이용하는 또 다른 접근 방법은 물리적 기여항에 Flory-Huggins 이론을 이용하는 것이다. 이는 Coleman과 Painter가 고분자 용액에 활용한 접근 방법이다. 그러나 Coleman-Painter 모델은 화학적 네트워크를 다루는 몇 가지 상세한 점에 의하여 3성분계 혼합물로 확장하는 데 어려움이 있다.[9]

다성분계 화학-물리 이론은 다음 장에서 논의하게 될 Wertheim의 이론에 의해 가장 정밀하게 다루어질 수 있다.[10] Wertheim의 이론은 화학적인 상호작용을 화학종 대신에 수용체(acceptor), 제공체(donor)의 관점에서 특성화한다. 이러한 방식은 결합하지 않는 자리 수를 세는 것으로 단순화되며, 결합하지 않는 자리 수는 단량체 분율과 연계되며, 이는 용액 열역학을 정의하는 데 충분하다. 특히 이런 방식은 다성분계를 다루는 데 적합하다. Wertheim의 이론은 보조적으로 화학적이 아닌 인력과 척력 상호작용에 대한 물리적 이론을 요구한다. 간단히 설명하면, 화학적 상호작용은 거리가 짧고 결합의 변화량은 접촉할 수 있는 화학종의 빈도수에 영향을 받는다. 척력(repulsive interaction)은 접촉할 수 있는 빈도수를 주로 결정한다(엄밀하게 말하면 $g(\sigma)$). 우리는 Carnahan-Starling 방정식을 이용하여 $g(\sigma)$를 예측할 수 있다. 구형이 아닌 분자에 대해서는 이 분자들이 구형 세그먼트(segment)로 이루어져 있다고 상상할 수

---

8 Harris, H. G., Prausnitz, J. M. 1969. *Ind. Eng. Chem. Fundam.* 8:180.

9 Coleman, M. M., Painter, P. C., Graf, J. F. 1995. *Specific Interactions and the Miscibility of Polymer Blends.* Boca Raton, FL: CRC Press.

10 Wertheim, M. S. 1984. *J. Stat. Phys.* 35:19.

있다. 그다음에 인력의 기여도는 구형 분자와 같다고 생각한다. 구형 분자 간에 작용하는 인력은 분산된 서로 끌어당기는 에너지의 장을 만들고, 압력을 감소시킨다. 이러한 방법은 화학-물리 상평형을 위한 간단하고 자체 일관성을 유지한 모델로 이르게 된다.

Wertheim의 이론을 논의를 시작하기 전에 Heidemann과 Prausnitz[11]가 제안한 화학-물리 이론을 언급하고자 한다. 이들은 단량체, 이량체, 삼량체 등에 대하여 van der Waals 매개변수의 합리적인 가정을 통하여 압축인자와 퓨가시티 계수의 정리된 형태의 해를 얻었다. 순수유체에 대한 Wertheim의 이론과 유사하게 Heidemann-Prausnitz 방법은 밀도, 온도, 조성과 화학에 대한 모든 변화량을 기술할 수 있는 완전한 화학-물리 이론을 제공한다. 그러나 Coleman-Painter 이론과 마찬가지로 이 방법도 다성분계 혼합물로 확장하는 데 어려움이 있다. Suresh와 Elliot[12]는 반응에 의한 열용량 변화에 대하여 어떤 가정을 통하면 Heidemann-Prausnitz의 방법이 Wertheim의 이론과 동일하다고 제시하였다. 가장 일반적인 이론을 다루고자 하는 의도에서 우리는 Wertheim의 이론에 초점을 맞출 것이지만, Wertheim 이론에서 유도된 결과를 단순화해서 두드러진 결과를 도출한 예로서 Heidemann -Prausnitz의 관점을 도입할 것이다. Wertheim의 문헌의 상세한 증명은 개론 수준에서 전개된 이 책의 범위를 넘어서기 때문에 이러한 설명이 필요한 것이다.

19.6 복합체 혼합물에 대한 Wertheim의 이론

가장 일반적인 접근 방법은 예측 가능하다. 모든 반응식과 평형식을 전개하고 비선형 방정식 시스템의 해를 구하는 것이다. 그러나 이러한 접근 방법에 대한 실제적인 Peng-Robinson 식 같은 실제적인 대안은 명석한 관찰과 근사식, 식의 재배치 등을 필요로 한다. Wertheim의 이론은 Helmholtz 에너지의 기여항에 기반을 두고 있다. 최종적으로 실험적 관측과 분자 모사에 확고한 기반을 둔 명백한 기여항으로서 A^{chem}을 인식할 수 있고, 이 항은 주어진 온도와 압력에서 밀도를 푸는 데 있어서 단 1개의 중간단계만을 추가한다.

Wertheim의 이론은 이 장의 목적과 동일하다. 6장의 미분 관계식을 통하여 화학 기여에 대한 Helmholtz 에너지 A^{chem}에 대한 이론을 개발하고, 그다음에 Z^{chem}을 얻는 것이다. A의 부피에 대한 미분으로 P를 얻을 수 있기 때문에 A에 대한 미분은 Z에 대한 화학적 상호작용의 기여항을 계산하는 데 사용할 수 있다. Wertheim의 이론은 이전에 논의되었던 단량체와 이량체의 개념을 사용하지만 비화학적 기여도에 대한 주어진 상태방정식에 대해 자체적으로 모든 것을 포함하고 있고, 자체적으로 일치된 모델을 제공한다. 7장에서 우리는 상태방정식의 Z에 대한 표현을 척력항인 Z^{rep}와 인력항인 Z^{att} 기여도로 나타낼 수 있다는 것을 보여 주었다(유사하게 A^{rep}, A^{att}은 '물리적' 기여항의 약자이다). Wertheim의 원문의 유도는 복잡한 통계 역학을 활용하고 있고, 이러한 개론에서 다루고자 하는 범위를 벗어난다. 그럼에도 불구하고 우리는 그의

11 Heidemann, R. A., Prausnitz, J. M. 1976. *Proc. Nat. Acad. Sci.* 73:1773

12 Suresh, S.J., Elliott, J.R. 1992. *Ind. Eng. Chem. Res.* 31:2783.

결과를 반응과 평형식의 기여도의 항으로 이해할 수 있다. 우리가 단순화하기 어려운 항들의 집합에 도달했을 때, 우리는 Wertheim의 결과를 '똑똑한 추정값'으로 적용하고, 그 결과가 특정한 물리적 기여항(예: van der Waals 모델)을 위하여 자체적으로 일관성 있는 해석을 유도하는지 보여 주고자 한다. 일단 ρ_0와 T에 대한 항으로서 A^{chem}의 표현식을 얻으면 물리적 기여항에 더할 수 있으며, 이 상태방정식은 다른 상태방정식과 똑같은 방식으로 사용할 수 있다.

표기방식이 복잡하기 때문에 이 절에서는 순수성분을 이용하여 유도하고, 나중에 이 결과를 일반화한다. Wertheim의 이론을 상태방정식에 적용하므로 기체상과 액체상의 몰분율을 나타내기 위하여 양쪽 모두 부호 x를 사용할 것이며, 응집상태는 Z값의 크기에 따라 결정된다. 또한 우리는 1개의 성분만 있으므로 x_{AM}에서 'A'를 생략할 것이다. Wertheim 이론의 출발점은 유체 상에서 결합 '자리(sites)'의 실제 개수로서 해석 방법을 재배열하는 것이다. 회합의 정도는 결합하지 않은 자리 수의 분율로 계산된다.

$$\boxed{X = n_M / n_0} \qquad \langle 식\ 19.37 \rangle$$

이러한 '결합하지 않은 결합 자리의 분율'은 단량체의 분율 x_M과 밀접한 관계에 있다. 관련된 물질수지는 다음에 논의되어 있다. Wertheim의 이론을 이해하기 위해서는 수소결합 자리가 무엇을 의미하는지 이해해야 한다. Wertheim의 관점에서의 가장 중요한 요소는 결합 자리를 아주 작고 분자 중심에서 벗어난 끌어당기는 에너지의 '혹'으로 특성화하는 것이다. 이는 방향에 대한 한정성을 제공하는데, 왼쪽의 척력 자리와 오른쪽의 인력 자리가 180°에 가까울 때에만 결합이 형성되기 때문이다. 다른 방향의 결합은 아무런 영향이 없다. 더욱이 척력 자리에 비해 혹의 크기가 매우 작기 때문에 그림 19.6에 나타낸 바와 같이 2개의 자리가 이미 결합되었을 때, 반발력이 작용하는 중첩이 발생하여 3개의 자리가 동시에 결합하지 못한다. 이것은 거리가 짧고, 방향의 한정성이 있으며, 공간적 방해를 받는 수소결합 — 일반적으로 말하면 복합체 형성 — 의 특성을 잘 반영하고 있다.

이량체 형성

우리는 이량체가 형성하는 회합으로 시작해 볼 것이다. 이량체의 형성에 대하여(하첨자 D로 표시한다), 식 19.4와 실제 몰분율의 합을 결합하고 겉보기 몰수 n_0와 실제 몰수 n_T를 결합하지 않은 자리 수 X와 연계하여 다음과 같이 재배열한다.

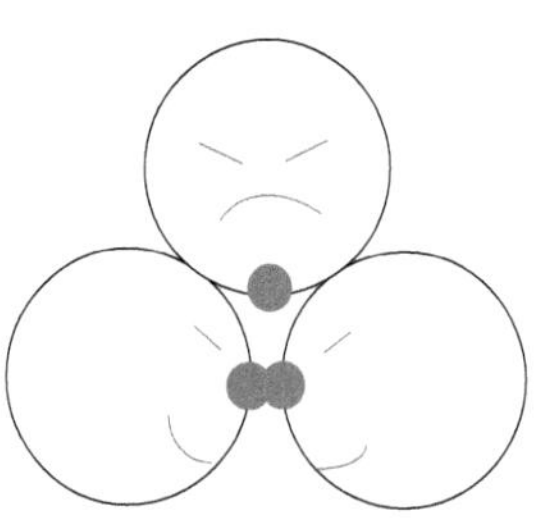

그림 19.6 • 결합 자리에 대한 Wertheim의 관점. 검은색으로 표시된 부분이 혹을 나타냄. 아래쪽의 2개의 분자는 행복하게 결합하고 있지만 위쪽의 분자는 동일한 결합에 동참하지 못하고 있음.

$$n_0 = n_M + 2n_D \text{ and } n_T = n_M + n_D \Rightarrow n_0 - n_T = n_D = (n_0 - n_M)/2 = n_0(1-X)/2 \quad \text{〈식 19.38〉}$$

식 19.38을 n_0로 나누면 $1 - n_T/n_0 = (1 - X)/2$가 되는데, X는 결합 자리 중에서 결합하지 않은 자리의 수를 나타낸다.

$$n_T/n_0 = (1 + X)/2 \quad \text{〈식 19.39〉}$$

$$x_M = n_M/n_T = (X \cdot n_0)/n_T = X(n_0/n_T) = 2X/(1 + X) \quad \text{〈식 19.40〉}$$

해는 물질수지식 19.20, $x_M + x_D = 1$을 만족해야 한다. 반응평형과 함께(식 19.34) 다음과 같이 쓸 수 있다.

$$x_D = 1 - x_M = x_M^2 PK_a(\varphi_M^2/\varphi_D) \quad \text{〈식 19.41〉}$$

식 19.40을 치환하면 $1 - 2X/(1 + X) = 4X^2PK_a(\varphi_M^2/\varphi_D)/(1 + X)^2$ 이 되며, 이를 재배열하면 다음과 같다.

$$1 - X = X^2PK_a(\varphi_M^2/\varphi_D)(n_0/n_T) = X^2\Delta \quad \text{〈식 19.42〉}$$

다음과 같은 정의

$$\Delta = PK_a(\varphi_M^2/\varphi_D)(n_0/n_T) \quad \text{〈식 19.43〉}$$

는 처음 보기에는 이상하게 보일 수 있지만, 이것이 Wertheim의 이론에서 유도된 단순화 가운데 중요한 부분이다. 우리는 그의 해석을 다음에 개요를 설명하지만, 중요한 단계는 Wertheim이 변수의 모임을 다음과 같이 단순화한 데 있다.

$$\Delta = \rho g(\sigma)\, K^C[\exp(\varepsilon^C/kT) - 1] \quad \text{〈식 19.44〉}$$

여기에서 $g(\sigma)$는 접촉 거리 σ에서 방사방향 분포함수(radial distribution function)이며, ε^C는 복합체의 결합에너지, K^C는 '혹'의 크기와 연관된 결합 부피이다. 식 19.42를 살펴보면 Δ가 ρ와 T의 함수이므로 밀도와 온도로부터 X를 직접 계산할 수 있다. 밀도와 온도는 상태방정식의 물리적 기여항을 적용하는 데 사용되어야 하기 때문에 기여항이 연관된 것은 상평형과 반응평형의 동시 해를 푸는 것만큼 문제를 복잡하게 만들지는 않는다. 만일 모든 복합체 형성이 반복 계산의 해를 필요로 한다면 이 모델이 얼마나 복잡해질지 상상해 보라. 기본적인 원칙은 동일하지만 가능성은 급진적으로 바뀌었다.

Wertheim의 고급 통계역학적인 해석은 잠시 제쳐 두고, 우리는 그의 해석에 대한 현상학적인 결과를 두 가지 방법으로 살펴볼 수 있다. 먼저, 우리는 Δ를 정방향과 역방향 반응속도의 비인 가역반응의 평형상수로 인식할 수 있다. 순방향 반응은 서로를 찾을 수 있는 자리수의 확률에 비례한다. 만일 밀도가 0이면 이 확률은 0이며, $g(\sigma)$에 따라 증가한다. 반대 방향의 반응은 회합의 정도에 의하여 방해를 받는다. 결합에너지가 클수록 해리반응은 느려진다.[13] 두 번째로 우리는 간단한 가정들을 통하여 van der Waals 모델을 적용할 수 있다. 만일 $b_D = 2b_M$, $a_{DD} = 4a_{MM}$, $a_{DM} = 2a_{MM}$을 가정하면 그림 19.7에 나타낸 바와 같이 Heidemann과 Prausnitz의 방식과 유사한 결과를 도출할 수 있다. van der Waals 모델의 퓨가시티 계수에 이 가정들을 적용하고, 식 19.42를 치환하면,

$$\ln(\phi_D) - 2\ln(\phi_M) = -\ln(1-\eta_P) + \frac{b_D\rho_T}{(1-\eta_P)} - \frac{2\rho_T\sum x_i a_{iD}}{(1-\eta_P)} - \ln\left(\frac{P\underline{V}}{n_T RT}\right)$$
$$-2\left(-\ln(1-\eta_P) + \frac{b_M\rho_T}{(1-\eta_P)} - \frac{2\rho_T\sum x_i a_{iM}}{(1-\eta_P)} - \ln\left(\frac{P\underline{V}}{n_T RT}\right)\right) = \ln(1-\eta_P) + \ln\left(\frac{P\underline{V}}{n_T RT}\right) \quad \langle 식\ 19.45\rangle$$

단순화하면,

$$\Delta \equiv PK_a\frac{n_0\hat{\varphi}_M^2}{n_T\hat{\varphi}_D} = \frac{PK_a}{(1-\eta_P)}\frac{n_T RT}{P\underline{V}}\frac{n_0}{n_T} = \frac{\rho RTK_a}{(1-\eta_P)} \quad \langle 식\ 19.46\rangle$$

vdW 상태방정식은 개략적으로 $g(\sigma) = 1/(1-\eta_P)$에 해당함을 주목하자. 또한 평형상수 K_a는 임계온도를 기준으로 다음과 같이 쓸 수 있다.

$$\ln\left(\frac{K_a}{K_{ac}}\right) = \ln(T_r)^{\left(\frac{\Delta Cp}{R}\right)} + \left(\frac{\Delta H^o_{Tc}}{RT_c} - \frac{\Delta Cp}{R}\right)\left(1 - \frac{1}{T_r}\right) \quad \langle 식\ 19.47\rangle$$

$\Delta C_p/R$에 대한 '최선의' 표현식은 논란이 있을 수 있다. 실험적인 측정 자료는 이러한 논란을 해결할 만큼 충분한 정확도의 값을 제공하지 못한다. 실제적인 관점에서 K_a에 대하여 우리는 좀 더 간결한 표현식을 선택할 것이다. 이론적인 관점에서 Wertheim의 해석은 가장 복잡하다. Suresh와 Elliott[14]는 Wertheim의 해석이 다음과 같은 가정과 일치한다는 것을 보여 주었다.

$$\frac{\Delta Cp}{R} = \frac{\ln\left[\exp\left(\frac{\varepsilon^C}{RT}\right) - 1\right] + \left(\frac{\varepsilon^C}{RT_c}\right)\left(1 - \frac{1}{T_r}\right) - \ln(T_r)}{\ln(T_r) - \left(1 - \frac{1}{T_r}\right)} \quad \langle 식\ 19.48\rangle$$

이 항을 대치하면 K_a에 대하여 현저히 간결한 표현식이 얻어진다.

$$K_a = K^C[\exp(\varepsilon^C/kT) - 1] \quad \langle 식\ 19.49\rangle$$

여기에서, $K^C = K_{ac}(\Delta H/RT_c - \Delta Cp/R)$이며, $\varepsilon^C/kT_c = (\Delta H/RT_c - \Delta Cp/R)$ 이다. 상첨자 'C'는

13 결합에너지가 공유 결합의 에너지에 근접하면 어떻게 될지 궁금할 것이다. Wertheim의 고분자 형성 이론에 대한 절을 참조하라.

14 유사한 정도로 K_a에 대한 간단한 식을 얻기 위한 대안으로서 $\Delta Cp/R = -1$을 사용하여 비교한 바 있다. Suresh, S.J., Elliott, J.R. 1992. *Ind. Eng. Chem. Res.* 31:2783.

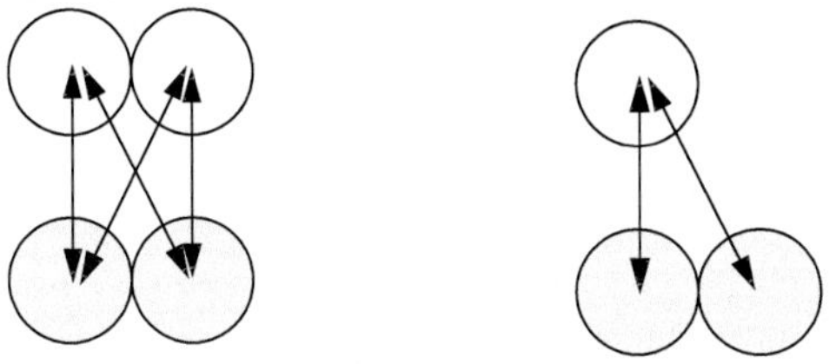

그림 19.7 • $a_{DD} = 4a_{MM}$과 $a_{DM} = 2a_{MM}$에서 각 쌍의 상호 작용을 더하는 것이 합리적이라는 도식

화학적 기여항을 나타내기 위한 표현이다.[15] K_a에 대한 이 표현식을 대치하고 $g(\sigma)$를 $1/(1 - \eta_P)$로 대치하면 식 19.44를 도출할 수 있으며, 밀도, 단량체 농도, 이량체 농도, 퓨가시티 계수의 비에 대하여 반복 계산의 해를 구하지 않아도 된다. 이것은 매우 의미 있는 단순화이다. 그러나 반응의 진행도(X에 대하여 음함수)를 열역학 기여항 A^{chem}으로 변환하는 추가적인 단계가 필요하다.

낮은 밀도

다음의 목표는 결합을 형성하는 Helmholtz 에너지, A^{chem}의 영향에 대한 값을 구하는 것이다. 서론에서 논의한 바와 같이 A^{chem}은 상태방정식과 관계가 깊은 화학적 기여항이다. 낮은 밀도 영역에서 $P\underline{V} = n_T RT$임을 생각하면서 단일 결합에 대한 Gibbs 에너지를 다시 쓰면서 시작해 보자.[16]

$$\underline{G}^{chem} = \underline{A}^{chem} + (P\underline{V})^{chem} \approx \underline{A}^{chem} + RT\,(n)^{chem} = \underline{A}^{chem} + RT(n_T - n_0) \qquad \text{〈식 19.50〉}$$

또는 겉보기 몰 기준으로(n_0로 나누어서),

$$G^{chem} = A^{chem} + RT(n_T/n_0 - 1) \qquad \text{〈식 19.51〉}$$

재배열 과정에서 $G^{assoc} = \Delta\mu^{chem} = RT\ln(f/f_0)$ 임을 상기하라. 여기서 f는 회합이 이루어진 경우의 전체 퓨가시티이며, f_0는 회합이 없는 경우의 겉보기 퓨가시티이다.

$$\mu = \mu_M \Rightarrow f = f_M \approx y_M P = n_M RT/\underline{V} \qquad \text{〈식 19.52〉}$$

더 나아가 다음의 식을 생각해 보자.

$$f_0 \approx n_0 RT/\underline{V} \Rightarrow \Delta\mu^{chem} = RT\ln(n_M/n_0) = G^{chem} \qquad \text{〈식 19.53〉}$$

식 19.35와 식 19.53을 식 19.51에 대치하고 $X = n_M/n_0$임을 이용하면 다음의 식을 얻을 수 있다.

---

15 Wertheim은 'C' 대신에 '*assoc*'이란 부호를 사용하였다. 그는 1개의 성분에서 이량체화를 다루었기 때문에 그의 해석에서는 적합한 것이었다. 그러나 그의 이론은 모든 종류의 복합체 형성에 적용되었기 때문에 'C'라는 부호를 사용함으로써 혼란스러움이 최소화되는 것을 느낄 수 있다.

16 이러한 서론적인 유도는 W. G. Chapman에 EquiFase (2002년 10월 13-19일)발표에서 발췌되었다.

$$A^{chem}/RT = \ln(X) + (1 - X)/2 \qquad \text{〈식 19.54〉}$$

이 식은 매우 강력하고 유용한 방정식이다.

모든 밀도 영역

식 19.54의 주목할 만한 특징은 이 식이 여기에서는 저압의 2성분계 회합에 대하여 유도되었지만 모든 밀도 영역과 모든 회합 정도에 정확하게 적용 가능하다는 것이다. 실제로 Wertheim의 연구의 중요성은 모든 조건에서 상세한 통계 역학적 유도를 통해 이러한 동일성을 증명한데 있다. 다시 한 번 우리는 이 결과를 van der Waals 모델을 통하여 현상학적으로 입증할 수 있다. 식 19.38을 적용하여,

$$\rho_T b = (n_T/\underline{V})(x_M b_M + x_D b_D) = (n_T/\underline{V})\, b_M (n_M + 2n_D)/n_T = b_M \rho_0 = \eta_P \qquad \text{〈식 19.55〉}$$

이 식은 수소결합이 일어날 때 척력 자리의 중첩이 없다는 것을 보여 주며, 따라서 회합에 상관없이 분자에 의해 점유된 부피는 동일하다. 유사하게,

$$\rho_T \Sigma x_j a_{Mj} = \rho_T (x_M a_{MM} + x_D a_{MD}) = \rho_T (x_M a_{MM} + x_D 2a_{MM}) = a_{MM}\rho_0 \qquad \text{〈식 19.56〉}$$

우리는 다음을 이용하여 유체의 퓨가시티를 두 가지 방법으로 표현할 수 있다. $f_M = f$이며, 여기에서 f_M은 혼합물 내의 단량체 퓨가시티로 정의되며, 이는 $\ln(\varphi_M) = \ln(f_M/x_M P)$이며, f는 겉보기 관점에서 순수성분의 식 $\ln(f/P) = (G - G^{ig})/RT$로 표시된다. φ_M 표현식의 항은 실제 화학종을 연계시키며, 혼합물 내 성분들의 퓨가시티 표현식을 사용한다. f/P의 항으로 표현된 식은 아직도 우리가 순수성분에 대하여 논의하고 있음을 강조한다.

$$\ln(\hat{\varphi}_M) = -\ln(1 - b\rho_T) + \frac{\left(\frac{n_T}{n_0}\right) b\rho_T}{(1 - b\rho_T)} - \frac{2\rho_T \sum x_j a_{Mj}}{RT} - \ln\left(\frac{P\underline{V}}{n_T RT}\right) = \ln\left(\frac{\hat{f}_M}{x_M P}\right) \qquad \text{〈식 19.57〉}$$

식 19.55와 19.56에 의하여,

$$\ln\left(\frac{\hat{f}_M}{P}\right) = \ln(x_M) - \ln(1 - \eta_P) + \frac{\left(\frac{n_T}{n_0}\right)\eta_P}{(1 - \eta_P)} - \frac{2a_{MM}\rho_0}{RT} - \ln\left(\frac{P\underline{V}}{n_T RT}\right) \qquad \text{〈식 19.58〉}$$

$$\ln\left(\frac{f}{P}\right) = -\ln(1 - \eta_P) - \frac{\rho_0 a_{MM}}{RT} + \frac{A^{chem}}{n_0 RT} + \frac{\eta_P}{(1 - \eta_P)} - \frac{\rho_0 a_{MM}}{RT} + Z^{chem} - \ln\left(\frac{P\underline{V}}{n_0 RT}\right) \qquad \text{〈식 19.59〉}$$

식 19.58과 식 19.59를 일치시켜서 우리는 $\ln(1 - \eta_P)$ 항과 $\rho_0 a_{MM}$ 항을 제거할 수 있다. 또한 $\ln(P\underline{V}/n_0RT) - \ln(P\underline{V}/n_TRT) = \ln(n_T/n_0)$임을 이용하여,

$$\ln(x_M) + \left(\frac{n_T}{n_0} - 1\right)\frac{\eta_P}{(1 - \eta_P)} - \ln\left(\frac{n_T}{n_0}\right) = \frac{\underline{A}^{chem}}{n_0 RT} + Z^{chem} \qquad \text{〈식 19.60〉}$$

$x_M \cdot n_T/n_0 = X$이며, 식 19.39의 $(n_T/n_0 = (1+X)/2)$를 이용하여 다음의 식을 얻을 수 있다.

$$\ln(X) + \left(\frac{1+X}{2} - 1\right)\frac{\eta_P}{(1-\eta_P)} - Z^{chem} = \frac{A^{chem}}{n_0 RT} = \ln(X) + \left(\frac{1-X}{2}\right)\frac{\eta_P}{(1-\eta_P)} - Z^{chem} \quad \langle 식\ 19.61 \rangle$$

$Z/\eta_P = d(A/RT)/d\eta_P$임을 기억하자. 식 19.54를 시범 해답(trial solution)으로 사용하여 이것이 식 19.61과 일치하는지 확인한다.

$$Z^{chem} = \eta_P \frac{\mathrm{d}}{\mathrm{d}\eta_P}\left(\frac{A^{chem}}{n_0 RT}\right) = \left(\frac{1}{X} - \frac{1}{2}\right)\eta_P \frac{\partial X}{\partial \eta_P} = \left(\frac{2-X}{2}\right)\frac{\eta_P}{X}\frac{\partial X}{\partial \eta_P} \quad \langle 식\ 19.62 \rangle$$

우리는 식 19.42의 음함수 미분을 통해 $\partial X/\partial \eta_P$를 구할 수 있다.

$$-\frac{\partial X}{\partial \eta_P} = 2X\Delta \frac{\eta_P}{X}\frac{\partial X}{\partial \eta_P} + X^2 \frac{\partial \Delta}{\partial \eta_P} \Rightarrow \frac{\partial X}{\partial \eta_P}(1 + 2X\Delta) = -X^2 \frac{\partial \Delta}{\partial \eta_P} \quad \langle 식\ 19.63 \rangle$$

왼쪽 항에 X를 곱하고 나눈 후, $X^2\Delta$를 $1 - X$로 바꾼다. 우측 항에는 Δ를 곱하고 나눈 후 $X^2\Delta$를 $1 - X$로 바꾸면 다음 식이 얻어진다.

$$\frac{\eta_P}{X}\frac{\partial X}{\partial \eta_P}\frac{(2-X)}{2} = \frac{(1-X)}{2}\frac{\eta_P}{\Delta}\frac{\partial \Delta}{\partial \eta_P} \quad \langle 식\ 19.64 \rangle$$

식 19.44에서 Δ의 정의를 다시 한 번 고려하면,

$$\Delta_{vdW} = \frac{\eta_P}{(1-\eta_P)}\frac{K^C}{b}(\exp(\beta\varepsilon^C) - 1) \Rightarrow \frac{\eta_P \partial \Delta_{vdW}}{\Delta_{vdW}\partial \eta_P} = \frac{\partial \ln \Delta_{vdW}}{\partial \ln \eta_P} = \frac{1}{(1-\eta_P)} \quad \langle 식\ 19.65 \rangle$$

$Z^{chem} = (-1 + 1/X) / [2(1 - \eta_P)]$을 치환하면 다음 식이 얻어진다.

$$\frac{A^{chem}}{n_0 RT} = \ln(X) - \frac{\eta_P}{(1-\eta_P)}\left(\frac{1-X}{2}\right) + \left(\frac{1-X}{1-\eta_P}\right)\left(\frac{1}{2}\right) = \ln(X) + \frac{1-\eta_P}{(1-\eta_P)}\left(\frac{1-X}{2}\right) \quad \langle 식\ 19.66 \rangle$$

따라서 우리는 식 19.54를 다시 얻었고, van der Waals 모델이라는 가정은 있지만 저압이라는 가정 없이 우리의 시범 해답을 증명하였다.[17] 전체적으로 우리는 Wertheim의 상세한 통계역학적 유도가 우리의 학습범위에서 벗어남에도 불구하고 Wertheim의 해석을 면밀하게 살펴보았다. 우리는 반응과 평형의 동시 해를 구하는 구조를 유도해 보았고, 단순화를 필요로 하는 결정적인 항들을 살펴보았다. 이러한 점에서 Wertheim의 '명석한 가정'은 엄청나게 복잡한 문제를 아주 간단하게 만들고 있으며, 상세하고 근본적인 해석에 근거를 두었다는 점을 인식한다면 더욱더 주목할 만하다.

자유에너지에 대한 식 19.54가 주어져 있고, X에 대해 풀어야 할 식 19.42를 이용하면 문제는 근본적으로 해결된다. $Z = 1 + Z^{rep} + Z^{att} + Z^{chem}$을 주어진 T, P에서 ρ의 반복 계산을 통해 풀 수 있다. 그리고 자유에너지식은 퓨가시티를 도출할 수 있다. 순수 유체에서 2성분계 회합에 대하여 수치적인 해는 그다지 인상적이지 못할 수도 있다. 그럼에도 불구하고 좀 더 심도 있는

17 이 장에 대한 온라인 챕터에는 식 19.54가 ESD 모델로부터 구할 수 있다는 것을 보여 주고 있다.

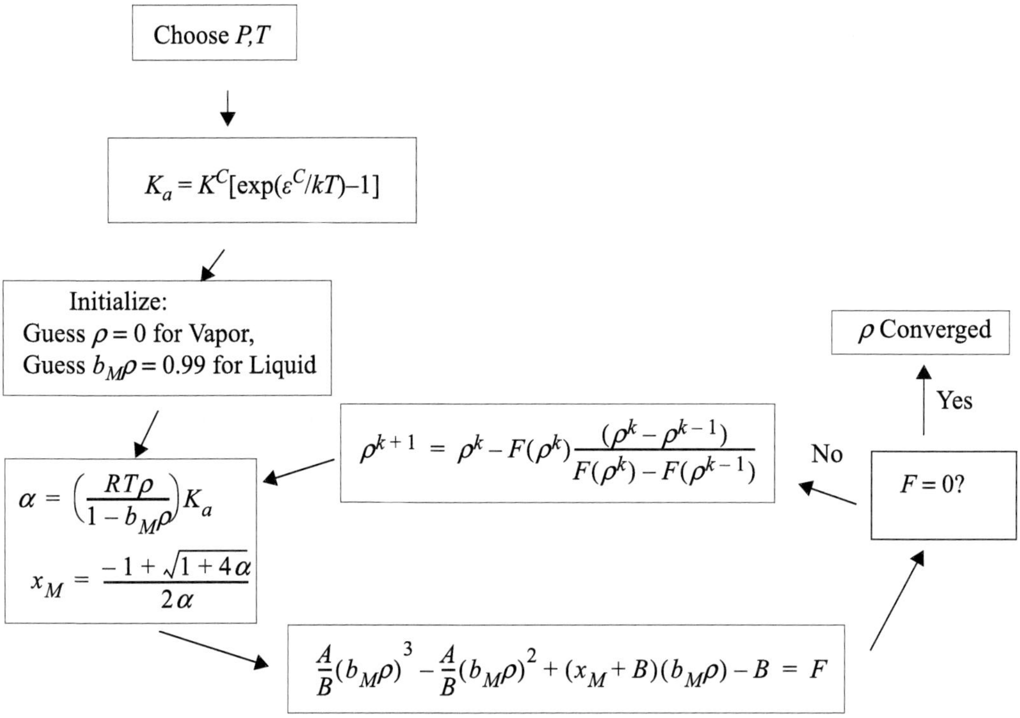

그림 19.8 • 회합하는 van der Waals 유체의 밀도를 계산하는 흐름도

해석을 통하면 사슬 회합(chain association)의 다성분계로 확장하더라도 Wertheim의 관점에서 유사한 정도의 노력만이 필요하지만 그 수치적 결과는 훨씬 더 우수해 진다.

예제 19.4 상태방정식의 화학적 기여항

액체 아세트산에 대하여 300 K에서 Δ가 약 1000이며, ρ = 1.04 g/cm^{3}인 경우, A^{chem}/RT, Z^{chem} 과 x_M을 계산하라. Z에 관한 van der Waals 모델에 대하여 b_M = 23 cm^3/mol로 가정하라.

풀이

식 19.66에서 $A^{chem}/RT = \ln(X) + (1-X)/2$이며, $Z^{chem} = -(1-X)/[2(1-\eta_P)]$이다.

$$X = [-1 + \sqrt{1+4\Delta}\,]/2\Delta = 0.03113 \Rightarrow A^{chem}/RT = -2.985$$

$$\eta_P = 23 \cdot 1.04/60 = 0.3987 \Rightarrow Z^{chem} = -0.806$$

식 19.39를 이용하여, $x_M = 2X/(1+X) = 0.06037$

x_M과 X를 비교하면 실제 해답은 94%가 이량체이며, 97%의 아세트산이 이량체 형태로 존재한다. 액상에서 $Z^{chem} < -0.5$인 사실도 흥미롭다. 낮은 밀도에서 이량체화는 줄어들며, 기체상태에서는 Z^{chem}의 절댓값이 작아지면서 그 영향이 상당히 작아진다.

사슬 회합(Chain Association)

이량체 형성을 사슬 형성 모델로 확장하기 위해서 필요한 주요한 변화는 알코올에서 기대할 수 있는 것과 같이 분자당 2개의 자리를 제공하여 1개는 양성자 수용체(Acceptor, 첨자 A), 1개는 양성자 제공체(Donor, 첨자 D)로 정하는 것이다. 그림 19.9에 나타낸 바와 같이 각 연결된 사슬마다 결합하지 않은 1개의 수용체가 왼쪽에 있다는 점에 착안하여 선형 사슬을 구성하는 수용체와 제공체의 수를 셀 수 있다. 제공체에 대한 식은 완전히 대칭이므로 여기서는 단순화를 위하여 생략한다. 결합하지 않은 수용체의 수를 나타내는 n^A는 A-중합체 사슬 분자의 수를 의미하는 n_A와 다르다는 점에 유의하자. 그다음 회합의 정도는 결합하지 않은 수용체의 분율로서 기술할 수 있다. 관계식을 보기 위하여 물질수지를 고려해 보자.

$$n^A = \Sigma\, n_j = n_T \tag{식 19.67}$$

수용체 전체의 개수는 j-중합체에 'j'개의 수용체가 존재한다는 사실을 유의하여 다음과 같이 쓸 수 있다.

$$n_o{}^A = \Sigma\, jn_j = n_0 \tag{식 19.68}$$

여기에서 n_0는 이전에 논의하였던 겉보기 몰수이다. 따라서

$$X^A = n^A/n_o{}^A = n_T/n_o \tag{식 19.69}$$

결합된 자리 수 대신에 결합된 분자를 이용함으로써 더 단순화할 수 있다. 결합된 자리 수의 분율은 결합 확률의 단순한 곱으로 생각할 수 있다. 먼저, 결합된 단량체의 분율 x^{AD}와 결합되지 않은 분율 X^A의 합은 1이 되어야 한다.

$$X^A + x^{AD} = 1 \tag{식 19.70}$$

x^{AD}는 단량체, 이량체, 삼량체, …에 결합되어 있는지 상관없이 결합하지 않은 수용체의 분율이다. 원칙적으로 두 번째 항은 무한대의 합이다. 그러나 수용체의 관점에서 보면, 우리는 i-중합체에서 중합 정도에 상관없이 결합되지 않은 상태에서 결합된 상태로 변할 때 열역학적인

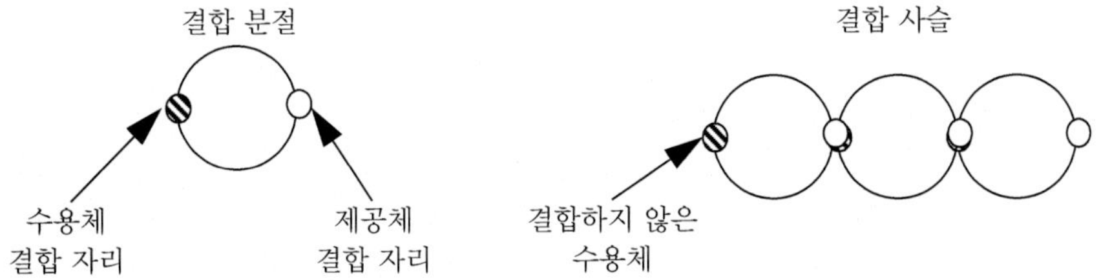

그림 19.9 • 2개의 자리를 가진 사슬 회합에 대한 Wertheim의 이론

변화는 동일하다고 가정한다. 이는, 사슬의 끝에 하나의 단량체를 더하는 평형상수가 사슬의 길이에 무관하다는 의미이다. 화학적으로 우리는 다음과 같이 쓸 수 있다.

$$\text{모든 } i\text{에서 } A_{i-1} + A = A_i \text{이고 } K_i = K_{i-1}\text{임} \quad \langle \text{식 } 19.71 \rangle$$

전이는 다음과 같이 표시할 수 있다.

$$x^{AD} = 1 - X^A = X^A \cdot X^D \cdot \Delta^{AD} \quad \langle \text{식 } 19.72 \rangle$$

여기에서 X^D는 결합되지 않은 제공체의 분율이며, 식 $\Delta^{AD} = \rho g(\sigma)\, K^{AD}[\exp(\varepsilon^{AD}/kT) - 1]$는 식 19.44를 AD 상호작용에 적용한 것이다. 왼쪽의 항은 결합된 수용체의 분율이고, 오른쪽의 항은 결합을 하기 위해서는 수용체와 제공체가 새로운 결합을 위해서는 이미 결합되어 있지 않아야 한다는 관찰을 표현한다. 각 수용체마다 1개의 제공체와 결합하기 때문에 $X^A = X^D$임을 알 수 있다. 그리고 식 19.72를 X^A, $(X^A)^2$과 Δ^{AD}로 표현하면 2차 방정식의 해로서 다음의 식을 얻을 수 있다.

$$X^A = \frac{-1 + \sqrt{1 + 4\Delta^{AD}}}{2\Delta^{AD}} \quad \langle \text{식 } 19.73 \rangle$$

사슬형성 Helmholtz 에너지로의 확장 유도는 이량체 생성에서 얻은 식을 단순히 적용하는 것이다. 이 식은 결합이 생성될 때마다 엔트로피와 에너지의 변화를 고려한다. 결합이 이량체 생성 또는 사슬의 일부에 결합됨에 상관없이 결합에 의해 줄어드는 엔트로피의 양은 같다. 따라서 결합이 생성될 때 에너지가 방출된다. 순수성분의 수용체와 제공체의 항으로 식 19.54는 다음과 같게 된다.

$$A^{chem}/RT = \ln(X^A) + (1 - X^A)/2 + \ln(X^D) + (1 - X^D)/2 = 2\ln(X^A) + (1 - X^A) \quad \langle \text{식 } 19.74 \rangle$$

식 19.73, 19.74와 식 19.44는 알코올과 같은 분자들의 화학적 기여항을 기술한다. 온도와 밀도가 주어졌을 때, 식 19.44를 이용하여 Δ^{AD}를 구할 수 있으며, 식 19.73을 이용하여 X^A를, 식 19.74를 이용하여 A^{chem}을, 식 19.1을 이용하여 $(A - A^{ig})$를 각각 구할 수 있다. 종합해 보면, van der Waals 모델에 비교한 상대적인 Helmholtz 에너지를 구하기 위하여 식 19.73에 해당하는 1개의 추가적인 단계가 필요할 뿐이지만, 화학적 견지의 엄밀함이 많이 향상되었다. 예를 들어 MOCED모델에서 $(\alpha_i - \alpha_j)(\beta_i - \beta_j)$를 포함하는 기여항은 완전히 경험적인 항이다. 이 모델은 산과 염기를 섞을 땜 올바른 방향으로 기여하지만 이론적인 근거가 없으며, 과잉 Gibbs 에너지의 전체적인 비대칭성을 변경하지는 못한다. 반면에 Wertheim의 이론은 분자 수준의 결합 부피와 에너지를 거시적 성질로 연결시키는 엄밀한 유도에 기반을 두고 있으며, 근본적으로 Gibbs 에너지의 거동을 변화시킨다.

혼합물로의 확장

화학적 기여항이 과잉 Gibbs 에너지에 미치는 영향을 분석하기 위해서는 Wertheim의 이론을 혼합물로 확장하여야 한다. Wertheim 이론의 아름다운 점은 반응평형(식 19.72)을 확장하는 것이 간단하다는 것이다. 혼합물 또는 이건 순수성분에 상관없이 1개의 제공체는 1개의 수용체와 결합하여야 한다. 유일한 문제는 어느 분자가 수용체를 가지고 있으며, 어느 분자가 제공체를 가지고 있느냐는 점이지만, 이는 표기 방법의 세부사항일 뿐이다. 더욱이, i 번째 분자의 결합된 수용체의 분율은 결합되지 않은 제공체, 수용체와 평형을 이루고 있어야 한다. 유일한 차이점은 수용체가 결합하도록 전이하는 것이 다른 분자를 포함한 모든 제공체에 의해서 영향을 받는다는 점이다. 우리는 단순히 모든 전이 확률을 더하면 되고, 혼합물로의 확장은 다음과 같다.

$$1 - X_i^A = X_i^A \sum x_j N_{d,j} X_j^D \Delta_{ij}^{AD} \qquad \text{〈식 19.75〉}$$

여기에서 x_i는 i 성분의 겉보기 몰분율이며, $N_{d,i}$는 성분 i의 수소결합 분절의 수를 나타낸다. $N_{d,i}$는 폴리비닐알코올처럼 1개의 분자가 여러 개의 제공체를 가질 수 있다는 점을 나타낸다. 식 19.44를 혼합물로 확장하면,

$$\Delta_{ij}^{AD} = \rho g_{ij}(\sigma_{ij})\, K_{ij}^{AD}[\exp(\varepsilon_{ij}^{AD}/kT) - 1] \qquad \text{〈식 19.76〉}$$

식 19.76에 나타낸 상첨자와 하첨자의 재배열은 결합 자리가 어느 분자에 소속되어 있는지를 상세하게 명시할 수 있도록 하고 있다. 예를 들어서 ε_{ij}^{AD}라고 표시하면 이는 수용체가 i 번째 분자에 존재하며, 제공체가 j 번째 분자에 존재함을 의미한다. i 번째 분자에 제공체가 있고, j 번째 분자에 수용체가 있다면 ε_{ij}^{DA}로 표시되어야 한다. 명확하게 하기 위하여 예를 든다면 알코올(i)과 아민(j)의 경우에 이러한 구별이 중요하다. 아민은 보통 약한 양성자 제공체(α_j에 의하여 약한 산성임)이지만 강한 양성자 수용체(β_j에 의하여 염기성임)인 반면에 전형적인 알코올들은 개략적으로 산성과 염기성이 비슷하다. ($\alpha_i = \beta_i$). 만약 $\beta_i \sim \beta_j$라고 가정한다면 $\varepsilon_{ii}^{AD} \sim \varepsilon_{ij}^{AD} > \varepsilon_{ij}^{DA} \sim \varepsilon_{jj}^{DA}$가 된다. 이는 실험적으로 관찰되는 바와 같이 아민의 강한 용매화와 Raoult의 법칙으로부터 음의 벗어남이 된다. 식 19.75는 단순히 다른 분자에 제공체가 있으면 i 번째 성분의 수용체의 결합 확률이 늘어나며, 제공체를 가진 분자가 회합하지 않는 화학종에 의하여 희석되면 확률이 줄어든다는 것을 의미한다. 화학적 상호작용의 정확한 정도는 Δ_{ij}^{AD}에 의해 결정되는데, 이 값은 0부터 (예: 물속에 있는 알칸류) 상당한 값(예: 카복실산을 혼합할 경우)까지 다양하다.

A^{chem}을 여러 개의 결합 자리와 여러 개의 성분으로 구성된 계로 확장하면 다음과 같다.

$$A^{chem}/RT = \sum x_i N_{d,i} \ln(X_i^A) + (1 - X_i^A)/2 + \sum x_i N_{d,i} \ln(X_i^D) + (1 - X_i^D)/2 + \sum x_i N_{d,i} \ln(X_i^C) + (1 - X_i^C)/2 \qquad \text{〈식 19.77〉}$$

간략하게, 이 식은 결합에 의한 Helmholtz 에너지의 변화는 결합이 어떻게 형성되었느냐에 상관없이 동일하다는 것을 의미한다. 다른 말로, 결합 형성에 의한 엔트로피 감소는 충전 분율(packing fraction)이 변하지 않으면 동일하다는 것이다. 식 19.77에 에너지가 구체적으로 나

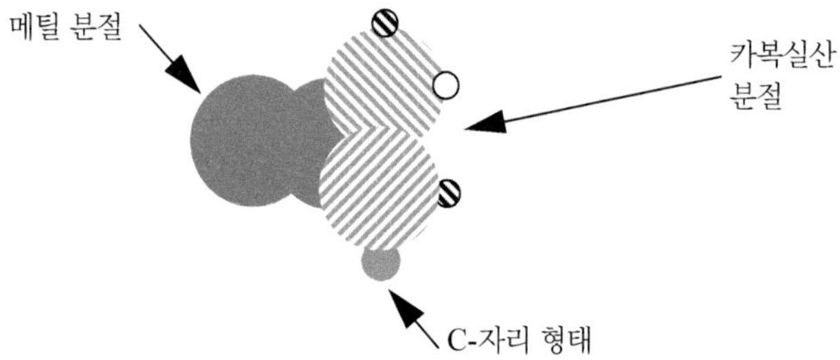

그림 19.10 • 아세트산의 결합 자리 모델

타나 있지 않기 때문에 우리는 엔트로피가 주된 기여항이라는 것을 알고 있다. 결합에너지는 Δ에 의해 A^{chem}에 간접적으로 영향을 미치는데, 왜냐하면 에너지가 크면 Δ가 커지고, X_i^B의 값이 작아지기 때문이다. 우리는 AD 상호작용과 별도로 이량체 생성(예: 카복실산의 결합)을 나타내기 위하여 X^C를 포함하였다. A는 D와만 결합할 수 있으며, 이는 사슬의 형성을 유발한다. 비록 우리는 세 가지 형태의 결합에 대하여 방정식을 표현하였지만, 19.77은 간단히 다양한 사례로 확장이 가능하며 실제로 그 한계가 없다. 여기서 나타낸 사례에서 X^C는 X^A에 영향을 미치지 않는데, C는 오직 C하고만 상호작용하기 때문이다. 만일 카복실산(예: 아세트산)이 알코올(예: 물)과 상호작용한다면 카복실산의 분절은 그림 19.10에 나타낸 바와 같이 C뿐만이 아니라 A와 D를 포함하여야 한다.[18]

식 19.75~19.77은 상평형을 다루는 데 있어서 강력하고 유용한 도구이다. 10~12장에서 우리는 수소결합에 대하여 언급한 바 있다. 예를 들어 기름과 물이 왜 안 섞이는지 등에 대하여 언급하였다. 하지만 우리의 모델들은 이 현상을 결합으로 인식하지 않았다. van der Waals 모델이나 국부조성 이론은 사각우물 퍼텐셜(square-well potential) 등과 같이 인력을 구형 대칭으로 취급하였다. 그러나 복합체 형성은 3차원 방향성이 있으며, 이는 Helmholtz 에너지의 표현식을 바꾼다. 수소결합에 의한 Helmholtz 에너지는 식 19.77에 나타낸 바와 같이 van der Waals 모델로 나타낸 $a\rho/RT$와는 다르다.

19.7 사슬 회합의 물질수지

열역학과 상평형은 식 19.75와 19.77로 충분히 다루었으나 화학종의 실제 몰분율에 대해서 궁금하게 여길 수 있을 것이다. 더욱이, '결합되지 않은 수용체의 분율'이 단량체 분율 x_M과 어떻게 연계되어 있는지 살펴보는 것도 재미있을 것이다. 이는 약간 미묘한 문제인데, 이로 인하여 상평형의 가장 중요한 문제에서 주의가 흩어지는 일이 없기를 바란다. 만일 관심이 있다면, 우리는 물질수지를 이용하여 실제용액에서의 몰수 n_T와 회합이 없다면 기대할 수 있는 겉보기

18 또 다른 견지에서 C는 A, C 또는 D와 상호작용할 수 있다. 이는 식 19.77을 변경하지는 않았지만 Δ^{CA}나 Δ^{CD} 등의 항을 포함할 수 있다. Muro-Suñé N, et al. 2008. *Ind. Eng. Chem. Res.* 47:5660–5668.

몰수 n_o간의 두 가지 간단한 관계식을 얻을 수 있을 것이다.[19] 일반화학에서 배운 바와 같이 n_o는 용액의 질량을 단량체 분자량으로 나눈 값이다. 예를 들어서 100 cm^{3}의 물에 대하여 다음의 계산을 할 수 있다.

$$n_o = 100\ \text{cm}^3 \cdot 1.0\ \text{g/cm}^3/(18\ \text{g/mole}) = 5.556\ \text{moles}$$

그러나 실제로 그 비커 안의 물에 몇 몰의 단량체가 존재할까? 우리는 잠시 후에 이 문제를 다시 다룰 것이다. 각 i-중합체는 겉보기 몰수에 대하여 $i{\cdot}n_i$만큼의 기여를 하면서 'i'개의 단량체를 포함한다. 실제 몰분율 x_i는 n_i/n_T로 주어지는데, 이는 처음에는 그리 간단해 보이지는 않는다.

우리는 $K_i = K_{i-1}$가 $x_i = x_M(x_M\Delta)^i$ 임을 의미한다는 점을 상기하면서 시작해 보자. 이를 이용하면 단량체로부터 시작하는 회귀적인 관계식을 얻을 수 있으며, 따라서 $x_i = x_M(x_{i-1}\Delta)$ 이다.

$$n_0 = \Sigma\ i{\cdot}n_i = n_T \Sigma\ i{\cdot}x_i \qquad \text{〈식 19.78〉}$$

식 19.41~19.44를 대입하여,

$$n_0 = n_T \Sigma\, i{\cdot}x_M(x_M\Delta)^i = x_M n_T [1 + 2(x_M\Delta) + 3(x_M\Delta)^2 + 4(x_M\Delta)^3 + \cdots]$$

이 급수는 친숙해 보이지는 않지만, 수렴하는 급수이다. 수학 핸드북의 식을 참조하여 우리는 다음을 얻을 수 있다.

$$n_T x_M [1 + 2(x_M\Delta) + 3(x_M\Delta)^2 + 4(x_M\Delta)^3 + \ldots] = n_T x_M [1/(1 - x_M\Delta)^2]$$

$$\boxed{\frac{n_o}{n_T} = \frac{x_M}{(1 - x_M\Delta)^2} = \sum_i i \cdot x_i} \qquad \text{〈식 19.79〉}$$

몰분율의 합은 1이 되어야 하므로, 우리는 x_i에 대한 두 번째 수지식을 쓸 수 있다.

$$\boxed{\sum_i x_i = x_M[1 + (x_M\Delta) + (x_M\Delta)^2 + (x_M\Delta)^3 + \cdots]} \qquad \text{〈식 19.80〉}$$

다시 한 번 급수를 정리하면,

$$1 = x_M [1 + (x_M\Delta) + (x_M\Delta)^2 + (x_M\Delta)^3 + \cdots] = x_M [1/(1 - x_M\Delta)]$$

$$\boxed{x_M = (1 - x_M\Delta)} \qquad \text{〈식 19.81〉}$$

x_M을 식 19.79의 $(1 - x_M\Delta)$으로 대치하면 다음의 식을 얻을 수 있다.

---

19 여기에서 우리는 겉보기 몰수의 표현과 구별하기 위하여 하첨자 ^{o}를 사용하였으나, 이 값은 거시적인 실험에서 보통 보고되는 값이다.

$$n_o / n_T = x_M / x_M^2 = 1/x_M$$

$$\boxed{\frac{n_T}{n_o} = x_M} \qquad \langle 식\ 19.82 \rangle$$

이 식은 혼합물의 물성이 단량체의 물성과 매우 밀접하게 연관되어 있다는 것을 확실히 보여준다.

예제 19.5 100 ml 비커 안의 H_2O 분자

실온에서 $\rho = 1$ g/cm³일 때 Δ가 약 100이라고 가정하고 100 ml 비커의 물에 대하여 단량체의 몰수를 추산하라.

풀이

이 문제는 $(H_2O)_2$ 또는 $(H_2O)_3$ 등의 몰수를 요구하는 것이 아니라 H_2O의 몰수를 요구한다는 점에 유의하자. 그러므로 우리는 H_2O 단량체의 몰수에 관심이 있다. 단량체의 분자량을 적용하여 $n = 5.556$임을 알고 있으나 단량체의 몰수 $n_M = x_M \cdot n_T$는 상당히 작을 것이다. 식 19.73을 이용하여 계산을 진행하면,

$$X = [-1 + \sqrt{1 + 4\Delta}\,]/2\Delta = 0.095 = n^A/n_0 = n_T/n_0 = x_M = 0.095 = n_T/n_0$$

$$\Rightarrow n_M = 0.095 \cdot (n_T/n_0) \cdot n_0 = 0.095^2 \cdot n_0 = 0.05 \text{ moles}$$

따라서 실제 몰수는 겉보기 몰수보다 100배 정도 더 작다.

19.8 퓨가시티 계수와 압축인자의 화학 기여항

상평형 문제의 해는 식 19.1과 19.2에 나타낸 향상된 상태방정식을 이용하여 15장(식 15.20)의 방식을 이용하여 구할 수 있다. 식 19.75~19.77은 Helmholtz 에너지의 온도, 밀도, 조성 의존성을 완전하게 기술하고 있다. Z^{chem} 기여항은 실제로 표시되어 있지는 않지만 $RT \cdot Z^{chem} = -\underline{V}\partial(A - A^{ig})/\partial\underline{V}$의 미분식을 통해 구할 수 있다. 비슷한 방법으로, 퓨가시티 계수도 미분을 통해 구할 수 있다. 하지만 van der Waals 모델에 비하여 미분은 복잡할 수 있다. 식 19.77의 합산은 $\partial X_i/\partial n_j$와 같은 항들이 기여하고 있으며, 식 19.75는 이러한 기여항을 결정하기 위해 비선형 연립방정식을 풀어야 한다는 것을 의미한다. 예를 들어서 모든 i에 대하여 $X_i^A = X_i^D$이며, $N_{d,i} = 1$인 3개의 알코올의 혼합물을 고려해 보자. 식 19.75는 다음을 함축하고 있다.

$$-\partial X_1^A/\partial n_1 = X_i^A \left[x_1 X_1^A \Delta_{11}^{AD} \partial X_1^A/\partial n_1 + x_2 X_2^A \Delta_{12}^{AD} \partial X_1^A/\partial n_2 + x_1 X_3^A \Delta_{13}^{AD} \partial X_1^A/\partial n_3\right] \qquad \langle 식\ 19.83 \rangle$$

모든 $\partial X_i/\partial n_j$ 값을 결정하기 위한 유일한 방법은 식 19.75를 여덟 번 더 작성하여 9개의 식을

만들고 9개의 미지수 $(\partial X_i/\partial n_j)$에 대한 연립방정식을 푸는 것이다. 다시 한 번 화학 이론은 비실용적이 되었다.

다행히도, 이 특별한 비선형 방정식계는 약간 어렵지만 유리한 특성을 가지고 있다. 간단히 요약하면, 계산상에 대칭적 요소들이 많이 존재하며, 잘 조작하면 놀랄 만큼 간단히 정리할 수 있다. Michelsen과 Hendriks는 A^{chem}이 정류점(stationary point)에서 일반화된 함수 Q로 다시 쓸 수 있음을 보여 주었다.[20] '정류점'이라는 단어는 모든 i와 B에 대하여 $\partial Q/\partial X_i^B = 0$인 점을 지칭한다. 여기에서 함수 Q와 정류점의 열역학적인 의미는 그다지 크지 않다. 우리는 여기서 이들을 단순히 수학적인 도구로 이용한다. 이 일반화된 함수의 장점은 X_i^B에 대한 미분들이 $\underline{V}$ 또는 n_j와 분리된다는 점이다. 미분의 연쇄법칙(chain rule)을 이용하고, 정류점에서 $\partial Q/\partial X_i^B = 0$인 점을 이용하면,

$$\left(\frac{\partial Q_{sp}}{\partial \underline{V}}\right)_{T,n} = \left(\frac{\partial Q}{\partial \underline{V}}\right)_{T,n,\mathbf{X}} + \sum_{i,B}\left(\frac{\partial Q}{\partial X_i^B}\right)_{T,n,\underline{V}}\left(\frac{\partial X_i^B}{\partial \underline{V}}\right) = \left(\frac{\partial Q}{\partial \underline{V}}\right)_{T,n,\mathbf{X}} + \sum_{i,B}(0)\left(\frac{\partial X_i^B}{\partial \underline{V}}\right) = \left(\frac{\partial Q}{\partial \underline{V}}\right)_{T,n,\mathbf{X}}$$
〈식 19.84〉

$$\left(\frac{\partial Q_{sp}}{\partial n_k}\right)_{T,\underline{V},n_{j\neq k}} = \left(\frac{\partial Q}{\partial n_k}\right)_{T,\underline{V},\mathbf{X},n_{j\neq k}} + \sum_{i,B}\left(\frac{\partial Q}{\partial X_i^B}\right)_{T,\underline{V},n_{j\neq k}}\left(\frac{\partial X_i^B}{\partial n_k}\right) = \left(\frac{\partial Q}{\partial n_k}\right)_{T,\underline{V},\mathbf{X},n_{j\neq k}}$$ 〈식 19.85〉

일반화된 함수 Q는 A^{chem}으로부터 다음과 같이 정의된 항을 더하고 빼서 구할 수 있다.

$$h/2 = \sum x_i(1 - X_i^B)/2$$ 〈식 19.86〉

h 항은 식 19.75를 이용하여 재배열하여 포괄적인 B 대신에 A/D 기여항을 명백히 인식함으로써 수용체/제공체 기여항에 2차인 함수를 얻을 수 있다. 계산을 진행하면 다음과 같다.

$$Q_{sp} = A^{chem}/RT = \sum x_i N_{d,i}[\ln(X_i^B) + (1 - X_i^B)] - \sum x_i N_{d,i}(1 - X_i^B)/2 = \sum x_i N_{d,i}[\ln(X_i^B) + (1 - X_i^B)] - h/2$$ 〈식 19.87〉

h를 X_i^A와 X_i^D로 명확히 표시하고 $(1 - X_i^A)$와 $(1 - X_i^D)$로 치환하면

$$h = \sum\sum x_i x_j X_i^A X_j^D \Delta_{ij}^{AD} + \sum\sum x_i x_j X_j^A X_i^D \Delta_{ij}^{DA}$$ 〈식 19.88〉

이제 정류점 제한 조건을 제거하고 일반화된 함수를 다음과 같이 쓸 수 있다.

$$Q_{sp}(T, \underline{V}, n, X) = \sum x_i N_{d,i}[\ln(X_i^B) + (1 - X_i^B)] - h/2$$ 〈식 19.89〉

정류점에서 미분하면 X_i^B에 대한 합산은 0으로 수렴하며, 따라서 $-h/2$만이 문제가 된다. 식 19.84와 19.85를 이용하여 다음을 얻을 수 있다.

20 Michelsen, M.L., Hendriks, E.M. 2001. *Fluid Phase Equil.* 180:165.

$$RT{\cdot}Z^{chem} = -\underline{V}\partial(A - A^{ig})/\partial\underline{V} = \eta_P RT(\partial Q_{sp}/\partial\eta_P)_{\mathbf{X}} = -0.5RT\eta_P(\partial h/\partial\eta_P)_{\mathbf{X}} \quad \text{〈식 19.90〉}$$

식 19.88을 미분하면,

$$-2Z^{chem} = \eta_P(\partial h/\partial\eta_P)_{\mathbf{X}} = \sum\sum x_i x_j X_i^A X_j^D(\eta_P\partial\Delta_{ij}^{AD}/\partial\eta_P) + \sum\sum x_i x_j X_i^D X_j^A(\eta_P\partial\Delta_{ij}^{DA}/\partial\eta_P) \quad \text{〈식 19.91〉}$$

$$\ln(\phi_k^{chem}) = (\partial Q_{sp}/\partial n_k)_{\mathbf{X}} = \ln(X_k^A) + \ln(X_k^D) - 0.5(\partial\underline{h}/\partial n_k)_X \quad \text{〈식 19.92〉}$$

$$\begin{aligned}(\partial\underline{h}/\partial n_k)_X &= 2\sum x_j(X_k^A X_j^D\Delta_{kj}^{AD} + X_k^D X_j^A\Delta_{kj}^{DA}) \\ &+ \sum\sum x_i x_j[X_i^A X_j^D n\partial(\Delta_{ij}^{AD}/n)/\partial n_k + X_i^D X_j^A n\partial(\Delta_{ij}^{DA}/n)/\partial n_k]\end{aligned} \quad \text{〈식 19.93〉}$$

Δ_{ij}^{AD}의 미분은 식 19.54와 유사하게 간단히 얻을 수 있다. 다시 한 번 화학 기여항은 처음에 보기에는 희망 없이 복잡해 보이지만 영리한 통찰을 통해 Peng-Robinson 모델에 비교할 만큼 계산의 복잡성을 덜 수 있다.

식 19.75~77의 계산상의 복잡성은 $\Delta_{kj}^{AD} = (\Delta_{kk}^{AD}\Delta_{jj}^{AD})^{1/2}$인 특수한 경우에 대하여 더욱더 간단해질 수 있는데, 이 경우를 제곱근 결합 규칙(square root combining rule, SRCR)이라 부른다. 일반적으로 식 19.75~19.77은 예제 19.7에 나타낸 바와 같이 반복 계산의 해를 필요로 한다. 반복 계산을 위한 초깃값으로 다음을 사용한다.

$$F^2 \approx \sum x_i(\Delta_{ii}^{AD})^{1/2}/[1 + (\Delta_{ii}^{AD})^{1/2}] \quad \text{〈식 19.94〉}$$

여기에서 모든 i, B에 대하여 $F = (-1 + 1/X_i^B)/(\Delta_{ii}^{AD})^{1/2}$이다. 주의: $\ln(\phi_k^{chem}) = \ln(X_k^A) + (h\Delta_{kk}^{DA})^{1/2} - 0.5hb_k\rho/(1-\eta_P)$이다. 이러한 단순화는 알코올과 탄화수소류에는 정확하지만 알코올과 아민에 대해서는 정확하지 않다.[21]

이로서 상평형에서 화학 기여항에 대한 해석의 결론을 내리고자 한다. 식 19.75~77과 식 19.91~19.93은 순수성분뿐만 아니라 혼합물에 대해서도 식 19.1과 식 19.2의 해를 제공하며 퓨가시티 계수와 상평형 계산을 가능케 한다. 용액 열역학에 대한 Wertheim의 이론은 van der Waals 모델이나 국소조성 모델보다 좀 더 어렵지만, 분자모사로 증명된 상세한 해석을 통해 단순한 모델의 추측을 대신할 수 있게 해 준다. Wertheim의 이론에 의하여 제공된 관점은 기본적인 방정식을 비구형 분자에 적용할 수 있는 더 나아간 접근 방법을 제공한다. 이러한 확장은 다음 절에서 논의될 모든 크기의 분자에 대한 일관성 있고 상세한 열역학적 기술 방법을 제공한다.

19.9 고분자 형성에 대한 Wertheim의 이론

결합형성에 대한 열역학적인 이해를 가지게 되었으므로 결합에너지가 무한대가 되었을 때 열

21 Elliott, J.R. 1996. *Ind. Eng. Chem. Res.* 35:1624. 이러한 명명규칙을 해석하기 위하여 이 경우에는 다음의 식을 활용해야 한다. $F^2 = h/2 = [\sum x_j X_j^A(\Delta_{jj}^{DA})^{1/2}]^2$. 1996년에 발표된 SRCR 수식은 간결한 이론이지만 아민 + 알코올 혼합물처럼 강한 용매화를 설명하지 못한다.

역학적으로 어떤 일이 일어나는지 궁금해하는 것은 당연하다. 이는 공유결합 형성의 자연스런 극한이 된다. 지금까지 다룬 모든 이론이 구형 분자에 기반을 둔 것임을 고려할 때 구형이 아닌 분자에 대한 이론적인 기반을 가지고 있는 것은 큰 진전이라고 할 수 있다. 물론 Peng-Robinson 모델에 $\alpha(T, \omega)$ 같은 보정항을 더하였지만, 이것은 이론적인 기반 없이 이루어진 것이다. Wertheim의 이론은 형태의 영향에 대한 의미 있는 가이드라인을 개발할 수 있는 기회를 제공한다.

핵심적인 단계는 무한대의 결합에너지를 가지는 결합에 대한 상태방정식의 기여항을 찾는 것이다. 식 19.54로 주어진 2성분계 회합은 핵심적인 부분을 기술하는 데 편리하게 이용될 수 있다. A^{chem}에 있는 X 항이 0에 근접하고, log 항이 계산되지 않기 때문에 처음에는 이러한 극한이 분명하지 않을 수 있다. 이 문제는 $1 - X = X^2\Delta$의 치환을 통해 해결할 수 있다.

$$A^{bond}/RT = \ln(X) - (1 - X)/2 = 0.5\ln[(1 - X)/\Delta] - (1 - X)/2 \rightarrow \lim_{X \to 0} \frac{A^{bond}}{RT} = -0.5\ln(\Delta) - 0.5 \quad \langle 식\ 19.95\rangle$$

예제 19.6 van der Waal 모델의 복합체 퓨가시티

특정한 표준 상태방정식으로 예제를 계산하면 이 결과를 명확히 할 수 있다.

$K_{12}{}^{AD} = K_{22}{}^{AD} = 0.72\ \mathrm{cm^3/mol}$ 이며, $\varepsilon_{12}{}^{AD} = \varepsilon_{22}{}^{AD} = 20\ \mathrm{kJ/mol}$이고, $b_1 = 27.5$, $b_2 = 20.4\ \mathrm{cm^3/mol}$이라고 하자.

(a) 식 19.44의 Δ의 정의를 도입하여 Z^{chem}과 $\ln(\phi_k{}^{chem})$을 유도하라.

(b) 트리메틸아민(1) + 메탄올(2) 계에 대하여 $x_1 = 0.5$, $\rho = 0.0141\ \mathrm{mol/cm^3}$, $T = 300$ K일 때의 표현식을 계산하라.

풀이

(a) $\Delta_{ij}{}^{AD} = \rho K^{AD}(\exp(\beta\varepsilon_{ij}{}^{AD}) - 1)/(1 - \eta_P) = \Delta$

식 19.65는 $\eta_P \partial\Delta/\partial\eta_P = \Delta/(1 - \eta_P)$임을 보여 준다.

식을 치환하면, $Z^{chem} = -0.5h/(1 - \eta_P)$이다. 식 19.93의 $\ln(\phi_k{}^{chem})$을 계산하기 위해서는 $n\partial(\Delta_{ij}{}^{AD}/n)/\partial n_k$가 필요하다.

$$\frac{n\partial(\Delta_{ij}^{AD}/n)}{\partial n_k} = \frac{K^{AD}}{\underline{V}}[\exp(\beta\varepsilon_{ij}^{AD}) - 1]\frac{n\partial(1 - \eta_P)^{-1}}{\partial n_k} = [\exp(\beta\varepsilon_{ij}^{AD}) - 1]\frac{K^{AD} n b_k}{\underline{V}(1 - \eta_P)^2} = \frac{\Delta_{ij}^{AD} b_k \rho}{(1 - \eta_P)}$$

유사하게 $n\partial(\Delta_{ij}{}^{DA}/n)/\partial n_k = (\Delta_{ij}{}^{DA} b_k \rho)/(1 - \eta)$이다. 이 결과를 식 19.93에 대입하면,

$$(\partial \underline{h}/\partial n_k)_{\mathbf{X}} = 2\sum x_j(X_k{}^A X_j{}^D \Delta_{kj}{}^{AD} + X_k{}^D X_j{}^A \Delta_{kj}{}^{DA}) + h b_k \rho // (1 - \eta_P) \quad \langle 식\ 19.96\rangle$$

(b) 이 표현식의 값을 구하면, 트리메틸아민(trimethyl amine, TMA)은 제공체가 없기 때문에 $\Delta_{11}{}^{DA} = \Delta_{12}{}^{DA} = 0$이며, 따라서 $X_1{}^D = 1$이다. 제공체가 없을 때 $X_1{}^D = 1$로 표현하는 것이 이상할 수도 있지만 그 자리에 대하여 $\Delta = 0$일 경우에 자리의 점유는 불가능하다.

$$\Delta_{12}{}^{AD} = \Delta_{22}{}^{AD} = 0.72/24.0 \cdot (\exp(20000/8.314/300) - 1) \cdot 0.338/(1 - 0.338) = 46.4 \quad \langle 식\ 19.97\rangle$$

$$b = 0.5\cdot 27.5 + 0.5\cdot 20.4 = 24.0 \quad \langle 식\ 19.98\rangle$$

$$\eta_P = 0.0141\cdot 24.0 = 0.338 \quad \langle 식\ 19.99\rangle$$

식 19.93을 X_1^A, X_2^A와 X_2^D에 대해 풀면 다음과 같다.

$$1 - X_1{}^A = 0.5X_1{}^A X_2{}^D \Delta \quad \langle 식\ 19.100\rangle$$

$$1 - X_2{}^D = 0.5X_1{}^A X_2{}^D \Delta + 0.5X_2{}^A X_2{}^D \Delta \quad \langle 식\ 19.101\rangle$$

$$1 - X_2{}^A = 0.5X_2{}^A X_2{}^D \Delta \quad \langle 식\ 19.102\rangle$$

이는 3개의 방정식을 제공한다. 다음의 재배열은 $X_1^A = X_2^A$ 임을 보여 준다. 우리는 이를 치환하여 X_2^D에 대한 2차 방정식을 얻을 수 있다. X_2^D의 해를 구하기 위하여 반복 계산이 필요하다.

$$X_1{}^A = 1/(1 + 0.5X_2{}^D \Delta) \quad \langle 식\ 19.103\rangle$$

$$X_2{}^A = 1/(1 + 0.5X_2{}^D \Delta) = X_1{}^A \quad \langle 식\ 19.104\rangle$$

$$X_2{}^D = 1/(1 + 0.5X_1{}^A \Delta + 0.5X_2{}^A \Delta) = 1/(1 + \Delta/(1 + 0.5X_2{}^D \Delta)) \quad \langle 식\ 19.105\rangle$$

$$X_2{}^D = (1 + 0.5X_2{}^D \Delta)/(1 + (1 + 0.5X_2{}^D)\Delta) \quad \langle 식\ 19.106\rangle$$

$$X_2{}^D + X_2{}^D \Delta + 0.5(X_2{}^D)^2 \Delta = 1 + 0.5X_2{}^D \Delta \quad \langle 식\ 19.107\rangle$$

$$X_2{}^D = [-(1 + \Delta/2) + \sqrt{(1 + \Delta/2)^2 + 2\Delta}\,]/\Delta = 0.0397 \quad \langle 식\ 19.108\rangle$$

$$X_1{}^A = X_2{}^A = 1/(1 + 0.5\cdot 0.0397\cdot 46.4) = 0.520 \quad \langle 식\ 19.109\rangle$$

이는 X_2^D가 거의 완전히 결합되었음을 보여 준다.

식 19.88에 의하여

$$h = x_1{}^2 X_1{}^A X_1{}^D \Delta_{11}{}^{AD} + 2x_1 x_2 X_1{}^A X_2{}^D \Delta_{12}{}^{AD} + x_2{}^2 X_2{}^A X_2{}^D \Delta_{22}{}^{AD}$$
$$+ x_1{}^2 X_1{}^D X_1{}^A \Delta_{11}{}^{DA} + 2x_1 x_2 X_1{}^D X_2{}^A \Delta_{12}{}^{DA} + x_2{}^2 X_2{}^D X_2{}^A \Delta_{22}{}^{DA}$$

x_1, x_2와 X의 치환을 통하여 다음 식을 얻을 수 있다.

$$h = 0 + 2\cdot x_1 x_2\cdot X_1{}^A X_2{}^D 46.4 + x_2{}^2 X_2{}^A X_2{}^D\cdot 46.4 + 0 + 0 + x_2{}^2 X_2{}^D X_2{}^A\cdot 46.4 = 0.960$$
$$Z^{chem} = -0.5h/(1 - \eta_P) = -0.480/(1 - 0.338) = -0.725$$

식 19.92에 의하여

$$\ln(\phi_1{}^{chem}) = \ln(X_1{}^A) + 0 - [x_1(0 + 0) + x_2(X_1{}^A X_2{}^D \Delta_{12}{}^{AD} + 0)] - 0.5hb_k\rho/(1 - \eta) = -1.416$$
$$\ln(\phi_2{}^{chem}) = \ln(X_2{}^A) + \ln(X_2{}^D) - [x_1(0 + X_2{}^D X_1{}^A \Delta_{21}{}^{DA})$$
$$+ x_2(X_2{}^A X_2{}^D \Delta_{22}{}^{AD} + X_2{}^D X_2{}^A \Delta_{22}{}^{DA})] - 0.5hb_k\rho/(1 - \eta_P) = -5.602$$

이 결과에는 몇 가지 관심을 끄는 점이 있다. 이 혼합물의 수용체는 제공체에 비해 2:1의 비율로 그 수가 더 압도적이다. 따라서 $X_i^A < 0.5$가 되기 불가능하며, X_1^A와 X_2^A에서 제공체 포화가 부족한 점이 두 번 반영되므로 $X_2^D \sim 2\cdot(X_1^A - 0.5)$가 된다. 압축인자는 모든 제공체와 수용체의

합산으로 간단한 방식으로 내려가지만, 퓨가시티는 알코올의 경우, 아민보다 더 내려간다. 알코올은 세 가지 방식으로 상호작용하지만 아민은 한 가지 방식으로만 상호작용하기 때문에 알코올의 퓨가시티 강하가 더 크다. 한편, 알코올의 퓨가시티는 더 적은 수의 수용체가 결합하기 때문에 순수성분에서보다 혼합물에서 퓨가시티 강하가 적다. ($\ln(\varphi_2^{chem}) = -6.105$, $x_2 = 1$). 따라서 혼합물 내에서 알코올의 활동도는 상대적으로 수소결합에 의해 향상되는 반면 아민의 활동도는 모든 조성에서 감소된다.

예제 19.7 van der Waal 모델의 복합체 퓨가시티 추가 예제

트리메틸아민(1)+메탄올(2) 계에 대하여 $x_1 = 0.4$, $\rho = 0.0141\text{mol/cm}^3$, $T = 300$ K일 때 Z^{chem}과 $\ln(\varphi_k^{chem})$을 유도하라. $K_{12}{}^{AD} = K_{22}{}^{AD} = 0.72\ \text{cm}^3/\text{mol}$이며, $1.25\varepsilon_{12}{}^{AD} = \varepsilon_{22}{}^{AD} = 20$ kJ/mol이고, $b_1 = 27.5$, $b_2 = 20.4\ \text{cm}^3/\text{mol}$이라고 하자.

풀이

이번 예제와 이전 예제의 차이점은 $\varepsilon_{12}{}^{AD} \neq \varepsilon_{22}{}^{AD}$이며, 용매화가 알코올의 회합보다 약간 약하다. 이러한 비대칭성으로 인하여 X에 대한 반복 계산의 해가 필요하다. 이전 예제의 (a)를 상기해 보면 다음과 같다.

$$Z^{chem} = -0.5h/(1 - \eta_P)$$

$\ln(\phi_k{}^{chem})$에 대하여: $-\sum x_j(X_k{}^A X_j{}^D \Delta_{kj}{}^{AD} + X_k{}^D X_j{}^A \Delta_{kj}{}^{DA}) - 0.5hb_k\rho/(1 - \eta_P)$

몰분율을 치환하고 Δ에 대하여 풀면,

$b = 0.4{\cdot}27.5 + 0.6{\cdot}20.4 = 23.4$; $\eta_P = 0.0141{\cdot}23.4 = 0.328$이 된다. 이는 식 19.99보다 약간 작다.

$$\Delta_{22}{}^{AD} = \rho K^{AD}(\exp(\beta\varepsilon_{22}{}^{AD}) - 1)/(1 - \eta) = 45.8.\ \ \Delta_{12}{}^{AD} = 9.21,\ \Delta_{11}{}^{DA} = \Delta_{12}{}^{DA} = 0.$$

$$1 - X_1{}^A = 0.5X_1{}^A X_2{}^D \Delta_{12}{}^{AD},\ \ 1 - X_2{}^D = 0.5X_1{}^A X_2{}^D \Delta_{12}{}^{AD} + 0.5X_2{}^A X_2{}^D \Delta_{22}{}^{AD},$$

$$1 - X_2{}^A = 0.5X_2{}^A X_2{}^D \Delta_{22}{}^{AD},$$

$$X_1{}^A = 1/(1 + 0.4X_2{}^D \Delta_{12}{}^{AD}),\ X_2{}^A = 1/(1 + 0.6X_2{}^D \Delta_{22}{}^{AD}),$$

$$X_2{}^D = 1/(1 + 0.4X_1{}^A \Delta_{12}{}^{AD} + 0.6X_2{}^A \Delta_{22}{}^{AD}),$$

이전의 예제와는 달리 분석적인 해(explicit solution)는 구해지지 않는다. 이전의 예제는 엄밀한 해를 구할 수 있는 예제를 보여 주기 위한 것이었으나 실제로 이러한 경우는 많지 않다. 보통 우리는 수치해를 얻기 위하여 반복 계산을 수행해야 한다. X_2^D를 먼저 추축하고 X_1^A, X_2^A를 구하는 것이 편리하며, X_1^A와 X_2^A를 기반으로 새로운 값의 X_2^D를 확인한다. X_2^D를 초기화하기 위하여 합리적인 추정치를 $\Delta_{kj}{}^{AD} = (\Delta_{kk}{}^{AD}\Delta_{jj}{}^{AD})^{1/2}$의 해의 변화에 근거하여 만들 수 있다.

식 19.94를 적용하면,

$(-1 + 1/X_2{}^D) \approx \Sigma\, x_j \Delta_{2j}{}^{AD}/[1 + (\Delta_{jj}{}^{AD})^{1/2}] = 0.122 \Rightarrow X_1{}^A = 0.597,\ X_2{}^A = 0.230,\ X_2{}^D = 0.105,$

5회 반복 계산을 수행하면, $X_1{}^A = 0.678$, $X_2{}^A = 0.297$, $X_2{}^D = 0.0855$가 얻어진다. 5회 반복

계산은 실제로 많은 수인데, 이 특정한 혼합물은 SRCR에서 약간 벗어나기 때문이다.

$$X_1^A = 1/(1 + 0.4 \cdot 0.0857 \cdot 9.21) = 0.678$$
$$X_2^A = 1/(1 + 0.6 \cdot 0.0857 \cdot 45.8) = 0.297$$
$$X_2^D = 1/(1 + 0.4 \cdot 0.678 \cdot 9.21 + 0.6 \cdot 0.297 \cdot 45.8) = 0.0855$$

식 19.88에 대입하면,

$$h = x_1^2 X_1^A X_1^D \Delta_{11}^{AD} + 2x_1x_2X_1^AX_2^D\Delta_{12}^{AD} + x_2^2X_2^AX_2^D\Delta_{22}^{AD}$$
$$+ x_1^2X_1^DX_1^A\Delta_{11}^{DA} + 2x_1x_2X_1^DX_2^A\Delta_{12}^{DA} + x_2^2X_2^DX_2^A\Delta_{22}^{DA}$$
$$h = 0 + 2 \cdot x_1x_2 \cdot X_1^AX_2^D \cdot 9.21 + x_2^2X_2^AX_2^D \cdot 45.8 + 0 + 0 + x_2^2X_2^DX_2^A \cdot 45.8 = 1.097$$

$$Z^{chem} = -0.5h/(1 - \eta_P) = -0.480/(1 - 0.328) = -0.816$$
$$\ln(\phi_1^{chem}) = \ln(X_1^A) - [x_1(0+0) + x_2(X_1^AX_2^D\Delta_{12}^{AD} + 0)] - 0.5hb_k\rho/(1 - \eta_P) = -2.228$$
$$\ln(\phi_2^{chem}) = \ln(X_2^A) + \ln(X_2^D) - [x_1(0 + X_2^DX_1^A\Delta_{21}^{DA})$$
$$+ x_2(X_2^AX_2^D\Delta_{22}^{AD} + X_2^DX_2^A\Delta_{22}^{DA})] - 0.5hb_k\rho/(1 - \eta_P) = -5.855$$

이 예제에서는 예제 19.6에 비하여 ε_{12}^{AD}가 20% 변화하였음에 대하여 Δ_{12}^{AD}가 500% 변화하였음을 보여 준다. 이는 매우 민감한 것이다. Δ_{12}^{AD}의 급격한 변화는 X_1^A가 0.520에서 0.679로 증가한 것과 X_2^A가 0.520에서 0.298로 감소한 것에 주로 원인이 있다. 전체적으로 아민의 조성이 줄어들었기 때문에 화학 기여항이 약간 더 강해졌다.

식 19.95는 $\Delta \to \infty$일 때 유용한데, A를 미분하여 Z를 얻을 수 있기 때문이다. 미분을 취하면,

$$\boxed{Z^{bond} = \eta_P \frac{\partial}{\partial \eta_P}\left(\frac{A^{bond}}{RT}\right) = \frac{\eta_P}{\Delta}\frac{\partial}{\partial \eta_P}(\Delta) = \frac{\partial \ln \Delta}{\partial \ln \eta_P}} \quad \text{〈식 19.110〉}$$

Δ에 대한 모델이 주어지면 EOS에 대한 결합 기여항을 얻을 수 있다. 예를 들어 Δ가 van der Waals 모델로 주어지면,

$$Z^{bond}(\text{vdW,이량체}) = \frac{-\eta_P}{\Delta_{vdW}}\frac{\partial}{\partial \eta_P}(\Delta_{vdW}) = \frac{1}{(1 - \eta_P)} \quad \text{〈식 19.111〉}$$

이 결과를 m개의 분절(segment)에 적용하면, 각 사슬당 $(m - 1)$개의 결합이 존재한다. 예를 들어 van der Waals 모델을 계속 적용하면,

$$Z^{bond}(\text{vdW, }m\text{-량체}) = (m-1)\frac{-\eta_P}{\Delta_{vdW}}\frac{\partial}{\partial \eta_P}(\Delta_{vdW}) = \frac{-(m-1)}{(1 - \eta_P)} \quad \text{〈식 19.112〉}$$

Wertheim은 분자량의 분포가 있고 평균 중합도가 <m>으로 표시된 혼합물에 대한 결과를 다루었지만 위 식은 근본적으로 Wertheim의 고분자 이론이라고 할 수 있다.[22]

22 Wertheim, M.S. 1986. *J. Stat. Phys*. 42:459.

19.10 통계적 회합유체 이론(SAFT 모델)

Wertheim의 이론이 등장한 직후 Chapman은 분산된 인력과 척력뿐만이 아니라 결합 기여항과 복합체 형성을 포함하는 상태방정식을 수식화하였다. 이들의 관점은 용액을 독립적인 구(sphere)로 구성된 유체로 생각하는 전통적인 방식에서 시작하여 구를 결합하여 사슬로 만드는 데 필요한 결합 기여항을 더하였다. 그러면 상태방정식은 다음과 같이 주어진다.

$$Z = mZ^{HS} + mZ^{att} + Z^{bond} + Z^{assoc} \quad \text{〈식 19.113〉}$$

이상기체 극한을 분리하기 위하여 $(1 - m)$을 더하고 빼면

$$Z = mZ^{HS} + (1 - m) + (m - 1) + Z^{bond} + mZ^{att} + Z^{assoc}$$

$$Z = 1 + m(Z^{HS} - 1) + (m - 1)(1 + Z^{bond}) + mZ^{att} + Z^{assoc}$$

$$Z = 1 + mZ^{seg} + (m - 1)Z^{chain} + mZ^{att} + Z^{assoc} \quad \text{〈식 19.114〉}$$

Wertheim의 회합(및 용매화)에 대한 통계 역학 이론의 중요성을 인식하여 Chapman의 논문에서 그들의 모델을 SAFT라고 명명하였다. 원칙적으로 분산 상호작용을 위하여 어떠한 상태방정식도 이용이 가능하지만, Chapman은 강체구(hard sphere) 시스템에 대하여 Carnahan-Starling의 모델을 적용하였고, 강체구 혼합물에 대해서는 Mansoori-Carnahan- Starling-Leland(MCSL) 모델을 포함하였다.[23] 이 선택은 대부분의 SAFT 모델의 변형에서 사용되었지만, 일부 다른 모델들에서는 분산 인력 Z^{att}을 기술하기 위하여 다른 대안을 적용한 경우도 있다. 최초의 버전은 Z^{att}을 기술하기 위하여 Lennard Jones 유체의 2차 섭동 기여항(2nd order perturbation contribution)을 사용하였다.[24] Huang과 Radosz는 아르곤에 대한 20개의 매개변수를 가진 상태방정식을 이용하였다(HR-SAFT).[25] 좀 더 최근에 Gross와 Sadowski는 약간 다른 접근 방법을 취하였다.[26] 그들은 강체구와 사슬 기여항은 SAFT의 통상적인 방법을 사용하였으나, Z^{att}에 대하여 접면–구 자체 대신에 접면–구–사슬(tangent-sphere-chain)을 기준유체로 사용하는 2차 섭동이론을 적용하였다. 그들은 이 모델을 섭동 사슬 SAFT(PC-SAFT)라고 명명하였다. 전통적인 SAFT는 Z^{att}/m이 보편적인 곡선이 되지만, PC-SAFT에서는 사슬의 길이에 따라 약한 변화를 보인다. 우리는 논의의 대부분에서 PC-SAFT에 초점을 맞출 것이다.

예제 19.8 SAFT 모델

Chapman 등(1990)은[a] 강체구 기여항을 Carnahan-Starling(CS) 상태방정식을 사용하고, 분절항(segment term)에 2차 섭동이론을 적용할 수 있다고 제안하였다. A^{att}는 다음과 같이 주어진다.

23 Mansoori, G.A., Carnahan, N.F., Starling, K.E., Leland, T.W. 1971. *J. Chem. Phys*. 54:1523.

24 Chapman, W.G., Gubbins, K.E., Jackson, G., Radosz, M. 1990. *Ind. Eng. Chem. Res*. 29:1709.

25 Huang, S.H., Radosz, M. 1990. *Ind. Eng. Chem. Res*. 29:2284.

26 Gross, J., Sadowski, G. 2001. *Ind. Eng. Chem. Res*. 40:1244.

$$A^{att}/RT = A_1\beta\varepsilon + A_2(\beta\varepsilon)^2$$

$$A_1 = -11.61\eta_P - 8.28\eta_P{}^2 - 5.24\eta_P{}^3 + 34.21\eta_P{}^4$$

$$A_2 = -25.76\ \eta_P + 181.87\eta_P{}^2 - 547.17\eta_P{}^3 + 529.00\eta_P{}^4$$

Z^{chain}에 대하여 $Z = Z(m,\ \eta_P,\ \beta\varepsilon)$을 포함하여 알코올에 이 모델의 상태방정식을 표현하라.

풀이

CS 방정식은 다음과 같이 주어진다. $Z_{hs}-1 = 4\eta_P(1-\eta_P/2)/(1-\eta_P)^3$.
이는 다음에 상응한다. $g(\sigma) = (1-\eta_P/2)/(1-\eta_P)^3$
식 19.44에 의하여

$$\Delta = \rho(1-\eta_P/2)K^{AD}(\exp(\beta\varepsilon_{ij}{}^{AD})-1)/(1-\eta_P)^3$$

그리고,

$$\partial\ln\Delta/\partial\ln\eta_P = \eta_P\{\Delta/\eta - \Delta/(2-\eta_P) + 3\Delta/(1-\eta_P)\} = \Delta\{1 + (5\eta_P - 2\eta_P{}^2)/[(2-\eta_P)(1-\eta_P)]\}$$

치환을 수행하면,

$$Z^{chain} = Z^{bond} + (m-1) = -(m-1)(Z^{bond}-1) = -(m-1)(5\eta_P - 2\eta_P{}^2)/[(2-\eta_P)(1-\eta_P)]$$

$Z^{chem} = -0.5h\ \partial\ln\Delta/\partial\ln\eta_P = -(1-X^A)\ \partial\ln\Delta/\partial\ln\eta_P = -(1-X^A)\{1 + (5\eta_P - 2\eta_P{}^2)/[(2-\eta_P)(1-\eta_P)]\}$ 이며, $Z^{seg} = Z_{hs} - 1 + Z_1\beta\varepsilon + Z_2(\beta\varepsilon)^2$ 이다.
여기에서, $Z_1 = -11.61\eta_P - 16.56\eta_P{}^2 - 15.72\eta_P{}^3 + 136.84\eta_P{}^4$ 이며,
$Z_2 = -25.76\ \eta_P + 363.74\eta_P{}^2 - 1641.51\eta_P{}^3 + 2116.00\eta_P{}^4$ 이다.
모두 종합하면 다음 식이 얻어진다.

$$Z(m,\eta_P,T_r) = 1 + m[4\eta_P(1-\eta_P/2)/(1-\eta_P)^3 + Z_1\beta\varepsilon + Z_2(\beta\varepsilon)^2] - (m-1)(5\eta_P - 2\eta_P{}^2)/[(2-\eta_P)(1-\eta_P)] - (1-X^A)\{1+(5\eta_P - 2\eta_P{}^2)/[(2-\eta_P)(1-\eta_P)]\}$$

여기에서, $X^A = [-1 + (1+4\Delta)^{1/2}]/(2\Delta)$, $\Delta = \eta_P(1-\eta_P/2)(K^{AD}/b)(\exp(H\beta\varepsilon)-1)/(1-\eta_P)^3$, $H = \varepsilon_{ij}{}^{AD}/\varepsilon$ 이다.
모든 항은 $m, \eta_P, \beta\varepsilon$을 기반으로 계산될 수 있기 때문에 상태방정식은 완전하다.

a. Chapman, W.G., Gubbins, K.E., Jackson, G., Radosz, M. 1990. *Ind. Eng. Chem*. Res. 29:1709.

SAFT 모델의 기저를 이루는 접면-구-사슬은 잘 정의되어 있으며, 분자 모사로 다루기에는 상대적으로 간단하다. 이는 강체구 기준 시스템에 대하여 Wertheim의 이론의 정확성을 평가하는 것을 가능케 한다. 약간의 추가적인 노력으로 *n*-알칸 사슬 같은 110°의 결합각을 가진 구가 합쳐진 기준유체에 대하여 정확도를 평가할 수 있다. 그림 19.11에 나타낸 바와 같이 두 경우 모두 좋은 결과를 나타내었다. Wertheim의 이론과 SAFT 모델이 분자 모사로서 유효성이 증명된 든든한 이론적 기반을 가졌다는 것을 보여 준다.

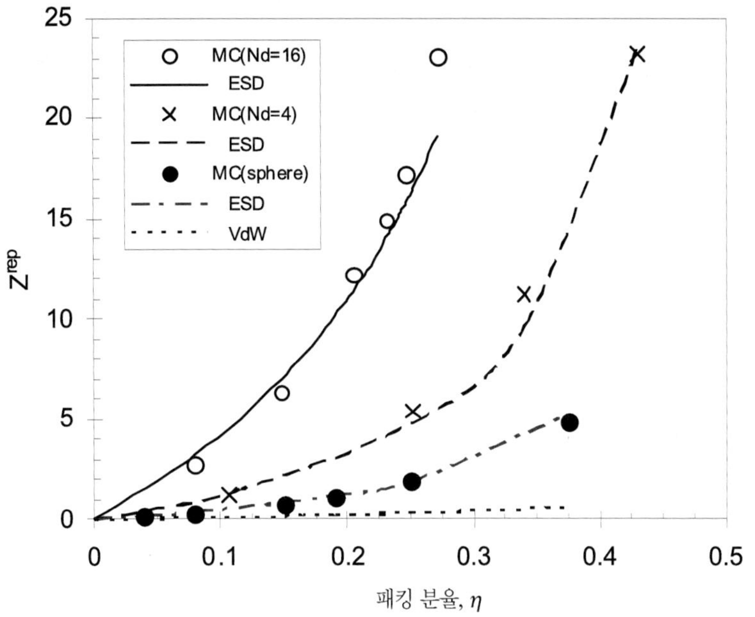

그림 19.11 • van der Waals 상태방정식과 ESD 상태방정식의 Z^{rep}와 분자 모사 결과의 비교. N_d는 사슬을 구성하고 있는 구의 개수임.

PC-SAFT 모델은 Z_{att}^{seg}를 제외하고 예제 15.8과 같은 형태를 가진다.

$$Z = 1 + Z_{hs}^{seg} + Z_{att}^{seg} + Z^{chain} + Z^{assoc} \quad \langle 식\ 19.115\rangle$$

$$Z_{att}^{seg} = -12\eta_P I_1 \beta\varepsilon - 6\eta_P (\beta\varepsilon)^2 I_2/D_2. \quad \langle 식\ 19.116\rangle$$

$$I_n = \sum_{j=0}^{6} a_{j,n}(m)\eta_P^j \quad \langle 식\ 19.117\rangle$$

$$a_{j,n}(m) = a_{0j,n} + a_{1j,n}\frac{(m-1)}{m} + a_{2j,n}\frac{(m-1)}{m}\frac{(m-2)}{m} \quad \langle 식\ 19.118\rangle$$

$$D_2 = \frac{8\eta_P - 4\eta_P^2}{(1-\eta_P)^4} - \frac{(m-1)}{m}\frac{20\eta_P - 27\eta_P^2 + 12\eta_P^3 - 2\eta_P^4}{[(1-\eta_P)(2-\eta_P)]^2} + \frac{1}{m} \quad \langle 식\ 19.119\rangle$$

식 19.117과 19.118은 원문에 나열되어 있는 42개의 계수를 포함한다.

독자들은 van der Waals 모델보다는 약간 더 복잡하면서 PC-SAFT보다는 덜 복잡한 간단한 SAFT 모델이 없을까 궁금할 것이다. 이런 모델은 PR 모델 같은 3차 상태방정식의 단순성을 유지하면서 회합 모델의 중요한 장점을 이용하는 것이 유리할 것이다. 한 가지 대안은 예제

15.8의 회합 기여항을 단순히 PR 모델에 더하는 것이다. 이는 Kontogeorgis[27]가 제안한 CPA 모델의 기반을 이룬다. 이 모델은 많은 응용 분야에 적용된 편리한 모델이지만, Z^{chain}은 완전히 무시하고 $g(\sigma)$를 어떤 모델에서 가져오고, Z_{hs}는 다른 모델에서 가져왔다는 점에서 Wertheim의 관점에 완전히 충실한 것은 아니다. 또 다른 대안 중의 하나는 ESD 모델을 SAFT의 해석 방법에서 다시 고려하는 것이다. ESD 모델을 '단순화된 SAFT 모델'로 다시 쓸 수 있다.[28]

$$Z = 1 + q(Z_{hs} + Z_{att}) - (q-1)\frac{1.9\eta_P}{(1-1.9\eta_P)} - \frac{(1-X^A)}{(1-1.9\eta_P)}$$

$$= 1 + qZ^{seg} + Z^{chain} + Z^{assoc} \qquad \langle 식\ 19.120\rangle$$

이 형태에서 우리는 $g(\sigma) = 1/(1-1.9\eta_P)$가 SAFT 모델의 일관성을 제공하고 있다는 것을 알 수 있다. 그리고 나머지 항들은 다음과 같다.

$$Z^{seg} = \frac{4\eta_P}{(1-1.9\eta_P)} - \frac{9.5Y\eta_P}{1+1.7745Y\eta_P} \qquad \langle 식\ 19.121\rangle$$

$$Z^{chain} = -(q-1)\frac{1.9\eta_P}{(1-1.9\eta_P)} \qquad \langle 식\ 19.122\rangle$$

$$Z^{C} = -\frac{(1-X^A)}{(1-1.9\eta_P)} \qquad \langle 식\ 19.123\rangle$$

19.11 회합 상태방정식을 위한 상수의 결정

여기까지의 논의에서 우리는 유체에 대한 상수가 이미 알려져 있다고 가정했다. 그러나 회합 모델은 통상적인 크기((b), 에너지(a 또는 ε), 형상(k, m, q 또는 c)의 매개변수 이외에 2개의 회합 매개변수가 더 필요하다는 점에서 복잡성을 더한다. 한 가지 간단한 접근 방법은 결합 부피와 에너지에 표준값을 할당하는 것이다. 예를 들어 알코올은 17 kJ/mol의 에너지값을 부여할 수 있다. 알데히드, 아민, 니트릴 등은 5.2 kJ/mol의 에너지값을 부여할 수 있다. 결합에너지와 부피가 주어졌을 때, 나머지 3개의 매개변수들은 3 매개변수 대응상태 이론의 경우와 동일한 방법으로 결정한다.

가장 간단한 경우는 회합에너지가 0인 경우이다. 임계점 방법을 통상적인 방식으로 적용할 수 있다. ESD 모델의 경우에는 3차 방정식이기 때문에 특히 간단하다. $(Z-Z_c)^3 = 0$의 지정을 이용하는 접근 방법은 c가 1부터 무한대인 범위에서 적용할 수 있다. 각각의 c값에 대하여

27 Kontogeorgis, G.M., Michelsen, M.M., Folas, G.K., Derawi, S., von Solms, N., Stenby, E.H. 2006. *Ind. Eng. Chem*. Res., 45:4855.

28 수학적으로, 4 · 0.90476/1.90476 = 1.900이다. 계수 1.90476은 원문에서 상당히 다른 방법으로 추산되었지만, $g(\sigma) = 1/(1-1.9\eta_P)$인 Wertheim의 이론과 일치한다.

임계점이 결정되면 편심인자가 계산될 수 있다. 그러면 c를 편심인자의 함수로 회귀분석하고 b와 ε값은 c의 함수로 상관될 수 있다. 그 결과는 다음과 같은 상관식들이다.

$$c = 1.0 + 3.535\omega + 0.533\omega^2 \qquad \langle 식\ 19.124\rangle$$

$$Z_c = (1 + 0.115/c^{1/2} - 0.186/c + 0.217/c^{3/2} - 0.173/c^2)/3 \qquad \langle 식\ 19.125\rangle$$

$$b = \frac{RT_c}{P_c}\frac{Z_c^3[-(1.9k_1Z_c + 3a) + \sqrt{(1.9k_1Z_c + 3a) + 4a(4c - 1.9)(9.5q - k_1)/Z_c}]}{2a} \qquad \langle 식\ 19.126\rangle$$

$$Y_c = \left(\frac{RT_c}{bP_c}\right)^2\frac{Z_c^3}{a} \qquad \langle 식\ 19.127\rangle$$

$$\frac{\varepsilon}{k} = T_c\ln(Y_c + 1.0617) \qquad \langle 식\ 19.128\rangle$$

여기에서 $a = 1.9(9.5q - k_1) + 4ck_1$이고, $k_1 = 1.7745$이다.

이 결과의 재미있는 함축적인 의미는 무한대의 사슬 극한에서 $Z_c \to 1/3$이라는 점이다. Lue 등의 문헌에서는 아주 긴 사슬에 대하여 Z_c가 0에 접근할 것이라는 실험적인 관찰에도 불구하고 Z_c가 1/3에 접근하는 것이 SAFT 모델의 일반적인 결과라는 것을 보여 주었다.[29] 그들은 이러한 결함이 SAFT 모델이 낮은 밀도와 고온 영역에서 분자 내 상호작용(intramolecular interaction)을 정확하게 묘사하지 못하기 때문이라고 설명하였다.

약간 높은 수준의 복잡성을 가지지만 결합에너지와 부피를 조정 가능한 매개변수로 간주하고 증기압과 밀도의 벗어남을 최소화하도록 회귀분석할 수 있다. 이 방법은 대부분의 SAFT 모델에서 가장 많이 사용된다. 사실, 임계점 방법은 ESD 모델보다 SAFT 모델에서 더 조직적으로 회피되어 왔다. 회귀 분석 방법은 많은 양의 순수성분 자료를 필요로 한다. 불행하게도, 최적의 값을 얻기 위한 충분한 자료는 상대적으로 적은 수의 성분에만 존재하며, 임계점 자료가 없는 경우도 많다. 적은 수의 성분에 대한 회귀 분석은 이미 수행되었고 결과는 발표되었다. 따라서 중요한 문제는 자료가 매우 적거나 없는 경우에 상수를 결정하는 것이다.

Emami의 문헌에서는 작은 양의 실험 데이터를 필요로 하거나 실험 데이터가 전혀 없어도 가능한 편리한 방법을 수식화하였다.[30] 그들의 방법에서는 ESD, HR-SAFT, PC-SAFT 모델에 대하여 개발하였다. 이 방법은 ΔH^{vap}와 $\rho^{liq}_{298.15}$에 대한 표준 문헌 상관식을 참고로 하며, 형상인자를 위하여 UNIFAC 그룹 기여 방법을 이용한다. 이 방법은 15장의 보조 자료로서 스프레드시트로 구성되어 있으며, 이 책의 웹사이트에서 구할 수 있다.

ESD, HR-SAFT, PC-SAFT의 실제적인 구현은 여러 연구자에 의해 수행되었다. Cismondi 등의 문헌에는 전체 상도표를 생성할 수 있는 능력을 포함하여 일련의 편리한 계산방법이 포함되어 있다.[31]

---

29 Lue, L., Friend, D.G., Elliott, J.R. 2000. *Mol. Phys*. 98:1473.

30 Emami, F.S., Vahid, A., Elliott, J.R., Feyzi, F. 2008. *Ind. Eng. Chem. Res.*, 47:8401–8411.

31 www.gpec.plapiqui.edu.ar

19.12 요약

이 장의 해석의 정성적인 결론을 암기하기 위한 가장 간단한 방법은 퓨가시티 계수의 거동을 고려하여 유도할 수 있다. 회합 혼합물에서 단량체의 퓨가시티 계수는 만일 실제 몰수로 표시되면, 회합의 정도와 상관이 없다는 점을 증명할 수 있을 것이다. 그러나 우리가 다루는 모든 상평형 문제는 퓨가시티를 겉보기 몰분율로 나눈 값에 기반을 두고 있다. 예를 들면 상태방정식을 이용하여 플래시 계산을 수행하는 경우이다. 두 가지 퓨가시티 계수의 관계는 다음과 같다.

$$\hat{\varphi}_i = \frac{\hat{f}_i}{x_i P} = \frac{\hat{f}_i}{x_M P}\frac{x_M}{x_i} = \frac{\hat{\varphi}_M x_M}{x_i} \qquad \text{〈식 19.129〉}$$

이 식은 단순히 통상적인 상태방정식에서 얻은 퓨가시티 계수를 실제 몰분율과 겉보기 몰분율의 비로 곱해야 한다는 것을 의미한다. 이 비율은 항상 1보다 작기 때문에, 우리는 회합하는 화학종에서 회합의 효과는 유효한 퓨가시티를 낮춘다는 것이다.

혼합물에서 회합 네트워크를 해체하여 단량체의 몰분율을 높이는 것이 VLE을 꽤 정확히 설명하고 있다. 그림 19.12는 순수하게 물리적인 방정식인 Peng-Robinson식에 비해 화학-물리 모델의 상대적인 이점을 보여 준다. 이 그림은 메탄올 + 사이클로헥세인 시스템을 보여 준 것인데, 수소결합을 포함한 경우 LLE와 VLE의 동시 표현에서 더 나은 정확성을 보여 준다. 수소결합이 적용되었을 때 곡선들의 비대칭성을 주목하자. 수소결합 모델은 물리적으로 명확하

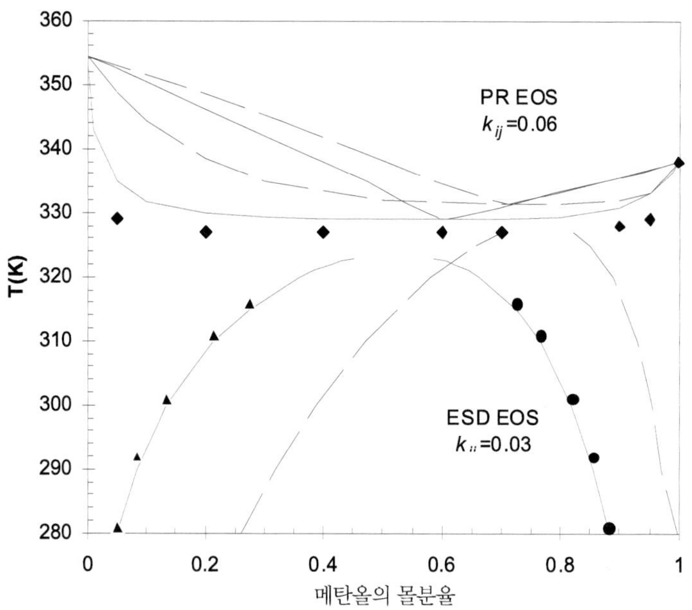

그림 19.12 • 메탄올 + 사이클로헥세인의 T-x-y 선도 Data from Soerensen, J. M.; Arlt, W. Liquid-Liquid Equilibrium Data Collection; DECHEMA: Frankfurt/Main, 1979 Vol. V, Part 1.

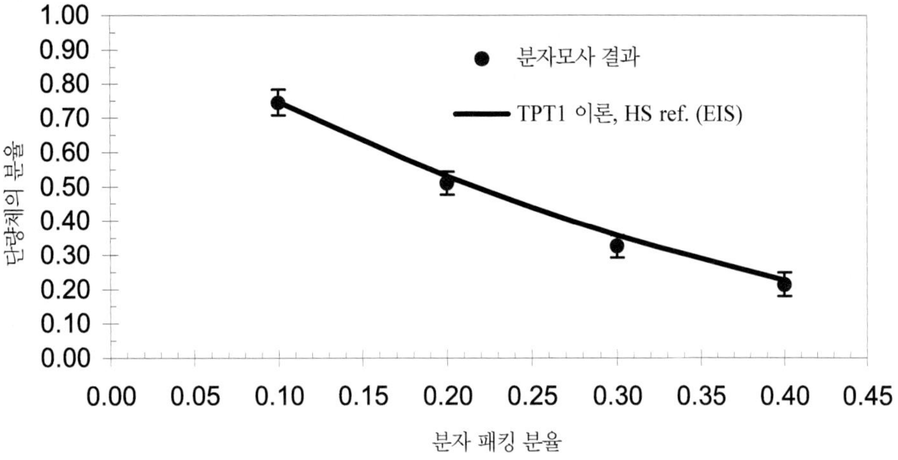

그림 19.13 • 환산된 결합길이 $l/\sigma = 0.4$, $T = 300$ K 그리고 $N_A\varepsilon_{HB}/R = 2013$ K인 조건에서 아령형 강체구 메탄올의 DMD-B 분자모사 결과. TPT1 이론은 Wertheim 이론을 적용한 이론임

고 이해할 수 있도록 비대칭성에 대한 설명을 제공한다. 대조적으로 11장의 van Laar모델도 상수를 조정함으로써 비대칭성을 조정하는데 이 경우에는 물리적인 해석을 무시한다. 우리는 물리적 기반이 강할수록 다성분계 화합물로 외삽의 능력이 더 커질 것으로 기대한다. 불행하게도, 최근까지 다성분계에 대한 연구는 그다지 많지 않다. 따라서 지금까지 비이상적인 다성분계에 대하여 권장할 만한 유일한 모델은 존재하지 않는다.

그러나 이론적인 관점에서 방정식을 풀기 쉽게 만들기 위하여 정당성을 부여하지 않고 몇 가지 가정을 도입하는 데 마음이 편치 않게 느낄 수도 있다. 이들은 국소조성 이론에 비하여 그다지 큰 향상이 아닌 것처럼 보일 수도 있다. 다른 한편, 그러한 가정들은 합리적으로 정확할 수도 있다. 단지 테스트가 필요할 뿐이다. 국소조성 이론의 경우와 마찬가지로 분자 모사는 이론의 개발에 함축되어 있는 가정을 테스트하는 효과적인 방법을 제공한다. 그림 19.13은 분자 모사 결과와 Wertheim의 이론의 비교를 보여 준다.[32] 위의 가정들은 분자 모사 결과와 합리적으로 정확하게 일치하는 것을 볼 수 있으며, 따라서 이들은 최소한 분자 상호작용에 대하여 자체적으로 일관성이 있음을 나타낸다.

위의 언급은 화학이론이 모든 문제를 완전히 풀 수 있다는 것을 의미하지는 않는다. 국소조성 효과는 실제로 존재하고, 혼합법칙에 포함되어야 한다. 이 과정이 필요함을 입증하는 증거는 메탄 + 헥산계의 비이상적인 거동에서 찾을 수 있다. 만일 국소조성 효과가 비회합계에서 매우 현저하다면 이들은 모든 경우에서 고려되어야 한다. 다른 종류의 예를 들면, 물의 회합 네트워크는 알코올의 경우와 매우 다르기 때문에 좀 더 복잡한 모델이 필요할 것이다. 환경청 같은 조직에서 요구하는 매우 높은 정확도(ppm)의 계산을 탄화수소류+물과 같은 계의 해를 구하기 위해서도 복잡한 모델이 요구된다. 더 나아가 서로 다른 화학종 간의 용매화는 매우

32 Liu, J-X., Elliott, J. R., 1996. *Ind. Eng. Chem. Res.* 35:1234.

복잡하여 믿을 만한 엔지니어링 모델을 개발하기 위해서는 좀 더 연구가 필요하다. 마지막으로 '가성성이 없는(nonadditive)' 효과는 물과 알코올 용액에서 상당한 역할을 담당한다.[33] 이는 네트워크 형성 에너지의 변화는 단일 물 분자에 대한 단순한 퍼텐셜 모델 기반을 두고 이해할 수 없다는 것을 의미한다. 이러한 특이성은 비법처럼 느껴질 수도 있지만, 이는 생명 분자의 용액의 많은 미스터리를 밝히는 데 가장 큰 장애물이다. 나일론과 같이 회합을 포함하는 고분자 용액 같은 다른 분야의 응용도 상상할 수 있다. 탐구되어야 할 분야가 많이 남아 있다. 이러한 탐구를 수행하는 방법은 압도적으로 통계역학의 적용을 통해 방사 분포함수의 처리를 수학적 수식화하는 것을 포함한다. 여기에서 이러한 탐구는 독자들의 '만족과 행복'으로 남겨둔다.

19.13 익힘문제

P19.1 (a) 기상의 A+B 시스템이 $A+B \rightleftarrows AB$의 식으로 용매화한다. 298.15 K에서 K_a = 0.5이다. 이상 화학이론을 이용하여 298.15 K, 2 bar에서 겉보기 농도 $y_A = 0.45$일 때 압축인자, 겉보기 퓨가시티 계수, 실제 증기 몰분율을 구하라.

(b) 액상의 A + B 시스템이 $A+B \rightleftarrows AB$ 의 식으로 용매화한다. 298.15 K에서 K_a = 0.7이다. 이상 화학이론을 이용하여 298.15 K, 1 bar에서 겉보기 농도 x_A = 0.5일 때 실제 액체의 몰분율을 구하라.

(c) 기상의 A+B 시스템이 $2A \rightleftarrows A_2$ 의 식으로 용매화한다. 298.15 K에서 $K_a = 0.5$이다. 이상 화학이론을 이용하여 298.1 5K, 2 bar에서 겉보기 농도 $y_A = 0.45$일 때 압축인자, 겉보기 퓨가시티 계수, 실제 증기 몰분율을 구하라.

19.14 연습문제

19.1 아세트산(1)이 벤젠(2)에 일정한 온도로 희석되는 혼합공정이 있다. 희석용액으로 간주되는 영역(예: 5 mol %까지의 아세트산)에서, x_1에 따른 $\bar{S}^E{}_1$ 및 $\bar{H}^E{}_1$, $\bar{G}^E{}_1$의 대략적 그래프를 그려라. 적당한 설명과 함께 그래프에 대한 정당성을 간단히 기술하라. 순수한 물질을 표준상태로 간주하라.

19.2 등몰 분율의 클로로포름(1) + 트리에틸아민(2) 계가 298 K의 온도에서 과잉 Gibbs에너지값, 즉 G^E = –0.91 kJ/mol이다. 1-1의 복합체만이 형성된다고 가정할 때, 이상 화학이론을 이용하여 과잉 Gibbs 에너지를 모델링하고 *P-x-y* 도표를 그려라.

19.3 143.5°C에서 아세트산의 증기압은 2.026 bar이다. 이 온도에서 기상에서 일어나는 아세트산의 이량체화 반응의 평형상수는 1.028 bar^{-1}이고 이 온도에서 아세트산의 1

---

33 Hait et al., 1993. *Ind. Eng. Chem. Res.* 32:2905

몰당 액체의 부피는 57.2 cm^3/mol이다. 143.5°C, 10 bar에서 순수한 아세트산의 퓨가시티를 수작업으로 구하라.

19.4 $A + B$ 혼합물이 액상에서 이상 화학이론으로 표현될 수 있는 용매화를 이룬다. Lewis 산/염기 상호작용으로 이 계는 1-1복합체를 형성한다.

(a) 다음 2개의 참 몰분율에 관한 세트중 어느 세트가 이 겉보기 몰분율 $x_A = 0.4$에서의 복합체 형성을 나타내는 평형상수가 3.2인 계를 나타내는 올바른 세트인가?

	X_{AM}	X_{BM}	XAB
세트 I	0.2096	0.4731	0.3173
세트 II	0.2646	0.3983	0.3372

(b) (a)에서의 답에 근거할 때 A와 B의 겉보기 활동도 계수는 얼마인가?

19.5 아세트산이 기상에서 이량체를 형성할 때 이량체의 퓨가시티는 단량체의 퓨가시티의 제곱에 비례함을 증명하라.

19.6 연속적인 수소결합에 대한 평형상수가 이번 장에서 서술한 일반적인 회합 화합물에 대한 접근 방식과 같다고 가정할 때, 연속적인 수소결합에 대한 Gibbs 에너지, 엔탈피 및 엔트로피에는 무슨 가정이 필요한가?

19.7 A와 B가 기상에서 혼합될 때 수소결합으로 1-1복합체를 형성한다고 한다. A와 B중 어느 성분도 순수한 상태에서는 회합하지 않는다. 용매화를 이룰 때 80°C에서의 평형상숫값 $K_{AB} = 0.8$ bar^{-1}이다. 80°C에서 겉보기 몰분율 $y_A = 0.5$인 혼합물이 0.78 bar에서 모두 기체이다. 이상 화학이론을 사용하여 이 온도, 조성, 압력하에서 기상에서의 A의 퓨가시티 계수를 수작업으로 계산하라.

19.8 (a) 2성분계 액체 시스템에 대하여 혼합의 몰 Gibbs 에너지(겉보기 용액 몰당)를 상세히 표시하면 다음과 같다.

$$\Delta G_{mix}/RT = x_A \ln(x_A \gamma_A) + x_B \ln(x_B \gamma_B) \quad \text{〈식 19.130〉}$$

이는 다음과 같이 표시할 수 있다.

$$\Delta \underline{G}_{mix}/RT = n_A \ln(x_A \gamma_A) + n_B \ln(x_B \gamma_B) \quad \text{〈식 19.131〉}$$

식 19.131에 화학이론의 개념을 도입하여 혼합의 Gibbs 에너지가 실제 화학종에 대한 다음의 합산과 같음을 증명하라.

$$\frac{\Delta \underline{G}_{mix}}{RT} = \sum_{\text{true } i} n_i \ln((x_i \alpha_i)/((x_A^o \alpha_A^o)^{a_i}(x_B^o \alpha_B^o)^{b_i})) - \sum_{\text{true } i} n_i \ln(K_i) \quad \text{〈식 19.132〉}$$

여기에서 단량체에 대한 $K_i = 1$이다. 힌트: $n_A = \sum a_i n_i$이다.

(b) 한 가지 용매화만을 가진 이상 화학이론 용액의 몰 기준에 대하여 실제용액 몰당 방정식이 다음과 같이 환산될 수 있음을 증명하고 생성 Gibbs 에너지와 K의 관계를 물리적으로 해석하라.

$$\frac{\Delta G_{mix}}{RT} = \sum_{\text{true } i} x_i \ln(x_i) - \sum_{\text{true } i} x_i \ln(K_i) \qquad \text{〈식 19.133〉}$$

(c) A가 회합하는 경우를 고려할 때, 이상 화학이론을 적용할 때 실제용액 1몰당 혼합의 Gibbs 에너지는 다음과 같이 주어진다.

$$\frac{\Delta G_{mix}}{RT} = \sum_{\text{true } i} x_i \ln(x_i/(x_A^o)^{a_i}) - \sum_{\text{true } i} x_i \ln(K_i) \qquad \text{〈식 19.134〉}$$

다음의 표에는 $A + B$ 시스템에서 A가 이량체를 형성하는 경우, $K = 140$으로 이상 화학이론을 적용하여 계산한 결과이다. 식 19.134와 19.130을 이용하여 혼합 Gibbs 에너지를 RT로 나눈 값을 나열하라. 그리고 n_T/n_0 (실제 몰수를 겉보기 몰수로 나눈 것)를 나열하고 식 19.134에 이 값에 곱하여 식 19.130과 비교하라.

Apparent x_A	x_{Am}	x_{Bm}	x_{A2}
1.00E-02	4.46E-03	0.99276	2.78E-03
0.1	1.76E-02	0.93903	4.34E-02
0.2	2.63E-02	0.87728	9.65E-02
0.3	3.35E-02	0.80975	0.15679
0.4	4.01E-02	0.73505	0.22488
0.5	4.65E-02	0.65118	0.30235
0.6	5.28E-02	0.55633	0.39083
0.7	5.93E-02	0.44785	0.49282
0.8	6.61E-02	0.32233	0.61157
0.9	7.33E-02	0.17516	0.75157
0.99	8.02E-02	1.90E-02	0.90078
1	0.081019	0	0.918981

19.9 참 종 i의 농도는 a_i와 b_i가 식 15.1로 주어질 때, $x_A^* = a_i/(a_i + b_i)$, $x_B^* = b_i/(a_i + b_i)$에서 최대가 됨을 증명하라. (힌트: 활동도의 미분항과의 관계를 얻는 데는 Gibbs-Duhem식이 유용하다.)

19.10 ESD식을 이용하여 373 K, 473 K, 573 K에서 물의 포화 액체와 포화 증기에 있는 단량체, 이량체, 삼량체에 대한 모델을 세워라. 온도에 따라 포화 증기의 단량체 분율은 어떻게 변하겠는가? 또는 포화 액체의 단량체 분율은 어떻게 변하겠는가?

19.11 Z^{assoc}에 대한 결과는 A^{assoc}에 적당한 미분을 취함으로써 얻어질 수 있음을 보여라.

19.12 수소결합을 무시하고 $F = Z^3 + a_2Z^2 + a_1Z + a_0$일 때 $dF/dZ = 0$, $d^2F/dZ^2 = 0$에 유의

하여 ε_{HB}와 K^{AD}가 0이 되도록 하여 얻은 ESD식에서의 임계점을 결정하는 식을 유도하라.

19.13 ESD식을 메탄올+벤젠계에 적용하고 Perry's Handbook의 공비점, 기포 압력 자료와 일치하는지 비교하라. *T-x-y* 선도를 그리고 ESD식이 250 K 이상의 어느 온도에서나 액-액 상분리를 예측하는지 결정하라. Peng-Robinson 상태방정식을 사용하여 위의 과정을 반복하라. 두 식의 결과에 차이가 있는지 살펴보고 그림 15.3과 비교하라.

19.14 ESD 상태방정식을 사용하여 285.15 K, 295.15 K, 310.15 K의 각 온도에서의 메탄올과 *n*-헥산의 LLE 상호 용해도를 구하라. 그림 19.12의 비슷한 계에 그려진 대로 $k_{ij} = 0.03$을 사용하라.

19.15 (a) van der Waals의 수소결합 상태방정식을 사용하여 메탄올과 에탄올의 K_a', a/bRT_c, x_{MC}, $b\rho_c$값을 비교하라.

(b) 수소결합 에너지를 24 kJ/mole, $\Delta C_p = -R$로 가정하여 vdw-HB 상태방정식에 대한 메탄올과 에탄올의 편심인자를 계산하라.

19.16 Hydrogen halides의 성질은 특이하다. 예를 들어 여러 hydrogen halides의 임곗값은 다음으로 주어진다.

	MW	$T_c(K)$	$P_c(bar)$	Z_c	ω
HF	20.00	461.0	64.88	0.12	0.372
HCl	36.46	324.6	83.07	0.249	0.120
HBr	80.91	363.2	85.50	0.283	0.063

증기압의 실험치와 HF 증기의 겉보기 분자량은 다음과 같다.

T (K)	P^{sat}	M_w^{sat}	M_w at 1 bar
227.3	0.0519	92.8	117.6
243.9	0.1265	85.0	112.5
277.8	0.5780	69.8	85.4
303	1.4353	58.4	43.0
322.6	2.6178	50.3	21.8

이러한 겉보기 분자량은 기상의 질량 밀도를 측정하고 분자량이 20인 이상기체와 비교함으로써 얻을 수 있다. HF가 단량체와 육량체만을 형성한다고 가정하고, 단량체와 육량체에 모두 $c = q = 1$인 ESD EOS를 사용하여 Z_c를 일치시키면서 최소 제곱법의 견지에서 증기압 자료를 맞추도록 회귀분석하라.

19.17 $\Delta C_p/R = -1$인 van't Hoff식을 이용하여 Peng-Robinson 상태방정식에 대한 회합 모델을 유도하라. 이체동형의 개념을 이용하고 ω^{homo}를 비회합 이체동형의 편심인자, ω^{PR}을 Peng-Robinson 상태방정식에 있는 a의 표현에 회합 화합물을 대입했을 때의 편심

인자라 할 때 $\omega^{\text{PR}} = \omega^{\text{homo}}$로 놓아라.

(a) 메탄올에 대해 임계점에 대응하는 K_a', b, a/bRT_c, x_{MC}를 구하라.

(b) 수소결합 에너지를 15 kJ/mole로 가정하여 메탄올의 $T_r = 0.7$에서의 증기압을 구하고 실험치와 비교하라. 이로부터 편심인자값을 구하고 실험치와 비교하라.

(c) Peng-Robinson 상태방정식, Peng-Robinson 수소결합 상태방정식, 실험치에 대해 각각 $\log P_r^{sat}$ 대 T_r^{-1}을 그려라.

19.18 아세트산은 어느 알코올류보다 이량체를 생성하려는 경향이 훨씬 강하다. 그러므로 아세트산에 대해서 $K_{a2} = K_{a3} = \cdots$를 가정하는 것을 합당하지 않은 대신 $K_{a3} = K_{a4} = \cdots$로 놓는 것이 합리적이다. 이량체 반응에 대한 참 평형상수 K_{a2}를 선형 회합값으로 나눈 비에 해당하는 겉보기 평형상수를 가진 하나의 부가적인 식을 첨가함으로써 이 이론을 다시 전개할 수 있다. 선형회합은 300 K~350 K에서의 포화 증기에서는 무시될 수 있다고 가정하라.

(a) 이 구간에서 포화 증기의 압축인자에 대응하는 K_{a2}값을 구하라. 이량체 형성에 대하여 $N_A\varepsilon_{HB}/R = 4000$ K라고 간주한다.

(b) 임계점에 대응하는 K_{AD}, b, α_c, ε_{HB}를 구하라.

(c) 아세트산의 $T_r = 0.7$에서의 증기압에 대응하는 K_{AD}, b, α_c, ε_{HB}를 구하라.

19.19 ESD 상태방정식을 하나 이상의 결합 분절을 가지는 화합물로 확장하라.

(a) 에틸렌 글리콜을 회합하는 머리와 꼬리를 모두 가진 화합물로 간주하라. 혼합물에 대한 해석을 확장하여 이 경우를 2개의 결합 분절($N_d = 2$)로 간주하라.

(b) 물은 단지 '매우 짧은 글리콜'임에 유의하여 물을 같은 모델로 간주하라. $\Delta H = 15$ kJ/mole인 Peng-Robinson 수소결합 상태방정식의 편심인자를 결정하라.

APPENDIX A

컴퓨터 프로그램 요약

교과 내용의 이해를 돕고 또한 반복 계산이나 복잡한 계산의 수행에 이용되도록 하기 위해서 몇 가지 프로그램을 제공한다. 마이크로소프트 엑셀(Excel)이나 매트랩(MATLAB)을 이용하는 프로그램들도 있다. 두 프로그램의 활용이 가능하도록 상이한 수행 기준에 따라 일부 기능이 중복되어 있다. 가장 최근에 개선된 프로그램이나 부록 내용에 대한 정보는 앞에서 언급한 웹사이트로부터 얻을 수 있다.

A.1 순수성분 조성을 위한 프로그램

Matlab/3D/**PVT.m**—물 유체상의 3차원 PVT, **PHT.m-** 물 유체상의 3차원 PHT

Matlab/Props/**Props.dat**—작업창에 여러 물질의 임계 특성, 이심인자, 열용량 상수와 Kamlet-Taft 매개변수를 로드하기 위해 'load Props.dat'을 사용하자. **Props-Browse.m**—화합물 이름과 아이디 번호의 빠른 요약. 많은 프로그램은 Props.dat을 불러온다.

Matlab/Psat/**AntoineGet.m**—아이디 번호를 사용하여 데이터 베이스로부터 Antoine 상수로 되돌린다. **Antoine-TableBrowse.m**—아이디 번호와 제한 온도의 빠른 검토에 사용하자. **Antoine-Table.mat**—뷰어의 용도로 작업창을 로드하기 위해 데이터베이스인 `load AntoineTable.mat`을 사용하자. **Tsat.m**—포화온도 계산을 위한 유틸리티 프로그램. 많은 프로그램은 Antoine -Table.mat을 불러온다.

Excel/**Antoine.xlsx**—일반 화학의 여러 특성의 Antoine 계수의 목록

Excel/**Props.xlsx**—여러 물질의 임계 특성, 이심인자, 열용량 상수와 Kamlet-Taft 매개변수. 다른 워크북으로 복사 및 붙이기를 사용하자.

Excel/**Steam.xls**—열 특성 계산기. 같은 공식이 Harvey, A. P., Peskin, A. P., Klein, S. A.에서 사용되었다. NIST/ASME 열 특성, Version 2-1와 NIST 표준 참조 데이터 프로

그램. Excel과 MATLAB의 열 특성을 위한 다른 좋은 자료는 Xsteam의 www.x-eng.com/(accessed 11/2011)에서 이용 가능하다.

Excel/**Preos.xls**—Peng-Robinson 방정식을 사용하여 특성을 계산하기 위한 Excel 워크북 또한, Departure 기능과 열역학 특성을 계산하라.

Matlab/Chap07/**Preos.m**—Peng-Robinson 상태방정식을 통해 순수성분 *P-V-T* 계산. 'Matlab/Props/Props.dat'으로부터 데이터를 불러온다.

Matlab/Chap08~09/**PreosPropsMenu.m**—Peng-Robinson 상태방정식을 사용하여 *U*, *H*, *S* 와 *f* 를 계산하기 위한 GUI 인터페이스. 'Matlab/Props/Props.dat'로부터 데이터를 불러온다.

A.2 혼합 상평형을 위한 프로그램

Matlab/**ExamplePlot.m**—여러 데이터, 마커, 선, 라벨과 레전드를 가지고 플롯하라.

Matlab/TextExamples/**Ex10_02.m**—Raoult의 법칙의 단열 플래시, **Ex11_03.m** -1-매개변수인 Margules를 피팅, **Ex11-07.m** -MRL을 위한 Bubble *T*, **Gammafit.m**—활동도 계수의 피팅, **Ex12_04.m**—Scatchard-Hildebrand, **Ex13_01.m**- UNIFAC-VLE, **Ex14_03.m**-UNIFAC-LLE

Matlab/Chap10/**RaoultTxy.m—Raoult의 법칙을 사용한** *T-x-y* 선도, **Flshr.m** -Raoult의 법칙을 사용한 등온 VLE 플래시

Matlab/Chap11~13/—적절한 루틴을 위한 교과서 예제와 Gamma 모델을 보자.

Matlab/gammaModels/**Marg1P.m**—1- 매개변수인 Margules, **Marg2P.m**—2-매개변수인 Mar-gules, **uniquac.m**—UNIQUAC 방정식, **vanLaar.m**—van Laar 방정식, **nrtl.m**—NRTL 방정식, unifacVLE/**unifacCaller.m**—이런 함수 예제는 VLE UNIFAC을 요청, unifacLLE/**unifacCallerLL.m**—이런 함수 예제는 LLE UNIFAC을 요청

Matlab/Chap14/**LLEflash.m**—UNIFAC 혹은 UNIQUAC을 사용한 Flash

Matlab/Chap15/**Prfug.m**—주어진 상태에서의 Peng-Robinson 퓨가시티, **Prmix.m**—Peng-Robinson을 사용한 VLE

Matlab/Chap16/**Residue.m**—UNIQUAC을 사용하기 위해 프로그램화된 잔여 커브 계산기

Excel/**Flshr.xls**—Raoult의 법칙을 사용한 2상 등온 플래시. 최근에 short-cut Psat 방정식을 사용하여 2성분계를 세팅

Excel/**Actcoeff.xls**—조성의 함수로서 활동 계수. 이 스프레드시트들은 과잉 Gibbs 에너지, 퓨가시티, 그리고 *P-x-y* 선도를 계산하기 위해 수정할 것이다.

1. MARGULES—MARGULES 활동도 계수 모델을 이용하는 스프레드시트
2. REGULAR—van Laar와 Scatchard-Hildebrand 모델을 이용하여 메탄올 + 벤젠계에 대한 기–액 평형을 계산하기 위한 스프레드시트
3. NRTL, NRTL5—2성분 혹은 여러 성분(최대 5개)의 NRTL 활동도 계수.
4. UNIQUAC, UNIQUAC5—2성분 혹은 여러 성분(최대 5개)의 UNI—QUAC 활동도 계수. 여러 성분 모델은 액–액 평형 계산을 위해 사용된다.
5. UNIFAC(VLE)—5성분까지 UNIFAC 활동도 계수 모델을 이용하여 기–액 평형을 모델할 수 있도록 한 스프레드시트
6. UNIFAC(LLE)—5성분까지 UNIFAC 활동도 계수 모델을 이용하여 액–액 평형을 모델할 수 있도록 한 2개의 스프레드시트

Excel/**Gammafit.xls**—활동도 계수 매개변수를 피팅.

Excel/**Prfug.xlsx**—Peng-Robinson식을 이용하여 3성분까지의 혼합물계에서 성분 퓨가시티를 계산하는 스프레드시트. 혼합법칙의 이해와 상평형 계산에서의 반복 계산과정의 추적에 유용하다.

Excel/**Prmix.xlsx**—Peng-Robinson 상평형.

Excel/**Residue.xlsm**—UNIQUAC을 이용하여 3성분까지의 균일 혼합물계에 대한 잔여곡선을 계산하는 스프레드시트

Excel/**Virialmx.xls**—임계온도, 임계 압력, 임계 부피를 이용하여 2성분계에 대한 2차 비리얼 계수를 계산하는 스프레드시트

Excel/**Wax.xls**—왁스의 용해도를 계산하는 스프레드시트

Excel/**Ichemt.xls**—주어진 피상적인 몰분율에서, 실제 몰분율을 계산하는 스프레드시트. 프로그램을 사용하기 전에 평형상수를 알아야만 한다.

A.3 반응평형

Matlab/TextExamples/**Ex17_09.m**—단열반응 최소화.

Matlab/Chap17~19/**Kcalc.m**—세부적인 van't Hoff를 위한 평형상수 계산기, **RxnA-dia.m**—완전한 van't Hoff를 지닌 단열반응, **Gibbsmin.m**—Gibbs 최소화, **Gprime-Calc.m**—생물학적 계를 위한 변형된 특성, **IChemTheory.m**—이상적인 화학이론

Excel/**Kcalc.xls**—평형상수를 온도의 함수로 계산하는 워크북

Excel/**Rxns.xls**—이 책의 다중반응평형에서 이용되는 스프레드시트들이 있는 워크북

1. RXNADIA-shortcut—암모니아 예의 van't Hoff 최소화
2. RXNADIA—암모니아 예의 자세한 van't Hoff
3. DUALRXN—자발적 반응.
4. GIBBSMIN—Gibbs 최소화.
5. SMPRXN—상평형을 가진 자발적 반응

Excel/**CL_2H_2O.xlsx**—작업된 전해질 예

Excel/**GprimeCalc.xlsx**—생물학적 계의 변형된 Gibbs 에너지.

Excel/**IdChemTheory.xlsx**—이상적인 화학이론.

A.4 Excel 스프레드시트 정리

*.XLSX Files

이들 워크북은 연습문제의 출발점이 된다. 연습문제를 풀기 위해서는 경우에 따라 기존의 스프레드시트를 변경할 필요가 있다. *.XLSX 파일은 '기록보호' 포맷으로 제공되어 있어서 부주의한 변경은 일어나지 않도록 되어 있다. 단지 화면상에 청색으로 나타나는 셀만이 기록보호 모드를 끄지 않고도 변경될 수 있다. (기록보호 모드를 변경하려면 'Tools' 메뉴로부터 'Protection'을 선택한다. 분산된 스프레드시트에는 암호가 사용되지 않는다. 개별적인 셀들의 보호상태를 변경하려면 기록보호 모드가 꺼져 있을 때 'Format' 메뉴로부터 'Cell Protection'을 선택한다). Excel의 표 형식은 유용한 반면에, 단점은 어떻게 미리 프로그램된 시트가 일하는지 파악하고 오류를 제거하기가 쉽지 않다. 셀의 상호 의존성을 알아내기 위해, 우선 시트의 보호를 풀고, 'auditing' 도구를 사용한다.

온라인 보충자료

온라인 보충자료는 변수 이름 작성, 교과서 파일 임폴팅, 같은 축에 여러 데이터 플롯, 연속적인 대용 설치, 해 찾기 기능의 사용, 그리고 여러 운영에 대한 내용을 담고 있다. 교과서 웹사이트는 소프트웨어의 교육 비디오 링크를 제공한다.

A.5 MATLAB 정리

유연성과 파워 계산을 최대화하기 위해 MATLAB 항목이 정리되어 있다. 다른 프로그램들은 폴더에 루틴을 불러들이기 때문에, 감마 모델, 프롭스와 포화압은 이동되어서는 안 된다.

MATLAB을 처음 시작할 때, 관심 있는 코드를 지니는 현 디렉터리는 'current directory' 드롭-다운 박스에서 선택된다. 이 책의 몇 개 코드는 그 디렉터리에 관련된 하위 폴더에 구성되어 있다. 만일 루틴이 발견되지 않으면, 이것이 문제일 수 있다. 완전한 서치 패스를 보기 위

해 'path' 명령을 사용하라. 예제 파일에 보인 바와 같이 'addpath' 명령 혹은 'genpath'를 추가적인 방향으로 네스트 하여 사용하라. 예를 들어, `addpath(../Psat)`이 세션에서 운영되는 어떤 루트처럼 같은 폴더에서 Psat 폴더 내에 어떤 기능이든지 부르는 것을 허락한다. 문구 `addpath(genpath(../gammaModels)`)는 감마 모델에서 어떤 루트나 감마 모델로서 같은 폴더에서 운영되는 루틴을 위한 감마 모델의 어떤 하위 폴더를 포함하기 위해 패스를 추가한다. 추가 폴더를 움직이기 위해 추가적인 '../'를 더한다. 절대적인 패스가 코드에 사용되지만, 문제를 일으킬 수 있다. .m 파일은 공유되고 수령인은 정확히 같은 폴더에 루틴을 집어넣지 않는다. 저장 패스가 사용되지 않는다면, 추가패스 문구는 각 세션에 한 번 운영되어야 한다. 이 책에서 우리가 사용하는 규범은 다른 폴더의 기능에 접근할 수 있는 루틴으로 추가 패스 문구를 삽입하는 것이다. 그리고 우리는 관련된 패스를 사용한다.

'Desktop' 메뉴를 통해 MATLAB의 디스플레이 화면이 통제된다. 만일 명령 창, 작업장 혹은 다른 윈도우가 보이지 않을 시는 메뉴를 사용하라. 이 교과서에서 코드에 대한 MATLAB 파일은 보호되지 않는다. 만일 변화를 원하면 백업하라. 중요 명령과 방법에 대한 평은 온라인 보충자료처럼 공급된다.

(), [] 와 {}은 특별한 의미를 가진다. 그들을 바꾸지 말자. 바꾼다면 예상치 못한 결과를 초래하게 된다. ()은 우선 계산을 나타낼 때 쓰고, [] 은 벡터와 매트릭스를 나타내는 데 쓰며, {}은 셀 정렬에 쓴다.

*.m and *.dat 파일과 파일 작명

MATLAB 코드는 스크립트와 기능일지 모르는 .m files에 포함된다. 기능은 다른 기능에 불릴 수 있는 가능성을 제공하거나 불러온 루틴 결과를 돌리는 반면에, 스크립트는 작업장의 결과를 돌린다. 좋은 프로그래밍 행위로, 파일 이름은 기능의 이름과 일치하며, 각각의 이름은 유일해야 한다. 이것을 작성하는 시점에, MATLAB은 파일 이름에 공간을 가지고 잘 운영되지 않으며, 그러한 행위는 에러 메시지를 혼란스럽게 이끈다.

온라인 보충자료

MATLAB 부록의 빠른 참조는 온라인 보충자료에서 이용 가능하다. 추가적인 온라인 보충자료는 이 책 파일의 임폴팅, 루틴 해결, 최소화, 최적화 및 매트릭스 운영과 같은 주제를 포함하고 있다.

'element-by-element'기능은 강력하다는 것에 주목하라. 예를 들어, A, B, C는 여러 성분의 Antoine 계수를 가진 벡터라면, `Psat = 10^(A - B./(T+C))` 온도 T에서 증기압의 벡터를 만들 것이다.

MATLAB/부록 예제는 온라인 보충자료의 예제 파일을 포함한다.

A.6 권리포기

이 책과 함께 제공되는 프로그램은 교육 전용입니다. 이 프로그램은 무보증으로 있는 그대로 제공되며 어떠한 경우에도 판매할 수 없습니다.

B

APPENDIX

수학공학

B.1 몇 가지 중요한 관계

대수

로그함수나 지수함수와 같은 몇몇 함수들은 열역학에서 매우 빈번히 등장하기 때문에 이들 가운데 일부를 여기에서 요약해 보는 것은 의미가 있다. 아울러 적분과 미분조작이 자주 행해지므로 이들과 관련되는 몇 가지 중요한 공식을 제시하였다.

$$\ln(ab) = \ln a + \ln b \qquad \text{〈식 B.1〉}$$

$$\ln\left(\frac{a}{b}\right) = \ln a - \ln b \qquad \text{〈식 B.2〉}$$

$$\ln a^{y} = y\ln a \qquad \text{〈식 B.3〉}$$

$$\exp(a+b) = e^{a}e^{b} \qquad \text{〈식 B.4〉}$$

$$\mathrm{In}N! \approx N\mathrm{In}N - N \quad N\text{이 아주 클 때(Stirling의 근사치)} \qquad \text{〈식 B.5〉}$$

2차 방정식 $ax^2 + bx + c = 0$의 근은 2차 방정식 근의 공식

$$x = \frac{-b \pm \sqrt{b^2 - 4ac}}{2a} \qquad \text{〈식 B.6〉}$$

에 의해 구할 수 있다. 3차 방정식은 B.2절에 언급되어 있다.

이 책의 10장부터 합산기호가 광범위하게 사용되고 있는데 이 책에서 나타나는 많은 공식은 행렬과 선형대수를 이용하여 쉽게 프로그램할 수 있다. 행렬은 일련의 원소들의 조합을 정방형 형태로 나타낸 것이다. 이들 원소는 하첨자로 구분되는데

$$X = [0.4, 0.6], x_1 = 0.4, x_2 = 0.6$$

다차원 조합의 경우 원소의 첫 번째 하첨자는 행을, 두 번째 하첨자는 열을 나타낸다.

$$A = \begin{bmatrix} 1 & 3 \\ 2 & 4 \end{bmatrix} = \begin{bmatrix} a_{11} & a_{12} \\ a_{21} & a_{22} \end{bmatrix} \quad a_{11} = 1, a_{21} = 2, a_{12} = 3, a_{22} = 4$$

a_{ji}와 a_{ji}를 서로 교환하면 행렬의 치환이 이루어진다. 치환은 상첨자 T로 나타내는데 치환조작이 이루어지면 행과 열의 수가 바뀐다.

$$A = \begin{bmatrix} 1 & 4 & 7 \\ 2 & 5 & 8 \\ 3 & 6 & 9 \end{bmatrix}, \quad A^T = \begin{bmatrix} 1 & 2 & 3 \\ 4 & 5 & 6 \\ 7 & 8 & 9 \end{bmatrix},$$

$$X = \begin{bmatrix} 0.4 & 0.6 \end{bmatrix}, \quad X^T = \begin{bmatrix} 0.4 \\ 0.6 \end{bmatrix}$$

$$B = \begin{bmatrix} 1 & 4 \\ 2 & 5 \\ 3 & 6 \end{bmatrix}, \quad B^T = \begin{bmatrix} 1 & 2 & 3 \\ 4 & 5 & 6 \end{bmatrix}$$

행렬은 서로 곱할 수 있다. 행렬 1과 행렬 2의 곱을 행렬 3이라 할 때

(a) 행렬 1의 열수는 행렬 2의 행수와 같아야 한다.
(b) 행렬 3의 행수는 행렬 1과, 열수는 행렬 2와 같다.
(c) 행렬 3의 ij 원소는 행렬 1의 i번째 행의 원소들과 행렬 2의 j번째 열의 원소들을 서로 곱한 다음 이를 모두 합해 얻는다.

1차원 행렬의 경우

$$XB = \begin{bmatrix} x_1 & x_2 \end{bmatrix} \begin{bmatrix} b_1 \\ b_2 \end{bmatrix} = \sum_{i=1}^{2} x_i b_i \qquad \text{〈식 B.7〉}$$

가 되는데 이는 식 15.8의 선형 혼합법칙이다. $X = \begin{bmatrix} x_1 & x_2 \end{bmatrix}$와 $Ps = \begin{bmatrix} P_1^{sat} & P_2^{sat} \end{bmatrix}$이라고 가정하자.

그러면

$$XPs^T = \begin{bmatrix} x_1 & x_2 \end{bmatrix} \begin{bmatrix} P_1^{sat} \\ P_2^{sat} \end{bmatrix} = \sum_{i=1}^{2} x_i P_i^{sat} \qquad \text{〈식 B.8〉}$$

Raoult의 법칙을 위한 버블 공식이 된다. 일련의 조성은 행렬로 저장된다. 2개의 조성을 사용하여,

$$Pbub = XPs^T = \begin{bmatrix} x_{11} & x_{12} \\ x_{21} & x_{22} \end{bmatrix} \begin{bmatrix} P_1^{sat} \\ P_2^{sat} \end{bmatrix} = \begin{bmatrix} Pbub_1 \\ Pbub_2 \end{bmatrix} \qquad \text{〈식 B.9〉}$$

X의 첫 첨자는 데이터를 나타내며, $Pbub$의 하첨자는 조성의 일치하는 버블 압력을 나타낸다.

첫 번째와 두 번째 차원의 예는

$$YA = \begin{bmatrix} y_1 & y_2 \end{bmatrix} \begin{bmatrix} a_{11} & a_{12} \\ a_{21} & a_{22} \end{bmatrix} = \begin{bmatrix} y_1 a_{11} + y_2 a_{21} & y_1 a_{12} + y_2 a_{22} \end{bmatrix} = \begin{bmatrix} \sum_{i=1}^{2} y_i a_{i1} & \sum_{i=1}^{2} y_i a_{i2} \end{bmatrix}$$

위의 결과에 Y^T를 곱하면

$$YAY^T = \begin{bmatrix} y_1 a_{11} + y_2 a_{21} & y_1 a_{12} + y_2 a_{22} \end{bmatrix} \begin{bmatrix} y_1 \\ y_2 \end{bmatrix} = y_1(y_1 a_{11} + y_2 a_{21}) + y_2(y_1 a_{12} + y_2 a_{22})$$

$a_{ij} = a_{ji}$이면 다음과 같이 쓸 수 있다.

$$YAY^T = y_1^2 a_{11} + 2y_1 y_2 a_{12} + y_2^2 a_{22} = \sum_{i=1}^{2} \sum_{j=1}^{2} y_j y_i a_{ij} \qquad \text{〈식 B.10〉}$$

위의 결과는 식 15.8의 2차 혼합법칙을 쓴다. 두 다차원 행렬의 곱의 보기로는

$$AB = \begin{bmatrix} a_{11} & a_{12} \\ a_{21} & a_{22} \end{bmatrix} \begin{bmatrix} b_{11} & b_{12} & b_{13} \\ b_{21} & b_{22} & b_{23} \end{bmatrix} = \begin{bmatrix} c_{11} & c_{12} & c_{13} \\ c_{21} & c_{22} & c_{23} \end{bmatrix} = C$$

$$= \begin{bmatrix} (a_{11}b_{11} + a_{12}b_{21}) & (a_{11}b_{12} + a_{12}b_{22}) & (a_{11}b_{13} + a_{12}b_{23}) \\ (a_{21}b_{11} + a_{22}b_{21}) & (a_{21}b_{12} + a_{22}b_{22}) & (a_{21}b_{13} + a_{22}b_{23}) \end{bmatrix}$$

MATLAB은 벡터와 행렬의 성분별 대수학을 제공한다. 두 행렬이 같은 차원을 가지면, 다음과 같이 두 행렬을 곱할 수 있다.

$$X.{*}GAM = \begin{bmatrix} x_{11} & x_{12} \\ x_{21} & x_{22} \end{bmatrix} .{*} \begin{bmatrix} \gamma_{11} & \gamma_{12} \\ \gamma_{21} & \gamma_{22} \end{bmatrix} = \begin{bmatrix} x_{11}\gamma_{11} & x_{12}\gamma_{12} \\ x_{21}\gamma_{21} & x_{22}\gamma_{22} \end{bmatrix} \qquad \text{〈식 B.11〉}$$

따라서, 개정된 Raoult의 법칙은 버블 압력 계산을 위해 프로그램될 것이다.

$$X.{*}GAM{*}(Ps^T) = \begin{bmatrix} x_{11} & x_{12} \\ x_{21} & x_{22} \end{bmatrix} .{*} \begin{bmatrix} \gamma_{11} & \gamma_{12} \\ \gamma_{21} & \gamma_{22} \end{bmatrix} \begin{bmatrix} P_1^{sat} \\ P_2^{sat} \end{bmatrix} = \begin{bmatrix} x_{11}\gamma_{11} & x_{12}\gamma_{12} \\ x_{21}\gamma_{21} & x_{22}\gamma_{22} \end{bmatrix} \begin{bmatrix} P_1^{sat} \\ P_2^{sat} \end{bmatrix} = \begin{bmatrix} Pbub_1 \\ Pbub_2 \end{bmatrix} \qquad \text{〈식 B.12〉}$$

Excel의 프로그램 배열의 정리를 위해 부록 A를 보자.

계산

미분

$$\frac{d[\exp(f(x))]}{dx} = \exp(f(x))\frac{d[f(x)]}{dx} \quad \text{〈식 B.13〉}$$

$$\frac{d(\ln[f(x)])}{dx} = \frac{1}{f(x)}\frac{d[f(x)]}{dx} \quad \text{〈식 B.14〉}$$

조성함수의 일반적인 미분

(적산 규칙)

$$\frac{d[f(x)\cdot g(x)\cdot h(x)]}{dx} = f(x)\cdot h(x)\frac{d[g(x)]}{dx} + g(x)\cdot h(x)\frac{d[f(x)]}{dx} + f(x)\cdot g(x)\frac{d[h(x)]}{dx} \quad \text{〈식 B.15〉}$$

$$\frac{d\left[\frac{g(x)}{h(x)}\right]}{dx} = \frac{h(x)\frac{d[g(x)]}{dx} - g(x)\frac{d[h(x)]}{dx}}{h(x)^2} \quad \text{〈식 B.16〉}$$

$$\frac{d\left[g(x)\cdot\frac{1}{h(x)}\right]}{dx} = \frac{d[g(x)]}{dx}\cdot\frac{1}{h(x)} + g(x)\cdot\frac{d\left[\frac{1}{h(x)}\right]}{dx} \quad \text{〈식 B.17〉}$$

$$d[f(x,y,z)] = \left(\frac{\partial f}{dx}\right)_{y,z}dx + \left(\frac{\partial f}{dy}\right)_{x,z}dy + \left(\frac{\partial f}{dz}\right)_{x,y}dz \quad \text{〈식 B.18〉}$$

$$\frac{d[f(x)^x]}{dx} = f(x)^x\left\{\ln[f(x)] + \frac{d\{\ln[f(x)]\}}{d\{\ln[x]\}}\right\} \quad \text{〈식 B.19〉}$$

적분

$$\int\frac{1}{x}dx = \ln x \quad \text{〈식 B.20〉}$$

$$\int\frac{1}{ax+b}dx = \frac{1}{a}\ln(ax+b) \quad \text{〈식 B.21〉}$$

$$\int\frac{xdx}{ax+b} = \frac{x}{a} - \frac{b}{a^2}\ln(ax+b) \quad \text{〈식 B.22〉}$$

$$\int\frac{x^2dx}{ax+b} = \frac{(ax+b)^2}{2a^3} - \frac{2b(ax+b)}{a^3} + \frac{b^2}{a^3}\ln(ax+b) \quad \text{〈식 B.23〉}$$

$$\int\frac{x^3dx}{ax+b} = \frac{(ax+b)^3}{3a^4} - \frac{3b(ax+b)^2}{2a^4} + \frac{3b^2(ax+b)}{a^4} - \frac{b^3}{a^4}\ln(ax+b) \quad \text{〈식 B.24〉}$$

$$\int\frac{dx}{x(ax+b)} = \frac{1}{b}\ln\left(\frac{x}{ax+b}\right) \quad \text{〈식 B.25〉}$$

$$\int\frac{dx}{(ax+b)^2} = \frac{-1}{a(ax+b)} \quad \text{〈식 B.26〉}$$

$$\int\frac{dx}{x^2(ax+b)} = -\frac{1}{bx} - \frac{a}{b^2}\ln\left(\frac{x}{ax+b}\right) \quad \text{〈식 B.27〉}$$

$$\int\frac{xdx}{(ax+b)^2} = \frac{b}{a^2(ax+b)} + \frac{1}{a^2}\ln(ax+b) \quad \text{〈식 B.28〉}$$

$$\int \frac{x^2 dx}{(ax+b)^2} = \frac{(ax+b)}{a^3} - \frac{b^2}{a^3(ax+b)} - \frac{2b}{a^3}\ln(ax+b) \quad \langle 식\ B.29\rangle$$

$$\int \frac{x^3 dx}{(ax+b)^2} = \frac{(ax+b)^2}{2a^4} - \frac{3b(ax+b)}{a^4} + \frac{b^3}{a^4(ax+b)} + \frac{3b^2}{a^4}\ln(ax+b) \quad \langle 식\ B.30\rangle$$

$$\int \frac{x dx}{(ax+b)^3} = \frac{-1}{a^2(ax+b)} + \frac{b}{2a^2(ax+b)^2} \quad \langle 식\ B.31\rangle$$

$$\int \frac{x^2 dx}{(ax+b)^3} = \frac{2b}{a^3(ax+b)} - \frac{b^2}{2a^3(ax+b)^2} + \frac{1}{a^3}\ln(ax+b) \quad \langle 식\ B.32\rangle$$

$$\int \frac{x^3 dx}{(ax+b)^3} = \frac{x}{a^3} - \frac{3b^2}{a^4(ax+b)} + \frac{b^3}{2a^4(ax+b)^2} - \frac{3b}{a^4}\ln(ax+b) \quad \langle 식\ B.33\rangle$$

$$\int \frac{dx}{a+bx+cx^2} = \frac{1}{\sqrt{-q}}\ln\frac{(2cx+b-\sqrt{-q})}{(2cx+b+\sqrt{-q})} \quad 여기서\ \ q \equiv 4ac-b^2,\ q<0$$

$$= \frac{2}{\sqrt{q}}\arctan\frac{2cx+b}{\sqrt{q}},\quad q>0 \quad \langle 식\ B.34\rangle$$

부분적분을 하면 $\int u dv = uv - \int v du$

사다리꼴 규칙에 에 의한 수치적분

$$\int_{X_0}^{X_n} f(x)dx = \Delta x \sum_{i=0}^{n} f(x_i) - \Delta x\left[\frac{(f(x_o) - f(x_n))}{2}\right] \quad \langle 식\ B.35\rangle$$

여기에서 Δx는 $f(x)$의 이산함숫값 사이의 일정한 간격 크기이다. 수학적 관계를 추가로 알아보려면 6장을 아울러 참조한다.

B.2 3차 상태방정식의 해답

상태를 나타내는 3차 방정식은 시행착오나 해석적인 방법으로 풀 수 있다.

$$Z^3 + a_2 Z^2 + a_1 Z + a_0 = 0 \quad \langle 식\ B.36\rangle$$

여기서 a_2, a_1, a_0는 3차 상태방정식을 풀기 위한 상수이다.

시행착오적 방법

Newton-Raphson 방법은 답에 즉시 수렴할 수 있는 파생값과 함께 초기 예상값을 사용한다. 이 토의는 뒤따르는 방정식의 예제의 해답에 집중한다.

$$Z^3 + a_2 Z^2 + a_1 Z + a_0 = F \quad \langle 식\ B.37\rangle$$

우리는 $F = 0$일 때 Z의 값을 찾는다. 우리는 그림 7.6에 보이는 바와 같이 F_{old}의 값을 주는 초기 예상값 Z_{old}를 가정하고 또한 $F = 0$에 기여하는 Z의 값을 찾으려고 한다. F_{old}가 현재의 값이고, 우리가 F의 값을 함수의 선형값으로 사용한다면, $0 = m \cdot Z_{new} + b$, (기울기 m은 $dF/dZ = (3Z^2-2(1-B)Z + (A-3B^2-2B))$의 방정식 B. 37로부터 분석적으로 계산될 수 있다. 현 지점이 같은 선상에 있기 때문에, 우리는 아마도 $F_{old} = m \cdot Z_{new} + b$라고 쓸 수 있다. 우리가 얻은 $0-F_{old} = m \cdot (Z_{new} - Z_{old}) + (b-b)$식의 차이를 인지하거나 다시 정리하면 $-F_{old} / m + Z_{old} = Z_{new}$로 쓸 수 있다. $m = (dF/dZ)$이기 때문에, 우리는 $Z_{new} = Z_{old}-F/(dF/dZ)$라는 것을 알 수 있다. 이 절차는 답을 얻을 때까지 반복될 것이다. 각 단계는,

1. $Z_{old} = 1$ 혹은 $Z_{old} = 0$을 가정하고 $F_{old}(Z_{old})$를 계산하자.
2. dF/dZ를 계산하자.
3. $Z_{new} = Z_{old}-F/(dF/dZ)$를 계산하자.
4. $|\Delta Z/Z_{now}| < 1.E-5$라면, Z_{now}의 값을 프린트하고 그만하라.
5. $F_{new}(Z_{new})$의 값을 계산하고 이것을 F_{old}로 사용하라. 단계 4가 끝날 때까지 단계 3으로 돌아가라.

$Z = 0$이라는 초기 가정은 가장 작은 실젯값에 수렴한다는 것을 주목하라. $Z = 1$의 초기 가정은 가장 큰 실제 루트로 언제나 수렴한다. 가장 많이 줄어든 압력에서, 때때로 압축인자가 하나를 뛰어넘었기 때문에 이보다 더 큰 초기 가정은 필요하다(그림 7.4).

해석적 방법

분석적으로 문제를 푸는 두 가지 방법이 다음에 요약되어 있다. 이 방식은 스프레드시트 Preos.xlsx의 Peng-Robinson 방정식에서 시행된다. 이에 따라 식 B. 36은 형성된다.

$$x^3 + px + q = 0 \quad \langle 식\ B.38\rangle$$

Z의 값을 치환하여,

$$Z = x - \frac{a_2}{3} \quad \langle 식\ B.39\rangle$$

식 B.38의 p와 q의 값은

$$p = \frac{1}{3}(3a_1 - a_2^2) \text{ and } q = \frac{1}{27}(2a_2^3 - 9a_2a_1 + 27a_0) \quad \langle 식\ B.40\rangle$$

만일 a_2, a_1과 a_0가 실젯값이라면(상태방정식의), 정의하기를

$$R \equiv \frac{q^2}{4} + \frac{p^3}{27} \quad \langle 식\ B.41\rangle$$

$R > 0$일 때, 1개의 실근과 2개의 허근을 가진다.
$R = 0$일 때, 2개의 값이 같은 3개의 실근을 가진다.
$R < 0$일 때, 다른 3개의 실근을 가진다.

솔루션 방법 1: 대수적 풀이

$$P = \sqrt[3]{-\frac{q}{2} + \sqrt{R}} \text{ and } Q = \sqrt[3]{\frac{q}{2} - \sqrt{R}} \qquad \langle \text{식 B.42} \rangle$$

x의 값은 방정식 B.40, B.41와 B.42를 사용하여 얻는다.

$$x = P + Q,\ -\frac{P+Q}{2} + \frac{P-Q}{2}\sqrt{-3},\ -\frac{P+Q}{2} - \frac{P-Q}{2}\sqrt{-3} \qquad \langle \text{식 B.43} \rangle$$

Z의 값은 식 B.39로부터 발견된다.

솔루션 방법 2: 삼각법에 의한 풀이

$x = m\cos\theta$로 두면,

$$x^3 + px + q = m^3\cos^3\theta + pm\cos\theta + q = 4\cos^3\theta - 3\cos\theta - \cos(3\theta) = 0 \qquad \langle \text{식 B.44} \rangle$$

따라서

$$\frac{4}{m^3} = -\frac{3}{pm} = -\frac{\cos(3\theta)}{q} \qquad \langle \text{식 B.45} \rangle$$

이로부터

$$m = 2\sqrt{-\frac{p}{3}},\ \cos(3\theta) = \frac{3q}{pm} \qquad \langle \text{식 B.46} \rangle$$

따라서

$$\theta_1 = \frac{1}{3}\cos^{-1}\left(\frac{3q}{pm}\right) \qquad \langle \text{식 B.47} \rangle$$

위에서 θ_1의 단위는 라디안이다. Cosine 함수의 성질로부터 다른 두 근은

$$\theta_1 + \frac{2\pi}{3} \text{ and } \theta_1 + \frac{4\pi}{3} \qquad \langle \text{식 B.48} \rangle$$

x의 값은 식 B.40과 B.48로부터

$$x = m\cos\theta_1,\ m\cos\left(\theta_1 + \frac{2\pi}{3}\right),\ m\cos\left(\theta_1 + \frac{4\pi}{3}\right) \qquad \langle \text{식 B.49} \rangle$$

로 주어지며 Z의 값은 식 B.39로부터 얻을 수 있다.

근의 분류

Peng-Robinson식 및 많은 다른 공통적인 상태방정식에서 의미를 가질 수 있는 근은

$$P = P^{rep} + P^{att}$$

의 형태를 가진다. 위에서 $P^{rep} = \dfrac{RT}{V-b}$이다. $P^{rep} > 0$이기 위해서는 $Z > B$이어야 한다. 여기서는 $B = bP/(RT)$이다. 3개의 근이 실수이고 양인 근(들)이 존재하면 의미를 가질 수 있는 근은 $\kappa_T = -\dfrac{1}{V}\left(\dfrac{\partial V}{\partial P}\right)_T \geq 0$인 조건, 즉 등온 압축인자가 양수이어야 하는 조건을 만족해야 한다. 하나의 근만이 얻어진 경우, 보다 큰 등온 압축인자를 갖는 상을 기체상으로 인식함으로써 얻어진 근이 기체나 액체 가운데 어디에 해당되는지를 κ_T의 값을 이용하여 결정할 수 있다. 임계점을 제외하고는 κ_T는 언제나 액체 근보다는 기체 근에 대하여 더욱 큰 값을 가진다.[1]

임계점으로부터의 상태방정식 상수의 결정

임계조건으로부터의 상태방정식 상수의 결정은 유체의 특징을 나타내기 위해 널리 이용되어 온 방법이다. 3차의 상태방정식이 임계점을 바르게 나타내기 위한 조건으로부터 몇 가지 방법에 의해 방정식 매개변수가 결정될 수 있다. 일차적으로 임계온도 T_c에서 적용되는 미분

$$\left(\frac{\partial P}{\partial \rho}\right)_T = 0 \qquad \text{그리고} \qquad \left(\frac{\partial^2 P}{\partial \rho^2}\right)_T = 0 \qquad \langle\text{식 B.50}\rangle$$

을 구할 수 있다. 상태방정식을 미분하여 얻은 식들을 동시에 풀어서 상태 상수들에 대한 두 방정식을 구할 수 있다. 미적분과 대수가 상당히 적게 이용되는 보다 간단한 방법은 $(Z—Z_c)^3$를 이용하는 방법인데 이 식은 임계점에서는 0이 된다.

$$Z^3 - (3Z_c)Z^2 + (3Z_c^2)Z - (Z_c^3) = 0 \qquad \langle\text{식 B.51}\rangle$$

임계점에서 식 B.51과 식 B.36의 동일 차 항의 계수를 서로 비교하면

$$-a_2 = 3Z_c, \quad a_1 = 3Z_c^2, \quad -a_0 = Z_c^3 \qquad \langle\text{식 B.52}\rangle$$

van der Waals식의 경우 예제 7.7과 식 B.51과 식 B.52를 비교하여

$$1 + B_c = 3Z_c^{EOS} \qquad \langle\text{식 B.53}\rangle$$

$$A_c = 3(Z_c^{EOS})^2 \qquad \langle\text{식 B.54}\rangle$$

$$x^3 + px + q = 0 \qquad \langle\text{식 B.55}\rangle$$

위에서 상첨자 EOS는 상태방정식에서 얻은 값임을 분명히 나타내기 위해 붙인 것이다. 식 B.54를 식 B.55에 대입하면

$$B_c = \frac{Z_c^{EOS}}{3} \qquad \langle\text{식 B.56}\rangle$$

이를 다시 식 B.53에 대입하면

1 Poling, B. E., Grens II, E. A., Prausnitz, J. M. 1981. *Ind. Eng. Chem. Process Des. Dev.* 20:127–130.

$$\boxed{Z_c^{EOS} = \frac{3}{8}}$$ 〈식 B.57〉

따라서, van der Waals식으로부터 보편적인 Z_c값인 $Z_c = 0.375$를 얻게 된다. 이를 식 B. 56에 대입하면

$$\boxed{b = \frac{RT_c}{8P_c}}$$ 〈식 B.58〉

아울러 식 B.54에 대입하면

$$\boxed{a = \frac{27}{64}\frac{(RT_c)^2}{P_c}}$$ 〈식 B.59〉

을 얻는다.

B.3 Dirac Delta 함수

상태방정식에 대한 반발 기여와 같은 열역학적 함수에서 나타나는 많은 용어의 이해를 위해서는 Dirac delta 함수라고 알려진 다소 독특한 함수를 이해하는 것이 필요하다. 이 함수는 적분되는 함수의 값을 '추려 내어' 특정한 독립 변숫값에서의 함숫값에 초점을 맞추는 성질을 지니고 있다. 즉 구간 $x_1 < x_0 < x_2$에서

$$F(x_0) = \int_{x_1}^{x_2} F(x)\delta(x - x_0)dx$$ 〈식 B.60〉

이다. 위에서 δ는 Dirac delta 함수로서

$$\delta(x - x_0) = \begin{cases} 0 & x < x_0 \text{일 때} \\ \infty & x = x_0 \text{일 때} \\ 0 & x > x_0 \text{일 때} \end{cases}$$ 〈식 B.61〉

와 같이 정의되며 다음 그림에 보인 바와 같다. 이하의 논의로부터 Dirac delta 함수에 대한 이해가 더 명확해질 것이다.

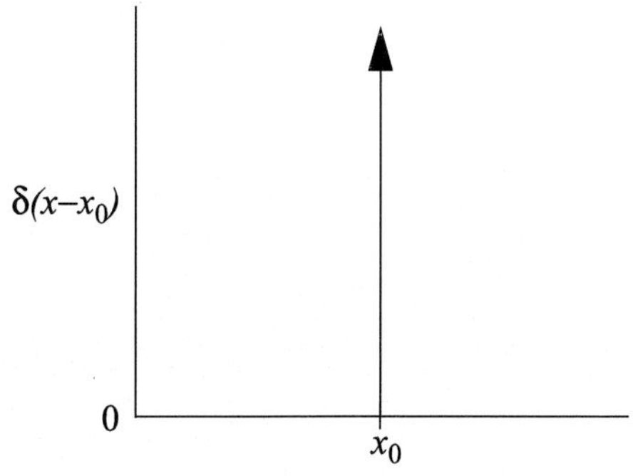

Dirac delta 함수

이제 delta 함수를 다음과 같이 직각 펄스 함수로 근사적으로 나타내었다고 가정해 보자.

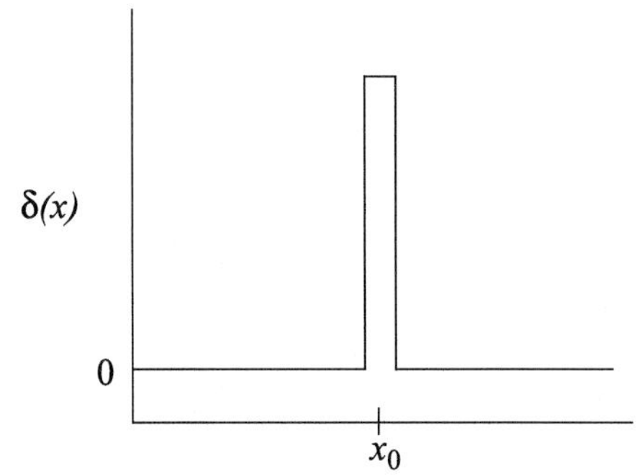

Dirac delta 함수의 직각 펄스 함수로의 근사

$$\delta(x) = \begin{cases} 0 \ , x < (x_0 - 0.05) \\ 10, (x_0 - 0.05) < x < (x_0 + 0.05) \\ 0 \ , x > (x_0 + 0.05) \end{cases} \qquad \text{〈식 B.62〉}$$

그러면 다음과 같은 적분

$$I = \int_0^\infty F(x)\delta(x)dx \qquad \text{〈식 B.63〉}$$

을 구하는 경우 δ가 0이 아닌 비교적 짧은 구간에서 $F(x) = F(x_0)$로 두는 것은 타당한 근사가 된다. 짧은 구간에서 $F(x_0)$는 거의 일정하기 때문에 이 값은 적분기호 밖으로 나올 수 있다. 따라서

$$\begin{aligned} I &= \int_0^\infty F(x)\delta(x)dx = F(x_0)\int_0^\infty \delta(x)dx \\ &= F(x_0)\left(\int_0^{(x_0-0.05)} 0dx + \int_{(x_0-0.05)}^{(x_0+0.05)} 10dx + \int_{(x_0+0.05)}^{\infty} 0dx\right) \qquad \text{〈식 B.64〉} \\ &= F(x_0)\cdot 10[(x_0+0.05)-(x_0-0.05)] = F(x_0)\cdot 10(0.1) = F(x_0) \end{aligned}$$

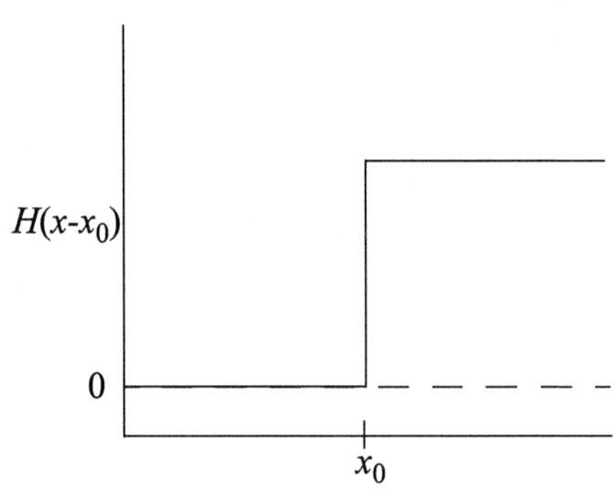

Heaviside 계단 함수

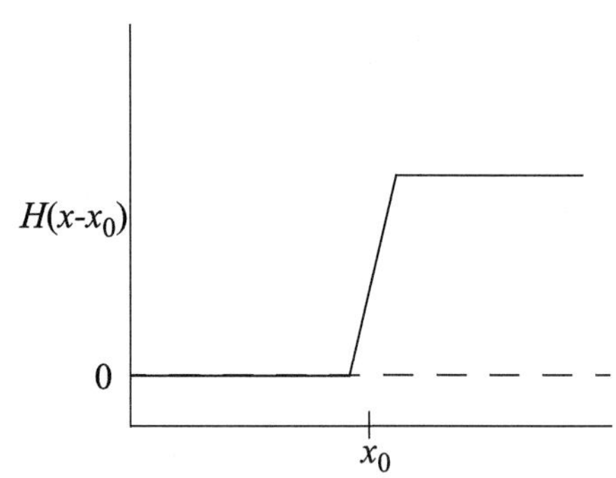

그 미분이 앞에서 설명한 직각 펄스 함수인 Heaviside 계단함수의 근사

다음 단계는 자명하다. x_0를 중심으로 ±0.005인 구간을 제외하고는 δ는 0이라 두고 구간 내에서는 $\delta = 100$으로 하면 구간 내에서 $F(x) = F(x_0)$인 근사는 더욱 타당한 근사가 된다. 이와 같은 방식으로 계속해 나가면 δ가 무한대로 접근하면서 x_0로부터 미분적으로 벗어나는 구간에 이르게 된다.

함숫값을 그 자신과 1이 되어야 하는 적분과의 곱으로 정의하였기 때문에 위와 같이 하는 것을 일견 어리석은 일처럼 여겨질지도 모른다. 그러나 우리의 궁극적인 목표는 함수를 적분 내부에 남겨 두는 것이며 이것이 잠시나마 우리에게 어떻게 도움을 주는지를 보일 것이다. 최종 결과를 보면 함수 δ는 하나의 x 값에서의 $F(x)$값을 추려 내었음을 알 수 있다.

그 독특함에도 불구하고 함수는 잘 정의된 함수이며 따라서 적분 가능하다. δ 함수의 중요성을 이해하기 위하여 앞의 그림에 보인 계단함수 $H(x-x_0)$의 미분값은 x_0에서는 양의 무한대 이지만 x_0 이외의 범위에서는 0이다. 계단함수의 각진 부분을 기울게 하여 미분을 먼저 도시하고 다음에 기울어진 각진 부분을 계획적으로 좀 더 직각이 되게 하는 것을 상상해 보는 것이 이해에 도움이 될 것이다. 이 미분함수를 도시해 보면 이것이 직각 펄스 함수이며 Heaviside 계단함수의 극한에서 Dirac delta 함수로 됨을 알게 될 것이다. 따라서 Dirac delta 함수는 Heaviside 계단함수의 미분이며 Dirac delta 함수의 적분은 Heaviside 계단함수와 같다. 이 사실로부터 우리는 불연속 함수들의 적분에 대한 중요한 결과들을 유도할 수 있다.

예제 B.1 강체구 상태방정식

Dirac delta 함수의 두드러진 응용은 강체구 유체에 대해서 유도된 압력방정식에서 찾을 수 있다. 이 책의 제 II부의 내용에서 낮은 밀도에서는 방사방향 분포함수(rdf)는 간단한 Boltzmann 가중확률로 주어짐을 알 수 있다.

$$g(r) \sim exp(-u/kT)$$

강체구 유체의 경우 이 함수는 불연속이며 $r = \sigma$에서 Heaviside 계단함수와 같은 양상을 보인다. 압력방정식은

$$\frac{P}{\rho RT} = 1 - \frac{N_A \rho}{6kT}\int_0^\infty r\frac{\partial u}{\partial r}g(r)4\pi r^2 dr \qquad \langle \text{식 B.65} \rangle$$

와 같다. 강체구 퍼텐셜 및 저밀도 분포함수와 같은 불연속 rdf를 압력방정식에 대입하면 풀이가 불가능한 불연속성의 조합을 얻게 될 것이다. 함수 $y(r)$을

$$y(r) = \exp(u/kT)\cdot g(r) \qquad \langle \text{식 B.66} \rangle$$

이라 할 때 어떻게 되는지 살펴보자. 분명히 낮은 밀도에서 $y(r)$은 연속이며 1에 접근한다. 나아가 $y(r)$은 모든 퍼텐셜과 모든 밀도범위에서 연속임을 엄밀하게 증명할 수 있다. 이러한 관점을 적용하여 $r = \sigma$에서의 rdf값을 토대로 강체구 유체에 대한 상태방정식을 유도하여 보자.

풀이

$g(r) = y(r)\exp(-u/kT)$를 대입하고

$$\frac{\partial \exp\left(-\frac{u}{kT}\right)}{\partial r} = -\frac{1}{kT}\exp\left(-\frac{u}{kT}\right)\frac{\partial u}{\partial r} \qquad \text{〈식 B.67〉}$$

인 관계를 이용하면

$$Z = \frac{P}{\rho RT} = 1 - \frac{N_A\rho}{6kT}\int_0^\infty \frac{\partial u}{\partial r}y(r)\exp\left(-\frac{u}{kT}\right)4\pi r^3 dr = 1 + \frac{N_A\rho}{6}\int_0^\infty \frac{\partial \exp\left(-\frac{u}{kT}\right)}{\partial r}y(r)4\pi r^3 dr \qquad \text{〈식 B.68〉}$$

강체구 퍼텐셜의 경우 함수 $\exp(-u/kT)$를 r에 도시해 보면 이 함수가 Heaviside 계단함수임을 알게 된다. 이는 곧 이 함수의 미분이 Dirac delta임을 의미하는 것이다. 따라서 압력방정식은 다음과 같게 된다.

$$Z = \frac{P^{HS}}{\rho RT} = 1 + \frac{N_A\rho}{6}\int_0^\infty \delta(r-\sigma)y^{HS}(r)4\pi r^3 dr \qquad \text{〈식 B.69〉}$$

식 B.60을 적용하면

$$Z = \frac{P^{HS}}{\rho RT} = 1 + \frac{4\pi\sigma^3 N_A\rho}{6}y^{HS}(\sigma) \qquad \text{〈식 B.70〉}$$

를 얻는다. $y(\sigma)$가 미지인 것처럼 보이지만 이 함수가 연속함수임을 상기할 필요가 있다. 따라서 $y(\sigma)$의 값은 $y(\sigma^+)$로 근사적으로 나타내기로 한다. 나아가 $u^{HS}(\sigma^+) = 0$으로부터 식 B. 66에서 $(u^{HS}(\sigma^+)/kT) = 1$이므로 $y^{HS}(\sigma^+) = g^{HS}(\sigma^+)$이다. 즉

$$Z = \frac{P^{HS}}{\rho RT} = 1 + \frac{4\pi\sigma^3 N_A\rho}{6}g^{HS}(\sigma^+) \qquad \text{〈식 B.71〉}$$

를 $\eta_P = \frac{1}{6}\pi\sigma^3 N_A\rho$로 정의하면

$$\boxed{Z = \frac{P^{HS}}{\rho RT} = 1 + 4\eta_P g^{HS}(\sigma^+)} \qquad \text{〈식 B.72〉}$$

Z^{HS}와 $g^{HS}(\sigma^+)$사이의 관계는 자주 이용된다. 이 관계로부터 상태방정식에서 Z^{rep}를 구하기 위한 함수형태를 얻을 수 있으며 또한 Z^{rep}에 대한 근사적인 상태방정식을 $g^{HS}(\sigma)$의 정량적인 추정 식으로 전환시키는 근거를 찾을 수 있다. 식 B.72는 강체구에 대한 비리얼 상태방정식 $Z = 1 + B\rho$의 형태임을 알 수 있다. 낮은 밀도에서 $g^{HS}(\sigma^+) = \exp(-u^{HS}(\sigma^+)/kT) = 1$ 로서 강체구에서의 2차 비리얼 계수에 대한 Boltzmann값이 된다.

예제 B.2 사각우물 상태방정식

앞의 예제에서 우리는 상태방정식의 구축에 필요한 수학적 도구들이 어떻게 사용되는지를 살펴보았다. 이제 하나의 보기를 더 살펴봄으로써 우리는 다양한 양상의 결과들을 도출하기 위해

수학적 도구들의 조합이 사용되는 방식을 명료하게 알 수 있을 것이다. 다루게 될 문제는 다음과 같다. 사각우물 퍼텐셜 (λ = 1.5)로 나타내는 유체에 대한 상태방정식의 유동 공식을 유도하라. 아울러 이 공식을 이용하여 다음과 같은 방사방향 분포함수에 대한 근사식으로부터 상태방정식을 구하라.

$$g(r) \approx \begin{cases} 0, \ r < \sigma \\ \left(1 + \dfrac{b\rho\varepsilon}{kT}\dfrac{1}{x^4}\right), \ r \geq \sigma \end{cases}$$

위에서 $x = r/\sigma$이고 $b = \pi N_A \sigma^3/6$ 이다. 다음의 풀이를 보기 전에 먼저 스스로 생각해 보자. 아무런 도움 없이 문제를 어떻게 해결할 것인지를 생각해 볼 수 있겠는가?

풀이

풀이의 비결은 사각우물 퍼텐셜의 지수는 각각 높이가 다른 2개의 계단함수로 이루어져 있음을 인지하는 것이다. 상부 계단함수의 높이는 $\exp(\varepsilon/kT)$이고, 하부 계단함수의 높이는 $\exp(\varepsilon/kT) - 1$이다. 한편

$$\exp(-u/kT) = \exp(\varepsilon/kT)\, H(r - \sigma) - [\exp(\varepsilon/kT) - 1] \cdot H(r - \lambda\sigma)$$

Heaviside 함수의 미분을 취하면 두 위치에서의 Dirac delta를 얻는다.

$$Z = 1 + \frac{N_A\rho}{6}\int \{\delta(r-\sigma)y(r)\exp(\varepsilon/kT) - \delta(r-\lambda\sigma)y(r)[\exp(\varepsilon/kT)-1]\}4\pi r^2 dr$$

$$= 1 + \frac{4\pi N_A \rho\sigma^3}{6}\{y(\sigma)\exp(\varepsilon/kT) - \lambda^3 y(\lambda\sigma)[\exp(\varepsilon/kT)-1]\}$$

$y(r) = g(r)\exp(u/kT)$이며 $\exp(u/kT)$는 우물 안에서 가장 잘 계산된다는 사실로부터

$$Z = 1 + 4b\rho\,\{g(\sigma^+) - \lambda^3[1 - \exp(-\varepsilon/kT)]\,g(\lambda\sigma^-)\} \qquad \text{〈식 B.73〉}$$

이 결과는 임의의 $g(r)$에서 사각우물 유체에 대해 유효하다.

위의 관계로부터 $g(\sigma^+) = 1 + b\rho\varepsilon/kT$ 그리고 $g(\lambda\sigma^-) = g(1.5\sigma^-) = 1 + 0.198\, b\rho\varepsilon/kT$이므로 $\lambda = 1.5$에서

$$Z = 1 + 4b\rho\,\{1 + b\rho\varepsilon/kT - 1.5^3[1 - \exp(-\varepsilon/kT)]\,(1 + 0.198\, b\rho\varepsilon/kT)\} \qquad \text{〈식 B.74〉}$$

따라서 주어진 조건에서 $Z = 1 + 4(0.2)\{1 + 0.2 - 2.1333(1.03.96) = 0.1858$이 된다.

이제 위에서 얻은 새로운 상태방정식에 대한 전체 상선도를 작성하는 것은 간단한 일이다. 결과로부터 ε/k와 b를 T_c와 P_c의 함수로 나타낼 수 있다. 이심인자값은 그에 대해 영향을 미치는 제3의 매개변수가 없기 때문에 고정된 값을 가질 것이다. 이심인자의 수칫값은 8장에서 van der Waals식에 대하여 정했던 것과 동일한 방법으로 결정될 수 있다.

처음 보기에는 어떻게든 방사방향 분포함수를 근사해야 함에도 불구하고 문제를 방사방향 분포함수를 써서 나타내는 데에 왜 그처럼 많은 노력을 소모하였는지 이상하게 생각할 수도 있을 것이다. 상태방정식을 무시한 것을 방사방향 분포함수(rdf)를 무시한 것으로 간주하는 것은 아무런 효과가 없는 것처럼 보일 수도 있다. 열역학적 물성치는 방사방향 분포함수의 세부적인 내용에는 비교적 민감하지 않는 것으로 알려져 있다. 이 사실이 의심스럽다면 모든 온도와

밀도범위에서 $g(r) = 1$이라는 능률적인 가정을 도입함으로써 van der Waals가 성취해 낸 것을 되새겨 보라. 나아가 13장의 국부조성 이론에 관한 내용을 참조한다면 사실상 현재 이용되고 있는 모든 활동도 계수에 대한 근본적인 바탕은 $g_{ij}(r)/g_{jj}(r) = \exp[(\varepsilon_{ij} - \varepsilon_{jj})/kT)]$ 임을 알게 될 것이다. 평형 열역학에서의 현재의 연구방향에 대해 정리한다면 약간은 지나치게 단순한 요약이 되겠지만 방사방향 분포함수에 대한 보다 나은 근사함수를 찾는 것이라고 말할 수 있다. 19장에서 다룬 바와 같이 수소결합의 열역학은 방사방향 분포함수에 관련 지을 수 있다. 고분자와 단백질 중첩의 열역학은 정합으로 알려진 분자 간 방사방향 분포함수를 통한 일반화를 요구하고 있다. 전해질과 용액의 열역학은 13장에서 논의된 바와 같이 방사방향 분포함수를 통해서 직접적으로 나타낸다. 방사방향 분포함수 수준에서 구성되어 논리적인 결론에 이르게 된다면 분명히 아주 개략적인 근사식이라도 매우 유용할 수 있다. 이러한 근사함수를 찾고자 하는 노력이 모든 화학공학도들에게 가치가 있는 것은 아닐 테지만 퓨가시티 추정의 열정 뒤에 숨어 있는 방법을 진지하게 이해하기를 원하는 많은 공학도들이 접근할 수 없는 것이 아닌 것은 사실이다.

C
APPENDIX

VLE(기-액 평형) 문제풀이 전략

이 책에서 우리는 개량된 Raoult의 법칙에 의한 비등점 계산과 같은 단순화된 과정을 이용하는 VLE의 응용을 논의하였다. 이 부록에서는 개량된 Raoult의 법칙과 3차 상태방정식의 유통도를 요약했다.

- C.1절은 개량된 Raoult의 법칙에 집중하고 빠르게 수렴하는 유통도를 제공한다. 계산을 수렴하는 다른 방법을 알지라도, 적용이 잘되는 전략을 사용하는 것이 바람직하다.
- C.2절은 상태방정식에 대해 논의한다. 소프트웨어는 반복 계산이 어떻게 진행되는가에 대한 세부사항을 알 필요 없이 컴파일된 프로그램으로 3차 방정식을 이용한 VLE의 풀이가 가능하다. 실제로 문헌에는 많은 풀이 전략이 제시되어 있으며 독자들은 부록에 제시된 것 이외의 다른 전략도 역시 우수한 것임을 알아야 한다.
- C.3절은 활동도 계수를 가진 비이상성 기체를 위한 감마-파이 방식에 대해 설명해 놓았다. 이 계산들은 더욱 정교함을 필요로 하며, 온라인에 잘 요약되어 있다.

각각에 대하여 다섯 가지의 유통도—bubble P, bubble T, dew P, dew T, 등온 플래시—를 나타내었다. 여기에서는 요약되지 않은 VLLE 또는 다른 다상계에 대해서 특정한 서브루틴을 작성하여 이용할 수도 있다.

C.1 수정된 Raoult의 법칙 방법

풀어야 하는 식은: $y_i P = x_i \gamma_i P_i^{sat}$

Bubble P

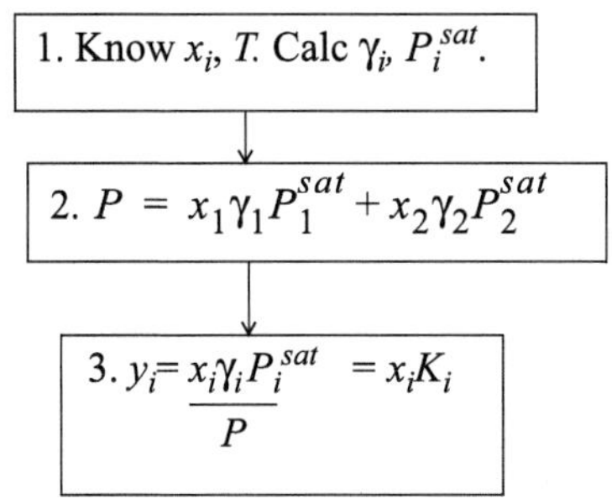

Bubble T

(Choose one flow sheet.)

Option (a)

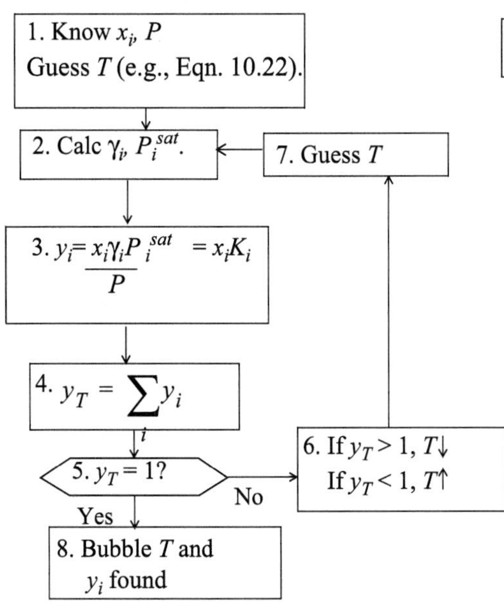

Option (b)

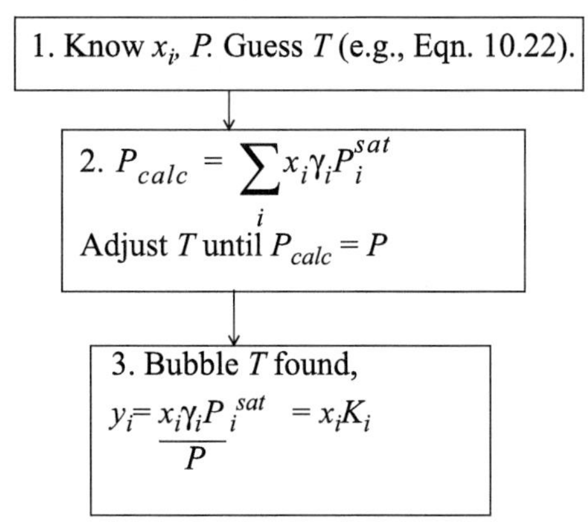

Dew P

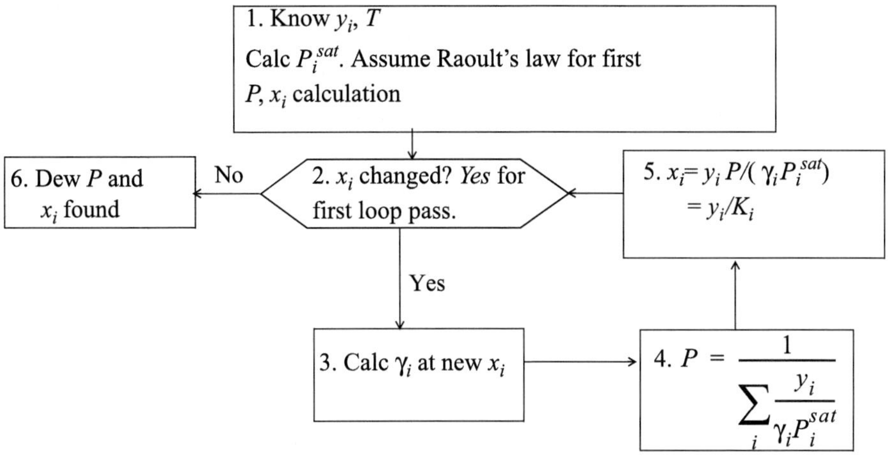

Dew T

(Choose one flow sheet.)

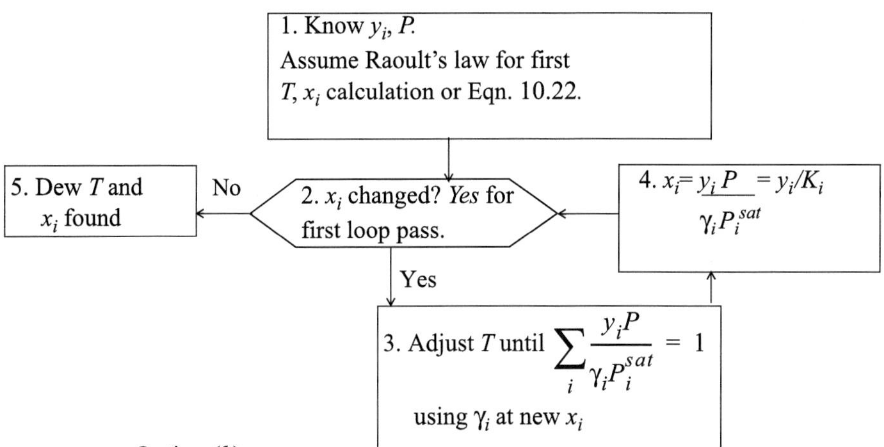

Option (*b*)

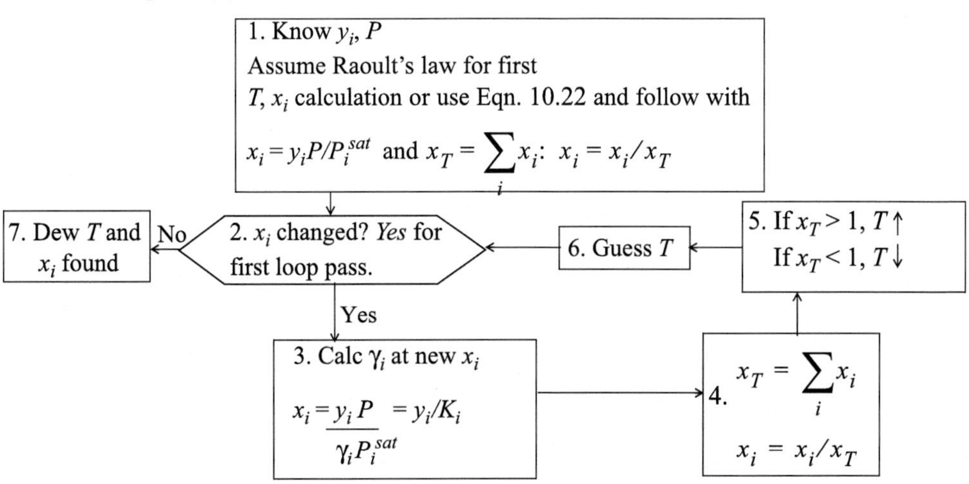

Step 4 is called normalization of the compositions.

등온 플래시

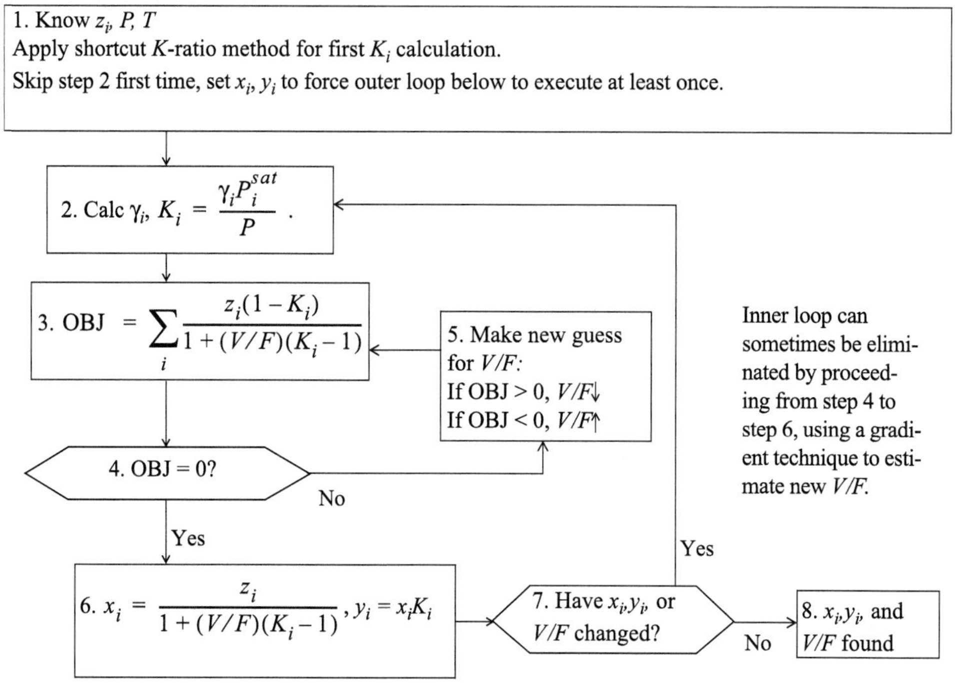
1. Know z_i, P, T
Apply shortcut K-ratio method for first K_i calculation.
Skip step 2 first time, set x_i, y_i to force outer loop below to execute at least once.
2. Calc γ_i, $K_i = \frac{\gamma_i P_i^{sat}}{P}$.
3. OBJ $= \sum_i \frac{z_i(1-K_i)}{1+(V/F)(K_i-1)}$
5. Make new guess for V/F:
If OBJ > 0, $V/F\downarrow$
If OBJ < 0, $V/F\uparrow$
Inner loop can sometimes be eliminated by proceeding from step 4 to step 6, using a gradient technique to estimate new V/F.
4. OBJ = 0?
No
Yes
6. $x_i = \frac{z_i}{1+(V/F)(K_i-1)}$, $y_i = x_i K_i$
7. Have x_i, y_i, or V/F changed?
Yes
No
8. x_i, y_i, and V/F found

C.2 EOS 방법

풀어야 하는 식은: $y_i \hat{\varphi}_i^V P = x_i \hat{\varphi}_i^L P$

Bubble P

(Bubble P의 유통도는 15.4절에 제시되어 있다.)

Bubble T

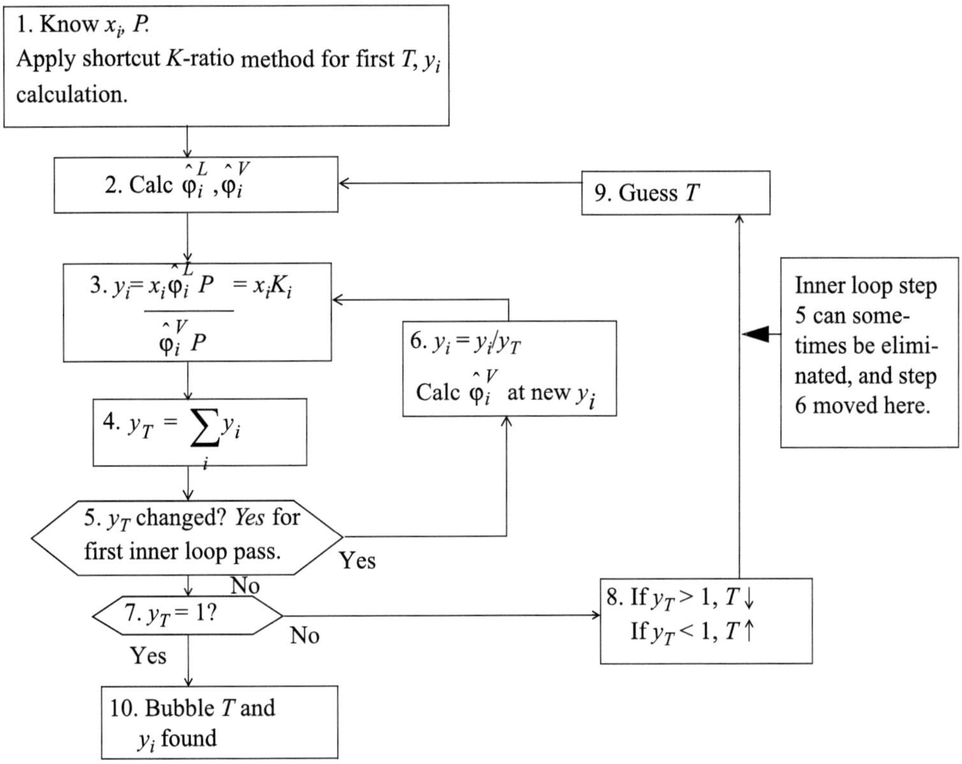

Dew P

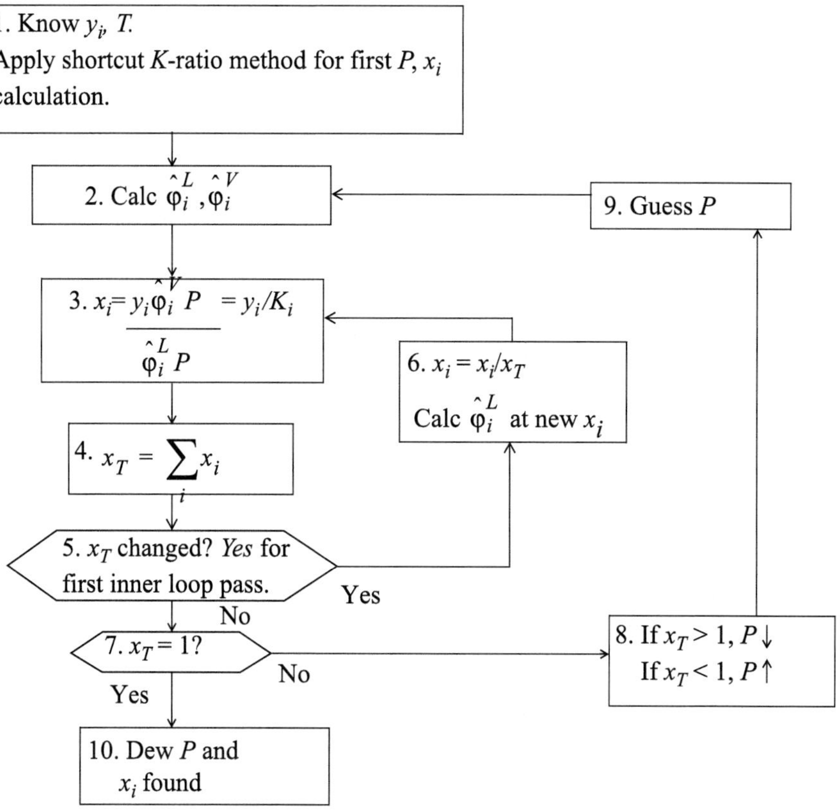
1. Know y_i, T.
Apply shortcut K-ratio method for first P, x_i calculation.
2. Calc $\hat{\varphi}_i^L$, $\hat{\varphi}_i^V$
3. $x_i = \dfrac{y_i \hat{\varphi}_i^V P}{\hat{\varphi}_i^L P} = y_i/K_i$
4. $x_T = \sum_i x_i$
5. x_T changed? *Yes* for first inner loop pass.
Yes
No
6. $x_i = x_i/x_T$
Calc $\hat{\varphi}_i^L$ at new x_i
7. $x_T = 1$?
Yes
No
8. If $x_T > 1$, $P\downarrow$
If $x_T < 1$, $P\uparrow$
9. Guess P
10. Dew P and x_i found

Dew T

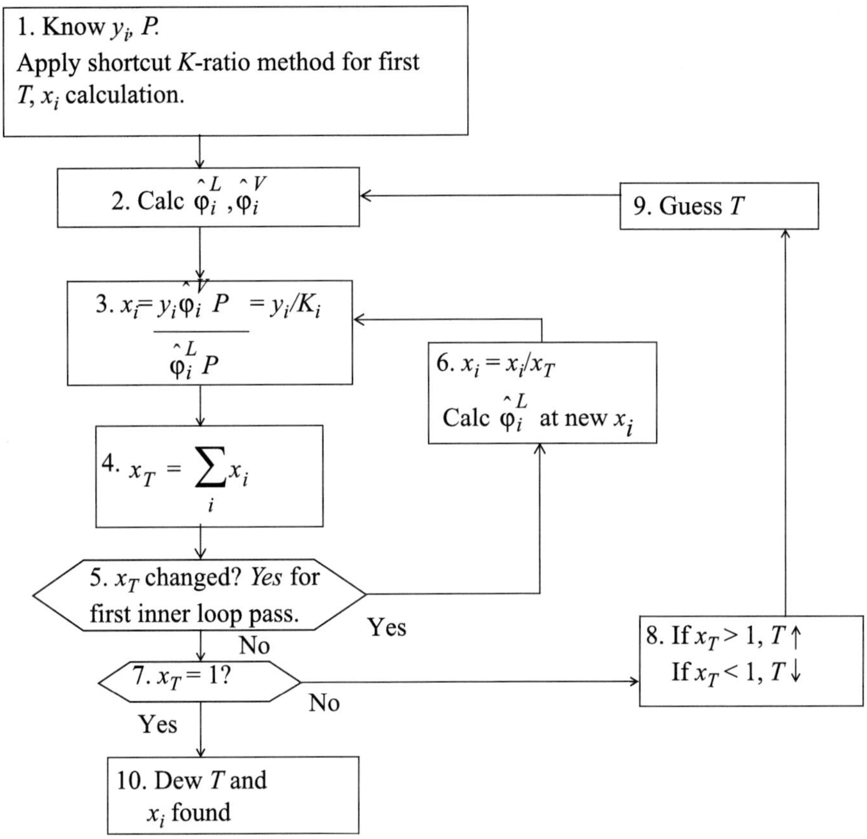
1. Know y_i, P.
Apply shortcut K-ratio method for first T, x_i calculation.
2. Calc $\hat{\varphi}_i^L, \hat{\varphi}_i^V$
3. $x_i = \frac{y_i \hat{\varphi}_i^V P}{\hat{\varphi}_i^L P} = y_i/K_i$
4. $x_T = \sum_i x_i$
5. x_T changed? *Yes* for first inner loop pass.
Yes
No
6. $x_i = x_i/x_T$
Calc $\hat{\varphi}_i^L$ at new x_i
7. $x_T = 1$?
Yes
No
8. If $x_T > 1$, $T\uparrow$
If $x_T < 1$, $T\downarrow$
9. Guess T
10. Dew T and x_i found

등온 플래시

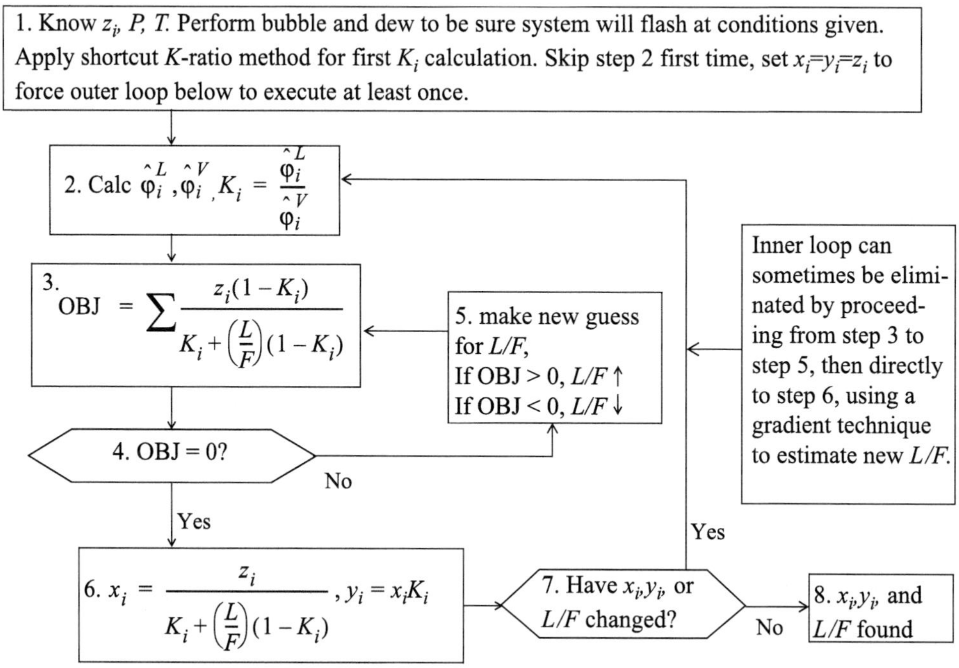

C.3 활동도 계수(감마-파이) 방법

풀어야 하는 식은: $y_i \hat{\varphi}_i^V P = x_i \gamma_i \varphi_i^{sat} P_i^{sat} \exp(V_i^L (P - P_i^{sat})/RT)$

이 유통도는 제 III부와 같은 참고자료로 온라인에서 이용 가능하다.

D APPENDIX

공정 모사기 모델

D.1 개요

화학공정 모사기에서 공통적으로 사용되는 열역학 모델들은 아주 많아서 이들을 모두 상세히 다루는 것은 과다한 작업이 될 것이다. 이 때문에 이 책에서는 몇 가지 대표적인 모델에 대하여 논의의 초점을 맞추었다. 그럼에도 불구하고 공정공학에 관심이 있는 학생들은 종종 가장 적절한 열역학 모델을 선택해야 할 필요성에 직면하게 되는데 찾고자 하는 가장 적절한 모델은 우리가 자세히 다룬 것이 아닐 수도 있다. 다행히 많은 열역학 모델과 우리가 공부한 모델 사이에는 일반적으로 큰 차이가 없다. 이 부록에서는 가장 공통적으로 이용되는 일부 열역학 모델들을 살펴보고 이들을 우리가 공부한 다른 모델들과 대등한 관계로 다루고자 한다. 이로써 학생들이 적절한 것을 찾기 위해 수많은 모델을 섭렵하는 가운데에서도 당황하지 않고 좀 더 편안함을 느끼게 될 것이다. 공정모사 전문가가 되는 데에 관심 있는 학생들은 열역학 모델의 선택에 관한 전반적인 내용을 다룬 최근의 문헌들을 살펴보는 데에 흥미가 있을 것이다. Schad[1]와 Carlson[2]은 몇 가지 중요한 보기들과 다수의 관련되는 문헌을 제공하고 있다. 이들 문헌 전반에 걸친 공통적인 줄기는 열역학 원리의 정확한 적용에 대한 강조이다. 실제적인 공학적 응용들이 기초적인 열역학에 의해 매우 깊은 영향을 받았음을 보여 주는 수많은 사례가 있다는 사실은 흥미로운 일이다.

D.2 상태방정식

이 책에서는 Peng-Robinson식과 비리얼 방정식을 비교적 상세히 다루었는데 이외에도 많은 식들이 있다. 우리가 언급한 바는 있지만 상세히 다루지 않은 식들로서 Redlich-kwong식(연

1 Schad, R.C. 1998. *Chem. Eng. Prog*. 94(1).:21 – 27.

2 Carlson, E.C., 1996. *Chem. Eng. Prog*. Oct.:35.

습문제 7.9)[3], Lee-Kesler식(식 7.11)[4], Lee-Kesler-Plocker식[5], Soave식(식 7.65, Soave-Redlich-Kwong, 혹은 SRK식으로도 알려져 있다)[6], ESD식[7], 그리고 SAFT식[8] 등을 들 수 있다. Soave식에 대한 약간의 변형으로서 API식[9]이 있는데 이 식에서는 탄화수소의 증기압 예측을 좀 더 향상시키기 위하여 Soave식과는 달리 값을 이심인자의 함수로 나타내고 있다. 비리얼 방정식의 특별한 적용으로 Hayden-O'Connell 방법[10]이 있다. 탄화수소 혼합물의 VLE 거동예측에 있어서 Soave식과 Peng-Robinson식, Lee-Keesler-Plocker식, 그리고 API식은 서로 아주 유사하다. 이들은 탄화수소와 기체(CO, CO_2, N_2, O_2, H_2S)의 비등 압력 추정에 있어서 5% 이내의 정확도를 보이며 산출된 2성분 간섭 매개변수에 근거한 예측에 있어서는 약 15% 정도의 정확도를 나타낸다. 일부 탄화수소 혼합물의 엔탈피와 액체 밀도 계산에 있어서는 Lee-Kesler-Plocker식이 약간 향상된 정확도를 보인다. 하지만 엔탈피에 관한 한 그 이점은 대체로 미미하여 액체 밀도의 경우 정확한 값을 원한다면 상태방정식이 아닌 다른 좀 더 우수한 방법들을 선택하여 이용할 수 있다. 3차 방정식은 임계점 근처에서의 VLE에 대하여 일부 수렴성이 좋다는 이점을 지니며 그 형태상의 단순함으로 인해 관심 있는 특정 시스템의 열역학의 정확한 추적을 위한 반실험적 혼합법칙의 적용을 위해 널리 선택되고 있다. 이들 가운데 최선의 선택은 일반적으로 2성분 간 간섭 매개변수들이 가장 큰 신뢰도를 가지고 결정된 식이다. (여러분이 특별히 관심 있는 조건에서 실험 데이터를 정확히 나타내 주는 모델이 최선이다.)

상태방정식의 우선적인 역할은 임계 영역을 포함하는 임의의 온도 압력 조건에서 열역학적 물성치를 예측하는 것이다. 그러나 강한 수소결합 혼합물에 대해서는 부정확하다는 것이 상태방정식의 결점이다. 근래 들어 수소결합 상태방정식(SAFT와 ESD 식 등)의 등장으로 이러한 결점에 대한 중요성이 점차 사라져 가고 있지만 새롭게 등장한 이들 상태방정식이 반실험적 개선과 함께 오랫동안 이용되어 온 3차 상태방정식을 대체할 것인지는 현재로서는 불투명하다.

D.3 용액 모델

이 책에서 우리는 많은 용액 모델들—Margules식, Redlich-Kister 팽창 모델, van Laar식, Scatchard-Hildebrand 이론(정규용액 이론의 가장 공통적인 적용), Flory-Huggins식, Wilson식, NRTL, UNIQUAC, 그리고 UNIFAC—을 비교적 상세히 다루었다. 다시 한 번 언급하는

3 Redlich, O, Kwong, J.N.S. 1949. *Chem. Rev*. 44:233.

4 Lee, B.I., Kesler, M.G. 1975. *AIChE J*. 21:510.

5 Plocker, U., Knapp, H., Prausnitz, J.M. 1978. *Ind. Eng.Chem.Proc.Des.Dev*. 17:324.

6 Soave, G. 1972. *Chem. Eng. Sci*. 27:1197.

7 Elliott Jr., J. R., Suresh, S.J.; Donohue, M.D. 1990. *Ind. Eng. Chem. Res*. 29:1476.

8 Chapman, W.G., Gubbins, K.E., Jackson, G., Radosz, M. 1990. *Ind. Eng. Chem. Res*. 29:1709.

9 Graboski, M.S., Daubert, T.E. 1979. *Ind. Eng.Chem.Proc.Des.Dev*. 17:448.

10 Hayden, J.G., O'Connell, J.P. 1975. *Ind. Eng.Chem.Proc.Des.Dev*. 14:3.

바이지만 최선의 선택은 아주 흔히 관심 있는 특정 조건에 연관되는 2성분 간섭 매개변수의 확보 여부에 따라 좌우될 것이다.

용액 모델의 우선적인 역할은 자유에너지 곡선의 크기와 굴곡 정도가 정확하게 맞추어질 수 있도록 조정 가능하며 또한 현명하게 선택할 수 있는 매개변수의 수가 많다는 점을 바탕으로 상태방정식 모델보다 유연함의 정도가 큰 반실험적 모델을 제공하는 데에 있다.

D.4 복합 모델

비교적 최근에 개발되고 있는 다른 일련의 모델들은 상태방정식 모델과 용액 모델을 결합하고 있다는 점에서 복합 모델이라 칭할 수 있다. 이들 가운데 가장 잘 알려진 두 가지 모델은 Modified Huron-Vidal(MHV) 방법과 Wong-Sandler 혼합법칙이다. 기본개념은 고밀도, 혹은 고압에서 용액 모델을 적용하여 상태방정식의 혼합법칙 특성을 이용하고 저밀도에서는 이 결과로부터 비리얼식까지 보간하는 것이다. 이 방법들은 고온 고압에서의 비이상용액에 대한 정확도를 높여 준다는 측면에서 수소결합 모델과 비견되는 경향이 있다. 이들은 보다 더 실험적 모델이지만 (UNIFAC과 같은) 잘 발달된 용액 모델에 대해 좀 더 직접적으로 영향을 미치는 경향이 있다. 이들은 또한 수소결합 상태방정식보다 계산이 더욱 능률적이다.

D.5 추천되는 모델 결정과정

열역학 모델을 선정하는 문제에 직면하게 될 때는 적어도 먼저 적용해 볼 모델을 결정하기 위한 논리적인 과정을 알고 있는 것이 도움이 된다. 그림 D.1에 모델 결정과정이 제시되어 있다. 비극성 유체의 경우 하나의 상태방정식으로도 충분할 수 있다. 극성 유체에 대해서는 적합한 활동도 계수 모델이 선호되는데 경우에 따라서는 Hayden-O'Connell 방법, 혹은 (Peng-Robinson식과 같은) 기상에 대한 어떤 다른 상태방정식과 조합되어 이용된다. 압력이 10 bar 혹은 그 이하인 경우 이 방법으로부터 종종 만족할 만한 예측값을 얻을 수 있다. 이 방법에 의한 예측값은 가능한 최대 한도로 문헌 데이터와 대조해 보아야 한다. 이 경우 2성분계 가운데 어느 하나에 대한 알려진 실험자료가 없으면 UNIFAC을 이용하여 '가상 데이터'를 생성시킬 수 있는데 이 가상 데이터는 앞의 2성분계에 대한 Gibbs 초과에너지를 예측하는 데에 이용될 수 있다(연습문제 13.14). 압력이 10 bar보다 큰 범위에서는 모델의 선택이 그렇게 명백하지는 않다. 10 bar 이하에서는 추정값에 만족했다면 시도할 만한 가장 분명한 방법은 MHV나 Wong-Sandler 방법을 적용하는 것이다. 상거동을 예측하고자 한다면 용액의 물리화학과 보다 뚜렷한 관련이 있다는 점에서 수소결합 방정식이 좀 더 신뢰할 만한 지렛대를 제공하여 줄 것이다. 만일 용액 중에서 전기적으로 분해되거나 강하게 결합되는 화합물을 다루는 경우에는 아마도 반응과 상평형을 동시에 다루는 방법을 적용하는 것이 필요할 것이다. 이러한 종류의 시스템들은 CO_2, H_2S 그리고 아민류와 같은 화합물에 대한 기체 스트리퍼에서 흔히 나타나는 시스템이다. 이러한 시스템에 대해서는 모델로부터 얻은 추정값을, 특히 관심 있는 조건 부근에서의 실험 데이터와 대조해 보는 것이 매우 중요하다.

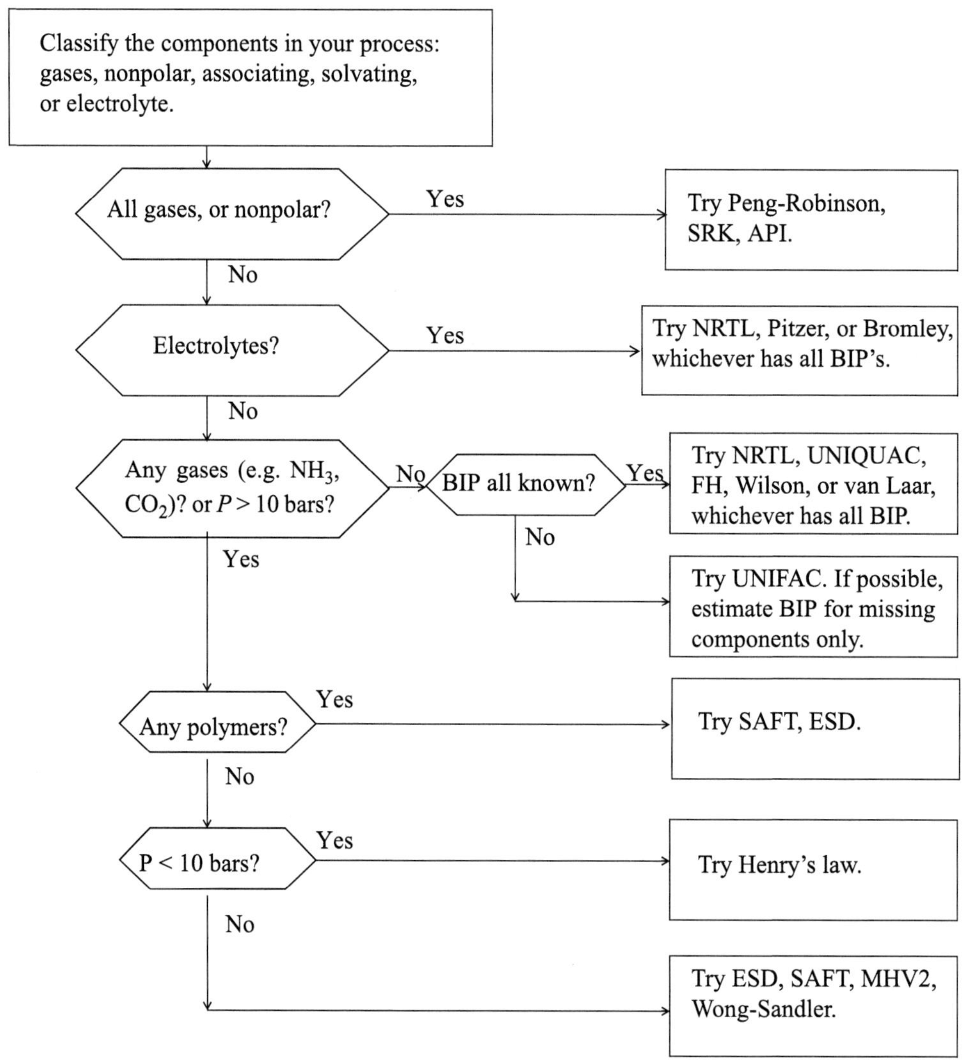

그림 D.1 • 최선의 열역학 모델을 선정하기 위한 유통도. 약자 BIP 2성분 간섭 매개변수를 의미한다.

APPENDIX E

순수성분의 물성치

E.1 이상기체의 열용량

열용량 계수는 다음 식에서 이용된다.

$$C_P = A + BT + CT^2 + DT^3$$

위에서 T의 단위는 K, C_P의 단위는 J/(molK) 이다. 이 책의 마지막 부분에 있는 빠른 참조에 주어진 열용량값은 신속히 개략적인 계산을 수행할 때에만 적당하다. 가능하다면 완전한 열용량식을 사용하여야 한다.

주의: 실온에서의 열용량값은 첫 번째 계수 A로 주어지지 않는다. 다항식의 끝 부분을 잘라내면 안 된다.

		$\Delta H_{f,298.15}$	$\Delta G_{f,298.15}$	Heat Capacity Constants			
		kJ/mol	kJ/mol	A	B	C	D
Solids: Standard state is pure solid at 298.15 K, 1 bar.							
	Carbon (graphite) (298-1300 K)	0	0	-3.958	5.586E-02	-4.548E-05	1.517E-08
	Calcium carbonate, $CaCO_3$	-1206.92	-1128.79				
	Calcium oxide, CaO	-635.09	-604.03				
	Glucose	-1273.3	-908.1				
Liquids, over the temperature range from 273.15 to 373.15 K[a]							
	Acetone			135.6	-0.1770	2.837E-4	6.89E-7
	Ammonia			188.1	8.377E-01	1.602E-03	
	Aniline			131.5	2.414E-01	-1.314E-04	
	Benzene			-6.211	5.650E-01	-3.141E-04	
	1,3-Butadiene			188.8	-7.313E-01	1.711E-03	
	Carbon tetrachloride			175.9	-4.014E-01	8.409E-04	
	Chlorobenzene			93.77	2.732E-01	-2.652E-04	
	Chloroform			159.8	-3.566E-01	6.902E-04	
	Cyclohexane			-75.23	1.175	-1.344E-03	

		$\Delta H_{f,298.15}$	$\Delta G_{f,298.15}$	Heat Capacity Constants			
		kJ/mol	kJ/mol	A	B	C	D
	Ethanol			281.6	-1.435	2.903E-03	
	Ethylene oxide			174.9	-7.184E-01	1.432E-03	
	Methanol			111.7	-4.264E-01	1.090E-03	
	Lactic acid	-682.96[b]	-521.04[b]				
	n-Propanol			3.463E+02	-1.749E+00	3.552E-03	
	Sulfur trioxide			-2.436E+01	1.140E+00	-7.045E-04	
	Toluene			1.258E+02	5.645E-02	1.359E-04	
	Triolean	-2161[b]	17,010[b]				
	Water	-285.83	-237.214	7.243E+01	1.039E-02	-1.497E-06	
Ideal gases: Standard State: Ideal Gas 298.15 K and 1 bar. [c] USE PRESSURE IN BAR WHEN USING THESE PROPERTIES							
Paraffins							
1	Methane	-74.8936	-50.45	19.25	0.05213	1.197E-05	-1.132E-08
2	Ethane	-83.82	-31.86	5.409	0.1781	-6.938E-05	8.713E-09
3	Propane	-104.68	-24.29	-4.224	0.3063	-1.586E-04	3.215E-08
4	*n*-Butane	-125.79	-16.57	9.487	0.3313	-1.108E-04	-2.822E-09
5	Isobutane	-134.99	-20.8781	-1.39	0.3847	-1.846E-04	2.895E-08
7	*n*-Pentane	-146.76	-8.65	-3.626	0.4873	-2.580E-04	5.305E-08
8	Isopentane			-9.525	0.5066	-2.729E-04	5.723E-08
9	Neopentane (2,2-Dimethylpropane)			-16.59	0.5552	-3.306E-04	7.633E-08
11	*n*-Hexane	-166.92	-0.16736	-4.413	0.528	-3.119E-04	6.494E-08
17	*n*-Heptane	-187.8	8.2	-5.146	0.6762	-3.651E-04	7.658E-08
27	*n*-Octane	-208.75	16.4013	-6.096	0.7712	-4.195E-04	8.855E-08
41	Isooctane(2,2,4-Trimethylpentane)	-224.01	13.6817	-7.461	0.7779	-4.287E-4	9.173E-8
46	*n*-Nonane	-228.74	24.97	-8.374	0.8729	-4.823E-04	1.031E-07
56	*n*-Decane	-249.46	33.18	-7.913	0.9609	-5.288E-04	1.131E-07
64	*n*-Dodecane			-9.328	1.149	-6.347E-04	1.359E-07
66	*n*-Tetradecane			-10.98	1.338	-7.423E-04	1.598E-07
68	*n*-Hexadecane	-374.17	82.15	-13.02	1.529	-8.537E-04	1.850E-07
Naphthenes							
104	Cyclopentane	-78.4	38.8693	-53.62	0.5426	-3.031E-04	6.485E-08
105	Methylcyclopentane	-106.023	35.7732	-50.11	0.6381	-3.642E-04	8.014E-08
137	Cyclohexane	-123.3	31.7566	-54.54	0.6113	-2.523E-04	1.321E-08
138	Methylcyclohexane	-154.766	27.2797	-61.92	0.7842	-4.438E-04	9.366E-08
153	cis-Decalin	-168.95	85.8138				
154	trans-Decalin	-182.297	73.4292				
Olefins and Acetylene							
201	Ethylene	52.51	68.43	3.806	0.1566	-8.348E-05	1.755E-08
202	Propylene	19.71	62.14	3.71	0.2345	-1.160E-04	2.205E-08
204	1-Butene	-0.54	70.24	-2.994	0.3532	-1.990E-04	4.463E-08
205	cis-2-Butene	-7.4	65.5				
206	trans-2-Butene	-11	63.4				
207	Isobutene	-17.1	57	16.05	0.2804	-1.091E-04	9.098E-09
209	1-Pentene			-0.134	0.4329	-2.317E-04	4.681E-08
216	1-Hexene	-41.67	87.4456				
260	1-Decene	-124.69	119.83				
270	Cyclohexene	-4.6	106.859				
303	1,3-Butadiene	109.24	149.73	-1.687	0.3419	-2.340E-04	6.335E-08
309	2-Methyl-1,3-butadiene (Isoprene)			-3.412	0.4585	-3.337E-04	1.000E-07
401	Acetylene	226.731	209.2	26.82	0.07578	-5.007E-05	1.412E-08
	Styrene			-28.25	0.6159	-4.023E-4	9.935E-8
Aromatics							
501	Benzene	82.88	129.75	-33.92	0.4739	-3.017E-04	7.130E-08
502	Toluene	50.17	122.29	-24.35	0.5125	-2.765E-04	4.911E-08
504	Ethylbenzene	29.92	130.73	-43.1	0.7072	-4.811E-04	1.301E-07

		$\Delta H_{f,298.15}$	$\Delta G_{f,298.15}$	Heat Capacity Constants			
		kJ/mol	kJ/mol	A	B	C	D
505	1,2-Dimethyl benzene	19	122.22	-15.85	0.5962	-3.443E-04	7.528E-08
506	1,3-Dimethyl benzene	17.24	119	-29.17	0.6297	-3.747E-04	8.478E-08
507	1,4-Dimethyl benzene	17.95	121.26	-1.509	0.6042	-3.374E-04	6.820E-08
510	Isopropylbenzene (Cumene)	3.93	137.15	-33.936	0.7842	-5.087E-04	1.291E-07
558	Biphenyl	182.42	281.08	-97.07	1.106	-8.855E-04	2.790E-07
601	Phenylethene	147.36	213.802				
701	Naphthalene	150.959	223.593	-68.8	0.8499	-6.506E-04	1.981E-07
702	1-Methylnaphthalene			-64.82	0.9387	-6.942E-04	2.016E-07
706	1,2,3,4-Tetrahydro-naphthalene (Tetralin)	24.2	167.1				
803	Indene	163.28	233.97				
805	Phenanthrene	206.9	308.1				
Oxygenated Hydrocarbons							
1001	Formaldehyde	-117.152	-112.968				
1002	Acetaldehyde	-166.021	-133.302				
1051	Acetone	-215.7	-151.2	6.301	0.2606	-1.253E-04	2.038E-08
1052	2-Butanone	-239	-151.9	10.94	0.3559	-1.900E-04	3.920E-08
1101	Methanol	-200.94	-162.24	21.15	0.07092	2.587E-05	-2.852E-08
1102	Ethanol	-234.95	-167.73	9.014	0.2141	-8.390E-05	1.373E-09
1103	Propanol	-255.2	-161.795	2.47	0.3325	-1.855E-04	4.296E-08
1104	2-Propanol	-272.295	-173.385	32.43	0.1885	6.406E-05	-9.261E-08
1105	Butanol	-274.6	-150.666	3.266	0.418	-2.242E-04	4.685E-08
1107	Isobutanol			-7.708	0.4689	-2.884E-04	7.231E-08
1114	1-Hexanol	-316.5	-135.562				
1181	Phenol	-96.3993	-32.8988				
1181	Glucose	-1273.3	-908.40	-54.64	1821	1.084E-3	3.775E-7
1201	Ethylene glycol	-392.878	-304.47				
1211	Propylene glycol	-425.429	-304.483				
1251	Acetic acid	-434.425	-376.685	4.84	0.2549	-1.753E-04	4.949E-08
1256	Butyric acid	-475	-355				
1281	Benzoic acid	-294.1	-210.413				
1289	Terephthalic acid	-663.331	-597.179				
1312	Methyl acetate	-408.8	-321.5				
1313	Ethyl acetate	-444.5	-327.4				
1381	Dimethyl terephthalate	-643.583	-473.646				
1479	Tetrahydrofuran (THF)			19.1	0.5162	-4.132E-04	1.454E-07
1402	Diethyl ether	-252	-122	21.42	0.3359	-1.035E-04	-9.357E-09
1403	Isopropyl ether	-318.821	-121.88				
	Ethylene oxide			-7.519	0.2222	-1.256E-04	2.592E-08
Halocarbons							
1501	Carbon tetrachloride	-95.8136	-60.6261	40.72	0.2049	-2.270E-04	8.843E-08
1502	Methyl chloride	-80.7512	-62.8855	13.88	0.1014	-3.889E-05	2.567E-09
1503	Ethyl chloride	-112.26	-59.9986				
1511	Dichloromethane	-95.3952	-68.8687				
1521	Chloroform (CHCl3)	-103.345	-68.5339	24	0.1893	-1.841E-04	6.657E-08
1562	Chlorobenzene	-32.6	74.68	-33.89	0.5631	-4.522E-04	1.426E-07
1591	Vinylidene chloride (1,1-C2H2Cl2)	2.38	25.39				
1601	Freon-12 (CCl2F2)	-493.294	-453.964	31.6	0.1782	-1.509E-04	4.342E-08
	Freon-22 (CClF2)			17.3	0.1618	-1.170E-04	3.058E-08
	Freon-11 (CCl3F)			40.98	0.1668	-1.416E-04	4.146E-08
	Freon-113 (C2Cl3F3)			61.14	0.2874	-2.420E-04	6.904E-08
Miscellaneous Gases							
899	Nitrous oxide	82.05	103.638	21.62	0.07281	-5.778E-05	1.830E-08
901	Oxygen	0	0	28.11	-3.7E-06	1.746E-05	-1.065E-08
902	Hydrogen (equilibrium)	0	0	27.14	0.009274	-1.381E-05	7.645E-09

		$\Delta H_{f,298.15}$	$\Delta G_{f,298.15}$	Heat Capacity Constants			
		kJ/mol	kJ/mol	A	B	C	D
905	Nitrogen	0	0	31.15	-0.01357	2.680E-05	-1.168E-08
908	Carbon monoxide	-110.53	-137.16	30.87	-0.01285	2.789E-05	-1.272E-08
909	Carbon dioxide	-393.51	-394.38	19.8	0.07344	-5.602E-05	1.715E-08
910	Sulfur dioxide	-296.81	-300.14	23.85	0.06699	-4.961E-05	1.328E-08
911	Sulfur trioxide	-396.0	-371.3	19.21	0.1374	-1.176E-04	3.700E-08
912	Nitric oxide	90.25	86.58	29.35	-0.00094	9.747E-06	-4.187E-09
913	Helium-4	0	0	20.8			
914	Argon	0	0	20.8			
917	Fluorine	0	0				
918	Chlorine	0	0	26.93	0.03384	-3.869E-05	1.547E-08
919	Neon	0	0	20.8			
920	Krypton	0	0	20.8			
922	Bromine	0	0	33.86	0.01125	-1.192E-05	4.534E-09
959	Xenon	0	0	20.8			
Nitrogen, Phophorous, and Sulfur Gases, etc.							
	Hydrazine (N2H4)			9.768	0.1895	-1.657E-04	6.025E-08
	Hydrogen cyanide			21.86	0.06062	-4.961E-05	1.815E-08
1701	Methylamine	-23	32.0913				
1704	Ethylamine	-48.6599	37.2794				
1772	Acetonitrile			20.48	0.1196	-4.492E-05	3.203E-09
1801	Methanethiol	-22.6	-9.5				
1802	Ethanethiol	-46	-4.5				
1820	Dimethyl sulfide	-37.2	7.4				
1877	Urea	245.81	-152.716				
1901	Sulfuric acid	-740.568	-653.469				
1902	Phosphoric acid	-1250.22	-1106.42				
1903	Nitric Acid	-133.863	-73.4459				
1904	Hydrogen chloride	-92.3074	-95.2864	30.67	-0.0072	1.246E-05	-3.898E-09
1911	Ammonia	-45.94	-16.4013	27.31	0.02383	1.707E-05	-1.185E-08
1912	Sodium hydroxide	-197.757	-200.46				
1921	Water(g)	-241.835	-228.614	32.24	0.001924	1.055E-05	-3.596E-09
1922	Hydrogen sulfide	-20.63	-33.284	31.94	0.001436	2.432E-05	-1.176E-08
1938	Carbon disulfide	116.943	66.9063	27.44	0.08127	-7.666E-05	2.673E-08

a. Smith, J.M., Van Ness, H.C., Abbott, M.M. 1996. *Introduction to Chemical Engineering Thermodynamics,* 5th edition. New York: McGraw-Hill, pg 639, and Perry's Handbook.
b. Predicted.
c. Reid, R.C., Prausnitz, J.M., Poling, B.E. 1987. *The Properties of Gases and Liquids*, 4th ed. New York: McGraw-Hill, p. 656–732.

E.2 잠열

	T_m(°C)	ΔH^{fus} kJ/mol	T^{sat}(°C) at 1.01325 bar	ΔH^{vap} kJ/mol
Acetic acid	16.6	12.09	118.2	23.7
Acetone	–95.	5.69	56.	30.2
Anthracene	216.5	28.86		
Benzene	5.53	9.837	80.1	30.765
Biphenyl	69.2	18.58		
n-Butane	–138.3	4.661	–0.6	22.305
Cyclohexane	6.7	2.677		
Ethanol	–114.6	5.021	78.5	38.58
n-Hexane	–95.32	13.03	68.74	28.85
Naphthalene	80.2	18.80		
Phenanthrene	99.2	16.46		
Phenol	40.9	11.43		
Water	0.00	6.0095	100.0	40.656

E.3 Antoine 상수

다음의 상수들은 다음 식의 계산에서 이용된다.

$$\log_{10}P^{sat} = A - \frac{B}{T+C}$$

위에서 P^{sat}의 단위는 mmHg이고 T의 단위는 °C이다. 추가의 Antoine 상수들은 Antoine.xls에 열거되어 있다.

	A	B	C	T range (°C)	Source
Acetic acid	8.02100	1936.01	258.451	18–118	a
Acetic acid	8.26735	2258.22	300.97	118–227	a
Acetone	7.63130	1566.69	273.419	57–205	a
Acetone	7.11714	1210.595	229.664	−13–55	a
Acrolein (2-propenal)	8.62876	2158.49	323.36	2.5–52	b
Benzene	6.87987	1196.76	219.161	8–80	a
Benzyl chloride	7.59716	1961.47	236.511	22–180	b
Biphenyl (solid)	13.5354	4993.37	296.072	20–40	c
1-Butanol	7.81028	1522.56	191.95	30–70	d
1-Butanol	7.75328	1506.07	191.593	70–120	d
2-Butanone	7.28066	1434.201	246.499	−6.5–80	b
Chloroform	6.95465	1170.966	226.232	−10–60	a
Ethanol	8.11220	1592.864	226.184	20–93	a
Hexane	6.91058	1189.64	226.28	−30–170	a
1-Propanol	8.37895	1788.02	227.438	−15–98	a
2-Propanol	8.87829	2010.33	252.636	−26–83	a
Methanol	8.08097	1582.271	239.726	15–84	a
Naphthalene (solid)	8.62233	2165.72	198.284	20–40	e
Pentane	6.87632	1075.78	233.205	−50–58	a
3-Pentanone	7.23064	1477.021	237.517	36–102	a
Toluene	6.95087	1342.31	219.187	−27–111	a
Water	8.07131	1730.63	233.426	1–100	a

a. Gmehling, J., 1977-. *Vapor-liquid Equilibrium Data Collection*, Frankfort, Germany: DECHEMA.
b. Fit to data from Stull, D.R. in *Perry's Chemical Engineering Handbook*, 5th ed., McGraw-Hill, pp. 3-46 to 3-62.
c. Timmermans, J., 1950. *Physio-Chemical Constants of Pure Organic Compounds*, New York: Elsevier.
d. Fit to data from *Handbook of Chemistry and Physics*, 56th ed, R.C. Weast, ed., CRC Press, 1974–75, pp. D191–D210.
e. Fit to data of Ambrose, D., Lawerenson, I.J., Sprake, C.H.S. 1975. *J. Chem. Therm.* 7:1173.

E.4 용매로서 물의 Henry 상수

Sander의 편집물에서 선택되었다. $K_H(T) = K^\circ_H \exp(d(\ln(K_H))/d(1/T)\ ((1/T) - 1/(298.15\ K))$

Compound	K°_H(mol/kg-bar)	$d\ln(K_H)/d(1/T)$ (K)	*Ref.*[a]
O_2	1.30E-03	1500	Lide and Fredrickse (1995)[b]
H_2	7.80E-04	500	Lide and Fredrickse (1995)
NH_3	61	4200	Clegg and Brimblecombe (1989)[c]
N_2	6.10E-04	1300	Kavanaugh and Trussle (1980)[d]

Compound	K°_H(mol/kg-bar)	dln(K_H)/d(1/T) (K)	Ref.[a]
Cl_2	9.50E-02	2100	Lide and Fredrickse (1995)
Br_2	7.60E-01	4100	Dean (1992)[e]
H_2S	1.00E-01	2000	Lide and Fredrickse (1995)
He	3.80E-04	92	Wilhelm et al (1977)
Ne	4.50E-04	450	Wilhelm et al (1977)
Ar	1.40E-04	1500	Wilhelm et al (1977)
Hg	9.30E-02		Clegg&Brimblecombe(1989)
CH_4	1.40E-03	1600	Lide and Fredrickse (1995)
C_2H_6	1.90E-03	2300	Lide and Fredrickse (1995)
C_3H8	1.50E-03	2700	Lide and Fredrickse (1995)
C_6H_{14}	1.00E-03	7500	Ashworth (1988)[f]
CyC_6H_{12}	5.60E-03	3200	Ashworth (1988)
1-C_6H_{12}	2.40E-03		MacKay and Shiu (1981)[g]
Benzene	1.90E-01	4300	Kavanaugh and Trussle (1980)
MTBE	1.60E+00	7700	Robbins et al. (1993)[h]
CO	9.90E-04	1300	Lide and Fredrickse (1995)
CO_2	3.50E-02	2400	Lide and Fredrickse (1995)
CH_3F	5.90E-02	2200	Wilhelm et al (1977)[i]
CHF_3	1.30E-02	3200	Wilhelm et al (1977)
CF_4	2.10E-04	1800	Wilhelm et al (1977)
CH_3Cl	1.00E-01	2800	Wilhelm et al (1977)
$CHCl_3$	2.50E-01	4600	Kavanaugh and Trussle (1980)
CCl_4	3.30E-02	4000	Ashworth (1988)

a. Selected from Sander, R. 1999. "Compilation of Henry's Law Constants for Inorganic and Organic Species of Potential Importance in Environmental Chemistry." www.mpch-mainz.mpg.de/~sander/res/henry.html (accessed 11/2011). The units in the original work are mol/(L-atm). However, note that the conversion to mol/(kg-bar) makes no numerical difference in the values truncated to the two significant digits.
b. Lide, D.R. Frederikse, H.P.R., eds. 1995. *CRC Handbook of Chemistry and Physics,* 76th Edition. Boca Raton, FL: CRC Press.
c. Brimblecombe, P. Clegg, S.L. 1988. "The solubility and behaviour of acid gases in the marine aerosol." *J. Atmos. Chem.* 7:1–18.
d. Kavanaugh, M.C. Trussell, R.R. 1980. "Design of aeration towers to strip volatile contaminants from drinking water." *J. Am. Water Works Assoc* 72:684–692.
e. Dean, J. A. 1992. *Lange's Handbook of Chemistry.* New York, NY: McGraw-Hill.
f. Ashworth, R. A., Howe, G. B., Mullins, M. E., Rogers, T. N. 1988. "Air-water partitioning coefficients of organics in dilute aqueous solutions." *J. Hazard. Mater.* 18:25–36.
g. Mackay, D., Shiu, W. Y. 1981. "A critical review of Henry's law constants for chemicals of environmental interest." *J. Phys. Chem. Ref. Data* 10:1175–1199.
h. Robbins, G. A., Wang, S., Stuart., J.D., 1993. "Using the headspace method to determine Henry's law constants." *Anal. Chem.* 65:3113–3118.
i. Wilhelm, E., Battino, R., Wilcock, R.J. "Low-pressure solubility of gases in liquid water." *Chem. Rev.* 77:219–262.

E.5 물의 유전상수

T °C	D[a]	T °C	D
0	87.90	50	69.88

T °C	D[a]	T °C	D
5	85.90	55	68.30
10	83.95	60	66.76
15	82.04	65	65.25
18	80.93	70	63.78
20	80.18	75	62.34
25	78.36	80	60.93
30	76.58	85	59.55
35	74.85	90	58.20
38	73.83	95	56.88
40	73.15	100	55.58
45	71.5		

a. Values from NSRDS-NBS 24, W.J. Hamer

E.6 Polyprotic Acid의 해리상수

25℃와 $I = 0$에서의 상수는

Diprotic Acid[a]	$pK_{a,A1}$	$pK_{a,A2}$
Carbon dioxide + H_2O[b]	6.351	10.329
H_2S	7.02	14.0
Oxalic acid	1.27	4.266
d-Tartaric acid	3.04	4.37
Succinic acid	4.207	5.636
Glutaric acid	4.34±0.01	5.43±0.02
Adipic acid	4.42±0.01	5.52±0.01
o-Phthalic acid	2.950	5.408

a. Data selected from Harris, D.C. 2007. *Quantitative Chemical Analysis*. 7th ed., New York NY: W.H. Freeman, and Smith, W., Martell, A.E., 1976–1989. *Critical Stability Constants*. 6 volumes. New York, NY: Plenum.
b. See footnote comment, Table 18.2 on page 698.

Triprotic: o-phosphoric acid, 2.148, 7.198, 12.375

Tetraprotic: citric acid, 3.128, 4.761, 6.3.96, ~16? (hydroxyl)

E.7 표준 환원 전위

다른 것들이 제시되지 않으면 298.15 K와 1 bar에서의 모든 특성들이 있다. 가스는 1 bar 부분압과 압력은 bar에서 측정된다. 몰랄 표준상태는 무한히 희석된 상태에서 하나의 몰랄 용액 상태에서 사용된다. 물에서 표준상태 조성은 순수한 물이다. 온도 계수는 $E°_T = E°_{298.15} + (dE°/dT)(T - 298.15)$ 계산을 허락한다.

Reaction[a]	E° (volts)	dE°/dT (mV/K)
Aluminum		
$Al^{3+} + 3e^- \rightleftarrows Al_{(s)}$	–1.677	0.533
$AlCl^{2+} + 3e^- \rightleftarrows Al_{(s)} + Cl^-$	–1.802	
$Al(OH)^{4-} + 3e^- \rightleftarrows Al_{(s)} + 4OH^-$	–2.328	-1.13

Reaction[a]	E° (volts)	dE°/dT (mV/K)
Bromine		
$BrO_4^- + 2H^+ + 2e^- \rightleftarrows BrO_3^- + H_2O$	1.745	–0.511
$HOBr + H^+ + e^- \rightleftarrows ½Br_{2(l)} + H_2O$	1.584	–0.75
$BrO_3^- + 6H^+ + 5e^- \rightleftarrows ½Br_{2(l)} + 3H_2O$	1.513	–0.419
$Br_{2(aq)} + 2e^- \rightleftarrows 2Br^-$	1.098	–0.499
$Br_{2(l)} + 2e^- \rightleftarrows 2Br^-$	1.078	–0.611
$Br_3^- + 2e^- \rightleftarrows 3Br^-$	1.062	–0.512
$BrO^- + H_2O + 2e^- \rightleftarrows Br^- + 2OH^-$	0.766	–0.94
$BrO_3^- + 3H_2O + 6e^- \rightleftarrows Br^- + 6OH^-$	0.613	–1.287
Carbon		
$C_2H_{2(g)} + 2H^+ + 2e^- \rightleftarrows C_2H_{4(g)}$	0.731	
$CH_3OH + 2H^+ + 2e^- \rightleftarrows CH_{4(g)} + H_2O$	0.583	–0.039
Dehydroascorbic acid + $2H^+ + 2e^- \rightleftarrows$ Ascorbic acid + H_2O	0.390	
$H_2CO + 2H^+ + 2e^- \rightleftarrows CH_3OH$	0.237	
$HCO_2H + 2H^+ + 2e^- \rightleftarrows H_2CO + H_2O$	–0.029	–0.63
$CO_{2(g)} + 2H^+ + 2e^- \rightleftarrows CO_{(g)} + H_2O$	–0.1038	–0.3977
$CO_{2(g)} + 2H^+ + 2e^- \rightleftarrows HCO_2H$	–0.114	–0.94
Chlorine		
$HClO_2 + 2H^+ + 2e^- \rightleftarrows HOCl + H_2O$	1.674	0.55
$HClO + H^+ + e^- \rightleftarrows ½Cl_{2(g)} + H_2O$	1.630	–0.27
$ClO_3^- + 6H^+ + 5e^- \rightleftarrows ½Cl_{2(l)} + 3H_2O$	1.458	–0.347
$Cl_{2(aq)} + 2e^- \rightleftarrows 2Cl^-$	1.396	–0.72
$Cl_{2(g)} + 2e^- \rightleftarrows 2Cl^-$	1.3604	–1.248
$ClO_4^- + 2H^+ + 2e^- \rightleftarrows ClO_3^- + H_2O$	1.226	–0.416
$ClO_3^- + 3H^+ + 2e^- \rightleftarrows HClO_2 + H_2O$	1.157	–0.180
$ClO_3^- + 2H^+ + e^- \rightleftarrows ClO_2 + H_2O$	1.13	0.074
$ClO_2 + e^- \rightleftarrows ClO_2^-$	1.068	–1.335
Chromium		
$Cr_2O_7^{2-} + 14H^+ + 6e^- \rightleftarrows 2Cr^{3+} + 7H_2O$	1.36	–1.32
$CrO_4^{2-} + 4H_2O + 3e^- \rightleftarrows Cr(OH)_{3(s,\ hydrated)} + 5OH^-$	–0.12	–1.62
$Cr^{3+} + e^- \rightleftarrows Cr^{2+}$	–0.42	1.4
$Cr^{3+} + 3e^- \rightleftarrows Cr_{(s)}$	–0.74	0.44
$Cr^{2+} + 2e^- \rightleftarrows Cr_{(s)}$	–0.89	–0.04

Reaction[a]	E° (volts)	dE°/dT (mV/K)
Copper		
$Cu^+ + e^- \rightleftarrows Cu_{(s)}$	0.518	–0.754
$Cu^{2+} + 2e^- \rightleftarrows Cu_{(s)}$	0.339	0.011
$Cu^{2+} + e^- \rightleftarrows Cu^+$	0.161	0.776
$Cu(OH)_{2(s)} + 2e^- \rightleftarrows Cu_{(s)} + 2OH^-$	–0.222	
Hydrogen		
$2H^+ + 2e^- \rightleftarrows H_{2(g)}$	0.000	0
$H_2O + e^- \rightleftarrows \frac{1}{2}H_{2(g)} + OH^-$	–0.8280	–0.8360
Iron		
$FeO_4^{2-} + 3H_2O + 3e^- \rightleftarrows FeOOH_{(s)} + 5OH^-$	0.80	–1.59
$Fe^{3+} + e^- \rightleftarrows Fe^{2+}$	0.771	1.175
$FeOOH_{(s)} + 3H^+ + e^- \rightleftarrows Fe^{2+} + 2H_2O$	0.74	–1.05
$Fe(glutamate)^{3+} + e^- \rightleftarrows Fe(glutamate)^{2+}$	0.240	
$FeOH^+ + H^+ + 2e^- \rightleftarrows Fe_{(s)} + H_2O$	–0.16	0.07
$Fe^{2+} + e^- \rightleftarrows Fe_{(s)}$	–0.44	0.07
$FeCO_{3(s)} + 2e^- \rightleftarrows Fe_{(s)} + CO_3^{2-}$	–0.756	–1.293
Lead		
$PbO_{2(s)} + 4H^+ + 2e^- \rightleftarrows Pb^{2+} + 2H_2O$	1.458	–0.253
$3PbO_{2(s)} + 2H_2O + 4e^- \rightleftarrows Pb_3O_{4(s)} + 4OH^-$	0.269	–1.136
$Pb_3O_{4(s)} + H_2O + 2e^- \rightleftarrows 3PbO_{(s,red)} + 2OH^-$	0.224	–1.211
$Pb_3O_{4(s)} + H_2O + 2e^- \rightleftarrows 3PbO_{(s,yellow)} + 2OH^-$	0.207	–1.177
$Pb^{2+} + 2e^- \rightleftarrows Pb_{(s)}$	–0.126	–0.395
Manganese		
$MnO_4^- + 4H^+ + 3e^- \rightleftarrows \beta\text{-}MnO_{2(s)} + 2H_2O$	1.692	–0.671
$Mn^{3+} + e^- \rightleftarrows Mn^{2+}$	1.56	1.8
$MnO_4^- + 8H^+ + 5e^- \rightleftarrows Mn^{2+} + 2H_2O$	1.507	–0.646
$Mn_2O_{3(s)} + 6H^+ + 2e^- \rightleftarrows 2Mn^{2+} + 3H_2O$	1.485	–0.926
$\beta\text{-}MnO_{2(s)} + 4H^+ + 2e^- \rightleftarrows Mn^{2+} + 2H_2O$	1.23	–0.609
$MnO_4^- + e^- \rightleftarrows MnO_4^{2-}$	0.56	–2.05
$\gamma\text{-}MnO_{2(s)} + H_2O + e^- \rightleftarrows \alpha\text{-}MnOOH_{(s)} + OH^-$	0.30	
$3Mn_2O_{3(s)} + H_2O + 2e^- \rightleftarrows 2Mn_3O_{4(s)} + 2OH^-$	0.002	–1.256
$Mn_3O_{4(s)} + 4H_2O + 2e^- \rightleftarrows 3Mn(OH)_{2(s)} + 2OH^-$	–0.352	–1.61
$Mn^{2+} + 2e^- \rightleftarrows Mn_{(s)}$	–1.182	–1.129
$Mn(OH)_{2(s)} + 2e^- \rightleftarrows Mn_{(s)}$	–1.565	–1.10

Reaction[a]	E° (volts)	dE°/dT (mV/K)
Oxygen		
$O_{3(g)} + 2H^+ + 2e^- \rightleftarrows O_{2(g)} + H_2O$	2.075	–0.489
$H_2O_{2(g)} + 2H^+ + 2e^- \rightleftarrows 2H_2O$	1.763	–0.698
$½O_{2(g)} + 2H^+ + 2e^- \rightleftarrows H_2O$	1.2291	–0.8456
$O_{2(g)} + 2H^+ + 2e^- \rightleftarrows H_2O_2$	0.695	–0.993
Ruthenium		
$RuO_{4(s)} + H_2O \rightleftarrows H_2RuO_5 \quad \log[H_2RuO_5] = -0.88$		
$RuO_4^{2-} + 4H^+ + 2e^- \rightleftarrows RuO_{2(s)} + 2H_2O$	2.005	
$RuO_4^- + 4H^+ + 3e^- \rightleftarrows RuO_{2(s)} + 2H_2O$	1.533	
$H_2RuO_5 + 4H^+ + e^- \rightleftarrows RuO_{2(s)} + 3H_2O$	1.40	
$RuO_{4(s)} + 4H^+ + 4e^- \rightleftarrows RuO_{2(s)} + 2H_2O$	1.387	
$H_2RuO_5 + e^- \rightleftarrows RuO_4^- + H_2O$	1.001	
$RuO_4^- + e^- \rightleftarrows RuO_4^{2-}$	0.589	
Zinc		
$ZnOH^+ + H^+ + 2e^- \rightleftarrows Zn_{(s)} + H_2O$	–0.497	0.03
$Zn^{2+} + 2e^- \rightleftarrows Zn_{(s)}$	–0.762	0.119
$Zn(OH)_3^- + 2e^- \rightleftarrows Zn_{(s)} + 3OH^-$	–1.183	
$Zn(OH)_4^{2-} + 2e^- \rightleftarrows Zn_{(s)} + 4OH^-$	–1.199	
$Zn(OH)_{2(s)} + 2e^- \rightleftarrows Zn_{(s)} + 2OH^-$	–1.249	
$ZnO_{(s)} + H_2O + 2e^- \rightleftarrows Zn_{(s)} + 2OH^-$	–1.260	

a. Most values from Harris, D.C. 2007. *Quantitative Chemical Analysis*. 7th ed., New York NY: W.H. Freeman. A good source for more values is Bratsch, S.G. 1989. *J. Chem. Ref. Data* 18:1, available at www.nist.gov/data/PDFfiles/jpcrd355.pdf (Oct 2011), and Bard, A.J., Parsons, R., Jordan, J. 1985. *Standard Potentials in Aqueous Solution*, New York: Marcel Dekker.

E.8 생화학적 데이터

용액의 표준상태는 Lewis-Randall 표준상태와 관련된 물을 제외하고 1 M의 이상적인 용액이다. 이 데이터는 Gibbs 에너지와 엔탈피를 이해하기 위함이다.

Name[a]	$\Delta G^o_{f,\,298.15}$ (kJ/mol)	$\Delta H^o_{f,\,298.15}$ (kJ/mol)	z_i	N_H	N_{Mg}
NADox	0	0	–1	26	0
NADred	22.65	–31.94	–2	27	0
ATP^{4-}	–2768.1	–3619.21	–4	12	0
ATP^{3-}	–2811.48	–3612.91	–3	13	0
ATP^{2-}	–2838.18	–3627.91	–2	14	0
$MgATP^{2-}$	–3258.68	–4063.31	–2	12	1
$MgHATP^{1-}$	–3287.5	–4063.01	–1	13	1
Mg_2ATP	–3729.33	–4519.51	0	12	2

Name[a]	$\Delta G^o_{f,\,298.15}$ (kJ/mol)	$\Delta H^o_{f,\,298.15}$ (kJ/mol)	z_i	N_H	N_{Mg}
ADP^{3-}	−1906.13	−2626.54	−3	12	0
$HADP^{2-}$	−1947.1	−2620.94	−2	13	0
H_2ADP^-	−1971.98	−2638.54	−1	14	0
$MgADP^-$	−2387.97	−3074.54	−1	12	1
MgHADP	−2416.67	−3075.44	0	13	1
AMP^{2-}	−1040.45	−1635.37	−2	12	0
$HAMP^-$	−1078.86	−1629.97	−1	13	0
H_2AMP	−1101.63	−1648.07	0	14	0
MgAMP	−1511.68	−2091.07	0	12	1
$HPO4^{2-}$	−1096.1	−1299	−2	1	0
$H_2PO_4^-$	−1137.3	−1302.6	−1	2	0
$MgHPO_4$	−1566.87	−1753.8	0	1	1
H^+	0	0	1	1	0
Mg^{2+}	−455.3	−467	2	0	1
$O_{2(g)}$	0	0	0	0	0
$CO_{2(g)}$	−394.36	−393.5	0	0	0
CO_3^{2-}	−527.81	−677.14	−2	0	0
HCO_3^-	−586.77	−691.99	−1	1	0
H_2CO_3	−623.11	−699.63	0	2	0
Acetaldehyde	−139	−212.23	0	4	0
Ethanol	−181.64	−288.3	0	6	0
Formate	−351	−425.55	−1	1	0
Glucose	−915.9	−1262.19	0	12	0
Glucose 6-phoshate^{2-}	−1763.94	−2276.44	−2	11	0
Glucose 6-phoshate$^-$	−1800.59	−2274.64	−1	12	0
Gluconolactone	−903.5		0	10	0
H_2O	−237.19	−285.83	0	2	0
H_2O_2	−134.03	−191.17	0	2	0
HPO_4^{2-}	−1096.1	−1299	−2	1	0
$H_2PO_4^-$	−1137.3	−1302.6	−1	2	0
Pyruvate$^-$	−472.27	−596.22	−1	3	0

a. Alberty, R.A. "Mathematical Functions for Thermodynamic Properties of Biochemical Reactants." (7/2005), Mathmatica notebook. BasicBioChemData3.nb, Wolfram Library Archive, http://library.wolfram.com/infocenter/MathSource/5704/ Accessed 11/2011.

E.9 물의 성질[1]

I. 포화온도

T (°C)	P (MPa)	V^L m³/kg	V^V m³/kg	U^L kJ/kg	ΔU^{vap} kJ/kg	U^V kJ/kg	H^L kJ/kg	ΔH^{vap} kJ/kg	H^V kJ/kg	S^L kJ/kg-K	ΔS^{vap} kJ/kg-K	S^V kJ/kg-K
0.01	0.000612	0.001000	205.9912	0.00	2374.92	2374.92	0.00	2500.92	2500.92	0.0000	9.1555	9.1555
5	0.000873	0.001000	147.0113	21.02	2360.76	2381.78	21.02	2489.04	2510.06	0.0763	8.9485	9.0248
10	0.001228	0.001000	106.3032	42.02	2346.63	2388.65	42.02	2477.19	2519.21	0.1511	8.7487	8.8998
15	0.001706	0.001001	77.8755	62.98	2332.51	2395.49	62.98	2465.35	2528.33	0.2245	8.5558	8.7803
20	0.002339	0.001002	57.7567	83.91	2318.41	2402.32	83.91	2453.52	2537.43	0.2965	8.3695	8.6660
25	0.003170	0.001003	43.3373	104.83	2304.30	2409.13	104.83	2441.68	2546.51	0.3672	8.1894	8.5566
30	0.004247	0.001004	32.8783	125.73	2290.18	2415.91	125.73	2429.82	2555.55	0.4368	8.0152	8.4520
35	0.005629	0.001006	25.2053	146.63	2276.04	2422.67	146.63	2417.92	2564.55	0.5051	7.8466	8.3517
40	0.007385	0.001008	19.5151	167.53	2261.86	2429.39	167.53	2405.98	2573.51	0.5724	7.6831	8.2555
45	0.009595	0.001010	15.2521	188.43	2247.65	2436.08	188.43	2394.00	2582.43	0.6386	7.5247	8.1633
50	0.012400	0.001012	12.0269	209.33	2233.40	2442.73	209.34	2381.95	2591.29	0.7038	7.3710	8.0748
55	0.015800	0.001015	9.5643	230.24	2219.10	2449.34	230.26	2369.83	2600.09	0.7680	7.2218	7.9898
60	0.019900	0.001017	7.6672	251.16	2204.74	2455.90	251.18	2357.65	2608.83	0.8313	7.0768	7.9081
65	0.025000	0.001020	6.1935	272.09	2190.32	2462.41	272.12	2345.38	2617.50	0.8937	6.9359	7.8296
70	0.031200	0.001023	5.0395	293.03	2175.83	2468.86	293.07	2333.03	2626.10	0.9551	6.7989	7.7540
75	0.038600	0.001026	4.1289	313.99	2161.25	2475.24	314.03	2320.57	2634.60	1.0158	6.6654	7.6812
80	0.047400	0.001029	3.4052	334.96	2146.60	2481.56	335.01	2308.01	2643.02	1.0756	6.5355	7.6111
85	0.057900	0.001032	2.8258	355.95	2131.86	2487.81	356.01	2295.32	2651.33	1.1346	6.4088	7.5434
90	0.070200	0.001036	2.3591	376.97	2117.00	2493.97	377.04	2282.49	2659.53	1.1929	6.2852	7.4781
95	0.084600	0.001040	1.9806	398.00	2102.04	2500.04	398.09	2269.52	2667.61	1.2504	6.1647	7.4151
100	0.101400	0.001043	1.6718	419.06	2086.96	2506.02	419.17	2256.40	2675.57	1.3072	6.0469	7.3541
105	0.120900	0.001047	1.4184	440.15	2071.75	2511.90	440.27	2243.12	2683.39	1.3633	5.9319	7.2952
110	0.143400	0.001052	1.2093	461.26	2056.41	2517.67	461.42	2229.64	2691.06	1.4188	5.8193	7.2381
115	0.169200	0.001056	1.0358	482.41	2040.92	2523.33	482.59	2215.99	2698.58	1.4737	5.7091	7.1828
120	0.198700	0.001060	0.8912	503.60	2025.26	2528.86	503.81	2202.12	2705.93	1.5279	5.6012	7.1291
125	0.232200	0.001065	0.7700	524.83	2009.44	2534.27	525.07	2188.03	2713.10	1.5816	5.4954	7.0770
130	0.270300	0.001070	0.6680	546.09	1993.44	2539.53	546.38	2173.70	2720.08	1.6346	5.3918	7.0264
135	0.313200	0.001075	0.5817	567.41	1977.24	2544.65	567.74	2159.13	2726.87	1.6872	5.2900	6.9772
140	0.361500	0.001080	0.5085	588.77	1960.85	2549.62	589.16	2144.28	2733.44	1.7392	5.1901	6.9293
145	0.415700	0.001085	0.4460	610.19	1944.23	2554.42	610.64	2129.16	2739.80	1.7907	5.0919	6.8826
150	0.476200	0.001091	0.3925	631.66	1927.39	2559.05	632.18	2113.75	2745.93	1.8418	4.9953	6.8371
155	0.543500	0.001096	0.3465	653.19	1910.32	2563.51	653.79	2098.02	2751.81	1.8924	4.9002	6.7926
160	0.618200	0.001102	0.3068	674.79	1892.99	2567.78	675.47	2081.97	2757.44	1.9426	4.8065	6.7491
165	0.700900	0.001108	0.2724	696.46	1875.39	2571.85	697.24	2065.57	2762.81	1.9923	4.7143	6.7066
170	0.792200	0.001114	0.2426	718.20	1857.53	2575.73	719.08	2048.82	2767.90	2.0417	4.6233	6.6650
175	0.892600	0.001121	0.2166	740.02	1839.37	2579.39	741.02	2031.69	2772.71	2.0906	4.5335	6.6241
180	1.002800	0.001127	0.1938	761.92	1820.91	2582.83	763.05	2014.16	2777.21	2.1392	4.4448	6.5840
185	1.123500	0.001134	0.1739	783.91	1802.13	2586.04	785.19	1996.22	2781.41	2.1875	4.3572	6.5447

1 Harvey, A. P, Peskin, A. P, Klein, S. A, December 1997. NIST/ASME Steam Properties, Version 2.1, NIST Standard Reference Data Program.

T (°C)	P (MPa)	V^L m^3/kg	V^V m^3/kg	U^L kJ/kg	ΔU^{vap} kJ/kg	U^V kJ/kg	H^L kJ/kg	ΔH^{vap} kJ/kg	H^V kJ/kg	S^L kJ/kg-K	ΔS^{vap} kJ/kg-K	S^V kJ/kg-K
190	1.25520	0.001141	0.1564	806.00	1783.01	2589.01	807.43	1977.85	2785.28	2.2355	4.2704	6.5059
195	1.39880	0.001149	0.1409	828.18	1763.56	2591.74	829.79	1959.03	2788.82	2.2832	4.1846	6.4678
200	1.55490	0.001157	0.1272	850.47	1743.73	2594.20	852.27	1939.74	2792.01	2.3305	4.0997	6.4302
205	1.72430	0.001164	0.1151	872.87	1723.53	2596.40	874.88	1919.95	2794.83	2.3777	4.0153	6.3930
210	1.90770	0.001173	0.1043	895.39	1702.92	2598.31	897.63	1899.64	2797.27	2.4245	3.9318	6.3563
215	2.10580	0.001181	0.0947	918.04	1681.90	2599.94	920.53	1878.79	2799.32	2.4712	3.8488	6.3200
220	2.31960	0.001190	0.0861	940.82	1660.43	2601.25	943.58	1857.37	2800.95	2.5177	3.7663	6.2840
225	2.54970	0.001199	0.0784	963.74	1638.50	2602.24	966.80	1835.35	2802.15	2.5640	3.6843	6.2483
230	2.79710	0.001209	0.0715	986.81	1616.09	2602.90	990.19	1812.71	2802.90	2.6101	3.6027	6.2128
235	3.06250	0.001219	0.0653	1010.04	1593.16	2603.20	1013.77	1789.40	2803.17	2.6561	3.5214	6.1775
240	3.34690	0.001229	0.0597	1033.44	1569.69	2603.13	1037.55	1765.41	2802.96	2.7020	3.4403	6.1423
245	3.65120	0.001240	0.0547	1057.02	1545.65	2602.67	1061.55	1740.67	2802.22	2.7478	3.3594	6.1072
250	3.97620	0.001252	0.0501	1080.79	1521.00	2601.79	1085.77	1715.16	2800.93	2.7935	3.2786	6.0721
255	4.32290	0.001264	0.0459	1104.77	1495.72	2600.49	1110.23	1688.84	2799.07	2.8392	3.1977	6.0369
260	4.69230	0.001276	0.0422	1128.97	1469.75	2598.72	1134.96	1661.64	2796.60	2.8849	3.1167	6.0016
265	5.08530	0.001289	0.0387	1153.41	1443.04	2596.45	1159.96	1633.53	2793.49	2.9307	3.0354	5.9661
270	5.50300	0.001303	0.0356	1178.10	1415.57	2593.67	1185.27	1604.42	2789.69	2.9765	2.9539	5.9304
275	5.94640	0.001318	0.0328	1203.07	1387.26	2590.33	1210.90	1574.27	2785.17	3.0224	2.8720	5.8944
280	6.41660	0.001333	0.0302	1228.33	1358.06	2586.39	1236.88	1542.99	2779.87	3.0685	2.7894	5.8579
285	6.91470	0.001349	0.0278	1253.92	1327.89	2581.81	1263.25	1510.48	2773.73	3.1147	2.7062	5.8209
290	7.44180	0.001366	0.0256	1279.86	1296.67	2576.53	1290.03	1476.67	2766.70	3.1612	2.6222	5.7834
295	7.99910	0.001385	0.0235	1306.19	1264.30	2570.49	1317.27	1441.43	2758.70	3.2080	2.5371	5.7451
300	8.58790	0.001404	0.0217	1332.95	1230.67	2563.62	1345.01	1404.63	2749.64	3.2552	2.4507	5.7059
305	9.20940	0.001425	0.0199	1360.18	1195.67	2555.85	1373.30	1366.13	2739.43	3.3028	2.3629	5.6657
310	9.86510	0.001448	0.0183	1387.93	1159.14	2547.07	1402.22	1325.73	2727.95	3.3510	2.2734	5.6244
315	10.55620	0.001472	0.0169	1416.28	1120.89	2537.17	1431.83	1283.22	2715.05	3.3998	2.1818	5.5816
320	11.28430	0.001499	0.0155	1445.31	1080.70	2526.01	1462.22	1238.37	2700.59	3.4494	2.0878	5.5372
325	12.05100	0.001528	0.0142	1475.11	1038.30	2513.41	1493.52	1190.81	2684.33	3.5000	1.9908	5.4908
330	12.85810	0.001561	0.0130	1505.80	993.35	2499.15	1525.87	1140.16	2666.03	3.5518	1.8904	5.4422
335	13.70730	0.001597	0.0118	1537.56	945.40	2482.96	1559.45	1085.90	2645.35	3.6050	1.7856	5.3906
340	14.60070	0.001638	0.0108	1570.62	893.82	2464.44	1594.53	1027.32	2621.85	3.6601	1.6755	5.3356
345	15.54060	0.001685	0.0098	1605.30	837.79	2443.09	1631.48	963.42	2594.90	3.7176	1.5586	5.2762
350	16.52940	0.001740	0.0088	1642.13	776.01	2418.14	1670.89	892.75	2563.64	3.7784	1.4326	5.2110
355	17.57010	0.001808	0.0079	1681.96	706.44	2388.40	1713.72	812.93	2526.65	3.8439	1.2941	5.1380
360	18.66600	0.001895	0.0069	1726.28	625.50	2351.78	1761.66	719.83	2481.49	3.9167	1.1369	5.0536
365	19.82140	0.002017	0.0060	1777.79	526.00	2303.79	1817.77	605.18	2422.95	4.0014	0.9483	4.9497
370	21.04360	0.002215	0.0050	1844.07	386.19	2230.26	1890.69	443.83	2334.52	4.1112	0.6900	4.8012
373.95	22.06400	0.003106	0.0031	2015.73	0.00	2015.73	2084.26	0.00	2084.26	4.4070	0.0000	4.4070

II. 포화압력

T (°C)	P (MPa)	V^L m³/kg	V^V m³/kg	U^L kJ/kg	ΔU^{vap} kJ/kg	U^V kJ/kg	H^L kJ/kg	ΔH^{vap} kJ/kg	H^V kJ/kg	S^L kJ/kg-K	ΔS^{vap} kJ/kg-K	S^V kJ/kg-K
6.97	0.001	0.001000	129.1780	29.30	2355.19	2384.49	29.30	2484.37	2513.67	0.1059	8.8690	8.9749
17.50	0.002	0.001001	66.9869	73.43	2325.47	2398.90	73.43	2459.45	2532.88	0.2606	8.4620	8.7226
24.08	0.003	0.001003	45.6532	100.98	2306.90	2407.88	100.98	2443.86	2544.84	0.3543	8.2221	8.5764
28.96	0.004	0.001004	34.7911	121.38	2293.12	2414.50	121.39	2432.28	2553.67	0.4224	8.0510	8.4734
32.87	0.005	0.001005	28.1853	137.74	2282.06	2419.80	137.75	2422.98	2560.73	0.4762	7.9176	8.3938
36.16	0.006	0.001006	23.7334	151.47	2272.76	2424.23	151.48	2415.15	2566.63	0.5208	7.8082	8.3290
39.00	0.007	0.001008	20.5245	163.34	2264.71	2428.05	163.35	2408.37	2571.72	0.5590	7.7155	8.2745
41.51	0.008	0.001008	18.0989	173.83	2257.58	2431.41	173.84	2402.37	2576.21	0.5925	7.6348	8.2273
43.76	0.009	0.001009	16.1992	183.24	2251.19	2434.43	183.25	2396.97	2580.22	0.6223	7.5635	8.1858
45.81	0.01	0.001010	14.6701	191.80	2245.36	2437.16	191.81	2392.05	2583.86	0.6492	7.4996	8.1488
60.06	0.02	0.001017	7.6480	251.40	2204.58	2455.98	251.42	2357.52	2608.94	0.8320	7.0752	7.9072
69.10	0.03	0.001022	5.2284	289.24	2178.46	2467.70	289.27	2335.28	2624.55	0.9441	6.8234	7.7675
75.86	0.04	0.001026	3.9930	317.58	2158.75	2476.33	317.62	2318.43	2636.05	1.0261	6.6429	7.6690
81.32	0.05	0.001030	3.2400	340.49	2142.72	2483.21	340.54	2304.68	2645.22	1.0912	6.5018	7.5930
85.93	0.06	0.001033	2.7317	359.85	2129.10	2488.95	359.91	2292.95	2652.86	1.1455	6.3856	7.5311
89.93	0.07	0.001036	2.3648	376.68	2117.20	2493.88	376.75	2282.67	2659.42	1.1921	6.2869	7.4790
93.49	0.08	0.001039	2.0871	391.63	2106.58	2498.21	391.71	2273.47	2665.18	1.2330	6.2009	7.4339
96.69	0.09	0.001041	1.8694	405.10	2096.97	2502.07	405.20	2265.11	2670.31	1.2696	6.1247	7.3943
99.61	0.1	0.001043	1.6939	417.40	2088.15	2505.55	417.50	2257.45	2674.95	1.3028	6.0561	7.3589
120.21	0.2	0.001061	0.8857	504.49	2024.60	2529.09	504.70	2201.53	2706.23	1.5302	5.5967	7.1269
133.52	0.3	0.001073	0.6058	561.11	1982.04	2543.15	561.43	2163.45	2724.88	1.6717	5.3199	6.9916
143.61	0.4	0.001084	0.4624	604.22	1948.88	2553.10	604.66	2133.39	2738.05	1.7765	5.1190	6.8955
151.83	0.5	0.001093	0.3748	639.54	1921.17	2560.71	640.09	2108.02	2748.11	1.8604	4.9603	6.8207
158.83	0.6	0.001101	0.3156	669.72	1897.07	2566.79	670.38	2085.76	2756.14	1.9308	4.8285	6.7593
164.95	0.7	0.001108	0.2728	696.23	1875.58	2571.81	697.00	2065.75	2762.75	1.9918	4.7153	6.7071
170.41	0.8	0.001115	0.2403	719.97	1856.06	2576.03	720.86	2047.44	2768.30	2.0457	4.6159	6.6616
175.35	0.9	0.001121	0.2149	741.55	1838.09	2579.64	742.56	2030.47	2773.03	2.0941	4.5272	6.6213
179.88	1	0.001127	0.1944	761.39	1821.36	2582.75	762.52	2014.59	2777.11	2.1381	4.4469	6.5850
187.96	1.2	0.001139	0.1633	796.96	1790.87	2587.83	798.33	1985.41	2783.74	2.2159	4.3058	6.5217
195.04	1.4	0.001149	0.1408	828.36	1763.40	2591.76	829.97	1958.88	2788.85	2.2835	4.1840	6.4675
201.37	1.6	0.001159	0.1237	856.60	1738.23	2594.83	858.46	1934.36	2792.82	2.3435	4.0764	6.4199
207.11	1.8	0.001168	0.1104	882.37	1714.87	2597.24	884.47	1911.44	2795.91	2.3975	3.9800	6.3775
212.38	2	0.001177	0.0996	906.15	1692.97	2599.12	908.50	1889.79	2798.29	2.4468	3.8922	6.3390
223.95	2.5	0.001197	0.0799	958.91	1643.15	2602.06	961.91	1840.02	2801.93	2.5543	3.7015	6.2558
233.85	3	0.001217	0.0667	1004.69	1598.47	2603.16	1008.34	1794.81	2803.15	2.6456	3.5400	6.1856
242.56	3.5	0.001235	0.0571	1045.47	1557.47	2602.94	1049.80	1752.84	2802.64	2.7254	3.3989	6.1243
250.35	4	0.001253	0.0498	1082.48	1519.24	2601.72	1087.49	1713.33	2800.82	2.7968	3.2728	6.0696
257.44	4.5	0.001270	0.0441	1116.53	1483.15	2599.68	1122.25	1675.70	2797.95	2.8615	3.1582	6.0197
263.94	5	0.001286	0.0394	1148.21	1448.77	2596.98	1154.64	1639.57	2794.21	2.9210	3.0527	5.9737
275.59	6	0.001319	0.0324	1206.01	1383.89	2589.90	1213.92	1570.67	2784.59	3.0278	2.8623	5.8901
285.83	7	0.001352	0.0274	1258.20	1322.78	2580.98	1267.66	1504.97	2772.63	3.1224	2.6924	5.8148
295.01	8	0.001385	0.0235	1306.23	1264.25	2570.48	1317.31	1441.37	2758.68	3.2081	2.5369	5.7450

T (°C)	P (MPa)	V^L m³/kg	V^V m³/kg	U^L kJ/kg	ΔU^{vap} kJ/kg	U^V kJ/kg	H^L kJ/kg	ΔH^{vap} kJ/kg	H^V kJ/kg	S^L kJ/kg-K	ΔS^{vap} kJ/kg-K	S^V kJ/kg-K
303.35	9	0.001418	0.0205	1351.11	1207.42	2558.53	1363.87	1379.07	2742.94	3.2870	2.3921	5.6791
311.00	10	0.001453	0.0180	1393.54	1151.65	2545.19	1408.06	1317.43	2725.49	3.3607	2.2553	5.6160
327.81	12.5	0.001546	0.0135	1492.26	1013.35	2505.61	1511.58	1162.73	2674.31	3.5290	1.9348	5.4638
342.16	15	0.001657	0.0103	1585.35	870.27	2455.62	1610.20	1000.50	2610.70	3.6846	1.6260	5.3106
354.67	17.5	0.001803	0.0079	1679.22	711.32	2390.54	1710.77	818.53	2529.30	3.8394	1.3037	5.1431
365.75	20	0.002040	0.0059	1786.41	508.63	2295.04	1827.21	585.14	2412.35	4.0156	0.9159	4.9315
373.95	22.06400	0.003106	0.0031	2015.73	0.00	2015.73	2084.26	0.00	2084.26	4.4070	0.0000	4.4070

III. 과열증기

P = 0.01MPa	(45.8)			
T(°C)	V(m³/kg)	U(kJ/kg)	H(kJ/kg)	S(kJ/kg-K)
45.8	14.6701	2437.2	2583.9	8.1488
50	14.9139	2443.3	2592.4	8.1755
100	17.1964	2515.5	2687.5	8.4489
150	19.5132	2587.9	2783.0	8.6892
200	21.8256	2661.3	2879.6	8.9049
250	24.1361	2736.1	2977.4	9.1015
300	26.4456	2812.3	3076.7	9.2827
350	28.7545	2890.0	3177.5	9.4513
400	31.0631	2969.3	3279.9	9.6094
450	33.3714	3050.3	3384.0	9.7584
500	35.6796	3132.9	3489.7	9.8998
550	37.9876	3217.2	3597.1	10.0344
600	40.2956	3303.3	3706.3	10.1631
650	42.6035	3391.2	3817.2	10.2866
700	44.9113	3480.8	3929.9	10.4055
750	47.2191	3572.2	4044.4	10.5202
800	49.5269	3665.3	4160.6	10.6311
850	51.8347	3760.3	4278.6	10.7386
900	54.1424	3856.9	4398.3	10.8429
950	56.4501	3955.2	4519.7	10.9442
1000	58.7578	4055.2	4642.8	11.0428
1050	61.0655	4156.8	4767.5	11.1389
1100	63.3732	4260.0	4893.7	11.2325
1150	65.6808	4364.7	5021.5	11.3239
1200	67.9885	4470.9	5150.7	11.4132
1250	70.2961	4578.4	5281.4	11.5004
1300	72.6038	4687.4	5413.4	11.5857

P = 0.05MPa	(81.3)			
T(°C)	V(m³/kg)	U(kJ/kg)	H(kJ/kg)	S(kJ/kg-K)
81.3	3.2400	2483.2	2645.2	7.5930
100	3.4187	2511.5	2682.4	7.6953
150	3.8897	2585.7	2780.2	7.9413
200	4.3562	2660.0	2877.8	8.1592
250	4.8206	2735.1	2976.1	8.3568
300	5.2840	2811.6	3075.8	8.5386
350	5.7469	2889.4	3176.8	8.7076
400	6.2094	2968.9	3279.3	8.8659
450	6.6717	3049.9	3383.5	9.0151
500	7.1338	3132.6	3489.3	9.1566
550	7.5957	3217.0	3596.8	9.2913
600	8.0576	3303.1	3706.0	9.4201
650	8.5195	3391.0	3816.9	9.5436
700	8.9812	3480.6	3929.7	9.6625
750	9.4430	3572.0	4044.2	9.7773
800	9.9047	3665.2	4160.4	9.8882
850	10.3663	3760.1	4278.5	9.9957
900	10.8280	3856.8	4398.2	10.1000
950	11.2896	3955.1	4519.6	10.2014
1000	11.7513	4055.1	4642.7	10.3000
1050	12.2129	4156.8	4767.4	10.3960
1100	12.6745	4259.9	4893.7	10.4897
1150	13.1361	4364.6	5021.4	10.5811
1200	13.5977	4470.8	5150.7	10.6703
1250	14.0592	4578.4	5281.3	10.7576
1300	14.5208	4687.3	5413.3	10.8428

P = 0.10MPa	(99.6)			
T(°C)	V(m³/kg)	U(kJ/kg)	H(kJ/kg)	S(kJ/kg-K)
99.6	1.6939	2505.6	2675.0	7.3588
100	1.6959	2506.2	2675.8	7.3610
150	1.9367	2582.9	2776.6	7.6148
200	2.1724	2658.2	2875.5	7.8356
250	2.4062	2733.9	2974.5	8.0346
300	2.6388	2810.6	3074.5	8.2172
350	2.8710	2888.7	3175.8	8.3866
400	3.1027	2968.3	3278.6	8.5452
450	3.3342	3049.4	3382.8	8.6946
500	3.5655	3132.2	3488.7	8.8361
550	3.7968	3216.6	3596.3	8.9709
600	4.0279	3302.8	3705.6	9.0998
650	4.2590	3390.7	3816.6	9.2234
700	4.4900	3480.4	3929.4	9.3424
750	4.7209	3571.8	4043.9	9.4572
800	4.9519	3665.0	4160.2	9.5681
850	5.1828	3760.0	4278.2	9.6757
900	5.4137	3856.6	4398.0	9.7800
950	5.6446	3955.0	4519.5	9.8813
1000	5.8754	4055.0	4642.6	9.9800
1050	6.1063	4156.6	4767.3	10.0761
1100	6.3371	4259.8	4893.5	10.1697
1150	6.5680	4364.5	5021.3	10.2611
1200	6.7988	4470.7	5150.6	10.3504
1250	7.0296	4578.3	5281.2	10.4376
1300	7.2604	4687.2	5413.2	10.5229

$P = 0.20$MPa (120.3)

T(°C)	V(m^3/kg)	U(kJ/kg)	H(kJ/kg)	S(kJ/kg-K)
120.3	0.8857	2529.1	2706.2	7.1269
150	0.9599	2577.1	2769.1	7.2810
200	1.0805	2654.6	2870.7	7.5081
250	1.1989	2731.4	2971.2	7.7100
300	1.3162	2808.8	3072.1	7.8941
350	1.4330	2887.3	3173.9	8.0644
400	1.5493	2967.1	3277.0	8.2236
450	1.6655	3048.5	3381.6	8.3734
500	1.7814	3131.4	3487.7	8.5152
550	1.8973	3215.9	3595.4	8.6502
600	2.0130	3302.2	3704.8	8.7792
650	2.1287	3390.2	3815.9	8.9030
700	2.2443	3479.9	3928.8	9.0220
750	2.3599	3571.4	4043.4	9.1369
800	2.4755	3664.7	4159.8	9.2479
850	2.5910	3759.6	4277.8	9.3555
900	2.7066	3856.3	4397.6	9.4598
950	2.8221	3954.7	4519.1	9.5612
1000	2.9375	4054.8	4642.3	9.6599
1050	3.0530	4156.4	4767.0	9.7560
1100	3.1685	4259.6	4893.3	9.8497
1150	3.2839	4364.3	5021.1	9.9411
1200	3.3994	4470.5	5150.4	10.0304
1250	3.5148	4578.1	5281.1	10.1176
1300	3.6302	4687.0	5413.1	10.2029

$P = 0.30$MPa (133.5)

T(°C)	V(m^3/kg)	U(kJ/kg)	H(kJ/kg)	S(kJ/kg-K)
133.5	0.6058	2543.2	2724.9	6.9916
150	0.6340	2571.0	2761.2	7.0791
200	0.7164	2651.0	2865.9	7.3131
250	0.7964	2728.9	2967.9	7.5180
300	0.8753	2807.0	3069.6	7.7037
350	0.9536	2885.9	3172.0	7.8750
400	1.0315	2966.0	3275.5	8.0347
450	1.1092	3047.5	3380.3	8.1849
500	1.1867	3130.6	3486.6	8.3271
550	1.2641	3215.3	3594.5	8.4623
600	1.3414	3301.6	3704.0	8.5914
650	1.4186	3389.7	3815.3	8.7153
700	1.4958	3479.5	3928.2	8.8344
750	1.5729	3571.0	4042.9	8.9494
800	1.6500	3664.3	4159.3	9.0604
850	1.7271	3759.3	4277.4	9.1680
900	1.8042	3856.0	4397.3	9.2724
950	1.8812	3954.4	4518.8	9.3739
1000	1.9582	4054.5	4642.0	9.4726
1050	2.0352	4156.2	4766.7	9.5687
1100	2.1122	4259.4	4893.1	9.6624
1150	2.1892	4364.1	5020.9	9.7538
1200	2.2662	4470.3	5150.2	9.8431
1250	2.3432	4577.9	5280.9	9.9303
1300	2.4202	4686.9	5412.9	10.0156

$P = 0.40$MPa (143.6)

T(°C)	V(m^3/kg)	U(kJ/kg)	H(kJ/kg)	S(kJ/kg-K)
143.6	0.4624	2553.1	2738.1	6.8955
150	0.4709	2564.4	2752.8	6.9306
200	0.5343	2647.2	2860.9	7.1723
250	0.5952	2726.4	2964.5	7.3804
300	0.6549	2805.1	3067.1	7.5677
350	0.7140	2884.4	3170.0	7.7399
400	0.7726	2964.9	3273.9	7.9002
450	0.8311	3046.6	3379.0	8.0508
500	0.8894	3129.8	3485.5	8.1933
550	0.9475	3214.6	3593.6	8.3287
600	1.0056	3301.0	3703.2	8.4580
650	1.0636	3389.1	3814.6	8.5820
700	1.1215	3479.0	3927.6	8.7012
750	1.1794	3570.6	4042.4	8.8162
800	1.2373	3663.9	4158.8	8.9273
850	1.2951	3759.0	4277.0	9.0350
900	1.3530	3855.7	4396.9	9.1394
950	1.4108	3954.2	4518.5	9.2409
1000	1.4686	4054.3	4641.7	9.3396
1050	1.5264	4155.9	4766.5	9.4357
1100	1.5841	4259.2	4892.8	9.5295
1150	1.6419	4363.9	5020.7	9.6209
1200	1.6997	4470.1	5150.0	9.7102
1250	1.7574	4577.8	5280.7	9.7975
1300	1.8152	4686.7	5412.8	9.8828

$P = 0.50$MPa (151.8)

T(°C)	V(m^3/kg)	U(kJ/kg)	H(kJ/kg)	S(kJ/kg-K)
151.8	0.3748	2560.7	2748.1	6.8207
200	0.4250	2643.3	2855.8	7.0610
250	0.4744	2723.8	2961.0	7.2724
300	0.5226	2803.2	3064.6	7.4614
350	0.5702	2883.0	3168.1	7.6346
400	0.6173	2963.7	3272.3	7.7955
450	0.6642	3045.6	3377.7	7.9465
500	0.7109	3129.0	3484.5	8.0892
550	0.7576	3213.9	3592.7	8.2249
600	0.8041	3300.4	3702.5	8.3543
650	0.8505	3388.6	3813.9	8.4784
700	0.8970	3478.5	3927.0	8.5977
750	0.9433	3570.2	4041.8	8.7128
800	0.9897	3663.6	4158.4	8.8240
850	1.0360	3758.6	4276.6	8.9317

$P = 0.60$MPa (158.8)

T(°C)	V(m^3/kg)	U(kJ/kg)	H(kJ/kg)	S(kJ/kg-K)
158.8	0.3156	2566.8	2756.1	6.7593
200	0.3521	2639.3	2850.6	6.9683
250	0.3939	2721.2	2957.6	7.1832
300	0.4344	2801.4	3062.0	7.3740
350	0.4743	2881.6	3166.1	7.5481
400	0.5137	2962.5	3270.8	7.7097
450	0.5530	3044.7	3376.5	7.8611
500	0.5920	3128.2	3483.4	8.0041
550	0.6309	3213.2	3591.8	8.1399
600	0.6698	3299.8	3701.7	8.2695
650	0.7085	3388.1	3813.2	8.3937
700	0.7472	3478.1	3926.4	8.5131
750	0.7859	3569.8	4041.3	8.6283
800	0.8246	3663.2	4157.9	8.7395
850	0.8632	3758.3	4276.2	8.8472

$P = 0.80$MPa (170.4)

T(°C)	V(m^3/kg)	U(kJ/kg)	H(kJ/kg)	S(kJ/kg-K)
170.4	0.2403	2576.0	2768.3	6.6616
200	0.2609	2631.0	2839.7	6.8176
250	0.2932	2715.9	2950.4	7.0401
300	0.3242	2797.5	3056.9	7.2345
350	0.3544	2878.6	3162.2	7.4106
400	0.3843	2960.2	3267.6	7.5734
450	0.4139	3042.8	3373.9	7.7257
500	0.4433	3126.6	3481.3	7.8692
550	0.4726	3211.9	3590.0	8.0054
600	0.5019	3298.7	3700.1	8.1354
650	0.5310	3387.1	3811.9	8.2598
700	0.5601	3477.2	3925.3	8.3794
750	0.5892	3569.0	4040.3	8.4947
800	0.6182	3662.4	4157.0	8.6061
850	0.6472	3757.6	4275.4	8.7139

T(°C)	V(m³/kg)	U(kJ/kg)	H(kJ/kg)	S(kJ/kg-K)
900	1.0823	3855.4	4396.6	9.0362
950	1.1285	3953.9	4518.2	9.1377
1000	1.1748	4054.0	4641.4	9.2364
1050	1.2210	4155.7	4766.2	9.3326
1100	1.2673	4259.0	4892.6	9.4263
1150	1.3135	4363.7	5020.5	9.5178
1200	1.3597	4470.0	5149.8	9.6071
1250	1.4059	4577.6	5280.5	9.6944
1300	1.4521	4686.6	5412.6	9.7797

T(°C)	V(m³/kg)	U(kJ/kg)	H(kJ/kg)	S(kJ/kg-K)
900	0.9018	3855.1	4396.2	8.9518
950	0.9404	3953.6	4517.8	9.0533
1000	0.9789	4053.7	4641.1	9.1521
1050	1.0175	4155.5	4766.0	9.2482
1100	1.0560	4258.7	4892.4	9.3420
1150	1.0946	4363.5	5020.3	9.4335
1200	1.1331	4469.8	5149.6	9.5228
1250	1.1716	4577.4	5280.4	9.6101
1300	1.2101	4686.4	5412.5	9.6954

T(°C)	V(m³/kg)	U(kJ/kg)	H(kJ/kg)	S(kJ/kg-K)
900	0.6762	3854.5	4395.5	8.8185
950	0.7052	3953.1	4517.2	8.9201
1000	0.7341	4053.2	4640.5	9.0189
1050	0.7630	4155.0	4765.4	9.1151
1100	0.7920	4258.3	4891.9	9.2089
1150	0.8209	4363.1	5019.8	9.3004
1200	0.8498	4469.4	5149.2	9.3898
1250	0.8787	4577.1	5280.0	9.4771
1300	0.9076	4686.1	5412.2	9.5625

$P = 1.00$MPa (179.9)

T(°C)	V(m³/kg)	U(kJ/kg)	H(kJ/kg)	S(kJ/kg-K)
179.9	0.1944	2582.8	2777.1	6.5850
200	0.2060	2622.2	2828.3	6.6955
250	0.2327	2710.4	2943.1	6.9265
300	0.2580	2793.6	3051.6	7.1246
350	0.2825	2875.7	3158.2	7.3029
400	0.3066	2957.9	3264.5	7.4669
450	0.3304	3040.9	3371.3	7.6200
500	0.3541	3125.0	3479.1	7.7641
550	0.3777	3210.5	3588.1	7.9008
600	0.4011	3297.5	3698.6	8.0310
650	0.4245	3386.0	3810.5	8.1557
700	0.4478	3476.2	3924.1	8.2755
750	0.4711	3568.1	4039.3	8.3909
800	0.4944	3661.7	4156.1	8.5024
850	0.5176	3757.0	4274.6	8.6103
900	0.5408	3853.9	4394.8	8.7150
950	0.5640	3952.5	4516.5	8.8166
1000	0.5872	4052.7	4639.9	8.9155
1050	0.6104	4154.5	4764.9	9.0118
1100	0.6335	4257.9	4891.4	9.1056
1150	0.6567	4362.7	5019.4	9.1972
1200	0.6798	4469.0	5148.9	9.2866
1250	0.7030	4576.7	5279.7	9.3739
1300	0.7261	4685.8	5411.9	9.4593

$P = 1.20$MPa (188.0)

T(°C)	V(m³/kg)	U(kJ/kg)	H(kJ/kg)	S(kJ/kg-K)
188.0	0.1633	2587.8	2783.7	6.5217
200	0.1693	2612.9	2816.1	6.5909
250	0.1924	2704.7	2935.6	6.8313
300	0.2139	2789.7	3046.3	7.0335
350	0.2346	2872.7	3154.2	7.2139
400	0.2548	2955.5	3261.3	7.3793
450	0.2748	3038.9	3368.7	7.5332
500	0.2946	3123.4	3476.9	7.6779
550	0.3143	3209.1	3586.3	7.8150
600	0.3339	3296.3	3697.0	7.9455
650	0.3535	3385.0	3809.2	8.0704
700	0.3730	3475.3	3922.9	8.1904
750	0.3924	3567.3	4038.2	8.3060
800	0.4118	3661.0	4155.2	8.4176
850	0.4312	3756.3	4273.8	8.5256
900	0.4506	3853.3	4394.0	8.6303
950	0.4699	3952.0	4515.9	8.7320
1000	0.4893	4052.2	4639.4	8.8310
1050	0.5086	4154.1	4764.4	8.9273
1100	0.5279	4257.5	4891.0	9.0212
1150	0.5472	4362.3	5019.0	9.1128
1200	0.5665	4468.7	5148.5	9.2022
1250	0.5858	4576.4	5279.3	9.2895
1300	0.6051	4685.4	5411.5	9.3749

$P = 1.40$MPa (195.0)

T(°C)	V(m³/kg)	U(kJ/kg)	H(kJ/kg)	S(kJ/kg-K)
195.0	0.1408	2591.8	2788.9	6.4675
200	0.1430	2602.7	2803.0	6.4975
250	0.1636	2698.9	2927.9	6.7488
300	0.1823	2785.7	3040.9	6.9552
350	0.2003	2869.7	3150.1	7.1379
400	0.2178	2953.1	3258.1	7.3046
450	0.2351	3037.0	3366.1	7.4594
500	0.2522	3121.8	3474.8	7.6047
550	0.2691	3207.7	3584.5	7.7422
600	0.2860	3295.1	3695.4	7.8730
650	0.3028	3384.0	3807.8	7.9982
700	0.3195	3474.4	3921.7	8.1183
750	0.3362	3566.5	4037.2	8.2340
800	0.3529	3660.2	4154.3	8.3457
850	0.3695	3755.6	4273.0	8.4538
900	0.3861	3852.7	4393.3	8.5587
950	0.4027	3951.4	4515.2	8.6604
1000	0.4193	4051.7	4638.8	8.7594
1050	0.4359	4153.6	4763.9	8.8558
1100	0.4525	4257.0	4890.5	8.9497
1150	0.4690	4361.9	5018.6	9.0413
1200	0.4856	4468.3	5148.1	9.1308
1250	0.5021	4576.0	5279.0	9.2182
1300	0.5187	4685.1	5411.2	9.3036

$P = 1.60$MPa (201.4)

T(°C)	V(m³/kg)	U(kJ/kg)	H(kJ/kg)	S(kJ/kg-K)
201.4	0.1237	2594.8	2792.8	6.4199
250	0.1419	2692.9	2919.9	6.6753
300	0.1587	2781.6	3035.4	6.8863
350	0.1746	2866.6	3146.0	7.0713
400	0.1901	2950.7	3254.9	7.2394
450	0.2053	3035.0	3363.5	7.3950
500	0.2203	3120.1	3472.6	7.5409
550	0.2352	3206.3	3582.6	7.6788

$P = 1.80$MPa (207.1)

T(°C)	V(m³/kg)	U(kJ/kg)	H(kJ/kg)	S(kJ/kg-K)
207.1	0.1104	2597.2	2795.9	6.3775
250	0.1250	2686.7	2911.7	6.6087
300	0.1402	2777.4	3029.9	6.8246
350	0.1546	2863.6	3141.8	7.0120
400	0.1685	2948.3	3251.6	7.1814
450	0.1821	3033.1	3360.9	7.3380
500	0.1955	3118.5	3470.4	7.4845
550	0.2088	3205.0	3580.8	7.6228

$P = 2.00$MPa (212.4)

T(°C)	V(m³/kg)	U(kJ/kg)	H(kJ/kg)	S(kJ/kg-K)
212.4	0.0996	2599.1	2798.3	6.3390
250	0.1115	2680.2	2903.2	6.5475
300	0.1255	2773.2	3024.2	6.7684
350	0.1386	2860.5	3137.7	6.9583
400	0.1512	2945.9	3248.3	7.1292
450	0.1635	3031.1	3358.2	7.2866
500	0.1757	3116.9	3468.2	7.4337
550	0.1877	3203.6	3579.0	7.5725

600	0.2500	3293.9	3693.9	7.8100	600	0.2220	3292.7	3692.3	7.7543	600	0.1996	3291.5	3690.7	7.7043
650	0.2647	3382.9	3806.5	7.9354	650	0.2351	3381.9	3805.1	7.8799	650	0.2115	3380.8	3803.8	7.8302
700	0.2794	3473.5	3920.5	8.0557	700	0.2482	3472.6	3919.4	8.0004	700	0.2233	3471.6	3918.2	7.9509
750	0.2940	3565.7	4036.1	8.1716	750	0.2613	3564.9	4035.1	8.1164	750	0.2350	3564.0	4034.1	8.0670
800	0.3087	3659.5	4153.3	8.2834	800	0.2743	3658.8	4152.4	8.2284	800	0.2467	3658.0	4151.5	8.1790
850	0.3232	3755.0	4272.2	8.3916	850	0.2872	3754.3	4271.3	8.3367	850	0.2584	3753.6	4270.5	8.2874
900	0.3378	3852.1	4392.6	8.4965	900	0.3002	3851.5	4391.9	8.4416	900	0.2701	3850.9	4391.1	8.3925
950	0.3523	3950.9	4514.6	8.5984	950	0.3131	3950.3	4514.0	8.5435	950	0.2818	3949.8	4513.3	8.4945
1000	0.3669	4051.2	4638.2	8.6974	1000	0.3261	4050.7	4637.6	8.6426	1000	0.2934	4050.2	4637.0	8.5936
1050	0.3814	4153.1	4763.4	8.7938	1050	0.3390	4152.7	4762.8	8.7391	1050	0.3051	4152.2	4762.3	8.6901
1100	0.3959	4256.6	4890.0	8.8878	1100	0.3519	4256.2	4889.5	8.8331	1100	0.3167	4255.7	4889.1	8.7842
1150	0.4104	4361.5	5018.2	8.9794	1150	0.3648	4361.1	5017.7	8.9248	1150	0.3283	4360.7	5017.3	8.8759
1200	0.4249	4467.9	5147.7	9.0689	1200	0.3777	4467.5	5147.3	9.0143	1200	0.3399	4467.2	5147.0	8.9654
1250	0.4394	4575.7	5278.7	9.1563	1250	0.3905	4575.3	5278.3	9.1017	1250	0.3515	4575.0	5278.0	9.0529
1300	0.4538	4684.8	5410.9	9.2417	1300	0.4034	4684.5	5410.6	9.1872	1300	0.3631	4684.1	5410.3	9.1384

$P = 2.50$MPa		(224.0)			$P = 3.00$MPa		(233.9)			$P = 3.50$MPa		(242.6)		
T(°C)	V(m^3/kg)	U(kJ/kg)	H(kJ/kg)	S(kJ/kg-K)	T(°C)	V(m^3/kg)	U(kJ/kg)	H(kJ/kg)	S(kJ/kg-K)	T(°C)	V(m^3/kg)	U(kJ/kg)	H(kJ/kg)	S(kJ/kg-K)
224.0	0.0799	2602.1	2801.9	6.2558	233.9	0.0667	2603.2	2803.2	6.1856	242.6	0.0571	2602.9	2802.6	6.1243
250	0.0871	2663.3	2880.9	6.4107	250	0.0706	2644.7	2856.5	6.2893	250	0.0588	2624.0	2829.7	6.1764
300	0.0989	2762.2	3009.6	6.6459	300	0.0812	2750.8	2994.3	6.5412	300	0.0685	2738.8	2978.4	6.4484
350	0.1098	2852.5	3127.0	6.8424	350	0.0906	2844.4	3116.1	6.7449	350	0.0768	2836.0	3104.8	6.6601
400	0.1201	2939.8	3240.1	7.0170	400	0.0994	2933.5	3231.7	6.9234	400	0.0846	2927.2	3223.2	6.8427
450	0.1302	3026.2	3351.6	7.1767	450	0.1079	3021.2	3344.8	7.0856	450	0.0920	3016.1	3338.0	7.0074
500	0.1400	3112.8	3462.7	7.3254	500	0.1162	3108.6	3457.2	7.2359	500	0.0992	3104.5	3451.6	7.1593
550	0.1497	3200.1	3574.3	7.4653	550	0.1244	3196.6	3569.7	7.3768	550	0.1063	3193.1	3565.0	7.3014
600	0.1593	3288.5	3686.8	7.5979	600	0.1324	3285.5	3682.8	7.5103	600	0.1133	3282.5	3678.9	7.4356
650	0.1689	3378.2	3800.4	7.7243	650	0.1405	3375.6	3796.9	7.6373	650	0.1202	3372.9	3793.5	7.5633
700	0.1783	3469.3	3915.2	7.8455	700	0.1484	3467.0	3912.2	7.7590	700	0.1270	3464.7	3909.3	7.6854
750	0.1878	3562.0	4031.5	7.9620	750	0.1563	3559.9	4028.9	7.8758	750	0.1338	3557.8	4026.3	7.8027
800	0.1972	3656.2	4149.2	8.0743	800	0.1642	3654.3	4146.9	7.9885	800	0.1406	3652.5	4144.6	7.9156
850	0.2066	3752.0	4268.5	8.1830	850	0.1720	3750.3	4266.5	8.0973	850	0.1474	3748.6	4264.4	8.0247
900	0.2160	3849.4	4389.3	8.2882	900	0.1799	3847.9	4387.5	8.2028	900	0.1541	3846.4	4385.7	8.1303
950	0.2253	3948.4	4511.7	8.3904	950	0.1877	3947.0	4510.1	8.3051	950	0.1608	3945.6	4508.4	8.2328
1000	0.2347	4048.9	4635.6	8.4896	1000	0.1955	4047.7	4634.1	8.4045	1000	0.1675	4046.4	4632.7	8.3324
1050	0.2440	4151.0	4761.0	8.5863	1050	0.2033	4149.9	4759.7	8.5012	1050	0.1742	4148.7	4758.4	8.4292
1100	0.2533	4254.7	4887.9	8.6804	1100	0.2111	4253.6	4886.7	8.5955	1100	0.1809	4252.5	4885.6	8.5235
1150	0.2626	4359.7	5016.2	8.7722	1150	0.2188	4358.7	5015.2	8.6874	1150	0.1875	4357.7	5014.1	8.6155
1200	0.2719	4466.2	5146.0	8.8618	1200	0.2266	4465.3	5145.0	8.7770	1200	0.1942	4464.4	5144.1	8.7053
1250	0.2812	4574.1	5277.1	8.9493	1250	0.2343	4573.3	5276.2	8.8646	1250	0.2009	4572.4	5275.4	8.7929
1300	0.2905	4683.3	5409.5	9.0349	1300	0.2421	4682.5	5408.8	8.9502	1300	0.2075	4681.7	5408.0	8.8785

$P = 4.00$MPa (250.4)

T(°C)	V(m³/kg)	U(kJ/kg)	H(kJ/kg)	S(kJ/kg-K)
250.4	0.0498	2601.7	2800.8	6.0696
300	0.0589	2726.2	2961.7	6.3639
350	0.0665	2827.4	3093.3	6.5843
400	0.0734	2920.7	3214.5	6.7714
450	0.0800	3011.0	3331.2	6.9386
500	0.0864	3100.3	3446.0	7.0922
550	0.0927	3189.5	3560.3	7.2355
600	0.0989	3279.4	3674.9	7.3705
650	0.1049	3370.3	3790.1	7.4988
700	0.1110	3462.4	3906.3	7.6214
750	0.1170	3555.8	4023.6	7.7390
800	0.1229	3650.6	4142.3	7.8523
850	0.1289	3747.0	4262.4	7.9616
900	0.1348	3844.8	4383.9	8.0674
950	0.1406	3944.2	4506.8	8.1701
1000	0.1465	4045.1	4631.2	8.2697
1050	0.1524	4147.5	4757.1	8.3667
1100	0.1582	4251.4	4884.4	8.4611
1150	0.1641	4356.7	5013.1	8.5532
1200	0.1699	4463.5	5143.1	8.6430
1250	0.1757	4571.5	5274.5	8.7307
1300	0.1816	4680.9	5407.2	8.8164

$P = 4.50$MPa (257.4)

T(°C)	V(m³/kg)	U(kJ/kg)	H(kJ/kg)	S(kJ/kg-K)
257.4	0.0441	2599.7	2798.0	6.0197
300	0.0514	2713.0	2944.2	6.2854
350	0.0584	2818.6	3081.5	6.5153
400	0.0648	2914.2	3205.6	6.7070
450	0.0708	3005.8	3324.2	6.8770
500	0.0765	3096.0	3440.4	7.0323
550	0.0821	3186.0	3555.6	7.1767
600	0.0877	3276.4	3670.9	7.3127
650	0.0931	3367.7	3786.6	7.4416
700	0.0985	3460.0	3903.3	7.5646
750	0.1038	3553.7	4021.0	7.6826
800	0.1092	3648.8	4140.0	7.7962
850	0.1145	3745.3	4260.3	7.9057
900	0.1197	3843.3	4382.1	8.0118
950	0.1250	3942.8	4505.2	8.1146
1000	0.1302	4043.9	4629.8	8.2144
1050	0.1354	4146.4	4755.8	8.3115
1100	0.1406	4250.4	4883.2	8.4060
1150	0.1458	4355.8	5012.0	8.4981
1200	0.1510	4462.5	5142.2	8.5880
1250	0.1562	4570.7	5273.7	8.6758
1300	0.1614	4680.1	5406.4	8.7615

$P = 5.00$MPa (263.9)

T(°C)	V(m³/kg)	U(kJ/kg)	H(kJ/kg)	S(kJ/kg-K)
263.9	0.0394	2597.0	2794.2	5.9737
300	0.0453	2699.0	2925.7	6.2110
350	0.0520	2809.5	3069.3	6.4516
400	0.0578	2907.5	3196.7	6.6483
450	0.0633	3000.6	3317.2	6.8210
500	0.0686	3091.7	3434.7	6.9781
550	0.0737	3182.4	3550.9	7.1237
600	0.0787	3273.3	3666.8	7.2605
650	0.0836	3365.0	3783.2	7.3901
700	0.0885	3457.7	3900.3	7.5136
750	0.0934	3551.6	4018.4	7.6320
800	0.0982	3646.9	4137.7	7.7458
850	0.1029	3743.6	4258.3	7.8556
900	0.1077	3841.8	4380.2	7.9618
950	0.1124	3941.5	4503.6	8.0648
1000	0.1171	4042.6	4628.3	8.1648
1050	0.1219	4145.2	4754.5	8.2620
1100	0.1266	4249.3	4882.0	8.3566
1150	0.1312	4354.8	5011.0	8.4488
1200	0.1359	4461.6	5141.2	8.5388
1250	0.1406	4569.8	5272.8	8.6266
1300	0.1453	4679.3	5405.7	8.7124

$P = 6.00$MPa (275.6)

T(°C)	V(m³/kg)	U(kJ/kg)	H(kJ/kg)	S(kJ/kg-K)
275.6	0.0324	2589.9	2784.6	5.8901
300	0.0362	2668.4	2885.5	6.0703
350	0.0423	2790.4	3043.9	6.3357
400	0.0474	2893.7	3178.2	6.5432
450	0.0522	2989.9	3302.9	6.7219
500	0.0567	3083.1	3423.1	6.8826
550	0.0610	3175.2	3541.3	7.0307
600	0.0653	3267.2	3658.7	7.1693
650	0.0694	3359.6	3776.2	7.3001
700	0.0735	3453.0	3894.3	7.4246
750	0.0776	3547.5	4013.2	7.5438
800	0.0816	3643.2	4133.1	7.6582
850	0.0857	3740.3	4254.2	7.7685
900	0.0896	3838.8	4376.6	7.8751
950	0.0936	3938.7	4500.3	7.9784
1000	0.0976	4040.1	4625.4	8.0786
1050	0.1015	4142.9	4751.9	8.1760
1100	0.1054	4247.1	4879.7	8.2709
1150	0.1093	4352.8	5008.9	8.3632
1200	0.1133	4459.8	5139.3	8.4534
1250	0.1172	4568.1	5271.1	8.5413
1300	0.1211	4677.7	5404.1	8.6272

$P = 7.00$MPa (285.8)

T(°C)	V(m³/kg)	U(kJ/kg)	H(kJ/kg)	S(kJ/kg-K)
285.8	0.0274	2581.0	2772.6	5.8148
300	0.0295	2633.5	2839.9	5.9337
350	0.0353	2770.1	3016.9	6.2304
400	0.0400	2879.5	3159.2	6.4502
450	0.0442	2979.0	3288.3	6.6353
500	0.0482	3074.3	3411.4	6.8000
550	0.0520	3167.9	3531.6	6.9506
600	0.0557	3260.9	3650.6	7.0910
650	0.0593	3354.3	3769.3	7.2231
700	0.0629	3448.3	3888.2	7.3486
750	0.0664	3543.3	4007.9	7.4685
800	0.0699	3639.5	4128.4	7.5836
850	0.0733	3736.9	4250.1	7.6944
900	0.0768	3835.7	4373.0	7.8014
950	0.0802	3935.9	4497.1	7.9050
1000	0.0836	4037.5	4622.5	8.0055
1050	0.0870	4140.5	4749.3	8.1031
1100	0.0903	4245.0	4877.3	8.1981
1150	0.0937	4350.8	5006.7	8.2907
1200	0.0971	4457.9	5137.4	8.3810
1250	0.1004	4566.4	5269.4	8.4690
1300	0.1038	4676.1	5402.6	8.5551

$P = 8.00$MPa (295.0)

T(°C)	V(m³/kg)	U(kJ/kg)	H(kJ/kg)	S(kJ/kg-K)
295.0	0.0235	2570.5	2758.7	5.7450
300	0.0243	2592.3	2786.5	5.7937
350	0.0300	2748.3	2988.1	6.1321
400	0.0343	2864.6	3139.4	6.3658
450	0.0382	2967.8	3273.3	6.5579
500	0.0418	3065.4	3399.5	6.7266
550	0.0452	3160.5	3521.8	6.8799
600	0.0485	3254.7	3642.4	7.0221
650	0.0517	3348.9	3762.3	7.1556
700	0.0548	3443.6	3882.2	7.2821
750	0.0579	3539.1	4002.6	7.4028
800	0.0610	3635.7	4123.8	7.5184
850	0.0641	3733.5	4246.0	7.6297
900	0.0671	3832.6	4369.3	7.7371
950	0.0701	3933.1	4493.8	7.8411
1000	0.0731	4035.0	4619.6	7.9419
1050	0.0761	4138.2	4746.7	8.0397
1100	0.0790	4242.8	4875.0	8.1350
1150	0.0820	4348.8	5004.6	8.2277
1200	0.0849	4456.1	5135.5	8.3181
1250	0.0879	4564.6	5267.7	8.4063
1300	0.0908	4674.5	5401.0	8.4924

P = 9.00MPa (303.4)

T(°C)	V(m^3/kg)	U(kJ/kg)	H(kJ/kg)	S(kJ/kg-K)
303.4	0.0205	2558.5	2742.9	5.6791
350	0.0258	2724.9	2957.3	6.0380
400	0.0300	2849.2	3118.8	6.2876
450	0.0335	2956.3	3258.0	6.4872
500	0.0368	3056.3	3387.4	6.6603
550	0.0399	3153.0	3512.0	6.8164
600	0.0429	3248.4	3634.1	6.9605
650	0.0458	3343.4	3755.2	7.0953
700	0.0486	3438.8	3876.1	7.2229
750	0.0514	3534.9	3997.3	7.3443
800	0.0541	3632.0	4119.1	7.4606
850	0.0569	3730.2	4241.9	7.5724
900	0.0596	3829.6	4365.7	7.6802
950	0.0622	3930.3	4490.6	7.7844
1000	0.0649	4032.4	4616.7	7.8855
1050	0.0676	4135.9	4744.0	7.9836
1100	0.0702	4240.6	4872.7	8.0790
1150	0.0729	4346.8	5002.5	8.1719
1200	0.0755	4454.2	5133.6	8.2625
1250	0.0781	4562.9	5266.0	8.3508
1300	0.0807	4672.9	5399.5	8.4370

P = 10.00MPa (311.0)

T(°C)	V(m^3/kg)	U(kJ/kg)	H(kJ/kg)	S(kJ/kg-K)
311.0	0.0180	2545.2	2725.5	5.6160
350	0.0224	2699.6	2924.0	5.9459
400	0.0264	2833.1	3097.4	6.2141
450	0.0298	2944.5	3242.3	6.4219
500	0.0328	3047.0	3375.1	6.5995
550	0.0357	3145.4	3502.0	6.7585
600	0.0384	3242.0	3625.8	6.9045
650	0.0410	3337.9	3748.1	7.0408
700	0.0436	3434.0	3870.0	7.1693
750	0.0461	3530.7	3992.0	7.2916
800	0.0486	3628.2	4114.5	7.4085
850	0.0511	3726.8	4237.8	7.5207
900	0.0535	3826.5	4362.0	7.6290
950	0.0560	3927.5	4487.3	7.7335
1000	0.0584	4029.9	4613.8	7.8349
1050	0.0608	4133.5	4741.4	7.9332
1100	0.0632	4238.5	4870.3	8.0288
1150	0.0656	4344.8	5000.4	8.1219
1200	0.0679	4452.3	5131.7	8.2126
1250	0.0703	4561.2	5264.2	8.3010
1300	0.0727	4671.3	5397.9	8.3874

P = 12.50MPa (327.8)

T(°C)	V(m^3/kg)	U(kJ/kg)	H(kJ/kg)	S(kJ/kg-K)
327.8	0.0135	2505.61	2674.31	5.4638
350	0.0161	2624.8	2826.6	5.7130
400	0.0200	2789.6	3040.0	6.0433
450	0.0230	2913.7	3201.4	6.2749
500	0.0256	3023.2	3343.6	6.4650
550	0.0280	3126.1	3476.5	6.6317
600	0.0303	3225.8	3604.6	6.7828
650	0.0325	3324.1	3730.2	6.9227
700	0.0346	3422.0	3854.6	7.0539
750	0.0367	3520.1	3978.6	7.1782
800	0.0387	3618.7	4102.8	7.2967
850	0.0407	3718.3	4227.5	7.4102
900	0.0427	3818.9	4352.9	7.5194
950	0.0447	3920.6	4479.2	7.6249
1000	0.0466	4023.5	4606.5	7.7269
1050	0.0486	4127.7	4734.9	7.8258
1100	0.0505	4233.1	4864.5	7.9219
1150	0.0524	4339.8	4995.1	8.0154
1200	0.0543	4447.7	5127.0	8.1065
1250	0.0562	4556.9	5260.0	8.1952
1300	0.0581	4667.3	5394.1	8.2819

P = 15.00MPa (342.2)

T(°C)	V(m^3/kg)	U(kJ/kg)	H(kJ/kg)	S(kJ/kg-K)
342.2	0.0103	2455.6	2610.7	5.3106
350	0.0115	2520.9	2693.1	5.4437
400	0.0157	2740.6	2975.7	5.8819
450	0.0185	2880.7	3157.9	6.1434
500	0.0208	2998.4	3310.8	6.3480
550	0.0229	3106.2	3450.4	6.5230
600	0.0249	3209.3	3583.1	6.6796
650	0.0268	3310.1	3712.1	6.8233
700	0.0286	3409.8	3839.1	6.9572
750	0.0304	3509.4	3965.2	7.0836
800	0.0321	3609.2	4091.1	7.2037
850	0.0338	3709.8	4217.1	7.3185
900	0.0355	3811.2	4343.7	7.4288
950	0.0372	3913.6	4471.0	7.5350
1000	0.0388	4017.1	4599.2	7.6378
1050	0.0404	4121.8	4728.4	7.7373
1100	0.0421	4227.7	4858.6	7.8339
1150	0.0437	4334.8	4989.9	7.9278
1200	0.0453	4443.1	5122.3	8.0192
1250	0.0469	4552.6	5255.7	8.1083
1300	0.0485	4663.2	5390.3	8.1952

P = 17.50MPa (354.7)

T(°C)	V(m^3/kg)	U(kJ/kg)	H(kJ/kg)	S(kJ/kg-K)
354.7	0.0079	2390.5	2529.3	5.1431
400	0.0125	2684.3	2902.4	5.7211
450	0.0152	2845.4	3111.4	6.0212
500	0.0174	2972.4	3276.7	6.2424
550	0.0193	3085.8	3423.6	6.4266
600	0.0211	3192.5	3561.3	6.5890
650	0.0227	3295.8	3693.8	6.7366
700	0.0243	3397.5	3823.5	6.8734
750	0.0259	3498.6	3951.7	7.0019
800	0.0274	3599.7	4079.3	7.1236
850	0.0289	3701.2	4206.8	7.2398
900	0.0303	3803.4	4334.5	7.3511
950	0.0318	3906.6	4462.9	7.4582
1000	0.0332	4010.7	4592.0	7.5616
1050	0.0346	4115.9	4721.9	7.6617
1100	0.0360	4222.3	4852.8	7.7588
1150	0.0374	4329.8	4984.6	7.8531
1200	0.0388	4438.4	5117.5	7.9449
1250	0.0402	4548.3	5251.5	8.0343
1300	0.0416	4659.2	5386.4	8.1215

P = 20.00MPa (365.8)

T(°C)	V(m^3/kg)	U(kJ/kg)	H(kJ/kg)	S(kJ/kg-K)
365.8	0.0059	2295.0	2412.4	4.9315
400	0.0100	2617.9	2816.9	5.5525
450	0.0127	2807.2	3061.7	5.9043
500	0.0148	2945.3	3241.2	6.1446
550	0.0166	3064.7	3396.1	6.3389
600	0.0182	3175.3	3539.0	6.5075
650	0.0197	3281.4	3675.3	6.6593
700	0.0211	3385.1	3807.8	6.7990
750	0.0225	3487.7	3938.1	6.9297
800	0.0239	3590.1	4067.5	7.0531
850	0.0252	3692.6	4196.4	7.1705
900	0.0265	3795.7	4325.4	7.2829
950	0.0278	3899.5	4454.7	7.3909
1000	0.0290	4004.3	4584.7	7.4950
1050	0.0303	4110.0	4715.4	7.5957
1100	0.0315	4216.9	4846.9	7.6933
1150	0.0327	4324.8	4979.4	7.7880
1200	0.0340	4433.8	5112.8	7.8802
1250	0.0352	4544.0	5247.2	7.9699
1300	0.0364	4655.2	5382.6	8.0574

$P = 25.00$MPa

T(°C)	V(m^3/kg)	U(kJ/kg)	H(kJ/kg)	S(kJ/kg-K)
400	0.0060	2428.5	2578.7	5.1400
450	0.0092	2721.2	2950.6	5.6759
500	0.0111	2887.3	3165.9	5.9642
550	0.0127	3020.8	3339.2	6.1816
600	0.0141	3140.0	3493.5	6.3637
650	0.0154	3251.9	3637.7	6.5242
700	0.0166	3359.9	3776.0	6.6702
750	0.0178	3465.8	3910.9	6.8054
800	0.0189	3570.7	4043.8	6.9322
850	0.0200	3675.4	4175.6	7.0523
900	0.0211	3780.2	4307.1	7.1668
950	0.0221	3885.5	4438.5	7.2765
1000	0.0232	3991.5	4570.2	7.3820
1050	0.0242	4098.3	4702.5	7.4839
1100	0.0252	4206.0	4835.4	7.5825
1150	0.0262	4314.8	4969.0	7.6781
1200	0.0272	4424.6	5103.5	7.7710
1250	0.0281	4535.4	5238.8	7.8613
1300	0.0291	4647.2	5375.1	7.9493

$P = 30.00$MPa

T(°C)	V(m^3/kg)	U(kJ/kg)	H(kJ/kg)	S(kJ/kg-K)
400	0.0028	2071.9	2156.2	4.4808
450	0.0067	2618.9	2821.0	5.4421
500	0.0087	2824.0	3084.7	5.7956
550	0.0102	2974.5	3279.7	6.0402
600	0.0114	3103.4	3446.7	6.2373
650	0.0126	3221.7	3599.4	6.4074
700	0.0137	3334.3	3743.9	6.5598
750	0.0147	3443.6	3883.4	6.6997
800	0.0156	3551.2	4020.0	6.8300
850	0.0166	3658.0	4154.9	6.9529
900	0.0175	3764.6	4288.8	7.0695
950	0.0184	3871.4	4422.3	7.1810
1000	0.0192	3978.6	4555.8	7.2880
1050	0.0201	4086.5	4689.6	7.3910
1100	0.0210	4195.2	4823.8	7.4906
1150	0.0218	4304.8	4958.7	7.5871
1200	0.0226	4415.3	5094.2	7.6807
1250	0.0235	4526.8	5230.5	7.7716
1300	0.0243	4639.2	5367.6	7.8602

$P = 35.00$MPa

T(°C)	V(m^3/kg)	U(kJ/kg)	H(kJ/kg)	S(kJ/kg-K)
400	0.0021	1914.8	1988.5	4.2142
450	0.0050	2497.5	2671.0	5.1945
500	0.0069	2755.3	2997.9	5.6331
550	0.0083	2925.8	3218.0	5.9092
600	0.0095	3065.6	3398.9	6.1228
650	0.0106	3190.9	3560.7	6.3030
700	0.0115	3308.3	3711.6	6.4622
750	0.0124	3421.2	3855.9	6.6069
800	0.0133	3531.5	3996.3	6.7409
850	0.0141	3640.5	4134.2	6.8665
900	0.0149	3748.9	4270.6	6.9853
950	0.0157	3857.2	4406.2	7.0985
1000	0.0165	3965.8	4541.5	7.2069
1050	0.0172	4074.8	4676.8	7.3112
1100	0.0179	4184.4	4812.4	7.4118
1150	0.0187	4294.8	4948.4	7.5091
1200	0.0194	4406.1	5085.0	7.6034
1250	0.0201	4518.2	5222.2	7.6950
1300	0.0208	4631.2	5360.1	7.7841

$P = 40.00$MPa

T(°C)	V(m^3/kg)	U(kJ/kg)	H(kJ/kg)	S(kJ/kg-K)
400	0.0019	1854.9	1931.4	4.1145
450	0.0037	2364.2	2511.8	4.9449
500	0.0056	2681.6	2906.5	5.4744
550	0.0070	2875.0	3154.4	5.7857
600	0.0081	3026.8	3350.4	6.0170
650	0.0091	3159.5	3521.6	6.2078
700	0.0099	3282.0	3679.1	6.3740
750	0.0107	3398.6	3828.4	6.5236
800	0.0115	3511.8	3972.6	6.6612
850	0.0123	3623.1	4113.6	6.7896
900	0.0130	3733.3	4252.5	6.9106
950	0.0137	3843.1	4390.2	7.0256
1000	0.0144	3952.9	4527.3	7.1355
1050	0.0150	4063.0	4664.2	7.2409
1100	0.0157	4173.7	4801.1	7.3425
1150	0.0163	4284.9	4938.3	7.4406
1200	0.0170	4396.9	5075.9	7.5357
1250	0.0176	4509.7	5214.1	7.6279
1300	0.0182	4623.3	5352.8	7.7175

$P = 50.00$MPa

T(°C)	V(m^3/kg)	U(kJ/kg)	H(kJ/kg)	S(kJ/kg-K)
400	0.0017	1787.8	1874.4	4.0029
450	0.0025	2160.3	2284.7	4.5896
500	0.0039	2528.1	2722.6	5.1762
550	0.0051	2769.5	3025.3	5.5563
600	0.0061	2947.1	3252.5	5.8245
650	0.0070	3095.6	3443.4	6.0373
700	0.0077	3228.7	3614.6	6.2178
750	0.0084	3353.1	3773.9	6.3775
800	0.0091	3472.2	3925.8	6.5225
850	0.0097	3588.0	4072.9	6.6565
900	0.0103	3702.0	4216.8	6.7819
950	0.0109	3814.9	4358.7	6.9004
1000	0.0114	3927.3	4499.4	7.0131
1050	0.0120	4039.7	4639.3	7.1209
1100	0.0125	4152.2	4778.9	7.2244
1150	0.0131	4265.1	4918.4	7.3242
1200	0.0136	4378.6	5058.1	7.4207
1250	0.0141	4492.7	5198.1	7.5141
1300	0.0146	4607.4	5338.4	7.6048

$P = 60.00$MPa

T(°C)	V(m^3/kg)	U(kJ/kg)	H(kJ/kg)	S(kJ/kg-K)
400	0.0016	1745.2	1843.2	3.9317
450	0.0021	2055.1	2180.2	4.4140
500	0.0030	2393.2	2570.3	4.9356
550	0.0040	2664.5	2901.9	5.3517
600	0.0048	2866.8	3156.8	5.6527
650	0.0056	3031.3	3366.7	5.8867
700	0.0063	3175.4	3551.3	6.0814
750	0.0069	3307.6	3720.5	6.2510
800	0.0075	3432.6	3880.0	6.4033
850	0.0080	3553.2	4033.1	6.5428
900	0.0085	3670.9	4182.0	6.6725
950	0.0090	3786.9	4328.1	6.7944
1000	0.0095	3901.9	4472.2	6.9099
1050	0.0100	4016.5	4615.1	7.0200
1100	0.0104	4130.9	4757.3	7.1255
1150	0.0109	4245.5	4899.1	7.2269
1200	0.0113	4360.4	5040.8	7.3248
1250	0.0118	4475.8	5182.5	7.4194
1300	0.0122	4591.8	5324.5	7.5111

IV. 압축액

	P = 5 MPa				P = 10 MPa				P = 15 MPa			
T(°C)	V(m^3/kg)	U(kJ/kg)	H(kJ/kg)	S(kJ/kg-K)	V(m^3/kg)	U(kJ/kg)	H(kJ/kg)	S(kJ/kg-K)	V(m^3/kg)	U(kJ/kg)	H(kJ/kg)	S(kJ/kg-K)
0	0.000998	0.0	5.0	0.0001	0.000995	0.1	10.1	0.0003	0.000993	0.2	15.1	0.0004
20	0.001000	83.6	88.6	0.2954	0.000997	83.3	93.3	0.2943	0.000995	83.0	97.9	0.2932
40	0.001006	166.9	172.0	0.5705	0.001003	166.3	176.4	0.5685	0.001001	165.7	180.8	0.5666
60	0.001015	250.3	255.4	0.8287	0.001013	249.4	259.6	0.8260	0.001011	248.6	263.7	0.8234
80	0.001027	333.8	339.0	1.0723	0.001024	332.7	342.9	1.0691	0.001022	331.6	346.9	1.0659
100	0.001041	417.6	422.9	1.3034	0.001038	416.2	426.6	1.2996	0.001036	414.8	430.4	1.2958
120	0.001058	501.9	507.2	1.5236	0.001055	500.2	510.7	1.5191	0.001052	498.5	514.3	1.5148
140	0.001077	586.8	592.2	1.7344	0.001074	584.7	595.5	1.7293	0.001071	582.7	598.7	1.7243
160	0.001099	672.5	678.0	1.9374	0.001095	670.1	681.0	1.9315	0.001092	667.6	684.0	1.9259
180	0.001124	759.5	765.1	2.1338	0.001120	756.5	767.7	2.1271	0.001116	753.6	770.3	2.1206
200	0.001153	847.9	853.7	2.3251	0.001148	844.3	855.8	2.3174	0.001144	840.8	858.0	2.3100
220	0.001187	938.4	944.3	2.5127	0.001181	934.0	945.8	2.5037	0.001175	929.8	947.4	2.4951
240	0.001227	1031.6	1037.7	2.6983	0.001219	1026.1	1038.3	2.6876	0.001212	1021.0	1039.2	2.6774
260	0.001275	1128.5	1134.9	2.8841	0.001265	1121.6	1134.3	2.8710	0.001256	1115.1	1134.0	2.8586
280					0.001323	1221.8	1235.0	3.0565	0.001310	1213.4	1233.0	3.0409
300					0.001398	1329.4	1343.3	3.2488	0.001378	1317.6	1338.3	3.2279
320									0.001473	1431.9	1454.0	3.4263
340									0.001631	1567.9	1592.4	3.6555

	P = 20 MPa				P = 50 MPa				P = 100.0MPa			
T(°C)	V(m^3/kg)	U(kJ/kg)	H(kJ/kg)	S(kJ/kg-K)	V(m^3/kg)	U(kJ/kg)	H(kJ/kg)	S(kJ/kg-K)	V(m^3/kg)	U(kJ/kg)	H(kJ/kg)	S(kJ/kg-K)
0	0.000990	0.2	20.0	0.0005	0.000977	0.3	49.1	-0.0010	0.000957	-0.3	95.4	-0.0085
20	0.000993	82.7	102.6	0.2921	0.000980	80.9	130.0	0.2845	0.000962	78.0	174.2	0.2699
40	0.000999	165.2	185.2	0.5646	0.000987	161.9	211.3	0.5528	0.000969	157.0	253.9	0.5328
60	0.001008	247.8	267.9	0.8208	0.000996	243.1	292.9	0.8055	0.000978	236.2	334.0	0.7809
80	0.001020	330.5	350.9	1.0627	0.001007	324.4	374.8	1.0442	0.000988	315.6	414.5	1.0153
100	0.001034	413.5	434.2	1.2920	0.001020	405.9	456.9	1.2705	0.001000	395.1	495.1	1.2375
120	0.001050	496.8	517.8	1.5105	0.001035	487.7	539.4	1.4859	0.001014	474.6	576.0	1.4487
140	0.001068	580.7	602.1	1.7194	0.001052	569.8	622.4	1.6916	0.001028	554.4	657.2	1.6501
160	0.001089	665.3	687.0	1.9203	0.001070	652.3	705.8	1.8889	0.001045	634.3	738.8	1.8429
180	0.001112	750.8	773.0	2.1143	0.001091	735.5	790.1	2.0790	0.001063	714.5	820.8	2.0280
200	0.001139	837.5	860.3	2.3027	0.001115	819.4	875.2	2.2628	0.001083	795.1	903.4	2.2064
220	0.001170	925.8	949.2	2.4867	0.001141	904.4	961.4	2.4414	0.001104	876.3	986.7	2.3788
240	0.001205	1016.1	1040.2	2.6676	0.001171	990.6	1049.1	2.6156	0.001128	958.0	1070.8	2.5459
260	0.001247	1109.0	1134.0	2.8469	0.001204	1078.2	1138.4	2.7864	0.001154	1040.3	1155.8	2.7084
280	0.001298	1205.5	1231.5	3.0265	0.001243	1167.7	1229.9	2.9547	0.001183	1123.5	1241.8	2.8669
300	0.001361	1307.1	1334.4	3.2091	0.001288	1259.6	1324.0	3.1218	0.001215	1207.6	1329.1	3.0219
320	0.001445	1416.6	1445.5	3.3996	0.001341	1354.3	1421.4	3.2888	0.001250	1292.8	1417.8	3.1740
340	0.001569	1540.2	1571.6	3.6086	0.001405	1452.9	1523.1	3.4575	0.001290	1379.1	1508.2	3.3238
360	0.001825	1703.6	1740.1	3.8787	0.001485	1556.5	1630.7	3.6301	0.001335	1466.8	1600.3	3.4717
380					0.001588	1667.1	1746.5	3.8101	0.001385	1556.0	1694.5	3.6182

E.10 메탄의 압력-엔탈피 선도

(Source: NIST, Thermophysics Division, Boulder, CO, USA, used with permission.)

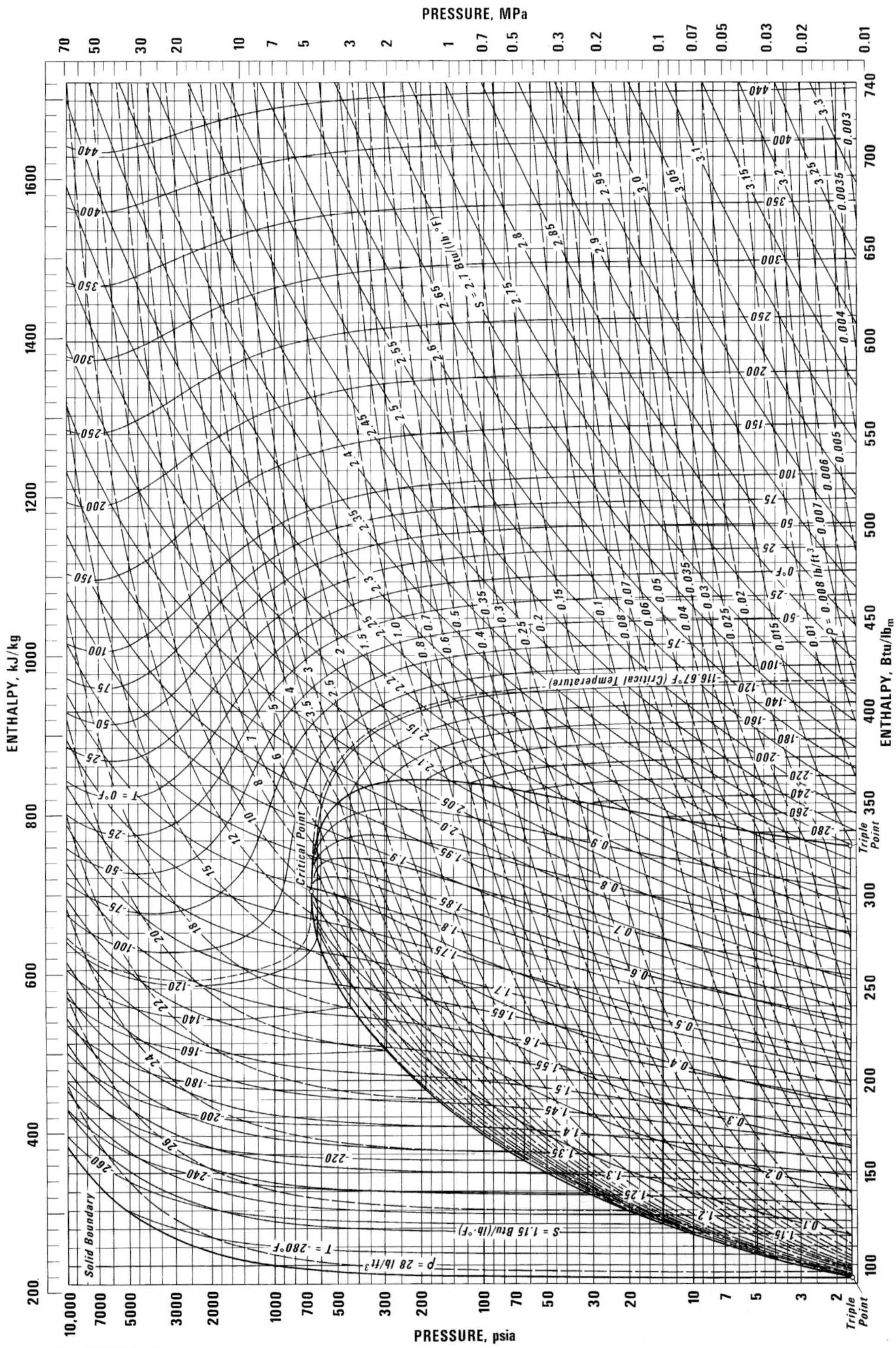

Cryogenics Division, NBS-IBS, Boulder, Colorado

E.11 프로판의 압력-엔탈피 선도

(Source: NIST, Thermophysics Division, Boulder, CO, USA, used with permission.)

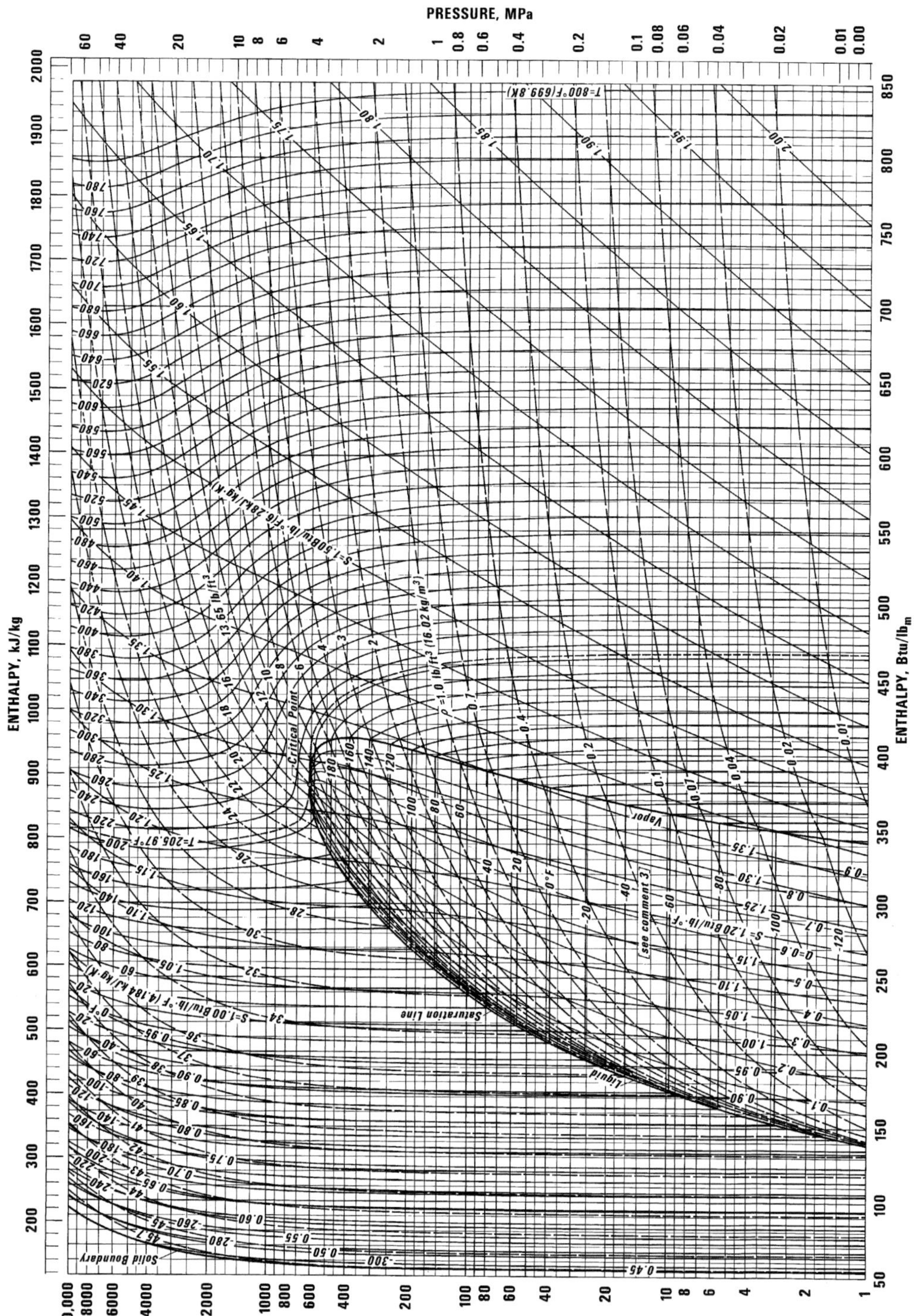

Thermophysical Properties Division, NBS-NEL, Boulder, Colorado
Chart 2071 (3-15-79)

7.

E.12 R134A의 압력-엔탈피 선도 (1,1,1,2-TETRAFLOUROETHANE)

(Source: NIST, Thermophysics Division, Boulder, CO, USA, used with permission.)

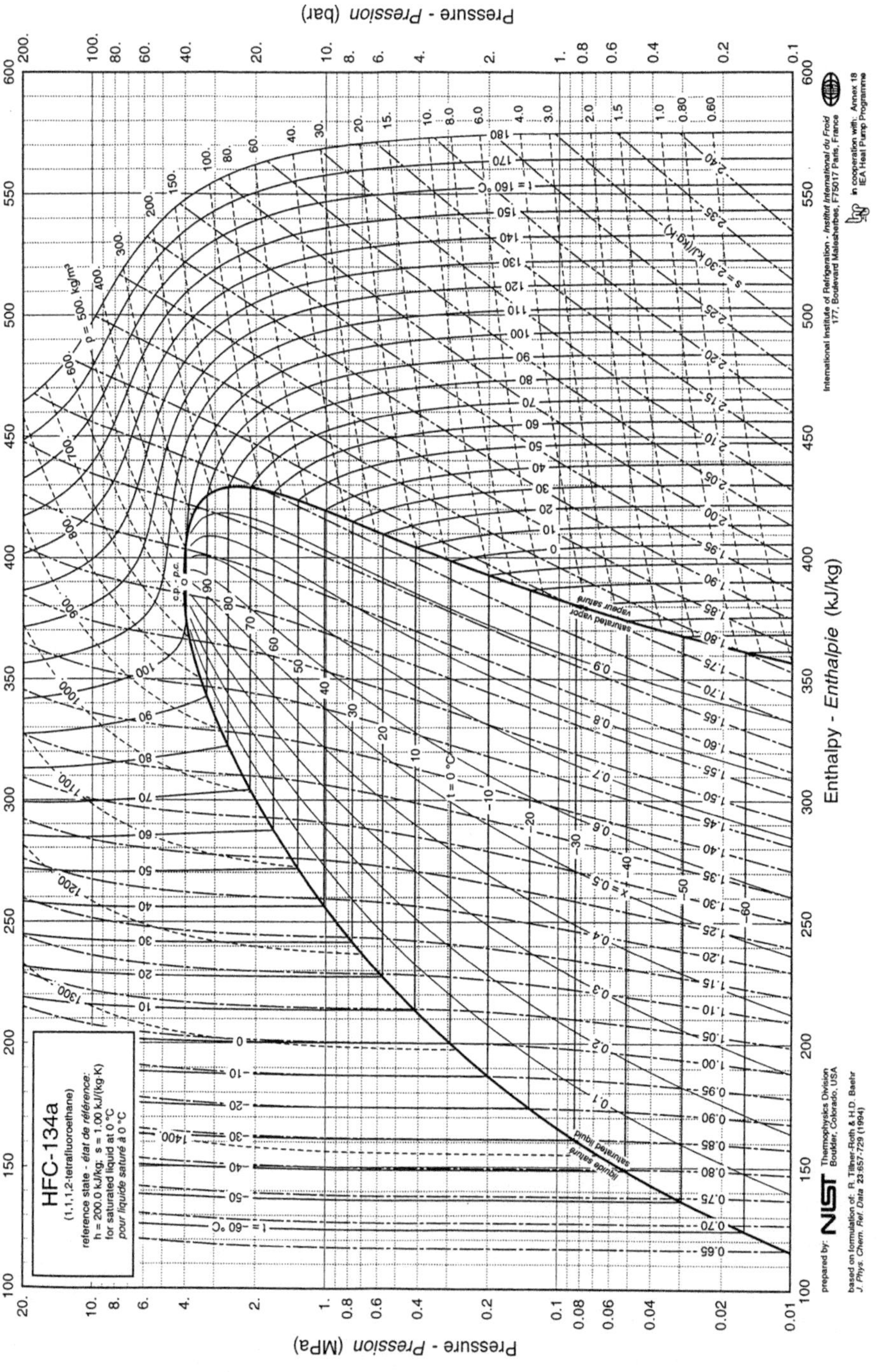

Properties of Saturated HFC-134*a*.

T	P	ρ^L	ρ^V	H^L	H^V	S^L	S^V
K	MPa	kg/m^3	kg/m^3	kJ/kg	kJ/kg	kJ/kg-K	kJ/kg-K
240	0.07248	1397.7	3.8367	156.78	378.33	0.8320	1.7552
244	0.08784	1385.8	4.5965	161.87	380.85	0.8530	1.7505
248	0.10568	1373.8	5.4707	166.99	383.35	0.8738	1.7462
252	0.12627	1361.7	6.4715	172.14	385.84	0.8943	1.7423
256	0.14989	1349.5	7.6117	177.33	388.31	0.9147	1.7388
260	0.17684	1337.0	8.9051	182.55	390.75	0.9348	1.7356
264	0.20742	1324.4	10.3660	187.81	393.17	0.9548	1.7327
268	0.24197	1311.6	12.0110	193.11	395.56	0.9747	1.7301
272	0.28080	1298.5	13.8570	198.45	397.93	0.9943	1.7277
276	0.32426	1285.3	15.9230	203.84	400.25	1.0139	1.7255
280	0.37271	1271.7	18.2270	209.26	402.54	1.0332	1.7235
284	0.42651	1258.0	20.7940	214.74	404.79	1.0525	1.7217
288	0.48603	1243.9	23.6450	220.27	406.99	1.0717	1.7200
292	0.55165	1229.5	26.8080	225.85	409.14	1.0907	1.7184
296	0.62378	1214.7	30.3130	231.49	411.23	1.1097	1.7169
300	0.70282	1199.6	34.1920	237.18	413.26	1.1286	1.7155
304	0.78918	1184.1	38.4830	242.95	415.22	1.1475	1.7142
308	0.88330	1168.1	43.2280	248.78	417.11	1.1663	1.7128
312	0.98560	1151.5	48.4750	254.69	418.92	1.1850	1.7114
316	1.09650	1134.5	54.2820	260.68	420.63	1.2038	1.7100
320	1.21660	1116.7	60.7140	266.76	422.25	1.2226	1.7085
324	1.34620	1098.3	67.8510	272.94	423.74	1.2414	1.7068
328	1.48600	1079.0	75.7890	279.23	425.10	1.2603	1.7050
332	1.63640	1058.8	84.6440	285.63	426.31	1.2793	1.7030
336	1.79810	1037.5	94.5630	292.18	427.34	1.2984	1.7007
340	1.97150	1015.0	105.7300	298.88	428.17	1.3177	1.6980

Abstracted from R. Tillner-Roth; H. D. Baehr, 1994. *J. Phys. Chem. Ref. Data,* 23:657.

QUICK REFERENCE

빠른 참조

전체 에너지 수지식

$$\frac{d}{dt}\left[m\left(U+\frac{u^2}{2g_c}+\frac{gz}{g_c}\right)\right] = \sum_{inlets}\left(H+\frac{u^2}{2g_c}+\frac{gz}{g_c}\right)^{in}\dot{m}^{in}$$

$$-\sum_{outlets}\left(H+\frac{u^2}{2g_c}+\frac{gz}{g_c}\right)^{out}\dot{m}^{out}+\sum_{surfaces}\underline{\dot{Q}}+\underline{\dot{W}}_{EC}+\underline{\dot{W}}_S$$

$\dot{m}^{in}$과 $\dot{m}^{out}$은 유속의 절댓값이다.

전체 엔트로피 수지식

$$\frac{d\underline{S}}{dt} = \sum_{inlets} S^{in}\dot{m}^{in} - \sum_{outlets} S^{out}\dot{m}^{out} + \sum_{surfaces}\frac{\underline{\dot{Q}}}{T_{sys}} + \underline{\dot{S}}_{gen}$$

$\dot{m}^{in}$과 $\dot{m}^{out}$은 유속의 절댓값이다.

유용한 도함수

미분 특성		맥스웰 관계식
$dU = TdS - PdV$	$U(S, V)$	$-(\partial P/\partial S)_V = (\partial T/\partial V)_S$
$dH = TdS + VdP$	$H(S, P)$	$(\partial V/\partial S)_P = (\partial T/\partial P)_S$
$dA = -SdT - PdV$	$A(T, V)$	$(\partial P/\partial T)_V = (\partial S/\partial V)_T$
$dG = -SdT + VdP$	$G(T, P)$	$-(\partial V/\partial T)_P = (\partial S/\partial P)_T$

6장에서의 유용한 도함수

$$dS\,(T, P) = C_P/T\ dT - (\partial V/\partial T)_P\ dP \qquad 6.37$$

$$dS\,(T, V) = C_V/T\ dT + (\partial P/\partial T)_V\ dV \qquad 6.38$$

$$dS\,(V, P) = C_P(\partial T/\partial V)_P/T\ dV + C_V(\partial T/\partial P)_V/T\ dP \qquad 6.39$$

$$dH\,(T, P) = C_P\ dT + [V - T(\partial V/\partial T)_P]\ dP \qquad 6.40$$

$$dU\,(T, V) = C_V\ dT + [T(\partial P/\partial T)_V - P]\ dV \qquad 6.41$$

소프트웨어와 보충자료는 http://chethermo.net에서 이용할 수 있다.

단위환산

질량 1 kg = 1000 g = 0.001 metric ton = 2.20462 lb_m
1 lb_m = 16 oz = 5E-4 ton = 453.59 g = 0.45359 kg

길이 1 m = 100 cm = 1000 mm = 1E6 μm = 1E9 nm = 39.370 in = 3.2808 ft = 1.0936 yd
1 ft = 12 in = 0.30480 m = 30.480 cm
1 in = 2.5400 cm

부피 1 m^3 = 1000 L = 1E6 cm^3 = 1E6 ml = 35.315 ft^3 = 264.17 gal
1 ft^3 = 1728.0 in^3 = 7.4805 gal = 0.028317 m^3 = 28.317 L = 28317 ml

힘 1 N = 1 kg-m/s^2 = 1E5 dynes = 1E5 g-cm/s^2 = 0.22481 lb_f
1 lb_f = 32.174 lb_m-ft/s^2 = 4.4482 N

압력 1 atm = 1.01325E5 N/m^2(Pa) = 1.01325 bar = 760 $mm_{Hg\ at\ 0°C}$ = 33.9 $ft_{H2O\ at\ 4°C}$
1 atm = 14.696 psia
1 bar = 0.1 MPa = 0.98692 atm = 14.504 psia = 750.06 $mm_{Hg\ at\ 0°C}$ = 10.197 $m_{H2O\ at\ 4°C}$

일 1 J = 1 N-m = 1 MPa-cm^3 = 1 kgm^2/s^2 = 0.23901 cal = 0.73756 ft-lb_f
1 J = 1E7 ergs = 1E7 g-cm^2/s^2
1 kJ = 0.94781 Btu(see note 1) = 2.7778E-4 kW-h = 0.23901 food calorie

일률 1 W = 1 J/s = 0.2390 cal/s(see note 2) = 0.73756 ft-lb_f/s = 3.4121 Btu/h(see note 1)
1 hp = 550 ft-lb_f/s = 0.70726 Btu/s(see note 1) = 0.74570 kW

기체상수, R
= 8.31447 J/mole-K = 8.31447 cm^3-MPa/mole-K = 8.31447 m^3-Pa/mole-K
= 8,314.47 cm^3-kPa/mole-K = 83.1447 cm^3-bar/mole-K = 1.9859 Btu/lbmole-R(see note 1)
= 82.057 cm^3-atm/mole-K = 1.9872 cal/mole-K(see note 2) = 10.731 ft^3-psia/lbmole-R

중력상수(해수면 기준)
g = 9.8066 m/s^2 g/g_c = 9.8066 N/kg g_c = 1 (kg-m/s^2)/N
g = 32.174 ft/s^2 g/g_c = 1 lb_f/lb_m g_c = 32.174 (lb_m-ft/s^2)/lb_f

패러데이 상수
F = 96,485 J/V

IUPAC 기준 표준온도 및 표준압력
T = 0℃ = 273.15 K; P = 0.1 MPa; V(이상기체) = 22711 cm^3/mole;
ρ(물) = 0.99984 g/cm^3 = 8.3441 lb_m/gal

1. 국제 증기표 (IT) BTU
2. 열역학적 열량

선별된 화합물의 물성

열용량은 **298 K에서의 이상기체**에 대한 값이며, 단지 크기 계산의 순서를 사용해야 하다. 온도에 따라 수식 및 상수에 대한 부록을 참조한다.

ID	Compound	T_c (K)	P_c (MPa)	ω	ρ g/cm^3	MW	C_P^{ig}/R	δ (J/cm^3)	α (J/cm^3)	β (J/cm^3)
Aliphatics										
1	METHANE	190.6	4.604	0.011	*0.29*	16	4.30	11.7	0	0
2	ETHANE	305.4	4.880	0.099	*0.43*	30	6.31	13.5	0	0
3	PROPANE	369.8	4.249	0.152	*0.58*	44	8.85	13.1	0	0
4	*n*-BUTANE	425.2	3.797	0.193	*0.60*	58	11.89	13.5	0	0
5	ISOBUTANE	408.1	3.648	0.177	*0.55*	58	11.70	12.5	0	0
7	*n*-PENTANE	469.7	3.369	0.249	0.62	72	14.45	14.3	0	0
8	ISOPENTANE	460.4	3.381	0.228	0.62	72	14.28	13.9	0	0
9	NEOPENTANE	433.8	3.199	0.196	0.60	72	14.62	13.1	0	0
11	*n*-HEXANE	507.4	3.012	0.305	0.66	86	17.21	14.9	0	0
17	*n*-HEPTANE	540.3	2.736	0.349	0.68	100	19.95	15.3	0	0
27	*n*-OCTANE	568.8	2.486	0.396	0.70	114	22.70	15.5	0	0
27	ISOOCTANE	544.0	2.570	0.303	0.70	114	22.50	14.1	0	0
46	*n*-NONANE	595.7	2.306	0.437	0.71	128	25.45	15.6	0	0
56	*n*-DECANE	618.5	2.123	0.484	0.73	142	28.22	15.7	0	0
64	*n*-DODECANE	658.2	1.824	0.575	0.75	170	33.71	15.9	0	0
66	*n*-TETRADECANE	696.9	1.438	0.570	0.76	198	39.22	16.1	0	0
68	*n*-HEXADECANE	720.6	1.419	0.747	0.77	226	44.54	16.2	0	0
Naphthenes										
104	CYCLOPENTANE	511.8	4.502	0.194	0.74	70	9.97	16.5	0	0
105	METHYLCYCLOPENTANE	532.8	3.785	0.230	0.74	84	13.21	16.1	0	0
137	CYCLOHEXANE	553.5	4.075	0.215	0.77	84	12.74	16.8	0	0
138	METHYLCYCLOHEXANE	572.2	3.471	0.235	0.77	98	16.25	16.1	0	0
153	DECALIN(cis)	703.6	3.200	0.279	0.89	138	20.04	17.6	0	0
Olefins and Acetylene										
201	ETHYLENE	282.4	5.032	0.085	*0.43*	28	5.26	13.5	0	0.40
202	PROPYLENE	364.8	4.613	0.142	*0.61*	42	7.69	13.2	0	0.40
207	1-BUTENE	419.6	4.020	0.187	*0.63*	56	10.31	13.7	0	0.40
204	ISOBUTENE	417.9	3.999	0.189	*0.59*	56	10.72	13.7	0	0.40
209	1-PENTENE	464.8	3.529	0.233	0.63	70	13.17	14.5	0	0.24
401	ACETYLENE	308.3	6.139	0.187	*0.50*	28	5.32	*18.68*	0.40	0.40
303	1,3-BUTADIENE	425.4	4.330	0.193	*0.65*	54	9.56	15.6	0	0.70
309	ISOPRENE	484	3.850	0.158	0.68	68	12.78	15.3	0	0.70
Aromatics										
501	BENZENE	562.2	4.898	0.211	0.87	78	9.82	18.7	0.63	2.24
502	TOLUENE	591.8	4.109	0.264	0.86	92	12.49	18.3	0.57	2.23
504	ETHYLBENZENE	617.2	3.609	0.304	0.86	106	15.44	18.0	0.23	1.83
505	*o*-XYLENE	630.4	3.734	0.313	0.88	106	16.03	18.4	0.10	1.80
506	*m*-XYLENE	617.1	3.541	0.326	0.86	106	15.35	18.1	0.19	1.84
507	*p*-XYLENE	616.3	3.511	0.326	0.86	106	15.26	17.9	0.27	1.87
510	CUMENE	631.2	3.209	0.338	0.86	121	18.25	17.4	0.20	2.57
558	BIPHENYL	789.3	3.847	0.366	0.99	154	19.52	19.3	0.50	4.00
563	DIPHENYLMETHANE	768	2.920	0.461	1.00	168	21.87	19.6	0.50	4.00
701	NAPHTHALENE	748.4	4.051	0.302	*0.98*	128	16.03	19.5	0.86	6.87
702	METHYLNAPHTHALENE	772	3.650	0.292	1.02	142	19.08	20.1	0.77	6.13
706	TETRALIN	720.2	3.300	0.286	0.97	132	18.63	19.3	0.60	4.82

ID	Compound	T_c (K)	P_c (MPa)	ω	ρ g/cm^3	MW	C_P^{ig}/R	δ (J/cm^3)	α (J/cm^3)	β (J/cm^3)
Oxygenates										
1101	METHANOL	512.6	8.096	0.566	0.79	32	5.28	29.6	17.43	14.49
1102	ETHANOL	516.4	6.384	0.637	0.79	46	7.88	26.1	12.58	13.29
1102	PROPANOL	536.7	5.170	0.628	0.80	60	10.50	24.5	11.97	10.35
1104	ISOPROPANOL	508.3	4.764	0.669	0.78	60	10.69	23.4	9.23	11.86
1105	1-BUTANOL	562.9	4.412	0.594	0.81	74	13.13	23.4	8.44	11.01
1107	ISOBUTANOL	547.7	4.295	0.589	0.80	74	13.03	22.9	3.99	3.99
1479	THF	501.1	5.190	0.217	0.88	72	16.85	19.0	0.00	10.43
1402	DIETHYL ETHER	466.7	3.590	0.281	0.71	74	13.53	15.4	0.00	6.61
1444	ETHYLENE OXIDE	469	7.100	0.200	*0.89*	44	5.80	21.7	1.17	9.38
1052	METHYL ETHYL KETONE	535.6	4.100	0.329	0.80	72	12.56	18.9	0.00	9.70
Halocarbons										
1601	FREON-12(CCl2F2)	385	4.070	0.176	*1.49*	120.8	8.71	15.0		
2650	FREON-134a(C2H2F4)	374.2	4.06	0.327	*1.37*	102	10.20	16.6		
1504	VINYL CHLORIDE	420	5.68	0.1001	*0.97*	62.4	6.46	17.8	1.10	2.19
1502	METHYL CHLORIDE	416.3	6.590	0.156	*1.01*	50.4	4.90	19.7	3.42	1.14
1521	CHLOROFORM(CHCl3)	536.4	5.400	0.216	1.48	119.2	7.92	18.9	5.80	0.12
1501	CARBON TETRACL(CCl4)	556.4	4.500	0.194	1.58	153.6	10.10	17.5	1.25	0.64
1551	CHLOROBENZENE	632.4	4.460	0.249	1.10	112.4	11.73	19.3	0.00	2.50
Gases										
914	ARGON	150.9	4.898	−0.004	*0.70*	40	2.499	10.8	0	0
922	BROMINE	584.2	10.335	0.119	3.10	160	4.363	23.6	0	0
918	CHLORINE	417.2	7.711	0.069	1.56	71	4.088	20.1	0	0
913	HELIUM-4	5.2	0.228	0.000	*0.12*	4	2.501	*1.22*	0	0
920	KRYPTON	209.4	5.502	0.001	*1.29*	84	2.502	13.1	0	0
919	NEON	44.4	2.653	−0.041	*1.20*	20	2.502	*9.44*	0	0
959	XENON	289.7	5.840	0.012	*2.95*	131	2.502	*15.91*	0	0
912	NITRIC OXIDE	180.2	6.485	0.585	*1.28*	30	3.588	*23.12*	0	0
899	NITROUS OXIDE	309.6	7.245	0.142	*1.22*	44	4.633	*20.31*	0	0
910	SULFUR DIOXIDE	430.8	7.884	0.245	*1.46*	64	4.796	12.3	3.16	3.16
911	SULFUR TRIOXIDE	490.9	8.207	0.422	*1.90*	80	6.111	31.1	0	0
901	OXYGEN	154.6	5.043	0.022	*0.97*	32	3.529	8.2	0	0
902	HYDROGEN	33.3	1.297	−0.215	*0.20*	2	3.507	*2.0*	0	0
905	NITROGEN	126.1	3.394	0.040	*0.88*	28	3.500	5.3	0	0
908	CARBON MONOXIDE	132.9	3.499	0.066	*0.88*	28	3.505	6.3	0	0
909	CARBON DIOXIDE	304.2	7.382	0.228	*1.18*	44	4.456	14.6	1.87	0
Nasty gases										
1922	HYDROGEN SULFIDE	373.5	8.937	0.081	*0.95*	34	4.115	18.0	3.19	3.19
1938	CARBON DISULFIDE	552	7.800	0.115	*1.26*	76	4.109	20.4	0.59	0.33
1904	HYDROGEN CHLORIDE	324.6	8.200	0.120	*1.19*	36.5	3.551	22.0	22.0*	0
1771	HYDROGEN CYANIDE	456.8	5.320	0.407	*0.68*	27	4.330	24.8	3.00	3.00
Miscellaneous compounds										
1051	ACETONE	508.2	4.701	0.306	0.79	58	8.96	19.6	0.00	11.14
1772	ACETONITRILE	545.5	4.833	0.353	0.78	44	6.28	24.1	3.49	8.98
1252	ACETIC ACID	592.7	5.786	0.462	1.04	60	15.01	19.0	24.03	7.50
1911	AMMONIA	406.6	11.270	0.252	0.68	17	4.29	29.2	2.11	8.44
1921	WATER	647.3	22.120	0.344	1.00	18	4.04	47.9	50.13	15.06

참고: API Technical Data Book (1988), and Reid, R.C., Prausnitz, J.M., and Sherwood, T.K. 액체, 기체의 물성, 3판, 1977, McGraw-hill(맥그로힐): 뉴욕, 더 많은 정보는 Excel 파일 props.xlsx나 MATLAB 폴더 props를 참조. 이탤릭체로 표현된 숫자는 추정 또는 실횻값(유횻값)을 지정한다.

INDEX

찾아보기

한글 찾아보기

ㅂ

ㅅ

ㅈ

영어 찾아보기

G

H

I

J

K

L

M